Küting/Weber

Die Bilanzanalyse

Die Bilanzanalyse

Lehrbuch zur Beurteilung von Einzel- und Konzernabschlüssen

7., erweiterte und aktualisierte Auflage

von

Prof. Dr. Karlheinz Küting
Universität des Saarlandes,
Saarbrücken

Prof. Dr. Claus-Peter Weber
WP, StB, RA
Honorar-Professor an der
Universität des Saarlandes,
Saarbrücken

unter Mitarbeit an der aktuellen Auflage von
Dipl.-Kffr. Corinna Boecker, Saarbrücken
Dipl.-Kffr. Julia Busch, Saarbrücken
Dipl.-Kffr. Ulrike Dürr, Saarbrücken
Dipl.-Kfm. Matthias Heiden, Saarbrücken
Dr. Christoph Hütten, Walldorf
Dr. Harald Kessler, Saarbrücken
PD Dr. Peter Lorson, Darmstadt
Dipl.-Kfm. Daniel Ranker, Saarbrücken
Dipl.-Kfm. Michael Reuter, Saarbrücken
Dipl.-Kfm. Frank Wohlgemuth, Saarbrücken

2004
Schäffer-Poeschel Verlag Stuttgart

Bibliografische Information Der Deutschen Bibliothek
Die Deutsche Bibliothek verzeichnet diese Publikation in der Deutschen Nationalbibliografie; detaillierte bibliografische Daten sind im Internet über <http.//dnb.ddb.de> abrufbar.

Gedruckt auf säurefreiem, alterungsbeständigem, chlorfrei gebleichtem Papier

ISBN 3-7910-2260-1

www.schaeffer-poeschel.de
info@schaeffer-poeschel.de

Einbandgestaltung: Willy Löffelhardt
Satz: Dörr + Schiller GmbH, Stuttgart
Druck: Kösel GmbH & Co. KG, Kempten, Allgäu

Printed in Germany
Februar/2004

Schäffer-Poeschel Verlag Stuttgart

Ein Tochterunternehmen der Verlagsgruppe Handelsblatt

Vorwort zur 7. Auflage

Die ständige Weiterentwicklung in der deutschen Rechnungslegungslandschaft und die damit verbundenen, sich wandelnden Anforderungen an die Bilanzanalyse sowie die unvermindert große Nachfrage nach diesem Werk haben uns die Möglichkeit eröffnet, das Buch in der vorliegenden 7. Auflage erneut an die aktuellen Entwicklungen anzupassen.

In einem neu eingefügten Abschnitt werden die Grundlagen der unter der Bezeichnung Basel II bekannt gewordenen und viel diskutierten Basler Eigenkapitalvereinbarung und insbesondere deren Auswirkungen für die Bilanzanalyse dargestellt. Auch mögliche Konsequenzen und Handlungsoptionen für die als Kreditnehmer betroffenen Unternehmen werden aufgezeigt. Die in der Vorauflage neu aufgenommenen Ausführungen zu einer vergleichenden internationalen Jahresabschlussanalyse wurden ergänzt und durch Beispielrechnungen veranschaulicht. Das Literaturverzeichnis wurde aktualisiert und erweitert, um dem Leser umfassende Hinweise für eine weiterführende Information bereitzustellen.

Weitere Änderungen resultieren aus Neufassungen von Gesetzen und internationalen Rechnungslegungsstandards: Beispielsweise wurden die Aufwertung der Kapitalflussrechnung und der Segmentberichterstattung zu eigenen Bestandteilen des Konzernabschlusses sowie die Erweiterung des Kreises der zu ihrer Erstellung verpflichteten Gesellschaften in die Erläuterungen zu diesen Bereichen aufgenommen. Während in der Vorauflage die geplanten Änderungen zur Behandlung des Geschäfts- oder Firmenwerts nach US-GAAP lediglich als Entwurf vorlagen, berücksichtigen die entsprechenden Ausführungen nunmehr die verabschiedeten Standards sowie die derzeit geplanten Veränderungen der IAS.

Auch bei dieser Neuauflage sind wir zahlreichen Personen zu Dank verpflichtet, die im Verlauf der letzten Monate zum Gelingen des nun vorliegenden Werkes beigetragen haben. Hierzu gehören insbesondere die auf dem Titelblatt genannten Mitarbeiter des Instituts für Wirtschaftsprüfung an der Universität des Saarlandes. Unser besonderer Dank gilt Frau Dipl.-Kffr. Julia Busch für die Übernahme der redaktionellen Verantwortung.

Frau cand. rer. oec. Anne Lahoda danken wir für ihre Mithilfe bei der redaktionellen Überarbeitung und ihre Mitarbeit im Rahmen der Aktualisierung der zitierten Literatur. Weiterhin sind wir Frau Karla Wobido für ihre organisatorischen Tätigkeiten zu Dank verpflichtet. Den Mitarbeiterinnen und Mitarbeitern des Schäffer-Poeschel Verlags, insbesondere Frau Ruth Kuonath und Frau Sabine Trunsch, gebührt unser Dank für die gewohnt gute und reibungslose Zusammenarbeit.

Ebenso wie in der Vergangenheit würden wir uns freuen, wenn diese 7. Auflage nicht minder positiv aufgenommen wird als die Vorauflagen. Für kritische Anregungen und Verbesserungsvorschläge sind wir dankbar und werden diese gerne berücksichtigen.

Saarbrücken, im Dezember 2003

Karlheinz Küting Claus-Peter Weber

Vorwort zur ersten Auflage

Die Kennzahlenrechnung ist das in der Analysepraxis vorherrschende Auswertungsinstrument. Dies erklärt, warum die Bilanzanalyse häufig auch als Kennzahlenrechnung betrachtet oder die Kennzahlenrechnung gar als klassische oder traditionelle Bilanzanalyse bezeichnet wird. Auf diesen wichtigen Teilbereich – mit seinen Möglichkeiten, aber auch Grenzen – geht das vorliegende Lehrbuch ausführlich ein.

Es beschränkt sich aber nicht auf die hiermit verbundenen Fragestellungen, sondern erörtert darüber hinaus die folgenden Sachverhalte:

- Die Bilanzanalyse darf nicht losgelöst von den bilanzpolitischen Gestaltungsmöglichkeiten gesehen werden, da zwischen beiden Bereichen sehr enge Wechselbeziehungen bestehen. Folglich kann auf eine Analyse der angewandten Bilanzpolitik nicht verzichtet werden.
- Zahlreiche neue Entwicklungen auf dem Gebiet der Bilanzanalyse verdeutlichen, dass die Kennzahlenrechnung nur einen Teilbereich des Fachgebiets ausmacht. Daher werden auch die neueren Instrumente der Bilanzanalyse vorgestellt.
- Eine aussagefähige Beurteilung von Abschlüssen muss der Tatsache Rechnung tragen, dass die Bedeutung der Konzernrechnungslegung ständig zunimmt. Mehr noch: Eine Analyse von Konzernunternehmen ohne Berücksichtigung des Konzernabschlusses ist nicht möglich. Deshalb geht das vorliegende Werk verstärkt auf konzernspezifische Problemstellungen ein.
- Im Zuge der Globalisierung der Märkte darf die Bilanzanalyse nicht an den nationalen Grenzen Halt machen. Daher werden auch erste Ansätze einer internationalen Bilanzanalyse diskutiert.

Das vorliegende Werk ist als Lehr- und Arbeitsbuch konzipiert und richtet sich zunächst an die Studenten der Universitäten und Fachhochschulen. Der stets angestrebte Praxisbezug soll auch die Bilanzierenden in den Unternehmen und Finanzanalysten, die sich mit der Beurteilung von Einzel- und Konzernabschlüssen zu beschäftigen haben, bei ihrer Arbeit unterstützen.

Das Buch »Die Bilanzanalyse« ist das Gemeinschaftswerk zahlreicher jetziger und ehemaliger Mitarbeiter des Instituts für Wirtschaftsprüfung an der Universität des Saarlandes. Für die spontane und engagierte Mitarbeit danken wir allen Beteiligten ganz herzlich.

Ganz besonders bedanken wir uns bei Frau Diplom-Kauffrau Benita Nardmann und Herrn Diplom-Kaufmann Peter Göth, die für die umfangreiche redaktionelle Betreuung des vorliegenden Werkes und die inhaltliche Gestaltung einzelner Passagen verantwortlich waren. Sie waren es auch, die die Merksätze für dieses Buch formulierten.

Schließlich gilt unser Dank Frau Karla Wobido für die umfangreichen Arbeiten, die sie für die Fertigstellung auch dieses Buches zu leisten hatte.

Für Anregungen und Hinweise auf etwaige Schwachstellen oder erforderliche Erweiterungen wären wir den Lesern sehr verbunden.

Wir würden uns freuen, wenn das neu vorgelegte Werk an den Hochschulen sowie in der Bilanzierungs- und Analysepraxis eine positive Aufnahme fände, und die von uns aufgegriffenen Fragestellungen einer modernen und aktuellen Bilanzanalyse eine möglichst breite Zustimmung erführen.

Saarbrücken, im Juni 1993

Karlheinz Küting — Claus-Peter Weber

Inhaltsübersicht

Inhaltsverzeichnis

Übersichtenverzeichnis

Abkürzungsverzeichnis

a. A.	anderer Ansicht
ABR	Accounting and Business Review (Zeitschrift)
Abs.	Absatz
abs.	absolut
Abschn.	Abschnitt
Abt.	Abteilung
abzgl.	abzüglich
ADV	Automatische Datenverarbeitung
AER	American Economic Review (Zeitschrift)
AG	Aktiengesellschaft, Die Aktiengesellschaft (Zeitschrift)
AHK	Anschaffungs- und/oder Herstellungskosten
AICPA	American Institute of Certified Public Accountants
AK	Arbeitskreis
AktG	Aktiengesetz
a. L.	am Lech
a. M.	am Main
AO	Abgabenordnung
a. o.	außerordentlich
APB	Accounting Principles Board
APT	Arbitrage Pricing Theory
APV	Adjusted Present Value
ARB	Accounting Research Bulletin
ARCH	Autoregressive Conditional Heteroskedasticity
Art.	Artikel
ASA	Allgemeines Statistisches Archiv (Zeitschrift)
ASB	Accounting Standards Board
ASC	Accounting Standards Committee des CCAB (Consultative Committee of the Accountancy Bodies des Chartered Accountants Institute in England and Wales, Scotland, Ireland sowie der Association of Certified Accountants des Institute of Cost and Management Accountants und des Chartered Institute of Public Finance und Accountancy)
Aufl.	Auflage
AV	Anlagevermögen
BaFin	Bundesanstalt für Finanzdienstleistungsaufsicht
BAV	Bundesaufsichtsamt für das Versicherungswesen
BB	Betriebs-Berater (Zeitschrift)
BBR	Baetge-Bilanz-Rating®
BC	Bilanzbuchhalter und Controller (Zeitschrift)
BCf	Brutto-Cashflow

BCG	Boston Consulting Group
Bd.	Band
BddW	Blick durch die Wirtschaft (Zeitung)
Beck Bil-Komm.	Beck'scher Bilanz-Kommentar
BERI	Business Environment Risk Index
BerlinFG	Gesetz zur Förderung der Berliner Wirtschaft (Berlinförderungsgesetz)
betr.	betrieblich
betriebsbed.	betriebsbedingt
Betriebsf.	Betriebsfunktionen
betriebsfr.	betriebsfremd
BEV	Break-Even-Punkt-Erreichung
BFuP	Betriebswirtschaftliche Forschung und Praxis (Zeitschrift)
BGBl.	Bundesgesetzblatt
BIB	Brutto-Investitionsbasis
BiBu	Bilanz und Buchhaltung (Zeitschrift)
BiRiLiG	Bilanzrichtlinien-Gesetz
BSC	Balanced Scorecard
bspw.	beispielsweise
BT	Bundestag
Buchst.	Buchstabe
BW	Barwert
bzgl.	bezüglich
bzw.	beziehungsweise
ca.	circa
CAPM	Capital Asset Pricing Model
CCAPM	Consumption-based Capital Asset Pricing Model
CCC	Cash Conversion Cycle
CFK	Cashflow zu Gesamtkapital
CfoS	Cashflow on Sales
CfROI	Cashflow Return on Investment
CFU	Cashflow zu Umsatz
Ch.	Chapter
CMR	California Management Review (Zeitschrift)
Co.	Corporation
CODEX	Commerzbank Debitoren Expertensystem
COIN	Company Information Numerical (Zeitschrift)
c.p.	ceteris paribus
CR	Computer und Recht (Zeitschrift)
CVA	Cash Value Added
DATEV	Datenverarbeitungsorganisation des steuerberatenden Berufes in der Bundesrepublik Deutschland

DAX	Deutscher Aktienindex
DB	Deckungsbeitrag, Der Betrieb (Zeitschrift)
DBW	Die Betriebswirtschaft (Zeitschrift)
DCf	Discounted Cashflow(s)
ders.	derselbe
DGfB	Deutsche Gesellschaft für Betriebswirtschaft
d.h.	das heißt
Diff.	Differenz
disponierb.	disponierbar
DM	Deutsche Mark
DRS	Deutscher Rechnungslegungsstandard
DRSC	Deutsches Rechnungslegungs Standards Committee
DSR	Deutscher Standardisierungsrat (Gremium des DRSC)
DStR	Deutsches Steuerrecht (Zeitschrift)
DSWR	Datenverarbeitung, Steuer, Wirtschaft, Recht (Zeitschrift)
DUB	Delta-Unterschieds-Brutto-Cashflow
DV	Datenverarbeitung
d. Verf.	die Verfasser
DVFA	Deutsche Vereinigung für Finanzanalyse und Asset Management e. V.
DVFA/SG	Deutsche Vereinigung für Finanzanalyse und Asset Management/Schmalenbach-Gesellschaft e. V.
E	Exposure Draft
EAD	exposure at default
EBDIT	Earnings Before Depreciation, Interest and Taxes
EBIT	Earnings Before Interest and Taxes; alternativ: Earnings Before Income Taxes (Income Statement Item)
EBITDA	Earnings Before Interest, Taxes, Depreciation and Amortization
EBITDAR	Earnings Before Interest, Taxes, Depreciation, Amortization and Rent
EBITDASO	Earnings Before Interest, Taxes, Depreciation, Amortization and Stock Options
EBITSO	Earnings Before Interest, Taxes and Stock Options
EBT	Earnings Before Taxes
EBV	Economic Book Value
ED	Exposure Draft
E-DRS	Entwurf des Deutschen Rechnungslegungsstandards
EDV	Elektronische Datenverarbeitung
EE-Steuern	Steuern vom Einkommen und vom Ertrag
EG	Europäische Gemeinschaft
EGHGB	Einführungsgesetz zum Handelsgesetzbuch
einschl.	einschließlich

EK	Eigenkapital
EKR	Eigenkapitalrentabilität
EPS	Earnings per Share
EQ	Eigenkapitalquote
EStG	Einkommensteuergesetz
EStR	Einkommensteuer-Richtlinien
etc.	et cetera
EU	Europäische Union
e. V.	eingetragener Verein
EVA	Economic Value Added
evtl.	eventuell
F.	Formel, Fach
f.	folgende
FAJ	Financial Analysts Journal (Zeitschrift)
FASB	Financial Accounting Standards Board
FB	Finanz Betrieb (Zeitschrift)
FB/IE	Zeitschrift für Unternehmensentwicklung und Industrial Engineering
FCf	Free Cashflow
ff.	fortfolgende
FGV	Future Growth Value
Fifo	First in – first out
FINN	Firmeninformation numerisch
FK	Fremdkapital
Ford.	Forderung
FRED	Financial Reporting Exposure Draft
freiw.	freiwillig
Frhr. v.	Freiherr von
FRS	Financial Reporting Standard
FtE	Flow to Equity
FuE	Forschung und Entwicklung
G	Gewinn
GAAP	Generally Accepted Accounting Principles
GARCH	Generalized Autoregressive Conditional Heteroskedasticity
GATT	General Agreement on Tariffs and Trade
GBI	Gesellschaft für betriebswirtschaftliche Information GmbH
gem.	gemäß
GewESt	Gewerbeertragsteuer
ggf.	gegebenenfalls
GK	Gesamtkapital
GKR	Gesamtkapitalrentabilität

GKV	Gesamtkostenverfahren
GmbH	Gesellschaft mit beschränkter Haftung
GmbHG	Gesetz betreffend die Gesellschaften mit beschränkter Haftung
GmbHR	GmbH-Rundschau (Zeitschrift)
GP	Gesamtpunktzahl
Gütekl.	Güteklasse
GuV	Gewinn- und Verlustrechnung
GWB	Gesetz gegen Wettbewerbsbeschränkungen
HBR	Harvard Business Review (Zeitschrift)
HFA	Hauptfachausschuss des Instituts der Wirtschaftsprüfer in Deutschland e. V.
HGB	Handelsgesetzbuch
HMD	Handbuch der Modernen Datenverarbeitung
Hrsg.	Herausgeber
HS	Halbsatz
i	(Fremdkapital-)Zinsfuß
IAS	International Accounting Standards
IASB	International Accounting Standards Board
IASC	International Accounting Standards Committee
i. Br.	im Breisgau
IC	Intellectual Capital
i. d. R.	in der Regel
IDW	Institut der Wirtschaftsprüfer in Deutschland e. V.
IDW ES	Entwurf eines Standards des Instituts der Wirtschaftsprüfer in Deutschland e. V.
IDW S	Standard des Instituts der Wirtschaftsprüfer in Deutschland e. V.
i. e. S.	im engeren Sinne
IFAC	International Federation of Accountants
IFRS	International Financial Reporting Standards
IK	investiertes Kapital
Ill.	Illinois
inkl.	inklusive
insbes.	insbesondere
InvZulG	Investitionszulagengesetz
IRB-Ansatz	internal ratings-based approach
i. S.	im Sinne
i. S. d.	im Sinne des, der
i. S. e.	im Sinne eines, einer
i. S. v.	im Sinne von
IT	Informationstechnologie
i. V. m.	in Verbindung mit
IW	Institut der deutschen Wirtschaft

JbFSt	Jahrbuch der Fachanwälte für Steuerrecht
JFQA	Journal of Financial and Quantitative Analysis (Zeitschrift)
JoA	Journal of Accountancy (Zeitschrift)
JoAR	Journal of Advertising Research (Zeitschrift)
JoB	Journal of Business (Zeitschrift)
JoBS	Journal of Business Studies (Zeitschrift)
JoE	Journal of Econometrics (Zeitschrift)
JoEF	Journal of Empirical Finance (Zeitschrift)
JoEL	Journal of Economic Literature (Zeitschrift)
JoET	Journal of Economic Theory (Zeitschrift)
JoF	Journal of Finance (Zeitschrift)
JoFE	Journal of Financial Economics (Zeitschrift)
JoFR	Journal of Financial Research (Zeitschrift)
JoIMF	Journal of International Money and Finance (Zeitschrift)
JoME	Journal of Monetary Economics (Zeitschrift)
JoPM	Journal of Portfolio Management (Zeitschrift)
JoSPM	Journal of Strategic Performance Management (Zeitschrift)
K	Kosten
k. A.	keine Angabe
Kap.	Kapitel
KE	Knowledge Engineer
KFZ	Kraftfahrzeug
KG	Kapitalgewinn
KGaA	Kommanditgesellschaft auf Aktien
KI	Künstliche Intelligenz (Zeitschrift)
KK	Kapitalkosten
KNN	Künstliche Neuronale Netze
KonTraG	Gesetz zur Kontrolle und Transparenz im Unternehmensbereich
KoR	Zeitschrift für kapitalmarktorientierte Rechnungslegung
korr.	korrigiert
KPMG	Klynfeld, Peat, Marwick, Mitchell und Goerdeler
krit.	kritisch
krp	Kostenrechnungspraxis (Zeitschrift)
KSt	Körperschaftsteuer
KStG	Körperschaftsteuergesetz
kurzfr.	kurzfristig
KWG	Gesetz über das Kreditwesen (Kreditwesengesetz)
lfd.	laufend
LGD	loss given default
Lifo	Last in – first out

lt.	laut
Ltd.	Limited
MA	Materialaufwand
Mass.	Massachussetts
Mat.	Material
m. a. W.	mit anderen Worten
MDA	multivariate Diskriminanzanalyse
Mio.	Millionen
mod.	modifiziert
Mrd.	Milliarden
MVA	Market Value Added
m. w. N.	mit weiteren Nachweisen
NAFTA	North America Free Trade Association
Neubearb.	Neubearbeitung
neutr.	neutral
NJ	New Jersey
No.	Number
NOPaT	Net Operating Profit after Taxes
Nr.	Nummer
NY	New York
OECD	Organisation for Economic Co-operation and Development
o. O.	ohne Ortsangabe
ordentl.	ordentlich
o. S.	ohne Seitenangabe
OTC	over the counter
P	Punktzahl
Par.	Paragraph
PC	Personal Computer
PD	Privatdozent
PublG	Gesetz über die Rechnungslegung von bestimmten Unternehmen und Konzernen (Publizitätsgesetz)
R	Richtlinie
RA	Restaufwand
RAP	Rechnungsabgrenzungsposten
Rechng.	Rechnung
rev.	revised
Risikokl.	Risikoklasse
RIW	Recht der Internationalen Wirtschaft (Zeitschrift)
RL	Rentabilität(s)-Liquidität(s)

Rn.	Randnummer
ROCE	Return on Capital Employed
ROE	Return on Equity
RoES	Review of Economics and Statistics (Zeitschrift)
ROI	Return on Investment
RONA	Return on Net Assets
RSW	Rendite-Sicherheit-Wachstum
S	Aktienkurs, Sicherheitskoeffizient
S.	Seite, Satz
s.	siehe
s. a.	siehe auch
SAP	Systeme, Anwendungen, Produkte in der Datenverarbeitung
SAV	Sachanlagevermögen
SBR	Schmalenbach Business Review (Zeitschrift)
SEC	Securities and Exchange Commission (amerikanische Börsenaufsichtsbehörde)
SFAC	Statement of Financial Accounting Concepts
SFAS	Statement of Financial Accounting Standards
SG	Schmalenbach-Gesellschaft – Deutsche Gesellschaft für Betriebswirtschaft e. V.
SMU	Southern Methodist University
so.	sonstige
Sp.	Spalte
SSAP	Statements of Standard Accounting Practice
ST	Der Schweizer Treuhänder (Zeitschrift)
St	Steuern vom Einkommen und Ertrag
StB	Der Steuerberater (Zeitschrift)
StuB	Steuern und Bilanzen (Zeitschrift)
StuW	Steuern und Wirtschaft (Zeitschrift)
s. u.	siehe unter
SV	Shareholder Value
SVA	Shareholder Value Added
SWOT	Strengths, Weaknesses, Opportunities, Threats
TCf	Total Cashflow
TDM	Tausend Deutsche Mark
TM	Trademark
TransPuG	Transparenz- und Publizitätsgesetz
U	Umsatz
u.Ä.	und Ähnliches
u. a.	und andere, und andernorts, unter anderem
UBCF	Unterschieds-Brutto-Cashflow

u. E.	unseres Erachtens
UGW	Unternehmensgesamtwert
UK-GAAP	United Kingdom – Generally Accepted Accounting Principles
UKV	Umsatzkostenverfahren
UN	United Nations
UNCTAD	United Nations Conference on Trade and Development
US	United States
USA	United States of America (Vereinigte Staaten von Amerika)
US-GAAP	United States – Generally Accepted Accounting Principles
usw.	und so weiter
UV	Umlaufvermögen
UwM	Unternehmenswertorientiertes Management
V	Verlust, Verschuldungsgrad
v.	von
VCI	Verband der Chemischen Industrie e. V.
VEBA	Vereinigte Elektrizitäts- und Bergwerks AG
Verb.	Verbindlichkeit
vgl.	vergleiche
VROI	Value Return on Investment
WACC	Weighted Average Costs of Capital
WiSt	Wirtschaftswissenschaftliches Studium (Zeitschrift)
WiStat	Wirtschaft und Statistik (Zeitschrift)
WISU	Das Wirtschaftsstudium (Zeitschrift)
WM	Wachstumsmöglichkeiten
WPg	Die Wirtschaftsprüfung (Zeitschrift)
WP-Handbuch	Wirtschaftsprüfer-Handbuch
WTO	World Trade Organization
WU	Wirtschaftsuniversität
WWC	Worldwide Companies
XBRL	eXtensible Business Reporting Language
XML	eXtensible Markup Language
z. B.	zum Beispiel
ZfB	Zeitschrift für Betriebswirtschaft
ZfbF	Zeitschrift für betriebswirtschaftliche Forschung
ZfgK	Zeitschrift für das gesamte Kreditwesen
ZfhF	Zeitschrift für handelswissenschaftliche Forschung
ZfO	Zeitschrift für Organisation
ZfP	Zeitschrift für Planung

ZGR	Zeitschrift für Unternehmens- und Gesellschaftsrecht
ZKV	Zero-Kovarianz(-Portefeuille)
z. T.	zum Teil
ZVEI	Zentralverband der Elektrotechnischen Industrie e. V.
zz.	zurzeit
zzgl.	zuzüglich

1. Abschnitt
Grundlagen der Bilanzanalyse

1. Inhaltsbestimmung der Bilanzanalyse

Unter Bilanzanalyse ist die Aufbereitung (Verdichtung) sowie die Auswertung erkenntniszielorientierter Unternehmensinformationen mittels Kennzahlen, Kennzahlensystemen und sonstiger Methoden zu verstehen. BALLWIESER (W. 1993, Sp. 211) verbindet mit dem Begriff Bilanzanalyse die »Durchsicht und Auswertung von Jahresabschluß und Lagebericht zum Zwecke der Informationsgewinnung«. Das Erkenntnisziel der Bilanzanalyse ist dabei die Erlangung eines den tatsächlichen Verhältnissen entsprechenden Bilds der wirtschaftlichen Lage, konkret der Vermögens-, Finanz- und Ertragslage eines Unternehmens. Auf dieser Grundlage soll die Beurteilung des Unternehmens in seiner Gesamtheit ermöglicht werden (vgl. REHKUGLER, H./PODDIG, T. 1998, S. 15).

1.1 Aufbereitung und Auswertung von Informationen

Verdichtung und Strukturierung der Informationen des Jahresabschlusses

Die Aufbereitung (Verdichtung) der Informationen beschäftigt sich vorrangig mit einer bloßen Neuordnung (Umformung) der ansonsten nur schwer überschaubaren Informationsfülle. So sieht RIEBELL (C. 2001, S. 209) in der Bilanzanalyse die zielgerichtete Aufbereitung der Bilanz sowie der Gewinn- und Verlustrechnung. Zur Bilanzanalyse gehört dabei das systematische Übertragen der Bilanz- und Erfolgszahlen in ein sachgerechtes Bilanzauswertungsschema (Bilanzauswertungsbogen); diese werden dann strukturiert, d. h. durch Prozent- und andere Kennzahlen ergänzt.

Nach einer weiteren Definition von KERTH, A./WOLF, J. (1986, S. 21 f.) wird im Rahmen der Bilanzanalyse »das Zahlenmaterial einer Bilanz … in seine strukturbestimmenden Elemente zerlegt, die in sinnvolle Beziehungen zueinander oder zu Vergleichszahlen gesetzt, einen Einblick in die wirtschaftlichen Verhältnisse der bilanzierenden Unternehmen vermitteln«. KRUMNOW (J. 1985, S. 783) schließlich sieht in der Bilanzanalyse »die Beurteilung von Unternehmen anhand von Informationen, die durch die Aufgliederung und Aufbereitung von Jahresabschlüssen in deren Einzelelemente sowie sachlogisch zusammenhängende Komponenten und Relationen gewonnen werden«.

Aus allen drei Definitionen wird deutlich, dass sich dieser bislang dominierende Bereich der Bilanzanalyse vorwiegend mit einer Aufbereitung und Präsentation von Informationen, die schon der handelsbilanzielle Jahresabschluss enthält, beschäftigt. Die Bilanzanalyse versteht sich hier – auf eine Kurzformel gebracht – als eine verdichtete Informationsvermittlung.

Maßnahmen im Rahmen der Auswertung

Die Auswertung allerdings erhebt einen weiter gehenden Anspruch als die Aufbereitung. Denn im Rahmen der Auswertung wird versucht, solche Informationen zu gewinnen, die nicht ohne weiteres aus dem Jahresabschluss oder sonstigen Informationsquellen entnommen werden können (vgl. auch LEFFSON, U. 1984, S. VIII). Das im Rahmen der Auswertung einsetzbare Instrumentarium kann folgendermaßen systematisiert werden (modifiziert entnommen aus PEEMÖLLER, V. H./HÜTTCHE, T. 1992, S. 9):

Übersicht 1: Auswertungsinstrumente der Bilanzanalyse

Bezeichnung	**Maßnahme**
Positionenanalyse	Analyse einzelner Bilanz- oder GuV-Posten (1)
Positionengruppenanalyse	Auswertung mehrerer zusammengehöriger Positionen, die als Teil des Ganzen gesehen werden (2)
Relationenanalyse	Positionen oder Positionengruppen werden zueinander in Beziehung gesetzt (3)
Rechnungsumformungs-analyse	alle oder ein Teil der Positionen werden zu Rechnungen anderer Art zusammengefasst (4)

Beispiele:
(1) Analyse des Postens »Jahresüberschuss« bezüglich Betrag und Struktur
(2) Analyse der Gruppe »Anlagevermögen«
(3) Bildung der Relation »Anlagevermögen zu Umlaufvermögen«
(4) Erstellung einer Bewegungsbilanz

Bilanzanalyse als Ergänzungsfunktion

Dieser auf der Aufbereitung der Informationen aufbauende Beurteilungsvorgang wird auch vielfach als Bilanzkritik bezeichnet. Der Bilanzanalyse fällt in diesem Bereich eine Ergänzungsaufgabe zu, indem mit Zusatzinformationen, insbesondere durch die Verknüpfung vorhandener Informationen, ein verbesserter Einblick in die Vermögens-, Finanz- und Ertragslage eines Unternehmens erreicht werden soll. Auf der Grundlage abgesicherter Hypothesen soll gezeigt werden, in welcher Richtung und in welcher Intensität bei Eintritt bestimmter Tatbestände ein zu erwartender Einfluss wirksam werden wird.

Beurteilung und Prognose als Ergebnis

Ziel der Auswertung ist also im Rahmen dieser Ergänzungsfunktion der Bilanzanalyse die Bereitstellung von Maßstäben zur Beurteilung der gegenwärtigen sowie Prognose der zukünftigen wirtschaftlichen Lage eines Unternehmens.

Während bislang bloße Zahlenumformungen und damit die Aufbereitung im Mittelpunkt der bilanzanalytischen Literatur und Praxis standen, sollte nunmehr verstärkt dieser Ergänzungsaufgabe Beachtung geschenkt werden. Auf der Grundlage einer ›Wenn – Dann – Beziehung‹ sollen Aussagen darüber getroffen werden, »ob der Bedingungsteil einer Hypothese (die Wenn-Komponente) erfüllt ist und damit der Folgerungsteil der Hypothese (die Dann-Komponente) zur Prognose auf die zu beurteilende Unternehmung angewendet werden darf« (SCHNEIDER, D. 1989, S. 636). Ganz generell ist in diesem Zusammenhang zu bemerken, dass die Bilanzanalyse bis heute unter einem erheblichen Theoriemangel leidet. »Wer aus Bilanzen im Wege der Analyse

Prognosen oder Handlungsempfehlungen theoretisch begründet abgeben will, benötigt nicht falsifizierte, empirische Gesetzmäßigkeiten, insbesondere Finanzierungshypothesen« (BALLWIESER, W. 1993, Sp. 219). Diese Hypothesen aber konnten bislang in Modellen noch nicht so konkretisiert werden, dass sie einem Test im Rahmen der empirischen Forschung zugänglich gemacht werden können.

Konkret ist zu zeigen, welche wirtschaftlichen Entwicklungen und Ergebnisse eintreten bzw. wie bestimmte Sachverhalte zu beurteilen sind, wenn sich bestimmte Einflussfaktoren einstellen. Die Interpretation der so gewonnenen Erkenntnisse als Abschluss des Auswertungsvorgangs ist mithin die entscheidende Phase im Rahmen der Bilanzanalyse. Hier sind es wohl weniger die Anwendung formalisierter Rechentechniken und Beurteilungsmethoden, sondern »in erster Linie Erfahrung, Fingerspitzengefühl und Sachverstand« (REHKUGLER, H./PODDIG, T. 1998, S. 14), die dazu beitragen, zu einer zutreffenden und zweckentsprechenden Beurteilung bestimmter Sachverhalte zu gelangen.

1.2 Analyse zielorientierter Unternehmensinformationen

Konzentration auf zweckdienliche Informationen

Die Einschränkung auf erkenntniszielorientierte Unternehmensinformationen in der oben gegebenen Definition soll zum Ausdruck bringen, dass nur die Angaben zu berücksichtigen sind, die für die Adressaten der Informationen auch von Bedeutung sind, d.h. dem Erkenntnisziel der Bilanzanalyse dienlich sind.

Grundsatz der Wesentlichkeit

Damit können auch all jene Einzelkomponenten vernachlässigt werden, die keinen oder nur einen geringen Einfluss auf die Untersuchungsergebnisse haben. Mit diesem Grundsatz der Wesentlichkeit im Rahmen der Bilanzanalyse (vgl. SIENER, F. 1991, S. 11ff.) soll der in der Analysepraxis häufig zu beobachtenden Ausuferung zu Zahlenfriedhöfen oder zur Informationsinflation begegnet werden. Oder ganz generell: Es soll einer Informationsüberlastung entgegengewirkt werden.

Der Begriff ›wesentlich‹ hat die Bedeutung von wichtig, bedeutsam, entscheidend, nennenswert, erheblich und relevant; »er bezeichnet einen beträchtlichen Grad einer Merkmalsausprägung« (LEFFSON, U. 1986, S. 435). Obwohl sich mehrere Arbeiten mit Maßstäben zur Quantifizierung der Wesentlichkeit auseinander setzen und Vorschläge unterbreiten, kann eine eindeutige und operationale Definition, ab wann die Berücksichtigung eines Betrags, eines Postens oder eines Tatbestands den Einblick in die Vermögens-, Finanz- und Ertragslage verbessert und deshalb in die Analyse einbezogen werden soll, allgemein nicht abgeleitet werden. Aus diesem Grund wird hier der Wesentlichkeitsgrundsatz pragmatisch dahin gehend verstanden, dass es auf die letzte Genauigkeit, die – im übertragenen Sinne – letzte Stelle hinter dem Komma, nicht ankommt (vgl. auch LEFFSON, U./BÖNKHOFF, F. J. 1982, S. 394ff.).

1.3 Einbeziehung von externen und internen Informationen

Die Bilanzanalyse kann dem Grunde nach sowohl externes als auch internes Material, soweit es zur Verfügung steht, verwenden.

Betriebsanalyse

Im Rahmen der internen Bilanzanalyse, die in der Literatur auch als Betriebsanalyse bezeichnet wird, haben die Analysten einen grundsätzlich unbeschränkten Zugriff auf sämtliche im Unternehmen anfallenden Informationen. Die informationssammelnde Stelle hat damit Einfluss auf das Zustandekommen des Materials oder sie stellt das Material zusammen (vgl. auch BUCHNER, R. 1981, Sp. 194).

Da hier die Analyse ohne die Beachtung der externen Publizitätswirkungen vorgenommen werden kann, können auch solche Informationen in die Betrachtung einbezogen werden, die einen – im Vergleich zur Auswertung des für Externe zugänglichen Datenmaterials – verbesserten Einblick in die Unternehmenslage erlauben und die üblicherweise externen Adressaten vorenthalten werden. So können interne Daten aktueller, zutreffender und zukunftsorientierter als externe Daten sein.

Externe Bilanzanalyse

Der externen Analyse stehen lediglich die Informationen zur Verfügung, die durch die Unternehmensführung entweder aufgrund freiwilliger Maßnahmen oder gesetzlicher Vorschriften publiziert werden. Weiterhin werden im Rahmen der externen Analyse solche Informationen ausgewertet, die von Dritten erstellt und allgemein »zugänglich sind, wobei der analysierenden Stelle die Prüfungsmöglichkeit der Richtigkeit der Angaben fehlt« (BUCHNER, R. 1981, Sp. 194). Ausgangspunkt bei der externen Bilanzanalyse sind daher stets allgemein verfügbare Informationen. Hier gilt es festzustellen, dass der Jahresabschluss – sowie gegebenenfalls Zwischenabschlüsse – für die externen Bilanzadressaten, »die wichtigste, häufig die einzige Informationsquelle« (DÖRING, U. 2000, S. 134f.) darstellen.

Übersicht 2: Informationsbasis der externen Bilanzanalyse

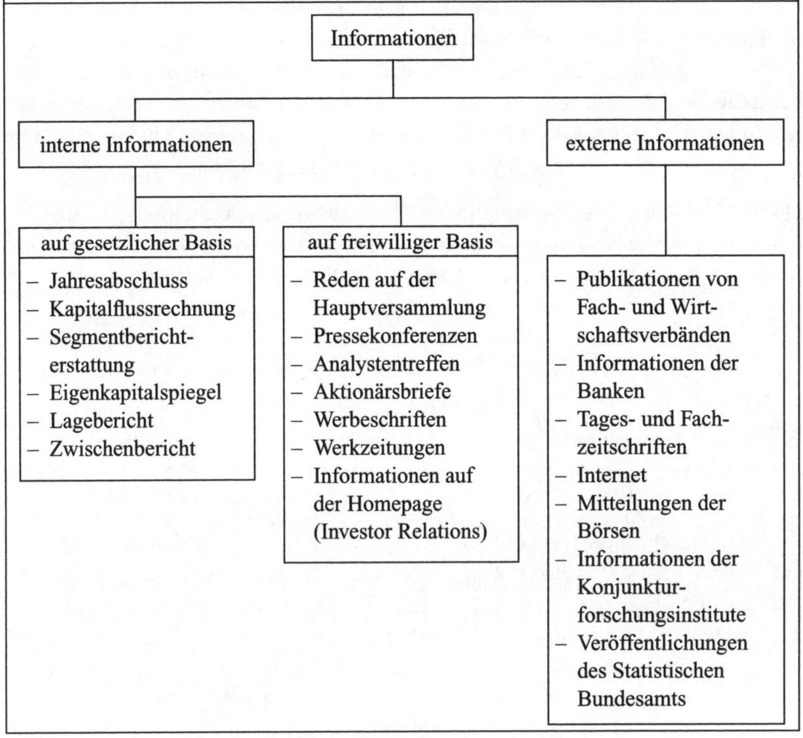

Besondere Informationsrechte

Bei der externen Analyse ist zu beachten, dass die Informationsqualität und -quantität – je nach Adressatenkreis – völlig verschieden sein kann. So können z. B. Großaktionäre und Hausbanken mit faktischen oder die Belegschaft mit gesetzlichen oder vertraglichen Informationssonderrechten ausgestattet sein (vgl. LANGE, C. 1989, S. 9). Diese Besonderheiten stellen in der Praxis jedoch nicht den Ausnahmefall dar. Im Gegenteil, besonders bei den faktischen Sonderrechten ist der Informationsgrad verschiedener Adressatengruppen »fließend und steigt mit der Machtposition des Analysten« (PERRIDON, L./STEINER, M. 2002, S. 542). Damit können sich unter Umständen Unternehmensexterne Zugang zu Daten verschaffen, die ansonsten allein der Unternehmensleitung vorbehalten sind. Insofern ist auch die Grenze zwischen Unternehmensinternen und -externen fließend und einzelfallbezogen.

Begriffseinengung

Da sich die Bilanzanalyse aber in der Analysepraxis überwiegend nicht mit der Auswertung von Informationen des eigenen, sondern vielmehr eines fremden Unternehmens beschäftigt, erklärt dies, warum häufig nur externe Informationen zur Verfügung stehen und der Begriff Bilanzanalyse meist auf die externe Analyse eingeengt wird.

1.4 Informationsquellen der – externen – Bilanzanalyse

Jahresabschluss

Die Bilanzanalyse bezieht nicht nur die Informationen der Bilanz als Gegenüberstellung der Aktiva und Passiva in die Betrachtung ein, sondern analysiert weiter gehend auch die Daten der Gewinn- und Verlustrechnung und des Anhangs sowie des Lageberichts. In diesem Zusammenhang ist zu beachten, dass der Anhang zunächst solche Angaben enthält, die dort, im so genannten dritten Teil des Jahresabschlusses, pflichtgemäß erscheinen müssen.

Darüber hinaus gibt es Informationen, die wahlweise in der Bilanz, in der Gewinn- und Verlustrechnung oder im Anhang vermittelt werden. Die Verlagerung von Informationen in den Anhang führt zwar einerseits zu einer leicht lesbaren Bilanz und Gewinn- und Verlustrechnung, sie erschwert aber andererseits die Arbeit des Analytikers, da es für die Gestaltung des Anhangs keine verbindlichen Vorschriften gibt und der Anhang damit wegen der möglichen Informationsfülle an Übersichtlichkeit verlieren kann. Eine Analyse der Jahresabschlüsse zeigt, dass deutsche Unternehmen einen regen Gebrauch von der Verlagerung der Informationen in den Anhang machen. Die Bilanzanalyse muss daher verstärkt auch den Anhang in die Auswertung einbeziehen.

Einzel- und Konzernabschluss

Im Rahmen eines konzernverbundenen Unternehmens stellt sich die Frage, ob der Einzel- oder der Konzernabschluss für die Analyse heranzuziehen ist. Zutreffend bemerkt Reuter (E. 1988, S. 285): »Wer Bilanzanalyse von konzernmäßig verflochtenen Unternehmungen betreibt, handelt fahrlässig, wenn er den Konzernabschluß aus der Betrachtung herausläßt«. Die Frage sollte hier sinnvollerweise nicht Einzel- oder Konzernabschluss lauten, vielmehr werden verlässlichere Beurteilungsergebnisse erst dann erreichbar, wenn beide Abschlüsse in einer gemeinsamen Analyse betrachtet und zusammengeführt werden.

Sonstige Informationsquellen

Als zusätzliche Informationsquellen stehen insbesondere im Rahmen der Konzernabschlussanalyse kapitalmarktorientierter Mutterunternehmen die Kapitalflussrechnung, die Segmentberichterstattung und der Eigenkapitalspiegel zur Verfügung. Daneben werden auch sonstige publizitätspflichtige oder freiwillig publizierte Informationen – wie z.B. Angaben des Lageberichts oder Zwischenberichte, aber auch Ansprachen auf Hauptversammlungen, Veröffentlichungen der Wirtschaftspresse, Brancheninformationen, Veröffentlichungen der Industrie- und Handelskammern und Börsenkursentwicklungen – in die Betrachtung einbezogen, sodass zutreffender von einer Jahresabschlussanalyse oder einer Unternehmensanalyse gesprochen werden sollte.

Da sich der Begriff Bilanzanalyse jedoch allgemein durchgesetzt hat, wird im Einklang mit der überwiegenden Fachliteratur an dieser traditionellen Begriffsbildung festgehalten.

1.5 Einbeziehung quantitativer und qualitativer Informationen

Quantitative Daten als Ausgangspunkt

Die Bilanzanalyse im hier verstandenen Sinne bezieht sich sowohl auf quantitative als auch auf qualitative Informationen. Quantitative Daten zeichnen sich dadurch aus, dass die entsprechenden Informationen als monetäre oder als mengenmäßige Größen formuliert werden können. Aufgrund ihres zahlenmäßigen Charakters lassen sie sich zum einen problemlos in Kennzahlen transformieren, zum anderen stellen sie Punktaussagen mit einer eindeutigen Wertrelation dar. Diese Informationen bilden den Ansatzpunkt der traditionellen Kennzahlenrechnung.

Einbeziehung verbaler Informationen

Darüber hinaus können qualitative Informationen unter Umständen ein zusätzliches umfangreiches und wichtiges Analysepotenzial in sich bergen (vgl. WERNER, U. 1990, S. 370). Deshalb sollen verstärkt auch solche entscheidungsrelevanten Daten in der Bilanzanalyse berücksichtigt werden, deren Aussagegehalt sich offensichtlich nicht in einer operationalen Kennzahl vermitteln lässt. Dazu gehören neben den verbalen Informationen des Anhangs und Lageberichts auch solche numerischen Daten, wie z. B. Nutzungsdauern von Anlagegütern oder Zinssätze für die Bewertung von Pensionsrückstellungen, deren Wirkungen auf Bilanz- und Erfolgsgrößen nicht unmittelbar (direkt) messbar bzw. quantifizierbar sind. Die Methoden, die geeignet sind, dieses Analysepotenzial in die Betrachtung miteinzubeziehen, sind in der qualitativen Bilanzanalyse zusammengefasst (vgl. 3. Abschn. 4.).

2. Aufgaben der Bilanzanalyse

Ausgehend von den Funktionen des Jahresabschlusses, der unter anderem als Instrument der Rechenschaftslegung und Informationsvermittlung dient, kann die Bilanzanalyse als ein Hilfsmittel bei der Transformation der zur Verfügung stehenden Unternehmensdaten in bedarfsgerechte und entscheidungsrelevante Informationen betrachtet werden. Bei der Beantwortung der Frage nach den Aufgaben der Bilanzanalyse ist es also notwendig, auf die zum Teil sehr unterschiedlichen Interessen der verschiedenen Adressaten des Jahresabschlusses (vgl. dazu WÖHE, G. 1997, S. 290 ff.) einzugehen.

2.1 Adressaten des Jahresabschlusses

Koalitionstheorie

Die Frage nach den Adressaten des Jahresabschlusses soll auf der Grundlage der so genannten Koalitionstheorie beantwortet werden. Hiernach ist der Kreis der Zielträger des Jahresabschlusses durch ein Unternehmenskonzept zu bestimmen, das alle Personen oder Personengruppen in die Betrachtung einbezieht, die an der Unternehmung in irgendeiner Weise beteiligt sind (vgl. KUBIN, K. W. 1998, S. 526). Entsprechend dieser Deutung erscheint der Jahresabschluss als ein finanzieller Rechenschaftsbericht der Unternehmensleitung gegenüber den Koalitionsteilnehmern. Zu dieser Koalition zählen neben der Unternehmensleitung selbst alle Personen, die mit der Unternehmung in direkter Beziehung stehen, wie z.B. aktuelle und potenzielle Anteilseigner und Gesellschafter, Kreditgeber, Kunden und Lieferanten, aber auch Arbeitnehmer und Gewerkschaften sowie die interessierte Öffentlichkeit (vgl. GRÄFER, H. 2001, S. 23ff.).

Interessenlage bestimmt den Analysezweck

Anlass der Bilanzanalyse ist demnach das Informationsbedürfnis der Koalitionäre. Da aber deren Informationswünsche völlig verschieden sein können, kann es auch die Aufgabenstellung der Bilanzanalyse schlechthin nicht geben. Vielmehr ist der Zweck der Bilanzanalyse von den Informationen abhängig, welche diejenigen suchen bzw. benötigen, die die Jahresabschlüsse vorgelegt bekommen (vgl. LEFFSON, U. 1984, S. 25). Die Bilanzanalyse ist somit »ein adressaten- und zweckspezifisches Auswertungssystem« (PELLENS, B. 1989, S. 155); ihre Zwecksetzung wird aus den »Informationsinteressen der Bilanzadressaten deduziert« (BUCHNER, R. 1981, Sp. 195).

Hinsichtlich der Aufgabenstellung bilanzanalytischer Beziehungen soll zwischen der externen und internen Bilanzanalyse unterschieden werden. Die Adressaten der externen Bilanzanalyse werden auch als Outsider, die Adressaten der internen Analyse dagegen als Insider bezeichnet.

Externe versus interne Bilanzanalyse

Eine externe Bilanzanalyse wird dann vorgenommen, wenn der Analyst den Jahresabschluss eines fremden Dritten untersucht. Die interne Analyse hingegen bezieht sich auf das eigene Unternehmen. Wie bereits gezeigt wurde, ist die Aussagefähigkeit der gewonnenen Daten unterschiedlich hoch. Sie hängt ganz davon ab, inwieweit der Analysierende auf unternehmensinterne Informationsquellen zugreifen kann oder nicht.

Übersicht 3: Adressaten der Bilanzanalyse

Adressaten

externe Adressaten	interne Adressaten
– Gläubiger Kreditwürdigkeitsprüfung – aktuelle und potenzielle Anteilseigner Verzinsung des investierten Kapitals – Konkurrenzunternehmen primär: Umsatz- und Ertragslage – Arbeitnehmervertreter Sicherung der Arbeitsplätze – Kontrollinstanzen Ziel bestimmt die jeweilige Kontrollaufgabe	– oberste Unternehmensführung (Vorstand, Geschäftsführung) – sonstige Führungsebenen – Führungsebenen der Spitzenholding und der Zwischenholdings Informationsfunktion Kontrollfunktion Steuerungsfunktion Publizitätsfunktion

2.2 Externe Bilanzanalyse/Externe Adressaten

Grundsätzliche Aufgaben der externen Bilanzanalyse

Im Rahmen der externen Analyse dominiert die Informations- und Beurteilungs- bzw. Interpretationsfunktion der Bilanzanalyse. Informationen werden einerseits benötigt, um Entscheidungen zu treffen, die das analysierte Fremdunternehmen tangieren (z.B. Erwerb oder Verkauf von Anteilen, Gewährung, Prolongation oder Rückzahlung von Darlehen). Andererseits kann die Analyse eines anderen Unternehmens dazu dienen, eine eigene Standortbestimmung vorzunehmen und gegebenenfalls Anlass für eine Kurskorrektur der eigenen Unternehmenspolitik sein. Insofern kann der externen Analyse auch eine derivative Kontroll- und Steuerungsfunktion zufallen. Ziel der Bilanzanalyse ist es, ein Werturteil über die wirtschaftliche Lage eines Unternehmens abzugeben. Um ein Unternehmen zutreffend beurteilen zu können, müssen allerdings Vergleiche angestellt werden. Dabei kommen der Zeit-, Betriebs- und Normenvergleich in Frage.

Interessenlage der Gläubiger

Gläubiger (Lieferanten und Kreditinstitute) sind im Wesentlichen an der Bonität des Unternehmens interessiert, mit dem sie in Geschäftsbeziehung stehen. Ihr Informationsbedürfnis richtet sich hauptsächlich auf die Kreditwürdigkeitsprüfung und somit auf die Frage, ob die Zins- und Tilgungszahlungen fristgerecht erfolgen können. Speziell für Banken dient die Bilanzanalyse zur Risikoabschätzung bei der Entscheidung über Kreditanträge, gleich, ob es sich um die Aufnahme von Neukrediten, Krediterhöhungen oder die Verlängerung gewährter Kredite handelt. Sie ist aber auch entscheidend bei der laufenden Überwachung eines Engagements. Darüber hinaus wird die Bilanzanalyse als Instrument zur Unternehmens- und Kundenberatung verwendet.

In den USA entscheidet bspw. ein Credit-Rating der großen Anlageberatungsgesellschaften auf der Grundlage ausgewerteter Bilanzen über die Einordnung von am Kapitalmarkt etablierten Unternehmen in bestimmte Risikoklassen. Der Wechsel in eine andere Risikoklasse hat dabei unmittelbare Konsequenzen für die Höhe der Kapitalkosten des Unternehmens (vgl. COENENBERG, A. G. 1990, S. 13). In Deutschland zielt unterdessen die neue Eigenkapitalvereinbarung für Banken (Basel II) darauf ab, Anreize für eine individuellere Risikoevaluierung zu setzen (vgl. auch 7. Abschn.). Auch hier soll durch den Einsatz von (verbesserten) Ratingverfahren die Risikoübernahme im Rahmen der Konditionengestaltung adäquat berücksichtigt werden (vgl. AHNERT, S./ OLSCHOK, M. 2001, S. 7). Der Einfluss von Basel II auf die Kalkulation von Kreditzinsen – insbesondere im Rahmen der Mittelstandsfinanzierung – wird dabei unterschiedlich beurteilt (vgl. GRUNERT, J. u. a. 2002, S. 1045 ff.; THIESSEN, F./GISCHER, H. 2002, S. 583 ff.).

Interessenlage der Anteilseigner

Das Informationsbedürfnis der aktuellen und potenziellen Anteilseigner richtet sich vorrangig auf die Verzinsung des in dem Unternehmen investierten Kapitals sowie auf die Möglichkeit der Wertsteigerung von erworbenen Anteilen, also die Zunahme ihres Vermögens (vgl. WÖHE, G. 1997, S. 291). Darüber hinaus werden Anteilseigner jedoch bestrebt sein, das Risiko ihrer Kapitalanlage abzuschätzen, um die Renditeerwartung entsprechend relativieren zu können.

Interessenlage der Konkurrenz

Das Informationsinteresse von Konkurrenzunternehmen umfasst alle Bereiche der zu untersuchenden Unternehmung. Von besonderem Interesse werden jedoch Umsatz- und Ertragslage und die Struktur des Kapitals sein. Als Beurteilungsmaßstab dienen die eigenen Kennzahlen, die jedoch so aufbereitet werden müssen, dass sie mit den Kennzahlen aus der Analyse des Jahresabschlusses des Konkurrenzunternehmens vergleichbar sind und zur Beurteilung der eigenen Leistungsfähigkeit eingesetzt werden können. Denn die Entwicklung von Unternehmensstrategien erfordert stets auch umfassende und sorgfältige Informationen über die Ertragskraft und Finanzstärke der einschlägigen Wettbewerber (vgl. COENENBERG, A. G. 1990, S. 13).

Interessenlage der Kontrollinstanzen

Zu den Kontrollinstanzen zählen Personen oder Institutionen, die die Unternehmen überprüfen. Dies sind bspw. Abschlussprüfer, die Bundesanstalt für Finanzdienstleistungsaufsicht, das Bundeskartellamt, das Finanzamt und andere. Sie müssen sich über den Bereich informieren, der ihnen im Rahmen ihrer Kontrollaufgabe zugedacht wurde. Die Vergleichsmaßstäbe werden ihnen in der Regel gesetzlich vorgegeben. So muss der Abschlussprüfer nach den §§ 316 und 317 HGB überprüfen, ob der Jahresabschluss entsprechend den gesetzlichen Vorschriften erstellt wurde. Zusätzlich müssen Banken auch die Bestimmungen des Gesetzes über das Kreditwesen erfüllen (z. B. §§ 13 ff. KWG über die Bestimmung zur Vergabe von Großkrediten). Das Finanzamt benutzt als Vergleichszahlen oft bestimmte Kennzahlen (z. B. den Rohaufschlag oder die Umsatzverprobung). Demgegenüber benötigt das Bundeskartellamt Kennzahlen, die Auskunft über Marktkonzentrationen geben (z. B. zur Feststellung eines marktbeherrschenden Unternehmens gem. § 19 GWB).

Interessenlage der Arbeitnehmer

Die Arbeitnehmer sowie ihre Vertreterorganisationen (Betriebsrat, Wirtschaftsausschuss, Gewerkschaften) sind an Informationen interessiert, die ihnen Auskunft darüber geben können, ob ihre Arbeitsplätze, ihre betrieblichen Sozialleistungen und gegebenenfalls ihre Gewinnbeteiligungen für die Zukunft gesichert sind. Deshalb richten sich ihre Interessen in erster Linie auf die Ertragslage, an der sie auch die Möglichkeit zur übertariflichen Entlohnung oder der Erhöhung der Tariflöhne messen.

Zusammenfassend gilt festzustellen:

So unterschiedlich die Informationswünsche der verschiedenen Adressaten auch sein mögen, so konzentrieren sich ihre Fragen doch auf zwei Problemstellungen:

(1) die Beurteilung der gegenwärtigen Ertragslage mit dem Ziel der Prognose der künftigen Ertragskraft des Unternehmens;

(2) die Beurteilung der finanziellen Stabilität zur Einschätzung der Fähigkeit des Unternehmens, seinen gegenwärtigen und zukünftigen Zahlungsverpflichtungen nachkommen und mögliches oder notwendiges Wachstum und Anpassungsmaßnahmen an veränderte Markt- und Konjunkturlagen finanzieren zu können (vgl. GRÄFER, H., in: KÜTING/WEBER 1990, I. Kap., Rn. 193).

2.3 Interne Bilanzanalyse/Interne Adressaten

Neben externen Adressaten ist auch die Unternehmensführung selbst im Rahmen verschiedener Fragestellungen auf den unterschiedlichen Führungsebenen an der Untersuchung und Analyse des eigenen Jahresabschlusses interessiert. Wenn hier der Begriff Unternehmensführung verwendet wird, bezieht er sich nicht nur auf die oberste Unternehmensführung (Vorstand oder Geschäftsführung), sondern auf alle Führungsebenen des betrachteten Unternehmens. Handelt es sich um ein Tochterunternehmen, kommen als weitere Insider die Führungsebenen der Spitzenholding und der Zwischenholdings in Betracht.

Informationsfunktion

Auf der Grundlage der Jahresabschlussanalyse wird zunächst versucht, Informationen zu gewinnen und Zusammenhänge transparent zu machen. Diese Informationsfunktion dient vorwiegend einer Informationsverdichtung und bezweckt die Aktivierung des Aussagegehalts des eigenen Jahresabschlusses im Hinblick auf spezifische betriebliche Fragestellungen (vgl. VOGLER, G./MATTES, H. 1976, S. 1). Dabei ist der Analyst bestrebt, das umfangreiche Informationspotenzial des gesamten Geschäftsberichts mit geeigneten Methoden weitestgehend auszuschöpfen (vgl. LACHNIT, L. 1976, S. 49).

Kontrollfunktion

Werden die verdichteten Informationen zu vorgegebenen Vergleichsmaßstäben in Beziehung gesetzt, gelangt man zur Kontrollfunktion der Jahresabschlussanalyse, in deren Mittelpunkt eine »retrospektive Analyse des Betriebsgeschehens« (MERKLE, E. 1982, S. 327) steht. Um diese durchführen zu können, müssen die Vergleichsmaßstäbe formuliert werden. Diese Maßstäbe sind im Wesentlichen Vergleichszahlen aus unterschiedlichen Rechnungsperioden (Zeitvergleich), aus unterschiedlichen Unternehmen (zwischenbetrieblicher Vergleich) oder wurden anhand von wie auch immer ermittelten Normgrößen festgelegt (Soll-Ist-Vergleich).

Auf der Grundlage dieser Vergleichsmaßstäbe soll eine Beurteilung des eigenen Unternehmens bzw. ausgewählter betrieblicher Sachverhalte vorgenommen werden. Dabei kommen einfach strukturierte Wertungsskalen zur Anwendung, die den betreffenden Tatbestand lediglich als gut oder schlecht bzw. besser oder schlechter beurteilen. Diesem Vergleich schließt sich ein weiterer Arbeitsschritt an, der nach Ursachen und Gründen für die vorgefundenen Abweichungen sucht.

Steuerungsfunktion

Letztlich müssen im Rahmen der Steuerungsfunktion die Schlussfolgerungen aus der Abweichungsanalyse gezogen werden. Einerseits müssen dabei die Ursachen der unzureichenden Ergebnisse durch geeignete Maßnahmen behoben werden, andererseits müssen Schritte unternommen werden, um besonders günstige Entwicklungen auszunutzen und für die Zukunft zu sichern. Insofern ist die Jahresabschlussanalyse nicht nur ein »Instrument der Schwachstellenforschung und Schwachstellenüberwindung« (VOGLER, G./MATTES, H. 1976, S. 2), sondern auch ein Instrument der Chancenerkennung und Chancennutzung.

Unternehmensführungsfunktion

Ganz allgemein wird die Bilanzanalyse damit auch zu einem Instrument der Unternehmensführung. Denn es ist unübersehbar, dass kaum ein Entscheidungsträger in der Lage sein dürfte, ohne Einsatz von Kennzahlen und sonstiger Analyseerkenntnisse sämtliche in einem Unternehmen laufend benötigte Analysen zu erstellen und alle betrieblichen Entscheidungen zu treffen.

Es ist gerade ein Wunschtraum des Analytikers, aber auch jedes Entscheidungsträgers, durch das Ausfindigmachen externer und interner Faktoren Knicke oder Trendwenden in der Entwicklung der wirtschaftlichen Lage eines Unternehmens vorherzusagen. Dennoch werden diesbezüglich konkrete Erkenntnisse wohl regelmäßig verborgen bleiben. Der Analytiker muss schon zufrieden sein, wenn es ihm gelingen sollte, sich langsam abzeichnende Veränderungen rechtzeitig festzustellen (vgl. LEFFSON, U. 1984, S. 29) oder geeignete Fragen aufzuwerfen, um solche Entwicklungen als möglich oder gar wahrscheinlich zu erkennen. Damit ist er zwar vom erklärten Erkenntnisziel der Bilanzanalyse, das in der Erlangung eines den tatsächlichen Verhältnissen entsprechenden Bilds der Vermögens-, Finanz- und Ertragslage liegt, weit entfernt, hat aber dennoch unter realistischer Einschätzung ein zufrieden stellendes Analyseergebnis erreicht.

Öffentlichkeitswirkung

Ein weiterer Grund, die Analyse des eigenen Jahresabschlusses recht intensiv zu betreiben, liegt in der Öffentlichkeitswirkung der publizierten Jahresabschlussdaten des Unternehmens (vgl. hierzu GRÄFER, H. 2001, S. 25f.). Denn die »Bilanzen und Erfolgsrechnungen sind bewußt gestaltete Informationen, mit denen sich eine bilanzierende Unternehmung an einen Kreis von Interessenten wendet« (HAUSCHILDT, J. 1992, Sp. 278). Die Unternehmensführung versucht daher zu antizipieren, wie die Öffentlichkeit auf die eigene Bilanz und bestimmte Bilanzrelationen reagieren wird. Diesen Überlegungen kann bereits durch den Einsatz bilanzpolitischer Instrumente Rechnung getragen werden, indem »erwartete, tradierte Kennzahlenverhältnisse antizipiert werden« (WERNER, U. 1990, S. 374). KAPPLER (E. 1972, S. 135) spricht in diesem Zusammenhang zutreffend von einer »Kennzahlenkultur«.

Aber auch der fertige Jahresabschluss sollte noch einmal auf Schwachstellen und Ansatzpunkte einer möglichen Kritik hin untersucht werden. Diese Analyse könnte Anlass dazu geben, entsprechende Formulierungen im Anhang zu wählen, bestimmte Aussagen auf der Hauptversammlung oder Pressekonferenz zu treffen bzw. ganz allgemein die Argumentationsbasis vorzubereiten oder zu verbreitern.

Interne Informationsinstrumente

Häufig wird darauf hingewiesen, dass für die Unternehmensleitung die Analyse des zu veröffentlichenden Jahresabschlusses im Hinblick auf ihre Informationsmöglichkeiten über das Unternehmensgeschehen nur von subsidiärer Bedeutung sei, da das Management über aussagefähigere interne Informationen verfüge (vgl. JACOBS, O.H./GREIF, M./WEBER, D. 1972, S. 426). Diese Aussage trifft für Großunternehmen zweifelsfrei zu, denn interne Informationen, die unter anderem aufgrund von Planabschlüssen, der Investitionsrechnung, der (Sparten-)Kapitalergebnisrechnung oder der kurzfristigen Erfolgsrechnung gewonnen werden, dürften in aller Regel einen höheren Aussagewert besitzen als die veröffentlichten Jahresabschlussdaten. Andere Planungs- und Kontrollrechnungen haben hier die »Bilanzanalyse an den Rand des Planungs- und Kontrollgeschehens gedrängt« (DÖRING, U. 2000, S. 134f.).

Andere Funktionen des Jahresabschlusses

Mit dem Jahresabschluss verfolgt die Unternehmensleitung insbesondere in Großunternehmen neben der Erfüllung gesetzlicher Vorschriften und der Verpflichtung zur Selbstinformation im Zweifel weitere Ziele (vgl. hierzu DANERT, G. 1980, S. 989):

(1) positive Darstellung der eigenen Leistung verbunden mit einer zukünftigen Leistungsgarantie,

(2) Sicherung oder Optimierung der Finanzierung für das Unternehmen bei den Kapitalgebern,

(3) Gestaltung der Bilanz als möglichst positive Grundlage für die Verfolgung der angestrebten Ziele.

Hoher Stellenwert der Jahresabschlussanalyse bei kleineren Unternehmen

Für die vielen kleinen und mittleren Unternehmen und deren Berater haben der Jahresabschluss und dessen Analyse dagegen einen anderen Stellenwert. Denn die vom Gesetzgeber erzwungene Buchführung und der daraus abgeleitete Jahresabschluss sind hier häufig das einzige systematische Rechenwerk, das kontinuierlich Aufschluss über die wirtschaftliche Entwicklung des Unternehmens gibt und dabei nach gesicherten Regeln und Verfahrensweisen aufgestellt wird. In dieser Situation greift die Unternehmensleitung gern auf das ohnehin vorhandene Zahlenmaterial, wie es sich im Jahresabschluss bietet, zurück und versucht, diese Informationen nicht nur zur Rechenschaftslegung, sondern auch als Lenkungs- und Kontrollinstrument zu nutzen (vgl. GRÄFER, H. 2001, S. 26).

Fällt dem Steuerberater/Wirtschaftsprüfer als betriebswirtschaftlich geschulter Fachkraft hier eine zentrale Rolle zu, so sollte er aufgrund der bei seiner Bilanzanalyse festgestellten Schwachstellen und Stärken seines Mandanten wichtige Ansatzpunkte in der Beratung für finanzielle, wirtschaftliche oder organisatorische Maßnahmen ableiten (vgl. RIEMER, R. 1979, S. 13).

Ergebnisse der Bilanzanalyse als Bestandteil des Prüfungsberichts

Die Darstellung sowie die Erläuterung der wirtschaftlichen Lage des Unternehmens auf der Grundlage einer Bilanzanalyse zählen im Rahmen der für alle mittleren und großen Kapitalgesellschaften gesetzlich vorgeschriebenen Jahresabschlussprüfung zu den Grundsätzen ordnungsmäßiger Prüfungsberichterstattung. So ist festzustellen, dass der Prüfungsbericht und damit die Ergebnisse der Bilanzanalyse häufig eine wesentliche Quelle zur Selbstinformation für den Unternehmer sind, aber auch ein entscheidendes Instrument bei der Aufgabenerfüllung eines eventuell vorhandenen Kontrollorgans darstellen (vgl. COENENBERG, A. G. 1990, S. 14; KUHNER, C./PÄSSLER, N., in: KÜTING/WEBER 2002, § 321 HGB, Rn. 6).

3. Ansätze der Bilanzanalyse

3.1 Traditionelle Bilanzanalyse als Kennzahlenrechnung

Als Analysemethoden bedient sich die Bilanzanalyse vorwiegend der Kennzahlenbildung und des Kennzahlenvergleichs. Insofern wird die Bilanzanalyse häufig auch als Kennzahlenrechnung betrachtet oder die Kennzahlenrechnung als klassische, traditionelle oder konventionelle Bilanzanalyse bezeichnet.

Kennzahlen

Kennzahlen sind hochverdichtete Maßgrößen, die als Verhältniszahlen oder absolute Zahlen in einer konzentrierten Form über einen zahlenmäßig, also quantitativ erfassbaren Sachverhalt berichten. Mit ihrer Hilfe sollen die Datenmengen des Jahresabschlusses verdichtet werden zu wenigen, aber aussagekräftigen Größen, um auf relativ einfache Weise komplizierte betriebliche Strukturen und Prozesse abzubilden (vgl. REICHMANN, T. 2001, S. 19f.; HAIL, L. 2002, S. 53).

Auf der Grundlage von Kennzahlensystemen als einer systematischen Anordnung von einzelnen Kennzahlen wird versucht, die relevanten betrieblichen Vorgänge und Erscheinungen in ihrer inneren Verbundenheit sowie deren Einbettung in einen komplexen Gesamtzusammenhang darzustellen (vgl. LACHNIT, L. 1976a, S. 216). Bei einer isolierten Betrachtung einzelner hochverdichteter Kennzahlen können demgegenüber wichtige Detailinformationen verloren gehen.

Kennzahlenvergleich

Da man einer Kennzahl für sich allein betrachtet nur einen sehr begrenzten Aussagewert zuschreiben kann, schließt sich der Kennzahlenbildung in aller Regel ein Kennzahlenvergleich an. Hierzu verwendete Vergleichsmaßstäbe sind einerseits bestimmte, für sinnvoll erachtete Verhältnisse von Aktiva oder Passiva jeweils untereinander oder zwischen Aktiva und Passiva einer Bilanz, andererseits auch als sinnvoll unterstellte Verhältnisse von Daten der Gewinn- und Verlustrechnung (vgl. KAPPLER, E. 1974, Sp. 901).

3.2 Neuere Ansätze der Bilanzanalyse

Ursachen für die Entwicklung neuerer Ansätze

Die Bilanzanalyse beschränkt sich nicht nur auf die Kennzahlenrechnung, vielmehr sind im Rahmen der bilanzanalytischen Bemühungen Weiterentwicklungen zu verzeichnen, die insbesondere auf nachfolgende Gründe zurückzuführen sind:

(1) die Kritik an der klassischen Bilanzanalyse mit ihrer aufgeblähten und ausufernden Kennzahlenproduktion sowie die oftmalige Zusammenhanglosigkeit dieser Kennzahlen (vgl. HAUSCHILDT, J. 2000, S. 119),

(2) die Entwicklung von statistischen Verfahren, die es ermöglichen, auf systematische Weise Unterschiede zwischen zwei Stichproben zu suchen, vergleichbar und damit bewertbar darzustellen und schließlich auch Aussagen über die Qualität der Ergebnisse treffen zu können (vgl. HAUSCHILDT, J. 2000, S. 119),

(3) die steigende Zahl von Insolvenzen zu Beginn der 80er und 90er Jahre,

(4) den Rückgriff auf – in der Bilanzanalyse bislang überwiegend vernachlässigte – qualitative Informationen der veröffentlichten Unternehmensdaten als analytische Zielgröße,

(5) die Einsatzmöglichkeit von Computern in der Bilanzanalyse; dadurch wird dem Analytiker die Erfassung, Aufbereitung und Auswertung der Datenmenge erleichtert; allerdings können trotz computergestützter Bilanzanalyse die Grenzen und Probleme der Bilanzanalyse nicht oder nur graduell überwunden werden,

(6) die Kritik an den traditionellen Performance-Kennzahlen als Instrumente zur Beurteilung von Unternehmens- und Managementerfolg respektive der Angemessenheit des dem Anteilseigner zustehenden Residualerfolgs sowie

(7) den problematischen Einsatz traditioneller Analysemethoden bei der Beurteilung junger wachstumsstarker Unternehmen der neuen Ökonomie.

Multivariate Diskriminanzanalyse

Zu den neueren Methoden der in der Bilanzanalyse angewandten Instrumente zählen zunächst die Krisendiagnosen bzw. Insolvenzprognosen mit Hilfe multivariater Diskriminanzanalysen. Ansatzpunkt dieser Methoden ist die Frage, inwieweit es signifikante Merkmale (Kennzahlen) gibt, die es erlauben, ein Unternehmen mit Hilfe von mathematisch-statistischen Verfahren als ›gut‹ oder als ›schlecht‹ im Sinne seiner nachhaltigen Ertragskraft und Zukunftschancen und insbesondere seiner Zahlungsfähigkeit zu qualifizieren (vgl. GRENZ, T. 1987, S. 15 ff.).

Künstliche Neuronale Netze

Zur Beantwortung gleich gelagerter Fragestellungen erscheint ebenfalls der Einsatz Künstlicher Neuronaler Netze geeignet. Sie stellen einen Zweig der Künstlichen Intelligenz dar, deren Anwendungsbereich als lernende Systeme insbesondere in der Lösung komplexer und schlecht strukturierter Probleme gesehen werden kann (vgl. ERXLEBEN, K. u. a. 1992, S. 1237 ff.). In jüngeren Untersuchungen konnte gezeigt werden, dass Neuronale Netze als Verfahren der Mustererkennung neben multivariaten Diskriminanzanalysen erfolgreich zur Krisendiagnose bzw. Unternehmensklassifikation im Rahmen von Kreditwürdigkeitsentscheidungen eingesetzt werden können (vgl. KRAUSE, C. 1993). Die Einteilung in ›gute‹ und ›schlechte‹ Unternehmen wird ebenso anhand trennfähiger Kennzahlen durchgeführt (vgl. REHKUGLER, H./PODDIG, T. 1998, S. 323 ff.); allerdings sind Neuronale Netze aufgrund der weniger restriktiven Annahmen hinsichtlich der verwendeten Kennzahlen universeller anwendbar und können überdies neben quantitativen auch qualitative Daten in die Analyse einbeziehen.

RSW-Verfahren

Zu den neueren Entwicklungen zählt auch ein am Institut für Betriebswirtschaftslehre der Universität Kiel entwickeltes System der Fundamentalanalyse zur Beurteilung von börsennotierten Aktiengesellschaften. Dieses Verfahren beurteilt die Unternehmen anhand von sechs Kennzahlen nach Rendite, Sicherheit und Wachstum (RSW-Verfahren). Die Kennzahlen werden mit Hilfe statistischer Verfahren zu einem Gesamt-Score verdichtet und vergleichbar gemacht (Scoring- bzw. Punktbewertungsverfahren; vgl. SCHMIDT, R. 1990, S. 55 ff.).

Verstärkter EDV-Einsatz

Zwar ist es nicht möglich, die gesamte Bilanzanalyse zu automatisieren, sondern es verbleibt, da subjektive Beurteilungen und Bewertungen nicht völlig eliminiert werden können, nach HAUSCHILDT (J. 1992, Sp. 279) »eine Mensch-Maschine-Interaktion«. Dennoch kann ein Großteil der Rechen- und Auswertungsarbeit von Computern übernommen werden.

In den Bereich der EDV-gestützten Bilanzanalyse ist zunächst die Nutzung von Datenbanken bei der Sammlung und Auswertung von Jahresabschlussinformationen einzuordnen.

Nutzung von Datenbanken

Zu den Entwicklungstrends der verstärkten Anwendung EDV-gestützter Analysemethoden zählt des Weiteren der Einsatz von Expertensystemen. Diese wissensbasierten Systeme sind grundsätzlich dann einsetzbar, wenn Probleme nicht mit Hilfe eines eindeutigen mathematischen Modells, sondern lediglich durch gespeichertes Sach- und Erfahrungswissen von Experten gelöst werden können.

Expertensysteme

Schließlich ist auf die bereits angesprochenen Bemühungen zur möglichen Berücksichtigung qualitativer Daten des Anhangs und des Lageberichts in der Analysepraxis hinzuweisen. Der Gegenstand dieser qualitativen Bilanzanalyse reicht im Rahmen der Auswertung der verbalen Berichterstattung von einer Untersuchung des Grads der Bestimmtheit von Aussagen über die Intensität der freiwilligen Berichterstattung bis hin zur präferierten Wortwahl im Unternehmens- und Zeitvergleich.

Qualitative Bilanzanalyse

Daneben lässt die Analyse des Einsatzes bzw. der Qualität des bilanzpolitischen Instrumentariums weitere Erkenntnisse über die tatsächliche wirtschaftliche Lage des Unternehmens erwarten. Insbesondere dieser letzte Aspekt verdient eine besondere Würdigung. Denn es bestehen enge Beziehungen zwischen der Bilanzanalyse und der Bilanzpolitik. Zutreffend bemerkt daher WERNER (U. 1990, S. 375), dass eine »Theorie der Bilanzanalyse nicht unabhängig von einer Theorie der Bilanzpolitik entwickelt werden darf«.

Analyse des bilanzpolitischen Instrumentariums

Die Methoden der externen unternehmenswertorientierten Performancemessung führen zu einer Shareholder Value-orientierten Bilanzanalyse. Durch die Auswertung von Kapitalmarkt- und Rechnungslegungsdaten mit spezifischen Verfahren wird der Versuch einer Beurteilung unternommen, ob das Ziel einer Unternehmenswertsteigerung erreicht worden ist.

Externe unternehmenswertorientierte Performancemessung

Merksätze:

1. Bilanzanalyse umfasst die Aufbereitung und Auswertung von Informationen zur Beurteilung der gegenwärtigen und Prognose der zukünftigen Unternehmenslage.

2. Um einer Informationsüberlastung entgegenzuwirken, sind nur erkenntniszielorientierte Informationen in die Analyse einzubeziehen (Grundsatz der Wesentlichkeit).

3. Im Rahmen der Jahresabschlussanalyse ist in Abhängigkeit vom Adressatenkreis zwischen interner und externer Analyse zu unterscheiden. Je nach Stellung des Adressaten variieren seine Informationsquellen und demzufolge sein Informationsstand.

4. Die Aufgaben und der Zweck der Bilanzanalyse werden von der Interessenlage der internen (Insider) und externen (Outsider) Adressaten bestimmt.

5. Im Wesentlichen konzentrieren sich die Informationswünsche jedoch auf Aussagen zur Beurteilung der gegenwärtigen und künftigen Ertragslage sowie der finanziellen Stabilität.

6. Neben dem traditionellen Ansatz der Bilanzanalyse in Form von Kennzahlenrechnungen gewinnen die qualitative Bilanzanalyse, die Analyse des bilanzpolitischen Instrumentariums und komplexe Auswertungsverfahren, die mit Hilfe eines verstärkten EDV-Einsatzes durchführbar sind, ebenso an Bedeutung wie eine Shareholder Value-orientierte Bilanzanalyse.

2. Abschnitt
Traditionelle Bilanzanalyse als Kennzahlenrechnung

1. Kapitel: Grundlagen

Ihre einfache Berechnung und die ihr in der Analysepraxis beigemessene hohe Aussagekraft haben betriebswirtschaftliche Kennzahlen und Kennzahlensysteme zu einem Instrumentarium werden lassen, das aus der Jahresabschlussanalyse nicht mehr wegzudenken ist (vgl. NAHLIK, W. 1993, S. 100). Die Kennzahlenrechnung ist damit das in der Analysepraxis eindeutig dominierende Analyseinstrument.

Die Grundlagen der Kennzahlenrechnung bilden zunächst einzelne Kennzahlen sowie Kennzahlensysteme als eine geordnete Gesamtheit von Kennzahlen. Darüber hinaus zählt der Kennzahlenvergleich zu den traditionellen Instrumenten der Urteilsfindung im Rahmen der Bilanzanalyse.

1. Kennzahlen

Begriff und Aufgaben der Kennzahlen

Kennzahlen sind hochverdichtete Maßgrößen, die als Verhältniszahlen oder absolute Zahlen in einer konzentrierten Form über einen zahlenmäßig erfassbaren Sachverhalt berichten. Es handelt sich um numerische Informationen, die die Struktur eines Unternehmens oder Teile davon sowie die sich in diesem Unternehmen vollziehenden wirtschaftlichen Prozesse und Entwicklungen ex post beschreiben oder ex ante bestimmen sollen (vgl. MERKLE, E. 1982, S. 325).

Die spezifische Form der Kennzahl soll es ermöglichen, komplizierte betriebliche Sachverhalte und Strukturen sowie Prozesse auf relativ einfache Weise abzubilden, um damit einen möglichst schnellen und umfassenden Überblick zu gewährleisten. Dies gilt insbesondere für Führungsinstanzen, die mit Unterstützung von Kennzahlen der internen Betriebsanalyse ihre Kontroll- und Steuerungsaufgaben wahrzunehmen haben.

Kennzahlen als Entscheidungshilfe

Ganz allgemein sind Kennzahlen als ein rechentechnisches Mittel aufzufassen, das bei der Lösung von Entscheidungsproblemen verschiedenster Art (vgl. hierzu auch EBERLE, R. 2001, S. 168) zur Quantifizierung, aber auch zur Qualifizierung von Informationen beitragen kann (vgl. HEINEN, E. 1976, S. 147). Die Konstruktion dieser betriebswirtschaftlichen Kennzahlen hängt entscheidend vom jeweiligen Informationsbedarf des Analysten bzw. Entscheidungsträgers ab.

Auf der Grundlage einer mathematisch-statistischen Abgrenzung können Kennzahlen als absolute und relative Zahlen klassifiziert werden.

Übersicht 4: Zur Einteilung von Kennzahlen

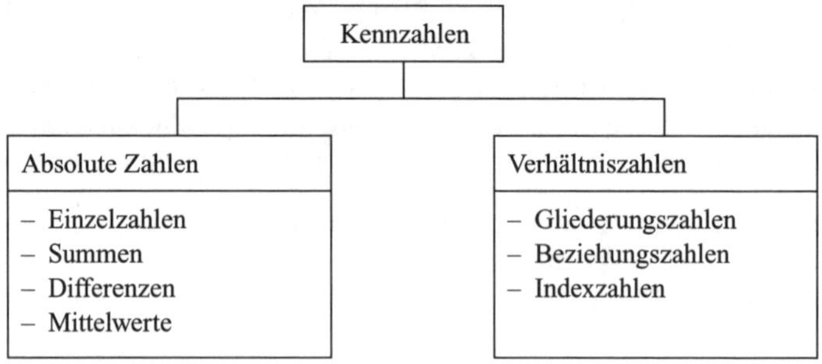

1.1 Absolute Zahlen

Begriff der Grundzahl

Absolute Zahlen – auch Grundzahlen genannt – geben an, aus wie vielen Elementen eine näher bezeichnete Menge besteht. Diese Grundzahlen wiederum können in Einzelzahlen, Summen, Differenzen und Mittelwerte unterteilt werden.

Kennzahleneigenschaft

Lange Zeit wurde die Diskussion darüber geführt, ob absolute Zahlen überhaupt Kennzahleneigenschaft haben, d.h. einen eigenen besonderen Erkenntniswert besitzen. Dabei wurde die Kennzahleneigenschaft mit der Begründung in Frage gestellt, dass man nur mehrere Zahlen untereinander vergleichen könne und lediglich durch einen Vergleich eine Urteilsbildung möglich sei. LACHNIT (L. 1979, S. 160) weist in diesem Zusammenhang zutreffend darauf hin, dass der Vorgang eines Vergleichs keinesfalls identisch mit dem Bilden von Verhältniszahlen ist. Als Beispiel soll die Kennzahl Preis angeführt werden, die als absolute Zahl beim Preisvergleich für bestimmte Produkte durchaus einen hohen Erkenntniswert besitzen kann.

Hier wird mit der herrschenden Meinung die Ansicht vertreten, dass die absolute Zahl durchaus eine Kennzahl sein kann. Es steht außer Frage, dass z. B. die Größen Umsatzerlöse, Cashflow, Bilanzsumme und Wertschöpfung wichtige Kennzahlen darstellen und es sich auch hierbei um betriebswirtschaftlich bedeutsame Daten mit Erkenntniswert handelt (vgl. HOFMANN, R. 1977, S. 207).

1.2 Relative Zahlen

Begriff der Verhältniszahl

Relative Zahlen – auch Verhältniszahlen genannt – entstehen dadurch, dass zwei absolute Zahlen in Quotientenform zueinander in Beziehung gesetzt werden. Sie geben also die Relation zweier aufeinander bezogener Größen an. Bei der Bildung dieser Verhältniszahlen ist das so genannte Entsprechungsprinzip zu beachten. Es beschreibt den nahezu selbstverständlichen Sachverhalt, dass die Komponenten einer Kennzahl in einem sinnvollen inneren Zusammenhang stehen müssen. Oder: Die in einer Kennzahl verwendeten Größen müssen sich entsprechen, denn von der jeweiligen sachlogischen Beziehung hängt der Erkenntniswert einer Kennzahl ab. Daher ist in diesem Zusammenhang der »Parallelismus von Sach- und Zahlenlogik« (Flaskämper, P. 1928, S. 15) zu beachten.

Vorteile

Der wesentliche Vorteil von Verhältniszahlen ist in der Möglichkeit zu sehen, die Bedeutung einzelner Größen in Relation zu anderen Sachverhalten aufzuzeigen. Erst durch die Bildung von Verhältniszahlen wird der Gehalt einer absoluten Zahl aussagekräftig (vgl. Littkemann, J./Krehl, H. 2000, S. 20). Ein weiterer wichtiger Vorteil liegt darin, dass Verhältniszahlen keine Rückschlüsse auf die absolute Höhe der Ausgangsdaten erlauben (vgl. März, T. 1983, S. 12) und somit die Angabe von Verhältniszahlen auch dann möglich ist, wenn die Ursprungsdaten in ihrer absoluten Höhe nicht bekannt gegeben werden dürfen und gleichwohl ein Vergleich angestellt werden soll.

Verhältniszahlen können ihrerseits in Gliederungs-, Beziehungs- und Indexzahlen unterteilt werden.

Gliederungszahlen

(1) Gliederungszahlen zeichnen sich dadurch aus, dass die Größe im Zähler des Quotienten ein Bestandteil des Nenners ist. Gliederungszahlen geben damit die Teilgröße im Verhältnis zur begrifflich übergeordneten Gesamtgröße an. Gliederungszahlen erscheinen meist in Form von Prozentzahlen und dienen vornehmlich dazu, Teilmengen der Gesamtmenge zu analysieren, z.B.

(F. 0.1)

$$\text{Eigenkapitalquote} = \frac{\text{Eigenkapital}}{\text{Gesamtkapital}} \times 100$$

Dieselbe Größe kann einmal Teil- und einmal Gesamtmenge sein. Die jeweilige Einordnung muss daher in Abhängigkeit von der relevanten Bezugsgröße gesehen werden. So ist einerseits das Eigenkapital eine Teilmenge des Gesamtkapitals. Andererseits ist das Eigenkapital die Gesamtmenge zur Teilmenge des gezeichneten Kapitals.

Von Bedeutung ist der Hinweis, dass der ungeschulte Analyst aus Gliederungszahlen falsche Schlussfolgerungen ziehen kann, sofern nicht auch die zugrunde liegenden absoluten Zahlen bekannt sind.

Die folgenden Jahresabschlusszahlen bzw. -relationen eines Unternehmens verdeutlichen beispielhaft dieses Problem:

	01 EURO absolut	02 EURO absolut	01 in % der Bilanzsumme	02 in % der Bilanzsumme
Anlagevermögen	300	220	60	55
Umlaufvermögen	200	180	40	45
Bilanzsumme	500	400	100	100

Obwohl – absolut gesehen – sowohl das Anlage- als auch das Umlaufvermögen abgenommen haben, könnte für den ungeschulten Leser leicht der Eindruck entstehen, dass nur das Anlagevermögen, nicht aber das Umlaufvermögen abgenommen hat. Deshalb sollten – falls vorhanden – möglichst auch die absoluten Größen in die Betrachtung einbezogen werden.

Beziehungszahlen

(2) Bei der Bildung von Beziehungszahlen hingegen werden verschiedenartige Gesamtheiten aufeinander bezogen, denen der oben dargestellte Teilmengencharakter fehlt. Wesentlich ist jedoch, dass die in Beziehung zueinander gesetzten Größen in einem sachlogischen Zusammenhang stehen (vgl. dazu COENENBERG, A.G. 2003, S. 935f.). Dies könnte bspw. eine Mittel-Zweck-Relation sein. So wird z.B. der Gewinn als verursachte Größe dem Gesamtkapital als verursachende Größe gegenübergestellt.

Indexzahlen

(3) Indexzahlen sind Messzahlen, die Daten in ihrer zeitlichen Veränderung dadurch übersichtlicher aufbereiten, dass der Anfangs-, Mittel- oder Endwert einer Reihe als Basiswert oder Grundzahl gleich 100 gesetzt wird und die übrigen Werte im Verhältnis dazu umgerechnet werden.

Bei Indexzahlen ist der so genannte Basiseffekt zu beachten. So können z.B. Schwankungen von Abschlussposten, die in ihrer absoluten Höhe relativ gering sind, durch eine kleine Basis sehr stark hervortreten (vgl. auch LEFFSON, U. 1984, S. 113). Daher sollte bei der Wahl der Basis ein repräsentativer Wert herangezogen werden, »um den Eindruck zu vermeiden, daß an sich ›normale Folgewerte‹ als außergewöhnlich erscheinen« (LITTKEMANN, J./KREHL, H. 2000, S. 21).

Das unten stehende Beispiel verdeutlicht diesen Zusammenhang:

	01 EURO	02 EURO	Diff. in EURO	Indexzahl, wenn 01 = 100
Kasse	10	30	20	300
Bank	200	300	100	150

2. Kennzahlensysteme

Bedeutung der Kennzahlensysteme

Kennzahlensysteme – auch als »Kennzahlenkombinationen« (BUCHNER, R. 1985, S. 36) bezeichnet – haben in der Wirtschaftspraxis eine große Bedeutung erlangt. Insbesondere sind diese Rechnungen in Großunternehmen weit verbreitet und haben dort ihren festen Stellenwert. Sie werden als Instrument der Unternehmensführung gleichermaßen für Zwecke der Planung, Steuerung und Kontrolle eingesetzt.

Ein Kennzahlensystem ist die Gesamtheit von auf logisch-deduktivem Weg geordneten Kennzahlen, die betriebswirtschaftlich sinnvolle Aussagen über Unternehmungen und/oder ihre Teile vermitteln (vgl. REICHMANN, T. 2001, S. 22 ff.). Kennzahlensysteme versuchen, die bislang beziehungslos nebeneinander stehenden Einzelkennzahlen in einem System von gegenseitig abhängigen und einander sich ergänzenden Kennzahlen als eine geordnete Gesamtheit zusammenzufassen (vgl. STAEHLE, W. 1975, S. 317). Auf diesem Weg werden die betriebswirtschaftlichen Interdependenzen von Einzelaussagen deutlich gemacht, um so die Qualität der Gesamtaussage wesentlich zu erhöhen.

Arten von Kennzahlensystemen

»Die genannten Beziehungen können systematischer, mathematischer oder empirischer Natur sein« (REICHMANN, T. 2001, S. 23, im Original z.T. fett). Ein systematischer Ansatz bildet die entscheidenden Unternehmensbereiche und ihre Interdependenzen ab, wobei das gesamte deduktiv aufgebaute Kennzahlensystem auf ein Oberziel ausgerichtet ist. Die Transformation zu einem mathematischen System (Rechensystem) erfolgt, indem die jeweiligen Verknüpfungen zwischen den Kennzahlen mittels quantifizierender Relationen dargestellt werden. Bei empirischen Systemen hingegen legt der Nutzer empirischen Beobachtungen folgend ein Realsystem zugrunde, das er für seine Zwecke modellhaft vereinfachend abbildet. Von einem empirisch-induktiv erstellten Kennzahlensysteminhalt wird dann gesprochen, wenn der Ersteller ein Modell zugrunde legt, »in das die intersubjektiv nachvollziehbaren Vorstellungen des Systemerstellers eingehen« (REICHMANN, T. 2001, S. 23).

Auf der Grundlage von Kennzahlensystemen wird versucht, auf relativ einfache Weise die Eindimensionalität der bloßen Kennzahlenanalyse zu einer »multidimensionalen Kennzahlensystemanalyse« (BUCHNER, R. 1985, S. 36) auszubauen.

So genannte (Insolvenz-)Prognosemodelle, die empirisch-induktiv vorgehen, auf mathematisch-statistischen Tests oder Auswahlverfahren basieren und in der Literatur teilweise auch als Kennzahlensysteme charakterisiert werden, sind hier nicht Gegenstand der Betrachtung.

2.1 Aufbau von Kennzahlensystemen

Notwendigkeit von Kennzahlensystemen

Mit Hilfe von einzelnen Kennzahlen kann sich der Adressat bzw. der Analyst schnell und einfach über bestimmte betriebliche Tatbestände informieren. Während z. B. bei der Bildung von Verhältniszahlen komplexe Sachverhalte und Zusammenhänge einerseits auf einen einzigen Quotienten reduziert werden, geht jedoch andererseits mit dieser konzentrierten Informationsvermittlung die Gefahr einher, dass wichtige Einzelheiten der zu beschreibenden Situation verloren gehen.

Maßnahmen im Rahmen der Strukturierung

Dieser Gefahr eines Informationsverlusts kann im Rahmen der Strukturierung von Kennzahlensystemen ganz oder zumindest teilweise durch eine rechentechnische Aufgliederung, Substitution oder Erweiterung einer einzelnen Kennzahl begegnet werden.

Aufgliederung

(1) Bei einer Aufgliederung (Zerlegung) werden der Zähler und/oder der Nenner in einzelne Bestandteile (Teilgrößen) der Gesamtgröße zerlegt.

Beispiel:
Die Umsatzerlösgröße kann in den Export- und Inlandsumsatz oder speziell im Rahmen der Konzernrechnungslegung in Außen- und Innenumsatzerlöse untergliedert werden.

Substitution

(2) Bei einer Substitution werden der Zähler und/oder der Nenner durch andere Größen erklärt (ersetzt), ohne dass die Kennzahl wertmäßig verändert wird.

Beispiel:
- Der Umsatz wird abgeleitet aus der Differenz zwischen den Entgelten und der Umsatzsteuer.
- Der Umsatz wird interpretiert als das Produkt von Absatzmenge und Preis.

Erweiterung

(3) Bei einer Erweiterung wird die Ausgangskennzahl im Zähler und im Nenner durch die gleiche Größe erweitert.

Beispiel:
Beim Quotienten Kapitalgewinn/Gesamtkapital werden Zähler und Nenner durch die Umsatzerlöse erweitert, sodass als Ergebnis die Umschlagshäufigkeit des Gesamtkapitals (Umsatzerlöse/Gesamtkapital) und die Umsatzrentabilität (Kapitalgewinn/Umsatzerlöse) als Hauptkomponenten des so genannten Return on Investment (kurz: ROI) abgeleitet werden.

Werden die genannten Formen der Aufgliederung, Substitution und Erweiterung von Kennzahlen rechentechnisch miteinander verknüpft, spricht man von Rechensystemen; stehen sie in einem bloßen Systematisierungszusammenhang zueinander, handelt es sich um Ordnungssysteme.

2.1.1 Rechensysteme

Aufbau von Rechensystemen

Rechensysteme fächern auf der Grundlage dieser drei Rechenvorgänge eine Ausgangskennzahl (Spitzen- oder Primärkennzahl) in zwei oder mehr Unterkennzahlen auf, indem diese sodann in weiter nachgelagerte Unterkennzahlen zerlegt werden. Die Ausgangs- oder Spitzenkennzahl eines Kennzahlensystems soll innerhalb des Systems die wichtigste Aussage vermitteln, wobei sie nach Aufgliederung, Substitution oder Erweiterung selbst nicht zur Erklärung anderer Kennzahlen herangezogen wird. Auf diesem Weg wird eine regelmäßig hierarchisch und pyramidenförmig gestaffelte Kennzahlenordnung – wie im Du Pont-System umgesetzt – abgeleitet. Schematisch lässt sich die Ableitung eines Rechensystems aus der Spitzenkennzahl A:B z. B. wie in Übersicht 5 darstellen.

Übersicht 5 zeigt, dass jede einzelne Kennzahl eines rechentechnischen Kennzahlensystems als rechnerisches Ergebnis vorgelagerter oder als rechnerische Einflussgröße auf nachgelagerte Kennzahlen abgebildet werden kann und somit exakt der Ursache-Wirkungs-Zusammenhang zwischen den jeweiligen Stufen des Kennzahlensystems erkennbar wird (vgl. SCHENK, H. 1939, S. 25 f.).

Übersicht 5: Aufbau eines Rechensystems

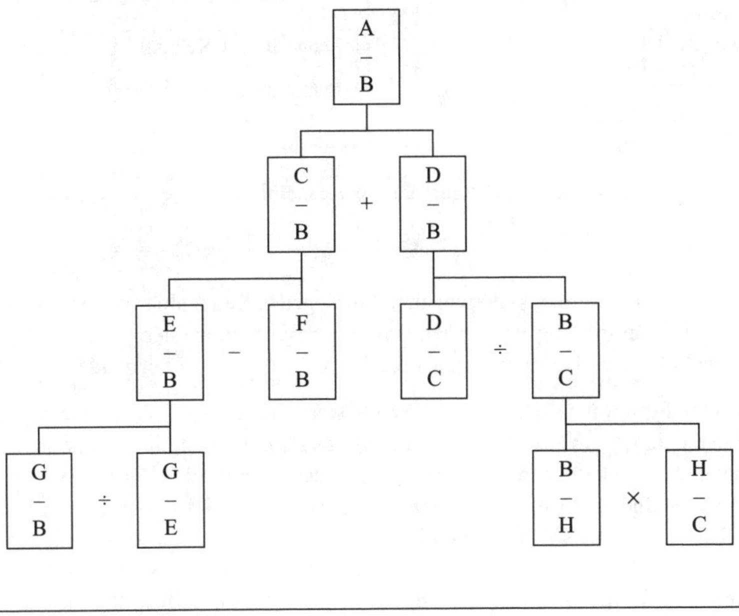

EDV-Einsatz möglich

Diese rechentechnische Verknüpfung sichert gleichzeitig die Programmierbarkeit dieses Typs von Kennzahlensystemen und ermöglicht damit auch den rationalisierenden Einsatz der EDV.

2.1.2 Ordnungssysteme

Wird die rechentechnische Verknüpfung der einzelnen Systemelemente als ein konstitutives Begriffsmerkmal von Kennzahlensystemen aufgegeben, ist damit die zweite Form eines Kennzahlensystems angesprochen. Es wird als sachlogisch strukturiertes Kennzahlen- oder Ordnungssystem bezeichnet.

Übersicht 6: Aufbau eines sachlogisch strukturierten Kennzahlensystems

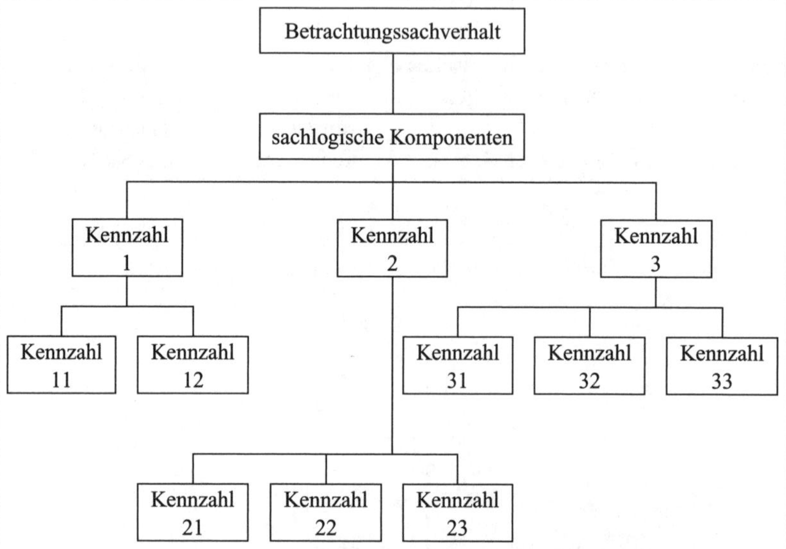

In der Literatur werden synonym auch die Begriffe Kennzahlensystematik oder Kennzahlenanordnung verwendet, um bei dieser Kennzahlengesamtheit ganz offensichtlich die Bezeichnung als ein System bewusst zu vermeiden.

Struktur von Ordnungssystemen

In dieser Form eines Kennzahlensystems werden die einzelnen Elemente, also die verschiedenen Einzelkennzahlen, in unterschiedlichen, durch betriebswirtschaftliche Sachzusammenhänge miteinander verknüpften Gruppen erfasst, ohne dass eine quantifizierbare Beziehung zwischen den Elementen hergestellt wird. So kann eine solche sachlogische Systematisierung der Kennzahlen nach den spezifischen Unternehmensfunktionen oder – wie im ZVEI-System praktiziert – nach den Gruppen Rentabilität, Ergebnisbildung, Kapitalstruktur und Kapitalbindung erfolgen. Mit dieser Darstellungsweise wird ein bestimmter Sachverhalt durch mehrere gleich geordnete und/oder unter- bzw. übergeordnete Kennzahlen abgebildet.

Ebenso wie beim Rechensystem kann auch hier, wie Übersicht 6 zeigt, ein Systembild erstellt werden. Der Unterschied zum Rechensystem liegt allein darin, dass die Rechenoperatoren zwischen den einzelnen Elementen fehlen (vgl. LACHNIT, L. 1979, S. 30f.).

Merksätze:

1. Die Kennzahlenrechnung ist das in der Analysepraxis vorherrschende Analyseinstrument.
2. Kennzahlen stellen komplizierte betriebliche Sachverhalte und Prozesse in stark konzentrierter Form dar und bieten somit eine Entscheidungshilfe bei Problemen verschiedenster Art. Es kann zwischen absoluten und relativen Kennzahlen unterschieden werden. Letztere lassen sich wiederum in Gliederungs-, Beziehungs- und Indexzahlen unterteilen.
3. Ein Kennzahlensystem ist die Gesamtheit von auf logisch-deduktivem Weg geordneten Kennzahlen, die betriebswirtschaftlich sinnvolle Aussagen über Unternehmungen und/oder ihre Teile vermitteln. Die einzelnen Kennzahlen sind entweder rechentechnisch miteinander verknüpft (= Rechensystem) oder stehen in einem bloßen Systematisierungszusammenhang zueinander (= Ordnungssystem).

2.2 Beispiele von Kennzahlensystemen

Stellvertretend für die Vielzahl der in der Wirtschaftspraxis angewandten Kennzahlensysteme sollen hier das Du Pont-, das ZVEI- und das RL-Kennzahlensystem skizziert werden.

2.2.1 Das Du Pont-Kennzahlensystem

Dieses wohl älteste und allgemein bekannteste Kennzahlensystem – auch als Grund- oder Basismodell eines Kennzahlensystems bezeichnet – verwendet die E. I. DU PONT DE NEMOURS AND COMPANY, Wilmington, Delaware, bereits seit 1919 (vgl. Übersicht 7).

Anwendungsbereich

Das Du Pont-Kennzahlensystem (vgl. E. I. DU PONT DE NEMOURS AND COMPANY 1959), das in der Wirtschaftspraxis häufig das Grundgerüst für ein umfassendes Planungs- und Kontrollinstrument bildet, bezieht sich bei DU PONT nicht nur auf die Unternehmung als Ganzes. Vielmehr hat es hier eine weitaus größere Bedeutung erlangt, indem die Kennzahlen auch für einzelne Produktgruppen (Industrial Departments, Sparten, Divisions) ermittelt werden.

Diese Departments, die sich ihrerseits in die vier betrieblichen Hauptfunktionen Produktion, Verkauf, Forschung und Kontrolle untergliedern, werden jeweils von einem Generalmanager geleitet (Matrixorganisation). Sie sind demnach für die Funktionsbereiche der Beschaffung, der Produktion und des Absatzes innerhalb ihres Departments, die jeweils Profit-Center i. S. e. selbstständigen Erfolgsquelle darstellen, voll verantwortlich (= Unit of Responsibility). Fragen der Finanzierung und Liquidität sowie der gewinnabhängigen Steuerpolitik betreffen allein den Verantwortungsbereich der Konzernleitung. Dies erklärt auch, warum das Du Pont-System keine Kennzahlen zu diesen Bereichen enthält.

ROI als Spitzenkennzahl

Das Du Pont-System ist als Rechensystem konzipiert und hat somit die Gestalt einer Kennzahlen-Pyramide (Du Pont-Tree oder ROI-Tree). Als Spitzenkennzahl verwendet das Du Pont-System den ROI, im deutschsprachigen Raum auch als Kapitalrentabilität oder als Ertrag aus investiertem Kapital bezeichnet. Ganz allgemein kann der ROI als relativierter Gewinn aufgefasst werden, der mit Hilfe eines bestimmten Kapitaleinsatzes erzielt wird. Durch Erweiterung der ROI-Formel mit dem Umsatz im Zähler und im Nenner (vgl. Übersicht 7) werden die eigenständigen Kennzahlen der Umsatzrentabilität (Umsatzgewinnrate) sowie der Umschlagshäufigkeit des Gesamtkapitals (Kapitalumschlag) gebildet.

Strukturierung der nachfolgenden Ebenen

Durch diese Erweiterung der Spitzenkennzahl werden leicht überschaubar Wege bzw. Ansatzpunkte aufgezeigt, wie die ROI-Kennzahl verbessert werden kann. Dies kann einerseits durch eine Verbesserung des Kapitalumschlags erfolgen, indem eine Erhöhung des Umsatzes und/oder eine Senkung des investierten Kapitals vorgenommen wird. Andererseits ist auch eine Verbesserung der Umsatzrentabilität möglich.

Nach diesen drei Spitzenkennzahlen werden im Du Pont-System keine Verhältniszahlen, sondern nur noch absolute Größen verwendet. Sie dienen im Einzelnen der Ertrags-, Aufwands-, Vermögens- und Kapitalanalyse.

Übersicht 7: Eine Variante des Du Pont-Kennzahlensystems

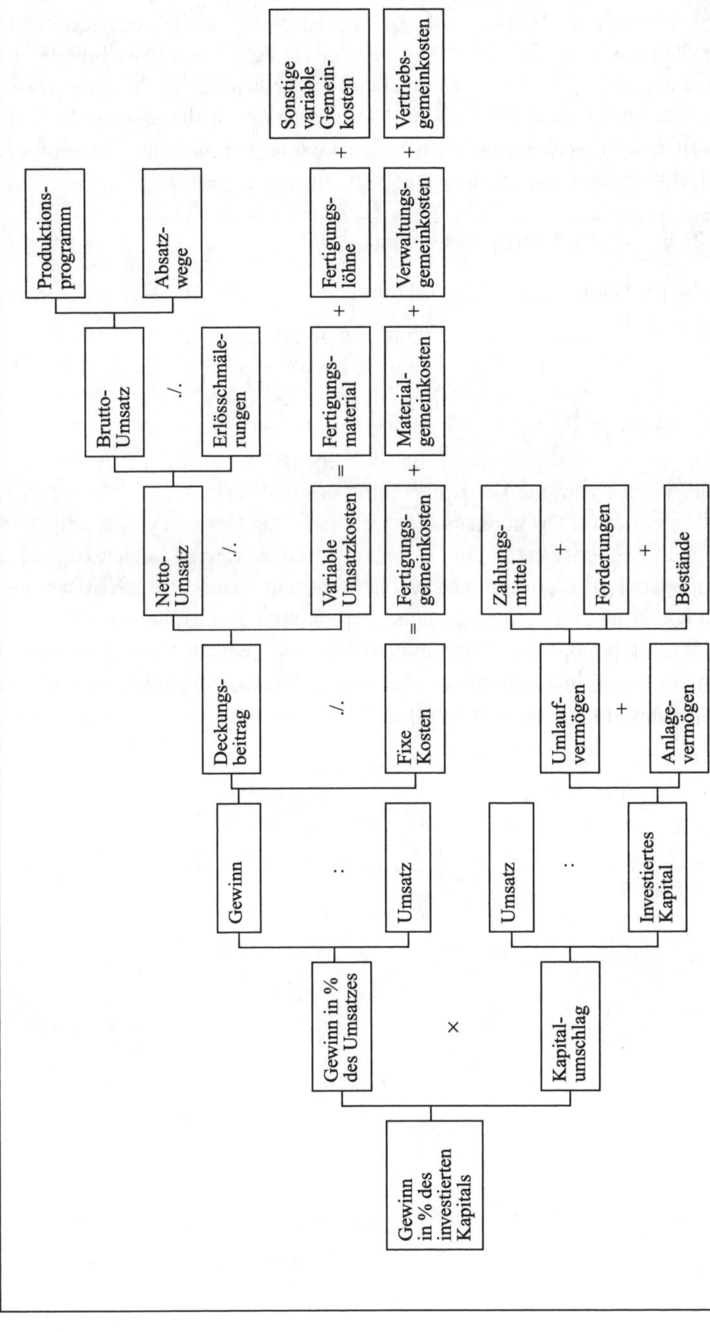

Schaubildhafte Darstellung

Bei der formellen Aufbereitung des Kennzahlensystems bedient sich Du Pont der Gestaltungsform eines Schaubilds. Es werden für jedes Department so genannte Control-Charts verwendet, die schaubildhaft die Entwicklung von Kennzahlen darstellen und ihrerseits wiederum Bestandteil des gesamten Summary Du Pont Set of Charts-Systems sind. Diese Charts bzw. Tabellen umfassen zunächst Ist-Kennzahlen, welche die jeweils aktuelle Situation widerspiegeln. Darüber hinaus werden die Ist-Kennzahlen für die letzten fünf Jahre ermittelt und schließlich werden in den Unterlagen auch die Soll-Kennzahlen nach dem Budget aufgeführt.

2.2.2 Das ZVEI-Kennzahlensystem

2.2.2.1 Aufbau

Struktur und Anwendungsbereich

Das vom Zentralverband Der Elektrotechnischen Industrie e.V., Frankfurt/Main, erstmalig im Jahr 1970 vorgestellte ZVEI-System, das aufgrund seines erheblichen Umfangs in der Übersicht 8 lediglich in seinem schematischen Aufbau abgebildet wurde, ist offensichtlich ein in Deutschland sehr bekanntes Kennzahlensystem. Es ist – ebenso wie das Du Pont-System – als Kennzahlen-Pyramide konzipiert und vereinigt die Merkmale eines gemischten Rechen- und Ordnungssystems in sich. Das Gesamtsystem ist grundsätzlich ein Rechensystem. Die Hauptkennzahlen können gleichwohl als Ordnungssystem interpretiert werden. Obwohl von einem Wirtschaftsfachverband entwickelt, ist dieses Kennzahlensystem branchenneutral anwendbar und wird folglich – zum Teil mit Anpassungen an die Gegebenheiten anderer Branchen oder auch einzelner Unternehmen – von Unternehmungen der verschiedensten Wirtschaftszweige mit großem Erfolg eingesetzt.

Übersicht 8: ZVEI-Kennzahlen

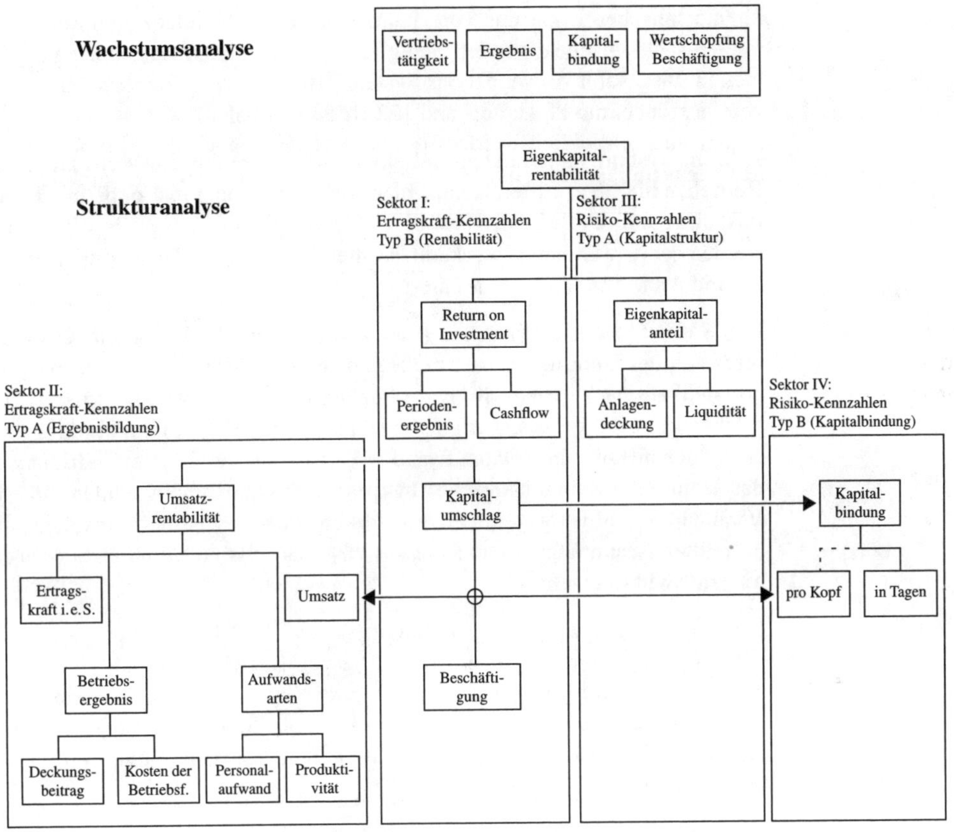

Als Spitzenkennzahl, welche die betriebswirtschaftlich wichtigste Aussage des gesamten Kennzahlensystems in konzentrierter Form vermitteln soll, wählt das ZVEI-System – wenn auch mit einer wenig überzeugenden Begründung – die Eigenkapitalrentabilität.

Eigenkapitalrentabilität als Spitzenkennzahl

Das System enthält Verhältniszahlen und absolute Größen, greift sowohl auf Angaben des handelsrechtlichen Jahresabschlusses als auch auf Daten aus der Kosten- und Leistungs- sowie der internen Ergebnisrechnung zurück und verwendet gleichzeitig Wert- und Mengengrößen. Da diese Informationen vielfach nur dem internen Rechnungswesen zu entnehmen sind, erklärt dies auch, warum eine vollständige Anwendung des ZVEI-Systems dem externen Analytiker nicht möglich ist und damit allein unternehmensinternen Zwecken vorbehalten bleibt.

Informationsquellen

Verfahrensweise

Das ZVEI-Kennzahlensystem unterteilt die Systemelemente in Haupt- und Hilfskennzahlen. Hauptkennzahlen führen den analytischen Gedankengang fort und bedürfen einer weiteren Analyse, während Hilfskennzahlen zur rechentechnischen Erklärung von Hauptkennnzahlen herangezogen werden und keinen sachlogischen, sondern lediglich einen formalen Zusammenhang herstellen. Insgesamt verwendet das System 210 (!) einzelne Kennzahlen; es handelt sich dabei um 88 Haupt- und 122 Hilfskennzahlen.

Alle im System verwendeten und zuvor auf ihre praktische Relevanz in den Betrieben hin überprüften Kennzahlen werden auf einem besonderen Definitionsbogen unter Angabe des jeweiligen Kennzahlentitels exakt bestimmt. Hier werden der Anwendungszweck, die Formel selbst und der Formelinhalt eindeutig und leicht verständlich definiert.

Unternehmenswachstum und -struktur

Das ZVEI-System umfasst die Analysekategorien des Unternehmenswachstums und der Unternehmensstruktur und stellt zunächst mit der Beobachtung der Indikatoren Vertriebstätigkeit (Auftragsbestand, Umsatz), Ergebnis (umsatzbezogenes Ergebnis, Periodenergebnis, Cashflow), Kapitalbindung (Vorräte, Sachanlagen, Personalaufwand), Wertschöpfung und Beschäftigung auf das Unternehmenswachstum ab. In diesem Zusammenhang finden auch die Veränderungszahlen gegenüber dem vorhergehenden Zeitraum bzw. Zeitpunkt besondere Beachtung, um auf diesem Weg das relative Unternehmenswachstum sichtbar zu machen.

Strukturanalyse

Die Strukturanalyse bildet den Hauptteil des ZVEI-Kennzahlensystems. Sie soll die Unternehmenseffizienz mit Hilfe von Beziehungs- und Gliederungszahlen analysieren und grenzt den gesamten Analysebereich nach vier Untergruppen (= so genannte Analysesektoren) ab, die ihrerseits wiederum die Rentabilität, Ergebnisbildung, Kapitalstruktur und Kapitalbindung zum Gegenstand der Untersuchung machen.

Die Analyse der Rentabilität (so genannte Ertragskraft-Kennzahlen vom Typ B) erfolgt insofern, als der ROI einmal hinsichtlich des Periodenergebnisses und zum anderen unter dem Gesichtspunkt des Cashflows analysiert wird. Die Analyse der Kapitalstruktur (so genannte Risiko-Kennzahlen vom Typ A) betrachtet den Eigenkapitalanteil unter den Aspekten der Anlagendeckung und der Liquidität. Im Rahmen der Analyse der Ergebnisbildung (so genannte Ertragskraft-Kennzahlen vom Typ A) erfolgt eine Zerlegung des Periodenergebnisses in die Umsatzrentabilität, die ihrerseits wiederum in ihre Komponenten Ertragskraft im engeren Sinne, Betriebsergebnis (Deckungsbeitrag, Kosten der Betriebsfunktionen) sowie Aufwandsarten (Personalaufwand, Produktivität) untergliedert und in den Kapitalumschlag überführt wird. Die Analyse der Kapitalbindung (so genannte Risiko-Kennzahlen vom Typ B) schließlich formt den Kapitalumschlag und die Kapitalbindungszeit um.

2.2.2.2 Aufgaben

Ausgehend von der Grundannahme, dass Kennzahlen Schlüsselfunktionen bei einer systematischen Kontrolle der Geschäftsentwicklung, der Konzipierung notwendiger Anpassungsmaßnahmen und für die kurz-, mittel- und langfristige Planung übernehmen können, versteht sich das ZVEI-System zugleich als analytisches Instrument und als Planungsinstrument.

Instrument der Unternehmensanalyse

Als Instrument der Unternehmensanalyse finden sowohl der Zeit- als auch der Betriebsvergleich Anwendung. Das Kennzahlensystem ist als analytisches Instrument auf sachliche Feststellungen hin ausgelegt. Eine Wertung kann deshalb nur im Verhältnis zur unternehmerischen Zielsetzung, also außerhalb des Kennzahlensystems, erfolgen. Das ZVEI-Kennzahlensystem will als analytisches Instrument »nicht beunruhigen oder beruhigen, sondern es will den Betrachter mit der Frage konfrontieren, ob die Verhältnisse mit den Unternehmenszielen übereinstimmen« (Betriebswirtschaftlicher Ausschuss Des Zentralverbandes Der Elektrotechnischen Industrie e. V. 1989, S. 36).

Planungsinstrument

Als Planungsinstrument will das ZVEI-Kennzahlensystem einen Vergleich der tatsächlichen Effizienz eines Unternehmens mit seinen Zielvorstellungen anstellen. Dabei gibt es den unternehmerischen Zielsetzungen durch Plangrößen zahlenmäßig fassbaren Inhalt. In diesem Sinne versteht das ZVEI-System Planung als Konstruktion einer gedachten Effizienz (Planziele), die mit den allgemeinen Zielsetzungen (die nicht in der Effizienz selbst bestehen, sondern diese zur Voraussetzung haben) abgestimmt ist. Der Planungsvorgang selbst vollzieht sich in den nachfolgenden sechs Schritten:

(1) Planung der Hauptkennzahlen,
(2) Abstimmung der Hauptkennzahlen untereinander,
(3) Berechnung der Hilfskennzahlen,
(4) Abstimmung der Hauptkennzahlen mit den Hilfskennzahlen,
(5) Auswahl und Planung der Ausgangs-Plangröße (absolute Zahl),
(6) Berechnung und Abstimmung der übrigen absoluten Zahlen.

2.2.3 Das RL-Kennzahlensystem

2.2.3.1 Aufgaben

Grundannahmen

Ausgehend von den Grundannahmen, dass

(1) die Informationen aus dem betrieblichen Rechnungswesen nur zu einem Teil unmittelbar für unternehmerische Führungsaufgaben geeignet sind,

(2) die Rechnung mit Kennzahlen und Kennzahlensystemen auf einem theoretisch recht unbefriedigenden Niveau steht,

(3) zwar verschiedene Kennzahlensysteme erarbeitet worden sind, wobei aber keines hinreichend auf die Aufgabe zugeschnitten ist, ein Führungsinstru-

ment zu sein, weil sie entweder unvollständig oder nicht komprimiert worden sind,

entwickelten REICHMANN/LACHNIT das so genannte Rentabilitäts-Liquiditäts-Kennzahlensystem (kurz RL-System).

Planungs- und Kontrollinstrument

REICHMANN/LACHNIT betrachten das RL-System als ein flexibles und bedeutendes Planungs- und Kontrollinstrument, welches in Umfang und Inhalt gezielt auf die Erfordernisse der unternehmerischen Erfolgs- und Liquiditätssteuerung zugeschnitten ist und in konzentrierter Form über die für die Unternehmensführung wichtigen Sachverhalte, wie z. B. Rentabilität, Liquidität, Erfolgsquellen oder Unternehmensstruktur, berichten soll (vgl. REICHMANN, T./LACHNIT, L. 1976, S. 723).

Erfolg und Liquidität als zentrale Kenngrößen

Das RL-Kennzahlensystem ist als unternehmensinternes Instrument konzipiert, das zur Lenkung des Gesamtunternehmens benutzt werden kann. Es betrachtet gleichrangig den Erfolg und die Liquidität als zentrale Kenngrößen des Steuerungssystems und trägt damit auch dem Umstand Rechnung, dass die Aufrechterhaltung der jederzeitigen Zahlungsfähigkeit eine unerlässliche Voraussetzung für den Bestand jedes Unternehmens ist. Es führt unter anderem deshalb bereits zu einer bedeutenden Weiterentwicklung der Kennzahlenrechnung, weil die bisherigen Kennzahlensysteme zu einseitig auf die Rentabilität ausgerichtet sind und den Liquiditätsgesichtspunkt stark oder gänzlich vernachlässigen.

Das RL-Kennzahlensystem bedient sich der Instrumente des Soll-Ist-Vergleichs sowie des Zeitvergleichs und ermittelt die einzelnen Kennzahlen teilweise für jährliche, vierteljährliche, monatliche oder wöchentliche Analysezeiträume.

2.2.3.2 Aufbau

Struktur

Das RL-Kennzahlensystem (vgl. Übersicht 9) setzt sich aus insgesamt 39 Kennzahlen zusammen und verwendet sowohl Verhältniszahlen als auch absolute Zahlen aus dem externen und internen Rechnungswesen. Es ist ein Ordnungssystem, da die einzelnen Elemente des Kennzahlensystems nicht rechentechnisch, sondern sachlogisch miteinander verbunden sind, und besteht aus einem allgemeinen Teil, der von der Unternehmensleitung in jedem Fall zur laufenden Planung, Steuerung und Kontrolle benötigt wird, und einem Sonderteil, der jene Kennzahlen enthält, die firmenspezifisch zur Ergänzung der laufenden Grundlagen benötigt werden.

Spitzenkennzahlen des allgemeinen Teils

Der allgemeine Teil des Kennzahlensystems beginnt mit den Spitzenkennzahlen ordentliches Ergebnis und liquide Mittel. Das ordentliche Ergebnis als Ausgangskennzahl des Rentabilitätsteils wird als zentrale Erfolgsgröße betrachtet, die den tendenziell nachhaltigen Erfolg aus Leistungs- und Finanzaktivitäten verkörpert und sich planen und monatsweise vorgeben lässt.

Rentabilitätsteil

Dem ordentlichen Ergebnis sind sodann die Gesamtkapitalrentabilität, die Kapitalumschlagshäufigkeit und die Umsatzrentabilität nachgeordnet. Während sich Kapitalrentabilitäten nur für eine jährliche Vorgabe und Kontrolle eignen, da der Betrag des im Unternehmen investierten Kapitals nicht ohne umfangreiche zusätzliche Erhebungen kurzfristig festzustellen ist, können die Umsatzrentabilität und Teile der Kapitalumschlagshäufigkeit kurzfristig ermittelt werden.

Die Umsatzrentabilität gibt an, wie viel betriebsbedingter Gewinn je Einheit Umsatz erzielt wird, und bringt zum Ausdruck, wie gut das Unternehmen seine Leistungen am Markt verkaufen und wie kostengünstig es diese herstellen konnte. Die Kapitalumschlagshäufigkeit ist ein Ausdruck dafür, wie intensiv die Vermögensgegenstände genutzt werden, und lässt erkennen, wie oft das betriebsbedingte Kapital umgeschlagen worden ist.

Liquiditätsteil

Als Spitzenkennzahl des Liquiditätsteils gibt die absolute Größe liquide Mittel den Betrag an Geld und geldnahen Beständen an, den die Unternehmung aufgrund ihrer Umsatz- und Aufwandsplanung zur Abwicklung und Sicherung des betrieblichen Geschehens benötigt. Diesen liquiden Mitteln sind der Cashflow und das Working Capital nachgeordnet. Der Cashflow wird als Finanz- und Erfolgsindikator betrachtet. Er gibt an, in welchem Umfang die Unternehmung aus eigener Kraft durch ihre betriebliche Umsatztätigkeit finanzielle Mittel erwirtschaften kann bzw. konnte. Das Working Capital als Differenz von Umlaufvermögen und kurzfristigen Verbindlichkeiten besagt im Fall einer positiven Größe, dass die kurzfristigen Verbindlichkeiten durch Vermögensteile abgedeckt sind, die Geld sind oder in ungefähr gleicher Zeit zu Geld werden.

Bedeutung und Struktur des Sonderteils

Im Sonderteil des Kennzahlensystems stellen REICHMANN/LACHNIT jene Zahlenangaben zusammen, die firmenindividuell, z.B. in Abhängigkeit von der Branche, Unternehmensstruktur oder speziellen Marktsituationen, und zur Ergänzung der Kennzahlen des allgemeinen Teils erforderlich sind. Auch im Sonderteil werden Zahlen zur vertiefenden Analyse der Einflussfaktoren von Rentabilität und Liquidität angeschlossen und reichen hier von Umsatzanteilen einzelner Artikel über Preisobergrenzen für die wichtigsten Einsatzmaterialien bis hin zu einer Deckungsbeitragsanalyse.

Übersicht 9: Rentabilitäts- und Liquiditäts-Kennzahlensystem (RL-System)

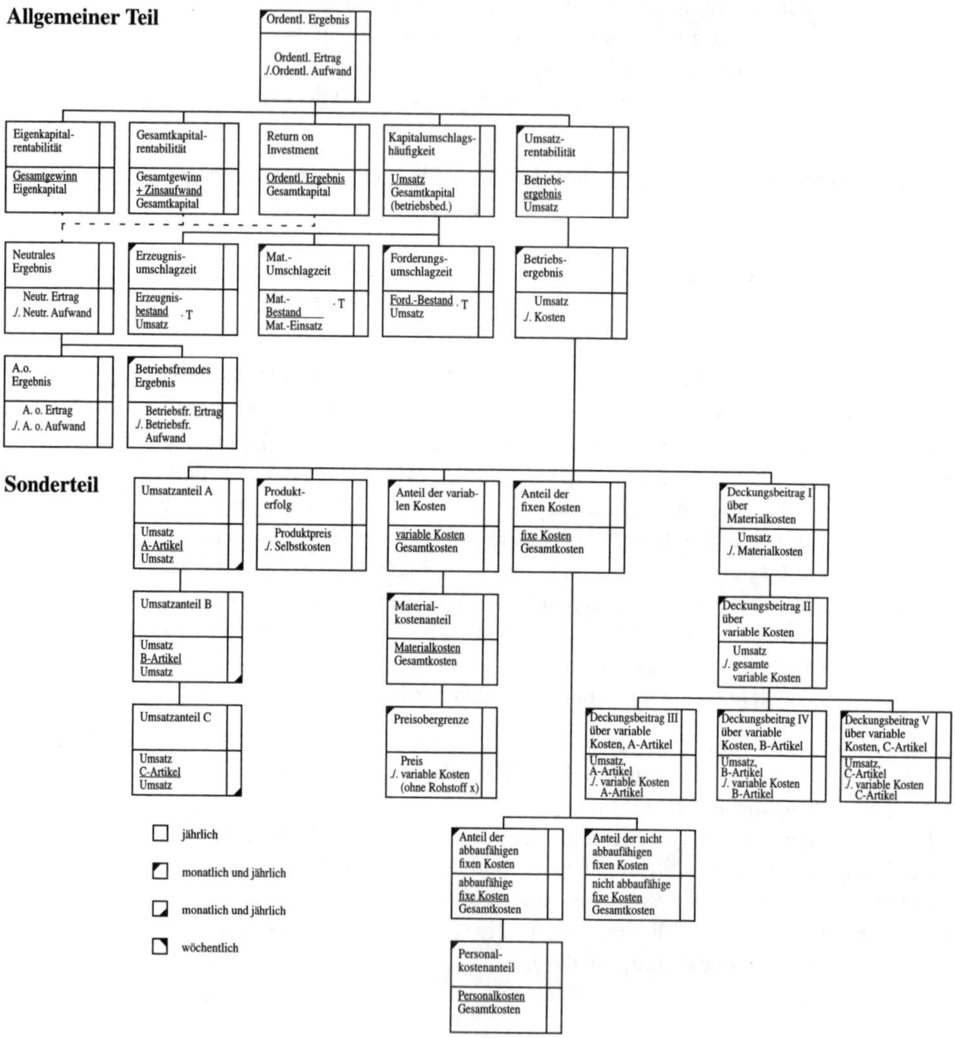

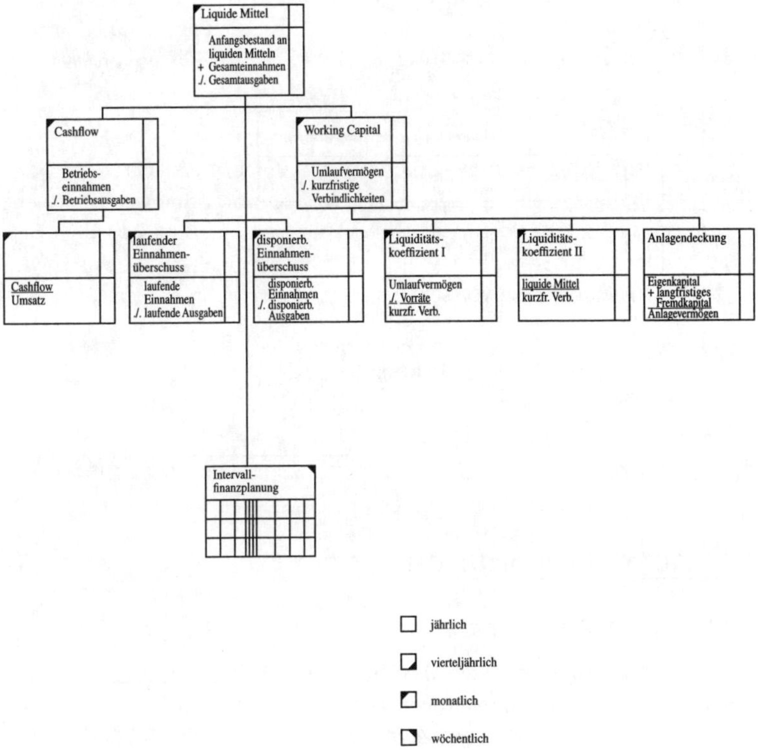
Liquide Mittel
Anfangsbestand an liquiden Mitteln
+ Gesamteinnahmen
./. Gesamtausgaben
Cashflow
Betriebs-einnahmen
./. Betriebsausgaben
Working Capital
Umlaufvermögen
./. kurzfristige Verbindlichkeiten
Cashflow
Umsatz
laufender Einnahmen-überschuss
laufende Einnahmen
./. laufende Ausgaben
disponierb. Einnahmen-überschuss
disponierb. Einnahmen
./. disponierb. Ausgaben
Liquiditäts-koeffizient I
Umlaufvermögen
./. Vorräte
kurzfr. Verb.
Liquiditäts-koeffizient II
liquide Mittel
kurzfr. Verb.
Anlagendeckung
Eigenkapital
+ langfristiges Fremdkapital
Anlagevermögen
Intervall-finanzplanung
jährlich
vierteljährlich
monatlich
wöchentlich

Merksätze:

1. Das Du Pont-Kennzahlensystem stellt, in Gestalt einer Kennzahlen-Pyramide, ein Rechensystem dar, das als Spitzenkennzahl den ROI verwendet. Es dient der Aufwands-, Ertrags-, Vermögens- und Kapitalanalyse.
2. Das ZVEI-Kennzahlensystem ist ebenfalls als Kennzahlen-Pyramide konzipiert und vereinigt die Merkmale eines gemischten Rechen- und Ordnungssystems in sich. Als Spitzenkennzahl fungiert die Eigenkapitalrentabilität. Das ZVEI-System umfasst die Analysekategorien des Unternehmenswachstums und der Unternehmensstruktur und wird zur Unternehmensanalyse sowie als Planungsinstrument eingesetzt.
3. Das RL-Kennzahlensystem dagegen ist ein Ordnungssystem, das gleichrangig den Erfolg (Rentabilitätsteil) und die Liquidität (Liquiditätsteil) als zentrale Kenngrößen betrachtet. Es findet Einsatz als Planungs- und Kontrollinstrument.

3. Auswertungsmethoden

3.1 Statische Analyse

Keine Berücksichtigung des Faktors Zeit

Die statische Analyse – auch als »Einzelanalyse« (KUSSMAUL, H. 1984, S. 149) bezeichnet – bezieht nur Größen des betrachteten Unternehmens in die Auswertung ein, die den gleichen Zeitpunkt oder die gleiche Zeitperiode betreffen. Es handelt sich bei der Analyse der Beständebilanz um eine Zustands- oder Momentaufnahme des wirtschaftlichen Geschehens, bei der der Zeitablauf unberücksichtigt bleibt. Bei der Gewinn- und Verlustrechnung werden nur die Daten einer einzigen (derselben) Periode in die Analyse einbezogen. Diese statische Analyse ist der Ausgangspunkt für die Bildung von Kennzahlen und liefert gewissermaßen das Handwerkszeug für weiter gehende analytische Betrachtungen.

Notwendigkeit eines Vergleichsmaßstabs

Die statische Analyse reicht aber regelmäßig nicht aus, um bestimmte Informationen hinreichend werten zu können. Denn es fehlt ein Maßstab, an dem die einzelnen Bilanzposten der Höhe nach und die Werte der einzelnen Kennzahlen gemessen werden können. Da die Mehrzahl der Kennzahlen erst durch einen sinnvollen Vergleich mit anderen Kennzahlen Bedeutsamkeit und Aussagekraft erhält, wird die Kennzahlenrechnung in der betrieblichen Praxis in einem zweiten Schritt grundsätzlich als Vergleichsrechnung ausgestaltet.

Zu Recht betont GRÄFER (H. 2001, S. 44) daher, dass Bilanzanalyse »immer explizit oder implizit einen Vergleichsvorgang« beinhaltet, denn eine Kennzahl kann erst durch die Gegenüberstellung mit normativen Richtwerten oder empirisch abgeleiteten Kenngrößen eine eigene Aussagequalität erlangen. Und schließlich ist gerade in diesem Zusammenhang zutreffend festzustellen, dass der einzelne Jahresabschluss ein überaus schlechtes Informationsinstrument zur Vermittlung entscheidungsrelevanter Daten ist (vgl. BALLWIESER, W. 1987, S. 57).

Durch die Analyse einer einzelnen Kennzahl ist man allenfalls in der Lage, gewisse auffällige Merkmale oder Indizien zu erkennen und herauszustellen. Solche Auffälligkeiten betreffen all das, was in der Bilanz als untypisch bezeichnet werden muss und gleichsam als unerwartete Erkenntnis »praktisch ins Auge springt« (KERTH, A./WOLF, J. 1993, S. 106). Eine Wertung i. S. v. ›gut‹ oder ›schlecht‹ ist in dieser Situation nicht möglich. Dieser Zusammenhang erklärt auch, warum erst der sich an die statische Analyse anschließende Vergleich das traditionelle bzw. klassische Instrument der Urteilsfindung im Rahmen der Bilanzanalyse ist (vgl. HAUSCHILDT, J. 1971, S. 345).

3.2 Vergleichende Analyse

Ein Vergleich liegt vor, wenn gleichartige oder ähnliche Größen, die sich auf unterschiedliche Perioden oder Zeitpunkte beziehen oder bei unterschiedlichen Betrieben bzw. betrieblichen Teilbereichen gemessen wurden, ins Verhältnis zueinander gesetzt werden.

Voraussetzungen

Ein sinnvoller Vergleich setzt dabei voraus, dass (vgl. dazu GRÄFER, H. 2001, S. 45; KERTH, A./WOLF, J. 1993, S. 107)

(1) das verwendete Datenmaterial vor der Bildung von Kennzahlen nach den gleichen Prinzipien bzw. Kriterien aufbereitet worden ist und

(2) die aus der Aufbereitung gewonnenen Grunddaten für die verschiedenen zu betrachtenden Perioden und betrieblichen Sachverhalte inhaltlich vergleichbar sind. Insbesondere sollte sichergestellt sein, dass die Bewertung der zu analysierenden Größen nach gleichen oder vergleichbaren Grundsätzen vorgenommen wurde.

3.2.1 Zeitvergleich

Beim Entwicklungs- oder Zeitvergleich werden Größen einander gegenübergestellt, die sich auf unterschiedliche Zeitpunkte bzw. unterschiedliche Zeiträume beziehen, jedoch stets ein und dasselbe Objekt betreffen. Aufgrund eines solchen Vergleichs sollen Vorgänge im Zeitablauf sichtbar und Entwicklungstendenzen verdeutlicht werden.

Gefahr der Fehlinterpretation

Mit dem Zeitvergleich werden lediglich Veränderungen sichtbar gemacht, wie sie sich im Jahresabschluss niedergeschlagen haben; deren Ursachen werden damit keinesfalls gezeigt (vgl. LEFFSON, U. 1984, S. 111). So besteht auch hier die Gefahr, dass der Analyst bestimmte Beeinflussungen oder Manipulationen nicht erkennt oder nicht erkennen kann und er somit anstelle der tatsächlichen eine eventuell vorgetäuschte Entwicklung der Unternehmung für richtig hält (vgl. LEFFSON, U. 1984, S. 103).

Vorteile des Zeitvergleichs

Die Vorteile des Zeitvergleichs belegen die folgenden Sachverhalte:

(1) Eine wesentlich höhere Aussagekraft des mehrperiodigen Bilanzvergleichs gegenüber der einperiodigen Bilanzanalyse liegt darin begründet, dass der Einsatz bilanzpolitischer Instrumente, der in einer bestimmten Periode aufgrund unternehmensinterner Ziele stattfand, in den meisten Fällen schon in der folgenden Periode entgegengesetzte Wirkungen mit sich bringen kann, die somit die früher vorgenommenen Bilanzgestaltungen zum Teil wieder aufheben (vgl. JACOBS, O.H./GREIF, M./WEBER, D. 1972, S. 427).

Werden z.B. in t_1 fertige Erzeugnisse zu Einzelkosten bewertet und damit in t_1 stille Reserven gelegt, erfolgt eine Auflösung dieser stillen Reserven bereits in t_2, wenn die Erzeugnisse in dieser Periode verkauft werden.

Konkret gilt also folgender Zusammenhang: Bleibt ceteris paribus im Zeitablauf die Höhe der stillen Reserven konstant, wird das bilanzielle Vermögen in Höhe der gelegten stillen Reserven zwar ständig zu niedrig ausgewiesen. Da es sich aber um einen konstanten Bodensatz an stillen Reserven handelt, wird in Jahren, in denen die Bewertungsreserven unverändert bleiben, der Ertragsausweis in der gesamten Höhe nicht verfälscht (Bodensatzthese).

(2) Eine mehrperiodige Vergleichsrechnung lässt einmalige Zufälligkeiten und außerordentliche Ereignisse leichter erkennen und kann ihre Auswirkungen im Rahmen der Entscheidungsfindung relativieren. Dieser Sachverhalt erhält eine erhöhte Bedeutung, denn der Gesetzgeber hat den Begriff des Außerordentlichen für den gesonderten Ausweis in der Gewinn- und Verlustrechnung in § 277 Abs. 4 HGB sehr restriktiv ausgelegt (vgl. auch KÜTING, K./KOCH, C. 2002, S. 1035). Er entspricht nicht mehr den Vorstellungen einer betriebswirtschaftlichen Erfolgsspaltung.

(3) Änderungen bilanzpolitischer Maßnahmen fallen bei mehrperiodiger Betrachtung nicht so stark ins Gewicht und erfahren insofern eine Neutralisierung im Vergleich zur Analyse eines einzelnen Abschlusses. Die handelsbilanziellen Vorschriften sehen zwar in § 284 Abs. 2 Nr. 3 HGB die Angabe und Begründung von Abweichungen von Bilanzierungs- und Bewertungsmethoden sowie die gesonderte Darstellung der damit verbundenen Beeinflussung der Vermögens-, Finanz- und Ertragslage vor. Jedoch dürfte es im Einzelfall schwierig sein, eine verbale Information, die in aller Regel zur Erfüllung dieser Gesetzespflicht bereits ausreicht, zu quantifizieren.

Auch der in § 252 Abs. 1 Nr. 6 HGB geregelte Stetigkeitsgrundsatz dürfte hier kaum die bilanzanalytische Beurteilung wesentlich erleichtern.

3.2.2 Soll-Ist-Vergleich

Normvergleich mit Plan- oder Richtwerten

Beim Soll-Ist-Vergleich – auch Normvergleich oder normativer Vergleich genannt – werden den vorgefundenen Ist-Werten entweder Richt- oder Planwerte gegenübergestellt. Gemeinsam ist diesen Richt- und Planwerten, dass sie einen normativen bzw. Vorgabecharakter haben. Während Richtwerte in aller Regel Erfahrungswerte der Vergangenheit zur Grundlage haben (etwa Durchschnittswerte verschiedener Perioden), ist man bei Plandaten bemüht, sich von Daten der Vergangenheit zu lösen. Vielmehr treten an ihre Stelle zukunftsorientierte Größen einer analytischen Kostenplanung, die im Rahmen einer systematischen Verbrauchsanalyse – auf der Grundlage technischer und arbeitswissenschaftlicher Studien – festgelegt wurden.

3.2.3 Zwischenbetrieblicher Vergleich

Anwendungsbereich und Bedeutung

Beim Unternehmens-, Betriebs- oder zwischenbetrieblichen Vergleich werden Unternehmen gleicher oder verschiedener Branchen, aber auch einzelne Betriebe mit Betrieben des gleichen Unternehmens oder mit den Betrieben fremder Unternehmen verglichen.

Zusätzliche Analyseerkenntnisse sind zudem dann zu erwarten, wenn der Unternehmens- und Betriebsvergleich um internationale Aspekte erweitert wird. Denn im Rahmen der Globalisierung der Märkte dürften regionale bzw. Ländergrenzen auch für die Zwecke der Bilanzanalyse an Bedeutung verlieren.

Auf dieser Grundlage soll die Stellung des eigenen Unternehmens im Vergleich zu anderen Unternehmen und Betrieben abgelesen werden können und es sollen sich damit Ansatzpunkte zur Beseitigung möglicher Schwachstellen finden lassen (vgl. MERKLE, E. 1982, S. 329).

Voraussetzungen

Der Unternehmensvergleich ist ein sinnvolles Hilfsmittel der Analyse, wenn er die folgenden Voraussetzungen erfüllt (vgl. dazu HAUSCHILDT, J. 1996, S. 9):

(1) Der zwischenbetriebliche Vergleich sollte großzahlig sein und damit so viele Unternehmen in die Untersuchung einbeziehen, dass der Analyst die Bandbreite des Möglichen im Positiven wie im Negativen feststellen kann.

(2) Er sollte außerdem Unterschiede der zu vergleichenden Unternehmen aufzeigen können. Im Vergleich müssen strukturelle Unterschiede, die Produktions- und Marktsituationen betreffen, genannt werden.

3.2.4 Kombination der Vergleichsmethoden

Die bislang dargestellten Analysemethoden können nicht nur isoliert angewendet werden, sondern es können auch Kombinationen erfolgen, indem z. B. ein Unternehmensvergleich auf unterschiedlichen Zeitbasen oder gleichzeitig mit einem Soll-Ist-Vergleich durchgeführt wird.

Systematisierung

In Form einer Übersicht kann eine Systematisierung der betrieblichen Kennzahlenvergleiche vorgenommen werden. Dabei bezeichnet der direkte Vergleich die Gegenüberstellung gleicher Kennzahlen, ohne Rücksicht darauf, ob sie aus anderen Unternehmen oder Perioden stammen bzw. Soll- oder Ist-Größen darstellen (vgl. Übersicht 10).

Übersicht 10: Systematik betrieblicher Kennzahlenvergleiche

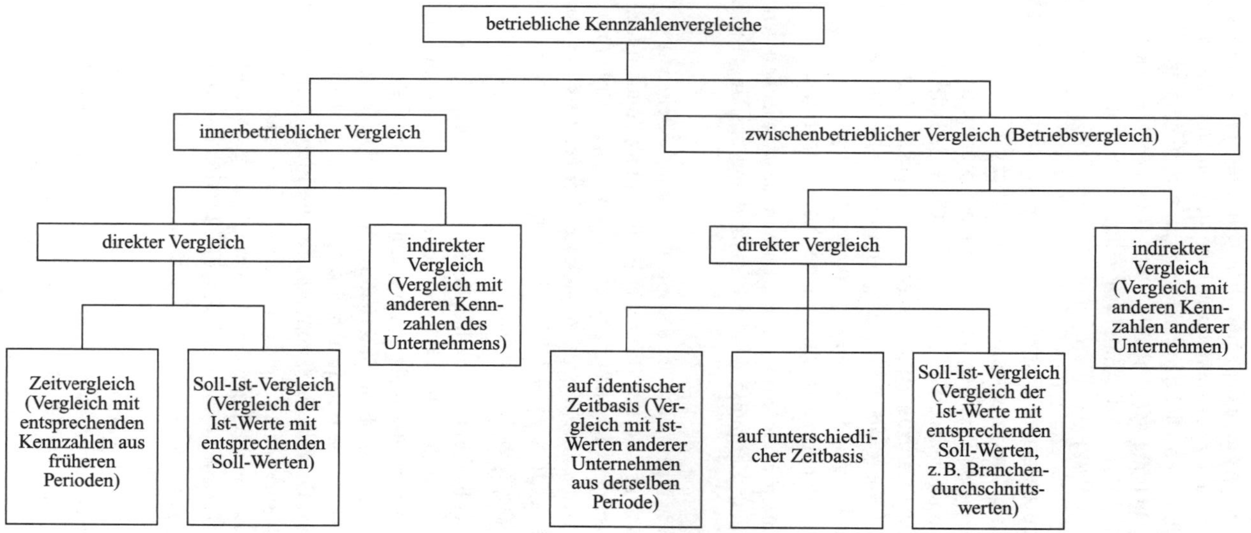

4. Grenzen der Kennzahlenrechnung

Wenngleich Kennzahlen ein in der Literatur ausführlich diskutiertes und in der betrieblichen Praxis häufig verwendetes Hilfsmittel zur Unternehmensbeurteilung darstellen, schränken wichtige Faktoren die Aussagefähigkeit der Kennzahlen und damit auch die Möglichkeiten der Bilanzanalyse insgesamt unter Umständen erheblich ein. Der Analytiker sollte nachfolgende Grenzen der Kennzahlenrechnung beachten, um mögliche Fehlurteile zu vermeiden:

Doppelt veraltetes Zahlenmaterial

(1) Die Ergebnisse der Jahresabschlussrechnung sind gleich in mehrfacher Hinsicht veraltet. Zunächst sind handelsrechtliche Bilanzen Abrechnungen über vergangene Perioden und durch einen ausgeprägten Vergangenheitsbezug charakterisiert (vgl. MOXTER, A. 1975, S. 328). Zwar finden im Jahresabschluss vereinzelt Zukunftsaspekte Berücksichtigung (z.B. durch Rückstellungsbildung und Festlegung von Nutzungsdauern), gleichwohl dominiert der Vergangenheitsbezug, schon als Folge des pagatorischen Anschaffungskostenprinzips und auch des Vorsichtsprinzips.

Zur Vergangenheitsorientierung kommt hinzu, dass zwischen dem Bilanzstichtag und dem Zeitpunkt der Veröffentlichung ein längerer Zeitraum liegt.

Sowohl die Vergangenheitsorientierung als auch die Zeitspanne zwischen dem Bilanzstichtag und der Bilanzveröffentlichung können dazu führen, dass die Kennzahlen nicht mehr aktuell sind, d.h., sie wurden zwar richtig aufgestellt, müssen aber im Augenblick der Verwendung als veraltet betrachtet werden (vgl. STAEHLE, W. 1969, S. 67). Dies gilt insbesondere für die stichtagsbezogenen Kennzahlen zur Vermögens- und Liquiditätslage.

Fehlen erforderlicher Informationen

(2) Der Jahresabschluss enthält nicht alle für eine aussagefähige Jahresabschlussanalyse erforderlichen Informationen. Zunächst geben die Bilanz und Erfolgsrechnung allenfalls den zahlenmäßigen, in Geld ausgedrückten Teil des ökonomischen bzw. unternehmerischen Handelns wieder. In die Kennzahlen als solche und in ihre Komponenten gehen daher auch nur quantifizierbare Größen ein. Sachverhalte, die nicht quantifizierbar sind, entziehen sich somit einer Kennzahlenrechnung, mögen sie auch noch so bedeutsam sein, um die Lage einer Unternehmung zu beurteilen. Da z.B. Präferenzen auf Beschaffungsmärkten, die Qualität des Managements, die Marktstellung, das Image und das technische Know-how als Komponenten eines originären Firmenwerts nicht (hinreichend) quantifiziert werden können, finden diese Faktoren keine Verwendung im Rahmen der Jahresabschlussanalyse. Sie können, wenn überhaupt, nur aus der Ertragsentwicklung im Zeitablauf und im Vergleich zu Wettbewerbern abgeleitet werden.

Außer der Tatsache, dass der Jahresabschluss im Wesentlichen nur quantitative Informationen vermittelt, sind diese Informationen auch deshalb unvollständig, weil nur solche Geschäftsvorfälle erfasst werden, die vermögens-, finanz- oder ertragswirksame Auswirkungen von begonnenen oder abgeschlossenen Transaktionen widerspiegeln. Es fehlen daher Informationen z. B. über Abnahme- und Lieferkontraktverpflichtungen, freie Kreditlinien, Auftragsbestände und Beschäftigungsgrade, Mengenaussagen über die Zusammensetzung der Vorräte sowie über schwebende Geschäfte, sofern nicht Verluste daraus drohen.

Fehlen eines objektiven Vergleichsmaßstabs

(3) Die Beurteilung der Unternehmensentwicklung basiert bisher auf lediglich subjektiv festgelegten Soll-Werten von Kennzahlen. Es fehlt eine allgemein anerkannte betriebswirtschaftliche Theorie zur Festlegung von Soll-Werten für gesunde Unternehmen (vgl. BAETGE, J./NIEHAUS, H.-J. 1989, S. 145f.; SCHNEIDER, D. 1985, S. 1492f.).

Zweckorientierte Bewertungspolitik

(4) Die Daten der Jahresabschlussanalyse sind bewertungsabhängig und damit das Resultat subjektiver Wertungsprozesse. Sie können bilanzpolitisch durch die unterschiedliche Ausnutzung von Bilanzierungs- und Bewertungswahlrechten sowie durch die Auslegung von Ermessensspielräumen in erheblichem Maß beeinflusst werden. BUCHNER (R. 1981a, S. 109) bemerkt in diesem Zusammenhang treffend, dass das publizierte Zahlenmaterial »in wesentlichen Teilen bilanzpolitischem Ermessen des Rechnungslegenden ausgesetzt ist, so daß die Zuverlässigkeit der Jahresabschlußdaten bezüglich der Abbildung von Sachverhalten nur sehr eingeschränkt ist«.

Da die Bewertung im Jahresabschluss zweckabhängig vorgenommen wird, ist bei der Analyse stets nach dem Bewertungszweck zu fragen, um die Grundtendenzen der Bewertung abschätzen zu können (vgl. HAUSCHILDT, J. 1996, S. 2). Von besonderer Bedeutung ist dabei die Frage nach den übergeordneten Zielen der Unternehmenspolitik, an denen sich die Bewertung wie auch die Bilanzpolitik insgesamt orientieren. Selbst dort, wo Gesetz und Rechtsprechung den bilanzpolitischen Spielraum einengen, kommt es nicht zwangsläufig zu einer Aufwertung der Jahresabschlussinformationen für die Zwecke der Bilanzanalyse. Vielmehr kann es insbesondere durch die Kodifizierung des Grundsatzes der vorsichtigen Bilanzierung und Bewertung nach § 252 Abs. 1 Nr. 4 HGB und seine konkreten Ausprägungen zu eindeutigen Unterbewertungen des Vermögens bzw. zu ökonomisch wenig sinnvollen Aufwandsvorverrechnungen kommen. Das Ergebnis ist also in vielen Fällen eine eher pessimistische Darstellung der Unternehmenslage (vgl. COENENBERG, A.G. 2003, S. 923; SCHULT, E. 2003, S. 11).

Sowohl die Unvollständigkeit des Datenmaterials als auch die vielfältigen Möglichkeiten einer zweckorientierten Bewertungspolitik können dazu führen, dass das zugrunde liegende Analysematerial zumindest unter dem Gesichtspunkt der Aufgaben und Ziele der Kennzahlenrechnung in seiner

Eignung stark beschränkt ist. Beachtenswert ist an dieser Stelle, dass die beschriebene Einschränkung im Rahmen einer grenzüberschreitenden Analyse verstärkt zur Geltung kommen muss.

Starke Komprimierung komplexer Sachverhalte

(5) Kennzahlen stellen zwangsläufig ein vereinfachendes Bild des Unternehmensgeschehens dar. Zunächst werden im Jahresabschluss bestehende Unterschiede innerhalb der Abschlussposten verwischt, indem Einzelposten zu Sammelposten zusammengefasst werden. Darüber hinaus werden in Verhältniszahlen komplizierte Sachverhalte und Zusammenhänge auf eine Nenner- und Zählergröße sowie auf das Ergebnis der Division reduziert. Aufgrund der Beschränkung auf diese wenigen Größen besteht zwangsläufig die Gefahr, dass wichtige Erkenntnisse, soweit sie sich auf Einzelposten beziehen, verloren gehen. Dieser Nachteil und diese gleichzeitige Grenze der Kennzahlenbildung erklären, warum Kennzahlensysteme gegenüber einzelnen Kennzahlen in der betrieblichen Praxis höhere Bedeutung haben.

Irreführende Postenbezeichnungen

(6) Die Bezeichnung von Abschlussposten kann zu Fehldeutungen führen. Als Musterbeispiel ist hier der Posten »Eigenkapital« anzuführen, der als erster Posten auf der Passivseite auszuweisen ist. In zweifacher Hinsicht ist festzustellen, dass sich hinter dieser Größe keinesfalls, wie zunächst zu vermuten wäre, das bilanzielle Eigenkapital verbirgt.

- Der Posten »Eigenkapital« enthält – bilanzanalytisch betrachtet – auch Fremdkapital, denn in dieser Größe ist zugleich der Bilanzgewinn enthalten, der aber regelmäßig zur Ausschüttung an die Anteilseigner zur Verfügung steht und daher unter bilanzanalytischen Gesichtspunkten Ähnlichkeit mit einer kurzfristigen Verbindlichkeit hat. Folglich ist er für Zwecke der Bilanzanalyse – zumindest in Höhe des zur Ausschüttung vorgesehenen Betrags – grundsätzlich dem kurzfristigen Fremdkapital zuzurechnen.
- Um das bilanzielle Eigenkapital zu ermitteln, müssen die auf der Aktivseite der Bilanz ausgewiesenen Korrekturposten zum Eigenkapital mit dem passivischen Bilanzposten »Eigenkapital« saldiert werden. Hierzu zählen z. B. die ausstehenden Einlagen auf das gezeichnete Kapital, soweit sie noch nicht eingefordert worden sind, und die eigenen Anteile. Weiterhin müssen die Eigenkapitalanteile so genannter Mischposten (z. B. Sonderposten mit Rücklageanteil und Baukostenzuschüsse) hinzugerechnet werden.

Zielorientierte Gestaltung der Stichtagsrechnung

(7) Die Beständebilanz ist eine Stichtagsrechnung und bildet eine Momentaufnahme des Unternehmensgeschehens ab. Durch den Einsatz geeigneter bilanzpolitischer Instrumente kann diese Momentaufnahme zielorientiert – über die Inanspruchnahme von Ansatz- und Bewertungswahlrechten sowie von Spielräumen hinaus durch Sachverhaltsgestaltung – beeinflusst werden. Hinzuweisen ist in diesem Zusammenhang auf die Wahl von Zah-

lungsterminen, auf das Instrument der Beschaffungspolitik sowie die Bildung stiller Reserven (vgl. Wöhe, G. 1997, S. 834f.) oder auf Besonderheiten der Kreditpolitik innerhalb eines Konzernverbunds. Zur wirkungsvollen Bilanzgestaltung kann hier die Gewährung von Krediten durch Konzernmitglieder kurz vor dem Bilanzstichtag stattfinden, wobei die alsbaldige Rückzahlung der Verbindlichkeiten oft nur wenige Tage nach dem Bilanzstichtag erfolgt.

Als weitere Beispiele sind hier das Sale-and-Lease-back-Geschäft sowie der gezielte Abschluss von Factoringverträgen anzuführen. Schließlich ist in diesem Zusammenhang zu resümieren, dass die Möglichkeiten, eine Kennzahl durch Bilanzpolitik, also durch die Ausnutzung von Wahlrechten, Ermessensspielräumen und die Anwendung der Sachverhaltsgestaltung, zu verfälschen, so erheblich sind, dass mit Hilfe der traditionellen Bilanzanalyse durch einen Zeit- oder Betriebsvergleich negative Entwicklungen meist zu spät erkannt werden können (vgl. Baetge, J. 1980, S. 653).

Gefahr von Fehlinterpretationen

(8) Darüber hinaus besteht die Gefahr einer Fehlinterpretation von Kennzahlen, wenn

- eine Fehldeutung über die Zähler- und/oder Nennergröße vorgenommen wird,
- die Zusammenhänge zwischen der Nenner- und Zählergröße verfälscht interpretiert werden,
- eine falsche Schlussfolgerung über das Ergebnis der Division gezogen wird.

Die Problematik einer Fehlinterpretation von Kennzahlen soll an nachfolgendem Beispiel verdeutlicht werden.

Beispiel: Vorratsintensität

In zahlreichen Beiträgen zur Kennzahlenanalyse wird dem Quotienten Vorratsvermögen/Gesamtvermögen eine gewisse Bedeutung beigemessen. Diese als Vorratsquote oder Vorratsintensität bezeichnete Kennzahl kann nach Auffassung verschiedener Autoren in der Literatur einerseits auf einen Lagerstau (Absatzprobleme) hinweisen, andererseits aber auch eine Änderung in der Vorratswirtschaft signalisieren (vgl. Kerth, A./Wolf, J. 1993, S. 119). Ganz allgemein soll diese Kennzahl ein Indikator für die Rationalität der Lagerhaltungspolitik sein. Je geringer der Kennzahlenwert ist, umso besser sei die Lagerhaltung und umgekehrt.

Einflussfaktoren auf die Kennzahl

Die nachfolgenden Sachverhalte zeigen, dass die verschiedensten Ursachen die Vorratsquote beeinflussen und gleichzeitig eine Interpretation dieser Kennzahl nicht unmaßgeblich erschweren können:

- Die Unternehmung kann bewusst eine veränderte Marketingstrategie verfolgen und bspw. das Sortiment erweitern.

- Der Nenner sinkt, indem z.B. Forderungen schneller eingezogen werden (z.B. auch durch Factoring) oder flüssige Mittel abfließen.
- Veränderte Produktionstechniken und Logistikkonzepte – wie z.B. das Just-in-Time-Prinzip oder das KANBAN-System – führen zu einer Veränderung der Lagerhaltung.
- Die Preiskomponente verändert sich und führt bei Konstanz des Mengengerüsts zu einer veränderten Bilanzrelation. Als Beispiele seien die Preisschwankungen auf dem Öl- oder Goldmarkt angeführt.
- Konzerne dürfen in ihren Abschlüssen gem. § 298 Abs. 2 HGB die Vorräte in einer einzigen Größe ausweisen, sodass der externe Bilanzanalyst die Veränderung der einzelnen Teilkomponenten nicht erkennen kann.
- Insbesondere in Konzernen werden unter Umständen die unterschiedlichsten Aktivitäten zusammengefasst. Die jeweiligen Teilkomponenten der Vorräte können in den einzelnen Branchen eine verschieden hohe Bedeutung haben und sind oftmals nur schwer vergleichbar.
- Gem. § 268 Abs. 5 HGB dürfen die erhaltenen Anzahlungen auf Vorräte offen von dem Posten »Vorräte« abgesetzt werden. Sie dürfen aber auch als eigenständiger passivischer Bilanzposten ausgewiesen werden. Je nach Ausweistechnik kann damit die Höhe der Vorräte unter Umständen erheblich verändert werden. Spätestens im Rahmen der Erstellung der Strukturbilanz sollte dieser Tatbestand entsprechende Berücksichtigung finden, um somit eine Vergleichbarkeit für Analysezwecke herbeizuführen, was aufgrund des offenen Ausweises freilich keinerlei Probleme bereitet.
- Aufgrund von (befürchteten) Beschaffungsengpässen und einer entsprechenden Risikovorsorge wird eine veränderte Lagerpolitik gewählt.
- Geänderte Bewertungsmethoden – wie etwa der Wechsel von der Durchschnittsbewertung zur Methode nach der Verbrauchsfolge oder der Ansatz der fertigen und unfertigen Erzeugnisse zu Einzelkosten statt zu Vollkosten – können den Wertansatz der Vorräte erheblich verändern, ohne dass damit zwangsläufig eine andere Lagerpolitik einhergeht.
- Insbesondere bei saisonalen Abhängigkeiten braucht der ausgewiesene Lagerbestand nicht repräsentativ für die Lagerhaltung während der gesamten Rechnungsperiode eines Unternehmens zu sein. Die Wahl des Abschlussstichtags kann somit erheblichen Einfluss auf die Bestandshöhe und auch auf das zahlenmäßige Verhältnis des Bilanzpostens »Vorräte« zu den anderen Posten haben (vgl. LEFFSON, U. 1984, S. 54f.).

Dieser nicht vollständige Katalog zeigt, wie viele verschiedene Ursachen Einfluss auf die Vorratsquote nehmen können. Diese Sachverhalte können gleichzeitig sowie mit unterschiedlichen Vorzeichen auftreten, sodass die Interpretation der Untersuchungsergebnisse mit der gebotenen Vorsicht durchgeführt werden sollte. Werden diese Zusammenhänge nicht beachtet, läuft der Analyst Gefahr, eine Fehlinterpretation der Untersuchungsresultate vorzunehmen, die hier am Beispiel der Vorratsquote demonstriert wurde, die es aber bei jeder Kennzahlenbildung zu vermeiden gilt.

Mangelnde Aussagefähigkeit der Einzelabschlüsse von Konzernunternehmen

(9) Einzelabschlüsse von Konzernunternehmen können dadurch in ihrer Aussagefähigkeit beeinträchtigt werden, dass Lieferungen oder Leistungen zwischen Konzernunternehmen mit marktunüblichen Konzernverrechnungspreisen bewertet oder aber liquide Mittel zwischen den einzelnen Konzerngliedern umgeschichtet werden. BALLWIESER (W. 1987, S. 57) spricht in diesem Zusammenhang von der »Gefahr der nahezu völligen Aussagelosigkeit von Einzelabschlüssen«.

Wirtschaftlichkeits- und Wesentlichkeitsgrundsatz

(10) Schließlich sind das Prinzip der Wirtschaftlichkeit sowie der Wesentlichkeitsgrundsatz der Rechnungslegung als Grenzen der Bilanzanalyse als Kennzahlenrechnung zu beachten. Denn auch im Rahmen der Kennzahlenbildung sollten die Kosten der Informationsgewinnung den Informationsnutzen, also den durch die betreffende Information erzielten zusätzlichen Ertrag, nicht übersteigen. Diese Bedingung ist zunächst wirksam für die Beschaffung und Aufbereitung des Grundlagenmaterials der Kennzahlenrechnung und bezieht sich somit erst einmal auf das Vorfeld der Kennzahlenbildung.

Das Postulat der Wesentlichkeit ist darüber hinaus auf die Kennzahlenauswertung an sich gerichtet und verlangt, dass nur solche betrieblichen Sachverhalte in die Analyse einbezogen werden, die den Einblick in die momentane oder zukünftige Unternehmenslage verbessern bzw. von denen eine mögliche Beeinflussung der Urteilsfindung des Kennzahlenempfängers erwartet werden kann (vgl. SIENER, F. 1991, S. 18). Die Berücksichtigung des Grundsatzes der Wesentlichkeit in der Bilanzanalyse soll damit gleichzeitig verhindern, dass es zu einer in der Analysepraxis häufig zu beobachtenden Inflation der Kennzahlen kommt.

Abschlusserstellung nach internationalen Normen

(11) Eine weitere Grenze der Kennzahlenrechnung zeigt sich bei der (vergleichenden) Analyse von Konzernabschlüssen, die nach unterschiedlichen Rechnungslegungsnormen erstellt wurden. Aus differierenden Abbildungsregeln in den einzelnen Regelungskreisen resultiert eine unterschiedliche Darstellung eines wirtschaftlich unveränderten Sachverhalts. Dementsprechend können auch die ermittelten Kennzahlen voneinander abweichen (vgl. hierzu 6. Abschn., 2. Kap. 2.2.7).

Konsequenzen für den Analytiker

Jeder Analytiker, der mit Kennzahlen arbeitet, sollte sich dieser Grenzen der Kennzahlenrechnung bewusst sein, denn ansonsten läuft er Gefahr, dass das scheinbar so leicht zu handhabende Instrumentarium der Kennzahlenbildung nicht zu einer Hilfe wird, sondern zu Fehlbeurteilungen verleitet. Stets gilt es zu beachten, dass Kennzahlen ein schwieriges und potenziell sogar ein gefährliches Instrument der Unternehmensbeurteilung darstellen und bei fehlender

Sachkenntnis, d.h. insbesondere bei Nichtbeachtung der Grenzen der Kennzahlenrechnung, zu folgenschweren Fehlentscheidungen gerade im Rahmen der Betriebsanalyse führen können (vgl. PERRIDON, L., Vorwort zu STAEHLE, W. 1969, S. 7).

Dennoch kann auf eine traditionelle Bilanzanalyse zur Beurteilung von Unternehmungen nicht verzichtet werden. Weiterhin kommt der Bilanzanalyse als Kennzahlenrechnung trotz aller berechtigten kritischen Stellungnahmen und möglichen Fehlurteile eine »Schlüsselrolle bei der Interpretation komplexer Unternehmensinformationen« (KREHL, H. 1985, S. 6) zu.

Merksätze:

1. Im Rahmen der statischen Analyse werden nur Größen des gleichen Zeitpunkts oder der gleichen Zeitperiode betrachtet, ohne dass sie an Vergleichsmaßstäben gemessen werden.
2. Die vergleichende Analyse kann als Zeitvergleich (mehrperiodiger Bilanzvergleich), als Soll-Ist-Vergleich durch Einbeziehung von Richt- oder Planwerten oder als (internationaler) zwischenbetrieblicher Vergleich ausgestaltet sein. Zudem kann eine Kombination der Vergleichsmethoden vorgenommen werden.
3. Obwohl die Kennzahlenrechnung im Rahmen der Bilanzanalyse einen hohen Praxiswert besitzt, schränken wichtige Faktoren, wie z.B. das doppelt veraltete Zahlenmaterial, die Unvollständigkeit der Informationen und der zweckorientierte Einsatz des bilanzpolitischen Instrumentariums, die Aussagefähigkeit der Kennzahlen und die Möglichkeiten der Bilanzanalyse gegebenenfalls stark ein.

2. Kapitel: Aufbereitungsmaßnahmen im Rahmen der Bilanzanalyse als Kennzahlenrechnung

Der veröffentlichte Jahresabschluss entspricht nicht von vornherein den Erfordernissen der Bilanzanalyse. Daher müssen die Daten des Jahresabschlusses in einer so genannten Strukturbilanz für die eigentliche Kennzahlenrechnung aufbereitet werden. Im Folgenden soll nun gezeigt werden, wie eine solche Strukturbilanz aus den Daten der Originalbilanz, d.h. der veröffentlichten Handelsbilanz, abgeleitet werden kann.

1. Grundlagen

Aufbereitungsmaßnahmen

Bevor die Kennzahlenrechnung ihrer Informations-, Kontroll- und Steuerungsfunktion gerecht werden kann, ist zunächst ein umfangreicher Aufbereitungsvorgang notwendig. Dieser kann wiederum in folgende zwei Arbeitsschritte unterteilt werden:

(1) Korrektur von Abschlussposten der originären Jahresabschlüsse (= Umbewertung einzelner Abschlussposten; grundsätzlich nur im Rahmen einer internen Analyse möglich);

(2) Verdichtung und Zusammenfassung der möglicherweise im ersten Arbeitsschritt korrigierten Abschlussposten zu aussagefähigen und in der Kennzahlenrechnung sinnvoll verwendbaren Größen (vgl. COENENBERG, A.G. 2003, S. 923). Das so erstellte und aufbereitete Rechenwerk kann als Strukturbilanz bezeichnet werden.

Die eigentliche Kennzahlenbildung als Kernstück der Bilanzanalyse schließt sich erst an diese relativ arbeitsaufwendigen Aufbereitungsmaßnahmen an. Ihr sind Arbeitsschritte einer analysegerechten Zusammenfassung der einzelnen Werte des Jahresabschlusses vorgelagert, die wesentlichen Einfluss auf die Qualität der Kennzahlenkomponenten und damit auf die Aussagefähigkeit der Abschlussanalyse insgesamt nehmen können.

Umbewertung und Umgliederung

Bei den vorgelagerten Arbeitsschritten ist im Einzelnen zwischen Maßnahmen der Umbewertung und der Umgliederung zu unterscheiden, wobei die Umgliederungsmaßnahmen wiederum in Umgruppierung, Neubildung, Aufspaltung, Erweiterung und Saldierung unterteilt werden können (vgl. auch Übersicht 11). Während sich im Zug der Umbewertung die Wertansätze einzelner Abschlussposten und damit verbunden – ebenso wie bei den Saldierungen und Erweiterungen – auch die Bilanzsumme im Vergleich zur Originärbilanz verändern, bleibt bei den nachfolgenden Umgliederungen (1) bis (3) die Bilanzsumme konstant.

(1) Bei einer Umgruppierung wird ein bestehender Posten einem anderen bereits bestehenden Posten der gleichen Bilanzseite zugeordnet.

(2) Im Rahmen einer Neubildung werden bereits existierende Posten einer im Zug der Bilanzanalyse neu zu schaffenden Abschlusskategorie der gleichen Bilanzseite zugerechnet.

(3) Kennzeichen einer Aufspaltung ist, dass ein bestehender Posten mehr als einer Abschlusskategorie zugeordnet wird.

(4) Charakteristikum einer Saldierung ist die Aufrechnung eines Postens oder von Teilen davon mit einer Bilanzkategorie der anderen Bilanzseite.

(5) Das Gegenteil der Saldierung stellt die Erweiterung dar, im Rahmen derer saldierte Posten aufgeschlüsselt und auf die andere Bilanzseite transferiert werden.

Übersicht 11: Aufbereitungsmaßnahmen im Rahmen der Bilanzanalyse

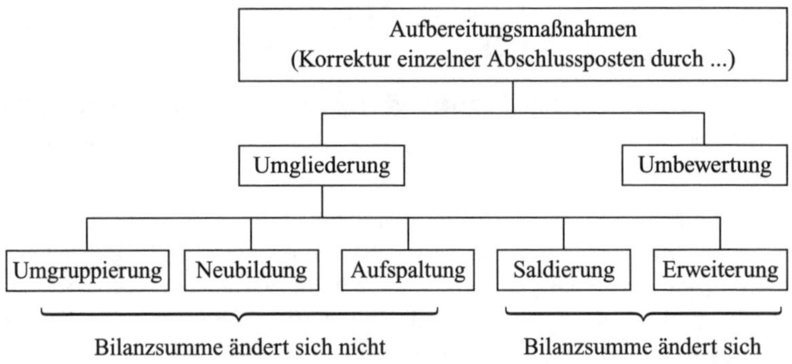

2. Erstellung der Strukturbilanz

Gliederung der Aktiv- und Passivseite

Bei der Strukturbilanz handelt es sich somit um eine nach den Zielsetzungen und Aufgaben der Bilanzanalyse aufbereitete und umgestaltete Originalbilanz. Bei ihrer Erstellung werden im Rahmen der Aufbereitungsmaßnahmen die Posten auf der Aktiv- und Passivseite zweckmäßigerweise zu jeweils zwei Kategorien – dem bilanzanalytischen Anlage- und Umlaufvermögen auf der Aktivseite sowie dem bilanzanalytischen Eigen- und Fremdkapital auf der Passivseite – zusammengefasst.

Fristigkeit als Gliederungskriterium

Dabei ist das Umlaufvermögen danach zu gliedern, wie lange es im Unternehmen gebunden ist. Darüber hinaus ist die Fristigkeit das Klassifikationsmerkmal bei der Unterteilung der Fremdkapitalien. Da gem. § 268 Abs. 4 HGB auch bei jedem Posten der Forderungen jener Teil mit einer Restlaufzeit von mehr als einem Jahr zu vermerken ist, liegt es nahe, das bis zu einem Jahr gebundene Umlaufvermögen als kurzfristig zu bezeichnen. Ansonsten könnte das Umlaufvermögen als längerfristig gebunden bezeichnet werden.

Gem. § 268 Abs. 5 HGB müssen Kapitalgesellschaften und Personenhandelsgesellschaften i. S. d. § 264a HGB den Betrag der Verbindlichkeiten mit einer Restlaufzeit bis zu einem Jahr bei jedem gesondert ausgewiesenen Posten vermerken. Weiterhin ist gem. § 285 Nr. 1 HGB der Betrag der Verbindlichkeiten mit einer Restlaufzeit von mehr als fünf Jahren anzugeben. Durch eine einfache Nebenrechnung können daraus auch die Verbindlichkeiten mit einer Restlaufzeit zwischen einem Jahr und fünf Jahren ermittelt werden. Es liegt daher nahe, aufgrund dieser Informationen das Fremdkapital hinsichtlich der Fristigkeit wie folgt zu untergliedern:

kurzfristig	=	Restlaufzeit bis zu einem Jahr
mittelfristig	=	Restlaufzeit zwischen einem und fünf Jahren
langfristig	=	Restlaufzeit über fünf Jahre

Bei den erhaltenen Anzahlungen, die passivisch unter den Verbindlichkeiten ausgewiesen werden (vgl. § 266 Abs. 3 C. 3. HGB), kann im strengen Sinne nicht von einer Restlaufzeit gesprochen werden. Für Zwecke der Bilanzanalyse sollten sie daher im Zweifel dem kurzfristigen Fremdkapital zugerechnet werden.

Grundlage der Kennzahlenbildung

Die Strukturbilanz als Ergebnis der durchgeführten Aufbereitungsmaßnahmen bildet die Grundlage für alle weiteren Untersuchungen, womit ihr »die Funktion eines Bindegliedes zwischen der Bilanzaufstellung und der Bilanzauswertung« (KERTH, A./WOLF, J. 1993, S. 104) zukommt. Die Strukturierung wird im Hinblick auf eine spätere Arbeitserleichterung bei der Kennzahlenbildung vorgenommen, sodass die Strukturbilanz zur Beantwortung einer Vielzahl bilanzanalytischer Fragestellungen herangezogen werden kann. Sie liefert praktisch die Ausgangszahlen, die dann unmittelbar bei der Bildung von Standardkennzahlen zueinander in Beziehung gesetzt werden können. Somit ermöglicht die Strukturbilanz schnell und relativ einfach eine erste Einschätzung des zu beurteilenden Unternehmens.

Praxiswert

In der Praxis wird eine Strukturbilanz z. B. von Banken erstellt, die bei Kreditvergabeentscheidungen auf die Jahresabschlussdaten zur Einschätzung der wirtschaftlichen Situation und Entwicklung eines Unternehmens in Vergangenheit und Gegenwart angewiesen sind. Darüber hinaus haben insbesondere die Wirtschafts- und Finanzzeitungen eigene Strukturbilanzen entwickelt, um dem Leser leicht überschaubare Gesamtübersichten in standardisierter Form zu vermitteln.

Da die Jahresabschlussunterlagen nach Form und Inhalt bei den verschiedenen Unternehmen nicht übereinstimmen, setzt eine effiziente Bilanzanalyse eine vereinheitlichte und maschinell verarbeitbare Basis voraus (vgl. BURGARD, H. 1983, S. 304). Dies erklärt auch, warum in der Analysepraxis umfangreiche Formularsätze zur rechnerunterstützten Auswertung entwickelt wurden.

Automatisierte Datenerfassung

Hinsichtlich der bisher oftmals notwendigen manuellen Erfassung der Jahresabschlussdaten ist auf eine technische Neuerung hinzuweisen, die es ermöglicht, den bisherigen Medienbruch zu überwinden. Die kontinuierliche Weiterentwicklung der Datenbeschreibungssprache XBRL (eXtensible Business Reporting Language) hat die Schaffung eines frei verfügbaren Standards zum weltweiten Austausch von Jahresabschlussdaten auf Basis der XML-Technologie zum Ziel. Mit Hilfe so genannter Taxonomien, die gegenwärtig für verschiedene Rechtskreise, darunter auch Deutschland, entwickelt werden, wird der Jahresabschluss als eine Vielzahl einzelner Informationselemente definiert. Durch diese Strukturierung der Jahresabschlussdaten wird ein Datenaustausch zwischen verschiedenen Softwareapplikationen über das Internet ohne manuellen Eingriff möglich. Sofern ein Unternehmen seine Finanzdaten auf seiner Internetpräsenz im XBRL-Format verfügbar macht, können diese nicht nur von Web-Browsern angezeigt, sondern auch mit Hilfe XML-fähiger Softwaretools über das Internet übertragen und ausgewertet werden. Da in diesem Fall eine manuelle Erfassung überflüssig wird, kann die Datensuche und Auswertung wesentlich vereinfacht werden (vgl. auch SPENGLER, M. 2001, S. 688). Sind die Daten erst einmal elektronisch erfasst, können die im Folgenden beschriebenen Aufbereitungsmaßnahmen sowie zwischenbetriebliche Vergleiche ebenfalls maschinell unterstützt durchgeführt werden (vgl. hierzu KÜTING, K./ DAWO, S./HEIDEN, M. 2001).

Fehlen verbindlicher Aufbereitungsregeln

Für die Erstellung einer Strukturbilanz gibt es weder gesetzliche Vorschriften, noch haben sich allgemein anerkannte Aufbereitungsregeln gebildet. Die hier abgeleitete Strukturbilanz kann daher nur als Vorschlag betrachtet werden.

Neben den Originärdaten des Abschlusses können in der Strukturbilanz auch Relativzahlen enthalten sein, indem z. B. die einzelnen Teilkomponenten in Relation zur Bilanzsumme gesetzt werden. Weiterhin können gesonderte Spalten für Zeit- oder Branchenvergleiche die Aussagefähigkeit einer Strukturbilanz erhöhen (vgl. Übersicht 12).

Übersicht 12: Formale Gestaltung der Aktivseite einer Strukturbilanz

Strukturbilanz – Aktiva	03		Veränderung gegenüber dem Vorjahr	02	01
	abs.	in %	in %	abs.	abs.
A. Bilanzanalytisches Anlagevermögen I. Immaterielle Vermögensgegenstände II. Sachanlagen III. Finanzanlagen					
AV insgesamt					
B. Bilanzanalytisches Umlaufvermögen I. Vorräte II. Forderungen und sonstige Vermögensgegenstände III. Wertpapiere IV. Schecks, Kassenbestand, Bundesbankguthaben, Guthaben bei Kreditinstituten V. Rechnungsabgrenzungsposten					
UV insgesamt					
Bilanzvermögen insgesamt		100			

Vor- und Nachteile

Eine Anhäufung von Zahlen, Posten und Angaben im Anhang erschwert den gewünschten Einblick in die für die Analysetätigkeit relevanten Strukturen und macht daher einen schnell überschaubaren Gesamtüberblick erforderlich. Darin liegt einerseits der Vorteil der Strukturbilanz. Andererseits kann die Strukturbilanz die Realität nur sehr vereinfacht wiedergeben. Hierin liegt gleichzeitig ihre Schwäche.

Bestimmungsfaktoren der Analysequalität

Daraus folgt: Da mit der Zusammenfassung der Daten im Rahmen der Strukturbilanz Informationen verdichtet werden und ein Teil somit für die weitere Analyse verloren geht, sollte dem Aufbereitungsvorgang eine erhöhte Aufmerksamkeit geschenkt werden. Die Güte einer Analyse wird entscheidend von der Sorgfalt bestimmt, mit der die Aufbereitungsarbeit durchgeführt wurde (vgl. SCHEDLBAUER, H. 1978, S. 2425). Darüber hinaus entbindet die Strukturbilanz den gewissenhaften Analytiker nicht von der Pflicht eines intensiven Studiums des Ausgangsmaterials.

Der Gesamtüberblick einer aufbereiteten Bilanz kann zwar auf strukturelle Besonderheiten aufmerksam machen. Eine Ursache-Wirkungs-Analyse und weiter gehende Betrachtungen erfordern aber regelmäßig das Studium und die Auseinandersetzung mit den Ursprungsdaten. Diese Ursache-Wirkungs-Analyse kann unter anderem auf der Grundlage von Kennzahlensystemen vorgenommen werden.

2.1 Aufbereitungsmaßnahmen auf der Aktivseite

2.1.1 Ausstehende Einlagen auf das gezeichnete Kapital

Ausweisalternativen

Gem. § 272 Abs. 1 Satz 2 HGB ist das gezeichnete Kapital in voller Höhe auf der Passivseite auszuweisen. Die ausstehenden Einlagen auf das gezeichnete Kapital sind auf der Aktivseite vor dem Anlagevermögen gesondert aufzuführen, die davon eingeforderten Einlagen sind zu vermerken.

Gem. § 272 Abs. 1 Satz 3 HGB dürfen die noch nicht eingeforderten ausstehenden Einlagen aber auch von dem gezeichneten Kapital offen auf der Passivseite abgesetzt werden. In diesem Fall ist der verbleibende Betrag als »eingefordertes Kapital« in der Hauptspalte auszuweisen und der eingeforderte, aber noch nicht eingezahlte Betrag ist unter den Forderungen gesondert aufzuführen und entsprechend zu bezeichnen.

Bilanzieller Charakter

Die Problematik bei der bilanzanalytischen Behandlung der ausstehenden Einlagen resultiert aus der Doppelnatur dieses Postens. Man kann die ausstehenden Einlagen als eine »Wertberichtigung zum Eigenkapital« (GRÄFER, H. 1997, S. 65 f.) oder als eine »Art Gegenposten zum nominell ausgewiesenen Kapital« (WÖHE, G. 1997, S. 296) ansehen. Somit wäre ihnen ein Korrekturpostencharakter zuzuerkennen.

Kürzt man das Eigenkapital um die entsprechenden Beträge, so wird damit berücksichtigt, dass unter ökonomischen Gesichtspunkten nur der Teil des ausgewiesenen Nennkapitals an der Erzielung des unternehmerischen Erfolgs beteiligt ist, der von den Gesellschaftern tatsächlich einbezahlt wurde (vgl. KUSSMAUL, H. 1984, S. 154; RHEINBOLDT, R. 1998, S. 118). Verzichtet man jedoch bei der Erstellung der Strukturbilanz auf eine Saldierung, werden später solche Beträge in die Analyse der Liquidität und die Beurteilung der Ertragslage einbezogen, die dem Unternehmen bei seiner laufenden Geschäftstätigkeit noch nicht zur Verfügung stehen.

Ausstehende Einlagen haben aber auch Forderungscharakter; denn sie beinhalten Forderungen der Gesellschaft gegenüber ihren Anteilseignern.

Für die bilanzielle Behandlung der ausstehenden Einlagen im Rahmen der Strukturbilanz werden nachfolgende Regeln vorgeschlagen:

Saldierung gegen das gezeichnete Kapital oder Aktivierung

(1) Sind die Einlagen noch nicht eingefordert, sollten sie gegen das gezeichnete Kapital aufgerechnet werden.

(2) Sind die Einlagen eingefordert, ist eine differenzierte Betrachtung anzustellen.

- Bestehen keine Bedenken hinsichtlich der Solvenz der Anteilseigner, sind die eingeforderten Beträge als echte Vermögenswerte zu betrachten. Eine Aufrechnung gegen das gezeichnete Kapital würde in diesem Fall die Unternehmenslage falsch darstellen. Im Übrigen wären Abschreibungen auf diese Forderungen vorzunehmen, wenn sie als zweifelhaft gelten.

- Kommt der Analytiker im Einzelfall zu dem Ergebnis, dass die Einzahlung gefährdet sein könnte, sollte eine Aufrechnung gegen das gezeichnete Kapital erfolgen. Aus Vorsichtsgründen wäre im Zweifelsfall dieser Vorgehensweise der Vorrang einzuräumen.

2.1.2 Aufwendungen für die Ingangsetzung und Erweiterung des Geschäftsbetriebs

Charakterisierung

Nach § 269 HGB dürfen Aufwendungen für die Ingangsetzung und Erweiterung des Geschäftsbetriebs aktiviert werden. Es handelt sich bei den Ingangsetzungsaufwendungen – in einer Kurzformel ausgedrückt – um die Ausgaben zum Aufbau der Innen- und Außenorganisation. Demgegenüber beinhalten die Erweiterungsaufwendungen die entsprechenden Ausgaben zum Ausbau, also die Inbetriebsetzung bei Betriebserweiterungen und -umstellungen, insbesondere bei der Aufnahme neuer Betriebszweige. Die Ingangsetzungsaufwendungen fallen somit während und die Erweiterungsaufwendungen nach der Gründungsphase einer Unternehmung an.

Bilanzierungshilfe

Wie das Gesetz im Aktivierungswahlrecht gem. § 269 HGB bereits zum Ausdruck bringt, sind die Aufwendungen für die Ingangsetzung und Erweiterung des Geschäftsbetriebs als Bilanzierungshilfe zu charakterisieren. Es handelt sich hierbei um Bilanzhilfsposten bzw. bilanzielle Hilfsgrößen.

Saldierung mit dem Eigenkapital

Der Ansatz eines Aktivpostens, der überdies allein handelsrechtliche Bedeutung besitzt und den Zweck verfolgt, eine in der Anlauf- oder Erweiterungsphase eines Unternehmens eventuell auftretende buchmäßige Überschuldung zu verhindern, wird ausdrücklich zugelassen, obwohl kein Vermögensgegenstand vorliegt. Da diese Aktivposten im Zweifelsfall nicht verwertet werden können, müssen die Aufwendungen für die Ingangsetzung und Erweiterung des Geschäftsbetriebs bei der Erstellung der Strukturbilanz aktivisch eliminiert werden. Da sich durch die Aktivierung der Aufwendungen der Jahreserfolg und damit das Eigenkapital erhöht haben, ist nunmehr konsequenterweise das Eigenkapital um die entsprechenden Beträge zu kürzen (vgl. BALLWIESER, W. 1989, S. 36; DOBLER, T. 1998, S. 65).

2.1.3 Geschäfts- oder Firmenwert

Gem. § 255 Abs. 4 HGB darf als derivativer Geschäfts- oder Firmenwert »der Unterschiedsbetrag angesetzt werden, um den die für die Übernahme eines Unternehmens bewirkte Gegenleistung den Wert der einzelnen Vermögensgegenstände des Unternehmens abzüglich der Schulden im Zeitpunkt der Übernahme übersteigt«.

Komponenten des Geschäfts- oder Firmenwerts

Nach WÖHE (G. 1980, S. 99) besteht der Geschäfts- oder Firmenwert aus drei Komponenten:

- dem Wert der nicht bilanzierungsfähigen Wirtschaftsgüter, wie Kundenstamm, Organisation usw.;
- dem Kapitalisierungsmehrwert, der in den bilanzierten Wirtschaftsgütern verborgen ist;
- dem Betrag, der gegebenenfalls à fonds perdu bezahlt wird, weil der Käufer den Betrieb oder das Unternehmen unbedingt erwerben will und er das Objekt sonst nicht bekäme (so genannter strategischer Mehrwert).

Der Geschäfts- oder Firmenwert kann auch darauf beruhen, dass ein über dem tatsächlichen Wert des Betriebs liegender Preis bezahlt wurde, um sich durch den Erwerb störender Konkurrenz oder eines lästigen Kartellaußenseiters zu entledigen (vgl. KROPFF, B., in: GESSLER u.a. 1973, § 153 AktG, Rn. 64).

Saldierung mit dem Eigenkapital

Dem Geschäfts- oder Firmenwert fehlt mit der nicht gegebenen Einzelverkehrsfähigkeit die Grundvoraussetzung für einen bilanzierungsfähigen Vermögensgegenstand. Eine Möglichkeit zur Veräußerung besteht höchstens in Verbindung mit dem Unternehmen selbst. Daher ist es unter anderem insbesondere aus Vorsichtsgründen geboten, den Geschäfts- oder Firmenwert in der Strukturbilanz mit dem Eigenkapital zu saldieren. Da die Verwertbarkeit dieses Postens im Ernstfall als sehr zweifelhaft zu bezeichnen ist und die Vorgehensweise der Saldierung einer eher vorsichtigen Eigenkapitalermittlung entspricht, soll das Eigenkapital regelmäßig um die Höhe des ausgewiesenen Geschäfts- oder Firmenwerts korrigiert werden (vgl. dazu auch BALLWIESER, W. 1989, S. 37; RIEBELL, C. 2001, S. 309). Dabei wird nicht verkannt, dass der Geschäfts- oder Firmenwert im Einzelfall einen durchaus beträchtlichen objektiven Wert haben kann.

2.1.4 Erhaltene Anzahlungen auf Bestellungen

Ausweisalternativen

Erhaltene Anzahlungen sind grundsätzlich auf der Passivseite als eigenständiger Posten unter den Verbindlichkeiten zu zeigen. Der Gesetzgeber lässt aber in § 268 Abs. 5 Satz 2 HGB eine abweichende Behandlung zu: »Erhaltene Anzahlungen auf Bestellungen sind, soweit Anzahlungen auf Vorräte nicht von dem Posten ›Vorräte‹ offen abgesetzt wurden, unter den Verbindlichkeiten gesondert auszuweisen«.

Offene Absetzung

Eine offene Absetzung bei den Vorräten führt dazu, dass die Bilanzsumme verringert wird. Dies hat zur Folge, dass mit der gewählten Ausweistechnik wichtige Bilanzkennzahlen beeinflusst werden können. Dies gilt umso mehr, als der Bilanzposten »erhaltene Anzahlungen auf Bestellungen« in manchen Branchen eine wichtige Rolle spielt und daher mit der gewählten Ausweisform ein erheblicher Einfluss auf das Bilanzbild genommen werden kann.

Erhaltene Anzahlungen werden von Unternehmen insbesondere zur Finanzierung von Großprojekten eingesetzt. Ihnen steht zwar als Gegenleistung noch nicht das in Auftrag gegebene, fertig gestellte Objekt gegenüber, dennoch können das zur Fertigstellung des Projekts beschaffte Rohmaterial und unfertige Erzeugnisse bereits vorhanden sein. Eine Verrechnung der erhaltenen Anzahlungen mit den Vorräten bringt damit zum Ausdruck, dass in der Bilanz ausgewiesene Vorräte in Höhe der erhaltenen Anzahlungen faktisch dem Abnehmer zuzurechnen sind (vgl. LEFFSON, U. 1984, S. 61).

Bruttoausweis in der Strukturbilanz

Gleichwohl wird hier aber dem Bruttoausweis des Postens »erhaltene Anzahlungen auf Bestellungen« in der Strukturbilanz aus nachfolgenden Gründen der Vorrang eingeräumt:

(1) Wird eine Anzahlung getätigt und ist der Auftragnehmer nicht in der Lage, den Auftrag durchzuführen, so ist er verpflichtet, die erhaltene Anzahlung an den Auftraggeber zurückzuzahlen. Insoweit ist die erhaltene Anzahlung aus der Sicht des Auftragnehmers eine finanzielle Verpflichtung, sie stellt damit eine Verbindlichkeit dar (vgl. KNOP, W., in: KÜTING/WEBER 1995, § 268 HGB, Rn. 212).

(2) Die Strukturbilanz soll auch einen Einblick in die Kapitalstruktur gewähren und somit die Mittelherkunft verdeutlichen. Eine Aufrechnung der erhaltenen Anzahlungen auf Bestellungen mit den Vorräten spiegelte sowohl die Kapitalstruktur als auch die Unternehmensfinanzierung unzutreffend wider.

(3) Der Gesetzgeber differenziert in § 268 Abs. 5 Satz 2 HGB zwischen Anzahlungen auf Bestellungen und Anzahlungen auf Vorräte. Die Verrechnungsmöglichkeit besteht nach der hier vertretenen Ansicht nur für die zuletzt genannten Anzahlungen. Hierdurch soll sichergestellt werden, dass allein in den Fällen eine Verrechnung vorgenommen wird, in denen für den Auftrag, auf den sich die erhaltene Anzahlung bezieht, bereits Vermögensgegenstände angeschafft oder hergestellt worden sind (vgl. KNOP, W., in: KÜTING/WEBER 1995, § 268 HGB, Rn. 213). Eine pauschale Verrechnung aller erhaltenen Anzahlungen auf Bestellungen dürfte somit nicht erlaubt sein. Von besonderer Bedeutung ist diese eingeschränkte Verrechnungsmöglichkeit für Unternehmen des industriellen Anlagenbaus.

Offensichtlich wird dieser Sachverhalt zumindest teilweise in der Bilanzierungspraxis nicht so gesehen. Eine unkritische Übernahme der mit Anzahlungen saldierten Bilanzwerte der Vorräte hätte jedoch die aus bilanzanalytischer Sicht vermeidbare Folge, dass neben der Mittelherkunft und der Finanzierung auch die Vermögenslage verzerrt dargestellt würde.

Bei Abwägung der Pro- und Kontraargumente wird folglich hier dem Ausweis nach der Bruttomethode der Vorrang eingeräumt.

2.1.5 Eigene Anteile

Doppelcharakter

Eigene Anteile einer Gesellschaft, deren Erwerb bei einer AG durch § 71 AktG und bei der GmbH durch § 33 GmbHG geregelt ist, besitzen, ähnlich wie die ausstehenden Einlagen, einen Doppelcharakter (vgl. dazu auch COENENBERG, A. G. 2003, S. 207). Diesem wird seit Verabschiedung des KonTraG zumindest ansatzweise auch bilanziell Rechnung getragen (vgl. § 272 Abs. 1 Satz 4 HGB).

Korrekturposten: Saldierung

Einerseits können eigene Anteile als Rückzahlung des gezeichneten Kapitals betrachtet werden, sodass sie dann als ein reiner Korrekturposten zum Eigenkapital – als negatives Eigenkapital – zu interpretieren wären. Sofern die eigenen Anteile nicht ohnehin gem. § 272 Abs. 1 HGB passivisch vom Eigenkapital abgesetzt wurden, wäre es für die Strukturbilanz zweckmäßig, diese gegen das Eigenkapital aufzurechnen, da mit dem Erwerb eigener Anteile das Unternehmen Kapital, das ursprünglich zur Verfügung gestellt wurde, zurückgewährt hat (vgl. WEBER, H. K. 1980, S. 1455).

Vermögenswert: Aktivierung

Andererseits können eigene Anteile auch echte Vermögenswerte darstellen, wenn sie z. B.

(1) den Arbeitnehmern der Gesellschaft als Lohnbestandteil zum Erwerb angeboten werden sollen oder

(2) dazu dienen, Aktionäre nach § 305 Abs. 2 AktG oder § 320b Abs. 1 AktG im Zug von Unternehmenszusammenschlüssen abzufinden.

Deshalb ist es eine durchaus vertretbare Vorgehensweise, wenn in den genannten Fällen die eigenen Anteile als selbstständige Vermögenswerte betrachtet und daher nicht gegen das Eigenkapital aufgerechnet werden (vgl. REHKUGLER, H./PODDIG, T. 1998, S. 38).

Einzelfallentscheidung

Wie die eigenen Anteile in der praktischen Bilanzanalyse zu behandeln sind, muss somit einzelfallbezogen entschieden werden. Im Zweifel sollte aus Vorsichtsgründen eine Aufrechnung gegen das Eigenkapital vorgenommen werden. Dabei ist zu beachten, dass Kapitalgesellschaften bei aktivischem Ausweis eigener Anteile gem. § 272 Abs. 4 Satz 1 HGB eine Rücklage für eigene Anteile zu bilden haben. Hier ist ein Betrag einzustellen, »der dem auf der Aktivseite der Bilanz für die eigenen Anteile anzusetzenden Betrag entspricht«. Die Korrekturmaßnahme besteht dann darin, die eigenen Anteile auf der Aktivseite und die Rücklage für eigene Anteile auf der Passivseite gegeneinander aufzurechnen.

2.1.6 Aktivische Rechnungsabgrenzungsposten

Grundsätzlich: Umgliederung

Formelles Ziel der Strukturbilanz ist es, auf jeder Bilanzseite lediglich zwei Teilkomponenten, nämlich Anlage- und Umlaufvermögen auf der Aktivseite sowie Eigen- und Fremdkapital auf der Passivseite, auszuweisen. Für den aktivischen Rechnungsabgrenzungsposten heißt dies, dass für seinen gesonderten Ausweis neben dem Anlage- und Umlaufvermögen kein Raum besteht. Für Zwecke der Bilanzanalyse sollte daher der aktivische Rechnungsabgrenzungsposten grundsätzlich in das Umlaufvermögen umgegliedert werden (vgl. RHEINBOLDT, R. 1998, S. 119).

Diese Zuordnungsregel gilt nicht für das Disagio. Übersteigen die von einem Darlehensnehmer zur Erfüllung einer eingegangenen Verbindlichkeit zu leistenden Rückzahlungen die ihm zufließenden Beträge, so darf der sich ergebende Differenzbetrag als Disagio gem. § 250 Abs. 3 Satz 1 HGB aktiviert werden. Wird vom Aktivierungswahlrecht Gebrauch gemacht, ist das Disagio in den Rechnungsabgrenzungsposten der Aktivseite einzustellen und über die Laufzeit des Kredits planmäßig abzuschreiben. Wird von der Aktivierung dagegen kein Gebrauch gemacht, ist der gesamte Differenzbetrag in der laufenden Periode als Aufwand zu buchen.

Disagio: Saldierung

In Höhe des Disagios kommt eine Verpflichtung auf das Unternehmen zu, der kein konkreter Gegenwert gegenübersteht. Es handelt sich somit nicht um einen echten Vermögensgegenstand, sondern um einen Korrekturposten zur Passivseite. Folgerichtig müssen daher die Disagiobeträge aus dem Rechnungsabgrenzungsposten ausgesondert und gegen das Eigenkapital verrechnet werden. Im Übrigen dient diese Zuordnungsregel einer besseren Vergleichbarkeit mit jenen Unternehmen, die diesen Bilanzposten nicht in Ansatz gebracht haben.

2.1.7 Latente Steuern

Charakterisierung

Die Erfassung latenter Steuern gründet auf der Überlegung, dass sich der in der Handelsbilanz ausgewiesene Ertragsteueraufwand in erster Linie aus der Steuerbilanz ableitet und daher dieser Steueraufwand nicht notwendigerweise mit dem entsprechenden Jahreserfolg der handelsbilanziellen Rechnungslegung korrespondiert. Die latenten Steuern sollen deshalb eine Kongruenz zwischen dem sich in der Handelsbilanz ergebenden Erfolg und den dort gezeigten ertragsabhängigen Steuern herstellen. Da allerdings nur die so genannten zeitlichen Differenzen zwischen Handels- und Steuerbilanz erfasst werden, führt der Ansatz latenter Steuern nicht zu einer völligen Kongruenz der Ergebnisse beider Rechenwerke.

Das HGB regelt in § 274 die so genannten primären latenten Steuern für den Einzelabschluss. Während für passivische latente Steuern eine Passivierungspflicht besteht, ist für aktivische latente Steuern ein Aktivierungswahlrecht gegeben. Hinzuweisen ist außerdem auf die Möglichkeit, aktivische und passivische latente Steuern zu saldieren.

Aktivposten: Saldierung

Bei den aktivischen latenten Steuern entsteht kein Zahlungsanspruch gegen den Staat. Es kann sich daher bei dieser Form latenter Steuern nicht um Vermögensgegenstände i. S. d. Bilanzrechts handeln (vgl. BALLWIESER, W. 1989, S. 36). Wird die Strukturbilanz somit als Instrument betrachtet, primär einen Vermögensstatus zu ermitteln, müssen latente Steuern folgerichtig auf der Aktivseite eliminiert werden. Als Abgrenzungsposten bzw. Bilanzierungshilfe wären sie gegen das Eigenkapital aufzurechnen, denn durch die Bildung des Abgrenzungspostens wurde das Eigenkapital entsprechend erhöht.

Passivposten: Umgliederung

Werden aktivische latente Steuern gegen das Eigenkapital saldiert, dann müssten konsequenterweise die passivischen latenten Steuern aus dem Fremdkapital ausgegliedert und dem Eigenkapital hinzugefügt werden. Dies ergibt sich unmittelbar aus der Überlegung, dass dieser Abgrenzungsposten zuvor das Eigenkapital gemindert hat.

Konservative versus progressive Bilanzierung

Die oben abgeleiteten Zuordnungsregeln sind nicht unumstritten, denn der Charakter dieser fiktiven Steuern ist nicht eindeutig. Daher sind in diesem Zusammenhang zwei weitere Aspekte in die Überlegungen mit einzubeziehen:

(1) Fallen aktivische latente Steuern an, ist dies in aller Regel ein Indiz dafür, dass Aufwendungen in der Handelsbilanz gebucht werden, die steuerrechtlich als Betriebsausgaben keine Anerkennung fanden. Somit geht die Bildung aktivischer latenter Steuern mit einer eher ›konservativen‹ Bilanzpolitik einher, die im Zweifel zu einer Bildung stiller Reserven führen kann.

(2) Die Bildung passivischer latenter Steuern ist ein Ausdruck dafür, dass in der Steuerbilanz Betriebsausgaben dem Aufwand in der Handelsbilanz zeitlich vorgelagert sind. Es kommt somit zu einer Steuerstundung. Diese eher ›progressive‹ Bilanzierung sollte im Zweifel im Rahmen der Bilanzanalyse kritisch beurteilt werden.

2.2 Aufbereitungsmaßnahmen auf der Passivseite

2.2.1 Bilanzgewinn

Berücksichtigung der Gewinnverwendung

Die Gewinnverwendung kann bei der Erstellung des Jahresabschlusses unterschiedlich berücksichtigt werden. Abgesehen vom Regelfall der Erstellung vor einer Gewinnverwendung räumt § 268 Abs. 1 HGB generell die Möglichkeit ein, die Bilanz nach einer vollständigen oder teilweisen Verwendung des Jahreserfolgs aufzustellen. Bei dieser Ausweisform tritt an die Stelle der Posten »Jahresüberschuss/Jahresfehlbetrag« und »Gewinnvortrag/Verlustvortrag« der Posten »Bilanzgewinn/Bilanzverlust«.

Umgliederung

Sowohl für den Fall, dass der Jahresabschluss vor oder nach einer teilweisen Gewinnverwendung aufgestellt wird, ist der Ausschüttungsbetrag im Bilanzposten »Eigenkapital« enthalten. Da aber der Ausschüttungsbetrag nach Feststellung des Jahresabschlusses den Unternehmensbereich verlässt und dadurch die Liquidität kurzfristig belastet wird (vgl. GRÄFER, H. 1997, S. 76), weist er – wirtschaftlich betrachtet – Ähnlichkeiten mit einer kurzfristigen Verbindlichkeit auf (vgl. DÖRING, U. 1993, S. 198). Für Zwecke der Bilanzanalyse ist der Ausschüttungsbetrag, der sich aus dem regelmäßig angegebenen Gewinnverwendungsvorschlag entnehmen lässt, daher aus dem Eigenkapital auszugliedern und in das kurzfristige Fremdkapital einzustellen. Dieser reine Passivtausch wirkt sich neutral auf die Bilanzsumme aus.

2.2.2 Sonderposten mit Rücklageanteil

Unterkategorien

Der Sonderposten mit Rücklageanteil ist in den §§ 247 Abs. 3 und 273 HGB geregelt und kann sich aus zwei Unterkategorien zusammensetzen:

(1) Er muss jene Beträge aufnehmen, die als Passivposten für Zwecke der Steuern vom Einkommen und Ertrag zulässig sind und in der Handelsbilanz gebildet werden dürfen (vgl. § 247 Abs. 3 HGB). Es handelt sich hier um die so genannten steuerfreien Rücklagen (z.B. Rücklage gem. § 6b EStG, Rücklage für Ersatzbeschaffung gem. R35 EStR).

(2) Darüber hinaus kann er die steuerrechtlichen Mehrabschreibungen aufnehmen, die früher regelmäßig unmittelbar von den Vermögensgegenständen abgesetzt wurden. Gem. den §§ 254 und 281 Abs. 1 HGB dürfen sie sowohl direkt durch die Absetzung von den aktivischen Posten als auch indirekt als Sonderposten mit Rücklageanteil passivisch berücksichtigt werden.

Steuerfreie Rücklagen

Die Teilkomponente der steuerfreien Rücklagen ist aus Beträgen gebildet worden, die bisher nicht der Einkommens- oder Ertragsbesteuerung unterworfen waren. Die Steuerlast wird jedoch nicht endgültig aufgehoben, sondern nur für eine mehr oder weniger lange Zeit hinausgeschoben (so genannter Steuerstundungseffekt). Dies erklärt, warum nach herrschender Meinung der Sonderposten mit Rücklageanteil als Mischposten betrachtet wird. Er enthält sowohl Eigenkapitalanteile als auch – wegen der bei seiner Auflösung einsetzenden Besteuerung – Fremdkapitalanteile, die auch als Rückstellungen für Steuerverpflichtungen betrachtet werden können.

Steuerrechtliche Mehrabschreibungen

Bei den steuerrechtlichen Mehrabschreibungen im Sonderposten mit Rücklageanteil handelt es sich um aufgedeckte stille Reserven, die gegenüber einer aktivischen Absetzung nicht ohne weiteres aus der Bilanz ersichtlich sind. Gleichwohl dürfen nicht sämtliche Beträge dieser stillen Reserven als Eigenkapital betrachtet werden. Vielmehr haben die steuerrechtlichen Mehrabschreibungen das steuerbilanzielle Ergebnis gekürzt und damit bereits zu einer

Steuerminderung geführt, die bei einer planmäßigen Abschreibung erst später eingetreten wäre und somit nicht mehr möglich ist.

Aufspaltung 60 : 40

Mit anderen Worten: Da die steuerrechtlichen Mehrabschreibungen in keiner Beziehung zu den tatsächlichen, unter ökonomischen Gesichtspunkten sinnvollen Wertminderungen des jeweiligen Vermögensgegenstands stehen, führen sie zwangsläufig zur Bildung stiller Reserven. Diese stillen Reserven sind bei ihrer späteren Auflösung zu versteuern, bedingen also vergleichsweise höhere Steueraufwendungen in Folgeperioden, sodass auch die steuerrechtlichen Mehrabschreibungen als zweite Teilkomponente des Sonderpostens mit Rücklageanteil – genauso wie die so genannten steuerfreien Rücklagen – aus Vereinfachungsgründen im Verhältnis 60 zu 40 dem Eigen- und Fremdkapital zugerechnet werden sollten.

In diesem Zusammenhang ist zu bemerken, dass bei einer aktivischen Absetzung der steuerlichen Mehrabschreibungen eine vergleichbare Aufbereitungsmaßnahme von einem externen Analysten nicht vorgenommen werden kann. Zwar sind Kapitalgesellschaften und Personenhandelsgesellschaften i. S. d. § 264a HGB gem. § 281 Abs. 2 Satz 1 HGB verpflichtet, die im abgelaufenen Geschäftsjahr vorgenommenen Abschreibungen dieser Art anzugeben. Allerdings erhält der Bilanzanalyst keine Informationen darüber, in welchem Umfang die aufgrund der steuerlichen Mehrabschreibungen gebildeten stillen Reserven wieder aufgelöst wurden.

2.2.3 Baukostenzuschüsse

Charakterisierung

Bei den Baukostenzuschüssen handelt es sich um nicht rückzahlbare (verlorene) Zuwendungen. Diese Zuwendungen werden von Dritten in Form von Barleistungen gewährt und dienen zur Deckung der Gesamtbaukosten. Insbesondere bei Energieversorgungsunternehmen sowie Unternehmen der Wohnungsbaubranche können diese Posten eine große Bedeutung erlangen. So betrug z. B. im Abschluss 1994 der FRÄNKISCHEN ÜBERLANDWERK AG, NÜRNBERG, der Abschlussposten »Baukostenzuschüsse« 37,4 % der gesamten Bilanzsumme.

Aufspaltung: $\frac{2}{3} : \frac{1}{3}$

Bilanzanalytisch stellen die Baukostenzuschüsse Mischposten dar, die sowohl Eigen- als auch Fremdkapitalanteile enthalten. In Anlehnung an die Vorschriften (betreffend das AktG 1965) des ehemaligen Bundesaufsichtsamts für das Versicherungswesen werden die Baukostenzuschüsse in der Strukturbilanz im Verhältnis zwei Drittel zu einem Drittel jeweils dem Eigenkapital und dem langfristigen Fremdkapital zugeordnet (vgl. BERING, R. 1975, S. 37).

2.2.4 Sonstige Zuschüsse und Zulagen

Die bilanzielle Behandlung von Zuwendungen der öffentlichen Hand, insbesondere von Investitionszuschüssen und -zulagen wurde in der Vergangenheit uneinheitlich beurteilt. Mittlerweile geht allerdings die Literaturmeinung von der grundsätzlichen handelsrechtlichen Zulässigkeit dreier unterschiedlicher Vorgehensweisen aus (vgl. dazu ELLROTT, H./SCHMIDT-WENDT, D., in: Beck Bil-Komm. 2003, § 255 HGB, Rn. 113 ff.; KNOP, W./KÜTING, K., in: KÜTING/WEBER 2003, § 255 HGB, Rn. 63 ff.).

Bilanzielle Behandlung

Für die nicht rückzahlbaren Zuwendungen kommt einerseits eine Behandlung als Anschaffungskostenminderung und andererseits eine sofortige erfolgswirksame Gewinnvereinnahmung in Frage. Daneben hat sich die Ansicht gefestigt, dass eine erfolgswirksame Vereinnahmung der Zuwendung über die Nutzungsdauer des betreffenden Vermögensgegenstands über die bilanztechnische Lösung der Einstellung der Beträge in einen gesonderten Passivposten bei ungekürzten Anschaffungskosten zulässig ist.

Zuordnung zu Eigen- und Fremdkapital

Ein solcher Passivposten, der bspw. als ›Sonderposten für Investitionszuschüsse/-zulagen im Anlagevermögen‹ ausgewiesen werden könnte, muss im Rahmen der Erstellung der Strukturbilanz umgegliedert werden. Wurde der Passivposten für steuerpflichtige Investitionszuschüsse gebildet, so empfiehlt sich aufgrund des zu erwartenden Steuerabflusses eine Zuordnung zum Eigen- und Fremdkapital im Verhältnis 60 zu 40. Steuerfreie Investitionszulagen hingegen können grundsätzlich in voller Höhe in das bilanzanalytische Eigenkapital umgruppiert werden.

2.2.5 Pensionsrückstellungen

Charakterisierung

Bei den ausgewiesenen Pensionsrückstellungen handelt es sich um zukünftige Zahlungsverpflichtungen der Unternehmung, bei denen nur noch hinsichtlich der Höhe und des Zeitpunkts der Fälligkeit Ungewissheit besteht. Es sind eindeutig Schulden, die dem langfristigen Fremdkapital zuzurechnen sind. Für so genannte Neuzusagen der Pensionsverpflichtungen besteht seit In-Kraft-Treten des Bilanzrichtlinien-Gesetzes eine Passivierungspflicht.

Altzusagen

Pensionszusagen, die vor dem 1. Januar 1987 erteilt wurden, sind von der eingeführten Rückstellungspflicht nicht betroffen. Für sie gilt weiterhin ein Passivierungswahlrecht. Ein ebensolches Wahlrecht gilt gem. Art. 28 Abs. 1 EGHGB in jedem Fall für mittelbare Zusagen oder Anwartschaften sowie für ähnliche unmittelbare und mittelbare Verpflichtungen. Der externe Analytiker kann aus der Bilanz nicht erkennen, ob für diese Altzusagen oder sonstige mit einem Passivierungswahlrecht ausgestattete Pensions- oder ähnliche Verpflichtungen tatsächlich in voller Höhe Rückstellungen gebildet wurden.

Allerdings müssen Kapitalgesellschaften gem. Art. 28 Abs. 2 EGHGB sämtliche in der Bilanz nicht ausgewiesenen Rückstellungen für laufende Pensionen, Anwartschaften auf Pensionen und ähnliche Verpflichtungen jeweils im Anhang in einem Betrag angeben. Der Analyst hat somit bei Kapitalgesellschaften die Möglichkeit, Informationen über die nicht abgedeckten Pensionsverpflichtungen zu erhalten.

Da die nicht abgedeckten Pensionsverpflichtungen eine echte Schuld des Unternehmens darstellen, sollten auch sie im Rahmen der Strukturbilanz berücksichtigt werden. Dies kann durch einen Passivtausch erreicht werden, indem der entsprechende Betrag der so genannten Unterdeckung – unter Vernachlässigung gegebenenfalls zu berücksichtigender steuerlicher Wirkungen (vgl. dazu Küting, K./Nardmann, B. 1993, S. 1837) – vom Eigen- in das Fremdkapital umgegliedert wird, sodass die Bilanzsumme insgesamt keine Änderung erfährt. Damit wird in der Strukturbilanz für alle Pensionsverpflichtungen eine Rückstellung ausgewiesen.

2.2.6 Aufwandsrückstellungen

Charakterisierung

Neben der Passivierungspflicht für Außenverpflichtungen ist auch die Passivierung von Aufwandsrückstellungen möglich bzw. zwingend geboten. Da bei Letzteren keine Verpflichtung gegenüber einem außen stehenden Dritten vorliegt, spricht man von so genannten Innenverpflichtungen.

Das Handelsrecht verlangt in § 249 Abs. 1 Satz 2 Nr. 1 HGB zum einen die Bildung von Rückstellungen für unterlassene Instandhaltungen, zum anderen wird in § 249 Abs. 2 HGB ein Wahlrecht zur Bildung von Rückstellungen für ihrer Eigenart nach genau umschriebene Aufwendungen eröffnet.

Da die Bildung einer Aufwandsrückstellung in jedem Fall voraussetzt, dass ein Aufwand in der laufenden oder in früheren Perioden entstanden ist, spricht dieser Sachverhalt zunächst dafür, die Aufwandsrückstellungen auch in der Strukturbilanz dem Fremdkapital zuzuordnen. Somit wäre im Vergleich zur Originärbilanz keine Aufbereitungsmaßnahme erforderlich.

Argumente für eine Umgliederung

Dieser Betrachtungsweise stehen aber folgende Argumente entgegen:

(1) Aufwandsrückstellungen zeichnen sich dadurch aus, dass sie weder auf einer wirtschaftlichen noch auf einer rechtlichen Verpflichtung Dritten gegenüber beruhen. Sie haben daher den Charakter von reinen Innenverpflichtungen, sodass man in diesem Zusammenhang durchaus von »Nichtschulden« (Ballwieser, W. 1989, S. 29) sprechen kann.

(2) Aufwandsrückstellungen dienen der Vorsorge für konkrete künftige Ausgaben. Insofern kann man in einer weiten Auslegung Aufwandsrückstellungen den Charakter einer Bilanzierungshilfe für diese zukünftig auftretenden Belastungen zuerkennen (vgl. Mayer-Wegelin, E., in: Küting/Weber 1995, § 249 HGB, Rn. 231). Der Bilanzierende kann sich allerdings diesen zukünftigen Belastungen durch entsprechende Planänderungen entziehen.

(3) Da die gesetzliche Regelung der Aufwandsrückstellungen zwei interpretationsbedürftige unbestimmte Rechtsbegriffe enthält, bieten diese Rückstellungen dem Bilanzierenden eine Möglichkeit, in erheblichem Umfang stille Reserven zu bilden (vgl. Gräfer, H. 1997, S. 204).

(4) Da die Ausgaben, für die Aufwandsrückstellungen gebildet werden, in größeren zeitlichen Abständen anfallen können, sind Aufwandsrückstellungen unmittelbar nicht zahlungswirksam und stehen dem Unternehmen möglicherweise als Kapital langfristig zur Verfügung.

(5) Würden Aufwandsrückstellungen im Rahmen der Bilanzanalyse als Fremdkapital betrachtet, erführen jene Unternehmen, die diese Bilanzierungshilfe in Anspruch nehmen, eine relative Schlechterstellung im Vergleich zu jenen Unternehmen, die von einer solchen Rückstellungsbildung keinen Gebrauch machen.

Einzelfall-entscheidung

Damit sollte deutlich gemacht werden, dass die bilanzanalytische Behandlung der Aufwandsrückstellungen keine pauschale Betrachtungsweise erlaubt, sondern ein differenziertes Vorgehen erforderlich macht. In der Tat veranlassen die aufgeführten Gründe mehrere Banken dazu, die Aufwandsrückstellungen in der Strukturbilanz in das Eigenkapital umzugliedern und damit zum Ausdruck zu bringen, dass es sich bei diesen Beträgen faktisch um eine versteuerte Rücklagenbildung im Rahmen der Gewinnverwendung handelt.

Beiden Vorgehensweisen, also der Zuordnung zum bilanzanalytischen Fremd- oder Eigenkapital, kann gefolgt werden. Es muss individuell entschieden werden, welcher Betrachtung der Vorrang einzuräumen ist. Bei dieser Entscheidung ist zu berücksichtigen, dass Aufwandsrückstellungen Bestandteil des Postens »sonstige Rückstellungen« sind. Zwar besteht gem. § 285 Nr. 12 HGB im Anhang eine Erläuterungspflicht, falls Rückstellungen, die in der Bilanz unter dem Posten »sonstige Rückstellungen« nicht gesondert ausgewiesen sind, »einen nicht unerheblichen Umfang haben«. Jedoch kann im Rahmen der externen Bilanzanalyse aufgrund oftmals lediglich impliziter und ungenauer Angaben zur Existenz von Aufwandsrückstellungen keine Umgliederung vorgenommen werden.

In der hier zur Diskussion gestellten Strukturbilanz ist gleichwohl eine Umgliederung der Aufwandsrückstellungen in das Eigenkapital vorgesehen.

2.2.7 Passivische Rechnungsabgrenzungsposten

Umgliederung

Da es letztlich Ziel der Strukturbilanz ist, auch auf der Passivseite lediglich zwei Teilkomponenten – nämlich das Eigen- und das Fremdkapital – auszuweisen, ist analog zur Vorgehensweise auf der Aktivseite der passivische Rechnungsabgrenzungsposten dem Fremdkapital – und hier im Zweifel dem kurzfristigen Fremdkapital – zuzurechnen.

2.3 Verbundbeziehungen

In § 271 Abs. 2 HGB hält das Handelsrecht eine Begriffsbestimmung verbundener Unternehmen bereit, die sich von den aktienrechtlichen Regelungen der §§ 15 ff. AktG unterscheidet. Mit der Anpassung dieser beiden Regelungsbereiche soll bis zur »Verabschiedung einer Richtlinie über die Verbindungen zwischen Unternehmen, insbesondere über Konzerne, abgewartet werden, die voraussichtlich eine Definition der verbundenen Unternehmen enthalten wird« (BT-Drucksache 10/4268, S. 106). Die Vorschriften des HGB und des AktG gelten so lange unabhängig nebeneinander.

Gesonderter Ausweis von Verbundbeziehungen

In der Bilanz sind nachfolgende Verbundbeziehungen als eigenständige Abschlussposten gesondert auszuweisen:

(1) Anteile an verbundenen Unternehmen im Finanzanlagevermögen (vgl. § 266 Abs. 2 A. III. 1. HGB);

(2) Ausleihungen an verbundene Unternehmen (vgl. § 266 Abs. 2 A. III. 2. HGB);

(3) Forderungen gegen verbundene Unternehmen (vgl. § 266 Abs. 2 B. II. 2. HGB);

(4) Anteile an verbundenen Unternehmen im Umlaufvermögen (vgl. § 266 Abs. 2 B. III. 1. HGB);

(5) Verbindlichkeiten gegenüber verbundenen Unternehmen (vgl. § 266 Abs. 3 C. 6. HGB).

Gem. § 266 Abs. 1 HGB müssen die obigen Posten nur von großen und mittelgroßen Kapitalgesellschaften und Personenhandelsgesellschaften i. S. d. § 264a HGB ausgewiesen werden. Für das verkürzte Bilanzschema der kleinen Gesellschaft ergibt sich insoweit keine gesonderte Ausweispflicht. Im Rahmen der Offenlegung können mittelgroße Gesellschaften die obigen fünf Abschlussposten auch alternativ im Anhang angeben (vgl. § 327 HGB).

Vor dem Hintergrund der Tatsache, dass die überwiegende Mehrzahl der Konzernbeziehungen im Rahmen der Konzernrechnungslegung eliminiert werden (vgl. KÜTING, K./WEBER, C.-P. 2003), erscheint die Auswertung der vorgenannten Verbundbeziehungen aus externer Sicht lohnenswert.

Begründung

Der gesonderte Ausweis der Verbundbeziehungen soll die Beziehungen zu verbundenen Unternehmen transparenter machen und somit einen besseren Einblick ermöglichen (vgl. BALLWIESER, W. 1989, S. 26). Der gesonderte Ausweis ist konsequent, denn Beziehungen zu verbundenen Unternehmen haben eine besondere Qualität, die anders zu bewerten ist als die zu sonstigen, nicht konzernverbundenen Unternehmen. So dürften bspw. Kreditgewährungen und Prolongationen von Verbindlichkeiten im Verhältnis zwischen verbundenen Unternehmen leichter möglich sein und Ausleihungen häufig niedrig verzinslich oder gar unverzinslich gewährt werden. Ganz generell ist auf den Zusammenhang hinzuweisen, dass wirtschaftliche Probleme des Mutterunternehmens zumeist auch die Tochterunternehmen in Mitleidenschaft ziehen, insofern als bei der Krise einer großen Beteiligungsgesellschaft sich die Muttergesellschaft regelmäßig zu entsprechenden Stützungsmaßnahmen genötigt sieht (vgl. GÖLLERT, K. 1984, S. 1846).

Berücksichtigung in der Strukturbilanz

Diese Überlegungen machen deutlich, dass sich dem Analytiker durchaus wertvolle Erkenntnisse eröffnen, wenn den Verbundbeziehungen im Rahmen der Bilanzanalyse eine erhöhte Aufmerksamkeit geschenkt wird. Dies könnte in der Weise erfolgen, dass im Anlage- und Umlaufvermögen sowie im Fremdkapital die Verbundbeziehungen zusammengefasst und gesondert ausgewiesen werden. Denkbar wäre auch eine Vorspalteninformation oder ein ›Davon-Vermerk‹.

3. Ergebnis: Die Strukturbilanz für den Einzelabschluss

Aus den vorangegangenen Überlegungen ergibt sich die in den nachfolgenden Übersichten 13 und 14 abgeleitete Strukturbilanz für den Einzelabschluss.

Übersicht 13: Strukturbilanz für den Einzelabschluss (Aktiva)

Strukturbilanz – Aktiva

~~**A. Ausstehende Einlagen auf das gezeichnete Kapital – davon eingefordert –**~~

~~**B. Aufwendungen für die Ingangsetzung und Erweiterung des Geschäftsbetriebs**~~

C. Bilanzanalytisches Anlagevermögen

I. Immaterielle Vermögensgegenstände (./. aktivierter Geschäfts- oder Firmenwert aus den Einzelabschlüssen)

II. Sachanlagen

III. Finanzanlagen

D. Bilanzanalytisches Umlaufvermögen

I. Vorräte (bei offener Absetzung einschl. »erhaltene Anzahlungen auf Bestellungen«)

II. Forderungen und sonstige Vermögensgegenstände

III. Wertpapiere (evtl. ./. eigene Anteile)

IV. Schecks, Kassenbestand, Bundesbankguthaben, Guthaben bei Kreditinstituten

V. Rechnungsabgrenzungsposten (./. Disagio)

~~**E. Latente Steuern**~~

Übersicht 14: Strukturbilanz für den Einzelabschluss (Passiva)

Strukturbilanz – Passiva

A. Bilanzanalytisches Eigenkapital

gezeichnetes Kapital (ggf. gemindert um den Nennwert/rechnerischen Betrag eigener Anteile)
(./. nicht eingeforderte Einlagen)
\+ Kapitalrücklage
\+ Gewinnrücklagen
(evtl. ./. Rücklage für eigene Anteile)
./. Aufwendungen für die Ingangsetzung und Erweiterung des Geschäftsbetriebs
./. aktivierter Geschäfts- oder Firmenwert
./. Disagio
./. aktivische latente Steuern
\+ passivische latente Steuern
./. nicht ausgewiesene Rückstellungen für Pensionen und ähnliche Verpflichtungen
\+ Aufwandsrückstellungen
\+ 60% des Sonderpostens mit Rücklageanteil (gilt auch für die in diesem Posten unter Umständen enthaltenen steuerrechtlichen Mehrabschreibungen)
\+ 66⅔% der Baukostenzuschüsse
\+ 60% des Sonderpostens für Investitionszuschüsse im Anlagevermögen
\+ Sonderposten für Investitionszulagen im Anlagevermögen
Berücksichtigung der Gewinnverwendung:
a) vor erfolgter Gewinnverwendung
± Jahresüberschuss/Jahresfehlbetrag
± Gewinnvortrag/Verlustvortrag
./. auszuschüttender Betrag
b) nach teilweiser oder vollständiger Gewinnverwendung
± Bilanzgewinn/Bilanzverlust
./. auszuschüttender Betrag

B. Bilanzanalytisches Fremdkapital

40% des Sonderpostens mit Rücklageanteil
\+ 33⅓% der Baukostenzuschüsse
\+ 40% des Sonderpostens für Investitionszuschüsse im Anlagevermögen
\+ auszuschüttender Betrag
\+ Rückstellungen aus der Bilanz
(./. Aufwandsrückstellungen; ./. passivische latente Steuern)
\+ nicht ausgewiesene Rückstellungen für Pensionen und ähnliche Verpflichtungen
\+ Verbindlichkeiten
(einschl. »erhaltene Anzahlungen auf Bestellungen«)
\+ Rechnungsabgrenzungsposten

kurzfristig = vor Ablauf eines Jahres fällig	mittelfristig = Fälligkeit zwischen einem und fünf Jahren	langfristig = nach Ablauf von fünf Jahren fällig

Merksätze:

1. Die der eigentlichen Kennzahlenbildung vorgelagerten Schritte lassen sich in Maßnahmen der Umbewertung und der Umgliederung (Umgruppierung, Neubildung, Aufspaltung, Erweiterung und Saldierung) unterteilen.

2. Die Strukturbilanz als Grundlage aller weiteren Untersuchungen stellt eine nach den Zielsetzungen und Aufgaben der Bilanzanalyse aufbereitete und umgestaltete Originalbilanz dar.

3. Bei der Erstellung der Strukturbilanz werden im Rahmen der Aufbereitungsmaßnahmen die Posten der Aktiv- und der Passivseite zweckmäßigerweise zu jeweils zwei Kategorien – dem bilanzanalytischen Anlage- und Umlaufvermögen auf der Aktivseite sowie dem bilanzanalytischen Eigen- und Fremdkapital auf der Passivseite – zusammengefasst; verbindliche Aufbereitungsregeln gibt es jedoch nicht.

3. Kapitel: Teilbereiche der Bilanzanalyse als Kennzahlenrechnung

1. Finanzwirtschaftliche Bilanzanalyse

1.1 Grundlagen

1.1.1 Gegenstand und Bedeutung der finanzwirtschaftlichen Bilanzanalyse

Das zentrale Anliegen der finanzwirtschaftlichen Bilanzanalyse besteht in der Beurteilung der Liquiditätslage eines Unternehmens.

Liquidität und unternehmerische Existenzsicherung

Die Frage nach der liquiditätsmäßigen Verfassung eines Unternehmens bildet ein originäres Erkenntnisziel aller am Unternehmen im weitesten Sinne beteiligten Personen. Denn Zahlungsunfähigkeit (Illiquidität) oder auch bereits drohende Zahlungsunfähigkeit, verstanden als das auf dem Mangel an Zahlungsmitteln beruhende dauernde Unvermögen eines Schuldners, seine fälligen Verpflichtungen zu begleichen, ist neben der Überschuldung ein Auslöser für ein insolvenzrechtliches Verfahren. Die Aufrechterhaltung der Liquidität ist daher die wichtigste Voraussetzung für den Fortbestand eines Unternehmens.

Finanzielles Gleichgewicht

Gleichwohl stellt das Bemühen um die Sicherstellung der Zahlungsbereitschaft keine dem Gewinnstreben gleichrangige Zielvorstellung dar. Vielmehr handelt es sich um eine für die langfristige Gewinnmaximierung unabdingbare Nebenbedingung. Erst wenn es dem Unternehmen gelingt, alle Zahlungsströme im Hinblick auf das Ziel der Gewinnmaximierung optimal aufeinander abzustimmen, befindet es sich im angestrebten finanziellen Gleichgewicht.

In der Literatur findet sich eine Vielzahl unterschiedlicher Liquiditätsbegriffe. Daran zeigt sich, dass es den Liquiditätsbegriff schlechthin nicht gibt. Vielmehr hängt es vom Bezugsobjekt und der jeweiligen Fragestellung ab, was unter Liquidität im Einzelfall zu verstehen ist.

1.1.2 Begriff der Liquidität

1.1.2.1 Darstellung verschiedener Liquiditätsbegriffe

Absoluter Liquiditätsbegriff

Bezugsobjekt bei der Abgrenzung des Liquiditätsbegriffs kann zum einen das Vermögen und zum anderen das Unternehmen als Rechtssubjekt sein (vgl. WÖHE, G./BILSTEIN, J. 2002, S. 20ff.). Liquidität als Eigenschaft von Wirtschaftsgütern lässt sich umschreiben als zeitlicher Abstand eines Vermögensgegenstands vom Geldzustand. Diese auch als absolute Liquidität bezeichnete Interpretation, die auf die Rückverwandlung eines Vermögensgegenstands in Zahlungsmittel abstellt, existiert in zwei Ausprägungen. Erfolgt die Wiedergeldwerdung im Rahmen der normalen Umsatztätigkeit des Betriebs, d.h. bei einem zweckentsprechenden Einsatz der Gegenstände im Produktions- und Absatzprozess, spricht man von natürlicher Liquidität oder auch von Selbstliquidations-Liquidität (vgl. LÜCKE, W. 1984, S. 2362). Die Liquidität eines Vermögenspostens kann aber auch durch den Erlös ausgedrückt werden, den eine sofortige Veräußerung des Gegenstands erbringt, ohne dass der durch den Betriebsablauf bedingte natürliche Geldwerdungsprozess abgewartet wird (künstliche Liquidität). Diese vorzeitige Wiedergeldwerdung setzt gewöhnlich die Inkaufnahme eines Disagios i. S. e. Wertverlusts gegenüber dem im normalen Geschäftsablauf erzielbaren Mittelrückfluss voraus.

Relativer Liquiditätsbegriff

Bezieht man den Liquiditätsbegriff auf ein Rechtssubjekt, konkret auf ein Unternehmen, so versteht man darunter dessen Fähigkeit zur jederzeitigen Abstimmung der Ein- und Auszahlungen in zeitlicher und betragsmäßiger Hinsicht. Dieses Verständnis von Liquidität wird als relative Liquidität bezeichnet. Zu ihrer Beurteilung werden zwei verschiedene Ansätze herangezogen: zum einen die statische (zeitpunktbezogene) und zum anderen die dynamische (zeitraumbezogene) Liquidität. Beiden Methoden ist gemeinsam, dass sie Relativbetrachtungen anstellen und jeweils bestimmte Bestands- bzw. Stromgrößen zueinander in Beziehung setzen. Sie unterscheiden sich jedoch hinsichtlich ihrer Datenbasis und haben ihre Wurzeln in völlig unterschiedlichen Denkkategorien.

Die so genannte statische oder strukturelle Liquidität entspringt bilanzmäßigem Denken und ist vermögensorientiert. Sie geht von einem Vergleich von Bilanzposten aus und fordert, dass fällig werdenden Verbindlichkeiten liquide Mittel bzw. leicht liquidierbare Vermögenswerte in mindestens gleicher Höhe gegenüberstehen müssen. Anders die pagatorisch geprägte dynamische Liquidität, die sich aus der Finanzplanung entwickelt hat und alle zukünftig in einer Unternehmung anfallenden Ein- und Auszahlungen gegenüberstellt (vgl. HAHN, O. 1971, S. 152). Sie kann nur auf der Grundlage eines Finanzplans oder einer prospektiven Kapitalflussrechnung hinreichend zuverlässig beurteilt werden.

Übersicht 15: Systematik verschiedener Liquiditätsbegriffe

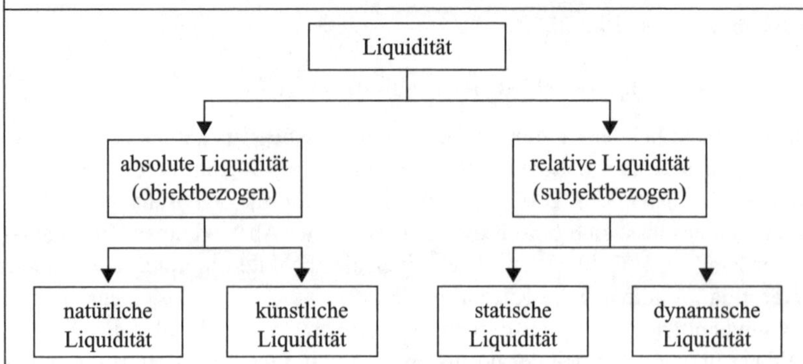

1.1.2.2 Liquidität und finanzwirtschaftliche Bilanzanalyse

Welcher der vorstehend erläuterten Liquiditätsbegriffe der finanzwirtschaftlichen Bilanzanalyse zugrunde zu legen ist, hängt zunächst von dem Zustand ab, in dem sich das zu betrachtende Unternehmen befindet. Grundsätzlich kann bei der Liquiditätsbeurteilung von zwei unterschiedlichen Prämissen und dementsprechend von zwei unterschiedlichen Fragestellungen ausgegangen werden (vgl. COENENBERG, A. G. 2003, S. 962): Steht das Unternehmen vor der Liquidation oder ist mit dessen Fortführung i. S. d. Going-Concern-Prinzips zu rechnen? In beiden Fällen hat die Liquiditätsanalyse ganz unterschiedliche Fragen zu beantworten.

Liquiditätsbegriff und Unternehmenszerschlagung

Muss ein Unternehmen wegen Überschuldung oder dauerhafter Zahlungseinstellung liquidiert werden (Stichwort: Unternehmenszerschlagung), interessiert in erster Linie, welche finanziellen Mittel den Gläubigern zur Abdeckung ihrer Außenstände zur Verfügung stehen. Die Vermögensgegenstände müssen durch vorzeitigen Verkauf, also schon vor Ablauf ihrer planmäßigen Selbstliquidationsperiode, in Zahlungsmittel transformiert werden, um zum Ausgleich der finanziellen Verpflichtungen verwendet werden zu können. Folglich interessiert für den Fall der Unternehmenszerschlagung allein die künstliche Liquidität. Welche Finanzmittel einem zu liquidierenden Unternehmen zur Schuldentilgung insgesamt zur Verfügung stehen, kann nur anhand eines Kreditstatus zuverlässig beantwortet werden.

Liquiditätsbegriff und Unternehmensfortführung

Sollen hingegen die Liquidität und finanzielle Stabilität eines fortzuführenden Unternehmens untersucht werden, stehen naturgemäß andere Analyseziele im Vordergrund. Hier geht es weniger um die Eigenschaft von Vermögenswerten, in Geld umgewandelt werden zu können, als vielmehr um die Fähigkeit eines Unternehmens, den laufenden Geschäftsbetrieb durch Aufrechterhaltung der Zahlungsfähigkeit dauerhaft zu sichern.

Da der Bilanzanalyse in erster Linie die Aufgabe zukommt, Informationen als Entscheidungsgrundlage für jene Personen bereitzustellen, die sich in irgendeiner Form an einem ›lebenden‹ Unternehmen finanziell beteiligen wollen, soll im Folgenden der Aspekt der Unternehmenszerschlagung ausgeblendet und ausschließlich auf die Liquiditätsanalyse eines fortzuführenden Unternehmens abgestellt werden. Damit wird zugleich deutlich, dass eine solchermaßen abgegrenzte, entscheidungsorientierte finanzwirtschaftliche Bilanzanalyse sinnvollerweise nur vom dynamischen Liquiditätsbegriff ausgehen kann.

1.1.3 Datenbasis der Liquiditätsanalyse

1.1.3.1 Grundsätzliches

Am besten ließe sich die Fähigkeit eines Unternehmens zur Aufrechterhaltung der jederzeitigen Zahlungsfähigkeit anhand eines Rechenwerks bestimmen, dem alle in absehbarer Zukunft zu erwartenden Zahlungsmittelbewegungen im Hinblick auf den Zeitpunkt und die Wahrscheinlichkeit ihres Eintritts sowie ihre Höhe entnommen werden können und das darüber hinaus Informationen über Kreditlinien, Prolongations- und sonstige Kapitalbeschaffungsmöglichkeiten liefert. Solche gemeinhin in einem Finanzplan zusammengestellten Daten stehen dem externen Analysten regelmäßig nicht zur Verfügung. Stattdessen ist er bei seinen Untersuchungen allein auf die veröffentlichten und damit allgemein zugänglichen Informationsquellen eines Unternehmens angewiesen.

Informationsquellen der externen Liquiditätsanalyse

Die wichtigste Informationsquelle der externen Liquiditätsanalyse ist damit der handelsrechtliche Jahresabschluss, bestehend aus Bilanz und Gewinn- und Verlustrechnung. Bei Kapitalgesellschaften oder Personenhandelsgesellschaften i. S. d. § 264a HGB werden diese Bestandteile ergänzt durch den Anhang sowie den Lagebericht, denen jedoch unter Liquiditätsaspekten generell nur eine untergeordnete Bedeutung zukommt. Etwas anderes gilt für kapitalmarktorientierte Mutterunternehmen. Diese haben nach § 297 Abs. 1 Satz 2 HGB ihren Konzernabschluss neben einer Segmentberichterstattung und einem Eigenkapitalspiegel um eine Kapitalflussrechnung zu erweitern, die ein wichtiges Instrument der Liquiditätsanalyse darstellt. Neben diesen Daten sollte der externe Analyst zusätzlich alle anderen ihm zugänglichen Publikationen über das Unternehmen auswerten. Zu denken ist dabei an Ad-Hoc-Mitteilungen, Informationen aus dem Internet, Zwischenberichte, Hauptversammlungsansprachen, Veröffentlichungen der Wirtschafts- und Fachpresse, Publikationen der Industrie- und Handelskammern und der Verbände über zu erwartende Konjunktur- und Branchendaten etc. (vgl. GRÄFER, H. 2001, S. 27). Allerdings sollte sich der Analyst bei allen veröffentlichten Informationen über ein Unternehmen stets der Möglichkeit einer subjektiven Färbung bewusst sein und sich fragen, welche Wirkung die dargebotenen Informationen auf ihn haben sollen. Ein kritischer Umgang mit dem vorhandenen Datenmaterial ist unerlässlich (so auch SCHULT, E. 2003, S. 11 f.). Verbleibende Fragen oder Zweifel lassen sich bspw. auf Analystenkonferenzen klären bzw. ausräumen.

1.1.3.2 Kritik am Jahresabschluss als Informationsquelle

Liquiditätsanalysen und Generalnorm

Nach der Generalnorm des § 264 Abs. 2 HGB soll der Jahresabschluss ein den tatsächlichen Verhältnissen entsprechendes Bild der Vermögens-, Finanz- und Ertragslage vermitteln. Nach RÜCKLE (D. 1986, S. 174) bezeichnet der Begriff der Finanzlage das Ausmaß der Fähigkeit eines Rechtssubjekts zum künftigen Ausgleich der betrieblichen Ein- und Auszahlungen. Dahinter steht offenkundig die Überlegung, dass die Zahlungsfähigkeit (Liquidität) eines Unternehmens bis zum Betrachtungszeitpunkt (Bilanzstichtag) bereits durch dessen Fortbestand dokumentiert wird und damit Liquidität sinnvollerweise nur i. S. v. zukünftiger Liquidität verstanden werden kann (vgl. BAETGE, J./COMMANDEUR, D., in: KÜTING/WEBER 2003, § 264 HGB, Rn. 26). Folgt man diesem Verständnis der Generalnorm, so müsste der handelsrechtliche Jahresabschluss grundsätzlich ein den tatsächlichen Verhältnissen entsprechendes Bild der zukünftigen Liquiditätslage vermitteln.

Dem ist nicht so. Da der Jahresabschluss ein primär vergangenheitsorientiertes Instrument der Rechnungslegung ist und Kapitalflussrechnungen, Finanzpläne oder sonstige gleichwertige Prognoserechnungen nur eingeschränkt bzw. nicht zu seinem Pflichtumfang gehören, vermag die Generalklausel letztlich kein Bilanzierungs- und Erläuterungsverhalten zu erzeugen, das zu einer den tatsächlichen Verhältnissen entsprechenden Darstellung der Liquiditätslage führte.

Fehlender Liquiditätsbezug der Bilanzen

Bilanzen enthalten lediglich Stichtagsbestände an Vermögen und Kapital. Folglich können sie allenfalls Anhaltspunkte zur Abschätzung der aus diesen Beständen zu erwartenden Ein- und Auszahlungen liefern (vgl. Härle, D. 1970, S. 97). Dies hat zur Folge, dass eine Vielzahl liquiditätswirksamer Informationen der Bilanz nicht entnommen werden kann. So fehlen bspw. detaillierte Angaben über die aus Dauerschuldverhältnissen (Arbeits-, Miet-, Pacht-, Dienstverträge etc.) resultierenden Zahlungsmittelbewegungen, über Verpflichtungen und Ansprüche aus anderen schwebenden Geschäften oder über kurzfristig verfügbare oder mobilisierbare Finanzreserven (Kreditlinien). Die für große und mittelgroße Kapitalgesellschaften und Personenhandelsgesellschaften i. S. d. § 264a HGB vorgesehene Angabepflicht der sonstigen finanziellen Verpflichtungen gem. § 285 Nr. 3 HGB vermag diesen Mangel nur sehr bedingt zu heilen (vgl. hierzu 2. Abschn., 3. Kap. 1.2.3.2.3.4).

Unzureichende Fristigkeitsangaben

Um beurteilen zu können, ob sich ein Unternehmen künftig im finanziellen Gleichgewicht befindet, sind neben den Informationen bezüglich des Umfangs und der Höhe der zu erwartenden Ein- und Auszahlungen auch die genauen Termine dieser Zahlungsmittelbewegungen erforderlich. Auch dieser Informationswunsch des Analysten wird vom Jahresabschluss letztlich nicht befriedigt. Die nach den §§ 268 Abs. 5 und 285 Nr. 1 HGB geforderte Angabe der Verbindlichkeitsbeträge mit einer Restlaufzeit von bis zu einem und mehr als fünf Jahren ermöglicht zwar die Erstellung eines so genannten Verbindlichkeitenspiegels. Diesem kann aber kein entsprechend aufgebauter Forderungsspiegel gegenübergestellt werden. Zudem ist die im Jahresabschluss für Forderungen und Verbindlichkeiten vorgesehene Fristigkeitsstruktur viel zu grob, um auch nur annähernd zuverlässige Aussagen über die zeitliche Übereinstimmung der aus diesen Bestandsgrößen resultierenden Ein- und Auszahlungen formulieren zu können.

Bewertungsabhängigkeit und fehlender Zukunftsbezug

Schließlich ist darauf hinzuweisen, dass sich die (vgl. 2. Abschn., 1. Kap. 4.) aufgeführten allgemeinen Mängel des handelsrechtlichen Jahresabschlusses aus Sicht der externen Bilanzanalyse in besonderer Weise auch auf Liquiditätsuntersuchungen auswirken. Beispielhaft seien hier die Bewertungsabhängigkeit und der vielfach fehlende Zukunftsbezug der Daten erwähnt. So führen die vom Vorsichtsprinzip geprägten Gewinnermittlungsprinzipien (Nominalwert-, Realisations- und Imparitätsprinzip) dazu, dass die potenziellen Einzahlungen eher zu niedrig und die potenziellen Auszahlungen eher zu hoch angesetzt sind. Darüber hinaus kann durch zahlreiche bilanzpolitisch motivierte Sachverhaltsgestaltungen, wie etwa die Wahl des Bilanzstichtags, die Vornahme konzerninterner Kredittransaktionen kurz vor oder nach dem Bilanzstichtag, das Sale-and-Lease-back-Geschäft oder den gezielten Abschluss von Factoringverträgen, die Analyse der Liquiditätslage nachhaltig erschwert werden.

1.1.3.3 Konsequenzen für die Liquiditätsanalyse

Suche nach Hilfslösungen

Die Grenzen der externen Liquiditätsanalyse liegen dort, wo die zur Verfügung stehenden Informationen nicht den aus den Erkenntniszielen abgeleiteten Informationserfordernissen entsprechen (vgl. COENENBERG, A.G. 2003, S. 874f.). Infolgedessen muss das Ziel der Liquiditätsanalyse der vergangenheitsorientierten Informationsgrundlage angepasst und neu formuliert werden. Gerade weil dem externen Analysten ein (interner) Finanzplan nicht zur Verfügung steht, muss er auf Hilfslösungen zurückgreifen, die zumindest ansatzweise Aussagen über die künftige Zahlungsfähigkeit eines Unternehmens i. S. d. dynamischen Liquidität erlauben.

Vermögens-, Kapital- und Horizontalstrukturanalyse

Dabei dürfen sich Liquiditätsanalysen nicht – wie häufig zu beobachten – allein auf die Untersuchung des Zusammenhangs zwischen Investition und Finanzierung und damit auf die Bildung verschiedener Deckungsgrade unterschiedlicher Fristigkeit beschränken. Diese einseitige Ausrichtung der Analyse wird den an die Liquiditätsbeurteilung gestellten Anforderungen nur bedingt gerecht. Die Gewinnung von Informationen über den liquiditätsmäßigen Zustand eines Unternehmens muss vielmehr als ein komplexer Vorgang begriffen werden, der erst durch das Zusammenfügen vieler kleiner Mosaiksteine ein halbwegs klares Bild ergibt und sich nicht in der Bildung und Auswertung von bestimmten, durch Horizontalanalysen gewonnenen Beziehungszahlen (Deckungsgrade, kurzfristige Liquiditätsgrade) erschöpfen darf. Zwar handelt es sich bei Letzteren zweifellos um einen wichtigen Bereich der Liquiditätsanalyse, doch müssen – gerade für längerfristige Betrachtungen – auch die Erkenntnisse der vertikalen Vermögens- und Kapitalstrukturanalyse gleichsam flankierend in die Beurteilung der Liquiditätslage eines Unternehmens einfließen. Die erwähnten Teilbereiche werden im Folgenden unter dem Begriff der Bilanzstrukturanalyse zusammengefasst.

Auswertung von Anhang und Lagebericht

Bei Kapitalgesellschaften oder Personenhandelsgesellschaften i. S. d. § 264a HGB, die ihren Jahresabschluss um einen Anhang und um einen Lagebericht zu erweitern haben, sollte der Analyst auch diese Informationsquellen unter Liquiditätsgesichtspunkten auswerten. Während die Vermögens-, Kapital- und Horizontalstrukturanalyse im Zeichen der (stichtagsbezogenen) Kennzahlenbildung stehen und darauf abzielen, drohende Liquiditätsengpässe anhand von bestimmten Bilanzrelationen offen zu legen, geht es bei der Analyse dieser Bestandteile des Jahresabschlusses im Wesentlichen um die Auswertung verbaler Angaben.

Sowohl für den Anhang als auch für den Lagebericht zeigt die Erfahrung, dass ertragsstarke und liquide Unternehmen tendenziell eher bereit sind, detaillierte Angaben über künftige Zahlungsmittelbewegungen zu machen, als jene, die mit Liquiditätsengpässen zu kämpfen haben. Letztere suchen ihre Chancen eher in bilanzpolitisch gesteuerten Liquiditäts- und Finanzierungskennzahlen in der Hoffnung, dass die (Kreditvergabe-)Praxis auch weiterhin Unternehmensbeurteilungen anhand von »Formeln, Faustregeln und schematisierten Normen« (HÄRLE, D. 1970, S. 89) durchführt. Anhang und Lagebericht dagegen erschöpfen sich in Selbstverständlichkeiten. Auch solche Betrachtungen können dem externen Analysten zuweilen wertvolle Hinweise auf die liquiditätsmäßige Verfassung eines Unternehmens geben.

Cashflow- und Kapitalflussrechnungen

Eine weitere Verfeinerung der Untersuchungsergebnisse liefern Analysen auf der Grundlage von publizierten oder aus der Gewinn- und Verlustrechnung abgeleiteten Stromgrößen. Angesprochen sind damit in erster Linie die Cashflow-Rechnung sowie die Kapitalflussrechnung. Mit Hilfe der Cashflow-Rechnung soll eine Aussage über das Innenfinanzierungspotenzial der Unternehmung in der abgelaufenen Periode ermöglicht werden (vgl. 2. Abschn., 3. Kap. 1.3.1). Die Kapitalflussrechnung als Zeitraumrechnung soll dagegen Aufschluss über die Struktur bestimmter Zahlungsströme eines Unternehmens geben, indem bestimmte Mittelbewegungen während einer Periode dargestellt und erklärt werden (vgl. 2. Abschn., 3. Kap. 1.3.2).

Kombinierte Ansätze

Schließlich finden im Rahmen der finanzwirtschaftlichen Analyse kombinierte Ansätze Anwendung, die sowohl Elemente der Bilanzstrukturanalyse als auch der stromgrößenorientierten Analyse aufweisen (vgl. 2. Abschn., 3. Kap. 1.4). Zu diesen gehören die in Anlehnung an die früheren Kriterien des Bundesaufsichtsamts für das Versicherungswesen (BAV) (heute: Bundesanstalt für Finanzdienstleistungsaufsicht (BaFin)) entwickelten Bonitätsregeln sowie die so genannte Bayer-Formel.

Übersicht 16 fasst die skizzierten, im Folgenden näher zu betrachtenden Methoden zur Liquiditätsanalyse zusammen.

Übersicht 16: Methoden zur Liquiditätsanalyse

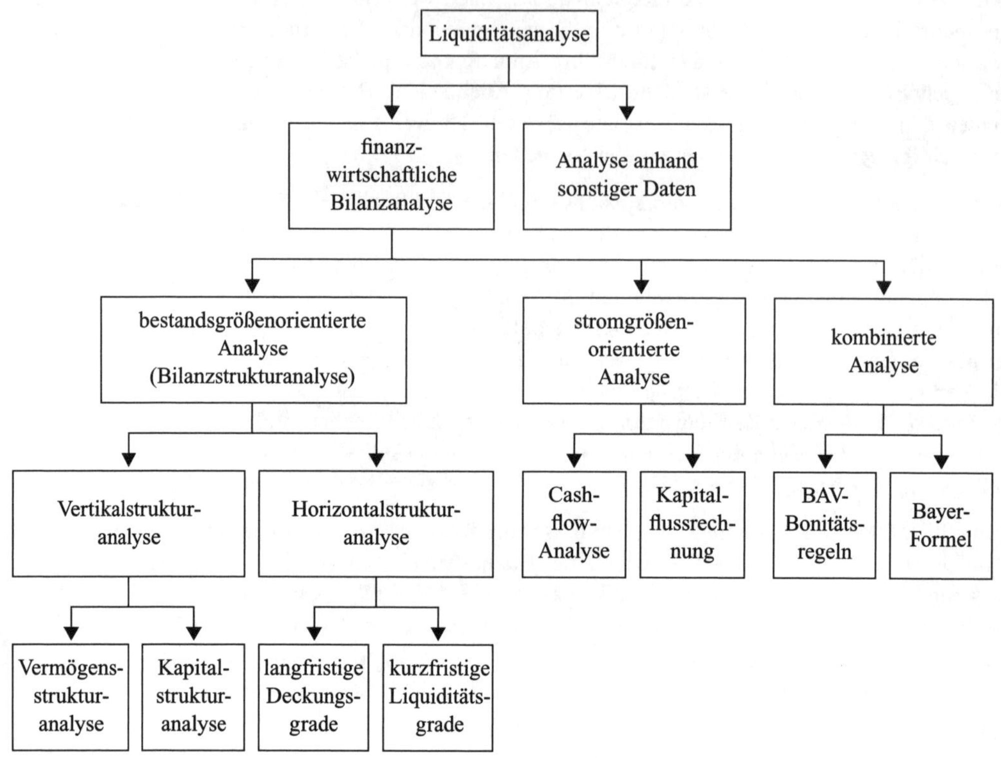

Merksätze:

1. Die finanzwirtschaftliche Bilanzanalyse hat die Beurteilung der Liquiditätslage eines Unternehmens zum Ziel.
2. Die Aufrechterhaltung der Liquidität ist die wichtigste Voraussetzung für den Fortbestand eines Unternehmens. Sie bildet eine unabdingbare Nebenbedingung zum Ziel der langfristigen Gewinnmaximierung.
3. Der Begriff der Liquidität wird in unterschiedlichen Ausprägungen verwendet.
4. Erkenntnisziel der finanzwirtschaftlichen Bilanzanalyse ist die dynamische Liquidität, verstanden als die Fähigkeit eines Rechtssubjekts, seinen fälligen Zahlungsverpflichtungen zu jeder Zeit uneingeschränkt nachzukommen.
5. Auf der Grundlage des handelsrechtlichen Jahresabschlusses ist eine unmittelbare Beurteilung der ständigen Zahlungsbereitschaft einer Unternehmung nicht möglich. Daher muss auf ›Hilfslösungen‹ zurückgegriffen werden.
6. Bei den unter Punkt 5 angesprochenen Hilfslösungen handelt es sich um die Bilanzstrukturanalyse, die Cashflow-Rechnung sowie die Kapitalflussrechnung.

1.2 Bilanzstrukturanalyse

1.2.1 Untersuchungsziele der Bilanzstrukturanalyse

Untersuchungsziel: Liquiditätssicherungsvermögen

Es wurde bereits darauf hingewiesen, dass eine unmittelbare Beurteilung der zukünftigen Zahlungsfähigkeit eines Unternehmens auf der Grundlage des einem externen Analysten zur Verfügung stehenden Datenmaterials nicht möglich ist. Folglich ist dieser darauf angewiesen, durch Analyse des handelsrechtlichen Jahresabschlusses Indikatoren ausfindig zu machen, die Auskunft über das Liquiditätssicherungsvermögen des Unternehmens geben (vgl. auch Schult, E. 2003, S. 119ff.) und damit Rückschlüsse auf die künftige Zahlungsfähigkeit erlauben.

Bestimmungsfaktor absolute Liquidität

Das Liquiditätssicherungsvermögen eines Unternehmens wird im Wesentlichen durch zwei Faktoren bestimmt: Der erste Bestimmungsfaktor ist das Ausmaß, in dem die in den Vermögensgegenständen gebundenen liquiden Mittel über den Umsatzprozess wieder freigesetzt werden können (absolute Liquidität). Der Umfang dieser potenziellen Liquidität richtet sich zum einen nach der Bindungsdauer des in den einzelnen Vermögensgegenständen gebundenen Kapitals (natürliche Liquidität) sowie zum anderen nach der Möglichkeit, im Unternehmen vorhandene Vermögensgegenstände ohne Gefahr für den Fortbestand des Unternehmens vor Ablauf ihrer Selbstliquidationsdauer zu veräußern und damit in liquide Mittel zurückzuführen (künstliche Liquidität).

Bestimmungsfaktor Erfolgserzielungsvermögen

Hiervon zu unterscheiden ist der zweite Bestimmungsfaktor des künftigen Liquiditätssicherungsvermögens, die Möglichkeit des Unternehmens, finanzielle Mittel von externen Kapitalgebern zu beschaffen. Diese Form der Liquiditätsbeschaffung von außen wird selbst wiederum durch zwei Kriterien bestimmt. Grundvoraussetzung dafür, dass sich Kapitalgeber finanziell im Unternehmen engagieren, ist die Erwartung, dass das Unternehmen in der Zukunft Gewinne erzielen wird. Denn nur unter dieser Bedingung kann eine ordnungsgemäße Bedienung sowie gegebenenfalls Rückzahlung des hingegebenen Kapitals erwartet werden. Damit wird deutlich, dass zur Beurteilung der zukünftigen Liquiditätslage eines Unternehmens dessen Erfolgserzielungsvermögen besonderes Interesse geschenkt werden muss.

Man könnte einwenden, zur Beurteilung des Erfolgspotenzials sei eine unmittelbare Betrachtung der Erfolgsquellen, wie sie sich in der Gewinn- und Verlustrechnung widerspiegeln, zweckdienlicher. Dem ist jedoch entgegenzuhalten, dass die finanzwirtschaftliche Bilanzkritik die unmittelbare Erfolgsquellenanalyse nicht ersetzen, sondern vielmehr ergänzen soll. Denn Schwächen im finanziellen Aufbau werden nicht selten überlagert durch Wachstumsphasen der Wirtschaft (vgl. SANDIG, C. 1976, Sp. 649). Sie schlagen sich daher oftmals erst nach einer Änderung der wirtschaftlichen Rahmenbedingungen, d.h. mit einer gewissen Verzögerung in der Gewinn- und Verlustrechnung nieder. Demzufolge muss die vordringliche Aufgabe der Bilanzstrukturanalyse darin gesehen werden, etwaige strukturelle Mängel im Finanzaufbau der Unternehmung aufzudecken und auf die von ihnen ausgehenden Gefahren für das Erfolgserzielungsvermögen aufmerksam zu machen.

Bestimmungsfaktor Verlustabsorptionsfähigkeit

Freilich darf nicht übersehen werden, dass der Beurteilung des Erfolgserzielungsvermögens eines Unternehmens auf der Grundlage des handelsrechtlichen Jahresabschlusses eine erhebliche Unsicherheit anhaftet. Denn die Fähigkeit der Unternehmung, Gewinne zu erzielen, wird von zahlreichen Größen beeinflusst, deren Berücksichtigung sich dem außen stehenden Betrachter weitestgehend verschließt (z.B. Qualität des Managements, Entwicklungen auf den Absatz- und Beschaffungsmärkten, technischer Fortschritt usw.). Daher kann selbst bei noch so sorgfältiger Analyse des Jahresabschlusses nicht ausgeschlossen werden, dass ein heute florierendes Unternehmen über kurz oder lang in eine wirtschaftliche Schieflage gerät und Verluste erleidet. Indem derartige Verluste zu einer Minderung des Eigenkapitals führen, stellen sie eine latente Bedrohung für den Fortbestand eines Unternehmens dar. Aus dieser Tatsache lässt sich als sekundäres Analyseziel die Verlustabsorptionsfähigkeit – verstanden als die Fähigkeit, Verluste ohne unmittelbare Gefahr für die Existenz des Unternehmens aufzufangen – ableiten. Diese findet ihren sichtbaren Niederschlag in der jeweiligen Eigenkapitalausstattung.

Übersicht 17 fasst die Bestimmungsfaktoren des langfristigen Liquiditätssicherungsvermögens eines Unternehmens zusammen.

Übersicht 17: Bestimmungsfaktoren des langfristigen Liquiditätssicherungsvermögens

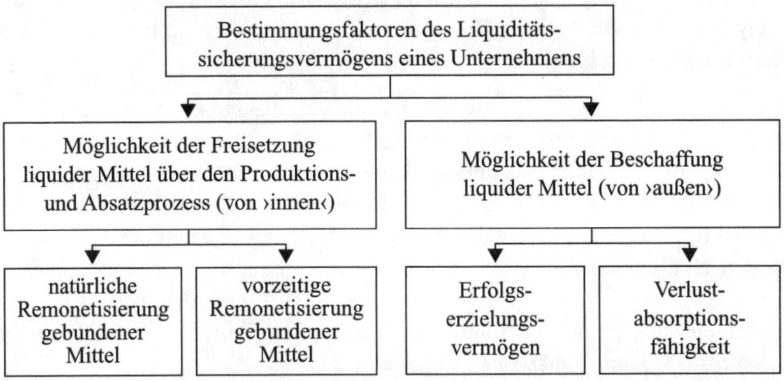

Die Aufgabe der Bilanzstrukturanalyse ist es, durch Bildung von Kennzahlen zur Vermögens-, Kapital- und Horizontalstruktur Aussagen zu den vorstehend formulierten Analysezielen zu treffen.

1.2.2 Grenzen der Bilanzstrukturanalyse

Mehrdeutigkeit der Untersuchungsergebnisse

Abgesehen von der Mangelhaftigkeit des dem externen Betrachter zur Verfügung stehenden Informationsmaterials (vgl. ausführlich oben 2. Abschn., 1. Kap. 4.), die insbesondere die Analyse des Innenfinanzierungspotenzials erschwert, wird die Bilanzstrukturanalyse zusätzlich durch zahlreiche Interpretationsschwierigkeiten bei der Auswertung der vorgefundenen Ergebnisse beeinträchtigt. Als ein besonderes Problem erweist sich dabei die Mehrdeutigkeit zahlreicher Beobachtungen. Die Ursache hierfür kann zum einen in der Unkenntnis über die Hintergründe einer bestimmten Entwicklung bestehen. So lässt sich bspw. ein im Zeitablauf gestiegener Bestand an Verbindlichkeiten aus Lieferungen und Leistungen sowohl als Indiz für »Finanzierungsengpässe und Schwierigkeiten bei der Kapitalbeschaffung« (GRÄFER, H. 2001, S. 141) als auch für eine gestiegene Marktmacht des Unternehmens (Stichwort: verlängertes Zahlungsziel) deuten. Welche Interpretation im Einzelfall plausibler erscheint, kann nur unter Heranziehung zusätzlicher Informationen beurteilt werden, etwa der Entwicklung der liquiden Mittel im entsprechenden Zeitraum (vgl. KUSSMAUL, H. 1984, S. 198 f.).

Zum anderen sind mehrdeutige Aussagen aber auch als Folge der partiellen Widersprüchlichkeit der oben abgeleiteten Analyseziele denkbar. So mag ein umfangreicher Grundbesitz für Gläubiger unter Risikogesichtspunkten, d.h. als Zugriffsobjekt im Falle eines Unternehmenszusammenbruchs, durchaus vorteilhaft erscheinen. Gleichzeitig muss jedoch gesehen werden, dass das im Grundvermögen gebundene Kapital im Allgemeinen keinen unmittelbaren Ertrag abwirft und damit die Fähigkeit, Gewinne zu erzielen, belasten kann. Zur Auflösung eines derartigen Konflikts zwischen Rentabilitätsziel einerseits und Sicherheitserwägungen andererseits bedarf es stets eines wertenden Urteils des Analysten. Dies kann regelmäßig nur im Rahmen der Gesamtbeurteilung des Unternehmens erfolgen.

»Flucht in Praktikerregeln«

Ähnliche Überlegungen, wie sie hier für einzelne Vermögensposten angestellt wurden, gelten für die allgemeine Beurteilung der Abstimmung von Kapitalbeschaffung und Kapitalverwendung. Auch dieses Ansinnen wird dadurch erschwert, dass zweckkonforme, d.h. Sicherheits- und Rentabilitätsaspekte berücksichtigende Finanzierungshypothesen bis heute noch nicht entwickelt wurden. Stattdessen stützt sich die Praxis noch immer überwiegend auf so genannte ›goldene Regeln‹, die zwar eine wissenschaftliche Absicherung vermissen lassen, sich jedoch im Laufe der Zeit bewährt haben (vgl. hierzu unten 2. Abschn., 3. Kap. 1.2.4).

Merksätze:

1. Die Bilanzstrukturanalyse mit ihren Teilbereichen der Vermögens-, Kapital- und Horizontalstrukturanalyse soll durch Bildung von Kennzahlen Anhaltspunkte über das Liquiditätssicherungsvermögen eines Unternehmens liefern.
2. Das Liquiditätssicherungsvermögen richtet sich einerseits nach den Möglichkeiten der Freisetzung liquider Mittel über den Produktions- und Absatzprozess sowie andererseits nach dem Außenfinanzierungspotenzial eines Unternehmens.
3. Diese Formen der Beschaffung liquider Mittel werden in erster Linie beeinflusst von:
   - der (natürlichen bzw. künstlichen) Liquidierbarkeit der einzelnen Vermögenswerte,
   - der Fähigkeit zur nachhaltigen Erzielung von Erfolgen sowie
   - der Fähigkeit zur Absorption von Verlusten.

1.2.3 Vertikalstrukturanalyse

1.2.3.1 Vermögensstrukturanalyse

1.2.3.1.1 Ausgangspunkt: Verhältnis von Anlage- zu Umlaufvermögen

Grobstrukturierung des Vermögens

Im Rahmen der Vermögensstrukturanalyse sollte vor dem Hintergrund der angestrebten Analyseziele zunächst eine Grobstrukturierung des Vermögens nach der Dauer der Vermögensbindung erfolgen. Dahinter steht die Überlegung, dass tendenziell

(1) die Wahrscheinlichkeit einer drohenden Illiquidität abnimmt und

(2) sich die Erfolgsaussichten eines Unternehmens bei gleichzeitiger Verringerung des Verlustrisikos umso besser darstellen,

Auswirkungen bei abnehmender Dauer der Vermögensbindung

je niedriger der Anteil des langfristig gebundenen Vermögens ist. Hierfür lassen sich mehrere Gründe anführen (vgl. BITZ, M./SCHNEELOCH, D./WITTSTOCK, W. 2000, S. 451 f. sowie COENENBERG, A. G. 2003, S. 948 ff.). So muss gesehen werden, dass mit sinkender Dauer der Vermögensbindung

(1) sich das Vermögen tendenziell schneller verflüssigt bzw. verflüssigen lässt;

(2) die Belastung des Unternehmens mit Fixkosten ceteris paribus zurückgeht und Beschäftigungsänderungen dementsprechend weniger stark auf die Erfolgslage durchschlagen;

(3) die Kapazitätsausnutzung tendenziell steigt, was sich ebenfalls positiv auf die Rentabilität auswirkt und verstärkte Zuflüsse liquider Mittel über den Umsatzprozess erwarten lässt;

(4) der Kapitalbedarf und damit die Belastung des Unternehmens mit Kapitaldienstkosten zurückgehen;

(5) die Anpassungsfähigkeit des Unternehmens an Strukturänderungen auf den Absatzmärkten und an den technischen Wandel steigt, da Umschichtungen im langfristig gebundenen Vermögen regelmäßig schwieriger durchführbar und zudem verlustträchtiger sind als im kurzfristigen Vermögen.

Kennzahlen zur Beurteilung des langfristig gebundenen Vermögens

Zur Beurteilung des Umfangs des in einem Unternehmen langfristig gebundenen Vermögens werden insbesondere die nachfolgenden Intensitätskennzahlen gebildet:

(F. 1.1)

$$\text{Anlageintensität} = \frac{\text{Anlagevermögen}}{\text{Gesamtvermögen}} \times 100$$

(F. 1.2)

$$\text{Arbeitsintensität (Umlaufintensität)} = \frac{\text{Umlaufvermögen}}{\text{Gesamtvermögen}} \times 100$$

Folgt man der oben abgeleiteten These, wonach sich das Erfolgserzielungsvermögen eines Unternehmens sowie die Liquidierbarkeit der Vermögensgegenstände umso besser und das Verlustrisiko umso geringer darstellen, je niedriger der Anteil des langfristig gebundenen Kapitals ist, scheint aus bilanzanalytischer Sicht eine möglichst niedrige (hohe) Anlageintensität (Arbeitsintensität) vorteilhaft. Diese Schlussfolgerung ist jedoch nicht allgemein zulässig.

Vermögensstruktur und Branchenzugehörigkeit

Erstens muss berücksichtigt werden, dass der Anteil des Anlagevermögens am Gesamtvermögen entscheidend von der Branchenzugehörigkeit und dem jeweiligen Schwerpunkt der wirtschaftlichen Betätigung eines Unternehmens abhängt. So weisen bspw. Produktionsunternehmen in aller Regel eine weitaus höhere Anlageintensität auf als Handelsbetriebe. Aus diesem Grund können die obigen Intensitätskennzahlen allenfalls als ein Prüfkriterium dafür angesehen werden, ob sich die Zusammensetzung des Vermögens eines Unternehmens im Bereich des Branchenüblichen bewegt oder nicht.

Weitere Beeinflussungen

Zweitens lassen die in Rede stehenden Kennzahlen nur begrenzt Rückschlüsse auf das tatsächliche Ausmaß der Kapitalbindung im Unternehmen zu. Denn ihre Aussagekraft wird unter anderem dadurch beeinträchtigt, dass bestimmte betriebsnotwendige Vermögensgegenstände nach den herrschenden Bilanzierungskonventionen keinen Eingang in die Bilanz finden (vgl. SCHULT, E. 2003, S. 12). Zu denken ist dabei etwa an das gesetzliche Verbot der Aktivierung selbst erstellter immaterieller Vermögensgegenstände des Anlagevermögens (vgl. § 248 Abs. 2 HGB) oder an die Möglichkeit, durch bestimmte Sachverhaltsgestaltungen (z. B. Leasing) Gegenstände des Produktivvermögens bilanzunwirksam zu erwerben.

Aussagen über die Dauer der Vermögensbindung

Des Weiteren muss berücksichtigt werden, dass der Ausweis von Vermögensgegenständen im Anlage- bzw. Umlaufvermögen nur bedingt Auskunft über die Dauer der jeweiligen Kapitalbindung gibt. Verantwortlich hierfür ist unter anderem die Existenz eiserner Bestände oder langfristiger Forderungen aus Lieferungen und Leistungen im Umlaufvermögen. Diese Sachverhalte bewirken, dass die Höhe des langfristig gebundenen Kapitals auf der Grundlage der pauschalisierenden bilanzgliederungsorientierten Intensitätskennzahlen zu niedrig eingeschätzt wird. Gerade umgekehrt stellt sich die Situation dar, wenn im Anlagevermögen Vermögensgegenstände ausgewiesen werden, deren Remonetisierung kurz bevorsteht (z. B. Überkapazitäten im Sachanlagevermögen; Beteiligungen, für die eine Veräußerungsabsicht besteht).

Nicht zu unterschätzen sind schließlich auch solche Einflüsse auf die bilanzielle Vermögensstruktur, die sich aus Bewertungsmaßnahmen ergeben. Von Bedeutung ist dabei zunächst die Tatsache, dass das Umlaufvermögen durchschnittlich mit aktuelleren Preisen bewertet ist als das Anlagevermögen (vgl. COENENBERG, A.G. 2003, S. 949). Dieser Effekt führt in Zeiten steigender Preise zum Ausweis einer zu niedrigen (hohen) Anlageintensität (Arbeitsintensität). Darüber hinaus wird die Vertikalanalyse der Vermögensstruktur beeinträchtigt durch zahlreiche Bewertungsfreiheiten des geltenden Bilanzrechts. Zu nennen sind hier z.B. die Möglichkeiten zur Vornahme freiwilliger handelsrechtlicher Abschreibungen, steuerrechtlicher Mehrabschreibungen (einschließlich der Art und Weise ihrer bilanziellen Verrechnung) oder die unterschiedlichen Verfahren zur Bewertung des Vorratsvermögens (vgl. KÜTING, K./DAWO, S. 1999).

Beeinflussung durch Bewertungsmaßnahmen

Aus dem bisher Gesagten wird deutlich, dass die eingangs erwähnten Intensitätskennzahlen bei isolierter Betrachtung keine zuverlässigen Aussagen über die Liquidierbarkeit der ausgewiesenen Vermögenswerte, das Erfolgserzielungsvermögen bzw. Verlustrisiko eines Unternehmens erlauben. Hierzu bedarf es einer detaillierteren Analyse einzelner Vermögensgruppen. Dabei sollte ein besonderes Interesse der Entwicklung der Vermögenszusammensetzung im Zeitablauf gelten, um aus dieser Kenntnis Trendaussagen für die Zukunft formulieren zu können.

Fazit

1.2.3.1.2 Analyse des Anlagevermögens

1.2.3.1.2.1 Sachanlagevermögen

Von einer Untersuchung des Sachanlagevermögens werden in zweifacher Hinsicht Aufschlüsse über den Vermögensaufbau eines Unternehmens erwartet. Im Rahmen einer rein statischen Betrachtung geht es zunächst darum, die Qualität des vorhandenen Anlagevermögens zu beurteilen. Als verlässlicher Indikator hierfür wird üblicherweise dessen Altersstruktur angesehen. Dem liegt die Überlegung zugrunde, dass nur ein Unternehmen mit modernen Fertigungsanlagen in der Lage ist, seine Marktposition langfristig zu sichern bzw. auszubauen. Auch lassen sich aus der Altersstruktur des Betriebsvermögens Anhaltspunkte über den Umfang der in naher Zukunft erforderlichen (Ersatz-) Investitionen und den dadurch ausgelösten Kapitalbedarf gewinnen (vgl. GRÄFER, H. 2001, S. 180f.).

Altersstruktur

Zur Beurteilung der Altersstruktur des Produktivvermögens wird in der Literatur auf die Kennzahl Anlagenabnutzungsgrad (vgl. F. 1.3) verwiesen.

Kennzahl zur Altersstruktur

(F. 1.3)

$$\text{Anlagenabnutzungsgrad} = \frac{\text{kumulierte Abschreibungen auf das Sachanlagevermögen}}{\text{historische Anschaffungs- und Herstellungskosten des Sachanlagevermögens}} \times 100$$

Sie lasse »die Alterstruktur des Anlagenbestandes deutlich erkennbar« (GÖLLERT, K./RINGLING, W. 1986, S. 126) werden. Auch soll aus der Gegenüberstellung der kumulierten Abschreibungen und der historischen Anschaffungs- und Herstellungskosten der »Reinvestitionsbedarf bei den einzelnen Gruppen von Anlagewerten ersichtlich« (GÖLLERT, K. 1984, S. 1846) sein.

Kritische Würdigung der Kennzahl

Die Aussagefähigkeit obiger Kennzahl sollte indes nicht überschätzt werden. Erstens kann der bilanziell ermittelte Anlagenabnutzungsgrad nur als bedingt verlässlicher Maßstab für die Altersstruktur eines abnutzbaren Vermögensgegenstands angesehen werden, da die Höhe der jährlichen Abschreibungen, abgesehen vom eigentlichen Werteverzehr, auch von bilanz- und steuerpolitischen Faktoren beeinflusst wird. Eine Eliminierung der besonders stark verzerrenden steuerrechtlichen Mehrabschreibungen ist dabei schon deshalb nicht möglich, weil derartige Abschreibungen für jedes Geschäftsjahr nur in ihrem Gesamtbetrag (unterteilt nach Anlage- und Umlaufvermögen), nicht jedoch für die einzelnen Bilanzposten anzugeben sind (vgl. § 281 Abs. 2 Satz 1 HGB). Aber selbst bei Außer-Acht-Lassung dieses Mangels vermittelt der Anlagenabnutzungsgrad zweitens lediglich einen groben Überblick über das durchschnittliche Alter der zu einem Bilanzposten zusammengefassten Vermögensgegenstände. Die Ursache hierfür liegt darin, dass dem externen Bilanzleser detaillierte Informationen über die Nutzungsdauern der einzelnen Vermögensgegenstände, über die konkret angewendeten Abschreibungsmethoden sowie über den Umfang der bereits voll abgeschriebenen Anlagegüter in aller Regel nicht zugänglich sind. Damit aber muss drittens auch der Versuch fehlschlagen, aus den Informationen des Anlagengitters den Ersatzzeitpunkt für bestimmte Anlagegüter zu bestimmen.

Dies zeigt das Beispiel eines angenommenen durchschnittlichen Abnutzungsgrads von 50 % für zwei in einem Bilanzposten zusammengefasste Maschinen. Unterstellt man eine lineare Abschreibung für beide Maschinen, ist es für einen externen Betrachter nicht erkennbar, ob etwa (1) eine Maschine neu, die andere dagegen umgehend zu ersetzen ist oder ob (2) für beide Maschinen erst die Hälfte ihrer ursprünglichen Nutzungsdauer abgelaufen ist. Dass sich mit zunehmender Anzahl und Heterogenität der zusammengefassten Vermögensgegenstände die möglichen Denkkombinationen beträchtlich erhöhen, bedarf keiner näheren Erläuterung (vgl. beispielhaft KÜTING, K./HAEGER, B./ZÜNDORF, H. 1985, S. 1953 f.).

Notwendigkeit eines Zeitvergleichs

Damit wird deutlich, dass einer rein stichtagsorientierten (statischen) Strukturanalyse des Anlagevermögens nur ein begrenzter Aussagewert zukommt. Sie sollte regelmäßig ergänzt werden durch eine Analyse der Entwicklung des Anlagevermögens im Zeitablauf. Im Mittelpunkt steht dabei die Frage nach den Ursachen für etwaige markante Veränderungen in der Höhe des ausgewiesenen Anlagevermögens. Wie die nachfolgenden Überlegungen zeigen, stellt sich jedoch auch bei ihrer Beantwortung das Problem der Mehrdeutigkeit einzelner Beobachtungen.

Beispiel für die Mehrdeutigkeit

So ist nach dem Gesagten ein über die Jahre sinkender Anteil des Sachanlagevermögens am Gesamtvermögen unter dem Blickwinkel der Erfolgserzielungs- und Verlustabsorptionsfähigkeit eines Unternehmens zwar grundsätzlich positiv zu werten. Beruht die Abnahme des Produktivvermögens indes ausschließlich auf dem sukzessiven Verkauf von Anlagegegenständen, insbesondere Immobilien, um auf diese Weise stille Reserven aufzudecken und einen gesunkenen ordentlichen Erfolg zu kaschieren, sollte diese Entwicklung eher bedenklich stimmen. Dies unterstreicht auch die von BAETGE/NIEHAUS empirisch gewonnene Erkenntnis, wonach »die guten Unternehmen ... höhere Immobilienwerte ausweisen als die schlechten Unternehmen« (BAETGE, J./NIEHAUS, H.-J. 1990, S. 82). Inwieweit dies der Fall ist, sollte mit dem Instrumentarium der Erfolgsspaltung überprüft werden (vgl. hierzu unten 2. Abschn., 3. Kap. 2.3.1).

Kennzahlen zur Investitionspolitik

Zu denken ist ferner an die Möglichkeit, dass das Sachanlagevermögen infolge der Unterlassung von Neu- bzw. Ersatzinvestitionen veraltet ist, seine Abnahme im Zeitablauf also einen künftigen Investitionsnachholbedarf zum Ausdruck bringt (vgl. PERRIDON, L./STEINER, M. 2002, S. 545). Aufschluss hierüber geben zumindest ansatzweise die nachfolgenden Kennzahlen zur Investitionspolitik eines Unternehmens:

(F. 1.4)

$$\text{Investitionsquote} = \frac{\text{Nettoinvestitionen im Sachanlagevermögen}}{\text{Sachanlagevermögen zu historischen AHK}} \times 100$$

(F. 1.5)

$$\text{Wachstumsquote} = \frac{\text{Nettoinvestitionen im Sachanlagevermögen}}{\text{Jahresabschreibungen auf Sachanlagen}} \times 100$$

(F. 1.6)

$$\text{Abschreibungsquote} = \frac{\text{Jahresabschreibungen auf Sachanlagen}}{\text{Sachanlagevermögen zu historischen AHK}} \times 100$$

Investitionsquote

Die Investitionsquote wird als ein Maß für die Zukunftsvorsorge eines Unternehmens angesehen (vgl. GRÄFER, H. 2001, S. 178). Die Nettoinvestitionen sind dabei definiert als die Differenz zwischen den im Anlagengitter ausgewiesenen Zugängen des Geschäftsjahrs und den zu Restbuchwerten bewerteten Abgängen. Letztere Größe lässt sich nur dann problemlos ermitteln, wenn im Rahmen eines Abschreibungsspiegels die auf die zu historischen Anschaffungskosten bewerteten Abgänge entfallenden kumulierten Abschreibungen offen gelegt werden. Andernfalls muss die Zählergröße nach dem folgenden Berechnungsschema approximiert werden (vgl. MAYER, A. 1989, S. 256).

Übersicht 18: Berechnungsschema zur näherungsweisen Ermittlung der Restbuchwerte der Abgänge im Geschäftsjahr

	Bilanzanfangsbestand zu Restbuchwerten
+	Zugänge des Geschäftsjahrs
+	Umbuchungen in das Sachanlagevermögen
+	Zuschreibungen des Geschäftsjahrs
./.	Abschreibungen des Geschäftsjahrs laut GuV
./.	Umbuchungen aus dem Sachanlagevermögen
./.	Bilanzendbestand zu Restbuchwerten
=	**Abgänge zu Restbuchwerten**

Aussagegehalt

Wenngleich bei dieser Berechnungsmethode die Nettoinvestitionen aufgrund von Abschreibungen auf geringwertige Wirtschaftsgüter gegebenenfalls leicht überhöht ausgewiesen werden, so lassen Änderungen der Investitionsquote im Zeitablauf doch zumindest ansatzweise Wachstums- bzw. Schrumpfungstendenzen bei den zu untersuchenden Unternehmen erkennen. Ergänzend sollte diese Kennzahl in einen Unternehmensvergleich einbezogen werden, da auf diese Weise die relative Entwicklung eines Unternehmens gegenüber seinen Mitkonkurrenten deutlich wird. Im Falle einer gesunkenen Investitionsquote bietet sich zur Ursachenanalyse die Ermittlung der Nettoinvestitionsdeckung an, die als Maßstab für die Investitionskraft eines Unternehmens angesehen wird (vgl. unten 3. Kap., 1.3.1.2.2, F. 2.3).

Gefahr der Fehlinterpretation

Bei der Interpretation der Investitionsquote ist zu beachten, dass Investitionen im Sachanlagevermögen vielfach nicht kontinuierlich, sondern in Schüben erfolgen, sich also in bestimmten Jahren kumulieren. Dies kann die interperiodische Vergleichbarkeit der Kennzahl beeinträchtigen. Denn hohe Nettoinvestitionen in einem Jahr führen nicht nur zu einer erhöhten Investitionsquote für die jeweilige Periode, sondern bewirken gleichzeitig einen Anstieg der Nennergröße dieser Kennzahl, der sich in den folgenden Jahren negativ auf die Investitionsquote auswirkt.

Investitionsquote kein Indikator für Unternehmenswachstum

Des Weiteren darf eine hohe Investitionsquote nicht unbedingt als ein Indiz für ein starkes Unternehmenswachstum gewertet werden. Denn die betrachteten Investitionen kompensieren zum Teil lediglich einen in der abgelaufenen Rechnungsperiode eingetretenen Werteverzehr. Zu Recht betont daher COENENBERG (A. G. 2003, S. 953), dass »echtes Wachstum ... erst dann gegeben (ist; d. Verf.), wenn über die Abschreibung hinaus investiert wird«. Dieses Stadium ist erreicht, sobald die Wachstumsquoten über 100 % liegen.

Die Untersuchungen zur Investitionspolitik eines Unternehmens sollten schließlich abgerundet werden durch eine kritische Analyse der Abschreibungsquoten im Zeitvergleich. Zwar lässt diese Kennzahl aufgrund der bereits erwähnten Informationsdefizite externer Bilanzleser bei isolierter Betrachtung nur bedingt Rückschlüsse auf die Abschreibungspolitik einer Unternehmung zu. Allerdings ist sie vielfach geeignet, die aus der zeitlichen Entwicklung der Investitions- und Wachstumsquote abgeleiteten Trendaussagen zu untermauern. So ist eine im Zeitablauf sinkende Abschreibungsquote bei gleichzeitig abnehmender Investitionsquote ein nahezu untrügliches Zeichen dafür, dass das Unternehmen ›von seiner Substanz lebt‹.

1.2.3.1.2.2 Finanzanlagen

Aufschlüsselung finanzieller Verflechtungen

Gem. § 285 Nr. 11 HGB haben Kapitalgesellschaften und Personenhandelsgesellschaften i. S. d. § 264a HGB – soweit nicht ein Ausnahmefall des § 286 Abs. 3 HGB vorliegt – solche Unternehmen im Anhang aufzuführen, von denen die Gesellschaft direkt oder indirekt mindestens 20 % der Anteile besitzt; »außerdem sind die Höhe des Anteils am Kapital, das Eigenkapital und das Ergebnis des letzten Geschäftsjahrs dieser Unternehmen anzugeben, für das ein Jahresabschluss vorliegt«. Börsennotierte Kapitalgesellschaften sind zusätzlich verpflichtet, »alle Beteiligungen an großen Kapitalgesellschaften anzugeben, die fünf vom Hundert der Stimmrechte überschreiten«. Alternativ können die nach § 285 Nr. 11 HGB geforderten Angaben auch in eine gesonderte Anteilsliste aufgenommen werden, die zwar nicht zusammen mit dem Anhang zu veröffentlichen ist, deren Hinterlegungsort jedoch angegeben werden muss (vgl. § 287 HGB). Diese Informationen geben dem Analysten in Verbindung mit den in der Bilanz detailliert aufzuschlüsselnden finanziellen Beziehungen zu verbundenen Unternehmen bzw. Unternehmen, mit denen ein Beteiligungsverhältnis besteht, einen Einblick in die finanziellen Verflechtungen der Gesellschaft mit anderen Unternehmen.

Konsequenzen aus der Verflechtungsstruktur

Aus der Kenntnis dieser Verflechtungen und der aus ihnen resultierenden finanziellen Konsequenzen ergeben sich für den Bilanzleser zusätzliche Informationsbedürfnisse. Denn die Tatsache, dass Schwierigkeiten bei einzelnen Unternehmen eines Konzernverbunds oftmals auf das gesamte Gebilde ausstrahlen, sollte für den Analysten Anlass sein, bei der Beurteilung eines bestimmten Unternehmens auch die wirtschaftliche Gesamtsituation des Konzerns in sein Kalkül einzubeziehen. Besondere Aufmerksamkeit muss dabei etwaigen Ergebnisabführungsverträgen gelten, da derartige vertragliche Beziehungen das Schicksal eines Unternehmens maßgeblich beeinflussen können. Sofern das Unternehmen nicht freiwillig über das Bestehen eines Ergebnisabführungsvertrags im Anhang berichtet, kann dessen Existenz gegebenenfalls auch aus der Gewinn- und Verlustrechnung ersehen werden, da »Erträge und Aufwendungen aus Verlustübernahme und aufgrund einer Gewinngemeinschaft, eines Gewinnabführungs- oder eines Teilgewinnabführungsvertrags erhaltene oder abgeführte Gewinne ... jeweils gesondert unter entsprechender Bezeichnung auszuweisen« (§ 277 Abs. 3 Satz 2 HGB) sind.

1.2.3.1.3 Analyse des Umlaufvermögens

1.2.3.1.3.1 Forderungsstruktur

Ermittlung von Zahlungsschwierigkeiten der Kunden

Der Forderungsstruktur und ihrer Entwicklung im Zeitablauf sollte im Rahmen der vertikalen Vermögensstrukturanalyse erhöhte Beachtung geschenkt werden, da zahlreiche Unternehmenszusammenbrüche erfahrungsgemäß ihre Ursache im Absatzbereich haben, d.h. sich als Folgeinsolvenzen darstellen.

Wirtschaftliche Schwierigkeiten bei Großabnehmern des Unternehmens kündigen sich regelmäßig in einer verlängerten Debitorenlaufzeit an. Diese lässt sich mit Hilfe der Kennzahl

(F. 1.7)

$$\text{Kundenziel} = \frac{\text{durchschnittlicher Bestand an Forderungen}}{\text{Umsatzerlöse}} \times 365$$

ermitteln. Bei einer Verschlechterung dieser Kennzahl kann vermutet werden, dass das zu untersuchende Unternehmen zur Ausdehnung seines Umsatzes an Kunden schlechterer Bonität und damit größerer Risikoträchtigkeit geliefert hat oder dass Zahlungsschwierigkeiten der Kunden vorliegen. Dass ein langes Kundenziel bei eingetretenen Liquiditätsengpässen durch verschiedene Maßnahmen verkürzt und dadurch der Einzahlungsstrom intensiviert werden kann, erscheint eher unwahrscheinlich. Denn ein steigendes Kundenziel beruht im Allgemeinen auf außerbetrieblichen Faktoren. Nicht der fehlende Zahlungswille, sondern die mangelhafte Zahlungsfähigkeit der Kunden ist zumeist der Grund.

Berücksichtigung von Restlaufzeiten

Ergänzend hierzu sollte die Entwicklung der Forderungen mit einer Restlaufzeit bis zu einem Jahr (= Differenz zwischen dem Bilanzwert der Forderungen und dem nach § 268 Abs. 4 HGB auszuweisenden Betrag der Forderungen mit einer Restlaufzeit von mehr als einem Jahr) in die Betrachtung einbezogen werden. Denn diese Kennzahl signalisiert eine gestiegene Debitorenlaufzeit unter bestimmten Voraussetzungen bereits früher als das nach obiger Formel berechnete durchschnittliche Kundenziel.

Freilich darf ein verlängertes Kundenziel respektive eine Abnahme der kurzfristigen Forderungen aus Lieferungen und Leistungen nicht unreflektiert als Indiz für die nachlassende Bonität der Kunden des Unternehmens gewertet werden. Denkbar ist vielmehr auch, dass bestimmten Kunden gezielt günstigere Zahlungsbedingungen eingeräumt wurden, um auf diese Weise neue Märkte zu erschließen, oder dass die Zunahme der Debitorenlaufzeit durch einen gestiegenen Anteil der regelmäßig längerfristigen Exportforderungen des Unternehmens verursacht wurde (vgl. Riebell, C. 2001, S. 640f.). Aufgrund dieser Mehrdeutigkeit kann eine endgültige Interpretation der angeführten Kennzahlen erst im Rahmen der abschließenden Gesamtwürdigung des Unternehmens erfolgen.

Analyse der Konzernverflechtungen

Die obligatorische Angabe der Forderungen gegen verbundene Unternehmen ermöglicht dem Bilanzanalysten des Weiteren eine Beurteilung der Intensität der Einbindung eines Unternehmens in den Leistungsaustausch eines Konzernverbunds. Für die Aktivseite wird diese durch die Kennzahl

(F. 1.8)

$$\text{Konzernverflechtung} = \frac{\text{Forderungen gegen Konzern- und Beteiligungsunternehmen}}{\text{Gesamtvermögen}} \times 100$$

zum Ausdruck gebracht. In Verbindung mit dem auf der Passivseite ausgewiesenen Anteil der Verbundverbindlichkeiten aus Lieferungen und Leistungen spiegelt sie die Abhängigkeit des betrachteten Unternehmens von der wirtschaftlichen Gesamtsituation des Konzerns wider. Mehr noch als bei den übrigen Forderungen sollte das Interesse bei der Analyse der Verbundforderungen ihrer Entwicklung im Zeitablauf gelten. Sowohl eine auffällige Zunahme in der Höhe als auch ein permanenter Anstieg der Fristigkeit müssen Anlass zu weiteren Nachforschungen geben. Nicht selten sind diese Entwicklungen das Ergebnis von Absatzschwierigkeiten über die Grenzen des Konzerns hinaus bzw. Ausdruck von Liquiditätsengpässen innerhalb des Verbunds.

1.2.3.1.3.2 Vorräte

Bindungsdauer des im Vorratsvermögen investierten Kapitals

Bei der oben durchgeführten Grobstrukturierung der Aktivseite der Bilanz nach der jeweiligen Dauer der Kapitalbindung wurden die Vorräte als Bestandteil des Umlaufvermögens dem kurzfristig gebundenen Vermögen zugerechnet. Genauere Informationen über die Bindungsdauer des im Vorratsvermögen investierten Kapitals vermittelt die folgende Kennziffer:

(F. 1.9)

$$\text{Umschlagsdauer des Vorratsvermögens} = \frac{\text{durchschnittlicher Bestand an Vorräten}}{\text{Umsatzerlöse des Geschäftsjahrs}} \times 365$$

Sie zeigt an, wie viele Tage die Vorräte durchschnittlich im Unternehmen verbleiben, bis sie verbraucht werden. Die Zählergröße ermittelt sich als arithmetisches Mittel aus dem Anfangs- und dem Endbestand eines Geschäftsjahrs.

Aussagegehalt

GRÄFER (H. 2001, S. 127) sieht in der Vorratsumschlagsdauer in erster Linie ein Instrument der kurzfristigen bestandsorientierten Liquiditätsanalyse. Sie lasse erkennen, inwieweit »das Unternehmen in der Lage ist, Anspannungen der Liquiditätslage durch den laufenden Umsatzprozess zu mildern«. Im Zusammenhang mit anderen Analysemethoden leistet diese Kennziffer indes auch wertvolle Dienste bei der Beurteilung des künftigen Erfolgserzielungsvermögens eines Unternehmens. Berücksichtigt man, dass es einerseits aus Rentabilitätsgründen das Ziel der Unternehmensleitung sein muss, den Bestand an Vorratsvermögen möglichst niedrig zu halten, andererseits aber der Mindestbestand an Vorräten nicht zuletzt auch von der Höhe des jährlichen Umsatzes mitbestimmt wird, muss ein Anstieg der Umschlagsdauer regelmäßig Bedenken begegnen. Denn eine solche Entwicklung deutet auf eine suboptimale Vorratshaltung hin, deren Gründe entweder in einem vernachlässigten Beschaffungswesen oder in einer Überschätzung der Absatzmöglichkeiten liegen können. Beide Aspekte, insbesondere jedoch Absatzstockungen, können Auslöser einer Unternehmenskrise sein.

Ein Kontrollkriterium zur Überprüfung der Wirtschaftlichkeit der Lagerhaltung bildet die Kennzahl

(F. 1.10)

$$\text{Vorratsintensität} = \frac{\text{durchschnittlicher Bestand an Vorräten}}{\text{Bilanzsumme}} \times 100$$

Sie gibt insbesondere im Branchenvergleich Aufschluss über die Vorratspolitik der Unternehmung.

Gleichzeitige Betrachtung von Forderungsbestand, Vorratsvermögen und Umsatzwachstum

Ebenfalls sinnvoll aus Sicht der externen Bilanzanalyse erscheint die gleichzeitige Betrachtung der Entwicklung des Forderungsbestands und des Vorratsvermögens und deren Vergleich mit dem Umsatzwachstum. Hierbei gilt es zu untersuchen, ob es dem Management gelingt, die Umsätze stets so zu steuern, dass sie schneller wachsen als der Forderungsbestand und/oder das Vorratsvermögen. Die Wachstumsraten der zuletzt genannten Größen sollten wie dargestellt stets unterhalb des Umsatzwachstums liegen. Ist dies nicht der Fall, sind die Ursachen dieser Entwicklung respektive die hierfür genannten Begründungen der Unternehmensführung kritisch zu hinterfragen. Oftmals lassen sich etwa aus einer negativen (unterjährigen) Entwicklung der drei Größen erste Frühwarnindikatoren für drohende Ertrags- und Liquiditätsschwierigkeiten ableiten. Dies soll nachfolgende Übersicht einer quartalsweisen Entwicklung beispielhaft verdeutlichen:

Übersicht 19: Gleichzeitige Betrachtung der unterjährigen Entwicklung der Wachstumsraten des Umsatzes, des Vorratsvermögens und des Forderungsbestands

	IV. Quartal	III. Quartal	II. Quartal	I. Quartal
Umsatzwachstum	23%	22%	33%	6%
Wachstumsrate des Vorratsvermögens	54%	74%	51%	45%
Wachstumsrate des Forderungsbestands	41%	64%	57%	46%

Die Betrachtung der Wachstumsraten verdeutlicht, dass Vorratsvermögen und Forderungsbestand unterjährig deutlich schneller angewachsen sind als die Umsätze. Aus Sicht der externen Bilanzanalyse sollte dieses Signal durch weitere Analyseschritte hinsichtlich der Liquiditätslage einerseits und der Erfolgssituation andererseits hinterfragt werden. Abgegebene Prognosen für die Folgeperiode sind gegebenenfalls anzupassen, sofern stichhaltige Krisensignale vorliegen.

Kritik an den Kennzahlen zur Vorratspolitik

Andererseits sind gerade die erwähnten Kennziffern zur Vorratspolitik ein Paradebeispiel dafür, wie sehr die Aussagefähigkeit einer einzelnen Kennzahl durch eine Vielzahl vom externen Analysten nicht oder kaum kalkulierbarer Einflussgrößen beeinträchtigt werden kann. So kann eine gesunkene (gestiegene) Umschlagsdauer ihre Ursache erstens in einer erhöhten (gesunkenen) Vorratshaltung infolge gewandelter Rahmenbedingungen haben. Exemplarisch für derartige Änderungen im wirtschaftlichen Umfeld sind erwartete Preissteigerungen oder Angebotsverknappungen auf den Beschaffungsmärkten, die Einführung neuer Produktionstechniken (Stichwort: Just-in-Time-Fertigung), die Erweiterung der angebotenen Produktpalette oder auch geänderte Einkaufskonditionen mit entsprechender Anpassung der optimalen Bestellmenge anzuführen.

Zweitens können Schwankungen der Umschlagsdauer preisinduziert sein, ohne dass Änderungen im Mengengerüst eingetreten sind. Zu denken ist dabei zunächst an die Möglichkeit einer unterschiedlichen Preisentwicklung für Vorräte und abgesetzte Fertigerzeugnisse. Aber selbst bei identischem Preisverlauf kann die Anwendung unterschiedlicher Bewertungsverfahren für die einzelnen Vermögensgegenstände dazu führen, dass sich Zähler- und Nennergröße der in Rede stehenden Kennzahl auseinander entwickeln und damit vordergründig eine geänderte Lagerhaltung signalisieren.

Drittens ist darauf hinzuweisen, dass die Umschlagsdauer des Vorratsvermögens von der Art der wirtschaftlichen Betätigung abhängig ist (vgl. RIEBELL, C. 2001, S. 639). Dementsprechend schlagen sich bei Unternehmen, die mehrere verschiedene Geschäftszweige betreiben, auch Strukturverschiebungen zwischen den jeweiligen Bereichen zwangsläufig in der Umschlagsdauer nieder. Sind einzelne Betätigungen zudem noch saisonabhängig, wird dieser Effekt weiter verstärkt.

Die vorstehenden Ausführungen haben die Mehrdeutigkeit einer Veränderung der Umschlagsdauer des Vorratsvermögens im Zeitablauf deutlich hervortreten lassen. Sie lassen sich analog auf die Kennzahl Vorratsintensität übertragen. Um die tatsächliche Ursache für eine bestimmte Entwicklung ausfindig zu machen, ist der Analyst daher auf zusätzliche Informationen angewiesen. Sofern diese nicht dem Anhang, Lagebericht oder der Wirtschaftspresse zu entnehmen sind, kann eine abschließende Interpretation der Kennzahlen nur im Rahmen der Gesamtbeurteilung des Unternehmens erfolgen.

1.2.3.1.3.3 Liquide Mittel

Untauglichkeit der liquiden Mittel als absolute Größe

Aus der Höhe der liquiden Mittel lassen sich für die Verlustabsorptionsfähigkeit sowie das künftige Erfolgserzielungspotenzial eines Unternehmens grundsätzlich keine unmittelbar verwertbaren Anhaltspunkte gewinnen. Denn der Betrag der erforderlichen Liquiditätsreserve wird im Wesentlichen durch die Höhe der kurzfristigen Auszahlungsverpflichtungen determiniert, deren Schätzung sich dem externen Bilanzanalysten weitestgehend verschließt. Darüber hinaus kann gerade der Umfang der ausgewiesenen liquiden Mittel bilanzpolitisch relativ einfach beeinflusst werden. Aus diesem Grund sind auch Aussagen mit Vorsicht zu genießen, wonach gesunde Unternehmen erfahrungsgemäß über einen vergleichsweise hohen Bestand an liquiden Mitteln verfügen. Dies gilt umso mehr, als eine überschüssige Liquiditätshaltung eine unnötige Belastung für die Rentabilität des Unternehmens darstellt, obgleich zu bedenken ist, dass in den liquiden Mitteln auch Festgeldguthaben enthalten sein können. LEFFSON (U. 1984, S. 57) vermutet gar, dass »häufig flüssige Mittel aus optischen Gründen zum Abschlußstichtag angesammelt werden, um den Bilanzleser ... über die Liquiditätslage der Unternehmung ... zu täuschen«.

1.2.3.1.3.4 Cash Conversion Cycle

Cash Conversion Cycle

Die Kennzahlen Kundenziel, Umschlagsdauer des Vorratsvermögens und Lieferantenziel lassen sich zu einem Cash Conversion Cycle (CCC) zusammenführen.

(F. 1.11)

$$\text{CCC} = (\text{Kundenziel} + \text{Umschlagsdauer der Vorräte}) \text{ ./. Lieferantenziel}$$

$$= \left(\frac{\text{Forderungen}}{\text{Umsatz}} \times 360 + \frac{\text{Vorräte}}{\text{Umsatz}} \times 360\right) \text{ ./. } \left(\frac{\text{Lieferantenverbindlichkeiten}}{\text{Wareneingang}} \times 360\right)$$

Die Kennzahl gibt unter Außer-Acht-Lassung der Produktionszeit die durchschnittliche Dauer an, die ein Unternehmen benötigt, um die für den Einkauf der Rohstoffe eingesetzten Zahlungsmittel durch den Umsatzprozess zurückzugewinnen. Die Vernachlässigung der Produktionszeit ist bei Unternehmen der Massenfertigung aufgrund der durchweg kurzen Produktionszeiten zu vertreten. Je kürzer der Cash Conversion Cycle ist, desto früher stehen dem Unternehmen die für den Rohstoffeinkauf verwendeten Mittel für neue Investitionen wieder zur Verfügung. Bei einer Kennzahl kleiner als null finanzieren die Lieferanten nicht nur die Rohstoffe über den gesamten Umsatzprozess hinweg, sondern darüber hinaus weitere Investitionen. Um die Entwicklung der Kenngröße im Zeitablauf sichtbar zu machen, erweist es sich als empfehlenswert, diese auf Basis der Quartalsberichte zu berechnen.

Merksätze:

1. Den Ausgangspunkt der Vermögensstrukturanalyse bildet die Untersuchung der Grobstruktur der Aktivseite mit Hilfe der Kennzahlen der Anlage- bzw. Umlaufintensität.
2. Auf der Grundlage dieser Kennzahlen lassen sich erste ›Vorurteile‹ über die wirtschaftliche Lage eines Unternehmens formulieren, die sodann mittels verfeinerter Untersuchungsmethoden und weiterer Kennzahlen zu bestätigen oder zu widerlegen sind.
3. Besonderes Augenmerk bei der Analyse der Aktivseite sollte der Zusammensetzung und der zeitlichen Entwicklung des Sachanlagevermögens sowie der Forderungen gelten.
4. Zur Beurteilung des Sachanlagevermögens bietet sich die Bildung der Kennzahlen Anlagenabnutzungsgrad, Investitions-, Wachstums- und Abschreibungsquote an.
5. Bezüglich der Forderungen sollte das Interesse in erster Linie der Entwicklung des durchschnittlichen Kundenziels und des Ausmaßes der Konzernverflechtung im Zeitablauf gelten.
6. Auskunft über die im Vorratsvermögen gebundenen Mittel und ihre durchschnittliche Bindungsdauer geben die Kennzahlen Vorratsintensität und Umschlagsdauer des Vorratsvermögens. Aufgrund ihrer leichten Beeinflussbarkeit ist deren Aussagefähigkeit jedoch begrenzt.

1.2.3.2 Kapitalstrukturanalyse

Ziele

Die Kapitalstrukturanalyse, auch als Finanzierungsanalyse bezeichnet, soll die Zusammensetzung des dem Unternehmen zur Verfügung gestellten Kapitals nach Art und Überlassungsdauer aufzeigen.

Die Kapitalstrukturanalyse ist unter Liquiditätsgesichtspunkten von zweifacher Bedeutung. Zum einen dient sie der Abschätzung von Finanzierungsrisiken, zum anderen gibt sie Aufschluss über die Kreditwürdigkeit des betreffenden Unternehmens bei Kreditinstituten im Hinblick auf die Prolongation bzw. Substitution vorhandener Kredite oder die Beschaffung zusätzlichen Fremdkapitals.

Die Auswertung der Kapitalstruktur ist besonders dann geboten, wenn der externe Analyst aufgrund seiner bisherigen Untersuchungen mit einem erhöhten Kapitalbedarf des betrachteten Unternehmens rechnet. In diesem Fall hängt die Aufrechterhaltung der Zahlungsfähigkeit maßgeblich von den Möglichkeiten zur Beschaffung neuen Kapitals ab. Wie gut oder schlecht dies einem Unternehmen voraussichtlich gelingen wird, kann ansatzweise durch eine Analyse der Kapitalstruktur beurteilt werden.

1.2.3.2.1 Ausgangspunkt: Verhältnis von Eigen- zu Fremdkapital

1.2.3.2.1.1 Statische Betrachtung

Absolute Höhe der Eigenkapitalausstattung

Das zentrale Untersuchungsobjekt der Kapitalstrukturanalyse bildet die Eigenkapitalausstattung eines Unternehmens. Zu ihrer Beurteilung stützt sich die Praxis im Wesentlichen auf die Kennzahlen Eigenkapitalquote (vgl. F. 1.12) und Fremdkapitalquote (vgl. F. 1.13). Sie sollen den Bilanzleser über die Verlustabsorptionsfähigkeit eines Unternehmens informieren.

(F. 1.12)

$$\text{Eigenkapitalquote} = \frac{\text{Eigenkapital}}{\text{Gesamtkapital}} \times 100$$

(F. 1.13)

$$\text{Fremdkapitalquote} = \frac{\text{Fremdkapital}}{\text{Gesamtkapital}} \times 100$$

Haftungsfunktion des Eigenkapitals

Bei zeitpunktbezogener Betrachtung der bezeichneten Kapitalkoeffizienten gilt, dass eine Unternehmung umso solider finanziert ist, je höher der Anteil des Eigenkapitals an der Bilanzsumme ist. Denn erstens vergrößert sich mit steigendem Eigenkapitalanteil die Haftungssubstanz. Daraus folgt zugleich, dass zumindest die Gefahr einer durch Überschuldung ausgelösten Insolvenz mit wachsender Eigenkapitalquote ceteris paribus geringer wird.

Akquisitorische Wirkung des Eigenkapitals

Zweitens entfaltet ein hohes Eigenkapital aufgrund seiner unmittelbar bestandssichernden Funktion insofern eine akquisitorische Wirkung, als es die Beschaffung von Fremdkapital erleichtert (vgl. SCHULT, E. 2003, S. 162). Je geringer das Risiko von Vermögensverlusten für einen potenziellen Gläubiger ist, desto eher wird er sich zu einer Kreditvergabe an das Unternehmen bereit erklären, zumal eine zu geringe Eigenkapitalausstattung eine häufige, wenn nicht gar die häufigste Insolvenzursache ist (vgl. BAETGE, J./NIEHAUS, H.-J. 1990, S. 84). Daraus wird ersichtlich, dass ein hohes Eigenkapital mittelbar auch die Gefahr einer Insolvenz durch Illiquidität reduziert. Darüber hinaus eröffnet es dem Kaufmann die Möglichkeit zur Wachstumsfinanzierung.

Unabhängigkeit von Kreditgebern

Drittens stehen eigene Mittel (genauer: Eigenkapitalgegenwerte) dem Unternehmen im Allgemeinen langfristig zur Verfügung und garantieren damit eine hohe Dispositionsfreiheit und relative Unabhängigkeit von Kreditgebern. Insbesondere ist nicht zu befürchten, dass durch einen unvorhergesehenen Abzug der entsprechenden Mittel Vermögenswerte veräußert und infolgedessen Einbußen in der Rentabilität bzw. Abgangsverluste hingenommen werden müssen.

Keine festen Zins- und Tilgungszahlungen

Schließlich werden durch eine Finanzierung mit Eigenkapital im Gegensatz zur Aufnahme von fremden Mitteln keine festen Zins- und Tilgungszahlungen ausgelöst. Damit ist gewährleistet, dass Mittelabflüsse über den Betrag des in einem Geschäftsjahr tatsächlich erwirtschafteten Vermögenszuwachses hinaus nicht zu befürchten sind. Diese Tatsache wirkt sich insbesondere in Krisenzeiten stabilisierend aus.

Nachteile der Finanzierung mit Eigenkapital

Dennoch ist aus bilanzanalytischer Sicht eine möglichst hohe Eigenkapitalquote nicht unbedingt wünschenswert. Den geschilderten, überwiegend aus Sicherheitserwägungen abzuleitenden Vorzügen einer Eigenfinanzierung stehen nämlich nicht zu übersehende Nachteile gegenüber, die im Einzelfall den Ausschlag zugunsten einer Fremdfinanzierung geben können. Zu denken ist etwa an die steuerliche Diskriminierung der Eigenfinanzierung (vgl. GRÄFER, H. 1997, S. 197). Darüber hinaus ist der erwähnte Vorteil der flexiblen Ausschüttungsgestaltung im Falle einer Finanzierung mit Eigenkapital bei näherer Betrachtung zu relativieren. Zum einen lässt sich das Vertrauen der derzeitigen und potenziellen Anteilseigner, welches Grundvoraussetzung dafür ist, um in späteren Jahren gegebenenfalls die Eigenkapitalbasis durch Zuführung weiterer Mittel von außen zu verbreitern, auf Dauer nur erhalten bzw. gewinnen, wenn das Ausschüttungsverhalten des Unternehmens berechenbar bleibt. Dazu aber ist es erforderlich, dass auch in wirtschaftlich schwierigen Zeiten von einer Kürzung der Dividende nach Möglichkeit abgesehen wird. Zum anderen kann durch eine Reduzierung der Dividende der Zugang zu den Kreditmärkten erschwert werden. Denn Fremdkapitalgeber werden einen solchen Schritt regelmäßig als ein Indiz für eine verschlechterte wirtschaftliche Lage des Unternehmens deuten und dementsprechend ihre Bonitätseinschätzung nach unten revidieren.

Zwischenergebnis

Aus all dem folgt, dass die Frage nach der optimalen Kapitalstruktur in allgemeiner Form nicht beantwortet werden kann, da Rentabilitäts- und Sicherheitsaspekte bei der Entscheidung für eine Finanzierung mit Eigenkapital oder mit Fremdkapital teilweise in Konflikt zueinander stehen.

Leverage-Effekt

Besonders deutlich tritt dieser Zusammenhang im so genannten Leverage-Effekt zutage.

Danach gilt:

(F. 1.14)

$$R_{EK} = R_{GK} + (R_{GK} ./. i) \times \frac{FK}{EK}$$

mit: R_{EK} = Eigenkapitalrentabilität,
R_{GK} = Gesamtkapitalrentabilität,
FK = Fremdkapital,
EK = Eigenkapital,
i = Fremdkapitalzinsfuß.

Wie sich aus der Formel F. 1.14 ableiten lässt, ist es für ein Unternehmen unter Rentabilitätsgesichtspunkten sinnvoll, sich möglichst hoch zu verschulden, solange die Rendite des investierten Kapitals (= Gesamtkapitalrentabilität) über dem Zinssatz für Fremdkapital liegt. Gerade umgekehrt stellt sich die Situation dar, wenn die Investitionsrendite die für das Fremdkapital zu entrichtenden Zinsen nicht mehr deckt. In diesem Fall führt jede Erhöhung der Verschuldung zu einer Verringerung der Eigenkapitalrentabilität. Im Extremfall kann diese sogar negativ werden mit der Folge, dass die Haftungssubstanz angegriffen wird und das Insolvenzrisiko steigt.

Optimaler Verschuldungsgrad

Das Dilemma dieses und ähnlicher Ansätze zur Optimierung des Verschuldungsgrads besteht darin, dass einerseits in die Berechnung in hohem Maße unsichere, von der zukünftigen Entwicklung abhängige Größen eingehen, die der Anwender allenfalls annähernd prognostizieren kann, andererseits jedoch bereits geringe Schwankungen dieser Schätzgrößen zu völlig unterschiedlichen Ergebnissen führen können. Darin liegt auch die Ursache dafür, dass zum Verhältnis von Eigen- zu Fremdkapital nur tendenzielle Aussagen formuliert werden können, etwa dergestalt, dass einem steigenden leistungswirtschaftlichen Risiko bzw. einer zunehmenden Varianz der Unternehmenserträge durch einen höheren Eigenkapitalanteil Rechnung getragen werden sollte (vgl. PERRIDON, L./STEINER, M. 2002, S. 547).

Grundsatz der Risikoentsprechung

Mit dieser Erkenntnis wird zugleich deutlich, dass die Beurteilung der Kapitalstruktur eines Unternehmens nicht ohne Bezug zur Vermögensseite erfolgen kann. Zu Recht betont GRÄFER (H. 1997, S. 194) die Bedeutung des Grundsatzes der Risikoentsprechung, wonach »die Unternehmung ... ihren speziellen Risiken entsprechend, mit Haftungskapital ausgestattet sein« muss. Auch ein Vergleich der Eigenkapitalquoten zwischen verschiedenen Unternehmen erscheint nach dem Gesagten allenfalls innerhalb einer bestimmten Branche sinnvoll, da insoweit von einer zumindest partiell übereinstimmenden Risikostruktur ausgegangen werden kann.

1.2.3.2.1.2 Dynamische Betrachtung

Eigenkapitalausstattung im Zeitablauf

Muss vorschnellen Schlussfolgerungen aus der absoluten Höhe der Eigenkapitalquote bzw. des Verschuldungsgrads mit Vorbehalten begegnet werden, so gilt dies erst recht für Aussagen über deren Entwicklung im Zeitablauf. So kann aus einer über mehrere Jahre hinweg permanent gestiegenen (gesunkenen) Eigenkapitalquote nicht ohne weiteres abgeleitet werden, dass sich die Vermögensrisiken für die am Unternehmen beteiligten Personengruppen verringert (erhöht) haben. Denn zum einen ist zu berücksichtigen, dass die Risiken für die Kapitalgeber durch die Art der unternehmerischen Tätigkeit und die Entwicklung der relevanten Umweltfaktoren determiniert werden, wohingegen die Eigenkapitalausstattung losgelöst von dieser Frage lediglich über die Höhe des Risiko- bzw. Verlustpuffers informiert. Daher ist bei Zeitvergleichen im Rahmen der Kapitalstrukturanalyse stets auch zu untersuchen, ob bzw. inwieweit absolute oder relative Veränderungen der Eigenkapitalausstattung eines Unternehmens mit einer veränderten Risikolage einhergehen. Anhaltspunkte hierfür liefert vor allem der Risikobericht, den Kapitalgesellschaften und Personenhandelsgesellschaften i. S. d. § 264a HGB als Teil des Lageberichts nach § 289 Abs. 1, 3. HS HGB zu erstellen haben (eingehend zum Inhalt dieses Berichts: DRS 5; HFA 1998, S. 657 f.; Küting, K./Hütten, C. 1997, S. 250 ff.; vgl. auch Weber, C.-P. 2001, S. 140 ff.).

Zum anderen können Bewegungen der Eigenkapitalquote aber auch rein rechentechnisch begründet sein, namentlich dann, wenn das bilanzielle Fremdkapital risikoneutral erhöht oder vermindert worden ist. Als Beispiel sei hier nur der Verkauf nicht risikobehafteter Vermögensgegenstände unter gleichzeitiger Rückführung von Fremdkapital erwähnt. Hier kommt es allein aufgrund der gesunkenen Nennergröße als Ausdruck eines verminderten Gesamtkapitaleinsatzes zum Ansteigen der Eigenkapitalquote. Die dem Analysten vordergründig signalisierte erhöhte Solidität der Unternehmensfinanzierung ist dagegen in Wirklichkeit nicht eingetreten.

Schließlich kann die Höhe der Eigenkapitalquote ›optisch‹ auch durch den Einsatz des formellen bilanzpolitischen Instrumentariums beeinflusst werden, bspw. durch den unterschiedlichen Ausweis der erhaltenen Anzahlungen, wenngleich dieser Effekt durch eine sachgerecht erstellte Strukturbilanz ausgeschaltet werden kann.

Ergebnis

Die vorstehenden Überlegungen haben verdeutlicht, dass die Interpretation pauschaler Kennzahlen, wie der Eigenkapitalquote oder des Verschuldungsgrads, bei isolierter Betrachtung einer Gefahr von Fehldeutungen unterliegt. Daher sollten die auf diese Weise gewonnenen ›Vorurteile‹ über die finanzwirtschaftliche Situation des Unternehmens mittels ergänzender Analysen und Kennzahlen abgesichert werden.

1.2.3.2.2 Strukturanalyse des Eigenkapitals

Zusammensetzung des Eigenkapitals

Unter dem Gesichtspunkt der Verlustabsorptionsfähigkeit interessieren im Rahmen der Eigenkapitalstrukturanalyse zum einen etwaige Verfügungskompetenzen über die in der Bilanz ausgewiesenen Eigenkapitalgegenwerte sowie zum anderen die Möglichkeiten des Unternehmens, sein Haftungskapital zu erhöhen.

Haftungsfunktion

Das Eigenkapital kann seine Haftungsfunktion nur erfüllen, solange es nicht durch Verluste aufgezehrt bzw. wieder an die Anteilseigner ausgeschüttet worden ist. Wenn daher behauptet wird, Eigenkapital stehe dem Unternehmen in der Regel langfristig zur Verfügung, so wird damit incidenter von einer Verringerung der Kapitalbasis durch Verluste oder Entnahmen abgesehen. Davon kann allgemein nur bei florierenden Unternehmen ausgegangen werden. Gerade für diesen Fall ist die Haftungsfunktion des Eigenkapitals jedoch von untergeordneter Bedeutung.

Anders stellt sich die Situation dar, wenn das Unternehmen in eine Schieflage gerät. Hier kann sich die Haftungsbasis unter Umständen in kürzester Zeit drastisch reduzieren. Insbesondere besteht die Gefahr, dass die Anteilseigner in einer solchen Situation versuchen werden – soweit sie dazu rechtlich (Stichwort: gesetzliche Ausschüttungssperren bzw. Verwendungsbeschränkungen) und tatsächlich (Stichwort: Selbstorganschaft) in der Lage sind – das ursprünglich in das Unternehmen eingebrachte Kapital wieder abzuziehen, um den ihnen drohenden Vermögensschaden zu begrenzen. Aus diesem Grund sollte bei der Eigenkapitalanalyse speziell solcher Unternehmen, deren weitere wirtschaftliche Entwicklung mit erheblichen Risiken behaftet ist, der Verfügbarkeit über einzelne Teile des Eigenkapitals besondere Beachtung geschenkt werden.

Möglichkeiten der Beschaffung zusätzlichen Eigenkapitals

Über die Möglichkeiten einer börsennotierten Aktiengesellschaft, ihre Haftungsbasis durch Aufnahme neuer Mittel zu verbreitern, gibt ansatzweise die Struktur des Eigenkapitals in Form des Bilanzkurses (vgl. F. 1.15) Aufschluss.

(F. 1.15)

$$\text{Bilanzkurs} = \frac{\text{bilanzielles Eigenkapital}}{\text{gezeichnetes Kapital}} \times 100$$

Im Vergleich zum Börsenkurs signalisiert diese Kennzahl, »welchen Ertragswert bzw. welche stillen Rücklagen die Börse in der Gesellschaft vermutet« (GRÄFER, H. 2001, S. 114). Liegt der Börsenkurs weit über dem Bilanzkurs, deutet dies in aller Regel auf eine Bereitschaft der Anleger zur Aufnahme junger Aktien des Unternehmens hin. Dies gilt insbesondere dann, wenn die Altaktien ein hohes Kurs-Gewinn-Verhältnis aufweisen. In diesem Fall kann davon ausgegangen werden, dass der von den Börsenteilnehmern gezahlte ›Aufpreis‹ auf den Bilanzkurs im Wesentlichen hohe künftige Ertragserwartungen widerspiegelt.

Der Einfluss der stillen Reserven lässt sich zumindest teilweise auch dadurch eliminieren, dass der Ermittlung des Bilanzkurses nicht das bilanzielle Eigenkapital, sondern das um die vom Analysten aufgedeckten stillen Reserven erhöhte Eigenkapital zugrunde gelegt wird. Auf diese Weise gelangt man zum korrigierten Bilanzkurs:

(F. 1.16)

$$\text{korrigierter Bilanzkurs} = \frac{\text{bilanzielles Eigenkapital} + \text{stille Reserven}}{\text{gezeichnetes Kapital}} \times 100$$

Auch hier gilt die Aussage, dass die Ertragserwartungen der Börsenteilnehmer umso höher sind, je größer die Differenz zwischen dem korrigierten Bilanzkurs und dem tatsächlichen Börsenkurs ausfällt.

Fähigkeit und Bereitschaft zur Gewinnthesaurierung

Bezüglich des Erfolgserzielungsvermögens eines Unternehmens lässt die Zusammensetzung des Eigenkapitals ebenfalls Rückschlüsse zu. Einen Einblick in die Ertragslage des Unternehmens in der Vergangenheit vermittelt die Entwicklung der Rücklagenquote im Zeitablauf (vgl. F. 1.17). Sie zeigt an, in welchem Umfang die Gesellschaft ihre Haftungsbasis jährlich durch Gewinnthesaurierung bzw. Kapitalzuführungen gestärkt hat.

(F. 1.17)

$$\text{Rücklagenquote} = \frac{\text{gesamte Rücklagen}}{\text{Eigenkapital}} \times 100$$

Eliminiert man aus der Zählergröße die in der Kapitalrücklage erfassten Kapitalzuführungen von außen, gelangt man zum Selbstfinanzierungsgrad.

(F. 1.18)

$$\text{Selbstfinanzierungsgrad} = \frac{\text{Gewinnrücklagen}}{\text{Eigenkapital}} \times 100$$

Dieser kann als Maßstab für die Thesaurierungsfähigkeit und -bereitschaft eines Unternehmens in der Vergangenheit angesehen werden. Zu berücksichtigen ist jedoch, dass die Aussagefähigkeit dieser Kennzahl durch Kapitalerhöhungen aus Gesellschaftsmitteln beeinträchtigt wird. Dem kann jedoch im Rahmen eines Zeitvergleichs durch eine entsprechende Korrektur der Zählergröße Rechnung getragen werden. Größere Schwierigkeiten bereitet dagegen die Abschätzung des Ausmaßes der Selbstfinanzierung durch Bildung stiller Reserven. Zu dieser Frage ist auf die Ausführungen im 2. Abschn., 1. Kap. 4. zu verweisen.

1.2.3.2.3 Strukturanalyse des Fremdkapitals

1.2.3.2.3.1 Fristigkeitsstruktur

Bei der Analyse der Zusammensetzung des Fremdkapitals interessiert zunächst die Dauer, für die die einzelnen Teile des Fremdkapitals dem Unternehmen zur Verfügung stehen. Informationen hierüber liefert eine entsprechend aufbereitete Strukturbilanz (vgl. 2. Abschn., 2. Kap.).

Optimale Fristigkeitsstruktur des Fremdkapitals

Die Frage nach der optimalen Fristigkeitsstruktur des Fremdkapitals lässt sich – ähnlich wie die Wahl des optimalen Verschuldungsgrads – nicht generell beantworten. Zwar kann eine Finanzierung grundsätzlich als umso solider angesehen werden, je höher der Anteil des langfristigen Fremdkapitals ist; nimmt doch die Gefahr einer unerwarteten Kapitalrückzahlungsverpflichtung sowie des damit verbundenen Entzugs liquider Mittel mit abnehmender Fristigkeit des Fremdkapitals zu. Demgegenüber erweisen sich kurzfristige Finanzierungen – je nach Kapitalmarktverfassung – häufig als kostengünstiger (vgl. GRÄFER, H. 2001, S. 140). Darüber hinaus garantieren sie dem Unternehmen eine höhere Anpassungsfähigkeit an einen im Zeitablauf schwankenden Kapitalbedarf. Eine abschließende Beurteilung der Fristigkeitsstruktur des Fremdkapitals kann nur in Abhängigkeit vom Aufbau der Aktivseite erfolgen. Aus diesem Grund soll dieser Aspekt hier zunächst zurückgestellt und bei der Erörterung der horizontalen Kapital-Vermögensstrukturregeln (vgl. 2. Abschn., 3. Kap. 1.2.4) erneut aufgegriffen werden.

1.2.3.2.3.2 Verbindlichkeiten

Zahlungsgewohnheiten gegenüber Lieferanten

Ein vorrangiges Ziel der Analyse der Verbindlichkeiten ist es, Aufschlüsse über die Zahlungsgewohnheiten des zu beurteilenden Unternehmens zu erhalten. Hierzu eignet sich in erster Linie die Kennziffer

(F. 1.19)

$$\text{Lieferantenziel} = \frac{\text{Bestand an Warenschulden}}{\text{Wareneingang}} \times 365$$

Der Bestand an Warenschulden ermittelt sich als Summe der Verbindlichkeiten aus Lieferungen und Leistungen (Passiva C. 4.) und der Verbindlichkeiten aus der Annahme gezogener und der Ausstellung eigener Wechsel (Passiva C. 5.). Bei der Berechnung des Wareneingangs ist neben den Aufwendungen für Roh-, Hilfs- und Betriebsstoffe und für bezogene Leistungen auch die Veränderung des Bestands an Roh-, Hilfs- und Betriebsstoffen zu berücksichtigen.

Das Lieferantenziel gibt die durchschnittliche Dauer der Inanspruchnahme von Lieferantenkrediten zum jeweiligen Stichtag an. Als problematisch an dieser Kennzahl wurde bereits herausgestellt, dass Veränderungen im Zeitablauf, insbesondere eine Zunahme der durchschnittlichen Kreditdauer, nicht monokausal erklärt werden können. Des Weiteren stellt sich das Problem, dass diese Kennzahl lediglich die Verhältnisse am jeweiligen Stichtag abbildet und damit die Entwicklung während des Geschäftsjahrs außer Acht lässt. Dem kann nur ansatzweise dadurch Rechnung getragen werden, dass die Zählergröße als arithmetisches Mittel aus dem Bestand am Anfang und demjenigen am Ende der Rechnungsperiode ermittelt wird.

Verbindlichkeiten gegenüber verbundenen bzw. beteiligten Unternehmen

Verschiedentlich wird vorgeschlagen, in den Betrag der Warenschulden auch Verbindlichkeiten gegenüber verbundenen Unternehmen bzw. Beteiligungsunternehmen einzurechnen (vgl. COENENBERG, A.G. 2003, S. 931). Abgesehen davon, dass aufgrund der nur unter bestimmten Voraussetzungen anzugebenden Mitzugehörigkeit zu anderen Posten (vgl. § 265 Abs. 3 HGB) nicht in jedem Fall festgestellt werden kann, welcher Anteil der in den Passivposten C. 6. und C. 7. ausgewiesenen Verbindlichkeiten das Ergebnis von Lieferungs- und Leistungsbeziehungen ist, erscheint diese Vorgehensweise insofern problematisch, als der innerkonzernliche Leistungsaustausch in erheblichem Maße von konzern(bilanz)politischen Überlegungen geprägt sein kann. So ist bspw. denkbar, dass Zahlungsverpflichtungen gegenüber Tochterunternehmen auf Anweisung der Konzernleitung zügig beglichen werden, um diesen eine liquiditätsmäßige Unterstützung zu gewähren. Aufgrund derartiger unternehmensexterner Effekte sollten die Verbundverbindlichkeiten grundsätzlich isoliert betrachtet werden. Wie bereits für die Verbundforderungen dargestellt (vgl. oben 2. Abschn., 3. Kap. 1.2.3.1.3.1), muss dabei das Hauptaugenmerk der betragsmäßigen Entwicklung dieser Posten im Zeitablauf sowie etwaigen Veränderungen in der Fristigkeitsstruktur gelten.

Besicherung von Verbindlichkeiten

Von besonderer Bedeutung für die derzeitigen bzw. potenziellen Gläubiger eines Unternehmens ist die in § 285 Nr. 1b HGB geforderte Angabe der durch Pfandrechte oder ähnliche Rechte gesicherten Verbindlichkeiten (vgl. KUSSMAUL, H., in: KÜTING/WEBER 2003, Kap. 6, Rn. 15). Von ihr erwartet der Analyst Aufschlüsse darüber, inwieweit das Aktivvermögen durch vorrangige Zugriffsrechte Dritter belastet ist. Das bilanziell ausgewiesene Vermögen ist unter Umständen gar nicht im rechtlichen Eigentum des Bilanzierenden, was insbesondere in Krisensituationen – auch für die Interpretation von Kennzahlen – von Bedeutung ist. Bei der Interpretation der Anhangangabe sind zwei Besonderheiten zu beachten. Erstens besteht nach herrschender Meinung keine Pflicht zur betragsmäßigen Aufteilung der gesicherten Verbindlichkeiten. Dies hat zur Folge, dass der namentlich für die langfristigen Gläubiger des Unternehmens interessante grundpfandrechtlich gesicherte Teil der Verbindlichkeiten nur bei freiwilliger Übererfüllung der gesetzlichen Angabepflichten erkennbar wird. Zweitens werden von der Berichtspflicht des § 285 Nr. 1b HGB solche Haftungsverhältnisse nicht erfasst, die sich aus der Bestellung von Sicherheiten für fremde Verbindlichkeiten ergeben. Derartige Vereinbarungen, die innerhalb eines Konzernverbunds häufig anzutreffen sind, lösen jedoch eine Vermerkspflicht auf der Passivseite unter der Bilanz gem. § 251 HGB aus. Die

Interpretation dieser Angabe begegnet aber den gleichen Schwierigkeiten wie die Deutung des Sicherheitennachweises gem. § 285 Nr. 1b HGB, da die hier zu dokumentierenden Haftungsverhältnisse in ihrer Struktur äußerst heterogen sein können (z.B. Sicherungsübereignungen, Forderungsabtretungen, Grundpfandrechte).

Entwicklung der erhaltenen Anzahlungen

Hohe erhaltene Anzahlungen als ein weiterer bedeutender Posten innerhalb der Verbindlichkeiten deuten im Allgemeinen auf eine relativ starke Marktposition des Unternehmens hin. Da es sich in der Regel um zinslos gewährte Mittel handelt – von der Möglichkeit, dass sich die Leistung von Anzahlungen kaufpreismindernd auswirkt, sei hier abgesehen –, erhöhen sie die Rentabilität des Unternehmens. In Verbindung mit den Informationen des Lageberichts lässt die Entwicklung dieses Bilanzpostens im Zeitablauf vielfach Rückschlüsse auf die Auftragslage bei den betrachteten Unternehmen bzw. auf die wirtschaftliche Situation der Abnehmer zu. Dies gilt insbesondere für Branchen, die durch eine langfristige Auftragsfertigung gekennzeichnet sind, da hier den Anzahlungen eine erhebliche Bedeutung zukommt. Ist bei einem solchen Unternehmen ein anhaltendes und nachhaltiges Sinken der erhaltenen Anzahlungen zu verzeichnen, lässt dies die Vermutung zu, dass entweder die Beschäftigungslage rückläufig ist oder aber infolge veränderter Rahmenbedingungen (wirtschaftliche Schwäche der Abnehmer, erhöhter Konkurrenzdruck etc.) Anzahlungen im ursprünglich gewohnten Maße nicht mehr durchgesetzt werden können. Soweit sich diese Annahmen aufgrund weiterer Analysen bestätigen, ist mit Belastungen für die Liquiditätslage als Folge eines verzögerten Mittelzuflusses von außen zu rechnen. Darüber hinaus muss in diesem Fall das Erfolgserzielungsvermögen des Unternehmens als beeinträchtigt angesehen werden.

1.2.3.2.3.3 Rückstellungen

Problematik

Für Rückstellungen fordert GRÄFER (H. 1997, S. 203) im Rahmen der externen Bilanzanalyse eine Prüfung, ob diese »in ausreichendem Maße gebildet worden sind«. Diese Aussage erscheint insofern problematisch, als eine Rückstellungsbildung zweifellos dann als ausreichend anzusehen ist, wenn kein Verstoß gegen die einschlägigen Gesetzesvorschriften zu verzeichnen ist. Davon aber wird ein externer Bilanzleser im Zweifel ausgehen müssen, zumal die Einhaltung der Rückstellungsbestimmungen regelmäßig einen Schwerpunkt der für große und mittelgroße Kapitalgesellschaften und Personenhandelsgesellschaften i.S.d. § 264a HGB obligatorischen Jahresabschlussprüfung darstellt.

Dass diese Annahme keineswegs unproblematisch ist, hat die kontroverse öffentliche Diskussion um die Rolle der Abschlussprüfer bei einigen spektakulären Unternehmensschieflagen (z.B. HOLZMANN, HYPOVEREINSBANK, FLOWTEX) gezeigt. Im Kern geht es dabei stets um das gleiche Problem: Da die notwendige bilanzielle Risikovorsorge in vielen Fällen Prognosen künftiger Entwicklungen erfordert, ist die Bewertung von Rückstellungen in hohem

Maße ermessensbehaftet. Die Überprüfung der Wertansätze kann in diesen Fällen auch kaum über eine Plausibilitätskontrolle der ihnen zugrunde liegenden Annahmen hinausgehen. Das sich daraus ergebende vertretbare Bewertungsspektrum eröffnet den Unternehmen erhebliche Gestaltungsspielräume, die je nach favorisierter Bilanzierungsstrategie (progressiv oder konservativ) ausgenutzt werden (können). Aufgrund der eingeschränkten Prüfbarkeit dieser Bewertungsentscheidungen lässt sich nicht ausschließen, dass Rückstellungen im Einzelfall tatsächlich über- oder unterbewertet sind (vgl. hierzu den instruktiven Beitrag von HOFFMANN, W.-D. 2000a, S. 485 ff.). Mit dem Instrumentarium der externen Bilanzanalyse sind derartige Sachverhalte regelmäßig nicht aufzudecken.

Freiwillige Bildung bzw. Überbewertung von Rückstellungen

Folglich kann die eigentliche Frage für den Analysten im Bereich der Rückstellungen nur lauten, inwieweit der Bilanzierende über das gesetzlich determinierte Mindestmaß hinaus zusätzliche Beträge den Rückstellungen zugeführt hat. Hohe freiwillige Einstellungen können dabei generell als Kennzeichen einer guten Ertragslage angesehen werden. Denn aufgrund der erfolgsmindernden Wirkung der Rückstellungsdotierung sind ›gesunde‹ Unternehmen häufig an hohen Zuführungen interessiert – z. B. um auf diese Weise ein Verlangen der Aktionäre nach höheren Dividenden nicht aufkommen zu lassen –, während Not leidende Unternehmen vielfach zugunsten eines positiveren optischen Erscheinungsbildes nach außen (z. B. gegenüber Kreditgebern) eine restriktive Rückstellungspolitik betreiben.

Zu berücksichtigen ist, dass sich ein Unternehmen mit der Entscheidung für oder gegen die Bildung einer fakultativen Rückstellung respektive mit der Wahl einer bestimmten Bewertungsmethode nicht nur für das jeweilige Geschäftsjahr festlegt, sondern für einen längeren Zeitraum. Dies gilt insbesondere für solche Rückstellungen, bei denen der Erfüllungsbetrag ratierlich über mehrere Jahre hinweg angesammelt wird (so genannte Ansammlungsrückstellungen). Denn in diesen Fällen verbietet der Grundsatz der Bewertungsstetigkeit (vgl. § 252 Abs. 1 Nr. 6 HGB) jede unbegründete Aussetzung der Rückstellungszuführung oder Änderung der Bemessungsmethode (vgl. KESSLER, H. 1992, S. 182 f.). Daraus folgt: Sofern sich ein Kaufmann zu einer freiwilligen Bildung von Ansammlungsrückstellungen entschließt, geht er offenkundig davon aus, dass aufgrund der erwarteten zukünftigen Erfolgslage durch die Fortschreibung der entsprechenden Rückstellungen das vom Jahresabschluss vermittelte (positive) Bild des Unternehmens auch in späteren Jahren nicht beeinträchtigt wird. Diese Einschätzung ist für den externen Betrachter insofern bedeutsam, als wohl niemand das Unternehmen und dessen voraussichtliche Entwicklung besser kennt als der Kaufmann selbst.

Erkennbarkeit freiwilliger Rückstellungsdotierungen

Durchforstet man das geltende Handelsrecht nach den hier in Rede stehenden Bilanzierungs- und Bewertungsfreiheiten für Rückstellungen, die zudem einem externen Betrachter nicht verborgen bleiben, so stößt man insbesondere auf vier Sachverhalte:

(1) die gesetzlichen Wahlrechte zur Bildung von Aufwandsrückstellungen (vgl. § 249 Abs. 1 Satz 3 sowie Abs. 2 HGB),

(2) das Wahlrecht zur Passivierung von Pensionen, die vor dem 1. Januar 1987 erteilt wurden, und deren Erhöhungen (vgl. Art. 28 Abs. 1 Satz 1 EGHGB),

(3) das Wahlrecht zur Passivierung mittelbarer Pensionen und unmittelbarer oder mittelbarer ähnlicher Verpflichtungen (vgl. Art. 28 Abs. 1 Satz 2 EGHGB) sowie

(4) die Möglichkeit der Wahl eines anderen Diskontierungsfaktors als dem steuerrechtlichen Zinssatz von 6 % für die Bewertung von Pensionsrückstellungen.

In den genannten Fällen sieht das Bilanzrecht eine mehr oder weniger detaillierte Angabepflicht im Anhang vor. So bestimmt § 285 Nr. 12 HGB, dass in der Bilanz gebildete (Aufwands-)Rückstellungen zu erläutern sind, wenn sie einen nicht unerheblichen Umfang haben. Die Berichterstattungspflicht über die Art der Ausübung des Passivierungswahlrechts für Pensionszusagen bzw. über eine Abweichung von den steuerrechtlichen Bewertungsmethoden bei Pensionsrückstellungen leitet sich nach allgemeiner Auffassung aus § 284 Abs. 2 Nr. 1 HGB ab (vgl. Ellrott, H., in: Beck Bil-Komm. 2003, § 284 HGB, Rn. 86 ff. und 127 f.). Im Falle des Verzichts auf eine Passivierung von Pensionsaltzusagen oder von Verpflichtungen i. S. d. Art. 28 Abs. 1 Satz 2 EGHGB fordert Art. 28 Abs. 2 EGHGB darüber hinaus die Angabe des Fehlbetrags im Anhang. Aus diesen Informationen wird zumindest ansatzweise ersichtlich, inwieweit der Kaufmann von der betreffenden Möglichkeit der freiwilligen gewinnreduzierenden Rückstellungsdotierung Gebrauch gemacht hat.

Abgesehen von den erwähnten Gestaltungsmöglichkeiten sind der Rückstellungsanalyse jedoch enge Grenzen gesetzt, da über zahlreiche Bewertungsfreiheiten nicht näher berichtet werden muss und diese sich somit einer externen Beurteilung entziehen.

1.2.3.2.3.4 Sonstige finanzielle Verpflichtungen

Obwohl es sich bei dem nach § 285 Nr. 3 HGB geforderten Ausweis der sonstigen finanziellen Verpflichtungen um eine reine Anhanginformation handelt, soll dieser Aspekt im Rahmen der Kapitalstrukturanalyse kurz beleuchtet werden, da sich aus dieser Angabepflicht wichtige Erkenntnisse über die Finanzierung einer Unternehmung ergeben können.

Begriff

Mittelgroße und große Kapitalgesellschaften und Personenhandelsgesellschaften i. S. d. § 264a HGB haben den Gesamtbetrag der sonstigen finanziellen Verpflichtungen, die weder in der Bilanz noch nach § 251 HGB ausgewiesen werden müssen, im Anhang anzugeben, wenn dies für die Beurteilung der Finanzlage von Bedeutung ist. Finanzielle Verpflichtungen können auf privatrechtlichen Schuldverhältnissen beruhen, sich aus gesetzlichen Bestimmungen ergeben oder aufgrund eines faktischen Zwangs zur Leistungspflicht bestehen.

Die Kategorie der sonstigen finanziellen Verpflichtungen kann als Auffangposten für solche zukünftigen Zahlungsverpflichtungen des Unternehmens gekennzeichnet werden, die nicht zu passivieren oder als Haftungsverhältnisse gem. § 251 HGB anzugeben sind und denen sich die Gesellschaft einseitig nicht entziehen kann. Mit anderen Worten: Bei den nach § 285 Nr. 3 HGB angabepflichtigen Sachverhalten handelt es sich um nach herrschender Bilanzierungskonvention nicht bilanzwirksame Belastungen der finanziellen Dispositionsfähigkeit eines Unternehmens.

§ 285 Nr. 3 HGB enthält keine exemplarische Aufzählung berichtspflichtiger Tatbestände. Die Ansichten hinsichtlich des Inhalts reichen von Verpflichtungen, die sich im Rahmen des Going-Concern ergeben, bis hin zu Verpflichtungen, die außerhalb des normalen betriebs- und branchenüblichen Rahmens liegen. BALLWIESER (W. 1987, S. 66) zieht zur Lösung der Abgrenzungsproblematik den Wortlaut des § 264 Abs. 2 Satz 2 HGB heran, »wonach zusätzliche Angaben zu machen sind, wenn besondere Umstände dazu führen, daß kein den tatsächlichen Verhältnissen entsprechendes Bild der Finanzlage vermittelt wird«. Zur Beurteilung von Investitionsvorhaben und dergleichen werden im WP-HANDBUCH weiter gehend Hinweise auf »vorhandene Liquiditätsreserven, beabsichtigte Veräußerungen, Kreditlinien, Cash-flow-Überschüsse ...« (WP-HANDBUCH 2000, Bd. I, Buchst. F, Rn. 638) gefordert. Demgegenüber zeigt die Berichterstattungspraxis, dass die Regelung des § 285 Nr. 3 HGB von den Unternehmen deutlich restriktiver ausgelegt wird.

Berücksichtigung bei der Ermittlung der Fremdkapitalquote

Um dem Charakter der sonstigen finanziellen Verpflichtungen bei der Bilanzanalyse Rechnung zu tragen, schlägt COENENBERG (A. G. 2003, S. 956) die Berechnung einer wie folgt modifizierten Fremdkapitalquote vor:

(F. 1.20)

$$\text{Fremdkapitalquote II} = \frac{\text{Fremdkapital + sonstige finanzielle Verpflichtungen}}{\text{Gesamtkapital}} \times 100$$

Sonstige finanzielle Innenverpflichtungen

Fraglich erscheint, ob auf diese Weise die Aussagefähigkeit der Fremdkapitalquote erhöht werden kann. Hiergegen spricht zum einen, dass in den Gesamtbetrag der anzugebenden sonstigen finanziellen Verpflichtungen gegebenenfalls auch hinreichend konkretisierte Innenverpflichtungen einzubeziehen sind, soweit diese nicht bereits durch Bildung einer Aufwandsrückstellung berücksichtigt wurden. Die Zurechnung derartiger Beträge zum bilanziellen Fremdkapital wird indessen von zahlreichen Autoren kritisch beurteilt (vgl. hierzu oben 2. Abschn., 2. Kap. 2.2.6).

Zwar ließe sich einwenden, aufgrund des geschilderten Effekts werde letztlich die Vergleichbarkeit der Kennziffer Fremdkapitalquote erhöht, da als Folge der Erweiterung der Zählergröße um die sonstigen finanziellen Verpflichtungen bei der Messung der Verschuldung eines Unternehmens Innenverpflichtungen unabhängig von ihrer bilanziellen Behandlung im Jahresabschluss berücksichtigt würden. Bei näherer Betrachtung vermag dieser Gedanke jedoch nicht zu überzeugen. Denn das Vorliegen einer finanziellen Belastung i.S.v. § 285 Nr. 3 HGB löst für sich betrachtet noch keine Berichtspflicht im Anhang aus. Ergänzend muss hinzukommen, dass die Angabe für die Beurteilung der Finanzlage des betreffenden Unternehmens von Bedeutung ist. Dies ist der Fall, wenn die Zahlungsverpflichtungen den finanziellen Spielraum einschränken (vgl. ELLROTT, H., in: Beck Bil-Komm. 2003a, § 285 HGB, Rn. 27). Diese in hohem Maße auslegungsbedürftige Einschränkung lässt eine einheitliche Erfüllung der Berichtspflicht nach § 285 Nr. 3 HGB kaum erwarten. Vielmehr muss davon ausgegangen werden, dass insbesondere solche Unternehmen, bei denen sich bereits aus bestimmten Kennzahlen der Bilanz Anhaltspunkte für eine angespannte finanzielle Situation ergeben, die Berichtspflicht gem. § 285 Nr. 3 HGB eher restriktiv handhaben werden, um eine zusätzliche Beeinträchtigung des vermittelten Bilds der wirtschaftlichen Lage nach Möglichkeit zu vermeiden.

Uneinheitliche Erfüllung der Berichtspflicht

Die Aussagekraft der Anhangangabe nach § 285 Nr. 3 HGB wird weiterhin dadurch relativiert, dass eine finanzplanorientierte Aufgliederung nach Art und Fristigkeit der einzelnen Verpflichtungen nicht erforderlich ist. Hinzu kommt, dass das Pendant zu den sonstigen finanziellen Verpflichtungen, die ›sonstigen finanziellen Ansprüche‹, nicht angegeben werden müssen. Insgesamt hängen damit die Möglichkeiten des externen Analysten, aus den Anhangangaben nach § 285 Nr. 3 HGB Aussagen über den Umfang der Zu- und Abflüsse liquider Mittel abzuleiten, von der Informationsbereitschaft des zu analysierenden Unternehmens ab.

Mangelnde Aussagekraft der Angabepflicht

Aus diesem Grund wird vorgeschlagen, die Anhangangabe lediglich als ein ergänzendes Beurteilungskriterium im Rahmen anderweitiger Analysen heranzuziehen. So sollten z.B. angezeigte mehrjährige Verpflichtungen aus Miet- oder Leasingverträgen sowie aus begonnenen Investitionen bei der Beurteilung der Zusammensetzung und Entwicklung des Anlagevermögens im Zeitablauf Beachtung finden. Gleiches gilt für die gesondert anzugebenden sonstigen Verpflichtungen gegenüber verbundenen Unternehmen (vgl. § 285 Nr. 3, 4. HS HGB), wenn es darum geht, anhand der in der Bilanz ausgewiesenen Verbundforderungen und -verbindlichkeiten die Intensität der finanziellen Verflechtung innerhalb eines Konzerns zu untersuchen. Allerdings sollte der Analyst auch in diesen Fällen die Möglichkeit einer bilanzpolitisch gesteuerten Berichterstattung in sein Kalkül einbeziehen.

Konsequenzen für die Bilanzanalyse

Merksätze:

1. Die Beurteilung der Solidität der Finanzierung eines Unternehmens erfolgt in der Analysepraxis vorwiegend anhand der Kennzahlen Eigenkapitalquote bzw. Fremdkapitalquote. Gleichwohl kommt diesen Kennziffern – als absolute Größen wie auch in ihrer Entwicklung im Zeitablauf – nur eine bedingte Aussagekraft zu, wenn bei ihrer Interpretation die Aktivseite nicht in die Betrachtung einbezogen wird.
2. Mittels einer tiefer gehenden Strukturanalyse der Passivseite lassen sich primär Informationen über vorhandene Erfolgspotenziale des betreffenden Unternehmens gewinnen.
3. Der Selbstfinanzierungsgrad als Ausdruck für die bisherige Thesaurierungsfähigkeit und -bereitschaft der Gesellschaft gibt einen groben Einblick in die Ertragslage in der Vergangenheit.
4. Die Zusammensetzung der Verbindlichkeiten informiert ansatzweise über die das Unternehmen belastenden Kapitalkosten.
5. Freiwillige Rückstellungszuführungen können schließlich als ein Indiz für eine überdurchschnittliche Gewinnsituation gewertet werden.

1.2.4 Horizontalstrukturanalyse

1.2.4.1 Vorbemerkungen

Gegenstand

Wurde bislang versucht, im Wege einer Partialanalyse der Aktiv- bzw. Passivseite Anhaltspunkte zur Beurteilung der Liquiditätslage eines Unternehmens zu gewinnen, so sollen im Folgenden die Möglichkeiten und Grenzen der Horizontalanalyse näher beleuchtet werden. Gegenstand dieses Untersuchungsansatzes ist die Beurteilung der Abstimmung von Finanzierung und Investition unter Risiko- und Rentabilitätsgesichtspunkten sowie unter dem Aspekt der Fristenkongruenz der beschafften und in Vermögenswerten gebundenen Mittel. Zu diesem Zweck werden bestimmte Abschlussposten der Aktiv- und Passivseite in Relation zueinander gesetzt.

Fehlen wissenschaftlich fundierter Finanzierungshypothesen

Diese gleichzeitige Betrachtung von Kapitalaufbringung und -verwendung erwiese sich als unproblematisch, wenn der Analyst auf wissenschaftlich fundierte Finanzierungshypothesen zurückgreifen könnte, anhand derer die optimale Finanzierung für ein beliebig vorgegebenes Investitionsprogramm abgelesen werden kann. Derartige Regeln wurden indessen bis heute nicht entwickelt (vgl. SCHNEIDER, D. 1989, S. 637; BIEG, H./KUSSMAUL, H. 2000, S. 30 ff.). Auch sind sie in allgemeiner Form wohl auch nicht ableitbar. Denn angesichts der Ungewissheit zukünftiger Entwicklungen lassen sich Optimalitätskriterien für die Unternehmensfinanzierung nicht ohne subjektive Wertung formulieren.

Vor diesem Hintergrund verwundert es nicht, dass die Praxis zur Beurteilung der Deckungsstruktur eines Unternehmens überwiegend auf Hilfslösungen zurückgreift, die sich im Laufe der Zeit mehr oder minder bewährt haben. Die wichtigsten dieser so genannten Praktikerregeln sollen nachfolgend kurz skizziert werden. Anschließend ist auf die an ihnen geäußerte Kritik einzugehen.

1.2.4.2 Vorherrschende Beurteilungskriterien

1.2.4.2.1 Grundsatz der Fristenkongruenz und langfristige Deckungsgrade

1.2.4.2.1.1 Darstellung

Goldene Finanzierungsregel

Beurteilungen zur Solidität der Finanzierung eines Unternehmens in Abhängigkeit von der Zusammensetzung der Aktivseite erfolgen derzeit überwiegend auf der Grundlage der so genannten goldenen Finanzierungs- bzw. goldenen Bilanzregel. Erstere wurde im Jahr 1854 von HÜBNER (O. 1854, S. 28) speziell für Banken entwickelt und später in allgemeiner Form auf Industrie- und Handelsbetriebe übertragen. Sie bringt das Prinzip der Fristenkongruenz zum Ausdruck, indem sie verlangt, dass zwischen der Bindungsdauer der im Unternehmen investierten Mittel und der entsprechenden Kapitalüberlassungsdauer (zumindest) Übereinstimmung herrschen muss. Danach sind einzelne Vermögensgegenstände jeweils mit solchen Mitteln zu finanzieren, die mindestens für einen ebenso langen Zeitraum zur Verfügung stehen, wie das Kapital in den Vermögensteilen gebunden ist. Grob vereinfacht lässt sich dieser Zusammenhang in den nachfolgenden Formeln ausdrücken:

(F. 1.21)

$$\frac{\text{langfristiges Vermögen}}{\text{langfristiges Kapital}} \overset{!}{\leqslant} 1$$

(F. 1.22)

$$\frac{\text{kurzfristiges Vermögen}}{\text{kurzfristiges Kapital}} \overset{!}{\geqslant} 1$$

Der goldenen Finanzierungsregel liegt die Vorstellung zugrunde, dass durch die Einhaltung des Grundsatzes der Fristenkongruenz die Liquidität der Unternehmung langfristig aufrechterhalten werden kann. Als problematisch erweist sich für den externen Bilanzanalysten, dass die Überprüfung dieser Finanzierungsregel auf der Grundlage der von der Bilanz vermittelten Informationen nicht möglich ist. Die vorgenommenen Fristigkeitsabstufungen bei Vermögen und Kapital (kurz-, mittel- und langfristig) lassen eine exakte Überprüfung dieser Regel nicht zu.

Goldene Bilanzregel

In der Folge wurde mit der goldenen Bilanzregel ein operational formulierter Finanzierungsgrundsatz entwickelt, der dadurch gekennzeichnet ist, dass einzelne in der Bilanz ausgewiesene Vermögensposten bzw. Gruppen von Aktivposten zu bestimmten Passivposten der Bilanz bzw. zu Gruppen von Passivposten in Beziehung gesetzt werden, wobei sich die Gruppenbildung nach der Dauer der Vermögensbindung bzw. Kapitalüberlassung bestimmt (vgl. BIEG, H. 1983, S. 492). Diese an der Bilanz ausgerichtete Konkretisierung des Grundsatzes der Fristenkongruenz (goldene Bilanzregel) besagt, dass langfristig gebundenes Vermögen mit langfristigem Kapital finanziert werden muss und kurzfristig gebundenes Vermögen mit kurzfristigem Kapital finanziert werden darf.

Umstritten ist, was als langfristig gebundenes Vermögen zu verstehen ist. Soll hierunter nur das Anlagevermögen oder etwa auch der eiserne, d.h. dauernd gebundene Bestand an Umlaufvermögen subsumiert werden? Weiterhin besteht Uneinigkeit darüber, welche Teile des passivierten Kapitals als langfristig zu gelten haben. Ist es nur das Eigenkapital oder gehören auch langfristig zur Verfügung stehende Fremdmittel dazu? Je nachdem wie man diese Fragen beantwortet, gelangt man zu verschiedenen Fassungen der goldenen Bilanzregel, die auch als langfristige Deckungsgrade bezeichnet werden.

(F. 1.23)

$$\text{Deckungsgrad A} = \frac{\text{Eigenkapital}}{\text{Anlagevermögen}} \overset{!}{\geqslant} 1$$

(F. 1.24)

$$\text{Deckungsgrad B} = \frac{\text{Eigenkapital + langfristiges Fremdkapital}}{\text{Anlagevermögen}} \overset{!}{\geqslant} 1$$

(F. 1.25)

$$\text{Deckungsgrad C} = \frac{\text{Eigenkapital + langfristiges Fremdkapital}}{\text{Anlagevermögen + langfristig gebundenes Umlaufvermögen}} \overset{!}{\geqslant} 1$$

Interpretations-möglichkeiten

Für die vorstehenden Kennziffern lassen sich zwei unterschiedliche Interpretationsmöglichkeiten anführen. Zum einen können die jeweiligen Deckungsgrade als Mindestanforderungen zur Gewährleistung der jederzeitigen Zahlungsbereitschaft eines Unternehmens begriffen werden. In diesem Sinne verkörpern sie lediglich »eine weitere Operationalisierung der Fristenkongruenzregel« (PERRIDON, L./STEINER, M. 2002, S. 551). Insbesondere aus Gläubigersicht ist aber auch eine Deutung der Deckungsgrade als Risikobegrenzungsnormen denkbar. Dies wird deutlich, wenn man sich die oben gewonnene Erkenntnis in Erinnerung ruft, wonach das Investitionsrisiko mit steigender Dauer der Vermögensbindung aufgrund der größer werdenden Ungewissheit über die zukünftige Entwicklung tendenziell zunimmt. Vor diesem Hintergrund kann die Forderung nach ausschließlicher oder zumindest überwiegender Finanzierung des langfristig gebundenen Vermögens durch Eigenkapital als Ausdruck dafür gewertet werden, das erhöhte Investitionsrisiko nach Möglichkeit allein den Eigenkapitalgebern anzulasten.

Diese Interpretation tritt deutlich zutage, wenn die dargestellten Deckungsgrade in leicht modifizierter Form, nämlich durch ausschließliche Einbeziehung der risikobehafteten Teile des Vermögens in die Zählergröße, auch als Wagnisdeckungsgrade bezeichnet werden (vgl. hierzu ausführlich KUSSMAUL, H. 1984, S. 198).

1.2.4.2.1.2 Kritik

Ob mit Hilfe der dargestellten Finanzierungsregeln (goldene Finanzierungs- und Bilanzregel) eine optimale Finanzierung sichergestellt werden kann, erscheint aus mehreren Gründen fraglich (vgl. ausführlich BIEG, H./KUSSMAUL, H. 2000 S. 36ff. m.w.N.):

Theoretische Konzeption

(1) Die Kritik an den vorstehenden Finanzierungsregeln muss sich – neben der Mangelhaftigkeit des in sie einfließenden Datenmaterials – in erster Linie gegen ihre theoretische Konzeption wenden. Zu bemängeln ist, dass die vorgestellten Praktikerregeln der primären Zielvorstellung der Unternehmen, nämlich dem Streben nach größtmöglicher Rentabilität des Kapitaleinsatzes, nicht hinreichend Rechnung tragen.

Ungenaue Fristigkeitsangaben

(2) Die bei den Deckungsgraden vorgenommene Gruppenbildung von Aktiv- bzw. Passivposten führt zu einer Vermischung von Bilanzposten mit ganz unterschiedlicher Liquiditätswirksamkeit. »Die Angaben über die Fälligkeitstermine in Bilanzen sind derart unpräzise, daß es selbst bei Fristenentsprechung der einander gegenübergestellten Gruppen von Aktiva und Passiva möglich ist, daß das Vermögen im Zeitpunkt der Fälligkeit des Kapitals nicht in voller Höhe liquidisiert werden konnte« (BIEG, H. 1983, S. 496). Somit muss unterstellt werden, dass sich die Vermögensteile im Rahmen des normalen Umsatzprozesses in mindestens gleichem Maße und zum gleichen Zeitpunkt in Zahlungsmittel verwandeln lassen, wie dies die Kapitalrückzahlungspflicht verlangt, oder dass sich die hierzu erforderlichen Mittel in Analogie zum wiederkehrenden Kapitalbedarf prolongieren oder substituieren lassen (vgl. HÄRLE, D. 1961, S. 88).

Deckung des wiederkehrenden Kapitalbedarfs

(3) Unter Liquiditätsgesichtspunkten bleibt ferner unberücksichtigt, dass die aus dem Umsatz des Vermögens resultierende Freisetzung liquider Mittel nicht nur zur Rückzahlung des ursprünglich investierten Kapitals ausreichen muss, sondern darüber hinaus auch zur Finanzierung aller weiteren, zur Aufrechterhaltung der Betriebsbereitschaft erforderlichen Auszahlungen, wie z.B. für Neuanschaffungen, Löhne, Mieten etc. Somit ist die Zahlungsfähigkeit des Unternehmens nur sichergestellt, wenn nach der Liquidation der Vermögensteile kein erneuter Kapitalbedarf besteht, es sich also um einen einmaligen Investitionszyklus handelt, oder aber Kapital prolongiert bzw. substituiert werden kann (vgl. HARTMANN, B. 1985, S. 214). Ist diese in den Deckungsgraden und dem Grundsatz der Fristenkongruenz implizit unterstellte Prämisse nicht erfüllt, gerät das betreffende Unternehmen bei Fälligkeit der Kredite in Zahlungsschwierigkeiten, weil es entweder seine Gläubiger nicht befriedigen oder die zur Betriebsfortführung erforderlichen Auszahlungen nicht erbringen kann. Stehen dem Unternehmen Prolongations- und Substitutionsmöglichkeiten zur Verfügung, dann ist das in den obigen Kennzahlen zum Ausdruck kommende Deckungsverhältnis aber ganz offensichtlich keine notwendige Voraussetzung für die Aufrechterhaltung der Liquidität (vgl. HÄRLE, D. 1970, S. 110).

Krisenorientierung der Finanzierungsregeln

Mag die vorstehende Kritik an den Finanzierungsregeln im Grundsatz auch berechtigt sein, so berührt sie dennoch die Eignung der in Rede stehenden Kennzahlen in ihrer derzeitigen Verwendung nur bedingt. Denn die bilanzanalytischen Deckungsrelationen dürfen nicht als unmittelbare Entscheidungskriterien für die Unternehmensführung zur Planung einer unter Risiko- und Rentabilitätsgesichtspunkten optimalen Finanzierung missverstanden werden. Vielmehr handelt es sich schlicht um Prüfsteine für die Kreditwirtschaft zur Abschätzung des Risikos von Vermögensverlusten im Falle einer (längerfristigen) Kreditvergabe.

Ein solches Risiko besteht – wie oben dargelegt – grundsätzlich nicht, wenn davon ausgegangen werden kann, dass das kreditnehmende Unternehmen (auch) in Zukunft rentabel arbeiten wird. Ausschließlich gestützt auf eine Jahresabschlussanalyse ist eine derartige Prognose jedoch nur in den wenigsten Fällen mit hinreichender Wahrscheinlichkeit möglich. Gerade dieser Tatsache sollen die zur Diskussion stehenden Strukturregeln Rechnung tragen, indem sie implizit eine Sicherung des Kreditgebers für den ungünstigsten Fall anstreben, dass das Unternehmen bis zur Fälligkeit der Mittel in wirtschaftliche Schwierigkeiten gerät. So verstanden wirken sie gleichsam als »Beruhigungsdroge« (SCHNEIDER, D. 1989, S. 637).

Gefährdung der Kreditrückzahlung durch fristeninkongruente Finanzierung

Unter diesem Blickwinkel wird etwa die Forderung der goldenen Finanzierungsregel nach fristenkongruenter Finanzierung verständlich. Denn bei nachhaltig gesunkener Bonität eines Schuldners sind die Kreditgeber häufig weniger an einer Prolongation als vielmehr an der Rückzahlung der seinerzeit hingegebenen Mittel interessiert. Dieses Ziel ist bei fristeninkongruenter Finanzierung erheblich gefährdet. Zum einen besteht die Gefahr, dass die investierten Mittel bis zum Fälligkeitszeitpunkt des Kredits noch nicht über den Umsatzprozess zurückgeflossen sind und damit gegebenenfalls durch vorzeitige, in der Regel verlustbringende Desinvestitionen bereitgestellt werden müssen. Zum anderen wird aber auch eine Substitution des zu tilgenden Kredits erschwert, da eine Verletzung des Grundsatzes der Fristenentsprechung regelmäßig als ein Belastungsfaktor bei der Beurteilung der Kreditwürdigkeit eines Unternehmens angesehen wird.

Deutlicher noch tritt die Krisenorientierung im Fall der dargestellten Deckungsgrade (vgl. F. 1.23 bis 1.25) zutage. Warum in einem fortzuführenden (florierenden) Unternehmen etwa das Anlagevermögen vollständig durch Eigenkapital finanziert sein soll, lässt sich ohne weiteres nicht begründen. Gerechtfertigt erscheint auch hier allenfalls die Forderung nach Fristenkongruenz (vgl. Wöhe, G. 1997, S. 828 ff.). Ihr wird allerdings auch dann entsprochen, wenn das Anlagevermögen durch entsprechend langfristiges Fremdkapital finanziert ist.

Deckungsgrade als Risikobegrenzungsnormen

Verständlich wird diese Regel hingegen, wenn man sie als Risikobegrenzungsnorm begreift, die auf eine mögliche Liquidation des Unternehmens abstellt. Unter dieser Voraussetzung wird eine Veräußerung von Gegenständen des Anlagevermögens in aller Regel nur mit erheblichen Verlusten möglich sein, während für Vermögensgegenstände des Umlaufvermögens in der Regel unterstellt werden kann, dass diese zumindest in Buchwerthöhe liquidiert werden können. Aus dem Bedürfnis, ein Durchschlagen dieser potenziellen Abgangsverluste des Anlagevermögens auf die Gläubiger zu verhindern, lässt sich die Forderung nach vollständiger Unterlegung des Anlagevermögens mit Eigenkapital plausibel erklären.

Immerhin findet die goldene Bilanzregel in dieser engen Auslegung heute kaum noch Anwendung. Stattdessen wird eine partielle Finanzierung des langfristig gebundenen Vermögens durch langfristig verfügbares Fremdkapital als unbedenklich erachtet. Dies dürfte nicht zuletzt eine Folge der permanent gesunkenen Eigenkapitalquoten bei deutschen Unternehmen einerseits und des gestiegenen Konkurrenzdrucks im Kreditgewerbe andererseits sein. Insoweit erweisen sich die geringeren Anforderungen an die horizontale Kapital-Vermögensstruktur als Ausdruck einer zugunsten einer erhofften höheren Rentabilität in Kauf genommenen größeren Risikobereitschaft der Kreditwirtschaft.

Bedeutung der Finanzierungsregeln für (potenzielle) Anteilseigner

Die vorstehenden Ausführungen sollen nicht den Eindruck erwecken, für die Eigenkapitalgeber seien die angesprochenen Strukturregeln generell ohne Bedeutung. Indem namentlich Kreditinstitute ihre Kreditvergabeentscheidung (auch) von der Einhaltung dieser Regeln abhängig machen, entfalten diese eine normative Wirkung. D. h., um als kreditwürdig zu gelten, sind die Kreditsuchenden faktisch gezwungen, in ihrer Bilanz auf die Einhaltung der entsprechenden Relationen zu achten (vgl. Bieg, H. 1983, S. 496; Bieg, H./Kuss-

MAUL, H. 2000, S. 31). Unternehmen, denen dies nicht gelingt, sind demgemäß (auch) aus Sicht eines potenziellen Investors kritisch zu betrachten. Denn sie unterliegen der akuten, die Existenz des Unternehmens bedrohenden Gefahr eines Verlusts ihrer Kreditwürdigkeit. Insofern kann festgestellt werden, dass die klassischen Kapital-Vermögensstrukturregeln eine gewisse Eigendynamik entwickelt haben.

1.2.4.2.2 Kennzahlen zur kurzfristigen Liquidität

1.2.4.2.2.1 Darstellung

Zur Charakterisierung der kurzfristigen Liquiditätssituation im Unternehmen werden Verhältniszahlen aus Posten des Umlaufvermögens und dem Posten der kurzfristigen Verbindlichkeiten gebildet, die sich in der Einbeziehung von Vermögensposten unterschiedlicher Geldwerdungsdauer unterscheiden (vgl. STEINER, M. 1982, S. 472). Bei diesen Liquiditätskennzahlen handelt es sich um kurzfristige Deckungsstrukturregeln, die ebenso wie die langfristigen Deckungsgrade als bilanzorientierte Konkretisierung des Grundsatzes der Fristenkongruenz zu verstehen sind.

Liquiditätsgrade

Mit Hilfe der Liquiditätsgrade soll Auskunft darüber gegeben werden, ob und inwieweit die kurzfristigen Verbindlichkeiten in ihrer Höhe und Fälligkeit mit den Zahlungsmittelbeständen und anderen kurzfristigen Deckungsmitteln übereinstimmen. Hohe Bestände an Zahlungsmitteln bzw. monetisierbaren Vermögensposten können zwar dem Rentabilitätsstreben entgegenstehen, verleihen dem Unternehmen unter Liquiditätsgesichtspunkten aber Sicherheit und vermindern die Gefahr der Illiquidität.

Normative Wirkung der Deckungsstrukturregeln

Auch bei den Liquiditätskennzahlen gelten gewisse Ober- und Untergrenzen nach wie vor als Normen, die bei Kreditvergabeentscheidungen zugrunde gelegt werden. Insofern haben sie sich ebenso wie die langfristigen Finanzierungsregeln längst zu Spielregeln zwischen Kreditsuchenden und Kreditgebenden entwickelt. Werden sie eingehalten, fließen Kredite und das Unternehmen bleibt zahlungsfähig; werden sie nicht eingehalten, leidet die Bonität und Kredite werden möglicherweise nicht prolongiert, substituiert bzw. aufgestockt, wodurch dann häufig Illiquidität eintritt (vgl. MÖSER, H. D. 1982, S. 187). Dabei ist nicht auszuschließen, dass die Unternehmung bei Würdigung aller Umstände trotz Nichteinhaltung einzelner Liquiditätskennzahlen insgesamt gleichwohl als kreditwürdig anzusehen ist und im Falle einer Prolongation der gewährten Kredite durchaus ihren fälligen Verpflichtungen nachkommen könnte. Diese Tatsache verleiht den Liquiditätsgraden eine fragwürdige Bedeutung.

Üblicherweise werden drei verschiedene kurzfristige Liquiditätskennzahlen berechnet, wobei in der Bankpraxis die Liquidität 1. oder 2. Grades besondere Beachtung findet (vgl. LITTKEMANN, J./KREHL, H. 2000, S. 31; RECK, R. 2000, S. 975):

(F. 1.26)

$$\text{Liquidität 1. Grades} = \frac{\text{Zahlungsmittel}}{\text{kurzfristiges Fremdkapital}} \times 100$$

(F. 1.27)

$$\text{Liquidität 2. Grades} = \frac{\text{Zahlungsmittel + kurzfristige Forderungen}}{\text{kurzfristiges Fremdkapital}} \times 100$$

(F. 1.28)

$$\text{Liquidität 3. Grades} = \frac{\text{Umlaufvermögen}}{\text{kurzfristiges Fremdkapital}} \times 100$$

1.2.4.2.2.2 Kritik

Die Interpretation der Liquiditätskennziffern fällt schwer, da ein bestimmtes, im konkreten Fall festgestelltes Deckungsverhältnis nicht an optimalen Werten gemessen werden kann. Zeitpunktbezogene Schlussfolgerungen von der Höhe der Liquiditätsgrade auf die tatsächliche Liquiditätssituation sind nicht möglich. Das hat insbesondere folgende Gründe (vgl. auch BIEG, H./KUSSMAUL, H. 2000, S. 36 ff.):

Veraltetes Datenmaterial

(1) Die zum Jahresabschluss als Grundlage der externen Liquiditätsanalyse vorgetragene Kritik gilt auch bezüglich der Liquiditätskennziffern uneingeschränkt. Gerade Analysen, die sich auf schnell verändernde Posten richten, leiden unter dem veralteten Zahlenmaterial. Dies gilt nicht nur für die sich täglich verändernden Zahlungsmittelbestände, sondern auch für die kurzfristigen Forderungen und Verbindlichkeiten. Zwar können die Forderungen und Verbindlichkeiten mit einer Restlaufzeit von bis zu einem Jahr problemlos ausgesondert werden, doch besteht die Gefahr, dass sie zum Zeitpunkt der Kennzahlenbildung längst nicht mehr liquiditätswirksam sind. Zumindest aber sollte der externe Analyst nie vergessen, »auf den Kalender zu schauen und sich dann klarzumachen, wieviel von dieser Restlaufzeit bis zu einem Jahr schon vergangen ist« (HAUSCHILDT, J. 1996, S. 45). Die dargestellten Liquiditätsgrade lassen Aussagen über

die zukünftige Liquidität nur insofern zu, als unterstellt wird, dass das liquiditätsmäßige Verhalten in der Vergangenheit wie in der Zukunft gleich ist. Das vergangene Verhalten als für die Zukunft repräsentativ zu erachten, ist aber angesichts des nicht zu erkennenden kausalen Zusammenhangs zwischen Stichtagsliquidität und zukünftiger Liquidität fraglich.

Kurzfristige Zahlungsmittelbewegungen

(2) Anhand von Stichtagszahlen gebildete Liquiditätskennziffern sind Momentaufnahmen, die in naher Zukunft auftretende Auszahlungen zur Aufrechterhaltung des Betriebsprozesses (so genannte Baraufwendungen) unberücksichtigt lassen. Dies ist speziell bei kurzfristigen Liquiditätsbetrachtungen problematisch, weil ein wesentlicher Liquiditätsfaktor unberücksichtigt bleibt. STROBEL (A. 1953, S. 101) will diesem Gesichtspunkt dadurch Rechnung tragen, dass er die kurzfristigen Verbindlichkeiten um die Größe ›kurzfristiger Baraufwand‹ erhöht, die er aus der Gewinn- und Verlustrechnung abzuleiten versucht. So schlägt er bspw. vor, aus den ›Personalaufwendungen‹ die durchschnittlichen monatlichen Auszahlungen für Löhne zu errechnen.

Kapitalbeschaffungsmöglichkeiten

(3) Auch für die Liquiditätskennzahlen gilt, dass Prolongations-, Substitutions- bzw. anderweitige Kapitalaufstockungsmöglichkeiten unberücksichtigt bleiben.

Fälligkeit und Höhe von Rückstellungen

(4) Selbst wenn es ›optimale‹ Liquiditätsgrade gäbe und diese bei dem zu analysierenden Unternehmen vorlägen, dürften sie nicht überbewertet werden, weil den Verbindlichkeiten im Vergleich zu den Rückstellungen häufig nur eine untergeordnete Bedeutung zukommt. Bezüglich dieser ungewissen Schulden erhalten Außenstehende in der Regel keine Informationen über Fälligkeit und Höhe. Zwar sind die unter dem Posten »sonstige Rückstellungen« ausgewiesenen ungewissen Verbindlichkeiten erläuterungspflichtig, soweit sie einen nicht unerheblichen Umfang haben (vgl. § 285 Nr. 12 HGB). Eine Angabe von Beträgen und Fristen sieht das Gesetz jedoch im Einzelnen nicht vor.

Ergebnis

Der eigentliche Zweck der Liquiditätskennziffern kann somit allenfalls im Sichtbarmachen von Entwicklungstendenzen der Liquidität durch den Zeitvergleich (Ist-Ist-Zeitvergleich) liegen sowie darin, mit Hilfe des Betriebsvergleichs die relative Liquiditätslage im Vergleich zu Konkurrenzbetrieben bzw. zu einem Branchendurchschnittswert deutlich zu machen (Ist-Ist-Betriebsvergleich). Abweichungen von diesen Durchschnittswerten nach unten deuten auf eine betriebsindividuelle tatsächliche Anspannung in der Zahlungsfähigkeit hin.

Merksätze:

1. Im Rahmen der Horizontalanalyse orientiert sich die Praxis an überkommenen Strukturregeln, die in typisierender Betrachtung bestimmte Relationen zwischen Aktiv- und Passivposten postulieren.

2. Diese Praktikerregeln dürfen wegen der Mangelhaftigkeit des in sie einfließenden Datenmaterials einerseits sowie wegen der gegen ihre theoretische Konzeption zu erhebenden Einwände andererseits nicht als Finanzierungshypothesen zur optimalen Abstimmung von Aktiv- und Passivseite angesehen werden.

3. Ihre Bedeutung in der Kreditvergabepraxis wird allenfalls verständlich, wenn man sie als Sicherheitsstandards versteht, deren Einhaltung dazu beitragen soll, die Kreditgeber für den Fall (unvorhergesehener) wirtschaftlicher Schwierigkeiten des Kreditnehmers vor Vermögensverlusten weit gehend zu schützen.

1.3 Stromgrößenorientierte Analyse

1.3.1 Cashflow-Analyse

1.3.1.1 Grundlagen

Finanz- und Ertragsindikator

Die Kennzahl Cashflow wird in zweifacher Weise verwendet: zum einen zur Analyse der Finanzkraft, zum anderen zur Analyse der Ertragskraft eines Unternehmens (zur Frage des Cashflows als Ertragsindikator vgl. 2. Abschn., 3. Kap. 2.2.4).

Praxiswert

Der Cashflow stellt nicht nur durch seine weite Praxisverbreitung eines der bedeutendsten Instrumente der (externen) Bilanzanalyse dar. Er nimmt nicht nur auf Hauptversammlungen im Rahmen der Bilanzbesprechung einen festen Platz ein (vgl. Ulrich, W. 1989, S. 49), sondern er dient unter anderem auch – insbesondere im Bankgewerbe – als Maßstab für die Kreditwürdigkeitsprüfung (vgl. Siener, F. 1991, S. 1). Dennoch dürfte der Cashflow in Bezug auf Zielsetzung, Aussagefähigkeit und Ermittlung mit zu den umstrittensten Instrumenten der Bilanzanalyse zählen.

1.3.1.1.1 Begriff

Kurzformeln

Der Begriff Cashflow, der in Kurzformeln (vgl. Siener, F. 1991, S. 35) auch als

- liquiditätswirksamer Jahresüberschuss,
- Zahlungsüberschuss aus dem laufenden Betriebsprozess,

- Teil des Umsatzüberschusses, der nicht in der gleichen Periode zu Ausgaben oder Einnahmen geführt hat,
- Kapitalrückfluss aus dem Unternehmensprozess oder
- Finanzmittelzufluss

bezeichnet wird, stammt aus den Vereinigten Staaten. Hier wurde er zu Beginn der 50er Jahre für die Finanz- und Wertpapieranalyse abgeleitet.

Uneinheitliche Definitionen

In Deutschland wurde der Begriff zwar bereits 1959 registriert; die rasche Verbreitung dieser Kennzahl führte jedoch dazu, dass sich weder eine einheitliche Terminologie noch eine einheitliche Definition des Cashflow-Berechnungsschemas herausbilden konnten. Die divergierenden Definitionen des Cashflows resultieren zudem daraus, dass der Cashflow nicht hinsichtlich bestimmter, im Voraus festgelegter Zielsetzungen systematisch und in sich geschlossen konzipiert wurde, sondern als ein pragmatisches Analyseinstrument entstand (vgl. WAGNER, J. 1985, S. 1601).

Divergierende Ermittlungsziele

Infolgedessen können und werden im Wege einer Cashflow-Rechnung sehr unterschiedliche Ermittlungsziele verfolgt. Trotz terminologischer Bedenken hat sich inzwischen die Bezeichnung Cashflow sowohl national als auch international – allerdings für eine völlig uneinheitlich definierte Größe – durchgesetzt.

1.3.1.1.2 Zielsetzungen

Interner und externer Adressatenkreis

Beim Cashflow handelt es sich zwar in erster Linie um eine Kennzahl für den externen Bilanzanalysten (vgl. KUSSMAUL, H. 1984, S. 147), jedoch ist er auch für den internen Adressatenkreis von Bedeutung. Da er die Einstellung und damit das Verhalten der externen Bilanzadressaten gegenüber dem zu analysierenden Unternehmen beeinflusst, ergeben sich hieraus mittelbar Rückwirkungen auf die Entscheidungen der Unternehmensleitung. Darüber hinaus hat der Cashflow aber auch für die interne Analyse einen eigenständigen Aussagewert.

Zielsetzung

Zielsetzung der Ermittlung des Cashflows ist es, die Aussagekraft des Jahresabschlusses in zwei Punkten zu verbessern. Einerseits soll dem Wunsch nach verstärkter Betrachtung des Unternehmens unter finanziellen Gesichtspunkten, andererseits dem Bestreben nach einer Ausschaltung bilanzpolitischer Gestaltungen aus dem Jahresabschluss Rechnung getragen werden. Dies geschieht, indem die Gewinn- und Verlustrechnung um alle zahlungsunwirksamen Aufwendungen und Erträge korrigiert wird. Da zum einen diese zahlungsunwirksamen Aufwendungen und Erträge meist einen sehr großen Spielraum für die Bilanzpolitik der Unternehmen beinhalten, zum anderen das Ergebnis des zahlungswirksamen Betriebsgeschehens dem Grunde nach als objektiv eindeutig vorgegebene Größe nicht mehr bilanzpolitisch gestaltet werden kann und somit als Datum für die Bilanzpolitik übernommen werden muss, lag es nahe, eine Kennzahl zu entwickeln, die diese Fehlerquelle verringert bzw. sogar vermeidet.

Eliminierung der Bilanzpolitik

Mit anderen Worten: Mit Einführung des Cashflows soll durch die alleinige Berücksichtigung zahlungswirksamer Vorgänge der Forderung nach Beseitigung der rein bilanzpolitischen Eingriffe aus dem Jahresabschluss nachgekommen werden. Der Cashflow soll somit eine objektivere Größe als der Jahresüberschuss oder der Bilanzgewinn sein, da eine bewusste Beeinflussung durch bilanzpolitische Maßnahmen in wesentlich geringerem Ausmaß möglich ist. Infolgedessen wird die Ansicht vertreten, dass die höhere Objektivierung des Cashflows indirekt zu einem Messwert führe, »der frei sei von den Schwächen menschlicher Bewertungsabsichten und -irrtümer« (HAUSCHILDT, J./RÖSLER, J./GEMÜNDEN, H. G. 1984, S. 354).

Uneinheitliche Zielsetzungen und Berechnungsmethoden

Bei der unkoordinierten Entwicklung der Definition des Cashflows wurde gegen einen elementaren Grundsatz der Kennzahlenbildung verstoßen. Denn Kennzahlen können nur im Hinblick auf ein einziges, klar definiertes Ermittlungsziel aussagekräftig sein. Da den Cashflow-Berechnungen jedoch in Literatur und Praxis sehr unterschiedliche Fragestellungen zugrunde liegen, hat sich auch bis heute noch keine einheitliche Zielsetzung für die Ermittlung des Cashflows herausgebildet. So verwundert es nicht, wenn die Berechnungsmethoden und damit die Meinungen über die Aussagekraft dieser Kennzahl stark voneinander abweichen.

Kontextbezogene Begriffsbestimmung

Zur Überwindung dieser auf unterschiedlichen Ermittlungszielen beruhenden Streitigkeiten wird in der Literatur vorgeschlagen, das Ermittlungsziel der Formulierung des Cashflow-Inhalts voranzustellen (vgl. WAGNER, J. 1985, S. 1602). Diese kontextbezogene Begriffsbestimmung trägt zwar nicht zur Bildung einer einheitlichen Terminologie bei, gleichwohl wird hiermit ein Beitrag zur Klärung des Begriffsumfangs geleistet.

1.3.1.1.3 Interpretationen des Cashflow-Begriffs

Anwendergruppen

Die Benutzer des Cashflows lassen sich in Bezug auf dessen Anwendung grundsätzlich in drei Gruppen aufteilen:

Der Cashflow wird von verschiedenen Anwendern

(1) nur bzw. hauptsächlich als Indikator der Finanzkraft,

(2) nur bzw. hauptsächlich als Indikator der Ertragskraft,

(3) sowohl als Indikator der Ertrags- als auch der Finanzkraft

angesehen.

Hauptfunktionen

Die erste Gruppe will mit Hilfe des Cashflows das Finanzierungspotenzial ermitteln, das aus dem Leistungsprozess im Unternehmen resultiert (vgl. LACHNIT, L. 1973, S. 72). Sie fragt nach dem Betrag, der für Investitionen, Schuldentilgung und Gewinnausschüttung zur Verfügung steht bzw. gestanden hat. Demgegenüber besteht das Ermittlungsziel der zweiten Gruppe in einer Größe, die nicht nur als Ergänzung zum Jahreserfolg gesehen, sondern unter Umständen sogar anstelle dieses herkömmlichen Rechnungsergebnisses herangezogen werden kann (vgl. Köhler, R. 1970, S. 386). Die Befürworter des dritten Ermittlungsziels glauben, mit dem Cashflow eine Kennzahl zu besitzen, die sowohl einen Rückschluss auf die Finanz- als auch auf die Ertragskraft zulässt, ohne dass ein Schwerpunkt bezüglich einer Zielsetzung auszumachen ist (vgl. Guhr, H.-M. 1972, S. 26).

Discounted Cashflow Method

Neben den Hauptfunktionen zur Darstellung der Finanz- und Ertragslage wird der Cashflow auch zur Beurteilung der Vorteilhaftigkeit von geplanten Investitionen herangezogen. Zu diesem Zweck werden die künftig erwarteten Cashflow-Größen auf den Beurteilungszeitpunkt hin abgezinst und somit der Barwert der in der Zukunft anfallenden Cashflow-Werte ermittelt. Auf diese Methode der Investitionsrechnung, die auch als Discounted Cashflow Method (DCf-Methode) bezeichnet wird, soll hier nicht näher eingegangen werden.

1.3.1.1.4 Grundsätzliche Berechnungsmöglichkeiten des Cashflows

Finanzwirtschaftliche Kennzahl

Schwerpunktmäßig wird die Cashflow-Kennzahl dem Finanzbereich eines Unternehmens zugeordnet. Dies erklärt auch, warum diese Kennzahl überwiegend und im Zweifel im Rahmen der Finanzwirtschaft eines Unternehmens diskutiert und als finanzwirtschaftliche Kennzahl betrachtet wird.

Ausgangspunkt: GuV

Dennoch wird der Cashflow regelmäßig nicht aus den Daten der Finanzplanung, sondern aus der Gewinn- und Verlustrechnung abgeleitet. Die Berechnung des Cashflows kann – ausgehend von den Zahlen der Gewinn- und Verlustrechnung – auf zwei unterschiedlichen Wegen erfolgen, nämlich nach der direkten (progressiven) oder nach der indirekten (retrograden) Methode (vgl. Heni, B. 1991, Rn. 14ff.).

Indirekte Methode

Bei der indirekten Methode wird der Cashflow durch Addition bzw. Subtraktion der »rechnungstechnischen Posten« (Siener, F. 1991, S. 60) zum bzw. vom Jahreserfolg, dem Ausgangspunkt dieser Berechnungsmethode, ermittelt. Unter den rechnungstechnischen Posten sind solche Größen des Jahresabschlusses zu verstehen, die nur der Ergebnisabgrenzung dienen, d.h. keine unmittelbaren finanziellen Veränderungen zur Folge haben. Konkret wird der Jahreserfolg um alle in der Betrachtungsperiode nicht zu Auszahlungen führenden Aufwendungen erhöht. Alle in der Betrachtungsperiode nicht zu Einzahlungen führenden Erträge werden dagegen abgezogen. Es gilt somit:

(F. 2.1)

Cashflow	=	Jahreserfolg
	+	auszahlungslose Aufwendungen
	./.	einzahlungslose Erträge

Der Cashflow ergibt sich bei der direkten Berechnungsmethode als Differenz der einzahlungswirksamen Erträge und der auszahlungswirksamen Aufwendungen. Ausgangspunkt dieser Berechnungsmethode sind die Umsatzerlöse, deren zahlungswirksamer Bestandteil um die in den anderen Posten der Erfolgsrechnung enthaltenen zahlungswirksamen Bestandteile zu korrigieren ist. Es gilt somit:

Direkte Methode

(F. 2.2)

Cashflow	=	Ertragseinzahlungen
	./.	Aufwandsauszahlungen

Beide Vorgehensweisen müssen zum gleichen Ergebnis führen, wenn einheitliche Ermittlungs- und Abgrenzungskriterien angewendet werden. Dies lässt sich leicht mit Hilfe der folgenden drei Definitionsgleichungen veranschaulichen (vgl. Busse von Colbe, W. 1976, Sp. 242):

Identische Ergebnisse

Definitionsgleichungen

Ertrag	=	Ertragseinzahlungen (z. B. Barverkäufe, Zinsertragszahlungen)
	+	einzahlungslose Erträge (z. B. Zuschreibungen, Erträge aus der Auflösung des Sonderpostens mit Rücklageanteil)
Aufwand	=	Aufwandsauszahlungen (z. B. Lohnzahlungen, Gewerbesteuerzahlung)
	+	auszahlungslose Aufwendungen (z. B. Abschreibungen, Bestandsminderungen)
Jahreserfolg	=	Ertrag
	./.	Aufwand

Aus der Formel für die indirekte Ermittlung des Cashflows (vgl. F. 2.1):

Cashflow	=	Jahreserfolg
	+	auszahlungslose Aufwendungen
	./.	einzahlungslose Erträge

ergibt sich nach Einsetzen der Definitionsgleichungen die Bestimmungsgleichung gem. der direkten Berechnungsmethode (vgl. F. 2.2):

Cashflow	=	Ertragseinzahlungen
	./.	Aufwandsauszahlungen

Dass die direkte und indirekte Methode zum gleichen Ergebnis führen müssen, verdeutlicht auch die nachfolgende Übersicht (in Anlehnung an Wöhe, G. 1997, S. 837):

Übersicht 20: Ermittlungsmethoden des Cashflows

	Gewinn- und Verlustrechnung		
	Aufwand	Ertrag	
	auszahlungs-wirksamer Aufwand 180.000	einzahlungs-wirksamer Ertrag 240.000	
Cashflow bei indirekter Ermittlung	auszahlungs-loser Aufwand 90.000	einzahlungs-loser Ertrag 60.000	Cashflow bei direkter Ermittlung
	Jahresüberschuss 30.000		

Berechnung

Indirekte Ermittlung:

	Jahresüberschuss	30.000
+	auszahlungsloser Aufwand	90.000
./.	einzahlungsloser Ertrag	60.000
=	Cashflow	60.000

Direkte Ermittlung:

	einzahlungswirksamer Ertrag	240.000
./.	auszahlungswirksamer Aufwand	180.000
=	Cashflow	60.000

Präferierung der indirekten Methode in der Praxis

In der Praxis wird die indirekte Methode der direkten eindeutig mit der Begründung vorgezogen, dass die benötigten Daten im Rahmen der externen Analyse lediglich für die indirekte Methode vorliegen und/oder die indirekte Methode einfacher ist (vgl. Siener, F. 1991, S. 62 f.). Beide Argumente überzeugen letztlich nicht (so auch Bieg, H./Kussmaul, H. 2000, S. 266 ff.). Der eigentliche Grund für die Präferierung der indirekten Methode dürfte in der Entwicklungsgeschichte liegen, denn der externe Bilanzanalyst wird die Wahl der Berechnungsmethode regelmäßig von der ihn interessierenden Fragestellung abhängig machen. So besteht der Hauptvorteil des durch die direkte Berechnungsmethode ermittelten Cashflows darin, eine höhere Aussagekraft über die Liquiditätsentwicklung zu besitzen, da eine Analyse bezüglich der Finanzmittelquellen ohne zusätzliche Aufbereitungsmaßnahmen möglich ist. Für die Anwendung der indirekten Berechnungsmethode spricht hingegen, dass bei dieser Methode zu ersehen ist, wie es durch die Bildung rechentechnischer Posten gelang, die erwirtschafteten Mittel im Unternehmen zu binden (vgl. Siener, F. 1991, S. 64 ff.).

1.3.1.2 Cashflow als Finanzindikator

1.3.1.2.1 Ermittlungsziel des Cashflows als Finanzindikator

Zahlungswirksamkeit entscheidend

Wenn die Zielsetzung bei der Ermittlung des Cashflows darin besteht, eine Aussage über die im Vorjahr aus der Innenfinanzierung neu verfügbaren Zahlungsmittel zu formulieren (= Finanzindikator), sind sämtliche Posten der Gewinn- und Verlustrechnung auf ihre Zahlungswirksamkeit (= Erhöhung oder Verminderung des Zahlungsmittelbestands) zu untersuchen (zum Cashflow als Erfolgsindikator vgl. 2. Abschn., 3. Kap. 2.2.4).

Abweichende Vorgehensweisen

Zahlreiche Autoren (vgl. SCHULT, E. 2003, S. 58ff.; HARRMANN, A. 1988, S. 14; HARTMANN-WENDELS, T. 1986, S. 472; GÖLLERT, K./RINGLING, W. 1986, S. 132) weichen hiervon jedoch in zwei Punkten ab, indem sie

(1) auf die Einnahmen-/Ausgaben-Ebene (= Wert der von außen bezogenen Güter bzw. Wert der nach außen abgegebenen Güter) abstellen und/oder

(2) sonstige Kriterien zur Differenzierung der Erträge/Aufwendungen wie

- Fristigkeit (nur mittel-/langfristige Erfolgskomponenten),
- problemlose Ermittlung und
- Wesentlichkeit

zugrunde legen.

Kritik

Diese Verfahrensweisen sind abzulehnen, da sonst z.B. Zahlungsziele oder Fristigkeiten zu einer Aussage führen, die nicht auf die Beantwortung der Frage abstellt, welche Zahlungsmittel im Vorjahr aus der Innenfinanzierung zur Verfügung gestanden haben.

1.3.1.2.2 Berechnungsschemata und ergänzende Kennzahlen

Finanzwirtschaftliches Ermittlungsziel

Hält sich der externe Analyst strikt an das finanzwirtschaftliche Ermittlungsziel, ergeben sich für ihn die in den Übersichten 21 und 22 wiedergegebenen ausführlichen Berechnungsschemata (vgl. SIENER, F. 1991, S. 128ff.). Sie beruhen auf einer Klassifikation der Posten der Gewinn- und Verlustrechnung gem. ihrer Zahlungswirksamkeit. Ein besonderes Problem stellen die außerordentlichen Posten dar. Sofern man nur auf die regelmäßig anfallenden Zahlungsströme abstellen möchte oder die ausgewiesenen Beträge (z.B. bei der Bildung von Rückstellungen) nicht zu Ein- oder Auszahlungen geführt haben, sind diese Größen zu korrigieren (vgl. SIENER, F. 1991, S. 109ff. und Übersicht 22).

Berücksichtigung von EE-Steuern

Fraglich ist, ob der Cashflow vor oder nach Steuern vom Einkommen und vom Ertrag ermittelt werden sollte. Eine eindeutige Antwort ergibt sich für latente Steuern: Da sie nicht auszahlungswirksam sind, dürfen sie den Cashflow nicht kürzen. Die Ermittlung der im Geschäftsjahr verrechneten latenten Steuern bereitet keine Probleme, da die absolute Höhe der Steuerabgrenzung in der Bilanz oder im Anhang gesondert anzugeben ist (vgl. § 274 HGB) und damit durch Vergleich mit den Vorjahreswerten ihre Veränderung bestimmt werden kann.

Unterschiedliche Ansichten bestehen zur Behandlung der tatsächlich gezahlten ertragsabhängigen Steuern der Periode. Teilweise wird ihre Nichtberücksichtigung mit dem Anliegen gerechtfertigt, eine Vergleichbarkeit der Cashflow-Berechnung von Kapital- und Personengesellschaften zu gewährleisten. Dieses Argument überzeugt nicht wirklich, da die nach Rechtsform unterschiedlichen Berichterstattungspflichten zu einer abweichenden Berechnung der Kennzahl führen können. Damit ist eine Vergleichbarkeit in vielen Fällen von vornherein nicht gegeben.

Als weiterer Grund für die Ermittlung einer Cashflow-Größe vor Steuern wurde in der Vergangenheit der gespaltene Körperschaftsteuersatz angeführt. (vgl. Siener, F. 1991, S. 111 ff.). Dahinter steht die Überlegung, dass die Höhe des für Investitionen, Schuldentilgung und Gewinnausschüttungen zur Verfügung stehenden Betrags nach diesem Besteuerungsmodell von der jeweiligen Gewinnverwendungsabsicht beeinflusst wird. Um diesen Einfluss zu eliminieren, liegt es nahe, zunächst eine Vor-Steuer-Größe zu ermitteln und diese sodann in Abhängigkeit der unterstellten Gewinnverwendung um die noch anfallenden Steuern vom Einkommen und vom Ertrag zu kürzen.

Mit der Abschaffung des körperschaftsteuerlichen Anrechnungsverfahrens und der Einführung einer Definitivbesteuerung einbehaltener und ausgeschütteter Gewinne auf der Ebene der Kapitalgesellschaft ab dem Veranlagungszeitraum 2001 (bei vom Kalenderjahr abweichendem Wirtschaftsjahr ab Veranlagungszeitraum 2002) durch das Steuersenkungsgesetz vom 14.07.2000 (BGBl. I, S. 1433 ff.) ist auch dieses Argument hinfällig geworden. Aus diesem Grund zielen die nachfolgenden Berechnungsschemata auf die Ermittlung des Cashflows als einer Nach-Steuer-Größe ab (zu den für die Ableitung einer Vor-Steuer-Größe notwendigen Modifikationen vgl. Küting, K./Weber, C.-P. 2000, S. 130 f.; Siener, F. 1991, S. 127 ff.).

Übersicht 21: Vorschlag zur direkten Ermittlung der Cashflow-Kennzahl

(1) Umsatzeinzahlungen
(+ Umsatzerlöse)
(+ Erhöhung der erhaltenen Anzahlungen auf Bestellungen)
(./. Erhöhung der Forderungen aus Lieferungen und Leistungen)

(2) ./. Materialauszahlungen
(+ Materialaufwand)
(./. Erhöhung der Verbindlichkeiten aus Lieferungen und Leistungen)
(+ Erhöhung der geleisteten Anzahlungen)

(3) ./. Personalauszahlungen
(+ Personalaufwand)
(./. Erhöhung der Rückstellungen für Pensionen und ähnliche Verpflichtungen)

(4) + Finanzeinzahlungen
(+ sonstige Zinsen und ähnliche Erträge)
(./. Zinsen und ähnliche Aufwendungen)
(./. Erhöhung des Disagios)
(+ Erträge aus anderenWertpapieren und aus Ausleihungen des Finanzanlagevermögens)
(+ Erträge aus Beteiligungen)
(+ Ergebnis aus Unternehmensverträgen)

(5) + sonstige betriebliche Einzahlungen
(+ sonstige betriebliche Erträge)
(./. Zuschreibungen)
(./. Erträge aus der Auflösung des Sonderpostens mit Rücklageanteil)
(+ Erhöhung der passivischen Rechnungsabgrenzung)

(6) ./. sonstige betriebliche Auszahlungen
(+ sonstige betriebliche Aufwendungen)
(./. Einstellungen in den Sonderposten mit Rücklageanteil)
(./. freiwillige Zusatzposten der sonstigen betrieblichen Aufwendungen:
Verluste aus dem Abgang von Gegenständen des Anlagevermögens,
Verluste aus dem Abgang von Gegenständen des Umlaufvermögens außer Vorräten,
Abschreibungen auf Umlaufvermögen außer Vorräte und Wertpapiere)
(./. Erhöhung der sonstigen Rückstellungen)
(+ Erhöhung der aktivischen Rechnungsabgrenzung; ohne Disagio und aktivische latente Steuern)

(7) ./. Steuerauszahlungen
(+ Steuern vom Einkommen und vom Ertrag)
(+ sonstige Steuern)
(./. Erhöhung der Steuerrückstellungen einschließlich der Rückstellung für latente Steuern)
(+ Verminderung der Rückstellung für latente Steuern)
(+ Erhöhung der aktivischen Steuerabgrenzung)
(./. Verminderung der aktivischen Steuerabgrenzung)

= **Cashflow**

Übersicht 22: Vorschlag zur indirekten Ermittlung der Cashflow-Kennzahl

(1)	Jahresüberschuss (nach EE-Steuern)
(2) +	Wertminderungen (+ Abschreibungen) (+ Abschreibungen auf Finanzanlagen und auf Wertpapiere des Umlaufvermögens) (+ Einstellungen in den Sonderposten mit Rücklageanteil) (+ freiwillige Zusatzposten der sonstigen betrieblichen Aufwendungen: Verluste aus dem Abgang von Gegenständen des Anlagevermögens, Verluste aus dem Abgang von Gegenständen des Umlaufvermögens außer Vorräten, Abschreibungen auf Umlaufvermögen außer Vorräte und Wertpapiere)
(3) ./.	Werterhöhungen (+ Zuschreibungen) (+ Erträge aus der Auflösung des Sonderpostens mit Rücklageanteil)
(4) +	Erhöhung der Rückstellungen (mit Ausnahme der Rückstellung für latente Steuern)
(5) ./.	verfahrensbedingte Korrekturposten (+ Bestandserhöhung an fertigen und unfertigen Erzeugnissen) (+ andere aktivierte Eigenleistungen)
(6) +	weitere Posten der Gewinn- und Verlustrechnung (+ außerordentliche Aufwendungen) (./. außerordentliche Erträge)
(7) +	erfolgsneutrale, zahlungsmittelerhöhende Vorgänge (+ Erhöhung der Verbindlichkeiten aus Lieferungen und Leistungen) (+ Erhöhung der erhaltenen Anzahlungen auf Bestellungen) (+ Erhöhung der passivischen Rechnungsabgrenzung)
(8) ./.	erfolgsneutrale, zahlungsmittelverringernde Vorgänge (+ Erhöhung der Forderungen aus Lieferungen und Leistungen) (+ Erhöhung der geleisteten Anzahlungen) (+ Erhöhung der aktivischen Rechnungsabgrenzung; ohne aktivische latente Steuern)
(9) +	latenter Steueraufwand (+ Erhöhung der Rückstellung für latente Steuern) (./. Verminderung der aktivischen Steuerabgrenzung)
(10) ./.	latenter Steuerertrag (+ Verminderung der Rückstellung für latente Steuern) (./. Erhöhung der aktivischen Steuerabgrenzung)
=	**Cashflow**

Konzern-Cashflow

Wird der Konzern-Cashflow ermittelt, müssen die Berechnungsschemata für die einzelgesellschaftliche Cashflow-Analyse geringfügig ergänzt werden: Bei der direkten Ermittlung werden die sonstigen betrieblichen Erträge zusätzlich um die Verminderung des Unterschiedsbetrags aus der Kapitalkonsolidierung korrigiert. Analog werden bei der indirekten Ermittlung die Verminderung des Unterschiedsbetrags aus der Kapitalkonsolidierung sowie das Ergebnis aus assoziierten Unternehmen vom Konzern-Jahresüberschuss subtrahiert (vgl. eingehend zur Cashflow-Ermittlung im Konzern AUER, K. V. 2000, S. 881 ff.).

Das Ergebnis aus assoziierten Unternehmen nimmt alle regelmäßigen und unregelmäßigen Fortschreibungen der Equity-Werte auf und stellt ein Konglomerat aus zahlungsunwirksamen (z. B. Abschreibungen eines Geschäfts- oder Firmenwerts; anteilige Jahreserfolge) und zahlungswirksamen (vereinnahmte Gewinnausschüttungen, Kapitalrück- und -einzahlungen) Faktoren dar. Da eine Isolierung des zahlungsunwirksamen Ertrags bzw. Aufwands in Höhe der Differenz zwischen ausgewiesenem Ergebnis aus assoziierten Unternehmen und vereinnahmten Gewinnausschüttungen (unter Vernachlässigung von Kapitalein- und -rückzahlungen) extern in aller Regel nicht möglich ist, sollte der Posten insgesamt als zahlungsunwirksam angesehen und entsprechend bei der Ermittlung des Konzern-Cashflows berücksichtigt werden (a. A. SIENER, F. 1991, S. 247 f.).

Vereinfachtes Berechnungsschema

Im Gegensatz zu dieser ausführlichen Ableitung schlägt der VERBAND DER CHEMISCHEN INDUSTRIE (1991, S. 10) folgendes vereinfachtes Berechnungsschema für den Cashflow als Finanzindikator vor:

Übersicht 23: Vereinfachte Berechnungsschemata des Cashflows

	Jahresüberschuss/-fehlbetrag
+	Abschreibungen auf Gegenstände des Anlagevermögens
./.	Zuschreibungen zu Gegenständen des Anlagevermögens
+	Buchwerte der Abgänge von Gegenständen des Anlagevermögens
±	Veränderung der Rückstellungen für Pensionen und ähnliche Verpflichtungen
±	Veränderung anderer langfristiger Rückstellungen
±	Veränderung der Sonderposten mit Rücklageanteil
±	andere nicht zahlungswirksame Aufwendungen/Erträge von wesentlicher Bedeutung
=	**Cashflow**

Praktikerformel

Um noch weitere Posten gekürzt, wird der Cashflow – insbesondere in der täglichen Analysepraxis (vgl. z.B. das Sparkassen-Verfahren bei RIEBELL, C./GRÜN, D.-J. 1999, S. 16 f., das allerdings das Betriebsergebnis zum Ausgangspunkt der Cashflow-Ermittlung wählt) – häufig in folgender, nochmals vereinfachter Kurzformel angewandt:

	Jahresüberschuss/-fehlbetrag
+	Abschreibungen auf Gegenstände des Anlagevermögens
±	Veränderung der Rückstellungen für Pensionen und ähnliche Verpflichtungen
=	**Cashflow**

Grundsätzliche Komponenten

Sowohl in der Literatur als auch in der Analysepraxis zählen die Komponenten der Praktikerformel bei der Ermittlung des Cashflows auf jeden Fall zu den Bestandteilen dieser Größe. Wenn überhaupt ein Grundkonsens hinsichtlich der Definition dieser strittigen Kennzahl besteht, sind hierunter diese wenigen Teilkomponenten zu subsumieren.

Cash Earnings nach DVFA/SG

Eine weitere Empfehlung für eine vereinfachte Berechnung der Kennzahl Cashflow hat die Kommission für kapitalmarktbezogene Aktienanalyse und Bewertungsmethoden (Methodenkommision) der Deutschen Vereinigung für Finanzanalyse und Asset Management (DVFA) gemeinsam mit dem Arbeitskreis ›Externe Unternehmensrechnung‹ der Schmalenbach-Gesellschaft (SG) herausgegeben (vgl. Busse von Colbe, W. u. a. 2000a, S. 127 ff.; Bieg, H./Kussmaul, H. 2000, S. 272 ff.). Bei der folgenden Cashflow-Ermittlung werden Korrekturen des Jahresüberschusses oder -fehlbetrags nur berücksichtigt, soweit sie von wesentlicher Bedeutung sind und zeitliche Verschiebungen zwischen Erfolgs- und Zahlungswirksamkeit repräsentieren.

Übersicht 24: Arbeitsschema zur Ermittlung der Cash Earnings nach DVFA/SG

(1)		Jahresüberschuss/-fehlbetrag
(2)	+	Abschreibungen auf Gegenstände des Anlagevermögens
(3)	./.	Zuschreibungen zu Gegenständen des Anlagevermögens
(4)	±	Veränderung der Rückstellungen für Pensionen bzw. anderer langfristiger Rückstellungen
(5)	±	Veränderung der Sonderposten mit Rücklageanteil
(6)	±	Latente Ertragsteueraufwendungen bzw. -erträge
(7)	±	Andere nicht zahlungswirksame Aufwendungen/Erträge von wesentlicher Bedeutung
(8)	=	**Cash Earnings**
(9)	±	Bereinigung zahlungswirksamer Aufwendungen/Erträge aus Sondereinflüssen
(10)	=	**Cash Earnings nach DVFA/SG**

Behandlung der anderen nicht zahlungswirksamen Aufwendungen und Erträge

Andere nicht zahlungswirksame Aufwendungen und Erträge (Zeile 7), die den in den Zeilen 2–6 des Arbeitsschemas genannten Korrekturpositionen nicht eindeutig zurechenbar sind, sind nur zu eliminieren, wenn sie im Saldo 5 % der durchschnittlichen Cash Earnings der vorangegangenen drei Geschäftsjahre überschreiten. Zu diesen zu korrigierenden Erträgen und Aufwendungen gehört auch das in der Konzern-Gewinn- und Verlustrechnung gesondert ausgewiesene ›Ergebnis aus assoziierten Unternehmen‹, das auf ›at equity‹ bewertete Beteiligungen entfällt. In Höhe der Differenz zu den vereinnahmten Gewinnausschüttungen stellt es einen nicht zahlungswirksamen Ertrag bzw. Aufwand dar.

Behandlung der anderen aktivierten Eigenleistungen

Nicht neutralisiert wird die im Gesamtkostenverfahren ausgewiesene Position ›andere aktivierte Eigenleistungen‹, obwohl sie einen nicht zahlungswirksamen Ertrag darstellt. Eine Korrektur würde zu Cash Earnings führen, die nur den Einnahmeüberschuss darstellen, der nach Abzug der Eigeninvestitionen verfügbar wäre.

Cash Earnings nach DVFA/SG und Mittelzufluss/-abfluss aus laufender Geschäftstätigkeit

Die Summe aus Jahresergebnis und dem Saldo der Korrekturen des Jahresergebnisses (Zeilen 2–7 des Arbeitsschemas) wird als ›Cash Earnings‹ bezeichnet. Er ist vom ›Mittelzufluss/-abfluss aus laufender Geschäftstätigkeit‹ nach HFA 1/1995 zu unterscheiden, der noch um die zahlungsunwirksamen Vorgänge aus der Veränderung bestimmter Aktiva und Passiva, die Veränderung der kurzfristigen Rückstellungen und den Gewinn/Verlust aus dem Abgang von Gegenständen des Anlagevermögens korrigiert wird. Die Cash Earnings können daher die Ausgangsgröße für eine nach nationalen und internationalen Standards aufzustellende Kapitalflussrechnung sein.

Cash Earnings nach DVFA/SG

Werden die Cash Earnings um die zahlungswirksamen Aufwendungen und Erträge aus Sondereinflüssen korrigiert, können sie als Indikator für die nachhaltige Innenfinanzierungskraft des Unternehmens herangezogen werden. Für die Abgrenzung der ungewöhnlichen zahlungswirksamen Vorgänge gelten die gleichen Kriterien, die auch bei der Bereinigung des Ergebnisses nach DVFA/SG Anwendung finden.

Weitere Einsatzbereiche des Cashflows

Die nach den alternativen Berechnungsschemata ermittelte Kennzahl Cashflow wird auf der einen Seite unmittelbar zur Beurteilung der Finanzkraft eines Unternehmens verwendet. Auf der anderen Seite geht sie aber auch zur Hervorhebung spezifischer finanzwirtschaftlicher Fragestellungen als eine Komponente in die Berechnung anderer am finanzwirtschaftlichen Ermittlungsziel orientierter Kennzahlen ein. Dabei ist es gegebenenfalls erforderlich, die Kennzahl Cashflow zu modifizieren. Im Wesentlichen wird der Cashflow zur Ermittlung der folgenden fünf Kennzahlen herangezogen (zu weiteren Anwendungsbeispielen vgl. Riebell, C./Grün, D.-J. 1999, S. 69 ff.):

(F. 2.3)

$$\text{Nettoinvestitionsdeckung} = \frac{\text{Cashflow}}{\text{Netto-Anlageinvestitionen}}$$

Investitionskraft

Die Kennzahl dient als Maßstab für die Investitionskraft des Unternehmens. Dabei wird als Investitionskraft das Ausmaß verstanden, in dem ein Unternehmen Investitionen durchführen kann, ohne den Geld- und/oder Kapitalmarkt in Anspruch zu nehmen.

(F. 2.4)

$$\text{Entschuldungsgrad} = \frac{\text{Cashflow}}{\text{Effektivverschuldung}} \times 100$$

Schuldentilgungskraft

Die Beurteilung der Schuldentilgungskraft, unter der die Fähigkeit eines Unternehmens verstanden wird, seine Verbindlichkeiten mit selbst erwirtschafteten Mitteln zu erfüllen, erfolgt häufig aufgrund des Verhältnisses zwischen Cashflow und Verschuldung. Dieses Verhältnis bringt zum Ausdruck, welcher Prozentsatz der Nettoverschuldung ceteris paribus zurückgezahlt werden könnte.

Der Entschuldungsgrad erfreut sich bei Insolvenzprognosen in der Praxis großer Beliebtheit. Die guten Testergebnisse zur Insolvenzprognose beruhen darauf, dass in Krisensituationen die Effektivverschuldung (vgl. COENENBERG, A.G. 2003, S. 969f.) aufgrund der schlechten Absatzlage steigt und gleichzeitig der Cashflow aufgrund der geringeren Umsatzerlöse (direkte Methode) bzw. des geringeren Jahresüberschusses (indirekte Methode) sinkt (vgl. z.B. HAUSCHILDT, J./RÖSLER, J./GEMÜNDEN, H. G. 1984, S. 358f. m.w.N.). Häufig wird jedoch auch der Kehrwert des Entschuldungsgrades berechnet:

(F. 2.5)

$$\text{(dynamischer) Verschuldungsgrad} = \frac{\text{Effektivverschuldung}}{\text{Cashflow}}$$

Der Kennzahl dynamischer Verschuldungsgrad ist jedoch aus mehreren Gründen (z.B. Konsistenz zwischen Berechnungsmethode und Ermittlungsziel) ihr Kehrwert, die Kennzahl Entschuldungsgrad, vorzuziehen (vgl. z.B. RIEBELL, C./GRÜN, D.J. 1999, S. 31ff.).

Verfügbarer Cashflow

Die Kennzahl, die sich ergibt als
    Cashflow
./. Steuern vom Einkommen und vom Ertrag
./. Ersatzinvestitionen
./. Gewinnausschüttungen,
wird als so genannter freier (verfügbarer) Cashflow bezeichnet. Diese Mittel stehen der Unternehmensleitung – mit Ausnahme der für fällige Tilgungsverpflichtungen erforderlichen Mittel – zur freien Disposition. Der freie Cashflow spiegelt damit die im Geschäftsjahr geschaffene Liquiditätsreserve wider. Er bildet den Ausgangspunkt für eine Unternehmensbewertung nach der Discounted Cashflow-Methode (vgl. auch HELBLING, C. 2000, S. 869f.)

Cash-burn rate

Eine weitere insbesondere zur Insolvenzprognose bei jungen Wachstumsunternehmen häufig verwendete Kennzahl ist die Cash-burn rate (vgl. KÜTING, K. 2000a, S. 678f.). Diese Kennzahl soll Auskunft darüber geben, wann bei einem

Unternehmen mit dem Verbrauch der vorhandenen Liquidität zu rechnen ist. Je niedriger diese Kennziffer zur Prognose der Zahlungsunfähigkeit ist, umso schneller soll demnach das betrachtete Unternehmen in Zahlungsschwierigkeiten geraten. In der Analysepraxis wird diese Kennzahl ermittelt, indem man den Bestand an liquiden Mitteln und liquiditätsnahen Titeln durch den (negativen) Cashflow, also den residualen Mittelabfluss eines Unternehmens, dividiert.

(F. 2.6)

$$\text{Cash-burn rate} = \frac{\text{Liquide Mittel (+ liquiditätsnahe Titel)}}{\text{negativer Cashflow}}$$

Abzugrenzen ist diese Kennzahl von der so genannten Burn Rate, bei der ein anfallender Verlust ins Verhältnis zum Umsatz gesetzt wird, um Aufschluss darüber zu erhalten, wie viel Verlust pro Einheit Umsatz erwirtschaftet wurde.

Die Cash-burn rate kann ihrer Zielsetzung nur dann gerecht werden, wenn gleichzeitig die nachfolgenden Bedingungen erfüllt sind:

- Der Cashflow als Kapitalrückfluss aus dem Unternehmensprozess oder Finanzmittelzufluss ist einheitlich definiert und erfasst alle Liquiditätszu- und -abflüsse einer Unternehmung.
- Die in der Bilanz ausgewiesenen liquiden Mittel repräsentieren das gesamte finanzielle Potenzial eines Unternehmens. Das Unternehmen hat somit nicht die Möglichkeit, neue Gelder aufzunehmen.
- Da die Kennzahlenrechnung auf dem vergangenheitsorientierten Jahresabschluss basiert, wird gleichzeitig unterstellt, dass die historischen Daten auch repräsentativ für die Zukunft sind.

Diese Bedingungen dürften bei jungen Unternehmen (vgl. hierzu die Ausführungen im 4. Abschn.) in der Regel nicht erfüllt sein. Weiterhin ist auf die nachfolgende kritische Würdigung des Cashflows als Finanzindikator hinzuweisen. Junge börsennotierte Unternehmen verfügen zumeist über hohe liquide Mittel aus dem Börsengang. Entscheidend ist, wie diese Gelder in der Folgezeit angelegt werden. Hierüber lassen sich aus vorstehender Kennzahl keine Erkenntnisse ableiten. Ebenso wichtig ist bspw. die Kenntnis über die Erlangung von (Groß-)Aufträgen, die Entwicklung neuer Produktideen, die Besetzung wachstumsträchtiger Produktfelder oder etwa Marktzugangsbarrieren. Auch hierüber schweigt sich die Cash-burn rate aus.

Aussagen zur Überlebensdauer eines Unternehmens können somit auf Basis der Cash-burn rate nicht getroffen werden, da die rein schematische Berechnung und Betrachtung dieser Kennzahl Schlüsselfaktoren außer Acht lässt und von unzutreffenden Bedingungen ausgeht. Eine niedrige Cash-burn rate kann allenfalls Anlass für zusätzliche Betrachtungen und eine tiefer gehende Analyse der Liquiditäts- und Wettbewerbssituation eines Unternehmens sein. »Die Cash-burn rate ist deshalb nur der Ausgangspunkt für weitergehende Analysen« (SCHELLBERG, B. 2001, S. 191). So wird bspw. der Versuch unternommen, die Schwächen der Cash-burn rate durch gleichzeitige Betrachtung des so genannten Liquiditätsrisikoindikators auszugleichen. Hierbei wird das Working Capital als Differenz zwischen Umlaufvermögen und kurzfristigen Schulden ins Verhältnis zu den operativen Ausgaben gesetzt. Unter Zugrundelegung des Working Capital der Vorperiode und der jeweils antizipierten operativen Ausgaben für die nachfolgenden drei Perioden wird die Kennzahl mit geschätzten Werten fortgeschrieben. »Für jedes der drei Geschäftsjahre wird die Verhältniszahl gebildet und darauf aufbauend das Risiko ermittelt, innerhalb des betrachteten Zeitraums liquide Mittel durch Kapitalerhöhungen oder in Form von Fremdfinanzierungen beschaffen zu müssen« (SCHELLBERG, B. 2001, S. 187).

1.3.1.2.3 Cashflow als Bestandteil anderer Analyseinstrumente

Standen bislang überwiegend die Berechnung und Aussagefähigkeit des Cashflows als absolute Größe oder als Bestandteil einer Kennzahl im Mittelpunkt der Betrachtung, soll abschließend der Cashflow als Komponente anderer Analyseinstrumente beurteilt werden.

Bestandteil der Finanzbewegungsrechnung

Durch den Einbau in eine Finanzbewegungsrechnung (zum Teil auch als Kapitalflussrechnung bezeichnet) erlangt der Cashflow eine weitere Verstärkung seiner finanzwirtschaftlichen Aussagekraft. Zu diesem Zweck wird die klassische Stichtagsbilanz um finanzwirtschaftliche Sachverhalte ergänzt und damit in einer finanzwirtschaftlich ausgerichteten und übersichtlichen Form präsentiert (vgl. Übersicht 25 nach SIENER, F. 1991, S. 273).

Übersicht 25: Grundstruktur der Finanzbewegungsrechnung

Mittelverwendung	Mittelherkunft
I. Investitionen	I. Innenfinanzierung
1. Anlagevermögen	1. Cashflow
2. Umlaufvermögen	2. Vermögensabbau
II. Fremdkapitalverminderung	II. Außenfinanzierung
III. Eigenkapitalverminderung	1. Eigenfinanzierung
IV. Erhöhung der liquiden Mittel	2. Fremdfinanzierung
	III. Verminderung der liquiden Mittel

Aussagefähigkeit

Interpretiert man die in der Finanzbewegungsrechnung erfassten Vermögens- und Kapitalumschichtungen als Ergebnis von Zahlungsvorgängen, die getrennt nach Mittelverwendung und Mittelherkunft ausgewiesen werden, kann das Finanzgebaren des Unternehmens innerhalb des betrachteten Zeitraums relativ gut beurteilt werden. Der Vorteil einer solchen Finanzbewegungsrechnung besteht insbesondere darin, dass nur Periodendaten in sie eingehen und damit keine Beeinflussung durch die aus früheren Abschlüssen stammenden Daten, die DÜRRHAMMER (W. W. 1980, S. 973) als »historischen Ballast« bezeichnet, stattfindet. Allerdings gilt es auch bei der Beurteilung der Finanzbewegungsrechnung zu beachten, dass sie auf den Zahlen des primär realwirtschaftlichen und vergangenheitsorientierten Jahresabschlusses basiert, es sich also nur um eine Bilanzumformungsanalyse handelt.

1.3.1.2.4 Kritische Würdigung des Cashflows als Finanzindikator

Geeigneter Finanzindikator

Die finanzwirtschaftliche Aussagefähigkeit des Cashflows (vgl. hierzu LACHNIT, L. 1973, S. 72ff.) wird von vielen Seiten anerkannt. Versteht man unter Selbstfinanzierung die Finanzierung aus dem Umsatzprozess, so ist der Cashflow ein geeigneter Indikator, um das aus dem Leistungsprozess erwachsene Finanzierungspotenzial und damit die finanzwirtschaftliche Unabhängigkeit eines Unternehmens widerzuspiegeln. Im Einzelnen kann der Cashflow insbesondere unter nachfolgenden Aspekten betrachtet werden:

Schuldentilgung

(1) Der finanzwirtschaftliche Überschuss einer Periode ist ein Maßstab für die Schuldentilgungskraft. Er gibt an, »wieviel als finanzwirtschaftlicher Überschuß aus der Betriebstätigkeit anfällt und wieviel davon – bei normalem Fortgang des Unternehmens – unter Berücksichtigung der Investitions- und Gewinnausschüttungserfordernisse sowie weiterer Finanzierungsmöglichkeiten – zur Schuldentilgung außerhalb des laufenden Umschlagsprozesses verwendet werden kann« (LACHNIT, L. 1973, S. 74).

Investition

(2) Der Cashflow ist weiterhin ein Indikator der Investitionskraft. Auf seiner Grundlage kann beurteilt werden, ob das Unternehmen die Ersatzinvestitionen aus eigener Kraft bestreiten kann. Darüber hinaus ist der Cashflow ganz allgemein ein Ausdruck der Wachstumskraft eines Unternehmens.

Gewinnausschüttung

(3) Schließlich dient der Cashflow zur Beurteilung der Gewinnausschüttungskraft, indem die betrieblichen Nettoeinnahmen anzeigen, ob »trotz Tilgungs- und Investitionserfordernissen Gewinnausschüttungen möglich sind« (LACHNIT, L. 1973, S. 74).

Kritik

So sehr einerseits die finanzwirtschaftliche Aussagefähigkeit des Cashflows eine positive Wertung erfährt, so sehr ist andererseits der Cashflow auch heftiger Kritik ausgesetzt. Insbesondere werden nachfolgende Argumente angeführt (vgl. BALLWIESER, W. 1989, S. 22; PERRIDON, L./STEINER, M. 2002, S. 564ff.; PILTZ, K. 1986, S. 11; SIENER, F. 1991, S. 133ff.):

Ableitung aus der Erfolgsrechnung

(1) Im Rahmen der externen Bilanzanalyse wird der Cashflow aus der Erfolgsrechnung abgeleitet. Diese Rechnung erlaubt aber kaum einen Einblick in die Finanzströme; vielmehr ist sie primär auf die Gewinnermittlung und damit auf die Aufwands- und Ertragsgrößen ausgerichtet.

Problematik der Mischposten

(2) Eine vollständige und betragsmäßig (annähernd) richtige Ermittlung des Cashflows erweist sich in der Praxis als unmöglich, da einzelne Abschlussposten einen Mischpostencharakter haben und sowohl zahlungswirksame als auch zahlungsunwirksame Teilkomponenten beinhalten. Hier ist insbesondere der externe Analyst gezwungen, pragmatisch und auf der Basis plausibler Fiktionen vorzugehen. Zu diesen kritischen Posten zählen insbesondere die sonstigen betrieblichen sowie die außerordentlichen Aufwendungen und Erträge. Bspw. erfassen die sonstigen betrieblichen Erträge die zahlungsunwirksamen Auflösungsbeträge von zu hoch dotierten Rückstellungen. Werden keine zusätzlichen Angaben von Seiten des Unternehmens gemacht, können diese Beträge nicht eliminiert werden. Des Weiteren erfassen die sonstigen betrieblichen Aufwendungen und Erträge auch die zahlungsunwirksamen Bewertungserfolge aus der Währungsumrechnung.

Problematik der zahlungsunwirksamen Erfolgsvorgänge

(3) In Bezug auf die Umsatzerlöse bspw. wird in den vereinfachten Berechnungsschemata unterstellt, dass diese auch zu Einzahlungen führen. Bei den Materialaufwendungen z.B. wird üblicherweise davon ausgegangen, dass mit den Aufwendungen gleichzeitig Auszahlungen einhergehen. Jedoch sind auch Kreditverkäufe und -käufe möglich. Daher werden hier in den ausführlichen Berechnungsschemata bestimmte aus der Veränderung von Bilanzpositionen resultierende, zahlungsmittelerhöhende und zahlungsmittelverringernde Vorgänge in die Cashflow-Analyse einbezogen, um diese zahlungsunwirksamen Erfolgsvorgänge zu neutralisieren. Ebenso kann die Verringerung der Rückstellungen sowohl zahlungswirksame Bestandteile – bei bestimmungsgemäßem Verbrauch – als auch zahlungsunwirksame Bestandteile – bei Überdotierung der Rückstellung – erfassen.

Stille Reserven

(4) Im Umlaufvermögen können stille Reserven gebildet werden, ohne dass dies in der Cashflow-Rechnung erfasst wird. Hingewiesen sei etwa auf die Möglichkeiten der Unterbewertung von Vorratsgütern durch eine Aufwandsverrechnung der Gemeinkosten im Zuge der Herstellungskostenbewertung, die Anwendung der Lifo-Methode zur Anschaffungskostenermittlung oder die Vornahme von Abschreibungen nach § 253 Abs. 3 Satz 3 bzw. § 254 HGB. Der externe Bilanzanalyst hat in aller Regel nur geringe Möglichkeiten, diese Auswirkungen bilanzpolitischer Gestaltungen annähernd richtig zu quantifizieren.

Keine Liquiditätsreserve

(5) Des Weiteren muss bedacht werden, dass für den Fall von Dividendenzahlungen, Ersatzinvestitionen und Pensionszahlungen in Höhe der jeweiligen Mittelabflüsse über den Cashflow bereits disponiert wurde und somit diese Beträge dem Unternehmen nicht mehr für Neuinvestitionen und Schuldentilgungen zur Verfügung stehen. Der Cashflow stellt daher »keine Liquiditätsreserve für die Zukunft, sondern einen erwirtschafteten finanziellen Betrag (dar; d. Verf.), der in der Regel zum größten Teil entsprechend dem

Investitions- und Finanzplan bereits wieder verwendet ist« (SIENER, F. 1991, S. 133). Diesem Einwand kann weit gehend dadurch Rechnung getragen werden, dass ein so genannter freier (verfügbarer) Cashflow entwickelt wird (vgl. 2. Abschn., 3. Kap. 1.3.1.2.2).

(6) Im zwischenbetrieblichen Vergleich ist der Cashflow nur mit Einschränkungen einsetzbar:

Eingeschränkter zwischenbetrieblicher Vergleich

- Bei einem Vergleich von zwei Unternehmen, von denen das eine die Strategie des externen Wachstums auf der Grundlage von Konzernbeteiligungen verfolgt, während das andere intern durch den Ausbau der eigenen Kapazitäten wächst, hat das letztere Unternehmen einen höheren Cashflow (vgl. BÖNING, D.-J. 1973, S. 439).
- Auch bei einem Vergleich von Unternehmen, die das Leasing präferieren, mit Unternehmen, die den Kauf von Anlagegütern vorziehen, ergeben sich unterschiedliche Cashflow-Größen, da die Abschreibungen auf gemietete Anlagen entfallen (vgl. JUESTEN, W./VILLIEZ, C. Frhr. v. 1992, S. 89).

(7) Im Rahmen der finanzwirtschaftlichen Analyse ist insbesondere die zukünftige Finanzsituation von Interesse. Der Cashflow auf der Grundlage des publizierten Jahresabschlusses ist wie alle darauf aufbauenden, bilanzanalytisch ermittelbaren Kennzahlen primär vergangenheitsorientiert. Er kann folglich lediglich unter einer Ceteris-Paribus-Prämisse in der Weise zukunftsorientiert interpretiert werden, dass die festgestellten Ergebnisse auch zukünftig zu erwarten seien.

Vergangenheitsorientierung

(8) Erhebliche Verfälschungen drohen bei der Ermittlung des Konzern-Cashflows im Falle von Veränderungen des Konsolidierungskreises. Sowohl bei der direkten als auch bei der indirekten Berechnung des Cashflows wird nicht nur auf Stromgrößen der Gewinn- und Verlustrechnung, sondern auch auf Veränderungen von Bilanzposten gegenüber dem Vorjahr wie z.B. Veränderungen der Forderungen zurückgegriffen. Da die Bilanzposten im Gegensatz zu den Erfolgsgrößen durch die erstmalige Einbeziehung des Tochterunternehmens beeinflusst werden, erfolgt bei der Ermittlung des Konzern-Cashflows aufgrund der Veränderung des Mengengerüsts eine Vermischung nicht miteinander korrespondierender Werte.

Veränderungen des Konsolidierungskreises

Gegen die Cashflow-Kennzahl lassen sich somit gewichtige Argumente vortragen. Diese Einwände beziehen sich einerseits auf die Kennzahl selbst, andererseits aber auch auf die Ausgangsbasis der Cashflow-Rechnung, den handelsrechtlichen Jahresabschluss, der primär realwirtschaftlich geprägt ist und nur sekundär die Finanzwirtschaft eines Unternehmens erfasst und abbildet. Die Cashflow-Analyse aber hat konzeptionell ihre Wurzeln im Zahlungsdenken und bezieht sich dem Grunde nach auf Geldbewegungen. Insofern wird die Aussagefähigkeit der Cashflow-Kennzahl nicht selten überbewertet und nicht zu Unrecht vor einer euphorischen Überschätzung dieser Größe gewarnt.

Gefahr der Überbewertung

Sachgerechte Modifikation der Berechnungsschemata

Gleichwohl ist zu bedenken, dass den vorzubringenden Kritikpunkten durch eine sachgerechte Modifikation der Berechnungsschemata (zumindest partiell) begegnet werden kann. Daher ist der bisweilen pauschal geäußerten Kritik, der Cashflow sei als Finanzindikator überhaupt nicht oder nur mit erheblichen Einschränkungen geeignet, entgegenzutreten. Sicherlich ist bei einer internen Analyse eine Finanzrechnung auf der Basis von Ein- und Auszahlungen wesentlich besser dazu geeignet, einen Einblick in die Innenfinanzierung zu ermöglichen. Für eine externe Analyse kann diese jedoch nicht aufgestellt werden, da die entsprechenden Daten fehlen. Der Cashflow ist dann immer noch von höherem Informationswert bezüglich des möglichen finanzwirtschaftlichen Überschusses, soweit er entsprechend kritisch beurteilt wird, »als ein völliger Verzicht auf seine Ermittlung und Interpretation« (PERRIDON, L./STEINER, M. 2002, S. 565).

Resümee

Deshalb wird hier zusammenfassend die Ansicht vertreten, dass der Cashflow

(1) zu Recht zu den wichtigsten Kennzahlen zählt und

(2) zumindest tendenziell als ein Indikator für die finanzielle Unabhängigkeit und Stabilität (vgl. SCHULT, E. 2003, S. 64) eines Unternehmens zu werten ist.

Merksätze:

1. Obwohl der Cashflow zu den bedeutendsten Instrumenten der externen Bilanzanalyse zählt, ist er in Bezug auf Zielsetzung, Aussagefähigkeit und Ermittlung umstritten.

2. Ziel der Ermittlung des Cashflows ist zum einen ein verbesserter Einblick in die Finanzlage der Unternehmen, zum anderen wird eine Eliminierung der Bilanzpolitik angestrebt. Dabei wird der Cashflow sowohl von internen als auch von externen Bilanzadressaten genutzt.

3. Der Cashflow wird nicht nur als Finanzindikator, sondern auch als Ertragsindikator sowie zur Beurteilung der Vorteilhaftigkeit von Investitionen herangezogen.

4. Die Berechnung des finanzwirtschaftlichen Cashflows erfolgt – ausgehend von den Zahlen der Gewinn- und Verlustrechnung – entweder nach der direkten (progressiven) oder nach der indirekten (retrograden) Methode; beide Methoden führen zwangsläufig zum gleichen Ergebnis. Bei der Ermittlung des Cashflows sind die Posten der Gewinn- und Verlustrechnung auf ihre Zahlungswirksamkeit zu untersuchen.

5. Der Cashflow wird zudem bei der Berechnung von finanzwirtschaftlich orientierten Kennzahlen eingesetzt. Als Bestandteil der Finanzbewegungsrechnung erfährt seine finanzwirtschaftliche Aussagekraft eine weitere Aufwertung.
6. Obwohl der Cashflow als geeigneter Finanzindikator angesehen wird, ist er vielfältiger Kritik ausgesetzt, die sich vor allem auf die Ableitung des Cashflows aus der Erfolgsrechnung, seine Vergangenheitsorientierung sowie die Problematik der Mischposten und die Existenz stiller Reserven stützt.

1.3.2 Kapitalflussrechnung

1.3.2.1 Grundlagen

Dynamische Finanzanalyse

Die Kapitalflussrechnung stellt ein Instrument zur Beurteilung der finanziellen Lage eines Unternehmens dar. Gegenstand der Analyse sind der Bestand sowie die Veränderung der liquiden Mittel im Zeitablauf. Im Gegensatz zu den oben dargestellten Instrumenten, die die Finanzlage einer eher statischen Betrachtung unterziehen, berücksichtigt die Kapitalflussrechnung insbesondere die dynamischen Aspekte der finanziellen Situation eines Unternehmens.

Darstellung der Finanzlage im Jahresabschluss

Ausgangspunkt für die Entwicklung der Kapitalflussrechnung als ein Instrument, das zusätzliche Informationen über die Finanzlage eines Unternehmens vermitteln soll, war die Erkenntnis, dass die Angaben des Jahresabschlusses zur Finanzlage nicht ausreichend sind. Obwohl die Aufgabe des handelsrechtlichen Jahresabschlusses gem. § 264 Abs. 2 HGB darin besteht, neben der Vermögens- und Ertragslage ebenfalls ein »den tatsächlichen Verhältnissen entsprechendes Bild« der Finanzlage zu vermitteln, beschränken sich die Informationen des Jahresabschlusses regelmäßig auf die gesetzlich vorgeschriebenen Mindestangaben. Zusätzliche Informationen über die Finanzlage wurden in der Vergangenheit nur vereinzelt auf freiwilliger Basis gegeben.

Zielkonflikt der Informationspflicht

Der Ausweis der drei verschiedenen Unternehmenslagen durch den Jahresabschluss unterliegt regelmäßig einem Zielkonflikt. Die Daten der Bilanz und Gewinn- und Verlustrechnung dienen vor allem der Ermittlung eines periodengerechten Ergebnisses und entstehen aus der Periodisierung der zugrunde liegenden Geschäftsvorfälle (vgl. HOLZER, H. P./JUNG, U. 1990, S. 281 f.). Informationen über die Finanzlage würden hingegen die Angabe unperiodisierter Daten, d.h. der Zahlungsströme, erfordern. Eine Ermittlung der Zahlungsströme aus den periodisierten Jahresabschlussdaten ist allerdings nicht ohne weiteres möglich.

Aufgabe und Einsatzgebiete der Kapitalflussrechnung

Aufgabe der Kapitalflussrechnung ist es, die Periodisierung der Zahlungsströme nach Möglichkeit rückgängig zu machen und somit einen besseren Einblick in die Finanzlage eines Unternehmens zu gewähren. Dabei können Kapitalflussrechnungen sowohl aus externer Sicht zu Analysezwecken als auch von Unternehmensinternen zur Offenlegung oder zur Bilanzplanung erstellt werden. Darüber hinaus erlauben moderne Formen der Kapitalflussrechnung außerdem einen Einsatz als Planungs-, Steuerungs- und Kontrollinstrument im Bereich der Finanzwirtschaft (vgl. FRANKE, G./HAX, H. 1999, S. 128 f.). Diese Rechnungen werden insbesondere im kurzfristigen Bereich innerhalb des Cash-Management, d.h. zur Liquiditätssteuerung, eingesetzt und im mittel- bis langfristigen Bereich zur Ermittlung des Kapitalbedarfs sowie dessen Deckung herangezogen (vgl. ARBEITSKREIS »FINANZIERUNG« 1990, S. 33 ff.).

Veröffentlichung

Die Offenlegung von Kapitalflussrechnungen erfolgte in der Bundesrepublik Deutschland (vgl. zum Verbreitungsgrad nur HÜTTEN, C. 2000, S. XXVIII) bis zum In-Kraft-Treten des KonTraG am 01.05.1998 ausschließlich auf freiwilliger Basis. Bis zu diesem Zeitpunkt existierten keine gesetzlichen Regelungen, woraus sich die Vielfalt der veröffentlichten Kapitalflussrechnungen erklärt, die unter zahlreichen verschiedenen Begriffen im Anhang, als Teil des Lageberichts oder im Erläuterungsteil des Geschäftsberichts ausgewiesen wurden. Zunächst hatte nur das IDW mit einer Stellungnahme des HFA einen Beitrag zur angestrebten Vereinheitlichung von Kapitalflussrechnungen geleistet (vgl. HFA 1/1995).

Gem. § 297 Abs. 1 HGB besteht aktuell für kapitalmarktorientierte Mutterunternehmen die Pflicht, ihren Konzernabschluss um eine Kapitalflussrechnung zu erweitern. Auf eine nähere Konkretisierung, wie diese im Einzelnen zu erstellen und abzubilden ist, wurde im Gesetz jedoch verzichtet. Vor diesem Hintergrund kommt den nationalen und internationalen Standards nach SFAS No. 95, IAS No. 7, Stellungnahme HFA 1/1995 und DRS 2 eine Leitlinienfunktion bei der Aufstellung einer Kapitalflussrechnung zu (vgl. hierzu auch HÜTTEN, C. 2000, S. 131 f.).

DRS 2

Eine inhaltliche Ausfüllung der Norm des § 297 Abs. 1 Satz 2 HGB ist durch einen Rechnungslegungsstandard des DRSC möglich. Mit der Verabschiedung und Bekanntmachung des DRS 2 ist der deutsche Standardsetter dieser Aufgabe nachgekommen und stellt nun detaillierte Anforderungen an die Ausgestaltung einer Kapitalflussrechnung, die dazu führen, dass HFA 1/1995 kaum mehr eine praktische Bedeutung zukommt. Um den Besonderheiten der Kreditwirtschaft (DRS 2-10) und der Versicherungswirtschaft gerecht zu werden (DRS 2-20), wurden jeweils branchenspezifische Standards zur Ausgestaltung der Kapitalflussrechnung erlassen. Mit der Aufstellung der Kapitalflussrechnung wird nunmehr das Ziel verfolgt, »für die Berichtsperiode die Zahlungsströme dar(zu)stellen und darüber Auskunft (zu; d. Verf.) geben, wie das Unternehmen aus der laufenden Geschäftstätigkeit Finanzmittel erwirtschaftet hat und welche zahlungswirksamen Investitions- und Finanzierungsmaßnahmen vorgenommen wurden« (DRS 2 2000, Textziffer 1).

Inhaltlich lehnt sich DRS 2 stark an SFAS No. 95 und IAS No. 7 an. Dennoch unterscheiden sich die drei Standards in Teilbereichen signifikant. DRS 2 unterscheidet sich materiell nur unwesentlich von HFA 1/1995, da bereits HFA 1/1995 im Wesentlichen an die internationalen Entwicklungen angepasst wurde. Folglich ist der Übergang von HFA 1/1995 auf DRS 2 für Unternehmen und Analysten »weniger eine inhaltliche Fortentwicklung der Konzern-Kapitalflußrechnung als vielmehr eine statusmäßige Aufwertung auf Grund des Bezugs zur handelsrechtlichen Pflichtvorschrift in § 297 Abs. 1 Satz 2 HGB« (STAHN, F. 2000, S. 233). Für deutsche Unternehmen, die in der Vergangenheit bereits den Empfehlungen der HFA-Stellungnahme gefolgt sind, ergeben sich im Allgemeinen keine Anpassungsmaßnahmen, da HFA 1/1995 mit IAS No. 7 und somit auch mit DRS 2 weit gehend übereinstimmt. Anpassungsbedarf ergibt sich für diejenigen Unternehmen – und dies ist aus Sicht der Bilanzanalyse positiv zu werten –, die bisher von dem Wahlrecht der Nichtangabe der freiwilligen Angabepflichten in der Anlage der HFA-Stellungnahme Gebrauch gemacht haben. Ein weiterer positiver Aspekt aus Sicht des externen Analysten ist die Tatsache, dass die Vorschriften des IAS No. 7 seit 1994 von der SEC als gleichwertig anerkannt werden. Dies bedeutet wiederum ein höheres Maß an Vergleichbarkeit bzw. aus Analysesicht einen minimalen Umstellungsaufwand.

Ausländische Unternehmen können bei der SEC im Rahmen der Offenlegung des nach Form 20-F erstellten Abschlusses eine Kapitalflussrechnung nach IAS No. 7 anstelle nach SFAS No. 95 einreichen. Insofern hätte es »bei der Abfassung von DRS 2 ausgereicht, die Befolgung der IAS-Regeln zwingend vorzuschreiben und entsprechend auf die (Angleichungs-)Wahlrechte zu verzichten« (WYSOCKI, K. v. 1999, S. 2377).

Internationale Vereinheitlichung

Im internationalen Bereich hat die Kapitalflussrechnung bereits eine lange Tradition. Vor allem aus den USA kamen immer wieder Anstöße für die Weiterentwicklung der Kapitalflussrechnung. In den letzten Jahren bestand die wichtigste Zielsetzung in einer Vereinheitlichung der veröffentlichten Kapitalflussrechnungen, um eine bessere Vergleichbarkeit und Verständlichkeit dieser Rechnungen zu erreichen.

Internationale Verbreitung

Dieses Ziel wurde in den USA mit der Verabschiedung von SFAS No. 95 zumindest teilweise erreicht. Darüber hinaus wurde die Kapitalflussrechnung auf eine neue Grundlage gestellt, indem zahlungsstromorientierte Daten veröffentlicht werden müssen (vgl. DELLMANN, K. 1988, S. 1630ff.; SERFLING, K./MARX, M. 1991, S. 345ff.). Diese Entwicklung in Richtung einer zahlungsstromorientierten Berichterstattung ist zu begrüßen, weil sie dem externen Analysten zusätzliche Informationen über die finanzielle Lage und Entwicklung eines Unternehmens liefert, die er ansonsten dem Jahresabschluss nicht entnehmen kann. Eine externe Erstellung der Kapitalflussrechnung ist dann auf Ebene des obersten Konzernunternehmens nicht mehr notwendig.

Ebenso ist nach IASB-Verlautbarungen auf internationaler Ebene die Offenlegung einer Kapitalflussrechnung erforderlich. IAS No. 7 entspricht dabei in weiten Teilen SFAS No. 95.

In zahlreichen EU-Staaten ist mittlerweile ebenfalls über die Anforderungen der 4. und 7. EG-Richtlinie hinaus nach den nationalen Grundsätzen ordnungmäßiger Bilanzierung und Berichterstattung die Offenlegung von Kapitalflussrechnungen vorgesehen.

Praktisches Beispiel

Im Anschluss an die nachfolgenden Ausführungen soll – zur Veranschaulichung der theoretischen Zusammenhänge – die externe Erstellung einer Kapitalflussrechnung anhand eines praktischen Beispiels durchgeführt werden, um Möglichkeiten und Anwendungsgrenzen dieses Instruments der externen Bilanzanalyse zu verdeutlichen.

1.3.2.2 Begriff und Formen der Kapitalflussrechnung

1.3.2.2.1 Begriff

Uneinheitlicher Sprachgebrauch

Der Begriff der Kapitalflussrechnung wird sowohl in der betriebswirtschaftlichen Literatur als auch in der Praxis sehr unterschiedlich definiert. Er wird einerseits als Oberbegriff für unterschiedliche Formen von Finanzierungsrechnungen gebraucht, andererseits aber auch beschränkt auf spezielle Arten von Fondsrechnungen (vgl. dazu 2. Abschn., 3. Kap. 1.3.2.3.7); zwischen diesen beiden Extremen liegen zahlreiche Ausgestaltungsnuancen.

Darüber hinaus ist eine Vielzahl neuer Begriffe geprägt worden, um die verschiedenen Formen von Kapitalflussrechnungen voneinander zu differenzieren. Bislang hat sich keine dieser Begriffsneubildungen in der Literatur oder in der Rechnungslegungspraxis durchsetzen können (vgl. GEBHARDT, G. 1984, S. 481). Trotz aller Kritik am Begriff der Kapitalflussrechnung sollte an ihm festgehalten werden, weil er als Bezeichnung für Finanzierungsrechnungen die weitaus größte Verbreitung gefunden hat.

Zeitraumrechnung

Den verschiedenen Formen von Kapitalflussrechnungen bzw. ähnlichen Rechnungen zur Finanzlage ist gemeinsam, dass es sich um Zeitraumrechnungen handelt, die aufgrund der Bestandsveränderungen der Bilanz oder mit Hilfe der einzelnen Kontenumsätze bestimmte Mittelbewegungen während einer Periode darstellen und erklären. Das Aussageziel der Kapitalflussrechnung ist in starkem Maße von der Definition der untersuchten Mittelbewegungen abhängig – es kann von einer Analyse der Liquiditätsentwicklung bis zu einer vollständigen Kapitalbeschaffungs- und -verwendungsbilanz (vgl. dazu KÄFER, K. 1984, S. 284 ff.) reichen.

Externe und interne Erstellung

Des Weiteren hängt die Gestaltung der Kapitalflussrechnung entscheidend davon ab, ob sie extern oder intern erstellt wird. Im Falle der internen Erstellung kann auf eine wesentlich breitere Informationsgrundlage zurückgegriffen werden, wohingegen die externe Bilanzanalyse auf die Angaben des Jahresabschlusses angewiesen ist.

1.3.2.2.2 Formen der Kapitalflussrechnung

Aufstellungszweckabhängiger Aufbau

Es existieren zahlreiche unterschiedliche Formen von Kapitalflussrechnungen. Die Unterschiede beruhen dabei nicht lediglich auf voneinander abweichenden Begriffsabgrenzungen, sondern der Aufbau einer Kapitalflussrechnung ist abhängig vom jeweiligen Aufstellungszweck sowie von den Informationsbedürfnissen der Adressaten und der Verfügbarkeit der notwendigen Daten. Der Inhalt der Kapitalflussrechnung wird dabei in entscheidendem Maße von der Ermittlungsmethode der Daten bestimmt. Die verschiedenen Vorgehensweisen sind in Übersicht 26 dargestellt.

Übersicht 26: Ermittlungsmethoden der Kapitalflussrechnung

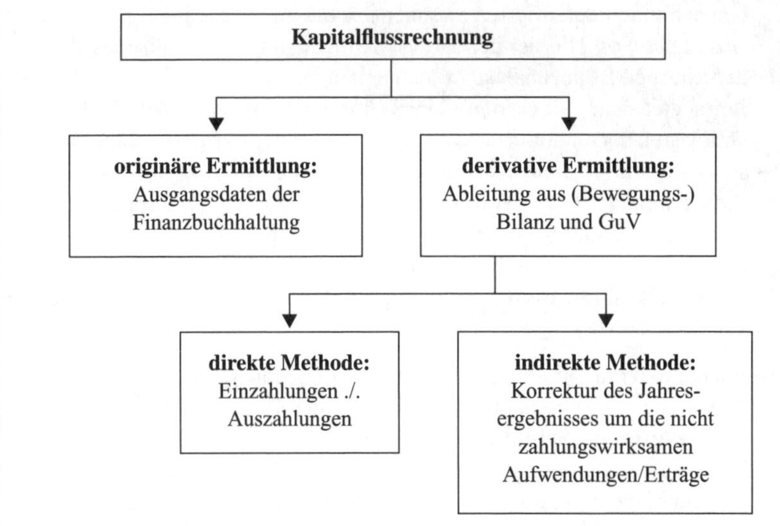

Derivative Erstellung für die externe Analyse

Die von Unternehmensexternen für Zwecke der Bilanzanalyse erstellten Kapitalflussrechnungen basieren auf den im Jahresabschluss veröffentlichten Angaben, sodass für externe Analysten grundsätzlich nur die derivative Vorgehensweise in Frage kommt. Unternehmensinterne Ersteller können hingegen zwischen den beiden Methoden wählen. »Für eine originäre Ermittlung sollte schon bei der Verbuchung der Geschäftsvorfälle deren Zahlungswirksamkeit vermerkt werden können« (SERFLING, K./GROSSKOPF, A. 1996, S. 1227). Weiterhin wird die Kapitalflussrechnung durch Integration von Daten aus der Finanzplanung auch als Planungs- und Steuerungsinstrument eingesetzt (vgl. BIEG, H./KUSSMAUL, H. 2000, S. 304f.)

Übersicht 27 gibt einen Überblick über die verschiedenen Kriterien, die die Gestaltung der Kapitalflussrechnung beeinflussen. Die Beschränkung des externen Analysten auf die derivative Vorgehensweise bei der Erstellung der Kapitalflussrechnung hat mehrere wichtige Konsequenzen für die Aussagekraft der externen Kapitalflussrechnung:

Detaillierungsgrad

(1) Der Detaillierungsgrad der extern erstellten Kapitalflussrechnung hängt vom Umfang der zugrunde liegenden Daten und somit von der Informationsbereitschaft des zu analysierenden Unternehmens ab. Zusätzliche Informationen, wie etwa die einzelnen Kontenumsätze, sind nur Unternehmensinternen zugänglich.

Aufstellungszeitpunkt

(2) Der Aufstellungszeitpunkt ist abhängig von der Offenlegung des Jahresabschlusses. Das bedeutet zum einen, dass die Kapitalflussrechnung erst weit nach Ende des Geschäftsjahrs für die abgelaufene Periode erstellt werden kann. Zum anderen kann sie nur jährlich erstellt werden, es sei denn, es liegen ähnlich detaillierte Zwischenabschlüsse in regelmäßigen, kürzeren Abständen vor. Hierbei handelt es sich jedoch um ein typisches Problem der externen Bilanzanalyse im Allgemeinen.
Betrachtet man jedoch den vom Kapitalmarkt ausgehenden wachsenden Druck auf börsennotierte Konzerne, auch unterjährig vollständige Zwischenabschlüsse inklusive Segmentinformationen und (Konzern-)Kapitalflussrechnung zu veröffentlichen, erscheint eine Verbesserung der externen Analysesituation möglich. Dies gilt insbesondere auch dann, wenn durch zunehmende Einbindung des Wirtschaftsprüfers gleichzeitig die Datenqualität erhöht werden kann (vgl. KÜTING, K./DAWO, S./HEIDEN, M. 2001a, S. 616ff.).

Vollständigkeit und Abgrenzung

(3) Bei der externen Erstellung der Kapitalflussrechnung lassen sich Vollständigkeits- und Abgrenzungsprobleme in der Regel nicht vermeiden, da keine ergänzenden Informationen vorliegen. Die externe Erstellung der Kapitalflussrechnung unterliegt somit wegen der beschränkten Informationsgrundlage verfahrenstechnisch bedingten Ungenauigkeiten.

Vergangenheitsbezogenheit

(4) Extern erstellte Kapitalflussrechnungen sind ebenso wie die übrigen Analyseinstrumente zwangsläufig vergangenheitsbezogen, da sie auf den Jahresabschlüssen vergangener Geschäftsjahre aufbauen. Prospektive Kapitalflussrechnungen können von Unternehmensexternen in der Regel nicht aufgestellt werden, weil die notwendigen Planzahlen nicht in hinreichender Genauigkeit vorliegen. Aussagen über die zukünftige Entwicklung der Finanzlage können daher nur aufgrund von retrospektiven Informationen gemacht werden.

Untersuchungsobjekt: Einzel- und Konzernabschluss

(5) Das Untersuchungsobjekt muss nicht notwendigerweise ein einzelnes Unternehmen sein. Kapitalflussrechnungen können immer dann erstellt werden, wenn ein vollständiger Jahresabschluss vorliegt, also auch für Konzerne oder Teilkonzerne (vgl. PFUHL, J. 1994). Intern erstellte Kapitalflussrechnungen können darüber hinaus auf weiteren Aggregationsebenen, wie z. B. für einzelne Währungsgebiete, Sparten (vgl. VERBAND DER CHEMISCHEN INDUSTRIE 1981, S. 51 ff.) oder Produktbereiche, erstellt werden.

<table>
<tr><th colspan="5">Übersicht 27: Aufstellungsformen von Kapitalflussrechnungen</th></tr>
<tr><td>Adressat:</td><td colspan="2">intern</td><td colspan="2">extern</td></tr>
<tr><td>Aufstellungszweck:</td><td>Steuerung und Kontrolle</td><td colspan="2">Analyse</td><td>Publikation</td></tr>
<tr><td>Aufstellungstechnik:</td><td colspan="2">originär</td><td colspan="2">derivativ</td></tr>
<tr><td>Zeitbezug:</td><td colspan="2">prospektiv</td><td colspan="2">retrospektiv</td></tr>
<tr><td>Objekt:</td><td>Sparte</td><td colspan="2">Unternehmen</td><td>Konzern</td></tr>
<tr><td>Fondsabgrenzung:</td><td>Zahlungsmittel</td><td colspan="2">…</td><td>Kapital</td></tr>
<tr><td>Cashflow-Ermittlung:</td><td colspan="2">direkt</td><td colspan="2">indirekt</td></tr>
<tr><td>Gliederung:</td><td colspan="2">Mittelherkunft/
Mittelverwendung</td><td colspan="2">Aktivitätsformat</td></tr>
<tr><td>Darstellung:</td><td colspan="2">Kontoform</td><td colspan="2">Staffelform</td></tr>
</table>

1.3.2.2.3 Verwandte Rechnungen

Finanzplan

Der historische Ausgangspunkt für die Kapitalflussrechnung war der auf Aus- und Einzahlungen basierende Finanzplan (vgl. WEILENMANN, P. 1985, S. 12). Nachdem die Kapitalflussrechnung jahrzehntelang vor allem zur Darstellung der Veränderung der Bilanzbestände verwendet worden war, wird dieser Zusammenhang nun im Zuge der Entwicklung einer zahlungsstromorientierten Kapitalflussrechnung wieder verstärkt sichtbar.

Im Finanzplan werden die Ein- und Auszahlungen einander gegenübergestellt, um den Kapitalbedarf bzw. einen Kapitalüberschuss zu ermitteln. Eine solche Rechnung unterscheidet sich inhaltlich nicht von einer zahlungsstromorientierten Kapitalflussrechnung. Nur die Vorgehensweise bei der Ermittlung der Daten ist eine andere, da Finanzrechnungen, die zur Kontrolle der Liquiditätsentwicklung erstellt werden, in der Regel auf einer Auswertung der Zahlungskonten basieren und somit originär ermittelt werden (vgl. ARBEITSKREIS »FINANZIERUNG« 1990, S. 18 f.).

Analyseziel

Allerdings beschränkt sich das Aussageziel der zahlungsstromorientierten Kapitalflussrechnung nicht auf die Ermittlung bzw. Darstellung der absoluten Liquiditätsüber- oder -unterdeckung. Sie soll vor allem einen besseren Einblick in die Struktur der Zahlungsströme des Unternehmens geben. Dies ist mit Hilfe einer geeigneten Gliederung der Zahlungsströme möglich, sodass von einer reinen Gegenüberstellung der Ein- und Auszahlungen, wie dies normalerweise in einem Finanzplan geschieht (vgl. BARTRAM, W. 1989, S. 2391; KUHN, K. D./STEIN, H. G. 1984, S. 117 ff.), abgegangen wird.

Cashflow

Eine zweite Rechnung, die häufig im Zusammenhang mit der Kapitalflussrechnung genannt wird, ist die Cashflow-Rechnung (vgl. oben 2. Abschn., 3. Kap. 1.3.1). Der Cashflow wird vielfach allerdings nur als absolute Zahl angegeben und insbesondere in der Wirtschaftspresse als eine der wichtigsten Kennzahlen zur Beschreibung der wirtschaftlichen Lage eines Unternehmens angesehen. Er beschränkt sich jedoch auf die Darstellung der Innenfinanzierung und wird daher auch als »rudimentäre Kapitalflussrechnung« (DELLMANN, K./KALINSKI, R. 1986, S. 177) bzw. als »partielle Kapitalflussrechnung« (COENENBERG, A. G. 1997, S. 623) bezeichnet.

Verhältnis Cashflow/Kapitalflussrechnung

Häufig wird der Cashflow als Bestandteil der Kapitalflussrechnung ausgewiesen und um die Mittelbewegungen der Außenfinanzierung ergänzt; nur wenige Unternehmen stellen die Ermittlung des Cashflows und die Kapitalflussrechnung getrennt voneinander dar. Da sehr viele unterschiedliche Definitionen des Cashflows existieren, hängen sein Aufbau und seine Aussagefähigkeit – ebenso wie bei der zugrunde liegenden Kapitalflussrechnung – von der Gestaltung der Rechnung im Einzelnen ab. Eine vollständige Ermittlung des Cashflows erfordert jedoch grundsätzlich die Einbeziehung der Gewinn- und Verlustrechnung, um die zahlungsunwirksamen Bestandteile der Veränderungen der Bilanzbestände eliminieren zu können.

1.3.2.2.4 Grundsätze für die Erstellung von Kapitalflussrechnungen

Allgemeine Bilanzierungsgrundsätze

In der betriebswirtschaftlichen Literatur sind vielfach Grundsätze ordnungsmäßiger Kapitalflussrechnungen entwickelt worden (vgl. COENENBERG, A. G./SCHMIDT, F. 1978, S. 509 ff.). Der überwiegende Teil dieser Prinzipien entspricht den für die Bilanz und die Gewinn- und Verlustrechnung geltenden allgemeinen Grundsätzen Klarheit, Vollständigkeit, Regelmäßigkeit bzw. Periodenbezug, materielle und formelle Kontinuität, Angabe von Vorjahreszahlen, Prinzip der Wesentlichkeit und der Wirtschaftlichkeit, Erläuterung unklarer Sachverhalte, Bruttoprinzip. Nur wenige Grundsätze haben ausschließlich Gültigkeit für die Kapitalflussrechnung.

Besondere Grundsätze

Diese besonderen Grundsätze stehen in einer engen Wechselbeziehung mit dem Inhalt der Kapitalflussrechnung und sind somit ebenfalls dem Wandel unterworfen, der das Instrument der Kapitalflussrechnung in den letzten Jahren erfasst hat. Die folgenden Prinzipien sind von grundlegender Bedeutung für die Gestaltung und damit die Zielsetzung der zahlungsstromorientierten Kapitalflussrechnung:

(1) Grundsatz der Zielorientierung: *Zielorientierung*

Hauptaufgabe der Kapitalflussrechnung ist es, den traditionellen Jahresabschluss um Informationen zur Finanzlage zu ergänzen. Eine Rechnung, die eine bloße Umgliederung der Daten des Jahresabschlusses vornimmt, ist nicht ausreichend und stellt somit keine Kapitalflussrechnung dar.

(2) Grundsatz der Wesentlichkeit: *Wesentlichkeit*

Im Interesse der Klarheit und Wirtschaftlichkeit der Rechnungslegung kann auf den Ausweis von Zahlungsvorgängen, die für die Darstellung der Finanzlage nur von untergeordneter Bedeutung sind, verzichtet werden.

(3) Grundsatz der Stetigkeit: *Stetigkeit*

Um den zeitlichen Vergleich von Kapitalflussrechnungen und den durch sie abgebildeten Zahlungsströmen zu ermöglichen, soll der Stetigkeitsgrundsatz bei der Abgrenzung des Finanzmittelfonds und bei der Zurechnung von Zahlungen zum Investitionsbereich und zum Finanzierungsbereich einerseits und zur laufenden Geschäftstätigkeit andererseits beachtet werden.

(4) Grundsatz der Bewertungsunabhängigkeit: *Bewertungsunabhängigkeit*

Die Kapitalflussrechnung soll frei von bewertungsabhängigen Sachverhalten sein. Dies ist nur dann der Fall, wenn sie auf der Grundlage von Ein- und Auszahlungen erstellt wird. Denn Zahlungsmittelströme sind grundsätzlich objektiv nachprüfbar, weil sie weder Periodisierungsüberlegungen noch Bewertungseinflüssen unterliegen.

(5) Verzicht auf Periodisierung: *Periodisierungsverzicht*

Dieser Grundsatz stellt zusammen mit dem Grundsatz der Bewertungsunabhängigkeit sicher, dass in der Kapitalflussrechnung nur die tatsächlichen Zahlungsströme der Periode ausgewiesen werden. Jede Form der Periodisierung führt zu einer Verfälschung dieser Zahlungsgrößen.

(6) Grundsatz der Kongruenz: *Kongruenz*

Um die Übereinstimmung zwischen den unperiodisierten Daten der Kapitalflussrechnung und den periodisierten Zahlen der Gewinn- und Verlustrechnung zu gewährleisten, müssen die aufsummierten Zahlungsströme der Einzelperioden den Zahlungen der Totalperiode entsprechen. Dieser Grundsatz hat zum Ziel, Doppelerfassungen ebenso wie eine Nichterfassung von Zahlungen zu vermeiden.

Interne Analyse

Die drei letztgenannten Grundsätze können nur bei einer unternehmensinternen Erstellung der Kapitalflussrechnung konsequent befolgt werden. Bei externer Erstellung fehlen häufig die notwendigen Informationen, um die Periodisierung der Zahlungsströme vollständig rückgängig zu machen und somit sämtliche Bewertungsfolgen auszuschließen.

Externe Analyse

Für die externe Bilanzanalyse kann die Forderung daher nur lauten, den genannten Grundsätzen weitestgehend zu entsprechen. Der Grundsatz der Zielorientierung sollte hingegen grundsätzlich beachtet werden, denn eine bloße Umformulierung des Jahresabschlusses kann den Ansprüchen an eine aussagefähige Kapitalflussrechnung keinesfalls genügen.

Merksätze:

1. Aufgabe der Kapitalflussrechnung ist es, durch eine Rückgängigmachung der Periodisierung der Jahresabschlussdaten einen verbesserten Einblick in die Finanzlage des Unternehmens zu ermöglichen.
2. Es handelt sich um eine Zeitraumrechnung, die bestimmte Finanzmittelbewegungen erklärt. Für den externen Analysten bleibt allein die derivative Ermittlung aus dem veröffentlichten Jahresabschluss.
3. Bei der Erstellung der Kapitalflussrechnung sind insbesondere die Grundsätze der Bewertungsunabhängigkeit, des Verzichts auf Periodisierung und der Datenkongruenz zu beachten.

1.3.2.3 Externe Ermittlung der Kapitalflussrechnung

1.3.2.3.1 Anwendung des bilanzanalytischen Instrumentariums

Bestandteil und Erweiterung der Liquiditätsanalyse

Die Kapitalflussrechnung kann nicht losgelöst vom übrigen Instrumentarium der Bilanzanalyse betrachtet werden. Sie ist Bestandteil der Liquiditätsanalyse und ergänzt die statische Liquiditätskontrolle um eine dynamische Betrachtungsweise. Während bei der statischen Analyse lediglich die Bilanzbestände in unterschiedlicher Weise zusammengefasst und ins Verhältnis zueinander gesetzt werden, soll die Kapitalflussrechnung eine Beurteilung der Bewegungen dieser Bilanzbestände während der Periode ermöglichen (vgl. im Folgenden PFUHL, J. 1991, S. 1641 ff.; DERS. 1991a, S. 1670 ff.).

Der Zusammenhang zwischen statischer und dynamischer Liquiditätsanalyse wird besonders deutlich, wenn unterschiedliche Fonds aus der Kapitalflussrechnung ausgegliedert werden, denn es besteht eine enge Verbindung zwischen den verschiedenen Fondsvarianten und den (statischen) Liquiditätsgraden: Während man die Fonds als Differenzen definieren kann, werden die jeweiligen Liquiditätsgrade als Quotienten gebildet, die Deckungsrelationen zwischen Aktiva des Umlaufvermögens und den kurzfristigen Verbindlichkeiten zu einem bestimmten Zeitpunkt ausdrücken (vgl. SERFLING, K. 1984, S. 69).

Des Weiteren wird bei einer externen Erstellung der Kapitalflussrechnung auf das typische Instrumentarium der Bilanzanalyse zurückgegriffen. Ausgehend von den Daten des Jahresabschlusses müssen die folgenden Aufbereitungsmaßnahmen durchgeführt werden:

Aufbereitungsmaßnahmen

(1) Differenzbildung und Saldierung:

Differenzbildung und Saldierung

Der erste Schritt bei der Ermittlung der Kapitalflussrechnung besteht in der Differenzbildung von zwei aufeinander folgenden Bilanzen. Als Ergebnis entsteht die Beständedifferenzenbilanz, die die Veränderung der Bilanzposten zeigt. Die letzte Aufbereitungsmaßnahme bei der Erstellung einer zahlungsstromorientierten Kapitalflussrechnung ist die Saldierung. Nach der Einbeziehung der Daten der Gewinn- und Verlustrechnung kompensieren sich die zahlungsunwirksamen Posten gegenseitig zu null.

(2) Umgliederung:

Umgliederung

Die Umgliederung der Beständedifferenzenbilanz führt zur Veränderungsbilanz; außerdem entsteht durch die Ausgliederung eines Fonds (vgl. dazu 2. Abschn., 3. Kap. 1.3.2.3.7) – es handelt sich auch hierbei lediglich um eine Umgliederung – aus der Bewegungsbilanz oder der Kapitalflussrechnung eine zweiteilige Fondsrechnung.

(3) Erweiterung:

Erweiterung

Die Bewegungsbilanz wird durch die Einbeziehung der Kontenumsätze sowie durch die Daten der Gewinn- und Verlustrechnung zur vollständigen Kapitalflussrechnung erweitert. Hierbei werden keine grundlegend neuen Daten eingeführt, sondern bereits enthaltene Nettoangaben werden durch unsaldierte Informationen ersetzt. Insofern handelt es sich um die Rückgängigmachung von im Zuge der Erstellung des Jahresabschlusses vorgenommenen Saldierungsmaßnahmen:

- die Bestandsdifferenzen der Bewegungsbilanz werden durch die Summen der jeweiligen Soll- und Habenbuchungen ersetzt,
- das Jahresergebnis wird in die verursachenden Aufwendungen und Erträge aufgespalten.

Die einzelnen Arbeitsschritte sind in Übersicht 28 im Zusammenhang dargestellt und werden im Folgenden einzeln erläutert.

Arbeitsschritte

Übersicht 28: Vorgehensweise bei der derivativen Erstellung der Kapitalflussrechnung

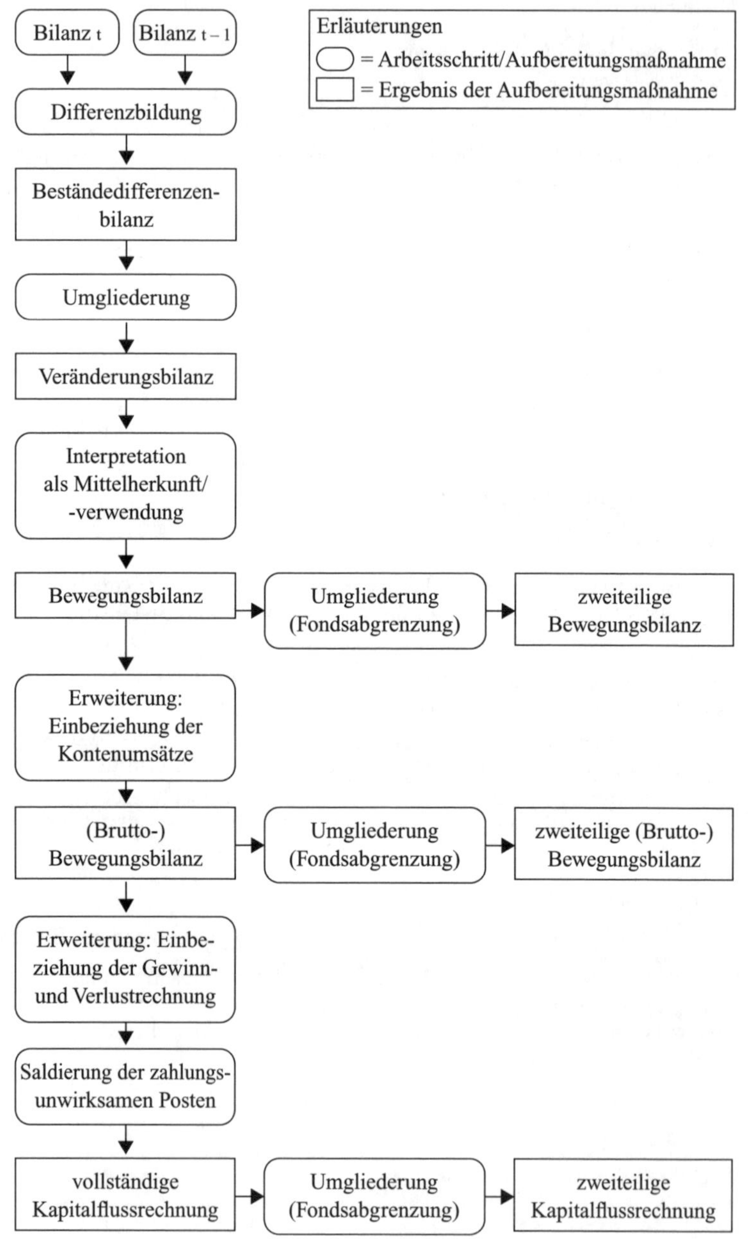

1.3.2.3.2 Beständedifferenzenbilanz

Beständedifferenzenbilanz

Der erste Schritt bei der externen Erstellung einer Kapitalflussrechnung besteht in der Bildung einer Beständedifferenzenbilanz, die sich aus der Differenzbildung von zwei aufeinander folgenden Stichtagsbilanzen ergibt (vgl. KUSSMAUL, H. 1985, S. 439). Eine vereinfachte Beständedifferenzenbilanz erhält man auf der Grundlage einer für die Bilanzanalyse erstellten Strukturbilanz (vgl. dazu 2. Abschn., 2. Kap. 3.), die nur die Veränderung der für die Bilanzanalyse relevanten Bilanzbestände zeigt.

Die Beständedifferenzenbilanz hat das gleiche Gliederungsschema wie die zugrunde liegenden Stichtagsbilanzen, wobei die Veränderung der Bilanzposten jeweils durch das entsprechende Vorzeichen kenntlich gemacht wird. Aufgrund der Systematik der doppelten Buchhaltung muss folgende Gleichung gelten:

(F. 3.1)

$$A^+ \;./.\; A^- = P^+ \;./.\; P^-$$

(Erläuterung: A^+ = Aktivzunahme, A^- = Aktivabnahme,
P^+ = Passivzunahme, P^- = Passivabnahme)

Zwischenschritt ohne wesentliche Aussagekraft

Die Beständedifferenzenbilanz hat für sich genommen keine wesentliche Aussagekraft, da sie nur die Veränderung der Bilanzbestände widerspiegelt, ohne diese in einen systematischen Zusammenhang zu bringen. Die Addition der Größen der Beständedifferenzenbilanz gibt zwar die Veränderung der Bilanzsumme und damit die Veränderung des gesamten Vermögens und Kapitals des Unternehmens an (vgl. KÄFER, K. 1984, S. 37). Diese könnte allerdings einfacher, ohne die Erstellung einer Beständedifferenzenbilanz, ermittelt werden. Die Beständedifferenzenbilanz ist somit lediglich ein Zwischenschritt zur Erstellung der Kapitalflussrechnung.

1.3.2.3.3 Veränderungsbilanz

Umgliederung der Beständedifferenzenbilanz

Die Veränderungsbilanz entsteht aus der Umgliederung der Posten der Beständedifferenzenbilanz: Abzugsposten werden auf die jeweils andere Bilanzseite gebracht, sodass ausschließlich positive Beträge ausgewiesen werden. Die Gleichung der Veränderungsbilanz hat somit folgendes Aussehen:

(F. 3.2)

$$A^+ + P^- = P^+ + A^-$$

Summe der absoluten Veränderungen

Die Veränderungsbilanz führt ebenfalls zu keinen grundlegend neuen Erkenntnissen, denn sie ist lediglich das Resultat der Differenzbildung und anschließenden Umgliederung von Posten aus zwei aufeinander folgenden Bilanzen; das bloße Umgruppieren von Abzugsposten liefert jedoch keine zusätzlichen Informationen (vgl. DELLMANN, K./KALINSKI, R. 1986, S. 176). Der Saldo der Veränderungsbilanz hat keine Aussagekraft, er gibt lediglich die Summe der absoluten Veränderungen der Bilanzposten wieder.

1.3.2.3.4 Bewegungsbilanz

Interpretation als Mittelverwendung und -herkunft

Mit der Bewegungsbilanz werden die Zahlen der Veränderungsbilanz in einen finanzwirtschaftlichen Zusammenhang gestellt: Erst die Interpretation der Aktivmehrungen und der Passivminderungen (linke Seite der Veränderungsbilanz) als Mittelverwendung und der Passivmehrungen und der Aktivminderungen (rechte Seite der Veränderungsbilanz) als Mittelherkunft führt zu einer dynamischen Betrachtungsweise der Veränderung der Bilanzposten. Diese finanzwirtschaftliche Interpretation der Bestandsveränderungen wird daher zutreffend als »der entscheidende Schritt zur Kapitalflußrechnung« (KÄFER, K. 1976, Sp. 1042) bezeichnet.

Die Veränderungs- und die Bewegungsbilanz sind materiell identisch, sodass die beiden Begriffe häufig auch synonym verwendet werden. Sie unterscheiden sich allein bezüglich der Interpretation des Rechnungsinhalts – dies wird durch die Verwendung der Begriffe Mittelherkunft und Mittelverwendung über den beiden Bilanzseiten deutlich gemacht.

Veröffentlichung von Bewegungsbilanzen

Bewegungsbilanzen stellten lange Zeit den häufigsten Typ der in Geschäftsberichten deutscher Unternehmen veröffentlichten Finanzierungsrechnungen dar. Aus gutem Grund: Die Daten der Bilanz werden lediglich im Wege der Saldierung und Umgliederung in einem anderen Zusammenhang dargestellt, materielle Ergänzungen finden hingegen nicht statt. Somit kann eine zusätzliche finanzbezogene Rechnung präsentiert werden, ohne dass weitere Informationen preisgegeben werden müssen. Es ist daher verständlich, warum sich die Bewegungsbilanz – die unter Verwendung der unterschiedlichsten Begriffe offen gelegt wurde – in deutschen Geschäftsberichten lange Zeit so großer Beliebtheit erfreute.

Zwar ersparte die freiwillige Veröffentlichung dem externen Bilanzleser Aufbereitungsarbeit, sie vermittelte jedoch keine objektiv neuen Erkenntnisse (vgl. CHMIELEWICZ, K./CASPARI, B. 1985, S. 163). Daher war der externe Analyst in den meisten Fällen gezwungen, eine Kapitalflussrechnung zu erstellen – selbst wenn eine Finanzierungsrechnung im Geschäftsbericht veröffentlicht wurde –, um zusätzliche Informationen über die Finanzlage zu erhalten.

Die Bewegungsbilanz kann neben den beiden Hauptmerkmalen Mittelherkunft und -verwendung nach verschiedenen Kriterien untergliedert werden. In der Praxis sind vor allem die Gliederung nach der Finanzierungsart (Innen- und Außenfinanzierung oder Eigen- und Fremdfinanzierung) sowie nach den Verwendungsarten Investitionen, Schuldentilgung und Dividendenzahlungen anzutreffen. Außerdem werden die Bestandsveränderungen auch nach der zugrunde liegenden Fristigkeit, z. B. in Veränderungen des Anlage- und des Umlaufvermögens, gegliedert.

Gliederungskriterien für Bewegungsbilanzen

Der wesentliche Nachteil der Bewegungsbilanzen besteht darin, dass wegen der buchhaltungstechnisch bedingten Informationsmängel (vgl. COENENBERG, A. G. 2003, S. 735) keine Trennung der liquiditätswirksamen und der liquiditätsunwirksamen Bewegungen vorgenommen wird. Es handelt sich lediglich um eine aus zwei Stichtagsbilanzen abgeleitete Rechnung, die keine zusätzlichen Informationen über die Finanzlage enthält. Bewegungsbilanzen sind deshalb als Finanzierungsrechnungen nicht geeignet; ihr Aussageziel beschränkt sich auf die Darstellung der Veränderung der Bilanzbestände. Veränderungsbilanzen und Bewegungsbilanzen sind daher nur als Vorstufen zu interessanteren und aufschlussreicheren Kapitalflussrechnungen (vgl. KÄFER, K. 1984, S. 83) anzusehen.

Beschränkte Aussagekraft

Eine inhaltliche Veränderung tritt erst mit der Erweiterung der Bewegungsbilanz durch die Einbeziehung zusätzlicher Daten des Rechnungswesens ein – der Kontenumsätze und der Daten der Gewinn- und Verlustrechnung. Dabei ist zu beachten, dass mit der Einbeziehung dieser ergänzenden Informationen versucht werden soll, der originären Kapitalflussrechnung möglichst nahe zu kommen. Bei Vorliegen vollständiger Informationen aus dem Rechnungswesen sind beide Rechnungen materiell identisch (vgl. KALINSKI, R. 1986, S. 173). Für Unternehmensexterne, die regelmäßig auf die Angaben des Jahresabschlusses angewiesen sind, kann das Ziel allerdings nur in einer möglichst weit gehenden Annäherung an die originäre Finanzierungsrechnung liegen.

Erweiterungen der Bewegungsbilanz

1.3.2.3.5 Erweiterung der Bewegungsbilanz zur Kapitalflussrechnung

1.3.2.3.5.1 Einbeziehung der Kontenumsätze

Durch die Einbeziehung der Kontenumsätze erfährt die Bewegungsbilanz, die entsprechend der hier vertretenen Definition lediglich eine Nettorechnung ist, eine entscheidende Erweiterung. Die absoluten Bestandsveränderungen, die durch die Differenzbildung der aufeinander folgenden Stichtagsbilanzen ermittelt wurden, werden nun durch die Summe der zugrunde liegenden Soll- und Habenbuchungen ersetzt. Auf diese Art und Weise wird die gesamte Höhe der Kontenbewegungen, d. h. die Zu- und Abnahmen der Bestandskonten, und nicht nur die reine Differenz der Bewegungen dargestellt. Somit wird die statisch orientierte Kapitalflussrechnung in eine echte Stromgrößenrechnung umgewandelt (vgl. COENENBERG, A. G. 2003, S. 736). Diese Bruttobetrachtung

Umwandlung in echte Stromgrößenrechnung

liefert mehr und für die Analysezwecke brauchbarere Informationen als eine Darstellung der bloßen Veränderungen der Bestandsgrößen und ist Voraussetzung dafür, dass die Kapitalflussrechnung dem oben dargestellten Bruttoprinzip entspricht.

Kontenumsätze im Anlagevermögen

Im Rahmen der externen Erstellung ist eine Aufspaltung allerdings nur für den Bereich des Anlagevermögens möglich, da die notwendigen Informationen über die Kontenumsätze lediglich in der Form des Anlagespiegels vorliegen. Es handelt sich somit bei einer extern erstellten Kapitalflussrechnung immer nur um eine so genannte »Teilbruttorechnung« (Perridon, L./Steiner, M. 2002, S. 595 und 601 f.), deren Aussagekraft aber über die saldierten Bestandsveränderungen der Bewegungsbilanz hinausgeht.

Brutto-Bewegungsbilanz

Die Brutto-Bewegungsbilanz, die durch die Erweiterung der Bewegungsbilanz entsteht, unterliegt weiterhin dem Mangel, dass sie keine Trennung der liquiditätswirksamen und der liquiditätsunwirksamen Geschäftsvorfälle vornimmt. Obwohl bei einer vollständigen Einbeziehung der Kontenumsätze zusätzliche Informationen gegenüber dem Jahresabschluss zu erwarten sind, erlaubt die Brutto-Bewegungsbilanz bei einer Beschränkung auf die Einbeziehung der Bilanzkontenumsätze keinen zusätzlichen Einblick in die Zahlungsströme eines Unternehmens und damit in seine Finanzlage.

Daten der Gewinn- und Verlustrechnung sind zwar ebenfalls in der Brutto-Bewegungsbilanz enthalten, jedoch nur insoweit, als sie aus der Bilanz abgeleitet werden können: Der Gewinn stellt eine Veränderung des Eigenkapitals dar, seine Veränderung wird als Mittelherkunft bzw. -verwendung interpretiert; die Abschreibungen entsprechen bei einer Bruttodarstellung der Veränderungen des Anlagevermögens einer Aktivabnahme. Eine grundlegend veränderte Ausrichtung der Kapitalflussrechnung resultiert aber erst aus der vollständigen Einbeziehung der Gewinn- und Verlustrechnung.

1.3.2.3.5.2 Einbeziehung der Gewinn- und Verlustrechnung

Ersetzen der Veränderungen des Jahreserfolgs

Die Kapitalflussrechnung erfährt neben der Brutto- bzw. Teilbruttobetrachtung eine zusätzliche Erweiterung durch die Einbeziehung der Daten der Gewinn- und Verlustrechnung (vgl. Chmielewicz, K./Caspari, B. 1985, S. 159), indem die Veränderung des Jahresüberschusses bzw. Jahresfehlbetrags durch die ihn verursachenden Aufwendungen und Erträge ersetzt wird. Wurden die zugrunde liegenden Bilanzen nach teilweiser oder vollständiger Gewinnverwendung aufgestellt, so müssen zunächst sämtliche Gewinnverwendungsbuchungen rückgängig gemacht werden, um ein für die Bewegungsbilanz und die Gewinn- und Verlustrechnung identisches Ergebnis zu erhalten (vgl. Dellmann, K./Amen, M. 2000, Rn. 150 ff.).

Der entscheidende Schritt zur zahlungsstromorientierten Kapitalflussrechnung besteht allerdings nicht bereits in der Einbeziehung der Daten der Gewinn- und Verlustrechnung, sondern in der anschließenden Eliminierung der zahlungsunwirksamen Bestandsveränderungen. Die derivative Erstellung der Kapitalflussrechnung – durch die Zusammenführung von Bewegungsbilanz und Gewinn- und Verlustrechnung (vgl. CHMIELEWICZ, K./CASPARI, B. 1985, S. 161) – hat dann zur Folge, dass keine Bilanzdifferenzen ausgewiesen werden, sondern echte Stromgrößen in Form unsaldierter Einzahlungs- und Auszahlungssummen. Es liegt also ein weit gehend anderer Rechnungsinhalt vor. Die Stromgrößen werden dabei in indirekter Form auf dem Umweg über den Jahresabschluss (Jahresbilanz, Bewegungsbilanz, Gewinn- und Verlustrechnung) ermittelt. Dieser Kompensationseffekt der zahlungsunwirksamen Posten wird verständlich, wenn man sich den Inhalt der Bewegungsbilanz und der Gewinn- und Verlustrechnung vor Augen hält:

Eliminierung der zahlungsunwirksamen Bestandsveränderungen

- In der Gewinn- und Verlustrechnung werden erfolgswirksame Geschäftsvorfälle ausgewiesen, die sowohl zahlungswirksam als auch zahlungsunwirksam sind.
- Die Bewegungsbilanz erfasst diejenigen Geschäftsvorfälle, bei denen Zahlungs- und Erfolgswirksamkeit zeitlich auseinander fallen. Sie erfüllt somit, ebenso wie die zugrunde liegende Stichtagsbilanz, eine Speicherfunktion (vgl. KALINSKI, R. 1986, S. 177).

Die zahlungsunwirksamen Posten werden somit sowohl in der Bewegungsbilanz als auch in der Gewinn- und Verlustrechnung ausgewiesen. Durch die Zusammenfassung der beiden Rechnungen kommt es zu einer Doppelerfassung dieser Posten: Abschreibungen, als typisch zahlungsunwirksame Posten, werden bspw. sowohl als Mittelherkunft (Aktivabnahme) als auch unter der Mittelverwendung (Aufwand) aufgeführt. Wenn es gelingt, diese doppelten Posten einander zuzuordnen und zu saldieren, erhält man eine Rechnung, in der ausschließlich zahlungswirksame Posten ausgewiesen werden.

Doppelerfassungen vermieden

Die Schwierigkeit bei der externen Ermittlung der Kapitalflussrechnung besteht darin, sämtliche zahlungsunwirksamen Posten einander zuzuordnen. Weil keine ergänzenden Informationen vorliegen, sind die zusammengehörigen Posten von Bewegungsbilanz und Gewinn- und Verlustrechnung nicht immer eindeutig zu ermitteln. Zuordnungsprobleme ergeben sich vor allem aus den folgenden Gründen:

Zuordnungsproblematik

(1) Der Bewegungsbilanz und der Gewinn- und Verlustrechnung liegen unterschiedliche Gliederungs- und Ausweiskriterien zugrunde, sodass die Zuordnung von Beständedifferenzen zu den Posten der Gewinn- und Verlustrechnung zu Schwierigkeiten führen kann. Die Veränderung der Rückstellungen kann z. B. sowohl auf zahlungswirksamen als auch auf zahlungsunwirksamen Transaktionen beruhen. Da ein korrespondierender

Unterschiedliche Gliederungs- und Ausweiskriterien

Posten in der Gewinn- und Verlustrechnung nicht existiert, sind zusätzliche Informationen notwendig, um eine Rückstellungsveränderung entsprechend zuordnen zu können. Weitere Abgrenzungsprobleme resultieren aus den verschiedenen Schemata der Gewinn- und Verlustrechnung, die gem. § 275 HGB angewendet werden dürfen (vgl. WEBER, H.K. 1993, S. 346ff.).

Zahlungs- und erfolgsunwirksame Sachverhalte

(2) Die Behandlung weder zahlungs- noch erfolgswirksamer Sachverhalte, die lediglich in der Bewegungsbilanz ausgewiesen werden, führt zu Zuordnungsschwierigkeiten. Aus externer Sicht ist nicht feststellbar, ob die Veränderung eines Bilanzpostens zahlungswirksam oder zahlungsunwirksam ist. Wenn keine weiteren Informationen vorliegen – und dies ist bei der externen Analyse der Regelfall – muss deswegen davon ausgegangen werden, dass sowohl ein Mittelzufluss als auch ein Mittelabfluss erfolgte.

Beim Erwerb eines Vermögensgegenstands auf Ziel ist bspw. davon auszugehen, dass sowohl ein Mittelzufluss durch die Zunahme der Verbindlichkeiten als auch ein Mittelabfluss durch den Erwerbsvorgang eingetreten ist. Dies führt zu einer verfälschenden Aufblähung der Kapitalflussrechnung, da die Salden der Mittelherkunft und -verwendung zu hoch ausgewiesen werden. Durch den buchungsmäßigen Zusammenhang ist jedoch gewährleistet, dass der Saldo sämtlicher Abweichungen zwischen den effektiven und den unterstellten Finanzmittelbewegungen null beträgt und somit die Rechnung zwar eine verzerrte, aber dennoch vollständige Erklärung der Fondsbestände liefert (vgl. GEBHARDT, G. 1984, S. 485). Der Saldo der Liquiditätsveränderung wird insgesamt zwar nicht berührt, die Aussagefähigkeit der Kapitalflussrechnung wird aber durch den unrichtigen Ausweis der Zahlungsströme eingeschränkt.

Informationsproblematik

(3) Dem Bruttoprinzip kann nur insoweit entsprochen werden, als Informationen über Zu- und Abgänge der Bestandskonten vorliegen. Aus externer Sicht gilt dies nur für das Anlagevermögen.

Währungsumrechnungsproblematik

(4) Ein weiteres Problem ergibt sich aus der Währungsumrechnung. Die Währungsumrechnungseffekte sind – unabhängig von der angewandten Umrechnungsmethode – in den Bilanzansätzen enthalten. Sie stellen jedoch keine tatsächlichen Zahlungsströme dar und müssen daher aus der Kapitalflussrechnung eliminiert werden (vgl. HOLZER, H.P./HÄUSLER, H. 1989, S. 222ff.). Aus externer Sicht ist eine Neutralisierung der Währungsumrechnung in der Regel nicht möglich, da die dazu notwendigen Informationen fehlen.

Ungenauigkeiten der derivativen Ermittlung

Die genannten Schwierigkeiten machen die derivative Erstellung einer Kapitalflussrechnung zwar nicht unmöglich, aber man muss sich der durch die beschränkte Informationsgrundlage bedingten Einschränkungen bewusst sein. Einige Zuordnungsprobleme lassen sich nur anhand von Ermessensentscheidungen lösen, die zwangsläufig mit einem Fehlerrisiko verbunden sind. Die derivative Kapitalflussrechnung unterliegt somit grundsätzlich gewissen Ungenauigkeiten. Auf ihre Erstellung sollte beim Fehlen einer intern erstellten Kapitalflussrechnung dennoch nicht verzichtet werden, weil sie trotz der genannten Mängel wertvolle Informationen über die Finanzlage liefern kann.

1.3.2.3.6 Ermittlung des Cashflows aus gewöhnlicher Geschäftstätigkeit

Zwei Ermittlungsmethoden

In engem Zusammenhang mit der Einbeziehung der Daten der Gewinn- und Verlustrechnung steht die Frage nach der Ermittlung des Cashflows aus der gewöhnlichen Geschäftstätigkeit. Zwei unterschiedliche Vorgehensweisen, die aber bei korrekter Durchführung zum gleichen Ergebnis führen, sind möglich (vgl. dazu oben 2. Abschn., 3. Kap. 1.3.1.1.4 und Übersicht 21 und 22):

Die direkte Methode geht von den Aufwendungen und Erträgen aus und zeigt lediglich deren zahlungswirksame Bestandteile. Voraussetzung für die Anwendung der direkten Methode ist somit die Einbeziehung der Daten der Gewinn- und Verlustrechnung.

Die indirekte Methode geht den umgekehrten Weg, indem der Cashflow aus dem um sämtliche zahlungsunwirksamen Aufwendungen und Erträge korrigierten Jahresergebnis ermittelt wird. Dies ist die in der Praxis üblicherweise angewandte Ermittlungstechnik, obwohl sie weniger aussagekräftig ist als die direkte Vorgehensweise.

Schwachstellen der indirekten Methode

Einerseits werden die wichtigste Quelle der Mittelzuflüsse, die Umsatzeinzahlungen, sowie die bedeutendste Ursache des Abflusses, die laufenden Betriebsauszahlungen, nicht sichtbar (vgl. Busse von Colbe, W. 1993, Sp. 1081). Zum anderen werden durch die Anwendung der indirekten Methode zahlungswirksame und zahlungsunwirksame Posten in der Kapitalflussrechnung vermengt, da die Zahlungsströme der anderen Bereiche weiterhin auf direkte Weise, d.h. durch Gegenüberstellung der Ein- und Auszahlungen, ermittelt werden. Die Kapitalflussrechnung wird dadurch schwerer verständlich und ist gerade für Nicht-Spezialisten kaum nachvollziehbar.

Der große Vorteil der Kapitalflussrechnung, ein leicht verständliches Instrument zur Darstellung der Finanzlage zu bieten, wird damit in Frage gestellt. Kloock (J. 1979, S. 484) lehnt die indirekte Methode darüber hinaus ab, weil sie keine Ergänzung des Jahresabschlusses darstellt und somit gegen den Grundsatz der Zielorientierung verstößt.

Unvollständige Durchführung der Korrekturbuchungen

Ein weiteres Problem, das sich häufig in der Praxis zeigt, liegt darüber hinaus in einer unvollständigen Durchführung der Korrekturbuchungen, die mit der Anwendung der indirekten Methode verbunden sind (vgl. dazu Siener, F. 1991, S. 33ff.). Insbesondere die vereinfachende Regel, nach der der Cashflow aus der Summe von Jahresüberschuss, Abschreibungen und der Veränderung der langfristigen Rückstellungen ermittelt wird, führt zu falschen Ergebnissen, weil zahlreiche zahlungsunwirksame Posten nicht berücksichtigt werden.

1.3.2.3.7 Ausgliederung eines Fonds

Buchhalterische Einheiten

Unabhängig von der Frage der Einbeziehung der Kontenumsätze und/oder der Daten der Gewinn- und Verlustrechnung ist die Ausgliederung eines Fonds zu sehen. Unter einem Fonds versteht man die Zusammenfassung bestimmter Bilanzposten zu einer buchhalterischen Einheit (vgl. KÄFER, K. 1984, S. 41). Durch die Ausgliederung eines solchen Fonds soll die Veränderung der ausgegliederten Bilanzposten erklärt werden.

Abgrenzung nach dem Kriterium der Liquidierbarkeit

Die jeweiligen Fonds umfassen einen bestimmten Bestand an Finanzmitteln, deren Veränderungen in fondswirksamen Investitions- oder Desinvestitionsentscheidungen begründet liegen. Die Abgrenzung bzw. die Definition eines Fonds kann dabei nach dem Kriterium der Liquidierbarkeit in unterschiedlicher Weise von der Einbeziehung allein der (Bar-)Geldmittel bis hin zur Berücksichtigung des gesamten Umlaufvermögens erfolgen. Zusätzliche Analyseerkenntnisse sind durch eine Nettobetrachtung eines bestimmten Finanzmittelbestands möglich. Zu diesem Zweck werden die Aktiva mit fristenkongruenten Passiva – kurzfristige Verbindlichkeiten oder transitorische Passivposten – saldiert (vgl. COENENBERG, A. G. 2003, S. 762 ff.).

Fondsänderungsnachweis und Ursachenrechnung

Die Basisrechnung (Bewegungsbilanz oder Kapitalflussrechnung) wird somit in zwei Teile aufgespalten. Während im Fondsänderungsnachweis die Veränderung des Fonds aufgezeigt wird, sollen mit Hilfe der Gegenbestände- bzw. Ursachenrechnung, die das eigentliche Kernstück solcher zweiteiligen Rechnungen darstellt (vgl. HFA 1/1995, S. 210 f.), die Fondsveränderungen erklärt werden: Zugänge zu den Gegenbestandskonten stellen eine Fondsmittelverwendung dar, Abgänge werden hingegen als Fondszuflüsse interpretiert.

Kriterien zur Definition eines Fonds

Die Definition des Fonds ist maßgeblich für das Aussageziel und die Aussagefähigkeit der Kapitalflussrechnung. Für die Wahl des Fonds sind dabei zwei Kriterien ausschlaggebend:

Größe des Fonds

(1) Die Größe des Fonds, d. h. die Anzahl der einbezogenen Bilanzposten:

Je mehr Bilanzposten in den Fonds einbezogen werden, desto umfangreicher wird der Fondsnachweis und desto weniger Bewegungen werden in der Ursachenrechnung dargestellt. Die Einbeziehung einer Vielzahl von Bilanzposten hat außerdem den Nachteil, dass bewertungsabhängige Bestandteile im Fonds enthalten sind; lediglich ein aus Zahlungsmitteln bestehender Fonds ist (weit gehend) frei von Bewertungseinflüssen. Die Gestaltung des Fonds hängt im Einzelnen von der jeweiligen Zielsetzung der Kapitalflussrechnung ab (vgl. WEILENMANN, P. 1985, S. 13 f.). Letztendlich ist die Anzahl der möglichen Fondstypen nahezu unbegrenzt, da sämtliche Bilanzposten in beliebiger Zusammenstellung zusammengefasst werden können.

(2) Netto- oder Bruttobetrachtung:

Netto- oder Bruttobetrachtung

Fonds werden zum Teil nur aus aktiven Bilanzposten, zum Teil aber auch unter Einbeziehung von passiven Bestandskonten gebildet. Die Berücksichtigung passiver Fondsbestandteile geschieht in Analogie zur Berechnung der statischen Liquiditätsgrade (vgl. COENENBERG, A. G./SCHMIDT, F. 1978, S. 508 f.), hat aber den Nachteil, dass sich fondsinterne Bewegungen saldieren und somit in der Ursachenrechnung nicht dargestellt werden. Dieser Nachteil ist umso gravierender, je größer der gewählte Fonds ist.

Fondsauswahl als reine Umgliederungsmaßnahme

Es wird häufig übersehen, dass es sich bei der Frage der Fondsauswahl lediglich um eine Umgliederungsmaßnahme handelt – die Grunddaten der jeweiligen Rechnung werden nicht beeinflusst. Deswegen kann die Ausgliederung eines Fonds nicht das entscheidende Merkmal einer Kapitalflussrechnung sein (a. A. COENENBERG, A. G./SCHMIDT, F. 1978, S. 510) – die Fondsabgrenzung ist also »nicht begriffskonstituierend« (CHMIELEWICZ, K./CASPARI, B. 1985, S. 160). Dies zeigt sich nicht zuletzt darin, dass eine Fondsabgrenzung auch innerhalb einer Bewegungsbilanz durchgeführt werden kann, ohne dass sich dadurch der Rechnungsinhalt ändert. Eine materielle Änderung des Rechnungsinhalts tritt erst mit der oben dargestellten Berücksichtigung von Kontenumsätzen oder der Einbeziehung der Gewinn- und Verlustrechnung ein. Die heftige Diskussion über die richtige Fondswahl sowie die Frage, ob überhaupt ein Fonds ausgegliedert werden sollte, ist somit nicht ganz verständlich, da es sich um ein reines Ausweisproblem handelt.

Von wesentlich größerer Bedeutung ist der Inhalt der Kapitalflussrechnung – dieser ist im Falle der zahlungsstromorientierten Kapitalflussrechnung zwangsläufig mit einer Darstellung der Veränderung der Zahlungsmittel verbunden. Ob die Veränderung der Zahlungsmittel innerhalb einer Rechnung, die mit einem ausgeglichenen Saldo endet, ausgewiesen wird oder als Ergebnis dieser Rechnung (also als Fonds) ermittelt wird, ist dabei sekundär.

1.3.2.3.8 Gliederung der Kapitalflussrechnung

Ausweisfrage

Es gibt eine Vielzahl verschiedener Gliederungsvorschläge für Kapitalflussrechnungen, die sich sowohl nach der Gliederungssystematik als auch nach der Anzahl der ausgewiesenen Posten unterscheiden. Die Gliederung der Kapitalflussrechnung ist ebenso wie die Ausgliederung eines Fonds eine Ausweisfrage, die den materiellen Inhalt der Rechnung nicht verändert, aber dennoch für deren Aussagefähigkeit von Bedeutung ist.

Konto- oder Staffelform

Sämtliche Gliederungsmodelle gehen auf zwei Grundformen zurück, die auch für Bilanz und Gewinn- und Verlustrechnung eine Rolle spielen – die Konto- und die Staffelform. Die Staffelform hat den Vorzug, dass die Posten zu mehr als zwei Gruppen zusammengefasst und darüber hinaus aussagefähige Zwischensummen gebildet werden können. Ihr wird daher inzwischen sowohl in der Literatur als auch in der Praxis der Vorzug gegeben.

Inhaltliche Gestaltung

Neben diesem formalen Aspekt ist die inhaltliche Gestaltung der Kapitalflussrechnung festzulegen. Mit der Kontoform sowie dem Konzept der Bewegungsbilanz eng verbunden ist die traditionelle Gliederung nach Mittelherkunft und -verwendung, die sich am Aufbau der Bewegungsbilanz orientiert (Aktivmehrungen und Passivminderungen werden als Mittelverwendung, Passivmehrungen und Aktivminderungen als Mittelherkunft ausgewiesen). Dieses von rein buchhalterischen Überlegungen geprägte Gliederungsschema nimmt keine Rücksicht auf den finanzwirtschaftlichen Charakter der zugrunde liegenden Mittelbewegungen (vgl. auch JONAS, H.H. 1984, S. 22). Abgesehen davon führt es zu teilweise unsinnigen bzw. unverständlichen Ergebnissen. So wird ein Rückgang des Bilanzgewinns als Mittelverwendung dargestellt, Abschreibungen hingegen werden als eigener Posten unter der Mittelherkunft ausgewiesen.

Zwei Gliederungsmodelle

Aufgrund dieser Mängel der bloßen Gegenüberstellung von Mittelherkunft und -verwendung sind zwei unterschiedliche Gliederungsmodelle entwickelt worden, die dem finanzwirtschaftlichen Charakter der Kapitalflussrechnung besser Rechnung tragen:

Finanzierungsarten

(1) Die Gliederung nach den Finanzierungsarten zeigt die Herkunft der Zahlungsmittel des Unternehmens getrennt nach Innen- und Außenfinanzierung und führt somit zu einem wertvollen Einblick in die Finanzlage und deren Entwicklung im Zeitvergleich. Das wichtigste Merkmal dieses Gliederungsmodells ist der Charakter der Zahlungsströme aus der Sicht der Finanzwirtschaft des Unternehmens (vgl. JONAS, H.H. 1984, S. 28ff.). Dabei können aus der Zusammensetzung der Innenfinanzierung Rückschlüsse auf das Innenfinanzierungspotenzial und damit auf die wirtschaftliche Stabilität gezogen werden, während eine Analyse der Außenfinanzierung die Zuführung bzw. Entnahme von Eigenkapital und die Entwicklung des Fremdkapitals zeigt.

Aktivitätsformat

(2) Die Gliederung nach dem Aktivitätsformat sieht entsprechend der Vorgehensweise bei der Erfolgsspaltung (vgl. dazu 2. Abschn., 3. Kap. 2.3.1) den getrennten Ausweis der Zahlungssalden der drei betrieblichen Bereiche gewöhnliche Geschäftstätigkeit, Investition und Finanzierung vor. Diese Gliederungsform ist heute nach nationalen und internationalen Standards zur Kapitalflussrechnung üblich und erlaubt eine Beurteilung der Struktur der betrieblichen Zahlungsströme.

Abweichungen

Diese Gliederungsschemata stellen Grundmodelle dar, die wiederum in vielen Abweichungen angewendet werden, zumal zahlreiche Abgrenzungskriterien strittig sind und nicht allgemein gültig geregelt werden können. Bei Vorliegen der notwendigen Informationen (dies ist nur für interne Kapitalflussrechnungen der Fall) können die verschiedenen Gliederungsmodelle ineinander übergeleitet werden. Zwischen den Modellen bestehen logische Verknüpfungen, da sie sich lediglich in Bezug auf die Hauptgliederungsmerkmale unterscheiden (vgl. BUSSE VON COLBE, W. 1993, Sp. 1080).

Fondsunwirksame finanzwirtschaftliche Vorgänge

Offen bleibt bei beiden Modellen, wie fondsunwirksame finanzwirtschaftliche Vorgänge zu behandeln sind (z. B. der Erwerb eines Vermögensgegenstands auf Ziel oder im Zuge einer Sacheinlage). Nach DRS 2 Tz. 52 Buchst. d sollen diese im Anhang erläutert werden, wenn sie von Bedeutung für die Beurteilung der Finanzlage sind. Der FASB sieht eine ähnliche Vorgehensweise vor: Da in der Kapitalflussrechnung ausschließlich zahlungswirksame Geschäftsvorfälle ausgewiesen werden dürfen und eine Vermengung mit zahlungsunwirksamen Bewegungen zu vermeiden ist, müssen zahlungsunwirksame Bewegungen von wesentlicher finanzieller Bedeutung in einer Anlage zur Kapitalflussrechnung dargestellt werden.

1.3.2.4 Würdigung der derivativen Kapitalflussrechnung als Instrument der finanzwirtschaftlichen Bilanzanalyse

Verbesserung der statischen Liquiditätsanalyse

Die Kapitalflussrechnung stellt ein Instrument zur Beurteilung der finanziellen Lage eines Unternehmens oder eines Konzerns dar, das zusätzliche Informationen gegenüber der statischen Liquiditätsanalyse liefert. Die Finanzlage ist gekennzeichnet durch die Sicherung der Zahlungsbereitschaft, die strenge Nebenbedingung und Voraussetzung für das Weiterbestehen eines Unternehmens ist. Obwohl die Zahlungsbereitschaft ex post immer gewährleistet gewesen sein muss – sonst würde das untersuchte Unternehmen nicht mehr bestehen –, können aus einer Analyse der vergangenheitsbezogenen Zahlungsströme wertvolle Aussagen über die gegenwärtige und zukünftige finanzielle Stabilität des Unternehmens gewonnen werden. Untersuchungsgegenstand ist somit der Bestand sowie die Veränderung der liquiden Mittel im Zeitablauf, also jene Bestände, die die Gläubiger zur Erfüllung fälliger Verbindlichkeiten akzeptieren (vgl. GEBHARDT, G. 1984, S. 484).

Veränderungs- und Bewegungsbilanzen ungeeignet

Veränderungs- sowie Bewegungsbilanzen sind als Rechnungen über die Finanzlage ungeeignet, da sie lediglich die Bestandsdifferenzen aufeinander folgender Bilanzen ausweisen. Sie geben keine Auskunft über die Liquiditätsentwicklung, denn zahlungswirksame Bewegungen können aus ihnen nicht ermittelt werden.

Partielle Betrachtung durch Cashflow-Analyse

Cashflow-Rechnungen zeigen nur einen Ausschnitt des finanziellen Geschehens des Unternehmens. Darüber hinaus leiden sie häufig unter einer fehlerhaften, zu stark vereinfachten Berechnungsweise. Bei Anwendung der direkten Methode vermittelt die Cashflow-Rechnung allerdings einen guten Einblick in die Innenfinanzierung und damit in die finanzwirtschaftliche Anpassungsfähigkeit und Handlungsfreiheit eines Unternehmens (vgl. HOLZER, H. P./JUNG, U. 1990, S. 286). Ohne eine Darstellung der Außenfinanzierung sowie der Mittelverwendung bleibt es allerdings bei einer partiellen Betrachtung, sodass eine solche Cashflow-Rechnung grundsätzlich in eine Kapitalflussrechnung integriert werden sollte.

Idealbild einer Finanzierungsrechnung

Das Idealbild einer Finanzierungsrechnung besteht in einem Finanzplan bzw. einer ähnlich aufgebauten retrospektiven Finanzrechnung, in der Ein- und Auszahlungen einander gegenübergestellt werden. Innerhalb des internen Rechnungswesens können solche Rechnungen aus den Kontenumsätzen der Zahlungskonten erstellt werden. Im Rahmen der externen Bilanzanalyse stehen diese Daten nicht zur Verfügung. Daher kann nur versucht werden, durch die Verwendung der Daten des Jahresabschlusses dem Inhalt einer originären Kapitalflussrechnung so nahe wie möglich zu kommen.

Einbeziehung der GuV

Gegenüber der Bewegungsbilanz, in der lediglich die umgegliederten Bilanzdifferenzen ausgewiesen werden, stellt die derivative Kapitalflussrechnung Zahlungsströme dar. Voraussetzung für diese liquiditätsorientierte Betrachtung ist die Einbeziehung der Gewinn- und Verlustrechnung. Erst mit dieser Erweiterung wird ein Rechenwerk konstruiert, das mit einer auf Ein- und Auszahlungen basierenden Finanzierungsrechnung vergleichbar ist (vgl. DELLMANN, K./ KALINSKI, R. 1986, S. 179). Damit erhält die Kapitalflussrechnung eine völlig neue Zielsetzung: Nicht mehr die Erläuterung der Veränderung von Abschlussposten ist Gegenstand der Rechnung, sondern vielmehr die Darstellung der tatsächlichen Zahlungsmittelströme (vgl. HOLZER, H. P./HÄUSLER, H. 1989, S. 230).

Merksätze:

1. Aus der Differenzbildung von zwei aufeinander folgenden Stichtagsbilanzen ergibt sich die Beständedifferenzenbilanz.
2. Durch die Umgliederung der Abzugsposten der Beständedifferenzenbilanz auf die jeweils andere Bilanzseite entsteht die Veränderungsbilanz.
3. Die umgegliederten Bilanzseiten der Veränderungsbilanz werden in der Bewegungsbilanz als Mittelherkunft bzw. Mittelverwendung interpretiert.
4. Die zahlungsstromorientierte Kapitalflussrechnung entsteht letztlich erst durch die Erweiterung der Bewegungsbilanz. Die absoluten Bestandsveränderungen werden durch die ihnen zugrunde liegenden Soll- und Habenbuchungen und die Veränderung des Jahreserfolgs durch die entsprechenden Aufwendungen und Erträge ersetzt.
5. Zur Darstellung der Mittelbewegungen hinsichtlich der Innenfinanzierung findet innerhalb der Kapitalflussrechnung die Ermittlung des Cashflows aus der gewöhnlichen Geschäftstätigkeit statt.
6. Durch die Zusammenfassung bestimmter Bilanzposten zu einem Fonds teilt sich die Kapitalflussrechnung in einen Fondsänderungsnachweis und eine Ursachenrechnung.

1.3.2.5 Beispiel zur externen Erstellung einer Kapitalflussrechnung

Datenbasis

Das folgende Beispiel demonstriert die Vorgehensweise bei der externen Erstellung einer Kapitalflussrechnung.

Vorgehensweise

Die Vorgehensweise bei der Ableitung der Kapitalflussrechnung entspricht den oben diskutierten Arbeitsschritten. Die theoretischen Erläuterungen haben somit auch für das angeführte Beispiel Gültigkeit, sodass an dieser Stelle lediglich auf die Besonderheiten der einzelnen Ermittlungsstufen eingegangen wird.

1.3.2.5.1 Ermittlung der Beständedifferenzenbilanz

Ausgangsbasis der derivativen Ermittlung

Die Beständedifferenzenbilanz stellt die Ausgangsbasis bei der derivativen Ermittlung der Kapitalflussrechnung dar. Sie zeigt die Bruttoveränderungen der Bilanzposten.

Übersicht 29: Beständedifferenzenbilanz – Aktiva

	31.12.01	31.12.02	Veränderung
immaterielles Anlagevermögen	361,3	792,9	431,6
Sachanlagen	6.918,3	7.472,6	554,3
Finanzanlagen	849,0	1.083,9	234,9
Summe Anlagevermögen	8.128,6	9.349,4	1.220,8
geleistete Anzahlungen	408,9	461,5	52,6
Vorräte	7.139,1	7.476,5	337,4
Forderungen aus Lieferungen und Leistungen	5.009,8	5.739,5	729,7
sonstige Forderungen	1.186,5	1.087,5	./. 99,0
Wertpapiere	237,5	119,5	./. 118,0
Zahlungsmittel	858,8	921,2	62,4
sonstige Rechnungsabgrenzungsposten	49,5	64,2	14,7
Disagio	8,9	8,4	./. 0,5
aktivische latente Steuern	34,6	0,0	./. 34,6
Summe Umlaufvermögen	14.933,6	15.878,3	944,7
Bilanzsumme	23.062,2	25.227,7	2.165,5

Übersicht 30: Beständedifferenzenbilanz – Passiva

	31.12.01	31.12.02	Veränderung
gezeichnetes Kapital	1.565,0	1.565,0	0,0
Kapitalrücklage	1.138,1	1.138,1	0,0
Gewinnrücklagen	1.535,1	1.723,2	188,1
Bilanzgewinn	313,0	344,3	31,3
Anteile anderer Gesellschafter	292,0	360,0	68,0
Summe Eigenkapital	4.843,2	5.130,6	287,4
Sonderposten mit Rücklageanteil	214,8	166,9	./. 47,9
Pensionsrückstellungen	4.259,3	4.648,2	388,9
sonstige Rückstellungen	3.809,1	4.359,7	550,6
Anleihen	575,8	503,0	./. 72,8
Verbindlichkeiten gegenüber Kreditinstituten	1.187,7	1.350,6	162,9
Verbindlichkeiten aus Lieferungen und Leistungen	1.983,6	2.248,5	264,9
erhaltene Anzahlungen	2.175,7	2.350,6	174,9
sonstige Verbindlichkeiten	4.007,3	4.462,6	455,3
Rechnungsabgrenzungsposten	5,7	7,0	1,3
Summe Fremdkapital	18.219,0	20.097,1	1.878,1
Bilanzsumme	23.062,2	25.227,7	2.165,5

1.3.2.5.2 Ermittlung der Bewegungsbilanz

Umgliederung der Bewegungsgrößen

Die Ableitung der Veränderungs- und der Bewegungsbilanz aus der Beständedifferenzenbilanz wird hier in einem Schritt zusammengefasst, weil in ihnen die gleichen Daten ausgewiesen werden (zu den Unterschieden vgl. die Erläuterung im Text). Die Bewegungsbilanz entsteht aus der Umgliederung der Bewegungsgrößen der Beständedifferenzenbilanz, indem Aktivzunahmen und Passivabnahmen als Mittelverwendung sowie Passivzunahmen und Aktivabnahmen als Mittelherkunft ausgewiesen werden.

Übersicht 31: Bewegungsbilanz ohne Erweiterungen

MITTELVERWENDUNG		MITTELHERKUNFT	
AKTIVZUNAHMEN:		PASSIVZUNAHMEN:	
immaterielles Anlagevermögen	431,6	Gewinnrücklagen	188,1
Sachanlagen	554,3	Bilanzgewinn	31,3
Finanzanlagen	234,9	Anteile anderer Gesellschafter	68,0
geleistete Anzahlungen	52,6	Pensionsrückstellungen	388,9
Vorräte	337,4	sonstige Rückstellungen	665,2
Forderungen aus Lieferungen und Leistungen	729,7	Verbindlichkeiten gegenüber Kreditinstituten	162,9
Zahlungsmittel	62,4	Verbindlichkeiten aus Lieferungen und Leistungen	264,9
sonstige Rechnungsabgrenzungsposten	14,7	erhaltene Anzahlungen	174,9
		sonstige Verbindlichkeiten	455,3
		Rechnungsabgrenzungsposten	1,3
PASSIVABNAHMEN:		AKTIVABNAHMEN:	
Sonderposten mit Rücklageanteil	47,9	sonstige Forderungen	99,0
Steuerrückstellungen	114,6	Wertpapiere	118,0
Anleihen	72,8	Disagio	0,5
		aktivische latente Steuern	34,6
Summe Bestandsveränderungen	2.652,9	Summe Bestandsveränderungen	2.652,9

1.3.2.5.3 Erweiterung der Bewegungsbilanz um die Kontenbewegungen des Anlagevermögens

Aufspaltung der Nettoveränderungen in Kontenumsätze

Der für eine Bruttobetrachtung erforderliche Ausweis von Stromgrößen setzt die Aufspaltung der in der Bewegungsbilanz ausgewiesenen Nettoveränderungen in die zugrunde liegenden Kontenumsätze voraus. Bei einer externen Aufstellung der Kapitalflussrechnung ist diese Erweiterung der Bewegungsbilanz auf das Anlagevermögen beschränkt, weil eine Angabe von Nettoveränderungen der Bilanzposten nur im Anlagespiegel erfolgt. Dabei gilt folgender Zusammenhang: Die Aktivzunahmen (= Mittelverwendung) werden durch Zugänge und Zuschreibungen ersetzt, die Aktivabnahmen (= Mittelherkunft) hingegen durch Abgänge und Abschreibungen. Da im Anlagespiegel die Abgänge zu historischen Anschaffungskosten ausgewiesen werden, müssen allerdings zunächst die Abgänge zu Restbuchwerten ermittelt werden.

Die Abgänge zu Restbuchwerten können durch die Umgliederung der im Anlagespiegel ausgewiesenen Daten berechnet werden:

Übersicht 32: Abgänge zum Restbuchwert	
	Buchwert zu Beginn des Geschäftsjahrs
+	Zugänge des Geschäftsjahrs
./.	Abschreibungen des Geschäftsjahrs
+	Zuschreibungen des Geschäftsjahrs
./.	Buchwert am Ende des Geschäftsjahrs
=	Abgänge zum Restbuchwert

Übersicht 33: Berechnung der Abgänge zu Restbuchwerten

	Abgänge (Restbuchwert)	Buchwert 31.12.01	Zugänge 02	Abschreibungen 02	Zuschreibungen 02	Buchwert 31.12.02
immaterielles Anlagevermögen	**8,7**	361,3	**518,5**	**78,2**	**0,0**	792,9
Sachanlagen	**324,3**	6.918,3	**2.268,3**	**1.389,7**	**0,0**	7.472,6
Finanzanlagen	**125,3**	849,0	**397,3**	**48,3**	**11,2**	1.083,9
Summe Anlagevermögen	458,3	8.128,6	3.184,1	1.516,2	11,2	9.349,4

Die in Übersicht 33 fett hervorgehobenen Zahlen – die Abgänge zu Restbuchwerten sowie die Zugänge, Abschreibungen und Zuschreibungen des Geschäftsjahrs – werden nun in die Bewegungsbilanz eingesetzt; sie ersetzen die Nettoveränderung der betreffenden Bilanzposten (die Erweiterungen der Bewegungsbilanz werden in der folgenden Übersicht fett dargestellt).

Übersicht 34: Brutto-Bewegungsbilanz

MITTELVERWENDUNG		MITTELHERKUNFT	
AKTIVZUNAHMEN:		PASSIVZUNAHMEN:	
immaterielles Anlagevermögen:		Gewinnrücklagen	188,1
Zugänge	**518,5**	Bilanzgewinn	31,3
Zuschreibungen	**0,0**	Anteile anderer Gesellschafter	68,0
Sachanlagen:		Pensionsrückstellungen	388,9
Zugänge	**2.268,3**	sonstige Rückstellungen	665,2
Zuschreibungen	**0,0**	Verbindlichkeiten gegenüber Kreditinstituten	162,9
Finanzanlagen:		Verbindlichkeiten aus Lieferungen und Leistungen	264,9
Zugänge	**397,3**	erhaltene Anzahlungen	174,9
Zuschreibungen	**11,2**	sonstige Verbindlichkeiten	455,3
geleistete Anzahlungen	52,6	Rechnungsabgrenzungsposten	1,3
Vorräte	337,4		
Forderungen aus Lieferungen und Leistungen	729,7		
Zahlungsmittel	62,4	AKTIVABNAHMEN:	
sonstige Rechnungsabgrenzungsposten	14,7	sonstige Forderungen	99,0
		Wertpapiere	118,0
PASSIVABNAHMEN:		Disagio	0,5
Sonderposten mit Rücklageanteil	47,9	aktivische latente Steuern	34,6
Steuerrückstellungen	114,6	**immaterielles Anlagevermögen:**	
Anleihen	72,8	**Abgänge**	**8,7**
		Abschreibungen	**78,2**
		Sachanlagen:	
		Abgänge	**324,3**
		Abschreibungen	**1.389,7**
		Finanzanlagen:	
		Abgänge	**125,3**
		Abschreibungen	**48,3**
Summe Nettoveränderungen	4.627,4	Summe Nettoveränderungen	4.627,4

Kontrollgröße

Die Summe der Nettoveränderungen hat keine Aussagekraft, sondern dient allein als Kontrollgröße – beide Seiten der Bewegungsbilanz müssen auch nach der Erweiterung um die Kontenumsätze übereinstimmen. Diese Überlegung gilt ebenso für die folgenden Arbeitsschritte. Auch sie sind lediglich Vorstufen zur Ermittlung der Kapitalflussrechnung.

1.3.2.5.4 Erweiterung der Bewegungsbilanz um die Veränderungen des Eigenkapitals

Aufspaltung der Veränderung des Bilanzgewinns

Als nächster Schritt wird die in der Bewegungsbilanz ausgewiesene Veränderung des Bilanzgewinns aufgespalten in den Jahresüberschuss des Geschäftsjahrs, die Veränderung der Rücklagen und die im Geschäftsjahr ausgeschüttete Dividende. Auf eine Kurzformel gebracht lautet dieser Zusammenhang (mit $\Delta\ BG_t$ = Veränderung des Bilanzgewinns gegenüber dem Vorjahr, $JÜ_t$ = Jahresergebnis des Geschäftsjahrs, $\Delta\ RL_t$ = Rücklagenveränderung gegenüber dem Vorjahr, Div_{t-1} = Ausschüttung aus Bilanzgewinn des Vorjahrs):

(F. 3.3)

$$\Delta\ BG_t \quad = \quad JÜ_t\ ./.\ \Delta\ RL_t\ ./.\ Div_{t-1}$$

Diese Größen werden der Gewinn- und Verlustrechnung entnommen. Die Bedeutung dieser Aufbereitungsmaßnahme liegt vor allem in der Einbeziehung des Jahresüberschusses in die Bewegungsbilanz. Sie ist Voraussetzung für die anschließende Erweiterung der Bewegungsbilanz um die Gewinn- und Verlustrechnung.

Berücksichtigung anderer Gesellschafter

Da im vorliegenden Beispiel die Kapitalflussrechnung auf der Grundlage des Konzernabschlusses erstellt wird, ist bei der Erweiterung der Veränderung des Bilanzgewinns außerdem der Anteil der anderen Gesellschafter am Konzernergebnis zu berücksichtigen. Die obige Formel ist daher um die Veränderung der Anteile anderer Gesellschafter zu ergänzen, sodass folgende Aufspaltung vorzunehmen ist (mit $\Delta\ MindA_t$ = Veränderung des Anteils der anderen Gesellschafter am Konzernergebnis):

(F. 3.4)

$$\Delta\ BG_t \quad = \quad JÜ_t\ ./.\ \Delta\ RL_t\ ./.\ Div_{t-1}\ ./.\ \Delta\ MindA_t$$

Die Veränderungen gegenüber der Brutto-Bewegungsbilanz werden in der folgenden Übersicht wiederum fett dargestellt.

Übersicht 35: Erweiterung der Bewegungsbilanz um die Veränderungen des Eigenkapitals

MITTELVERWENDUNG		MITTELHERKUNFT	
AKTIVZUNAHMEN:		PASSIVZUNAHMEN:	
immaterielles Anlagevermögen:		Gewinnrücklagen	188,1
Zugänge	518,5	**Jahresüberschuss**	**690,0**
Zuschreibungen	0,0	Anteile anderer Gesellschafter	68,0
Sachanlagen:		Pensionsrückstellungen	388,9
Zugänge	2.268,3	sonstige Rückstellungen	665,2
Zuschreibungen	0,0	Verbindlichkeiten gegenüber Kreditinstituten	162,9
Finanzanlagen:		Verbindlichkeiten aus Lieferungen und Leistungen	264,9
Zugänge	397,3	erhaltene Anzahlungen	174,9
Zuschreibungen	11,2	sonstige Verbindlichkeiten	455,3
geleistete Anzahlungen	52,6	Rechnungsabgrenzungsposten	1,3
Vorräte	337,4	AKTIVABNAHMEN:	
Forderungen aus Lieferungen und Leistungen	729,7	sonstige Forderungen	99,0
Zahlungsmittel	62,4	Wertpapiere	118,0
sonstige Rechnungsabgrenzungsposten	14,7	Disagio	0,5
PASSIVABNAHMEN:		aktivische latente Steuern	34,6
Sonderposten mit Rücklageanteil	47,9	immaterielles Anlagevermögen:	
Steuerrückstellungen	114,6	Abgänge	8,7
Anleihen	72,8	Abschreibungen	78,2
Dividende 01	**313,0**	Sachanlagen:	
Veränderung Gewinnrücklagen (GuV)	**291,4**	Abgänge	324,3
Veränderung Anteile anderer Gesellschafter (GuV)	**54,3**	Abschreibungen	1.389,7
		Finanzanlagen:	
		Abgänge	125,3
		Abschreibungen	48,3
Summe	5.286,1	Summe	5.286,1

1.3.2.5.5 Erweiterung der Bewegungsbilanz um die Gewinn- und Verlustrechnung

Ersetzen des Jahreserfolgs durch Aufwendungen und Erträge

Als entscheidender Schritt bei der Erstellung einer zahlungsstromorientierten Kapitalflussrechnung werden nun die Daten der Gewinn- und Verlustrechnung in die Bewegungsbilanz einbezogen, indem der im vorigen Schritt isolierte

Jahresüberschuss durch die Aufwendungen und Erträge der Gewinn- und Verlustrechnung ersetzt wird. Um dies zu erreichen, werden die Aufwendungen als Mittelverwendung und die Erträge als Mittelherkunft interpretiert.

Übersicht 36: Erweiterung der Bewegungsbilanz um die Gewinn- und Verlustrechnung

MITTELVERWENDUNG		MITTELHERKUNFT	
AKTIVZUNAHMEN:		PASSIVZUNAHMEN:	
Zugänge immaterielles Anlagevermögen	518,5	Gewinnrücklagen	188,1
Zugänge Sachanlagen	2.268,3	Anteile anderer Gesellschafter	68,0
Zugänge Finanzanlagen	397,3	Pensionsrückstellungen	388,9
Zuschreibungen Finanzanlagen	11,2	sonstige Rückstellungen	665,2
geleistete Anzahlungen	52,6	Verbindlichkeiten gegenüber Kreditinstituten	162,9
Vorräte	337,4	Verbindlichkeiten aus Lieferungen und Leistungen	264,9
Forderungen aus Lieferungen und Leistungen	729,7	erhaltene Anzahlungen	174,9
Zahlungsmittel	62,4	sonstige Verbindlichkeiten	455,3
sonstige Rechnungsabgrenzungsposten	14,7	Rechnungsabgrenzungsposten	1,3
PASSIVABNAHMEN:		AKTIVABNAHMEN:	
Sonderposten mit Rücklageanteil	47,9	sonstige Forderungen	99,0
Steuerrückstellungen	114,6	Wertpapiere	118,0
Anleihen	72,8	Disagio	0,5
Dividende 01	313,0	aktivische latente Steuern	34,6
Veränderung Gewinnrücklagen	291,4	Abgänge immaterielles Anlagevermögen	8,7
Veränderung Anteile anderer Gesellschafter	54,3	Abschreibungen immaterielles Anlagevermögen	78,2
AUFWENDUNGEN:		Abgänge Sachanlagen	324,3
Bestandsveränderung fertige und unfertige Erzeugnisse	**16,8**	Abschreibungen Sachanlagen	1.389,7
Materialaufwand	**21.484,0**	Abgänge Finanzanlagen	125,3
Personalaufwand	**9.832,4**	Abschreibungen Finanzanlagen	48,3
Abschreibungen auf das immaterielle Anlagevermögen und Sachanlagen	**1.467,9**	ERTRÄGE:	
sonstige betriebliche Aufwendungen	**3.447,0**	**Umsatzerlöse**	**36.185,5**
Abschreibungen auf Finanzanlagen	**48,3**	**aktivierte Eigenleistungen**	**135,3**
Abschreibungen auf Wertpapiere des Umlaufvermögens	**5,0**	**sonstige betriebliche Erträge**	**1.272,3**
Zinsergebnis	**102,5**	**Beteiligungsergebnis**	**73,9**
Steueraufwand	**573,1**		
Summe	42.263,1	Summe	42.263,1

1.3.2.5.6 Saldierung der erweiterten Bewegungsbilanz

Isolierung zahlungsunwirksamer Posten

Die Einbeziehung der Gewinn- und Verlustrechnung ist Voraussetzung für die Erstellung einer zahlungsstromorientierten Kapitalflussrechnung, denn erst jetzt können zahlungsunwirksame Posten isoliert und anschließend saldiert werden:

(1) Die bereits durchgeführte Erweiterung der Bewegungsbilanz um die Kontenbewegungen des Anlagevermögens führt dazu, dass die zahlungsunwirksamen Vorgänge im Anlagevermögen doppelt erfasst werden: Die Abschreibungen werden sowohl als Aufwand (= Mittelverwendung) als auch als Aktivabnahme (= Mittelherkunft) ausgewiesen und können unmittelbar miteinander verrechnet werden; ebenso wird bei den Zuschreibungen im Anlagevermögen verfahren, die in der erweiterten Bewegungsbilanz sowohl als Aktivzunahme als auch als Ertrag erfasst werden.

(2) Neben der Saldierung der doppelt ausgewiesenen Posten werden sich entsprechende Posten aus Bilanz und Gewinn- und Verlustrechnung einander zugeordnet und miteinander verrechnet. Rechentechnisch werden dabei Posten der gleichen Bewegungsbilanzseite addiert, während Posten der anderen Seite subtrahiert werden.

Exemplarische Erläuterung

Die Überlegung, die hinter der Zuordnung und Verrechnung der Posten aus Bilanz und Gewinn- und Verlustrechnung steht, soll exemplarisch anhand der Ermittlung der Umsatzeinzahlungen und der Materialauszahlungen erläutert werden (vgl. hierzu ausführlich SIENER, F. 1991, S. 129f.):

Umsatzeinzahlungen

(1) Die Umsatzerlöse werden in der erweiterten Bewegungsbilanz als Mittelherkunft ausgewiesen, obwohl sie nicht in voller Höhe zahlungswirksam waren. Um nun die zahlungswirksamen Umsatzeinzahlungen zu ermitteln, werden die Umsatzerlöse um die Zunahme der Forderungen aus Lieferungen und Leistungen gekürzt (= Ertrag, aber noch keine Einzahlung) und um die Zunahme der erhaltenen Anzahlungen erhöht (= Einzahlung, aber noch kein Ertrag).

Materialauszahlungen

(2) Bei der Ermittlung der Materialauszahlungen wird entsprechend vorgegangen, indem der Materialaufwand um die zahlungsunwirksamen Vorgänge korrigiert wird. Im vorliegenden Beispiel ist der Materialaufwand um die gestiegenen Verbindlichkeiten aus Lieferungen und Leistungen zu kürzen (= Aufwand, aber noch keine Auszahlung), hingegen sind der Anstieg der geleisteten Anzahlungen und der Vorräte (= Auszahlung, aber noch kein Aufwand) sowie der Bestandsabbau an fertigen und unfertigen Erzeugnissen (= Aufwand jetzt, Auszahlung früher) zu addieren. Die Addition des Bestandsabbaus hat deshalb zu erfolgen, weil durch den zusammengefassten Ausweis der Vorräte in der Bilanz die (auszahlungswirksame) Zunahme der Vorräte genau um diesen Betrag zu niedrig ausgewiesen wird.

Bestimmungsfaktoren der Richtigkeit und Genauigkeit

Von dem Umfang der vorgenommenen Verrechnungen hängen die Genauigkeit und die Richtigkeit der zahlungsstromorientierten Kapitalflussrechnung ab, wobei im Idealfall bei dieser Saldierung alle zahlungsunwirksamen Vorgänge miteinander verrechnet werden sollten. Bei einer externen Erstellung der Kapitalflussrechnung ist eine vollständige Verrechnung allerdings unmöglich, sodass die Kapitalflussrechnung immer gewisse Verzerrungen und Ungenauigkeiten beinhaltet:

Unbare Geschäftsvorfälle

- Unbare Geschäftsvorfälle sind aus dem Bilanzvergleich nicht ersichtlich und können folglich nicht eliminiert werden. Ein durch Krediteinräumung finanzierter Anlagenzugang erscheint deshalb sowohl als Investitionsauszahlung als auch als Finanzierungseinzahlung, obwohl tatsächlich kein Zahlungsstrom mit der Transaktion verbunden war. Ein weiterer Problembereich sind die sonstigen betrieblichen Erträge und Aufwendungen, deren zahlungsunwirksame Bestandteile nur unvollständig aus den Angaben des Anhangs ermittelt werden können.

Zuordnungsprobleme

- Des Weiteren treten Probleme bei der Zuordnung der Posten der erweiterten Bewegungsbilanz zu den Bereichen der Kapitalflussrechnung auf. So wären Erträge aus Abgängen des Anlagevermögens dem Investitionsbereich, nicht aber dem Bereich der gewöhnlichen Geschäftstätigkeit zuzuordnen. Gleiches gilt für die Zuordnung der Forderungen und Verbindlichkeiten aus Lieferungen und Leistungen, die in voller Höhe dem Bereich der gewöhnlichen Geschäftstätigkeit zugeordnet werden, auch wenn sie Investitions- oder Desinvestitionsmaßnahmen betreffen.

Grundsätzliches Problem der Bilanzanalyse

Diese Mängel der externen Kapitalflussrechnung sollten nicht von ihrer Erstellung abhalten, denn für die Zwecke der Bilanzanalyse liegen beim Fehlen einer intern erstellten Kapitalflussrechnung keine besseren Informationen zur Finanzlage eines Unternehmens vor. Es handelt sich bei diesen Einschränkungen um ein grundsätzliches Problem der Bilanzanalyse; der Analyst einer extern erstellten Kapitalflussrechnung sollte sich dieser Beschränkungen allerdings bewusst sein, um keinen Fehlurteilen hinsichtlich des Inhalts der Kapitalflussrechnung zu erliegen.

Übersicht 37: Saldierung und Umgliederung der erweiterten Bewegungsbilanz

MITTELVERWENDUNG		MITTELHERKUNFT	
AKTIVZUNAHMEN:		PASSIVZUNAHMEN:	
Zugänge immaterielles Anlagevermögen	518,5	Anteile anderer Gesellschafter (Bilanz)	68,0
Zugänge Sachanlagen	2.268,3	./. Veränderung Anteile anderer Gesellschafter (GuV)	./. 54,3
./. aktivierte Eigenleistungen	./. 135,3		
Zugänge Finanzanlagen	397,3	Verbindlichkeiten gegenüber Kreditinstituten	162,9
./. anteilige Jahresergebnisse assoziierter Unternehmen	./. 15,7	sonstige Verbindlichkeiten	455,3
Zahlungsmittel	62,4		
PASSIVABNAHMEN:		AKTIVABNAHMEN:	
Anleihen	72,8	sonstige Forderungen	99,0
Dividende 01	313,0	Wertpapiere	118,0
Veränderung Gewinnrücklagen (GuV)	291,4	./. Abschreibungen auf Wertpapiere	./. 5,0
./. Zunahme Gewinnrücklagen (Bilanz)	./. 188,1	Abgänge immaterielles Anlagevermögen	8,7
AUFWENDUNGEN:		Abgänge Sachanlagen	324,3
Materialaufwand	21.484,0	Abgänge Finanzanlagen	125,3
+ Zunahme geleisteter Anzahlungen	+ 52,6	ERTRÄGE:	
./. Zunahme Verbindlichkeiten aus Lieferungen und Leistungen	./. 264,9	Umsatzerlöse	36.185,5
		+ Zunahme erhaltener Anzahlungen	+ 174,9
+ Zunahme Vorräte	+ 337,4	./. Zunahme Forderungen aus Lieferungen und Leistungen	./. 729,7
+ Bestandsabbau fertige und unfertige Erzeugnisse	+ 16,8	sonstige betriebliche Erträge	1.272,3
Personalaufwand	9.832,4	./. Zuschreibungen	./. 11,2
./. Zunahme Pensionsrückstellungen	./. 388,9	./. Veränderung Sonderposten mit Rücklageanteil	./. 47,9
sonstige betriebliche Aufwendungen	3.447,0		
+ Zunahme aktivischer Rechnungsabgrenzungsposten	+ 14,7	+ Zunahme passivischer Rechnungsabgrenzungsposten	+ 1,3
./. Zunahme sonstiger Rückstellungen	./. 665,2	Beteiligungsergebnis	73,9
Zinsergebnis	102,5	./. anteilige Jahresergebnisse der assoziierten Unternehmen	./. 15,7
./. Abnahme Disagio	./. 0,5		
Steueraufwand	573,1		
+ Abnahme Steuerrückstellungen	+ 114,6		
./. Abnahme aktivischer latenter Steuern	./. 34,6		
Summe	38.205,6	Summe	38.205,6

1.3.2.5.7 Umgliederung der Posten zur Kapitalflussrechnung

Gliederung nach dem Aktivitätsformat

Als letzter Schritt bei der Ermittlung der Kapitalflussrechnung sind die Posten der Bewegungsbilanz nach Saldierung und Zuordnung entsprechend dem Gliederungsschema der Kapitalflussrechnung umzugliedern. Die Kapitalflussrechnung wird hier nach dem Aktivitätsformat erstellt, untergliedert in die Bereiche Geschäftstätigkeit, Investitionen und Finanzierung. Dieses Format entspricht dem Gliederungsschema anglo-amerikanischer Kapitalflussrechnungen (zu Detailproblemen bei der Zuordnung vgl. z. B. DELLMANN, K./AMEN, M. 2000). Als Fonds werden in dieser zahlungsstromorientierten Kapitalflussrechnung die Zahlungsmittel ausgewiesen; die Fondsveränderung muss mit der Veränderung des entsprechenden Bilanzpostens übereinstimmen.

Übersicht 38: Kapitalflussrechnung

(1) BEREICH DER GEWÖHNLICHEN GESCHÄFTSTÄTIGKEIT:		
Umsatzeinzahlungen		35.630,7
+ sonstige betriebliche Einzahlungen		1.214,5
+ Beteiligungseinzahlungen		58,2
./. Materialauszahlungen		./. 21.625,9
./. Personalauszahlungen		./. 9.443,5
./. sonstige betriebliche Auszahlungen		./. 2.796,5
./. Finanzauszahlungen		./. 102,0
./. Steuerauszahlungen		./. 653,1
= **Zahlungsmittelüberschuss aus der gewöhnlichen Geschäftstätigkeit (Cashflow)**		2.282,4
(2) INVESTITIONSBEREICH:		
Auszahlungen für den Erwerb von Gegenständen des Anlagevermögens		./. 2.651,5
davon immaterielle Vermögensgegenstände	518,5	
davon Sachanlagen	2.133,0	
Auszahlungen für die Gewährung von Ausleihungen oder den Erwerb von Beteiligungen oder Wertpapieren		./. 381,6
Einzahlungen aus dem Verkauf von Gegenständen des Anlagevermögens		333,0
davon immaterielle Vermögensgegenstände	8,7	
davon Sachanlagen	324,3	
Einzahlungen aus der Tilgung von Ausleihungen oder der Veräußerung von Beteiligungen oder Wertpapieren		337,3
= **Zahlungsmittelfehlbetrag aus dem Investitionsbereich**		./. 2.362,8

Übersicht 38: (Fortsetzung)		
(3) FINANZIERUNGSBEREICH:		
Auszahlungen an die Gesellschafter (Dividende 01)	./.	313,0
+ Einzahlungen aus der Aufnahme von Fremdkapital		618,2
./. Auszahlungen für die Tilgung von Fremdkapital	./.	72,8
= **Zahlungsmittelüberschuss aus dem Finanzierungsbereich**		232,4
(4) KONSOLIDIERUNGSTECHNISCHER VERRECHNUNGSBEREICH:	./.	89,6
= **Veränderung des Zahlungsmittelbestands = (1) + (2) + (3) + (4)**		62,4

Konsolidierungstechnischer Verrechnungsbereich

Der ›konsolidierungstechnische Verrechnungsbereich‹ resultiert aus der Differenz zwischen der Veränderung des Konzerneigenkapitals in der Konzernbilanz und in der Konzern-Gewinn- und Verlustrechnung, die eine vollständige Aufrechnung dieser (zahlungsunwirksamen) Bewegungen verhindert. Dieser Unterschiedsbetrag ist dadurch bedingt, dass die Veränderung der Rücklagen und der Anteile anderer Gesellschafter in der Konzernbilanz nicht nur durch die Gewinnverwendung, sondern auch durch andere Faktoren, wie z. B. die Veränderungen des Konsolidierungskreises, verursacht wird. Da die Veränderung des Eigenkapitals nicht separat auszuweisen ist, können diese zahlungsunwirksamen Vorgänge bei einer externen Erstellung der Kapitalflussrechnung nicht isoliert werden.

Die Ermittlung des ausgewiesenen Unterschiedsbetrags wird in der folgenden Übersicht dargestellt.

Übersicht 39: Ermittlung des konsolidierungstechnischen Verrechnungsbereichs

MITTELVERWENDUNG		MITTELHERKUNFT	
Veränderung Gewinnrücklagen (GuV)	291,4	Veränderung Gewinnrücklagen (Bilanz)	188,1
Veränderung Anteile anderer Gesellschafter (GuV)	54,3	Veränderung Anteile anderer Gesellschafter (Bilanz)	68,0
SALDO:	./. 89,6		

1.3.2.5.8 Ermittlung des Cashflows nach der indirekten Methode

Geringere Aussagekraft

Der Cashflow wurde in der obigen Kapitalflussrechnung nach der direkten Methode ermittelt. Alternativ kann er auch nach der indirekten Methode ausgewiesen werden, indem der Jahresüberschuss um die zahlungsunwirksamen Bestandteile korrigiert wird. Diese Ausweistechnik ist insbesondere bei einer Integration in die zahlungsstromorientierte Kapitalflussrechnung weniger aussagekräftig als die direkte Methode, weil die zahlungswirksamen Vorgänge der Geschäftstätigkeit gerade nicht ausgewiesen werden. Die Vorgehensweise bei der Berechnung des Cashflows nach der indirekten Methode wird hier dennoch der Vollständigkeit halber demonstriert. Das Ergebnis muss mit dem oben ermittelten Cashflow übereinstimmen, da es sich bei der indirekten Methode lediglich um eine andere Ermittlungstechnik handelt.

Übersicht 40: Ermittlung des Cashflows nach der indirekten Methode

BEREICH DER GEWÖHNLICHEN GESCHÄFTSTÄTIGKEIT:			
	Jahresüberschuss		690,0
+	Wertminderungen:		
	+	Abschreibungen immaterielles Anlagevermögen und Sachanlagen	1.467,9
	+	Abschreibungen Finanzanlagen und Wertpapiere des Umlaufvermögens	53,3
	+	Abnahme aktivischer latenter Steuern	34,6
	+	Abnahme Disagio	0,5
./.	Werterhöhungen:		
	./.	Zuschreibungen	./. 11,2
	./.	Abnahme Sonderposten mit Rücklageanteil	./. 47,9
	./.	nicht ausgeschüttete Gewinne von assoziierten Unternehmen	./. 15,7
	./.	aktivierte Eigenleistungen	./. 135,3
+	Zunahme Rückstellungen		939,5
+	Ertragslose Einzahlungen:		
	+	Zunahme Verbindlichkeiten aus Lieferungen und Leistungen	264,9
	+	Zunahme erhaltene Anzahlungen	174,9
	+	Zunahme passivischer Rechnungsabgrenzungsposten	1,3
./.	Aufwandslose Auszahlungen:		
	./.	Zunahme Forderungen aus Lieferungen und Leistungen	./. 729,7
	./.	Zunahme geleistete Anzahlungen	./. 52,6
	./.	Zunahme aktivischer Rechnungsabgrenzungsposten	./. 14,7
	./.	Zunahme Vorräte	./. 337,4
=	**Zahlungsmittelüberschuss aus der gewöhnlichen Geschäftstätigkeit (Cashflow)**		2.282,4

1.3.2.5.9 Beurteilung der Kapitalflussrechnung und Analyse der Cashflows

Einblick in die zukünftige Finanzlage

Im Anschluss an die Ermittlung der Kapitalflussrechnung sind die Ergebnisse dieser beispielhaften Berechnung zu analysieren und zu beurteilen, denn die Zielsetzung der Kapitalflussrechnung besteht darin, weiter gehende Aussagen über die Finanzlage eines Unternehmens bzw. Konzerns zu formulieren. Dabei dient die Erstellung einer retrospektiven Kapitalflussrechnung vor allem dem Ziel, einen Einblick in die zukünftige Entwicklung der Finanzlage zu ermöglichen. Fundierte Vorhersagen über die finanzielle Entwicklung sind jedoch auf der Grundlage der Zahlungsströme eines einzelnen Geschäftsjahrs nicht möglich, sodass mehrere Geschäftsjahre im Zeitablauf zu untersuchen sind (auf diese Berechnung wurde im vorliegenden Beispiel verzichtet).

Analyse der Kapitalflussrechnung

Grundsätzlich zu unterscheiden im Rahmen einer externen Analyse der Kapitalflussrechnung sind die absolute Analyse sowie Zeit- und Branchenvergleiche. Während bei der absoluten Analyse ausschließlich die Kapitalflussrechnung der laufenden Periode – etwa in Form einer Gegenüberstellung des operativen Cashflows und des Cashflows aus der Investitionstätigkeit oder durch Bildung verschiedener (relativer) Kennzahlen – ausgewertet wird, gehen Zeit- und Branchenvergleiche der Frage nach, »ob bei den einzelnen Werten der Kapitalflußrechnung signifikante Abweichungen zur Vergleichsperiode bzw. zur Struktur der Branche vorliegen« (SIENER, F. 1998, S. 82). Liegen dem Bilanzanalysten Planrechnungen vor, können auch Plan und Ist miteinander verglichen werden. In der Beurteilung der dynamischen Finanzlage des Untersuchungsobjekts sollten weiterhin möglicherweise vorliegende Sondereffekte, die nicht nachhaltig sind, und über das Zahlenwerk hinausgehende sonstige Informationen in die Interpretation der Ergebnisse einbezogen werden (vgl. SIENER, F. 1998, S. 83).

Die dargestellte Aufstellung der Kapitalflussrechnung nach dem Aktivitätsformat erlaubt einen Einblick in die Zahlungsströme der verschiedenen betrieblichen Bereiche. Neben der Höhe der einzelnen Ein- und Auszahlungen ist insbesondere die Entwicklung der Zahlungsmittelsalden von Interesse:

Cashflow

(1) Der Cashflow aus der gewöhnlichen Geschäftstätigkeit ist ein Maßstab der selbst erwirtschafteten Zahlungsmittel und kann zur Berechnung weiterer Kennzahlen, wie z. B. der Investitionsdeckung oder des dynamischen Verschuldungsgrads, herangezogen werden.

Zahlungsmittelsaldo des Investitionsbereichs

(2) Der Zahlungsmittelsaldo des Investitionsbereichs ist in der Regel negativ, da die Investitionsauszahlungen bei normalem Geschäftsverlauf die Desinvestitionseinzahlungen übersteigen. Im vorliegenden Beispiel ist der Zahlungsmittelfehlbetrag aus dem Investitionsbereich höher als der Zahlungsmittelüberschuss der gewöhnlichen Geschäftstätigkeit, d.h., es wurde mehr investiert als verdient. Dieser Zusammenhang wäre bei einer umfassenden Analyse des Jahresabschlusses genauer zu untersuchen (im

Beispiel resultiert der Fehlbetrag aus einer wesentlichen Veränderung des Konsolidierungskreises und den damit angefallenen Auszahlungen).

Zahlungsmittelfehlbetrag

(3) Das erhebliche Wachstum, das sich in dem hohen Zahlungsmittelfehlbetrag aus dem Investitionsbereich niederschlägt, wurde durch einen starken Anstieg der Fremdfinanzierung ausgeglichen, sodass sogar noch eine Zunahme der Zahlungsmittel in Höhe von 62,4 Geldeinheiten verzeichnet werden konnte. Dies zeigt deutlich, dass es unmöglich ist, allein von der Veränderung des Zahlungsmittelsaldos (oder einer anderen Bestandsgröße) auf die finanzielle Entwicklung zu schließen, denn die Zu- oder Abnahme der liquiden Mittel an sich ist weder positiv noch negativ zu beurteilen. Erst die Untersuchung der Veränderung dieser Größe im Zeitablauf, ihrer absoluten Höhe sowie vor allem die Analyse der Ursachen der Veränderung ermöglichen ein Urteil über die finanzielle Entwicklung.

Weiterhin sollte der externe Analyst zur ansatzweisen Beurteilung der (zukünftigen) Liquiditätslage im Erläuterungsteil zur Kapitalflussrechnung respektive dem gesamten Anhang nach weiteren Informationen, etwa über freie Kreditlinien oder Zahlungstermine, suchen (vgl. BIEG, H./KUSSMAUL, H. 2000, S. 350f.).

Ergebnis

(4) Als Ergebnis der Analyse der hier ermittelten Kapitalflussrechnung kann festgehalten werden, dass das Wachstum des Konzerns im untersuchten Geschäftsjahr finanziell gut verkraftet wurde; weiter gehende Aussagen, insbesondere zu der Höhe der verschiedenen Zahlungsmittelsalden, erfordern eine Betrachtung der Zahlungsströme im Zeitablauf.

Einschränkungen

Bei allen Aussagen zu den Ergebnissen der Kapitalflussrechnung muss man sich der systembedingten Fehler bei ihrer Erstellung bewusst sein. Hierzu zählen einerseits die Strukturverzerrungen, die sich aus der beschränkten Verrechnungsmöglichkeit der zahlungsunwirksamen Vorgänge im Rahmen der externen Bilanzanalyse ergeben. Andererseits resultieren weitere Fehler aus der Ableitung der Kapitalflussrechnung aus dem Konzernabschluss. Dabei ist insbesondere an die Auswirkungen der Veränderungen des Konsolidierungskreises zu denken, die sämtliche Bereiche der Konzernbilanz und damit auch der Konzernkapitalflussrechnung berühren, obwohl ihnen Investitionsauszahlungen zugrunde liegen. Im vorliegenden Beispiel wird der Zahlungsmittelfehlbetrag aus dem Investitionsbereich nicht in voller Höhe ausgewiesen, weil sich die Veränderung des Konsolidierungskreises ebenfalls im Bereich der gewöhnlichen Geschäftstätigkeit und im Finanzierungsbereich auswirkt. Ferner lassen sich die Auswirkungen der Umrechnung ausländischer Abschlüsse nicht in der Kapitalflussrechnung isolieren, sodass alle Zahlungsvorgänge durch die zahlungsunwirksamen Umrechnungseffekte beeinflusst werden.

Sinnvolle Ergänzung der Bilanzanalyse

All diese Unzulänglichkeiten beruhen auf den Wissensbeschränkungen des Analysten und sind der externen Erstellung einer Kapitalflussrechnung immanent. Während dies in der Vergangenheit die Aussagekraft einer finanzwirtschaftlichen Analyse mittels Kapitalflussrechnung einschränkte, besteht durch die Regelung in § 297 HGB die Notwendigkeit zur externen Erstellung einer Kapitalflussrechnung nur noch in wesentlich geringerem Umfang. Denn nach § 297 Abs. 1 HGB muss jedes kapitalmarktorientierte Mutterunternehmen seinen Konzernabschluss um eine zahlungsstromorientierte Kapitalflussrechnung erweitern (vgl. hierzu KÜTING, K./WEBER, C.-P. 2003, S. 472 ff.). Im Zuge der internen Erstellung können die oben beschriebenen Mängel weit gehend vermieden werden. Zwar werden auch intern erstellte Kapitalflussrechnungen in aller Regel derivativ aus dem Konzernabschluss bzw. den Abschlüssen der Konzernunternehmen ermittelt, zur Eliminierung zahlungswirksamer Vorgänge kann jedoch auf die Informationen aus dem Rechnungswesen zurückgegriffen werden. Für den Bilanzanalysten erübrigt sich daher in vielen Fällen die Notwendigkeit der externen Ableitung einer Kapitalflussrechnung.

Fällt das zu analysierende Unternehmen nicht unter den Geltungsbereich des § 297 Abs. 1 Satz 2 HGB und ist demzufolge nicht zur Aufstellung einer Kapitalflussrechnung verpflichtet, sollte dennoch nicht auf ihre externe Ableitung verzichtet werden. Denn trotz der Einschränkungen bei der externen Erstellung der Kapitalflussrechnung wird die zahlungsstromorientierte Kapitalflussrechnung als eine sinnvolle Ergänzung der Bilanzanalyse angesehen. Sie erlaubt einen zusätzlichen Einblick in die finanzielle Entwicklung, der allein aufgrund von Bilanz und Gewinn- und Verlustrechnung nicht möglich wäre. Die Zusammenfassung wichtiger finanzieller Vorgänge – die Mittelbeschaffung im Rahmen der Geschäftstätigkeit, die Verwendung der Mittel für Investitionen und die Bedeutung der Außenfinanzierung – in einer Rechnung gibt einen Überblick über die Finanzlage und ermöglicht die Berechnung weiterer Kennzahlen.

Unabhängig von einer Verpflichtung des zu analysierenden Unternehmens zählen das Wissen um die Erstellungsproblematik sowie die Fähigkeit zur Interpretation einer Kapitalflussrechnung zu den elementaren Bestandteilen einer modernen finanzwirtschaftlichen Bilanzanalyse. Mit Blick auf eine Shareholder Value-orientierte Bilanzanalyse finden sich in der Kapitalflussrechnung zahlreiche Ansatzpunkte für eine als Nachrechnungsinstrument ausgestaltete externe unternehmenswertorientierte Performancemessung.

1.4 Kombinierte Ansätze

Ziel: finanzielles Gleichgewicht

Wie bereits erwähnt, besteht das Kernanliegen erwerbswirtschaftlich geführter Unternehmen im Erreichen des finanziellen Gleichgewichts. Dieser Zustand ist erreicht, wenn die finanziellen Dispositionen derart getroffen sind, dass der Betrieb jederzeit zahlungsfähig ist und zugleich sein Gewinnmaximum erreicht (vgl. WÖHE, G./BILSTEIN, J. 2002, S. 23).

Da sich die maßgeblichen Zielgrößen Erfolg und Liquidität wechselseitig beeinflussen, müssen diese simultan geplant werden, um das finanzielle Gleichgewicht zu erreichen. Dieser Ansatz lässt sich indes allenfalls für einzelne isolierte Aktivitäten realisieren. Dagegen ist eine das gesamte (strategische) Investitionsprogramm eines Unternehmens umfassende Planung aus Komplexitätsgründen regelmäßig zum Scheitern verurteilt. Dieser Umstand macht es erforderlich, einen Bereich zum Ausgangspunkt der strategischen Überlegungen zu wählen. Namentlich bei konservativen Unternehmen ist dies der finanzwirtschaftliche Bereich. Bei der Gestaltung ihrer Finanzierungsstruktur orientieren sie sich an Bonitätsanforderungen, die den Erwartungen der Kapitalgeber gerecht werden.

Vorbild: Kriterien des BAV

Im Gegensatz zu den eindimensionalen vertikalen oder horizontalen Bilanzstrukturregeln finden dabei unterschiedliche Relationen Berücksichtigung, die jeweils bestimmte Anforderungen an die finanzielle Struktur des Unternehmens formulieren. Verbreitet orientieren sich diese Anforderungen an jenen Bonitätskriterien, die das damalige Bundesaufsichtsamt für das Versicherungswesen (BAV) (heute: Bundesanstalt für Finanzdienstleistungsaufsicht (BaFin)) im Hinblick auf die Vermögensanlagetätigkeit von Versicherungsunternehmen zur Beurteilung von Schuldnern entwickelt hat, denen Darlehen gewährt werden sollen (vgl. BAV 1975, S. 105; F. 3.5).

(F. 3.5)

1. Eigenkapital	$\geq$	$\frac{\text{Gesamtkapital}}{3}$
2. Eigenkapital	$\geq$	80 % des Anlagevermögens
3. Langfristiges Kapital	$\geq$	langfristiges Vermögen
4. Effektivverschuldung	$\leq$	3,5facher Cashflow

Als langfristiges Kapital gelten nach diesen Bonitätsregeln das Eigenkapital, die langfristigen Verbindlichkeiten und die Pensionsrückstellungen. Zum langfristigen Vermögen rechnen das Anlagevermögen und die langfristig gebundenen Teile des Umlaufvermögens (eiserner Bestand). Die Effektivverschuldung ist schließlich definiert als Summe der Verbindlichkeiten abzüglich der liquiden Mittel.

Zwischenzeitlich wurden die in F. 3.5 dargestellten Bonitätskriterien abgelöst durch ein vom Gesamtverband der Versicherungswirtschaft entwickeltes, mit dem damaligen Bundesaufsichtsamt für das Versicherungswesen (BAV) abgestimmtes Beurteilungsverfahren (vgl. BAV 1995, S. 363 ff.). Im Kern orientiert sich allerdings auch dieser so genannte Kreditleitfaden an bestimmten Mindestanforderungen auf der Grundlage bilanzieller Kennzahlen.

Bayer-Formel

In etwas modifizierter Form haben die vorstehenden Bonitätsregeln ihren Niederschlag in der so genannten Bayer-Formel gefunden (vgl. F. 3.6). Sie enthält jene mit dem damaligen Bundesaufsichtsamt für das Versicherungswesen abgestimmten Grenzwerte, bei deren Einhaltung die für anlagesuchende Versicherungsunternehmen bedeutsame Bonität der seinerzeit begebenen Bayer-Anleihe auch ohne dingliche Absicherung als gegeben unterstellt wurde (vgl. LOISTL, O. 1986, S. 120f.).

(F. 3.6)

1. Eigenkapital	≥	70 % des Anlagevermögens
2. Eigenkapital + langfristiges Fremdkapital	≥	Anlagevermögen
3. Fremdkapital	≤	3,5facher Cashflow

Beurteilung

Ebenso wie die eindimensionalen horizontalen oder vertikalen Finanzierungsregeln lassen auch die vorstehend dargestellten kombinierten Anforderungskriterien eine unter Liquiditätsgesichtspunkten optimale Finanzierung nicht erwarten. Die Gründe – insbesondere die unter Liquiditätsgesichtspunkten beschränkte Aussagefähigkeit des in sie einfließenden Zahlenmaterials aus dem handelsrechtlichen Jahresabschluss sowie die allenfalls ansatzweise Ausrichtung der Finanzierungsregeln auf die dynamische Liquidität des Unternehmens – wurden an anderer Stelle bereits ausführlich erörtert (vgl. 2. Abschn., 3. Kap. 1.2). Als »Spielregeln der Kreditierung« (RICHTER, F. 1999, S. 97) haben diese heuristischen Verfahren in der Praxis dennoch Bedeutung erlangt, indem sie die Verantwortlichen dazu bewegen, die Planung der Kapitalstruktur sowie der zu erzielenden Mindestrendite an diesen Vorgaben auszurichten.

Unter diesem Blickwinkel müssen sie auch aus bilanzanalytischer Sicht gewürdigt werden. D. h., aus der Einhaltung der einzelnen Bonitätskriterien sollte nicht ohne weiteres (positiv) auf eine fristenkongruente Finanzierung und ordnungsgemäße Liquiditätsplanung geschlossen werden. Aussagekräftiger ist vielmehr ihre Nichteinhaltung; sie muss Anlass zu einer Ursachenforschung geben.

2. Analyse des Erfolgs

2.1 Teilgebiete der Erfolgsanalyse

Ziel der Erfolgsanalyse

Das erste Ziel eines unter marktwirtschaftlichen Bedingungen geführten Unternehmens ist es, gegenwärtig und in Zukunft Gewinne zu erzielen. Nur so können die Leistungsfähigkeit und ein ausreichendes Unternehmenswachstum ermöglicht sowie Entnahmen bzw. Gewinnausschüttungen gewährleistet werden. Die Beurteilung dieser zukünftigen nachhaltigen Gewinnerzielungsfähigkeit – allgemein auch als Ertragskraft bezeichnet – ist das Ziel der erfolgswirtschaftlichen Bilanzanalyse (vgl. GRÄFER, H. 2001, S. 52 f.).

Zwar ist die Grundlage der Analyse des Erfolgs eines Unternehmens wiederum der veröffentlichte handelsrechtliche Jahresabschluss, von dem die Generalklausel in § 264 Abs. 2 HGB auch die Vermittlung eines den tatsächlichen Verhältnissen entsprechenden Bildes der Ertragslage fordert, dennoch muss das Beurteilungskriterium der erfolgswirtschaftlichen Bilanzanalyse eine unter ökonomischen Gesichtspunkten definierte Erfolgsgröße sein. Rein handels- oder steuerrechtliche Einflüsse der Bilanzerstellung müssen möglichst vermieden werden.

Gewinndefinition und -ermittlung

Der Gewinnbegriff im betriebswirtschaftlichen Sinn wird bestimmt durch den Geldbetrag, der einem Unternehmen in einem Geschäftsjahr bei Erhaltung der Leistungsfähigkeit und Sicherung des künftigen (gleich bleibenden) Einkommens maximal entzogen werden kann. Er ist somit abhängig von der Konzeption der Unternehmenserhaltung bzw. von der Definition des Ertragswerts (vgl. WÖHE, G. 2002, S. 1079 f.; WÖHE, G. 1997, S. 350 ff.). Bei der Analyse erweist sich damit insbesondere das der handelsrechtlichen Gewinnermittlung zugrunde liegende Nominalwertprinzip (Euro = Euro) als problematisch, aber auch das Prinzip der Anschaffungs- und Herstellungskosten kann zum Ausweis erheblicher Scheingewinne führen. Die Analyse wird neben diesen durch die grundsätzliche Diskrepanz zwischen der handelsrechtlichen und betriebswirtschaftlichen Bilanzauffassung verursachten Problemen gerade durch die Existenz umfangreicher Bilanzierungs- und Bewertungswahlrechte und Ermessensspielräume zusätzlich erschwert (vgl. SCHULT, E. 2003, S. 79 ff.).

Sonstige Teilgebiete der Erfolgsanalyse

Neben der Ermittlung des tatsächlichen Unternehmenserfolgs steht insbesondere die Analyse der Erfolgsstruktur im Mittelpunkt des Interesses. Dabei geht es zum einen um die Betrachtung der verschiedenen Erfolgsquellen und -ursachen, zum anderen um die Untersuchung der Aufwands- und Ertragsstruktur. Die Betrachtung weiterer Kennzahlen in ihrer Bedeutung als Erfolgsindikatoren und die Durchführung verschiedener Rentabilitäts-, Wertschöpfungs- und Gewinnschwellenanalysen sollen schließlich versuchen, zu einer möglichst umfassenden Erfolgsanalyse und zu einer fundierten Abschätzung der künftigen Ertragskraft zu gelangen (vgl. dazu Übersicht 41).

Übersicht 41: Teilgebiete der erfolgswirtschaftlichen Bilanzanalyse

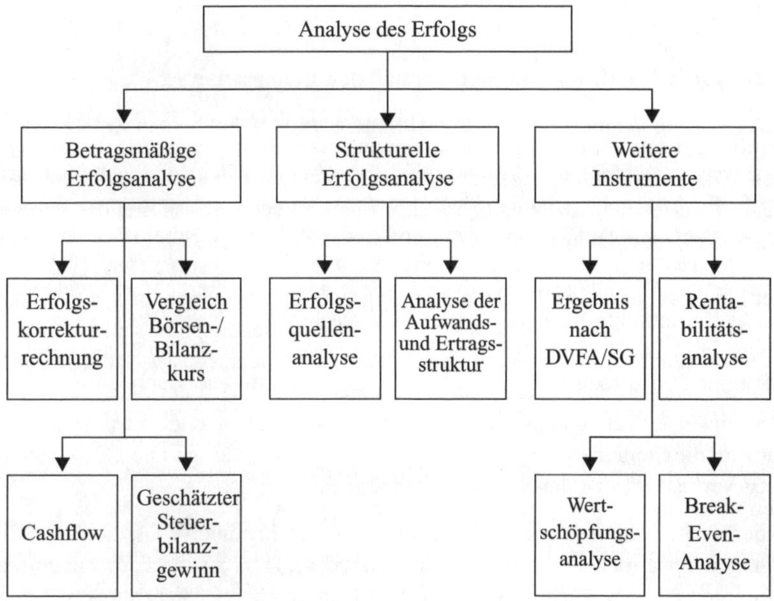

2.2 Betragsmäßige Erfolgsanalyse

Begründung

Der im handelsrechtlichen Jahresabschluss eines Unternehmens ausgewiesene und veröffentlichte Erfolg kann unter Umständen erheblich von der tatsächlich erzielten Ergebnisgröße abweichen und ermöglicht somit keinen hinreichend genauen Einblick in die tatsächliche Erfolgslage eines Unternehmens. Der Grund dafür ist in erster Linie in der Legung und Auflösung stiller Reserven zu sehen, die durch zielgerichtete Ausnutzung des bilanzpolitischen Instrumentariums erreicht werden können.

Vorgehensweise

Die betragsmäßige Erfolgsanalyse versucht nun, diese Differenz zwischen ausgewiesenem und tatsächlichem Jahreserfolg darzustellen und darauf aufbauend mit Hilfe der gesetzlich geforderten Anhanginformationen einen bereinigten Jahreserfolg abzuleiten, der dem tatsächlich erwirtschafteten, also dem betriebswirtschaftlich ›richtigen‹ Unternehmenserfolg näher kommen soll. Dieser ›richtige‹ Jahreserfolg ist dadurch charakterisiert, dass die bilanzmäßig verrechneten Aufwendungen auch dem tatsächlich eingetretenen Werteverzehr entsprechen und die bilanziell gebuchten Erträge die zutreffend periodisierten Einnahmen widerspiegeln.

Obwohl ein Vorschlag zur Berechnung eines bereinigten Jahreserfolgs erarbeitet wird, zeigen die Ausführungen dennoch die engen Grenzen auf, die einer betragsmäßigen Erfolgsanalyse gesetzt sind.

2.2.1 Grundsatzfragen der betragsmäßigen Erfolgsanalyse

2.2.1.1 Zum Verhältnis von ausgewiesenem und tatsächlichem Erfolg

Handelsbilanzielle Erfolgsgrößen

Das wesentliche Ziel der Erfolgsanalyse besteht in der Beurteilung der Ertragskraft des zu analysierenden Unternehmens, wobei die Ertragskraft die Fähigkeit widerspiegelt, gegenwärtig und in der Zukunft nachhaltig Gewinne zu erzielen (vgl. COENENBERG, A. G. 2003, S. 987 f.; LACHNIT, L. 1987, S. 33). In der handelsbilanziellen Rechnungslegung findet der Gewinn – oder der Verlust – als Ausdruck des Erfolgs des betreffenden Geschäftsjahrs seinen Niederschlag im Jahresabschluss allein im Posten »Jahresüberschuss« – oder »Jahresfehlbetrag« – in der Gewinn- und Verlustrechnung. Wird der Abschluss nach der teilweisen Verwendung des Jahresergebnisses aufgestellt, so tritt in der Bilanz an die Stelle der Posten »Jahresüberschuss/-fehlbetrag« und »Gewinnvortrag/Verlustvortrag« der Posten »Bilanzgewinn/-verlust«.

Aber weder der handelsbilanziell ausgewiesene Jahresüberschuss noch der Bilanzgewinn ermöglichen einen zutreffenden Einblick in die Ertragslage des Unternehmens, welcher unter betriebswirtschaftlichen Gesichtspunkten überzeugen könnte. Keine dieser beiden Größen ist identisch oder auch nur vergleichbar mit dem Gewinn, den die Gesellschaft in einer Periode tatsächlich erzielt hat (vgl. WÖHE, G. 1997, S. 328).

Aussagefähigkeit

Der ausgewiesene Bilanzgewinn einerseits steht zur Disposition der Anteilseigner und ist lediglich die Teilgröße des Erfolgs, die zur Ausschüttung vorgesehen ist. Der Jahresüberschuss als Saldogröße der Gewinn- und Verlustteile andererseits kann bereits um Ertragsteile der laufenden Periode gekürzt worden sein (z. B. Steuerzahlungen, Aufwendungen aus Verlustübernahme- oder Gewinnabführungsverträgen) oder Ertragsteile enthalten, die früheren Perioden (Steuererstattungen) oder anderen Unternehmen (Erträge aus Gewinnabführungen) zuzurechnen sind. Hinzu kommt, dass der Jahresüberschuss durch bilanzpolitische Gestaltungen in einer Weise beeinflusst werden kann, dass der Jahresabschluss keinen ausreichenden Einblick in die Ertragslage mehr zulässt (vgl. LEFFSON, U. 1984, S. 11; WÖHE, G. 1997, S. 328). Im Gegenteil: Der Jahresabschluss kann durch eine gezielte Anwendung bilanzpolitischer Maßnahmen unter Umständen sogar zu Fehlschlüssen verleiten, da durch die Bildung und Auflösung stiller Reserven nahezu alle vertikalen und horizontalen Bilanzkennzahlen in jeweils unterschiedlichem Ausmaß beeinflusst und damit verfälscht werden können.

Problematik der stillen Reserven

Die entscheidende Ursache, warum sich eine Kluft zwischen dem ausgewiesenen und tatsächlichen betriebswirtschaftlichen Erfolg eines Unternehmens ergeben kann, liegt in der Legung und Auflösung stiller Reserven. Diese stillen Reserven wiederum sind – wie zu zeigen sein wird – untrennbar mit grundlegenden Fragen der Bilanzpolitik verbunden; denn letztlich sind sie größtenteils das Ergebnis des Einsatzes des bilanzpolitischen Instrumentariums (vgl. auch Drukarczyk, J. 1981, Sp. 1465; Küting, K. 2000c, S. 391 ff.; Küting, K. 2000d, S. 435 ff.).

Definition der stillen Reserven

Stille Reserven werden definiert als Differenz zwischen dem Buchwert und einem höheren Vergleichswert (z. B. dem Zeit- oder Wiederbeschaffungswert) von Vermögenswerten bzw. den Buchwerten und den niedrigeren tatsächlichen Werten von Schulden; sie sind – wie bereits aus der Bezeichnung hervorgeht – aus der Bilanz nicht ersichtlich. Sind die Vermögensgegenstände hingegen überbewertet – die Buchwerte überschreiten die Vergleichswerte – bzw. die Schulden sind mit einem Wert angesetzt, der unter dem tatsächlichen Wert liegt – die Buchwerte unterschreiten also die Vergleichswerte –, spricht man von der Existenz stiller Lasten. Dieser letztgenannte Fall dürfte jedoch regelmäßig nicht auftreten, da das Niederstwertprinzip nach § 253 Abs. 2 und 3 HGB eine Überbewertung der Aktivseite grundsätzlich nicht zulässt. Wenn fortan nur noch von stillen Reserven die Rede ist, gelten die Ausführungen auch für stille Lasten; allerdings mit umgekehrten Vorzeichen.

Auswirkungen

Werden stille Reserven gelegt, so wird der ausgewiesene Jahreserfolg – mit Ausnahme der so genannten Zwangsreserven – rein buchungstechnisch gekürzt. Bei alleiniger Betrachtung des veröffentlichten Jahresergebnisses führt dies zu einer Unterschätzung der Ertragskraft. Eine Auflösung stiller Reserven spiegelt hingegen eine zu günstige Erfolgssituation wider; die Ertragskraft des Unternehmens würde in diesem Fall also überschätzt (vgl. dazu Coenenberg, A. G. 1990a, S. 27).

Erfolgsglättung

Es kann so ein stiller Erfolgsausgleich – eine stille Erfolgsglättung – vorgenommen werden, ohne dass dies aus dem Abschluss ersichtlich ist. Heinen (E. 1986, S. 311) spricht in diesem Zusammenhang zutreffend von einer »Manövriermasse der Gewinnpolitik« und Leffson (U. 1984, S. 11) weist auf die Möglichkeit hin, mit stillen Reserven »das Jahresergebnis nach Bedarf zu schönern oder zu verschlechtern«.

Periodisierungsproblem

Hier wird deutlich, dass stille Reserven ein Periodisierungsproblem darstellen. Es werden grundsätzlich die Erfolgsausweise von mindestens zwei Perioden beeinflusst, weil die Bildung stiller Reserven regelmäßig auch eine Auflösung nach sich zieht. Charakteristisch für den Einsatz von Bilanzierungs- und Bewertungswahlrechten sowie von Ermessensspielräumen ist nämlich, dass der Totalgewinn eines Unternehmens nicht gesteuert werden kann. Eine bilanzpolitisch bedingte Erfolgskürzung führt also irgendwann zu einer bilanzpolitisch bedingten Erfolgserhöhung.

Zwangsreserven

Stille Reserven können in Zwangs-, Dispositions-, Ermessens- und Willkürreserven unterteilt werden (vgl. dazu Küting, K. 1999; Schedlbauer,

H. 1990, S. 137f.; Seicht, G. 1986, 283f.). »Zwangsrücklagen entstehen als Folge gesetzlicher Objektivierungen« (Baetge, J./Kirsch, H.-J./Thiele, S. 2002, S. 223), indem der Gesetzgeber den Ansatz über einen bestimmten Wert hinaus untersagt. So verbietet der deutsche Gesetzgeber eine Überschreitung der Anschaffungs- und Herstellungskosten und erzwingt damit die Legung stiller Reserven, wenn ein Vergleichswert – bspw. der Börsen- oder Marktwert oder der beizulegende Wert – diese gesetzlich festgeschriebene absolute Wertobergrenze überschreitet. Es wird also deutlich, dass die Bildung dieser Art stiller Reserven außerhalb der Beeinflussbarkeit durch den Bilanzierenden steht.

Dispositions-reserven

Dispositionsreserven entstehen durch die Anwendung legaler Bilanzpolitik, indem sich der Bilanzierende bei der Ausübung von Ansatz- und Bewertungswahlrechten für jene bilanzpolitischen Maßnahmen entscheidet, die zu niedrigeren Ansätzen des Vermögens oder zu höheren Ansätzen der Schulden führen. Dispositionsreserven werden dann gebildet, »wenn dem Bilanzierenden durch gesetzliche Ansatz- und Bewertungswahlrechte ein genau definierter Bilanzierungsfreiraum offensteht« (Heinhold, M. 1998, S. 676).

Ermessensreserven

Ermessensreserven, die in der Praxis die wohl wichtigste Rolle spielen, ergeben sich nicht unmittelbar aus dem Gesetz. Sie resultieren vielmehr aus der Tatsache, dass eine vollständige Normung sämtlicher ökonomischen Vorgänge praktisch nicht durchführbar ist. Darüber hinaus sind sie eine Konsequenz kaufmännischer Vorsicht als einer wesentlichen Grundnorm deutscher Bilanzierung sowie mangelnder Informationen und der allgemeinen Ungewissheit über den Eintritt zukünftiger Ereignisse (vgl. Pfleger, G. 1991, S. 35; Schedlbauer, H. 1990, S. 137). In diesen Fällen bietet sich dem Bilanzierenden eine Bandbreite akzeptabler Wertansätze. Gerade im Bereich der Rückstellungsbemessung, der Festlegung von Nutzungsdauern von Anlagegütern oder der Bestimmung des Umfangs außerplanmäßiger Abschreibungen steht ein umfangreiches Potenzial zur Bildung von Ermessensreserven zur Verfügung. Das Ausmaß der im konkreten Fall gebildeten Ermessensreserven resultiert dabei aus einer vorsichtigen, aber immer individuellen Abschätzung des jeweiligen zukünftigen oder aber bereits eingetretenen Ereignisses.

Willkürreserven

Willkürreserven schließlich verfälschen eindeutig die Unternehmenslage, da sie unabhängig vom tatsächlichen Wert des Vermögensgegenstands gebildet werden; sie führen zu einer »vorsätzlich unrichtigen Wiedergabe der Vermögens- und Ertragslage« (Schedlbauer, H. 1990, S. 137) und sind allein »vom persönlichen Willen des Bilanzierenden ... getragen« (Seicht, G. 1986, S. 284).

Gemeinsames Kennzeichen der drei zuletzt genannten Arten von stillen Reserven ist die Beeinflussbarkeit durch den Bilanzierenden. In ihrer Höhe – durch den Analytiker erkennbar oder nicht – kann eine bewusste, zweckorientierte Steuerung des ausgewiesenen Jahresergebnisses vorliegen.

Übersicht 42: Systematik stiller Reserven

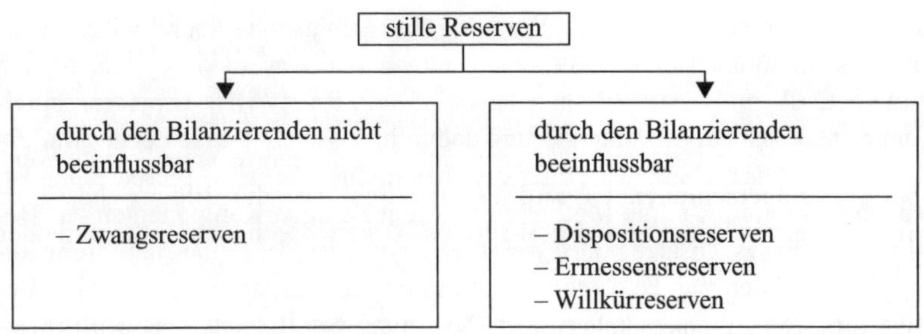

Konsequenzen für die Erfolgsanalyse

Die Bildung stiller Reserven führt – wie gezeigt – grundsätzlich zu einem niedrigeren Erfolgsausweis, während die Auflösung eine überhöhte Erfolgskraft widerspiegelt. Beide Vorgänge verfälschen die Darstellung der Ertragslage und erschweren somit auch die Aufgaben einer zweckentsprechenden Bilanzanalyse. Eine wesentliche oder gar zentrale Aufgabe der erfolgswirtschaftlichen Bilanzanalyse muss es deshalb sein, den Umfang der gebildeten und aufgelösten stillen Reserven so weit wie möglich zu erkennen, abzuschätzen und, soweit sie quantifizierbar sind, aus dem ausgewiesenen Jahresergebnis zu eliminieren.

Nur wenn dies gelingt, hat der Bilanzanalytiker die Chance, den tatsächlichen Erfolg eines Unternehmens zu ermitteln. Dabei wird davon ausgegangen, dass der tatsächliche Erfolg allein auf der Grundlage der Geltung des Anschaffungswertprinzips ermittelt wird. Mit diesen Fragenkreisen steht und fällt eine aussagefähige Erfolgsanalyse, sodass letztlich die Ermittlungsprobleme stiller Reserven die zentrale Frage der Erfolgsanalyse schlechthin darstellen.

Bilanzpolitik und stille Reserven

Zwischen dem Ausmaß stiller Reserven und der Bilanzpolitik als einem Instrument zur bewussten, insbesondere im Hinblick auf die Unternehmensziele zweckorientierten Gestaltung des Vermögens-, Schulden- und Erfolgsausweises im handelsrechtlichen Jahresabschluss bestehen enge Verbindungen. Denn je mehr Gestaltungsmöglichkeiten dem Bilanzierenden eingeräumt werden, umso umfangreicher können auch stille Reserven gelegt und damit der Erfolgsausweis entsprechend beeinträchtigt werden. Konkret heißt dies: Je weniger Gestaltungsmöglichkeiten bestehen, umso geringer wäre die Kluft zwischen dem ausgewiesenen und dem tatsächlichen Erfolg.

2.2.1.2 Ausschluss stiller Reserven durch gesetzliche Vorschriften?

Die Möglichkeiten zur Bildung und Auflösung stiller Reserven sind unmittelbar abhängig von den gesetzlichen Vorschriften zur Rechnungslegung. Denn das Ausmaß stiller Reserven wird ganz wesentlich dadurch bestimmt, inwieweit die gesetzlichen Vorschriften den Einsatz des bilanzpolitischen Instrumentariums ermöglichen (vgl. auch 3. Abschn. 4.4.1.1).

Ermessensspielräume

Bei den Instrumenten zur Beeinflussung der Erfolgshöhe kann zwischen Ermessensspielräumen und Wahlrechten unterschieden werden (vgl. dazu auch Weber, C.-P., in: Küting/Weber 1990, I. Kap., Rn. 176ff.). Ermessensspielräume entstehen bei der Bilanzierung dadurch, dass vom Gesetzgeber zwar ein bestimmter Ansatz bzw. Wert oder eine bestimmte Wertart vorgeschrieben ist, jedoch nicht die jeweilige Methode und die jeweiligen Komponenten zur Bestimmung dieses Ansatzes oder Werts. Die Folge ist, dass eine Bandbreite akzeptabler Größen zur Festlegung bestimmter Aktionsparameter besteht (Bestimmung von Nutzungsdauern oder Bewertung von Rückstellungen). Ermessensspielräume ergeben sich also zwangsläufig aus der praktischen Unmöglichkeit einer vollständigen Normierung der ökonomischen Wirklichkeit. Die Existenz von Spielräumen hat letztlich ihren Grund in der nur sehr unvollkommenen Information über gegebene Tatbestände und in der Ungewissheit zukünftiger Entwicklungen (vgl. Pfleger, G. 1991, S. 35).

Gesetzliche Wahlrechte

Von einem Wahlrecht wird dann gesprochen, »wenn an einen gegebenen Tatbestand mindestens zwei eindeutig bestimmte Rechtsfolgen anknüpfen, die sich gegenseitig ausschließen, und wenn der zur Rechnungslegung Verpflichtete entscheidet, welche von ihnen eintritt« (Bauer, J. 1981, S. 767). Es handelt sich hierbei um eindeutig erkennbare sowie genau bezeichnete und begrenzte Handlungsalternativen, die durch das Gesetz ausdrücklich eröffnet werden. Der externe Bilanzanalytiker kann vielfach – nicht zuletzt auf der Grundlage von Pflichtangaben im Anhang – erkennen, wie von diesen Bilanzierungs- und Bewertungswahlrechten Gebrauch gemacht wurde, und er hat dadurch die Möglichkeit, die Ergebnisse der Bilanzanalyse entsprechend zu werten.

Faktische Wahlrechte

Von diesen eben beschriebenen gesetzlichen Wahlrechten sind die so genannten faktischen Wahlrechte (vgl. dazu Selchert, F. W./Karsten, J. 1989, S. 838f.) zu unterscheiden. Es handelt sich hierbei um durch die Bilanzierungspraxis bzw. Rechtsprechung entwickelte und standardisierte Auslegungsalternativen, die sich ursprünglich aus Spielräumen aufgrund einzelner unbestimmter Rechtsbegriffe ableiten. Als Beispiele können die Ermittlung von Herstellungskosten bei Kuppelprodukten, die Erfassung von Beschäftigungsschwankungen ebenfalls im Rahmen der Herstellungskostenermittlung oder die Festlegung des Diskontierungsfaktors bei der Bemessung von Pensionsrückstellungen angeführt werden.

Insbesondere aufgrund der Tatsache, dass die Entscheidung für eine der möglichen Alternativen im Gegensatz zur Nutzung von Ermessensspielräumen losgelöst vom zugrunde liegenden Sachverhalt getroffen wird und somit rein dispositiver Natur ist, kommt allein eine Klassifizierung als Wahlrecht in Frage.

Einfluss gesetzlicher Vorschriften

Gesetzliche Vorschriften können den bilanzpolitischen Spielraum eines Unternehmens einengen oder auch erweitern, indem sie die Anzahl der Wahlrechte verändern. Ausschließen können sie den bilanzpolitischen Handlungsspielraum jedoch nicht; denn es liegt gerade im Wesen der Ermessensspielräume begründet, die nur begrenzt regelbare ökonomische Tatbestände betreffen, dass sich überwiegend subjektive Momente insbesondere im Rahmen der handelsrechtlichen Bewertung gesetzlich nicht eindeutig fixieren lassen.

Wie der nachfolgenden Übersicht 43 zu entnehmen ist, bestehen zwischen den einzelnen Teilkomponenten stiller Reserven einerseits und den Ermessensspielräumen und Wahlrechten, die das deutsche Bilanzrecht konkret bietet, andererseits enge Querverbindungen.

Übersicht 43: Zum Verhältnis von Bilanzpolitik und stillen Reserven

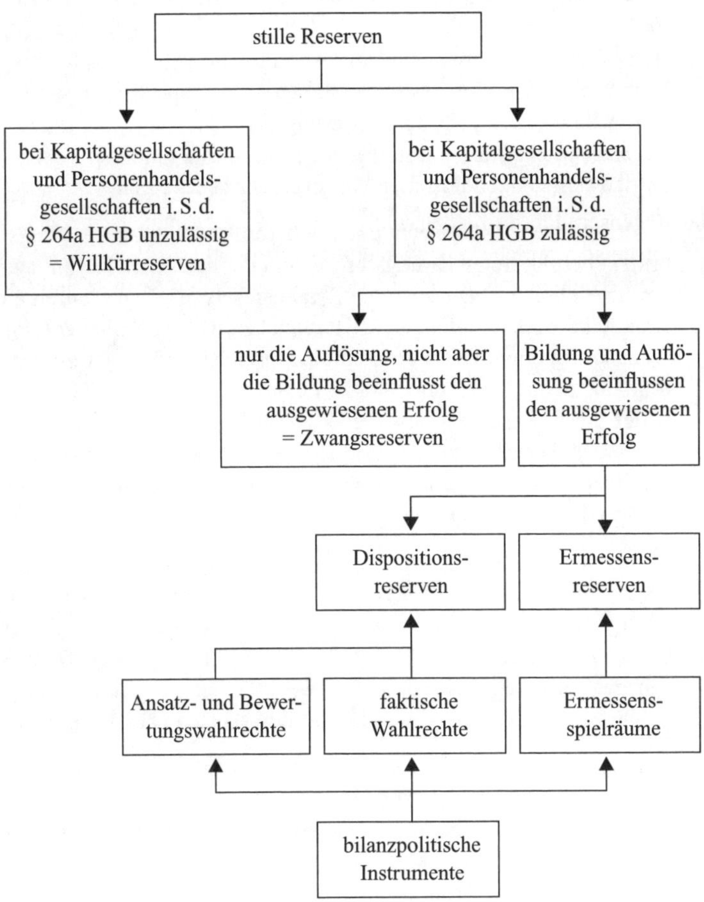

Anmerkung: Unter Bilanzpolitik wird in diesem Zusammenhang lediglich die materielle Bilanzpolitik im engeren Sinne verstanden, d.h., Sachverhaltsgestaltung und formelle Bilanzpolitik finden keine Berücksichtigung.

Aus den bisherigen Überlegungen lassen sich nun folgende Ergebnisse ableiten:

Keine Willkürreserven bei Kapitalgesellschaften

(1) In der Rechnungslegung von Kapitalgesellschaften und Personenhandelsgesellschaften i.S.d. § 264a HGB können grundsätzlich keine Willkürreserven auftreten, da Abwertungen »im Rahmen vernünftiger kaufmännischer Beurteilung« nach § 253 Abs. 4 i.V.m. § 279 Abs. 1 HGB, die im Zweifel als Willkürreserven bezeichnet werden könnten, nur für Nicht-Kapitalgesellschaften zulässig sind (vgl. dazu BAETGE, J./FEY, D./FEY, G., in: KÜTING/WEBER 2002, § 243 HGB, Rn. 34ff.). Zudem wird dabei unterstellt, dass so genannte steuerrechtliche Abschreibungen i.S.d. § 254 HGB, die der Gesetzgeber ausdrücklich in Form eines Wahlrechts ermöglicht, nicht als Willkürreserven, sondern als Dispositionsreserven eingestuft werden. Diese Systematisierung wird hier vorgenommen, obwohl steuerrechtliche Abschreibungen gerade dadurch charakterisiert sind, dass sie den echten ökonomischen Werteverzehr übersteigen.

Korrektur der Zwangsreserven

(2) Da das deutsche Bilanzrecht unter anderem auf dem Anschaffungskostenprinzip beruht, treten Zwangsreserven in der deutschen Rechnungslegung unvermeidlich auf. Diese stillen Zwangsreserven – bspw. durch nicht unerhebliche Wertsteigerungen im Bereich langfristig gehaltener Immobilien – entstehen, ohne dass hierdurch eine zu hohe Aufwandsverrechnung erfolgt und damit die Ertragsfähigkeit unterschätzt würde. Über die Bildung stiller Zwangsreserven muss weder in der Bilanz noch im Anhang berichtet werden. Damit erübrigt sich auch die Frage, wie die Bildung dieser vom Gesetzgeber erzwungenen stillen Zwangsreserven im Rahmen der Erfolgsanalyse zu berücksichtigen ist.

Die Auflösung stiller Zwangsreserven hingegen tangiert die Erfolgsrechnung, indem – durch die Realisierung so genannter Buchgewinne – die Erfolgslage nunmehr verbessert wird. Über solche Vorgänge kann unter Umständen berichtet werden, wenn z.B. bei einem Verkauf von Vermögensgegenständen Preise erzielt werden, die die ursprünglichen bzw. fortgeführten Anschaffungs- oder Herstellungskosten übersteigen.

Korrektur der Ermessensreserven

(3) Ermessensspielräume führen zu Ermessensreserven. Im Falle der Ermessensspielräume haben die subjektiven Momente stets von neuem eine entscheidende Bedeutung, denn es ist jeweils eine neue und individuelle Einschätzung von Sachverhalten vorzunehmen. Diese Subjektivität der entsprechenden Bilanzierungs- oder Bewertungsentscheidungen ist unaufhebbar (vgl. PFLEGER, G. 1991, S. 35).

Da sich Ermessensspielräume allein aufgrund der Subjektivität bestimmter Entscheidungen niemals gänzlich ausschließen lassen und über diese Tatbestände in der handelsrechtlichen Rechnungslegung grundsätzlich betragsmäßig nicht berichtet wird, entzieht sich dieser Bereich einer quantitativen bzw. betragsmäßigen Erfolgsanalyse. Davon unberührt bleibt natürlich eine möglichst weit gehende Einbeziehung solcher Tatbestände in eine qualitative Tendenzanalyse (vgl. in Ansätzen auch MAYER, A. 1989, S. 187f.; GRÄFER, H. 2001, S. 38ff. sowie 3. Abschn. 4.4).

Korrektur der Dispositionsreserven

(4) Damit verbleiben – von der Auflösung der Zwangsreserven abgesehen – für die Zwecke einer externen betragsmäßigen erfolgswirtschaftlichen Bilanzanalyse von den Teilkomponenten stiller Reserven allein die Dispositionsreserven. Ob es gelingt, die Höhe dieser stillen Reserven zu erfassen, ist zunächst davon abhängig, ob im Anhang über die Ausnutzung bilanzpolitischer – gesetzlicher oder faktischer – Wahlrechte überhaupt berichtet wird (vgl. dazu den umfangreichen Überblick bei COENENBERG, A.G. 2003, S. 993ff.; SCHULTE, K.-W. 1986, S. 1468ff.).

Wenn eine Berichterstattung erfolgt, ist weiterhin vorauszusetzen, dass aufgrund entsprechender Angaben die Höhe der gebildeten oder aufgelösten stillen Reserven bekannt wird. Auf diese Fragestellungen gehen die nachfolgenden Untersuchungen ein.

Die bisherigen Ausführungen haben gezeigt, dass sich wichtige Teilkomponenten der stillen Reserven bereits vom Grundsatz her einer bilanzanalytischen Rechnung verschließen. Wenn die Bildung und Auflösung stiller Reserven als eine Ursache der Differenz zwischen ausgewiesenem und tatsächlichem Erfolg betrachtet wurde, kann allein aufgrund der bislang aufgezeigten Gründe die bestehende Kluft nicht gänzlich beseitigt, sondern – und auch das wird in den folgenden Ausführungen noch zu überprüfen sein – allenfalls vermindert werden.

Zusätzliche Restriktionen

Dieses vorläufige Ergebnis muss allerdings noch einmal relativiert werden. Denn die bislang angestellten Überlegungen zur Bilanzpolitik bezogen sich auf ein vorgegebenes Mengengerüst der zu bilanzierenden und zu bewertenden Tatbestände. Wenn jedoch berücksichtigt wird, dass Bilanzpolitik über die Abbildungsebene hinaus auch mit Hilfe sachverhaltsgestaltender Maßnahmen (vgl. dazu PFLEGER, G. 1985, S. 2465ff.) betrieben werden kann, indem das der Bilanzierung zugrunde liegende Mengengerüst ebenfalls zielorientiert beeinflusst wird, werden weitere systembedingte Grenzen einer zweckentsprechenden Erfolgsanalyse deutlich; dies umso mehr, als sachverhaltsgestaltende Maßnahmen einen erheblichen Einfluss auf den Erfolgsausweis nehmen können und in aller Regel – zumindest in der exakten Höhe – aus dem Jahresabschluss nicht ersichtlich sind.

Merksätze:

1. Weder der handelsbilanziell ausgewiesene Jahresüberschuss noch der Bilanzgewinn ermöglichen einen zutreffenden Einblick in die Ertragslage des Unternehmens.
2. Die Kluft zwischen ausgewiesenem und tatsächlichem betriebswirtschaftlichem Erfolg ist in erster Linie durch die Legung und Auflösung stiller Reserven bedingt. Stille Reserven sind dabei in der Regel das Ergebnis des Einsatzes des bilanzpolitischen Instrumentariums.
3. Die Legung stiller Reserven führt zu einer Unterschätzung der Ertragskraft; die Auflösung hingegen spiegelt eine zu günstige Erfolgssituation wider.
4. Stille Reserven lassen sich unterteilen in Zwangs-, Dispositions-, Ermessens- und Willkürreserven, wobei sich lediglich die drei letztgenannten Kategorien durch den Bilanzierenden beeinflussen lassen.
5. Die Möglichkeiten zur Bildung und Auflösung stiller Reserven stehen in unmittelbarem Zusammenhang mit den gesetzlichen Vorschriften zur Rechnungslegung. Aufgrund des Nominalwert- und Anschaffungskostenprinzips treten Zwangsreserven unvermeidlich auf. Ermessensreserven entstehen aus Ermessensspielräumen infolge der praktischen Unmöglichkeit einer vollständigen Normierung der ökonomischen Wirklichkeit und lassen sich daher nicht quantifizieren. Allein die Dispositionsreserven aus gesetzlichen Wahlrechten, bei denen eine Informationspflicht ausgelöst wird, können in eine betragsmäßige Analyse einbezogen werden.

2.2.2 Erfolgskorrekturrechnung

Quantitative Bereinigung

Der theoretisch dargelegte Zusammenhang zwischen Bilanzpolitik und stillen Reserven soll nunmehr in einer Bereinigungsrechnung seinen Niederschlag finden, deren Ergebnis dem tatsächlich erwirtschafteten Ergebnis näher kommen soll als der ausgewiesene Erfolg. Grundsätzlich können hier in einem ersten Schritt nur solche stillen Reserven berücksichtigt werden, deren Bildung und Auflösung betragsmäßige Angabepflichten im Anhang erfordern. Dies ist tatsächlich aber nur bei der Ausschöpfung einer sehr begrenzten Anzahl bilanzpolitischer Parameter der Fall.

Darüber hinaus muss der externe Analytiker entscheiden, ob er in einem zweiten Schritt eine weiter gehende Bereinigung vornehmen will. Dabei handelt es sich um solche Sachverhalte, die zwar auf die Höhe des ausgewiesenen Ergebnisses einen unmittelbaren und betragsmäßig feststellbaren Einfluss haben, die jedoch nur einzelfallbezogen, aber keineswegs pauschal als Legung oder Auflösung von stillen Reserven interpretiert werden können.

Qualitative Wertung

Schließlich muss insbesondere im Hinblick auf eine Validierung des solchermaßen betragsmäßig bereinigten Jahresüberschusses eine ergänzende, ausschließlich qualitative Wertung dieses Ergebnisses durchgeführt werden. Denn zahlreiche bilanzpolitische Maßnahmen können, wie bereits angeführt, zu einer erheblichen Bildung von stillen Reserven führen, ohne dass für den Analysten eine entsprechende Korrekturmöglichkeit besteht. In diesen Fällen kann lediglich die Existenz stiller Reserven gewürdigt werden. Hier ergibt sich dann ein wichtiges Aufgabengebiet der qualitativen Bilanzanalyse (vgl. auch 3. Abschn. 4.4).

Übersicht 44: Abfolge der Erfolgskorrekturrechnung

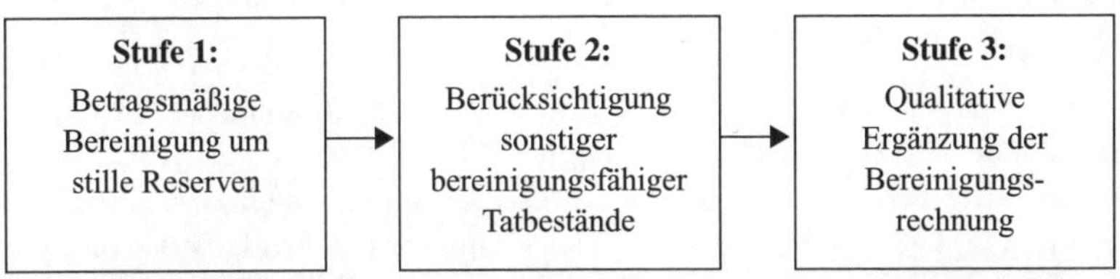

2.2.2.1 Stufe 1: Betragsmäßige Bereinigung um stille Reserven

Ausgangspunkt

Ausgangspunkt der betragsmäßigen Erfolgsanalyse sollte ein Jahresüberschuss vor Steuern auf das Einkommen und den Ertrag sein. Für diese Vorgehensweise sprach in der Vergangenheit die Problematik des nach Gewinnverwendungsstrategien (Thesaurierung, Ausschüttung) differenzierten (gespaltenen) Körperschaftsteuersatzes. Ab dem Veranlagungszeitraum 2001 lässt sich dies nur noch mit der angestrebten Vergleichbarkeit von Unternehmen unterschiedlicher Rechtsformen sowie ausländischer Unternehmen begründen. Zum ausgewiesenen Jahresüberschuss werden daher zuerst die ertragsabhängigen Steuern addiert.

2.2.2.1.1 Steuerrechtliche Mehrabschreibungen

Entfallener Korrekturbedarf

Im Rahmen der betragsmäßigen Ergebnisanalyse konnte steuerrechtlichen Mehrabschreibungen und aus steuerlichen Gründen unterlassenen Zuschreibungen eine große Bedeutung zukommen. Daher wurden diese Tatbestände in Vorauflagen auch ausführlich beschrieben (vgl. KÜTING, K./WEBER, C.-P. 2000, S. 194 ff.). Durch das Steuerentlastungsgesetz 1999/2000/2002 haben sich jedoch gravierende Änderungen ergeben (vgl. KÜTING, K./GARNIER, S. v. 2001, S. 480 ff.), weshalb diese Sachverhalte im Folgenden nicht mehr betrachtet werden. Denn durch die veränderte Gesetzeslage sind die Möglichkeiten steuerrechtlicher Mehrabschreibungen auf solche Anwendungsfälle eingeschränkt worden, die für publizitätspflichtige Unternehmen nur in Ausnahmefällen relevant werden können. Die Angabepflicht gem. § 280 Abs. 3 HGB läuft gänzlich ins Leere, da aufgrund des strengen Wertaufholungsgebotes bei Wegfall der Gründe für eine in Vorjahren vorgenommene außerplanmäßige Abschreibung Zuschreibungen ohne Ausnahme geboten sind.

2.2.2.1.2 Abschreibungen im Umlaufvermögen auf den niedrigeren nahen Zukunftswert

Charakterisierung

Soweit nach vernünftiger kaufmännischer Beurteilung in nächster Zukunft der Wertansatz eines Vermögensgegenstands des Umlaufvermögens geändert werden muss, kann gem. § 253 Abs. 3 Satz 3 HGB eine außerplanmäßige Abschreibung auf diesen so genannten nahen Zukunftswert vorgenommen werden. Damit können also auch jene Werte unterschritten werden, die nach dem strengen Niederstwertprinzip gem. § 253 Abs. 3 Satz 1 und 2 HGB zum Stichtag anzusetzen wären.

Korrektur im Entstehungszeitpunkt

Da ein etwaiger Abschreibungsgrund noch nicht eingetreten, also einer späteren Periode zuzuordnen ist, kann somit im Geschäftsjahr der Abschreibung grundsätzlich von einer Legung stiller Reserven ausgegangen werden (vgl. LEONARDI, H. 1990, S. 97). Für diese Feststellung spricht ebenfalls die Tatsache, dass die prinzipiell strengeren Vorschriften des Steuerrechts eine solchermaßen zu begründende Abwertung keinesfalls zulassen. Eine Korrekturmöglichkeit ergibt sich aufgrund der Angabepflicht des § 277 Abs. 3 Satz 1 HGB, der eine gesonderte betragsmäßige Information in Gewinn- und Verlustrechnung oder Anhang für diese Abschreibung fordert. Der Jahreserfolg vor ertragsabhängigen Steuern wäre somit in der Bereinigungsrechnung um den Betrag der Zukunftswertabschreibungen zu erhöhen.

Korrektur in Folgejahren

Über den Zeitpunkt des tatsächlichen Eintritts des vorweggenommenen Abschreibungsgrundes und damit die Auflösung der stillen Reserven ist im Jahresabschluss nicht zu berichten. Da jedoch heute als allgemein anerkannt gilt, dass mit der ›nächsten Zukunft‹ ein Zeitraum von etwa zwei Jahren gemeint ist (vgl. ADLER/DÜRING/SCHMALTZ 1995, § 253 HGB, Rn. 558; DÖRING, U./ BUCHHOLZ, R., in: KÜTING/WEBER 2003, § 253 HGB, Rn. 197), könnte man durchaus daran denken, spätestens nach dieser Zeit den ausgewiesenen Jahreserfolg um den entsprechenden Betrag wieder zu vermindern. Geht man aber wiederum von der vereinfachenden Annahme aus, dass die Vermögensgegenstände des Umlaufvermögens bereits nach einem Jahr das Unternehmen verlassen haben, so empfiehlt es sich, im Bereinigungsschema die im Vorjahr vorgenommenen Abschreibungen auf den niedrigeren Zukunftswert als Abzugsposten in Ansatz zu bringen.

Keine Korrekturungenauigkeit

Diese Vorgehensweise führt auch dann nicht zu einer Korrekturungenauigkeit, wenn der Grund für die außerplanmäßige Abschreibung auf den nahen Zukunftswert – also die antizipierte Wertschwankung – im folgenden Geschäftsjahr nicht eintritt oder nachträglich entfällt und damit für eine Kapitalgesellschaft bzw. Personenhandelsgesellschaft i. S. d. § 264a HGB zwingend eine Zuschreibung nach § 280 Abs. 1 HGB notwendig wird. Der korrigierte Jahreserfolg zeigt für beide Rechnungsperioden das zutreffende Ergebnis.

2.2.2.1.3 Änderung von Bewertungsmethoden

Legung stiller Reserven

Obwohl die auf den vorangegangenen Jahresabschluss angewendeten Bewertungsmethoden grundsätzlich beizubehalten sind, kann in begründeten Ausnahmefällen dennoch von der Vorgehensweise in Vorperioden abgewichen werden (vgl. § 252 Abs. 1 Nr. 6 und Abs. 2 HGB). In bestimmten Fällen liegt die Vermutung nahe, dass damit die Legung stiller Reserven verbunden ist. Dabei ist insbesondere an den Übergang von der Einzelbewertung zur Anwendung der Lifo-Methode oder von der Vollkosten- zur Teilkostenbewertung zu denken.

Grundsätzliche Informationspflicht

Eine Änderung von Bilanzierungs- und Bewertungsmethoden führt gem. § 284 Abs. 2 Nr. 3 HGB zu einer Informationspflicht über den entsprechenden Einfluss auf die Vermögens-, Finanz- und Ertragslage, die sowohl qualitativ als auch quantitativ ausgestaltet werden kann. Ob nun verbale Angaben ausreichen oder ob direkt oder indirekt Beträge bzw. prozentuale Angaben zu nennen sind, hängt letztlich von der Auswirkung der entsprechenden Methodenabweichung ab (vgl. WP-Handbuch 2000, Bd. I, Buchst. F, Rn. 595).

Umgehungsmöglichkeit

Darüber hinaus kann es im Zweifel durchaus im Ermessen des Bilanzierenden liegen zu beurteilen, ob nun tatsächlich eine berichtspflichtige Methodenänderung bei der Bewertung gleicher oder ähnlicher Sachverhalte bzw. art- und funktionsgleicher Vermögensgegenstände und Schulden vorliegt oder ob allein der Einzelbewertungsgrundsatz zur Anwendung gelangt. Die Auslegung dieses oftmals vorhandenen Ermessensspielraums determiniert in diesen Fällen also die grundsätzliche Anwendbarkeit bzw. die Umgehungsmöglichkeit der Informationsvorschrift des § 284 Abs. 2 Nr. 3 HGB.

Korrektur

Konkret können selbstverständlich nur diejenigen Methodenänderungen in die Bereinigungsrechnung einfließen, zu denen betragsmäßige Angaben seitens der Unternehmen erfolgen.

Inwieweit einzelne Methodenänderungen aber tatsächlich zur Bildung bzw. Auflösung stiller Reserven führen können, ist nur im Einzelfall zu entscheiden. So kann bspw. der Wechsel von der degressiven zur linearen Abschreibung gerade der Angleichung an den tatsächlichen Wertminderungsverlauf gerecht werden.

2.2.2.1.4 Anwendung von Bewertungsvereinfachungsverfahren im Vorratsvermögen

Vereinfachungsregelung

Als Vereinfachungsregelung zum allgemein vorherrschenden Grundsatz der Einzelbewertung gestattet der Gesetzgeber in den §§ 256 und 240 Abs. 4 HGB die Anwendung so genannter Bewertungsvereinfachungsverfahren für gleichartige Vermögensgegenstände des Vorratsvermögens. Es handelt sich dabei um

Verbrauchsfolgeverfahren sowie um die Gruppenbewertung. Diese Verfahren können zu Wertansätzen führen, die vom Stichtagswert einzeln bewerteter Vermögensgegenstände abweichen. Insbesondere bei starken Preisschwankungen sind diese Verfahren geeignet, durch gezielten bilanzpolitischen Einsatz den Erfolgsausweis zu beeinflussen und damit stille Reserven zu legen (vgl. LEONARDI, H. 1990, S. 94).

Informationsvorschrift

§ 284 Abs. 2 Nr. 4 HGB verlangt für den Fall einer erheblichen Abweichung die Angabe eben dieser Beträge, bei denen es sich allein um stille Reserven handeln kann, denn das strenge Niederstwertprinzip im Umlaufvermögen verhindert eine zu stillen Lasten führende Überbewertung auf der Aktivseite. Die Erläuterungsvorschrift dient somit zur Aufdeckung von gelegten Bewertungsreserven (vgl. WP-HANDBUCH 2000, Bd. I, Buchst. F, Rn. 603), die mit Hilfe einer Vergleichsrechnung zu ermitteln sind. Zweck dieser Vorschrift kann es dagegen nicht sein, eventuell vorhandene Zwangsreserven offen zu legen, selbst wenn der Vergleichswert über den Anschaffungskosten liegt. Denn betrachtet werden soll lediglich die Bewertungssituation bei Nichtanwendung der Vereinfachungsverfahren, d.h. unter Geltung der allgemeinen Grundsätze ordnungsmäßiger handelsrechtlicher Bilanzierung und Bewertung.

Auslegungsspielraum

Schwierigkeiten bei der Feststellung, ob eine Betragsangabe zu erfolgen hat, bereitet der unbestimmte Rechtsbegriff ›des erheblichen Unterschieds‹, da es der Gesetzgeber versäumt, diesen näher zu definieren. Überdies muss nach herrschender Auffassung für die Auslösung der Berichtspflicht die Wesentlichkeit für die jeweilige zu bewertende Gruppe erfüllt sein (vgl. ADLER/DÜRING/SCHMALTZ 1995, § 284 HGB, Rn. 155). Es müssen somit nicht alle stillen Reserven angegeben werden, sondern nur diejenigen, deren Bildung bzw. Auflösung zu einem erheblichen Unterschied führen und damit eine Betragsangabe auslösen. Zudem liegt keine Angabepflicht vor, wenn ein Börsen- oder Marktpreis nicht feststellbar ist.

Korrektur

Das Bereinigungsschema berücksichtigt die jeweiligen Veränderungen des angegebenen Unterschiedsbetrags zum Vorjahresausweis. Eine Erhöhung bedeutet die Legung stiller Reserven, eine Verminderung dagegen deren Auflösung. Trotz des großen Potenzials zur Bildung stiller Reserven bei der Vorratsbewertung kann eine Bereinigung des Jahreserfolgs vor ertragsabhängigen Steuern tatsächlich nur in wenigen Einzelfällen erfolgen (vgl. TREUARBEIT 1990, Rn. 133ff.).

2.2.2.1.5 Verzicht auf die Passivierung von Rückstellungen für Pensionen und ähnliche Verpflichtungen

Unterdeckung

Art. 28 Abs. 1 EGHGB gewährt in Fortführung der analogen Vorschrift des AktG 1965 für so genannte Altzusagen auf Pensionen und Anwartschaften auf Pensionen ein Passivierungswahlrecht. Ein ebensolches Wahlrecht besteht danach generell für mittelbare Pensionsverpflichtungen und Anwartschaften sowie für ähnliche unmittelbare oder mittelbare Verpflichtungen. Zur Vermeidung eines verfälschten Vermögensausweises verpflichtet Art. 28 Abs. 2 EGHGB die Kapitalgesellschaft zur Angabe des Fehlbetrags, der sich aus der Differenz zwischen einer fiktiven Passivierung und dem ausgeübten Wahlrecht ergibt.

Korrektur

In Höhe dieser Unterdeckung werden die Pensionsrückstellungen in der Bilanz zu niedrig ausgewiesen, folglich werden stille Lasten gelegt. Dieser Aspekt kann im Zuge der Bereinigung des Jahreserfolgs ohne weiteres mit berücksichtigt werden, da es sich bei diesen stillen Lasten streng genommen um ›Dispositionsreserven mit negativem Vorzeichen‹ handelt.

Der Fehlbetrag oder die Unterdeckung ist im Anhang betragsmäßig auszuweisen, wobei zur Bestimmung dieser Größe dieselben Bewertungskriterien zugrunde zu legen sind wie bei der Passivierung der unmittelbaren Pensionsrückstellungen (vgl. HÖFER, R., in: KÜTING/WEBER 1995, § 249 HGB, Rn. 379; HFA 2/1988, S. 405). Der Vergleich mit dem Vorjahreswert ermöglicht die Berechnung eindeutiger Jahresbeträge, die dann in die Bereinigungsrechnung Eingang finden können.

2.2.2.1.6 Zwischenergebnis: Die Bereinigungsrechnung

Begrenzte Korrekturmöglichkeiten

Die Analyse der gesetzlichen Anhanginformationen, die betragsmäßige Angaben erforderlich machen können, hat gezeigt, dass auch in diesem Zusammenhang dem Bilanzierenden unterschiedliche Möglichkeiten zur Verfügung stehen, die Jahreserfolgsbeeinflussung durch die Existenz stiller Reserven darzustellen. Oftmals verlangt das Gesetz lediglich verbale Beschreibungen, die für eine brauchbare Analyse nur begrenzt geeignet sind. Daneben eröffnet die Auslegung unbestimmter Rechtsbegriffe dem Bilanzersteller vielerorts weitere Ermessensspielräume.

Vorschlag für eine Bereinigungsrechnung

Vor diesem Hintergrund muss der Vorschlag der nachfolgenden Bereinigungsrechnung gesehen werden. Sie führt nicht zum tatsächlichen Jahreserfolg, sondern kann allenfalls tendenzielle Aussagen hinsichtlich der tatsächlichen Erfolgslage ermöglichen.

Übersicht 45: Berechnung des bereinigten Jahresüberschusses

	Jahresüberschuss/Jahresfehlbetrag gem. § 275 Abs. 2 Nr. 20 HGB; § 275 Abs. 3 Nr. 19 HGB
+	Steuern auf Einkommen und Ertrag
+	Erhöhung des Sonderpostens mit Rücklageanteil
./.	Verminderung des Sonderpostens mit Rücklageanteil
+	Abschreibungen im UV auf den niedrigeren Zukunftswert (§ 277 Abs. 3 HGB)
./.	Vorjahresbetrag der Abschreibungen im UV auf den niedrigeren Zukunftswert (§ 277 Abs. 3 HGB)*
+	Erhöhung der stillen Reserven aus der Änderung von Bilanzierungs- und Bewertungsmethoden (§ 284 Abs. 2 Nr. 3 HGB)**
./.	Verminderung der stillen Reserven aus der Änderung von Bilanzierungs- und Bewertungsmethoden (§ 284 Abs. 2 Nr. 3 HGB)**
+	Erhöhung der stillen Reserven aus Bewertungsvereinfachungsverfahren bei Vorräten (§ 284 Abs. 2 Nr. 4 HGB)**
./.	Verminderung der stillen Reserven aus Bewertungsvereinfachungsverfahren bei Vorräten (§ 284 Abs. 2 Nr. 4 HGB)**
+	Verminderung der Unterdeckung bei den Pensionsrückstellungen gem. Art. 28 Abs. 1 EGHGB
./.	Erhöhung der Unterdeckung bei den Pensionsrückstellungen gem. Art. 28 Abs. 1 EGHGB
=	**bereinigter Jahresüberschuss/-fehlbetrag I** (vor Steuern auf Einkommen und Ertrag)

* Annahme: Umschlagsdauer im UV beträgt maximal ein Jahr
** soweit betragsmäßig angegeben

2.2.2.2 Stufe 2: Berücksichtigung sonstiger bereinigungsfähiger Tatbestände

Vergleichbarkeit von Jahresabschlüssen

Auf dem Wege zur Ermittlung eines »bereinigten Jahresüberschusses/-fehlbetrags II« sollen nun weitere bereinigungsfähige Tatbestände bzw. Veränderungen bestimmter Abschlussposten analytisch erfasst werden, denen man nicht unmittelbar und ohne weiteres den Charakter der Legung oder Auflösung stiller Reserven zuordnen kann. Sinnvoll erscheint eine Berücksichtigung derartiger Tatbestände, die im nur selten überprüfbaren Einzelfall stille Reserven beinhalten können, aber auch gerade im Hinblick auf eine anzustrebende Herstellung einer zwischenbetrieblichen Vergleichbarkeit von Jahresabschlüssen.

Die Vergleichbarmachung veröffentlichter Jahresabschlüsse durch die Eliminierung ergebniswirksamer Tatbestände soll dann sozusagen als Sekundärziel dienen, wenn aufgrund unzureichender Anhanginformationen eventuell vorhandene stille Reserven nur in einer groben Tendenz abgeschätzt werden können.

2.2.2.2.1 Geschäfts- oder Firmenwert

Bilanzieller Charakter

Nach § 255 Abs. 4 HGB besteht im Einzelabschluss ein Aktivierungswahlrecht für einen von außen erworbenen (derivativen) Geschäfts- oder Firmenwert. Der Gesetzgeber lässt jedoch letztendlich offen, ob der Geschäfts- oder Firmenwert als Vermögensgegenstand oder eher als Bilanzierungshilfe angesehen werden sollte, und auch in der Literatur sowie in der Bilanzierungspraxis ist dies strittig.

Vermögensgegenstand

Verzichtet der Bilanzierende auf die Aktivierung, führt dies (unmittelbar) zu einem niedrigeren Ergebnis. Unter der Prämisse, dass der Geschäftswert tatsächlich als werthaltig in der Form zukünftiger Erträge bzw. als Vermögensgegenstand zu betrachten ist, können erhebliche stille Reserven gelegt werden. Falls die getätigte Ausgabe dann »künftige Umsätze alimentiert, lösen sich die gebildeten stillen Reserven im Zeitablauf sukzessive auf« (Müller-Wiegand, M. 1988, S. 1923). Aufgrund fehlender, für die Analyse verwertbarer Anhanginformationen werden diese Vorgänge nach außen hin regelmäßig verborgen bleiben.

Bilanzierungshilfe

Bei einer Interpretation als Bilanzierungshilfe wäre in erster Linie aufgrund der fehlenden Einzelverkehrsfähigkeit gerade die Aufwandsverrechnung, d. h. die Nichtaktivierung, die richtige Vorgehensweise. Im Falle der Aktivierung eines Geschäfts- oder Firmenwerts wäre also nunmehr – analog zur Vorgehensweise im Rahmen der Erstellung der Strukturbilanz – eine Bereinigung geboten. Zu berücksichtigen wären dann im erweiterten Berechnungsschema die durch einen Vorjahresvergleich ermittelbaren Veränderungen des Abschlusspostens »Geschäfts- oder Firmenwert«. Das Jahresergebnis wird damit um den Aktivierungsbetrag vermindert und um die Abschreibungen der Folgeperioden erhöht.

2.2.2.2.2 Disagio

Wahlrecht

Übersteigen die von einem Darlehensnehmer zur Erfüllung einer eingegangenen Verbindlichkeit zu leistenden Rückzahlungen die ihm zufließenden Beträge, so darf der sich ergebende Differenzbetrag als Disagio gem. § 250 Abs. 3 Satz 1 HGB aktiviert werden.

Nichtaktivierung

Der Verzicht auf die Aktivierung dieses Rechnungsabgrenzungspostens, also die Verbuchung des Differenzbetrags als Aufwand in der laufenden Periode, führt eindeutig zur Bildung stiller Reserven, wenn man für die Beurteilung dieses Sachverhalts zugrunde legt, dass dieser Unterschiedsbetrag betriebswirtschaftlich als im Voraus gezahlter Zins zu betrachten ist (vgl. Kropff, B. 1965, S. 248). Daher wäre dieser Aufwand korrekterweise über die Laufzeit der Verbindlichkeit zu verteilen. Ebenso wie bei der Nichtaktivierung des Geschäftswerts sind auch hier keine Anhangangaben erforderlich; es verbleibt allein eine qualitative Auswertungsmöglichkeit dieses Sachverhalts.

Aktivierung

Berücksichtigt man jedoch, dass in Höhe des Disagios eine Verpflichtung auf das Unternehmen zukommt, der kein konkreter Gegenwert gegenübersteht, und es sich somit nicht um einen echten Vermögensgegenstand handelt, muss wiederum die Bereinigung des ausgewiesenen Jahreserfolgs für den Fall der Aktivierung des Disagios analog zur Vorgehensweise beim aktivierten Geschäfts- oder Firmenwert zulässig sein. Es bleibt also dem Analytiker überlassen, welche Auswertung er bei Aktivierung bzw. Nichtaktivierung eines Disagios vornehmen möchte.

2.2.2.2.3 Ingangsetzungs- und Erweiterungsaufwendungen

Bilanzierungshilfe

Gem. § 269 HGB dürfen Aufwendungen für die Ingangsetzung und Erweiterung des Geschäftsbetriebs aktiviert werden. Der Gesetzgeber stellt dabei ausdrücklich fest, dass es sich hierbei um eine Bilanzierungshilfe handelt. Bei ausschließlich gesetzesteleologischer Wertung dieses Abschlusspostens steht also allein der eindeutige Charakter einer bilanziellen Hilfsgröße im Vordergrund. Mit dem Aktivierungsverzicht könnte somit keinesfalls die Legung stiller Reserven verbunden sein. Legt man jedoch als Bezugsmaßstab eine periodengerechte Erfolgsermittlung zugrunde und sieht in den Ingangsetzungs- und Erweiterungsaufwendungen z. B. Investitionen in die Zukunft, so kann es durch den Nichtansatz von Ingangsetzungsaufwendungen durchaus zur Legung stiller Reserven kommen (vgl. MÜLLER-WIEGAND, M. 1988, S. 1922). Allerdings zerstören hier wiederum fehlende Anhangangaben jeden Analyseansatz.

Korrektur

Jedoch kann die Aktivierung solcher Ingangsetzungsaufwendungen ebenfalls Eingang in die erweiterte Ergebnisbereinigungsrechnung finden. Das oben zur Eliminierung des Ansatzes eines Geschäfts- oder Firmenwerts sowie eines Disagios Gesagte findet dann auch hier entsprechende Anwendung; der ausgewiesene Jahreserfolg sollte also ebenfalls um den ergebnisverbessernden Einfluss der Aktivierung von Ingangsetzungsaufwendungen (vgl. GRÄFER, H. 1997, S. 57) bereinigt werden. Entsprechend ist bei einer Abschreibung dieser Bilanzierungshilfe in den Folgejahren der Erfolg zu erhöhen.

2.2.2.2.4 Aktivische latente Steuern

Bilanzierungshilfe

Bei zeitlicher Vorverlagerung des Steuerbilanzgewinns vor den ausgewiesenen Gewinn der Handelsbilanz stellen aktivische latente Steuern eine Kongruenz zwischen dem handelsbilanziellen Ergebnis und den dort gezeigten ertragsabhängigen Steuern her. Für die Aktivierung des Abgrenzungspostens als Bilanzierungshilfe gewährt § 274 Abs. 2 Satz 1 HGB ein Wahlrecht.

Korrektur

Mit der Aktivierungsentscheidung bzw. dem -verzicht für aktivische latente Steuern an sich wird die Frage nach der Bildung oder Auflösung stiller Reserven noch nicht berührt. Durch den Ansatz aktivischer latenter Steuern wird vielmehr zunächst allein eine Erhöhung des Jahresüberschusses erreicht. Die konkrete Berücksichtigung seitens des Analytikers, d. h. die Bereinigung des

Erfolgs um die jährlichen Erhöhungs- und Verminderungsbeträge, kann analog zur Vorgehensweise bei den obigen Bilanzierungshilfen erfolgen.

2.2.2.2.5 Erweitertes Bereinigungsschema – individuelle Anpassungsmöglichkeiten

Interpretation als Bilanzierungshilfe

Entschließt sich der externe Bilanzleser für eine Beurteilung der dargestellten Sachverhalte, die eine weiter gehende betragsmäßige Bereinigung des Jahreserfolgs notwendig macht, spricht er also den angesprochenen Posten eindeutig den bilanziellen Charakter einer Bilanzierungshilfe zu, kann das bereits erarbeitete Berechnungsschema folgendermaßen ergänzt werden:

Übersicht 46: Erweiterung des Bereinigungsschemas

	bereinigter Jahresüberschuss/-fehlbetrag I
±	Verminderung/Erhöhung eines aktivierten Geschäfts- oder Firmenwerts
±	Verminderung/Erhöhung eines aktivierten Disagios
±	Verminderung/Erhöhung aktivierter Ingangsetzungs- und Erweiterungsaufwendungen
±	Verminderung/Erhöhung aktivierter latenter Steuern
=	**bereinigter Jahresüberschuss/-fehlbetrag II**

Pragmatische Vorgehensweise

Für diese Erweiterung der Bereinigungsrechnung sollte sich ein externer Bilanzleser insbesondere dann entscheiden, wenn man eine Eliminierung des Einflusses von Bilanzierungshilfen auf den ausgewiesenen Erfolg zum Zwecke der Vergleichbarmachung veröffentlichter Jahresabschlüsse höher gewichtet als eine ungefähre Abschätzung eventuell vorhandener stiller Reserven. Diese pragmatische Vorgehensweise bietet sich selbst auf die Gefahr hin an, im Einzelfall tatsächlich vorhandene stille Reserven in der Analyse unberücksichtigt zu lassen.

Merksätze:

1. Die betragsmäßigen Auswirkungen der Bilanzpolitik, d.h. die Bildung und Auflösung stiller Reserven, werden – soweit diese aus Bilanz- und Anhanginformationen erkennbar sind – in einer Bereinigungsrechnung eliminiert.
2. Dieses bereinigte Ergebnis kommt dem tatsächlich erwirtschafteten Unternehmensergebnis näher als der ausgewiesene Erfolg. Die Bereinigungsrechnung geht in zwei Schritten vor.
3. Im ersten Schritt werden nur solche stillen Reserven berücksichtigt, deren Bildung und Auflösung betragsmäßige Anhangangaben auslösen. Dies ist allerdings nur bei einer sehr begrenzten Anzahl bilanzpolitischer Parameter der Fall.
4. Im Hinblick auf eine anzustrebende Vergleichbarkeit von Jahresabschlüssen werden in einem zweiten Analyseschritt weitere ergebniswirksame Sachverhalte eliminiert.

2.2.2.3 Stufe 3: Qualitative Ergänzung der Bereinigungsrechnung

Ausgangspunkt

Die bisherigen Ausführungen zeigten, dass nur wenige Ansatzpunkte zur exakten Korrektur des ausgewiesenen Erfolgs gegeben sind. Es sollen nun einige Sachverhalte skizziert werden, die unter Umständen zu einer Bildung hoher stiller Reserven führen können, ohne dass hierüber überhaupt quantitative Angaben gemacht werden müssen. Diese Sachverhalte entziehen sich gänzlich einer betragsmäßigen Ergebniskorrektur und können allein im Rahmen eines qualitativen Ansatzes der Bilanzanalyse gewürdigt werden (auf die entsprechende weiter gehende Analyse im 3. Abschn. 4.4 wird hier verwiesen).

2.2.2.3.1 Bewertung der Vorräte zu Einzelkosten

Bedeutsamer bilanzpolitischer Spielraum

Durch die in § 255 Abs. 2 Satz 2 HGB zulässige Bewertung von selbst erstellten Vermögensgegenständen des Anlage- sowie des Umlaufvermögens zu Einzelkosten hat der Gesetzgeber einen bedeutsamen bilanzpolitischen Spielraum geschaffen (vgl. dazu PFLEGER, G. 1991, S. 270ff.; WÖHE, G. 1988, S. 56). In der Kostenrechnungspraxis anzutreffende Gemeinkostenzuschlagssätze von teilweise über 400 % belegen eindrucksvoll das hier vorhandene Beeinflussungspotenzial. Über die Zweckmäßigkeit dieser Regelung in § 255 Abs. 2 HGB lässt sich zwar durchaus streiten; jedoch ist unstrittig davon auszugehen, dass durch den Ansatz der Herstellungskostenuntergrenze erhebliche Unterbewertungen und damit die Legung stiller Reserven möglich sind. Durch die planmäßige Abschreibung bzw. Veräußerung der Gegenstände wird sich in Folgeperioden eine umgekehrte Wirkungstendenz einstellen.

Berücksichtigung der Bestandsveränderungen

Abgesehen von der Tatsache, dass durch einen Teilkostenansatz stille Reserven gelegt werden können und damit eine gezielte Steuerung der Darstellung der Vermögenslage beabsichtigt sein kann, ist die jeweilige Jahresergebnisbeeinflussung von den mengenmäßigen Bestandsveränderungen der Vorräte abhängig.

Keine quantitativen Informationspflichten

Der Gesetzgeber fordert keine quantitativen Angaben über die nicht einbezogenen Gemeinkosten; vielmehr ist es nach § 284 Abs. 2 Nr. 1 HGB ausreichend und in der Praxis auch üblich, dass die Unternehmen lediglich über die aktivierten Kostenarten berichten. Wird berücksichtigt, dass zahlreiche deutsche Unternehmen zu Einzelkosten bewerten (vgl. Küting, K. 1989, S. 587), entzieht sich auch hier wiederum ein großer Bereich stiller Reserven einer betragsmäßigen Erfolgskorrektur.

Dem Analytiker ist also lediglich eine qualitative Bewertung der entsprechenden Anhanginformationen möglich, dergestalt, dass eine Bewertung zu Einzelkosten grundsätzlich zu einem tendenziell zu niedrigen Erfolgsausweis und damit zur Bildung stiller Reserven führt.

2.2.2.3.2 Überwiegende Anwendung degressiver Abschreibung

Strategie

Beabsichtigt der Bilanzierende eine Aufwandsvorverlagerung, d. h. eine stärkere Belastung der ersten Nutzungsjahre eines Vermögensgegenstands mit Abschreibungsaufwand, so empfiehlt sich in diesem Fall die Anwendung der degressiven Abschreibung (vgl. Pfleger, G. 1991, S. 112). Die anfänglich gebildeten stillen Reserven lösen sich zwangsläufig in Folgeperioden wieder auf.

Keine quantitativen Informationspflichten

Ob die gewählte Abschreibungsmethode angemessen ist, d. h., wie die Auswertung dieser Tatsache zu erfolgen hat, lässt sich nur für jeden einzelnen Vermögensgegenstand beurteilen. Über angewandte Abschreibungsmethoden ist im Anhang gem. § 284 Abs. 2 Nr. 1 HGB lediglich verbal zu berichten; quantitative Angaben sind hier nicht erforderlich. Auch dieser Tatbestand entzieht sich also einer betragsmäßigen Erfolgskorrektur, obwohl im Einzelfall auch in diesem Zusammenhang beträchtliche stille Reserven gelegt werden können, falls diese Methode nicht die tatsächliche Abnutzung des Vermögensgegenstands wiedergibt (vgl. Schmitz, T. 1981, S. 212). Durch die Änderung der Abschreibungsprozentsätze im Steuerentlastungsgesetz 1999/2000/2002 bzw. im Steuersenkungsgesetz wird diese Problematik letztendlich jedoch gemindert.

2.2.2.3.3 Wahlrecht zur Passivierung von Rückstellungen sowie Rückstellungsbewertung

Passivierungspflicht und -wahlrecht

§ 249 HGB unterscheidet zwei Arten von Rückstellungskategorien: Rückstellungen, für die eine Passivierungspflicht besteht, und Rückstellungen, über deren Passivierung der Bilanzierende entscheidet. Unter dieses Passivierungswahlrecht fallen zum einen die Instandhaltungsrückstellungen gem.

§ 249 Abs. 1 Satz 3 HGB, wenn die Aufwendungen nach dem dritten Monat des folgenden Geschäftsjahrs erfolgen, und zum anderen die Aufwandsrückstellungen nach § 249 Abs. 2 HGB.

Keine betragsmäßige Aufgliederung

Rückstellungen, die nach § 266 Abs. 3 HGB in Posten B. 3. nicht gesondert aufgeführt sind, müssen gem. § 285 Nr. 12 HGB erläutert werden, sofern ihr Umfang nicht unerheblich ist. Auch an dieser Stelle kann von einer betragsmäßigen Angabe der Einzelposten abgesehen werden (vgl. WP-Handbuch 2000, Bd. I, Buchst. F, Rn. 617), sodass ein etwaiger Rückschluss auf Zuführungsbeträge in aller Regel nicht möglich sein wird. Aber gerade die Wahlrechte zur Passivierung von Rückstellungen, insbesondere die Aufwandsrückstellungen nach § 249 Abs. 2 HGB, bieten dem Bilanzierenden die Möglichkeit, in erheblichem Umfang stille Reserven zu bilden.

Keine Angabe der Zuführungsbeträge

Die Bewertung von Rückstellungen erfolgt gem. § 253 Abs. 1 Satz 2 HGB. Danach sind »Rückstellungen nur in Höhe des Betrags anzusetzen, der nach vernünftiger kaufmännischer Beurteilung notwendig ist«. Die Zuführungsbeträge gehen in die jeweiligen Einzelaufwendungen ein, während die Auflösungsbeträge regelmäßig unter dem Sammelposten »sonstige betriebliche Erträge« zu zeigen sind. Weder die Einzelaufwendungen noch die »sonstigen betrieblichen Erträge« sind aber gesondert aufzugliedern. Quantitative Aussagen über eventuell aufgelöste stille Reserven aus früher zu hoch dotierten Rückstellungen wegen eines ursprünglich falsch eingeschätzten unsicheren Ereignisses oder Risikos sind demzufolge nicht möglich. Hierin liegt eine weitere grundlegende Grenze einer aussagefähigen Erfolgsanalyse.

2.2.2.3.4 Zinssatz für Pensionsrückstellungen

Wirkungsweise

Die jährlichen Zuführungen zu den Pensionsrückstellungen sind voll aufwandswirksam. Da dieser Passivposten im Verhältnis zur Bilanzsumme einen erheblichen Umfang annehmen kann, hängt die Höhe des Jahreserfolgs nicht unwesentlich von dem der Dotierungsrechnung zugrunde gelegten Kalkulationszinssatz ab. Um Willkürfreiheit zu garantieren, schreibt das Steuergesetz einen Zinssatz von 6 % vor (vgl. § 6a Abs. 3 Satz 3 EStG sowie Wöhe, G. 1997, S. 545). Das Handelsrecht hält demgegenüber keine ausdrückliche Regelung bereit; allgemein wird allerdings eine Untergrenze von 3 % angenommen und auch praktiziert.

Keine quantitativen Informationspflichten

Es bleibt nun grundsätzlich dem pflichtgemäßen – mehr oder weniger vorsichtigen – Ermessen des bilanzierenden Kaufmanns überlassen, welchen Zinssatz er auswählt. Während ein zu niedriger Zinsfuß zur Bildung stiller Reserven und damit zu einem entsprechend niedrigeren Erfolg führt, hat ein zu hoher Zinssatz die umgekehrte tendenzielle Wirkung zur Folge. In Ermangelung eines objektiven Maßstabs sowie aufgrund fehlender quantitativer Angaben kann eine Wertung des gewählten Zinssatzes nur schwer und eine Bereinigung des bilanziell ausgewiesenen Jahreserfolgs überhaupt nicht vorgenommen werden.

2.2.2.3.5 Aktivische latente Steuern – ein Indikator für die Bildung stiller Reserven

Indikatorfunktion

Das Aktivierungswahlrecht ist, wie bereits erwähnt, nicht unmittelbar mit der Problematik stiller Reserven verbunden. Aktivischen latenten Steuern kann jedoch eine Indikatorfunktion für die Legung stiller Reserven zuerkannt werden. Wenn nämlich die handelsrechtlichen Möglichkeiten zur Bildung stiller Reserven großzügig ausgenutzt werden, wird in der Regel ein niedrigeres Ergebnis in der Handelsbilanz als in der Steuerbilanz zu erwarten sein und für diesen Fall korrigiert die aktivische Abgrenzung den im handelsrechtlichen Abschluss ausgewiesenen Steueraufwand.

Verzicht auf Aktivierung

Aktivische latente Steuern wären somit als ein Indikator für ein ›konservativ‹ bilanzierendes Unternehmen zu werten; sie lassen auf die Existenz stiller Reserven schließen. Da aber im Einzelabschluss aktivische latente Steuern nicht erfasst werden müssen, werden deutsche Unternehmen wohl auf den Ausweis aktivischer latenter Steuern verzichten. Erkenntnisse aus der Bilanzierungspraxis bestätigen die Vermutung, dass nicht zuletzt wegen dieser Signalwirkung vom Wahlrecht zum Ausweis aktivischer latenter Steuern tatsächlich regelmäßig kein Gebrauch gemacht wird (vgl. SCHEDLBAUER, H. 1990, S. 147; TREUARBEIT 1990, Rn. 78).

2.2.3 Vergleich von Börsen- und Bilanzwert

Die bisherige Vorgehensweise zur Ermittlung des tatsächlichen Erfolgs scheiterte überwiegend am Erfassungsproblem der stillen Reserven, sodass keine fundierten Aussagen über die tatsächliche Ertragskraft eines Unternehmens getroffen werden konnten.

Berücksichtigung des Börsenkurses

Fast täglich erfolgt aber eine relativ objektivierte Einschätzung und Bewertung von börsennotierten Unternehmen, sodass sich die Frage unmittelbar stellt, inwieweit die Börsenwerte in die externe Bilanzanalyse einfließen können (vgl. GRÄFER, H. 2001, S. 113 f.). Die betragsmäßige Erfolgsanalyse nutzt die Kennzahl Börsenkurs zum einen als Indikator für die Ertragskraft, insbesondere auch für das Vorhandensein etwaiger stiller Reserven, zum anderen ist sie selbst Bestandteil mehrerer anderer Kennzahlen.

Kritik

Folgende kritischen Bemerkungen sind bei der Anwendung des Börsenkurses für Zwecke der Bilanzanalyse vorwegzuschicken:

(1) Zunächst sind an der Börse ausschließlich Aktiengesellschaften und Kommanditgesellschaften auf Aktien notiert. Diese Rechtsformen machen quantitativ nur einen Bruchteil aller Unternehmen aus und außerdem listen nicht alle Aktiengesellschaften und Kommanditgesellschaften auf Aktien an der Börse.

(2) Daneben beeinflussen politische und steuerliche Gegebenheiten, Geldmarktfaktoren sowie einzelwirtschaftliche Vorgänge, wie Kapitalerhöhun-

gen, Dividendenzahlungen und Optionsemissionen, das Kursniveau ebenso wie Spekulationen. Diese Einflüsse verhindern eine Kursbildung i. S. e. tatsächlichen, ausschließlich ertragsabhängigen Bewertung.

(3) Der Börsenkurs eines Unternehmens bringt die Erwartungen der Kapitalmarktteilnehmer hinsichtlich zukünftiger Kursgewinne und Dividenden zum Ausdruck. Insbesondere die intensiver werdende theoretische Auseinandersetzung und somit die Unsicherheit über das tatsächliche Zustandekommen von Aktienkursen und ihren Aussagegehalt sowie die zu beobachtende Volatilität auf (internationalen) Kapitalmärkten erschweren den Einsatz des Börsenkurses als Element der Erfolgsanalyse (vgl. SHLEIFER, A. 2000; BEHAVIORAL FINANCE GROUP 2000).

Analyseverfahren

Daher kann der Börsenkurs nur sehr eingeschränkt als Indikator der Ertragskraft dienen. Dennoch sollen an dieser Stelle kurz die allgemein gebräuchlichen Analyseverfahren dargestellt werden.

Durch den Vergleich von Börsen- und Bilanzkurs können allenfalls vage Anhaltspunkte über den Umfang stiller Reserven gewonnen werden (vgl. COENENBERG, A. G. 2003, S. 997 f.):

(F. 4.1)

$$\text{stille Reserven} = \frac{\text{gezeichnetes Kapital} \times (\text{Börsenkurs ./. Bilanzkurs})}{100}$$

(F. 4.2)

$$\text{Börsenkurs} = \frac{\text{Aktienpreis} \times 100}{\text{Nominalwert einer Aktie}}$$

Der Börsenkurs wird auf einen Nennwert von 100 Euro umgerechnet, um bei der Bildung der Differenz zwischen Börsen- und Bilanzkurs von einer einheitlichen Basis auszugehen.

(F. 4.3)

$$\text{Bilanzkurs} = \frac{\text{bilanzielles Eigenkapital} \times 100}{\text{Nominalwert einer Aktie}}$$

Aussagekraft

Nach COENENBERG (A. G. 2003, S. 998) spiegelt der mit der ersten Formel errechnete Betrag einen originären Geschäfts- oder Firmenwert wider, der den Betrag vorhandener stiller Reserven in einem weiten Sinne repräsentiert. Er umfasst neben den durch die Ausschöpfung bilanzpolitischer Möglichkeiten gebildeten Dispositions- und Ermessensreserven auch die für Externe üblicherweise nicht erkennbaren so genannten Zwangsreserven, die sich der Beeinflussung durch den Bilanzierenden entziehen und allein auf der Konzeption des deutschen Bilanzrechts beruhen.

2.2.4 Cashflow als Erfolgsindikator

Finanz- und Erfolgsindikator

Grundsätzlich ist der Cashflow eine finanzwirtschaftliche Kennzahl (vgl. 2. Abschn., 3. Kap. 1.3.1), die eine Größe darzustellen versucht, die möglichst weit gehend von zahlungsunwirksamen Komponenten befreit ist. Es werden gleichzeitig aber auch Anstrengungen unternommen, den Cashflow zur Beurteilung der gegenwärtigen und zukünftigen tatsächlichen Ertragskraft heranzuziehen. In der Einschätzung des Cashflows als Ertrags- und Erfolgsindikator sind die Meinungen in Theorie und Praxis jedoch wesentlich konträrer als bei seiner Beurteilung als Finanzindikator. Der theoretisch richtige Ansatzpunkt bei der Ermittlung des Cashflows als Erfolgsindikator ist dabei, dass – im Gegensatz zum ausgewiesenen Jahresüberschuss – der Cashflow bewusste bilanzpolitische Steuerungen wenigstens teilweise ausschaltet (vgl. BEHRINGER, S. 2003, S. 137 f.; PERRIDON, L./STEINER, M. 2002, S. 563).

Vorgehensweise

Es liegt also nahe, aus der dokumentierten Entwicklung des Cashflows im zeitlichen Ablauf auf die Veränderungen des in abgelaufenen Rechnungsperioden tatsächlich erwirtschafteten Erfolgs zu schließen, da insbesondere auch jene Ergebnisbestandteile gezeigt werden, die als Legung stiller Reserven bzw. deren Auflösung in zu hohen Abschreibungen, Zuschreibungen oder auch Rückstellungen verborgen sind (vgl. COENENBERG, A. G. 2003, S. 1004 f.).

Bei der Beurteilung des Cashflows als Erfolgsindikator ist aber danach zu differenzieren, ob er als unmittelbarer oder als mittelbarer Erfolgsindikator eingesetzt werden soll sowie nach welchem Berechnungsschema er ermittelt wurde.

Unmittelbarer Erfolgsindikator: Restriktionen

So sollte der Cashflow als unmittelbarer Erfolgsindikator nur mit erheblichen Einschränkungen eingesetzt werden:

Negierung echter Aufwands- und Ertragskomponenten

(1) Erfolg wird definiert als Differenz zwischen Ertrag und Aufwand. Der Cashflow aber negiert echte Ertrags- und Aufwandskomponenten und führt daher zu einer zu optimistischen Einschätzung des Jahresergebnisses. So sind Abschreibungen und Rückstellungen als echte Aufwandskomponenten bei der Erfolgsermittlung grundsätzlich von den Erträgen zu subtrahieren und nur der über den nach kaufmännischer Vorsicht erforderlichen Wertansatz hinausgehende Betrag ist als zusätzlicher Gewinn anzusetzen (vgl. PERRIDON, L./STEINER, M. 2002, S. 563 f.). Der Cashflow erleichtert zwar aufgrund der Eliminierung bilanzpolitischer Einflüsse die

Vergleichbarkeit, aber er stellt dennoch keinen zutreffenden Erfolgsindikator dar (vgl. LACHNIT, L. 1973, S. 59).

Finanzanalyse

(2) Mit der Berücksichtigung erfolgsneutraler, zahlungsmittelerhöhender sowie zahlungsmittelverringernder Vorgänge gehen solche Größen in den Cashflow ein, die lediglich finanzanalytisch von Bedeutung sind.

Mischposten

(3) Probleme bereitet des Weiteren die Behandlung verschiedener Erfolgsposten, die als bilanzielle Mischposten sowohl zahlungswirksame als auch zahlungsunwirksame Komponenten in sich vereinigen.

Zwischenbetrieblicher Vergleich

(4) Zudem treten im zwischenbetrieblichen Vergleich weitere Probleme beim unmittelbaren Vergleich unterschiedlich kapitalintensiver Unternehmen auf, wenn bspw. bei gleich hohem Cashflow für die Anlageausgaben unterschiedliche Deckungsanforderungen existieren (vgl. BUSSE VON COLBE, W. 1976, Sp. 250) und die Cashflow-Kennzahl durch unterschiedliche Abschreibungsintensitäten beeinflusst wird.

Vergangenheitsbezug

(5) Auch Versuche, den (retrospektiv konzipierten) Cashflow für die Abschätzung zukünftiger Erfolgschancen heranziehen zu wollen, sind mit Vorsicht zu bewerten. Obwohl der Cashflow als ein aus eigener Kraft erwirtschafteter finanzwirtschaftlicher Überschuss interpretiert werden kann, der daher gewisse Anhaltspunkte über die zukünftige Ertragskraft eines Unternehmens liefern könnte (vgl. COENENBERG, A.G. 2003, S. 1004), sind doch die Schwächen einer Trendaussage durch reine Extrapolation hinreichend bekannt. Insbesondere wichtige die Ertragslage eines Unternehmens bestimmende Einflussgrößen, wie die Qualität des Managements, die Auftragslage oder allgemeine Konjunktur- und branchenspezifische Wachstumserwartungen, lassen sich naturgemäß nur unzulänglich in die Betrachtung mit einschließen (vgl. PERRIDON, L./STEINER, M. 2002, S. 563 f.).

Mittelbarer Erfolgsindikator

Der Cashflow kann nach einer teilweise in der Literatur vertretenen Auffassung als mittelbarer (zusätzlicher) Erfolgsindikator, d. h. unter der Voraussetzung einer weit gehenden Komplementarität zwischen Finanz- und Ertragskraft, auch Aussagekraft als Erfolgsindikator erlangen. Der externe Bilanzanalytiker sollte sich aber hierbei der besonderen Problematik der unterstellten Prämissen bewusst sein und daher die Kennzahl Cashflow lediglich ergänzend und mit besonderer Sorgfalt zusammen mit unmittelbaren Erfolgsindikatoren verwenden.

Modifikationen

Der als mittelbarer Erfolgsindikator verwendbare Cashflow kann durch bestimmte Modifikationen des finanzwirtschaftlichen Cashflows bestimmt werden (vgl. PERRIDON, L./STEINER, M. 2002, S. 563 f.):

(1)		Cashflow
	+	Steuern vom Einkommen und vom Ertrag
	=	Brutto-Cashflow (Cashflow vor Steuern)
(2)		Cashflow
	+	betriebsfremde Aufwendungen
	./.	betriebsfremde Erträge
	=	betriebsbedingter Cashflow
(3)		Cashflow
	+	außerordentliche Aufwendungen
	./.	außerordentliche Erträge
	=	ordentlicher bzw. nachhaltiger Cashflow

Trotz dieser Modifikationen sollte der Cashflow jedoch nur komplementär zu anderen Erfolgsindikatoren genutzt und nicht isoliert als einziger Erfolgsmaßstab verwendet werden.

2.2.5 Geschätztes Steuerbilanzergebnis als Erfolgsindikator

Zielsetzung

Im Gegensatz zur Handelsbilanz verfolgt die Steuerbilanz die Zielsetzung der periodenrichtigen Gewinnermittlung, die verhindern soll, dass es durch dispositionsbedingte Ergebniskorrekturen zu Steuerverschiebungen kommt. Die engeren Spielräume und Wahlrechte der Steuerbilanz führen damit zu einer Erfolgsgröße, die nicht so stark wie der handelsbilanzielle Erfolg durch bilanzpolitische Maßnahmen verzerrt ist. So liegt der Schluss von einem – im Vergleich zum ausgewiesenen Jahreserfolg – hohen Steueraufwand auf die Legung stiller Reserven durchaus nahe; die umgekehrte Konstellation deutet hingegen auf die Auflösung derselben hin (vgl. SCHEDLBAUER, H. 1990, S. 147). Ziel der Schätzung des Steuerbilanzergebnisses ist es nun, diese stillen Reservenbewegungen zu quantifizieren und schließlich aus dem handelsrechtlichen Erfolg zu eliminieren.

Restriktionen

Der Steuerbilanzgewinn ist eine Größe, die dem externen Analytiker regelmäßig nicht zugänglich ist. Daher muss er aus der Handelsbilanz abgeleitet werden. Dennoch sollte die Aussage, dass dem Steuerbilanzergebnis eine größere analytische Relevanz beizumessen ist, insbesondere durch die Existenz einer Fülle von außerfiskalischen – wirtschaftspolitisch motivierten – Maßnahmen nicht unwesentlich relativiert bewertet werden. Darüber hinaus ist die Körperschaftsteuerbelastung von der Art des für die Ausschüttung verwendeten Eigenkapitals abhängig, was ebenfalls zu erheblichen Schätzungsfehlern führen kann.

Die Anwendbarkeit wäre bspw. auch dann in Zweifel zu ziehen, wenn latenter Steueraufwand und/oder -ertrag nach § 274 HGB mit dem effektiven Steueraufwand verrechnet und in einem Saldoposten in der Gewinn- und Verlustrechnung ausgewiesen wird. Da allerdings sowohl passivische als auch aktivische latente Steuern in Bilanz oder Anhang anzugeben sind, kann also auch im Verrechnungsfall über einen Vorjahresvergleich auf den effektiven Ertragsteueraufwand geschlossen werden.

Voraussetzungen

Die Ermittlung des Steuerbilanzgewinns durch den externen Analytiker ist an zwei Voraussetzungen geknüpft (vgl. COENENBERG, A. G. 2003, S. 1002):

(1) Der Ableitung muss ein proportionaler Steuertarif zugrunde liegen und

(2) die Höhe der gewinnabhängigen Steuern muss bekannt sein.

Proportionaler Steuertarif

Aufgrund des progressiv gestalteten Einkommensteuertarifs können Einzelkaufleute und Personenhandelsgesellschaften die erste Ableitungsvoraussetzung nicht erfüllen, sodass diese Unternehmen in eine Analyse auf der Grundlage des Steuerbilanzgewinns nicht einbezogen werden können. Anwendbar ist diese Methode allerdings für Kapitalgesellschaften, da bei der Körperschaftsteuer infolge des proportionalen Tarifs grundsätzlich von der Höhe der ertragsabhängigen Steuern auf die Höhe des steuerpflichtigen Gewinns geschlossen werden kann.

Bilanzausweis

Im Gegensatz zum AktG 1965 ist die ertragsabhängige Steuerschuld nach HGB in der Gewinn- und Verlustrechnung in einem gesonderten Posten auszuweisen. Die zweite Voraussetzung ist somit erfüllt. Im Rahmen der Ableitung des steuerpflichtigen Gewinns kann also direkt – unter alleiniger Korrektur um den etwaigen Einfluss latenter Steuern – von dem Posten »Steuern vom Einkommen und vom Ertrag« ausgegangen werden.

Kritische Beurteilung

Da diese Methode nur unter Berücksichtigung im Zweifel eher als unrealistisch zu bezeichnender Prämissen zu brauchbaren Erkenntnissen führt, ist die Bedeutung dieses Verfahrens hinsichtlich der Beurteilung der Ertragskraft eines Unternehmens äußerst kritisch zu betrachten. Denn regelmäßig führen im Zuge der Ableitung der Bemessungsgrundlage zahlreiche Hinzurechnungen und Kürzungen zu einer Veränderung der Steuerschuld, die für den externen Analytiker nicht erkennbar ist. So können bspw. Verlustvorträge bzw. -rückträge den Steueraufwand beeinflussen, ohne aber in direktem Zusammenhang mit der tatsächlichen Ertragskraft zu stehen. Eine in diesem Sinne geminderte Steuerschuld führt zu einer Unterschätzung der Ertragskraft des Unternehmens. Entsprechendes gilt bei Vorliegen steuerfreier Einkünfte.

Daneben wird die Aussagekraft der Steuerbilanzergebnisschätzung insbesondere dadurch eingeschränkt, dass die Feststellung der Höhe des endgültigen Steueraufwands mitunter erst nach Betriebsprüfungen, die im Abstand von mehreren Jahren durchgeführt werden, möglich ist (vgl. COENENBERG, A. G. 2003, S. 1004). Steuervoraus- und -nachzahlungen behindern hier stets die genaue und periodengerechte Ermittlung des zutreffenden Steueraufwands. Diese Einflüsse lösen sich im Zeitablauf zwar regelmäßig auf, führen aber jeweils zu Unter- bzw. Überschätzungen der Ertragskraft des Unternehmens im betreffenden Geschäftsjahr.

Eingeschränkte Verwendung

Aus den dargelegten Gründen kann die Ableitung des Steuerbilanzgewinns zu Fehlschlüssen verleiten und ist folglich – wenn überhaupt – nur in sehr eingeschränktem Maße und dann allenfalls als ein Indikator für die Ertragskraft, die sich durchschnittlich während der Betrachtung eines längeren Zeitraums ergibt, einzusetzen.

2.2.6 Beurteilung der Möglichkeiten zur betragsmäßigen Erfolgsanalyse

Bedeutung der Anhangangaben

Die vorstehenden Ausführungen haben gezeigt, dass dem externen Analytiker relevante Informationen vielfach überhaupt nicht zur Verfügung stehen. In vielen Punkten ist er aufgrund nicht hinreichender und vager Angaben auf Näherungsverfahren zur Ableitung der tatsächlichen Ertragslage aus dem veröffentlichten Jahresabschluss angewiesen. Eine wichtige Rolle fällt im Rahmen der betragsmäßigen Erfolgsanalyse dem Anhang zu; denn – wenn überhaupt – können hier wichtige Rückschlüsse auf die individuelle Anwendung des bilanzpolitischen Instrumentariums – und damit auf die Bildung und Auflösung stiller Reserven – gezogen werden.

Tendenzanalyse

Bei der Analyse dieser Anhangangaben dürfen keine allzu großen Erwartungen geweckt werden. Einerseits gewährt der Gesetzgeber zahlreiche Gestaltungsfreiräume. Andererseits sind die Anhangangaben zur Ausnutzung dieser Freiräume nicht hinreichend geeignet, exakte Auswirkungen der daraus resultierenden Gestaltungsmaßnahmen erkennen zu können. Ganz abgesehen davon, dass viele Unternehmen eine im Zweifel restriktive Informationspolitik betreiben, schreibt der Gesetzgeber in vielen Fällen keine quantitativen Angaben vor, sondern lässt bloße verbale Umschreibungen von Tatbeständen genügen, die lediglich in eine Tendenzanalyse einbeziehbar sind.

Merksätze:

1. Neben der Entwicklung einer betragsmäßigen Ergebniskorrekturrechnung aus Bilanz- und Anhanginformationen bestehen Möglichkeiten, die Bildung und Auflösung stiller Reserven anhand verschiedener Bilanzierungs- und Bewertungsmaßnahmen tendenziell abzuschätzen.
2. Ein zusätzlicher Anhaltspunkt über den Umfang gebildeter stiller Reserven kann über einen Vergleich von Börsen- und Bilanzkurs des gezeichneten Kapitals gewonnen werden.
3. Der Cashflow als Erfolgsindikator führt bei isolierter Betrachtung zu unzulänglichen Ergebnissen, er sollte jedoch supplementär zu anderen Instrumenten der Erfolgsanalyse genutzt werden.

4. Der nach dem vollen Periodenerfolg bemessene Steuerbilanzgewinn ist grundsätzlich weniger stark durch Bilanzpolitik beeinflusst als der handelsbilanziell ausgewiesene Jahreserfolg. Die Schätzung eines Steuerbilanzergebnisses mit einer aussagekräftigen Indikatorwirkung scheitert jedoch an den erheblichen Ermittlungsschwierigkeiten.

2.3 Strukturelle Erfolgsanalyse

2.3.1 Erfolgsspaltung als Erfolgsquellenanalyse

2.3.1.1 Problemstellung

Bedeutung

Im Rahmen der erfolgswirtschaftlichen Bilanzanalyse kommt der Erfolgsspaltung, auch Ergebnis- oder Erfolgsquellenanalyse genannt, sowohl in der Theorie als auch in der Praxis eine besondere Bedeutung zu. Sie gilt neben der betragsmäßigen Erfolgsanalyse als das Kernstück der erfolgswirtschaftlichen Bilanzanalyse (vgl. Lachnit, L. 1991, S. 773). Während die betragsmäßige Erfolgsanalyse die Ermittlung des ›tatsächlichen‹, i.S.e. um die Bildung und Auflösung von stillen Reserven bereinigten, Jahresergebnisses anstrebt, besteht das Primärziel der Erfolgsspaltung in der Gewinnung einer nachhaltigen, d.h. auf Dauer erzielbaren Erfolgsgröße. Seine Berechtigung erfährt das Instrument ›Erfolgsspaltung‹ nicht zuletzt in dem Umstand, dass sich der ausgewiesene Jahreserfolg als Saldo sämtlicher Aufwendungen und Erträge des Geschäftsjahres ergibt (vgl. § 246 Abs. 1 Satz 1 HGB), unabhängig davon, ob diese regel- oder unregelmäßiger Natur sind. A priori ist somit in Zweifel zu ziehen, dass der Jahreserfolg konzeptionell in der ausgewiesenen Höhe nachhaltig sein kann.

Über das – in die Zukunft gerichtete – Primärziel der Ermittlung einer nachhaltigen Erfolgsgröße hinaus, kommt der Erfolgsspaltung die – eher retrospektive – Aufgabe zu, das Zustandekommen des in der Gewinn- und Verlustrechnung ausgewiesenen Jahreserfolgs unter verschiedenen Gesichtspunkten zu erklären. Hierzu erfolgt eine Disaggregation der hoch komplexen Größe Jahreserfolg anhand verschiedener Kriterien.

Im Rahmen der weiteren Ausführungen werden die Möglichkeiten und Grenzen der bilanziellen Erfolgsspaltung dargestellt, wie sie nach theoretischen Erkenntnissen und praktischen Möglichkeiten von einem externen Analytiker durchgeführt werden kann, dem lediglich das öffentlich zugängliche Zahlenmaterial eines Unternehmens zur Verfügung steht.

2.3.1.2 Grundsätzliches zur Erfolgsspaltung

2.3.1.2.1 Möglichkeiten der Erfolgsspaltung

Aufgliederung des Gesamterfolgs

Das Wesen der Erfolgsspaltung liegt in der Aufgliederung des Gesamterfolgs insbesondere nach Erfolgsquellen und Leistungsbereichen, um auf der Grundlage dieser Analyse einen möglichst weit gehenden Einblick in die Komponenten des Erfolgs zu ermöglichen. Darüber hinaus bildet die festgestellte Erfolgssituation – also die Ursachen und die Zusammensetzung des Unternehmenserfolgs – die Basis für die zukünftige Erfolgsentwicklung.

Ordnungskriterien

Im Einzelnen ist eine Aufspaltung vom Grundsatz her nach folgenden Kriterien möglich (vgl. dazu Küting, K. 1981, S. 529; Hauschildt, J. 1990, S. 190):

(1) Regelmäßigkeit:

Die Aufspaltung erfolgt in den ordentlichen (regelmäßigen, nachhaltigen) und den außerordentlichen (unregelmäßigen) Erfolg.

(2) Betriebsbezogenheit:

Es erfolgt eine Unterteilung des Erfolgs in betriebsbedingte (betriebliche) und betriebsfremde (außerbetriebliche) Erfolgskomponenten.

(3) Periodenbezogenheit:

Nach diesem Kriterium wird eine Unterteilung in periodenzugehörige (periodische) und periodenfremde (aperiodische) Erfolgsbestandteile vorgenommen.

(4) Tätigkeitsbereiche:

Die Erfolgsspaltung kann sich weiterhin an Tätigkeitsbereichen orientieren, d.h. an sich deutlich abhebenden betrieblichen Organisationseinheiten (vgl. Niehus, R. J. 1982, S. 541). Die Tätigkeitsbereiche sind stark unternehmensindividuell geprägt und lassen sich bspw. organisatorisch, funktional, sachlich oder räumlich voneinander abgrenzen. Nach dem Bereichs- oder Objektprinzip können folgende Tätigkeitsbereiche gebildet werden:

(a) Unternehmensfunktionen:

Nach dem so genannten Bereichsprinzip erfolgt die Erfolgsspaltung, indem die Erfolgsbeiträge einzelner Unternehmenssektoren (z.B. Beschaffung, Produktion, Verwaltung und Vertrieb) sichtbar gemacht werden.

(b) Leistungsbereiche:

Nach dem Objektprinzip erfolgt die Aufteilung bezogen auf nach Objekten ausgerichtete Entscheidungs- und Verantwortungsbereiche, wie Geschäftsbereiche, Sparten, Divisionen, Profit-Center, Produktgruppen oder Produkte.

(5) Regionen:

Weiterhin kann eine Aufspaltung nach örtlichen bzw. geographischen Merkmalen erfolgen, z. B. nach Erfolgsbeiträgen im In- und Ausland oder in bestimmten Regionen.

(6) Kundengruppen:

Diese Aufteilung der Erfolge richtet sich z. B. nach Groß- und Kleinabnehmern oder Groß- und Einzelhändlern.

(7) Ertragsarten:

Der Erfolg kann schließlich auch in den Umsatzerfolg, den Bestandserfolg und den Erfolg bei innerbetrieblichen Leistungen aufgespalten werden (vgl. SCHNETTLER, A. 1961, S. 210).

(8) Kalkulationsgrößen:

Auch kann eine Aufspaltung des Erfolgs nach Kalkulationsgrößen, wie z. B. Deckungsbeiträgen, Fixkosten, Normal-/Standardergebnis, Abweichungen etc., erfolgen (vgl. ZIOLKOWSKI, U. 1990, S. 161).

(9) Zahlungswirksamkeit:

Der Erfolg kann zudem auch aufgespalten werden in zahlungswirksamen und zahlungsunwirksamen Erfolg (vgl. HAUSCHILDT, J. 1990, S. 190).

(10) Inflationsbedingtheit:

Bei Vorliegen inflationärer Tendenzen beinhaltet der unter Beachtung des Prinzips der nominellen Kapitalerhaltung ermittelte handelsrechtliche Jahreserfolg so genannte Scheingewinnbestandteile, die unter dem Gesichtspunkt der Substanzerhaltung grundsätzlich nicht zur Ausschüttung gelangen dürfen. Insofern könnte in Erwägung gezogen werden, den Jahreserfolg nach dem Kriterium der Inflationsbedingtheit aufzuspalten – und zwar in den ›echten‹ Umsatz- sowie den Preissteigerungsgewinn.

(11) Steuerwirksamkeit:

Letztendlich kann der Erfolg auch in steuerwirksame und steuerunwirksame Bestandteile zerlegt werden.

Auch wenn außer Frage steht, dass für die Beurteilung der Erfolgssituation sämtliche der vorgestellten Ordnungskriterien interessante Erkenntnisse liefern könnten, so ist dennoch auch ohne weitere Erläuterungen unmittelbar einsichtig, dass für Zwecke der externen Analyse im Wesentlichen die ersten drei Strukturierungsvarianten von Bedeutung sind.

Hieran anknüpfend können Auswertungen nach einzelnen (Teil-)Kriterien der Ordnungskriterien vier und fünf durchgeführt und auf Grundlage der Segmentberichterstattung vorgenommen werden (vgl. 2. Abschn., 3. Kap. 2.3.1.5).

2.3.1.2.2 Ziele der Erfolgsspaltung

Grundsatz

Allgemein formuliert sind die wesentlichen Ziele einer bilanziellen Erfolgsspaltung die Feststellung des erwirtschafteten Periodenergebnisses, die Beurteilung der gegenwärtigen und künftigen Ertragskraft sowie das Aufzeigen der einzelnen Erfolgsquellen des Unternehmens.

Nachhaltig erzielbares Periodenergebnis

Primäres Ziel einer Erfolgsspaltung ist die Ermittlung eines Ergebnisses, das bei konstanten Bedingungen der Umwelt auch künftig erzielbar ist. Es umfasst diejenigen Umsatz- und Finanzgeschäfte, die typischerweise regelmäßig anfallen und deren zu erwartende Nachhaltigkeit durchaus Prognosen für die Zukunft zulassen (vgl. PERRIDON, L./STEINER, M. 2002, S. 557). Dies ist zum einen das ordentliche Betriebsergebnis und zum anderen das ordentliche Finanzergebnis, die beide im Hinblick auf die Zielsetzung um bestimmte, später noch eingehend zu erläuternde Komponenten bereinigt werden sollen.

Ordentliches Betriebsergebnis

Besonders hervorzuheben ist dabei die Ermittlung des Ergebnisses, das aus dem eigentlichen Unternehmenszweck resultiert, demnach also leistungsbedingt und typisch für den Jahreserfolg ist. Es soll den nachhaltig erzielbaren Erfolg des Unternehmens aus seiner eigentlichen Tätigkeit widerspiegeln und damit einen Anhaltspunkt bezüglich des Erfolgspotenzials der Unternehmung liefern. Dieses Ergebnis wird als (ordentliches) Betriebsergebnis bezeichnet und von Analystenseite besonders hoch eingestuft. Es unterscheidet sich vom Finanzergebnis dadurch, dass es sich aus betriebstypischen Erfolgskomponenten zusammensetzt.

Finanzergebnis

Das Finanzergebnis, vielfach auch als ordentliches betriebsfremdes Ergebnis oder Finanz- und Verbundergebnis bezeichnet, wird zwar ebenfalls im Rahmen der Unternehmenstätigkeit erzielt, steht jedoch mit dem eigentlichen Unternehmenszweck nicht im Zusammenhang. Es handelt sich überwiegend um Aufwendungen und Erträge aus Finanzanlagen bzw. -investitionen, die zwar regelmäßig anfallen (können), aber nicht betriebstypisch sind. Da sie nicht aus der eigentlichen Domäne des Unternehmens stammen und teilweise nicht oder nur bedingt beeinflussbar sind, werden Finanzerfolge von Bilanzanalysten nicht so hoch eingeschätzt wie Betriebserfolge (vgl. HAUSCHILDT, J. 1990, S. 193). Inwieweit diese Einschätzung aber sachgerecht ist, wird noch zu hinterfragen sein.

Außerordentliches Ergebnis

Von diesen beiden ordentlichen Ergebnisbestandteilen zu unterscheiden ist die außerordentliche Ergebniskomponente, zu der bspw. außerplanmäßige Abschreibungen wegen Betriebsstilllegungen, Katastrophenschäden oder einmalige Zuschüsse, aber auch grundsätzlich Liquidations- und Bewertungserfolge zählen. Es handelt sich hierbei insbesondere um Aufwendungen oder Erträge, die nach ihrer Art und Höhe ungewöhnlich sind und/oder selten anfallen, also eher zufällig und keinesfalls regelmäßig zu erwarten sind (vgl. GRÄFER, H. 2001, S. 58ff.). Unabhängig aber von der Schwierigkeit, unter betriebswirtschaftlichen Kriterien eine eindeutige handelsrechtliche oder betriebswirtschaftliche Definition der außerordentlichen Ergebnisbestandteile zu finden – die weiteren Ausführungen werden dies zeigen –, soll mit dieser Aufspaltung die Ermittlung extrapolationsfähiger Komponenten des Vergangenheitserfolgs (ordentliches Betriebs- und ordentliches betriebsfremdes Ergebnis) gewährleistet werden (vgl. BALLWIESER, W. 1987, S. 60f.). Bei dieser Methode der prospektiven Erfolgsbeurteilung müssen allerdings gleich bleibende Umweltbedingungen vorausgesetzt werden.

2.3.1.2.3 Ausgangspunkt der Erfolgsspaltung

GuV nach § 275 HGB

Ausgangspunkt einer bilanziellen Erfolgsspaltung ist die Gewinn- und Verlustrechnung gem. § 275 HGB, die für Kapitalgesellschaften und Personenhandelsgesellschaften i.S.d. § 264a HGB verbindlich vorgeschrieben ist. Sie dokumentiert die an handelsrechtlichen Bilanzierungs- und Bewertungsgrundsätzen orientierte Gewinnentstehung. Der Jahresüberschuss (Jahresfehlbetrag) ist die in Übereinstimmung mit den gesetzlichen Vorschriften ermittelte und rechtsverbindlich festgestellte Erfolgsgröße eines Geschäftsjahrs und kann an die Anteilseigner ausgeschüttet und/oder den Rücklagen zugeführt werden.

Problemgröße: veröffentlichter Jahreserfolg

Der Jahreserfolg in der ausgewiesenen Höhe erweist sich jedoch insofern als ein untauglicher Maßstab für die externe Beurteilung der Ertragskraft eines Unternehmens, als dieser

- in aller Regel ein Konglomerat aus regelmäßig und unregelmäßig anfallenden Aufwendungen und Erträgen darstellt;
- durch rein steuerrechtliche Wertansätze (z.B. Sonderabschreibungen) verzerrt sein kann;
- in erheblichem Umfang durch bilanzpolitische Maßnahmen beeinflusst werden kann.

Grenzen der Erfolgsspaltung

Vor diesem Hintergrund wird deutlich, dass mittels der Erfolgsspaltung nur Teilaussagen über die Erfolgssituation bzw. die Ertragskraft des Unternehmens getroffen werden können. Indem die hier zur Diskussion stehende ›traditionelle‹ Erfolgsspaltung die Einflüsse der Bilanzpolitik grundsätzlich unberücksichtigt lässt, sind die jeweils abgeleiteten Teilgrößen mit der gebotenen Vorsicht zu beurteilen. Insbesondere ist auf deren mangelnde zeitliche und zwischenbetriebliche Vergleichbarkeit hinzuweisen. Tatsächlich kann die Erfolgsspaltung – konzeptionsbedingt – auch nicht für sich in Anspruch nehmen, das ›tatsächliche‹ (d.h. um die Bildung und Auflösung stiller Reserven bereinigte) ordentliche Ergebnis zu ermitteln.

An anderer Stelle (vgl. 2. Abschn., 3. Kap. 2.4.1.3) wird ein Analyseinstrument zu diskutieren sein, das diese ›Mängel‹ behebt und in gewissem Sinne eine Synthese von Erfolgsspaltung und betragsmäßiger Erfolgsanalyse (als Erfolgskorrekturrechnung) darstellt: das Ergebnisbereinigungskonzept der DVFA/SG. Dessen Ziel ist es, eine gleichermaßen nachhaltige wie um die Einflüsse angewandter Bilanzpolitik bereinigte und somit vergleichbare Erfolgsgröße (bezogen auf eine einzelne Aktie) zu ermitteln.

Zerlegung in Teilgrößen

Die hier nachfolgend zu erläuternden Erfolgsspaltungskonzepte sind hingegen dadurch charakterisiert, dass die Ausgangsgröße ›Jahreserfolg laut Gewinn- und Verlustrechnung‹ lediglich in verschiedene Komponenten aufgespalten wird, wobei die Summe der Teilergebnisse (Betriebs-, Finanz- und außerordentliches Ergebnis zzgl. Steuern) wiederum der Ausgangsgröße entspricht. Mit anderen Worten werden nur Umgliederungen, jedoch keinerlei Ergebnisveränderungen vorgenommen.

Merksätze:

1. Primärziel der bilanziellen Erfolgsspaltung ist die Ermittlung einer nachhaltig erzielbaren (ordentlichen, regelmäßigen) Ergebnisgröße. Üblicherweise wird hierzu der ausgewiesene Jahreserfolg in ein ordentliches Betriebsergebnis, ein ordentliches Finanzergebnis und ein außerordentliches Ergebnis aufgespalten.
2. Von Analystenseite wird gemeinhin dem ordentlichen Betriebsergebnis besondere Aufmerksamkeit geschenkt, da dieses den Erfolg aus der eigentlichen Tätigkeit des Unternehmens widerspiegelt.
3. Im Gegensatz zur betragsmäßigen Erfolgsanalyse werden im Rahmen der ›traditionellen‹ Erfolgsspaltung keine Ergebniskorrekturen bzw. -veränderungen vorgenommen. Es erfolgt lediglich eine Aufspaltung der konkret zugrunde gelegten Ausgangsgröße (handelsrechtlicher Jahreserfolg).

2.3.1.3 Erfolgsspaltung im Rahmen des HGB

2.3.1.3.1 Darstellung des Erfolgsspaltungsverfahrens

GuV erfolgsspaltungsorientiert

Die Gliederung der Gewinn- und Verlustrechnung gem. § 275 HGB ist sowohl für das Gesamtkostenverfahren (GKV, Abs. 2) als auch für das Umsatzkostenverfahren (UKV, Abs. 3) erfolgsspaltungsorientiert aufgebaut (vgl. Übersicht 47).

Übersicht 47: Erfolgsspaltungskonzept des HGB

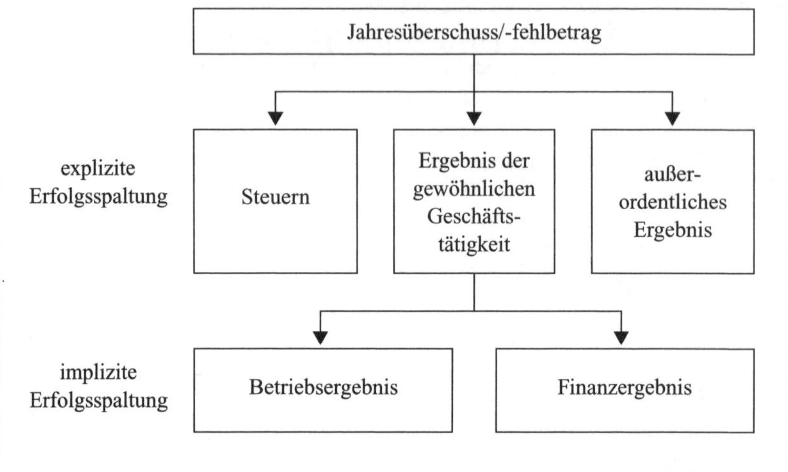

Kriterium der Regelmäßigkeit

Der Jahresüberschuss wird explizit in das »Ergebnis der gewöhnlichen Geschäftstätigkeit« (Posten 14 GKV, 13 UKV), das außerordentliche Ergebnis (vgl. Posten 17 GKV, 16 UKV) und in die Steuern (vgl. Posten 18 und 19 GKV, 17 und 18 UKV) aufgespalten. Die Zerlegung richtet sich an dem Kriterium der Regelmäßigkeit aus, indem der Erfolg in ordentliche (Ergebnis der gewöhnlichen Geschäftstätigkeit) und außerordentliche Erfolgskomponenten aufgespalten wird.

Geschäftstypische Erfolge

Das Ergebnis der gewöhnlichen Geschäftstätigkeit enthält alle Aufwendungen und Erträge, die im weiteren Sinne als geschäftstypisch anzusehen sind. Dies sind sämtliche Aufwendungen und Erträge aus der Leistungs- und der Finanzsphäre des Unternehmens (vgl. LACHNIT, L. 1987, S. 51 f.).

Unternehmensfremde Erfolge

Das außerordentliche Ergebnis enthält alle unternehmensfremden Aufwendungen und Erträge, die nach den Kriterien der Ungewöhnlichkeit und der Seltenheit von ordentlichen Ergebnisbestandteilen abzugrenzen sind. Das Kriterium der Wesentlichkeit entscheidet dabei nach überwiegender Literaturmeinung nicht über eine Zuordnung zum außerordentlichen Ergebnis (vgl. FÖRSCHLE, G., in: Beck Bil-Komm. 2003, § 275 HGB, Rn. 220 m. w. N.). Damit ist sichergestellt, dass sämtliche, und nicht nur die wesentlichen Posten – wie die letztgenannten auch immer zu definieren wären – als außerordentliche Erfolgsbestandteile ausgewiesen werden.

Steuern

In den Steuerposten werden sämtliche Steueraufwendungen, getrennt nach »Steuern vom Einkommen und vom Ertrag« und »sonstige Steuern«, erfasst.

Das Ergebnis der gewöhnlichen Geschäftstätigkeit kann nun durch Einhaltung der entsprechenden Gliederungsreihenfolge implizit in das (ordentliche) Betriebsergebnis und das Finanzergebnis aufgegliedert werden. Diese implizite Erfolgsspaltung richtet sich nach dem Kriterium der Betriebszugehörigkeit, da der regelmäßig anfallende Erfolg in einen ordentlichen betrieblichen Erfolg (Betriebserfolg) und einen ordentlichen betriebsfremden Erfolg (Finanzerfolg) aufgespalten wird.

Kriterium der Betriebszugehörigkeit

Im Einzelnen sieht das Erfolgsspaltungskonzept des HGB folgendermaßen aus:

Konzept nach HGB

Übersicht 48: Erfolgsspaltung der Gewinn- und Verlustrechnung nach § 275 HGB

Gesamtkostenverfahren § 275 Abs. 2 HGB	**Umsatzkostenverfahren § 275 Abs. 3 HGB**
1. Umsatzerlöse	1. Umsatzerlöse
2. Erhöhung oder Verminderung des Bestands an fertigen und unfertigen Erzeugnissen	2. Herstellungskosten der zur Erzielung der Umsatzerlöse erbrachten Leistungen
3. andere aktivierte Eigenleistungen	3. Bruttoergebnis vom Umsatz
4. sonstige betriebliche Erträge	4. Vertriebskosten
5. Materialaufwand:	5. allgemeine Verwaltungskosten
a) Aufwendungen für Roh-, Hilfs- und Betriebsstoffe und für bezogene Waren	6. sonstige betriebliche Erträge
b) Aufwendungen für bezogene Leistungen	
6. Personalaufwand:	
a) Löhne und Gehälter	
b) soziale Abgaben und Aufwendungen für Altersversorgung und für Unterstützung, davon für Altersversorgung	
7. Abschreibungen:	
a) auf immaterielle Vermögensgegenstände des Anlagevermögens und Sachanlagen sowie auf aktivierte Aufwendungen für die Ingangsetzung und Erweiterung des Geschäftsbetriebs	
b) auf Vermögensgegenstände des Umlaufvermögens, soweit diese die in der Kapitalgesellschaft üblichen Abschreibungen überschreiten	
8. sonstige betr. Aufwendungen	7. sonstige betr. Aufwendungen
= **Betriebsergebnis**	= **Betriebsergebnis**

Übersicht 48: (Fortsetzung)

9./8.	Erträge aus Beteiligungen, davon aus verbundenen Unternehmen
10./9.	Erträge aus anderen Wertpapieren und Ausleihungen des Finanzanlagevermögens, davon aus verbundenen Unternehmen
11./10.	sonstige Zinsen und ähnliche Erträge, davon aus verbundenen Unternehmen
12./11.	Abschreibungen auf Finanzanlagen und auf Wertpapiere des Umlaufvermögens
13./12.	Zinsen und ähnliche Aufwendungen, davon an verbundene Unternehmen
	= **Finanzergebnis**
14./13.	**Ergebnis der gewöhnlichen Geschäftstätigkeit**
15./14.	außerordentliche Erträge
16/.15.	außerordentliche Aufwendungen
17./16.	**außerordentliches Ergebnis**
18./17.	Steuern vom Einkommen und vom Ertrag
19./18.	sonstige Steuern
	= **Steuern**
20./19.	**Jahresüberschuss/-fehlbetrag**

Betriebs- und Finanzergebnis

Das Betriebsergebnis (vgl. Posten 1 bis 8 GKV, 1 bis 7 UKV) beinhaltet alle Aufwendungen und Erträge, die die eigentliche Leistungserstellung betreffen und regelmäßig anfallen. Das Finanzergebnis (vgl. Posten 9 bis 13 GKV, 8 bis 12 UKV) hingegen nimmt alle Aufwendungen und Erträge auf, die zwar zur regelmäßigen und gewöhnlichen Geschäftstätigkeit gehören, aber bestimmte Nebengeschäfte, wie bspw. Kapitalanlagen oder Finanzierungen, betreffen.

Das Betriebs- und das Finanzergebnis ergeben das im Posten 14 GKV bzw. 13 UKV ausgewiesene »Ergebnis der gewöhnlichen Geschäftstätigkeit«.

Identische Ergebnisse bei GKV und UKV

Unterschiede in der Höhe der aufgeführten Ergebnisse zwischen GKV und UKV ergeben sich im Regelfall nicht, da die Posten 9 bis 20 GKV bzw. 8 bis 19 UKV sprachlich und betragsmäßig identisch sind. Daher sind Betriebsergebnis, Finanzergebnis und außerordentliches Ergebnis nach GKV und UKV in ihrer absoluten Höhe identisch und damit im Allgemeinen vergleichbar (vgl. BAETGE, J./FISCHER, T. 1988, S. 21).

Ausnahmen: Aktivierung von Zinsen oder Betriebssteuern

Im Einzelfall kann sich bei Einbeziehung von Zinsen oder Betriebssteuern in die Herstellungskosten von aktivierten fertigen und unfertigen Erzeugnissen oder anderen aktivierten Eigenleistungen ein Unterschied ergeben: Unter der Voraussetzung, dass sämtliche Aufwandsarten im UKV umsatzbezogen ausgewiesen werden, stellt sich bei einer Bestandserhöhung im Jahr der Aktivierung das Betriebsergebnis im GKV um den Betrag der aktivierten Zinsen bzw. Betriebssteuern höher, das Finanzergebnis aber um die Zinsen und die sonstigen Steuern um die aktivierten Betriebssteuern niedriger dar als im UKV. Bei buchhalterisch korrekter Vorgehensweise wird jedoch im Jahr des Verkaufs der bisher im Bestand befindlichen Erzeugnisse im GKV das Betriebsergebnis um den aktivierten Zins- bzw. Betriebssteueranteil niedriger und das Finanzergebnis bzw. der Posten »sonstige Steuern« höher ausgewiesen. Dies gilt freilich nicht für den Fall, dass aus Vereinfachungsgründen die aktivierten Beträge an Zinsen oder Betriebssteuern mit dem Umsatzaufwand (vgl. Posten 2 UKV) verrechnet werden. Sonstige Steuern und Zinsen wären so – dem GKV vergleichbar – wiederum periodenbezogen ausgewiesen.

Weitere Ausnahmen

Eine weitere Abweichung kann sich – wie noch zu erläutern sein wird – auch beim Ausweis von unüblichen Abschreibungen auf Vermögensgegenstände des Umlaufvermögens (vgl. Posten 7b GKV) ergeben. Schließlich sind Unterschiede im Posten »sonstige betriebliche Aufwendungen« und im Posten »sonstige Steuern« möglich.

Eine Erfolgsspaltung nach den weiteren Kriterien – neben denen der Regelmäßigkeit und der Betriebszugehörigkeit – ist im Rahmen des HGB nicht ohne weiteres möglich.

Periodenbezogenheit im HGB nicht durchgängig berücksichtigt

Besonders hinzuweisen ist darauf, dass das Kriterium der Periodenbezogenheit im Gegensatz zum AktG 1965 keine durchgängige Berücksichtigung erfährt. Während nach altem Recht wesentliche aperiodische und gleichzeitig als außerordentlich qualifizierte Aufwendungen und Erträge teilweise als eigene Posten oder als Vorspaltenvermerke anzugeben waren, so ist die Einordnung sämtlicher Erfolgsbestandteile in das ordentliche Betriebs- oder das außerordentliche Ergebnis heute unabhängig davon vorzunehmen, ob sie sachlich der abgelaufenen oder einer früheren Periode zuzurechnen sind (vgl. COENENBERG, A. G. 2003, S. 445). Dennoch ist bei Hinzuziehung der Anhangangaben auch nach geltendem Bilanzrecht eine wenigstens ansatzweise Strukturierung der Erfolgsgrößen nach dem Kriterium der Periodenbezogenheit möglich. Diesbezügliche Informationen ergeben sich aus der Angabepflicht für alle wesentlichen periodenfremden Aufwendungen und Erträge gem. § 277 Abs. 4 Satz 3 HGB.

›Außerordentlich‹ ist eng abzugrenzen

Die Abgrenzung des Begriffs ›außerordentlich‹ erfährt nach herrschender Meinung eine enge Abgrenzung, wenn auch eine Präzisierung durch den Gesetzgeber unterblieb. Die Regierungsbegründung stellt lediglich klar, dass aperiodische Erfolgsbestandteile nicht (notwendigerweise) zu den außerordentlichen Aufwendungen und Erträgen zählen (vgl. BT-Drucksache 10/317, S. 86), sodass diese im Ergebnis der gewöhnlichen Geschäftstätigkeit enthalten sind. Die wenigen nach neuem Bilanzrecht noch als außerordentlich zu bezeichnenden Sachverhalte müssen nach allgemeiner – aber wenig konkretisierbarer – Auffassung ihrem Charakter nach in hohem Maße ungewöhnlich sein und dürfen darüber hinaus nur selten anfallen.

Tätigkeitsbereiche oder geographische Aspekte

Eine weiter gehende Erfolgsspaltung nach Tätigkeitsbereichen oder geographischen Gesichtspunkten ist nicht möglich, da gem. § 285 Nr. 4 HGB i. V. m. § 288 HGB (bei großen Kapitalgesellschaften und Personenhandelsgesellschaften i. S. d. § 264a HGB) lediglich eine Aufgliederung der Umsatzerlöse, nicht aber der übrigen Erträge und Aufwendungen nach diesen Merkmalen erfolgen muss. Die Auswertung einer eventuell gem. § 297 Abs. 1 Satz 2 HGB vorliegenden Segmentberichterstattung kann hier bedingt Abhilfe schaffen.

2.3.1.3.2 Kritik an der Erfolgsspaltung nach HGB

Die Problematik dieser am Gliederungsschema der Gewinn- und Verlustrechnung nach § 275 HGB orientierten Erfolgsspaltung liegt in folgenden Punkten begründet (vgl. auch KÜTING, K. 1997, S. 701 f.):

Außerordentliches Ergebnis eng abgegrenzt

(1) Indem das außerordentliche Ergebnis nach HGB überaus eng abgegrenzt ist und lediglich solche Erfolgskomponenten umfasst, die in hohem Maße ungewöhnlich für die geschäftlichen Aktivitäten des Unternehmens sind und darüber hinaus selten anfallen, verbleiben im Ergebnis der gewöhnlichen Geschäftstätigkeit zwangsläufig solche Aufwendungen und Erträge, die nur eines der beiden vorstehend genannten (restriktiven) Kriterien erfüllen. Zu denken ist in diesem Zusammenhang an bestimmte Liquidations- oder bilanzpolitisch motivierte Bewertungserfolge, aber auch an rein steuerrechtlich motivierte (Sonder-)Abschreibungen.

(2) Dass der von LACHNIT (L. 1991, S. 775) erhobene Vorwurf, der Gesetzgeber habe die angestrebte Erfolgsspaltung nach der Regelmäßigkeit nur unzureichend umgesetzt, durchaus berechtigt ist, lässt sich nicht zuletzt an dem Posten Nr. 7b gem. § 275 Abs. 2 HGB (Abschreibungen auf Vermögensgegenstände des Umlaufvermögens, soweit diese die in der Kapitalgesellschaft üblichen Abschreibungen überschreiten) nachweisen. Die Platzierung dieses Postens innerhalb des Ergebnisses der gewöhnlichen Geschäftstätigkeit erscheint fragwürdig, da es sich bei den betreffenden Abschreibungen letztlich nur um solche handeln kann, »die dem Grunde nach oder in ihrer Höhe in der betreffenden Kapitalgesellschaft nicht regelmäßig anfallen, aber nicht außerordentlich sind« (BORCHERT, D., in: KÜTING/WEBER 1995, § 275 HGB, Rn. 68).

Problematik der Sammelposten

(3) Aufgrund der engen Abgrenzung des außerordentlichen Ergebnisses ist eine eindeutige Beurteilung der (Sammel-)Posten ›sonstige betriebliche Aufwendungen‹ und ›sonstige betriebliche Erträge‹ nach dem Kriterium der Regelmäßigkeit für Externe nicht möglich, da dort sowohl regelmäßige als auch unregelmäßige Erfolgsbestandteile ausgewiesen sein können. Auch vor diesem Hintergrund ist in Zweifel zu ziehen, dass das Ergebnis der gewöhnlichen Geschäftstätigkeit als nachhaltige Erfolgsgröße qualifiziert werden kann.

Soweit im Schrifttum die Vermischung von ordentlichen betrieblichen und betriebsfremden Erfolgskomponenten unter den in Rede stehenden Posten kritisiert wird, so ist dieser Kritik zunächst entgegenzuhalten, dass vom Gesetzgeber mit den handelsrechtlichen Gewinn- und Verlustrechnungs-Schemata keineswegs eine explizite Erfolgsspaltung nach dem Merkmal der Betriebsbezogenheit beabsichtigt wird. Allerdings muss es angesichts der Bedeutung, die allgemein dem Betriebsergebnis beigemessen wird, als Versäumnis des Gesetzgebers betrachtet werden, keine detaillierte betragsmäßige Aufgliederung der sonstigen betrieblichen Aufwendungen und Erträge verpflichtend vorgeschrieben zu haben.

Ausweis der sonstigen Steuern

(4) Als verunglückt zu beurteilen ist der Ausweis der ›sonstigen Steuern‹ an der in § 275 Abs. 2 und 3 HGB vorgeschriebenen Stelle. Unter materiell-inhaltlichen Gesichtspunkten sind die unter diesen Posten auszuweisenden gewinnunabhängigen Steuern (z.B. Verbrauchsteuern) dem Ergebnis der gewöhnlichen Geschäftstätigkeit bzw. dem Betriebsergebnis zuzuordnen (vgl. Borchert, D., in: Küting/Weber 1995, § 275 HGB, Rn. 99) und sollten daher auch an entsprechender Stelle ausgewiesen werden.

Das im Folgenden darzustellende betriebswirtschaftliche Erfolgsspaltungskonzept versucht, diese Mängel so weit wie möglich auszuräumen.

Merksätze:

1. Beide Varianten der Gewinn- und Verlustrechnung nach § 275 HGB sind erfolgsspaltungsorientiert aufgebaut.
2. Der Gliederung des Gesamt- und des Umsatzkostenverfahrens liegen explizit bzw. implizit die Kriterien der Regelmäßigkeit und der Betriebszugehörigkeit zugrunde. Das Kriterium der Periodenbezogenheit findet nach geltendem Recht keine Berücksichtigung mehr.
3. Die Abgrenzung des außerordentlichen Ergebnisses nach ungewöhnlichen und seltenen Vorgängen erscheint zu eng, da im Ergebnis der gewöhnlichen Geschäftstätigkeit weiterhin Komponenten enthalten sind, die den nachhaltig erzielbaren Erfolg verzerren.

2.3.1.4 Betriebswirtschaftliches Erfolgsspaltungskonzept

2.3.1.4.1 Darstellung des Konzepts

Kriterien: Regelmäßigkeit, Betriebszugehörigkeit

Das betriebswirtschaftliche Erfolgsspaltungskonzept richtet sich (primär) an den Kriterien der Regelmäßigkeit und der Betriebszugehörigkeit aus. Es erhebt zunächst den Anspruch, besser als das ausgewiesene, eher heterogene Jahresergebnis ein nachhaltig erzielbares, regelmäßig anfallendes und aus der eigentlichen Betriebstätigkeit ableitbares Ergebnis zu ermitteln, das Rückschlüsse auf das Erfolgspotenzial des untersuchten Unternehmens zulässt. Jedoch ist darauf hinzuweisen, dass eine absolute Erfolgsgröße wenig aussagefähig ist. Vielmehr müssen relative Kennzahlen mit anderen Unternehmensgrößen, wie z.B. Umsatz oder Eigenkapital, gebildet werden, deren Erörterung in diesem Rahmen jedoch nicht erfolgen kann. Doch auch relative Kennzahlen sind nur aussagefähig, wenn die einzelnen Komponenten, wie eine Erfolgsgröße, vergleichbar sind (vgl. ausführlich KÜTING, K. 1997, S. 693 ff.).

In Übersicht 49 ist das betriebswirtschaftliche Erfolgsspaltungskonzept, das im Folgenden genauer erläutert wird, schematisch dargestellt:

Übersicht 49: Betriebswirtschaftliches Erfolgsspaltungskonzept

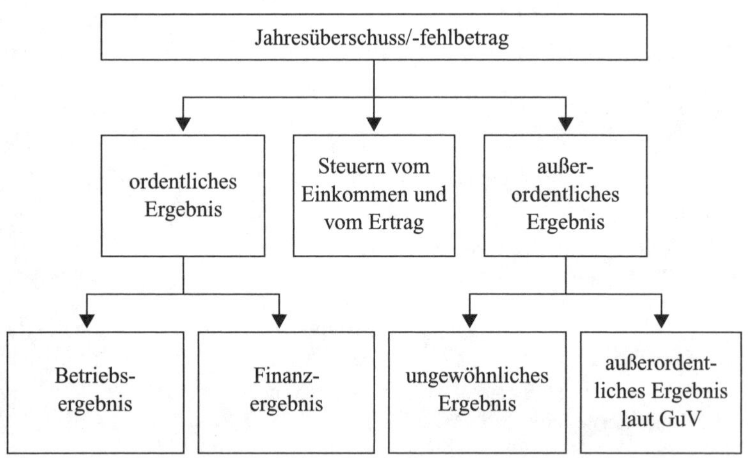

Nachhaltig erzielbarer Erfolg

Auch die Erfolgsspaltung nach betriebswirtschaftlichen Gesichtspunkten unterteilt den nachhaltig erzielbaren, ordentlichen Erfolg in ein Betriebs- und ein Finanzergebnis.

Unterschied zum HGB-Konzept

Die betriebswirtschaftliche Erfolgsspaltung weist im Grunde lediglich einen einzigen konzeptionellen Unterschied zum Erfolgsspaltungskonzept des HGB auf: die Abgrenzung außerordentlicher Vorgänge. Da jedoch der bei beiden

Verfahren aufzuspaltende Erfolg identisch ist, führt dies natürlich zu strukturellen Verschiebungen und damit indirekt auch zu einer veränderten Definition des ordentlichen Ergebnisses.

Abgrenzung außerordentlicher Ergebnisteile

Während im HGB die Abgrenzung außerordentlicher Ergebnisteile eng auszulegen ist und nur seltene und hinsichtlich ihrer Natur nach ungewöhnliche Vorfälle zum außerordentlichen Ergebnis zu zählen sind, muss die betriebswirtschaftliche Abgrenzung auch andere, nicht im gesetzlichen Sinne außerordentliche Komponenten erfassen. Die zu eliminierenden Tatbestände müssen sich aus den Zielen der Erfolgsspaltung deduzieren lassen. Aufwendungen und Erträge sind daher daraufhin zu untersuchen, ob sie nachhaltig erzielbar (Zurechnung zum ordentlichen Ergebnis) und ob sie als betrieblich (Betriebsergebnis) oder als betriebsfremd (Finanzergebnis) zu charakterisieren sind. Wie die weiteren Ausführungen zeigen werden, sind diese Ziele nicht widerspruchsfrei zu erreichen, unterschiedliche Zuordnungen daher auch – je nach Standpunkt – vertretbar.

Außerordentliche Komponenten

Zu den außerordentlichen Komponenten innerhalb eines betriebswirtschaftlichen Erfolgsspaltungskonzepts zählen nach der hier vertretenen Auffassung drei verschiedene Arten von Sachverhalten:

›Außerordentlich‹ nach HGB

(1) Die im Gesetzessinne gem. § 275 Abs. 2 Nr. 15 und 16 und Abs. 3 Nr. 14 und 15 HGB i. V. m. § 277 Abs. 4 Satz 1 HGB ausgewiesenen außerordentlichen Aufwendungen und Erträge. Dieser Zuordnung liegt die Akzeptanz des außerordentlichen Ergebnisses gem. der Gewinn- und Verlustrechnung durch den Analysten zugrunde, obwohl sich in Theorie und Praxis keine einheitliche Abgrenzung durchgesetzt hat und sich somit unterschiedliche Zuordnungen ergeben können, die die Vergleichbarkeit der Ergebnisse beeinträchtigen. Da jedoch der Charakter des ›Außerordentlichen‹ allein aufgrund der spezifischen Situation des jeweiligen Unternehmens beurteilt werden kann, sollte der externe Analyst die vom Unternehmen gewählte Zuordnung anerkennen (vgl. Ziolkowski, U. 1990, S. 168 f.).

Periodenfremde Erfolge

(2) Periodenfremde Aufwendungen und Erträge, sofern sie nicht regelmäßig anfallen. Zu diesen zählen neben Liquidations- und Bewertungserfolgen auch sonstige aperiodische Komponenten. Wesentliches Abgrenzungskriterium dabei ist allerdings die Unregelmäßigkeit i. S. v. nicht jährlich wiederkehrend, da nicht sämtliche periodenfremden Ergebniskomponenten als – im betriebswirtschaftlichen Sinne – außerordentlich zu klassifizieren sind.

Betriebsuntypische oder unregelmäßige Ereignisse

(3) Weitere den regelmäßig erzielbaren Erfolg verzerrende Vorgänge, die entweder nicht als betriebstypisch anzusehen sind oder nicht regelmäßig auftreten, wie z. B. außerordentliche Abschreibungen im Anlagevermögen, Abschreibungen im Umlaufvermögen zur Vorwegnahme zukünftiger Wertschwankungen, rein steuerrechtliche Abschreibungen in Form aktivischer Absetzungen oder als Zuführungen zu bzw. Auflösung von Sonder-

posten mit Rücklageanteil sowie Zuschüsse und Zulagen (vgl. auch LACHNIT, L. 1991, S. 776). Die Realisierung solcher unregelmäßigen oder betriebsuntypischen Sachverhalte kann also insbesondere auch von den Intentionen zielorientierter Bilanzpolitik getragen sein.

Regelmäßige, betriebsuntypische Vorgänge

Anzumerken ist an dieser Stelle, dass man unter Umständen auch diejenigen betriebsuntypischen Vorgänge (z.B. Erfolge aus Anlageabgängen oder auch steuerrechtliche Sonderabschreibungen), welche – in Ausnahmefällen – jährlich wiederkehren, im ordentlichen Betriebsergebnis belassen könnte, da sie den extrapolationsfähigen Vergangenheitserfolg nicht verfälschen. Somit käme es für die Klassifizierung eines betrieblichen Tatbestands als einen außerordentlichen Vorgang wiederum – wie bei den aperiodischen Ergebnisbeiträgen – letztlich auf das Kriterium der Regelmäßigkeit an. Freilich werden in der Praxis die Kriterien der Betriebsgewöhnlichkeit und der Regelmäßigkeit eines Sachverhalts gleichzeitig erfüllt sein.

Abgrenzungsschwierigkeiten

Aufgrund fließender Grenzen ist eine eindeutige und sachgerechte Klassifizierung einzelner Vorgänge als ›außerordentlich‹, ›aperiodisch‹ oder ›verzerrend‹ in der Regel nicht möglich. Dies ist aber auch nicht notwendig, da es letztendlich nur Ziel ist, diese Sondereinflüsse in der Summe zu bereinigen, gleichgültig, wie sie bezeichnet werden. Daher erscheint es müßig, darüber zu diskutieren, welcher Kategorie einzelne Aufwendungen oder Erträge ihrem Charakter nach überwiegend zuzuordnen sind. Vielmehr geht es stets darum, die wirtschaftlichen Hintergründe zu verstehen und unter (erfolgs-)analytischen Gesichtspunkten zu beurteilen.

Begriff

Da der Begriff ›außerordentlich‹ in Anbetracht der obigen Ausführungen durch die Erfolgsrechnungsposten 15 bis 17 GKV/14 bis 16 UKV belegt ist, sollen unregelmäßige periodenfremde und sonstige verzerrende Vorgänge (Nr. (2) und (3)) als ›ungewöhnlich‹ oder ›unregelmäßig‹ bezeichnet werden (vgl. Übersicht 49).

2.3.1.4.2 Ermittlung des Betriebsergebnisses

Zunächst ist das ordentliche Betriebsergebnis zu ermitteln, das sich – an der gesetzlichen Gliederung der Gewinn- und Verlustrechnung orientiert – im Einzelnen folgendermaßen zusammensetzt:

Übersicht 50: Ermittlung des Betriebsergebnisses

Gesamtkostenverfahren	**Umsatzkostenverfahren**
Umsatzerlöse ± Erhöhung oder Verminderung des Bestands an fertigen und unfertigen Erzeugnissen + andere aktivierte Eigenleistungen + sonstige betriebliche Erträge (./. Auflösung aus dem Sonderposten mit Rücklageanteil) (./. betriebsfremde Erträge (z. B. Kursgewinne)) (./. ungewöhnliche Erträge (z. B. Erträge aus Anlageabgängen)) (./. Zuschreibungen) (./. Zulagen, Zuschüsse) ./. Materialaufwand ./. Personalaufwand (./. Zinsanteil des Zuführungsbetrags zu den Pensionsrückstellungen) ./. Abschreibungen auf immaterielle Vermögensgegenstände des Anlagevermögens und Sachanlagen sowie auf aktivierte Aufwendungen für die Ingangsetzung und Erweiterung des Geschäftsbetriebs (./. außerplanmäßige Abschreibungen) (./. rein steuerrechtliche Abschreibungen, sofern aktivisch vorgenommen) + Abschreibungen im Umlaufvermögen zur Vorwegnahme zukünftiger Wertschwankungen ./. sonstige betriebliche Aufwendungen (./. Einstellungen in den Sonderposten mit Rücklageanteil) (./. betriebsfremde Aufwendungen (z. B. Kursverluste)) (./. ungewöhnliche Aufwendungen (z. B. Aufwendungen aus Anlageabgängen)) ./. sonstige Steuern (./. Steuernachzahlungen) (+ Steuererstattungen)	Umsatzerlöse ./. Herstellungskosten der zur Erzielung der Umsatzerlöse erbrachten Leistungen ./. Vertriebskosten ./. allgemeine Verwaltungskosten + außerplanmäßige Abschreibungen + rein steuerrechtliche Abschreibungen, sofern aktivisch vorgenommen + Abschreibungen im Umlaufvermögen zur Vorwegnahme zukünftiger Wertschwankungen + betriebsfremde Aufwendungen (z. B. Kursverluste) + ungewöhnliche Aufwendungen (z. B. Aufwendungen aus Anlageabgängen), soweit den Funktionsbereichen zugeordnet + Zinsanteil des Zuführungsbetrags zu den Pensionsrückstellungen + sonstige betriebliche Erträge (./. Auflösung aus dem Sonderposten mit Rücklageanteil) (./. betriebsfremde Erträge (z. B. Kursgewinne)) (./. ungewöhnliche Erträge (z. B. Erträge aus Anlageabgängen)) (./. Zuschreibungen) (./. Zulagen, Zuschüsse) ./. sonstige betriebliche Aufwendungen (./. Einstellungen in den Sonderposten mit Rücklageanteil) (./. ungewöhnliche Aufwendungen (z. B. Aufwendungen aus Anlageabgängen), soweit den Funktionsbereichen nicht zugeordnet ./. sonstige Steuern (./. Steuernachzahlungen) (+ Steuererstattungen)
= **Betriebsergebnis**	= **Betriebsergebnis**

Jahresüberschuss vor Steuern als Ausgangspunkt

In der betriebswirtschaftlichen Betrachtung ist zunächst einmal strittig, ob ein Ergebnis vor oder nach gewinnabhängigen Steuern ermittelt werden soll. Hier wird der Meinung gefolgt, dass nur ein Jahresüberschuss vor Steuern ein vergleichbares Ergebnis – über Rechtsformen- und Ländergrenzen hinweg – und den nachhaltig erzielbaren Erfolg eines Unternehmens vermittelt (vgl. HAUSCHILDT, J. 1990, S. 196f.).

Wollte man die gewinnabhängigen Steuern berücksichtigen, so müsste man zunächst die einzelnen Teilergebnisse vor Steuern ermitteln und dann die Steuern entsprechend ihres Anfalls, hilfsweise proportional, auf das Betriebs-, Finanz- und außerordentliche Ergebnis verteilen. Jedoch ergeben sich nicht nur Probleme bei der Zurechnung der Steuern auf die einzelnen Ergebnisse, sondern auch bei der periodengerechten Ermittlung des Steueraufwands (vgl. GRÄFER, H. 2001, S. 65).

Wirkungen

Durch die Ausgliederung der gewinnabhängigen Steuern wird zum einen das Erfolgspotenzial einer Unternehmung gezeigt, ohne dass es durch gewinnabhängige Steuerwirkungen beeinflusst wird. Zum anderen wird eine Vergleichbarkeit von Unternehmen mit unterschiedlichen Rechtsformen – und damit unterschiedlichen Steuerbelastungen –, mit unterschiedlicher Gewinnverwendungspolitik und mit ausländischen Unternehmen möglich, deren Besteuerungsgrundlagen sich von den inländischen unterscheiden.

Sonstige Steuern im Betriebsergebnis

Als sonstige Steuern sind nach herrschender Meinung sämtliche Steuern auszuweisen, die nicht ertragsabhängige Steuern sind. Als zulässig zu erachten ist wohl aber auch der Ausweis der so genannten Kostensteuern unter den sonstigen betrieblichen Aufwendungen (vgl. Posten 8 GKV). Im UKV hingegen ist eine Zuordnung der sonstigen Steuern zu den Funktionsbereichen grundsätzlich zulässig (vgl. ADLER/DÜRING/SCHMALTZ 1995, § 275 HGB, Rn. 202 und 232f.). Da der Posten »sonstige Steuern« (Posten 19 GKV, 18 UKV) – falls ausgewiesen – jedoch überwiegend oder sogar ausschließlich die so genannten Kostensteuern enthält, die den Charakter von betrieblichem Aufwand haben und im innerbetrieblichen Rechnungswesen als Aufwand erfasst und verrechnet werden (vgl. OEBEL, C. 1988, S. 126), sollten sie konsequenterweise auch dem Betriebsergebnis zugeordnet werden.

Aufgrund des separaten Ausweises der sonstigen Steuern in der Gewinn- und Verlustrechnung kann jedoch die hier präferierte Umgliederung für Zwecke der Erfolgsspaltung problemlos durchgeführt werden.

Periodenfremde Steuern

Sofern in den sonstigen Steuern Steuererstattungen oder Steuernachzahlungen enthalten sind, sollten diese dem außerordentlichen Ergebnis zugerechnet werden, wenn ihnen ein ungewöhnlicher Charakter beizumessen ist.

Problematik der Mischposten

Die in der Literatur aufgrund ihres Mischcharakters besonders kontrovers diskutierten Posten »sonstige betriebliche Aufwendungen« und »sonstige betriebliche Erträge« sind in zweifacher Hinsicht problematisch. Es stellt sich als

Erstes die Frage, in welchem Maße betriebsfremde bzw. unregelmäßige und ungewöhnliche Aufwendungen und Erträge aus dem Betriebsergebnis herausgerechnet werden müssen und inwieweit sie überhaupt erkennbar und quantifizierbar sind. Falls sie nicht hinreichend bestimmbar sind, ergibt sich ein anderes Problem, nämlich das der Zuordnung dieser Sammelposten zu den verschiedenen Ergebnissen.

Erläuterungspflicht für periodenfremde Erfolge

Zunächst fordert § 277 Abs. 4 Satz 3 HGB für solche periodenfremden Aufwendungen und Erträge, die nicht zugleich außerordentlich sind, eine Erläuterung hinsichtlich ihres Betrags und ihrer Art. Diese Erläuterungspflicht beschränkt sich auf solche Beträge, die für die Beurteilung der Ertragslage nicht von untergeordneter Bedeutung sind, wobei eine Angabe der Größenordnung ausreichend ist. Solchermaßen erläuterungspflichtige periodenfremde Erfolgsbestandteile können in verschiedenen Posten enthalten sein, in erster Linie jedoch unter den sonstigen betrieblichen Aufwendungen und Erträgen.

Beispiele

Unter solche periodenfremde Ergebnisbestandteile fallen Liquidationserfolge (Buchgewinne und -verluste aus der Veräußerung von Gegenständen des Anlagevermögens), Bewertungserfolge (z.B. Erträge aus der Auflösung von Rückstellungen, Erträge aus der Herabsetzung der Pauschalwertberichtigung auf Forderungen) und sonstige aperiodische Komponenten (z.B. Steuernachzahlungen bzw. -erstattungen) (vgl. ADLER/DÜRING/SCHMALTZ 1995, § 277 HGB, Rn. 87).

Liquidations- und Bewertungserfolge

Jedoch sind im betriebswirtschaftlichen Sinne – in Übereinstimmung mit der Praxis – nicht alle Liquidations- und Bewertungserfolge auch aus dem Betriebsergebnis zu eliminieren. Solche Bestandteile, die regelmäßig anfallen, z.B. Aufwendungen oder Erträge aus Anlagenverkäufen im Rahmen periodisch wiederkehrender Ersatzbeschaffungs- oder Erweiterungsinvestitionen oder regelmäßig anfallender Rückstellungsauflösung, gehören zum ordentlichen Ergebnis, da sie zwar zeitverschoben, aber regelmäßig anfallen (vgl. dazu COENENBERG, A.G. 2003, S. 1023f.).

Pauschale Zuordnung zum außerordentlichen Ergebnis

Wenn trotzdem eine pauschale Zuordnung der erläuterten periodenfremden Ergebnisbestandteile zum außerordentlichen Ergebnis vorgenommen wird statt einer eigentlich gebotenen unternehmens- und sachverhaltsspezifischen Behandlung, so ist dies nur durch die Tatsache zu rechtfertigen, dass dem externen Analysten lediglich die Angaben aus dem Geschäftsbericht zu periodenfremden Bestandteilen zur Verfügung stehen, die eine zutreffende Beurteilung hinsichtlich der Regelmäßigkeit dieser Vorgänge keinesfalls erlauben.

Damit stellt sich die oben bereits erwähnte zweite Frage, wie die sonstigen betrieblichen Aufwendungen und Erträge zuzuordnen sind, falls betragsmäßige Angaben zu den (regelmäßigen) periodenfremden Bestandteilen nicht verfügbar sind.

Imparitätische Behandlung

Vornehmliches Augenmerk ist hierbei auf die Abgrenzung des Betriebsergebnisses zu legen, da dieses den nachhaltigen Betriebserfolg angibt. In Übereinstimmung mit der Literatur wird diesbezüglich vorgeschlagen, eine imparitätische Behandlung vorzunehmen, nämlich die sonstigen betrieblichen Aufwendungen zum Betriebsergebnis und die sonstigen betrieblichen Erträge zum außerordentlichen Ergebnis zu rechnen (vgl. dazu BAETGE, J./FISCHER, T. 1988, S. 6). Von dieser Behandlung jedenfalls auszunehmen sind – wie unten noch weiter auszuführen sein wird – die Zuführungsbeträge zum Sonderposten mit Rücklageanteil.

Pauschale Zuordnung

Eine solche pauschale Zuordnung dieser so genannten Sammelposten der Erfolgsrechnung verhindert jedoch lediglich die Ermittlung eines zu hohen ordentlichen Betriebsergebnisses. Ein regelmäßiges periodengerechtes und damit aussagekräftiges Betriebsergebnis erhält man dagegen auf diese Weise nicht. Vertretbar ist diese Vorgehensweise allein aus Vorsichtsgründen; in aller Regel führt die pauschale imparitätische Spaltung der sonstigen betrieblichen Aufwendungen und Erträge zu einem ›nach unten verzerrten‹ Betriebserfolg (vgl. LACHNIT, L. 1991, S. 777f.).

Betriebsfremde Ergebnisbestandteile

Neben den (unregelmäßigen) periodenfremden Aufwendungen und Erträgen sind jedoch auch noch sonstige ungewöhnliche und betriebsfremde (dem Finanzergebnis zuzuordnende) Vorgänge aus den sonstigen betrieblichen Aufwendungen und Erträgen zu eliminieren. Betriebsfremde Ergebnisbestandteile, wie z. B. Kursgewinne, sind allerdings nur bei freiwilligen Angaben seitens der Unternehmen eliminierungsfähig. Zu bemerken ist in diesem Zusammenhang aber auch, dass Kursgewinne oder Ähnliches dem außerordentlichen Ergebnis zuzuordnen wären, sofern sie unregelmäßig anfallen. Auch hier ist eine Korrektur grundsätzlich nicht möglich.

Zuschreibungen

Zuschreibungen zu Vermögensgegenständen des Anlagevermögens, die unter den sonstigen betrieblichen Erträgen auszuweisen sind, sollten ebenfalls eliminiert werden, da es sich um (grundsätzlich unregelmäßige) Bewertungserfolge handelt. Die entsprechenden Beträge können entweder dem Anhang oder dem Anlagespiegel entnommen werden. Jedoch stellt sich hier das Problem einer möglichen Doppeleliminierung: Sofern ein Unternehmen seine aperiodischen Erträge in einem Betrag angibt und dazu auch die Zuschreibungen zählt, können einmal die periodenfremden Erträge und weiterhin die Zuschreibungen laut Anlagespiegel aus dem Betriebsergebnis herausgerechnet werden. Zuschreibungen auf Gegenstände des Umlaufvermögens werden dagegen nicht offen ausgewiesen.

Veränderungen des Sonderpostens mit Rücklageanteil

Erträge aus der Auflösung des Sonderpostens mit Rücklageanteil und Einstellungen in den Sonderposten mit Rücklageanteil, die innerhalb der sonstigen betrieblichen Aufwendungen und Erträge gesondert anzugeben sind, müssen ebenfalls dem außerordentlichen Ergebnis zugerechnet werden, da sie auf rein steuerrechtlichen Sondervorschriften beruhen und in hohem Maße verzerrend wirken. Sie sind als ungewöhnlich zu klassifizieren. Gleiches gilt für Zuschüsse und Zulagen, sofern sie nicht regelmäßig und damit planbar anfallen (vgl. ZIOLKOWSKI, U. 1990, S. 178). Im Zweifelsfall sind sie zu eliminieren.

Rein steuerrechtliche Sonderabschreibungen

Ein besonderes Problem im Rahmen der Erfolgsspaltung stellt die differenzierte Bilanzierungsmöglichkeit von rein steuerrechtlichen Sonderabschreibungen (vgl. § 254 HGB) dar, die entweder aktivisch abgesetzt werden oder in Höhe der positiven Differenz zwischen der steuerrechtlich zulässigen Bewertung und der handelsrechtlichen Normalabschreibung in den Sonderposten mit Rücklageanteil eingestellt werden können (vgl. § 281 Abs. 1 Satz 1 HGB). Dieser ist unbeschadet der steuerrechtlichen Vorschriften insoweit aufzulösen, als die Vermögensgegenstände aus dem Vermögen ausscheiden oder die steuerliche Wertberichtigung durch handelsrechtliche Abschreibungen ersetzt wird (vgl. § 281 Abs. 1 Satz 3 HGB). Weiterhin besteht eine Angabepflicht des Abschreibungsbetrags (auch des passivischen Wertberichtigungsbetrags), der im Geschäftsjahr allein auf steuerrechtlichen Vorschriften beruht (vgl. § 281 Abs. 2 Satz 1 HGB).

Eliminierung im Entstehungsjahr

Dies bedeutet zunächst, dass aufgrund dieser Angabepflicht die rein steuerrechtlichen Abschreibungen im Jahr der Entstehung unabhängig vom aktivischen oder passivischen Ausweis eliminiert werden können. In den Folgejahren jedoch unterscheiden sich beide Alternativen.

Eliminierung in Folgejahren: Aktivische Absetzung

Bei der aktivischen Absetzung müsste für die Ermittlung eines unverzerrten Betriebsergebnisses der Abschreibungsaufwand der Folgejahre um die steuerrechtlichen ›Minderabschreibungen‹ – als Folge steuerrechtlicher Mehrabschreibungen der Vorjahre – entsprechend erhöht werden, da sonst die dem tatsächlichen (besser: handelsrechtlichen) Werteverzehr entsprechende Ertragslage verfälscht wird (vgl. TIETZE, H., in: KÜTING/WEBER 2003, § 281 HGB, Rn. 27). Für diese Minderabschreibungen jedoch besteht keine Angabepflicht, da nur rein steuerrechtliche Mehrabschreibungen betragsmäßig angegeben werden müssen. Daher kann eine Erfolgsbereinigung um diese Bestandteile nicht vorgenommen werden. Das Betriebsergebnis eines Unternehmens, das steuerrechtliche Sonderabschreibungen in Anspruch nimmt und aktivisch ausweist, ist somit in den Folgejahren ceteris paribus zu hoch (vgl. KÜTING, K. 1998, S. 8f.).

Passivische Wertberichtigung

Bei der passivischen Wertberichtigung wird die für die Erfolgsspaltung vorzunehmende Korrektur um die steuerrechtlichen Minderabschreibungen gleichsam automatisch durchgeführt. Der Abschreibungsausweis erfolgt in Höhe der handelsrechtlich zulässigen Abschreibung. Die Aufwandskorrektur auf den höheren steuerrechtlich zulässigen Wert erfolgt im Jahr der Inanspruchnahme als sonstiger betrieblicher Aufwand durch die Einstellung in den Sonderposten mit Rücklageanteil. In den Folgejahren werden die durch handelsrechtliche Abschreibungen ersetzten rein steuerrechtlichen Wertberichtigungen erfolgserhöhend als Auflösung des Sonderpostens mit Rücklageanteil in der Gewinn- und Verlustrechnung im Posten »sonstige betriebliche Erträge« gebucht. Der Saldo aus handelsrechtlichen Abschreibungen und Erträgen aus der Auflösung des Sonderpostens entspricht genau dem steuerrechtlich berücksichtigungsfähigen Abschreibungsaufwand.

Umgliederung der Auflösungsbeträge

Rechnet man nun die Erträge aus der Auflösung des Sonderpostens zum außerordentlichen Ergebnis, so wird das Betriebsergebnis allein durch die handelsrechtlich gebotenen Abschreibungen belastet und das außerordentliche Ergebnis um die Differenz zu den rein steuerrechtlichen Wertberichtigungen erhöht (vgl. TIETZE, H., in: KÜTING/WEBER 2003, § 281 HGB, Rn. 28f.).

Behandlungsunterschiede

Somit unterscheidet sich im Rahmen der Erfolgsspaltung die Behandlung der rein steuerrechtlichen Abschreibungen bei aktivischer Absetzung gegenüber der bei passivischer Wertberichtigung im Sonderposten mit Rücklageanteil, denn bei aktivischem Ausweis können die steuerrechtlichen Minderabschreibungen der Folgejahre – im Gegensatz zum passivischen Ausweis – nicht korrigiert werden.

Lösung

Will man diesen vergleichsbeeinträchtigenden Unterschied vermeiden, so verbleibt letztlich nur die Möglichkeit, die Auflösungsbeträge des Sonderpostens mit Rücklageanteil im Betriebsergebnis zu belassen, wodurch jedoch das Kriterium der betrieblichen Verursachung verletzt wird. Der Bilanzanalytiker kann sich nun entscheiden, ob er die Betriebszugehörigkeit der zu beurteilenden Sachverhalte oder die Vergleichbarkeit der Ergebnisse höher einschätzt. Hier wird die betriebswirtschaftlich richtige Behandlung des Sonderpostens im Rahmen der Erfolgsspaltung und damit die Zurechnung zum außerordentlichen Ergebnis präferiert, da materiell kein Werteverzehr vorliegt.

Außerplanmäßige Abschreibungen auf das Anlagevermögen

Einen weiteren Problemfall stellen die außerplanmäßigen Abschreibungen auf das Anlagevermögen dar, für die eine gesonderte Angabepflicht besteht (vgl. § 277 Abs. 3 Satz 1 HGB). Hinsichtlich des Kriteriums der Betriebsbezogenheit kann gesagt werden, dass sie dem tatsächlichen Werteverzehr entsprechen, nicht grundsätzlich dispositionsbedingt sind und daher dem Betriebsergebnis zugerechnet werden sollten. Bezüglich ihres regelmäßigen Anfalls jedoch kann mit diesem (negativen) Erfolgsbeitrag nicht nachhaltig gerechnet werden. Er ist kein Bestandteil eines nachhaltig erzielbaren Ergebnisses und sollte daher nicht zum Betriebsergebnis gerechnet werden. Hier wird dem Kriterium der nachhaltigen Erzielbarkeit der Vorzug gegeben, da primäres Ziel der Erfolgsspaltung die Ermittlung eines nachhaltig erzielbaren – also regelmäßig zu erwartenden – Ergebnisses ist.

Unübliche Abschreibungen auf das Umlaufvermögen

Weiterhin ist noch auf den Posten »Abschreibungen auf Vermögensgegenstände des Umlaufvermögens, soweit diese die in der Kapitalgesellschaft üblichen Abschreibungen überschreiten« (Posten 7b GKV) hinzuweisen, der im UKV nicht enthalten ist.

Umgliederung

Die Aufnahme dieses Postens in die Gewinn- und Verlustrechnung erscheint unter konzeptionellen Überlegungen durchaus missglückt, denn der Ausweis nicht außerordentlicher, aber tatsächlich unüblicher Abschreibungen als ein

Teil des Ergebnisses der gewöhnlichen Geschäftstätigkeit ist inkonsequent und muss jedenfalls als Widerspruch betrachtet werden (vgl. Borchert, D., in: Küting/Weber 1995, § 275 HGB, Rn. 67). Eine Zuordnung zum außerordentlichen Ergebnis wäre geeigneter gewesen.

Unterschiede UKV/GKV

Eine solche Umgliederung ist jedoch nicht ganz unproblematisch, da bei einer Umgliederung die Vergleichbarkeit zwischen Gewinn- und Verlustrechnungen nach dem GKV und UKV gestört wird. Schließlich existiert dieser Posten nur beim GKV, nicht jedoch beim UKV. Dort können unübliche Abschreibungen funktionsorientiert in allen Aufwandsposten enthalten sein. Auch ein gesonderter Ausweis unter den sonstigen betrieblichen Aufwendungen ist möglich. Falls nun die unüblichen Abschreibungen im UKV nicht dem außerordentlichen Ergebnis zugeordnet wurden, wird durch eine Umgliederung der unüblichen Abschreibungen in das außerordentliche Ergebnis das Ergebnis der gewöhnlichen Geschäftstätigkeit im GKV zu gut bzw. im UKV, in dem eine Umgliederung in der Regel nicht möglich ist, zu schlecht ausgewiesen. Daher müsste aus Vergleichbarkeitsgründen hinsichtlich der Ergebnisse auf eine Umgliederung verzichtet werden.

Geringe praktische Bedeutung

Jedoch sind solche unüblichen Abschreibungen nach den Kriterien der Betriebsbezogenheit und der Regelmäßigkeit eindeutig dem außerordentlichen Ergebnis zuzuordnen und somit dem außerordentlichen Erfolg zuzurechnen. Wie eine Zuordnung erfolgt, ist jedoch in der Praxis als unwesentlich einzustufen, da solche unüblichen Abschreibungen sehr selten ausgewiesen werden und daher im Rahmen einer praktischen Erfolgsspaltung selten anfallen (vgl. Treuarbeit 1990a, Rn. 404). Hier soll der Aufwand als außerordentlich eingestuft werden.

Zukunftswertabschreibungen

Auch sollten Abschreibungen im Umlaufvermögen zur Vorwegnahme zukünftiger Wertschwankungen (vgl. § 253 Abs. 3 Satz 3 HGB), für die eine Angabepflicht besteht (vgl. § 277 Abs. 3 Satz 1 HGB), aufgrund ihres ungewöhnlichen Charakters (unregelmäßig und aperiodisch) zum außerordentlichen Ergebnis gezählt werden.

Zinsanteil der Pensionsrückstellungen

Neben den sonstigen betrieblichen Erträgen und Aufwendungen kann auch der im GKV ausgewiesene Posten Personalaufwand betriebsfremde Komponenten enthalten. In Deutschland wird bei der Ermittlung der Rückstellungen von Pensionen auch in der Handelsbilanz nahezu einhellig das vom Steuergesetzgeber verbindlich vorgeschriebene Teilwertverfahren angewendet. Die jährlichen Zuführungsbeträge zu den Pensionsrückstellungen setzen sich aus der so genannten Nettoprämie und dem Zinsanteil zusammen. Die Nettoprämie ist dem Grunde nach mit jener Prämie vergleichbar, die im Rahmen einer Fremdversicherung an den Versicherungsträger zu zahlen gewesen wäre. Der Zinsanteil stellt die Verzinsung der am Beginn des Geschäftsjahrs vorhandenen Pensionsrückstellungen und damit eine Vergütung für die Kreditierung bis zur Fälligkeit der Versorgungszahlung dar. Dieser Zinsanteil kann bei Anwendung des GKV entweder gemeinsam mit der Nettoprämie unter den sozialen Abgaben und Aufwendungen für Altersversorgung und für die Unterstützung im Personalaufwand bzw. bei Anwendung des UKV in den Funktionsbereichen oder aber unter den Zinsen und ähnlichen Aufwendungen ausgewiesen werden.

Betriebswirtschaftlich stellt die Zinskomponente keinen Personalaufwand, sondern eindeutig Zinsaufwand dar: Der Zinsanteil des Zuführungsbetrags ist der Preis dafür, dass sich das Unternehmen des Finanzierungsinstruments ›Pensionsrückstellungen‹ bedient. So gleichen die Rückstellungen für Pensionsverpflichtungen einem langfristig gewährten Darlehen, das die Belegschaftsangehörigen ihrem Unternehmen zeitlich begrenzt zur Verfügung stellen und das aus erwirtschafteten Betriebsmitteln gebildet worden ist. Der Unterschied eines solchen Darlehens zu sonstigen verzinslich gewährten Darlehen liegt allein darin, dass die Zinszahlungen nicht unmittelbar nach außen zu entrichten sind, sondern ratierlich dem Fremdkapital hinzuaddiert werden und damit Bestandteil des später zu leistenden Rückzahlungsbetrags werden. Unter betriebswirtschaftlichen Aspekten ist daher der Zinsanteil des Zuführungsbetrags zu den Pensionsrückstellungen in das Finanzergebnis umzugliedern. Jedoch wird diese Umgliederung nur in Ausnahmefällen möglich sein, da sich der deutsche Gesetzgeber bisher für keinen getrennten Ausweis der Komponenten des Zuführungsbetrags zu den Pensionsrückstellungen ausspricht und auch keine entsprechenden betragsmäßigen Anhangangaben fordert.

2.3.1.4.3 Ermittlung des Finanzergebnisses

Das Finanzergebnis lässt sich folgendermaßen – unabhängig vom verwendeten Verfahren zur Aufstellung der Gewinn- und Verlustrechnung – ermitteln:

Übersicht 51: Ermittlung des Finanzergebnisses

	Erträge aus Beteiligungen, davon aus verbundenen Unternehmen
+	Erträge aus anderen Wertpapieren und Ausleihungen des Finanzanlagevermögens, davon aus verbundenen Unternehmen
+	Erträge aus Gewinngemeinschaften, Gewinnabführungsverträgen und Teilgewinnabführungsverträgen
+	sonstige Zinsen und ähnliche Erträge, davon aus verbundenen Unternehmen
+	betriebsfremde Erträge (z. B. Kursgewinne)
./.	Aufwendungen aus Verlustübernahme
./.	Zinsen und ähnliche Aufwendungen, davon an verbundene Unternehmen (+ Zinsanteil des Zuführungsbetrags zu den Pensionsrückstellungen)
./.	betriebsfremde Aufwendungen (z. B. Kursverluste)
=	**Finanzergebnis**

Abgeführte Gewinne und Erträge aus Verlustübernahme

Auch das Finanzergebnis nach HGB enthält Bestandteile bzw. Posten, die bei wirtschaftlicher Betrachtungsweise nicht zu diesem gezählt werden dürfen und daher im Rahmen eines betriebswirtschaftlichen Erfolgsspaltungskonzepts auszusondern sind. Hierbei handelt es sich einerseits um die aufgrund einer Gewinngemeinschaft oder eines (Teil-)Gewinnabführungsvertrags abgeführten Gewinne, die keineswegs – wie ihre Behandlung in der GuV impliziert – Aufwendungen, sondern vielmehr Gewinnverwendung darstellen. Andererseits sind Erträge aus Verlustübernahmen nicht als »selbst erwirtschaftete Erträge des Unternehmens, sondern (als) Verlustdeckungen durch ein anderes Unternehmen« (Lachnit, L. 1991, S. 780) zu charakterisieren. Faktisch führen sie zu einer Verzerrung der Erfolgssituation des (die betreffenden ›Erträge‹ vereinnahmenden) Unternehmens.

Die in Rede stehenden Erfolgsbestandteile werden nun allerdings auch nicht dem außerordentlichen Ergebnis zugeordnet: Ist bspw. ein Unternehmen zur Abführung seines gesamten Gewinns verpflichtet, dann ist Ausgangspunkt der Erfolgsspaltung grundsätzlich jener Betrag, der unter dem Posten ›abgeführter Gewinn‹ ausgewiesen wird und letztlich als Substitut für den ansonsten, ohne Vorliegen eines Gewinnabführungsvertrags, ausgewiesenen Jahresüberschuss betrachtet werden kann. Gleiches gilt – mit anderem Vorzeichen – für den unter dem Posten ›Erträge aus Verlustübernahme‹ erfassten Betrag.

Erträge aus Gewinnabführung und Aufwendungen aus Verlustübernahme

Die (zu den vorstehend diskutierten) korrespondierenden Posten ›Erträge aus Gewinngemeinschaften oder (Teil-)Gewinnabführungsverträgen‹ bzw. ›Aufwendungen aus Verlustübernahme‹ verbleiben hingegen – wie die Übersicht 51 zeigt – innerhalb des Finanzergebnisses (vgl. auch Coenenberg, A.G. 2003, S. 1021 f.), da diese bei wirtschaftlicher Betrachtungsweise den Erfolg bzw. Misserfolg des eingesetzten Kapitals repräsentieren.

Erträge aus Beteiligungen

Allerdings kann sich eine Zuordnung dieser Posten wie auch der ›Erträge aus Beteiligungen‹ (Posten 9 GKV, 8 UKV) zum Finanzergebnis aus einem anderen Blickwinkel heraus als problematisch erweisen: nämlich dann, wenn ein Unternehmen einzelne Funktionen rechtlich ausgliedert oder auf Tochterunternehmen überträgt, z.B. durch Gründung von rechtlich selbstständigen Vertriebs- oder Forschungs- und Entwicklungsgesellschaften. Eine Zurechnung dieser Erträge aus eigentlich betrieblichen Funktionsbereichen zum Finanzergebnis beeinträchtigt die Vergleichbarkeit mit Unternehmen, die diese betrieblichen Funktionen nicht ausgegliedert bzw. übertragen haben. Die eigentlich gebotene Zurechnung zum Betriebsergebnis ist jedoch aufgrund des Sammelausweises der Erträge sämtlicher Beteiligungen in der Praxis nicht durchführbar. Auch in diesem Bereich zeigt sich die Notwendigkeit einer Analyse des Konzernabschlusses.

Abschreibungen auf Finanzanlagen und Wertpapiere des Umlaufvermögens: Grundsatz

In konsequenter Anwendung des Kriteriums des regelmäßigen Auftretens sollte eine pauschale Zuordnung des Postens ›Abschreibungen auf Finanzanlagen und auf Wertpapiere des Umlaufvermögens‹ zum außerordentlichen Ergebnis erfolgen. Eine differenzierte Behandlung in Abhängigkeit der jeweiligen Abschreibungsursachen, wie sie etwa Lachnit (L. 1991, S. 780) offenkundig präferiert, dürfte bei einer externen Analyse aufgrund unzureichender Informationen regelmäßig scheitern. Für die hier vorgeschlagene Behandlungsweise lässt sich im Übrigen das Argument anführen, dass die unterschiedliche Inanspruchnahme des Abschreibungswahlrechts nach § 253 Abs. 2 Satz 3 HGB i.V.m. § 279 Abs. 1 Satz 2 HGB ohne Einfluss auf das Finanzergebnis bzw. das ordentliche Ergebnis ist.

Zinsen und ähnliche Aufwendungen

Nicht unproblematisch erweist sich auch die Behandlung des Postens ›Zinsen und ähnliche Aufwendungen‹ (Posten 13 GKV, 12 UKV) im Rahmen der Erfolgsspaltung, da es betriebswirtschaftlich unstrittig ist, dass zur Erzielung des Betriebserfolgs auch Fremdkapital notwendig ist und damit auch die darauf entfallenden Zinsen dem Betriebsergebnis zugeordnet werden müssten. Doch diese Vorgehensweise muss aus zwei Gründen abgelehnt werden:

(1) Der Zinsaufwand der Gewinn- und Verlustrechnung enthält lediglich die Fremdkapitalzinsen. Für eine zutreffende Abgrenzung des Betriebsergebnisses müsste jedoch das gesamte betriebsnotwendige Kapital, unabhängig davon, ob es sich um Eigen- oder Fremdkapital handelt, verzinst werden. Die Problematik einer entsprechenden Berechnung der kalkulatorischen Eigenkapitalzinsen im Rahmen einer externen Analyse liegt jedoch auf der Hand.

(2) Würde man sich dennoch entschließen, das Betriebsergebnis mit Fremdkapitalzinsen zu belasten, so ergäben sich Unterschiede zwischen Unternehmen, die überwiegend eigen- oder fremdfinanziert sind. Um diesen Unterschied zumindest im Betriebsergebnis zu vermeiden, bleibt lediglich eine Umgliederung zu einem anderen Ergebnis oder eine Ausgliederung aus dem Jahresüberschuss.

»Gewinn vor Steuern und Zinsen«

Einer derartigen Ausgliederung, wie sie von HAUSCHILDT (J. 1990, S. 196) vorgenommen wird, der einen »Gewinn vor Steuern und Zinsen« ermittelt und die Zinsaufwendungen in voller Höhe zum Jahresüberschuss hinzuaddiert, liegt somit die Intention zugrunde, bei Betriebsvergleichen den Einfluss unterschiedlicher Finanzierung auf die (operative) Leistungsfähigkeit des Betriebes zu eliminieren. Im Rahmen der hier angestrebten Erfolgsspaltung, die dem Postulat der Unveränderbarkeit des Jahresüberschusses weitestgehend entsprechen soll, werden die Fremdkapitalzinsen jedoch ihrem (pagatorischen) Charakter entsprechend als typischer betrieblicher Aufwand bei der Ermittlung des Finanzergebnisses berücksichtigt, wohingegen Eigenkapitalzinsen als kalkulatorische Erfolgsgröße nicht berücksichtigt werden, da sie niemals zu Auszahlungen führen.

2.3.1.4.4 Ermittlung des außerordentlichen Ergebnisses

Das außerordentliche Ergebnis beinhaltet schließlich, neben dem nach HGB ausgewiesenen Posten »außerordentliches Ergebnis«, sämtliche aus dem Betriebs- oder Finanzergebnis herausgerechneten Bestandteile. Im Einzelnen sieht das außerordentliche Ergebnis im betriebswirtschaftlichen Sinne folgendermaßen aus:

Übersicht 52: Ermittlung des außerordentlichen Ergebnisses	
	außerordentliche Erträge gem. § 275 Abs. 2 oder 3 HGB
+	Auflösung des Sonderpostens mit Rücklageanteil
+	Zuschreibungen
+	Zulagen, Zuschüsse
+	ungewöhnliche Erträge (z. B. Erträge aus Anlageabgängen)
+	Steuererstattungen
=	**außerordentliche Erträge**
./.	außerordentliche Aufwendungen gem. § 275 Abs. 2 oder 3 HGB
./.	Einstellung in den Sonderposten mit Rücklageanteil
./.	Abschreibungen auf Vermögensgegenstände des Umlaufvermögens, soweit diese die in der Kapitalgesellschaft üblichen Abschreibungen überschreiten (nur beim GKV)
./.	außerplanmäßige Abschreibungen
./.	Abschreibungen auf Finanzanlagen und auf Wertpapiere des Umlaufvermögens
./.	rein steuerrechtliche Abschreibungen, sofern aktivisch vorgenommen
./.	Abschreibungen im Umlaufvermögen zur Vorwegnahme zukünftiger Wertschwankungen
./.	ungewöhnliche Aufwendungen (z. B. Aufwendungen aus Anlageabgängen)
./.	Steuernachzahlungen
=	**außerordentliche Aufwendungen**
=	**außerordentliches Ergebnis**

Getrennter Ausweis

Das außerordentliche Ergebnis wird nach Aufwendungen und Erträgen geordnet. Auch werden getrennte Zwischensummen für die Aufwendungen und Erträge gebildet.

Saldierungsverzicht

Der Verzicht auf eine Saldierung von außerordentlichen Aufwendungen und außerordentlichen Erträgen erscheint überaus sinnvoll. Dieser Vorgehensweise liegt der Gedanke zugrunde, dass gerade krisengefährdete Unternehmen zum einen besonders hohe außerordentliche Aufwendungen haben und zum anderen versuchen werden, ihren Misserfolg durch Mobilisierung außerordentlicher Erträge zu kompensieren (vgl. HAUSCHILDT, J./GRENZ, T./GEMÜNDEN, H. G. 1985, S. 885). Durch diese Vorgehensweise können unter Umständen diese Bestrebungen offenkundig werden.

2.3.1.4.5 Kritische Würdigung der betriebswirtschaftlichen Konzeption der bilanziellen Erfolgsspaltung

›Außerordentlich‹ erweitert

Das betriebswirtschaftliche Erfolgsspaltungskonzept legt besonderen Wert auf die Ermittlung eines Ergebnisses, das einerseits betrieblich und andererseits regelmäßig anfällt. Es erweitert den Begriff des ›Außerordentlichen‹ i. S. d. Gesetzes um unregelmäßige und sonstige verzerrende Komponenten – hier insgesamt als ungewöhnliche oder unregelmäßige Bestandteile des bilanziellen Jahresüberschusses bezeichnet.

Anwendungsschwierigkeiten

Die Ausführungen haben gezeigt, dass eine solche Erfolgsspaltung, so überzeugend sie auch in der Theorie ist, auf erhebliche Anwendungsschwierigkeiten bei der praktischen Durchführung stößt. Diese Schwierigkeiten sind im Wesentlichen auf zwei Gründe zurückzuführen (vgl. nur Küting, K. 1997):

(1) zum einen auf – nicht nur praktische – Abgrenzungsprobleme zwischen ordentlichem betrieblichem Erfolg (Betriebsergebnis) und ordentlichem betriebsfremdem Erfolg (Finanzergebnis) und

(2) zum anderen auf – überwiegend praktische – Abgrenzungsprobleme bei der Charakterisierung einzelner Aufwands- und Ertragskomponenten als ›außerordentlich‹.

Abgrenzung Betriebs- und Finanzergebnis

Eine Unterteilung in Betriebs- und Finanzerfolg im Lichte der in der Praxis zu beobachtenden Unternehmensentwicklung vom Einproduktunternehmen hin zum heterogenen Mehrproduktunternehmen bzw. -konzern erscheint auch in der theoretischen Abgrenzung zweifelhaft (vgl. auch Lachnit, L./Ammann, H. 1995, S. 1281 ff.). Hier hat die Praxis die Theorie bereits überholt, indem sie Finanzgeschäften die gleiche Aufmerksamkeit zuteil werden lässt wie ihren anderen Geschäften. Längst wird der Finanzierungsvorgang als integrierter Bestandteil der betrieblichen Unternehmenstätigkeit gesehen.

Management-Holding

Völlig ad absurdum geführt wird die Einteilung in Betriebs- und Finanzergebnis – zumindest auf Einzelabschlussebene – bei so genannten Management-Holdinggesellschaften, da bei diesen (im Normalfall) keine operative Geschäftstätigkeit im eigentlichen Sinne vorliegt. Tatsächlich muss bei diesen Unternehmen das Finanzergebnis der Gewinn- und Verlustrechnung als Betriebsergebnis gedeutet werden.

Erweiterung der Unternehmenstätigkeit

Weiterhin gilt es zu beachten, dass Beteiligungen an verbundenen Unternehmen nur noch in Ausnahmefällen als reine Finanzinvestition betrachtet werden. Vielmehr steht damit die gezielte horizontale oder vertikale Erweiterung der Unternehmenstätigkeit im Vordergrund. Besonders unter diesem Aspekt erscheint die Aufteilung in ein Betriebs- und Finanzergebnis – zumindest für den Einzelabschluss – fraglich. Daher sollte dem Aspekt der Regelmäßigkeit des erzielten Ergebnisses mehr Aufmerksamkeit geschenkt werden (vgl. dazu Lachnit, L. 1991, S. 776), indem die Ermittlung eines ordentlichen Ergebnisses, bestehend aus Betriebs- und Finanzergebnis, primäres Ziel der Erfolgsspaltung wird.

Finanzerträge als ordentliche Erfolgsbestandteile?

Gerade vor diesem Hintergrund sollte allerdings die mehr oder minder pauschale Qualifizierung von Finanzerträgen (im weitesten Sinne) als ordentliche Erfolgsbestandteile kritisch beurteilt werden. Gelangt bspw. ein in hohem Maße durch unregelmäßige bzw. außerordentliche Sachverhalte beeinflusster Jahreserfolg zur Ausschüttung und wird dieser bei dem zu analysierenden Unternehmen entsprechend seiner Beteiligungsquote vereinnahmt, dann ist auch dieser Erfolgsbestandteil zwangsläufig in entsprechender Höhe verzerrt. Insbesondere wenn der Erfolgsspaltung der Einzelabschluss zugrunde liegt, besteht für den Analysten die Notwendigkeit, auch die von den ›Beteiligungsgesellschaften‹ erwirtschafteten Jahreserfolge in entsprechender Weise zu untersuchen.

Fehlende Angabepflichten

Die zweite Problematik, die Charakterisierung von außerordentlichen Aufwands- und Ertragskomponenten, kann ebenfalls noch nicht als gelöst betrachtet werden. Durch zahlreiche fehlende Angabepflichten seitens des Gesetzgebers oder aufgrund eines oft mangelnden Ausweises seitens des bilanzierenden Unternehmens erscheint es fraglich, ob die außerordentlichen Erfolgskomponenten zutreffend und in ausreichendem Maße bereinigt werden können.

Beeinträchtigung durch Bilanzpolitik

Hinzu kommt noch das – bereits eingangs angesprochene – Problem, dass die Einflüsse angewandter Bilanzpolitik im Rahmen der hier diskutierten ›traditionellen‹ Erfolgsspaltung grundsätzlich nicht berücksichtigt werden. Es liegt auf der Hand, dass das Betriebsergebnis bspw. in Abhängigkeit der Bewertung der unmittelbaren Pensionsverpflichtungen, der unfertigen und fertigen Erzeugnisse oder der Inanspruchnahme der gesetzlich kodifizierten Ansatzwahlrechte z. T. erheblich variieren kann. Insofern ist insbesondere die zwischenbetriebliche Vergleichbarkeit der im Zuge der Erfolgsspaltung abgeleiteten Teilergebnisse kritisch zu beurteilen.

Restriktive Prämisse

Abschließend gilt es noch einmal in Erinnerung zu rufen, dass das ordentliche (Betriebs- und Finanz-)Ergebnis lediglich unter der restriktiven Prämisse konstanter Umweltbedingungen als nachhaltig beurteilt werden kann. Angesichts eines dynamischen Wirtschaftsgeschehens muss aber die Realitätsnähe dieser Prämisse in Zweifel gezogen werden. In jedem Fall besteht für den Analyst die Notwendigkeit zu überprüfen, ob und inwieweit von einer Fortgeltung der den Erfolgsentstehungsprozess determinierenden unternehmensinternen und -externen Rahmenbedingungen ausgegangen werden kann.

Beurteilung

Insgesamt bleibt festzuhalten, dass die Erfolgsanalyse mittels der Erfolgsspaltung nicht unerhebliche Probleme aufwirft, die bislang – zumindest im Rahmen der externen Analyse – weder in der Theorie noch in der Praxis zufrieden stellend gelöst werden konnten. Die mittels der Erfolgsspaltung gewonnenen Erkenntnisse sind – wie die vorstehenden Ausführungen zeigen – mit der gebotenen Vorsicht zu interpretieren. Ihre Bedeutung erhalten sie letztlich nur im

Gesamtzusammenhang mit den durch die Anwendung der sonstigen Instrumente der Erfolgsanalyse gewonnenen Erkenntnissen über die Ertragslage bzw. Ertragskraft des Unternehmens.

Merksätze:

1. Auch die Erfolgsspaltung nach betriebswirtschaftlichen Gesichtspunkten unterteilt den nachhaltig erzielbaren ordentlichen Erfolg in ein Betriebs- und ein Finanzergebnis. Der konzeptionelle Unterschied besteht in der Abgrenzung der außerordentlichen Vorgänge.
2. Als außerordentliche Erfolgskomponenten werden nach dem betriebswirtschaftlichen Konzept folgende Vorgänge bezeichnet:
   - außerordentliche Aufwendungen und Erträge nach § 275 HGB;
   - periodenfremde Erfolgsbestandteile, sofern sie nicht regelmäßig anfallen;
   - weitere den regelmäßig erzielbaren Erfolg verzerrende Vorgänge, die entweder nicht als betriebstypisch anzusehen sind oder nicht regelmäßig auftreten.
3. Zuordnungsprobleme ergeben sich insbesondere aus dem Mischcharakter der Posten »sonstige betriebliche Erträge« und »sonstige betriebliche Aufwendungen«, da sie auch betriebsfremde sowie unregelmäßige und ungewöhnliche Vorgänge erfassen können.
4. Die Trennung des Ergebnisses der gewöhnlichen Geschäftstätigkeit in Betriebs- und Finanzergebnis ist in der Praxis vielfach nicht möglich und erscheint aufgrund des heutigen Stands der Unternehmensentwicklung auch konzeptionell überholt.
5. Fehlende gesetzliche Angabepflichten verhindern darüber hinaus eine sachgerechte Aufspaltung der Erfolgskomponenten. Auch die pauschale Zuordnung bestimmter Größen – wie z.B. der sonstigen betrieblichen Aufwendungen und Erträge, Abschreibungen auf Finanzanlagen oder Zinsaufwendungen und -erträge – zu den einzelnen Ergebnisteilen kann nicht zu befriedigenden Lösungen führen.
6. Die bilanzielle Erfolgsspaltung erlangt eine Aussagekraft für die Unternehmensbeurteilung nur in einer zusammenhängenden Betrachtung mit anderen Instrumenten der Erfolgsanalyse.

2.3.1.5 Segmentberichterstattung

Weiter gehende und aussagefähige Berichterstattung

Mit der aus dem KonTraG und dem TransPuG resultierenden Verpflichtung kapitalmarktorientierter Mutterunternehmen zur Erweiterung des Konzernabschlusses um eine Segmentberichterstattung (vgl. § 297 Abs. 1 HGB) eröffnet sich dem Bilanzleser noch ein weiteres Feld der Erfolgsquellenanalyse. Daneben bieten sich diesbezüglich auch Möglichkeiten einer disaggregierten Analyse der Aufwands- und Ertragsstruktur (vgl. 2.3.2.3) und der Rentabilität (vgl. 2.4.2 und Coenenberg, A. G./Mattner, G. R. 2000). Gegebenenfalls finden sich in jüngeren Geschäftsberichten auch Darstellungen von (unternehmenswertorientierten) Kapitalrenditekonzepten (vgl. 3. Abschn., 6. Kap.), in denen nicht nur Definitionen von Steuerungskennzahlen und deren Komponenten präsentiert werden, sondern die auch Tabellen enthalten, in denen die korrespondierenden quantitativen Angaben in einer mit der Segmentberichterstattung übereinstimmenden Segmentierung präsentiert werden (vgl. etwa VEBA 1998, S. 22f. und 105f.). Aufgabe der Segmentberichterstattung ist es, Informationen über Vermögen und Ergebnis einzelner Teilbereiche (Segmente) des Konzerns bereitzustellen. Sie soll Informationsdefiziten in Jahresabschlüssen – insbesondere in denen stark diversifizierter Konzerne – durch Disaggregation von Daten entgegenwirken.

Die inhaltliche Ausgestaltung der Segmentberichterstattung wurde vom Gesetzgeber nicht näher konkretisiert. Im Gegensatz zu den eingeschränkten Erläuterungen zu den Erfolgsquellen nach Tätigkeitsbereichen und geographisch bestimmten Märkten gem. den §§ 285 Nr. 4 und 314 Abs. 1 Nr. 3 HGB sind aber die Anforderungen an eine Segmentberichterstattung, zumindest wenn sie internationalen Gepflogenheiten entsprechen soll, sehr viel weit gehender. Darüber hinaus wird diesbezüglich kaum die Inanspruchnahme einer Schutzklausel begehrt werden können, wie sie die §§ 286 Abs. 2 und 314 Abs. 2 HGB zur Befreiung von den (rudimentären) Offenlegungsverpflichtungen gem. §§ 285 Nr. 4 und 314 Abs. 1 Nr. 3 HGB vorsehen. Insofern wird sich die Datensituation für eine externe Unternehmensbeurteilung zwangsläufig verbessern.

Bestimmungen des SFAS No. 131 und IAS No. 14

Nach IAS No. 14 und dem in einigen Punkten abweichenden SFAS No. 131 sind zu den auszuweisenden Segmenten unter anderem Angaben zum Ergebnis und Vermögen sowie zu Umsätzen, Abschreibungen und Investitionen zu machen. Dabei sind – wie aus Übersicht 54 ersichtlich – die Segmentdaten zunächst unkonsolidiert in der Weise zu zeigen, dass die Beziehungen zwischen den Segmenten deutlich werden. Die vorletzte Spalte enthält schließlich den aggregierten Korrekturbetrag, der erforderlich ist, damit sich aus der Queraddition der konsolidierte Wert ergibt.

Management Approach versus Risks and Returns Approach

Abgesehen von diesen formalen Übereinstimmungen besteht zwischen IAS No. 4 und SFAS No. 131 ein gravierender konzeptioneller Unterschied (vgl. hierzu insgesamt nur Böcking, H.-J./Benecke, B. 1998; Fey, G./Mujkanovic, R. 1999; Küting, K./Pilhofer, J. 1999; Mujkanovic, R. 2000). Während

SFAS No. 131 auf dem so genannten »Management Approach« basiert (vgl. Hütten, C. 2000, S. 170ff.), folgt IAS No. 14 der Konzeption des »Risks and Returns Approach«. Bei Ersterem determiniert die interne Berichterstattung die Segmentabgrenzung sowie die Bewertung der offen zu legenden Segmentinformationen. Im letzteren Fall hingegen hat die Zusammenfassung von Teilen eines Unternehmens zu einem Segment nach übereinstimmenden Chancen- und Risikomerkmalen zu erfolgen. Weiterhin wird gefordert, dass die offen zu legenden Segmentangaben nach denselben Bilanzierungs- und Bewertungsgrundsätzen zu ermitteln sind, auf denen auch der übrige Jahresabschluss basiert.

Bedeutung für die externe Analyse

Dieser konzeptionelle Unterschied ist für die externe Analyse von besonderer Bedeutung (vgl. auch Übersicht 53; geringfügig modifiziert entnommen aus: Küting, K./Lorson, P. 1999, S. 53). So ist im Falle des Management Approach von einer Offenlegung jener Daten auszugehen, die für Managementzwecke als entscheidungsnützlich angesehen werden. Beim Risks and Returns Approach hingegen wird extern vorgegeben, was für die Investoren als primär relevante Adressaten des Annual Report entscheidungsnützlich ist. Daraus ergibt sich, dass beim letzteren Ansatz die Prinzipien der externen Objektivierung, der Vorsicht und der zwischenbetrieblichen Vergleichbarkeit deutlich höher als beim Management Approach gewichtet werden. Allerdings wäre Letzterer zunächst unter Wirtschaftlichkeitsgesichtspunkten vorziehenswürdig. Daneben kann die Segmentberichterstattung nach dem Management Approach aus externer Perspektive den maximalen Informationsgehalt aufweisen. Dieser wird jedoch nur dann ausgeschöpft werden können, wenn der Analyst sich die Zeit nimmt, um sich in das individuelle Berichtswesen hineinzufinden.

Erfolgsspaltung nach internationalen Normen

Auch international – nach IAS und US-GAAP – unterliegt die Erfolgsrechnung einer Erfolgsspaltungskonzeption (vgl. Baetge, J./Kirsch, H.-J./Thiele, S. 2002, S. 606ff.; Coenenberg, A.G. 2003, S. 447ff. und S. 1024ff.). Üblicherweise wird differenziert zwischen

- außerordentlichen und ordentlichen Posten, wobei die Abgrenzung außerordentlicher Posten sehr restriktiv ist;
- aperiodischen und anderen ungewöhnlichen Posten und ordentlichen Posten;
- Auswirkungen von Stetigkeitsdurchbrechungen auf das Jahresergebnis.

Eine entsprechende Aufgliederung der Erfolgsbestandteile innerhalb der Segmentberichterstattung stellt einen weiteren Ansatzpunkt zur Erfolgsanalyse dar (vgl. zu Analysemöglichkeiten der Segmentberichterstattung ausführlich Coenenberg, A.G. 2001; Coenenberg, A.G. 2002, S. 195ff.).

DRS 3

Die zunächst entstandene Regelungslücke des § 297 Abs. 1 Satz 2 HGB hinsichtlich der Segmentberichterstattung wurde durch die Verabschiedung des

DRS 3, der die Grundsätze für die verpflichtende Erstellung einer Segmentberichterstattung im Konzernabschluss von kapitalmarktorientierten Mutterunternehmen enthält, ausgefüllt. Ergänzende branchenspezifische Vorschriften wurden im DRS 3-10 (Kreditinstitute) bzw. DRS 3-20 (Versicherungsunternehmen) erlassen. Aufgabe der Segmentberichterstattung nach Auffassung des DRS ist es, Informationen über Vermögen und Ergebnis einzelner Segmente des Konzerns aus dem Blickwinkel eines internen Entscheidungsträgers bereitzustellen (vgl. DRS 3 2000, Textziffer 1). Neben der Vermittlung relevanter Informationen zum besseren Verständnis der wirtschaftlichen Leistung(skraft) des Unternehmens oder des Konzerns soll es dem externen Betrachter ermöglicht werden, die mit dem jeweiligen Geschäftsfeld verbundenen Chancen und Risiken zutreffender einschätzen und somit differenzierter beurteilen zu können (vgl. DRS 3 2000, Textziffer 2).

Der DSR hat sich bei der Ausarbeitung von DRS 3 inhaltlich sehr stark an SFAS No. 131 und IAS No. 14 angelehnt. Im Verhältnis zu diesen beiden Standards kann der DRS 3 wie folgt eingeordnet werden:

Es handelt sich um einen Kompromiss aus den beiden international anerkannten Standards zur Segmentberichterstattung SFAS No. 131 und IAS No. 14.

Formal folgt DRS 3 zunächst – in Anlehnung an den US-amerikanischen Standardsetter – dem »Management Approach«. So wird in Anlehnung an SFAS No. 131 formuliert: »Die Segmentierung hat primär anhand der operativen Segmente des Unternehmens zu erfolgen. Dabei sind grundsätzlich die Kriterien zu Grunde zu legen, nach denen die Unternehmensleitung Teileinheiten des Unternehmens bestimmt, die sie ihrer wirtschaftlichen Beurteilung und ihren operativen Entscheidungen insbesondere auch im Hinblick auf ihre Ressourcenallokation zugrunde legt« (DRS 3 2000, Textziffer 10). Die Erläuterungen hierzu (vgl. DRS 3 2000, Textziffer 10) sowie die Kongruenz- bzw. Bewertungsgrundsätze (vgl. DRS 3 2000, Textziffer 19) sind hingegen IAS-geprägt, d.h., sie folgen dem Risks and Returns Approach: »Die Segmentierung ergibt sich somit aus der internen Organisations- und Berichtsstruktur des Unternehmens. Dabei wird unterstellt, dass die Strukturierung auf die unterschiedlichen Chancen und Risiken der Aktivitäten des Unternehmens abstellt. Danach wird sich in der Regel eine produktorientierte oder geographische Segmentierung ergeben. Diese können auch nebeneinander bestehen« (DRS 3 2000, Textziffer 10).

Hinsichtlich der auszuweisenden Segmentinformationen orientiert sich DRS 3 eher an IAS No. 14. Hier wird eher dem so genannten »Disaggregation Approach« gefolgt, der eine Aufgliederung der konsolidierten Daten auf die einzelnen Segmente vorsieht. Hierdurch bleibt die Nähe zum Konzernabschluss gewahrt. Demgegenüber sieht SFAS den »Autonomous Entity Approach« vor, dem die Fiktion der wirtschaftlichen Unabhängigkeit der einzelnen Segmente zugrunde liegt. Mit Blick auf Art und Umfang der erforderlichen Informationen sind deutliche Parallelen zwischen den drei Standards erkennbar (vgl. Coenenberg, A. G./Mattner, G. R. 2000, S. 1828f.).

Dem deutschen Rechnungsleger ist durch Befolgung von DRS 3 weder möglich, eine IAS No. 14- noch eine SFAS No. 131-Kompatibilität zu erreichen. Beim DRS 3 handelt es sich um eine »Mixtur aus Elementen der bekannten internationalen Standards, so daß sich konzeptionelle Brüche im Ergebnis nicht vermeiden lassen« (Geiger, T. 2000, S. 779; im Ergebnis auch Currle, M./Lutz, B. 2000, S. 265). Somit ist aus Sicht der externen Analyse darauf hinzuweisen, dass eine direkte Vergleichbarkeit zwischen Jahresabschlüssen von deutschen Unternehmen, die einen befreienden Konzernabschluss nach (unterschiedlichen) internationalen Standards unter Anwendung der Befreiungsregelung des § 292a HGB erstellen, nicht gegeben ist.

Weiterhin sind die Vorgaben des DRS 3, verglichen mit den Normen des FASB und des IASB, als insgesamt sehr spärlich zu beurteilen. Aufgrund der zahlreichen Gestaltungsspielräume ist eine Segmentberichterstattung nach DRS 3 demzufolge für einen Analysten nur bei Kenntnis von SFAS No. 131 und IAS No. 14 nachvollziehbar (vgl. Mujkanovic, R. 2000, S. 126).

Übersicht 53: Vergleich der konkurrierenden Konzeptionen zur Segmentberichterstattung nach IAS No. 14 und SFAS No. 131

SEGMENTBERICHTERSTATTUNG

Zielsetzung

Einblick in die Geschäftstätigkeit eines diversifizierten Unternehmens/Konzerns durch Vermittlung disaggregierter und unkonsolidierter Informationen über Teilbereiche (SFAS 131):

(a) Verständnis des wirtschaftlichen Erfolgs
(b) Prognose zukünftiger Netto-Einzahlungsüberschüsse
(c) Beurteilung eines Unternehmens als Ganzes

Varianten	**MANAGEMENT APPROACH** (SFAS 131)	**RISKS AND RETURNS APPROACH** (IAS 14)
Segmentbildung und -angaben	Entscheidungsrelevante Informationen für Investoren = entscheidungsrelevante Informationen für Managementprozesse **(= Konvergenzthese)**	Entscheidungsrelevante Informationen für Investoren ≠ entscheidungsrelevante Informationen für Managementprozesse **(= Divergenzthese)**
Entscheidungs-nützlichkeit und Folgen	→ Maximaler Informationsgehalt bei »weißen Schafen« (= Gefahr maximaler indirekter Rechnungslegungskosten*) → Minimale direkte Rechnungslegungskosten	→ Maximaler Informationsgehalt bei »schwarzen Schafen« (= gemäßigte Gefahr maximaler indirekter Rechnungslegungskosten*) → Beachtliche direkte Rechnungslegungskosten

* Kosten einer fehlerhaften Interpretation der Segmentinformationen durch Finanzanalysten, Anlageberater, Wirtschaftsjournalisten oder institutionelle Anleger sowie Kosten einer nachteiligen Verwendung der Segmentinformationen

Übersicht 54: Beispiel einer Segmentberichterstattung nach IAS No. 14

	Paper Products		Office Products		Publishing		Other Operations		Eliminations		Consolidated	
	20×2	20×1	20×2	20×1	20×2	20×1	20×2	20×1	20×2	20×1	20×2	20×1
REVENUE												
External sales	55	50	20	17	19	16	7	7				
Inter-segment sales	15	10	10	14	2	4	2	2	(29)	(30)		
Total revenue	70	60	30	31	21	20	9	9	(29)	(30)	101	90
RESULT												
Segment result	20	17	9	7	2	1	0	0	(1)	(1)	30	24
Unallocated corporate expenses											(7)	(9)
Operating profit											23	15
Interest expense											(4)	(4)
Interest income											2	3
Share of net profits of associates	6	5					2	2			8	7
Income taxes											(7)	(4)
Profit from ordinary activities											22	17
Extraordinary loss: uninsured earthquake damage to factory		(3)										(3)
Net profit											22	14
OTHER INFORMATION												
Segment assets	54	50	34	30	10	10	10	9			108	99
Investment in equity method associates	20	16					12	10			32	26
Unallocated corporate assets											35	30
Consolidated total assets											175	155
Segment liabilities	25	15	8	11	8	8	1	1			42	35
Unallocated corporate liabilities											40	55
Consolidated total liabilities											82	90
Capital expenditure	12	10	3	5	5		4	3				
Depreciation	9	7	9	7	5	3	3	4				
Non-cash expenses other than depreciation	8	2	7	3	2	2	2	1				

IAS No. 14, Appendix B.

2.3.2 Analyse der Aufwands- und Ertragsstruktur

2.3.2.1 Vorbemerkungen

Analyseziel

Während im Rahmen der Ergebnisquellenanalyse eine Erfolgsspaltung nach Teilergebnissen vorgenommen wird, geht es bei der Analyse der Aufwands- und Ertragsstruktur darum, den anteiligen Beitrag der Ergebnisquellen am Gesamtergebnis (Analyse der Struktur des Gesamtergebnisses) sowie einzelne Erfolgsquellen – und hier insbesondere das ordentliche betriebliche Ergebnis (Analyse der Struktur des ordentlichen betrieblichen Ergebnisses) – mit Hilfe von Strukturkennzahlen zu untersuchen (vgl. Übersicht 55). Insgesamt soll durch die Ergebnisquellenanalyse und die Analyse der Aufwands- und Ertragsstruktur das Zustandekommen des Gesamtergebnisses mit dem Ziel erklärt werden, durch eine Identifizierung der Erfolgs- und Risikofaktoren die Ertragskraft eines Unternehmens zu prognostizieren.

Übersicht 55: Stellung der Aufwands- und Ertragsstrukturanalyse im Rahmen der Erfolgsanalyse

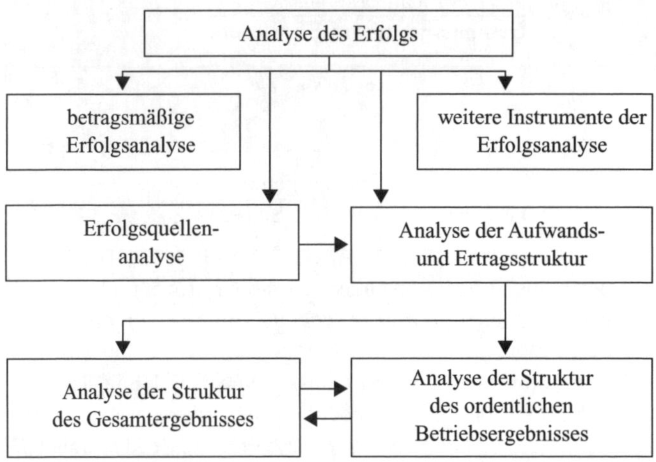

Die bedeutsamsten Kennzahlen, die z. B. bei Soll-Ist- oder Betriebsvergleichen zur Anwendung gelangen, werden im Folgenden bezogen auf eine Gewinn- und Verlustrechnung nach dem Gesamtkostenverfahren erörtert, bevor exemplarisch auf Besonderheiten des Umsatzkostenverfahrens einzugehen ist. Bei der Interpretation der jeweiligen Kennzahlen wird grundsätzlich unterstellt, dass diese nicht nur für eine Periode ermittelt werden, sondern dass deren Aussagefähigkeit durch einen Zeitvergleich fundiert wird.

2.3.2.2 Analyse der Aufwands- und Ertragsstruktur beim Gesamtkostenverfahren

Drei Erfolgsarten

Im Rahmen der Erfolgsspaltung wird ein bilanzanalytisches Gesamtergebnis vor Steuern vom Einkommen und Ertrag (EE-Steuern) ermittelt, das sich additiv aus ordentlichem Betriebsergebnis (auch: ordentliches betriebliches Ergebnis), Finanzergebnis (auch: ordentliches betriebsfremdes Ergebnis) und außerordentlichem Ergebnis zusammensetzt. Hieran anknüpfend ist zum Zwecke der Analyse der Struktur des Gesamtergebnisses zunächst der Anteil dieser drei Erfolgsarten am Gesamtergebnis vor EE-Steuern zu bestimmen:

(F. 5.1)

$$\frac{\text{ordentliches Betriebsergebnis}}{\text{Gesamtergebnis vor EE-Steuern}} \times 100$$

(F. 5.2)

$$\frac{\text{Finanzergebnis}}{\text{Gesamtergebnis vor EE-Steuern}} \times 100$$

(F. 5.3)

$$\frac{\text{außerordentliches Ergebnis}}{\text{Gesamtergebnis vor EE-Steuern}} \times 100$$

Interpretation der Kennzahlen

Geht man davon aus, dass insbesondere ein hoher prozentualer Anteil des Erfolgs aus dem eigentlichen Betriebszweck die Voraussetzung für eine günstige Prognose der Ertragskraft ist (vgl. Coenenberg, A. G. 2003, S. 1033 f.), so wird der Strukturkonstanz des Verhältnisses von F. 5.1 und der Summe aus F. 5.2 und F. 5.3 eine besondere Bedeutung beizumessen sein. Demnach ist normativ grundsätzlich ein konstanter bzw. ein steigender hoher Wert der Kennzahl F. 5.1 zu fordern. Denn je größer der während eines Analysezeitraums von mehreren Perioden ermittelte Anteil des ordentlichen Betriebsergebnisses ist, umso höher ist die Wahrscheinlichkeit, dass der eigentliche Betriebszweck auch zukünftig die Basis des Unternehmenserfolgs bildet.

Ein Vergleich der Anteile des ordentlichen Betriebsergebnisses mit den aufsummierten Kennzahlen F. 5.2 und F. 5.3 zeigt zugleich, inwieweit das Gesamtergebnis durch (partielle) Kompensationen von Veränderungen des ordentlichen Betriebsergebnisses aus dem finanziellen und außerordentlichen Bereich zustande gekommen ist. Wird z. B. im Rahmen der Erfolgsspaltung festgestellt, dass das Betriebsergebnis im Zeitablauf gestiegen ist, dann wird diese Aussage durch eine derartige strukurelle Ertragsanalyse ergänzt. Hier wird nämlich ersichtlich, ob dieser Anstieg über- oder unterproportional gemessen am Gesamtergebnis ist.

Ordentliches Ergebnis als Grundlage der Ertragskraftprognose

Nach der hier vertretenen Ansicht ist es allerdings sinnvoller, einen konstant hohen bzw. steigenden Anteil des gesamten bilanzanalytisch als ›ordentlich‹ klassifizierten Ergebnisses zu fordern und auf aggregiertem Niveau die Kennzahl F. 5.4 zur Grundlage einer Prognose der Ertragskraft zu machen. Denn in Bezug auf die Prognose der Ertragskraft eines Unternehmens muss grundsätzlich auf die Ordentlichkeit bzw. die Regelmäßigkeit abgestellt werden und im Hinblick auf die Nachhaltigkeit ist das Finanzergebnis dem ordentlichen Betriebsergebnis gleichzustellen. Auf die entsprechenden Ausführungen zur Erfolgsspaltung wird verwiesen (vgl. 2. Abschn., 3. Kap. 2.3.1).

(F. 5.4)

$$\frac{\text{ordentliches Betriebsergebnis + Finanzergebnis}}{\text{Gesamtergebnis vor EE-Steuern}} \times 100$$

Ertragsstrukturanalyse

Im Folgenden werden die zentralen Kennzahlen erörtert, die zum Zwecke einer detaillierten Analyse gebildet werden, um das Zustandekommen des ordentlichen betrieblichen Ergebnisses im Hinblick auf dessen Ertrags- und Aufwandskomponenten zu untersuchen. In Abhängigkeit vom unternehmensindividuellen Produktions- und Absatzprogramm muss zunächst die ertragsseitige Struktur des ordentlichen Betriebsergebnisses erforscht werden. Der realisierbare Detailliertheitsgrad der externen Jahresabschlussanalyse wird allerdings in der Regel durch die Art der Berichterstattung begrenzt. So können aufgrund von (freiwilligen) Anhangangaben die Erfolgsträger (Produktarten bzw. Sparten) wie folgt ermittelt werden:

(F. 5.5)

$$\frac{\text{Umsatz je Produktgruppe bzw. Sparte}}{\text{Gesamtumsatz}} \times 100$$

Im Hinblick auf die bedeutsamsten Sparten sind sodann spezifische Erfolgs- bzw. Risikofaktoren zu eruieren. Hierzu kann z.B. auf Informationen über branchenspezifische Entwicklungstendenzen auf den Absatz- und Beschaffungsmärkten, über vermutete Veränderungen der gesetzlichen Rahmenbedingungen sowie über gesamtwirtschaftliche Tendenzen zurückgegriffen werden.

Kennzahlen zur Untersuchung der Absatzmärkte

Erfolgschancen und -risiken, die aus den geographischen oder nationalen Besonderheiten der bearbeiteten Absatzmärkte resultieren, können aufbauend auf Kennziffern, wie:

(F. 5.6)

$$\text{Auslandsabhängigkeit} = \frac{\text{Auslandsumsatz}}{\text{Gesamtumsatz}} \times 100$$

bzw.

(F. 5.7)

$$\text{Auslandsabhängigkeit einer Sparte} = \frac{\text{Auslandsumsatz einer Sparte}}{\text{Spartenumsatz insgesamt}} \times 100$$

einer Analyse zugänglich gemacht werden. So ist die Prognose der Erfolgskraft eines Unternehmens, das in starkem Maße exportabhängig ist, gegebenenfalls allgemein unter Berücksichtigung politischer und wirtschaftlicher Unsicherheiten sowie speziell der Wechselkursschwankungen bzw. der zu erwartenden Veränderungen der Währungsparitäten zu relativieren.

Gesamtleistungsgröße

Einen Einblick anderer Art in die Erfolgsstruktur bietet die Kennzahl F. 5.8. Deren Nennergröße Gesamtleistung setzt sich additiv aus den Posten Nr. 1: Umsatzerlöse, Nr. 2: Bestandsveränderungen und Nr. 3: andere aktivierte Eigenleistungen gem. § 275 Abs. 2 HGB zusammen. Diese klassische Gesamtleistungsgröße kann unter Umständen auch um solche Bestandteile der sonstigen betrieblichen Erträge erweitert werden, die im Rahmen der Erfolgsspaltung als ordentliche betriebliche Erfolgskomponenten klassifiziert würden.

(F. 5.8)

$$\frac{\text{Umsatz}}{\text{Gesamtleistung}} \times 100$$

Interpretation der Kennzahl

Der Quotient F. 5.8 bringt grundsätzlich zum Ausdruck, welcher Teil der erstellten marktbestimmten und internen Leistungen im Untersuchungszeitraum über den Markt vergütet wurde. Die Verfolgung dieser Kennzahl im Zeitablauf ist insbesondere insofern relevant, als die betrieblichen Aufwendungen (Personalkosten, Materialkosten, Abschreibungen, Zinsen usw.), die zur Erstellung der Gesamtleistung in Kauf genommen wurden, letztlich aus dem Umsatz (und den sonstigen ordentlichen betrieblichen Erfolgskomponenten) zu bestreiten sind. In der Regel lässt sich die Kennzahl F. 5.8 lediglich im Zeit- oder aber auch im Betriebsvergleich sinnvoll interpretieren.

Variation der Nennergröße

Häufig wird der Kennzahl F. 5.8 jedoch die Bedeutung beigemessen, Absatzprobleme oder Lagerverkäufe bzw. auf- oder abgebaute Erlöspotenziale transparent werden zu lassen. Hierzu ist es jedoch sachgerechter, den Umfang des Nenners auch auf die marktbestimmten Leistungen zu beschränken:

(F. 5.9)

$$\frac{\text{Umsatz}}{\text{Umsatz + Bestandsveränderungen}} \times 100$$

Allerdings werden derartige Interpretationsmöglichkeiten dieser Kennziffer nicht zuletzt dadurch begrenzt, dass abgesetzte Leistungen mit Absatzpreisen und Bestandsveränderungen mit bilanzpolitisch gestaltbaren Herstellungskosten angesetzt werden.

Variation der Zählergröße

Eine modifizierte Berechnungsmöglichkeit der Kennzahl F. 5.8 besteht darin, dass statt des Umsatzes eine um den Materialaufwand gekürzte Gesamtleistungsgröße (= Rohertrag) im Zähler eingesetzt wird:

(F. 5.10)

$$\frac{\text{Rohertrag}}{\text{Gesamtleistung}} \times 100$$

Setzt man vom Rohertrag weiter gehend den Abschreibungsaufwand ab, so erhält man die Kennzahl:

(F. 5.11)

$$\frac{\text{Rohertrag ./. Abschreibungen}}{\text{Gesamtleistung}} \times 100$$

die grundsätzlich als:

(F. 5.11a)

$$\frac{\text{Nettowertschöpfung}}{\text{Produktionswert}} \times 100$$

interpretiert werden kann. Demnach wird durch die Bildung der Kennzahlen F. 5.10 und F. 5.11 sukzessive der Anteil der Nettowertschöpfung an der Bruttowertschöpfung des zu analysierenden Unternehmens entwickelt. Hierdurch wird bereits der Übergang zur Aufwandsstrukturanalyse vollzogen, da aus dem Quotienten F. 5.11a eine Aussage über die Produktionsverhältnisse des analysierten Unternehmens abgeleitet werden kann.

Aufwandsstruktur-analyse

Zentrale Kennzahlen der Aufwandsstrukturanalyse sind die Material-, die Personal- und die Kapitalintensität. Mit deren Bildung wird das Ziel verfolgt, auf einer hohen Aggregationsstufe eine Aussage über die Produktionsverhältnisse zu treffen, die Bedeutung der Produktionsfaktoren Arbeit, Werkstoffe und Betriebsmittel herauszuarbeiten und im Rahmen einer Prognose der Ertragskraft des zu analysierenden Unternehmens Erwartungen über zukünftige Faktorpreisverhältnisse berücksichtigen zu können.

Zur Analyse der Produktionsverhältnisse und deren Veränderungen sind die Verschiebungen zwischen folgenden Kennzahlen zu betrachten, bei denen die jeweiligen Aufwandskategorien ins Verhältnis zur klassischen Gesamtleistungsgröße zu setzen sind:

(F. 5.12)

$$\text{Materialintensität} = \frac{\text{Materialaufwand}}{\text{Gesamtleistung}} \times 100$$

(F. 5.13)

$$\text{Personalintensität} = \frac{\text{Personalaufwand}}{\text{Gesamtleistung}} \times 100$$

(F. 5.14)

$$\text{Kapitalintensität} = \frac{\text{Abschreibungen des Geschäftsjahrs auf Sachanlagen}}{\text{Gesamtleistung}} \times 100$$

Interpretation der Kennzahl Material-intensität

Hohe Werte der Kennzahl Materialintensität (auch: Materialaufwandsquote) charakterisieren aufgrund des damit verbundenen hohen Anteils an fremdbezogenen Materialien die Produktionsverhältnisse im Hinblick auf eine geringe Fertigungstiefe. Sie lassen zugleich auf eine tendenziell höhere produktionswirtschaftliche sowie absatzpolitische Flexibilität schließen, da das Risiko von Beschäftigungsschwankungen teilweise auf die Zulieferer verlagert wird. Eine niedrige Materialintensität bedeutet demnach im Grunde eine hohe Fertigungstiefe. Der daraus resultierende Vorteil eines hohen Grades an Liefersicherheit wird in der Regel mit einer höheren Inflexibilität erkauft.

Unter Wirtschaftlichkeitsaspekten ist die Kennzahl F. 5.12 wie folgt zu interpretieren: Steigt (sinkt) die Materialintensität im Zeitablauf, so müssen die Einstandspreise stärker gestiegen (gesunken) sein als die Verkaufspreise, wenn man von einer gleich gebliebenen Wirtschaftlichkeit ausgeht und von der Bildung (Auflösung) von stillen Reserven im Vorratsvermögen absieht.

Ist allerdings erkennbar, dass Schwankungen der Beschaffungspreise unmittelbar an die Kunden weitergegeben werden, dann könnte gefolgert werden, dass die Veränderungen der Kennzahl F. 5.12 aus einem veränderten, d. h. wirtschaftlicheren oder unwirtschaftlicheren Betriebsgebaren resultieren.

Zusammenfassend ist somit festzuhalten, dass auf den Zähler der Materialintensität vier Einflussfaktoren einwirken: der Umfang der Vorfertigung (Vorleistungen), die Produktionstiefe, das Preisniveau der bezogenen Materialien und die Wirtschaftlichkeit des Betriebsablaufs.

Interpretation der Kennzahl Personalintensität

Die Kennzahl Personalintensität (auch: Personalaufwandsquote) stellt ein grobes Maß der Erfolgsabhängigkeit von der Entwicklung der Personalkosten dar. Um diese insbesondere bei personalintensiven Unternehmen weiter gehend zur Prognose der Ertragskraft zu analysieren, bietet es sich an, die Kennziffer F. 5.13 mit der Anzahl der im Analysezeitraum durchschnittlich beschäftigten Personen zu erweitern:

(F. 5.15)

$$\frac{\text{Personalaufwand/durchschnittlich Beschäftigte}}{\text{Gesamtleistung/durchschnittlich Beschäftigte}} \times 100$$

wodurch man zu folgender Form gelangt:

(F. 5.16)

$$\text{Personalintensität} = \frac{\text{Lohnniveau}}{\text{Arbeitsproduktivität}} \times 100$$

Demnach können festgestellte Veränderungen der Personalintensität einerseits durch das Verhältnis von durchschnittlichem Lohnniveau und Arbeitsproduktivität erklärt werden. Andererseits kann unter Rückgriff auf durchschnittlich zu erwartende Lohn-, Gehalts- oder Sozialaufwandserhöhungen in Verbindung mit branchenüblich geschätzten Produktivitätssteigerungen eine Prognose der zukünftigen Personalintensität vorgenommen werden. Allerdings ist – abgesehen von den für die Materialintensität angedeuteten Aussagegrenzen – die Aussagefähigkeit dieser Kennzahl insbesondere dann fragwürdig, wenn verstärkt auf das Instrument des Personalleasing zurückgegriffen wird.

Kann hingegen z. B. bei einem konstatierten sprunghaften Anstieg der Kennzahl F. 5.13 ausgeschlossen werden, dass dieser durch nachgeholte Pensionsrückstellungen begründet ist, so ist diese Veränderung als eine Verschlechterung der Wirtschaftlichkeit des Betriebsgebarens zu interpretieren (vgl. GRÄFER, H. 2001, S. 81).

Ergänzende Kennzahlen

Ergänzend zur Kennzahl Personalintensität können auch folgende Kennzahlen herangezogen werden:

(F. 5.17)

$$\frac{\text{Lohnniveau}}{\text{Pro-Kopf-Umsatz}} \times 100$$

(F. 5.18)

$$\frac{\text{Lohnniveau}}{\text{Rohertrag pro Kopf}} \times 100$$

Diese Kennzahlen erhält man ausgehend von der Kennziffer F. 5.13 durch Erweiterung mit der Anzahl der durchschnittlich beschäftigten Personen, wenn man statt der Gesamtleistung alternativ den Umsatz oder den Rohertrag als Nennergröße verwendet, wobei der Rohertrag die um den Materialaufwand korrigierte Gesamtleistungsgröße repräsentiert. Die aus diesen Kennzahlen zu ziehende Schlussfolgerung lautet: Je höher die sich ergebenden Werte im Zeitablauf sind, umso schwächer ist tendenziell die Ertragskraft des Unternehmens.

Für die Gegenüberstellung der Kennzahlen F. 5.17 und F. 5.18 im Rahmen des Betriebsvergleichs kann eine derartige Schlussfolgerung allerdings nur dann gezogen werden, wenn vergleichbare Produktionsbedingungen vorliegen. Somit ist diesbezüglich zu fordern, dass es sich zumindest um Unternehmen der gleichen Branchen handeln sollte. Denn bei relativ personalintensiven Produktionsverfahren sind die erörterten Kennzahlen zwangsläufig höher als bei relativ kapitalintensiven, ohne dass eine unterschiedliche Ertragskraft gegeben sein muss.

Interpretation der Kennzahl Kapitalintensität

Insbesondere vor dem Hintergrund der derzeitigen Wettbewerbssituation werden in nahezu allen Branchen verstärkte Anstrengungen unternommen, um Rationalisierungspotenziale auszuschöpfen. Während die Entwicklung der Personalintensität einen indirekten Einblick in den Fortschritt derartiger Bemühungen bzw. in die Investitionstätigkeit liefert, schlagen sich diese in der Kennzahl F. 5.14, d. h. in der Kapitalintensität (auch: Abschreibungsaufwandsquote), unmittelbar nieder. Allerdings werden die Interpretationsmöglichkeiten der Kennziffer F. 5.14 dadurch weit gehend eingeschränkt, dass der Abschreibungsaufwand durch bilanzpolitische Maßnahmen in starkem Maße beeinflussbar ist. Um diesen Einfluss zumindest in Ansätzen zu begrenzen, muss die Zählergröße um steuerrechtlich motivierte Beträge bereinigt werden.

Eine längerfristige Beurteilung der Ertragskraft kann auch durch einen Zeitvergleich der Entwicklung der Kennzahl

(F. 5.19)

$$\frac{\text{EE-Steuern}}{\text{Umsatz}} \times 100$$

vorgenommen werden, wobei im Zähler lediglich die angabepflichtigen Gewinnsteuern Berücksichtigung finden sollten, die auf das Ergebnis der gewöhnlichen Geschäftstätigkeit entfallen. Gelingt dies, dann signalisieren im Zeitablauf steigende Werte dieser Kennzahl ceteris paribus eine Wirtschaftlichkeitssteigerung.

2.3.2.3 Besonderheiten der Analyse der Aufwands- und Ertragsstruktur beim Umsatzkostenverfahren

Erstellt das zu analysierende Unternehmen eine Gewinn- und Verlustrechnung nach dem Umsatzkostenverfahren, so sind die Möglichkeiten der Strukturanalyse des ordentlichen Betriebsergebnisses grundsätzlich beschränkt.

Gesamtleistung nur approximativ ermittelbar

So kann die Gesamtleistung, die gem. dem Entsprechungsprinzip z. B. als Nenner der Personal-, Material- oder Kapitalintensität (Kennzahlen F. 5.12 bis F. 5.14) gegenüber dem Umsatz grundsätzlich vorzuziehen ist, nur approximativ bestimmt werden. Denn die anderen aktivierten Eigenleistungen sowie die Bestandsveränderungen an fertigen und unfertigen Erzeugnissen werden bei dieser Form der Gewinn- und Verlustrechnung nicht mehr explizit ausgewiesen. Da sie vielmehr unter Zuhilfenahme der Bilanzen aufeinander folgender Geschäftsjahre geschätzt werden müssen, ist die Nennergröße der Intensitätskennzahlen mit zum Teil erheblichen Verzerrungen behaftet, sodass ihr Maßgrößencharakter grundsätzlich in Frage zu stellen ist. Folglich ist bei Vorliegen einer Gewinn- und Verlustrechnung nach dem Umsatzkostenverfahren der Berechnungsform der Kennzahlen F. 5.12 bis F. 5.14 auf der Basis der Umsatzerlöse der Vorzug zu geben.

Variation der Kennzahlen zur Analyse der Produktionsverhältnisse

Bei der Erörterung der bilanzanalytischen Möglichkeiten auf der Grundlage des Gesamtkostenverfahrens wurde aber auch dargelegt, dass mit der Berechnung der Material-, Personal- und Kapitalintensität das Ziel verfolgt wird, die Strukturkonstanz bzw. -veränderungen dieser Kennzahlen herauszuarbeiten. Dieses kann beim Umsatzkostenverfahren – trotz zum Teil abweichender Ausweisform – auch erreicht werden: Die Zählergrößen sind entweder in der Abgrenzung des Gesamtkostenverfahrens grundsätzlich angabepflichtig (Personal- und Materialaufwand) oder im Anlagespiegel direkt ausgewiesen. Entsprechend lassen sich Kennzahlen, wie:

(F. 5.20)

$$\frac{\text{Materialaufwand}}{\text{Personalaufwand}} \times 100$$

(F. 5.21)

$$\frac{\text{Personalaufwand}}{\text{Abschreibungsaufwand}} \times 100$$

direkt bilden und im Zeitablauf verfolgen. Auf diese Weise lassen sich auch vergleichbare Aussagen wie bei der Analyse einer Gewinn- und Verlustrechnung nach dem Gesamtkostenverfahren über die Produktionsverhältnisse ableiten. So kann aus den Kennzahlen F. 5.20 und F. 5.21 geschlossen werden, ob ein material-, fertigungs- oder kapitalintensiver Herstellungsprozess gegeben ist. Die zeitreihenanalytische Verfolgung der Kennzahl F. 5.21 kann Aufschluss darüber geben, inwieweit Automatisierungs- bzw. Rationalisierungsbemühungen fortgeschritten sind.

Voraussetzungen für eine sachgerechte Interpretation

Damit die Kennzahlen F. 5.20 und F. 5.21 sachgerecht im Hinblick auf die Struktur des ordentlichen betrieblichen Ergebnisses bzw. im Hinblick auf die Ertragskraft interpretiert werden können, müssen folgende Voraussetzungen gegeben sein: Es dürfen in den Zeitvergleich nur solche Perioden Eingang finden, für die eine in etwa gleich hohe Gesamtleistung bzw. ein annähernd gleich hoher Umsatz gegeben ist, wobei sicherzustellen ist, dass zwischenzeitlich keine Verlagerungen des betrieblichen Tätigkeitsbereichs eingetreten sind. Weiterhin ist empfehlenswert, die jeweils abgeleiteten Interpretationen im Rahmen eines Betriebsvergleichs zu untermauern, in den insbesondere solche Vergleichsunternehmen einzubeziehen sind, deren Produktionsverhältnisse dem externen Analytiker hinreichend sicher bekannt sind.

Weitere Kennzahlen zur Aufwandsstrukturanalyse

Um bei Vorliegen einer Gewinn- und Verlustrechnung nach dem Umsatzkostenverfahren einen weiter gehenden Einblick in die Aufwandsstruktur zu erhalten, sind folgende Intensitätskennzahlen zu bilden, die periodenbezogen die Bedeutung der jeweiligen Funktionsbereiche illustrieren, um im Zeitablauf eingetretene Veränderungen der betrieblichen Schwerpunkte zu erkennen:

(F. 5.22)

$$\text{Herstellungsintensität} = \frac{\text{Herstellungskosten}}{\text{Umsatz}} \times 100$$

(F. 5.23)

$$\text{Vertriebsintensität} = \frac{\text{Vertriebskosten}}{\text{Umsatz}} \times 100$$

(F. 5.24)

$$\text{Verwaltungsintensität} = \frac{\text{Verwaltungskosten}}{\text{Umsatz}} \times 100$$

Unterstellt man, dass der Begriffsinhalt bzw. die Berechnungsmethoden der Herstellungskosten sowie die unternehmensindividuellen Schlüssel, mit deren Hilfe die Kostenarten auf die Herstellungskosten und die verbleibenden Funktionsbereiche aufgeteilt werden, periodenübergreifend beibehalten werden, liefern die aufgezeigten Kennzahlen folgende Informationen:

Interpretation der Kennzahl Herstellungsintensität

Die Herstellungsintensität zeigt, welchen prozentualen Anteil die Herstellungskosten je ein Euro Umsatz haben. Steigt (sinkt) dieser Prozentsatz, so resultieren hieraus Verschlechterungen (Verbesserungen) der Ergebnissituation. Die Brauchbarkeit dieser Kennzahl ist im Rahmen des Betriebsvergleichs hingegen jedoch weit gehend beschränkt. Denn erstens ist der Umfang des Postens »Herstellungskosten der zur Erzielung der Umsatzerlöse erbrachten Leistungen« grundsätzlich nicht fest umrissen: Er kann alle den Kostenstellenbereichen zuordenbaren Aufwandsarten enthalten und somit vom Herstellungskostenbegriff des § 255 Abs. 2 HGB abweichen. Zweitens kann durch das bestehende Wahlrecht der Voll- oder Teilkostenaktivierung insbesondere eine Verlagerung der bei einem Vollkostenansatz in den Posten Nr. 2 des Umsatzkostenverfahrens einbeziehbaren Kostenarten in den Posten Nr. 7, also in die sonstigen betrieblichen Aufwendungen, erfolgen. Dabei ist es dem externen Analytiker in der Regel verwehrt nachzuvollziehen, inwieweit dem Sekundärkostenprinzip der Vorrang vor dem Primärkostenausweis gegeben wird bzw. welchen Umfang die Herstellungskosten im Umsatzkostenverfahren haben.

Interpretation der Kennzahlen Vertriebs- bzw. Verwaltungsintensität

Ein Anstieg der Vertriebsintensität lässt auf überproportionale Marketing- und Vertriebsanstrengungen schließen. Deren Ursachen können Absatzprobleme oder erhebliche Neuprodukteinführungen sein. Eine Verminderung der Verwaltungsintensität lässt vermuten, dass erfolgreiche Rationalisierungsanstrengungen in diesem Bereich unternommen wurden.

Kennzahl Forschungs- und Entwicklungs-intensität

Die Berechnung der Forschungs- und Entwicklungsintensität (FuE-Intensität):

(F. 5.25)

$$\text{FuE-Intensität} = \frac{\text{FuE-Kosten}}{\text{Umsatz}} \times 100$$

setzt voraus, dass das zu analysierende Unternehmen von der nach § 265 Abs. 5 HGB bestehenden Möglichkeit der Erweiterung des vorgeschriebenen Mindestgliederungsschemas Gebrauch macht. Der Ausweis dieses freiwilligen Zusatzpostens oder entsprechende Angaben im Anhang sind umso wahrscheinlicher, je höher die unternehmensindividuelle Bedeutung der Forschungs- und Entwicklungskosten ist. Bezogen auf die Bilanzierungspraxis deutscher Unternehmen ist zu beobachten, dass die hierunter fallenden Aufwendungen für Grundlagenforschung, angewandte Forschung und experimentelle Entwicklung (vgl. LÜCK, W., in: KÜTING/WEBER 2003, § 289 HGB, Rn. 93 ff.) insbesondere von Unternehmen der Chemiebranche getrennt ausgewiesen werden.

2.3.2.4 Zusammenfassung der Ergebnisse

Keine eindeutige Interpretation der Kennzahlen möglich

Es ist festzuhalten, dass im Rahmen der Analyse der Aufwands- und Ertragsstruktur in Anknüpfung an die Ergebnisse der Erfolgsquellenanalyse eine Vielzahl von Kennzahlen errechnet werden kann (vgl. Übersicht 56). Diese sind in der Regel nicht eindeutig interpretierbar, da Verzerrungen durch bilanzpolitische Maßnahmen nicht ausgeschlossen werden können und das dem externen Analytiker zugängliche Analysematerial den Detailliertheitsgrad der realisierbaren Untersuchungen zum Teil erheblich begrenzt (vgl. 2. Abschn., 1. Kap. 4.). Gleichwohl können sowohl auf der Grundlage des Gesamtkostenverfahrens als auch des Umsatzkostenverfahrens zahlreiche Facetten der betrieblichen Tätigkeit beleuchtet und Entwicklungstendenzen aufgezeigt werden, die für die Prognose der Ertragskraft eines Unternehmens von zentraler Bedeutung sind.

Kennzahlenübersicht

Übersicht 56: Ausgewählte Kennzahlen der Aufwands- und Ertragsstrukturanalyse

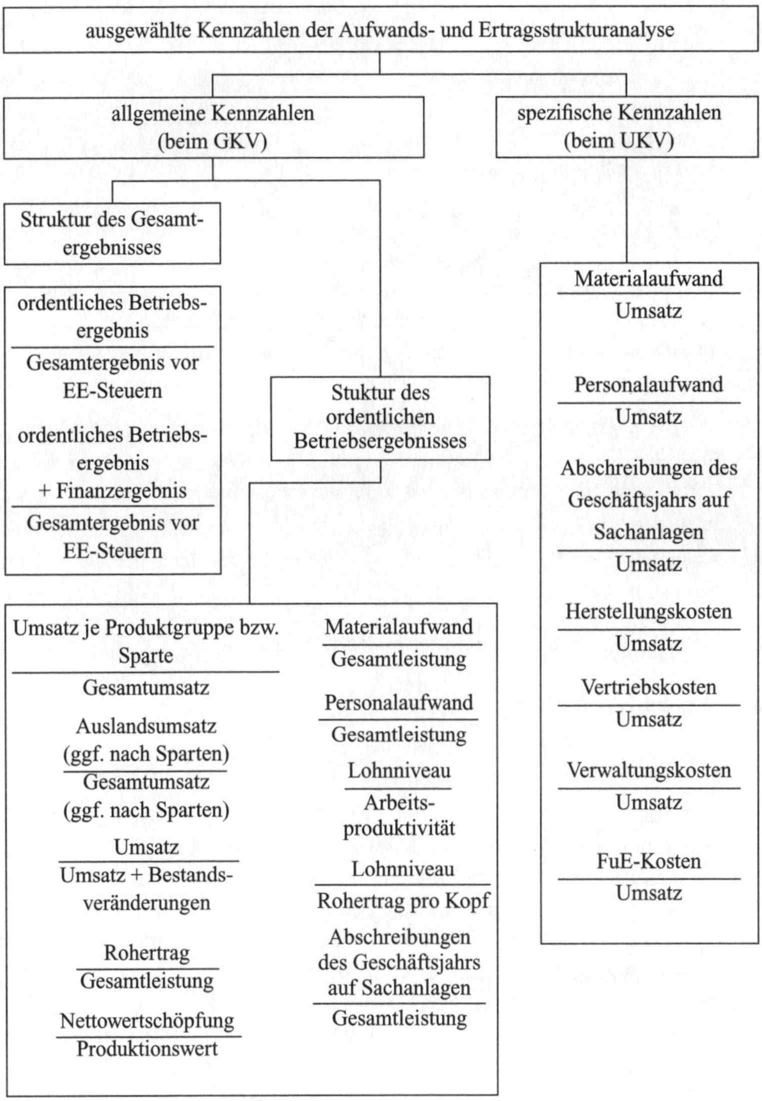

Merksätze:

1. Mit Hilfe der Analyse der Aufwands- und Ertragsstruktur werden der anteilige Beitrag der Ergebnisquellen zum Gesamtergebnis sowie einzelne Erfolgsquellen anhand von Strukturkennzahlen untersucht.
2. Neben der Bestimmung des Anteils des ordentlichen betrieblichen, des ordentlichen betriebsfremden und des außerordentlichen Ergebnisses am Gesamtergebnis vor Steuern vom Einkommen und vom Ertrag erfolgt auch eine Erörterung zentraler Kennzahlen, mit deren Hilfe die Aufwands- und Ertragskomponenten des ordentlichen betrieblichen Ergebnisses untersucht werden.
3. Erstellt das zu analysierende Unternehmen die Gewinn- und Verlustrechnung auf der Grundlage des Umsatzkostenverfahrens, so sind die Möglichkeiten der Strukturanalyse des ordentlichen Betriebsergebnisses grundsätzlich beschränkt.
4. Obwohl die errechneten Kennzahlen im Regelfall nicht eindeutig interpretierbar sind, können dennoch Entwicklungstrends aufgezeigt werden, die für die Prognose der Ertragskraft eines Unternehmens von großer Wichtigkeit sind.

2.4 Weitere ausgewählte Instrumente der Erfolgsanalyse

2.4.1 Ergebnis je Aktie nach DVFA/SG

2.4.1.1 Einführung

Bedeutung des Ergebnisses je Aktie

Die Kennzahl Gewinn je Aktie ist ohne Zweifel als eine der wichtigsten Größen für aktuelle und potenzielle Anleger zu beurteilen, da sie – in Beziehung zum Börsenkurs gesetzt – eine einfache und schnelle Überprüfung der Preiswürdigkeit von Aktien erlaubt. In den USA gehören die Earnings per Share (EPS) sogar zu den am häufigsten veröffentlichten und erwähnten Kennzahlen zur Erfolgsbewertung von Unternehmen überhaupt (vgl. CHASTEEN, L. G./ FLAHERTY, R. E./O'CONNOR, M. C. 1998, S. 1076; RAPPAPORT, A. 1999, S. 15). Dies muss vor dem Hintergrund gesehen werden, dass grundsätzlich alle US-amerikanischen Unternehmen, die ihren Jahresabschluss der Securities and Exchange Commission (SEC) vorlegen müssen, auch zur Offenlegung von EPS-Kennzahlen verpflichtet sind. Abweichend hiervon ist in Deutschland zurzeit weder die Art und Weise der Ermittlung noch die Veröffentlichung von Gewinn je Aktie-Kennzahlen im Rahmen des Jahresabschlusses gesetzlich vorgeschrieben. Allerdings existiert mit dem so genannten Ergebnis je Aktie nach DVFA/SG ein allgemein akzeptierter Standard zur Ermittlung des Gewinns je Aktie. Eine am Institut für Wirtschaftsprüfung an der Universität des Saarlandes im Jahre 2003 durchgeführte Auswertung von 155 Konzernabschlüssen der Geschäftsjahre 2001/2002 bzw. 2002 zeigt, dass neben den ohnehin als Pflichtangabe von international bilanzierenden Unternehmen zu veröffentlichenden EPS auch die meisten HGB-Bilanzierer ein Ergebnis je Aktie publizieren.

2.4.1.2 Grundlegende Bemerkungen zur Kennzahl Gewinn je Aktie

2.4.1.2.1 Begriffsinhalt der Kennzahl Gewinn je Aktie

Verschiedene Ausgestaltungsformen

Die Kennzahl Gewinn je Aktie ist wesentlich komplexer als deren Bezeichnung und Bildungsgesetz dies zunächst vermuten lassen. Tatsächlich kann auch nicht von ›der‹ Kennzahl Gewinn je Aktie gesprochen werden. Allein in der US-amerikanischen Rechnungslegung werden sechs Zähler- und zwei Nennervarianten der EPS unterschieden (vgl. KÜTING, K./BENDER, J./EIDEL, U., in: KÜTING, K./WEBER, C.-P. 1998, S. 258 ff.). Über diese für die externe Rechnungslegung relevanten Varianten hinaus, finden insbesondere in der Aktienanalyse – als Hauptanwendungsgebiet dieser Kennzahl – weitere spezifische Ausgestaltungsformen Anwendung. Zur Verdeutlichung des mehrdeutigen Begriffsinhaltes wird daher auch im anglo-amerikanischen Schrifttum von ›EPS-figures‹ (vgl. JONES, C. P. 1991, S. 562), mithin von Gewinn je Aktie-Kennzahlen, gesprochen.

Basisdefinition

Gewissermaßen als Grundausprägung der Kennzahl Gewinn je Aktie lässt sich die folgende – an die Daten des Jahresabschlusses anknüpfende – Basisdefinition formulieren:

(F. 6.1)

$$\text{Gewinn je Aktie} = \frac{\text{Jahresüberschuss/-fehlbetrag}}{\text{Anzahl der Aktien}}$$

Entsprechend definieren die US-GAAP für die EPS folgende Basisgleichung (vgl. SFAS No. 128):

(F. 6.2)

$$\text{Basic EPS} = \frac{\text{Net Income – Preferred Dividends}}{\text{Weighted Average Number of Common Shares Outstanding}}$$

Beide Definitionen führen ceteris paribus dann zum gleichen Ergebnis, wenn sich das Grundkapital lediglich aus Stammaktien (common stocks) zusammensetzt, das Unternehmen keine eigenen Aktien hält (treasury stocks) und die Anzahl der umlaufenden Aktien in der Berichtsperiode konstant geblieben ist.

Der Gewinn je Aktie stellt nach diesen Basisdefinitionen den ausgewiesenen Jahreserfolg in Beziehung zu der Anzahl der im Publikumsbesitz befindlichen Stammaktien und spiegelt so »the income earned by each share of common stock« (KIESO, D. E./WEYGAND, J. J./WARFIELD, T. D. 2004, S. 788) wider.

2.4.1.2.2 Anwendungsbereiche der Kennzahl Gewinn je Aktie

Anwendungsbereiche

Üblicherweise werden zwei Bereiche unterschieden, in denen der Gewinn je Aktie zur Anwendung gelangt: einerseits in der externen Bilanzanalyse zur Beurteilung der (Eigenkapital-)Rentabilität eines Unternehmens (vgl. statt vieler COENENBERG, A. G. 2003, S. 1043 f.) und andererseits in der fundamentalen Aktienanalyse zur Beurteilung der Anlagewürdigkeit einzelner Aktien (vgl. statt vieler SHARPE, W. F./ALEXANDER, G. J./BAILEY J. V. 1999, S. 534).

Beurteilung der Ertragskraft im Rahmen der externen Bilanzanalyse

Hinsichtlich der Verwendung des Gewinns je Aktie als eine spezifische Kennzahl zur Beurteilung der Eigenkapitalrentabilität bzw. der Ertragskraft bestehen allerdings im Schrifttum erhebliche Bedenken, die sich vordergründig auf die mangelnde zeitliche und zwischenbetriebliche Vergleichbarkeit dieser Kennzahl beziehen. Tatsächlich ist aber der Gewinn je Aktie aufgrund seiner Konzeption für die in Rede stehende Aufgabe ungeeignet. Vergleicht man die oben dargestellte Basisdefinition des Gewinns je Aktie mit der üblicherweise verwendeten Definition der

(F. 6.3)

$$\text{EK-Rentabilität} = \frac{\text{(korrigierter) Jahresüberschuss}}{\text{(bilanzielles bzw. bilanzanalytisches) Eigenkapital}}$$

Aussagegrenzen

wird unmittelbar deutlich, dass der Gewinn je Aktie nicht dem so genannten Entsprechungsprinzip der Kennzahlenbildung (vgl. SCHNETTLER, A. 1960, S. 421 ff.) genügt. Bezogen auf Rentabilitätskennzahlen muss danach die im Zähler berücksichtigte Erfolgsgröße »mit Hilfe der im Nenner aufgeführten Kapitalteile entstanden sein« (DZIEMBOWSKI, H. v./MERTENS, P. 1962, S. 194). Erwirtschaftet wird aber der Jahreserfolg unter Einsatz des gesamten Eigenkapitals und nicht nur des Grundkapitals. Als (eine) Konsequenz spiegelt ein in zeitlicher bzw. zwischenbetrieblicher Hinsicht höherer/niedrigerer Gewinn je Aktie nicht notwendigerweise eine höhere/niedrigere Eigenkapitalrentabilität wider, sondern ist unter Umständen allein das Ergebnis einer unterschiedlichen Eigenkapitalstruktur – bei identischer Höhe von Jahreserfolg und Eigenkapital. Dies verdeutlicht das nachfolgende Beispiel:

Übersicht 57: Gewinn je Aktie in verschiedenen Situationen

	Situation 1	Situation 2	Situation 3
Grundkapital	25 Mio. Euro	50 Mio. Euro	75 Mio. Euro
Rücklagen	75 Mio. Euro	50 Mio. Euro	25 Mio. Euro
Eigenkapital	100 Mio. Euro	100 Mio. Euro	100 Mio. Euro
Jahresüberschuss	15 Mio. Euro	15 Mio. Euro	15 Mio. Euro
EK-Rentabilität	15%	15%	15%
Gewinn je Aktie (Nominalwert 50,– Euro)	30,– Euro	15,– Euro	10,– Euro

Beurteilung der Anlagewürdigkeit im Rahmen der Aktienanalyse

Angesichts dieser und weiterer Aussagegrenzen gilt der Gewinn je Aktie als ein »ambiguous measure of performance« (LEV, B. 1974, S. 18). Das eigentliche Anwendungsgebiet dieser Kennzahl wird denn auch nicht in der Rentabilitäts-, sondern vielmehr in der fundamentalen Aktienanalyse – als Bestandteil der dort verwendeten Ansätze zur vergleichenden Aktienbeurteilung, insbesondere mittels der Price Earnings Ratio (Kurs-Gewinn-Verhältnis) – gesehen. Die Price Earnings Ratio setzt den Börsenkurs in Beziehung zum Gewinn je Aktie und gibt an, mit welchem Vielfachen der zugrunde gelegten Erfolgsgröße eine Aktie an der Börse bewertet wird. Dabei deutet eine niedrige Price Earnings Ratio – vereinfacht formuliert – auf eine vergleichsweise preiswerte, eine hohe Price Earnings Ratio auf eine vergleichsweise teure Kapitalanlage hin.

(F. 6.4)

$$\text{Price Earnings Ratio} = \frac{\text{Börsenkurs}}{\text{Gewinn je Aktie}}$$

Überwiegend wird die Price Earnings Ratio für Anlageentscheidungen dergestalt genutzt, dass die zu einem bestimmten Zeitpunkt und für eine bestimmte Aktie ermittelte Price Earnings Ratio mit einer früheren und/oder mit der anderer Aktien von Unternehmen der gleichen oder einer ähnlichen Branche verglichen wird (vgl. PERRIDON, L./STEINER, M. 2002, S. 231). Weiterhin kann sie der branchendurchschnittlichen Price Earnings Ratio oder der Price Earnings Ratio eines bestimmten Aktienmarktes bzw. eines (mehr oder minder) repräsentativen Marktquerschnitts gegenübergestellt werden.

2.4.1.3 Grundlagen und Rahmenbedingungen der Ergebnisbereinigung nach dem DVFA/SG-Konzept

2.4.1.3.1 Historischer Abriss über die Entwicklung bis zur 3. Fassung des Ergebnisses nach DVFA/SG

Verwendbarkeit des Jahreserfolgs für Anlageentscheidungen

Obgleich die EPS in der US-amerikanischen Finanz- bzw. Aktienanalyse auf eine lange Tradition zurückblicken können, begann in Deutschland erst Anfang/Mitte der Sechzigerjahre eine intensivere Auseinandersetzung mit der Kennzahl Gewinn je Aktie. In deren Mittelpunkt stand insbesondere der Aussagewert des Jahreserfolgs für Fragen der Aktienanalyse. An Aktualität gewann diese Diskussion angesichts des (bevorstehenden) In-Kraft-Tretens des AktG 1965, dessen Vorschriften im Vergleich zur bisherigen Rechtslage zu wesentlichen Verbesserungen im Bereich der externen Rechnungslegung führten. Auch wenn von Analystenseite nicht bestritten wurde, dass der Jahreserfolg unter Geltung der neuen aktienrechtlichen Vorschriften an Aussagekraft gewonnen hatte, wurde gleichwohl seine unmittelbare Verwendbarkeit für Anlageentscheidungen in Abrede gestellt: Weder sei der ausgewiesene Jahreserfolg hinreichend vergleichbar noch als Ausgangspunkt zur Abschätzung der zukünftigen Erfolgsentwicklung geeignet (vgl. SCHLEMBACH, H. 1967, S. 11). Indes war man der Überzeugung, die Kluft zwischen dem Jahreserfolg und einer aktienanalytischen Anforderungen genügenden Erfolgsgröße im Wege einer Bereinigungsrechnung überbrücken zu können, sofern die Unternehmen entsprechende über den gesetzlichen Pflichtumfang hinausgehende Angaben in ihren Geschäftsberichten zur Verfügung stellten.

Historische Entwicklung des Ergebnisses je Aktie nach DVFA

Aufgrund der anfangs uneinheitlichen Vorgehensweise in der Aktienanalyse und Unternehmensberichterstattung wurde von der damals noch Deutschen Vereinigung für Finanzanalyse und Anlageberatung e. V. (DVFA) eine Kommission gebildet, die 1968 eine ›Empfehlung zur Bildung eines einheitlichen Gewinnbegriffes zur Erleichterung der vergleichenden Aktienbeurteilung‹ vorlegte. Ziel dieser Empfehlung – die zugleich die 1. Fassung des später so bezeichneten Ergebnisses nach DVFA bildete – war es, Unternehmen und Analysten ein Schema vorzugeben, welches eine einheitliche Ergebnisbereinigung erleichtern und (natürlich auch) sicherstellen soll. Bis zum Jahr 1988 legte die DVFA dann vier weitere Fassungen ihres Bereinigungskonzeptes vor, wobei die 3. und 4. Fassung aufgrund des KStG 1977 bzw. des BiRiLiG notwendig wurden. Trotz sporadisch wiederkehrender Kritik blieben die von der DVFA erarbeiteten Empfehlungen zur Bereinigung des Jahreserfolges für nahezu 20 Jahre ohne Konkurrenz. Beendet wurde dieser Zustand erst 1988, als der Arbeitskreis ›Externe Unternehmensrechnung‹ der Schmalenbach-Gesellschaft – Deutsche Gesellschaft für Betriebswirtschaft e. V. eine eigene Empfehlung ›Ergebnis je Aktie‹ veröffentlichte. Mit ihrer Empfehlung wollte sich die SG nach eigener Aussage lediglich »an der Diskussion um die Entwicklung eines aussagefähigen Ergebnisses je Aktie nach neuem Bilanzrecht beteiligen, sich aber nicht in einen Gegensatz zur DVFA bringen« (BUSSE VON COLBE, W.

1990, S. 210). Eine Kollision war jedoch unausweichlich, da die DVFA-Empfehlungen traditionell den Aspekt der zwischenbetrieblichen Vergleichbarkeit hervorhoben, während der Arbeitskreis ›Externe Unternehmensrechnung‹ der Schmalenbach-Gesellschaft »die Unternehmensindividualität bei der Ermittlung des Ergebnisses je Aktie berücksichtigt wissen wollte« (ORDELHEIDE, D. 1991, S. 79). Verständlich werden diese Auffassungsunterschiede vor dem Hintergrund der personellen Besetzung der jeweils verantwortlichen Gremien: Während sich die seit der 4. Fassung verantwortliche ›DVFA-Kommission für Methodik der Finanzanalyse‹ überwiegend aus Finanzanalysten zusammensetzt, wird die Mehrzahl der Mitglieder des Arbeitskreises ›Externe Unternehmensrechnung‹ von Unternehmensvertretern gestellt.

Entwicklung einer gemeinsamen Empfehlung »Ergebnis nach DVFA/SG«

Naturgemäß konnte das Nebeneinander zweier abweichend konzipierter Ergebnis je Aktie-Empfehlungen auf nationaler Ebene keine Dauerlösung sein, weshalb sich DVFA und Arbeitskreis ›Externe Unternehmensrechnung‹ der Schmalenbach-Gesellschaft zur Entwicklung einer gemeinsamen Empfehlung entschlossen; diese wurde im Jahr 1990 als ›Ergebnis nach DVFA/SG‹ auf dem Deutschen Betriebswirtschaftertag der Fachöffentlichkeit vorgestellt. Angesichts spezifischer Defizite der DVFA/SG-Empfehlung (vgl. hierzu BENDER, J. 1996; KÜTING, K./BENDER, J. 1992, S. 1 ff.; BORN, K. 2001, S. 407) war allerdings abzusehen, dass eine revidierte Fassung nachfolgen würde. Mitte 1994 wurden zwei bereits überarbeitete Kapitel (›Zu bereinigende Sondereinflüsse‹ und ›Berücksichtigung steuerlicher Auswirkungen‹) der 2. Fassung vorab veröffentlicht. Die vollständige 2. Fassung erschien schließlich Anfang 1996. Durch den zunehmenden Einfluss internationaler Rechnungslegungsnormen auf die Bilanzierungspraxis deutscher Konzerne wurde eine grundlegende Überarbeitung des Ergebnisses nach DVFA/SG erforderlich. Das Resultat findet sich in der 1999 erschienenen 3. Fassung der gemeinsamen Empfehlung zum Ergebnis je Aktie nach DVFA/SG.

Weitere Ergebnis je Aktie-Konzepte

Abschließend sei darauf hingewiesen, dass neben dem hier interessierenden Ergebnis je Aktie nach DVFA/SG für Industrie- und Handelsunternehmen noch andere branchenspezifische Bereinigungs- bzw. Ergebnis je Aktie-Konzepte – und zwar für Banken, Versicherungen und Unternehmensbeteiligungsgesellschaften – existieren.

2.4.1.3.2 Zielsetzung und Notwendigkeit der Ergebnisbereinigung

Ziele der Ermittlung des Ergebnisses je Aktie nach DVFA/SG

Indem die Ermittlung des Ergebnisses je Aktie nach DVFA/SG erklärtermaßen primär dem Ziel einer vergleichenden Aktienkursbeurteilung mittels der Price Earnings Ratio dient, wird hiermit zugleich die ›übergeordnete‹ Zielsetzung bzw. das Hauptziel der Ergebnisbereinigung vorgegeben: Die Ermittlung einer Erfolgsgröße (bezogen auf eine einzelne Aktie), die materiell für eine vergleichende Aktienbeurteilung geeignet ist. Naturgemäß muss eine solche übergeordnete Zielsetzung durch die Vorgabe von Unter- bzw. Subzielen operationalisiert werden. Konkret streben DVFA/SG an, »ein von Sondereinflüssen bereinigtes Jahresergebnis darzustellen, das besser als das ausgewiesene geeignet ist, auf möglichst vergleichbarer Basis

- den Ergebnistrend eines Unternehmens im Zeitablauf aufzuzeigen,
- als Ausgangsposition für die Abschätzung der zukünftigen Ergebnisentwicklung zu dienen,
- Vergleiche des wirtschaftlichen Erfolges zwischen verschiedenen Unternehmen zu ermöglichen« (BUSSE VON COLBE, W. u.a. 1996, S. 3).

Hieraus lässt sich unmittelbar ableiten, dass DVFA/SG mit ihrem Bereinigungskonzept die Ermittlung einer zeitlich und zwischenbetrieblich vergleichbaren Erfolgsgröße verfolgen. Durch eine weitestgehende Berücksichtigung von Gemeinsamkeiten in den Rechnungslegungsvorschriften des HGB, der IAS sowie der US-GAAP soll auch die Vergleichbarkeit zwischen Unternehmen verbessert werden, die nach unterschiedlichen Normensystemen bilanzieren. Unklar bleibt allerdings die (dritte) Zielsetzung ›Gewinnung einer Ausgangsposition für die Abschätzung der zukünftigen Ergebnisentwicklung‹. Sinnvoll kann sie nur so interpretiert werden, dass eine unter ceteris paribus-Bedingungen nachhaltig zu erwartende Erfolgsgröße zu ermitteln ist.

Notwendigkeit der Bereinigung des Jahreserfolgs

Dass der ausgewiesene Jahreserfolg den aktienanalytischen Anforderungen hinsichtlich Vergleichbarkeit und Nachhaltigkeit nicht genügt und daher unter diesen Gesichtspunkten aufbereitet werden muss, liegt auf der Hand. Letztlich sind es drei Faktoren, die nach Ansicht von DVFA/SG eine Bereinigung erforderlich machen, und zwar

- die Vermischung regelmäßig und unregelmäßig anfallender Aufwendungen und Erträge im Jahreserfolg,
- die bilanzpolitische Beeinflussbarkeit des Jahreserfolges und
- die Verzerrungen des Jahreserfolges infolge der Übernahme bzw. Beibehaltung rein steuerrechtlicher Wertansätze.

Während die Notwendigkeit einer Ausschaltung (Eliminierung) der Erfolgseinflüsse im Zusammenhang mit der Übernahme/Beibehaltung rein steuerrechtlicher Wertansätze gänzlich unstreitig ist und auch konzeptionell keinerlei Probleme aufwirft, stellt sich die Situation bei den übrigen Faktoren anders dar. Insbesondere stellen sich zwei grundlegende Fragen: Welches Maß an Vergleichbarmachung – im Wege einer unterstellten einheitlichen Ausübung von Wahlrechten und Ermessensspielräumen – ist für aktienanalytische Zwecke unabdingbar erforderlich? Und: In welchem Umfang sollten/müssen nicht nachhaltige, unregelmäßige Erfolgsbestandteile aus dem handelsrechtlichen Jahreserfolg eliminiert werden?

2.4.1.3.3 Zu bereinigende Sachverhalte

Abschließender Katalog der zu bereinigenden Sondereinflüsse

Um eine einheitliche Vorgehensweise bei der Bereinigung des um latente Steuerauswirkungen angepassten Konzernjahreserfolgs zu unterstützen, haben DVFA/SG einen abschließenden Katalog der zu bereinigenden Sondereinflüsse definiert. Eine negative Abgrenzung erfährt er durch die Aufzählung der nicht zu bereinigenden Sachverhalte. Die bislang von DVFA/SG vorgenommene Unterteilung der zu bereinigenden Sondereinflüsse in ungewöhnliche Aufwendungen und Erträge sowie dispositionsbedingte Aufwendungen und Erträge wurde explizit nicht beibehalten, sie ist dem Bereinigungskatalog jedoch inhärent. Für die Bereinigung ist es unerheblich, ob die durch Sondereinflüsse generierten Aufwendungen bzw. Erträge Eingang in das Ergebnis der gewöhnlichen Geschäftstätigkeit oder aber in das außerordentliche Ergebnis gefunden haben. In den nachstehenden Übersichten 58 und 59 werden die bei der Ermittlung des Ergebnisses nach DVFA/SG zu bereinigenden sowie die nicht zu bereinigenden Sondereinflüsse genannt (vgl. BUSSE VON COLBE, W. u.a. 2000, S. 27ff.).

Übersicht 58: Aufstellung der zu bereinigenden Sondereinflüsse

- Entsprechende Bereinigungen aus der Anpassung des Konsolidierungskreises sind vorzunehmen, wenn
  - der Konzernabschluss des Unternehmens wesentliche Beteiligungen, über die ein beherrschender Einfluss bzw. die Kontrolle ausgeübt wird, nicht enthält,
  - im Berichtsjahr erworbene Tochterunternehmen nicht zeitanteilig in den Konzernabschluss einbezogen werden,
  - wesentliche Tochterunternehmen deshalb nicht in den Konzernabschluss einbezogen werden, weil sie seit mehr als einem Jahr zur Veräußerung bestimmt sind,
  - wesentliche assoziierte Unternehmen nicht at equity bilanziert werden.
- Die aus der Änderung von Ansatz- und Bewertungsmethoden resultierenden Erfolgsauswirkungen sind zu bereinigen (z.B. Zuschreibungen beim Anlagevermögen aufgrund der Änderung des Abschreibungsplans, Aufwand aus der Neubewertung von Pensionsrückstellungen).
- Aufwendungen für die erstmalige Börseneinführung und Kapitalerhöhungen (z.B. Bankprovisionen, Kosten für Finanzmarktkommunikation, Beratungs- und Prüfungskosten).
- Gewinne und Verluste aus Sale-and-Lease-back-Transaktionen.
- Aufwendungen und Erträge im Zusammenhang mit dem Verkauf oder der Stilllegung von Geschäftsbereichen und Produktlinien.
- Erträge und Aufwendungen aus dem teilweisen oder vollständigen Verkauf bzw. der Endkonsolidierung von Beteiligungen.
- Gewinne und Verluste aus dem Abgang bedeutender Grundstücke und Gebäude, soweit der Verkauf nicht Gegenstand der gewöhnlichen Geschäftstätigkeit ist.
- Aufwendungen aus außergewöhnlichen Schadensfällen (höhere Gewalt) sowie entsprechende Erträge aus Versicherungsleistungen, soweit die Regelung von Schadensfällen nicht Gegenstand der gewöhnlichen Geschäftstätigkeit ist.
- Aufwendungen und Erträge aus Sanierungsmaßnahmen (z.B. Gesellschafterzuschüsse, Forderungsverzichte).

Übersicht 58: (Fortsetzung)
– Erträge aus Beteiligungen, die aus der Ausschüttung von Rücklagen stammen, sowie damit zusammenhängende steuerliche Entlastungseffekte. – Als Bilanzierungshilfe aktivierte Ingangsetzungs- und Erweiterungsaufwendungen. – Erfolgsauswirkungen von Bilanzansätzen und Bewertungen, die erheblich von den bei börsennotierten Gesellschaften üblichen Bilanzierungsgewohnheiten abweichen. – Ergebnisauswirkungen, die sich aus Abweichungen vom Konzept der funktionalen Währung ergeben. – Verschmelzungsgewinne nach Berücksichtigung etwaiger steuerlicher Belastungen. – Verschmelzungsverluste, die einen Geschäfts- oder Firmenwert darstellen, nach Berücksichtigung steuerlicher Entlastungen. Der bereinigte Nettobetrag ist für die Ermittlung des Ergebnisses nach DVFA/SG über 10 Jahre abzuschreiben.

Übersicht 59: Aufstellung der nicht zu bereinigenden Sondereinflüsse
– Aufwendungen im Zusammenhang mit der Änderung der Aufbau- und Ablauforganisation, Rationalisierung und Restrukturierung innerhalb bestehender Organisationsstrukturen sowie die Stilllegung von Produktionseinrichtungen und Werken (z.B. Kosten für Sozialpläne). – Anlaufkosten für neue Werke und Produkte. – Aufwendungen für Vorleistungen (z.B. Aufwendungen für Forschung und Entwicklung sowie für Werbekampagnen). – Erschließungskosten für neue Märkte. – Aufwendungen für andere Finanzierungsmaßnahmen als die erstmalige Börseneinführung und weitere Kapitalerhöhungen. – Fehlgeschlagene Produkteinführungen. – Akquisitionskosten für den Erwerb neuer Beteiligungen sowie Kosten für Verschmelzungen. – Aufwendungen für Kapazitätserweiterungen, -verlagerungen oder -herabsetzungen. – Zusatzgewinne aufgrund einmalig günstiger Nachfrage- und Wettbewerbskonstellationen. – Erfolgsbeiträge aus Termingeschäften. – Abschreibungen auf Vorräte aufgrund niedrigerer Tageswerte zum Bilanzstichtag. – Positive Auswirkungen aus in früheren Jahren durchgeführten Restrukturierungsmaßnahmen. – Aufwendungen aus Haftungsverpflichtungen, Bußen, Strafen und anderen rechtlichen Sanktionen. – Verluste aus Verschmelzungen, die keinen Geschäftswert darstellen. – Steuernachzahlungen und -rückerstattungen sowie Änderungen bilanzierter latenter Steuern aufgrund von Steuersatzänderungen.

Grundsatz der Wesentlichkeit

Auf die Durchführung der Bereinigungsmaßnahmen kann verzichtet werden, wenn der Bereinigungssaldo geringer ist als der zehnte Teil des um latente Steuern angepassten Konzernerfolgs. Ist er größer, so sind die aus den Sondereinflüssen resultierenden Aufwendungen bzw. Erträge zwingend mit ihrem vollen Betrag unter Berücksichtigung ertragsteuerlicher Wirkungen anzusetzen.

2.4.1.3.4 Ausgangspunkt der Ergebnisbereinigung

Konzernabschluss als Ausgangspunkt der Ergebnisbereinigung

Ausgangspunkt der Ergebnisbereinigung ist im Normalfall der Konzernabschluss bzw. der dort ausgewiesene Konzernjahreserfolg. Dies setzt naturgemäß voraus, dass das betreffende Unternehmen gem. § 290 HGB überhaupt zur Erstellung eines Konzernabschlusses verpflichtet ist oder – falls die Befreiungstatbestände der §§ 291–293 HGB erfüllt sind bzw. nach § 296 HGB für kein Tochterunternehmen eine Einbeziehungspflicht besteht – diesen auf freiwilliger Basis erstellt und veröffentlicht. Für den Fall, dass ein Mutterunternehmen eines Teilkonzerns die Befreiungsmöglichkeiten nach §§ 291, 292 HGB in Anspruch nimmt, fordern DVFA/SG gleichwohl, dass »das Ergebnis nach DVFA/SG für den Teilkonzern zu ermitteln« (Busse von Colbe, W. u.a. 2000, S. 7) ist.

Besonderheiten bei bestimmten Unternehmensverträgen

Besonderheiten ergeben sich bei Vorliegen bestimmter aktienrechtlicher Unternehmensverträge, namentlich bei (Teil-)Gewinnabführungs- und Gewinngemeinschaftsverträgen. Verpflichtet sich z.B. eine Aktiengesellschaft vertraglich zur Abführung ihres ganzen Gewinns nach § 291 Abs. 1 Satz 1 AktG, führt dies im Regelfall dazu, dass die Gewinn- und Verlustrechnung einen Jahreserfolg in Höhe von null ausweist (vgl. Förschle, G., in: Beck Bil-Komm. 2003a, § 277 HGB, Rn. 23), obschon ein beträchtlicher Gewinn oder Verlust erwirtschaftet worden sein kann. Da der ausgewiesene Jahreserfolg hier nicht die tatsächliche Ertragslage des abführenden Unternehmens widerspiegelt, kann er auch nicht Ausgangspunkt der Ergebnisbereinigung sein. Stattdessen ist (grundsätzlich) auf jene Beträge zurückzugreifen, die in den nach § 277 Abs. 3 Satz 2 HGB gesondert auszuweisenden Posten ›aufgrund eines Gewinnabführungsvertrags abgeführte Gewinne‹ bzw. ›Erträge aus Verlustübernahme‹ enthalten sind. Allerdings können hier spezifische Korrekturen notwendig werden, wenn das abführende Unternehmen zugleich eine Organgesellschaft ist und – entgegen der vorherrschenden Praxis – eine Weiterbelastung der vom Organträger übernommenen Steuern unterbleibt. Da das Ergebnis nach DVFA/SG als eine Größe nach ertragsabhängigen Steuern ermittelt wird, muss bei dieser Konstellation ein Ansatz fiktiver Ertragsteuern erfolgen.

2.4.1.3.5 Ergebnis nach DVFA/SG als ›Netto-Erfolgsgröße‹

Ergebnis je Aktie nach Steuern

Vorstehend wurde erwähnt, dass das Ergebnis (je Aktie) nach DVFA/SG als eine Erfolgsgröße nach ertragsabhängigen Steuern ermittelt wird, was insbesondere anglo-amerikanischen Standards entspricht. Es ist aber zu betonen, dass im Schrifttum (zu Recht) Bedenken gegenüber einer derartigen Gewinn je Aktie-Konzeption bestehen (vgl. die Nachweise bei Bender, J. 1996, S. 128ff.).

Berücksichtigung tatsächlicher und latenter Steuern

Zu den zu berücksichtigenden Steuern zählen sowohl die tatsächlichen als auch die latenten Ertragsteuern. Letztere werden von Konzernen, die nach US-GAAP oder IAS bilanzieren, in vollem Umfang berücksichtigt. Bei der Mehrzahl der deutschen Konzerne, die ihren Abschluss nach den Regeln des HGB erstellen, wird demgegenüber auf einen vollständigen Ansatz aktivischer latenter Steuern verzichtet (vgl. 2. Abschn., 3. Kap. 2.2.2.3.5). Ihre vollständige

Berücksichtigung im Ergebnis nach DVFA/SG ist erwünscht, aus Gründen der Praktikabilität jedoch – mit Ausnahme von latenten Steuern auf Rückstellungen und Verluste – nicht zwingend. Wird im Konzernabschluss eine Rückstellung gebildet, die steuerrechtlich nicht angesetzt werden darf, so sind im Rahmen der Ermittlung des Ergebnisses nach DVFA/SG aktivische latente Steuern zu berücksichtigen. Auch auf Verluste sind latente Steuererträge im Ergebnis nach DVFA/SG anzusetzen, wenn die Verluste mit hoher Wahrscheinlichkeit in den folgenden Perioden ausgeglichen werden. Die Schätzung der zukünftigen Steuerentlastung ist jährlich zu überprüfen. Ändert sie sich, so ist der latente Steueranspruch entsprechend erfolgswirksam zu korrigieren (vgl. Busse von Colbe, W. u.a. 2000, S. 9ff.).

Steuerauswirkungen sind im Rahmen der Ermittlung des Ergebnisses nach DVFA/SG auch bei der Bereinigung von Sondereinflüssen zu berücksichtigen. Die Korrektur des um latente Steuern angepassten Jahreserfolgs hat deshalb nur in Höhe der um ihre tatsächlichen oder latenten Steuerauswirkungen bereinigten Aufwendungen und Erträge zu erfolgen. Mit anderen Worten, es muss die ertragsteuerliche Wirksamkeit der Erfolgskomponenten festgestellt werden.

Das Beispiel in Übersicht 60 dient der Verdeutlichung der vorstehenden Ausführungen (modifiziert entnommen aus Busse von Colbe, W. u.a. 2000, S. 21).

Übersicht 60: Beispiel zur Berücksichtigung von Steuerauswirkungen bei der Ermittlung des Ergebnisses nach DVFA/SG

Konzernerfolg	100	Im Konzernerfolg sind aus Sondereinflüssen resultierende Erträge in Höhe von 160 enthalten, die zu bereinigen sind. In Abhängigkeit davon, ob zukünftig laufende Gewinne zu erwarten sind (Fall 1) oder nicht (Fall 2), ermittelt sich das Ergebnis nach DVFA/SG wie folgt:
Ertragsteuern (25 %)*	– 25	
Konzernerfolg nach Ertragsteuern	75	

Fall 1:	
Konzernerfolg nach Ertragsteuern	75
Zu bereinigender Ertrag	– 160
Korrektur der Steuerauswirkung	+ 25
Zwischensumme	– 60
Latente Steuerentlastung (25 % von 60)	+ 15
Ergebnis nach DVFA/SG	– 45

Fall 2:	
Konzernerfolg nach Ertragsteuern	75
Zu bereinigender Ertrag	– 160
Korrektur der Steuerauswirkung	+ 25
Zwischensumme	– 60
Latente Steuerentlastung	0
Ergebnis nach DVFA/SG	– 60

* Steuersatz versteht sich ohne die Berücksichtigung der Gewerbesteuer und des Solidaritätszuschlages.

Steuersatz

Bereinigungen, die inländische (deutsche) Abschlüsse betreffen, sind in der Regel auf Basis des einheitlichen Steuersatzes für Gewinne vorzunehmen. Die Gewerbesteuer bemisst sich nach dem von der jeweiligen Gemeinde festgelegten Hebesatz. Auf Bereinigungspositionen bei ausländischen Abschlüssen sind die jeweils geltenden landesspezifischen Ertragsteuersätze anzuwenden. Entstehen Schwierigkeiten bei der Zuordnung von Bereinigungspositionen auf einzelne Länder, so kann der durchschnittliche Konzernsteuersatz zugrunde gelegt werden (vgl. BUSSE VON COLBE, W. u. a. 2000, S. 21 f.).

2.4.1.4 Ermittlung des Ergebnisses je Aktie nach DVFA/SG

2.4.1.4.1 Überblick

Bereinigungsschritte

Die einzelnen Schritte zur Ermittlung des Ergebnisses je Aktie nach DVFA/SG lassen sich vereinfacht als Checkliste wie folgt darstellen (vgl. BUSSE VON COLBE, W. u. a. 2000, S. 69):

(1) Ausgewiesener Konzernjahresüberschuss/-fehlbetrag (Konzernerfolg)

(2) Anpassungen des Konzernerfolgs aufgrund von Änderungen des Konsolidierungskreises

(3) Latente Steuerabgrenzung

(4) = Angepasstes Konzernergebnis

(5) Bereinigungspositionen in den Aktiva

(6) Bereinigungspositionen in den Passiva

(7) Bereinigung nicht eindeutig zuordnungsfähiger Sondereinflüsse

(8) Fremdwährungseinflüsse

(9) Zusammenfassung der zu berücksichtigenden Bereinigungen

(10) = DVFA/SG-Konzernergebnis für das Gesamtunternehmen

(11) Ergebnisanteile Dritter

(12) DVFA/SG-Konzernergebnis für Aktionäre der Muttergesellschaft

(13) Anzahl der zugrunde zu legenden Aktien

(14) = Ergebnis nach DVFA/SG je Aktie (Basisergebnis)

(15) Adjustiertes Ergebnis nach DVFA/SG je Aktie bei Veränderungen des gezeichneten Kapitals nach dem Bilanzstichtag

(16) Voll verwässertes Ergebnis nach DVFA/SG je Aktie.

Als zusätzliche Information kann das DVFA/SG-Konzernergebnis für Aktionäre der Muttergesellschaft (Nr. 12) vor Abschreibungen auf den Geschäfts- oder Firmenwert angegeben werden. D.h., die Abschreibungen auf den Geschäfts- oder Firmenwert sind unter Abzug der auf sie berücksichtigten Ertragsteuerminderungen dem DVFA/SG-Konzernergebnis für Aktionäre der Muttergesellschaft (Nr. 12) hinzuzurechnen.

Nachfolgend werden die wesentlichsten Bereinigungsmaßnahmen skizziert, wobei die Reihenfolge von der in der DVFA/SG-Empfehlung partiell abweicht (vgl. Busse von Colbe, W. u.a. 2000, S. 33ff.). Auf eine Thematisierung der zu berücksichtigenden steuerlichen Effekte wird hierbei verzichtet.

2.4.1.4.2 Ausgewählte Bereinigungsmaßnahmen

2.4.1.4.2.1 Ingangsetzungs- und Erweiterungsaufwendungen

Erfolgswirksame Verrechnung

Als nicht zu bereinigenden Normalfall sehen DVFA/SG eine unmittelbare erfolgswirksame Verrechnung von Ingangsetzungs- und Erweiterungsaufwendungen an. Wird die Bilanzierungshilfe im handelsrechtlichen Jahresabschluss (ganz oder teilweise) in Anspruch genommen, so sind im Jahr der Aktivierung die entsprechenden Beträge vom Jahreserfolg in Abzug zu bringen, während in den Folgeperioden die Abschreibungen zu stornieren, d.h. erfolgserhöhend zu berücksichtigen sind. Obschon sich für diese Vorgehensweise Praktikabilitätsgründe anführen lassen, gilt es aber zu bedenken, dass die insofern präferierte unmittelbare (sofortige) Aufwandsverrechnung bei wesentlichen Beträgen zu einer unter prognostischen Gesichtspunkten störenden Einmalbelastung der betreffenden Erfolgsgröße führt.

2.4.1.4.2.2 Forschungs- und Entwicklungskosten

Keine Bereinigung

Forschungskosten stellen sowohl nach HGB als auch nach US-GAAP und IAS regelmäßig Aufwand dar. Im Rahmen der Ermittlung des Ergebnisses nach DVFA/SG ist keine Bereinigung vorzunehmen.

Keine Korrektur ist auch bei den Entwicklungskosten vorzunehmen, unabhängig davon, ob sie – wie nach HGB und US-GAAP verpflichtend – als Periodenaufwand behandelt oder aber – wie nach IAS bei Vorliegen bestimmter Kriterien – aktiviert wurden.

2.4.1.4.2.3 Geschäfts- oder Firmenwert

Erfolgswirksame Verrechnung

Entgegen der bislang geforderten erfolgsneutralen Verrechnung des Geschäfts- oder Firmenwerts (vgl. Busse von Colbe, W. u.a. 1996, S. 21f.) verlangen DVFA/SG nunmehr eine erfolgswirksame Behandlung. Dabei ist von einer Abschreibungsdauer zwischen fünf und zwanzig Jahren auszugehen. Wird der Abschreibungsbemessung eine kürzere oder längere Nutzungsdauer zugrunde gelegt, so ist der Abschreibungsaufwand auf eine fünf- bzw. zwanzigjährige

Nutzungsdauer anzupassen. Bei einer ratierlichen Verrechnung des Geschäfts- oder Firmenwerts im Konzernabschluss ist für Zwecke der Ermittlung des Ergebnisses nach DVFA/SG eine fiktive Aktivierung und planmäßige Abschreibung über zehn Jahre vorzunehmen.

2.4.1.4.2.4 Sachanlagevermögen

Behandlung der Abschreibungen

Nach DVFA/SG sind planmäßige Abschreibungen, seien sie nach der linearen oder der degressiven Methode ermittelt worden, normaler betrieblicher Aufwand, wenn sich die Abschreibungsdauer in einem für börsennotierte Unternehmen üblichen Rahmen bewegt. Liegt der Abschreibung eine kürzere oder längere Nutzungsdauer zugrunde, so sind die Abschreibungsbeträge entsprechend der üblichen Nutzungsdauer anzupassen. Bei außerplanmäßigen Abschreibungen ist zu differenzieren, ob sie aufgrund einer voraussichtlich dauerhaften Wertminderung vorgenommen werden oder nicht. Sind die außerplanmäßigen Abschreibungen auf voraussichtlich dauerhafte Wertminderungen zurückzuführen, so stellen sie normalen betrieblichen Aufwand dar, der nicht zu korrigieren ist, außer im Fall der Aufgabe von Geschäftsbereichen oder Produktlinien. Liegen den außerplanmäßigen Abschreibungen keine voraussichtlich dauerhaften Wertminderungen zugrunde, so ist eine Bereinigung vorzunehmen.

Erfolge aus dem Abgang von Sachanlagevermögen

Nach DVFA/SG ist eine Bereinigung von Abgangserfolgen im Regelfall nicht vorzunehmen, da es sich um normale betriebliche Ergebnisauswirkungen handelt. Eliminierungspflichtige Ausnahmen stellen jedoch Gewinne (Verluste) aus Sale-and-Lease-back-Geschäften, der Stilllegung oder dem Verkauf von Geschäftsbereichen und Produktlinien und dem Abgang bedeutender Grundstücke und Gebäude dar.

Investitionszulagen und -zuschüsse

Eine Bereinigung von Investitionszulagen und -zuschüssen ist nicht durchzuführen, wenn sie entweder von den Anschaffungs- oder Herstellungskosten erfolgsneutral abgesetzt oder als Sonderposten passiviert und über die Nutzungsdauer des betreffenden Vermögensgegenstandes erfolgswirksam abgeschrieben werden. Erfolgt demgegenüber im Jahr des Zuflusses eine vollständige Vereinnahmung als Ertrag, so ist bei der Ermittlung des Ergebnisses nach DVFA/SG eine Verteilung über die Nutzungsdauer des betreffenden Vermögensgegenstandes oder vereinfachend über fünf Jahre vorzunehmen.

2.4.1.4.2.5 Finanzanlagevermögen

Analogie zum Sachanlagevermögen

Abschreibungen auf das Finanzanlagevermögen sind nur dann zu bereinigen, wenn sie aufgrund einer voraussichtlich nur vorübergehenden Wertminderung, einer steuerlichen Vorschrift oder eines außergewöhnlichen Schadensfalls (z. B. Enteignung) vorgenommen werden. Ist die Abschreibung in einer voraussichtlich dauerhaften Wertminderung begründet, so erfolgt keine Bereinigung.

Enthalten Ausschüttungen bzw. übernommene oder at equity bilanzierte Jahreserfolge von Beteiligungen zu bereinigende Sondereffekte, so hat eine entsprechende Korrektur zu erfolgen.

2.4.1.4.2.6 Vorräte und noch nicht abgerechnete Leistungen

International üblicher Normalfall

Als international üblichen Normalfall für die Bewertung der Vorräte sehen DVFA/SG den Ansatz von Einzelkosten zzgl. angemessener Teile der Material- und Fertigungsgemeinkosten einschließlich Abschreibungen vor. Im Falle von auftragsbezogener Langfristfertigung kommen »als Normalfall die aktivierungsfähigen Herstellungskosten bzw. bei abrechenbaren Teilleistungen die vollen Selbstkosten einschließlich Zinsaufwendungen für die Ermittlung des Ergebnisses nach DVFA/SG in Betracht« (Busse von Colbe, W. u.a. 2000, S. 41).

Bewertungsvereinfachungen

Bei der Bewertung des Vorratsvermögens können nach DVFA/SG grundsätzlich alle handelsrechtlich zulässigen Verbrauchsfolgeverfahren zur Anwendung gelangen. Lediglich die Erfolgseinflüsse aufgrund des Übergangs von der Einzel- bzw. Durchschnittsbewertung zu einem Verbrauchsfolgeverfahren (et vice versa) oder aufgrund eines Wechsels des angewandten Verbrauchsfolgeverfahrens sind nach DVFA/SG zu bereinigen.

Abschreibungen

Verpflichtend vorzunehmende Abschreibungen auf den niedrigeren beizulegenden Wert sind nicht zu bereinigen, wohl aber solche, die fakultativ oder aufgrund steuerlicher Vorschriften durchgeführt werden. Werden Vorräte, bei denen Abschreibungen aufgrund ihres dispositiven Charakters eliminiert wurden, »in den Folgejahren verbraucht, so sind entsprechende Ergebnisminderungen anzusetzen« (Busse von Colbe, W. u.a. 2000, S. 41).

2.4.1.4.2.7 Forderungen und sonstige Vermögensgegenstände des Umlaufvermögens sowie Disagio

Abschreibungen

Eine Korrektur von Abschreibungen (Einzelwertberichtigungen) auf Forderungen und sonstige Vermögensgegenstände des Umlaufvermögens kommt nach DVFA/SG nur dann in Betracht, wenn diese erheblich über die an sich notwendige Berücksichtigung aktueller Verluste oder Wertminderungsrisiken hinausgehen. Führen Einmaleffekte zu einer (wesentlichen) Netto-Veränderung der Pauschalwertberichtigung zu Forderungen, wie z.B. aufgrund einer Änderung des Prozentsatzes der Pauschalwertberichtigung, hat ebenfalls eine Bereinigung zu erfolgen.

Disagio

Bezüglich der Aktivierung eines unter den Rechnungsabgrenzungsposten ausgewiesenen Disagios ist nach DVFA/SG »die Abschreibung über die Laufzeit des Darlehens als nicht zu bereinigender Normalfall anzusehen« (Busse von Colbe, W. u.a. 2000, S. 43).

2.4.1.4.2.8 Passivischer Unterschiedsbetrag aus der Kapitalkonsolidierung

Bereinigungspflicht für Auflösungserträge

Erträge aus der Auflösung eines passivischen Unterschiedsbetrags sind bei der Ableitung des Ergebnisses nach DVFA/SG zu bereinigen. Es erfolgt keine Differenzierung mehr, ob es sich bei dem passivischen Unterschiedsbetrag um einen realisierten Gewinn oder um erwartete künftige Verluste oder geplante zukünftige Aufwendungen handelt.

2.4.1.4.2.9 Rückstellungen

Rückstellungen für Pensionen und ähnliche Verpflichtungen

Zuführungen zu Rückstellungen für Pensionen und ähnliche Verpflichtungen stellen nach Ansicht von DVFA/SG grundsätzlich gewöhnlichen Aufwand dar. Hinsichtlich der Rückstellungsbewertung können sowohl das steuerliche Teilwertverfahren nach § 6a EStG als auch andere – international übliche – Verfahren, wie z.B. die so genannte ›projected unit credit method‹, zur Anwendung gelangen. Eine Korrektur (der Zuführungsbeträge) hat dann zu erfolgen, wenn nachfolgende Sachverhalte gegeben sind:

- »Unmittelbare Ergebnisauswirkungen aus einem Methodenwechsel oder Änderungen von wesentlichen Parametern beim Gleichverteilungsverfahren, wie z.B. Rechnungszinsfuß, Sterbewahrscheinlichkeiten usw.«
- »Nachholungen bisher nicht bzw. nicht ausreichend zurückgestellter Pensionsverpflichtungen oder pensionsähnlicher Verpflichtungen, wie z.B. Gesundheitsfürsorgeverpflichtungen in den USA.«
- »Erhöhung der Deckungslücke aufgrund unterlassener Bilanzierung von Pensions- und ähnlichen Verpflichtungen z.B. für Zusagen vor dem 31.12.1986 aufgrund des Wahlrechtes im deutschen Handelsgesetzbuch« (Busse von Colbe, W. u.a. 2000, S. 47, alle Zitate).

Im Übrigen stellen DVFA/SG klar, dass Zuführungen zu Pensions- und Unterstützungskassen sowie Prämien für Direktversicherungen in gleicher Weise als gewöhnlicher Periodenaufwand zu behandeln sind.

Sonstige Rückstellungen

Aufwendungen aus der Bildung von sonstigen Rückstellungen fließen dann in das Ergebnis nach DVFA/SG ein, wenn die Rückstellungen für rechtliche oder faktische Verpflichtungen aus vergangenen Ereignissen gebildet werden, wobei die Wahrscheinlichkeit, dass die Verpflichtung zu späteren Auszahlungen führt, größer als 50% sein muss. Für die Rückstellungsbewertung ist der wahrscheinlichste Wert anzusetzen. Sie ist jährlich zu überprüfen. Erfolgte die Rückstellungsbildung nicht nach diesen Grundsätzen, hat eine Anpassung der Ergebnisunterschiede zu erfolgen. Gebildete Instandhaltungsrückstellungen und Aufwandsrückstellungen sind bei der Ermittlung des Ergebnisses nach DVFA/SG zu bereinigen.

2.4.1.4.2.10 Fremdwährungseinflüsse

Erfolgseinflüsse im Zusammenhang mit der Währungsumrechnung können sich gleichermaßen aus geschäftlichen Transaktionen über Landes- bzw. Währungsgrenzen hinweg wie auch aus der Einbeziehung ausländischer Abschlüsse in den Konzernabschluss ergeben.

Währungserfolge als ordentliches Ergebnis

Nach DVFA/SG sind Währungskursgewinne bzw. -verluste aus geschäftlichen Transaktionen Bestandteil des ordentlichen Ergebnisses und werden daher, wie auch Erträge und Aufwendungen aus Kurssicherungsmaßnahmen, grundsätzlich nicht bereinigt. Hinsichtlich der Umrechnung von Fremdwährungsabschlüssen sehen DVFA/SG als nicht zu bereinigenden Normalfall die Anwendung des Konzepts der funktionalen Währung vor. Finden andere Umrechnungsmethoden Anwendung, so sind die erfolgswirksamen Unterschiede zur funktionalen Methode zu bereinigen.

2.4.1.4.3 Überleitung vom Ergebnis nach DVFA/SG zum Ergebnis je Aktie

Ergebnis je Aktie bei Existenz anderer Gesellschafter

Wie die unter Gliederungspunkt 2.4.1.4.1 aufgeführte Checkliste verdeutlicht, führen die einzelnen Bereinigungen zunächst zum Ergebnis nach DVFA/SG für das Gesamtunternehmen. Obschon diese (absolute) Größe für sich genommen im Rahmen einer Erfolgsanalyse verwendet werden könnte, zielen DVFA/SG primär auf die Ermittlung eines Gewinns je Aktie zum Zwecke einer vergleichenden Aktienkursbeurteilung mittels der Price Earnings Ratio ab. Folglich muss das Ergebnis nach DVFA/SG in einem zweiten Schritt in ein Ergebnis je Aktie übergeleitet werden. Im Konzernabschluss und bei Existenz anderer Gesellschafter kann diese Überleitung jedoch nicht einfach im Wege einer Division des Ergebnisses nach DVFA/SG durch die Anzahl der durchschnittlich dividendenberechtigten Aktien des Mutterunternehmens erfolgen. Dies ergibt sich bereits aus der Tatsache, dass der ausgewiesene Konzernjahreserfolg auch den den anderen Gesellschaftern zustehenden Gewinn bzw. den auf sie entfallenden Verlust beinhaltet. Folglich muss für die Ermittlung des Ergebnisses je Aktie

- der den anderen Gesellschaftern zustehende (bereinigte) Gewinn vom Ergebnis nach DVFA/SG in Abzug gebracht bzw.
- der auf die anderen Gesellschafter entfallende (bereinigte) Verlust dem Ergebnis nach DVFA/SG hinzugerechnet werden,

um damit »eine gemeinsame Wertbasis zu erhalten« (Busse von Colbe, W./ Ordelheide, D. 1993, S. 572).

Berücksichtigung bereinigungswürdiger Sachverhalte

Wenn vorstehend der Begriff ›bereinigt‹ in Klammern hinzugefügt wurde, steht dahinter die Überlegung, dass eine einfache Korrektur des Ergebnisses nach DVFA/SG um die nach § 307 Abs. 2 HGB gesondert auszuweisenden Erfolgsanteile Dritter dann nicht sachgerecht ist, wenn diese (ebenfalls) durch bereinigungswürdige Sachverhalte beeinflusst wurden.

2.4.1.4.4 Ergebnis nach DVFA/SG je Aktie ›voll verwässert‹

Berücksichtigung bedingt ausstehender Aktien

Im Fall bedingt ausstehender Aktien, bspw. aufgrund von Wandelanleihen oder Optionsrechten, sehen DVFA/SG zusätzlich die Ermittlung eines ›voll verwässerten‹ Ergebnisses je Aktie vor. Als Ermittlungsmethoden sind dabei die ›if converted method‹ und die ›treasury stock method‹ zu verwenden.

2.4.1.5 Beurteilung

Eine eindeutige Beurteilung des von DVFA/SG entwickelten Bereinigungskonzepts erweist sich insofern als schwierig, als hierbei – wie bereits angedeutet wurde – die spezifischen Rahmenbedingungen der Gewinn je Aktie-Ermittlung in Deutschland nicht außer Acht gelassen werden dürfen.

Aussagegrenzen

Dass es auf der Grundlage des geltenden Bilanzrechts und vor dem Hintergrund des zunehmenden Einflusses internationaler Rechnungslegungsnormen notwendig ist, den ausgewiesenen (Konzern-)Jahreserfolg für aktienanalytische Zwecke aufzubereiten, dürfte völlig unstreitig sein. Ebenso dürfte nicht ernsthaft bestritten werden, dass eine Ergebnisbereinigung, die sich bei ihren Maßnahmen konsequent an den gesetzlich geforderten Abschlussinformationen orientiert, zu keiner hinreichend vergleichbaren und nachhaltigen Erfolgsgröße (je Aktie) gelangen kann. Insbesondere gilt dies für den Konzernabschluss. Reuter (E. 1988, S. 300) bemerkt denn auch zutreffend, dass de lege lata eine aussagefähige Konzernabschlussanalyse »ohne die Anreicherung mit internen Daten« nicht zu erwarten ist.

Verwendung unternehmensinterner Daten

Nach hier vertretener Auffassung ist es folgerichtig, dass die Ergebnisbereinigung nach DVFA/SG konzeptionell auf die Verwendung unternehmensinterner Daten ausgerichtet ist. Damit steht es allerdings auch im freien Ermessen der Unternehmen, das Ergebnis nach DVFA/SG offen zu legen bzw. eine Ermittlung durch Dritte zu ermöglichen. Eine weitere unerwünschte Konsequenz ist darin zu sehen, dass unternehmensseitig veröffentlichte Ergebnisse je Aktie bezüglich ihrer ›methodischen Richtigkeit‹ nur ansatzweise überprüft werden können. Die im Zweifel zu konstatierende ›stärkere Position‹ der Unternehmen wirkt sich indes bereits bei der Konzeption von Bereinigungsmaßnahmen aus. Augenscheinlich wird dies, wenn sich DVFA/SG bei ihrer Normbilanzierung an dem in der Praxis dominierenden Bilanzierungsverhalten orientieren. Unstreitig müssen DVFA/SG einen Balanceakt zwischen dem ›theoretisch richtigen‹ und dem ›praktisch durchsetzbaren‹ bewältigen.

Subjektive Beeinflussung

Auch nach der Veröffentlichung der 3. Fassung besteht bei der Ermittlung des Ergebnisses nach DVFA/SG ein nicht zu vernachlässigender Bereich subjektiver Einschätzungen. Zwar erfolgt eine abschließende Aufzählung der zu bereinigenden Sondereinflüsse, die erforderliche Subsumtion einzelner Geschäftsvorfälle sowie die Festlegung der Höhe des zu korrigierenden Betrags (z. B. im Rahmen der Rückstellungsbewertung) entzieht sich häufig jedoch (zwangsläufig) einer intersubjektiven Vereinheitlichung.

Prognostische Aussagekraft

Unbeschadet dessen ist dem Ergebnis nach DVFA/SG für aktienanalytische Zwecke der Vorzug vor dem ausgewiesenen Jahreserfolg zu geben. Insbesondere erweist sich das Ergebnis nach DVFA/SG gegenüber dem Jahreserfolg unter Vergleichbarkeitsgesichtspunkten überlegen, da bei der Ergebnisbereinigung überaus zentrale bilanzpolitische Aktionsparameter ausgeschaltet werden. Exemplarisch sind hier zu nennen: Goodwill aus der Kapitalkonsolidierung, Aufwandsrückstellungen, Herstellungskostenbewertung sowie Pensionsrückstellungen. Weiterhin werden die von steuerlichen Abschreibungen ausgehenden Verzerrungen des handelsrechtlichen Jahreserfolges beseitigt. Indem das DVFA/SG-Ergebnis in begrenztem Umfang von nicht nachhaltigen, unregelmäßigen Erfolgskomponenten ›befreit‹ ist, kann ihm – wenn auch auf einem niedrigen Niveau – eine relativ höhere prognostische Aussagekraft (Nachhaltigkeit) attestiert werden.

Gleichwohl ist vor einer unreflektierten Anwendung dieser Kennzahl zu warnen. Insbesondere ist auf zwei Aspekte hinzuweisen. Grundsätzlich gilt, dass in einem dynamischen Wirtschaftsgeschehen die prognostische Aussagekraft einer vergangenheitsbezogen ermittelten Erfolgsgröße begrenzt ist. Zu einer mehr oder minder differenzierten Erfolgsprognose besteht daher letztlich keine Alternative. Es ist aber zu bedenken, dass noch zahlreiche bilanzpolitische Gestaltungsmöglichkeiten – vor allem auf Konzernabschlussebene – existieren, die im DVFA/SG-Konzept nicht erfasst sind und – mit einem vertretbaren Arbeitsaufwand – auch gar nicht erfasst werden können. Wenn Ehrt (R. 1995, S. 161) betont, dass die Unternehmen in ihrem bilanzpolitischem Kalkül berücksichtigen, ob »eine Maßnahme bei der Bereinigung gemäß DVFA/SG-Schema wieder zurückzunehmen« ist, dann tritt die in Rede stehende Problematik offen zutage.

Merksätze:

1. Die Kennzahl Gewinn je Aktie gilt als eine der wichtigsten Größen für aktuelle und potenzielle Anleger sowie Analysten, da sie – in Beziehung zum Börsenkurs gesetzt – eine einfache und schnelle Überprüfung der Preiswürdigkeit von Aktien erlaubt.
2. Da der ausgewiesene (Konzern-)Jahreserfolg nicht den Anforderungen der Aktienanalyse hinsichtlich Vergleichbarkeit und Nachhaltigkeit entspricht, haben DVFA/SG ein Konzept zu seiner Aufbereitung entwickelt.

3. Die DVFA/SG-Empfehlung enthält einen abschließenden Katalog der zu bereinigenden Sondereinflüsse.
4. Faktisch stellt das Ergebnis nach DVFA/SG eine nur unternehmensintern ermittelbare Erfolgsgröße dar.

2.4.1.6 Ergebnis je Aktie im internationalen Bereich

Pflichtbestandteil der Gewinn- und Verlustrechnung

Welcher Stellenwert der Kennzahl Ergebnis je Aktie für aktuelle und potenzielle Anleger beizumessen ist, kommt mittelbar auch darin zum Ausdruck, dass insbesondere in jenen Ländern, in denen eine investororientierte Rechnungslegung anglo-amerikanischer Prägung anzutreffen ist, zumeist eine Verpflichtung zur Offenlegung dieser Kennzahl als Bestandteil des Jahresabschlusses besteht. Entsprechend ist auch die (durch entsprechende Standards reglementierte) Ermittlung des Ergebnisses je Aktie (Earnings per Share, EPS) der Prüfung und Feststellung der Ordnungsmäßigkeit durch den Abschlussprüfer unterworfen. Über die Offenlegung im Jahresabschluss hinaus besteht vielfach auch eine Verpflichtung zur Angabe von EPS-Daten im Rahmen der Zwischenberichterstattung, so z.B. in den USA und Großbritannien.

Earnings per Share in den USA

In den USA werden die Grundsätze der Ermittlung von EPS in erster Linie durch SFAS No. 128 bestimmt. SFAS No. 128 richtet sich dabei an Unternehmen, deren Eigenkapitalstruktur lediglich Stammaktien und/oder solche Wertpapiere beinhaltet, die zu einem Bezug von Stammaktien berechtigen. Des Weiteren müssen die Wertpapiere an einer in- oder ausländischen Börse oder am OTC-Markt gehandelt werden. Demnach müssen folglich nur so genannte ›public enterprises‹ in der Gewinn- und Verlustrechnung detaillierte Angaben zu den EPS machen.

Wurden von einem Unternehmen lediglich Stammaktien ausgegeben und liegt somit eine einfache Kapitalstruktur vor, muss das Unternehmen nur die so genannten basic EPS offen legen. Die Berechnung erfolgt hierbei auf der Grundlage des gewichteten Jahresdurchschnitts im Umlauf befindlicher Stammaktien. Unternehmen, deren Kapitalstruktur als komplex zu qualifizieren ist, müssen i.S.e. zweistufigen Ausweises zwei gleichrangige Nennerkategorien von EPS-Daten ausweisen: die basic EPS und die diluted EPS. Während die basic EPS lediglich den gewichteten Jahresdurchschnitt im Umlauf befindlicher Stammaktien berücksichtigen, müssen die diluted EPS so genannte potenzielle Aktien, von denen ein Verwässerungseffekt ausgeht, mit einbeziehen. Als Verwässerung wird dabei die Reduzierung des ursprünglichen EPS-Betrags bezeichnet, die sich aus dem fiktiven Zuwachs an Stammaktien ergibt. Potenzielle Aktien sind bspw. Wandelschuldverschreibungen oder Aktienoptionen. Die diluted EPS stellen somit neben den basic EPS die zweite Nennerkategorie von EPS-Daten dar und spiegeln die maximal mögliche Verwässerung der basic EPS wider, die sich ergäbe, wenn sämtliche wandelbaren Wertpapiere und Bezugsrechte umgewandelt bzw. ausgeübt und durch Stammaktien ersetzt würden, soweit sie die basic EPS verringern.

Earnings per Share nach IAS

IAS No. 33 schreibt erstmals eine Offenlegung der EPS für Geschäftsjahre, die am oder nach dem 01.01.1998 beginnen, vor. Da das FASB und das damalige IASC zur gleichen Zeit an dem EPS-Projekt arbeiteten (vgl. BLASCH, D. M./ KELLIHER, J./READ, W. J. 1996, S. 43 ff.), weichen SFAS No. 128 und IAS No. 33 im Wesentlichen nur in einem – aber entscheidenden Punkt – voneinander ab: IAS No. 33 verpflichtet börsennotierte Unternehmen, nur EPS-Daten bezogen auf das net income (Jahreserfolg) offen zu legen, während SFAS No. 128 entsprechend der tatsächlichen Erfolgsstruktur des jeweiligen Unternehmens EPS-Beträge für bis zu fünf Erfolgsgrößen verlangt.

IAS No. 33 ist auch vom Improvements Project des IASB betroffen. So kommt es neben Klarstellungen und Ergänzungen des Standards insbesondere zu einer Konkretisierung der Berechnung des verwässerten Ergebnisses pro Aktie.

2.4.2 Analyse der Rentabilität

2.4.2.1 Einleitung

Bedeutung

Die Rentabilitätskennzahl (Profitability) in ihren verschiedenen Varianten besitzt einerseits eine zentrale Bedeutung in der Bilanzanalyse und bildet in der Wirtschaftspraxis für verschiedene Fragestellungen ein entscheidendes Beurteilungskriterium. Andererseits wird sie von der Fachwissenschaft zum Teil sehr kritisch beurteilt oder gar ignoriert.

Von den in der Literatur vorgeschlagenen und in der Praxis präferierten Kennzahlen stellt die Rentabilität als relative Größe wohl den interessantesten Ansatzpunkt zur Kennzeichnung der Fähigkeit eines Unternehmens dar, Gewinne zu erwirtschaften (vgl. GRÄFER, H. 2001, S. 91). Da die Rentabilität insofern als erstrangiger Indikator für die Ertragskraft einer Unternehmung bzw. als entscheidende wirtschaftliche Kennzahl (vgl. SCHULZ-MERIN, O. 1956, S. 97) bewertet wird, lassen sich dadurch bereits erste Rückschlüsse auf die große praktische Bedeutung der Rentabilitätsanalyse ziehen.

Bedeutung hat die Rentabilitätskennzahl nicht nur im Rahmen der Bilanz- und Finanzanalyse. Vielmehr wird sie auch im Rahmen der Investitionsrechnung sowie als Planungs- und Steuerungsinstrument eingesetzt.

2.4.2.2 Begriff der Rentabilität

Definitionen

Die Rentabilität definiert COENENBERG (A. G. 2003, S. 1040) – ganz allgemein – als »Beziehungszahl, bei der eine Ergebnisgröße zu einer dieses Ergebnis maßgebend bestimmenden Einflussgröße in Relation gesetzt wird«. Oder – wie GRÄFER (H. 2001, S. 91) formuliert –: »Die Rentabilität wird durch eine Beziehungszahl gemessen, die eine den Erfolg darstellende Größe zu einer anderen Größe in Relation setzt, von der vermutet wird, dass sie wesentlich zur Erzielung des Erfolges beigetragen hat«. Damit drückt die so ermittelte Relation »eine (wertmäßige) Ergiebigkeit (Effizienz) der Bezugsgröße aus« (BEA, F.X. 1993, Sp. 1717).

Als Bezugsgrößen zum Ergebnis bzw. Erfolg kommen dabei insbesondere in Betracht

- das Kapital in den verschiedensten Dimensionen und
- die Umsatzerlöse, sodass dann – je nach Wahl der Bezugsgröße – einerseits von Kapitalrentabilität, z.B. Gewinn/Kapital, bzw. andererseits von Umsatzrentabilität, z.B. Gewinn/Umsatz, oder Gewinnspanne die Rede ist.

Vorteile der relativierten Analyse

Die relativierte Analyse des Erfolgs, die anhand der Rentabilitätskennzahl durchgeführt wird, hat gegenüber der Beurteilung absoluter Erfolgsgrößen folgende Vorteile:

(1) Auch das Anspruchsniveau – als das Kriterium für die Interpretation errechneter Analysewerte – wird besonders bei der Erfolgsanalyse zumeist prozentual ausgedrückt (vgl. SCHULT, E. 2003, S. 98). Typisch hierfür ist z.B. die Ausdrucksweise, dass das Kapital oder die Investition eine Rendite von mindestens X % erbringen muss.

(2) Nicht so sehr die absolute Erfolgsgröße, sondern vielmehr erst der Bezug zu einer hiermit in Verbindung stehenden Einflussgröße besitzt eine befriedigende Aussagefähigkeit. Denn der Erfolg oder Misserfolg unternehmerischer Betätigung lässt sich nicht durch den Vergleich der absoluten Gewinn- und Verlustgrößen beurteilen, sondern die Praktikabilität der Rentabilitätsanalyse besteht gerade in der Relativierung dieser Größen, die aus den Rentabilitätsausdrücken resultiert (vgl. HENSELER, E. 1979, S. 181).

(3) Ein weiterer Vorteil ergibt sich daraus, dass für die Beurteilung der Ertragslage eines Unternehmens prinzipiell ein Vergleich der Ergebnisse des zu analysierenden Unternehmens mit branchendurchschnittlichen Ergebnissen oder den Ergebnissen einzelner Vergleichsunternehmen erforderlich ist. Besitzen Untersuchungsobjekt und Vergleichsobjekt aber unterschiedliche Betriebsgrößen, müssen zur Gewährleistung der Vergleichbarkeit die zu vergleichenden Ergebnisziffern mit Hilfe von Rentabilitätskennzahlen relativiert werden (vgl. COENENBERG, A.G. 2003, S. 1040f.).

Verhältnis von Produktivität, Wirtschaftlichkeit und Rentabilität

Gemeinsam mit den Kennzahlen der Produktivität und der Wirtschaftlichkeit wird die Rentabilität auch als Kennzahl der Zielerreichung oder des Zielerreichungsgrades verstanden (vgl. LÖFFELHOLZ, J. 1976, Sp. 4461ff.); alle drei Kennzahlen werden auch als Erscheinungsformen des Rationalprinzips charakterisiert (vgl. HAHN, O. 1997, S. 50ff.).

(1) Produktivität – als eine Erscheinungsform der technischen Rationalität – wird ganz allgemein als das Verhältnis der Ausbringungsmenge zu den Einsatzmengen der Produktionsfaktoren definiert. Von der Produktivitätskennzahl unterscheidet sich die Rentabilität dadurch, dass in die erste Rechnung nur Mengengrößen eingehen, während bei der Rentabilität nur Wertgrößen Berücksichtigung finden.

(2) Die Wirtschaftlichkeit oder Ökonomität – auch als leistungswirtschaftliche Rationalität bezeichnet – ist das Verhältnis von Ertrag und Aufwand oder von Leistung und Kosten. Aber auch die beiden nachfolgenden Definitionen sind in der Literatur zu finden.

(F. 7.1)

$$\text{kostenorientierte Wirtschaftlichkeit} = \frac{\text{Gesamtkosten}}{\text{Produktionsmenge}}$$

(F. 7.2)

$$\text{erlösorientierte Wirtschaftlichkeit} = \frac{\text{Gesamterlöse}}{\text{abgesetzte Menge}}$$

(3) Die Rentabilität wird auch als finanzwirtschaftliche Rationalität charakterisiert. Sie setzt eine Erfolgsgröße in Relation zu einer Kapitalgröße oder zu den Umsatzerlösen.

Es ist in diesem Zusammenhang darauf hinzuweisen, dass sich nach langen Diskussionen die genannten Definitionen der Begriffe Produktivität, Wirtschaftlichkeit und Rentabilität allgemein durchgesetzt haben.

2.4.2.3 Gestaltungsmöglichkeiten der Rentabilitätsanalyse

Varianten der Rentabilitätsanalyse

Die Gestaltungsmöglichkeiten der Rentabilitätsanalyse sind vielfältig.

(1) Vom Grundsatz her kann sie sowohl auf der Basis einer absoluten als auch einer relativierten Ergebnisgröße durchgeführt werden. Als absolute Größe gibt die Rentabilität an, welcher Überschuss des Ergebnisses über den Einsatz von einer Unternehmung in einer Abrechnungsperiode erwirtschaftet wurde. Ist diese Differenz positiv, d.h., weist das Unternehmen einen Gewinn aus, so ist es (im positiven Sinne) rentabel (vgl. Kosiol, E. 1960, Sp. 4644). Da absolute Ergebnisgrößen regelmäßig eine geringere Aussagefähigkeit besitzen, wird hier bei der Rentabilitätsanalyse – wie allgemein üblich – allein auf relativierte Ergebnisgrößen abgestellt.

(2) Die Rentabilitätsanalyse kann entweder die ganze Unternehmung berücksichtigen oder aber sich nur auf Teilbetriebe, Abteilungen, Produktionsbereiche, Produkte oder wie bei der Investitionsrechnung auf die Vorteilhaf-

tigkeit von Projekten beziehen. In der Praxis hat die spartenorientierte Rentabilitäts-(Kapitalergebnis-)Rechnung als Instrument der Unternehmensführung – insbesondere in den Großunternehmen – eine große Bedeutung erlangt (vgl. KÜTING, K. 1985).

(3) Weiterhin kann im Rahmen der Investitionsrechnung mit Hilfe der statischen und dynamischen Rentabilitätsrechnung die Vorteilhaftigkeit einzelner Investitionsobjekte beurteilt werden (= objektbezogene Rentabilitätsrechnung).

(4) Die Rechnungen können sich auf monatliche, jährliche oder noch längerfristige Zeiträume beziehen. In der Regel stellt die Rentabilitätsrechnung – auch in der Praxis – auf jährliche Messungen ab.

(5) Die Rentabilitätsanalyse kann sich sowohl mit Plan- als auch mit Istgrößen beschäftigen und damit sowohl zukunfts- als auch vergangenheitsbezogen sein. LEFFSON spricht in diesem Zusammenhang von »Vergangenheitsrentabilität oder erwarteter Rentabilität« (LEFFSON, U. 1984, S. 33).

(6) Die Rentabilitätsanalyse kann als interne oder externe Kennzahlenrechnung gestaltet werden. Während die interne Analyse, die auf wesentlich umfangreichere und detailliertere Informationen zurückgreifen kann, die Rentabilitätskennzahl im Rahmen einer Kapitalergebnisrechnung vorwiegend als innerbetriebliches Steuerungs- oder Kontrollinstrument betrachtet, haben Rentabilitätskennziffern im Rahmen der externen Analyse, die in der Regel nur auf veröffentlichtem Zahlenmaterial basiert, insbesondere Bedeutung für den aktuellen oder potenziellen Kapitalanleger.

(7) Die Kennzahlenrechnung kann ferner als innerbetriebliche oder als zwischenbetriebliche Vergleichsrechnung (= Unternehmens- oder Betriebsvergleich) aufgemacht und als Zeit- oder Soll-Ist-Vergleich (= Normenvergleich) gestaltet werden.

(8) Die Rentabilitätsanalyse kann auf der Basis einer einzelnen Rentabilitätskennzahl oder aber eines gesamten Kennzahlensystems aufgebaut werden. Da in der überwiegenden Anzahl der in der Literatur und in der Wirtschaftspraxis anzutreffenden Kennzahlensysteme an der Spitze der Kennzahlenpyramide eine Rentabilitätskennzahl – und hier in aller Regel die Gesamt- oder Eigenkapitalrentabilität – steht, ist die oberste Ebene der Kennzahlensysteme fast uneingeschränkt nach den Unternehmenszielen der Gewinn- und Rentabilitätsmaximierung ausgerichtet (vgl. HENSELER, E. 1979, S. 33). Das Rentabilitätskennzahlensystem stellt damit den Inbegriff eines Kennzahlensystems dar (vgl. hierzu 2. Abschn., 1. Kap. 2.).

2.4.2.4 Grundsatzfragen der Rentabilitätsanalyse

Pagatorische versus kalkulatorische Erfolgsgrößen

(1) Bei der Ermittlung der in die Rentabilitätskennzahl eingehenden Erfolgsgröße können dem Grunde nach pagatorische (handels- und steuerrechtliche) oder kalkulatorische Erfolgsgrößen aus der Kosten- und Leis-

tungsrechnung verwendet werden. Beim kalkulatorischen Erfolg als Differenz von Leistungen und Kosten gehen – im Gegensatz zur pagatorischen Rechnung – in die Kosten kalkulatorische Zinsen, Unternehmerlohn und Mieten in vollem Umfang ein. Kalkulatorische Rentabilitäten können sich an der realen Kapitalerhaltung orientieren und haben daher nach Kosiol »meist den höheren Aussagewert« (Kosiol, E. 1960, Sp. 4645).

Üblicherweise wird in der Rentabilitätsanalyse jedoch von pagatorischen Größen ausgegangen, während kalkulatorische Werte insbesondere der spartenorientierten Rentabilitätsanalyse (Kapitalergebnisrechnung) zugrunde gelegt werden. Hier zeichnet sich jedoch in jüngerer Zeit – auch vor dem Hintergrund der Internationalisierung der Rechnungslegung – eine Umorientierung ab. Diese wird insbesondere unter den Stichworten Konvergenz bzw. Harmonisierung von internem und externem Rechnungswesen diskutiert. Hintergrund ist, dass der Input für die Steuerungsrechnung für unternehmerische Geschäftseinheiten, wie Konzernunternehmen, Regionen, Sparten usw., zunehmend nicht mehr aus dem Datensatz des internen, sondern des externen Rechnungswesens gespeist wird (vgl. insbesondere Coenenberg, A. G. 1995; Dirrigl, H. 1998; Küting, K./Lorson, P. 1998; Küting, K./Lorson, P. 1998a; Küting, K./Lorson, P. 1999).

Bilanzgewinn versus Jahresüberschuss

(2) Wenn in der Literatur üblicherweise als Zählergröße der Rentabilitätskennzahl die Größen Ergebnis oder Gewinn angeführt werden, können diese unterschiedlich definiert sein:

- Zunächst kann auf den Posten »Bilanzgewinn« (§ 268 Abs. 1 HGB) abgestellt werden, der im Regelfall – und von rechentechnischen Spitzenbeträgen abgesehen – den auszuschüttenden Betrag darstellt. Wird dieser Ausschüttungsbetrag als Erfolgsgröße gewählt, so geben die hierbei ermittelten Rentabilitätsgrößen Auskunft über erzielte Renditen. Sie geben dem Teilhaber eine Information über die tatsächliche Verzinsung des Eigenkapitals (vgl. Bea, F. X. 1993, Sp. 1720).
- Üblicherweise wird jedoch als Zählergröße der so genannte pagatorische Gewinn herangezogen. Hierunter ist der Jahresüberschuss zu verstehen, wie er in der handelsrechtlichen Gewinn- und Verlustrechnung (beim Gesamtkostenverfahren: vgl. § 275 Abs. 2 Nr. 20 HGB; beim Umsatzkostenverfahren: vgl. § 275 Abs. 3 Nr. 19 HGB) ausgewiesen wird. Unabhängig von der jeweiligen Gewinnverwendungspolitik wird die Rentabilitätskennzahl hier als Ertrags- bzw. Erfolgsindikator betrachtet. Auch hier wird die Ansicht vertreten, dass auf den Jahresüberschuss abgestellt werden sollte; denn diese Größe spiegelt, wenn auch teilweise mit erheblichen Einschränkungen, noch am ehesten den Periodenerfolg wider. Die Zählergröße der Rentabilität enthält als Stromgröße somit alle Aufwands- und Ertragskomponenten, wie sie im Rahmen der so genannten Gewinnentstehungsrechnung aufgeführt werden.

(3) Bei der Bestimmung der Ergebnisgröße ist weiterhin die Frage zu beantworten, ob diese Größe vor oder nach gewinnabhängigen Steuern (= Ertragsteuern) herangezogen werden sollte. Sollen körperschaftsteuerpflichtige Gesellschaften mit Personenhandelsgesellschaften verglichen werden, ist, um vergleichbare Rentabilitätsaussagen zu erhalten, von unversteuerten Ergebnisgrößen auszugehen. Generell gilt in diesem Zusammenhang, dass die Einbeziehung von Steuern, aufgrund von Steuernachzahlungen, Steuerrückerstattungen und unterschiedlichen Steuersätzen, die Aussagefähigkeit erheblich beeinträchtigen und zu Interpretationsfehlern führen kann.

Einbeziehung von Steuern

(4) Die Rentabilitätsrechnung soll die Verzinsung des eingesetzten Kapitals ermitteln. Da der Jahresüberschuss nicht während des gesamten Jahres an der Gewinnerzielung beteiligt war, ist es strittig, ob und in welcher Höhe er als Nennerkomponente in die Rentabilitätsrechnung einzubeziehen ist. Vereinfachungslösungen bestehen darin, den Jahresüberschuss in voller Höhe zu berücksichtigen oder ihn lediglich hälftig einzubeziehen, ausgehend von der vereinfachenden Prämisse, dass im Laufe des Berichtsjahrs eine stetige Gewinnakkumulation stattgefunden hat (vgl. LEFFSON, U. 1984, S. 68).

Jahresüberschuss als Nennerkomponente

(5) Ist das gezeichnete Kapital nicht in voller Höhe eingezahlt, ist es unstrittig, die nicht eingeforderten Beträge nicht in die Rentabilitätsanalyse einzubeziehen. Strittig ist, wie die eingeforderten, aber noch nicht eingezahlten Beträge zu berücksichtigen sind. Vereinfachend kann hier auf das eingeforderte Kapital abgestellt werden.

Behandlung des nicht eingezahlten gezeichneten Kapitals

2.4.2.5 Ausgewählte Kennzahlen der Rentabilitätsanalyse

Ein Blick in die einschlägige Literatur zeigt, dass eine Vielzahl unterschiedlichster Rentabilitätskennzahlen zur Diskussion gestellt wird. Nachfolgend werden die wichtigsten Kennzahlen vorgestellt.

2.4.2.5.1 Kapitalrentabilität

Bedeutung

Der gebräuchlichste Maßstab für die Rentabilitätsbeurteilung als eine zentrale Frage in der Bilanzanalyse ist die Kapitalgröße. Dies erklärt auch, dass regelmäßig eine Kapitalrentabilität gemeint ist, wenn der Begriff Rentabilität ohne Angabe der Beziehungszahl verwendet wird. Die Kapitalrentabilität stellt die Beziehung zwischen dem erzielten Erfolg und dem eingesetzten Kapital her und spiegelt somit die Verzinsung des investierten Kapitals wider. In der amerikanischen Literatur wird der entsprechende Quotient Income/Capital als Capital Yield, Rate of Return oder als Return on Capital bezeichnet.

Der Begriff Return on Investment (ROI) wird unterschiedlich verwendet. Einerseits wird dieser Begriff mit der Gesamtkapitalrentabilität gleichgesetzt. Andererseits wird mit dem ROI eine Erweiterung dieser Rentabilitätskennzahl zu einem Kennzahlensystem bzw. einer Kennzahlenhierarchie verbunden (vgl. HAHN, D. 1976, Sp. 3421) sowie auf eine unternehmensinterne und häufig spartenbezogene Unternehmensanalyse abgestellt.

2.4.2.5.1.1 Gesamtkapitalrentabilität

Definition

Die Gesamtkapitalrentabilität bringt die Fähigkeit eines Unternehmens, Gewinne zu erzielen, zum Ausdruck, ohne eine Verteilung des eingesetzten Kapitals auf Eigen- und Fremdkapital vorzunehmen; sie gibt an, wie viel Cent Kapitalentgelt jeder investierte Euro der Bilanzsumme erwirtschaftet (vgl. CHMIELEWICZ, K. 1982, S. 274). Die in die Gesamtkapitalrentabilität eingehende Kapitalgröße wird somit nicht nach ihrer Herkunft aufgespalten, sondern die Bezugsgröße der Kennzahl bildet das Kapital in seiner Gesamtheit (vgl. SCHULT, E. 2003, S. 100). Die Finanzierungsstruktur (= Relation Eigen-/Fremdkapital) einer Unternehmung hat daher keinen Einfluss auf diese Rentabilitätsgröße.

Berechnung der Nennergröße

Als Gesamtkapitalgröße wird die Bilanzsumme aus der Strukturbilanz im Nenner der Rentabilitätskennzahl verwendet. Ändert sich die Kapitalgröße im Untersuchungszeitraum, kann den Berechnungen vereinfachend das arithmetische Mittel aus Periodenanfangs- und -endbestand des Kapitaleinsatzes als Nennergröße zugrunde gelegt werden. Es gilt dann:

(F. 7.3)

$$\text{Kapitaleinsatz} = \frac{\text{Kapitalanfangsbestand} + \text{Kapitalendbestand}}{2}$$

In der Analysepraxis wird regelmäßig – ebenfalls vereinfachend – der Kapitalendbestand herangezogen.

Berechnung der Zählergröße

Eine Eliminierung des Einflusses der Finanzstruktur erfolgt zudem dadurch, dass im Zähler neben dem Jahresüberschuss auch die Fremdkapitalzinsen berücksichtigt werden. Beide Größen unterscheiden sich grundlegend: Während der Jahresüberschuss für die Gewinnverwendung zur Verfügung steht, haben Fremdkapitalzinsen, die als pagatorische Kosten auch steuerrechtlich abzugsfähig sind, zuvor den Jahresüberschuss gekürzt.

Da die Fremdkapitalzinsen, die mithin das Äquivalent zum in der Unternehmung arbeitenden Fremdkapital darstellen (vgl. HOFMANN, R. 1977, S. 81), ebenfalls durch das investierte Kapital erwirtschaftet worden sind, müssen sie konsequenterweise zum Jahresüberschuss hinzuaddiert werden, denn ansonsten wäre ein Vergleich zwischen Unternehmen mit unterschiedlichen Relationen von Eigen- und Fremdkapital nicht sinnvoll (vgl. PERRIDON, L./STEINER, M. 2002, S. 568 f.).

KERN begründet die Notwendigkeit der Addition von Fremdkapitalzinsen zum Jahreserfolg mit dem Hinweis, dass »die Rentabilität des Gesamtkapitals zum

Ausdruck bringen soll, welche Rendite ein Unternehmen erwirtschaftet hätte, wenn sämtliche Kapitalteile Eigenkapital gewesen wären« (KERN, W. 1960, S. 19). Darüber hinaus trägt die Berücksichtigung der Fremdkapitalzinsen im so genannten Kapitalgewinn der Forderung Rechnung, dass nur sich entsprechende Größen zueinander in Beziehung gesetzt werden dürfen.

Leasing, Mieten und Abzugskapital als Sonderprobleme

Allerdings kann dieser Forderung nicht vollständig entsprochen werden. Sonderprobleme ergeben sich etwa in den Bereichen (vgl. KÜTING, K. 1985, S. 18):

- Miete und Leasing (vgl. auch 3. Abschn., 6. Kap. 6.3.5.1), falls das Leasingobjekt nicht beim Leasingnehmer bilanziert wird, und
- (formal) unverzinsliches Fremdkapital (regelmäßig behandelt als so genanntes Abzugskapital; vgl. auch 3. Abschn., 6. Kap. 6.4.3).

Sieht man etwa Miet- und Leasingverhältnisse als Ausdruck von Fremdfinanzierung an, dann müsste hieraus sowohl eine Erhöhung der Zähler- als auch der Nennergröße abgeleitet werden. Im Hinblick auf das formal unverzinsliche Fremdkapital sind z.B. bei »konditionierten Lieferantenbeziehungen ... die ›versteckten Zinsanteile‹ ... in den Brutto-Nettokonditionen der Lieferanten enthalten« (VELLMANN, K. 1989, S. 348, Rn. 668). Daher wäre grundsätzlich eine Zählerkorrektur geboten, auf die wegen fehlender Quantifizierbarkeit meist verzichtet wird. Die als Reaktion auf das Fehlen der angeführten Fremdkapitalzinsen regelmäßig praktizierte »Reduzierung des Gesamtkapitals um das Abzugskapital zerstört das Konzept der Gesamtkapitalrendite« (VELLMANN, K. 1989, S. 348, Rn. 668), da das Gesamtkapital nunmehr aus Eigenkapital und formal zinspflichtigem Fremdkapital besteht (vgl. zur Spartenrechnung auch KÜTING, K. 1985, S. 18).

Formel

Die Formel für die Gesamtkapitalrentabilität lautet allgemein wie folgt:

(F. 7.4)

$$\text{Gesamtkapitalrentabilität (GKR)} = \frac{\text{Jahresüberschuss/Jahresfehlbetrag} + \text{Fremdkapitalzinsen}}{\text{Gesamtkapital}}$$

Die Summe aus Jahresüberschuss/Jahresfehlbetrag und Fremdkapitalzinsen wird auch als Kapitalgewinn (KG) bezeichnet.

Indem die Fremdkapitalzinsen einerseits als eigenständige Teilkomponente die Zählergröße der Rentabilitätskennzahl erhöhen, aber andererseits zuvor die andere Teilkomponente der Zählergröße vermindern, wirken sie sich letztlich insgesamt nicht auf den Dividenden der Rentabilitätsgröße aus. Infolgedessen wird bei einer Maximierung der Gesamtkapitalrentabilität keine Rücksicht auf die Finanzierungsstruktur genommen, d. h., die Höhe der Fremdkapitalzinsen spielt keine Rolle. Hierdurch kann die Situation eintreten, dass trotz einer gestiegenen Gesamtkapitalrentabilität die Gesamterfolgssituation negativ beeinflusst wird.

Falls auf die Ermittlung einer Gesamtkapitalrentabilität nach Steuern abgestellt und zugleich eine vollständige Eigenfinanzierung fingiert werden soll, wäre die Formel F. 7.4 geringfügig um den Steuerschild der Fremdkapitalzinsen zu modifizieren:

(F. 7.5)

$$GKR_{\text{bei vollständiger Eigenfinanzierung}} = \frac{\text{Jahresüberschuss/Jahresfehlbetrag} + \text{Fremdkapitalzinsen} \times (1-s)}{\text{Gesamtkapital}}$$

wobei s durchschnittlicher Satz der Steuern vom Einkommen und Ertrag.

Hintergrund ist die Überlegung, dass unter der Fiktion einer vollständigen Eigenfinanzierung der Betrag der Fremdkapitalzinsen nunmehr als Eigenkapitalzinsen anzusehen ist, die bei der steuerlichen Gewinnermittlung nicht geltend gemacht werden können. Insofern hat auch der Betrag der Steuern vom Einkommen und Ertrag fiktiven Charakter.

Die Gesamtkapitalrentabilität in Formel F. 7.5 lässt sich in die Kennzahl Return on Net Assets (RONA) transformieren. Im Zähler ist ein Bezug zur gewöhnlichen Geschäftstätigkeit herzustellen. Im Nenner ist neben dem Eigenkapital das verzinsliche Fremdkapital einzusetzen.

Erweiterung

Wird die Gesamtkapitalrentabilität im Zähler und im Nenner um die Umsatzerlöse erweitert, kann diese Kennzahl in zwei Teilkomponenten zerlegt werden.

(F. 7.6)

$$GKR = \frac{\text{Kapitalgewinn (KG)}}{\text{Gesamtkapital (GK)}} = \frac{\text{Kapitalgewinn}}{\text{Umsatz}} \times \frac{\text{Umsatz}}{\text{Gesamtkapital}}$$

Die Teilkomponente Kapitalgewinn/Umsatz wird dabei als Umsatzgewinnrate (Umsatzrentabilität) und die Teilkomponente Umsatz/Gesamtkapital als Kapitalumschlag bezeichnet. Das Produkt aus Umsatzrentabilität und Kapitalumschlag stellt damit eine Beziehung zwischen den ›magischen‹ Bezugsgrößen des unternehmerischen Erfolgs, nämlich dem Gewinn, dem Umsatz und dem Kapitaleinsatz, her (vgl. KLINGER, K. 1966, S. 234).

Rentabilitäts-kurven-Diagramm

Die Übersicht 61 enthält ein so genanntes Rentabilitätskurven-Diagramm. Die vier Iso-Rentabilitätskurven zeigen den geometrischen Ort aller Kombinationen von Umsatzgewinnrate und Kapitalumschlag, die zu einer gleich hohen Rentabilität führen. Infolgedessen kann sich die Rentabilität trotz abnehmenden Kapitalumschlags erhöhen, sofern der negative Einfluss des sinkenden Kapitalumschlags durch eine gesteigerte Umsatzgewinnrate überkompensiert wird (und umgekehrt) (vgl. HAHN, D. 1976, Sp. 3421).

Während auf einer einzigen Iso-Rentabilitätskurve die Rentabilität gleich hoch ist, nehmen die Rentabilitäten zu, je weiter die jeweilige Kurve vom Koordinatenursprung entfernt ist.

Übersicht 61: Iso-Rentabilitätskurven

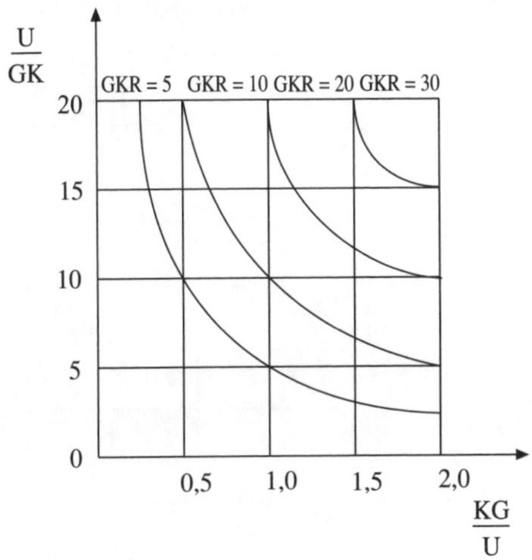

$$GKR = \text{Umsatzgewinnrate } \left(\frac{KG}{U}\right) \times \text{Kapitalumschlag } \left(\frac{U}{GK}\right)$$

Einsatzmöglichkeiten

Das Instrument des Rentabilitätskurven-Diagramms kann für die verschiedensten Zwecke eingesetzt werden. So zeigt die Isoquante in der Übersicht 62 einen ROI von 20 %. Die dunkle Fläche verdeutlicht, dass die dort aufgeführten Punkte S_1 bis S_3 ein angestrebtes Ziel – ROI von 20 % – nicht erreicht haben, während die Punkte S_4 bis S_{10} einen höheren ROI als 20 % repräsentieren. Diese Punkte S_1 bis S_{10} können den Zielerreichungsgrad einzelner Sparten, Artikel oder Konzernunternehmen darstellen, sodass sich der Analyst in kurzer Zeit einen Überblick über die Beurteilungsobjekte verschaffen kann.

Aussagefähigkeit

Derart stellt sich vielfach auch die interne Sichtweise auf Geschäftsbereiche im Zusammenhang mit unternehmenswertorientierten Kapitalrenditesystemen dar (vgl. hierzu insgesamt nur 3. Abschn., 6. Kap.). Sie werden etwa daran gemessen, ob sie im Drei-Jahres-Durchschnitt in der Lage sein werden, eine konzerneinheitliche Mindestrendite zu erwirtschaften. Diese wurde bspw. im – mit dem ROI verwandten – Konzept des Return on Net Assets (RONA) bei DAIMLERCHRYSLER (1999, S. 6 und 9) auf 15,5 % vor Steuern festgesetzt. Kritisch ist hierzu allerdings anzumerken, dass die Fixierung einer unternehmensweiten/konzerneinheitlichen Mindestrendite in einer diversifizierten wirtschaftlichen Einheit nicht dazu führen darf, dass die individuellen Chancen und Risiken der Geschäftsfelder verwischt werden. Daher werden etwa bei der rentabilitäts- bzw. unternehmenswertorientierten Auswertung von Segmentberichterstattungen den jeweiligen Rentabilitäten segmentspezifische Kapitalkosten gegenübergestellt (vgl. COENENBERG, A. G./MATTNER, G. R. 2000).

Hinsichtlich grundsätzlicher Defizite der ROI-Kennzahl im Zusammenhang mit einer unternehmenswertorientierten Unternehmenspolitik wird auf die Ausführungen unter 3. Abschn., 6. Kap. 6.3.4 verwiesen.

Übersicht 62: Kombination von Kapitalumschlag und Umsatzrendite bei einem Ziel-ROI (20%)

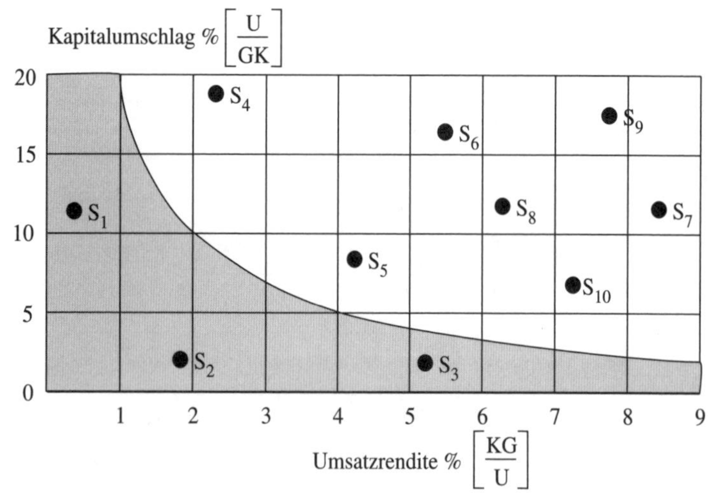

2.4.2.5.1.2 Eigenkapitalrentabilität

Begriff

Die Maximierung der Eigenkapitalrentabilität stellt die eigentliche Zielgröße der erwerbswirtschaftlich orientierten Unternehmung dar. Diese Kennzahl setzt den Jahresüberschuss/Jahresfehlbetrag in Beziehung zum Eigenkapital und bringt somit die Verzinsung des von den Anteilseignern investierten Kapitals zum Ausdruck (vgl. HAHN, D. 1969, S. 178).

Bedeutung

Die Eigenkapitalrentabilität stellt insbesondere für (potenzielle) Anleger von Risikokapital die entscheidende Kennzahl dar und beeinflusst dementsprechend stark die (Eigen-)Kapitalbeschaffung der Unternehmung. Ganz allgemein gilt, dass die Entwicklung der Eigenkapitalrentabilität für die Beurteilung der Unternehmen bezüglich ihrer Fähigkeit, Gewinne zu erzielen, zu investieren und Risiken zu tragen, von beträchtlicher Bedeutung ist (vgl. BAATZ, E. 1983, S. 780).

Des Weiteren zeigt ein Vergleich der (Eigen-)Kapitalverzinsung in einem bestimmten Unternehmen mit der Rendite alternativer Anlageformen (Opportunitätskosten) dem investitionswilligen Anleger, welche Investition für ihn die günstigste ist.

Es gilt die Grundgleichung:

Formeln

(F. 7.7)

$$\text{Eigenkapitalrentabilität (EKR)} = \frac{\text{Jahresüberschuss/Jahresfehlbetrag}}{\text{Eigenkapital}}$$

Diese Formel kann wie folgt erweitert werden (vgl. CHMIELEWICZ, K. 1982, S. 323 f.):

(F. 7.8)

$$\text{EKR} = \frac{G}{EK} = \frac{G}{U} \times \frac{U}{GK} \times \frac{GK}{EK}$$

Durch eine einfache Umformung kann auch geschrieben werden:

(F. 7.9)

$$\text{EKR} = \frac{\underset{(G/U)}{\text{Umsatzrentabilität}} \times \underset{(U/GK)}{\text{Gesamtkapitalumschlag}}}{\text{Eigenkapitalquote (EK/GK)}}$$

Daraus folgt: Eine Erhöhung der Eigenkapitalrentabilität kann erreicht werden durch

(1) eine höhere Umsatzrentabilität,

(2) einen höheren Gesamtkapitalumschlag,

(3) eine niedrigere Eigenkapitalquote.

Einfluss der Finanzierungsstruktur

Während die Finanzierungsstruktur auf die Höhe der Gesamtkapitalrentabilität keinen Einfluss hat, wird die Eigenkapitalrentabilität durch das Verhältnis von Eigen- und Fremdkapital mitbestimmt. Es gilt hier (vgl. HECKER, R. 1975, S. 180 f.): Liegt die Rentabilität des Gesamtkapitals über dem Zinssatz für Fremdkapital, ist die Eigenkapitalrentabilität umso höher, je höher der Anteil des Fremdkapitals am Gesamtkapital ist. Wird jedoch die Differenz zwischen der Gesamtkapitalrentabilität und dem Fremdkapitalzins durch einen steigenden Fremdkapitalzins und/oder durch einen Rückgang der Rentabilität aufgezehrt, tritt die umgekehrte Situation ein.

Beispiel

Es sollen nunmehr die beiden bislang erörterten Rentabilitätskennzahlen an einem konkreten Beispiel dargestellt und die Beziehungen zwischen beiden Größen aufgezeigt werden.

Ausgegangen wird von den nachfolgenden Zahlenangaben:

Jahresüberschuss vor Fremdkapitalzinsen	1 200 000
./. Fremdkapitalzinsen	200 000
= Jahresüberschuss	1 000 000

Das Gesamtkapital (GK) beträgt 12 000 000; es unterteilt sich in Eigenkapital (EK) in Höhe von 8 000 000 und Fremdkapital (FK) in Höhe von 4 000 000. Der Verschuldungsgrad als Quotient von Fremd- und Eigenkapital beläuft sich somit auf 0,5.

Auf dieser Grundlage errechnen sich die Gesamt- und die Eigenkapitalrentabilität wie folgt:

$$\text{Gesamtkapitalrentabilität (GKR)} = \frac{1\,000\,000 + 200\,000}{8\,000\,000 + 4\,000\,000} \times 100 = 10\%$$

$$\text{Eigenkapitalrentabilität (EKR)} = \frac{1\,000\,000}{8\,000\,000} \times 100 = 12{,}5\%$$

Wird der Zinssatz für das Fremdkapital mit i (= 5 %) bezeichnet, kann der Zusammenhang zwischen beiden Rentabilitätsgrößen wie folgt demonstriert werden (vgl. PERRIDON, L./STEINER, M. 2002, S. 488).

$$EKR = \frac{GK \times GKR \;./.\; i \times FK}{EK} \times 100$$

$$= \frac{12\,000\,000 \times 0{,}1 \;./.\; 0{,}05 \times 4\,000\,000}{8\,000\,000} \times 100$$

$$= 12{,}5\,\%$$

oder

$$EKR = \left(GKR + \frac{FK}{EK} \times (GKR \;./.\; i)\right) \times 100$$

$$= (0{,}1 + 0{,}5 \times (0{,}1 \;./.\; 0{,}05)) \times 100 = 12{,}5\,\%$$

Schlussfolgerungen

Daraus folgt:

(1) Die Eigenkapitalrentabilität kann so lange gesteigert werden, wie der Zinssatz für Fremdkapital unter der Rentabilität des Gesamtkapitals liegt (Leverage-Effekt).

(2) Wird ein vom Verschuldungsgrad unabhängiger Zinssatz für Fremdkapital unterstellt, ergibt sich eine lineare Abhängigkeit zwischen Eigenkapitalrentabilität und dem Verschuldungsgrad.

Graphisch kann der Leverage-Effekt wie folgt dargestellt werden. Dabei wird von der Prämisse ausgegangen, dass der Zinssatz für Fremdkapital unter der Gesamtkapitalrentabilität liegt.

Übersicht 63: Leverage-Effekt

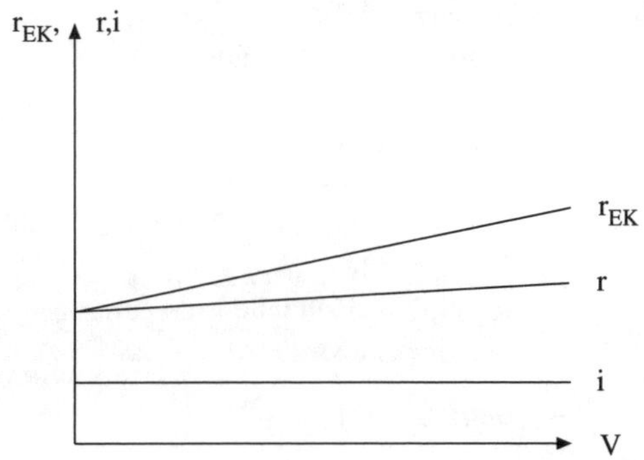

Verschuldungsgrad (V) $= \frac{FK}{EK}$; r_{EK} = Eigenkapitalrentabilität

2.4.2.5.2 Umsatzrentabilität

Der Begriff Umsatzrentabilität wird in der Literatur in zweifacher Weise gedeutet: *Formeln*

(F. 7.10)

$$\text{Umsatzrentabilität 1} = \frac{\text{Betriebserfolg (ordentliches Betriebsergebnis)}}{\text{Umsatzerlöse (Gesamtleistung)}}$$

(F. 7.11)

$$\text{Umsatzrentabilität 2} = \frac{\text{Jahresüberschuss/Jahresfehlbetrag}}{\text{Umsatzerlöse (Gesamtleistung)}}$$

Die Kennzahl 1 ist zu wählen, wenn der Forderung Rechnung getragen werden soll, nur korrespondierende Größen zueinander in Beziehung zu setzen, weil – wie GRÄFER (H. 2001, S. 96) formuliert – »die Umsatzerlöse (Gesamtleistung, d. Verf.) aus der Leistung der Unternehmung in ihrem eigentlichen Geschäftszweig resultieren und nicht durch betriebsfremde und außerordentliche Aktivitäten beeinflusst sind«.

Im Einzelnen wird der Betriebserfolg wie folgt ermittelt:

GuV-Posten gem. § 275 Abs. 2 HGB		Bezeichnung der Posten
1.		Umsatzerlöse
2.	±	Bestandsveränderungen
3.	+	andere aktivierte Eigenleistungen
5.	./.	Materialaufwand
6.	./.	Personalaufwand
7.a)	./.	Abschreibungen auf Sachanlagen und immaterielle Anlagewerte
8.	./.	sonstige betriebliche Aufwendungen
19.	./.	sonstige Steuern
	=	Betriebserfolg

2.4.2.5.3 Betriebsrentabilität

Begriff

Die Betriebsrentabilität – auch Betriebskapitalrentabilität genannt – ist ein Maß für die nachhaltige, relative Ertragskraft eines Unternehmens, die bei der Verfolgung des Betriebszwecks erzielt werden kann (vgl. SCHULT, E. 2003, S. 100). Während im Zähler das im Zusammenhang mit der Umsatzrentabilität definierte ordentliche Betriebsergebnis erscheint, um zufällige Schwankungen der Erfolgsgröße, die ihren Niederschlag in der Regel im neutralen Ergebnis finden, auszuschließen, wird im Nenner das betriebsnotwendige Vermögen aufgeführt. Es gilt somit:

(F. 7.12)

$$\text{Betriebsrentabilität} = \frac{\text{ordentliches Betriebsergebnis}}{\text{betriebsnotwendiges Vermögen}}$$

Da das betriebsnotwendige Vermögen für den externen Analytiker nicht ohne weiteres aus der Bilanz ersichtlich ist, wird nach dem Kriterium der überwiegenden Zugehörigkeit das nachfolgende vereinfachte Ermittlungsschema vorgeschlagen:

Bilanzposten gem. § 266 Abs. 2 HGB		Bezeichnung der Posten
		Gesamtvermögen
A.III.	./.	Finanzanlagen
B.II.4.	./.	sonstige Vermögensgegenstände
B.III.	./.	Wertpapiere
	=	betriebsnotwendiges Vermögen

2.4.2.5.4 Gewinn je Aktie

Die Kennzahl Gewinn je Aktie ist wie folgt definiert:

(F. 7.13)

$$\text{Gewinn je Aktie} = \frac{\text{Gewinn} \times \text{Nennbetrag einer Aktie}}{\text{gezeichnetes Kapital}}$$

Bedeutung

Die Kennzahl Gewinn je Aktie stellt eine besondere Ausprägung der Eigenkapitalrentabilität dar. Zu ihrer konkreten Ermittlung und Interpretation kann auf die Ausführungen im 2. Abschn., 3. Kap. 2.4.1 verwiesen werden.

2.4.2.5.5 Price Earnings Ratio

Begriff

Die Price Earnings Ratio, auch Kurs-Gewinn-Verhältnis genannt, ist eine reziproke Rentabilitätskennzahl. Sie gibt an, zum Wievielfachen des Periodenerfolgs pro Aktie dieses Papier gehandelt bzw. bewertet wird, und ist wie folgt definiert:

(F. 7.14)

$$\text{Price Earnings Ratio} = \frac{\text{Preis je Aktie}}{\text{Gewinn je Aktie}}$$

Bedeutung

Daraus folgert Gräfer (H. 2001, S. 116) zutreffend: »Je höher die Price-Earnings-Ratio ist, desto ›teurer‹ ist das jeweilige Papier, desto kleiner ist die kurzfristig realisierte Rendite, bzw. umso länger dauert es, bis der Kaufpreis durch Gewinn amortisiert wird«.

Die Kennzahl Price Earnings Ratio hat zudem besondere Bedeutung im Rahmen von Preiswürdigkeitsprüfungen. Mit Hilfe von branchendurchschnittlichen Price Earnings Ratios können Aussagen über eine angemessene Price Earnings Ratio des zu analysierenden Unternehmens getroffen werden. Wird diese Norm-Price Earnings Ratio mit dem Gewinn je Aktie multipliziert, stellt das Produkt eine näherungsweise Schätzung des angemessenen Preises je Aktie des Unternehmens dar (vgl. Coenenberg, A. G. 2003, S. 1045 f.).

2.4.2.5.6 Dividendenrendite

Begriff

Diese Kennzahl gibt Auskunft über die effektive Verzinsung des in Wertpapieren angelegten Kapitals und ist speziell für den Kapitalanleger insbesondere zum Vergleich mit alternativen Anlagemöglichkeiten von Bedeutung. Als Dividende je Aktie wird der für das Geschäftsjahr ausgeschüttete oder zur Ausschüttung vorgesehene Betrag angesetzt (vgl. COENENBERG, A.G. 2003, S. 1048).

(F. 7.15)

$$\text{Dividendenrendite} = \frac{\text{Dividende je Aktie}}{\text{Börsenkurs}}$$

Für denjenigen, der bereits Anteile besitzt, ist der Kaufkurs maßgebend, zu dem der Anteilseigner das Papier tatsächlich erworben hat, während der potenzielle Kapitalanleger auf die jeweils aktuellen Börsenkurse zurückgreift.

2.4.2.5.7 Aktienrendite

Begriff

Die Aktienrendite setzt den Jahreserfolg in Beziehung zu dem in Aktien investierten Kapital, sodass die Aktienrendite angibt, wie hoch das in Aktien der zu analysierenden Unternehmung angelegte Kapital auf der Basis des Periodenerfolgs verzinst wurde (vgl. BUCHNER, R. 1981a, S. 95).

Obwohl zum gleichen Ergebnis führend, wird die Aktienrendite in der Literatur unterschiedlich definiert. Nach einer ersten Definition lautet der Quotient (vgl. BUSSE VON COLBE, W. 1976a, Sp. 396):

(F. 7.16)

$$\text{Aktienrendite} = \frac{\text{Jahresüberschuss/Jahresfehlbetrag}}{\text{Börsenkurs} \times \text{Aktienzahl}}$$

Eine weitere Definition ist die folgende (vgl. BUCHNER, R. 1981a, S. 95):

(F. 7.17)

$$\text{Aktienrendite} = \frac{(\text{Jahresüberschuss/Jahresfehlbetrag}) \times \text{Nennwert}}{\text{Grundkapital} \times \text{Aktienpreis}}$$

2.4.2.5.8 Einbeziehung der Cashflow-Größe

Anstelle des Jahresüberschusses kann auch der Cashflow in die Zählergröße der Rentabilität einbezogen werden. Demnach ergeben sich dann folgende modifizierte Rentabilitätskennzahlen (vgl. PERRIDON, L./STEINER, M. 2002, S. 568; HARRMANN, A. 1986, S. 2616):

(F. 7.18)

Formeln

$$\text{Eigenkapitalrentabilität}_{mod} = \frac{\text{Cashflow}}{\text{Eigenkapital}}$$

(F. 7.19)

$$\text{Gesamtkapitalrentabilität}_{mod} = \frac{\text{Cashflow + Fremdkapitalzinsen}}{\text{Gesamtkapital}}$$

(F. 7.20)

$$\text{Cashflow-Rendite} = \frac{\text{Cashflow}}{\text{Gesamtkapital}}$$

Im Zuge der Cashflow-Rechnung ist der Jahresüberschuss um die zahlungsunwirksamen Aufwendungen und Erträge zu bereinigen. Daraus resultiert ein Cashflow, der in der Regel höher ist als der Periodenerfolg, weil zwar die auszahlungsunwirksamen Abschreibungen zum Cashflow hinzuaddiert werden, die mit ihnen korrespondierenden Investitionen jedoch keine Berücksichtigung finden. Infolgedessen ist auch die aus dem Cashflow abgeleitete Rentabilität in der Regel höher als eine aus dem Ansatz des Periodenerfolgs resultierende (vgl. EGGER, A. 1998, S. 605 f.).

Cashflow-orientierte Approximationen der Zählergrößen sind im Übrigen für einen Teil der unternehmenswertorientierten Steuerungskennzahlensysteme typisch.

2.4.2.5.9 EBIT-Kennzahlen

Anglo-amerikanischer Ursprung und Cashflow-Orientierung

Im Zuge der Internationalisierung von Rechnungslegung und Steuerungssystem wird inzwischen in Theorie und Praxis hierzulande verstärkt auf die im anglo-amerikanischen Raum seit langem gebräuchlichen so genannten EBIT-Kennzahlen abgestellt. Gemeinsam ist diesen in aller Regel, dass es sich um Cashflow-orientierte Modifikationen der Betriebsergebnisgröße handelt. Insbesondere sind zwei Kennzahlen-Ausprägungen gebräuchlich:

– Earnings Before Interest and Taxes (EBIT),

– Earnings Before Interest, Taxes, Depreciation and Amortization (EBITDA).

Auswertungen von EBITDA

Im Zusammenhang mit der unternehmenswertorientierten Unternehmensführung tritt jüngst vor allem die EBITDA-Größe, mitunter auch in Form der Earnings Before Depreciation, Interest and Taxes (EBDIT), in den Vordergrund. Sie wird absolut und relativ – als Rentabilitätsgröße – ausgewertet. Rentabilitätskennzahlen mit dem Dividenden EBITDA sind:

– eine Umsatzrentabilität, die auch als operative Marge bezeichnet wird und als ein unternehmenswertbeeinflussender Faktor (so genannter Wertgenerator) gilt:

(F. 7.21)

$$\text{operative (EBITDA-)Marge} = \frac{\text{EBITDA}}{\text{Umsatz}}$$

– eine Variante der Kennzahl CfROI:

(F. 7.22)

$$\text{CfROI} = \frac{\text{EBITDA}}{\text{Brutto-Investitionsbasis (BIB)}}$$

– Bei Rentabilitätsanalysen ist festzustellen, ob – unter Berücksichtigung des Leverage-Effekts – die Steigerung der Eigenkapitalrentabilität aufgrund der Hebelwirkung zusätzlicher Verschuldung entstanden ist oder ob sie auf eine hohe Gesamtkapitalrentabilität zurückzuführen ist (vgl. Küting, K./Heiden, M. 2003, S. 1546). Hierzu lässt sich die Eigenkapitalrentabilität aufspalten in die Bestandteile Gesamtkapitalrentabilität und Einfluss der Finanzierungsstruktur (vgl. Kriete, T./Padberg, T./Werner, T. 2002, S. 1092). Dabei wird von einer Vor-Steuer-Rendite ausgegangen, d.h., im Zähler steht die Größe EBT. Die nachfolgende Formel F. 7.23 zeigt die einzelnen Faktoren der Eigenkapitalrentabilität. Aus den beiden rechten Termen ist der Einfluss der Finanzierungsstruktur auf die Eigenkapitalrentabilität ersichtlich (vgl. Küting, K./Heiden, M. 2003, S. 1546).

(F. 7.23)

$$r_{EK} = \frac{EBT}{EK} = \frac{EBIT}{\text{Bilanzsumme}} \times \frac{EBT}{EBIT} \times \frac{1}{\text{EK-Quote}}$$

$$= \underbrace{\text{GK-Rentabilität}}_{\text{Ergebnis der Unternehmenstätigkeit}} \times \underbrace{\frac{EBT}{EBIT} \times \frac{1}{\text{EK-Quote}}}_{\text{Finanzierungsstruktur}}$$

Definition einer statischen CfROI-Kennzahl

Die Komponenten der CfROI-Kennzahl wurden etwa im VEBA-Geschäftsbericht – nach Segmenten aufgeschlüsselt – wie folgt errechnet (vgl. VEBA 1998, S. 22):

- EBITDA = Betriebsergebnis
  + Zinsaufwand
  + kalkulatorischer Zinsaufwand für Pensions- und Entsorgungsrückstellungen
  + Abschreibungen auf immaterielle Vermögensgegenstände
  + Sachanlagen und Firmenwerte aus der Equity-Bewertung
- BIB = Bilanzsumme
  + kumulierte Abschreibungen auf immaterielle Vermögensgegenstände
  + Sachanlagen und Firmenwerte aus der Equity-Bewertung
  + Bereinigungen kumulierter Abschreibungen akquirierter Unternehmen
  – unverzinsliche Rückstellungen
  – unverzinsliche Verbindlichkeiten

Als absolute Größen finden sich weitere EBITDA-Varianten in der Unternehmenspraxis (vgl. KÜTING, K./HEIDEN, M. 2003, S. 1545). Exemplarisch seien nachstehend zwei Beispiele genannt:

- die Kennzahlen Earnings Before Interest, Taxes, Depreciation, Amortization and Stock Options (EBITDASO) und Earnings Before Interest, Taxes and Stock Options (EBITSO), die von Unternehmen berichtet werden, deren Betriebsergebnisgröße erheblich durch Stock Option Programme beeinflusst wird (vgl. BROKAT INFOSYSTEMS 1999, S. 34ff.; CYBIO 2000, S. 15). Ziel ist es, Verzerrungen der EBITDA- bzw. EBIT-Größe aufgrund unterschiedlicher aktienbasierter Entlohnungssysteme durch Rückgängigmachung auszahlungsloser Aufwendungen zu korrigieren, um eine verbesserte intertemporale und zwischenbetriebliche Vergleichbarkeit herzustellen.
- branchenspezifische EBITDA-Ausprägungen, wie die Earnings Before Interest, Taxes, Depreciation, Amortization and Rent (EBITDAR), die sich bspw. bei Fluggesellschaften findet (vgl. SAS GROUP 2000, S. 16ff.; SAIR-

Group 1999, S. 8). Der externe Bilanzanalyst kann mit dieser Kennzahl ein um die Einflüsse unterschiedlicher Finanzierungsstrukturen bereinigtes operatives Ergebnis ermitteln, das die Durchführbarkeit von Vergleichen der operativen Performance verschiedener Fluggesellschaften unabhängig von der individuellen Form der Flottenfinanzierung (Kauf oder Leasing) ermöglicht.

Terminologisches

Im Schrifttum findet sich keine einheitliche Vorgehensweise zur Berechnung der EBIT-Kennzahlen. Zum einen existieren eine direkte sowie eine indirekte Ermittlungsmethode, andererseits treten vor allem Abweichungen hinsichtlich des Umfangs der zu eliminierenden Komponenten auf. Hier stehen sich eine imparitätische (es werden nur Aufwendungen eliminiert) und eine vollständige Korrektur gegenüber. Im Bereich der Ertragsteuern wird mehrheitlich letztere Vorgehensweise gewählt, wogegen bei der Zinskorrektur zwei gänzlich unterschiedliche Methoden angewandt werden: Verschiedentlich wird die EBIT-Kennzahl als Betriebsergebnis im Sinne des HGB interpretiert, was zu einer Eliminierung des gesamten Zinsergebnisses und somit der saldierten Zinsaufwendungen und -erträge führt. Andere Autoren sprechen sich dagegen für eine imparitätische Korrektur des Zinsergebnisses aus, d.h., es werden nur die Zinsaufwendungen korrigiert.

Kritische Würdigung

Die zunehmende Zahl der EBIT-Kennzahlen in den Jahresabschlüssen führt gleichzeitig zu einer wachsenden Unübersichtlichkeit in der Unternehmenspraxis. Häufig sind die unternehmensintern ermittelten Kennzahlen für den externen Leser nicht nachvollziehbar, weil keinerlei Überleitungsrechnungen oder Erläuterungen angegeben sind. So kann es auch der Fall sein, dass hinter einer nach außen hin zwar gleich bezeichneten Kennzahl bei mehreren Unternehmen unterschiedliche Inhalte stehen. Somit wird also ein zwischenbetrieblicher und auch intertemporärer Vergleich einzelner Unternehmen erschwert, wenn nicht sogar gänzlich unmöglich gemacht.

Vor dem Hintergrund der weiterhin fortschreitenden Internationalisierung der Rechnungslegung und der noch vorgesehenen Änderungen im Bereich der IAS im Speziellen ist davon auszugehen, dass die steigende Tendenz der »Entwicklung« neuer EBIT-Kennzahlen anhalten wird. Zukünftig ist also mit einer weiterhin wachsenden Bedeutung solcher Kennzahlen zu rechnen.

Merksätze:

1. Die Rentabilität erfährt als Indikator für die Ertragskraft einer Unternehmung entscheidende praktische Bedeutung im Rahmen der Bilanz- und Erfolgsanalyse; daneben werden Rentabilitätskennzahlen aber auch als Instrument der Investitionsrechnung sowie als Planungs- und Steuerungsinstrument eingesetzt.

2. Die Rentabilität stellt eine Beziehungszahl dar, bei der eine Ergebnisgröße zu einer dieses Ergebnis maßgebend beeinflussenden Größe in Relation gesetzt wird. Je nach Wahl der Bezugsgröße ergibt sich die Kapital- bzw. die Umsatzrentabilität.

3. Die mit Hilfe der Rentabilitätskennzahl durchgeführte relativierte Analyse des Erfolgs hat gegenüber der Beurteilung absoluter Erfolgsgrößen verschiedene Vorteile.

4. Die Rentabilitätsanalyse kann in vielfältiger Weise gestaltet werden, insbesondere als spartenorientierte Rentabilitäts-(Kapitalergebnis-) rechnung, als innerbetriebliche bzw. zwischenbetriebliche Vergleichsrechnung oder als Kennzahlensystem.

5. Im Vorfeld der Rentabilitätsanalyse sind einige Grundsatzfragen zu klären hinsichtlich der Bestimmung der Zählergröße (pagatorische oder kalkulatorische Größe, Definition des Gewinns etc.) und der Nennergröße (Behandlung des nicht eingeforderten Kapitals).

6. Die bedeutendsten Kennzahlen der Rentabilitätsanalyse sind die Kapitalrentabilität als Maßstab für die Verzinsung des investierten Kapitals in ihren Ausprägungsformen der Gesamt- und Eigenkapitalrentabilität sowie die Umsatzrentabilität. Daneben lassen sich noch zahlreiche weitere Rentabilitätskennzahlen berechnen.

2.4.3 Wertschöpfungsanalyse

2.4.3.1 Vorbemerkungen

Bedeutung

Wertschöpfungsrechnungen werden in der betriebswirtschaftlichen Literatur sowie in der Unternehmenspraxis überwiegend als Instrument der externen Unternehmensberichterstattung angesehen und dürften in diesem Zusammenhang auch ihre größte Verbreitung erlangt haben. Weiterhin werden Wertschöpfungsrechnungen im Rahmen der internen Unternehmensanalyse verwendet. Schließlich stellen Wertschöpfungsrechnungen bzw. die auf der Grundlage dieser Rechnungen ermittelten Kennzahlen ein beachtliches Instrument der externen Bilanzanalyse dar.

2.4.3.2 Grundlagen der Wertschöpfungsrechnung

Im Rahmen der Volkswirtschaftlichen Gesamtrechnungen ist die Nettowertschöpfung eines Produktionsunternehmens definiert als dessen Beitrag zum Nettoinlandsprodukt zu Faktorkosten (vgl. STATISTISCHES BUNDESAMT 1995, S. 60).

Berechnung der Nettowertschöpfung

Ausgangsgröße für die Ermittlung der Nettowertschöpfung ist der Produktionswert, der sich aus dem Wert der Verkäufe von (Handels-)Waren und Dienstleistungen, dem Wert der Bestandsveränderungen an halbfertigen und fertigen Erzeugnissen und dem Wert der selbst erstellten Anlagen ergibt. Vom Produktionswert sind die Vorleistungen (= Wert der Waren und Dienstleistungen, die von anderen in- und ausländischen Wirtschaftseinheiten bezogen und in der Betrachtungsperiode im Zuge der Produktion verbraucht wurden) und die Abschreibungen auf das reproduzierbare Anlagevermögen in Abzug zu bringen.

Subtrahiert man weiter gehend die indirekten Steuern (= alle bei der steuerlichen Gewinnermittlung abzugsfähigen Steuern und ähnliche Abgaben) und addiert die von staatlicher Seite erhaltenen Subventionen hinzu, erhält man als Ergebnis den Beitrag eines Unternehmens zum Nettoinlandsprodukt zu Faktorkosten. Die Nettowertschöpfung ist daher – vereinfacht formuliert – als »derjenige reale Güterzuwachs zu verstehen, den der volkswirtschaftliche Gütervorrat durch den Unternehmungsprozeß erfahren hat« (KOSIOL, E. 1976, S. 1012).

Das Nettoinlandsprodukt zu Faktorkosten lässt sich aber auch interpretieren als die Summe der in einem Unternehmen entstandenen Erwerbs- und Vermögenseinkommen (= Einkommen aus unselbstständiger Arbeit sowie Einkommen aus Unternehmertätigkeit und Vermögen).

Real- und nominalgüterwirtschaftliche Seite

Wie die Definition der Wertschöpfung im Rahmen der Volkswirtschaftlichen Gesamtrechnungen verdeutlicht, hat die Wertschöpfungsgröße eine realgüterwirtschaftliche und eine nominalgüterwirtschaftliche Seite; denn die Wertschöpfung repräsentiert für ein Unternehmen sowohl das dort erzeugte Gütereinkommen als auch das dort entstandene Geldeinkommen. Die Wertschöpfung ist somit »ein zweiseitiger Begriff« (LEHMANN, M. R. 1954, S. 11).

Die Ermittlung der einzelwirtschaftlichen Wertschöpfung anhand des erzeugten Gütereinkommens wird im Schrifttum als subtraktive oder reale Methode bzw. als Entstehungsrechnung bezeichnet, die Ermittlung anhand des erzielten Geldeinkommens als additive oder personale Methode bzw. als Verteilungsrechnung, wobei letzterer Begriff jedoch missverständlich ist. Denn die nominalgüterwirtschaftliche Seite der Nettowertschöpfungsgröße ist definiert als Summe der in einem Unternehmen entstandenen Erwerbs- und Vermögenseinkommen. Diese Größe ist allerdings zu unterscheiden von der Summe der von einem Unternehmen verteilten Erwerbs- und Vermögenseinkommen einschließlich der Saldogröße ›unverteilter Gewinn‹ vor direkten Steuern, die sich bei Unternehmen mit eigener Rechtspersönlichkeit als Saldo aus dem Beitrag zum Nettoinlandsprodukt zu Faktorkosten und den empfangenen und verteilten Erwerbs- und Vermögenseinkommen ergibt (vgl. BARTELS, H. 1960, S. 334 f.).

Uneinheitliche Terminologie

Abschließend sei noch darauf hingewiesen, dass in der Betriebswirtschaftslehre zahlreiche terminologisch sowie inhaltlich abweichende Definitionen der einzelwirtschaftlichen Wertschöpfung existieren; diese Tatsache erklärt sich aus der Vielzahl von unterschiedlichen Aussagezielen, die mit einzelwirtschaftlichen Wertschöpfungsrechnungen verfolgt werden. Zu Recht weist WYSOCKI darauf hin, dass es ›die‹ betriebswirtschaftliche Wertschöpfungsrechnung nicht gibt (vgl. WYSOCKI, K. v. 1981, S. 106), da unterschiedliche Aussageziele grundsätzlich auch unterschiedlich abgegrenzte Ermittlungsbereiche, Ausgangsrechnungen und Rechengrößen verlangen (vgl. WEBER, H. K. 1980a, S. 21 ff.).

Dennoch lässt sich in allgemeinster Form die einzelwirtschaftliche Wertschöpfungsgröße anhand der Entstehungs- und Verteilungsrechnung unter expliziter Berücksichtigung des Faktors Staat wie folgt ermitteln:

Übersicht 64: Einzelwirtschaftliche Wertschöpfungsgröße

Entstehungsrechnung	Verteilungsrechnung
	Arbeitseinkommen
Gesamtleistung	+ Kapitaleinkommen
./. Vorleistungen	+ Gemeineinkommen (Steuern)
= Wertschöpfung	= Wertschöpfung

2.4.3.3 Wertschöpfungsrechnungen als Instrument der erfolgswirtschaftlichen Bilanzanalyse

Umfassende Erfolgsgröße

Die aus der Wertschöpfungsrechnung abgeleitete Größe stellt eine gegenüber den traditionell (eigen-)kapitalorientierten Erfolgsgrößen erweiterte, umfassende Erfolgsgröße dar. Denn das »Charakteristikum der Wertschöpfungsrechnung liegt in einer Ausdehnung des Erfolgsbegriffs; neben den Eigenkapitalerträgen gehören auch Fremdkapitalerträge, Gemeinerträge (Steuern) und Arbeitserträge zum Erfolg ...« (COENENBERG, A. G. 2003, S. 1065; vgl. hierzu insgesamt – auch mit Bezug auf die internationale Rechnungslegung – nur HALLER, A. 1997).

Insofern wird auch die besondere Stellung der Wertschöpfungsrechnung im Rahmen der erfolgswirtschaftlichen Bilanzanalyse deutlich, als deren klassische Instrumente, wie z. B. die betragsmäßige Erfolgsanalyse, die Erfolgsquellenanalyse sowie die Rentabilitätsanalyse, ganz überwiegend einen eigenkapitalorientierten Erfolgsbegriff in den Mittelpunkt der Betrachtung stellen.

Vorteile

Als Vorteil von Wertschöpfungsrechnungen für erfolgswirtschaftliche Zeit- und Unternehmensvergleiche wird einerseits genannt, dass die Entscheidung über das Verhältnis von Eigen- und Fremdfinanzierung für die Wertschöpfung – im Gegensatz zum ausgewiesenen Jahreserfolg – unerheblich ist (vgl. POHMER, D./KROENLEIN, G. 1970, Sp. 1919). Andererseits werde durch die Berücksichtigung der Steuern in der Wertschöpfungsgröße gewährleistet, dass sich diese neutral hinsichtlich einer unterschiedlichen Steuer- und Dividendenpolitik verhält (vgl. BEIER, J./SCHLOSSAREK, G. 1980, S. 1134).

Ordentliche betriebliche Wertschöpfung

In Gesamtdarstellungen zur externen Bilanzanalyse hat sich weit gehend ein Ansatz zur Konzeption einer Wertschöpfungsrechnung als Instrument der erfolgswirtschaftlichen Bilanzanalyse durchgesetzt. Dieser Ansatz ist dadurch gekennzeichnet, dass in der Wertschöpfungsgröße nur die aus betrieblich-produktionswirtschaftlichen Aktivitäten stammenden Erfolgskomponenten berücksichtigt werden (vgl. z.B. SCHULT, E. 2003, S. 93 ff.). Die so ermittelte Wertschöpfungsgröße lässt sich auch als (ordentliche) betriebliche Wertschöpfung charakterisieren und stellt als Endgröße der Wertschöpfungsrechnung eine mehr oder weniger gute Approximation zur volkswirtschaftlichen Nettowertschöpfungsgröße dar. Soweit die Ermittlung der ordentlichen betrieblichen Wertschöpfung keine systembedingten Abweichungen erfordert, greift dieser Ansatz auf die Erkenntnisse der traditionellen Ergebnisquellenanalyse zur Abgrenzung und Ermittlung eines ordentlichen betrieblichen Ergebnisses zurück. Gleichwohl lassen spezifische Fragen der Ausgestaltung und deren Begründung deutlich volkswirtschaftliche Bezüge erkennen.

Unternehmenswertschöpfung

Im Weiteren wird jedoch einem abweichenden Ansatz gefolgt, der dadurch charakterisiert ist, dass die ordentliche betriebliche Wertschöpfungsgröße im Rahmen der Entstehungsrechnung lediglich eine, wenn auch explizit vorgehobene, Zwischengröße darstellt (vgl. REICHMANN, T./LANGE, C. 1980, S. 518 ff.). Endgröße ist vielmehr die so genannte Unternehmenswertschöpfung, die sich im Rahmen der hier präferierten Konzeption aus der Summe von ordentlicher betrieblicher, ordentlicher betriebsfremder und außerordentlicher Wertschöpfung ergibt. Kennzeichen dieser Konzeption ist daher eine Entstehungsrechnung, die die Entstehungsquellen der Unternehmenswertschöpfung zu erkennen gibt und Aussagen über die Nachhaltigkeit der Wertschöpfungsbestandteile zulässt.

2.4.3.3.1 Konzeption einer erfolgsspaltungsorientierten Wertschöpfungsrechnung

Ausgangspunkt: GuV

Grundlage jeder Wertschöpfungsrechnung im Rahmen der externen Bilanzanalyse ist grundsätzlich die veröffentlichte Gewinn- und Verlustrechnung. Allerdings impliziert deren Verwendung nicht notwendigerweise die Durchführung einer Wertschöpfungsrechnung auf der Grundlage von Aufwendungen und Erträgen. Ebenso könnte versucht werden, auf der Grundlage der Gewinn- und Verlustrechnung sowie unter Auswertung von Bilanz und Anhang zumindest näherungsweise eine Wertschöpfungsrechnung auf der Grundlage von Einnahmen und Ausgaben bzw. Einzahlungen und Auszahlungen durchzuführen. In diesem Fall wäre aber die Wertschöpfungsrechnung als Instrument der finanzwirtschaftlichen Bilanzanalyse einzuordnen.

Einschränkungen

Wertschöpfungsrechnungen lassen sich jedoch aus der handelsrechtlichen Gewinn- und Verlustrechnung nur näherungsweise ableiten, da Form und Aufbau der offenlegungspflichtigen Ergebnisrechnung aus anderen Zielsetzungen abgeleitet sind und einige Posten sowohl wertschöpfungsrelevante als auch wertschöpfungsirrelevante Komponenten beinhalten (vgl. COENENBERG, A. G. 2003, S. 1066).

Zusätzliche Probleme ergeben sich im Rahmen der externen erfolgswirtschaftlichen Bilanzanalyse, wenn die veröffentlichte Gewinn- und Verlustrechnung auf der Grundlage des Umsatzkostenverfahrens gem. § 275 Abs. 3 HGB erstellt wird.

Die weiteren Ausführungen stellen eine Gewinn- und Verlustrechnung auf der Grundlage des Gesamtkostenverfahrens für große Kapitalgesellschaften oder Personenhandelsgesellschaften i. S. d. § 264a HGB in den Mittelpunkt der Betrachtung. Dabei steht insbesondere die Entstehungsrechnung und hier konkret die Ermittlung der ordentlichen betrieblichen Wertschöpfung im Vordergrund. Im Anschluss daran wird auf einige zentrale Probleme bei Verwendung einer Gewinn- und Verlustrechnung auf der Grundlage des Umsatzkostenverfahrens eingegangen, wobei auf eine gesonderte Betrachtung der Entstehungs- und Verteilungsrechnung verzichtet wird.

2.4.3.3.1.1 Gesamtkostenverfahren

2.4.3.3.1.1.1 Entstehungsrechnung

Berechnung des Produktionswerts

Auf der Grundlage des Gesamtkostenverfahrens ergibt sich der Produktionswert aus der Summe der Posten »Umsatzerlöse«, »Erhöhung oder Verminderung des Bestands an fertigen und unfertigen Erzeugnissen«, »andere aktivierte Eigenleistungen« und den für die Entstehungsrechnung relevanten Komponenten des Postens »sonstige betriebliche Erträge«. Schwierigkeiten ergeben sich im Rahmen der externen Analyse bei der Ermittlung der wertschöpfungsrelevanten Bestandteile innerhalb der sonstigen betrieblichen Erträge, da es sich bei diesem Posten »um einen ›Auffangposten‹ ... für alle Erträge (handelt, d. Verf.), die nicht entsprechend § 275 Abs. 2 oder sonstigen Vorschriften (z. B. § 277 Abs. 3 Satz 2) in anderen Posten oder an anderer Stelle gesondert auszuweisen sind« (BORCHERT, D., in: KÜTING/WEBER 1995, § 275 HGB, Rn. 38).

Probleme des Auffangpostens »sonstige betriebliche Erträge«

Dem Produktionswert zugerechnet werden die unter den sonstigen betrieblichen Erträgen auszuweisenden regelmäßig anfallenden Erlöse aus betriebsleistungsfremden Umsätzen, wie z.B. Miet- und Pachteinnahmen, Patent- und Lizenzgebühren u.Ä.

Demgegenüber sind die gleichfalls unter dem Posten »sonstige betriebliche Erträge« auszuweisenden so genannten Liquidations- und Bewertungserfolge (z.B. Erträge aus dem Abgang von und Zuschreibungen zu Gegenständen des Anlagevermögens, Erträge aus der Herabsetzung der Pauschalwertberichtigungen zu Forderungen, Erträge aus der Auflösung von Rückstellungen) sowie die Erträge aus der Auflösung des Sonderpostens mit Rücklageanteil bei der Ermittlung einer ordentlichen betrieblichen Wertschöpfungsgröße nicht zu berücksichtigen.

Sonderposten mit Rücklageanteil und Zuschreibungen

Relativ einfach können die Erträge aus der Auflösung des Sonderpostens mit Rücklageanteil, die gesondert anzugeben sind (vgl. § 281 Abs. 2 Satz 2 HGB), sowie die Zuschreibungen des Geschäftsjahrs zu Gegenständen des Anlagevermögens, die dem Anlagespiegel zu entnehmen sind (vgl. § 268 Abs. 2 HGB), aus den sonstigen betrieblichen Erträgen eliminiert werden.

Übersicht 65: Entstehungsrechnung

Entstehungsrechnung		Posten des GKV oder sonstige Quelle
	Umsatzerlöse	Nr. 1
±	Erhöhung/Verminderung des Bestands an fertigen und unfertigen Erzeugnissen	Nr. 2
+	andere aktivierte Eigenleistungen	Nr. 3
+	sonstige betriebliche Erträge	Nr. 4
	ohne:	
	* Erträge aus der Auflösung des Sonderpostens mit Rücklageanteil	§ 281 Abs. 2 Satz 2 HGB
	* Liquidations- und Bewertungserträge	§ 277 Abs. 4 Satz 3 HGB/ Anlagespiegel
=	Produktionswert (brutto)	
./.	Materialaufwand	Nr. 5
./.	Abschreibungen auf immaterielle Vermögensgegenstände des Anlagevermögens und Sachanlagen sowie auf aktivierte Ingangsetzungs- und Erweiterungsaufwendungen	Nr. 7a
+	allein auf steuerrechtlichen Vorschriften beruhende Abschreibungen auf das Anlage- und Umlaufvermögen	§ 281 Abs. 2 Satz 1 HGB
+	außerplanmäßige Abschreibungen auf immaterielle Vermögensgegenstände und das Sachanlagevermögen gem. § 253 Abs. 2 Satz 3 HGB	§ 277 Abs. 3 Satz 1 HGB
+	Abschreibungen auf Vermögensgegenstände des Umlaufvermögens gem. § 253 Abs. 3 Satz 3 HGB	§ 277 Abs. 3 Satz 1 HGB
./.	sonstige betriebliche Aufwendungen	Nr. 8
	ohne:	
	* Einstellungen in den Sonderposten mit Rücklageanteil	§ 281 Abs. 2 Satz 2 HGB
	* Liquidations- und Bewertungsverluste	§ 277 Abs. 4 Satz 3 HGB
	* Vergütungen an die Mitglieder des Aufsichtsrats, eines Beirats …	§ 285 Nr. 9a und b HGB
	* hier ausgewiesene Betriebssteuern	(Anhang)
= (I)	ordentliche betriebliche Wertschöpfung	

Übersicht 65: (Fortsetzung)

Entstehungsrechnung		Posten des GKV oder sonstige Ouelle
(I)	ordentliche betriebliche Wertschöpfung	
	Erträge aus Beteiligungen, davon aus verbundenen Unternehmen	Nr. 9
+	Erträge aus anderen Wertpapieren und Ausleihungen des Finanzanlagevermögens, davon aus verbundenen Unternehmen	Nr. 10
+	sonstige Zinsen und ähnliche Erträge, davon aus verbundenen Unternehmen	Nr. 11
= (II)	ordentliche betriebsfremde Wertschöpfung	
	außerordentliche Erträge	Nr. 15
+	Erträge aus der Auflösung des Sonderpostens mit Rücklageanteil	§ 281 Abs. 2 Satz 2 HGB
+	Liquidations- und Bewertungserträge	§ 277 Abs. 4 Satz 3 HGB
./.	außerordentliche Aufwendungen	Nr. 16
./.	Einstellungen in den Sonderposten mit Rücklageanteil	§ 281 Abs. 2 Satz 2 HGB
./.	Liquidations- und Bewertungsverluste	§ 277 Abs. 4 Satz 3 HGB
./.	alle bisher nicht berücksichtigten Abschreibungen:	
	* Abschreibungen auf Finanzanlagen und auf Wertpapiere des Umlaufvermögens	Nr. 12
	* allein auf steuerrechtlichen Vorschriften beruhend	§ 281 Abs. 2 Satz 1 HGB
	* gem. § 253 Abs. 2 Satz 3 und Abs. 3 Satz 3 HGB	§ 277 Abs. 3 Satz 1 HGB
	* ›unübliche‹ auf Vermögensgegenstände des Umlaufvermögens	Nr. 7b
= (III)	außerordentliche Wertschöpfung	
(I) + (II) + (III) = Unternehmenswertschöpfung		

Übrige Bewertungs- und Liquidationserfolge

Demgegenüber erweist sich eine Eliminierung der übrigen Bewertungs- sowie der Liquidationserfolge als problematisch.

Wenn üblicherweise im Zusammenhang mit der Eliminierung von Liquidations- und Bewertungserfolgen auf die Anhangangabe gem. § 277 Abs. 4 Satz 3 HGB verwiesen wird, bedarf dies insofern einer Präzisierung, als hier eine Angabepflicht nicht aus der unmittelbaren Eigenschaft dieser Erträge (bzw. Aufwendungen) als Liquidations- und Bewertungserfolge resultiert, sondern aus ihrer Eigenschaft als überwiegend periodenfremde Erträge (bzw. Aufwendungen).

Eine Angabepflicht nach § 277 Abs. 4 Satz 3 HGB besteht allerdings nur dann, wenn die aperiodischen Aufwendungen und Erträge »für die Beurteilung der Ertragslage nicht von untergeordneter Bedeutung sind«. In diesem Fall sind die aperiodischen Aufwendungen und Erträge hinsichtlich ihres Betrags und ihrer Art zu erläutern. Nach überwiegender Meinung besteht jedoch keine Verpflichtung zur Angabe von Beträgen, vielmehr genügt eine verbale Beschreibung des Verhältnisses des Teilpostens zum Gesamtposten (vgl. FÖRSCHLE, G., in: Beck Bil-Komm. 2003, § 275 HGB, Rn. 226).

Zuschüsse und Zulagen

Weiterhin können in den sonstigen betrieblichen Erträgen auch (sofort) erfolgswirksam vereinnahmte Zuschüsse und Zulagen der Öffentlichen Hand enthalten sein. Sofern auf freiwilliger Basis der Betrag der erfolgswirksam vereinnahmten Zuschüsse und Zulagen angegeben wird, sollte deren Behandlung in Abhängigkeit der Einordnung der sonstigen Steuern, als Näherungsgröße zu den indirekten Steuern i. S. d. Volkswirtschaftlichen Gesamtrechnungen, erfolgen.

Soweit die verfügbaren Informationen bezüglich der übrigen Bewertungs- und Liquidationserfolge sowie der Zuschüsse und Zulagen der Öffentlichen Hand für eine exakte Quantifizierung nicht ausreichend sind, sollte von einer Hinzurechnung der sonstigen betrieblichen Erträge zum Produktionswert abgesehen werden. Durch diese Vorgehensweise wird gewährleistet, dass der Produktionswert nicht zu hoch ausgewiesen wird.

Subtraktion der Vorleistungen

Ausgehend vom Produktionswert sind die Vorleistungen zu subtrahieren. Zu den Vorleistungen gehören grundsätzlich der Posten Nr. 5 gem. § 275 Abs. 2 HGB, die planmäßigen Abschreibungen auf die immateriellen Vermögensgegenstände des Anlagevermögens und Sachanlagen sowie die Abschreibungen auf aktivierte Ingangsetzungs- und Erweiterungsaufwendungen.

Problem der steuerrechtlichen Abschreibungen bei aktivischer Absetzung

Übereinstimmend wird im Schrifttum ausgeführt, dass die allein nach steuerrechtlichen Vorschriften vorgenommenen Abschreibungen gem. § 254 HGB i. V. m. § 279 Abs. 2 HGB bei der Ermittlung einer ordentlichen betrieblichen Wertschöpfungsgröße nicht zu berücksichtigen sind. Soweit die steuerrechtlichen Abschreibungen auf die immateriellen Vermögensgegenstände und das Sachanlagevermögen aktivisch abgesetzt wurden, sind die dem Anlagespiegel zu entnehmenden Abschreibungen auf das immaterielle Vermögen und das Sachanlagevermögen um die entsprechenden steuerrechtlichen Mehrabschreibungen zu kürzen. Analog sind auch die Materialaufwendungen sowie die Bestandsveränderungen um die aktivisch abgesetzten steuerrechtlichen Sonderabschreibungen auf das Umlaufvermögen zu eliminieren. Diese Korrekturen sind durchführbar, da § 281 Abs. 2 Satz 1 HGB bestimmt, dass im »Anhang ... der Betrag der im Geschäftsjahr allein nach steuerrechtlichen Vorschriften vorgenommenen Abschreibungen, getrennt nach Anlage- und Umlaufvermögen, anzugeben (ist; d. Verf.), soweit er sich nicht aus der Bilanz oder der Gewinn- und Verlustrechnung ergibt ...«.

Probleme ergeben sich im Falle der aktivischen Absetzung jedoch in den Folgeperioden, da hier mangels Informationen keine Möglichkeit besteht, die aufgrund der steuerrechtlichen Mehrabschreibungen niedrigeren Abschreibungen so zu korrigieren, als wäre die steuerrechtliche Sonderabschreibung nicht in Anspruch genommen worden. Werden jedoch lediglich diese niedrigeren Abschreibungen bei der Ermittlung der ordentlichen betrieblichen Wertschöpfungsgröße in den Folgeperioden berücksichtigt, führt dies dazu, dass nur der Differenzbetrag zwischen historischen Anschaffungs- oder Herstellungskosten und steuerrechtlichen Mehrabschreibungen tatsächlich als Abschreibungsaufwand berücksichtigt wird. Folglich wird auch die ordentliche betriebliche Wertschöpfung in den Folgejahren zu hoch ausgewiesen.

Passivische Berücksichtigung der steuerrechtlichen Abschreibungen

Demgegenüber ist im Falle einer passivischen Berücksichtigung der steuerrechtlichen Mehrabschreibungen im Sonderposten mit Rücklageanteil (vgl. § 281 Abs. 1 Satz 1 HGB) gewährleistet, dass durch die Eliminierung der Einstellungen in den Sonderposten mit Rücklageanteil bzw. der Erträge aus der Auflösung des Sonderpostens mit Rücklageanteil aus den sonstigen betrieblichen Aufwendungen bzw. Erträgen sowohl im Jahr der Inanspruchnahme der steuerrechtlichen Sonderabschreibungen als auch in den Folgejahren nur der Betrag der normalen handelsrechtlichen Abschreibungen aufwandswirksam wird.

Je nach Behandlung der steuerrechtlichen Mehrabschreibungen kann daher insbesondere der zwischenbetriebliche Vergleich anhand der ordentlichen betrieblichen Wertschöpfungsgröße nicht unerheblich beeinträchtigt sein.

Auch der in der Übersicht 65 unterbreitete Vorschlag des Ausweises der aktivisch und passivisch berücksichtigten steuerrechtlichen Mehrabschreibungen als Bestandteil der außerordentlichen Wertschöpfung stellt nur eine Teillösung dar. Zumindest wird durch diese Vorgehensweise gewährleistet, dass auf der Ebene der Unternehmenswertschöpfung der Betrag der aktivisch berücksichtigten steuerrechtlichen Mehrabschreibungen aufwandswirksam wird und zumindest dort eine Gleichbehandlung von aktivisch und passivisch berücksichtigten steuerrechtlichen Mehrabschreibungen erfolgt.

Außerplanmäßige Abschreibungen

Uneinheitlich wird die Behandlung der außerplanmäßigen Abschreibungen auf die immateriellen Vermögensgegenstände und das Sachanlagevermögen gem. § 253 Abs. 2 Satz 3 HGB sowie der Abschreibungen auf das Umlaufvermögen gem. § 253 Abs. 3 Satz 3 HGB diskutiert, für die gem. § 277 Abs. 3 Satz 1 HGB eine Angabepflicht besteht. Während bspw. COENENBERG (A.G. 2003, S. 1067) eine Eliminierung als nicht sinnvoll erachtet, »da die entsprechenden Wertminderungen überwiegend rein betrieblich und nicht bilanzpolitisch bedingt sind«, wird hier eine Eliminierung dieser Abschreibungen insbesondere unter dem Gesichtspunkt der Regelmäßigkeit bzw. Nachhaltigkeit präferiert. Entsprechend werden daher auch jene Abschreibungen auf das Umlaufvermögen, welche die in der Kapitalgesellschaft üblichen Abschreibungen überschreiten (vgl. § 275 Abs. 2 Nr. 7b HGB), bei der Ermittlung einer ordentlichen betrieblichen Wertschöpfungsgröße nicht berücksichtigt (vgl. auch KÜTING, K./DAWO, S. 1999a, S. 241f.).

Behandlung der sonstigen betrieblichen Aufwendungen

Weiterhin ist der Produktionswert um die sonstigen betrieblichen Aufwendungen zu kürzen, soweit die hierunter ausgewiesenen, regelmäßig anfallenden Aufwendungen Vorleistungscharakter haben, so z.B. Gebühren jeglicher Art, Mieten und Pachten, Beratungs- und Prüfungskosten. Ein Abzug vom Produktionswert sollte daher grundsätzlich unter vorheriger Eliminierung der Bewertungs- und Liquidationsverluste sowie der Einstellungen in den Sonderposten mit Rücklageanteil in Betracht kommen. Auf die entsprechenden Ausführungen zu den sonstigen betrieblichen Erträgen wird verwiesen. Gleichwohl erscheint auch ein pauschaler Abzug vom Produktionswert dann gerechtfertigt, wenn die verfügbaren Informationen für eine Eliminierung der Bewertungs- und Liquidationsverluste nicht ausreichend sein sollten. Dadurch wird sichergestellt, dass die ordentliche betriebliche Wertschöpfung nicht zu hoch ausgewiesen wird.

Aufsichtsratsvergütungen und Aufwendungen für Fremdpersonal

Nach herrschender Meinung sind die in den sonstigen betrieblichen Aufwendungen enthaltenen und gesondert im Anhang angabepflichtigen Vergütungen für Mitglieder des Aufsichtsrats, eines Beirats oder einer ähnlichen Einrichtung (vgl. § 285 Nr. 9 HGB) herauszurechnen und der Verteilungsseite als Arbeitserträge zuzuordnen (vgl. z.B. COENENBERG, A.G. 2003, S. 1067). Demgegenüber sind die in den sonstigen betrieblichen Aufwendungen enthaltenen Aufwendungen für im Unternehmen eingesetztes Fremdpersonal als Vorleistungen anzusehen (vgl. NEUBAUER, W. 1968, S. 27), auch wenn es in Einzelfällen für zwischenbetriebliche Vergleiche sinnvoll wäre, diese Aufwendungen nicht als Vorleistungen zu behandeln.

Betriebssteuern

Eine weitere Korrektur im Zusammenhang mit den sonstigen betrieblichen Aufwendungen kann sich ergeben, wenn die Betriebssteuern nicht unter dem Posten »sonstige Steuern«, sondern unter dem Posten »sonstige betriebliche Aufwendungen« ausgewiesen werden. Für die Bilanzanalyse sind in diesem Fall unter Rückgriff auf betragsmäßige Angaben die Betriebssteuern aus den sonstigen betrieblichen Aufwendungen herauszurechnen und bei den sonstigen Steuern zu berücksichtigen.

Sonstige Steuern

Umstritten ist die Berücksichtigung der unter dem Posten Nr. 19 auszuweisenden sonstigen Steuern als Abzugsposten im Rahmen der Entstehungsrechnung. Die unter diesem Bilanzposten ausgewiesenen Steuerarten sind weit gehend identisch mit jenen Steuerarten, die den indirekten Steuern i.S.d. Volkswirtschaftlichen Gesamtrechnungen zuzuordnen sind (z.B. Grundsteuer, KFZ-Steuer, Verbrauchsteuern). Eine Gleichsetzung der sonstigen Steuern mit den indirekten Steuern i.S.d. Volkswirtschaftlichen Gesamtrechnungen erscheint daher zulässig.

Grundsätzlich sind die sonstigen Steuern nicht als Vorleistungen zu betrachten, da Steuern Geldleistungen sind, die nicht eine Gegenleistung für besondere Leistungen darstellen (vgl. § 3 AO). Daher werden hier die sonstigen Steuern nicht als Abzugsposten behandelt, sondern im Rahmen der Verteilungsrechnung den Gemeinerträgen zugerechnet. Dies geschieht nicht zuletzt, um eine möglichst vollständige Erfassung der Gemeinerträge im Rahmen der Verteilungsrechnung zu gewährleisten. Jedoch wird auch eine Behandlung der sonstigen Steuern als Abzugsposten in der Entstehungsrechnung immer damit zu begründen sein, dass eine Erstellung der Wertschöpfungsrechnung in größtmöglicher Anlehnung an die Vorgehensweise der amtlichen Statistik angestrebt wird.

Endgröße

Als Endgröße der bis zu dieser Stelle durchgeführten Wertschöpfungsrechnung ergibt sich die ordentliche betriebliche Wertschöpfungsgröße.

Behandlung des so genannten Restbetrags

Abweichend von dem üblicherweise im Rahmen der externen Bilanzanalyse vorgeschlagenen Ansatz wird hier jedoch

(1) im Rahmen der Entstehungsrechnung der so genannte Restbetrag – als Saldogröße der weder für die Ermittlung der ordentlichen betrieblichen Wertschöpfungsgröße noch für die Verteilungsrechnung relevanten Aufwendungen und Erträge – berücksichtigt, der je nach Vorzeichen der ordentlichen betrieblichen Wertschöpfungsgröße hinzuzurechnen oder von dieser zu subtrahieren ist und zur Unternehmenswertschöpfung überleitet;

(2) dieser Restbetrag in die Bestandteile ordentliche betriebsfremde und außerordentliche Wertschöpfung aufgegliedert und gem. dem zuvor dargestellten Schema in Übersicht 65 ermittelt.

Begründung

Für diese Vorgehensweise sprechen mehrere Gründe:

(1) Durch die hier vorgeschlagene erfolgsspaltungsorientierte Wertschöpfungsrechnung können die für die erfolgswirtschaftliche Bilanzanalyse als zentral zu erachtenden Größen der ordentlichen betrieblichen Wertschöpfung sowie die der Unternehmenswertschöpfung dem Berechnungsschema unmittelbar entnommen werden.

(2) Übereinstimmend mit der herrschenden Meinung (vgl. z.B. ALBACH, H. 1978, S. 626; KELLER, M. 1977, S. 1716) wird hier die Ansicht vertreten, dass als Grundlage und Endgröße der Verteilungsrechnung nur die Unternehmenswertschöpfung in Betracht kommen kann. Die Berücksichtigung des Restbetrags im Rahmen der Entstehungsrechnung trägt dieser Tatsache Rechnung. Denn »erst dieser ... Rechenschritt führt zu dem Betrag, der periodisch verteilbares und immer auch irgendwie verteiltes Unternehmenseinkommen darstellt« (WEDELL, H. 1976, S. 209).

(3) Weiter gehend erscheint eine Aufgliederung des Restbetrags in die Bestandteile ordentliche betriebsfremde und außerordentliche Wertschöpfung auch insofern sinnvoll und zweckmäßig, um zu einer aussagefähigeren Analyse der Unternehmenswertschöpfung zu gelangen. Denn anhand der erfolgsspaltungsorientiert aufgebauten Entstehungsrechnung werden, wie LANGE (C. 1989, S. 243) zutreffend formuliert, »die Entstehungsquellen der Wertschöpfung im Sinne des Unternehmenseinkommens sowie die Nachhaltigkeit der Wertschöpfung deutlich«.

2.4.3.3.1.1.2 Verteilungsrechnung

Im Rahmen der Verteilungsrechnung ergibt sich die Unternehmenswertschöpfung als Summe aus Arbeits-, Gemein-, Fremdkapital- und Eigenkapitalerträgen.

Arbeitserträge

Die Arbeitserträge bestimmen sich als Summe aus Löhnen und Gehältern, sozialen Abgaben sowie den Aufwendungen für Altersversorgung und können dem Posten Nr. 6 gem. § 275 Abs. 2 HGB entnommen werden. Weiterhin sind den Arbeitserträgen die Vergütungen an die Mitglieder des Aufsichtsrats, eines Beirats oder einer ähnlichen Einrichtung zuzuordnen.

Sofern in den Zuführungen zu Aufwandsrückstellungen gem. § 249 Abs. 2 HGB anteilige Personalaufwendungen enthalten sind, müsste eine – für den externen Analytiker ohne freiwillige Angaben allerdings nicht mögliche – Umgliederung dieser Bestandteile aus dem Posten »sonstige betriebliche Aufwendungen« zu den Arbeitserträgen vorgenommen werden.

Ein weiteres Problem kann sich aus dem Wahlrecht ergeben, den Zinsanteil in der Zuführung zu den Pensionsrückstellungen nicht unter dem Posten Nr. 6b »soziale Abgaben und Aufwendungen für Altersversorgung ...«, sondern unter dem Posten Nr. 13 »Zinsen und ähnliche Aufwendungen« auszuweisen, wobei jedoch eine entsprechende Anhangangabe zu erfolgen hat (vgl. z.B. BORCHERT, D., in: KÜTING/WEBER 1995, § 275 HGB, Rn. 61). Folglich kann auch bei dieser Ausweisform eine entsprechende Zuordnung des Zinsanteils zu den Arbeitserträgen vorgenommen werden.

Schließlich können in Einzelfällen auch in dem Posten »außerordentliche Aufwendungen« Bestandteile enthalten sein, die sachlich den Arbeitserträgen zuzuordnen sind, so z. B. Aufwendungen aufgrund eines Sozialplans wegen einer Betriebsschließung. Eine Korrekturmöglichkeit kann sich in solchen Fällen unter Umständen aus der Angabepflicht gem. § 277 Abs. 4 Satz 2 HGB ergeben.

Übersicht 66: Verteilungsrechnung

	Verteilungsrechnung	Posten des GKV oder sonstige Quellen
	Arbeitserträge:	
	Personalaufwand	Nr. 6a und b
+	Vergütungen an die Mitglieder des Aufsichtsrats, eines Beirats	§ 285 Nr. 9a und b HGB
	Gemeinerträge:	
	Steuern vom Einkommen und vom Ertrag	Nr. 18
+	sonstige Steuern	Nr. 19
+	eventuell offen von den Umsatzerlösen abgesetzte Verbrauchsteuern	Nr. 1
+	eventuell unter den sonstigen betrieblichen Aufwendungen ausgewiesene Betriebssteuern	(Anhang)
	Fremdkapitalerträge:	
	Zinsen und ähnliche Aufwendungen	Nr. 13
	Eigenkapitalerträge:	
±	Jahresüberschuss/Jahresfehlbetrag	Nr. 20
=	Unternehmenswertschöpfung	

Gemeinerträge

Die Gemeinerträge ergeben sich aus der Summe der Posten Nr. 18 »Steuern vom Einkommen und vom Ertrag« sowie Nr. 19 »sonstige Steuern«. Für die Ermittlung der sonstigen Steuern kann jedoch ein Rückgriff auf den Posten Nr. 19 des Gesamtkostenverfahrens nicht ausreichend sein. So wurde schon auf die Einbeziehung der Betriebssteuern unter den Posten »sonstige betriebliche Aufwendungen« hingewiesen. Weiterhin wird es in der Literatur für zulässig erachtet und teilweise in der Praxis auch so gehandhabt, bestimmte branchentypische Verbrauchsteuern, wie z.B. die Mineralöl-, Bier-, Tabak- und Branntweinsteuer, nicht unter dem Posten Nr. 19 auszuweisen, sondern sie offen von dem Posten »Umsatzerlöse« abzusetzen (vgl. FÖRSCHLE, G., in: Beck Bil-Komm. 2003, § 275 HGB, Rn. 66). In diesem Fall sind die offen von den Umsatzerlösen abgesetzten Verbrauchsteuern den unter dem Posten Nr. 19 ausgewiesenen sonstigen Steuern hinzuzurechnen.

Soweit auf freiwilliger Basis der Betrag der unter dem Posten »sonstige betriebliche Erträge« erfolgswirksam vereinnahmten Zuschüsse und Zulagen der Öffentlichen Hand angegeben wird, ist dieser als Abzugsposten innerhalb der Gemeinerträge zu berücksichtigen.

Fremdkapitalerträge

Als Fremdkapitalerträge sind die unter dem Posten »Zinsen und ähnliche Aufwendungen« auszuweisenden Aufwendungen anzusehen. Auf die Problematik des hier unter Umständen berücksichtigten Zinsanteils der Zuführung zu den Pensionsrückstellungen wurde bereits hingewiesen.

Als Eigenkapitalertrag ist schließlich der Posten »Jahresüberschuss/Jahresfehlbetrag« anzusehen, wobei jedoch alternativ auch die Möglichkeit besteht, die Ergebnisverwendungsrechnung zu berücksichtigen. *Eigenkapitalerträge*

2.4.3.3.1.2 Besonderheiten bei Verwendung des Umsatzkostenverfahrens

Konzeption

Kennzeichnend für das Umsatzkostenverfahren ist, dass die Aufwendungen des betrieblichen Bereichs nach Funktionsbereichen (Herstellung, Verwaltung, Vertrieb) aufgespalten werden und dass eine Angleichung der ausgewiesenen Aufwendungen an das Mengengerüst des Absatzes bzw. der Umsatzerlöse erfolgt. Da für die Ermittlung der Wertschöpfungsgröße unter anderem Informationen über die Höhe der Bestandsveränderungen an fertigen und unfertigen Erzeugnissen, den Wert der anderen aktivierten Eigenleistungen, den Materialaufwand, die Höhe der Abschreibungen sowie den Personalaufwand benötigt werden, ist das Umsatzkostenverfahren konzeptionell nicht als Grundlage von Wertschöpfungsrechnungen geeignet.

Rückgriff auf Bilanz- und Anhangangaben

Dieser Nachteil des Umsatzkostenverfahrens wird jedoch teilweise dadurch kompensiert, dass spezifische Angaben aus Bilanz und Anhang entnommen werden können. So können die Abschreibungen auf die immateriellen Vermögensgegenstände sowie auf das Sachanlagevermögen dem Anlagespiegel entnommen werden. Weiterhin können der Material- und der Personalaufwand des Geschäftsjahrs dem Anhang entnommen werden, wobei allerdings nur große Kapitalgesellschaften und Personenhandelsgesellschaften i. S. d. § 264a HGB dazu verpflichtet sind, auch beide Größen offen zu legen.

Unlösbare Probleme

Für den externen Bilanzanalytiker ergeben sich ohne freiwillige Angaben seitens des Unternehmens nicht zu lösende Probleme durch die Anwendung des Umsatzkostenverfahrens insbesondere in nachfolgenden Bereichen:

Andere aktivierte Eigenleistungen

(1) Ermittlung der Höhe der anderen aktivierten Eigenleistungen

Diese Größe kann ohne zusätzliche Informationen seitens des Unternehmens nicht durch den externen Bilanzanalytiker ermittelt werden.

Bestandsveränderungen

(2) Ermittlung der Höhe der Bestandsveränderung an fertigen und unfertigen Erzeugnissen

Zwar kann grundsätzlich die Höhe der Bestandsveränderung durch eine Differenzenbildung der betreffenden Bilanzposten (Aktiva B. I. 2 und 3) zu Beginn und Ende des Geschäftsjahrs ermittelt werden. Während sich für den Bilanzposten unfertige Erzeugnisse, unfertige Leistungen keine Schwierigkeiten ergeben, treten bei den fertigen Erzeugnissen Probleme auf, weil diese zusammen mit den Waren ausgewiesen werden. Da Bestandsveränderungen auf Waren dem Materialaufwand zuzurechnen sind, müsste für eine präzise Ermittlung der Bestandsveränderungen der fertigen Erzeugnisse dieser Bilanzposten in fertige Erzeugnisse und Waren aufgespalten werden können.

Sonstige Steuern

(3) Ermittlung der sonstigen Steuern

Bei Anwendung des Umsatzkostenverfahrens besteht für die so genannten Kosten- oder Betriebssteuern die Möglichkeit, diese entweder unter dem Posten »sonstige Steuern« gem. § 275 Abs. 3 Nr. 18 HGB auszuweisen oder aber den Funktionsbereichen Herstellung, Vertrieb und allgemeine Verwaltung zuzuordnen (vgl. WP-HANDBUCH 2000, Bd. I, Buchst. F, Rn. 518 und 530). Wird im Falle einer Zuordnung zu den Funktionsbereichen lediglich die Art des Ausweises im Anhang angegeben und erfolgt keine betragsmäßige Angabe, so kann der externe Analyst den Betrag der sonstigen Steuern nicht exakt ermitteln.

Zinsaufwendungen

(4) Ermittlung der Zinsaufwendungen

Analog zum alternativen Ausweis von Kosten- oder Betriebssteuern besteht grundsätzlich auch für die Zinsaufwendungen die Möglichkeit eines Ausweises unter dem Posten Nr. 12 gem. § 275 Abs. 3 HGB oder aber einer Zuordnung zu den Posten Nr. 2, 4 und 5 (vgl. ADLER/DÜRING/SCHMALTZ 1995, § 275 HGB, Rn. 249). Auch hier erfordert eine Ermittlung der Zinsaufwendungen eine betragsmäßige Angabe seitens des Unternehmens.

Sonstige betriebliche Aufwendungen

(5) Sonstige betriebliche Aufwendungen

Der Posten »sonstige betriebliche Aufwendungen« im Umsatzkostenverfahren umfasst üblicherweise jene Aufwendungen, die nicht den einzelnen Funktionsbereichen Herstellung, Verwaltung oder Vertrieb zugeordnet werden. Somit können, wie GRÄFER (H. 1994, S. 238) zutreffend ausführt, »wertschöpfungsrelevante Teile wie Gebühren, Beiträge usw. auf die einzelnen Funktionsbereiche verteilt sein, und deshalb nicht in die Vorleistungen einbezogen werden ...«.

Unübliche Abschreibungen

(6) Unübliche Abschreibungen auf Vermögensgegenstände des Umlaufvermögens

Im Gegensatz zum Gesamtkostenverfahren (vgl. § 275 Abs. 2 Nr. 7b HGB) sieht das Umsatzkostenverfahren keinen gesonderten Posten für diese Abschreibungen vor. Generell sind beim Umsatzkostenverfahren Abschreibungen auf Gegenstände des Umlaufvermögens (außer Wertpapiere) funktional unter den Posten Nr. 2, 4, 5 sowie 7 auszuweisen (vgl. BORCHERT, D., in: KÜTING/WEBER 1995, § 275 HGB, Rn. 143). Eine Aussonderung der unüblichen Abschreibungen bei der Ermittlung der ordentlichen betrieblichen Wertschöpfung ist somit auf der Grundlage des Umsatzkostenverfahrens nicht möglich.

Fazit

Die Ausführungen zeigen, dass die Durchführung der Wertschöpfungsrechnung auf der Grundlage des Umsatzkostenverfahrens mit größeren Ungenauigkeiten behaftet ist als die Durchführung auf der Grundlage des Gesamtkostenverfahrens. Inwieweit sich hieraus jedoch betragsmäßig relevante Abweichungen ergeben, kann nicht generell beantwortet werden. Ansonsten kann zur grundsätzlichen Vorgehensweise, unter Berücksichtigung der aufgeführten Besonderheiten, auf die in den Übersichten 65 und 66 dargestellten Ermittlungsschemata verwiesen werden. Die auf der Grundlage des Gesamtkostenverfahrens vorgenommenen Korrekturmaßnahmen sind gleichermaßen auf der Grundlage des Umsatzkostenverfahrens realisierbar, da die entsprechenden Angabepflichten unabhängig vom angewandten Gliederungsverfahren erfüllt werden müssen.

2.4.3.3.2 Anwendungsmöglichkeiten und Anwendungsprobleme

Analyseziele

Im Rahmen der externen wie internen Bilanzanalyse werden Wertschöpfungsgrößen als (Bestandteil von) Kennzahlen im Hinblick auf die verschiedensten Analyseziele ermittelt (vgl. hierzu auch Weber, H.K. 1999, Rn. 91 ff.), so z.B.

- für die Analyse der Einkommensverteilung,
- für die Beurteilung der Produktivität,
- als Maßgröße für die Leistungskraft eines Unternehmens,
- für den »Vergleich der betrieblichen Wertschöpfungsentwicklung mit der gesamtwirtschaftlichen Einkommensentwicklung« (Gräfer, H. 1994, S. 230),
- für die Ermittlung der Wertschöpfungsquote »zur Analyse der Fertigungstiefe« (Coenenberg, A.G. 2003, S. 1075),
- als Maß für Unternehmensgröße, -wachstum und -konzentration.

Ziel bestimmt Konzept der Wertschöpfung

Das zentrale Problem jeder Gesamtdarstellung zum Bereich Wertschöpfungsrechnung liegt darin begründet, sich für ein bestimmtes Konzept einer Wertschöpfungsrechnung bzw. einer Wertschöpfungsgröße entscheiden zu müssen, obwohl »Fragen zur Umgrenzung des Ermittlungsbereichs oder zur Anwendung von Ermittlungstechniken ... in ihrer Beantwortung abhängig vom verfolgten Rechnungsziel« (Wedell, H. 1976, S. 207) sind.

Exemplarisch sei auf die aussagezielabhängige Behandlung der Abschreibungen hingewiesen.

Bei den gemeinhin diskutierten Wertschöpfungsgrößen handelt es sich ganz überwiegend um Nettowertschöpfungsgrößen, d.h. Wertschöpfungsgrößen nach Abzug von Abschreibungen.

Betriebs- bzw. Unternehmens-größenmessung

Für Zwecke der Betriebsgrößen- bzw. Unternehmensgrößenmessung sowie der Wachstumsmessung sollte jedoch auf eine Wertschöpfungsgröße vor Abzug der Abschreibungen abgestellt werden. Diese Vorgehensweise erscheint insbesondere im Hinblick auf zwischenbetriebliche Vergleiche sinnvoll, um auf diesem Wege die Einflüsse einer personal- oder aber kapitalintensiven Leistungserstellung zu vermeiden. Denn der Einwand, dass der Automatisierungsgrad und die Personalintensität die Wertschöpfung des Unternehmens determinieren (vgl. WENZEL, B. 1978, S. 132), gilt in erster Linie für die Nettowertschöpfung.

Messung der Leistungskraft

Anders muss dagegen bei der Messung der Leistungskraft eines Unternehmens, verstanden als die Messung des »Wertauftriebs, der in einem Zeitraum auf der Grundlage fremdbezogener Ausgangswerte (Güter und Dienste) durch Maßnahmen und Tätigkeiten ... im Unternehmen herbeigeführt wurde« (WEDELL, H. 1976, S. 207), vorgegangen werden. Für diese Messung ist die Verwendung einer Nettowertschöpfungsgröße erforderlich, da ansonsten durch den Verzicht auf die Einbeziehung des Abschreibungsaufwands in die Wertschöpfungsgröße bestimmte Vorleistungen anderer Perioden und/oder Unternehmungen nicht eliminiert werden (vgl. POHMER, D./KROENLEIN, G. 1970, Sp. 1920).

Fazit

Die Ausführungen verdeutlichen, dass sich der Analyst nicht der Aufgabe entledigen kann, die in der Literatur diskutierten Berechnungsschemata einzelfall- und aussagezielbezogen zu modifizieren, will er nicht Gefahr laufen, Wertschöpfungsgrößen zu ermitteln und zu analysieren, die für die von ihm verfolgten Ziele nicht adäquat sind. Dies bedeutet zugleich, dass er in der Regel mit einem einzigen (starren) Schema nicht auskommen wird.

Im Vergleich zu dem klassischen Ansatz stellt die hier diskutierte erfolgsspaltungsorientierte Wertschöpfungsrechnung im Rahmen der erfolgswirtschaftlichen Bilanzanalyse ein vergleichsweise flexibles Instrument dar, dessen Flexibilität bspw. noch durch einen gesonderten Ausweis einer ordentlichen betrieblichen Wertschöpfungsgröße vor und nach planmäßigen handelsbilanziellen Abschreibungen erhöht werden könnte.

Auswirkungen der Internationali-sierung der Rechnungslegung

Mit der Internationalisierung der Rechnungslegung (vgl. hierzu auch 6. Abschn.) geht auch eine Veränderung der Rahmenbedingungen für die Wertschöpfungsanalyse einher. REINHART (A. 1999, S. 212 ff.) nennt als Hauptproblem die Tatsache, dass dem Analysten bei IAS-Abschlüssen häufig der Datenzugang zu bestimmten Positionen fehlt bzw. der Anteil an Mischpositionen, die aus einer höheren Datenaggregation als nach HGB resultieren, bei nach internationalen Vorschriften erstellten Jahresabschlüssen wesentlich höher ist. Aus den gleichen Gründen, d. h., aufgrund der im Vergleich zum HGB abweichenden Informationsvermittlungsanforderungen, ergeben sich auch bei der Aufstellung einer Verteilungsrechnung Ermittlungsprobleme für den externen Analysten. Es gilt also, dass die »IAS-Abschlußanalyse wesentlich umfangreicheren Unwägbarkeiten ausgesetzt wird, als dies bei einer externen Analyse von HGB-Abschlüssen der Fall ist« (REINHART, A. 1999, S. 215).

Merksätze:

1. Wertschöpfungsrechnungen werden als externes Informationsinstrument, daneben aber auch im Rahmen der internen und externen Bilanzanalyse, genutzt.
2. In der Betriebswirtschaftslehre existieren zahlreiche terminologisch und inhaltlich abweichende Definitionen der einzelwirtschaftlichen Wertschöpfungsrechnung.
3. Die aus der Wertschöpfungsrechnung abgeleitete Größe stellt gegenüber den traditionell (eigen-)kapitalorientierten Erfolgsgrößen eine erweiterte, umfassende Erfolgsgröße dar. Zu unterscheiden ist unter anderem zwischen der ordentlichen betrieblichen Wertschöpfung und einer erweiterten Wertschöpfungsgröße, der Unternehmenswertschöpfung.
4. Ausgangspunkt einer extern erstellten Wertschöpfungsrechnung ist grundsätzlich die veröffentlichte Gewinn- und Verlustrechnung. Im Rahmen der Entstehungsrechnung wird zunächst der Produktionswert ermittelt, von dem anschließend die Vorleistungen subtrahiert werden. Dabei bereitet die Eliminierung der nicht wertschöpfungsrelevanten Komponenten zum Teil erhebliche Probleme. Der so genannte Restbetrag wird in die ordentliche betriebsfremde und die außerordentliche Wertschöpfung aufgegliedert und leitet die ordentliche betriebliche Wertschöpfung in die Unternehmenswertschöpfung über.
5. Im Rahmen der Verteilungsrechnung ergibt sich die Unternehmenswertschöpfung als Summe aus Arbeits-, Gemein-, Fremdkapital- und Eigenkapitalerträgen.
6. Besondere Schwierigkeiten bereitet die Ermittlung der Wertschöpfungsgröße, wenn die Gewinn- und Verlustrechnung auf der Grundlage des Umsatzkostenverfahrens erstellt wird.
7. Um zu einer zieladäquaten Wertschöpfungsgröße zu gelangen, muss der Analytiker die zur Verfügung stehenden Berechnungsschemata einzelfall- und aussagezielbezogen modifizieren.

2.4.4 Break-Even-Analyse

2.4.4.1 Vorbemerkungen

Die Break-Even-Analyse (vgl. allgemein zur Break-Even-Analyse SCHWEITZER, M. 2002, S. 633 ff. mit zahlreichen weiteren Nachweisen) repräsentiert als Kosten- und Leistungsmodell im Rahmen einer betriebsanalytischen Vorausschaurechnung aus interner Sicht ein Instrument zur Abschätzung des kostenstrukturellen Risikos im leistungswirtschaftlichen Bereich (vgl. SCHÄR, J. 1923; SCHWEITZER, M./TROSSMANN, E. 1998; vgl. auch LORSON, P./SCHWEITZER, M. 2000, Rn. 1024 ff.). In Analogie hierzu kann sie als Aufwands- und Ertragsmodell auch bei der erfolgswirtschaftlichen Bilanzanalyse zur Diagnose der Ertragskraft eines Unternehmens aus externer Sicht zum Einsatz gelangen (vgl. COENENBERG, A. G. 1999, S. 274 ff.; LORSON, P. 1992; SCHULT, E. 2003, S. 96 f.).

2.4.4.2 Break-Even-Analyse als Kosten- und Leistungsmodell

2.4.4.2.1 Break-Even-Analyse im Einproduktunternehmen

Aufgabe

Die Break-Even-Analyse (= Cost-Volume-Profit-Analysis, Deckungspunkt- oder Gewinnschwellenanalyse bzw. Gewinnpunktrechnung) dient der Ermittlung desjenigen Punkts, an dem die Umsatzerlöse aller Erzeugnisse gleich den gesamten Periodenkosten sind. Dieser aus einer Kombination von Absatzmengen, Preisen und Kosten ermittelte Punkt wird als Break-Even-Point, (Vollkosten-)Deckungspunkt, Nutzschwelle, Gewinnschwelle oder als Toter Punkt bezeichnet. Er gibt die kritische Absatzmenge bzw. den kritischen Umsatz an, welche(n) ein Unternehmen mindestens erreichen muss, um bei gegebenen Marktpreisen und konstanten Grenzkosten in die Gewinnzone zu gelangen. Dabei knüpft die Break-Even-Analyse an die Grundsätze einer Deckungsbeitragsrechnung an.

Kennzahl Break-Even-Punkt

Im Einproduktunternehmen stellt sich eine Deckungspunktanalyse relativ problemlos dar, sofern die Kosten in beschäftigungsfixe und beschäftigungsabhängige Bestandteile aufgespalten worden sind. Formelmäßig errechnet sich die Kennzahl Break-Even-Punkt (x_{krit}) wie folgt (vgl. WÖHE, G. 2002, S. 1071 f.):

(a) Gewinn = 0

(b) Umsatz = Kosten

(c) Preis × Menge = variable Stückkosten × Menge + fixe Kosten

(d) Fixkosten = x_{krit} × (Preis ./. variable Stückkosten)

(F. 8.1)

$$x_{krit} = \frac{\text{Fixkosten}}{\text{Stückdeckungskosten}}$$

Die Bestimmungsgleichung F. 8.1 bringt zum Ausdruck, dass eine Unternehmung genau dann ihre gesamten Kosten durch die Umsatzerlöse deckt, wenn die Menge abgesetzt wird, die dem Quotienten aus fixen Kosten und Deckungsbeitrag je Absatzmengeneinheit entspricht. Diese kritische Absatzmenge ist allerdings bereits in einem Einproduktunternehmen nur unter restriktiven Voraussetzungen eindeutig bestimmbar (vgl. HEIGL, A. 1989, S. 128 f.; KERN, W. 1978, S. 373).

Übersicht 67: Varianten des Grundmodells der Break-Even-Analyse im Einproduktunternehmen

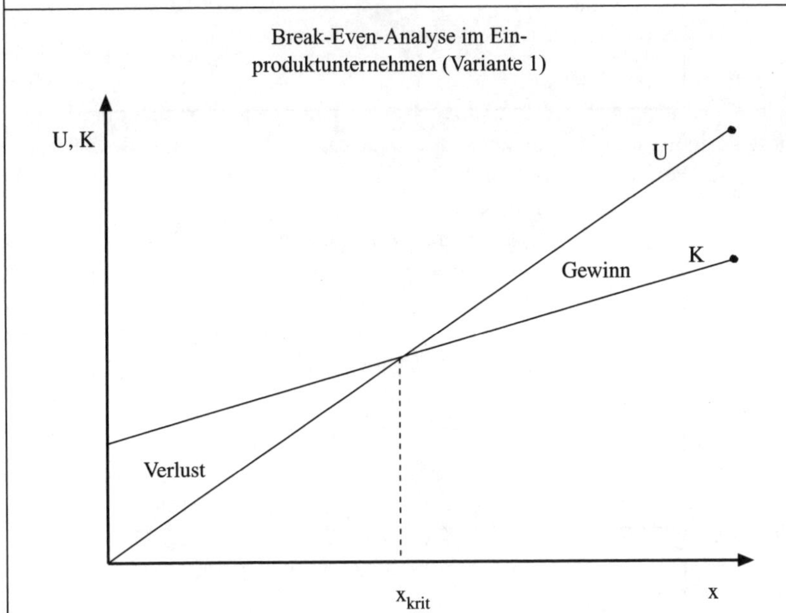

Übersicht 67: (Fortsetzung)

Break-Even-Analyse im Einproduktunternehmen (Variante 2)

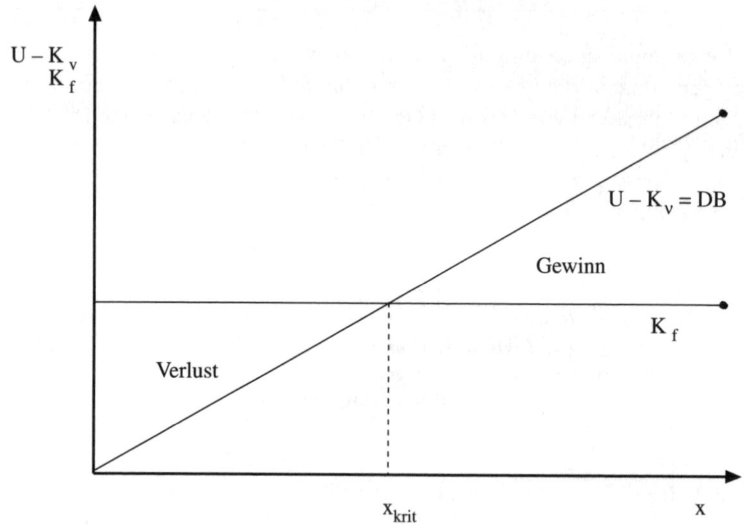

Break-Even-Analyse im Einproduktunternehmen (Variante 3)

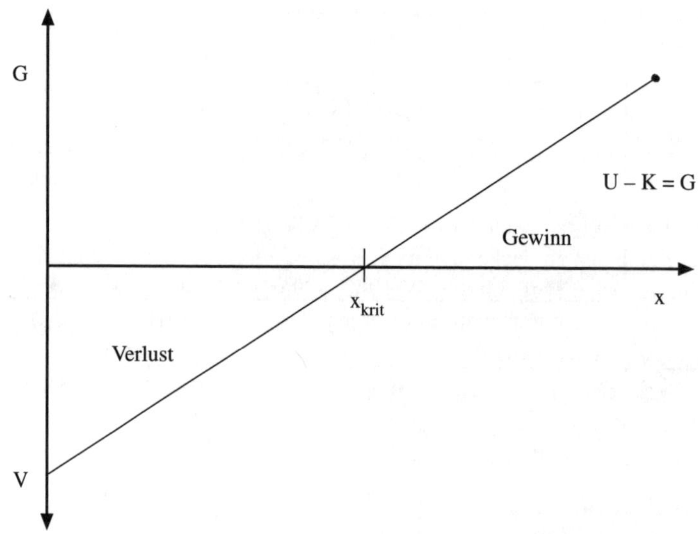

Graphisch lassen sich Break-Even-Analysen in den drei in Übersicht 67 wiedergegebenen gleichwertigen Varianten durchführen. Dabei entsprechen Variante 1, Variante 2 und Variante 3 den Gleichungen (b), (d) und (a). Das skizzierte Grundmodell kann in andere Formen der Berechnung kritischer Werte überführt werden (vgl. HABERSTOCK, L. 1982, S. 155 f.), von denen folgende hervorzuheben sind:

Sicherheitskoeffizient

(1) Es kann eine Sicherheitsspanne (-abstand oder -koeffizient) bestimmt werden, indem die Differenz zwischen der kritischen Absatzmenge und einer gegebenen, in der Gewinnzone liegenden Absatzmenge gebildet wird. Diese bringt quasi als ›Risikomaß‹ zum Ausdruck, welche Absatzmengen- bzw. Umsatzrückgänge ein Unternehmen verkraften kann, bevor es in die Verlustzone gerät (vgl. auch F. 8.4).

Unhealthy Point

(2) Durch Vorgabe eines auszuschüttenden Gewinns, der als additive Komponente der Fixkosten zu berücksichtigen ist, lässt sich der so genannte Unhealthy Point berechnen, welcher »den erforderlichen Mindestumsatz für jede volle Ausschüttung einer geplanten Dividende« (KERN, W. 1978, S. 374) repräsentiert.

2.4.4.2.2 Break-Even-Analyse im Mehrproduktunternehmen

In Mehrproduktunternehmen (vgl. etwa SCHWEITZER, M./TROSSMANN, E. 1998, S. 124 ff. und 173 ff.; LORSON, P./SCHWEITZER, M. 2000, Rn. 1030 ff.) stellen sich die der rechnerischen Bestimmung des Break-Even-Punkts zugrunde liegenden Gleichungen in Analogie zu (c) bzw. (d) wie folgt dar:

(e)	Summe der Umsätze nach Erzeugnisarten	=	Summe der nach Erzeugnissen differenzierten variablen Kosten + Fixkosten
(f)	Fixkosten	=	Summe der Deckungsbeiträge der jeweiligen Erzeugnisarten

Abweichende Berechnungsmethoden

Die Gleichung (f), nach der die Deckungsbeiträge aller Erzeugnisarten insgesamt gleich den zu deckenden fixen Kosten sein müssen, ist jedoch nicht mehr eindeutig lösbar (vgl. KILGER, W. 1962, S. 95 f.). Gleichwohl kann die kritische Absatzmenge dadurch bestimmt werden, dass durch Festhalten der Mengenrelationen des geplanten Absatzmixes über alle Erzeugnisarten hinweg ermittelte durchschnittliche Planpreise und proportionale Plankosten je Absatzmixmengeneinheit errechnet werden. Auf Basis dieser Vorgehensweise ist die kritische Absatzmenge (x^*_{krit}) wie folgt bestimmbar (vgl. KILGER, W. 2002, S. 560 f.):

(F. 8.2)

$$x^*_{krit} = \frac{\text{Fixkosten}}{\text{durchschnittlicher (fiktiver) Stückdeckungsbeitrag}}$$

Das gleiche Ergebnis kann auch dadurch gewonnen werden, dass auf den Umsatz abgestellt wird. Der Quotient aus fixen Kosten und der auf die Summe der Umsätze bezogenen Deckungsbeiträge der geplanten Absatzmengen ergibt dann den kritischen Umsatz ($Umsatz_{krit}$) (vgl. F. 8.3). Bei der so ermittelten Umsatzhöhe entsprechen die Umsatzerlöse den Fixkosten. Der Break-Even-Umsatz ergibt sich als Verhältnis aus Fixkosten und durchschnittlichem Deckungsbeitrag je Euro Umsatz.

(F. 8.3)

$$Umsatz_{krit} = \frac{\text{Fixkosten}}{\frac{\text{Summe der Erzeugnisartendeckungsbeiträge}}{\text{Gesamtumsätze}}}$$

Graphische Darstellung

Die Break-Even-Analyse lässt sich auch im Mehrproduktunternehmen graphisch durchführen. Übersicht 68 zeigt die zu Übersicht 67 analogen graphischen Ermittlungsweisen des Kostendeckungspunkts. Dabei wurde bei den mit 1 (2) indizierten Funktionen unterstellt, dass die Erzeugnisse in der Reihenfolge abnehmender (steigender) Deckungsbeiträge abgesetzt werden können. In Abhängigkeit der Absatzstruktur erhält man je einen kritischen Wert. Die beiden über den ›Optimistic Path‹ respektive den ›Pessimistic Path‹ ermittelten Werte liegen symmetrisch um den kritischen Wert, der sich ergibt, wenn man unterstellt, dass die Mengenstruktur des Absatzprogramms, wie sie sich am Ende der (Plan-)Periode darstellt, auch die typische intraperiodische Absatzstruktur repräsentiert. Die auf dieser Prämisse beruhenden Funktionen (›Central Paths‹) sind in der Darstellung der Varianten 1b (K*, U*), 2 (DB*) und 3 (G*) in Übersicht 68 enthalten.

Übersicht 68: Varianten des Grundmodells der Break-Even-Analyse im Mehrproduktunternehmen

Break-Even-Analyse im Mehrproduktunternehmen (Variante 1a)

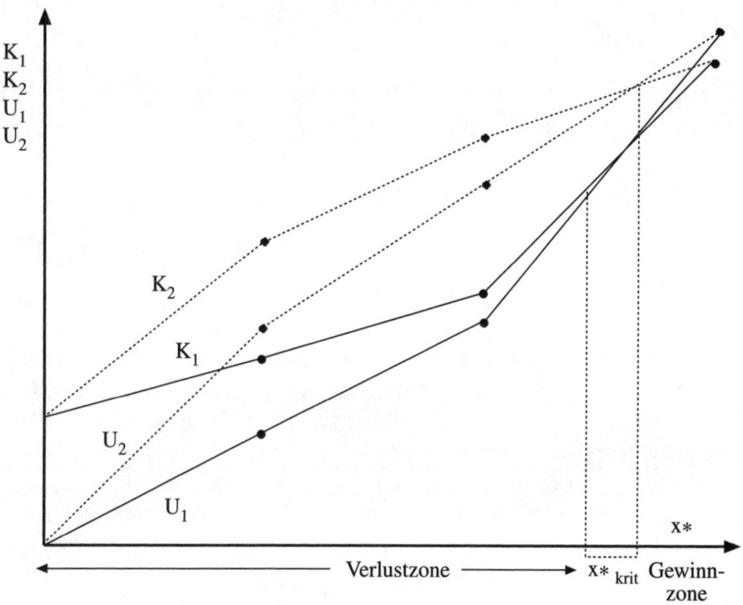

Break-Even-Analyse im Mehrproduktunternehmen (Variante 1b)

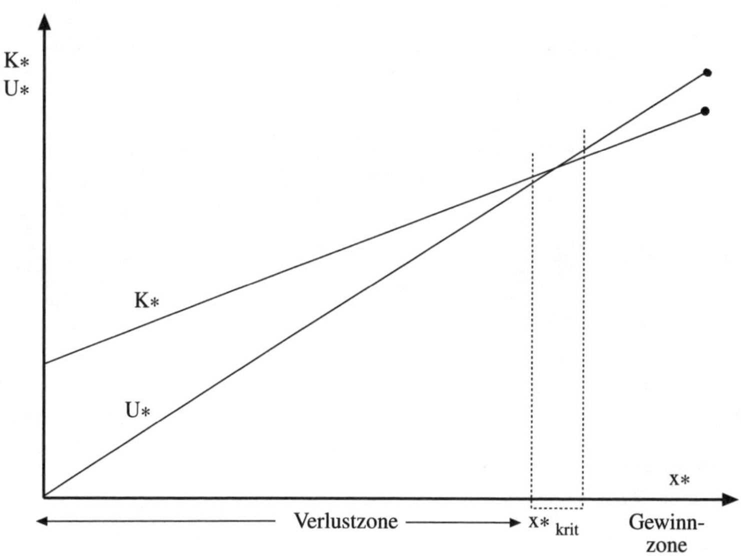

Übersicht 68: (Fortsetzung)

Break-Even-Analyse im Mehrproduktunternehmen (Variante 2)

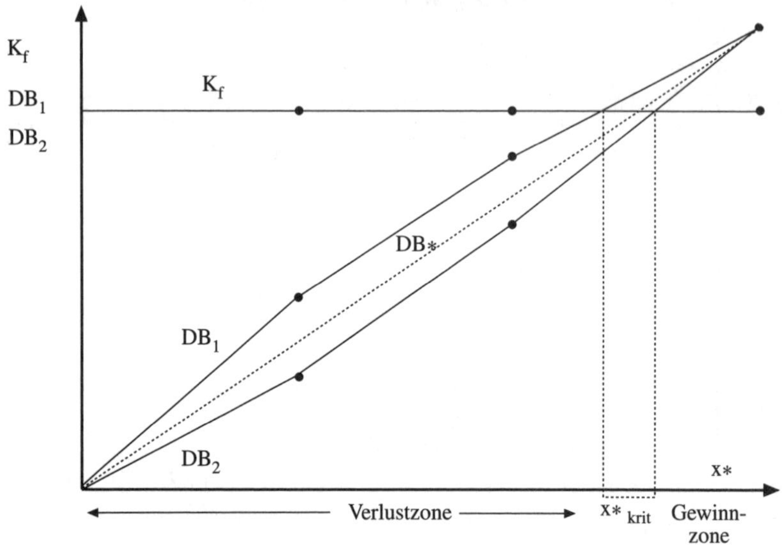

Break-Even-Analyse im Mehrproduktunternehmen (Variante 3)

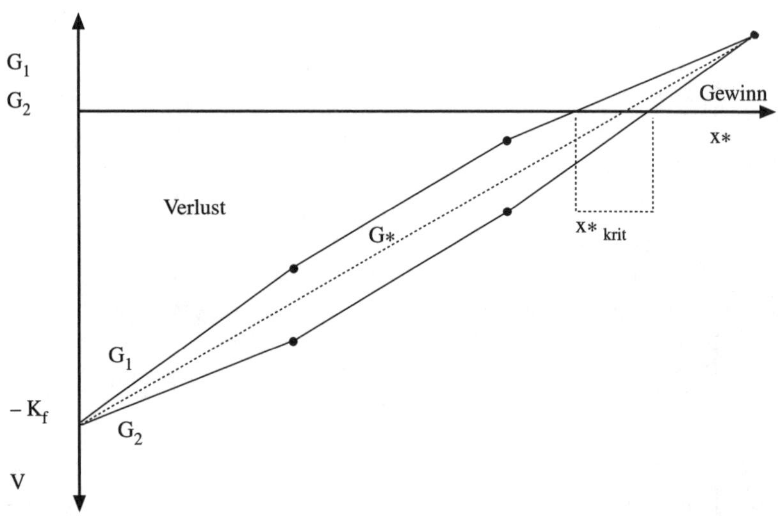

Sicherheitskoeffizient

Wie angedeutet, kann eine Break-Even-Analyse in (Ein- und) Mehrproduktunternehmen auch – nach zuvor bestimmter kritischer Umsatzhöhe – zur Überprüfung herangezogen werden, mit welcher Sicherheit davon ausgegangen werden kann, dass in der Planperiode tatsächlich ein Gewinn entsteht. Zu diesem Zweck wird der Sicherheitskoeffizient S (vgl. F. 8.4) errechnet, der zum Ausdruck bringt, um wie viel Prozent die (in Geldeinheiten ausgedrückte) geplante Absatzmenge ($Umsatz_{plan}$) in Form des Istabsatzes der betreffenden Periode ceteris paribus sinken kann (steigen muss), damit kein Verlust entsteht, sofern sich ein positiver (negativer) Wert für S ergibt. Der Sicherheitskoeffizient kann in gleicher Form ex post bestimmt werden, indem der Planumsatz durch den Istumsatz ersetzt wird.

(F. 8.4)

$$\text{Sicherheitskoeffizient} = \frac{\text{Umsatz}_{plan} \text{ ./. } \text{Umsatz}_{krit}}{\text{Umsatz}_{plan}} \times 100$$

Break-Even-Punkt-Erreichung

Eine sinnvolle Ergänzung findet die Berechnung der Sicherheitsspanne durch die laufende Kontrolle des Periodenabsatzes durch die Break-Even-Punkt-Erreichung (BEV) (vgl. REICHMANN, T. 2001, S. 160f.), die den bislang erzielten Istabsatz in Prozent des kritischen Absatzvolumens ausdrückt. Übersicht 69 zeigt ein Beispiel eines für die laufende Erfolgskontrolle konzipierten Charts.

(F. 8.5)

$$\text{BEV} = \frac{\text{kumulierter Istabsatz}}{\text{kritischer Absatz}} \times 100$$

Gewinnreagibilität

Weiterhin bietet es sich zur Ergänzung der Logik der Break-Even-Analyse an, als Risikogröße zusätzlich die Gewinnreagibilität zu ermitteln.

(F. 8.6)

$$\text{Gewinnreagibilität} = \frac{\text{Summe Deckungsbeiträge}}{\text{Gewinn}}$$

Dieser Koeffizient bringt zum Ausdruck, um wie viel Prozent sich das Ergebnis verändert, wenn das Absatzvolumen um 1 % steigt oder sinkt. Jedoch sind die so ermittelten Werte nur bei geringfügigen Absatzänderungen aussagekräftig. Verändert sich die Absatzmenge bspw. um 10 %, dann steigen bei konstanter Absatzstruktur und konstanten Kapazitäten (= Fixkosten) Nenner und Zähler um den gleichen absoluten Betrag, während die relative Veränderung der Zählergröße hinter der der Nennergröße zurückbleibt. Denn in der Gewinnzone wächst der Gewinn relativ schneller als die kumulierten Deckungsbeiträge, was in einer niedrigeren Gewinnreagibilität zum Ausdruck kommt. Folglich bringen niedrige positive Werte dieser Kennzahl ein geringes leistungswirtschaftliches Risiko zum Ausdruck.

Übersicht 69: Beispiel eines Kontroll-Charts zur Break-Even-Punkt-Erreichung

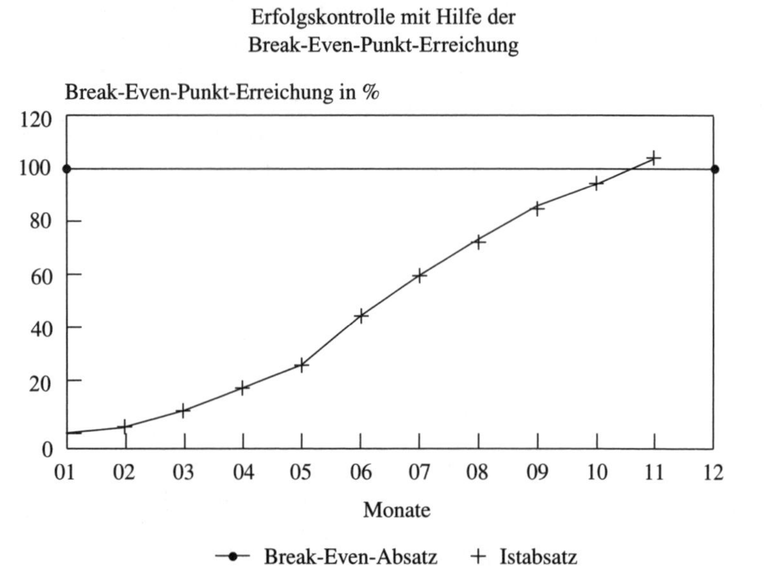

2.4.4.3 Break-Even-Analyse als Aufwands- und Ertragsmodell

2.4.4.3.1 Vorbemerkungen

Externe Erfolgsanalyse

Die Bilanzanalyse repräsentiert eine Methode zur Informationsverarbeitung mit dem Ziel, Jahresabschlüsse in Hinblick auf bestimmte Informationsziele eines oder mehrerer Unternehmen aufzubereiten und interpretierend zu beurteilen. Diesbezüglich kommt der Break-Even-Analyse die Aufgabe zu, einen quantitativen Einblick in die Ertragslage eines Unternehmens zu ermöglichen (quantitative, externe erfolgswirtschaftliche Jahresabschlussanalyse). Die Möglichkeiten und Grenzen dieses Instruments zur Abschätzung des leistungswirtschaftlichen Risikos in Mehrproduktunternehmen sollen am Beispiel von zwei alternativen Ermittlungsschemata erörtert werden. Ziel ist es jeweils, eine Gewinnschwelle aus den Angaben eines Geschäftsberichts zu approximieren. Dies ist im Rahmen der Bilanzanalyse insbesondere dann relevant, wenn während des laufenden Geschäftsjahrs Umsatzzahlen monatlich veröffentlicht werden. Denn dann kann der externe Analytiker unter Rückgriff auf die für das Vorjahr bestimmte Gewinnschwelle sowohl die monatsbezogenen Sicherheitskoeffizienten (durch Erweiterung mit 1/12) bestimmen, als auch die Break-Even-Punkt-Erreichung verfolgen (vgl. F. 8.4 und F. 8.5).

Umsatzabweichung

Werden keine monatlichen Umsatzzahlen bekannt gegeben, so verbleibt dem Externen alternativ die Möglichkeit der Berechnung der Umsatzabweichung.

(F. 8.7)

$$\text{Umsatzabweichung} = \frac{\text{Umsatz}_{\text{Ist}} \text{ ./. } \text{Umsatz}_{\text{krit}}}{\text{Umsatz}_{\text{krit}}} \times 100$$

Bei einer positiven Umsatzabweichung ist folgende Schlussfolgerung zu ziehen: Die zukünftige Gewinnerwirtschaftung ist umso nachhaltiger einzuschätzen, je höher der Betrag der Umsatzabweichung ist.

2.4.4.3.2 Varianten der Ermittlung des Break-Even-Punkts

Variante 1: Variable Kosten

Die folgenden Erörterungen der Alternativen zur Bestimmung des Break-Even-Punkts basieren auf einer nach dem Gesamtkostenverfahren erstellten Gewinn- und Verlustrechnung. Die Variante 1 der als externes Aufwands- und Ertragsmodell im Rahmen der erfolgswirtschaftlichen Bilanzanalyse zu realisierenden Break-Even-Analyse beruht auf dem Kerngedanken, die variablen Kosten durch den korrigierten Materialaufwand zu approximieren. Dazu ist der im Gesamtkostenverfahren ausgewiesene Materialaufwand um diejenigen angabepflichtigen Komponenten zu bereinigen, die keinesfalls den Charakter variabler Kosten aufweisen. So sind z. B. die hierin enthaltenen steuerrechtlich bedingten Abschreibungen auf das Vorratsvermögen, sofern auf deren Ausweis im Sonderposten mit Rücklageanteil verzichtet wurde, gegen den ausgewiesenen Materialaufwand aufzurechnen. Diese Korrektur erweist sich einerseits aus Gründen der somit gegenüber der Ausweistechnik invarianten Ermittlung von Gewinnschwellen grundsätzlich als sachgerecht, andererseits misslingt der Versuch, eine Rechengröße Materialaufwand zu gewinnen, die eine echte Teilmenge der tatsächlichen variablen Kosten darstellt. Denn in der Regel enthält der so bestimmte Materialaufwand auch Aufwendungen des neutralen Bereichs.

Fixkosten

Alle verbleibenden betriebsbedingten Aufwendungen repräsentieren als Restaufwand die Fixkosten. Im Einzelnen handelt es sich um folgende Posten des Gesamtkostenverfahrens: Personalaufwendungen, Abschreibungen auf die immateriellen Vermögensgegenstände und das Sachanlagevermögen (korrigiert um die steuerrechtlichen Mehrabschreibungen), sonstige betriebliche Aufwendungen ohne Liquidations- und Bewertungsverluste sowie sonstige Steuern.

Hierauf aufbauend ist der kritische Umsatz ($\text{Umsatz}_{\text{krit}}$) analog zu Formel F. 8.3 zu bestimmen:

(F. 8.8)

$$\text{Umsatz}_{\text{krit}} = \frac{\text{Restaufwand}}{1 \text{ ./. } \dfrac{\text{Materialaufwand}}{\text{Umsatz}}}$$

Variante 2

Wesentlich einfacher gestaltet sich die Berechnung des kritischen Umsatzes nach der Variante 2, die auf eine Kostenspaltung verzichtet. Demnach sind die gesamten betriebsbedingten Aufwendungen als Summe der unkorrigierten Posten Nr. 5 bis 8 sowie Nr. 19 der Gewinn- und Verlustrechnung nach dem Gesamtkostenverfahren zu bestimmen. Diese sind – entsprechend der der Break-Even-Punkt-Berechnung zugrunde zu legenden Ausgangsgleichung (b) – betragsmäßig gleich der kritischen Umsatzhöhe.

2.4.4.3.3 Grundsätzliche Überlegungen zur Lage der Break-Even-Punkte

Beurteilung der Variante 2

Im Folgenden wird untersucht, wie die geschätzte Gewinnschwelle gegenüber der ›wahren‹ des zu approximierenden Kosten- und Leistungsmodells systematisch verzerrt wird. Dabei erweist sich vom Grundsatz her die Beurteilung der Variante 2 als relativ einfach. Es ist lediglich einzelfallbezogen überschlägig zu prüfen, ob die Gesamtkosten größer oder kleiner sind als die betriebsbedingten Aufwendungen. Denn Letztere enthalten keine kalkulatorischen Kosten, wohl aber den nicht als Kosten verrechneten Zweckaufwand sowie zum Teil neutrale Aufwendungen. Kommt man zu dem Ergebnis, dass vermutlich die zugrunde gelegten betriebsbedingten Aufwendungen die Gesamtkosten übersteigen, dann wird der Break-Even-Umsatz zu hoch geschätzt. In diesem Fall kann man aus positiven Werten der Umsatzabweichung auf ein geringes leistungswirtschaftliches Risiko schließen. Im umgekehrten, wahrscheinlicheren Fall (Kosten > Aufwendungen) sollte den Ergebnissen der Break-Even-Analyse mit großer Vorsicht begegnet werden, denn dann wird der durch den Umsatz zu deckende Fixkostenbetrag zu niedrig, d.h. bilanzanalytisch unvorsichtig, geschätzt.

Prämissen zur Beurteilung der Variante 1

Die Beurteilung der Lage des Break-Even-Punkts bei Variante 1 stellt sich weitaus schwieriger dar. Dazu sollen zunächst einige Prämissen gesetzt werden:

(1) Der in der Formel F. 8.8 verwendete Umsatz (U) entspricht betragsmäßig der kostenrechnerischen Umsatzgröße (Leistungen). Diese Prämisse erscheint relativ unproblematisch. Jedoch ist zu beachten, dass auch der Inhalt des Postens Nr. 1 nach § 275 Abs. 2 HGB komplex sein kann und nicht nur die aus dem Verkauf von Fertigerzeugnissen und Handelswaren erzielten (kostenrechnerisch als Leistungen zu betrachtenden) Erlöse umfasst (vgl. Borchert, D., in: Küting/Weber 1995, § 275 HGB, Rn. 32).

(2) Die Summe aus Materialaufwand (MA) und Restaufwand (RA) der Gewinn- und Verlustrechnung ist betragsmäßig gleich der Summe der in der Kostenrechnung erfassten Gesamtkosten. Diese Prämisse wird in der Regel verletzt sein. Denn die betrieblich bedingten Aufwendungen enthalten einerseits z.B. keine kalkulatorischen Kosten, wie kalkulatorische Abschreibungen, Eigenkapitalzinsen, Wagniskosten, Mietkosten usw. Andererseits können – gegebenenfalls in beträchtlichem Umfang – in den Material- und Restaufwendungen auch solche Aufwendungen enthal-

ten sein, die dem neutralen Bereich zuzurechnen sind. Somit ergibt sich grundsätzlich abweichend von der gesetzten Prämisse folgende Ausgangssituation: Übersteigt die Summe der nicht zu berücksichtigenden neutralen Aufwendungen die Summe der zu berücksichtigenden kalkulatorischen Kosten, wird der Break-Even-Umsatz bilanzanalytisch zu vorsichtig bzw. zu hoch geschätzt und umgekehrt.

(3) Der korrigierte Materialaufwand als Schätzwert der variablen Kosten liegt grundsätzlich unter dem Betrag der variablen Kosten, da er die direkten Fertigungslöhne bspw. unbeachtet lässt. Folglich weicht er in Abhängigkeit der Fertigungstiefe und der individuellen Unternehmenssituation von der zu schätzenden Größe um einen absoluten Betrag A nach unten ab. Damit wird der Fall ausgeschlossen, dass die neutralen Komponenten des Materialaufwands die direkten Fertigungslohnkosten übersteigen.

Kombination der Prämissen

Aus einer Kombination der Prämissen (2) und (3) ergibt sich aufbauend auf Formel F. 8.8 folgende Ausgangssituation der Gewinnschwellenberechnung, wobei K_v die gesamten variablen und K_f die gesamten fixen Kosten bezeichnen und K_v ./. A bzw. K_f + A den Materialaufwand respektive den Restaufwand repräsentieren.

(F. 8.9)

$$\text{Umsatz}_{\text{krit}} = \frac{K_f + A}{1 \;./.\; \dfrac{K_v \;./.\; A}{U}} = \frac{U \times (K_f + A)}{U \;./.\; K_v + A}$$

Eine genauere Betrachtung zeigt zunächst, dass sich für den kritischen Umsatz aufgrund der praktisch relevanten Nennerkonstellationen ($U > K_v + A$) positive Werte ergeben. Weiterhin ist zu konstatieren, dass die zu geringe Schätzung der variablen Kosten durch den Materialaufwand den Divisor und zugleich den Zähler erhöht. Das Ausmaß der Gesamtwirkung variiert jedoch mit der individuellen Kostenstruktur als dem Verhältnis von variablen zu fixen Kosten des zu analysierenden Unternehmens. Die Ausgangsdaten einer überschlägigen Abschätzung des Kostenstruktureinflusses zeigt Übersicht 70. Dabei werden die Gesamtkosten jeweils konstant mit 100 und A mit 10 (= direkter Fertigungslohnkostenanteil an den Gesamtkosten von 10 %) angenommen. Setzt man weiterhin für den Umsatz alternativ 120, 150, 200, 300 und 400 ein, so ergibt sich, dass die Schätzung des Kostendeckungspunkts von dem ›wahren‹ Break-Even-Punkt um 2,3 % bis 45,6 % abweicht.

Übersicht 70: Alternativ zugrunde gelegte Kostenstrukturen

K_f	20	30	40	50	60	70	80
K_v	80	70	60	50	40	30	20
RA	30	40	50	60	70	80	90
MA	70	60	50	40	30	20	10

Ergebnisse

Verallgemeinernd lassen sich folgende Schlussfolgerungen ziehen:

(1) Bei betragsmäßig hohen Umsatzwerten, die die Gesamtkostensumme übersteigen, nimmt der Schätzfehler zu. Folglich wird die Güte der Schätzung bei Unternehmen, die hohe Jahresüberschüsse erwirtschaften, einerseits zwar betragsmäßig wesentlich schlechter, andererseits jedoch bilanzanalytisch wesentlich vorsichtiger sein als bei solchen Unternehmen, die weniger profitabel im abgelaufenen Geschäftsjahr gewirtschaftet haben. Das Urteil des die Break-Even-Analyse verwendenden Analytikers muss also auf ein geringes leistungswirtschaftliches Risiko lauten, sofern der kritische Umsatz kleiner als die ausgewiesenen Umsatzerlöse ist (Fall A). Hingegen kann er sich kein spontanes Urteil erlauben, wenn der Break-Even-Umsatz nicht erreicht wird (Fall B).

(2) Der Fehler fällt umso geringer aus, je höher der Fixkostenanteil an den Gesamtkosten ist. Daraus resultiert, dass die Schätzung des Deckungspunkts durch die in der Praxis zu verzeichnende Abnahme des Anteils variabler Kosten begünstigt wird. Für den angesprochenen Fall A (Gewinnzone erreicht) kann bei zusätzlicher Unterstellung eines geringen Fixkostenanteils die Schlussfolgerung gezogen werden, dass die Gewinnschwelle viel zu hoch geschätzt wird. Demgegenüber ist für den Fall B (Gewinnzone verfehlt) davon auszugehen, dass sich bei einem hohen Fixkostenanteil die geschätzte Gewinnschwelle in relativer Nähe der tatsächlichen befindet.

Zugleich ist aus der Formel F. 8.9 ersichtlich, dass die Lage des errechneten Break-Even-Umsatzes sich mit der Höhe der (als variable Kosten zu betrachtenden, aber im Materialaufwand unberücksichtigten) direkten Fertigungslohnhöhe verändert. Je geringer ceteris paribus die Lohnquote liegt, umso geringer wird der Schätzfehler et vice versa.

Die Richtung der hier interessierenden Verzerrung kann sich dann umkehren, wenn für den Umsatz Werte eingesetzt werden, die unter den Gesamtkosten liegen. So unterschätzt man bei Unterstellung der in Übersicht 70 wiedergegebenen Kostenstrukturen und für U = 90 den ›wahren‹ Break-Even-Punkt um 1,5 % (relativ hoher Fixkostenanteil) bis 25 % (relativ geringer Fixkostenanteil).

Beurteilung der Variante 1

Zusammenfassend lässt sich in Bezug auf die Eignung der Variante 1 als Instrument der erfolgswirtschaftlichen Break-Even-Analyse unter den hier gesetzten Prämissen keine eindeutige, d. h. keine allgemein gültige, Aussage treffen. Vielmehr sind folgende Fälle zu unterscheiden:

(1) Übersteigen die in die Rechnung einfließenden neutralen Aufwendungen die kalkulatorischen Kosten in ihrer Summe, wird der Break-Even-Umsatz zu hoch und somit zu vorsichtig bestimmt. Diese systematische Verzerrung wird tendenziell dann verstärkt, wenn die variablen Kosten durch den Materialaufwand zu niedrig geschätzt werden. Folglich wird in zahlreichen Fällen die prozentuale Zunahme des Dividenden höher sein als diejenige des Divisors. Dann tritt der Fall ein, dass kein leistungswirtschaftliches Risiko bestehen muss, obwohl bilanzanalytisch der Break-Even-Punkt nicht erreicht wird.

(2) Ist hingegen die Differenz aus neutralen Aufwendungen und kalkulatorischen Kosten negativ, wird die Gewinnschwelle zu optimistisch/niedrig geschätzt, während die Unterschätzung der variablen Kosten durch den Materialaufwand diese Wirkung insbesondere bei hohen durchschnittlichen Stückdeckungsbeiträgen und direkten Fertigungslohnanteilen an den Produktkosten überkompensieren kann. Gleichwohl darf nicht stillschweigend in jedem Fall von einer (Über-)Kompensation ausgegangen werden.

Notwendige Vorinformation

Somit ist dem externen Analytiker zu empfehlen, unternehmensspezifisch folgende Fragen zu beantworten, bevor eine Schätzung der Gewinnschwelle im Rahmen einer erfolgswirtschaftlichen Bilanzanalyse nach der Variante 1 vorgenommen wird:

(1) Welche Bedeutung kommt vermutlich den neutralen Aufwendungen zu?

(2) Von welchem Fixkostenanteil ist auszugehen?

(3) Wie hoch sind die durchschnittlichen Gewinnspannen der betrachteten Branchen?

(4) Welchen durchschnittlichen Anteil haben die direkten Fertigungslöhne an den Produktkosten?

Errechenbare Gewinnschwelle: nur grober Schätzwert

In jedem Fall ist zu berücksichtigen, dass selbst für günstig vermutete Konstellationen die errechenbare Gewinnschwelle lediglich einen groben Anhaltspunkt bezüglich der Lage des ›wahren‹ Break-Even-Punkts liefern kann. Dies ergibt sich bereits aus den allgemeinen Prämissen der Break-Even-Analyse, die insbesondere bei Mehrproduktunternehmen Interpretationsschwierigkeiten mit sich bringen und die somit zugleich den Nutzen relativieren, den ein externer Analytiker aus der Ermittlung des Break-Even-Punkts und darauf aufbauender Kennzahlen ziehen kann.

2.4.4.3.4 Zahlenbeispiel

Ergebnisse

Führt man die Berechnung des Break-Even-Punkts auf der Grundlage der Varianten 1 und 2 anhand eines fiktiven Geschäftsberichts durch, so kann sich ein Resultat wie das in Übersicht 71 gezeigte ergeben (vgl. weiterhin zu einem Zahlenbeispiel für eine Break-Even-Analyse in Mehrproduktunternehmen MENSCH, G. 1999, S. 242 ff.). Dabei führt Variante 1 jeweils zu einem höheren Kostendeckungspunkt als Variante 2. Zugleich ist es unmöglich, die Lage des ›wahren‹ Break-Even-Punkts abzuschätzen, da im gewählten Beispiel der alle Interpretationen zulassende Fall der Nichterreichung der Gewinnschwelle eingetreten ist.

Variante 1

Es lässt sich für Variante 1 nur ausführen, dass bei übereinstimmender Höhe der Summe aus Restaufwand und Materialaufwand sowie der Gesamtkosten aufgrund der in Bezug auf die gesamten betriebsbedingten Aufwendungen (= Gesamtkosten) niedrigen Umsatzgröße der ›wahre‹ Break-Even-Punkt unterschätzt wird. Diese systematische Komponente wird dadurch verstärkt, dass der Anteil der variablen Kosten relativ hoch ist. Dem wirkt, multiplikatorisch verstärkt durch die absolute Höhe der Umsätze, entgegen, dass der Anteil der Personalaufwendungen an den Gesamtaufwendungen bei ca. 15 % liegt. Welcher Prozentsatz hiervon auf die direkten Fertigungslohnkosten, die als variable Kosten den Materialaufwand erhöhen müssten, entfällt, kann ergänzend z. B. aus dem Verhältnis von Arbeitern zu Angestellten geschätzt werden.

Variante 2

Bei der Beurteilung des Ergebnisses von Variante 2 ist zu bedenken, dass in den insgesamt berechneten betriebsbedingten Aufwendungen auch neutrale Aufwendungen enthalten sein können, die bei Variante 1 eliminiert werden. Sofern diese die nicht aufwandsgleichen Teile der Gesamtkosten übersteigen, liegt die ermittelte Gewinnschwelle über der ›wahren‹. Andernfalls wird die Gewinnschwelle zu niedrig geschätzt.

Übersicht 71: Break-Even-Analyse am Beispiel eines fiktiven Einzelabschlusses

Posten der GuV	Variante 1		Variante 2	
	02	01	02	01
Materialaufwand	5656,6	6059,6	5656,6	6059,6
Personalaufwand	1173,5	1133,2	1173,5	1133,4
Abschreibungen	korr. 186,4	163,7	201,2	199,6
so. betr. Aufwand	korr. 707,4	689,1	717,6	700,6
so. Steuern	15,7	15,0	15,7	15,0
Break-Even-Umsatz	7826,4	8141,3	7764,6	8108,0
Umsatzabweichung	– 5,3%	– 1,3%	– 1,8%	– 0,91%

Keine Bevorzugung einer Variante

Insgesamt kann keiner der Varianten zur Bestimmung des Break-Even-Punkts der Vorzug gegeben werden. Insofern erscheint es gleichrangig, nach welcher der beiden Varianten ein externer Analytiker den Break-Even-Punkt errechnet. Gleichwohl können sich hieraus im Ergebnis zum Teil gravierende Unterschiede ergeben. Denn nach Variante 2 befindet sich das betrachtete Unternehmen in beiden betrachteten Perioden in der Nähe der Gewinnschwelle, während sich seine Situation nach Variante 1 deutlich verschlechtert hat. Aber es erscheint theoretisch weniger angreifbar, auf die vorgeschlagene Aufwandsspaltung in fix und variabel zu verzichten und nach näherer Betrachtung relevanter Einflussfaktoren (z. B. Höhe der neutralen Aufwendungen, des Umfangs des Lagerauf- und -abbaus sowie der organisatorischen Veränderungen) das gefundene Ergebnis einzuordnen.

2.4.4.4 Schlussbemerkungen

Der Grundgedanke von Break-Even-Analysen, den Wert zu ermitteln, von dem an eine Unternehmung voraussichtlich einen Gewinn erzielt, ist augenscheinlich von großer Relevanz für die Praxis. So können die anschaulichen, komplexe Zusammenhänge simplifizierenden Break-Even-Analysen in der praktischen Anwendung vielfältig ausgestaltet und durch (ihrer Logik folgende) Kennzahlen ergänzt werden. Da deren Verwendung bereits in Einproduktunternehmen bei interner Ermittlung restriktiven Voraussetzungen unterliegt, sollte ihre Interpretation im Rahmen der erfolgswirtschaftlichen Bilanzanalyse mit besonderer Vorsicht erfolgen, da keine eindeutige Aussage über die Güte der vorgeschlagenen Varianten gemacht werden kann. Somit ist auch vor einer zu optimistischen Nutzung des ermittelbaren Sicherheitskoeffizienten bzw. der Umsatzabweichung zu warnen.

Auswirkungen der Internationalisierung der Rechnungslegung

Mit Anwendung internationaler Rechnungslegungsvorschriften (vgl. hierzu auch 6. Abschn.) kommt es auch zu im Vergleich mit einem HGB-Abschluss anderen Anforderungen an die Informationsbereitstellung. Die ohnehin schon bestehende Schwierigkeit bei der Trennung der fixen und variablen Kosten wird bei einem internationalen Abschluss noch verstärkt, weil hier bspw. bei Anwendung des UKV keine Angabepflicht für den Materialaufwand vorliegt und somit wichtige Informationen für eine Aufspaltung der Kosten durch einen externen Analysten fehlen (vgl. REINHART, A. 1999, S. 215 f.).

Merksätze:

1. Im Rahmen der Break-Even-Analyse erfolgt die Ermittlung desjenigen Punkts, an dem die Umsatzerlöse aller Erzeugnisse gleich den gesamten Periodenkosten sind. Der ermittelte Punkt wird als Break-Even-Point bezeichnet und gibt die kritische Menge bzw. den kritischen Umsatz an, welche(n) ein Unternehmen mindestens erzielen muss, damit es bei ge-

gebenen Marktpreisen und konstanten Grenzkosten keinen Verlust erwirtschaftet.

2. Während der Break-Even-Point (x_{krit}) schon im Einproduktunternehmen nur unter restriktiven Voraussetzungen eindeutig bestimmbar ist, kann der kritische Umsatz im Mehrproduktunternehmen nur unter zusätzlichen Prämissen, die das Absatzmix betreffen, ermittelt werden.
3. Durch die Ermittlung eines Sicherheitskoeffizienten, der Break-Even-Punkt-Erreichung sowie der Gewinnreagibilität erfährt die Break-Even-Analyse eine sinnvolle Ergänzung.
4. Die Break-Even-Analyse findet als Aufwands- und Ertragsmodell auch im Rahmen der externen erfolgswirtschaftlichen Bilanzanalyse zur Beurteilung der Ertragslage anhand der Angaben des Geschäftsberichts Anwendung. Dabei wird in einer ersten Variante versucht, die zur Bestimmung des kritischen Umsatzes erforderliche Kostenspaltung in variable und fixe Kosten durch den korrigierten Materialaufwand und den Restaufwand zu approximieren. Die zweite Variante verzichtet auf eine Kostenspaltung und geht von jener kritischen Umsatzhöhe aus, die sich als Summe der unkorrigierten betriebsbedingten Aufwendungen der Gewinn- und Verlustrechnung ergibt.
5. Die Interpretation der Break-Even-Analysen sollte im Rahmen der erfolgswirtschaftlichen Bilanzanalyse mit besonderer Vorsicht erfolgen, da keine eindeutige Aussage über die Güte der Varianten 1 und 2 getroffen werden kann.

2.5 Beurteilung der Erfolgsanalyse

Grenzen der Erfolgsanalyse

Die Ausführungen dürften verdeutlicht haben, dass einer aussagefähigen Erfolgsanalyse wesentliche Hindernisse entgegenstehen. Wer glaubte, dass mit Umsetzung der 4. EG-Richtlinie in diesem Zusammenhang Verbesserungen eintreten, sieht – insgesamt betrachtet – seine Erwartungen nicht erfüllt. Im Gegenteil: Es haben sich sogar Verschlechterungen ergeben.

Fehlinterpretationen

Dem Bemühen des externen Analytikers, den wahren (tatsächlichen) oder den ›betriebswirtschaftlich richtigen‹ Jahreserfolg zu ermitteln, sind nach wie vor grundlegende Grenzen gesetzt. Daher ist der These von ZIOLKOWSKI (U. 1990, S. 188) zuzustimmen, »daß der absolut ›richtige‹ Erfolg, d.h. die ›blaue Blume‹ des Finanzanalysten, für aktive Unternehmen nicht gefunden werden kann«, auch wenn der Analyst sich mit den ausgefeiltesten Sonderrechnungen darum bemüht. Im Gegenteil: Diese Sonderrechnungen können unter Umständen bei einem ungeschulten Adressaten den irrigen Eindruck erwecken, den richtigen Erfolg ermittelt zu haben, und können dann zu Fehlinterpretationen verleiten.

3. Abschnitt
Neuere Ansätze der Bilanzanalyse

1. Bilanzanalyse mit Hilfe der statistischen Verfahren der Diskriminanzanalyse

1.1 Einführung

Historischer Abriss

Obgleich die Diskriminanzanalyse üblicherweise den neueren Ansätzen der Bilanzanalyse zugerechnet wird, kann die Nutzbarmachung mathematisch-statistischer Verfahren für die Bilanzanalyse – zumindest in den USA – auf eine vergleichsweise lange Tradition zurückblicken (vgl. Rösler, J. 1986, S. 41 ff.). So erfolgten erste einfache Untersuchungen bereits im Jahre 1930. Als maßgebend für alle späteren Untersuchungen sind jedoch insbesondere die Arbeiten von Beaver (W. 1965) und Altman (E. I. 1967) aus den Sechzigerjahren anzusehen. In Deutschland schließlich haben mathematisch-statistisch gestützte Analyseverfahren vor allem seit den Achtzigerjahren zunehmende theoretische wie praktische Bedeutung erlangt.

1.2 Kritik an der klassischen Kennzahlenanalyse

Allgemeines Ziel der Bilanzanalyse

Die Jahresabschlussanalyse mit Hilfe mathematisch-statistischer Verfahren setzt an den Kritikpunkten der traditionellen Bilanzanalyse zur Gesamtbeurteilung von Unternehmen an. Ziel der Bilanzanalyse allgemein ist es, »aussagefähigere Informationen über die ökonomische Lage und die Zukunftsaussichten eines Unternehmens (zu; d. Verf.) erhalten, als sie die ursprünglichen Zahlen der Jahresabschlussrechnung liefern« (Gräfer, H. 2001, S. 21).

Kennzahlen (-system)

Dies geschieht üblicherweise mit Hilfe von Kennzahlen und Kennzahlensystemen. Kennzahlen sind hoch verdichtete Maßgrößen, die in einer konzentrierten Form komplizierte Strukturen und Prozesse abbilden, um einen möglichst schnellen und umfassenden Überblick über die wirtschaftliche Lage des Unternehmens zu erlauben (vgl. Reichmann, T. 2001, S. 19). Die herkömmliche Bilanzanalyse besteht dann darin, durch Zeit-, Betriebs- und Soll-Ist-Vergleiche Informationen über die Entwicklung des Unternehmens zu erlangen.

Offene Fragenkomplexe

Im Vordergrund steht die verdichtete Informationsvermittlung, um einen verbesserten Einblick in die wirtschaftliche Lage des Unternehmens zu erhalten. Dabei werden differenzierte Partialanalysen zur Beurteilung von Liquidität, Finanzierung, Erfolg, Investitionstätigkeit etc. durchgeführt. Anschließend sind die Ergebnisse der Partialanalysen durch den Analysten zu einem Gesamtbild des Unternehmens zusammenzufassen (vgl. Gräfer, H. 2001, S. 49). Jedoch lässt die traditionelle Bilanzanalyse bei der Gesamtbeurteilung von Unternehmen, insbesondere zur Früherkennung von Unternehmenskrisen, folgende Fragen unbeantwortet (vgl. Baetge, J./Huss, M./Niehaus, H.-J. 1987, S. 64 f.):

(1) Welche der vielen denkbaren Kennzahlen zeigen zuverlässig und frühzeitig negative Unternehmensentwicklungen an?

(2) Wie viele dieser geeigneten Kennzahlen sind für eine Urteilsbildung zu berücksichtigen?

(3) Wie können diese Kennzahlen zu einem Gesamtindikator der Unternehmensentwicklung zusammengefasst werden und ab welchem Wert eines solchen Gesamtindikators wird eine mögliche Unternehmensgefährdung angezeigt?

Ausweg: statistische Verfahren

Durch Anwendung moderner statistischer Verfahren und die Verarbeitungsmöglichkeit großer Datenmassen durch leistungsfähige DV-Systeme versucht man, diese Mängel der traditionellen Bilanzanalyse zu beseitigen. Als statistische Verfahren kommen dabei insbesondere verschiedene Verfahren im Rahmen einer Diskriminanzanalyse in Frage, die Kennzahlen im Hinblick auf ihre Eignung zur Insolvenzdiagnose und -prognose bzw. zur Früherkennung von Unternehmenskrisen analysieren und bei multivariaten Verfahren zu einem Gesamtbeurteilungsindikator verknüpfen (vgl. BAETGE, J. 1998, S. 560ff.).

1.3 Kurzdarstellung der Ziele und Anwender

Ziele

Obgleich die statistische Bilanzauswertung seit über sechzig Jahren existiert, haben sich deren Ziele bis heute kaum geändert und können folgendermaßen zusammengefasst werden (vgl. RÖSLER, J. 1988, S. 103):

(1) Die Ursachen des unternehmerischen Misserfolgs sollen identifiziert und systematisiert werden;

(2) Krisenanzeichen sollen frühzeitig erkannt werden durch Erfassung von Merkmalen ›gescheiterter‹ Unternehmen und Vergleich mit denen ›gesunder‹ Unternehmen;

(3) die Beurteilung von Unternehmen soll auf einer vergleichbaren, objektiven, systematischen, lückenlosen und überschneidungsfreien Basis erfolgen.

Anwender

In Deutschland fanden und finden statistische Jahresabschlussanalysen auf der Basis der multivariaten Diskriminanzanalyse unter anderem Verwendung bei der DEUTSCHEN BUNDESBANK (vgl. BLOCHWITZ, S./EIGERMANN, J. 2000), beim DEUTSCHEN SPARKASSEN- UND GIROVERBAND, bei der BAYERISCHEN VEREINSBANK AG (vgl. BAETGE, J./HUSS, M./NIEHAUS, H.-J. 1986, S. 606), der BADEN-WÜRTTEMBERGISCHEN BANK AG (vgl. HÜLS, D. 1995) sowie bei der ALLGEMEINEN KREDITVERSICHERUNG AG (vgl. FEIDICKER, M. 1992).

Der breiten Anwendung durch Bilanzanalytiker entziehen sich die Verfahren allerdings, weil entweder die Repräsentativität des Datenmaterials nicht gegeben ist oder aber die in die Diskriminanzfunktion aufgenommenen Kennzahlen und/oder deren Gewichtungsfaktoren (Diskriminanzkoeffizienten) nicht veröffentlicht werden. Der Grund für deren Nicht-Veröffentlichung, insbesondere bei Untersuchungen von oder in Zusammenarbeit mit Unternehmen, liegt erstens an dem erheblichen Aufwand von Untersuchungen mit repräsentativem

Datenmaterial und den damit verbundenen Kosten; zweitens sollte Know-how bewahrt werden; drittens soll verhindert werden, »dass die Abschlußersteller erfahren, wie sie sich eventuell durch Bilanzmanipulationen in die Gruppe der ›guten‹ Unternehmen hineinmanipulieren können« (Baetge, J./Huss, M./Niehaus, H.-J. 1986, S. 606). Viertens birgt die unreflektierte Anwendung dieser Verfahren durch Dritte die Gefahr, Unternehmen i.S.e. ›Self-Fulfilling-Prophecy‹ zu gefährden (vgl. Hauschildt, J. 2000, S. 133f.). Und fünftens ist festzustellen, dass selbst die Veröffentlichung des einer multivariaten Diskriminanzanalyse zugrunde gelegten umfangreichen Kennzahlenkatalogs für den externen Analysten ob seiner – insbesondere unter Wirtschaftlichkeitsgesichtspunkten – schweren Überschaubarkeit und Interpretierbarkeit kaum zusätzliche Erkenntnisse enthält (vgl. Baetge, J. 1998, S. 571).

1.4 Ansatz der Diskriminanzanalyse

Anwendungsgebiete

Die Diskriminanzanalyse ist ein mathematisch-statistischer Ansatz zur Analyse von Gruppenunterschieden, der es ermöglicht, zwei oder mehr Gruppen hinsichtlich einer oder simultan hinsichtlich mehrerer Merkmalsvariablen zu untersuchen (vgl. Backhaus, K. u.a. 2003, S. 156). Insbesondere lässt sich mit der Diskriminanzanalyse die Frage beantworten, durch welche Merkmalsausprägungen Gruppenunterschiede erklärt werden können. Von besonderer praktischer Bedeutung ist jedoch das zweite Anwendungsgebiet der Diskriminanzanalyse – die Klassifizierung –, die mit der folgenden Fragestellung verbunden ist: In welche Gruppe ist ein Element, dessen Gruppenzugehörigkeit nicht bekannt ist, aufgrund seiner Merkmalsausprägungen einzuordnen? Deutlich wird, dass die Beantwortung der zweiten Frage die Beantwortung der ersten voraussetzt. Die Beantwortung der ersten Frage erfordert schließlich, dass Daten von Elementen mit bekannter Gruppenzugehörigkeit vorliegen.

Festlegung einer Test- und einer Kontrollgruppe

Ausgangspunkt der Diskriminanzanalyse im Rahmen der Jahresabschlussanalyse ist daher eine Grundgesamtheit von Unternehmen, die anhand eines vorgegebenen Kriteriums (z.B. Auftreten einer Insolvenz in einem bestimmten Jahr oder Zeitraum) in zwei Gruppen eingeteilt wird. Aus diesen beiden Teilmengen werden zwei Stichproben gezogen: Eine Testgruppe von Unternehmen, die insolvent geworden sind, und eine (zumeist gleichgroße) Kontrollgruppe von solvent gebliebenen Unternehmen. Letztere Gruppe entspricht entweder den insolventen Unternehmen in Größe und Branchenzugehörigkeit (Matched Sample), ohne dass auf das Kriterium der ökonomischen Gesundheit geachtet wird (vgl. Hauschildt, J. 2000, S. 122f.), oder sie wird zufällig aus der Gruppe der ›gesunden‹ Unternehmen gezogen.

Aus den Jahresabschlussdaten der Unternehmen der Test- und Kontrollgruppe werden vorher festgelegte Kennzahlen ermittelt.

Weitere Vorgehensweise

In Abhängigkeit von dem zugrunde gelegten Verfahren der Diskriminanzanalyse ergibt sich dann die weitere Vorgehensweise. Für die im Weiteren betrachteten Verfahren sind folgende – sehr vereinfacht dargestellten – Schritte durchzuführen: Zunächst wird heuristisch oder analytisch überprüft, durch welche Kennzahlen(-werte) sich die Unternehmen der Test- und Kontrollgruppe voneinander unterscheiden. Sodann wird – je nach Verfahren – die Kennzahl oder Kennzahlenkombination ermittelt, die zu einer bestmöglichen richtigen Zuordnung der untersuchten Unternehmen in eine der beiden Gruppen führt. Diese Zuordnung erfolgt mit einem für die Kennzahl oder Kennzahlenkombination festzulegenden Trennwert (Cut-off-Point). Um das Verfahren praktisch einzusetzen, muss getestet werden, ob eine Anwendung des gefundenen (linearen) Trennkriteriums auf bislang noch nicht einbezogene Unternehmen ex post und zukünftig ex ante erfolgreich verläuft (vgl. BAETGE, J. 1980, S. 655).

Die so beschriebene Diskriminanzanalyse kann entweder univariat, also mit einer einzigen Kennzahl, oder multivariat mit mehreren Kennzahlen erfolgen.

Merksätze:

1. Mit Hilfe der statistischen Verfahren der Diskriminanzanalyse sollen Kennzahlen auf ihre Eignung zur Früherkennung von Unternehmensrisiken analysiert und bei den multivariaten Verfahren zu einem Gesamtbeurteilungsindikator verknüpft werden.
2. Obwohl die Verfahren der Diskriminanzanalyse grundsätzlich ein Instrument der externen Bilanzanalyse darstellen, entziehen sie sich aus verschiedenen Gründen der breiten Anwendung durch externe Bilanzanalytiker.
3. Im Rahmen der Jahresabschlussanalyse wird mit Hilfe der Diskriminanzanalyse ermittelt, durch welche Merkmalsausprägungen (Kennzahlenwerte) Unterschiede (Solvenz/Insolvenz) zwischen mehreren Gruppen (Test- und Kontrollgruppe von Unternehmen) erklärt werden können. Je nach Verfahren wird die Kennzahl/Kennzahlenkombination ermittelt, die zu einer bestmöglichen zutreffenden Klassifizierung von Unternehmen zu einer der beiden Gruppen führt. Diese Zuordnung erfolgt mit einem für die Kennzahl/Kennzahlenkombination festzulegenden Trennwert (Cut-off-Point).

1.5 Univariate Diskriminanzanalyse

Im Rahmen der univariaten Diskriminanzanalyse wird jede Kennzahl einzeln auf ihre Trennfähigkeit der beiden Gruppen untersucht (vgl. HAUSCHILDT, J. 2000, S. 121). Die Klassifikation von Unternehmen erfolgt mit derjenigen Kennzahl, die zum besten Trennergebnis führt.

Cut-off-Point

Bei kardinal skalierten Klassifikationsmerkmalen – wie Bilanzkennzahlen – wird mittels heuristischer Suchverfahren ein so genannter Cut-off-Point ermittelt, der beide Gruppen bestmöglich, d. h. mit der geringsten Zahl von Fehlklassifikationen, trennt (vgl. THOMAS, K. 1983, S. 82). Eine Fehlklassifikation liegt vor, wenn Unternehmen falsch eingeordnet, wenn also entweder tatsächlich ›schlechte‹ Unternehmen fälschlicherweise als ›gut‹ (Fehler 1. Art) oder tatsächlich ›gute‹ Unternehmen fälschlicherweise als ›schlecht‹ (Fehler 2. Art) klassifiziert werden (vgl. BAETGE, J./HUSS, M./NIEHAUS, H.-J. 1986, S. 610).

BEAVER (W. 1966, S. 100) hat erstmals eine univariate Diskriminanzanalyse im Rahmen der von ihm angestrebten Insolvenzprognose vorgenommen. Er selbst vermutete schon, dass eine Analyse auf der Grundlage von multivariaten Verfahren zu besseren Ergebnissen führe, konnte aber in eigenen Untersuchungen keine befriedigenden Ergebnisse erzielen.

Mängel der univariaten Diskriminanzanalyse

Die univariate Diskriminanzanalyse weist folgende Mängel auf:

(1) Durch Einzelbetrachtung von Kennzahlen können nur Teilaspekte des im Jahresabschluss abgebildeten Informationspotenzials dargestellt werden (vgl. GEBHARDT, G. 1980, S. 242). Völlig zu Recht betonen HAUSCHILDT/LEKER, dass der Versuch, einzelne Kennzahlen zum Zwecke der Prognose von Unternehmenskrisen einzusetzen, zwangsläufig an der Komplexität des zu prognostizierenden Ereignisses scheitern muss: »Krisen ereignen sich nämlich aus dem Zusammenwirken mehrerer Ursachen. Und jede dieser Ursachen wird offenkundig durch eine arteigene Kennzahl signalisiert« (HAUSCHILDT, J./LEKER, J. 1995, S. 259).

(2) Das eine Unternehmenskrise hervorrufende vielschichtige Zusammenspiel verschiedener Ursachen ist nicht zwingend aus dem Jahresabschluss ablesbar. Vielmehr spielen hier insbesondere auch strategische, nicht-finanzielle Faktoren eine große Rolle (vgl. HEIDEN, M./GARNIER, S. V./WEISS, H.-J. 2000). Diese qualitativen Frühwarnindikatoren finden in der Regel keinen Eingang in die externe Unternehmensrechnung. Die Individualität dieser Faktoren sowie die Schwierigkeiten in der Erforschung von Insolvenzursachen stellen weiteres Störpotenzial der (univariaten) Diskriminanzanalyse dar (vgl. HAUSCHILDT, J. 2000).

(3) Die Beziehungen der Kennzahlen untereinander werden vernachlässigt. Dies bedeutet, dass mehrere Variablen, die einzeln betrachtet unbedeutend waren, sich gegenseitig so verstärken, dass sie im Ergebnis bedeutsamer sind als einzelne, zunächst als besonders trennfähig betrachtete Variablen. Umgekehrt können jedoch auch Variablen, die in der univariaten Betrachtung sehr bedeutsam waren, sich in ihrer gemeinsamen Wirkung gegenseitig abschwächen und so gerade keine oder nur eine geringe Insolvenzindikatorwirkung haben. Solche verstärkenden oder abschwächenden Effekte können mit univariaten Analysen nicht erfasst werden (vgl. HAUSCHILDT, J. 2000, S. 133 f.).

(4) Führen die Klassifikationsergebnisse einzelner Kennzahlen zu unterschiedlichen Ergebnissen, besteht das Dilemma, die divergierenden Teilurteile zu einem tragfähigen und empirisch verlässlichen Gesamturteil zusammenzufassen (vgl. BAETGE, J. 1989, S. 797).

Beispiel

Das folgende Beispiel zur zweimaligen univariaten Trennung, d. h. der unabhängigen Klassifikation anhand von zwei Kennzahlen, soll diesen Zusammenhang verdeutlichen.

Gegeben seien in Übersicht 72 die Rentabilität sowie die Fremdkapitalquote für eine aus 12 solventen (Unternehmen 13–24) und 12 insolventen (Unternehmen 1–12) Unternehmen bestehende Stichprobe.

Übersicht 72: Stichprobe zur Diskriminanzanalyse

Unternehmen	Rentabilität (%)	FK-Quote (%)	insolvent		Unternehmen	Rentabilität (%)	FK-Quote (%)	insolvent
1	1,2	65	ja		13	1,8	55	nein
2	1,4	44	ja		14	2,2	11	nein
3	2,2	51	ja		15	3,7	22	nein
4	2,1	90	ja		16	4,2	35	nein
5	3,1	62	ja		17	5,2	31	nein
6	3,9	75	ja		18	5,3	51	nein
7	4,3	82	ja		19	7,0	39	nein
8	4,5	67	ja		20	6,9	71	nein
9	5,7	39	ja		21	8,0	51	nein
10	6,9	81	ja		22	9,2	72	nein
11	7,5	91	ja		23	10,0	41	nein
12	8,1	62	ja		24	10,2	57	nein

Trennung mittels Rentabilität

Zunächst soll eine den Gesamtfehler minimierende Klassifikation der Unternehmen mittels der Kennzahl Rentabilität vorgenommen werden. Dabei wird davon ausgegangen, dass die Rentabilität bei insolvenzgefährdeten Unternehmen im Durchschnitt geringer ist als bei solventen Unternehmen (vgl. HÜLS, D. 1995, S. 25). Gesucht ist also der Rentabilitätswert x, für den die Klassifikationsregel ›Unternehmen mit einer Rentabilität kleiner x sind als insolvenzgefährdet zu klassifizieren, Unternehmen mit einer Rentabilität größer x sind als solvent zu klassifizieren‹ fehlerminimal auf die Stichprobe angewendet werden kann. »Bei der univariaten Diskriminanzanalyse wird der kritische Trennwert üblicherweise durch ›probieren‹ gefunden« (HÜLS, D. 1995, S. 23).

Übersicht 73 zeigt die Fehlerzahl für verschiedene Trennwerte auf. Sie macht deutlich, dass eine Rentabilität von 5 % einen optimalen Trennwert darstellt, dass also bei keinem anderen Trennwert eine geringere Gesamtfehlerzahl erzielt werden kann.

Übersicht 73: Univariate Trennung mittels Rentabilität			
Trennung bei einer	Falsch klassifiziert		
Rentabilität von	insolvent	solvent	gesamt
1%	12	0	12
2%	10	1	11
3%	8	2	10
4%	6	3	9
5%	4	4	8
6%	3	6	9
7%	2	7	9
8%	1	8	9
9%	0	9	9
10%	0	10	10

Trennung mittels Fremdkapitalquote

Für eine univariate Trennung anhand der Kennzahl Fremdkapitalquote unter Zugrundelegung der Hypothese, dass die Fremdkapitalquote bei insolvenzgefährdeten Unternehmen im Durchschnitt höher ist als bei solventen Unternehmen, zeigt Übersicht 74, dass ein optimaler Trennwert bei 60% liegt. Nach der daraus resultierenden Klassifikationsregel sind somit Unternehmen, deren Fremdkapitalquote über 60% liegt, als insolvenzgefährdet und Unternehmen mit einer Fremdkapitalquote kleiner 60% als solvent zu klassifizieren.

Übersicht 74: Univariate Trennung mittels Fremdkapitalquote			
Trennung bei einer	Falsch klassifiziert		
Fremdkapitalquote von	insolvent	solvent	gesamt
10%	0	12	12
20%	0	11	11
30%	0	10	10
40%	1	7	8
50%	2	6	8
60%	3	2	5
70%	7	2	9
80%	8	0	8
90%	10	0	10
100%	12	0	12

Graphische Darstellung

Übersicht 75 stellt die Ergebnisse graphisch dar:

Übersicht 75: Zweimalige univariate Trennung

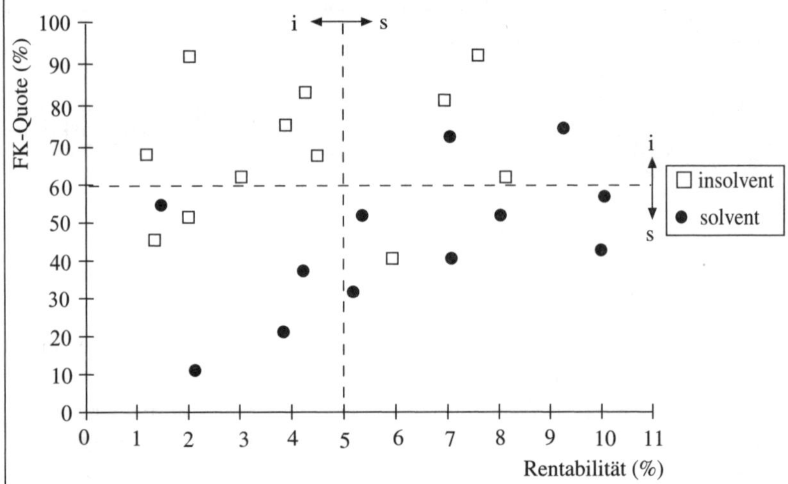

Ergebnis

Das Ergebnis der zweimaligen univariaten Trennung zeigt, dass die Trennfähigkeit beider Kennzahlen einzeln betrachtet keine hinreichend gute Klassifikation erlaubt.

Anhand der Kennzahl Rentabilität werden insgesamt 8 Unternehmen falsch klassifiziert. Dabei verdeutlichen die Übersichten 73 und 75, dass vier Fehler 1. Art (α-Fehler) auftreten, d. h., vier tatsächlich insolvente Unternehmen werden unzutreffend als solvent eingestuft (in Übersicht 75 □ rechts der senkrechten Trenngeraden); der Fehler 2. Art (β-Fehler) tritt ebenfalls viermal auf, d. h., vier tatsächlich solvente Unternehmen werden als insolvent eingestuft (in Übersicht 75 ● links der senkrechten Trenngeraden).

Anhand der Kennzahl Fremdkapitalquote werden insgesamt 5 Unternehmen falsch klassifiziert. Dabei tritt der Fehler 1. Art dreimal (in Übersicht 75 □ unter der waagerechten Trenngeraden) und der Fehler 2. Art zweimal (in Übersicht 75 ● über der waagerechten Trenngeraden) auf.

Damit können mittels der Kennzahl Rentabilität nur ca. 67 % und mittels der Kennzahl Femdkapitalquote ca. 79 % der Unternehmen der Stichprobe richtig klassifiziert werden. Bei einer Anwendung dieser Klassifikationen auf andere Unternehmen dürften diese Quoten in der Regel noch deutlich niedriger liegen.

Problem divergierender Teilurteile

Betrachtet man die Unternehmen im unteren linken und oberen rechten Quadranten des Koordinatensystems der Übersicht 75 wird die bereits angesprochene Problematik einander widersprechender Teilurteile unmittelbar deutlich.

Denn die in den beiden Quadranten befindlichen Unternehmen werden jeweils nach der einen Kennzahl als ›solvent‹, nach der anderen Kennzahl hingegen als ›insolvent‹ beurteilt. »Dieses Dilemma der Widersprüchlichkeit ergibt sich bei jedem Urteil über ein Unternehmen mit Hilfe der univariaten Klassifikation von zwei oder mehr Kennzahlen, deren Hypothesen gegenläufig sind, wenn für jede Kennzahl mit einem eigenen Trennwert gearbeitet wird« (HÜLS, D. 1995, S. 26). Diese Problematik kann nur durch eine Verknüpfung der Kennzahlen zu einem einzigen Trennwert überwunden werden (vgl. BAETGE, J. 1998, S. 570). Diesen Weg beschreitet die im Weiteren darzustellende multivariate Diskriminanzanalyse.

1.6 Multivariate Diskriminanzanalyse

1.6.1 Darstellung des statistischen Verfahrens

Begriff und Verfahren

»Multivariate Diskriminanzanalysen sind Verfahren, die simultan mehrere Kennzahlenverteilungen analysieren und eine Klassifikationsregel mit mindestens zwei Kennzahlen berechnen« (NIEHAUS, H.-J. 1987, S. 86). Dabei lassen sich folgende Verfahren unterscheiden (vgl. FEIDICKER, M. 1992, S. 134):

Übersicht 76: Verfahren der multivariaten Diskriminanzanalyse

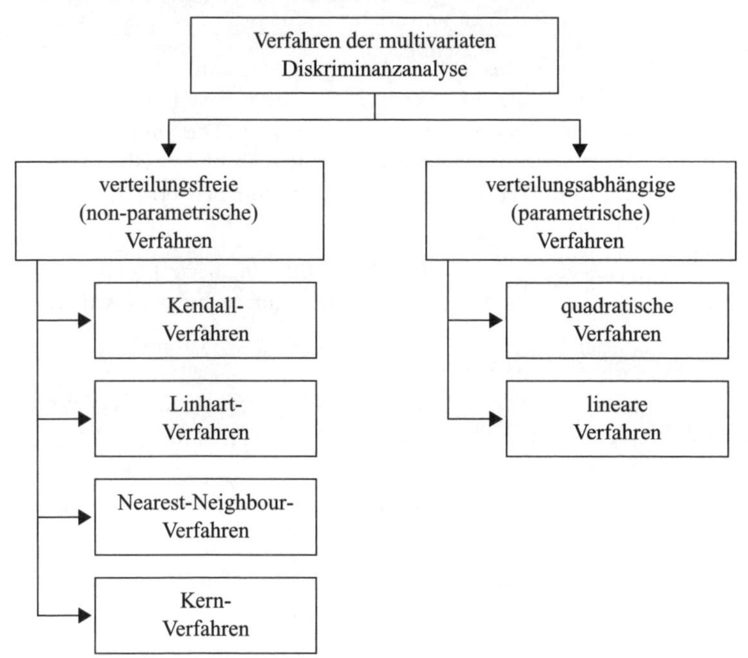

Im Folgenden soll lediglich die lineare multivariate Diskriminanzanalyse dargestellt werden, da verschiedene empirische Studien gezeigt haben, dass diese trotz der nicht immer erfüllten theoretischen Bedingungen der Normalverteilung und der Varianz-Homogenitäts-Annahme (vgl. BAETGE, J. 2002, S. 2282) in aller Regel zu besseren Trennergebnissen führt als verteilungsunabhängige oder quadratische Diskriminanzanalyseverfahren. Dieses Verfahren hat sich denn auch in der Praxis für Kreditwürdigkeitsprüfungen (von Firmenkunden) weit gehend durchgesetzt. Soweit ersichtlich wird lediglich vom DEUTSCHEN SPARKASSEN- UND GIROVERBAND ein verteilungsfreies Diskriminanzanalyseverfahren verwendet.

Lineare Diskriminanzanalyse

Lineare Diskriminanzanalyse bedeutet, dass die verwendeten – und entsprechend ihrer statistischen Bedeutung gewichteten – Kennzahlen lediglich additiv oder subtraktiv, also linear zu einer Gesamtkennzahl, dem Diskriminanzwert, verbunden werden.

Mit Hilfe eines schrittweisen Suchverfahrens lässt sich die Kombination von Kennzahlen finden, die die Klassifikation in Gruppen ›guter‹ und ›schlechter‹ Unternehmen am trennschärfsten durchführt.

Die allgemeine Formel lautet:

(F. 9.1)

$$D = -a_0 + a_1 \times x_1 + a_2 \times x_2 + \ldots + a_m \times x_m$$

Jede Einzelkennzahl (x_1 bis x_m) wird entsprechend ihrer Bedeutung für die Früherkennung von Unternehmenskrisen mit ihrem jeweiligen Gewichtungs-(Diskriminanz-)koeffizienten (a_1 bis a_m) multipliziert. Die Summe aus den gewichteten Kennzahlen ergibt zusammen mit dem absoluten Glied ($-a_0$), das den Trennwert auf den Wert 0 festlegt, den Diskriminanzwert (D).

Klassifikationsregel

Die Klassifikationsregel lautet in diesem Fall (wenn gilt: D steigt mit abnehmender Insolvenzgefahr): Ein Unternehmen mit einem Wert unter 0 wird als ›schlechtes‹, mit einem Wert über 0 als ›gutes‹ Unternehmen klassifiziert.

Bivariate Diskriminanzanalyse

Die Ermittlung der Diskriminanzfunktion sowie die Bestimmung des Trennwerts können für den Fall der bivariaten Diskriminanzanalyse, also der Trennung unter gleichzeitiger Berücksichtigung zweier Kennzahlen, vereinfacht in Fortführung des unter 1.5 dargestellten Beispiels verdeutlicht werden. Dabei wird zur Vereinfachung ohne weitere Prüfung davon ausgegangen, dass die unter 1.6.2.2 zu erläuternden Voraussetzungen zur Anwendung der multivariaten Diskriminanzanalyse erfüllt sind.

Zu ermitteln ist die Funktion:

(F. 9.2)

$$D = a \times x + b \times y$$

wobei x die verwendete Rentabilitätskennziffer und y die Fremdkapitalquote bezeichnet.

Die Koeffizienten a und b können dabei nach FOSTER (G. 1986, S. 518 f.) wie folgt ermittelt werden:

Übersicht 77: Ermittlung der Koeffizienten für den Fall der bivariaten Diskriminanzanalyse

$$a = \frac{\sigma_y^2 \times d_x - \sigma_{xy} \times d_y}{\sigma_x^2 \times \sigma_y^2 - \sigma_{xy} \times \sigma_{xy}} \qquad b = \frac{\sigma_x^2 \times d_y - \sigma_{xy} \times d_x}{\sigma_x^2 \times \sigma_y^2 - \sigma_{xy} \times \sigma_{xy}}$$

σ_x^2 = (Stichproben)Varianz von $x = \frac{1}{n-1} \times \sum_{j=1}^{n} (x_i - \bar{x})^2$

σ_y^2 = (Stichproben)Varianz von $y = \frac{1}{n-1} \times \sum_{j=1}^{n} (y_i - \bar{y})^2$

σ_{xy} = (Stichproben) Kovarianz von x und $y = \frac{1}{n-1} \times \sum_{j=1}^{n} (x_i - \bar{x}) \times (y_i - \bar{y})$

d_x = Differenz zwischen dem Mittelwert von x für Gruppe 1 (insolvente Unternehmen) und dem Mittelwert von x für Gruppe 2 (solvente Unternehmen)

d_y = Differenz zwischen dem Mittelwert von y für Gruppe 1 (insolvente Unternehmen) und dem Mittelwert von y für Gruppe 2 (solvente Unternehmen)

x_i = Ausprägungen der Kennzahl x

y_i = Ausprägungen der Kennzahl y

$\bar{x}$ = arithmetisches Mittel der Kennzahl x

$\bar{y}$ = arithmetisches Mittel der Kennzahl y

n = Zahl der Unternehmen in der Stichprobe

Ermittlung der bivariaten Diskriminanzfunktion

Dabei ergeben sich unter Verwendung der Daten aus dem Beispiel unter 1.5 folgende Ergebnisse:

σ_x^2 = 7,61384
σ_y^2 = 437,78080
σ_{xy} = 7,41341
d_x = 4,24167 – 6,14167 = –1,9
d_y = 67,41667 – 44,66667 = 22,75
a = –0,30518
b = 0,05713
D = –0,30518 × x + 0,05713 × y

Auf Basis der unter 1.5 getroffenen Hypothesen über das Verhältnis der durchschnittlichen Rentabilität und Fremdkapitalquote zwischen insolventen und solventen Unternehmen lässt sich die Hypothese ableiten, dass die Diskriminanzfunktion im Durchschnitt bei solventen Unternehmen niedriger ist als bei insolventen Unternehmen.

Ermittlung des Trennwerts

Berechnet man diese Funktion für alle Unternehmen der Stichprobe, lässt sich anschließend – wie im Fall der univariaten Diskriminanzanalyse – durch Probieren ein optimaler Trennwert zur Minimierung des Gesamtfehlers (optimale $\alpha\beta$-Fehlerkombination) ermitteln.

Übersicht 78: Trennwertbestimmung bei der bivariaten Trennung

Trennung bei einem Diskriminanzwert von	Falsch klassifiziert		
	insolvent	solvent	gesamt
4	11	0	11
3	8	0	8
2	2	1	3
1	1	4	5
0	0	10	10

Die Verwendung anderer Trennwerte kann dabei die Klassifikationsleistung nicht verbessern.

Klassifikationsregel

Die Klassifikationsregel für diese Diskriminanzfunktion lautet: Ein Unternehmen mit einem Wert unter 2 wird als solvent, mit einem Wert über 2 als insolvent klassifiziert (durch eine Erweiterung der Funktion um die Konstante 2 lässt sich der Trennwert auf 0 festlegen).

Graphische Darstellung

Übersicht 79 stellt die ermittelte Diskriminanzfunktion graphisch dar:

Übersicht 79: Bivariate Trennung

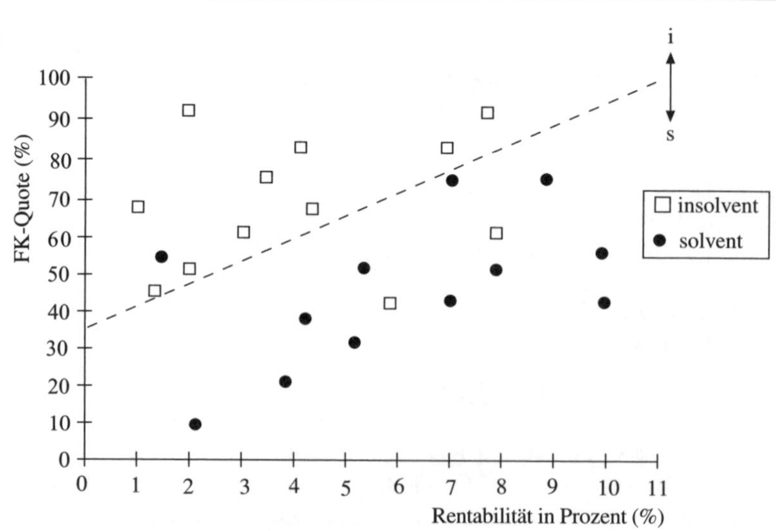

Ergebnis

Im Vergleich zur zweifachen univariaten Diskriminanzanalyse nimmt die Zahl der Fehlklassifikationen deutlich ab. In dem konkreten Beispiel werden lediglich noch drei Unternehmen fehlklassifiziert. Dabei verdeutlichen die Übersichten 78 und 79, dass zwei Fehler 1. Art auftreten, d.h. zwei tatsächlich insolvente Unternehmen unzutreffend als solvent eingestuft werden (in Übersicht 79 □ unter der Trenngeraden); der Fehler 2. Art tritt einmal auf, d.h., ein tatsächlich solventes Unternehmen wird als insolvent eingestuft (in Übersicht 79 ● über der Trenngeraden).

Bestmögliche Klassifikation

In verschiedenen großzahligen empirischen Untersuchungen im deutschsprachigen Raum hat sich gezeigt, dass eine bestmögliche Klassifikation von Unternehmen in die Kategorien ›gute‹ und ›schlechte‹ Unternehmen in einer Kombination von drei bzw. vier Kennzahlen gelingt (vgl. BAETGE, J. 1989, S. 801 f.; FEIDICKER, M. 1992, S. 158 ff.).

Nach den in der Literatur durchgeführten Bestandsaufnahmen der empirischen Untersuchungen gehören zum Kern der immer wieder auftretenden Kennzahlen jeweils ein Renditemaß und eine Kapitalstrukturkennzahl. Die Untersuchungen bei der DEUTSCHEN BUNDESBANK und der BAYERISCHEN VEREINSBANK ermittelten jeweils eine Kennzahl zur Rentabilität, eine zur Kapitalstruktur und eine zum Kapitalrückfluss. In den meisten Fällen hat eine Kennzahl des Verschuldungsgrades bzw. die Eigenkapitalquote die mit Abstand größte Bedeutung (vgl. z.B. BAETGE, J. 1989, S. 804). HAUSCHILDT (J. 2000, S. 121) führt die in Übersicht 80 dargestellten Kennzahlen als in vielen Untersuchungen bedeutsam auf:

Übersicht 80: Charakteristische Kennzahlen der multivariaten Diskriminanzanalyse

1. Gesamtkapitalrentabilität	$= \frac{\text{Jahresüberschuss + Steuern + Zinsen}}{\text{Gesamtkapital}} \times 100$
2. Gesamtkapitalumschlag	$= \frac{\text{Umsatz}}{\text{Gesamtkapital}} \times 100$
3. Fremdkapitalquote	$= \frac{\text{Fremdkapital}}{\text{Gesamtkapital}} \times 100$
4. Liquiditätskennzahl	$= \frac{\text{Umlaufvermögen}}{\text{kurzfristiges Fremdkapital}} \times 100$
5. Entschuldungsgrad	$= \frac{\text{Cashflow}}{\text{Fremdkapital}} \times 100$

Ergänzend sei hier auf die Untersuchung von HÜLS hingewiesen, die als Kooperationsprojekt zwischen dem INSTITUT FÜR REVISIONSWESEN DER WESTFÄLISCHEN WILHELMS-UNIVERSITÄT, Münster, und der BADEN-WÜRTTEMBERGISCHEN BANK AG entstand. Hierbei ergaben sich im Vergleich zu den bisherigen am Institut für Revisionswesen durchgeführten Untersuchungen z.T.

deutlich abweichende Ergebnisse. Hervorzuheben ist zunächst, dass die von Hüls ermittelten beiden ›besten‹ Diskriminanzfunktionen sechs bzw. sieben Kennzahlen umfassen. Bemerkenswert erscheint andererseits, dass für die betreffenden Diskriminanzfunktionen »keine Dominanz der Eigenkapitalquote« (Hüls, D. 1995, S. 243) festgestellt werden konnte. Und schließlich muss überraschen, dass nur eine einzige (bank-)intern ermittelbare Kennzahl in eine der beiden Diskriminanzfunktionen Eingang fand, während es sich bei den übrigen Kennzahlen um solche handelte, die auch im Rahmen der externen Bilanzanalyse ermittelt werden können.

1.6.2 Vorgehensweise empirischer Untersuchungen

Die Vorgehensweise bei empirischen Untersuchungen soll nachfolgend exemplarisch anhand des gemeinsamen Projekts des Instituts für Revisionswesen und der Allgemeinen Kreditversicherung AG in groben Zügen skizziert werden (vgl. hierzu ausführlich Baetge, J./Beuter, H. B./Feidicker, M. 1992, S. 749 ff.); Feidicker, M. 1992. Soweit nichts anderes vermerkt, beziehen sich die weiteren Ausführungen auf diese beiden Quellen.

1.6.2.1 Ziel und Aufbau der Untersuchung

Ziel

Zielsetzung des in Rede stehenden Projekts war es, durch den Einsatz der multivariaten Diskriminanzanalyse im Zuge der Jahresabschlussanalyse bessere Bonitätsurteile zu ermöglichen. Darüber hinaus sollte die Effizienz der Kreditwürdigkeitsprüfung erhöht werden. Im Einzelnen wurden folgende (Unter-) Ziele verfolgt:

- Früherkennung von krisenhaften Unternehmensentwicklungen,
- Entlastung der Kreditwürdigkeitsprüfung,
- Verbesserung der Qualität der Kreditentscheidung,
- Risikoreduktion und Risikosteuerung.

Aufbau der Untersuchung

In ihrem Grundaufbau lässt sich die Untersuchung von Feidicker schematisch wie folgt darstellen (vgl. Baetge, J./Hüls, D./Uthoff, C. 1994, S. 323):

Übersicht 81: Untersuchungsaufbau

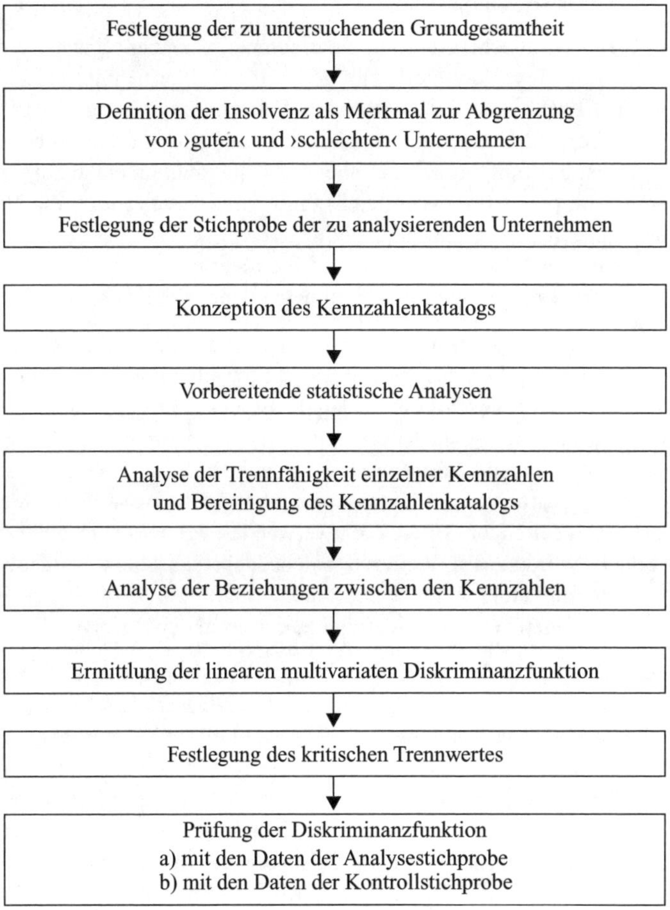

Grundgesamtheit

Für seine Untersuchung stand FEIDICKER eine Grundgesamtheit von insgesamt 8129 Unternehmen (davon 7474 solvente und 655 insolvente) zur Verfügung, wobei lediglich solche Unternehmen berücksichtigt wurden,

- für die ein endgültiger und vollständiger Jahresabschluss (Handels- oder Steuerbilanz) vorlag;
- deren Gesamtleistung in jedem Jahr mehr als 500 000 DM betrug;
- die nicht staats- oder konzernabhängig und keine Kreditinstitute oder Versicherungen waren.

Nicht einbezogen wurden des Weiteren eindeutige Betrugsfälle, bei denen die Jahresabschlüsse aufgrund von Manipulationen nicht die tatsächliche wirtschaftliche Lage widerspiegelten.

Definition von ›insolvent‹

Als ›insolvent‹ (›schlecht‹) wurden Unternehmen bezeichnet, wenn ein Konkurs oder Vergleich vorlag oder wenn gegen Einzelunternehmer eine Haftanordnung zur Abgabe einer eidesstattlichen Versicherung vorlag. Ebenfalls als ›insolvent‹ wurden Unternehmen gekennzeichnet, wenn ein Scheck oder Wechselprotest bekannt wurde oder aber das Unternehmen ein außergerichtliches Moratorium (Stundungsvergleich) einberufen hatte. Durch die Verwendung dieser spezifischen Merkmale sollte erreicht werden, dass die Gruppentrennung nicht von Tatbeständen abhängt, die mehr oder weniger vom subjektiven Ermessen des jeweiligen Entscheidungsträgers abhängen.

Einschränkung

Von den Unternehmen der Grundgesamtheit wurden nur solche für die weiteren statistischen Analysen ausgewählt, für die jeweils mindestens drei aufeinander folgende Jahresabschlüsse vorlagen. Berücksichtigung fanden hierbei lediglich Jahresabschlüsse nach AktG 1965, da zum damaligen Auswertungszeitpunkt nicht genügend Jahresabschlüsse nach HGB zur Verfügung standen (demgegenüber wurden in der Untersuchung von HÜLS ausschließlich Jahresabschlüsse nach geltendem Bilanzrecht verwendet; vgl. HÜLS, D. 1995, S. 16). Ausgesondert wurden des Weiteren solche Jahresabschlüsse ›insolventer‹ Unternehmen, die nicht einen bestimmten mindestens erforderlichen bzw. höchstens zulässigen zeitlichen Abstand zum Datum der ›Insolvenz‹ hatten.

Vergleichsgruppe

Hiernach verblieben in der Untersuchung noch 112 ›insolvente‹ Unternehmen. Als Vergleichsgruppe wurde sodann aus der Grundgesamtheit der ›solventen‹ Unternehmen eine Zufallsstichprobe von gleichfalls 112 Unternehmen gezogen, für die ebenso drei aufeinander folgende Jahresabschlüsse vorliegen mussten. Insbesondere um zu gewährleisten, dass die mit den Daten der Stichprobe ermittelte Diskriminanzfunktion auf die Unternehmen der Grundgesamtheit übertragen werden kann, wurde sodann die Repräsentativität der Untersuchungsstichprobe bezüglich Größe, Rechtsform und Branche überprüft (vgl. zu den Ergebnissen FEIDICKER, M. 1992, S. 52ff.).

Kennzahlenkatalog

Nach der Abgrenzung der in die Untersuchung einzubeziehenden Unternehmen musste in einem nächsten Schritt der Kennzahlenkatalog konzipiert werden. Da es sich bei der multivariaten Diskriminanzanalyse um ein kennzahlengestütztes Analyseinstrument handelt, hängt die Qualität der Untersuchungsergebnisse naturgemäß in entscheidendem Maße davon ab, welche Kennzahlen verwendet werden. Ausgangspunkt der Untersuchung war ein Katalog von 73 Kennzahlen, wobei lediglich Verhältniszahlen berücksichtigt wurden. Für alle diese Kennzahlen musste sich eine eindeutige Arbeitshypothese dergestalt bilden lassen, dass die Kennzahlenwerte der ›insolventen‹ Unternehmen im Durchschnitt kleiner bzw. größer sind als die Kennzahlenwerte der solventen Unternehmen. Hierbei gilt zu beachten, dass sich in Abhängigkeit der für die jeweilige Kennzahl formulierten (und durch geeignete statistische Verfahren verifizierten) Arbeitshypothese das Vorzeichen für den zugehörigen Diskriminanzkoeffizienten bestimmt.

1.6.2.2 Statistische Voranalysen

Voraussetzungen

Eine erfolgreiche Anwendung der multivariaten Diskriminanzanalyse ist an verschiedene Voraussetzungen gebunden, die mit Hilfe diverser statistischer Tests und Verfahren im Zuge der Analyse überprüft werden müssen. Die Verletzung einer oder mehrerer dieser Bedingungen kann dazu führen, dass die ermittelte Diskriminanzfunktion (bereits bei der Stichprobe) zu suboptimalen Trennergebnissen führt und sich hinsichtlich ihrer Übertragbarkeit auf die Unternehmen der Kontrollgruppe als instabil erweist (vgl. KLECKA, W. R. 1994, S. 60ff.; LACHENBRUCH, P. A. 1975, S. 40). Die Ermittlung einer optimal trennenden Diskriminanzfunktion ist unter anderem davon abhängig, ob es sich um normalverteilte, trennfähige und unabhängige Kennzahlen handelt.

Normalverteilte Kennzahlen

(1) Normalverteilte Kennzahlen

Prinzipiell fordert die Ermittlung einer optimalen linearen multivariaten Diskriminanzfunktion, dass die einbezogenen Kennzahlen multivariat normalverteilt sind. Da aber zum Zeitpunkt dieser vorbereitenden statistischen Analyse noch nicht bekannt ist, welche Kennzahlen letztlich in der Diskriminanzfunktion enthalten sind und multivariat normalverteilt sein müssen, werden in aller Regel – als Näherungslösung – nur Tests zur Überprüfung der univariaten Normalverteilung durchgeführt. Diese Vorgehensweise muss vor dem (statistischen) Hintergrund gesehen werden, dass die univariate Normalverteilungsannahme eine notwendige Bedingung für die multivariate Normalverteilungsannahme ist (vgl. BLEYMÜLLER, S./GEHLERT, G./GÜLICHER, H. 2002, S. 127ff.).

Wie bei verschiedenen anderen Untersuchungen auch (vgl. hierzu die Nachweise bei HÜLS, D. 1995, S. 120), ergaben die von FEIDICKER durchgeführten Tests zur Überprüfung der (univariaten) Normalverteilung, dass die Normalverteilungsannahme bei sehr vielen Kennzahlen zurückgewiesen werden musste – und dies, obwohl bereits im Vorfeld so genannte Ausreißer, d. h. extrem hohe oder extrem niedrige Kennzahlenwerte, eliminiert wurden. Indes gilt die lineare multivariate Diskriminanzanalyse – verschiedenen Untersuchungen zufolge – als sehr robust gegenüber der Verletzung der Normalverteilungsannahme (vgl. auch BAETGE, J. 2002, S. 2282). Ihre Anwendung führte in zahlreichen Fällen zu gleich guten oder sogar besseren Klassifikationsergebnissen »als die schwerer beschaffbaren oder umständlicher zu handhabenden nonparametrischen Verfahren oder parametrischen Alternativen« (GEMÜNDEN, H. G. 2000, S. 156f.; vgl. hierzu auch HÜLS, D. 1995, S. 253ff.).

Trennfähige Kennzahlen

(2) Trennfähige Kennzahlen

Im Rahmen der (linearen multivariaten) Diskriminanzanalyse sollten grundsätzlich nur solche Kennzahlen verwendet werden, die trennfähig sind, d. h., deren Kennzahlenwerte im Zeitablauf bei ›solventen‹ Unternehmen im Durchschnitt größer oder kleiner sind als bei ›insolventen‹ Unternehmen. Die Prüfung der univariaten Trennfähigkeit kann bspw. mit Hilfe graphischer oder analytischer Mittelwertvergleiche (z. B. t-Test, Median-Test) erfolgen. Hierbei werden die Mittelwerte aller Kennzahlen jeweils für mehrere einzelne Jahre vor Eintritt der ›Insolvenz‹ für beide Analysegruppen ermittelt und gegenübergestellt. Die Mittelwerte dürfen sich bei einer graphischen Analyse nicht überschneiden. Anderenfalls kann die jeweils formulierte Arbeitshypothese nicht aufrechterhalten werden. Typisch für den graphischen Mittelwertvergleich bei gut trennenden Kennzahlen sind die so genannten Trompetenbilder, die dadurch charakterisiert sind, dass die Kennzahlenwerte für ›solvente‹ und ›insolvente‹ Unternehmen mit zunehmender zeitlicher Nähe zum Insolvenzzeitpunkt ›auseinander laufen‹.

Die ausschließliche Verwendung von solchen Kennzahlen, deren Mittelwerte sich in keinem der betrachteten Jahre (in der Untersuchung von FEIDICKER: drei Jahre) überschneiden, ist darin begründet, dass letztlich eine einzige Diskriminanzfunktion ermittelt werden soll, die innerhalb eines bestimmten Zeitraums vor Eintritt der ›Insolvenz‹ eine zuverlässige Klassifizierung von Unternehmen erlaubt (vgl. BURGER, A. 1995, S. 290). Mit anderen Worten: Will man den Eintritt eines Negativ-Ereignisses ›prognostizieren‹, müssen während eines bestimmten Zeitraums durchgängig interpretierbare Kennzahlen verwendet werden, da a priori nicht bekannt ist, in welchem Jahr vor dem möglichen Negativ-Ereignis man sich befindet.

In der hier betrachteten Untersuchung von FEIDICKER wurden drei Kennzahlen aufgrund der Ergebnisse des graphischen Mittelwertvergleichs ausgeschlossen. Darüber hinaus mussten elf weitere Kennzahlen ausgeschlossen werden, deren Zähler – aufgrund der spezifischen Erfassung der Jahresabschlüsse durch die ALLGEMEINE KREDITVERSICHERUNG AG – bei über 25 % der untersuchten Unternehmen den Wert null aufwies. Für die weiteren Analysen standen damit noch 59 (von ursprünglich 73) Kennzahlen zur Verfügung.

Unabhängige Kennzahlen

(3) Unabhängige Kennzahlen

Die meisten der in empirischen Untersuchungen verwendeten Kennzahlen sind mehr oder minder hoch korreliert, da sie aus gleichen oder ähnlichen Größen im Zähler und Nenner gebildet werden und darüber hinaus über Aktiva und Passiva einerseits und Aufwendungen und Erträge andererseits miteinander verbunden sind (vgl. GEBHARDT, G. 1980, S. 251). Werden hoch korrelierte Kennzahlen in einer Diskriminanzfunktion verbunden, »können sie zu ökonomisch nicht sinnvollen Diskriminanzkoeffizienten führen und dadurch einen zu starken Einfluß auf die Diskriminanzergebnisse nehmen sowie die Fehlerschätzung für eine ermittelte Diskriminanzfunktion verzerren« (NIEHAUS, H.-J. 1987, S. 109). Zur Vermeidung dieser nachteiligen Effekte ist es daher erforderlich, die Korrelationen der in die Diskriminanzfunktion aufzunehmenden Kennzahlen zu beschränken. Eine Auswahl weit gehend unabhängiger Kennzahlen kann bspw. mit Hilfe der Korrelationsanalyse, der Faktorenanalyse oder der Clusteranalyse erfolgen (vgl. HÜLS, D. 1995, S. 149; s.a. ZENTES, J./SWOBODA, B. 2001, S. 303, S. 158f. u. S. 76f.).

Im Rahmen der von FEIDICKER durchgeführten Clusteranalyse (vgl. TIETZ, B. 1993, S. 449ff.) konnten sieben relativ homogene Kennzahlengruppen (Cluster) – Kapitalstruktur, Liquidität, Finanzkraft, Rentabilität, Kapitalumschlag im Umlaufvermögen, kurzfristige Verschuldung und Zahlungsverhalten – ermittelt werden, denen die meisten der untersuchten Kennzahlen zugeordnet werden konnten. Diese Ergebnisse stehen im Einklang mit verschiedenen älteren (faktoranalytischen) und jüngeren Untersuchungen (vgl. die Nachweise bei FEIDICKER, M. 1992, S. 128 und HÜLS, D. 1995, S. 159). Insofern scheint sich die Vermutung zu bestätigen, dass das Informationspotenzial des Jahresabschlusses durch ca. 6-8 Kennzahlengruppen annähernd abgedeckt wird (vgl. auch BAETGE, J. 2002, S. 2285).

1.6.2.3 Anwendung der multivariaten Diskriminanzanalyse

Auswahl der Kennzahlen

Ausgehend von der Zielsetzung der in Rede stehenden Untersuchung, krisenhafte Unternehmensentwicklungen frühzeitig zu erkennen, wurde die multivariate Diskriminanzanalyse auf der Grundlage der Kennzahlenwerte drei Jahre vor der ›Insolvenz‹ durchgeführt. Dabei sollte die Ermittlung der Diskriminanzfunktion auf den Ergebnissen der Clusteranalyse aufbauen. Entsprechend wurden die Kennzahlen nach der so genannten Methode der schrittweisen Vorwärtsauswahl (›stepwise forward selection‹) ausgewählt: In einem ersten Schritt wurde die univariat trennfähigste Kennzahl berücksichtigt. Anschließend wurden alle Kennzahlen des Clusters, dem die betreffende Kennzahl angehört, von der weiteren Analyse ausgeschlossen. Sodann wurde die (zweite) Kennzahl bestimmt, die gemeinsam mit der ersten die besten Trennergebnisse erzielt. Hiernach wurden ebenfalls alle anderen Kennzahlen des betreffenden Clusters ausgeschlossen. Dieses Procedere wiederholte sich so lange, bis die Klassifikationsergebnisse durch die Aufnahme weiterer Kennzahlen in die Diskriminanzfunktion nicht mehr verbessert werden konnten. Die besten Klassifikationsergebnisse wurden mit vier Kennzahlen erzielt, wobei die Kennzahl zur Eigenkapitalquote mit 32,4 % den größten Trennbeitrag erbrachte. Nicht minder von Bedeutung erwies sich mit 29,5 % eine Rentabilitätskennzahl. Die beiden anderen Kennzahlen gehörten den Clustern ›Zahlungsverhalten‹ und ›kurzfristige Verschuldung‹ an.

Klassifikations-ergebnisse

Anhand dieser Diskriminanzfunktion wurden zunächst die Unternehmen der Stichprobe klassifiziert (vgl. Übersicht 82):

Übersicht 82: Klassifikationsergebnisse von Jahresabschlüssen der Stichprobe

		Klassifiziert als	
	Jahr	›solvent‹	›insolvent‹
Tatsächlich insolvente Unternehmen (112 pro Jahr)	t–3	18,8 %	81,2 %
	t–2	12,5 %	87,5 %
	t–1	3,6 %	96,4 %
Tatsächlich solvente Unternehmen (112 pro Jahr)	t–3	73,2 %	26,8 %
	t–2	72,3 %	27,7 %
	t–1	69,7 %	30,3 %

Wie die Übersicht 82 zeigt, konnten bereits drei Jahre vor Eintritt der ›Insolvenz‹ über 80 % der ›insolventen‹ Unternehmen zutreffend klassifiziert werden. Mit zunehmender zeitlicher Nähe zum Insolvenzzeitpunkt stieg der Anteil der richtig klassifizierten ›insolventen‹ Unternehmen. Auffällig ist andererseits der relativ hohe Anteil der falsch klassifizierten ›solventen‹ Unternehmen. Indes haben die Erfahrungen aus der praktischen Anwendung der Diskriminanzanalyse gezeigt, dass Fehler 2. Art durch eine anschließende Detailanalyse relativ schnell entdeckt und aufgeklärt werden können (vgl. BAETGE, J./NIEHAUS, H.-J. 1989, S. 154).

Entscheidend für die Beurteilung der Trenngüte einer Diskriminanzfunktion sind nun allerdings weniger die Klassifikationsergebnisse der Stichprobe, »sondern vielmehr die Fehlerraten bei der Klassifikation bisher unbekannter Unternehmen« (BAETGE, J./BEUTER, H. B./FEIDICKER, M. 1992, S. 760). Um diese feststellen zu können, bildete FEIDICKER eine Validierungsstichprobe von in der Stichprobe nicht enthaltenen Jahresabschlüssen nach AktG 1965. Hierbei ergaben sich die in Übersicht 83 wiedergegebenen Klassifikationsergebnisse.

Übersicht 83: Klassifikationsergebnisse der Validierungsstichprobe von Jahresabschlüssen nach AktG 1965

	Jahr	Klassifiziert als ›solvent‹	Klassifiziert als ›insolvent‹
526 Jahresabschlüsse tatsächlich insolventer Unternehmen	t–3	14,2 %	85,8 %
	t–2	9,2 %	90,8 %
	t–1	10,6 %	89,4 %
5340 Jahresabschlüsse tatsächlich solventer Unternehmen	1983	65,6 %	34,4 %
	1984	61,8 %	38,2 %
	1985	60,0 %	40,0 %
	1986	62,6 %	37,4 %

Abschließend wurde von FEIDICKER ferner überprüft, inwieweit die auf der Grundlage von Jahresabschlüssen nach AktG 1965 ermittelte Diskriminanzfunktion auf Jahresabschlüsse nach HGB übertragen werden kann. Hierbei zeigten sich wider Erwarten relativ gute Klassifikationsergebnisse (vgl. Übersicht 84).

Übersicht 84: Klassifikationsergebnisse der Stichprobe von Jahresabschlüssen nach HGB 1985

	Jahr	Klassifiziert als ›solvent‹	Klassifiziert als ›insolvent‹
214 Jahresabschlüsse tatsächlich insolventer Unternehmen	t–2	10,4 %	89,6 %
	t–1	5,8 %	94,2 %
1150 Jahresabschlüsse tatsächlich solventer Unternehmen	t–3	73,2 %	26,8 %
	t–2	72,3 %	27,7 %
	t–1	69,7 %	30,3 %

1.6.3 Kritik an der multivariaten Diskriminanzanalyse

Abschließend soll auf einige ausgewählte, in der Literatur geäußerte Kritikpunkte eingegangen werden, die noch nicht bei der Beschreibung der Verfahren und der praktischen Vorgehensweise vorgetragen wurden (vgl. z.B. GEMÜNDEN, H. G. 2000; SCHNEIDER, D. 1985; HAUSCHILDT, J./LEKER, J. 1995, S. 262 f.).

Theoriedefizit

Der wohl wichtigste Kritikpunkt wird gemeinhin im Theoriedefizit zur Erklärung von Unternehmenskrisen gesehen. Konkret entzündet sich diese Kritik an dem Umstand, »daß Unternehmen einer Klassifikationsgruppe zugeordnet werden, ohne sich Gedanken über den theoretischen Zusammenhang zwischen einem Unternehmensereignis (...) einerseits und Ausprägungen von Kennzahlen aus Jahresabschlüssen andererseits zu machen« (BURGER, A. 1995, S. 334 f.). Insofern sieht sich auch die Unternehmensklassifikation mittels der multivariaten Diskriminanzanalyse dem Vorwurf ausgesetzt, es handele sich hierbei um eine Black Box.

Übersicht 85: Black Box der Unternehmensklassifikation

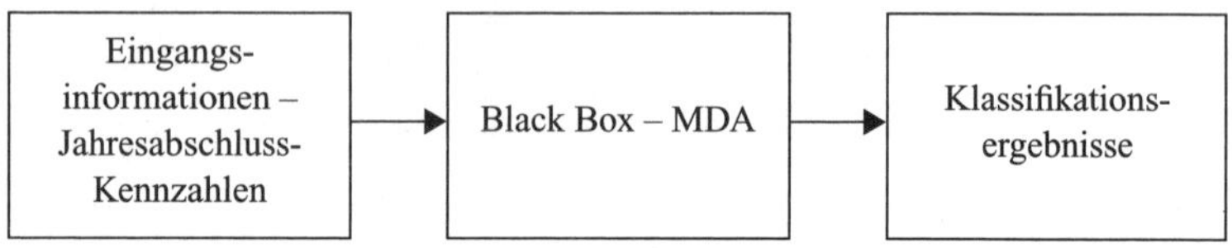

Bislang ist eine betriebswirtschaftlich überzeugende Erklärung der mittels der Diskriminanzanalyse vorgenommenen Kennzahlenverknüpfungen ebenso wenig gelungen wie eine theoretische Fundierung der in den verschiedenen empirischen Untersuchungen gewonnenen Ergebnisse (vgl. BURGER, A. 1995, S. 335). Selbst die Promotoren der multivariaten Diskriminanzanalyse leugnen nicht, dass mittels dieses Verfahrens »die Ursachen einer Insolvenzgefährdung nicht erkannt, sondern nur Symptome gemessen werden« (BAETGE, J./BEUTER, H. B./FEIDICKER, M. 1992, S. 753). Insofern kann die multivariate Diskriminanzanalyse auch keine Entscheidungshilfe dahin gehend liefern, »ob Maßnahmen des Krisenmanagements noch erfolgreich eingesetzt werden können« (HAUSCHILDT, J./LEKER, J. 1995, S. 263). Promotoren des Verfahrens sehen in einer Weiterentwicklung der multivariaten Diskriminanzanalyse, dem Ratingsystem RiskCalc™ Germany, einem auf dem Verfahren der Logistischen Regression basierenden Ansatz, einen Lösungsansatz. Die Möglichkeit einer detaillierten Ursachenanalyse soll helfen, einer drohenden Unternehmenskrise frühzeitig entgegenzuwirken (vgl. BAETGE, J. 2002, S. 2283 ff.).

Die mangelnde theoretische Fundierung ist nun aber keineswegs ein Spezifikum der multivariaten Diskriminanzanalyse. Letztlich gilt dieser Kritikpunkt für nahezu alle Verfahren der Jahresabschlussauswertung zur Krisenerkennung und weiter gehend – nach Auffassung von SCHNEIDER (D. 1989, S. 633) – für die Bilanzanalyse insgesamt.

Zeitliche Instabilität von Diskriminanzfunktionen

Ein weiterer Kritikpunkt an der multivariaten Diskriminanzanalyse lautet, die im Zuge der jeweiligen Untersuchungen abgeleiteten Diskriminanzfunktionen seien aufgrund ihres Vergangenheitsbezugs lediglich eingeschränkt zur Klassifikation in der ex ante-Betrachtung einsetzbar. Unstreitig ist, dass auf historischen Jahresabschlüssen beruhende Diskriminanzfunktionen nicht bedenkenlos in die Zukunft übertragen werden können (vgl. BAETGE, J./BEUTER, H. B./ FEIDICKER, M. 1992, S. 753). Denn dies würde eine Konstanz jener Einflussgrößen voraussetzen, die auf das konkret verfolgte Analyseziel, wie bspw. die Beurteilung der Unternehmensbonität, einwirken. Hiervon kann aber in der Realität wohl kaum ausgegangen werden. Insofern bedarf es einer fortlaufenden Überprüfung der zeitlichen Stabilität der ermittelten Diskriminanzfunktion. Zeigt sich hierbei eine signifikante Zunahme an Fehlklassifikationen, muss eine Aktualisierung (Neuberechnung) der Diskriminanzfunktion unter Einbeziehung von aktuellen Jahresabschlüssen erfolgen.

Beeinträchtigung durch Bilanzpolitik

Wie für nahezu alle kennzahlengestützten Instrumente der Bilanzanalyse stellt die bilanzpolitische Einflussnahme auf den Jahresabschluss ein nicht zu unterschätzendes Problem für die multivariate Diskriminanzanalyse dar. Insbesondere wenn die Diskriminanzfunktion auf nur einigen wenigen und darüber hinaus unkorrigierten Kennzahlen beruht, kann durch gezielte bilanzpolitische Maßnahmen Einfluss auf den Diskriminanzwert und damit bspw. auf die Bonitätsbeurteilung genommen werden. Zur Ermittlung aussagekräftiger, trennscharfer Diskriminanzfunktionen ist die sorgfältige Bereinigung des Jahresabschlusses um bilanzpolitische Einflüsse unabdingbar (vgl. auch BAETGE, J. 2002, S. 2284). Auf die Schwierigkeiten einer solchen externen Aufbereitung ist an verschiedenen Stellen des Buches hingewiesen worden. Bemerkenswert erscheint in diesem Zusammenhang die Feststellung von HÜLS (D. 1995, S. 243), dass die von ihr ermittelten ›besten‹ Diskriminanzfunktionen – im Vergleich zu denen von NIEHAUS und FEIDICKER – unter anderem »aufgrund der gleichmäßigeren und wegen der Vielzahl der Kennzahlen ... geringeren Trennbeiträge nicht mehr so anfällig sind gegen bilanzpolitische Gestaltungsmaßnahmen«.

Keine Einbeziehung von Konzernunternehmen

Schließlich ist noch auf folgenden Aspekt hinzuweisen. In den empirischen Untersuchungen von NIEHAUS (BAYERISCHE VEREINSBANK AG), von FEIDICKER (ALLGEMEINE KREDITVERSICHERUNG AG) und von HÜLS (BADEN-WÜRTTEMBERGISCHE BANK AG) wurden konzernabhängige Unternehmen nicht berücksichtigt. Schätzungen gehen davon aus, dass der Konzernierungsgrad von Aktiengesellschaften gemessen am Grundkapital über 90 % beträgt und auch ein erheblicher Teil der Gesellschaften mit beschränkter Haftung konzernverbunden ist (vgl. ORDELHEIDE, D. 1987, S. 975). Ob, wie bspw. in der Untersuchung von NIEHAUS, generell die multivariate Diskriminanzfunktion auf Konzernunternehmen angewandt werden kann (vgl. BAETGE, J./NIEHAUS, H.-J. 1989, S. 157), ist zumindest fraglich, denn Unternehmen, die im Konzernverbund stehen, können besonders im Hinblick auf die Liquiditätslage nicht mit wirtschaftlich unabhängigen Unternehmen verglichen werden (vgl. auch BAETGE, J. 2002, S. 2284). Konzernunternehmen können ihre Liquiditätslage am Abschlussstichtag durch konzerninterne Mittelverlagerungen erheblich verbessern und damit die Ergebnisse der Diskriminanzanalyse verfälschen. Auch bedeutet ein negativer Diskriminanzwert nicht automatisch eine Leistungsstörung, da andere Konzernunternehmen – auch ohne direkte rechtliche Verpflichtung – unterstützend eingreifen können, z. B. um ihr eigenes positives Image nicht zu verlieren.

1.7 Schlussbemerkung

Der Traum des Analytikers, »mit Hilfe einer einzigen Kennzahl – die aus mehreren Komponenten zusammengesetzt sein mag – eine Prognose der Zahlungsfähigkeit und Rentabilität der Unternehmung ... liefern zu können« (LEFFSON, U. 1984, S. 175), ist auch mit der Entwicklung der multivariaten Diskriminanzanalyse nicht erfüllt worden (a. A. BAETGE, J. 2002, S. 2281). Eine solche ›Wunderkennzahl‹ der Bilanzanalyse zu entwickeln, bleibt auch weiterhin der unerreichbare Wunschtraum der Analytiker. Dennoch weisen moderne Bilanzanalyseverfahren wie die Diskriminanzanalyse einen vielversprechenden Weg.

Eine Erhöhung der Aussagekraft der bislang vorwiegend auf finanziellen Daten beruhenden multivariaten Diskriminanzanalyse wird in jüngerer Zeit durch die Integration qualitativer Daten angestrebt. Dabei werden bspw. auch die Ergebnisse eines qualitativen Analyseansatzes – wie das noch darzustellende Saarbrücker Modell – zu integrieren versucht (vgl. BLOCHWITZ, S./EIGERMANN, J. 2000).

Seitens der DEUTSCHEN BUNDESBANK wird die erzielte Verbesserung durch ein solches Vorgehen, d. h. die Senkung der Fehlklassifikationen durch Einbezug der Ergebnisse des Saarbrücker Modells, mit über 5 % angegeben (vgl. BLOCHWITZ, S./EIGERMANN, J. 1999, S. 18 ff.).

Merksätze:

1. Im Rahmen der univariaten Diskriminanzanalyse wird jede Kennzahl einzeln auf ihre Trennfähigkeit der beiden Gruppen untersucht. Eine Klassifikation von Unternehmen wird anhand der Kennzahl vorgenommen, die die wenigsten Fehlklassifikationen (Fehler 1. und/oder 2. Art) aufweist.
2. Die univariate Diskriminanzanalyse weist einige Mängel auf, von denen insbesondere das Auftreten von divergierenden Teilurteilen durch unterschiedliche Klassifikationsergebnisse einzelner Kennzahlen zu nennen ist.
3. Multivariate Diskriminanzanalysen sind Verfahren, die simultan verschiedene Kennzahlenverteilungen analysieren und eine Klassifikationsregel durch Verknüpfung von mindestens zwei Kennzahlen zu einem Gesamtbeurteilungsindikator ermitteln.
4. Zum Kern der üblicherweise in Diskriminanzfunktionen berücksichtigten Kennzahlen gehören in der Regel ein Renditemaß und eine Kapitalstrukturkennzahl.

2. Bilanzanalyse mit Hilfe Künstlicher Neuronaler Netze

2.1 Einführung

Künstliche Neuronale Netze und Bilanzanalyse

Künstliche Neuronale Netze sind Verfahren der künstlichen Intelligenz, denen insbesondere seit den Achtzigerjahren verstärkte Aufmerksamkeit geschenkt wird. Auch für ökonomische Fragestellungen werden sie seit einiger Zeit zunehmend eingesetzt. Durch ihre Nutzung im Bereich der Jahresabschlussanalyse wird insbesondere versucht, die mit der Multivariaten Diskriminanzanalyse erzielten Ergebnisse zu übertreffen. Insofern stellt die Bonitätsanalyse das bisher dominierende bilanzanalytische Einsatzgebiet von Künstlichen Neuronalen Netzen dar. Im Gegensatz zur linearen Trennung durch die Diskriminanzfunktion wird durch den Einsatz Künstlicher Neuronaler Netze im Rahmen der Bilanzanalyse eine nicht-lineare Trennung vorgenommen, die zu einer verbesserten Fehlerminimierung führen soll (vgl. BAETGE, J. 1998, S. 572 ff.).

2.2 Fähigkeiten und Anwendungsgebiete Künstlicher Neuronaler Netze

Charakteristische Fähigkeiten

»Neuronale Netze sind dann einsetzbar, wenn eine unscharfe Informationsverarbeitung vorliegt, die oft als hochdimensionale nichtlineare Abbildung beschreibbar ist« (KINNEBROCK, W. 1994, S. 11). Ihre Eignung, derartige Probleme zu lösen, ergibt sich daraus, dass Künstliche Neuronale Netze drei Fähigkeiten aufweisen.

Übersicht 86: Fähigkeiten Künstlicher Neuronaler Netze

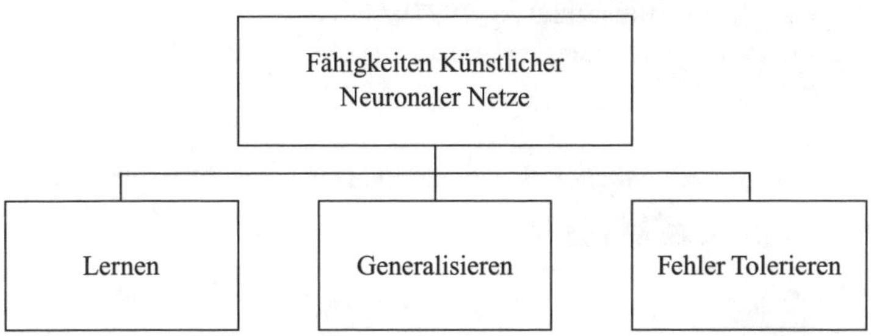

Diese Eigenschaften ermöglichen es Künstlichen Neuronalen Netzen, grundlegende Zusammenhänge (Muster) einer Grundgesamtheit auf Basis einer Stichprobe zu lernen und dieses Muster bei anderen Elementen der Grundgesamtheit wiederzuerkennen, auch wenn das Muster durch spezifische Charakteristika dieses Elements (›Rauschen‹) verdeckt wird.

Einsatzgebiete

Die Einsatzmöglichkeiten von Künstlichen Neuronalen Netzen sind nicht nur in der Betriebswirtschaft (vgl. CORSTEN, H./MAY, C. 1996) vielfältig. Zu den Aufgaben, die mit neuronalen Ansätzen bereits gelöst wurden oder an deren

Lösung gearbeitet wird, gehören unter anderem (vgl. KINNEBROCK, W. 1994, S. 103):

- Sprachgenerierung und -analyse,
- Erstellung von Prognosen,
- Regeln und Steuern,
- Muster- und Zeichenerkennung,
- Datenkompression und -aufbereitung,
- Unterhaltung (Spiele, Musikkomposition).

Finanzwirtschaftliche Einsatzgebiete

Auch zahlreiche finanzwirtschaftliche Fragestellungen sind charakterisiert durch »eine hohe Anzahl von Einflußfaktoren, die nicht-lineare Interdependenzen aufweisen und vor einem Zeithorizont instabil sind, d.h. durch zufällige Einflüsse (›Rauschen‹) überlagert werden« (BAUER, W./FÜSER, K./SCHMIDTMEIER, S. 1997, S. 283). Sie gehören damit zu dem Problemtyp, für dessen Lösung der Einsatz von Künstlichen Neuronalen Netzen geeignet ist (vgl. auch ENDRES, K. 2001, S. 372). Dementsprechend haben Künstliche Neuronale Netze in der jüngeren Vergangenheit bei verschiedenen derartigen Problemen Anwendung gefunden. Zu diesen Einsatzgebieten gehören unter anderem:

- Aktienkursprognose (vgl. die Übersicht bei BRAUN, S. 1994, S. 194ff.),
- Zinsprognose (vgl. PODDIG, T. 1994 m.w.N.),
- Wechselkursprognose (vgl. REHKUGLER, H./PODDIG, T. 1990),
- Beurteilung langfristiger Anleihen (vgl. PYTLIK, M. 1995, S. 211f. m.w.N.),
- Kreditwürdigkeitsprüfung im Privatkundengeschäft (vgl. REHKUGLER, H./ SCHMIDT-VON RHEIN, A. 1993),
- Bestimmung der Einzelwertberichtigungen auf Forderungen (vgl. BAUER, W./FÜSER, K./SCHMIDTMEIER, S. 1997),
- Klassifizierung von Jahresabschlüssen (vgl. PYTLIK, M. 1995, S. 215ff. m.w.N.).

2.3 Grundlagen Künstlicher Neuronaler Netze

2.3.1 Biologische Grundlagen

Menschliches Gehirn als Vorbild

Künstliche Neuronale Netze arbeiten nach dem Vorbild des menschlichen Gehirns, indem sie versuchen, dessen biologisches neuronales Netz zu simulieren. Ein Überblick über den Aufbau und die Funktionsweise des menschlichen Gehirns bildet daher eine Grundlage für das Verständnis der Arbeitsweise von Künstlichen Neuronalen Netzen (vgl. im Folgenden KINNEBROCK, W. 1994, S. 11ff.; KRAUSE, C. 1993, S. 36ff.; PYTLIK, M. 1995, S. 147ff.).

Biologische Neuronen

Die elementaren Verarbeitungseinheiten des menschlichen Gehirns sind in der Hirnrinde befindliche Nervenzellen, die als Neuronen bezeichnet werden. Jedes dieser Neuronen besteht vereinfacht aus den Elementen Zellkörper, Dendriten, Axon und Synapsen. Übersicht 87 zeigt schematisch den Aufbau eines solchen Neurons.

Übersicht 87: Aufbau eines biologischen Neurons

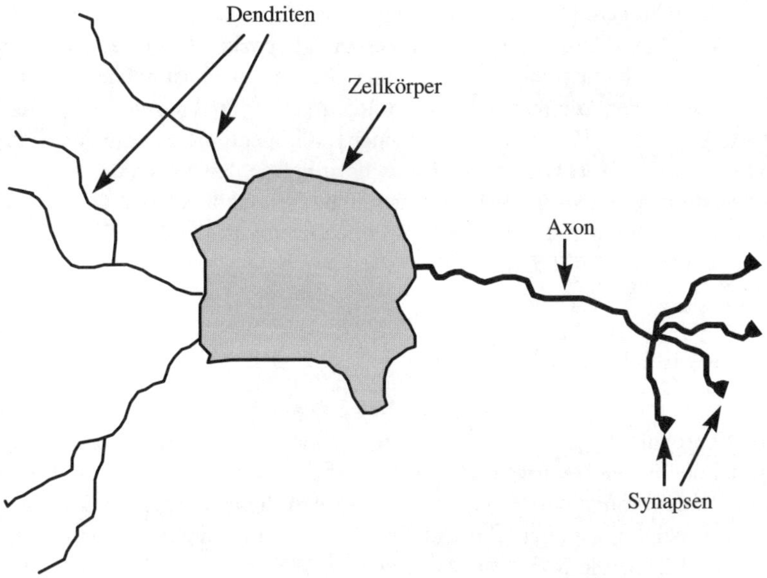

Die Dendriten stellen Eingangskanäle dar, über die das Neuron elektrische Signale von anderen Neuronen empfängt. Im Zellkörper werden diese Eingangssignale zu einem Gesamtreiz addiert. Überschreitet dieser einen bestimmten Schwellwert, »feuert« das Neuron, d. h., es sendet über sein als Ausgangskanal fungierendes Axon einen elektrischen Impuls aus. Das Axon ist an seinen verästelten Enden zu Knöpfchen, den Synapsen, verdickt. In ihnen wird der durch das Axon ankommende Impuls auf chemischem Wege je nach Typ der Synapse entweder verstärkt (excitatorische Synapse) oder gehemmt (inhibitorische Synapse) und nach dieser Veränderung an die Dendriten anderer Neuronen, mit denen die Synapsen verbunden sind, weitergegeben. Wird daher ein Signal auf seinem Weg von einem vorgelagerten zu einem nachfolgenden Neuron durch eine excitatorische Synapse geleitet, erhöht sich die Wahrscheinlichkeit, dass der Schwellwert des nachfolgenden Neurons überschritten wird und dieses Neuron ebenfalls feuert. Entsprechend mindert eine inhibitorische Synapse diese Wahrscheinlichkeit.

Synapsen können ihre excitatorische oder inhibitorische Wirkung im Zeitablauf verändern, wobei diese Veränderung durch Lernprozesse erfolgt. »Das Wissen eines Nervensystems wird durch die synaptische Verbindungsstärke von Nervenzellen gespeichert« (Krause, C. 1993, S. 38).

Biologische neuronale Netze

Das menschliche Gehirn besteht aus ca. 10–100 Milliarden Neuronen, von denen jedes über ca. 1000 Dendriten ca. 10 000 Verbindungen zu benachbarten Neuronen besitzt. Somit enthält ein menschliches neuronales Netz ca. 10^{14} bis 10^{16} Verbindungen. Die Leistungsfähigkeit des Gehirns resultiert dabei weniger aus der Verarbeitungsgeschwindigkeit und -kapazität der einzelnen Neuronen, sondern vielmehr daraus, dass zahlreiche Neuronen »simultan aktiv sind und miteinander kommunizieren« (SCHÖNEBURG, E./HANSEN, N./GAWELCZYK, A. 1992, S. 13) und somit eine hochgradig parallele Informationsverarbeitung stattfindet. »Da auch für anspruchsvolle Denkleistungen der Abruf der Informationen sehr schnell erfolgt, müssen die Informationen räumlich verteilt gespeichert sein, damit der Zugriff auf alle Daten zur gleichen Zeit erfolgen kann« (PYTLIK, M. 1995, S. 151).

2.3.2 Künstliche Neuronen

Simulation biologischer Neuronen

Dem Aufbau biologischer neuronaler Netze folgend setzen sich auch Künstliche Neuronale Netze aus miteinander verbundenen Neuronen zusammen. Diese künstlichen Neuronen, auch Units genannt, stellen ein mathematisches Modell zur Simulation der Funktionsweise natürlicher Neuronen dar. Übersicht 88 zeigt die graphische Darstellung eines künstlichen Neurons (vgl. BAETGE, J./BAETGE, K./KRUSE, A. 1999, S. 1373 f.; KRAUSE, C. 1993, S. 40).

Übersicht 88: Aufbau eines künstlichen Neurons

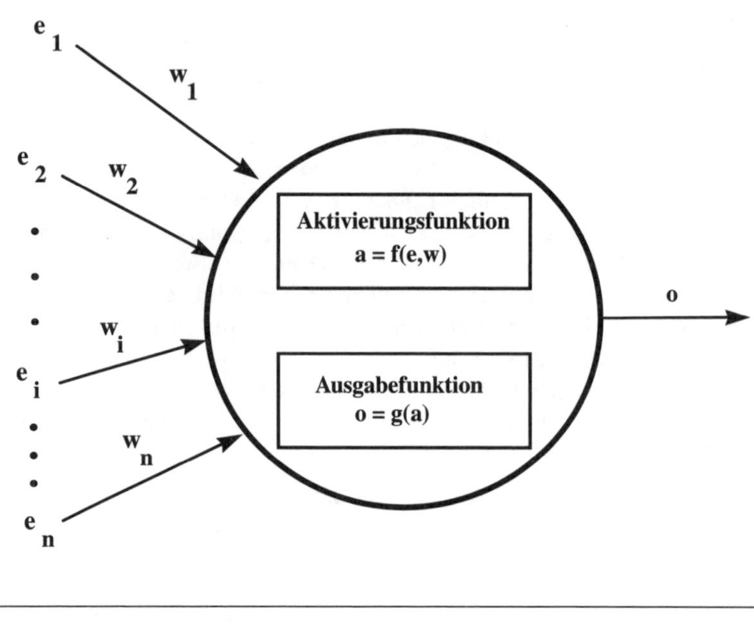

Funktionsweise künstlicher Neuronen

Entsprechend dem Informationsfluss in biologischen neuronalen Netzen erhält das künstliche Neuron die Signale e_1 bis e_n von anderen Neuronen. Die Veränderung dieser Signale durch Synapsen wird durch die Multiplikation der Eingangssignale mit den Gewichten w_1 bis w_n simuliert. Dabei entsprechen positive Gewichte den excitatorischen Synapsen und negative Gewichte den inhibitorischen Synapsen. Wie auch im biologischen Neuron werden die gewichteten Eingangssignale in der Unit zu einem Gesamtreiz zusammengefasst. Dies geschieht mittels einer Aktivierungsfunktion. In Abhängigkeit des Ergebnisses der Aktivierungsfunktion, das auch als Aktivierungszustand bezeichnet wird (vgl. PYTLIK, M. 1995, S. 159), bestimmt die Ausgabefunktion, welchen Wert die Unit an andere Neuronen weitergibt.

Aktivierungsfunktion

In der Praxis sind verschiedene Aktivierungs- und Ausgabefunktionen gebräuchlich. Die am häufigsten verwendete Aktivierungsfunktion ist jedoch die gewichtete Summe der Eingangssignale, die sich mit Bezug auf Übersicht 88 folgendermaßen ausdrücken lässt:

(F. 10.1)

$$a = \sum_{1}^{n} w_i \times e_i$$

Ausgabefunktion

Als Ausgabefunktionen können sowohl lineare als auch nichtlineare Funktionen dienen. Jedoch kann ein Künstliches Neuronales Netz nur dann in den Eingangsinformationen enthaltene nichtlineare Strukturen erkennen, wenn nichtlineare Ausgabefunktionen zum Einsatz kommen (vgl. REHKUGLER, H. 1996, S. 572). Die am häufigsten eingesetzte Ausgabefunktion ist die Sigmoidfunktion (vgl. SCHÖNEBURG, E./HANSEN, N./GAWELCZYK, A. 1992, S. 93). Sie berechnet für jeden Aktivitätszustand einen Ausgabewert zwischen 0 und 1 und lässt sich graphisch wie folgt darstellen:

Übersicht 89: Sigmoidfunktion

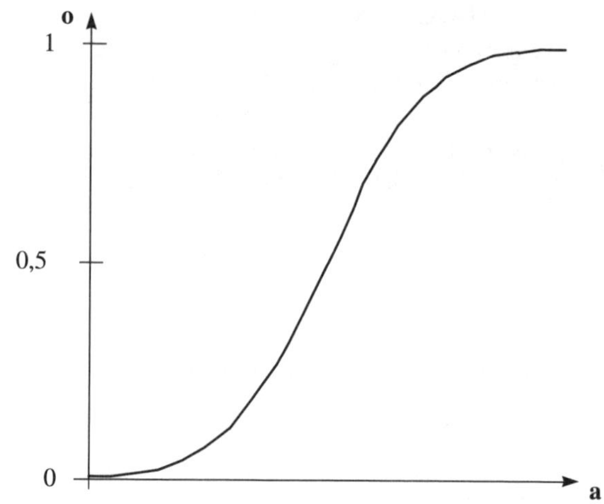

Alternative Ausgabefunktionen sind z. B. Sinus-Funktionen und der Tangens-Hyperbolicus.

2.3.3 Topologien Künstlicher Neuronaler Netze

Verbindung der Neuronen zu einem Netz

Analog zum biologischen Vorbild entsteht ein Künstliches Neuronales Netz durch eine Vernetzung einer Vielzahl von Units (vgl. REHKUGLER, H./KERLING, M. 1995, S. 311), die entlang der zwischen ihnen bestehenden Verbindungen Informationen austauschen. Die Anordnung der Neuronen in einem Künstlichen Neuronalen Netz sowie die Art der zwischen ihnen bestehenden Verbindungen wird als Topologie bezeichnet.

Geschichtete Netze

In den meisten Topologien Künstlicher Neuronaler Netze bilden jeweils ein oder mehrere Neuronen eine so genannte Schicht (Layer), von denen ein Künstliches Neuronales Netz in der Regel mehrere enthält. Derartige Künstliche Neuronale Netze werden daher auch als geschichtete Netze bezeichnet. In Abhängigkeit von den Aufgaben, die die Units einer Schicht übernehmen, lassen sich drei verschiedene Arten von Schichten unterscheiden:

- Eingabeschicht (Input Layer): Die Neuronen dieser Schicht (Input-Units) dienen lediglich der Informationsaufnahme aus der Umwelt und nehmen in der Regel keine eigentliche Informationsverarbeitung vor (vgl. PYTLIK, M. 1995, S. 158). Die Zahl der in dieser Schicht angeordneten Input-Units richtet sich nach der Zahl der Merkmale, die in das Künstliche Neuronale Netz eingespeist werden.

- Ausgabeschicht (Output Layer): Die auf dieser Schicht angeordneten Neuronen (Output Units), »deren Anzahl durch die gleichzeitig zu prognostizierenden Zielvariablen bestimmt wird« (REHKUGLER, H./KERLING, M. 1995, S. 311), übernehmen die Aufgabe, die Ergebnisse des Künstlichen Neuronalen Netzes an die Umwelt weiterzugeben. Sie nehmen daneben jedoch auch an der eigentlichen Informationsverarbeitung teil.

- Zwischenschicht (Hidden Layer): Von dieser Schichtart können eine oder mehrere zwischen der Eingabe- und der Ausgabeschicht angeordnet sein. Es existieren jedoch auch Künstliche Neuronale Netze ohne Zwischenschichten. Die auf einer derartigen Schicht angeordneten Neuronen (Hidden Units) sind nicht mit der Außenwelt verbunden und dienen allein der Informationsverarbeitung. Ihre Anzahl wird »maßgeblich durch die Komplexität der zu lösenden Problemstellung geprägt« (REHKUGLER, H./KERLING, M. 1995, S. 311).

Die verschiedenen Netztypen werden häufig durch die Anzahl ihrer Schichten klassifiziert (z. B. dreilagiges Netz). Dabei erfolgt die Benennung jedoch nicht einheitlich, da insbesondere die Eingabeschicht nicht in allen Darstellungen zu Künstlichen Neuronalen Netzen mitgezählt wird. Im Folgenden wird diese Art der Bezeichnung dergestalt verwendet, dass alle Schichten mitgezählt werden und somit ein dreilagiges Netz neben der Eingabe- und der Ausgabeschicht über eine Zwischenschicht verfügt.

Nicht geschichtete Netze

Neben den geschichteten Netztopologien existieren auch solche, bei denen keine Gruppierung der Neuronen vorliegt. Derartige Netze haben jedoch bei finanzwirtschaftlichen Anwendungen bisher keine den geschichteten Netzen entsprechende Bedeutung erlangt und sollen daher nicht weiter gehend behandelt werden.

Verschiedene Arten von Verbindungen

Die Neuronen eines Künstlichen Neuronalen Netzes können auf unterschiedliche Weise miteinander verbunden werden. Nach der Art dieser Verbindungen lassen sich mit den Feed-Forward-Netzen und den Feed-Backward-Netzen zwei verschiedene Modelltypen unterschieden (vgl. JERSCHENSKY, A. 1998, S. 163 ff.; REHKUGLER, H. 1996, S. 572; PYTLIK, M. 1995, S. 165).

Feed-Forward-Netze

Feed-Forward-Netze (rückkopplungsfreie Netze) sind dadurch charakterisiert (vgl. LOHRBACH, T. 1994, S. 27), dass

- nur Verbindungen zwischen Neuronen verschiedener Schichten bestehen, also Neuronen einer Schicht nicht miteinander verbunden sind und

- ein Informationsfluss nur in einer Richtung, nämlich von der Eingabeschicht über evtl. vorhandene Zwischenschichten zur Ausgabeschicht existiert.

Übersicht 90 zeigt beispielhaft ein Feed-Forward-Netz, das fünf verschiedene Informationen aus der Außenwelt aufnimmt, über ein Hidden Layer (mit drei Hidden Units) verfügt und lediglich ein eindimensionales Ergebnis liefert.

Übersicht 90: Aufbau eines dreilagigen Feed-Forward-Netzes

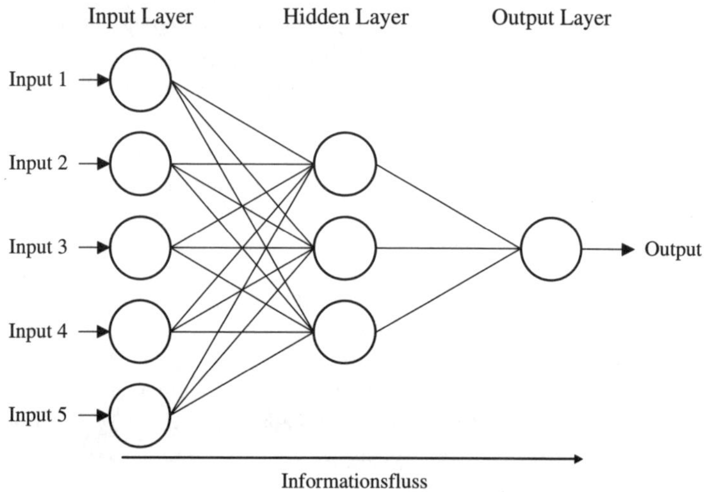

Feed-Backward-Netz

Bei Feed-Backward-Netzen (rückgekoppelte Netze) können im Gegensatz dazu

- Verbindungen auch zwischen Neuronen einer Schicht bestehen,
- Informationen über die Verbindungen in beide Richtungen fließen und somit ein Neuron auch an Units, von denen es selbst ein Signal erhält, eigene Signale weitergeben. In derartigen Netzen ist es sogar möglich, dass ein Neuron sein eigenes Ausgangssignal wiederum als Eingangssignal verwendet.

Einsatz der Netzmodelle

Keines der beiden Netzmodelle ist dem anderen bei allen Problemstellungen überlegen. Trotzdem werden in der Praxis Feed-Forward-Netze häufiger eingesetzt. Dies liegt unter anderem daran, dass die Ergebnisse dieser Netze meistens leichter nachzuvollziehen sind, sie einen geringeren Rechen- und Zeitaufwand erfordern und somit schneller Lösungen erreichen (vgl. PYTLIK, M. 1995, S. 165). Auch im Rahmen der Bilanzanalyse finden insbesondere Feed-Forward-Netze Anwendung (vgl. BURGER, A./SCHELLBERG, B. 1994, S. 870).

2.3.4 Lernprozesse

Lernvorgang

Bevor ein Künstliches Neuronales Netz eine Aufgabe lösen kann, muss es die zugrunde liegenden Zusammenhänge gelernt haben. Dazu werden dem Netz vor seinem eigentlichen Einsatz in einer Lern- bzw. Trainingsphase Beispieldatensätze präsentiert. Analog zu natürlichen neuronalen Netzen, die durch eine Veränderung der synaptischen Aktivität lernen, erfolgt das Lernen in Künstlichen Neuronalen Netzen durch eine Veränderung der Verbindungsgewichte.

Überwachtes Lernen

Das in betriebswirtschaftlichen Einsätzen von Künstlichen Neuronalen Netzen am häufigsten angewendete Lernverfahren ist das so genannte Überwachte Lernen (supervised learning). Dabei werden dem Künstlichen Neuronalen Netz neben den Eingabewerten der Beispieldatensätze auch deren erwünschte Ausgabewerte präsentiert. »Das Ziel des Lernvorgangs besteht darin, eine solche Verbindungsstruktur zwischen den Neuronen aufzubauen, die von den präsentierten Eingabedatensätzen möglichst genau die zugehörigen Ausgabedatensätze ableitet« (Baetge, J. u. a. 1994, S. 338). Dazu werden meist für die Verbindungsgewichte zunächst zufällig ausgewählte Werte gesetzt. Das Netz vergleicht den damit erzielten Ausgabewert (Ist-Wert) mit dem vorgegebenen richtigen Ausgabewert (Soll-Wert) und modifiziert ausgehend vom Ausgabeneuron rückwärtsgerichtet die Verbindungsgewichte, bis die Differenz zwischen Ist-Wert und Soll-Wert minimiert ist. Die Veränderung der Verbindungsgewichte erfolgt dabei nach einer Korrekturformel, dem so genannten Lernalgorithmus. Wegen der rückwärtsgerichteten Anpassung der Verbindungsgewichte werden derart lernende Netze auch als Backpropagation-Netze bezeichnet.

Overlearning

Da Künstliche Neuronale Netze bei diesem Lernverfahren die dem zu lösenden Problem zugrunde liegenden Zusammenhänge aus den Beispieldatensätzen lernen, besteht die Gefahr, dass das Netz nicht nur allgemein gültige Strukturen, sondern auch spezifische Gegebenheiten der Trainingsdaten lernt, die für die Grundgesamtheit nicht charakteristisch sind. Ein derart übertrainiertes Künstliches Neuronales Netz versagt, wenn ihm ein bislang unbekannter Datensatz präsentiert wird, da es seine Generalisierungsfähigkeit verloren hat. Diesem Problem des Overlearning, auch Overfitting, wird begegnet, indem man den Lernvorgang immer wieder unterbricht und anhand einer von den Beispieldatensätzen verschiedenen Kontrollstichprobe überprüft, ob sich die Fehlerquote für diese Stichprobe weiter verbessert hat. »Fängt in dieser Kontrollgruppe der Zuordnungsfehler wieder an zu steigen, wird der Lernvorgang abgebrochen, weil das Netz offenbar beginnt, ›Unsinn‹ zu lernen« (Rehkugler, H. 1995, S. 251).

Andere Lernverfahren

Neben dem Überwachten Lernen können Künstliche Neuronale Netze auch nach zwei anderen Verfahren lernen (vgl. Krause, C. 1993, S. 56ff.; Pytlik, M. 1995, S. 168ff.):

- Bewertetes Lernen (graded/reinforced learning): Im Unterschied zum überwachten Lernen werden dem Künstlichen Neuronalen Netz nicht die gewünschten Sollwerte präsentiert, sondern lediglich mitgeteilt, wie gut der erzielte Ist-Wert war.

- Selbst organisiertes/Unüberwachtes Lernen (self-organized/unsupervised learning): Dem Künstlichen Neuronalen Netz werden keine Ausgabe- oder Performance-Daten angeboten.

2.3.5 Parameter Künstlicher Neuronaler Netze

Typen- und Variantenvielfalt

Die bisherigen Ausführungen haben bereits verdeutlicht, dass es nicht »das« Künstliche Neuronale Netz gibt, sondern zahlreiche Parameter zu einer Vielzahl verschiedener Netzwerktypen bzw. -varianten führen. Optimale Ergebnisse im Rahmen einer Anwendung von Künstlichen Neuronalen Netzen können nur »durch systematisches Testen verschiedener Parametereinstellungen« (Krause, C. 1993, S. 102) erzielt werden. Beschränkt man sich auf geschichtete Netze, sind die wichtigsten dieser Parameter:

Die wichtigsten Parameter

- der Netztyp: Zur Verfügung stehen Feed-Forward- und Feed-Backward-Netze;
- die Zahl der Zwischenschichten: Es kann auf Zwischenschichten vollständig verzichtet werden oder aber eine oder mehrere dieser Hidden Layer eingefügt werden;
- die Zahl der Neuronen in jeder Schicht: Sie ist lediglich für die Eingabeschicht (durch die Zahl der Merkmalsarten der dem Künstlichen Neuronalen Netz präsentierten Datensätze) sowie die Ausgabeschicht (durch die Zahl der erwarteten Ergebnisse je Datensatz) festgelegt;
- die für die einzelnen Neuronen zu wählenden Aktivierungs- und Outputfunktionen (vgl. oben unter 2.3.3);
- das anzuwendende Lernverfahren (vgl. oben unter 2.3.4);
- die anzuwendende Lernregel, die für eine Anpassung der Gewichte sorgt, sowie die Zahl der Lernschritte, die so zu wählen ist, dass kein Overfitting eintritt.

2.4 Vorgehensweise empirischer Untersuchungen

Nachdem die Vorgehensweise empirischer Untersuchungen zum Einsatz der Diskriminanzanalyse anhand eines Kooperationsprojekts zwischen dem des Instituts für Revisionswesen der Universität Münster und der Allgemeinen Kreditversicherung AG dargestellt wurde (vgl. 1.6.2), soll der Einsatz von Künstlichen Neuronalen Netzen nachfolgend exemplarisch anhand einer Studie erläutert werden, die auf der Basis des identischen Datenmaterials Künstliche Neuronale Netze zur Kreditwürdigkeitsprüfung einsetzte und die Klassifikationsergebnisse mit denen der Diskriminanzanalyse verglich (vgl. Krause, C. 1993). Die folgenden Ausführungen beziehen sich auf diese Quelle.

2.4.1 Aufbau der Untersuchung

Die Untersuchung von Krause lässt sich schematisch wie folgt darstellen:

Übersicht 91: Untersuchungsaufbau

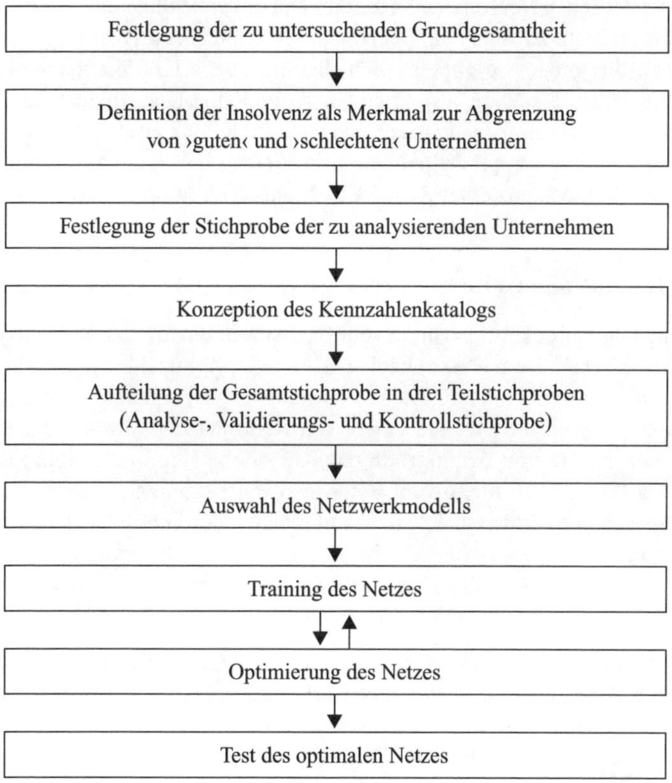

Datenmaterial und Kennzahlenkatalog

Um die Ergebnisse der Untersuchung mit denen der Studie von Feidicker vergleichen zu können, wurde auf die gleiche Grundgesamtheit, Stichprobe und den gleichen Kennzahlenkatalog zurückgegriffen (vgl. 1.6.2.1).

Aufteilung der Stichprobe

Im Rahmen der Untersuchung von Feidicker wurde das Datenmaterial zweigeteilt, um anhand einer Analysestichprobe die Diskriminanzfunktion zu ermitteln und anhand einer Validierungsstichprobe die Klassifikationsleistung der Funktion zu messen. Beim Einsatz von Künstlichen Neuronalen Netzen bedarf es jedoch einer weiteren Teilstichprobe, anhand derer zur Vermeidung des Overfitting-Effekts (vgl. oben unter 2.3.4) der Zeitpunkt bestimmt werden soll, zu dem der Lernprozess abgebrochen werden muss. Zu diesem

Zweck wurde die Validierungsstichprobe von Feidicker durch Zufallsauswahl in eine Test- und eine Validierungsstichprobe aufgeteilt. Die Analysestichprobe wurde dagegen im Vergleich zur Untersuchung von Feidicker unverändert gelassen.

Auswahl des Netzwerkmodells

Krause (C. 1993, S. 103) setzte in seiner Untersuchung zwei verschiedene Typen Künstlicher Neuronaler Netze ein. Dabei verwendete er mit dem Backpropagation-Netz zunächst ein überwacht lernendes Feed-Forward-Netz, »das primär zur Prognose geeignet ist, sich aber auch bei Klassifikationsproblemen einsetzen läßt«. Daneben testete er ein speziell für Klassifikationsaufgaben geeignetes so genanntes Counterpropagation-Netz, das zwar ebenfalls zu den Feed-Forward-Netzen gehört, jedoch insbesondere durch unüberwachte Lernprozesse in mindestens einer Zwischenschicht charakterisiert ist.

2.4.2 Training und Optimierung des Backpropagation-Netzes

Ausgangstopologie

Ausgangspunkt der Untersuchung von Krause war ein dreilagiges Backpropagation-Netz. Da diesem Netz zunächst nur die vier Kennzahlen präsentiert werden sollten, die in der nach Feidicker optimalen Diskriminanzfunktion enthalten waren, enthielt die Eingabeschicht vier Neuronen. Für die Ausgabeschicht wurde nur ein Neuron benötigt, da das Künstliche Neuronale Netz lediglich einen Ausgabewert (0 für solvent, 1 für insolvent) erzeugen musste. Auch die Zwischenschicht wurde zunächst nur mit einem Neuron besetzt. Jedes Neuron der Eingabe- und Zwischenschicht war mit jedem Neuron der folgenden Schicht verbunden. Als Ausgabefunktion wurde für alle verarbeitenden Neuronen eine Sigmoid-Funktion festgelegt.

Lernphase und Netzoptimierung

Diesem Künstlichen Neuronalen Netz wurden im Rahmen der Lernphase die 672 Datensätze der Analysestichprobe präsentiert. Dabei wurde dem Netz, da es ja überwacht lernte, auch jeweils mitgeteilt, ob es sich um solvente oder insolvente Unternehmen handelt. Zunächst wurden 1000 Lernschritte zugelassen, d. h., dass dem Netz alle Datensätze einmal und ein Teil der Datensätze ein zweites Mal dargeboten wurden, damit es die Zusammenhänge zwischen Eingabe- und erwünschten Ausgabedaten erlernt. Danach erfolgte eine Prüfung, wie gut das Netz auf Basis des in diesen 1000 Durchläufen Gelernten klassifizieren kann. Dazu wurden dem Netz die Eingabedaten der Teststichprobe präsentiert und bestimmt, wie hoch die Fehlerquote bei der Klassifizierung dieser Datensätze ist.

Anschließend wurden die bisher in dem Netz gespeicherten Informationen gelöscht und die Datensätze der Analysestichprobe erneut präsentiert, diesmal jedoch nicht in 1000, sondern in 2000 Lernschritten. Erneut wurden nach dieser Lernphase anhand der Teststichprobe die Klassifikationsgenauigkeit des Künstlichen Neuronalen Netzes ermittelt, um zu vergleichen, ob die Veränderung der Lernschrittzahl zu einer Verbesserung oder Verschlechterung der Klassifikationsleistung geführt hat. Zur Herstellung einer Vergleichbarkeit der erzielten Ergebnisse wurden diese so modifiziert, dass der Alpha-Fehler (Klassifikation von insolventen Unternehmen als solvent) konstant bei 8,75 % lag und somit nur noch der Beta-Fehler (Klassifikation von solventen Unternehmen als insolvent) verglichen werden musste (vgl. auch BAETGE, J./BAETGE, K./KRUSE, K. 1999a, S. 1628 f.; BAETGE, J./MANOLOPOULOS, P. R. 1999, S. 352 ff.).

Nach dem gleichen Optimierungsverfahren wurde in der Folge unter anderem schrittweise ermittelt, mit welcher Lernregel, welcher Ausgabefunktion, welcher Zahl von Schichten und Neuronenanzahl in den verschiedenen Schichten eine optimale Klassifikationsleistung erzielt werden kann. Dabei wurde unter anderem festgestellt, dass sich die Klassifikationsleistung durch die Erhöhung der Neuronenzahl in der Zwischenschicht sowie durch das Einfügen weiterer Zwischenschichten nicht verbessern lässt.

Veränderung der Eingabedaten

Da bisher nur die Merkmalsausprägungen der vier Kennzahlen der optimalen Diskriminanzfunktion nach FEIDICKER als Eingabedaten verwendet wurden, kann die erzielte Klassifikationsleistung nur als Ergebnis eines Künstlichen Neuronalen Netzes mit vorgeschalteter Diskriminanzanalyse interpretiert werden. Um feststellen zu können, welche Klassifikationsergebnisse das Künstliche Neuronale Netz mit weniger aufwendigen Vorarbeiten erzielen kann, wurden daher Teile der bisherigen Untersuchung wiederholt, dem Netz nunmehr jedoch die Ausprägungen aller 73 Kennzahlen des Kennzahlenkatalogs präsentiert.

2.4.3 Training und Optimierung des Counterpropagation-Netzes

Geringerer Aufwand bei der Netzoptimierung

Die grundsätzliche Vorgehensweise der Netzoptimierung unterscheidet sich bei Counterpropagation-Netzen nicht von der oben beschriebenen bei Backpropagation-Netzen. Aufgrund der Spezifika des Counterpropagation-Netzes sind jedoch weniger Parameter zu testen. Da Counterpropagation-Netze schneller zu trainieren sind als ein Backpropagation-Netz, war es außerdem nicht erforderlich, zunächst eine Netzwerkoptimierung auf Basis von nur vier Kennzahlen durchzuführen. Es konnte daher sofort das für die Verarbeitung von 73 Kennzahlen optimale Künstliche Neuronale Netz ermittelt werden. Um jedoch einen weitestgehenden Vergleich zu ermöglichen, wurde auch festgestellt, wie gut ein Counterpropagation-Netz mit den vier Kennzahlen der Diskriminanzanalyse klassifizieren kann.

2.4.4 Ergebnisse der Untersuchung

Ergebnisbestimmung

Da sowohl die Analyse- als auch die Teststichprobe im Rahmen der Optimierung der Künstlichen Neuronalen Netze zur Anwendung kamen, sind diese beiden Stichproben zur Bestimmung der Klassifikationsleistung der Künstlichen Neuronalen Netze bei bisher unbekannten Datensätzen nicht verwendbar. Daher wurden – als letzter Schritt der Untersuchung – für die verschiedenen Varianten der Künstlichen Neuronalen Netze (Backpropagation und Counterpropagation mit 4 und 73 Kennzahlen) die Klassifikationsergebnisse auf Basis der Validierungsstichprobe ermittelt. Diese wurden wiederum so modifiziert, dass der Alpha-Fehler konstant bei 8,75 % lag. Der gleichen Modifikation wurden die Klassifikationsergebnisse der Diskriminanzfunktion von FEIDICKER unterworfen, um feststellen zu können, ob mit Künstlichen Neuronalen Netze bessere Ergebnisse erzielbar sind.

Übersicht 92 zeigt diese Ergebnisse. Dabei bezeichnet D die Diskriminanzfunktion von FEIDICKER; BP-4 und BP-73 die Backpropagation-Netze mit 4 und 73 Kennzahlen sowie CP-4 und CP-73 die entsprechenden Counterpropagation-Netze:

Übersicht 92: Klassifikationsergebnisse von Diskriminanzanalyse und Künstlichen Neuronalen Netzen

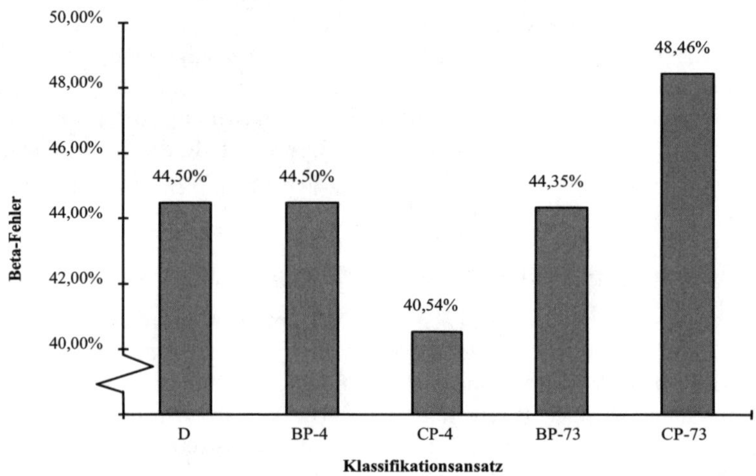

Überlegenheit gegenüber der Diskriminanzanalyse

Die Ergebnisse zeigen, dass

(1) die Klassifikationsleistung der Diskriminanzanalyse mit Künstlichen Neuronalen Netzen übertroffen werden kann;

(2) das verwendete Backpropagation-Netz ohne Vorauswahl der Kennzahlen etwas besser zu klassifizieren vermag als die Diskriminanzanalyse;

(3) durch einen auf Basis der Ergebnisse der Diskriminanzanalyse erfolgenden Einsatz eines Counterpropagation-Netzes die Klassifikationsleistung gegenüber der reinen Diskriminanzanalyse deutlich verbessert werden kann;

(4) das Counterpropagation-Netz ohne statistische Vorarbeiten keine guten Klassifikationsergebnisse liefern kann.

Nachfolgende Untersuchungen konnten den Beta-Fehler – unter Verwendung alternativer Datensätze – bei einem konstanten Alpha-Fehler von 8,75% von 40% über 33% auf 32% reduzieren (vgl. BAETGE, J. 2002, S. 2283).

2.5 Beurteilung von Künstlichen Neuronalen Netzen

Leistungsfähiges Instrument

Die Ergebnisse der Untersuchung von KRAUSE konnten – wie auch andere ähnlich geartete Untersuchungen (vgl. z.B. PYTLIK, M. 1995) – zeigen, dass Künstliche Neuronale Netze bei der Klassifikation von Jahresabschlüssen »ein sehr leistungsfähiges Instrument« (KRAUSE, C. 1993, S. 213) sind. Trotz der zumeist besseren Klassifikationsleistung sind sie der multivariaten Diskriminanzanalyse nicht in allen Punkten überlegen. Vielmehr »haben beide Verfahren spezifische Stärken und Schwächen für den praktischen Einsatz zur Früherkennung von Unternehmenskrisen« (ERXLEBEN, K. u.a. 1992, S. 1257). Zu diesen Vor- und Nachteilen gehören (vgl. ERXLEBEN, K. u.a. 1992, S. 1257f.; PYTLIK, M. 1995, S. 288ff.):

Vorteile bei kleinen Datenmengen

Die multivariate Diskriminanzanalyse ist an bestimmte methodische Anwendungsvoraussetzungen gebunden. So müssen die verwendeten Kennzahlen normalverteilt, trennfähig und unabhängig sein. Zahlreiche Untersuchungen zeigen zwar, dass diese Prämissen bei großen Datenmengen weniger restriktiv wirken und derart ermittelte Diskriminanzfunktionen zufrieden stellend trennen können, obwohl diese Voraussetzungen teilweise verletzt waren. Da jedoch Künstliche Neuronale Netze ohne derartige Voraussetzungen auskommen, sind sie im Gegensatz zur multivariaten Diskriminanzanalyse auch dann einsetzbar, wenn die zur Verfügung stehende Datenmenge gering ist.

Vorteile bei Fehlern im Datenmaterial

Da Künstliche Neuronale Netze insbesondere dann einsetzbar sind, »wenn eine unscharfe Informationsverarbeitung vorliegt« (KINNEBROCK, W. 1994, S. 103), können sie auch (Fuzzy-)Datensätze verarbeiten, deren Merkmalsausprägungen unvollständig und teilweise fehlerhaft sind (vgl. BAETGE, J./ HEITMANN, C. 2000). Dagegen ist die multivariate Diskriminanzanalyse nicht robust gegen derartige Mängel des zugrunde liegenden Datenmaterials, weshalb sie höhere Ansprüche an dessen Aufbereitung stellt.

Vorteile bei qualitativen Daten

Da Künstliche Neuronale Netze im Gegensatz zur multivariaten Diskriminanzanalyse qualitative Daten einfacher verarbeiten können, kann bei ihrem Einsatz auf eine weitere Informationsbasis zurückgegriffen werden. Eine Berücksichtigung qualitativer Daten der Jahresabschlüsse, aber auch aus sonstigen Quellen, dürfte die Klassifikationsleistung Künstlicher Neuronaler Netze noch weiter verbessern und damit deutlicher von der der Diskriminanzanalyse abheben.

Kombination mit Saarbrücker Modell

Hierzu werden in jüngster Zeit bspw. auch die Ergebnisse qualitativer Analyseansätze – wie etwa die des noch darzustellenden Saarbrücker Modells – in entsprechene Untersuchungen zu integrieren versucht (vgl. Blochwitz, S./ Eigermann, J. 2000a). Problematisch erscheint jedoch, dass die allgemeine Berücksichtigung qualitativer Daten nur sehr subjektiv erfolgen kann, »denn es existieren keine ›Grundsätze ordnungsmäßiger Recherche‹ wie die Grundsätze ordnungsmäßiger Buchführung« (Baetge, J. 1998, S. 634).

Entwicklung nur durch Spezialisten

Insbesondere wenn man auf aufwendige Vorarbeiten zur Überprüfung der Anwendungsvoraussetzungen verzichtet, können lineare multivariate Diskriminanzfunktionen ohne größere Probleme ermittelt werden. »Bereits ein mathematisch interessierter PC-Anwender kann sich nach einer kurzen Einarbeitung in ein Statistikprogramm an die Arbeit machen, eine Diskriminanzfunktion zu entwickeln« (Pytlik, M. 1995, S. 289). Dagegen erfordern Künstliche Neuronale Netze einen langwierigen Entwicklungsprozess, weshalb »es beim heutigen Stand der Technik einem nicht mit KNN (Künstliche Neuronale Netze, d. Verf.) vertrauten Anwender kaum möglich ist, zu brauchbaren Ergebnissen zu gelangen« (Pytlik, M. 1995, S. 289). Dies mag sich jedoch in der Zukunft durch Weiterentwicklungen auf diesem Gebiet ändern.

Höhere Anforderungen an die EDV

Sowohl die Multivariate Diskriminanzanalyse als auch Künstliche Neuronale Netze erfordern den Einsatz von EDV. Die Anforderungen, die die Entwicklungsphase an die Hardware stellt, unterscheiden sich jedoch. Denn während sich für die Entwicklung linearer Diskriminanzfunktionen keine besonderen Ansprüche an den Computertyp ergeben, sind für das Training Künstlicher Neuronaler Netze insbesondere bei großen Trainingsstichproben spezielle EDV-Lösungen (z.B. Workstation, Transputernetz) erforderlich. Ein derartiger Unterschied besteht jedoch beim praktischen Einsatz einer entwickelten Diskriminanzfunktion oder eines trainierten Netzes nicht mehr, da diese wiederum ohne eine besondere EDV-Ausstattung möglich sind.

Geringere Transparenz

Die Ergebnisse der Diskriminanzanalyse lassen sich bei Kenntnis der Diskriminanzfunktion leicht nachvollziehen, da sich die Bedeutung der einzelnen Kennzahlen an den Diskriminanzkoeffizienten ablesen lässt. Dagegen ist die Transparenz von Künstlichen Neuronalen Netzen bisher weniger ausgeprägt. Insbesondere bei komplexen Netzarchitekturen sind die Ergebnisse nur schwer interpretierbar. Die Akzeptanz von Künstlichen Neuronalen Netzen muss daher – zumindest bei einem Benutzer, der nicht nur die Ergebnisse benötigt, sondern sie (z.B. einem Kunden) plausibel machen muss – als geringer eingestuft werden. Es befinden sich jedoch verschiedene Ansätze zur Verbesserung der Transparenz der Ergebnisermittlung von Künstlichen Neuronalen Netzen in der Entwicklung (vgl. Rehkugler, H. 1995, S. 260f.).

Fazit

Auch der Einsatz Künstlicher Neuronaler Netze wird das sich im Rahmen der Bilanzanalyse stellende Prognoseproblem nicht lösen können. Ihr Einsatz kann jedoch dabei helfen, die Unsicherheit von aus Jahresabschlüssen gezogenen Rückschlüssen auf die momentane und zukünftige Unternehmenssituation zu vermindern. Bemerkenswert ist außerdem, dass Künstliche Neuronale Netze bereits jetzt zufrieden stellende Ergebnisse liefern können, obwohl sie noch längst nicht ausgereift erscheinen und noch Entwicklungspotenzial bergen.

Merksätze:

1. Künstliche Neuronale Netze stellen mathematische Modelle zur Simulation der Funktionsweise des menschlichen Gehirns dar. Sie setzen sich aus miteinander vernetzten künstlichen Neuronen, so genannten Units, zusammen.
2. Die wichtigste Eigenschaft von Künstlichen Neuronalen Netzen ist ihre Fähigkeit zu lernen, zu tolerieren und Fehler zu ignorieren. Dadurch können Künstliche Neuronale Netze anhand von Beispieldatensätzen Muster erlernen und diese bei anderen Datensätzen erkennen, auch wenn sie dort nur ›verrauscht‹ vorliegen.
3. Bei der Arbeit mit Künstlichen Neuronalen Netzen sind eine Trainings- und eine Verarbeitungsphase zu unterscheiden. Zunächst lernt das Netz anhand einer Traningsstichprobe die interessierenden Zusammenhänge. Anschließend können dem Netz bisher unbekannte Datensätze präsentiert werden, für die es die erwarteten Ausgabewerte ermittelt.
4. Es existieren zahlreiche verschiedene Künstliche Neuronale Netze, die sich unter anderem in ihrem Aufbau, ihrer Verarbeitungsrichtung und ihrer Lerntechnik unterscheiden.
5. Im Rahmen der Jahresabschlussanalyse werden Künstliche Neuronale Netze insbesondere im Bereich der Kreditwürdigkeitsprüfung eingesetzt und darauf untersucht, ob sie bessere Ergebnisse als die multivariate Diskriminanzanalyse liefern können. Bisherige Untersuchungen legen eine tendenzielle Überlegenheit der Künstlichen Neuronalen Netze nahe.
6. Problematisch ist im Rahmen des Einsatzes Künstlicher Neuronaler Netze insbesondere die Netzwerkoptimierung, d.h. die Ermittlung des für das jeweilige Problem opimalen Netzes. Hieraus ergeben sich (wohl) in aller Regel nur eng begrenzte Anwendungsmöglichkeiten.

3. Scoring-Verfahren

Scoring-Verfahren werden im Rahmen der Bilanzanalyse zur systematischen Beurteilung von Unternehmen angewandt, wobei sich die Gesamtbeurteilung aus der gewichteten Summe von Teilbeurteilungen zusammensetzt. Das Scoring-Modell wird anhand des RSW-Verfahrens erläutert, das eine Analysemethode zur Beurteilung börsennotierter Aktiengesellschaften darstellt (vgl. dazu im Folgenden insbesondere SCHMIDT, R. 1990; BADEN, K. 1992, S. 92ff.)

3.1 Grundlagen des RSW-Verfahrens

Das RSW-Verfahren wurde ursprünglich am INSTITUT FÜR BETRIEBSWIRTSCHAFTSLEHRE DER UNIVERSITÄT KIEL unter der Leitung von SCHMIDT entwickelt. Veröffentlicht wurde dieser Unternehmenstest deutscher Aktiengesellschaften in der Zeitschrift Manager Magazin erstmals im Jahr 1987. Der Untersuchungsumfang betrug damals 304 deutsche Aktiengesellschaften der Branchen Industrie, Handel und Verkehr. Mittlerweile werden allerdings in einer von SCHMIDT an der Universität Halle erweiterten Fassung des Verfahrens die 500 größten börsennotierten deutschen Aktiengesellschaften sämtlicher Wirtschaftszweige in die Untersuchung einbezogen und die diesbezüglichen Ergebnisse publiziert.

Scoring-Modell

Das Beurteilungsverfahren basiert auf der Anwendung von sechs Kennzahlen, von denen jeweils zwei Kennzahlen den Analysedimensionen bzw. -gegenständen Rendite, Sicherheit und Wachstum zugeordnet werden können (RSW-Verfahren). Die Kennzahlen werden mit Hilfe statistischer Verfahren zu einem Gesamtwert verdichtet und vergleichbar gemacht (Scoring-Modell). Diese Ergebnisse bilden sodann die Grundlage für die Bestimmung der Rangliste der Gesellschaften.

Analysedimensionen

Die Durchführung dieses Verfahrens dient dem Ziel, »neue vergleichbare Informationen über die deutschen Börsengesellschaften zur Verfügung« (SCHMIDT, R./WILHELM, W. 1987, S. 246) zu stellen, die auf der Grundlage veröffentlichter Daten errechnet werden und für den Interessenten weit gehend nachvollziehbar sind. Dabei wird hinsichtlich des Untersuchungsgegenstands bzw. der Auswahl der verwendeten Kennziffern insbesondere die Interessenlage der Aktionäre berücksichtigt.

3.2 Darstellung des Verfahrens

Umfang

Das RSW-Verfahren berücksichtigt in seiner erweiterten Fassung nunmehr die 500 größten Aktiengesellschaften, die in den Börsensegmenten Amtlicher Markt und Geregelter Markt notiert sind. Bei der Untersuchung werden die Börsengesellschaften in vier Gruppen – Industrie-, Handels- und Verkehrsgesellschaften, Banken und Versicherungen, Verwaltungsgesellschaften sowie Börsenneulinge des jeweiligen Jahrs (seit 1990 aufgenommene und getrennt behandelte Kategorie) – eingeteilt. 1994 wurde der Unternehmenstest um die Analyse der Börsenkursentwicklung für die Performancemessung erweitert. Wesentlich bleibt im fundamentalen Teil allerdings, dass das Verfahren so konstruiert ist, dass eine branchenübergreifende Vergleichbarkeit der einbezogenen Unternehmen gewährleistet werden soll und es überdies durch den Verzicht auf einen Börsenwertfaktor auch auf Nichtbörsenunternehmen angewendet werden kann (vgl. auch DEMMER, C. u.a. 1988, S. 130; BADEN, K. 1992, S. 107).

Analyse des Konzernabschlusses

Grundlage der fundamentalen Analyse sind die durch die handelsrechtliche Rechnungslegung publizierten Unternehmensdaten. Ausgewertet wird regelmäßig – soweit aufgestellt bzw. veröffentlicht – der Konzernabschluss der Gesellschaft.

Gewichtung

Der hohen Bedeutung der Renditeaspekte bei der Unternehmensbeurteilung trägt das RSW-Verfahren insofern Rechnung, als die Dimension Rendite im Rahmen des Gesamt-Score vierfach gewertet wird, während Sicherheit und Wachstum mit dem Gewichtungsfaktor 1 in die Gesamtrechnung eingehen.

Innerhalb der einzelnen Analysedimensionen findet ebenfalls eine unterschiedliche Gewichtung der beiden jeweils verwendeten Kennzahlen statt. Die erste Kennzahl, die als standardisierte Messgröße auf alle Unternehmen angewendet wird und damit gleichsam eine Verbindung zwischen den verschiedenen Branchengruppen herstellt, wird mit dem Faktor 2 gewichtet. Die zweite Kennzahl ist dagegen branchengruppenspezifisch ausgestaltet und fließt mit ihrem einfachen Wert in die Rechnung ein.

Zeitvergleich

Innerhalb des Zeitvergleichs, der bei allen Unternehmen die Renditekennzahlen über die letzten drei (Gruppe Industrie/Handel/Verkehr und Verwaltungsgesellschaften) bzw. fünf (Banken und Versicherungen) Jahre berechnet, findet zusätzlich eine Gewichtung zugunsten der aktuelleren Werte statt. Dadurch wird betont, dass nicht zwangsläufig eine möglichst starke prozentuale Steigerung der Rentabilität im Vordergrund steht, sondern das Erreichen und Halten einer vergleichsweise hohen Rendite.

Gesamt-Score

Als vorläufiges Ergebnis erhält man einen in den Übersichten 93 und 94 dargestellten verdichteten Gesamt-Score (vgl. SCHMIDT, R. 1990, S. 71; BADEN, K. 1992, S. 108), der als einfache Messzahl angibt, inwiefern ein untersuchtes Unternehmen unter Berücksichtigung branchentypischer Besonderheiten vom Durchschnitt aller Unternehmen abweicht. Dieser Gesamt-Score bildet schließlich die Grundlage für die Beurteilung der Angemessenheit der zu einem bestimmten Stichtag in Form des festgestellten Börsenkurses ausgedrückten Bewertung eines getesteten Unternehmens. Damit sind Tendenzaussagen darüber möglich, ob der jeweilige Aktienkurs unter fundamentalen Gesichtspunkten niedrig, angemessen oder hoch ist.

Übersicht 93: Aufbau des RSW-Verfahrens

Standardisierungskreis	Teilkomponenten	Gewicht	Hauptkomponenten	Gewicht	Resultat
alle Unternehmen	Eigenkapitalrendite	0,444	Rendite	0,666	RSW-Score
Industrie/Handel/ Verkehr Verwaltungsgesellschaften Geschäftsbanken Hypothekenbanken Schaden-/Rückversicherer Lebensversicherer	Betriebsrendite	0,222			
Industrie/Handel/ Verkehr Verwaltungsgesellschaften Banken und Versicherungen	Eigenkapitalquote	0,111	Sicherheit	0,167	
Industrie/Handel/ Verkehr Verwaltungsgesellschaften Geschäftsbanken Hypothekenbanken Schaden-/Rückversicherer Lebensversicherer	Liquiditätsquote	0,056			
alle Unternehmen	Bilanzsummenwachstum	0,111	Wachstum	0,167	
Industrie/Handel/ Verkehr Verwaltungsgesellschaften Banken und Versicherungen	betriebliches Wachstum	0,056			

Berechnungsweise

Der RSW-Score ergibt sich – wie bereits angedeutet – als Gesamtwert der Abweichung des getesteten Unternehmens vom Durchschnitt der Branchengruppe. Hierzu wird für jede Kennzahl des Verfahrens das gewichtete Verhältnis der positiven oder negativen Abweichung vom Mittelwert der Vergleichsgruppe (Branche) zur Standardabweichung der jeweiligen Branchengruppe errechnet. Aus der Kumulation dieser Teilkomponenten wird sodann der Gesamt-Score abgeleitet. Die konkrete Berechnungsweise verdeutlicht Übersicht 94 (vgl. SCHMIDT, R. 1990, S. 71 f.). Danach wird eine Gesellschaft umso besser bewertet, je größer die positive Abweichung ihrer Kennzahlenwerte vom Durchschnitt der Vergleichs-(Branchen-)gruppe ist und umgekehrt.

Übersicht 94: Berechnungsweise des RSW-Score

$$RSW_{i,b} = \frac{x_{k(b),i} \;./.\; \bar{x}\,(VG(b,k))}{s\,(VG(b,k))} = g_k$$

$RSW_{i,b}$	RSW-Score des Unternehmens i, das zur Branchengruppe bzw. Branche b gehört
k	Laufindex für Kennzahlentyp
$x_{k(b),i}$	Wert der für die Branchengruppe bzw. Branche b definierten Kennzahl des Typs k bei dem Unternehmen i (in Prozent)
$\bar{x}$ (VG(b,k))	Mittelwert für den Kennzahlentyp k (berechnet über alle Unternehmen, die für die Branchengruppe bzw. Branche b die Vergleichsgruppe bei dem Typ k bilden)
s (VG(b,k))	Wert der Standardabweichung des Kennzahlentyps k (berechnet über alle Unternehmen, die für die Branchengruppe bzw. Branche b die Vergleichsgruppe bei dem Typ k bilden)
g_k	Gewicht der standardisierten Kennzahl des Typs k

3.3 Definition der Kennzahlen

Branchenabhängigkeit

Die Aufwendigkeit des RSW-Verfahrens drückt sich insbesondere in der sehr differenzierten branchenabhängigen Definition der verwendeten Kennzahlen aus (vgl. dazu ausführlich SCHMIDT, R. 1991, S. 32 ff.). Zwar werden für sämtliche Unternehmen die Kennzahlen Eigenkapitalrentabilität, Eigenkapitalquote und Bilanzsummenwachstumsrate herangezogen, jedoch erfahren selbst diese Größen einige branchenspezifische Modifikationen. Für jede Gruppe unterschiedlich definiert ist jeweils die zweite Kennzahl aus den Bereichen Rendite, Sicherheit und Wachstum.

So wird bspw. die so genannte Betriebsrendite in der Branche Industrie, Handel und Verkehr als Cashflow-Rendite durch das Verhältnis von Cashflow und Umsatz ausgestaltet, während für Banken und Versicherungen bestimmte branchenspezifische Ertragsgrößen in der Betriebsrendite zueinander ins Verhältnis gesetzt werden. Für Verwaltungsgesellschaften hingegen fungiert – aufgrund fehlender Umsatzerlöse – die Gesamtkapitalrentabilität vor Steuern und Zinsen als zweite Renditekennzahl. Auch in der Dimension der Wachstumskennzahlen wird ein differenziertes Vorgehen gewählt. Als zusätzlicher Indikator für das künftige Leistungspotenzial dient im Bereich Industrie, Handel und Verkehr der Umsatz, bei Verwaltungsgesellschaften das Anlagevermögen und bei Banken und Versicherungen der Bruttoertrag (Zins-, Provisions- und Beteiligungserträge) bzw. die Bruttobeiträge.

Vereinfachungen

Die Berücksichtigung der branchenspezifischen Besonderheiten durch die Einrichtung unterschiedlicher Standardisierungskreise und die zahlreichen Modifikationen der Kennzahlen sowie der Auswertungsumfang von mittlerweile über 500 Börsengesellschaften zwingen verständlicherweise zu einigen Vereinfachungen bei der Analyse, insbesondere bei der Definition einzelner Kennzahlen. So wird im Rahmen der Ermittlung des in der Analyse verwendeten Eigenkapitals das bilanzielle Eigenkapital allein um einen nicht durch Eigenkapital gedeckten Fehlbetrag und ohne eine eventuelle Differenzierung um ausstehende Einlagen gekürzt. Auf sonstige Aufbereitungsmaßnahmen, wie sie zur Erstellung einer Einzel- oder Konzern-Strukturbilanz erforderlich sind (vgl. 2. Abschn., 2. Kap. 2. und 4. Abschn. 2.), wird hier gänzlich verzichtet. Dies kann im Zweifel zu einer Beeinträchtigung der Vergleichbarkeit der in die Analyse einbezogenen Unternehmen führen und letztlich auch Einfluss auf die Bildung der Rangfolge nehmen.

Um einen tieferen Einblick in die Definitionen der Kennzahlen des RSW-Verfahrens zu erhalten, sind in Übersicht 95 (vgl. SCHMIDT, R. 1991, S. 32ff.; BADEN, K. 1992, S. 112) beispielhaft sämtliche Kennzahlen der Branchengruppe Industrie, Handel und Verkehr mit den jeweiligen Anwendungszeiträumen und etwaigen Gewichtungsfaktoren dargestellt.

Übersicht 95: Kennzahlen des RSW-Verfahrens für die Branchengruppe Industrie, Handel und Verkehr

Renditekennzahl 1

$$\text{Eigenkapitalrendite} = \frac{\begin{array}{ll} & \text{Jahresüberschuss/Jahresfehlbetrag} \\ + & \text{Steuern vom Einkommen und Ertrag} \\ + & \text{abgeführte Gewinne} \\ ./. & \text{Erträge aus Verlustübernahme} \end{array}}{\begin{array}{ll} & \text{bilanzielles Eigenkapital} \\ ./. & \text{nicht durch Eigenkapital gedeckter} \\ & \text{Fehlbetrag} \\ ./. & \text{ausstehende Einlagen} \end{array}} \times 100$$

über die letzten 3 Jahre zum Geschäftsjahresende berechnet und 3:2:1 gewichtet

Renditekennzahl 2

$$\text{Betriebsrendite} = \frac{\begin{array}{ll} & \text{Ergebnis der gewöhnlichen} \\ & \text{Geschäftstätigkeit} \\ + & \text{sonstige Steuern} \\ + & \text{Beteiligungsergebnis} \\ ./. & \text{Zinsergebnis} \\ + & \text{Finanzabschreibungen} \end{array}}{\text{Umsatz}} \times 100$$

über die letzten 3 Jahre zum Geschäftsjahresende berechnet und 3:2:1 gewichtet

Sicherheitskennzahl 1

$$\text{Eigenkapitalquote} = \frac{\begin{array}{ll} & \text{bilanzielles Eigenkapital} \\ ./. & \text{nicht durch Eigenkapital gedeckter} \\ & \text{Fehlbetrag} \\ ./. & \text{ausstehende Einlagen} \end{array}}{\begin{array}{ll} & \text{Bilanzsumme} \\ ./. & \text{nicht durch Eigenkapital gedeckter} \\ & \text{Fehlbetrag} \\ ./. & \text{ausstehende Einlagen} \end{array}} \times 100$$

zum Ende des letzten Geschäftsjahrs

Sicherheitskennzahl 2

$$\text{Liquiditätsquote} = \frac{\begin{array}{ll} & \text{Wertpapiere des Umlaufvermögens} \\ + & \text{Schecks} \\ + & \text{Kassenbestand} \\ + & \text{Bundesbank- und Postgiroguthaben} \\ + & \text{Guthaben bei Kreditinstituten} \end{array}}{\begin{array}{ll} & \text{Bilanzsumme} \\ ./. & \text{nicht durch Eigenkapital gedeckter} \\ & \text{Fehlbetrag} \\ ./. & \text{ausstehende Einlagen} \end{array}} \times 100$$

zum Ende des letzten Geschäftsjahrs

Übersicht 95: (Fortsetzung)

Wachstumskennzahl 1

$$\text{Wachstumsrate Bilanzsumme} = \left[\left(\frac{\begin{array}{l} \text{Bilanzsumme}_{t} \\ \text{./. nicht durch Eigenkapital gedeckter Fehlbetrag}_{t} \\ \text{./. ausstehende Einlagen}_{t} \end{array}}{\begin{array}{l} \text{Bilanzsumme}_{t\text{-}w} \\ \text{./. nicht durch Eigenkapital gedeckter Fehlbetrag}_{t\text{-}w} \\ \text{./. ausstehende Einlagen}_{t\text{-}w} \end{array}} \right)^{\frac{1}{w}} \text{ ./. } 1 \right] \times 100$$

geometrische Wachstumsrate mit w = 2 im Jahr t

Wachstumskennzahl 2

$$\text{Wachstumsrate Umsatz} = \left[\left(\frac{\text{Umsatz}_{t}}{\text{Umsatz}_{t\text{-}w}} \right)^{\frac{1}{w}} \text{ ./. } 1 \right] \times 100$$

geometrische Wachstumsrate mit w = 2 im Jahr t

3.4 Aktien-Rating auf der Grundlage des RSW-Verfahrens

Das RSW-Verfahren ist grundsätzlich ein Analyseansatz zur Untersuchung des vergangenen Unternehmensgeschehens bzw. -erfolgs. Da sich neben zukünftigen Ertragsentwicklungsmöglichkeiten des Unternehmens und sonstigen Faktoren insbesondere auch der vergangene Erfolg im Börsenkurs widerspiegelt, erscheint es durchaus interessant, die Ergebnisse der RSW-Unternehmensrangfolge mit den Bewertungen an der Aktienbörse zu vergleichen.

Kategorien

Aufbauend auf dem Gesamt-Score des RSW-Verfahrens wird seit 1988 ein Aktien-Rating vorgenommen, das die zwischenzeitlich mehr als 500 in die Untersuchung einbezogenen Börsengesellschaften hinsichtlich ihres Aktienkurses fünf Kategorien zwischen ›sehr niedrig‹ und ›sehr hoch‹ zuordnet.

Korrelation zwischen RSW-Score und Aktienkurs

Dieses Aktien-Rating-Verfahren (vgl. dazu Schmidt, R. 1990, S. 74f.; Baden, K. 1992, S. 140f. und 223ff.) stellt nach Ausschluss von Ausreißern auf der Basis einer Korrelationsanalyse einen statistisch gesicherten – allerdings lockeren – Zusammenhang zwischen dem RSW-Score und dem jeweiligen Aktienkurs (Mitte September) fest. Demnach weisen Unternehmen mit einem hohen RSW-Score in der Regel auch einen relativ hohen Börsenkurs auf et vice versa. Der durchschnittliche Zusammenhang zwischen beiden Werten wird mittels einer linearen Regression quantifiziert. Prozentuale Abweichungen von dieser Regressionsgeraden bezeichnen schließlich die Klassifikationsbandbreiten (Rating-Klassen), denen die getesteten Gesellschaften zugeordnet werden.

Ziel dieses Verfahrens ist es nicht, Kauf- oder Verkaufswürdigkeitsbeurteilungen auszusprechen, sondern es soll vielmehr der Aktienkurs der einzelnen Gesellschaft hinsichtlich seiner Angemessenheit in Relation zu den übrigen untersuchten Unternehmen einer groben Einschätzung unterzogen werden. *Ziel*

3.5 Wichtige Ergebnisse des RSW-Verfahrens sowie des Aktien-Ratings

Die wesentlichen Ergebnisse des RSW-Verfahrens sowie des Aktien-Ratings auf der Grundlage des RSW-Scoring lassen sich folgendermaßen zusammenfassen (vgl. BADEN, K. 1992, S. 260 ff.):

(1) Es konnte festgestellt werden, dass zwischen den Analysedimensionen Rendite, Sicherheit und Wachstum eine positive Korrelation besteht. Unter Renditegesichtspunkten erfolgreiche Unternehmen haben gleichzeitig eine hohe Eigenkapitalausstattung (eine hohe Rendite bedingt also nicht ein steigendes Risiko) und weisen ebenso Wachstumsstärke auf. Allerdings sollte bei der Untersuchung auf keine der Dimensionen verzichtet werden.

(2) Die höchste Erklärungskraft hinsichtlich der Aktienkurse besitzt die gewichtete Eigenkapitalrendite. Über alle Branchengrenzen hinweg war der deutlichste Zusammenhang mit der Entwicklung der Kurse bei dieser Kennzahl zu konstatieren. Ex post konnte also die dem RSW-Verfahren zugrunde liegende hohe Gewichtung der Eigenkapitalrendite (44,4 %) gestützt werden.

    Dieser Zusammenhang besteht auch für die Sicherheits- und Wachstumskennziffern bei Unternehmen der Branche Industrie, Handel und Verkehr. Bei den Unternehmen sämtlicher Branchen konnte schließlich über die Jahre ein gesicherter Zusammenhang zwischen dem Gesamt-Score und den Aktienkursen festgestellt werden.

(3) Auch bleiben die Ergebnisse des RSW-Verfahrens bzw. des Ratings nicht ohne Einfluss auf die Kursbildung an der Börse. Zwar waren deutliche Kursreaktionen nicht zu verzeichnen, jedoch konnte eine tendenzielle Verarbeitung der Informationen des Aktien-Ratings an der Börse festgestellt werden.

3.6 Kritik

Neben dem mit hinlänglich bekannten Mängeln behafteten veröffentlichten Jahresabschluss als Analysegrundlage sowie der bereits angesprochenen Problematik der Definition der verwendeten Kennzahlen konzentriert sich die Kritik am RSW-Verfahren als Unternehmensbeurteilungsmodell insbesondere auf zwei Punkte:

(1) Auswahl und Eignung der Kennzahlen für die Urteilsbildung;

(2) Gewichtung der Kennzahlen innerhalb des Beurteilungsmodells.

Subjektivität

Diese beiden Kritikpunkte lassen sich mit dem allgemeinen Einwand der Subjektivität bei der Bestimmung der Beurteilungskomponenten beschreiben. Dieser Einwand ist umso bedeutender, je stärker die Rangfolgebildung der Gesellschaften gerade von der Gewichtung einzelner Kriterien (Eigenkapitalrendite zu 44,4 % im Gesamt-Score von sechs Kennzahlen) abhängig ist.

Dennoch lässt sich die Subjektivität innerhalb der Konstruierung eines Scoring-Modells, die im RSW-Verfahren durch die Offenlegung sämtlicher Teilkomponenten allerdings weit gehend nachvollziehbar ist, ebenso wenig vermeiden wie bei der Auswahl der Entscheidungskriterien durch einen externen Analysten. Und im Grunde leistet das RSW-Verfahren auf transparente Weise auch nichts anderes als das, was ein externer Analyst zu erreichen versucht: ein subjektiv geprägtes, zusammenfassendes – sachverständiges – Urteil über ein Unternehmen.

Merksätze:

1. Das RSW-Verfahren ist ein Analyseansatz zur Beurteilung börsennotierter Gesellschaften, die dazu in vier Branchengruppen eingeteilt werden. Es basiert auf der Anwendung von sechs Kennzahlen mit den Dimensionen Rendite, Sicherheit und Wachstum. Die Kennzahlen werden mit Hilfe statistischer Verfahren zu einem Gesamtwert verdichtet und vergleichbar gemacht.
2. Innerhalb jeder Analysedimension ist die erste Kennzahl als eine durchgehend standardisierte Messgröße ausgestaltet, die auf alle Unternehmen angewendet wird. Die zweite Kennzahl ist dagegen branchengruppenspezifisch definiert.
3. Besondere Gewichtungsfaktoren rücken innerhalb des Gesamt-Scores die Renditekennziffern insgesamt und jeweils die ersten Kennzahlen der einzelnen Dimensionen in den Vordergrund. Der Eigenkapitalrendite kommt damit eine entscheidende Bedeutung zu.
4. Aufbauend auf dem Gesamt-Score des RSW-Verfahrens, das die Rangfolge der untersuchten Gesellschaften bestimmt, wird zusätzlich ein Aktien-Rating vorgenommen. Denn mittels Korrelationsanalysen kann ein statistisch gesicherter Zusammenhang zwischen RSW-Score und dem jeweiligen Aktienkurs festgestellt werden.

4. Qualitative Bilanzanalyse

Analyse der verbalen Berichterstattung

Die traditionelle Bilanzanalyse bedient sich vorwiegend der Kennzahlenbildung und des Kennzahlenvergleichs und kann daher als Kennzahlenrechnung charakterisiert werden, die sich auf die Auswertung quantitativer Daten beschränkt. Demgegenüber hat die Analyse qualitativer Informationen – insbesondere der verbalen Berichterstattung in Anhang und Lagebericht, aber auch der sonstigen verbalen Berichterstattung im Geschäftsbericht – bislang nur eine untergeordnete Rolle gespielt, obwohl sich gerade auch in der verbalen Berichterstattung ein wichtiges Analysepotenzial verbirgt. Die qualitative Bilanzanalyse will durch die verstärkte Auswertung des Anhangs und des Lageberichts neue Wege der Unternehmensbeurteilung erschließen.

4.1 Kritik an der traditionellen Kennzahlenrechnung

Grenzen

Wenngleich Kennzahlen in der betrieblichen Praxis ein wichtiges und nicht wegzudenkendes Hilfsmittel darstellen, werden gewichtige Argumente gegen sie vorgetragen (vgl. dazu ausführlich 2. Abschn., 1. Kap. 4.). So wird darauf hingewiesen, dass die Daten der Kennzahlenrechnung in doppelter Weise veraltet und unvollständig sind. Darüber hinaus stellen Kennzahlen zwangsläufig ein vereinfachendes Bild des Unternehmensgeschehens dar und können leicht fehlinterpretiert werden.

Die wichtigste Grenze der traditionellen Kennzahlenrechnung ist schließlich darin zu sehen, dass die Daten der Jahresabschlussanalyse »in wesentlichen Teilen bilanzpolitischem Ermessen des Rechnungslegenden ausgesetzt« (Buchner, R. 1981a, S. 109) und damit das »Ergebnis subjektiver Wertungsprozesse« (Nahlik, W. 1984, S. 217) sind. Sie können bilanzpolitisch durch unterschiedliche Ausnutzung von Bilanzierungs- und Bewertungswahlrechten erheblich beeinflusst werden, ohne dass der externe Bilanzanalyst die Auswirkungen dieser Maßnahmen in einem hinreichenden Maße quantifizieren kann.

Beispiel

Die Zusammenhänge sollen an einem einfachen Beispiel demonstriert werden. In der Übersicht 96 ist die Bilanz eines konservativ bilanzierenden Unternehmens abgebildet, die unter den folgenden Prämissen aufgestellt worden ist:

Daten

(1) Aufwandsrückstellungen wurden in Höhe von 30 gebildet.

(2) In den Vorräten wurden nur Einzelkosten erfasst; die Vollkosten belaufen sich auf 270. In den Verbindlichkeiten sind erhaltene Anzahlungen auf Vorräte in Höhe von 120 ausgewiesen.

(3) Die Pensionsrückstellungen wurden mit 3,5 % abgezinst. Würden sie mit 6 % abgezinst, wären sie in Höhe von 95 auszuweisen.

(4) Steuerrechtliche Sonderabschreibungen in Höhe von 120 wurden aktivisch abgesetzt.

(5) Die Fremdkapitalzinsen belaufen sich auf 18.

Übersicht 96: Bilanz I

Aktiva				Bilanz I			Passiva
I.	Anlagevermögen		220	I.	Eigenkapital		
					1. gezeichnetes Kapital	100	
					2. Rücklagen	50	
					3. Jahresüberschuss	68	218
II.	Umlaufvermögen			II.	Rückstellungen		
	1. Vorräte	200			1. Rückstellungen für Pensionen	187	
	2. sonstiges Vermögen	350	550		2. sonstige Rückstellungen	76	263
				III.	Verbindlichkeiten		289
			770				770

Auf der Grundlage der Bilanz I ergeben sich nachfolgende Kennzahlen.

Übersicht 97: Ausgewählte Kennzahlen auf der Grundlage der Bilanz I

$$\text{Eigenkapitalquote} = \frac{\text{Eigenkapital}}{\text{Gesamtkapital}} = \frac{218}{770} = 28{,}3\,\%$$

$$\text{Anlagenintensität} = \frac{\text{Anlagevermögen}}{\text{Bilanzsumme}} = \frac{220}{770} = 28{,}6\,\%$$

$$\text{Gesamtkapitalrentabilität} = \frac{\text{Jahresüberschuss} + \text{Fremdkapitalzinsen}}{\text{Gesamtkapital}} = \frac{68 + 18}{770} = 11{,}2\,\%$$

Strategiewechsel

Nunmehr sei eine Änderung der Bilanzpolitik unterstellt. Es wird jetzt die nachfolgende, progressivere Strategie gewählt:

(1) Auf eine Bildung von Aufwandsrückstellungen wird verzichtet.

(2) Die Vorräte werden zu Vollkosten angesetzt und mit den erhaltenen Anzahlungen auf Vorräte saldiert.

(3) Die Pensionsrückstellungen werden mit 6 % abgezinst.

(4) Die steuerrechtlichen Sonderabschreibungen werden in den Sonderposten mit Rücklageanteil eingestellt.

Auf der Grundlage dieser Annahmen wird die Bilanz II erstellt, die in der Übersicht 98 abgebildet ist.

Übersicht 98: Bilanz II

Aktiva			Bilanz II			Passiva
I. Anlagevermögen		340	I. Eigenkapital			
			1. gezeichnetes Kapital	100		
			2. Rücklagen	50		
			3. Jahresüberschuss	260	410	
			II. Sonderposten mit Rücklageanteil		120	
II. Umlaufvermögen			III. Rückstellungen			
1. Vorräte (erhaltene Anzahlungen 120)	150		1. Rückstellungen für Pensionen	95		
2. sonstiges Vermögen	350	500	2. sonstige Rückstellungen	46	141	
			IV. Verbindlichkeiten		169	
		840			840	

Werden auf dieser Basis wiederum die drei Kennzahlen ermittelt, ergeben sich nachfolgende Werte:

Übersicht 99: Ausgewählte Kennzahlen auf der Grundlage der Bilanz II

Eigenkapitalquote	=	$\frac{410 + 72}{840}$	= 57,4 %
Anlagenintensität	=	$\frac{340}{840}$	= 40,5 %
Gesamtkapitalrentabilität	=	$\frac{260 + 18}{840}$	= 33,1 %

Ergebnis

Allein durch die Änderung der Bilanzpolitik hat sich

(1) die Eigenkapitalquote um 102,8 %,

(2) die Anlagenintensität um 41,6 % und

(3) die Gesamtkapitalrentabilität um 195,5 %

erhöht. Wird weiterhin berücksichtigt, dass der externe Analyst in aller Regel nur die Höhe der im jeweiligen Jahr in Anspruch genommenen steuerrechtlichen Sonderabschreibungen und die erhaltenen Anzahlungen auf Vorräte aus dem Jahresabschluss ersehen kann, wird der unmittelbare Zusammenhang zwischen der Bilanzpolitik und der Kennzahlenrechnung offenkundig. Hier gilt: Je mehr bilanzpolitische Gestaltungsmöglichkeiten bestehen, umso schwieriger wird eine zutreffende Bilanzanalyse – umso engere Grenzen sind der traditionellen Kennzahlenrechnung gesetzt.

Berücksichtigt man nun, dass durch die Umsetzung des europäischen Bilanzrechts »der Gestaltungsspielraum bei der Erstellung des Jahresabschlusses insgesamt erweitert wurde« (PILTZ, K. 1990, S. 5), wird die Notwendigkeit deutlich, der traditionellen, kennzahlenorientierten Bilanzanalyse neue, die Qualität der Unternehmensbeurteilung verbessernde Instrumente zur Seite zu stellen.

4.2 Bedeutung des Anhangs für die Bilanzanalyse

Die Rechnungslegung verfolgt den Zweck, einen möglichst sicheren Einblick in die Vermögens-, Finanz- und Ertragslage zu vermitteln. Die Bilanz und Gewinn- und Verlustrechnung tragen diesem Zweck insofern Rechnung, als sie auf der Grundlage von Zahlenangaben Aufschluss über bestimmte quantitative Größen des Unternehmens geben. Dem Bilanzleser bleibt es vorbehalten, diese Größen auszuwerten und zu interpretieren, um auf diesem Wege Einblick in die Größe, Struktur und wirtschaftliche Lage des Unternehmens zu erhalten.

Die nach bestimmten Bilanzierungsgrundsätzen erfassten und nach bestimmten Prinzipien strukturierten art- und wertmäßigen Angaben in der Bilanz und Erfolgsrechnung reichen jedoch allein nicht aus, um diese zentrale Aufgabe befriedigend zu lösen, weil beide Rechenwerke aufgrund ihrer »mathematisch abstrakten Natur« (WALB, H.-H. 1938, S. 13) zahlreiche Fragen bereits vom Grundsatz her nicht beantworten.

Basis- oder Überbrückungsfunktion

Die Lücke zwischen den mathematisch abstrakten Angaben in der Bilanz und der Erfolgsrechnung einerseits und der Forderung nach einem möglichst sicheren Einblick in die Vermögens-, Finanz- und Ertragslage andererseits zu schließen, ist Aufgabe des Anhangs und des Lageberichts. Die nachfolgenden Darlegungen stellen zwar grundsätzlich allein auf den Anhang ab und lassen den Lagebericht zunächst außer Betracht. Jedoch lassen sich die meisten Überlegungen analog auf den Lagebericht übertragen. Letzterem kommt insbesondere im Rahmen der semiotischen Bilanzanalyse (vgl. 3. Abschn. 4.5) eine zentrale Bedeutung zu.

Weitere Einzelfunktionen

Die erwähnte Basis- oder Überbrückungsfunktion des Anhangs, die insgesamt im Zusammenhang mit der Erfüllung der allgemeinen Informationsfunktion des Jahresabschlusses zu sehen ist, wird durch mehrere Einzelfunktionen spezifiziert (vgl. KUPSCH, P. 1998, Rn. 9ff.; RUSS, W. 1986, S. 19ff.).

Übersicht 100: Die Funktion des Anhangs

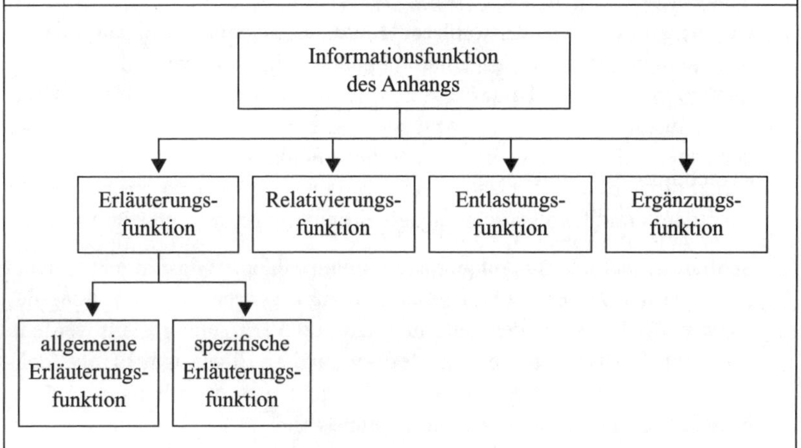

Erläuterungsfunktion

(1) Der Anhang erläutert Bilanz und Erfolgsrechnung, indem er

(a) durch postenübergreifende Informationen das durch Bilanz und Erfolgsrechnung vermittelte Bild präzisiert und veranschaulicht (allgemeine Erläuterungsfunktion),

(b) »Angaben, Darstellungen, Aufgliederungen und Begründungen« (FORSTER, K.-H. 1982, S. 1578) zu einzelnen Bilanz- und Erfolgsrechnungsposten vermittelt (spezifische Erläuterungsfunktion).

Relativierungsfunktion

(2) Da Anhangangaben – wie z. B. die Angabe der nicht passivierten Pensionsrückstellungen gem. Art. 28 Abs. 2 EGHGB – eine veränderte Beurteilung von Daten der Bilanz oder Erfolgsrechnung zur Folge haben können, kommt ihnen die Funktion zu, »eine Relativierung der Beurteilung der ausgewiesenen Vermögens-, Finanz- und Ertragslage« (KUPSCH, P. 1998, Rn. 10) zu ermöglichen. Die Relativierungsfunktion des Anhangs sowie das mit ihr verfolgte Ziel einer besseren Vergleichbarkeit von Jahresabschlüssen wird besonders deutlich bei den Angaben zu den angewandten Bilanzierungs- und Bewertungsmethoden gem. § 284 Abs. 2 Nr. 1 HGB sowie der Berichtspflicht bei Änderung der Bilanzierungs- und Bewertungsmethoden gem. § 284 Abs. 2 Nr. 3 HGB.

Korrekturfunktion

Im Fall des § 264 Abs. 2 Satz 2 HGB, also wenn der Jahresabschluss aufgrund besonderer Umstände ein den tatsächlichen Verhältnissen entsprechendes Bild der Vermögens-, Finanz- und Ertragslage nicht vermittelt, erweitert sich die Relativierungsfunktion zu einer Korrekturfunktion.

Schutzfunktion

Da eine Relativierung und gegebenenfalls auch Korrektur des durch Bilanz und Erfolgsrechnung vermittelten Bildes notwendig ist, um »die schutzwürdigen Informationsinteressenten vor Fehleinschätzungen und Fehlentscheidungen zu bewahren« (SELCHERT, F. W. 1987, S. 14), kommt dem Anhang insofern auch eine Schutzfunktion zu.

Entlastungsfunktion

(3) Durch zahlreiche Ausweiswahlrechte, die eine Darstellung bestimmter Informationen alternativ in Bilanz bzw. Erfolgsrechnung oder Anhang ermöglichen, werden Bilanz und Erfolgsrechnung von Detailangaben entlastet. Insofern kommt dem Anhang eine Entlastungsfunktion zu. In der deutschen Bilanzierungspraxis geht diese Funktion sogar über die gesetzlich kodifizierten Ausweiswahlrechte hinaus, da z. B. auch untere Ebenen der Bilanz- und Erfolgsrechnungsgliederung im Anhang gezeigt werden.

Ergänzungsfunktion

(4) Schließlich enthält der Anhang auch »nicht bilanzierungsfähige Sachverhalte, die den Jahresabschlußadressaten zur ergänzenden Beurteilung der wirtschaftlichen Lage des Unternehmens zur Verfügung gestellt werden« (KUPSCH, P. 1998, Rn. 16). Insofern ergänzt er Bilanz und Erfolgsrechnung insbesondere um Sachverhalte, die nicht quantifizierbar sind und daher nur verbal dargestellt werden können.

4.3 Gegenstand und Teilgebiete der qualitativen Bilanzanalyse

Schlüsselrolle des Anhangs

Die Ausführungen zur Bedeutung des Anhangs dürften verdeutlicht haben, dass der Anhang eine »Schlüsselrolle im Rahmen der Informationsvermittlung« (RUSS, W. 1986, S. 19) einnimmt, da Bilanz und Erfolgsrechnung erst dann ihren »rechten Sinn erhalten, wenn zu der zahlenmäßigen Darstellung die wortmäßige Erklärung tritt« (WALB, H.-H. 1938, S. 13). Eine Bilanzanalyse, die sich auf die Auswertung der numerischen Daten aus Bilanz und Erfolgsrechnung beschränkt, schließt damit einen nicht unwesentlichen Teil der Informationen aus der Betrachtung aus und läuft Gefahr, durch eine bloße Kennzahlen-Arithmetik zu falschen Schlussfolgerungen zu gelangen.

Gegenstand

Die Aufhebung der für die traditionelle Bilanzanalyse charakteristischen Beschränkung auf die numerischen Daten des Jahresabschlusses ist das Anliegen der qualitativen Bilanzanalyse. Ihr Gegenstand ist die Untersuchung der verbalen Berichterstattung in Anhang und Lagebericht, womit sie berücksichtigt, dass gerade diese Berichterstattung »ein enormes Analysepotential (birgt; d. Verf.), das es mit geeigneten Methoden zu heben gilt« (WERNER, U. 1990, S. 370).

Teilgebiete

Diese qualitative Bilanzanalyse kann in zwei Teilbereiche untergliedert werden (vgl. Übersicht 101). Der erste Teilbereich untersucht den Einsatz des bilanzpolitischen Instrumentariums und versucht auf diesem Wege, über die Klassifizierung der zielgerichteten Anwendung der einzelnen Parameter zusätzliche Rückschlüsse auf die tatsächliche Unternehmenslage zu ziehen.

Der zweite Teilbereich soll als semiotische Bilanzanalyse bezeichnet werden. Hier wird den Fragen nachgegangen, ob

(1) der Grad der Bestimmtheit von Aussagen (vage versus eindeutige Informationen) weitere Rückschlüsse zulässt (syntaktische Ebene);

(2) die Intensität der freiwilligen Berichterstattung zusätzliche Erkenntnisse bringt (pragmatische Ebene);

(3) die präferierte Wortwahl – auch im Unternehmens- und Zeitvergleich – der Analyse neue Informationen zur Verfügung stellt (semantische Ebene).

Übersicht 101: Teilgebiete der qualitativen Bilanzanalyse

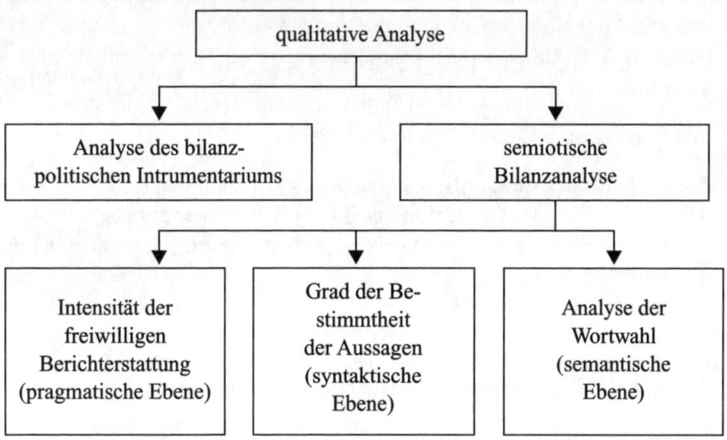

Schwierigkeiten bei der Analyse qualitativer Informationen

Die klassische Bilanzanalyse bezieht nahezu ausschließlich quantitative Größen in die Betrachtung ein und greift nur in Ausnahmefällen auf qualitative Informationen zurück. Der Grund dafür ist wohl in erster Linie in den Schwierigkeiten zu suchen, die sich bei der Analyse qualitativer Informationen ergeben:

(1) Während für die Erstellung der Bilanz und Gewinn- und Verlustrechnung eine (Mindest-)Gliederung sowie die Bezeichnung und der Inhalt einzelner Posten durch Gesetz, aber auch durch die Grundsätze ordnungsmäßi-

ger Bilanzierung und Bewertung vorgegeben sind, gibt es solche Zugriffs- und Analyseerleichterungen für die verbale Berichterstattung nicht.

(2) Im Gegensatz zu den zumindest formal reglementierten numerischen Daten sind qualitative Informationen aufgrund ihrer »syntaktischen, semantischen und pragmatischen Beziehungen nicht unmittelbar miteinander vergleichbar« (WERNER, U. 1990, S. 370).

(3) Durch die bestehenden Ausweiswahlrechte wird die Vergleichbarkeit der Anhangangaben »in formeller Hinsicht gestört« (RUSS, W. 1986, S. 22).

(4) Da freiwillige Informationen nicht ausschließlich auf der pragmatischen Ebene Berücksichtigung finden, ist die Intensität der freiwilligen Berichterstattung nicht nur Gegenstand, sondern zugleich auch Bestimmungsfaktor der Möglichkeiten der qualitativen Bilanzanalyse.

Merksätze:

1. Die qualitative Bilanzanalyse bezieht die bislang vernachlässigten Informationen des Anhangs und des Lageberichts – insbesondere der verbalen Berichterstattung – in eine umfassende Unternehmensbeurteilung mit ein.
2. Neben dem Lagebericht nehmen im Rahmen der qualitativen Bilanzanalyse die Abschlusserläuterungen im Anhang eine Schlüsselrolle ein. Sie bergen ein enormes Analysepotenzial.
3. Gegenstand der qualitativen Bilanzanalyse ist zum einen die Untersuchung des Einsatzes der Bilanzpolitik sowie zum anderen die Auswertung der verbalen Berichterstattung durch die Teilinstrumente der semiotischen Bilanzanalyse.

4.4 Analyse des bilanzpolitischen Instrumentariums

4.4.1 Grundlagen

4.4.1.1 Wesen, Instrumente und Einsatz der Bilanzpolitik

Definition der Bilanzpolitik

Unter Bilanzpolitik ist die bewusste und im Hinblick auf die Ziele des Unternehmens zweckorientierte Beeinflussung der publizierten Unternehmensdaten, die sich aus Jahresabschluss und Lagebericht zusammensetzen, zu verstehen. Sie erfolgt mit der Absicht, »die Rechtsfolgen des Jahresabschlusses und das Verhalten der Informationsempfänger entsprechend den Zielen der Unternehmenspolitik zu beeinflussen« (KROPFF, B. 1983, S. 184).

Finanz- und Publizitätspolitik

Die bilanzpolitischen Aktivitäten können grundsätzlich zwei Dimensionen zugeordnet werden. Auf der einen Seite steht der Aspekt der Finanzpolitik, der in erster Linie die Steuerung der Ergebnisausschüttung, die Rücklagenbildung sowie die Verringerung der Steuerbelastung betrifft. Auf der anderen Seite ist die Publizitäts- oder auch Rufpolitik zu nennen, die auf die Beeinflussung der Meinungsbildung bzw. der Verhaltensweisen der externen Abschlussadressaten zugunsten des Unternehmens abzielt (vgl. SCHMIDT, F. 1979, S. 9ff.; FORSTER, K.-H. 1983, S. 32).

Im Folgenden soll die Analyse der Bilanzpolitik auf die gesetzlichen und die faktischen Wahlrechte und die sich aus der Praxis ergebenden Ermessensspielräume beschränkt bleiben, die bei der Erstellung des Jahresabschlusses (Bilanz, Gewinn- und Verlustrechnung und Anhang) zur Verfügung stehen. Auszugrenzen ist in diesem Zusammenhang ebenfalls die Gestaltung von Sachverhalten und damit die Beeinflussung des Mengengerüsts, da die vielfältigen diesbezüglichen Maßnahmen zum einen in den meisten Fällen nicht nur bilanzpolitische Gründe haben und zum anderen eine Erkennbarkeit für Externe regelmäßig nicht gegeben sein wird.

Formen der Bilanzpolitik

Üblicherweise werden zwei Formen der Bilanzpolitik unterschieden (vgl. im Einzelnen die Übersichten 102 bis 107). Auf der einen Seite steht die materielle Bilanzpolitik, die im Wesentlichen auf eine Steuerung der Höhe der ausgewiesenen Abschlussdaten, insbesondere des ausgewiesenen Jahresergebnisses gerichtet ist, und auf der anderen Seite befasst sich die formelle Bilanzpolitik mit der Form der Darstellung der Vermögens-, Finanz- und Ertragslage im Jahresabschluss (vgl. WÖHE, G. 1985, S. 715ff. und 754ff.). Zu beachten ist bei dieser Einteilung jedoch, dass Interdependenzen zwischen beiden Bereichen in der Weise bestehen, als mit der Mehrzahl der materiellen Instrumente regelmäßig auch Auswirkungen auf die Struktur des Jahresabschlusses verbunden sind.

Formelle Bilanzpolitik

Im Bereich der formellen Bilanzpolitik stehen zum einen so genannte Ausweiswahlrechte zur Verfügung, die der reinen Informationspolitik dienen (vgl. Übersicht 103). Diese Instrumente sind also ohne jeden Einfluss auf die Bilanzsumme, die Bilanzstruktur oder das Ergebnis des Jahresabschlusses. Im Vordergrund stehen dabei die Pflichtangaben in Bilanz oder Gewinn- und Verlustrechnung, die wahlweise in den Anhang verlagert werden können. Daneben bestehen zur erfolgsneutralen Gestaltung der Bilanzsumme (vgl. VOLK, G. 1988, S. 380ff.) oder der vertikalen Struktur von Bilanz und Gewinn- und Verlustrechnung mehrere Gliederungswahlrechte (vgl. Übersicht 103). Schließlich sind es die Erläuterungswahlrechte, durch die der Bilanzierende Art und Weise, aber zum Teil auch den Umfang der Erfüllung der verschiedenen Berichtspflichten gestalten kann (vgl. Übersicht 103). Im Rahmen der Analyse der Bilanzpolitik ist dabei die Wahl, bestimmte Tatbestände entweder betragsmäßig oder lediglich in verbaler Form zu erläutern, von besonderem Interesse.

Materielle Bilanzpolitik

Hinsichtlich der materiellen Bilanzpolitik ist zwischen Ermessensspielräumen und Wahlrechten zu unterscheiden.

Übersicht 102: Instrumente der Bilanzpolitik

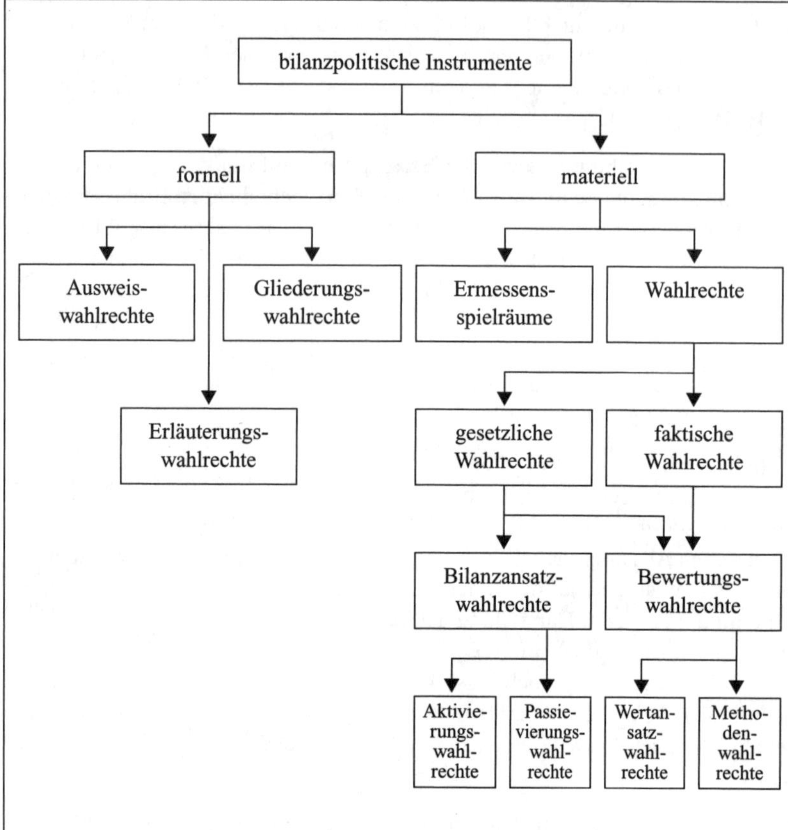

Ermessens-spielräume

Ermessensspielräume (vgl. Übersicht 104) entstehen bei Bilanzierung und Bewertung dadurch, dass vom Gesetzgeber zwar ein bestimmter Wertansatz oder eine bestimmte Wertart vorgeschrieben ist, jedoch nicht die Methode und die jeweiligen Komponenten zur Bestimmung dieses Ansatzes oder Werts. Sie beinhalten keine Entscheidung zwischen objektiv unterscheidbaren Alternativen, sondern berücksichtigen das subjektive Element der Wertfindung, da die vollständige Normierung ökonomischer Tatbestände praktisch unmöglich ist (vgl. SIEGEL, T. 1986, S. 419; PFLEGER, G. 1991, S. 35; HOFFMANN, W. 2000).

Die Entscheidung hinsichtlich der konkreten Auslegung von Ermessensspielräumen kann nur in Abhängigkeit vom jeweils zu beurteilenden Sachverhalt getroffen werden. Ermessensspielräume werden daher vielfach auch als Individualspielräume bezeichnet. Als Folge steht dem Bilanzierenden eine ganze Bandbreite akzeptabler Größen bei der Festlegung bestimmter Aktionsparameter zur Verfügung. Aufgrund unvollkommener Informationen und der Ungewissheit zukünftiger Ereignisse können unternehmensindividuell unterschiedliche Einzelentscheidungen über Ansatz oder Bewertung getroffen werden.

Wahlrechte

Im Gegensatz zu den Spielräumen besteht ein Wahlrecht immer dann, »wenn an einen gegebenen Tatbestand mindestens zwei eindeutig bestimmte Rechtsfolgen anknüpfen, die sich gegenseitig ausschließen, und wenn der zur Rechnungslegung Verpflichtete entscheidet, welche von ihnen eintritt« (BAUER, J. 1981a, S. 66). Wahlrechte betreffen ebenfalls sowohl Ansatzfragen (vgl. Übersicht 106) als auch Bewertungsfragen (vgl. Übersicht 107) des Jahresabschlusses.

Gesetzliche Wahlrechte

Bei den gesetzlichen Wahlrechten handelt es sich um eindeutig erkennbare sowie genau bezeichnete und abgrenzbare Handlungsalternativen, die durch das Gesetz ausdrücklich eröffnet werden. Die Inanspruchnahme dieser Wahlrechte ist vielfach – insbesondere durch pflichtgemäße Anhangangaben – im Jahresabschluss nachvollziehbar.

Faktische Wahlrechte

Von diesen beschriebenen gesetzlichen Wahlrechten sind die so genannten faktischen Wahlrechte (vgl. SELCHERT, F. W./KARSTEN, J. 1989, S. 838f.) zu unterscheiden (vgl. Übersicht 105). Es handelt sich hierbei um durch die Bilanzierungspraxis und Rechtsprechung entwickelte und standardisierte Auslegungsalternativen, die sich ursprünglich aus Spielräumen aufgrund einzelner unbestimmter Rechtsbegriffe ableiten. PFLEGER (G. 1991, S. 35) bezeichnet diese Parameter daher auch als Verfahrensspielräume. Wie im Rahmen der gesetzlichen Wahlrechte kann auch die Entscheidung über den Einsatz der faktischen Wahlrechte unabhängig vom zugrunde liegenden betrieblichen Sachverhalt getroffen werden. Wegen ihrer dispositiven Natur ist es daher zweckmäßig, die unterschiedlichen Wertermittlungsarten den Wahlrechten zuzuordnen.

Übersicht 103: Wichtige formelle bilanzpolitische Instrumente

Entscheidungsparameter	Rechtsgrundlage
Ausweiswahlrechte	
1. gesonderte Angabe des Gewinn- oder Verlustvortrags	§ 268 Abs. 1 Satz 2 HGB
2. Angabe der Abschreibungen des Geschäftsjahrs	§ 268 Abs. 2 Satz 3 HGB
3. gesonderter Ausweis eines aktivierten Disagios	§ 268 Abs. 6 HGB
4. gesonderter Ausweis der Haftungsverhältnisse gem. § 251 HGB	§ 268 Abs. 7 HGB
5. Angabe von Abschreibungen nach § 253 Abs. 2 Satz 3 und Abs. 3 Satz 3 HGB	§ 277 Abs. 3 Satz 1 HGB
6. Angabe des Betrags steuerrechtlicher Abschreibungen (AV/UV)	§ 281 Abs. 2 Satz 1 HGB
Gliederungswahlrechte	
1. Ansatz erhaltener Anzahlungen auf Bestellungen als Verbindlichkeit oder Absetzen von den Vorräten	§ 268 Abs. 5 Satz 2 HGB
2. nicht eingeforderte ausstehende Einlagen aktiviert oder verrechnet	§ 272 Abs. 1 Satz 2 und 3 HGB
3. Saldierung aktivischer und passivischer latenter Steuern	§ 274 HGB (Gesamtbetrachtung)
4. steuerrechtliche Abschreibungen aktivisch verrechnet oder in den Sonderposten mit Rücklageanteil eingestellt	§ 281 Abs. 1 Satz 1 HGB
5. Ausweis im AV oder UV (z. B. Wertpapiere oder immaterielle Vermögensgegenstände)	§ 247 Abs. 2 HGB (Auslegung)
6. Abgrenzung ordentlicher/außerordentlicher Aufwand und Ertrag	§ 277 Abs. 4 Satz 1 HGB (Auslegung)
Erläuterungswahlrechte	
1. weitere Untergliederung von Abschlussposten (z. B. sonstige Rückstellungen)	§ 265 Abs. 5 Satz 1 HGB
2. Einfluss der Änderung von Bilanzierungs- und Bewertungsmethoden	§ 284 Abs. 2 Nr. 3 HGB
3. Ergebnisbeeinflussung durch steuerrechtliche Abschreibungen	§ 285 Nr. 5, 1. Halbsatz HGB
4. Ausmaß erheblicher künftiger Belastungen durch Anwendung steuerrechtlicher Abschreibungen	§ 285 Nr. 5, 2. Halbsatz HGB
5. Erläuterung nicht unerheblicher sonstiger Rückstellungen, die nicht gesondert ausgewiesen sind	§ 285 Nr. 12 HGB

Übersicht 104: Ausgewählte Ermessensspielräume	
Entscheidungsparameter	
Bilanzierung betreffend	
1.	Abgrenzung von Herstellungs- und Erhaltungsaufwand
2.	Feststellung des Eintritts bzw. Wegfalls des Rückstellungsgrundes bei drohenden Einzelrisiken
Bewertung betreffend	
1.	Bestimmung der Nutzungsdauer von Anlagegütern
2.	Bemessung von außerplanmäßigen Abschreibungen bei Anlagegütern
3.	Bemessung der Abschreibungen auf den zukünftigen Wertschwankungswert im Umlaufvermögen
4.	Bemessung von Pauschal- und Einzelwertberichtigungen zu Forderungen
5.	Bemessung der Rückstellungen nach vernünftiger kaufmännischer Beurteilung (z.B. Einzelrisiken oder pauschale Garantierückstellungen)

Übersicht 105: Ausgewählte faktische Wahlrechte	
Entscheidungsparameter	
1.	Gemeinkostenschlüsselung bei der Herstellungskostenermittlung
2.	Berücksichtigung von Beschäftigungsschwankungen bei der Herstellungskostenermittlung
3.	Ermittlung der Herstellungskosten bei Kuppelprodukten

Übersicht 106: Wichtige Bilanzansatzwahlrechte

Entscheidungsparameter	Rechtsgrundlage
Aktivierungswahlrechte	
1. Aufwendungen für die Ingangsetzung und Erweiterung des Geschäftsbetriebs	§ 269 HGB
2. derivativer Geschäfts- oder Firmenwert	§ 255 Abs. 4 HGB
3. aktivische latente Steuern	§ 274 Abs. 2 HGB
4. Rechnungsabgrenzungsposten	
– Zölle, Verbrauchsteuern, Umsatzsteuer	§ 250 Abs. 1 Satz 2 Nr. 1 und 2 HGB
– Disagio	§ 250 Abs. 3 HGB
Passivierungswahlrechte	
1. Wertaufholungsrücklagen	§ 58 Abs. 2a AktG § 29 Abs. 4 GmbHG
2. Sonderposten mit Rücklageanteil	§ 247 Abs. 3 HGB i. V.m. § 273 HGB
3. Rückstellungen	
– Pensionsrückstellungen (Zusagen vor dem 01.01.1987)	Art. 28 Abs. 1 EGHGB
– Rückstellungen für unterlassene Instandhaltungsaufwendungen (Nachholung vom 4. bis 12. Monat)	§ 249 Abs. 1 Satz 3 HGB
– Aufwandsrückstellungen	§ 249 Abs. 2 HGB

Übersicht 107: Wichtige Bewertungswahlrechte	
Entscheidungsparameter	Rechtsgrundlage
Wertansatzwahlrechte	
1. außerplanmäßige Abschreibungen (auf den niedrigeren beizulegenden Wert) im Anlagevermögen bei nur vorübergehender Wertminderung	§ 253 Abs. 2 Satz 3 HGB i.V.m. § 279 Abs. 1 Satz 2 HGB
2. Abschreibungen auf den zukünftigen Wertschwankungswert im Umlaufvermögen	§ 253 Abs. 3 Satz 3 HGB
3. Abschreibungen im Rahmen vernünftiger kaufmännischer Beurteilung	§ 253 Abs. 4 HGB i.V.m. § 279 Abs. 1 Satz 1 HGB
4. rein steuerlich motivierte Abschreibungen	§ 254 HGB i.V.m. § 279 Abs. 2 HGB
5. Beibehaltungswahlrecht für einen niedrigeren Wertansatz (für Kapitalgesellschaften und ihnen gleichgestellte Gesellschaften nur noch für vor dem 01.01.1999 endende Geschäftsjahre)	§§ 253 Abs. 5 und 254 Satz 2 HGB i.V.m. § 280 Abs. 1 und 2 HGB
Methodenwahlrechte	
1. Einzel-, Fest-, Gruppenbewertung, Verbrauchsfolgeverfahren	§ 256 HGB i.V.m. § 240 Abs. 3 und 4 HGB
2. Ermittlung der Herstellungskosten	§ 255 Abs. 2 und 3 HGB
3. Abschreibungsmethoden (z.B. linear oder degressiv; Abschreibung des Geschäfts- oder Firmenwerts)	§§ 253 Abs. 2 und 255 Abs. 4 Satz 2 und 3 HGB

4.4.1.2 Bilanzanalyse und Bilanzpolitik – ein natürliches Spannungsverhältnis

Wechselbeziehung

Zwischen Bilanzpolitik und Bilanzanalyse besteht eine enge Wechselbeziehung in der Weise, dass sie füreinander sowohl Ausgangspunkt als auch Grenze darstellen.

Übersicht 108: Die Interdependenz zwischen Bilanzanalyse und Bilanzpolitik

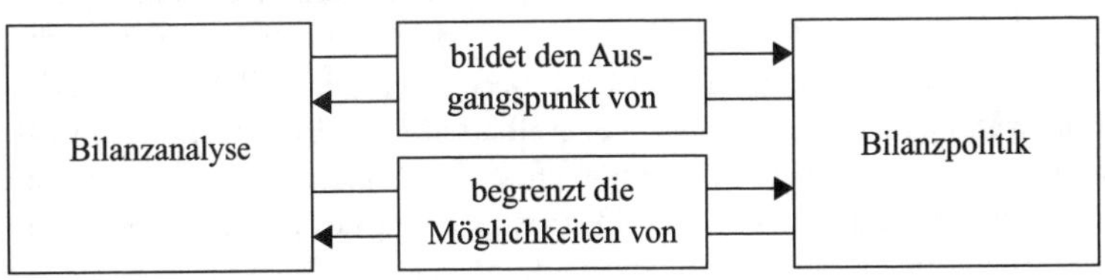

Bilanzanalyse als Ausgangspunkt der Bilanzpolitik

Bilanzpolitik kommt zur Anwendung, um die Informationsadressaten derart zu beeinflussen, dass ein vom Bilanzierenden gewünschtes Verhalten erreicht wird. Welches Verhalten dabei gewünscht wird, ist von den jeweiligen Unternehmenszielen abhängig.

Um durch Jahresabschlussinformationen gewünschte Verhaltensweisen zu induzieren, muss zunächst sichergestellt sein, dass diese Informationen überhaupt Einfluss auf das Verhalten der Bilanzadressaten ausüben. Des Weiteren müssen die vermittelten Informationen die Informationserwartungen erfüllen, auf die sie beim Adressaten stoßen. Daher gilt es, die Informationserwartungen der Adressaten zu antizipieren und bei der Entscheidung über das einzusetzende bilanzpolitische Instrumentarium zu berücksichtigen. Da jedoch die vermittelten Informationen vom Adressaten regelmäßig mittels des Einsatzes bilanzanalytischer Instrumente aufgearbeitet werden, resultiert für das bilanzierende Unternehmen die Notwendigkeit, auch diese Instrumente in sein Kalkül einzubeziehen.

Bilanzanalyse als Grenze der Bilanzpolitik

Bilanzpolitische Maßnahmen können nur dann erfolgreich erwünschte Verhaltensweisen bewirken, wenn sie vom Adressaten nicht entschlüsselt werden können. Erkennbare Maßnahmen werden dagegen – zumindest vom sachkundigen Analytiker – im Rahmen seiner Informationsverarbeitung berücksichtigt und können somit zur Erreichung des Ziels Verhaltensbeeinflussung nicht beitragen. Es besteht im Gegenteil die Gefahr, dass von ihnen auf weitere, nicht erkennbare bilanzpolitische Gestaltungen geschlossen wird. Damit entscheiden aber letztlich die Auswahl und die Qualität der bilanzanalytischen Instrumente über den Erfolg der Bilanzpolitik (vgl. KÜTING, K. 2000b, S. 598 ff.).

Bilanzpolitik als Ausgangspunkt der Bilanzanalyse

Die Bilanzanalyse strebt einen möglichst sicheren Einblick in die wahre Unternehmenslage an. Erfolgreich kann sie in diesem Bestreben jedoch nur sein, wenn sie berücksichtigt, dass die ihr im Jahresabschluss vermittelte Datenbasis derart manipuliert sein kann, dass das dargestellte Bild der Unternehmenslage dem tatsächlichen Bild nicht entspricht. Nur eine »bilanzpolitische Maßnahmen aufdeckende Bilanzanalyse« (BAETGE, J./BALLWIESER, W. 1978, S. 529) kann daher effektiv sein.

Zunächst muss eine so verstandene Bilanzanalyse bemüht sein, die aus der Anwendung bilanzpolitischer Instrumente resultierende Färbung der Jahresabschlussdaten weitestgehend zu neutralisieren. Die Aussichten dieses Versuchs sind jedoch aufgrund der mangelnden Quantifizierbarkeit der Auswirkungen zahlreicher bilanzpolitischer Maßnahmen »recht skeptisch zu beurteilen« (BAETGE, J./BALLWIESER, W. 1978, S. 529). Dies darf jedoch nicht zu dem Schluss führen, die Bilanzanalyse generell als ein zur Erfolglosigkeit verurteiltes Unterfangen einzustufen. Denn auch das Erkennen einer der Auswahl der eingesetzten bilanzpolitischen Maßnahmen zugrunde liegenden Manipulationsrichtung erlaubt eine Relativierung des durch das Datenmaterial vermittelten Bildes der Unternehmenslage.

Neben den direkt aus der Bilanz und der Erfolgsrechnung ableitbaren Informationen müssen daher auch insbesondere die zahlreichen nichtquantitativen Angabepflichten des Anhangs einer verstärkten Auswertung unterzogen werden.

Bilanzpolitik als Grenze der Bilanzanalyse

Aus der Sicht der Bilanzanalyse kann das bilanzpolitische Instrumentarium eingeteilt werden in

- bilanzpolitische Maßnahmen, deren quantitative Auswirkungen auf das vermittelte Bild der Unternehmenslage erkennbar sind,
- bilanzpolitische Maßnahmen, die zwar dem Grunde nach erkennbar sind, deren Auswirkungen jedoch nicht quantifiziert werden können,
- bilanzpolitische Maßnahmen, die weder dem Grunde noch der Höhe nach identifiziert werden können.

Es ist offensichtlich, dass die Bilanzanalyse in ihrem Bestreben nach einem Einblick in die wahre Unternehmenslage nur von den erstgenannten Maßnahmen keine Beeinträchtigung erfährt. Dagegen reduzieren sich die Möglichkeiten der Bilanzanalyse bei der zweiten Maßnahmengruppe auf Tendenzaussagen, während die Anwendung von Maßnahmen der dritten Gruppe die Aussichten auf eine erfolgreiche Bilanzanalyse unkorrigierbar beschneidet. Je intensiver damit der Einsatz von bilanzpolitischen Maßnahmen der zweiten und insbesondere der dritten Gruppe erfolgt, desto geringer ist die Aussagefähigkeit der Bilanzanalyse.

Erfolgsaussichten der Bilanzanalyse

Betrachtet man die verschiedenen Instrumente der sachverhaltsabbildenden Bilanzpolitik, lassen sich hinsichtlich der Erfolgschancen der Bilanzanalyse folgende Aussagen treffen:

- Da über Ermessensspielräume in der Regel nicht berichtet werden muss und vielfach – aufgrund ihrer »nicht eindeutig festgelegten oder festlegbaren Grenzen« (PFLEGER, G. 1991, S. 35) – auch nicht berichtet werden kann, ist für die Bilanzanalyse »nicht erkennbar ..., in welcher Richtung – ergebnisverbessernd oder ergebnisverschlechternd – ein Spielraum ausgenutzt wurde« (PFLEGER, G. 1991, S. 35).
- Über die Ausübung faktischer Wahlrechte wird zumeist ebenfalls nicht berichtet, weshalb die Bilanzanalyse diesen Bereich der Bilanzpolitik nur dann in ihre Arbeit einbeziehen kann, wenn ihre diesbezügliche Informationsbasis durch freiwillige Anhangangaben erhöht wird.
- Hinsichtlich der gesetzlichen Wahlrechte sind zwar im HGB weit gehend Berichtspflichten kodifiziert. Damit ist ihre Ausübung zumindest dem Grunde nach erkennbar. Ob jedoch auch eine Erkennbarkeit der Höhe nach gegeben ist, hängt angesichts der erheblichen Gestaltungsspielräume, die dem Bilanzierenden im Rahmen seiner Berichterstattung offen stehen, von den jeweils gegebenen Anhanginformationen ab.

Für den gesamten Bereich der Sachverhaltsgestaltungen gilt, dass sie in aller Regel nicht aus dem Jahresabschluss ersichtlich sind. Daher stellen sie für die Bilanzpolitik ein Instrument ›erster Klasse‹ dar und zählen somit zu den wichtigsten Störfaktoren der Bilanzanalyse.

4.4.2 Analysemethode

Rückschlüsse aus der angewandten Bilanzpolitik

Im Rahmen der Analyse des bilanzpolitischen Instrumentariums als Teilbereich der qualitativen Bilanzanalyse wird versucht, über die Klassifizierung der zielgerichteten Anwendung bilanzpolitischer Mittel zusätzliche Rückschlüsse auf die tatsächliche Unternehmenslage zu ziehen. Damit wird der Tatsache Rechnung getragen, dass durch die unterschiedliche Ausnutzung bilanzpolitischer Möglichkeiten das Bilanzbild enorm beeinflusst werden kann, ohne dass die Auswirkungen dieser Maßnahmen für einen externen Bilanzanalysten in hinreichendem Maße quantifizierbar sind.

Typisches Bilanzierungs- und Bewertungsverhalten

Zwar gibt es Anstrengungen, auch im Rahmen der quantitativen Bilanzanalyse die Auswirkungen eines zweckorientierten Einsatzes des bilanzpolitischen Instrumentariums zu berücksichtigen (vgl. 2. Abschn., 3. Kap. 2.2.2). Das Ziel der Analyse der Bilanzpolitik geht jedoch über den Versuch der Quantifizierung der Auswirkungen des Einsatzes des bilanzpolitischen Gestaltungsspielraumes hinaus. Vielmehr sollen aus der tendenziellen Beeinflussungsrichtung der Abschlussdaten Indikatoren für eine sachgerechtere Unternehmensbeurteilung gewonnen werden. Dieser Vorgehensweise liegt die Annahme zugrunde, dass in Abhängigkeit von einer bestimmten wirtschaftlichen Unternehmenslage ein typisches Bilanzierungs- und Bewertungsverhalten als Ausdruck zielorientierter Bilanzpolitik (wieder-)erkennbar ist.

Suche nach ergebnisbeeinflussenden Maßnahmen

Die Analyse des bilanzpolitischen Instrumentariums kann dabei in drei Schritte unterteilt werden. Zunächst wird insbesondere durch die Auswertung der Anhangangaben nach Hinweisen gesucht, ob im abgelaufenen Geschäftsjahr in erster Linie ergebnisverbessernde oder -verschlechternde (= reservebildende) Maßnahmen angewendet wurden. Allerdings werden sich nur in Ausnahmefällen Zahlenangaben finden lassen, sodass sich der Analyst in aller Regel mit verbalen Angaben zur angewandten Bilanzpolitik begnügen und auf dieser Grundlage seine Schlussfolgerungen ziehen muss.

Suche nach Bewertungswechseln

Anschließend sollte untersucht werden, ob sich die (Bilanzierungs- und) Bewertungsmethoden gegenüber dem Vorjahr geändert haben. Ist ein Methodenwechsel festzustellen, gilt es zu prüfen, ob dieser ergebnisverbessernde oder ergebnisverschlechternde Auswirkungen hatte. Dabei ist zu beachten, dass Bewertungswechsel mit ergebnisverbessernder Wirkung besonders häufig im Fall einer Unternehmenskrise auftreten. Auch für diese Analyse stellen die Anhangangaben das alleinige Informationspotenzial dar.

Ursachenanalyse

In einem dritten Schritt sollte der externe Analyst nach Gründen suchen, warum ein Unternehmen gerade diese festgestellten bilanzpolitischen Instrumente eingesetzt oder sein bilanzpolitisches Verhalten im Zeitablauf geändert hat. Dabei ist von nachfolgenden Hypothesen auszugehen, die sich auch in der Praktikerregel niederschlagen, wonach »gute Bilanzen meist besser und schlechte Bilanzen meist noch schlechter sind, als sie zumindest auf den ersten Blick aussehen« (Clemm, H. 1989, S. 360):

(1) Jene Unternehmen, die die bilanzpolitischen Instrumente eindeutig so einsetzen, dass ein möglichst geringer Jahresüberschuss erzielt wird (= konservative Bilanzierung), weisen tatsächlich eine (weit) bessere Vermögens-, Finanz- und Ertragslage auf, als sie im offiziellen Rechenwerk abgebildet wird.

(2) Jene Unternehmen, bei denen die Wahlrechte stets so ausgenutzt werden, dass ein möglichst hoher Jahresüberschuss erzielt wird (= progressive Bilanzierung), weisen tatsächlich eine (weit) schlechtere Vermögens-, Finanz- und Ertragslage auf, als sie im offiziellen Rechenwerk abgebildet wird.

(3) Jene Unternehmen, die über ihre Bilanzierung nur vage und nicht eindeutig informieren und darüber hinaus ihre Berichterstattung über den Einsatz des bilanzpolitischen Instrumentariums auf den gesetzlichen Pflichtrahmen begrenzen, beabsichtigen im Zweifel, die Analyse der tatsächlichen Unternehmenslage zu verschleiern.

Analyse der formellen Bilanzpolitik

Ergänzt werden sollte diese Untersuchung der materiellen Bilanzpolitik durch eine Analyse der formellen Bilanzpolitik. Denn die Annahme liegt nahe, dass einer ungünstigen Unternehmenslage durch eine entsprechende Gestaltung von vertikalen Vermögens-, Kapital- oder Erfolgsstrukturen durch bestehende Gliederungswahlrechte entgegengewirkt wird. Dies kann auch durch eine restriktive Informationspolitik in Form undifferenzierter oder ungenauer verbaler Erläuterungen bestimmter Abschlussposten oder berichtspflichtiger Sachverhalte geschehen.

Auch wenn man der Überprüfung der Qualität der formellen Bilanzpolitik sicherlich keinen eigenständigen Aussagewert zusprechen sollte, so kann sie dennoch gerade im Hinblick auf eine Validierung der aus der Analyse der materiellen Bilanzpolitik gewonnenen Erkenntnisse durchaus nützlich sein.

Einschränkung

Eine Analyse des bilanzpolitischen Instrumentariums sollte jedoch berücksichtigen, dass ein eindeutiger Zusammenhang zwischen dem festgestellten Einsatz der bilanzpolitischen Instrumente und der Vermögens-, Finanz- und Ertragslage des Unternehmens nur mit erheblichen Einschränkungen hergestellt werden kann. Zu unterschiedlich sind die zahlreichen unternehmenspolitischen Zielsetzungen, die im jeweiligen Einzelfall unternehmensspezifisch und im Zeitablauf eine unterschiedliche Gewichtung erfahren können.

Differenzierte unternehmens-politische Ziele

Gerade in Zeiten angespannter wirtschaftlicher Verhältnisse können gleichbleibend hohe Ausschüttungsforderungen der Anteilseigner der Notwendigkeit einer angemessenen stillen oder offenen Gewinnthesaurierung gegenüberstehen (vgl. CLEMM, H. 1989, S. 360). Ebenso kann in bestimmten Situationen das Ziel der Beeinflussung der Kreditwürdigkeit zu unlösbaren Konflikten mit einer beabsichtigten Minimierung des steuerpflichtigen Gewinns führen. Es ist nämlich insbesondere die Überlagerung der Zielsetzung der Handelsbilanz durch steuerbilanzielle Zwecke mit Hilfe des Prinzips der Maßgeblichkeit sowie der umgekehrten Maßgeblichkeit, die eine eindeutige Interpretation erschwert. Darüber hinaus können Konflikte zwischen angestrebten Bilanzkennzahlen entstehen, wenn z. B. eine bestimmte Mindesteigenkapitalquote erreicht werden, der Jahreserfolg gleichzeitig eine vorgegebene Höhe nicht überschreiten soll und eine simultane Realisierung dieser Ziele nicht möglich ist.

4.4.3 Zusammenführung von quantitativer Bilanzanalyse und Analyse des bilanzpolitischen Instrumentariums: Das Saarbrücker Modell

4.4.3.1 Ziel des Ansatzes

Synthese von qualitativer und quantitativer Analyse

Ausgangspunkt des Saarbrücker Modells zur Unternehmensbeurteilung, das am Institut für Wirtschaftsprüfung an der Universität des Saarlandes entwickelt wurde, ist die Erkenntnis, dass die qualitative Bilanzanalyse die traditionelle quantitative Ausrichtung zwar nicht ersetzen kann, aber zur Ergänzung der klassischen Kennzahlenrechnung zwingend erforderlich ist. Erklärtes Ziel dieses Ansatzes ist es daher, durch eine Synthese von qualitativer und quantitativer Analyse der veröffentlichten Jahresabschlussdaten zu einer zutreffenderen Beurteilung der untersuchten Unternehmen zu gelangen, als dies allein mit Kennzahlen möglich wäre. Es erfolgt demnach eine Integration qualitativer Ansätze in die klassische Kennzahlenrechnung, indem die angewandte Bilanzpolitik mit in die Unternehmensbeurteilung einbezogen wird. Damit nimmt dieser Ansatz »eine besondere Stellung unter den Verfahren zur Unternehmensbeurteilung« (BADEN, K. 1994, S. 132) ein.

Auf der Grundlage des Saarbrücker Modells werden jährlich am Institut für Wirtschaftsprüfung in Saarbrücken die Geschäftsberichte von in Deutschland börsennotierten Unternehmen ausgewertet. Der Einsatz des Saarbrücker Modells in diesem Zusammenhang wird von KÜTING, K./BOECKER, C. (2003, S. 97 ff., m. w. N.) ebenso dargestellt wie entsprechende empirische Ergebnisse dieser Untersuchung.

4.4.3.2 Quantitativer Teil

Ermittlung der Ertragsstärke

Im quantitativen Teil des Saarbrücker Modells erfolgt eine Beurteilung der Ertragsstärke anhand eines Scoring-Verfahrens. Dazu werden zunächst die folgenden vier Kennzahlen ermittelt:

Übersicht 109: Kennzahlen des Saarbrücker Modells

Eigenkapitalquote (EQ)	=	$\frac{\text{korrigiertes Eigenkapital}}{\text{korrigiertes Gesamtkapital}}$
Return on Investment (ROI)	=	$\frac{\text{korrigierter Jahresüberschuss}}{\text{korrigiertes Gesamtkapital}}$
Cashflow zu Umsatz (CFU)	=	$\frac{\text{Cashflow}}{\text{Nettoumsatzerlöse}}$
Cashflow zu Gesamtkapital (CFK)	=	$\frac{\text{Cashflow}}{\text{korrigiertes Gesamtkapital}}$

Dabei werden die Bestandteile der Kennzahlen wie folgt berechnet:

Übersicht 110: Bestandteile der Kennzahlen im Saarbrücker Modell	
	Jahresüberschuss vor Steuern vom Einkommen und Ertrag
+	Abschreibungen des Geschäftsjahres
–	Zuschreibungen des Geschäftsjahres
±	Veränderungen der Rückstellungen für Pensionen und ähnliche Verpflichtungen
±	Veränderungen des Sonderpostens mit Rücklageanteil
+	außerordentliche Aufwendungen
–	außerordentliche Erträge
=	**Cashflow**
	Eigenkapital laut Bilanz
–	ausstehende Einlagen auf das gezeichnete Kapital
+	60 % des Sonderpostens mit Rücklageanteil
–	Dividendenausschüttung des Mutterunternehmens
–	Restbuchwerte aktivierter Geschäfts- oder Firmenwerte
–	nicht gedeckte Pensionsverpflichtungen
=	**korrigiertes Eigenkapital**
	Bilanzsumme
–	ausstehende Einlagen auf das gezeichnete Kapital
+	erhaltene Anzahlungen, soweit offen von den Vorräten abgesetzt
–	Restbuchwerte aktivierter Geschäfts- oder Firmenwerte
=	**korrigiertes Gesamtkapital**
	Jahresüberschuss vor Steuern vom Einkommen und vom Ertrag
+	Fremdkapitalzinsen
+	Abschreibungen des Geschäftsjahres auf Geschäfts- oder Firmenwerte
+	außerordentliche Aufwendungen
–	außerordentliche Erträge
=	**korrigierter Jahresüberschuss**

Zur Ermittlung eines Gesamtscores wird zunächst der Ausprägung jeder Kennzahl eine Punktzahl zugeordnet. Die Punktzahlen wurden nach Maßgabe langjähriger Erfahrungswerte festgelegt und ergeben sich aus der folgenden Tabelle:

Ermittlung von Punktzahlen

Übersicht 111: Punktzahlen im Saarbrücker Modell

Ausprägung der Kennzahl				**Punktzahl**
EQ	**ROI**	**CFU**	**CFK**	
EQ ≤ 0	ROI ≤ 0	CFU ≤ 0	CFK ≤ 0	0
0 < EQ ≤ 8	0 < ROI ≤ 2	0 < CFU ≤ 4	0 < CFK ≤ 4	25
8 < EQ ≤ 15	2 < ROI ≤ 4,5	4 < CFU ≤ 6,5	4 < CFK ≤ 8	50
15 < EQ ≤ 22	4,5 < ROI ≤ 6	6,5 < CFU ≤ 8,5	8 < CFK ≤ 10	75
22 < EQ ≤ 28	6 < ROI ≤ 8	8,5 < CFU ≤ 10,5	10 < CFK ≤ 12	100
28 < EQ ≤ 37	8 < ROI ≤ 11	10,5 < CFU ≤ 13	12 < CFK ≤ 14	125
37 < EQ ≤ 45	11 < ROI ≤ 14	13 < CFU ≤ 17	14 < CFK ≤ 16	150
45 < EQ ≤ 55	14 < ROI ≤ 17	17 < CFU ≤ 21	16 < CFK ≤ 19,5	175
55 < EQ ≤ 70	17 < ROI ≤ 20	21 < CFU ≤ 30	19,5 < CFK ≤ 23	200
70 < EQ ≤ 85	20 < ROI ≤ 27	30 < CFU ≤ 48	23 < CFK ≤ 28	225
EQ > 85	ROI > 27	CFU > 48	CFK > 28	250

In dem nun folgenden Schritt werden die für die einzelnen Kennzahlen ermittelten Punktzahlen durch Addition zu einer Gesamtpunktzahl aggregiert.

Gesamtpunktzahl

Übersicht 112: Ermittlung der Gesamtpunktzahl im Saarbrücker Modell

$$GP = P_{EQ} + P_{ROI} + P_{CFU} + P_{CFK}$$

GP = Gesamtpunktzahl

P_{EQ} = Punktzahl für die Eigenkapitalquote

P_{ROI} = Punktzahl für den Return on Investment

P_{CFU} = Punktzahl für Cashflow zu Umsatz

P_{CFK} = Punktzahl für Cashflow zu Gesamtkapital

Anhand der ermittelten Gesamtpunktzahl erfolgt eine Einstufung in eine von fünf Ertragsstärkeklassen.

Ertragsstärkeklassen

Übersicht 113: Ertragsstärkeklassen im Saarbrücker Modell

Ausprägung der Gesamtpunktzahl	**Ertragsstärkeklasse**
GP ≤ 250	außergewöhnlich ertragsschwach
250 < GP ≤ 400	unterdurchschnittlich ertragsstark
400 < GP ≤ 600	durchschnittlich ertragsstark
600 < GP ≤ 800	überdurchschnittlich ertragsstark
800 < GP ≤ 1.000	außergewöhnlich ertragsstark

4.4.3.3 Qualitativer Teil

Deutsche Normbilanzierung

Auch der qualitative Teil im Rahmen des Saarbrücker Modells zur Unternehmensbeurteilung gliedert sich in mehrere Abschnitte auf. Zunächst wurde empirisch das typische Bilanzierungsverhalten deutscher Unternehmen (deutsche Normbilanzierung) abgeleitet.

Übersicht 114: Typisches Bilanzierungsverhalten deutscher Unternehmen (deutsche Normbilanzierung)

1. Ingangsetzungs- und Erweiterungsaufwendungen werden nicht aktiviert.
2. Ein Geschäfts- oder Firmenwert aus der einzelgesellschaftlichen Rechnungslegung wird sofort als Aufwand gebucht.
3. Ansatz der Herstellungskosten erfolgt mit der steuerlichen Wertuntergrenze.
4. Fremdkapitalzinsen werden nicht in die Herstellungskosten einbezogen.
5. Die Abschreibung auf bewegliche Wirtschaftsgüter des Anlagevermögens wird nach der gebrochenen Abschreibungsmethode vorgenommen (erst geometrisch degressiv, dann linear).
6. Von der Vereinfachungsregel, wonach von den in der ersten Hälfte des Geschäftsjahrs angeschafften beweglichen Wirtschaftsgütern des Anlagevermögens die volle und von den in der zweiten Jahreshälfte angeschafften Gütern die halbe Jahresabschreibung abgesetzt werden kann, wird Gebrauch gemacht.
7. Es werden weder außerordentlich kurze noch außerordentlich lange Nutzungsdauern bei der Abschreibungsermittlung zugrunde gelegt.
8. Steuerliche Sonderabschreibungen übersteigen nicht 15 % der gesamten Jahresabschreibung.
9. Geringwertige Wirtschaftsgüter werden sofort abgeschrieben.
10. Abschreibungen auf den nahen Zukunftswert werden nicht in Ansatz gebracht.
11. Verzicht auf Anwendung der Lifo-Methode; allerdings zunehmende Tendenz erkennbar.
12. Verzicht auf Anwendung der Festbewertung.
13. Keine Vornahme von Bewertungswechseln im Zeitablauf.
14. Im Rahmen der Langfristfertigung findet die Completed-contract-Methode Anwendung.
15. Im Rahmen der einzelgesellschaftlichen Rechnungslegung werden keine aktivischen latenten Steuern erfasst.
16. Pensionsverpflichtungen werden in voller Höhe passiviert.
17. Der Zinssatz für Pensionsrückstellungen beträgt 6 %.
18. Es werden keine Aufwandsrückstellungen gem. § 249 Abs. 2 HGB gebildet.
19. Volle (einmalige) Verrechnung des Geschäfts- oder Firmenwerts aus der Konsolidierung gegen die Konzernrücklagen.

Einteilung der Bilanzierungsweise

Ausgehend von diesem (Vergleichs-)Maßstab wurden in einem zweiten Arbeitsschritt die von der deutschen Normbilanzierung abweichenden Bilanzierungsweisen der untersuchten Konzerne eingeteilt in Maßnahmen, die einer progressiven Bilanzpolitik dienen, also ergebnisverbessernde Wirkungen besitzen, und solche, die durch ihren reservebildenden Charakter als Zeichen einer eher konservativen Bilanzpolitik gewertet werden können. Je nachdem, ob ein Unternehmen die konservative oder progressive Bilanzierung wählt, kann im Zweifel davon ausgegangen werden, dass im Fall konservativer Bilanzierung die ermittelten Kennzahlen in Wirklichkeit noch besser sind, während die Kennzahlen von progressiv bilanzierenden Unternehmen im Zweifel kritischer zu beurteilen sind.

Wertung der Bilanzpolitik

Wie den Übersichten 115 und 116 zu entnehmen ist, wird die Auswirkung der progressiven oder konservativen Bilanzierung auf den Jahreserfolg in einer gesonderten Wertungsspalte durch entsprechende – subjektiv gewichtete – Kennzeichnungen dargestellt. Zudem wird bei der Analyse des gewählten Bilanzierungsverhaltens zwischen der generellen Wirkungsweise und der Ergebnisbeeinflussung im laufenden Geschäftsjahr unterschieden.

Klassifizierung der Bilanzierungsstrategie

Im darauf folgenden Schritt wurde ermittelt, wie häufig ein Konzern von der Normbilanzierung abweicht. Je nach Häufigkeit der Abweichungen wurde die verfolgte Bilanzierungsstrategie danach eingeteilt, ob sie ›nie‹, ›sehr selten‹, ›selten‹, ›häufiger‹, ›oft‹ oder ›sehr oft‹ vom typischen Bilanzierungsverhalten differierte.

Abschließend wurde analysiert, ob eine bestimmte (konservative oder progressive) Strategie ›ausschließlich‹, ›eindeutig überwiegend‹ oder ›überwiegend‹ verfolgt wurde. Konnte anhand der Häufigkeit der Ausprägungen keine eindeutige Präferenz der einen oder anderen Bilanzierungsstrategie festgestellt werden, wurde die Strategie als ›nicht eindeutig‹ klassifiziert.

Übersicht 115: Checkliste zur Bilanzierungs- und Bewertungspolitik I – Analyse von Varianten der progressiven Bilanzpolitik		
Erscheinungsformen/Indikatoren progressiver Bilanzpolitik	Wertung	
	generelle Auswirkung	Auswirkung im lfd. Jahr
1. Ausweis aktivierter Ingangsetzungs- und Erweiterungsaufwendungen	–	
2. Erhöhung des Betrags aktivierter Ingangsetzungs- und Erweiterungsaufwendungen		– –
3. Abschreibungsdauer für Ingangsetzungsaufwendungen nicht unter 4 Jahre	–	
4. Ausweis eines aktivierten Geschäfts- oder Firmenwerts gem. § 255 Abs. 4 HGB	–	
5. Erhöhung eines aktivierten Geschäfts- oder Firmenwerts gem. § 255 Abs. 4 HGB		– –
6. planmäßige Abschreibung eines Geschäfts- oder Firmenwerts (Nutzungsdauer > 15 Jahre)	–	
7. Verzicht auf die Passivierung von Fehlbeträgen von Pensionsrückstellungen	– – –	
8. Einbeziehung der Gemeinkosten bei der Ermittlung der Herstellungskosten bzw. Bewertung mit der steuerrechtlichen Wertobergrenze	–	
9. Einbeziehung der Fremdkapitalzinsen in die Herstellungskosten	–	
10. keine Sofortabschreibung geringwertiger Wirtschaftsgüter	– –	
11. Vornahme von Bewertungswechseln, die den Jahreserfolg positiv beeinflussen		–/– – –
12. Festlegung ungewöhnlich langer Nutzungsdauern (im Vergleich zu Vorjahren)		–
13. wesentliche Verminderung der sonstigen Rückstellungen (sofern > 10% des Jahresüberschusses)		–
14. wesentliche Erhöhung der Erträge aus Anlageabgängen im Vergleich zum Vorjahr (> 30%) unter besonderer Berücksichtigung der Abgänge von Grund und Boden sowie des Finanzanlagevermögens		–
15. Vornahme von Sale-and-Lease-back-Geschäften		– – –

Übersicht 115: (Fortsetzung)		
Erscheinungsformen/Indikatoren progressiver Bilanzpolitik	Wertung	
	generelle Auswirkung	Auswirkung im lfd. Jahr
16. wesentliche Verminderung der sonstigen betrieblichen Aufwendungen (außer Einstellungen in den Sonderposten mit Rücklageanteil) im Vergleich zum Vorjahr (> 30 % und sofern > 10 % des Jahresüberschusses)		–
17. wesentliche Erhöhung der außerordentlichen Erträge im Vergleich zum Vorjahr (> 30 % und sofern > 5 % des Jahresüberschusses)		–
18. Anwendung der Percentage-of-completion-Methode	– –	
19. Anwendung der linearen Abschreibung für bewegliche Gegenstände des Anlagevermögens	– –	
20. ratierliche Verrechnung eines Geschäfts- oder Firmenwerts aus der Konsolidierung mit den offenen Rücklagen	–	
21. planmäßige Abschreibung eines Geschäfts- oder Firmenwerts aus der Konsolidierung bei einer Nutzungsdauer über 15 Jahre	–	
22. Summe der sonstigen finanziellen Verpflichtungen und Haftungsverhältnisse für a) die nächsten fünf Jahre übersteigt das Eigenkapital b) das Folgejahr übersteigt 25 % des Eigenkapitals	 – –	
23. Ausgleichsposten für die Anteile anderer Gesellschafter beträgt über a) 10 % b) 25 % des sonstigen Eigenkapitals	 – – –	
24. sonstige Indikatoren	– – – – – –	

Übersicht 116: Checkliste zur Bilanzierungs- und Bewertungspolitik II – Analyse von Varianten der konservativen Bilanzpolitik

Erscheinungsformen/Indikatoren konservativer Bilanzpolitik	Wertung	
	generelle Auswirkung	Auswirkung im lfd. Jahr
1. Ausweis aktivischer latenter Steuern	+	
2. Erhöhung des Betrags aktivischer latenter Steuern		++
3. Ausweis von Aufwandsrückstellungen	+	
4. Erhöhung des Betrags passivierter Aufwandsrückstellungen		++
5. Anwendung der Gruppenbewertung (wenn gleichzeitig im Anhang eine Angabe gem. § 284 Abs. 2 Nr. 4 HGB erfolgt)	+	
6. Anwendung fiktiver Verbrauchsfolgen, insbesondere der Lifo-Methode (wenn gleichzeitig im Anhang eine Angabe gem. § 284 Abs. 2 Nr. 4 HGB erfolgt)	+	
7. Anwendung der Festbewertung	+	
8. Verzicht auf die Einbeziehung von Gemeinkosten bei der Ermittlung der Herstellungskosten a) Ansatz unter der steuerrechtlichen Wertuntergrenze b) Ansatz zu Einzelkosten	 + +++	
9. Vornahme von Abschreibungen auf den so genannten nahen Zukunftswert im Umlaufvermögen	++	
10. Wahl des Zinssatzes für Pensionsrückstellungen, der unter 6 % liegt	+++	
11. Inanspruchnahme steuerrechtlicher Sonderabschreibungen in einem Umfang, der a) 15 % der Jahresabschreibungen übersteigt b) 30 % der Jahresabschreibungen übersteigt	 + ++	
12. Zunahme der sonstigen Rückstellungen um mehr als 20 % ohne konkrete Erläuterung der Rückstellungsgründe	++	
13. Wertpapiere des Umlaufvermögens sowie flüssige Mittel betragen mehr als a) 5 % der Bilanzsumme b) 10 % der Bilanzsumme c) 15 % der Bilanzsumme	 + ++ +++	
14. sonstige Indikatoren	+ ++ +++	

Merksätze:

1. Bilanzpolitik und Bilanzanalyse sind interdependente Prozesse, die füreinander sowohl Ausgangspunkt als auch Grenze darstellen.
2. In Abhängigkeit von einer bestimmten Unternehmenslage ist ein typisches Bilanzierungs- und Bewertungsverhalten als Ausdruck zielorientierter Bilanzpolitik zu erwarten.
3. Unter der Annahme beabsichtigter Gewinnglättung sind ›gute Bilanzen‹ meist besser und ›schlechte Bilanzen‹ meist schlechter zu beurteilen, als sie zumindest auf den ersten Blick erscheinen.
4. Die Analyse der Bilanzpolitik versucht in erster Linie, Hinweise auf die Bildung bzw. Auflösung stiller Reserven zu geben.
5. Das Saarbrücker Modell stellt ein Verfahren zur Unternehmensbeurteilung dar, das quantitative Aspekte mit einer Analyse der angewandten Bilanzpolitik kombiniert.

4.5 Semiotische Bilanzanalyse

Begriff

Die Semiotik ist ganz allgemein die Lehre von den sprachlichen Zeichen und damit auch der menschlichen Sprache (vgl. THIEL, H. 1974, S. 62). Auf die Bilanzanalyse bezogen beschäftigt sich dieser Ansatz mit der Form der verbalen Berichterstattung. Wie bereits erwähnt, wird hier im Rahmen einer Inhaltsanalyse den Fragen nachgegangen, ob

(1) aus dem Präzisionsgrad der Aussagen zusätzliche Informationen gewonnen werden können (syntaktische Ebene),

(2) der Grad der freiwilligen Berichterstattung bestimmte Rückschlüsse erlaubt (pragmatische Ebene),

(3) die präferierte Wortwahl zusätzliche Erkenntnisse gewinnen lässt (semantische Ebene).

4.5.1 Syntaktische Ebene

Präzisionsgrad der Berichterstattung

Im Rahmen der Berichterstattung hat der Bilanzierende einen erheblichen Gestaltungsspielraum. Der Gesetzgeber schreibt nur in den wenigsten Fällen exakt vor, wie eine Informationsvermittlung konkret vorzunehmen ist. Somit hat der Bilanzierende in der Regel eine Bandbreite akzeptabler Formen der Berichterstattung und damit einen Ermessensspielraum, den gesetzlichen Forderungen zur Abschlusserläuterung nachzukommen. Genau an diesem Punkt setzt die syntaktische Ebene der qualitativen Bilanzanalyse an. Sie versucht, aus dem Präzisionsgrad der Berichterstattung zusätzliche Informationen zu gewinnen.

Nach dem Präzisionsgrad der Informationen kann zwischen Punktaussagen, Intervallaussagen, komparativen Aussagen, qualitativen Aussagen und nicht zu klassifizierenden Aussagen unterschieden werden (vgl. SORG, P. 1988, S. 384; vgl. auch die Praxisbeispiele bei HÜTTEN, C. 2000, S. 31).

Übersicht 117: Präzisionsgrad von Aussagen

Kategorie	Ausprägung
Punktaussagen	Angabe einer exakten Zahl/eines Veränderungsmaßstabs (Absatz 500 Mio. EURO)
Intervallaussagen	zahlenmäßige Bereichsangabe (Absatz zwischen 500 und 510 Mio. EURO)
komparative Aussagen	größer – kleiner / steigt – sinkt (Absatz wird steigen)
qualitative Aussagen	gut – schlecht / groß – klein (Absatz wird gut sein)
nicht zu klassifizierende Aussagen	»Wir werden uns wieder um Absatz bemühen.«

Verständlichkeit und Überprüfbarkeit der Aussagen

In aller Regel kann davon ausgegangen werden, dass die exakteste Informationsvermittlung mit einer Punktaussage vorgenommen werden kann. Mit einem abnehmenden Präzisionsgrad geht gleichzeitig eine Beeinträchtigung der intersubjektiven Verständlichkeit und insbesondere auch eine abnehmende Überprüfbarkeit und Kontrollierbarkeit der Informationsvermittlung einher (vgl. RÜCKLE, D. 1984, S. 62). Dies gilt jedoch für bestimmte (insbesondere prognostische) Aussagen nur eingeschränkt (vgl. HÜTTEN, C. 2000, S. 313 ff.).

Strebt der Bilanzierende eine möglichst präzise Informationsvermittlung an, sollten weiche Formulierungen wie ›wesentlich‹, ›wenig‹, ›erheblich‹ oder ›leicht rückläufig‹ gänzlich vermieden »oder nur dann benutzt werden, wenn sich aus dem Gesamtzusammenhang eine sinnvolle Aussage ergibt« (LÜCK, W., in: KÜTING/WEBER 2003, § 289 HGB, Rn. 25).

Annahmen

Vor diesem Hintergrund geht die syntaktische Ebene der Bilanzanalyse von den beiden Grundannahmen aus:

Präzise Berichterstattung

(1) Je präziser (exakter) die Berichterstattung ist, umso eher dürfte davon auszugehen sein, dass die tatsächliche Unternehmenslage auch der abgebildeten Situation entspricht.

Unpräzise Berichterstattung

(2) Genau umgekehrt ist das andere Extrem zu werten: Je unpräziser (vager) die Berichterstattung ist, umso eher ist davon auszugehen, dass das bilanzierende Unternehmen ein Bild von der Unternehmenslage zeichnen und vermitteln will, das von den tatsächlichen Gegebenheiten abweicht.

Es muss natürlich berücksichtigt werden, dass bestimmte qualitative Aussagen, die insbesondere zukünftige Entwicklungen betreffen, nicht in Punktaussagen zu fassen sind. Gerade bei Prognosen besteht nämlich ein »Austauschverhältnis zwischen Sicherheit und Genauigkeit« (BAETGE, J./FISCHER, T./PASKERT, D. 1989, S. 42) der Aussagen. Daher muss im Wege einer Angemessenheitsprüfung für den einzelnen Berichtssachverhalt ein ›maximaler‹ Präzisionsgrad festgelegt werden.

Bewertung

Eine unpräzise (vage) Berichterstattung kann sowohl die konservative als auch die progressive Bilanzpolitik begleiten. D. h., dass diese Berichterstattung gleichermaßen von Unternehmen präferiert werden kann, deren Vermögens-, Finanz- und Ertragslage als extrem gut oder extrem schlecht zu bezeichnen ist. In beiden Fällen will sich der Bilanzierende mit einer ›weichen‹ Informationsvermittlung der Öffentlichkeit anders darstellen, als es in Wirklichkeit der Fall ist.

Kombinierter Einsatz der Instrumente

Welche Situation tatsächlich gegeben ist und welche bilanzpolitische Strategie der Bilanzierende im Einzelfall verfolgt, kann die syntaktische Ebene nur in Verbindung mit anderen Analysemethoden der qualitativen und quantitativen Bilanzanalyse ermitteln. Auch hier wird deutlich, dass eine möglichst aussagefähige Bilanzanalyse sich nicht allein auf eine einzelne methodische Vorgehensweise beschränken sollte, sondern vielmehr den gleichzeitigen Einsatz der unterschiedlichsten Ansätze erforderlich macht.

4.5.2 Pragmatische Ebene

Grad der freiwilligen Berichterstattung

Der Gesetzgeber schreibt nur einen Mindestrahmen (so genannte Pflichtangaben) der Berichterstattung vor. Diese Pflichtangaben können um freiwillige Angaben ergänzt werden, die dann bei der großen und mittelgroßen Kapitalgesellschaft und Personenhandelsgesellschaft i. S. d. § 264a HGB der Prüfungspflicht durch den Abschlussprüfer unterliegen. Die Grenze der freiwilligen Berichterstattung ist lediglich dann zu ziehen, wenn der Kern der Berichterstattung hierdurch verwässert oder verschleiert würde, wodurch das Prinzip der ›Klarheit und Übersichtlichkeit‹ (vgl. § 243 Abs. 2 HGB) verletzt wird (vgl. DÖRNER, D./WIRTH, M., in: KÜTING/WEBER 2002, §§ 284 bis 288 HGB, Rn. 4).

Beispiel

Zu diesen freiwilligen Angaben können unter anderem zählen:

- Kapitalflussrechnungen (in Jahresabschlüssen nicht kapitalmarktorientierter Mutterunternehmen),
- Substanzerhaltungsrechnungen,
- Wertschöpfungsrechnungen,
- Gewinn pro Aktie nach DVFA/SG,
- Höhe der nicht aktivierten Gemeinkosten im Rahmen der Herstellungskostenermittlung,

– Erweiterung der Rückstellungsdarstellung im handelsbilanziellen Gliederungsschema.

Bewertung/ Strategien

Beschränkt sich der Bilanzierende lediglich auf den Mindestrahmen der Berichterstattung, spricht vieles dafür, dass er kein besonderes Interesse an einer möglichst informativen Darstellung verfolgt. Er will über den gesetzlichen Pflichtrahmen hinaus keinen zusätzlichen Einblick in die Vermögens-, Finanz- und Ertragslage gewähren. Ihm ist daran gelegen, bestimmte Informationen zur Unternehmenslage und der von ihm angewandten Bilanzpolitik unklar zu lassen.

Die Strategie, auch freiwillige Angaben in die Berichterstattung aufzunehmen, könnte so gedeutet werden, dass der Bilanzierende eine informative Darstellung anstrebt. Er ist bemüht – über den gesetzlichen Pflichtrahmen hinaus –, einen zusätzlichen Einblick in die Unternehmenslage und die von ihm gewählte Bilanzpolitik zu gewähren. Freiwillige Informationen können tendenziell so gedeutet werden, dass die abgebildete Unternehmenslage eher der Realität entspricht, als dies im Falle der Beschränkung auf den gesetzlichen Mindestrahmen zuträfe.

Annahmen

Zwischen der pragmatischen und syntaktischen Ebene der qualitativen Bilanzanalyse bestehen enge Querverbindungen, denn die Grenze zwischen beiden Ebenen ist nicht immer exakt zu ziehen. Ganz allgemein erscheinen zwei Grundannahmen plausibel:

(1) Je unpräziser ein Unternehmen berichtet und je weniger freiwillige Informationen vermittelt werden, umso eher kann davon ausgegangen werden, dass das Unternehmen ein anderes Bild zeichnen möchte, als es der tatsächlichen Unternehmenslage entspricht. Liegt diese Situation vor, ist die Aufgabe des Bilanzanalysten erschwert. In diesem Fall ist besondere Vorsicht bei der Auswertung der Informationen geboten.

(2) Je präziser ein Unternehmen berichtet und je mehr freiwillige Informationen vermittelt werden, umso eher dürfte die abgebildete Unternehmenslage der Realität nahe kommen. Die Aufgabe des Analysten wird erleichtert, denn hier entfällt die Schwierigkeit, dass er sich – basierend auf Vermutungen und Annahmen – erst einmal ein Bild zeichnen muss, das der tatsächlichen Unternehmenslage möglichst nahe kommt.

Wiederum sollte jedoch zur Vermeidung von Fehlurteilen einerseits darauf hingewiesen werden, dass bestimmte Sachverhalte unternehmerischen Geschehens nicht exakt zu beschreiben sind. Andererseits ist es denkbar, dass durch eine umfangreiche und damit vielleicht auch unverständliche Berichterstattung gerade von einer negativen Unternehmenslage abgelenkt werden soll.

4.5.3 Semantische Ebene

Präferierte Wortwahl

Bei der Analyse von verbalen Angaben können die traditionellen Analysemethoden nicht nutzbar gemacht werden. Da einerseits Unternehmen auch mit der Form der verbalen Berichterstattung ihre unternehmenspolitischen Zielsetzungen durchsetzen wollen und andererseits auch danach bewertet werden, »wie sie sich darstellen oder auch nicht darstellen« (Werner, U. 1990a, S. 1014), liegt es nahe, auch die verbale Berichterstattung in die Bilanzanalyse einzubeziehen.

Annahmen

Ausgehend von den Grundannahmen, dass

(1) derselben Sachverhaltsbeschreibung von mehreren Adressaten unterschiedliche Bedeutungen beigemessen werden können,

(2) derselbe Sachverhalt in gewissen Grenzen von mehreren Personen unterschiedlich dargestellt werden kann, ohne dass die verschiedenen Beschreibungen als sachlich falsch zu bezeichnen wären,

können nicht unwesentliche semantische Bedeutungsverzerrungen herbeigeführt werden, die bis zur bewussten Möglichkeit der Manipulation mittels Sprache einzustufen sind. Vor diesem Hintergrund setzt sich die semantische Ebene der Bilanzanalyse mit den Beziehungen zwischen den Wörtern und ihren Bedeutungen auseinander.

Inhaltsanalyse

Eine Auswertung kann mit Hilfe der Inhaltsanalyse vorgenommen werden (vgl. Zentes, J./Swoboda, B. 2001, S. 225f.). Diese Vorgehensweise, die sich hier primär als eine Sprachanalyse darstellt, kann ihrerseits wieder in die Wortanalyse, Satzanalyse, textlinguistische Analyse, Stilanalyse und rhetorische Analyse unterteilt werden. Hier könnte z.B. abgestellt werden auf die Fragen

(1) nach der bewussten Auswahl bestimmter Wörter, Wortgruppen oder -felder als Teil der Wortanalyse; dabei wird als Wortfeld eine Gruppe von Wörtern bezeichnet, für die Folgendes gilt:
   - Alle Wörter müssen einer Wortklasse angehören,
   - jedes Wort muss mit allen Wörtern der Gruppe mindestens einen (und zwar ein und denselben) Teilinhalt gemeinsam haben;

(2) nach einem gezielten Einsatz sprach-, sach- und mitteilungswirksamer sprachlicher Mittel;

(3) des bewussten Gebrauchs rhetorischer Mittel, um die Wirkung des Texts zu intensivieren.

Vorgehensweise

Konkret könnte im Rahmen der semantischen Bilanzanalyse die einfachste Gewichtung der verbalen Berichterstattung hinsichtlich ihrer Bedeutung mit dem einfachen Auszählen der Buchstaben, Wörter bzw. Wortfelder und Druckzeilen bezüglich eines Sachverhalts vorgenommen werden. Das bloße Auszählen im

Rahmen einer statischen Analyse kann hierbei mit einem Zeit- oder Unternehmensvergleich gekoppelt werden.

Analyse bestimmter Wortfelder

Eine differenzierte Auswertung besteht in der Klassifikation von Textelementen nach einem bestimmten Schema, wobei die Aussagefähigkeit dieser Vorgehensweise mit einer problemadäquaten Definition des Kategorienschemas steht und fällt. Ein einfaches Kategorienschema könnte z.B. darin bestehen, bestimmte Wortfelder in die Kategorien ›negative Äußerungen oder Wertungen‹ (z.B. ›beeinträchtigt‹, ›Rückgang‹, ›verschlechtern‹) bzw. ›positive Äußerungen oder Wertungen‹ (bspw. ›erfolgreich‹, ›Steigerung‹, ›verbessern‹) einzuteilen (vgl. SCHMIDT, R. 1981, S. 372). Eine Analyse der verbalen Berichterstattung könnte dahin gehend vorgenommen werden, wie häufig ganz generell positive oder negative Wertungen vorgenommen werden oder ob sich eine absolute oder relative Veränderung in den einzelnen Klassifikationskategorien ergeben hat.

Die Feststellung relativer Wortfeldhäufigkeiten oder aber die Veränderung der Wortfeldkategorien im Zeitablauf könnte z. B. so interpretiert werden, dass Unternehmen über bestimmte Sachverhalte bewusst nicht oder aber einseitig und insofern lediglich tendenziell berichten wollen. So konnte WERNER (U. 1990, S. 375) feststellen, dass alle von ihr untersuchten Unternehmen, bei denen Krisen offenbar wurden, diese Thematisierung in der Berichterstattung vermeiden. Folglich liegt in diesem Fall ein vergleichsweise geringer Anteil wortfeld- und damit zielspezifischer Wortformen vor.

Zeitvergleich

Ein nächster Ansatzpunkt zur Analyse könnte darin bestehen festzustellen, wie derselbe Sachverhalt im Zeitablauf bewertet wird. So kann die Erfolgslage z.B. mit ›ausgezeichnet‹, ›ausreichend‹, ›unbefriedigend‹ u.Ä. bewertet werden. Ergeben sich hier im Zeitvergleich verschiedene Beurteilungen, dürfte davon auszugehen sein, dass der Berichterstatter hier bewusst eine unterschiedliche Wertung vornehmen will, die dann auch in die Bilanzanalyse aufgenommen werden sollte.

Schließlich könnte untersucht werden, in welcher Weise das zu analysierende Unternehmen eine Beurteilung bestimmter Sachverhalte und hier ganz besonders der erzielten eigenen Kennzahlenwerte vornimmt. Sollte hier festgestellt werden, dass allgemein als überdurchschnittlich gut zu bezeichnende Tatbestände durchweg in ein schlechteres Licht gerückt werden, spricht vieles dafür, dass das berichtende Unternehmen bewusst eine Abwertung vornehmen will. Entsprechend ist eine durchweg als überzogen positiv zu beurteilende Wertung als bewusste Schönfärberei zu bezeichnen.

4.6 Fazit

Analysepotenzial

»Unternehmen suchen ihre Ziele durch Interaktionen mit der Umwelt zu erreichen. Die Rechnungslegung fungiert hierbei als zweckorientierte Beschreibung des Unternehmensgeschehens« (WERNER, U. 1990a, S. 1014) auf gesetzlicher oder freiwilliger Basis. Während der quantitative Teilbereich der externen Rechnungslegung seit jeher als Gegenstand der Bilanzanalyse betrachtet wurde, indem insbesondere auf der Grundlage von Kennzahlen und Kennzahlensystemen ein möglichst weit gehender Einblick in die Vermögens-, Finanz- und Ertragslage angestrebt wurde, hat die Analyse der verbalen Berichterstattung bislang nur eine untergeordnete Bedeutung erlangt, obwohl sich gerade auch dort ein umfangreiches Analysepotenzial verbirgt.

Vor diesem Hintergrund wurde aufgezeigt, welche Wechselbeziehungen zwischen der Bilanzanalyse und der Bilanzpolitik sowie der hiermit verbundenen Berichterstattung bestehen. Der Bilanzanalyst darf diese Beziehungen nicht negieren, will er nicht von vornherein wichtige Informationen zur Unternehmensbeurteilung ausschließen.

Ergänzung der quantitativen Bilanzanalyse

Die qualitative Bilanzanalyse kann die traditionelle quantitative Ausrichtung nicht ersetzen; vielmehr sollten beide Teilbereiche gleichzeitig eingesetzt werden und dabei die bislang vernachlässigte qualitative Analyse eine Aufwertung erfahren.

Kombination mit Diskriminanzanalyse

In jüngerer Zeit wird – etwa bei der DEUTSCHEN BUNDESBANK (vgl. BLOCHWITZ, S./EIGERMANN, J. 2000) – der Versuch unternommen, mit dem Saarbrücker Modell qualitativ gewonnene Erkenntnisse zum Bilanzierungsverhalten von Unternehmen in einen erweiterten diskriminanzanalytischen Ansatz zur Unternehmensbeurteilung zu integrieren. Durch die Kombination dieser beiden bilanzanalytischen Ansätze soll die Aussagekraft der bislang vorwiegend auf Finanzdaten gestützten Diskriminanzanalyse erhöht werden.

Merksätze:

1. Die semiotische Bilanzanalyse untersucht und beurteilt die verbale Form der Berichterstattung im veröffentlichten Jahresabschluss eines Unternehmens. Sie unterteilt sich in die syntaktische, die pragmatische und die semantische Ebene.

2. Gegenstand der semiotischen Bilanzanalyse ist die Untersuchung folgender Parameter:

   (1) Präzisionsgrad der Aussagen;

   (2) Grad der freiwilligen Berichterstattung;

   (3) präferierte Wortwahl (insbesondere Wortfeldanalyse).

3. Die qualitative Bilanzanalyse kann die traditionelle Kennzahlenrechnung nicht ersetzen. Vielmehr sollten beide Teilbereiche gleichzeitig eingesetzt werden.

5. EDV-gestützte Bilanzanalyse

Gegenstand der externen Bilanzanalyse ist die zielgerichtete Verarbeitung von Informationen aus veröffentlichten Jahresabschlüssen. Für Unternehmen, die sich gewerbsmäßig mit dieser Thematik befassen, bieten moderne Informationstechnologien wertvolle Hilfen bei der Bewältigung der relevanten Daten (vgl. 3. Abschn., 2. Kap.), angefangen mit der Datenerfassung über die Datenverarbeitung bis hin zur Dateninterpretation (vgl. WÖHE, G. 1997, S. 872).

Nutzung von Datenbanken

Rationalisierungspotenziale bei der Speicherung und Katalogisierung von Jahresabschlussinformationen ergeben sich vor allem durch den Einsatz von (externen) Datenbanken (vgl. ausführlich KÜTING, K./WEBER, C.-P. 1999, S. 439 ff. m. w. N.). Sie repräsentieren Archive, in denen relevante Informationen wie Ausgangswerte und Analyseergebnisse systematisch abgelegt werden, um sie »durch eine problemgerechte Abfragetechnik wieder mobilisierbar zu machen« (HAUSCHILDT, J. 1992, Sp. 283). In Deutschland werden Jahresabschlussdatenbanken vor allem von Unternehmen angeboten, die über langjährige Erfahrungen im Bereich Wirtschaftsinformationen verfügen (z. B. VERBAND DER VEREINE CREDITREFORM E. V., GESELLSCHAFT FÜR BETRIEBSWIRTSCHAFTLICHE INFORMATION GMBH (GBI), VERLAG HOPPENSTEDT GMBH). Internationale Datenbanken finden sich vor allem im angelsächsischen Raum. Der Zugang erfolgt zunehmend über das Internet (z.B. www.creditreform.de, www.gbi.de, www.hoppenstedt.de).

Während sich die einzelnen Datenbanken hinsichtlich der Zahl der erfassten Unternehmen und der Detailliertheit der gespeicherten Daten teilweise deutlich unterscheiden, ist ihnen die standardisierte Form der Informationsaufbereitung für Bilanz und Gewinn- und Verlustrechnung gemeinsam. Sie ermöglicht im Prinzip ausgedehnte Zeit- und Branchenvergleiche. Andererseits hat die normierte Datenerfassung zur Folge, dass nur wenige qualitative Informationen aus dem Anhang und dem Lagebericht in die Datenbasis einfließen. Dieser Umstand beeinträchtigt in erheblichem Maße die Vergleichbarkeit der Jahresabschlussdaten. Dies gilt umso mehr, als die Vielfalt der inzwischen miteinander konkurrierenden Rechnungslegungskonzepte und -normen, die den Bilanzierenden ein weitgefächertes Spektrum an Gestaltungsmöglichkeiten eröffnet, zu einer zunehmend heterogenen externen Berichterstattung führt. Solange dem nicht Rechnung getragen wird, bleibt der Einsatz von Jahresabschlussdatenbanken für individuelle Unternehmensbeurteilungen problematisch. Allenfalls wird man sie heranziehen können, um ein erstes ›Vorurteil‹ über das zu untersuchende Unternehmen zu gewinnen. Daneben besteht ein weiterer Einsatzbereich für Jahresabschlussdatenbanken in der statistischen Bilanzanalyse (vgl. 3. Abschn. 1.).

Nutzung von Expertensystemen

Eine Weiterentwicklung reiner Datenbanken stellen Expertensysteme dar (vgl. ausführlich KÜTING, K./WEBER, C.-P. 1999, S. 465 ff. m. w. N.). Sie zeichnen sich dadurch aus, dass sie nicht nur Jahresabschlussdaten speichern, verdichten und (im Wesentlichen durch Kennzahlenbildung) auswerten, sondern die während eines Analyseprozesses ermittelten Ergebnisse interpretieren, indem sie wertende Aussagen formulieren. In die Lage hierzu versetzt sie die Wissensbasis des Systems, in der das Sach- und Erfahrungswissen von Experten abgelegt ist. Ihr Aufbau bestimmt nicht nur die Leistungsfähigkeit und Qualität des Expertensystems, er stellt auch das Kernproblem in der Entwicklung dar (vgl. SCHMITZ, P./LENZ, A. 1986, S. 508). Zum einen muss der Experte die Fähigkeit besitzen, sein Wissen zu artikulieren und seinen Problemlösungsprozess transparent zu machen; zum anderen besteht die Schwierigkeit, dieses Know-how im Wege des Knowledge Engineering zu strukturieren und dem Computersystem einzupflanzen. Aktualisierungen und Erweiterungen des wissensbasierten Systems erfordern dabei eine ständige Anpassung der implementierten Beurteilungsregeln (vgl. auch JACOBS, O. H. 1990).

Am Anfang einer Bilanzanalyse steht bei Expertensystemen ebenso wie bei konventionellen Auswertungsprogrammen die Aufbereitung der Jahresabschlussinformationen und deren Auswertung in Form von Kennzahlen. Diese werden sodann mit Vorjahres- und/oder Branchenwerten verglichen. Im Gegensatz zu herkömmlichen Systemen erschöpfen sich die von einem Expertensystem gelieferten Ergebnisse nicht in der Wiedergabe bestimmter Änderungen. Vielmehr beginnt mit Überschreiten bestimmter Signifikanzschwellen eine Ursachenforschung. Dabei werden im Dialog mit dem Benutzer mögliche Erklärungen für die Abweichungen geprüft. Unter Berücksichtigung dieser zusätzlich eingespeisten Informationen generiert das System sodann eine Textpassage, in der die Entwicklung der betreffenden Kennzahl(en) gewertet wird (vgl. das Beispiel bei BÜTTNER, U. u.a. 1988, S. 239).

Als Beispiel für ein im praktischen Einsatz befindliches wissensbasiertes Expertensystem zur Analyse von Jahresabschlüssen sei das Commerzbank Debitoren Expertensystem (CODEX) erwähnt. Hierbei handelt es sich um ein System, das unter Einbeziehung quantitativer und qualitativer Daten die Bonität von Firmenkunden beurteilen soll (vgl. hierzu SALOMO, S./KÖGEL, K. 2000, S. 224 ff.). Ein vergleichbares Bonitätsbeurteilungsverfahren hat die Deutsche Bundesbank zum 01.07.1998 für Nichtbank-Unternehmen eingeführt (vgl. DEUTSCHE BUNDESBANK 1999, S. 51 ff.; zum Aufbau des Beurteilungsmodells vgl. BLOCHWITZ, S./EIGERMANN, J. 2000a, S. 240 ff.).

Aufgrund der angedeuteten Schwierigkeiten des Knowledge Engineering sind die Erklärungsfähigkeiten heutiger Expertensysteme noch relativ begrenzt. Hier bedarf es weiterer Forschungsanstrengungen, um diesen wissensbasierten Systemen – nicht nur im Bereich der Bilanzanalyse (zum Einsatz von Expertensystemen in der Jahresabschlusserstellung, namentlich für Zwecke der Rechnungslegungspolitik vgl. PRESSMAR, D. B./WALL, F. 1998, S. 1091 ff.) – endgültig zum Durchbruch zu verhelfen.

Merksätze:

1. Auch die Bilanzanalyse wird zunehmend von modernen Informationstechnologien erfasst, die das Auswerten von Jahresabschlüssen erleichtern und beschleunigen. Dazu gehören vor allem Jahresabschlussdatenbanken und Expertensysteme.

2. Durch die Erfassung, Speicherung und Verarbeitung großer Datenmengen erlauben Datenbanken, umfassende Zeit- und Branchenvergleiche relativ einfach durchzuführen. Darüber hinaus sind sie prädestiniert für statistische Bilanzanalysen. Probleme resultieren aus der Heterogenität der Jahresabschlussinformationen und der noch unzureichenden Berücksichtigung qualitativer Informationen, deren Auswertung für eine aussagekräftige Bilanzanalyse unerlässlich ist.

3. Expertensysteme erlauben bei der Bilanzanalyse nicht nur eine automatisierte Aufbereitung und Auswertung von Jahresabschlussinformationen. Aufgrund des ihnen implementierten Fakten- und Regelwissens liefern sie darüber hinaus Interpretationen und Wertungen der aus dem Analyseprozess hervorgegangenen Ergebnisse. Um ihre Leistungsfähigkeit zu erhöhen, bedarf es weiterer Fortschritte bei der Sammlung und Verarbeitung heuristischen Wissens.

6. Externe unternehmenswertorientierte Performancemessung

6.1 Zielsetzung dieses Kapitels

Shareholder Value und Markt für Unternehmens-kontrolle

Spätestens seit Anfang der 90er Jahre wird im deutschsprachigen Raum verstärkt das Shareholder Value-Konzept diskutiert (vgl. etwa LORSON, P. 1999 und 2003; WEISS, H.-J./HEIDEN, M. 2000). Dessen Promotoren waren nicht zuletzt die Hauptakteure und die Meinungsführer auf dem US-amerikanischen Kapitalmarkt. Sie haben ihren Einfluss dafür genutzt, dass die Zielsetzung der Unternehmenswertsteigerung Eingang in das Zielsystem zumindest der großen börsennotierten Kapitalgesellschaften findet. Dies wurde durch Auswertung von Kapitalmarkt- und Rechnungslegungsdaten mit spezifischen Verfahren erreicht.

Dieses Kapitel dient der Einführung in die Grundlagen einer solchen Analyse. Es wird auf Begriffliches und Handwerkliches eingegangen, aber auch auf fundamentale Gedankengänge und Zusammenhänge (vgl. auch KÜTING, K./HEIDEN, M./LORSON, P. 2000).

6.2 Grundsätzliches zum Shareholder Value-Konzept aus externer Sicht

Performance und Performance-messung

Unter Shareholder Value versteht man den den Anteilseignern insgesamt zustehenden Unternehmenswert. Er wird auch als Marktwert des Eigenkapitals bezeichnet. Das Anliegen der Befürworter des Shareholder Value-Konzepts ist es, dass dieser Wert durch Unternehmenswertsteigerungen und Dividenden langfristig angemessen verzinst wird.

Der englische Begriff Performance steht im Shareholder Value-Konzept für zwei Dinge, die gleichzeitig gemessen werden sollen: Unternehmenserfolg und Managementleistung bzw. Managementerfolg.

Die Angemessenheit einer rechnerisch erzielten Rendite – etwa einer Aktie – bestimmt sich im Wesentlichen danach, ob dem Zeitwert des Geldes Rechnung getragen und das von den Investoren zu tragende Risiko kompensiert wird.

Aktionärsrendite

Die Rendite, die ein Aktionär dadurch erzielt, dass er die Aktie eines Unternehmens ein Jahr gehalten hat, kann (überschlägig) anhand der Kursänderung der Aktie (K), der vereinnahmten Dividende (D) und des Kapitaleinsatzes, d. h. des Kurses zu Beginn der betrachteten Periode, bestimmt werden. Dabei wird fingiert, dass die Dividende in aller Regel nicht am Jahresende vereinnahmt wird.

(F. 11.1)

$$R_t = \frac{D_t + (K_t - K_{t-1})}{K_{t-1}}$$

wobei R_t Aktionärsrendite nach Ablauf der Periode t (auch Aktienrendite)
D_t in der Periode t vereinnahmte Dividende
K_t Kurs am Ende der Periode t
t Periodenindex (t = 1, 2, ..., T)

Für einen Aktionär, der mittels F. 11.1 den Erfolg seines Investments überprüft, steht die Anlageentscheidung jedes Jahr aufs Neue auf dem Prüfstand. Weiterhin muss er die erzielte Rendite (R_t) beurteilen. Fällt R_t mindestens gleich hoch aus wie (niedriger aus als) sein Renditeanspruchsniveau, wird der Anleger zufrieden (unzufrieden) sein.

Mögliche Anhaltspunkte bzw. Determinanten zur Fixierung eines individuellen Anspruchsniveaus bzw. einer individuellen Mindestverzinsungserwartung sind: die Risiko-Nutzen-Funktion, die ohne Risiko des Kapitalverlusts – so genanntes Kapitalrisiko – erzielbare Rendite, das übernommene Kapitalrisiko sowie branchenübliche Aktienrenditen.

Kernanliegen des Shareholder Value-Konzepts

Kernanliegen des Shareholder Value-Konzepts ist, dass die Aktionäre im langfristigen Mittel eine angemessene Verzinsung ihres Kapitaleinsatzes erzielen, die ihre langfristigen (Opportunitäts-)Kosten des Eigenkapitals deckt (so genannte Management-Konzeption nach LORSON, P. 2003, S. 97ff. u. S. 128ff.). Allerdings fällt die Operationalisierung dieses Anliegens nicht leicht. So gestaltet sich bereits die Nachrechnung aus externer Sicht schwierig (vgl. 3. Abschn., 5. Kap. 6.3.5). Namentlich sind etwa Verfahren zur Bestimmung des angemessenen Verzinsungsniveaus (über alle Anteilseigner hinweg) und zur Ableitung einer Rendite im längerfristigen Durchschnitt nicht unumstritten. Dabei kann ein solches Shareholder Value-Kalkül im Grunde weit gehend objektiviert auf reiner Ist-Datenbasis i. S. v. realisierten Aktienkursen und geleisteten Dividendenzahlungen durchgeführt werden.

Innerer Unternehmenswert und Fundamentalanalyse

Weitaus problematischer gestaltet sich die vergleichbare Rechnung, die auf den so genannten inneren Unternehmenswert ausgerichtet ist, den ein Unternehmen (auf einem effizienten Kapitalmarkt) haben müsste. Seine Ermittlung fällt etwa in den Bereich der fundamentalen Aktienanalyse. Bezogen auf eine Aktie wird er zuweilen auch als so genannter fairer (angemessener) Aktienkurs bezeichnet. Dahinter steht die Erwartung, dass der tatsächliche Börsenwert eines Unternehmens (Aktienkurs) um den inneren Unternehmenswert (fairen Aktienkurs) schwankt und sich diesem letztlich annähert.

Mithin bedarf es einer (tragfähigen) Theorie, auf deren Grundlage ein innerer Unternehmenswert bestimmt werden kann. Diese kann aus externer Perspektive dazu herangezogen werden, um einerseits eine (grobe) Schätzung des Unternehmenswertes vorzunehmen und um andererseits dessen Determinanten überwachen zu können.

Externe Wertlückenanalyse

Aus externer Sicht wird auf den Abstand des approximativ ermittelten inneren Wertes eines Unternehmens von dessen Börsenwert abgestellt, der im Zusammenhang mit dem Shareholder Value-Konzept als Wertlücke bezeichnet wird (vgl. nur COPELAND, T. E./KOLLER, T./MURRIN, J. 1998, S. 66ff.; LORSON, P. 2003, S. 91ff. u. S. 246f.). Ein Unternehmen gilt als fair bewertet, wenn sich innerer Wert und Börsenwert entsprechen. Liegt Ersterer niedriger (höher), wird eine Unterbewertung (Überbewertung) vermutet.

Qualitative Analyse

Eine tragfähige Theorie der Unternehmenswertentstehung bzw. -schaffung bildet für die externen Analysten weitergehend eine Basis, um ein Unternehmen bzw. dessen Unternehmenswertorientierung aus externer Sicht qualitativ zu beurteilen. Qualitative Symptome, ob und inwieweit die Rahmenbedingungen für ein unternehmenswertorientiertes Verhalten gegeben sind, können etwa die Antworten auf die weiter unten angeführten Fragen liefern. Sie werden sich in aller Regel als Vertrauensniveau manifestieren und Eingang in ein konkretes Unternehmenswertkalkül in Form eines individuellen Malus oder Bonus finden:

- Ist das Interesse des Topmanagements an der Unternehmenswertsteigerung durch (geeignete) Gestaltungen und Gewichtungen variabler Gehaltsbestandteile gegeben (z.B. durch Aktien(options)programme)?
- Werden Renditeziele angemessen ermittelt (und kommuniziert)?
- Werden Projekte auf der Grundlage dynamischer Verfahren der Investitionsrechnung beurteilt?
- Sind die Voraussetzungen geschaffen, um bei Ausbleiben lukrativer Investitionsmöglichkeiten flexibel Kapitalrückzahlungen an die Anteilseigner vornehmen zu können (z.B. durch Aktienrückkaufprogramme)?
- Ist sichergestellt, dass solche Teilbereiche des Unternehmens, wie Sparten, Divisionen, Produktlinien oder Segmente, die eine Rendite unterhalb ihrer risikoangepassten Kapitalkosten erzielen, identifiziert werden können und dass die Bereitschaft dazu besteht, (zukünftig) derartige Quersubventionen (weit gehend) zu vermeiden?

Mögliche Datengrundlagen für den gebotenen externen Blick auf das Unternehmensführungs-, Unternehmenssteuerungs- und Controllingsystem sowie auf die Offenheit der Informationspolitik der Unternehmen können Unternehmenspublikationen, wie Broschüren, Geschäftsberichte, Auftritte von Unternehmensvertretern auf so genannten Managementseminaren, Auskünfte der Investor Relations-Abteilungen, Roadshows und Analystentreffen, sein.

Fazit

Fazit: Eine am Shareholder Value-Konzept orientierte Analyse eines Unternehmens (so genannte Analysten-Konzeption nach LORSON, P. 2003, S. 99f. u. S. 128ff.) erfordert:

- die retrospektive Ermittlung der Aktionärsrendite,
- deren Vergleich mit einer angemessenen Aktionärsrendite bzw. mit risikoadäquaten Kapitalkosten,
- die externe Ermittlung und Prognose eines angemessenen (inneren) Unternehmenswertes,
- eine Einschätzung über die Unternehmenswertorientierung des Führungs-, Steuerungs- und Controllingsystem eines Unternehmens.

Balanced Scorecard

Neben einer allgemeinen Beurteilung der Wertorientierung des Managements ist speziell die zielkonforme und nachvollziehbare Umsetzung unternehmenswertorientierter Strategien auf allen Unternehmensebenen aus interner bzw. externer Sicht von wachsender Bedeutung für die externe Performancemessung. Dies erfordert die konsistente und mehrdimensionale Ableitung von individuellen, geschäftsfeldbezogenen Strategien aus der Unternehmensvision – also dem obersten Gebot der Unternehmensplanung – über die einzelnen Planungs- und Organisationshierarchien hinweg. Hierzu wird in den letzten Jahren zunehmend das von KAPLAN/NORTON entwickelte Balanced Scorecard (BSC)-Instrumentarium in der deutschen Unternehmenspraxis genutzt (vgl. BRUNNER, J./ROTH, P. 1999, S. 51f.; HORVÁTH, P./ARNAOUT, A./GLEICH, R./SEIDENSCHWARZ, W./STOI, R. 1999, S. 308), wenngleich es sich hierbei insbesondere in seiner Eigenschaft als betriebliches Informationsinstrument nicht um einen gänzlich neuen Ansatz handelt (vgl. WEBER, J./SCHÄFFER, U. 1998, S. 347ff. m.w.N.).

Aufbau der BSC: Finanzperspektive steht im Zentrum

In der BSC wird die Unternehmensleistung gleichzeitig aus vier Perspektiven gemessen, die bewusst nicht (irgendwie) zu einem Gesamtscore zusammengefasst werden: Finanzen, Kunden, Lernen und Entwicklung sowie die Sicht auf die internen Geschäftsprozesse sollen die Strategieumsetzung in operative Größen ermöglichen. Dabei werden finanzielle um nicht-finanzielle Kennzahlen sowie quantitative um qualitative Ziele ergänzt (vgl. SURE, M./HASELGRUBER, B. 1999, S. 4). Im Zentrum des BSC-Ansatzes steht die finanzielle Perspektive, die die Ergebnisse vergangener Leistungen (»lag indicators«) widerspiegelt, während die übrigen Perspektiven die Leistungstreiber zukünftiger Leistungen reflektieren (»lead indicators«). Jede eingehende Messgröße sollte die komplexen Ursache-Wirkungs-Beziehungen zwischen den Perspektiven verdeutlichen und in einem kausalen Zusammenhang zu den finanziellen Zielen stehen (vgl. KAPLAN, R. S./NORTON, D. P. 1997, S. 28ff.). Reine Korrelationsbeziehungen sind nicht ausreichend (vgl. SCHNEIDERMAN, A. M. 1999, S. 10). Somit stellen die Finanzziele die Endziele der in den anderen Perspektiven zu erreichenden Zwischenziele dar (vgl. WEBER, J./SCHÄFFER, U. 1998, S. 343). Allerdings garantiert selbst eine theoretisch fundierte Zielgrößenauswahl keinen Anwendungserfolg i. S. e. gesteigerten Unternehmensperformance (vgl. KAPLAN, R. S./NORTON, D. P. 1992, S. 77f.), was unter anderem an der gewählten Unternehmensstrategie oder an externen überlagernden Einflussfaktoren liegen könnte.

BSC als Instrument der Performancemessung

Mit der BSC können sowohl der Unternehmenserfolg als auch die für den Erreichungsgrad der Unternehmensziele verantwortliche Managementleistung gemessen werden. Zudem fördert ihre Nutzung ein unternehmensweites gemeinsames Strategieverständnis (vgl. KAPLAN, R. S./NORTON, D. P. 1996, S. 77). Darüber hinaus lassen sich die noch vorzustellenden Shareholder Value-Konzepte unmittelbar mit der BSC kombinieren. So kann eine Shareholder Value-Kennzahl (EVA, ROCE, CfROI u.Ä.) als Spitzenkennzahl der Finanzperspektive dienen. Über Kennzahlenhierarchien – etwa ein Du Pont-Kennzahlensystem – lässt sich diese finanzielle Kennzahl auf Basisgrößen, z. B. Jahresabschlussgrößen, herunterbrechen. Anschließend gilt es, die Treiber dieser Größen in den einzelnen BSC-Perspektiven zu bestimmen und als Zielgrößen in der BSC zu verankern (vgl. MATHEIS, M./SCHALCH, O. 1999, S. 38ff.)

Balanced Scorecard und externe Bilanzanalyse

Die vier Perspektiven bilden den Rahmen für eine BSC-Anwendung. Sie sind unternehmensindividuell ausgestaltbar. So sind bspw. die Aufnahme weiterer Stakeholder-Perspektiven oder eine separate Sicht auf das Risikomanagement denkbar. Wie aus der nachfolgenden Übersicht 118 deutlich wird, ist die unternehmensinterne Anwendung der Balanced Scorecard aus externer Sicht nur schwer nachzuvollziehen, da nur wenige Unternehmen in ihren Geschäftsberichten über die Anwendung und Inhalte berichten. Verbesserte externe Anwendungsbedingungen werden sich dann einstellen, wenn der Anteil der Berichterstattung über die Unternehmensstrategie quantitativ und qualitativ ausgeweitet wird (vgl. KAPLAN, R. S./NORTON, D. P. 1993, S. 141). Einen wichtigen Impuls liefert die zunehmende Verbreitung des Internet als Instrument der Investor Relations (vgl. KÜTING, K./DAWO, S./HEIDEN, M. 2001, S. 111ff.; WEISS, H.-J./HEIDEN, M. 2001). Entsprechende Entwicklungen sind in jüngerer Zeit speziell auch in Deutschland zu beobachten. Erste Unternehmen (vgl. DEUTSCHE BANK AG 2000, S. 12ff.) haben begonnen, im Rahmen ihres Geschäftsberichts eine Balanced Scorecard zu veröffentlichen, um ihr Performance-Konzept (Value Based Management-Konzept) unternehmensexternen Adressaten zu kommunizieren (vgl. KLINGEBIEL, N. 2000; MAUL, K.-H./MENNINGER, J. 2000; LORSON, P. 2001).

Übersicht 118: Balanced Scorecard in der externen Performancemessung

	BALANCED SCORECARD		
»Wie sollen wir gegenüber unseren Shareholdern auftreten, um entscheidend Erfolg zu haben?«	**Finanzwirtschaftliche Perspektive** • Wachstum • Rentabilität • Unternehmenswert (DCf) • usw.	**Betriebsablaufinterne Perspektive** • Zykluszeiten • Qualitäten • Fertigungszeiten • Produktivität • usw.	»Welchen Geschäftsprozess müssen wir beherrschen, um unsere Shareholder zufriedenzustellen?«
»Wie sollen wir gegenüber unseren Kunden auftreten, um unsere Vision zu erreichen?«	**Kundenperspektive** • Service • Qualität • Preis • usw.	**Innovations- und Wissensperspektive** • durchschnittliches Produktalter • anteiliger Umsatz der ›jungen‹ Produkte • usw.	»Wie werden wir unsere Fähigkeit zum Wandel und zur Verbesserung aufrechterhalten, um unsere Vision zu erreichen?«

Veröffentlichte Informationen über die BSC-Anwendung liefern somit wertvolle Anhaltspunkte für den externen Bilanzanalysten. Weiterhin kann das BSC-Schema dem externen Betrachter als qualitativer Orientierungsrahmen dienen. So soll die BSC in ihrer reinen Lehre auch einen Beitrag zur Bewältigung der folgenden laufenden (strategischen) Managementprozesse leisten (vgl. KAPLAN, R. S./NORTON, D. P. 1997, S. 10f.), deren Umsetzungsgrad durch den Analysten abgeschätzt werden könnte:

- Formulierung und Umsetzung von Unternehmensvision und -strategie;
- interne und externe Kommunikation und Verknüpfung strategischer Ziele und konkreter operativer Maßnahmen;
- Planung und Festlegung strategischer Ziele sowie Abstimmung zwischen verschiedenen Unternehmensbereichen;
- Verbesserung von strategischem Feedback und Lernen zur Einleitung eines kontinuierlichen Verbesserungsprozesses der vorausgegangenen Schritte.

Die weiteren Ausführungen sind – mehr oder minder ideal(isiert)en – Konzepten zur Ermittlung des Unternehmenswertes aus externer Sicht, den praktischen Ansatzpunkten zur Ermittlung risikoangepasster Eigenkapitalkosten und den approximativ aus externer Sicht nachvollziehbaren Managementkonzepten zur Unternehmenswertorientierung gewidmet.

Merksätze:

1. Ziel des Shareholder Value-Konzepts ist es, langfristig eine angemessene Verzinsung des den Anteilseignern zustehenden Unternehmenswerts zu erreichen.

2. Die Performancemessung im Shareholder Value-Konzept dient der Beurteilung von Unternehmenserfolg und Managementleistung. Hierbei ist primär auf einen Mehr-Jahres-Durchschnitt abzustellen. Jahresbezogene Messungen haben lediglich eine vorübergehende informative Funktion.

3. Vergleichsmaßstab der Performancemessung sind die risikoadäquaten Renditeforderungen der Aktionäre, die als Eigenkapitalkosten interpretiert werden können.

4. Die Nachrechnung aus externer Sicht kann entweder auf Basis von realisierten Aktienkursen und geleisteten Dividendenzahlungen durchgeführt werden oder auf den so genannten inneren Unternehmenswert ausgerichtet sein.

5. Ein Vergleich von innerem Unternehmenswert und Börsenwert kann – bei Vorliegen von Differenzen – Wertlücken i. S. d. Shareholder Value-Konzepts verdeutlichen. Ergänzend können qualitative Kriterien zur Beurteilung der Wertorientierung des Managements herangezogen werden.

6.3 Ansatzpunkte zu einer externen Unternehmensbewertung

6.3.1 Kapitalmarkttheoretische Bewertungsmodelle unter Sicherheit

Vier bewertungsrelevante Äquivalenzbeziehungen

Auf der Grundlage von FISHER's (I. 1930) Investitionstheorie, wonach unternehmerische Investitions- und individuelle Konsumentscheidungen unabhängig voneinander gefällt werden können (so genanntes (FISHER-)Separationstheorem; vgl. auch EICHBERGER, J./HARPER, I. R. 1997, S. 145), hat WILLIAMS (J. B. 1939) ein grundlegendes Modell zur Unternehmensbewertung durch Ermittlung des Barwerts der Dividenden formuliert. Dieser Bewertungsansatz wurde insbesondere von MILLER/MODIGLIANI unter restriktiven Prämissen, zu denen eine im Zeitablauf konstante Diskontierungsrate zählt, in äquivalente Bewertungsformeln transformiert. Demnach lässt sich der Unternehmenswert alternativ modellieren als Barwert der Dividenden, der freien Cashflows, der Erträge nach Verzinsung des durch Investitionen gebundenen Kapitals sowie als Wert relativ zu den Wachstumsmöglichkeiten des Unternehmens (vgl. hierzu grundsätzlich MILLER, M. H./MODIGLIANI, F. 1961 und im Folgenden HESSE, T. 1996, S. 29 ff.; ROCKE, R./NELLES, M. 2000). Hierbei wird sukzessive der Übergang von der reinen kapitalmarktbezogenen Aktionärssicht zu den Implikationen für das Management vollzogen.

Barwert der Dividenden

Formal hat der Bewertungsansatz Barwert der Dividenden folgende Gestalt:

(F. 11.2)

$$UW_0 = \sum_{t=0}^{\infty} \frac{D_t}{(1+i)^{t+1}}$$

wobei UW_0 Unternehmenswert am Ende von Periode 0
D_t in t (nachschüssig) gezahlte Dividende für jene Aktionäre, die an den zukünftigen Kapitalerhöhungen nicht teilnehmen
i Diskontierungssatz, der analog zur Aktionärsrendite R_t (siehe oben) ermittelt wird

Aus der Sicht eines Aktionärs sind Dividenden und Aktienkursgewinne die Determinanten des (Gleichgewichts-)Preises, den er für eine Aktie zu zahlen bereit ist. Dabei entspricht der Aktienkurs in jedem Zeitpunkt dem Barwert des hiermit verbundenen Dividendenstroms diskontiert mit der angemessenen Aktienrendite. Folglich sieht das einfachste extern praktizierbare Bewertungskalkül dergestalt aus, dass die aktuelle Dividendenpolitik für die Zukunft festgeschrieben wird. Dann kann vereinfachend auf die Formel einer ewigen nachschüssigen Rente (so genannter Rentenfall) zurückgegriffen werden:

(F. 11.3)

$$UW_0 = \frac{\text{Gesamtbetrag der Dividendenausschüttung}}{i}$$

$$= \frac{\text{Bilanzgewinn nach HGB}}{i}$$

Formal hat der Bewertungsansatz Barwert der freien Cashflows folgende Gestalt:

Barwert der freien Cashflows

(F. 11.4)

$$UW_0 = \sum_{t=0}^{\infty} \frac{FCf_t}{(1+i)^{t+1}}$$

$$= \sum_{t=0}^{\infty} \frac{X_t - I_t}{(1+i)^{t+1}}$$

wobei FCf_t Freier Cashflow: Cashflow nach Erweiterungsinvestitionen und nach Ersatzinvestitionen

X_t Cashflow vor Erweiterungsinvestitionen und nach Ersatzinvestitionen (= »Gewinn«, falls gilt: Abschreibungen = Ersatzinvestitionen)

I_t Erweiterungsinvestitionen

Ein Unternehmen kann nur die freien Cashflows ausschütten. Diese werden ausgehend vom so genannten Brutto-Cashflow (= Zahlungsmittelüberschuss, der nicht für Auszahlungen im laufenden Geschäftsbetrieb benötigt wird) ermittelt, indem dieser um das gesamte Investitionsvolumen für die Erhaltung und Verbesserung der Wettbewerbsposition gekürzt wird. Auch ein externer Bewerter könnte – etwa durch Auswertung oder Erstellung einer Kapitalflussrechnung – diesen Bewertungsansatz nutzen und dabei Einblick in die Bestimmungsfaktoren von Cashflow (so genannte Wertgeneratoren; vgl. etwa unter 6.4.2) und Investitionspolitik eines Unternehmens erhalten.

Diese Bewertungsüberlegung hat verstärkt und variantenreich als so genannte DCf-Methode Eingang in die betriebliche Praxis gefunden (vgl. auch unter 6.3.3).

Barwert modifizierter Erträge

Formal hat der Bewertungsansatz Barwert der Erträge nach Verzinsung der Investitionen (Barwert modifizierter Erträge) folgende Gestalt:

(F. 11.5)

$$UW_0 = \sum_{t=0}^{\infty} \frac{1}{(1+i)^{t+1}} \cdot \left[X_t - i \cdot \sum_{\tau=0}^{t-1} I_\tau \right]$$

wobei τ Periodenindex

Demnach verursachen Kapitalbindungen im Unternehmen Opportunitätskosten in Höhe der Aktionärsrendite. Daher wird von den in der Vergangenheit vorgenommenen Investitionen – ohne den Betrag des laufenden Jahres – die seitens der Aktionäre erwartete Rendite erwirtschaften. Die Verzinsung stellt das periodenbezogene Entgelt für eine zeitlich verzögerte Auszahlung dar.

In jüngerer Zeit erfreut sich diese Bewertungstechnik unter Stichworten wie LÜCKE-Theorem (vgl. nur LÜCKE, W. 1955 und KÜPPER, H.-U. 2001, S. 126 ff.), Residualgewinnkonzept oder Market Value Added großer Popularität. Hierauf basiert auch das zwischenzeitlich modifizierte traditionelle deutsche Verfahren der Unternehmensbewertung gem. HFA 2/1983 (vgl. hierzu nur BENDER, J./LORSON, P. 1996, 1996a und 1997; BIEG, H. 1997, S. 187 ff.; KUSSMAUL, H. 1999).

Unternehmenswert relativ zur Nullwachstumsoption

Formal hat der Bewertungsansatz Wert relativ zur Nullwachstumsoption folgende Gestalt:

(F. 11.6)

$$UW_0 = \frac{X_0}{i} + \sum_{t=0}^{\infty} \frac{1}{(1+i)^{t+1}} \cdot I_t \cdot \frac{i_t^* - i}{i}$$

$$= \frac{X_0}{i} + BW_0^{WM}$$

wobei i_t^* interner Zinssatz der Erweiterungsinvestition in t
BW_0^{WM} Barwert der Wachstumsmöglichkeiten (WM) in Zeitpunkt $t = 0$

Ausgangspunkt dieses Bewertungsmodells ist die Überlegung, dass eine Unternehmung auf Dauer erhalten werden soll. Mithin kann angenommen werden, dass alle im Bewertungszeitpunkt investierten Mittel auch zukünftig benötigt und durch Ersatzinvestitionen bereitgestellt werden. Ökonomisch sinnvoll ist dies allerdings nur, wenn sie angemessen verzinst werden. Insofern repräsentiert der erste Summand den Barwert der Annuität, die ein Unternehmen erwirtschaften würde, wenn es nur Ersatzinvestitionen vornimmt und somit nur das Unternehmen als langfristige Einkommensquelle der Anteilseigner erhält. Der zweite Summand steht für den Barwert der zukünftig erwarteten Investitionsmöglichkeiten. Sie tragen ausschließlich in dem Fall zu einer Unternehmenswerterhöhung bei, wenn ihre Rendite (interner Zins) höher ist als der Kalkulationszins.

Hieraus ergeben sich als Implikationen für das Management: Die Fortführung und Erhaltung bestehender Engagements ist nur sinnvoll, wenn diese eine angemessene Verzinsung abwerfen. Erweiterungsinvestitionen, d.h. Unternehmenswachstum, sind nur in solchen Bereichen bzw. in Form solcher Projekte anzustreben, die eine Überrendite (so genannter positiver Spread) erwarten lassen.

Im Rahmen der externen Unternehmensbewertung lässt sich dieses Modell am ehesten qualitativ auswerten, indem bspw. Tendenzaussagen zu folgenden Bereichen getroffen werden: Ist die Wettbewerbsposition in den Kerngeschäftsfeldern (im angestammten Geschäftsfeld) so gefestigt, dass sie auf Dauer wirtschaftlich erhalten werden kann? Gibt es lukrative Wachstumsmöglichkeiten in angestammten oder in neuen Geschäftsfeldern? Wie werden diese Chancen genutzt?

Zwei Vereinfachungen des Bewertungsmodells relativ zur Nullwachstumsoption haben in der Literatur besondere Beachtung gefunden: das Modell konstanten unendlichen Wachstums (vgl. GORDON, M. J. 1959) und das Modell des konstanten, zeitlich begrenzten Wachstums (vgl. FRUHAN, W. E. 1979, MALKIEL, B. G. 1963; vgl. im Folgenden auch HESSE, T. 1996, S. 34):

Weitere Wachstumsmodelle

Das Bewertungsmodell bei unterstelltem konstantem, unendlichem Wachstum (auch GORDON-Growth-Model) stellt sich folgendermaßen dar:

(F. 11.7)

$$UW_0 = \frac{D_0}{i - g}$$

wobei g Wachstumsrate des Ergebnisses

Hierbei handelt es sich um jene Formel, die in der Literatur zur Unternehmensbewertung meist dann diskutiert wird, wenn es darum geht, den Fortführungswert zu bestimmen, und hierbei entschieden werden soll, ob eine nominale oder inflationsbereinigte Rechnung vorzunehmen ist. Letztlich basiert diese Entscheidung auf der Einschätzung, ob es dem Unternehmen auf Dauer gelingen wird, das Wachstum der Einzahlungsüberschüsse über der Inflationsrate zu halten.

Zuletzt ist das Bewertungskalkül nach dem Modell des konstanten, zeitlich begrenzten Wachstums formelmäßig und inhaltlich zu charakterisieren:

(F. 11.8)

$$UW_0 = \frac{X_0}{i} + I \cdot \frac{i_t^* - i}{i} \cdot T \cdot \frac{1}{1+i}$$

$$= \frac{X_0}{i} + BW_0^{WM^*}$$

wobei T Ende des Zeitraums der Erzielung von Überrenditen (durch Wettbewerbsvorteile)

$BW_0^{WM^*}$ Barwert der Wachstumsmöglichkeiten (WM) von 0 bis T im Zeitpunkt $t = 0$

Es ist in der Praxis häufig zu beobachten, dass die für die Erzielung von Überrenditen notwendigen Wettbewerbsvorteile im Zeitablauf erodieren. Schließlich steigt mit dem Ausmaß an Überrenditen zunächst die so genannte Konkurrenzgefahr und schließlich die Zahl der Anbieter vergleichbarer Leistungen. Dadurch wird in aller Regel bewirkt, dass sich mit der Zeit die individuellen Unternehmens- bzw. Geschäftsfeldrenditen dem Branchendurchschnitt annähern. Wenn sie allerdings auf das Niveau der angemessenen Rendite gefallen sind, ist dieses Engagement ohne Einfluss auf den Unternehmenswert. Mit anderen Worten: Die zu erwartende Unternehmenswertsteigerung ist umso größer, je mehr investiert wird, je länger ein positiver Spread erzielbar ist und je höher diese Überrendite betragsmäßig ausfällt.

Merksätze:

1. Kapitalmarkttheoretische Bewertungsmodelle unter Sicherheit modellieren den Unternehmenswert alternativ als Barwert der Dividenden, der freien Cashflows, der Erträge nach Verzinsung des durch Investitionen gebundenen Kapitals sowie als Wert relativ zu den Wachstumsmöglichkeiten des Unternehmens.
2. Das Erstellen bzw. die Auswertung einer Kapitalflussrechnung kann dem externen Bewerter Einblicke in die Bestimmungsfaktoren des Cashflows ermöglichen.
3. Im Zuge der Shareholder Value-Orientierung gewinnen die Bewertungsansätze Barwert der Erträge und Verzinsung der Investitionen an Bedeutung.
4. Der Bewertungsansatz relativ zur Nullwachstumsoption lässt unmittelbar einen Schluss auf Normstrategien seitens des Managements zu. Allerdings lassen sich die Inputfaktoren aus externer Sicht nicht quantifizieren, womöglich aber qualitativ approximieren.
5. Die Bewertungsmodelle mit unendlichem bzw. zeitlich begrenztem Wachstum stellen Vereinfachungen des Bewertungsmodells relativ zur Nullwachstumsoption dar. Hierbei ist die zu erwartende Unternehmenswertsteigerung positiv abhängig vom Investitionsvolumen sowie der Höhe der konstant erzielbaren Überrendite (und des zugehörigen Zeitraums).

6.3.2 Zum Nutzen der klassischen Bewertungsmodelle für die externe Performancemessung

Datenprobleme der externen Analyse

Offenkundig tritt bei der Verwendung der allgemein gehaltenen Bewertungsmodelle durch unternehmensexterne Bewerter jeweils ein – verschieden schwerwiegendes – Datenproblem auf. Die jeweilige Approximation an den inneren Unternehmenswert wird mehr oder minder grob ausfallen. Mithin kann unter den praktisch relevanten Rahmenbedingungen nicht angenommen werden, dass die im Mittelpunkt des vorherigen Abschnitts stehende Unternehmenswertäquivalenz oder Verfahrenskompatibilität (streng) gilt.

Allerdings dürfen diese Tatsachen den externen Analysten nicht davon abhalten, eigene Kalküle anzustrengen. Auftretende Bewertungsschwierigkeiten und pragmatisch zu lösende Probleme sind bei dem Verständnis der Geschäftstätigkeit des zu bewertenden Unternehmens hilfreich. Ihr Nutzen besteht auch darin, dass die richtigen Fragen gestellt werden können.

Externe Ermittlung des Barwerts der Wachstumsoptionen

ROCKE/NELLES stellen einen Ansatz zur Ermittlung des optionalen Anteils bei Unternehmenswerten vor (vgl. ROCKE, R./NELLES, M. 2000, S. 605 f.). Sie gehen vom Barwertmodell relativ zum Nullwachstum aus. Dabei wird der Aktienkurs/die Marktkaptitalisierung als Summe aus einer wachstumsunabhängigen und einer wachstumsabhängigen Komponente erklärt. Erstere kann als ewige nachschüssige Rente aus dem aktuellen Ergebnis je Aktie bestimmt werden (EPS-Term). Letztere repräsentiert den gesuchten Barwert der Wachstumsoptionen, der auf eine Aktie entfällt. Eine allgemeinere Modellspezifikation besteht darin, den »EPS-Term« als Barwert des Unternehmens im unveränderten Konzept anzusehen und als ewige nachschüssige Rente gem. dem Flow to Equity-Konzept zu ermitteln. Aus dieser Beziehung leiten ROCKE/NELLES ein externes Schätzmodell für den optionalen Anteil des Unternehmenswertes durch Einsetzen des aktuellen Börsenkurses (multipliziert mit der Anzahl der Aktien) und Auflösen der Gleichung nach dem Barwert der Wachstumsoptionen her. Letztlich wird – wie beim Intellectual Capital Statement – auf die Differenz zwischen Börsenwert und festgehaltenem Marktwert des Eigenkapitals abgestellt und der Saldo als vom Analysten zu hinterfragender Optionswert (der Wachstumsmöglichkeiten) interpretiert.

(F. 11.9)

$$
\begin{aligned}
BW_0^{WM^{**}} &= S_0 - \frac{EPS_0}{\text{Gesamtkapitalkostensatz}} \\
&= S_0 - UW_0 \\
&= S_0 - \frac{\text{FCf nach Zinsen}_0}{\text{Eigenkapitalkostensatz}}
\end{aligned}
$$

Leitlinien einer externen Analyse

Grundsätzlich sind vier Leitlinien der Unternehmensbewertungslehre und -praxis beachtenswert:

- Getrennte Bewertung von betrieblichem und nichtbetrieblichem Bereich.
- Einteilung des Bewertungszeitraums in Phasen, die unterschiedlich genau geplant werden sollen:

  Es sind zumindest zwei Phasen bzw. zwei Unternehmenswerte zu unterscheiden: ein Unternehmenswert, der sich für einen Detailplanungszeitraum ergibt, und ein Unternehmenswert für die verbleibende Nutzungsdauer des Unternehmens.
- Transparenz hinsichtlich der Mehrwertigkeit des inneren Unternehmenswertes:
  Hierzu ist die Durchführung systematischer Parametervariationen, die Verwendung alternativer Bewertungsverfahren, die Ermittlung von Hilfswerten und die lückenlose Dokumentation von Bewertungsprämissen geboten.

- Verstehen des Bewertungsobjekts:
  Demnach sind die Historie des Unternehmens intensiv zu erforschen, Vergangenheitsdaten zu bereinigen, Vorhaben zu eruieren und zu hinterfragen sowie das Wettbewerbsumfeld gezielt zu durchleuchten.

Bewertung im Nichtsicherheitsfall

Wenn im Folgenden nun der Unsicherheitsfall im Zentrum der Betrachtungen steht, so sind zum Bewertungszeitpunkt etwa nicht mehr die zukünftigen Dividenden oder Cashflows mit Sicherheit bekannt, sondern nur noch deren Wahrscheinlichkeitsverteilungen. Zur Bewertung eines risikobehafteten Zahlungsstroms existieren zwei Verfahrensalternativen (vgl. insbesondere BALLWIESER, W. 1990, S. 167ff.):

Alternativen

- Diskontierung einer Zeitreihe von Sicherheitsäquivalenten mit einem risikolosen Zins oder
- Diskontierung von Erwartungswerten mit einem risikoadäquaten Zins.

Beide Verfahrensweisen werden bspw. im aktuellen Unternehmensbewertungsstandard des IDW als grundsätzlich gleichwertig zur Anwendung empfohlen (vgl. IDW S 1, Rn. 106). Hier wird nur der praktisch bedeutsamere zweite Fall betrachtet. Formal stellt sich diese Lösung für das DCf-Modell wie folgt dar:

(F. 11.10)

$$UW_0 = E\left(\sum_{t=0}^{\infty} \frac{FCf_t}{(1+i)^{t+1}}\right)$$

$$= \sum_{t=0}^{\infty} \frac{E(FCf_t)}{(1+i')^{t+1}}$$

wobei E Erwartungswert auf der Grundlage eines bestimmten Sets an Informationen

i' risikoadäquater Zins

Merksätze:

1. Aufgrund von Prämissenverletzungen und Datenproblemen gestaltet sich die Anwendung klassischer Bewertungsmodelle in der externen Performancemessung schwierig. Die aus der Auseinandersetzung mit dem Bewertungsobjekt entstehenden Erkenntnisse rechtfertigen jedoch entsprechende Anwendungsversuche.
2. Vier Leitlinien der Unternehmensbewertungslehre sollten vor Durchführung eigener Berechnungen beachtet werden: Getrennte Bewertung von betrieblichem und nichtbetrieblichem Bereich, Einteilung des Bewertungszeitraumes in Phasen unterschiedlicher Bewertungsgenauigkeit, Transparenz hinsichtlich der Mehrwertigkeit des inneren Unternehmenswertes, Verstehen des Bewertungsobjektes.
3. Im Unsicherheitsfall stehen grundsätzlich zwei Methoden zur Bewertung eines risikobehafteten Zahlungsstroms zur Wahl: Diskontierung einer Zeitreihe von Sicherheitsäquivalenten mit einem risikolosen Zins oder Diskontierung von Erwartungswerten mit einem risikoadäquaten Zins.

6.3.3 Grundformen einer DCf-Bewertung unter Unsicherheit

In Literatur und Praxis werden unterschiedliche Konzepte der Diskontierung freier geplanter Cashflows diskutiert, die auch Steuern vom Einkommen und Ertrag im Kontext von Fremdfinanzierung berücksichtigen (vgl. im Folgenden VOLPERT, V. 1989, S. 87ff. und 191ff.; vgl. auch GÜNTHER, T. 1997, S. 104ff. m.w.N.; KUSSMAUL, H. 1999; LORSON, P. 1999, S. 1338f.; LORSON, P. 2003, S. 188ff.).

Eine erste Einteilung der Verfahren orientiert sich an dem Wert, der sich durch die Kapitalisierung des unsicheren Zahlungsstroms aus dem Leistungsbereich ergibt:

Equity-Methode, Flow to Equity

- Bei der Equity-Methode wird unmittelbar der Unternehmenswert (Shareholder Value, Marktwert des Eigenkapitals) errechnet. Man spricht hier auch von der Nettokapitalisierung eines eigenkapitalgeberbezogenen freien Cashflows mit Eigenkapitalkosten. Weil der Cashflow im Unterschied zu der folgenden Gruppe von DCf-Verfahren weder Zahlungen für die Tilgung noch für die Überlassung von Fremdkapital enthält, wird die Equity-Methode auch als Flow to Equity (FtE) bezeichnet.

(F. 11.11)

$$UW_0 = \sum_{t=0}^{\infty} \frac{\text{FCf nach Zinsen}_t}{(1 + \text{Eigenkapitalkostensatz})^t}$$
$$+ \text{ Marktwert des nicht betriebsnotwendigen Vermögens}$$

Entity-Methoden

– Die Varianten der Entity-Methode zeichnen sich dadurch aus, dass zunächst ein Unternehmensgesamtwert bestimmt wird, der die Summe aus Marktwert des Eigenkapitals und Marktwert des Fremdkapitals repräsentiert. Weil der eigentliche Unternehmenswert durch dessen Verminderung um den Marktwert des Fremdkapitals ermittelt wird, spricht man auch vereinfacht von der Bruttokapitalisierung eines gesamtkapitalgeberbezogenen Cashflows – vor Abzug von Zahlungen für die Tilgung und Überlassung von Fremdkapital – mit gewogenen Gesamtkapitalkosten.

Die Entity-Methode lässt sich nun weiter dahin gehend variieren, wie Steuerwirkungen (der so genannte Steuerschild des Fremdkapitals) unter Wahrung der Barwertäquivalenz im Kalkül berücksichtigt werden.

Weighted Average Costs of Capital

– Im Konzept der Weighted Average Costs of Capital (WACC) wird der Steuerschild des Fremdkapitals nur im Kapitalkostensatz berücksichtigt. Hier wird mit einem Kapitalkostensatz diskontiert, der nach einer »Lehrbuchformel« (auch »Textbook-Formula«; siehe unten) bestimmt worden ist.

(F. 11.12)

$$UW_0 = \sum_{t=0}^{\infty} \frac{\text{FCf vor Zinsen}_{\text{unverschuldet nach Steuern, } t}}{(1 + \text{Gesamtkapitalkostensatz}_{\text{mit Tax Shield}})^t}$$
$$+ \text{ Marktwert des nicht betriebsnotwendigen Vermögens}$$
$$- \text{ Marktwert des Fremdkapitals}$$

Total Cashflow

– Im Konzept des Total Cashflow (TCf) wird der Steuerschild des Fremdkapitals nur im freien Cashflow berücksichtigt.

(F. 11.13)

$$UW_0 = \sum_{t=0}^{\infty} \frac{\text{FCf vor Zinsen}_{\text{unverschuldet nach Steuern, } t}}{(1 + \text{Gesamtkapitalkostensatz}_{\text{ohne Tax Shield}})^t}$$
$$+ \text{ Marktwert des nicht betriebsnotwendigen Vermögens}$$
$$- \text{ Marktwert des Fremdkapitals}$$

Adjusted Present Value

– Im Konzept des Adjusted Present Value (APV) werden zwei DCf-Werte bestimmt, eine so genannte finanzierungsunabhängige Komponente (= Wert eines unverschuldeten Unternehmens), die in einem zweiten Schritt um eine finanzierungsabhängige Komponente (= Barwert der Steuervorteile aus der Fremdfinanzierung) zu erhöhen ist.

(F. 11.14)

$$\begin{aligned} UW_0 &= \sum_{t=0}^{\infty} \frac{\text{FCf vor Zinsen}_{\text{unverschuldet nach Steuern, t}}}{(1 + \text{Eigenkapitalkosten eines unverschuldeten Unternehmens})^t} \\ &+ \sum_{t=0}^{T} \frac{\text{Steuersatz} \cdot \text{Fremdkapitalkosten} \cdot FK_{t-1}}{\prod_{t'=0}^{t} (1 + \text{risikoadäquater Zins des Steuervorteils}_{t'})^t} \\ &+ \text{Marktwert des nicht betriebsnotwendigen Vermögens} \\ &- \text{Marktwert des Fremdkapitals} \end{aligned}$$

Keine Variante ist eindeutig überlegen

Die Varianten des DCf-Konzepts führen unter restriktiven Prämissen, wie einer am Unternehmensgesamtwert orientierten Fremdfinanzierung, sowohl im Rentenmodell als auch im Nichtrentenmodell zu übereinstimmenden Unternehmenswerten (vgl. HACHMEISTER, D. 2000, S. 105 ff.; vgl. auch HERING, T. 2000, S. 445 ff.; SCHILDBACH, T. 2000). Alle Versuche, die Überlegenheit einzelner Ansätze dadurch zu belegen, dass die implizierten Finanzierungsprämissen mit Blick auf die Realität weniger kritisch seien, sind nicht verallgemeinerbar (vgl. zum Folgenden LORSON, P. 2003, S. 201 ff.). Allein die Einschätzung, dass das TCf-Verfahren deshalb unpraktikabel ist, weil seine Nutzung die Kenntnis des absoluten Fremdkapitalbestands erfordert, vermag zu überzeugen. Wenn eine Präferenz für

– das FtE-Konzept damit begründet wird, dass der Entity-Weg umständlich sei, wird übersehen, dass hierbei der Zeitpunkt der Zahlungen an die Fremdkapitalgeber bekannt sein muss;

Zirkularitätsproblem

– das APV-Konzept damit begründet wird, dass es die Problematik der Zirkularität im WACC-Konzept vermeidet, wird etwa übersehen, dass dieser Vorteil z.B. die Existenz eines gültigen Kapitalstrukturmodells voraussetzt. Anderenfalls kann aus beobachteten Eigenkapitalkosten verschuldeter Unternehmen kein Kapitalkostensatz eines unverschuldeten Unternehmens bestimmt werden;

– das WACC-Konzept mit seiner Einfachheit begründet wird, wird etwa übersehen, dass hierbei das Zirkularitätsproblem dergestalt zutage tritt, dass zur Ermittlung des Marktwerts des Eigenkapitals das Rechenergebnis bereits bekannt sein muss, weil die Kapitalkosten mit den jeweiligen Marktwertrelationen gewichtet werden (vgl. etwa SCHWETZLER, B./DARIJTSCHUK, N. 1999):

(F. 11.15)

$$\text{WACC} = \text{Eigenkapitalkosten} \cdot \frac{\text{Marktwert EK}}{\text{Marktwert GK}} + (1 - \text{Steuersatz}) \cdot \text{Fremdkapitalkosten} \cdot \frac{\text{Marktwert FK}}{\text{Marktwert GK}}$$

Allerdings lässt sich dieses Problem iterativ oder pragmatisch durch Rückgriff auf eine marktwertige Zielkapitalstruktur lösen. Der Vorschlag, auf eine buchwertige Zielkapitalstruktur zurückzugreifen und etwa normative Kapitalstrukturregeln oder auch die so genannte Bayer-Formel zu bemühen, sind hingegen kritischer zu beurteilen (vgl. RICHTER, F. 1999, S. 96f. und unter 2. Abschn., 3. Kap. 1.4). Indes impliziert generell die Verwendung eines konstanten Diskontierungsfaktors eine an den Gewichtungsfaktoren orientierte periodenbezogene Kapitalaufnahme und -auszahlungspolitik betreffend Anteilseigner und Fremdkapitalgeber.

Letztlich basieren alle Bewertungskonzepte auf einer (idealen) MODGLIANI/MILLER-Welt und setzen bei Verwendung von im Zeitablauf konstanten Kapitalkosten zudem eine kapitalstrukturneutrale Finanzierung der Erweiterungsinvestitionen voraus. Ohne diese Finanzierungsprämissen existiert keine Unternehmenswertäquivalenz bzw. Verfahrenskompatibilität, sondern der Bewertungsansatz determiniert den Unternehmenswert.

Merksätze:

1. Die zwei Grundformen einer DCf-Bewertung unter Unsicherheit sind die Equity- und die Entity-Methode. Während bei der Equity-Methode (hier FtE-Methode) der Marktwert des Eigenkapitals unmittelbar durch eine Nettokapitalisierung ermittelt wird, wählt die Entity-Methode den indirekten Weg durch Subtraktion des Marktwertes des Fremdkapitals vom zuvor durch Bruttokapitalisierung ermittelten Unternehmensgesamtwert.

2. Die Varianten der Entity-Methode lassen sich anhand der Berücksichtigung des Steuerschildes des Fremdkapitals einteilen in die Konzepte WACC, TCf und APV.

3. Alle DCf-Konzepte führen bei Beachtung strenger Prämissen zu gleichen Unternehmenswerten. Eine generelle Überlegenheit eines Ansatzes ist nicht erkennbar.

6.3.4 Unzulänglichkeiten der herkömmlichen Performancemaße

Kritik an konventionellen Performancemaßen

Die Befürworter des Shareholder Value-Ansatzes belegen meist empirisch, dass die herkömmlichen Maßstäbe unternehmerischen Erfolgs (nahezu) bedeutungslos für die Entwicklung der Eigentümerrendite sind (vgl. nur RAPPAPORT, A. 1999, S. 15ff. und auch BÜHNER, R. 1990, S. 13ff.; vgl. zum Folgenden auch LORSON, P. 2003, S. 69ff.). Im Einzelnen werden kritisiert

- absolute Erfolgsgrößen des externen Rechnungswesens, wie Gewinne oder Jahresüberschüsse;
- in der Wirtschaftspresse dominierende finanzanalytische Performancemaße: Ergebnis je Aktie-Kennzahlen, wie Earnings per Share oder Ergebnis nach DVFA/SG je Aktie;
- relative Ein-Perioden-bezogene Performancemaße, die auf buchhalterischer Basis gebildet werden, wie Return on Investment (ROI), Return on Equity (ROE) oder verwandte Größen.

Dagegen wird angeführt, dass sie eine auf kurzfristige Erfolge ausgerichtete Unternehmensführung fördern und bewertungsabhängig, d.h. vom Management »gestaltbar« sind. Sie lassen den Zeitwert des Geldes und Risikoaspekte unberücksichtigt und sind zudem falsch geeicht bzw. kalibriert (vgl. nur COPELAND, T./KOLLER, T./MURRIN, J. 2002, S. 54).

Stattdessen wird dafür plädiert, die Erfolgsplanung und -messung auf dem Zukunftserfolgswert eines Unternehmens und dessen Veränderung basieren zu lassen. Hiervon verspricht man sich Zukunftsorientierung, Langfristorientierung und Risikoadäquanz sowie (weitestgehende) Manipulationsfreiheit der Erfolgsgröße seitens des Managements. Als »Königsweg« der Unternehmenswertbestimmung gilt im Rahmen der unternehmenswertorientierten Unternehmensführung das auf der Kapitalwertmethode basierende Verfahren der Diskontierung geplanter freier Zahlungsmittelüberschüsse.

Die Anwendung der so genannten DCf-Verfahren erfordert jedoch die Kenntnis bzw. die Ermittlung eines geeigneten Diskontierungsfaktors. Besondere Schwierigkeiten bereitet dabei die Bestimmung risikoadäquater Eigenkapitalkosten.

Merksätze:

1. Die herkömmlichen Performancemaße werden aufgrund ihrer Kurzfristorientierung, Bewertungsabhängigkeit, ihrer fehlerhaften Kalibrierung und wegen fehlender Berücksichtigung von Risikoaspekten und des Zeitwertes des Geldes kritisiert.
2. Erfolgsmessung und -planung sollten auf dem Zukunftserfolgswert und dessen Veränderungen basieren, um Langfristorientierung, Risikoadäquanz und weitestgehende Manipulationsfreiheit durch das Management zu erreichen.
3. Die DCf-Verfahren, für die die Ermittlung eines geeigneten Diskontierungsfaktors von zentraler Bedeutung ist, erfüllen vorgenannte Anforderungen am ehesten.

6.3.5 Ansatzpunkte zur Ermittlung von risikoadäquaten Kapitalkosten

Kapitalkosten und Kapitalkostenkonzept

Den (risikoadäquaten) Gesamtkapitalkosten kommt eine besondere Bedeutung zur Bewertung unsicherer Zahlungsströme zu. Sie werden zum »Eichpunkt ökonomischer Erfolgsmessung« (Lorson, P. 1999, S. 1330) und dienen

- entweder als retrospektives Performancemaß der Beurteilung vergangener Investitionen, etwa i. S. e. Vergleichs von Mindest-Soll und Ist, oder
- in prospektiver Form (wertorientierten) Kapitalallokationsentscheidungen, etwa im Zuge von Planung und Steuerung.

Zu ihrer Ermittlung können zwei Wege beschritten werden:

- Bestimmung eines (extrapolationsfähigen) Durchschnitts der Vergangenheit oder
- Anpassung an eine (vorab bestimmte) Zielkapitalstruktur. Dies gestaltet sich im Rahmen der externen Analyse als schwierig.

»Der Grundgedanke des Kapitalkostenkonzepts beruht auf der Idee, daß sich die Bedingungen der Kapitalbeschaffung durch Preis- und Renditeforderungen ausdrücken lassen, wobei weniger die Finanzbeziehungen … zu individuellen Kapitalgebern, sondern gegenüber anonymen Kapitalmärkten betrachtet werden« (Bufka, J./Schiereck, D./Zinn, K. 1999, S. 116).

6.3.5.1 Fremdkapitalkosten

Fremdkapitalkosten

Grundsätzlich zu unterscheiden sind die Ermittlung von Fremdkapitalkosten zum einen durch Auswertung bestehender Fremdkapitalien sowie der zugehörigen Verträge und zum anderen durch kapitalmarktorientiertes Vorgehen.

Letztere Vorgehensweise ermittelt den Zinssatz, den die zu beurteilende Unternehmung am Fremdkapitalmarkt zu zahlen hätte. Analog zum noch zu behandelnden CAPM für die Eigenkapitalkosten ist ein unternehmensspezifischer Risikozuschlag (hier: Bonitätsaufschlag) zur Rendite einer risikolosen Anleihe zu ermitteln. Das Ausmaß der bonitätsspezifischen Korrektur kann sich etwa an den Ratingstufen und den damit korrespondierenden Bonitätsaufschlägen der Ratingagenturen MOODY'S und STANDARD & POOR'S (vgl. auch 7. Abschn.) orientieren (vgl. LORSON, P. 1999, S. 1331). Ein Beispiel bildet die Vorgehensweise von DAIMLERCHRYSLER (vgl. Übersicht 119; Quelle: DAIMLERCHRYSLER 1999, S. 4).

Kapitalmarktorientierte Fremdkapitalkostenermittlung

Übersicht 119: Kapitalmarktorientierte Fremdkapitalkostenermittlung bei DAIMLERCHRYSLER

Risikofreier Zins (5 Jahre)	4,2%
+ Kapitalbeschaffung und Bonitätsaufschlag (gem. Bonität des Konzerns, Rating)	+0,8%
= Fremdkapitalkosten	5,0%
– Konzernsteuerrate (42%)	–2,1%
= Verzinsungsanspruch der Finanzverbindlichkeiten	2,9%

Für Anwender der US-GAAP-Rechnungslegungsgrundsätze ist diese Berechnungsweise im Hinblick auf die Ermittlung der Fremdkapitalkosten von Pensionsrückstellungen leicht zu modifizieren (vgl. DAIMLERCHRYSLER 1999, S. 9).

Bei der analytischen Vorgehensweise hingegen errechnen sich die Fremdkapitalkosten als mit den Kosten aufgenommener Fremdkapitalformen gewichteter durchschnittlicher Kapitalkostensatz. Die Auswertung vertraglicher Bestimmungen wird jedoch durch das Vorhandensein zahlreicher und verschiedenartiger Fremdkapitalarten erschwert. Zusätzlich müssen die impliziten Kapitalkosten, wie sie durch die Stellung von Kreditsicherheiten entstehen können, Berücksichtigung finden (vgl. ARBEITSKREIS »FINANZIERUNG« 1996, S. 558 f.; SCHWETZLER, B. 2000, S. 94 u. S. 99 ff.).

Folgende Tabelle zeigt eine stark vereinfachte Möglichkeit zur Ermittlung von pauschalisierten Fremdkapitalkosten (vgl. Übersicht 120; vgl. auch ARBEITSKREIS »FINANZIERUNG« 1996, S. 559 ff. m. w. N.):

Analytische Fremdkapitalkostenermittlung

Übersicht 120: Kosten von Fremdkapitalarten vor Steuern

Fremdkapitalart	**Ermittlung bzw. anzusetzende Kosten**
Langfristiges Fremdkapital	Kapitalmarktorientierte Ermittlung
Pensionsrückstellungen	8–9%
Kurzfristiges Fremdkapital	Durchschnittliche Kosten kurzfristiger Anlagen
Leasing/Miete	Kosten des langfristigen Fremdkapitals

Bei der Ermittlung der Kosten des kurzfristigen Fremdkapitals werden folgende Fremdkapitalarten als so genanntes Abzugskapital behandelt und bleiben aus Wirtschaftlichkeitsgründen somit unberücksichtigt: Kurzfristige unverzinsliche Verbindlichkeiten (z.B. Verbindlichkeiten aus Lieferungen und Leistungen), kurzfristige Rückstellungen und Kundenanzahlungen. Stellt sich jedoch heraus, dass derartige kurzfristige Fremdkapitalformen im Zeitvergleich einen Bodensatz bilden und somit dem Betrieb wie Eigenkapital nahezu unbefristet zur Verfügung stehen, sind die Kosten des Eigenkapitals anzusetzen.

Merksätze:

1. Kapitalkosten dienen entweder als retrospektives Performancemaß oder prospektiv als Entscheidungskriterium bei wertorientierten Kapitalallokationsentscheidungen.
2. Grundgedanke des Kapitalkostenkonzepts ist die Betrachtung anonymer Kapitalmärkte, die die Bedingungen der Kapitalbeschaffung in Form von Preis- und Renditeforderungen widerspiegeln.
3. Die Ermittlung von Fremdkapitalkosten kann (praktisch) kapitalmarktorientiert oder (theoretisch) durch Auswertung bestehender Fremdkapitalien erfolgen.

6.3.5.2 Eigenkapitalkosten

Eigenkapitalkosten

Die nunmehr zu betrachtenden drei kapitalmarkttheoretischen Ansätze zur Ermittlung risikoadäquater Eigenkapitalkosten (Capital Asset Pricing Model, Consumption-based Capital Asset Pricing Model und Arbitrage Pricing Theory) wurden ursprünglich als explikative gleichgewichtstheoretische Kapitalmarktmodelle zur Herleitung von Gleichgewichtsrenditen bei Unsicherheit entwickelt. Für Zwecke der Eigenkapitalkostenbetrachtung sind sie umzudeuten als Ansätze der gestaltenden Kapitalkostentheorie zur Berechnung von Kapitalkostensätzen bei Unsicherheit (vgl. PERRIDON, L./STEINER, M. 2002, S. 268f.). Im Anschluss an die Modelle wird eine mögliche Vorgehensweise für die praktische Berechnung risikoadäquater Eigenkapitalkosten dargestellt. Abschließend werden Ansätze zur Plausibilisierung der erzielten Ergebnisse vorgestellt, die ihrerseits als Modelle mit fingierter Kapitalmarktbasis auch Anwendung bei nicht börsennotierten Unternehmen bzw. Geschäftsbereichen finden können. Die Anwendung der aus dem anglo-amerikanischen Wirtschaftsraum stammenden Verfahren wird aufgrund der institutionellen Unterschiede zwischen den dortigen und hiesigen Kapitalmärkten erschwert. In den letzten Jahren einsetzende Entwicklungen erleichtern die Betrachtungen mittlerweile jedoch zusehends (vgl. HOFFMANN, H./WÜEST, G. 1998, S. 190f.).

6.3.5.2.1 Das Capital Asset Pricing Model (CAPM)

CAPM-Modellprämissen

Das CAPM wurde aus der Portfoliotheorie von MARKOWITZ entwickelt. Das Modell unterstellt einen positiven linearen Zusammenhang zwischen Eigenkapitalkosten und dem Beta-Faktor eines Unternehmens, sofern dieser positiv ist. Relevante Prämissen für die Geltung dieses Zusammenhangs sind (vgl. nur PERRIDON, L./STEINER, M. 2002, S. 269 ff.): Die Kapitalmarktteilnehmer agieren auf einem vollkommenen Markt, d.h., die Existenz von Transaktionskosten, Steuern oder anderen Friktionen wird ausgeschlossen. Die Anzahl der beliebig teilbaren Wertpapiere ist den Marktteilnehmern bekannt. Letztere sind bei vollkommenem Wettbewerb als rational handelnde Nutzenmaximierer risikoaverse Preisnehmer. Ein höheres Risiko einer Kapitalanlage wird nur gegen Vergütung einer entsprechenden Risikoprämie in Kauf genommen. Da alle Marktteilnehmer über sämtliche Informationen verfügen, herrschen homogene Erwartungen bezüglich der als normalverteilt angenommenen Renditen, die somit durch ihre ersten beiden Verteilungsmomente (Erwartungswert μ und Varianz σ^2) vollständig charakterisiert sind. Die Marktteilnehmer haben jederzeit die Möglichkeit, Geld zu einem risikolosen Zinssatz (r_f) aufzunehmen bzw. anzulegen. Es gilt das TOBIN-Separationstheorem: Investitionsentscheidung und individueller Grad der Risikoscheu sind unabhängig voneinander (vgl. STEINER, M./BRUNS, C. 2002, S. 24). Gemeinsam mit der Prämisse homogener Erwartungen ergeben sich hieraus für alle Anleger – in ihrem Bemühen unter Ausnutzung von Risikodiversifikationseffekten risikoeffiziente Portefeuilles zu bilden – gleiche Portefeuillestrukturen risikobehafteter Wertpapiere (Marktportefeuille). Erst im zweiten Schritt ihrer Anlageentscheidungen unterscheiden sich einzelne Investoren bei Aufteilung ihrer Mittel auf Marktportefeuille und risikolose Anlage. Risikoeffizient ist ein Portefeuille (P) dann, wenn

1. bei gleicher erwarteter Rendite (μ) keine Alternativanlage mit weniger Risiko (σ),
2. bei gleichem σ keine Alternativanlage mit höherem μ,
3. keine Alternative mit höherem μ und niedrigerem σ existiert.

Die Ausnutzung des Diversifikationseffektes führt im Gleichgewicht zur völligen Eliminierung des titelspezifischen Risikos. Der Anleger sieht sich nur noch mit dem Marktrisiko (systematisches Risiko) konfrontiert. Als problematisch erweist sich bei empirischen Untersuchungen oder den hier betrachteten Anwendungsfeldern die Auswahl eines Stellvertreterindex (vgl. EICHBERGER, J./HARPER, I. R. 1997, S. 87), da das Marktportefeuille, das in der Modellwelt alle denkbaren Kapitalanlageformen enthält (inkl. Grundstücke, Edelmetalle, Humankapital u.Ä.), nur durch einen aufwendigen Mischindex modellnah nachgebildet werden kann (vgl. STEINER, M./KLEEBERG, J. 1991, S. 180). Die Zusammensetzung des gewählten Index sollte die Anlagemöglichkeiten des Investors widerspiegeln.

Die Modellprämissen des CAPM sind sehr streng. Daher wird regelmäßig zurecht auf die Gefahr ihrer Verletzung in der Realität hingewiesen (vgl. nur BIEG, H. 1999, S. 305). Gleichwohl wurde durch empirische Untersuchungen der Beweis erbracht, dass sie den praktischen und theoretischen Nutzen des CAPM auch im Vergleich zu realitätsnäheren Modellprämissen nicht schmälern (vgl. LINTNER, J. 1969, S. 347 ff.; KOCHERLAKOTA, N. 1996, S. 42 ff.).

Kapitalmarktlinie

Das beschriebene Szenario, das Ausgangsbasis für die Kapitalkostenermittlung ist, lässt sich graphisch wie folgt mit Hilfe der Kapitalmarktlinie veranschaulichen (vgl. Übersicht 121).

Übersicht 121: Kapitalmarktlinie

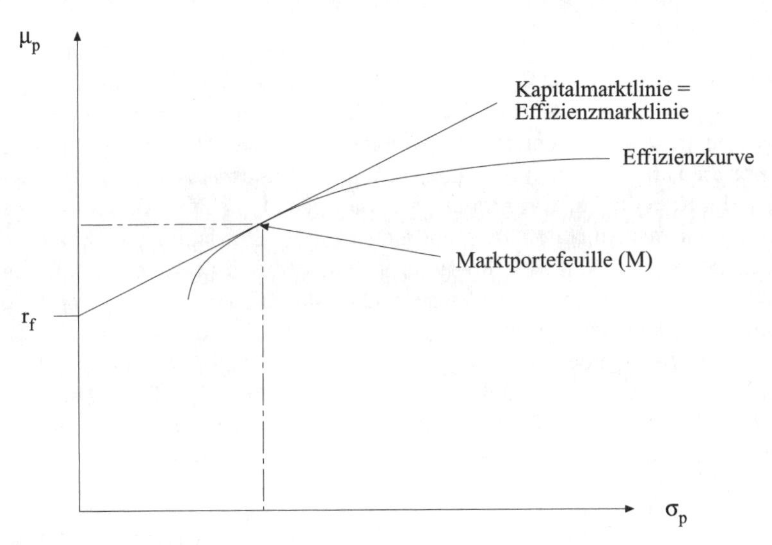

Aus bilanzanalytischer Sicht ist es nunmehr interessant, den Modellrahmen auf die Bewertung eines einzelnen im Marktportefeuille enthaltenden Wertpapiers anzuwenden. Es ergibt sich folgende CAPM-Gleichung für die Mindestrenditeforderung der Eigenkapitalgeber ($E(R_i)$) an eine Unternehmung i:

(F. 11.16)

$$E(R_i) = r_f + \beta_i \, [E(R_m) - r_f]$$

$$\text{wobei: } \beta_i = \frac{Cov\,(R_i, R_m)}{\sigma^2 (R_m)}$$

wobei	$E(R_i)$	Mindestrenditeforderung der Eigenkapitalgeber an eine Unternehmung i
	r_f	Rendite einer risikolosen Anlage
	β_i	Beta-Faktor der Unternehmung i
	R_m	Rendite des Marktportefeuilles
	$Cov\,(R_i, R_m)$	Kovarianz von R_i und R_m
	$\sigma^2(R_m)$	Varianz von R_m

Beta-Faktor

Der Beta-Faktor (systematisches Risiko), gemessen durch die Kovarianz als Maß für das gemeinsame Abweichungsverhalten der Wertpapierrendite und der Rendite des Marktportefeuilles von ihrer erwarteten Rendite und normiert durch die Varianz der Marktrendite, »bestimmt das Ausmaß der Veränderungen der Einzelrendite bei Veränderung der Marktrendite ... Eine Aktie mit einem Beta größer als 1 reagiert überproportional auf die Entwicklung der Marktrendite« (SERFLING, K./MARX, M. 1990, S. 368). Es wird deutlich, dass nur das nicht diversifizierbare systematische Risiko (Marktrisiko) Einfluss nimmt. Für die Übernahme dieses Risikos wird eine Risikoprämie gefordert, die sich aus der Multiplikation des Marktpreises des Risikos $[E(R_m) - r_f]$, dem Renditeunterschied zwischen der Renditeerwartung des Marktportefeuilles und dem risikolosen Zinssatz, multipliziert mit der Höhe des Risikos (β_i) ergibt. Graphisch ergibt sich die so genannte Security Market Line (Wertpapierlinie), die Übersicht 122 zeigt.

CUTHBERTSON (K. 1996, S. 41) nimmt diesbezüglich folgende Einteilung vor:

- $\beta > 1$: aggressives Wertpapier: Renditen schwanken stärker als der Markt (Wertpapier B);
- $\beta = 1$: neutrales Wertpapier: Renditen schwanken vollständig wie der Markt (Wertpapier A);
- $\beta < 1$: defensives Wertpapier: Renditen schwanken schwächer als der Markt (Wertpapier C).

Übersicht 122: Security Market Line

Wertpapierlinie

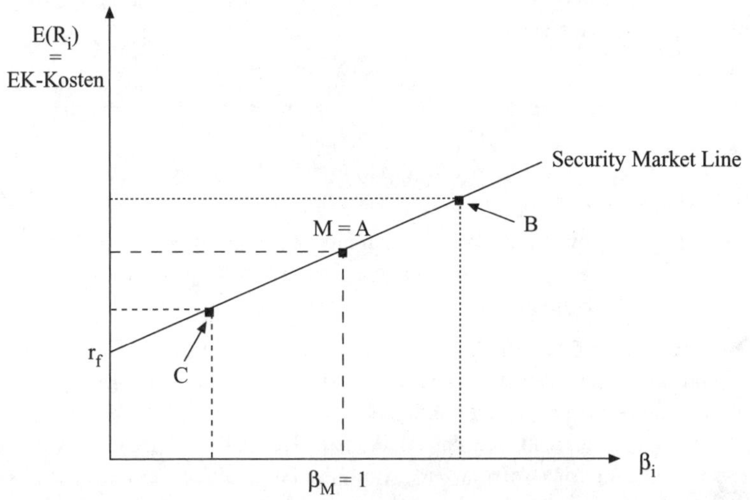

Trotz der zu Beginn der 90er Jahre nach empirischen Untersuchungen aufkommenden massiven Kritik am CAPM (vgl. FAMA, K. R./FRENCH, E. F. 1992, S. 427 ff.; SCHNEIDER, D. 1992, S. 526 ff.) bestätigen viele Untersuchungen den Erklärungsgehalt des CAPM für verschiedene nationale Kapitalmärkte und insbesondere den linearen Rendite-Risiko-Zusammenhang (vgl. POGUE, G. A./SOLNIK, B. H. 1974, S. 930 f.; MÖLLER, H. P. 1988, S. 795 f.; BLACK, F. 1993, S. 17; KOTHARI, S. P./SHANKEN, J./SLOAN, R. G. 1995, S. 185 ff.; GRUNDY, K./MALKIEL, B. G. 1996, S. 43; KIM, D. 1997, S. 463 ff.; LOUGHRAN, T. 1997, S. 249 ff.).

6.3.5.2.2 Das Consumption-based Capital Asset Pricing Model (CCAPM)

Consumption-based CAPM

Das CCAPM definiert das im Beta-Faktor erfasste investorrelevante Risiko anders als das traditionelle CAPM, in dem das Risiko der Investoren in unerwarteten Vermögensänderungen liegt. In der Modellwelt des CCAPM hingegen stehen nicht die Unsicherheit über Aktienrenditen und dadurch entstehende Vermögensänderungen im Vordergrund, sondern vielmehr der direkte Zusammenhang zwischen unsicherer Rendite und unsicheren Konsummöglichkeiten der Anleger.

Die Wertpapieranlage dient einer festen Anzahl risikoscheuer, nutzenmaximierender Konsumenten zur Glättung ihres Konsumprofils im Zeitablauf bei gegebener hoher Zeitpräferenz. Mit Hilfe eines einzigen Konsumgutes wird die lebenslange Konsumnutzenfunktion, deren Eigenschaften und Implikationen für Zwecke der externen Bilanzanalyse unberücksichtigt bleiben können (vgl. hierzu MEHRA, R./PRESCOTT, E. C. 1985, S. 159; KOCHERLAKOTA, N. 1996,

S. 42 ff.), maximiert. Eigenkapitalkostenschwankungen ergeben sich im Modell aus Käufen und Verkäufen von Wertpapieren zur Optimierung des intertemporalen Nutzens. Somit ergibt sich folgende Modellgleichung für die Eigenkapitalkosten des Unternehmens i:

(F. 11.17)

$$E(R_i) = r_f + \beta_i \, [E(R_m) - r_f] + e_{it}$$
$$\text{wobei: } \beta_i = Cov(R_i, C_t) \, / \, \sigma^2(C_t), \; E(e_{it}) = 0$$

wobei e_{it} Störvariable des Wertpapiers i zum Zeitpunkt t, Residuum
C_t Wachstumsrate des aggregierten Pro-Kopf-Konsums zum Zeitpunkt t

Wie dargelegt, wird das Risiko der Wertpapieranlage durch die Kovarianz seiner Rendite mit der Wachstumsrate des Pro-Kopf-Konsums in Periode t gegenüber der Vorperiode, normiert durch das Schwankungsverhalten des Pro-Kopf-Wachstums, ausgedrückt: »... das Risiko nämlich, daß in Zeiten, in denen sowieso relativ viel konsumiert wird ... (und der Grenznutzen zusätzlichen Konsums durch mehr disponibles Kapital gering ist; d. Verf.) genau dann viel mit der Anlage verdient wird« (HESSE, T. 1996, S. 61). Unternehmen, deren Aktien ein solches Verhalten aufweisen, werden durch Aktienverkäufe mit höheren Eigenkapitalkosten belastet. Unternehmen, deren Ausschüttungsverhalten sich antizyklisch zum allgemeinen Konsumklima verhält, haben in diesem Modell tendenziell niedrigere Eigenkapitalkosten.

Vergleich von CAPM und CCAPM

Gegenüber dem CAPM weist das CCAPM den Vorteil auf, dass die Problematik der Auswahl eines Stellvertreterindex für das Marktportefeuille hier vermieden wird. Dieser Vorteil wird jedoch auf Kosten eigener modellspezifischer Anwendungsprobleme, wie der Messung des Konsums, erkauft (vgl. BREEDEN, D. T./GIBBONS, M. R./LITZENBERGER, R. H. 1989, S. 234; BREALEY, R. A./MYERS, S. C. 2003, S. 203 f.). Ob das CAPM oder das CCAPM einen höheren empirischen Erklärungsgehalt aufweist, scheint soweit ersichtlich noch nicht abschließend geklärt zu sein (vgl. MANKIW, G. N./SHAPIRO, M. D. 1986, S. 458; BREEDEN, D. T./GIBBONS, M. R./LITZENBERGER, R. H. 1989, S. 231).

6.3.5.2.3 Die Arbitrage Pricing Theory (APT)

APT

Durch Aufspaltung des Beta-Faktors, der auch hier für das Marktrisiko steht, unterstellt die APT einen mehrfaktoriellen Renditegenerierungsprozess und basiert dabei auf weniger strengen Modellprämissen. Insbesondere die Normalverteilungsannahme wird vermieden (vgl. WITTROCK, C. 2000, S. 38). Dennoch ist die APT kein mehrfaktorielles CAPM, da sie eine andere Modellwelt beschreibt und als Alternative zum CAPM entwickelt wurde (vgl. ROSS, S. A. 1976, S. 341 ff.; BREALEY, R. A./MYERS, S. C. 2003, S. 204 ff.). Die Arbitragefreiheitsannahme stellt als zentrale Prämisse die Voraussetzung für ein ständiges Marktgleichgewicht auf einem vollkommenen und informationseffizienten Kapitalmarkt dar. Die Investoren sind risikoscheue Nutzenmaximierer mit homogenen Erwartungen. Sie halten breit diversifizierte Portefeuilles ohne unsystematisches Risiko. Wie in der CAPM-Welt existiert ein risikoloser Zinssatz, zu dem Geld in unbeschränkter Höhe aufgenommen bzw. angelegt werden kann. Die Anzahl der Wertpapiere ist beschränkt, mindestens aber so groß wie die Anzahl der APT-Risikofaktoren. Leerverkäufe sind uneingeschränkt zulässig. Die daraus resultierenden Duplikationsmöglichkeiten stellen eine Vereinfachung des CAPM dar, da auf ein allumfassendes Marktportefeuille verzichtet wird. Der Erwartungswert eines jeden Risikofaktors (b_{ik}) wird mit null angenommen. Nur unerwartete Änderungen dieser Faktoren rufen Renditeschwankungen hervor. Aus den Prämissen ergibt sich folgende approximative Bewertungsgleichung:

(F. 11.18)

$$E(R_i) = r_f + \sum_{k=1}^{K} \lambda_{ik} \cdot b_{ik} + e_i$$

$$\text{wobei: } \lambda_{ik} = E(R_{ik}^{o} - r_f);\ E(e_i) = 0$$

wobei λ_{ik} Risikoprämie des Wertpapiers i bzgl. des k-ten Risikofaktors
b_{ik} Sensitivität des Wertpapiers i bzgl. unerwarteter Änderung des k-ten Risikofaktors
e_i Störvariable des Wertpapiers i, Residuum
R_{ik}^{0} Rendite eines Portefeuilles mit einer Sensitivität von eins bzgl. des k-ten Risikofaktors und einer Sensitivität von null bzgl. anderer Risikofaktoren

Der Eigenkapitalkostensatz des Unternehmens i ergibt sich aus dem risikolosen Zinssatz zuzüglich einer Risikoprämie. Letztere setzt sich aus den mit den jeweiligen faktorbezogenen Sensitivitäten (b_{ik}) multiplizierten faktorspezifischen Risikoprämien (λ_{ik}) des Unternehmens zusammen. Die einzelnen Faktorsensitivitäten stellen die unternehmensspezifische Reagibilität des Beteiligungstitels auf unerwartete Änderungen des betreffenden Risikofaktors dar. Anzahl und Vorzeichen der APT-Faktoren werden theoretisch nicht vorgegeben. Ermittelbar sind die Risikofaktoren, auf die sich das systematische Risiko verteilt, aus ihrer Kovariabilität mit den Aktienrenditen (vgl. PETERS, H.W. 1987, S. 38). Aus Vereinfachungsgründen sollte auf die Methode der Vorabspezifikation zurückgegriffen werden, d.h. auf die für einen Kapitalmarkt aussagekräftigste Kombination von Risikofaktoren aus der empirischen Literatur (vgl. STEINER, M./NOWAK, T. 1994, S. 352f.). Beispielhaft zeigt Übersicht 123 diejenigen Faktoren, deren unerwartete Veränderungen für die USA (vgl. ROLL, R./ROSS, S. A. 1984, S. 16) und Deutschland (vgl. LOCKERT, G. 1997, S. 220) herausgearbeitet wurden.

APT-Risikofaktoren

Übersicht 123: Empirisch ermittelte APT-Risikofaktoren

USA	**Deutschland**
– Inflationsrate – Niveau der industriellen Güterproduktion – Ausfallrisikoprämien am Aktienmarkt – Veränderungen der Zinsstrukturkurve	– Industrielle Nettoproduktion – Zinsstruktur am Rentenmarkt – DM/US-Dollar Wechselkurs – Inflationsrate – Terms of Trade

Bei Anwendung der Vorabspezifikation bleiben noch die unternehmensspezifischen Faktorrisikoprämien zu ermitteln, die in der Vergangenheit bei unerwarteten Veränderungen der Risikofaktoren vergütet wurden. Weiterhin ist eine Schätzung der Faktorsensitivitäten vorzunehmen. Beides erfolgt unter Rückgriff auf Vergangenheitsdaten (vgl. COPELAND, T. E./WESTON, F. J. 1999, S. 221; FREYGANG, W. 1993, S. 234 f.). Tests von APT-Eigenkapitalkostenprognosen für auf den historischen Schätzzeitraum folgende Perioden verliefen erfolgreicher als Prognosen mit dem CAPM (vgl. GOLDENBERG, D./ROBIN, A. J. 1991, S. 183; GÜNTHER, T. 1997, S. 170 m. w. N.). »Um in der APT zu einer exakten Bewertung zu gelangen, sind allerdings restriktive Annahmen erforderlich, die stark den Prämissen des CAPM ähneln« (LOCKERT, G. 1998, S. 75).

In der Praxis der Eigenkapitalkostenermittlung spielt die APT noch keine signifikante Rolle (vgl. BRUNER, R. F. u. a. 1998, S. 17; MILLS, R. W. 2001, S. 37).

Merksätze:

1. Zum Zwecke der Eigenkapitalkostenermittlung werden die gleichgewichtstheoretischen Kapitalmarktmodelle für Zwecke der Gestaltung von Kapitalkosten genutzt (gestaltende Kapitalkostentheorie).
2. Das CAPM unterstellt für positive Beta-Faktoren einen linearen Rendite-Risiko-Zusammenhang. Hierin fließt lediglich das nicht-diversifizierbare Marktrisiko ein. Es determiniert das Schwankungsverhalten innerhalb des Marktportefeuilles.
3. Das CCAPM unterstellt unter Verzicht auf das Marktportefeuille einen direkten Zusammenhang zwischen unsicherer Rendite und unsicheren Konsummöglichkeiten.
4. Die APT nimmt einen mehrfaktoriellen Renditegenerierungsprozess an. Die Eigenkapitalkosten einer Unternehmung schwanken hier in Abhängigkeit von unerwarteten Veränderungen der jeweils – a priori unbekannten – Risikofaktoren. Zur praktischen Anwendung ist daher eine Vorabspezifikation vorzunehmen. Die APT ähnelt dem CAPM wegen differierender Prämissensets nur scheinbar.

6.3.5.3 Die praktische Ermittlung von Eigenkapitalkosten mit dem CAPM

Ergänzende CAPM-Annahmen für praktikable Anwendung

Obwohl theoretisch aus Wahrscheinlichkeitsverteilungen zu ermitteln, wird deutlich werden, dass Vergangenheitsdaten den wichtigsten Input der Eigenkapitalkostenermittlung darstellen (vgl. Ballwieser, W. 1995, S. 123). Hierbei ist jedoch zu beachten, dass »die Ermittlung ... risikoangepaßter Eigenkapitalkosten so zu erfolgen (hat; d. Verf.), daß der für den Planungszeitraum erwartete Wert ermittelt wird« (Lorson, P. 1999, S. 1330). Dies ist insbesondere vor dem Hintergrund der zeitlichen Instabilität von Beta-Faktoren, z. B. durch Veränderung der Kapitalstruktur, ein nicht zu vernachlässigender Aspekt (vgl. Lerbinger, P. 1984, S. 291). Ein unternehmensseitig mit ökonometrischen Verfahren geschätzter Beta-Faktor kann mit Hilfe eines Strukturbruchtests auf seine Stabilitätseigenschaften untersucht werden (vgl. Heiden, M. 1998, S. 23 f.). Die hier dargestellte Vorgehensweise unterstellt einen als stabil getesteten Beta-Faktor (vgl. zum Umgang mit instabilen Beta-Faktoren Rosenberg, B./Rudd, A. 1992, S. 83; Black, A./Wright, P./Bachmann, J. E. 1998, S. 51; Bruner, R. F. u. a. 1998, S. 20 f.; Copeland, T./Koller, T./Murrin, J. 2002, S. 284 f.; Shalit, H./Yitzhaki, S. 2002, S. 96).

Obwohl das CAPM für den Ein-Perioden-Fall definiert ist, kann es im Rahmen der externen Unternehmensbewertung im Mehrperiodenkontext angewandt werden. Dies erfordert die Einführung ergänzender Modellprämissen (vgl. Sach, A. 1995, S. 118; Günther, T. 1997, S. 168) oder es wird wie hier vereinfachend eine jährlich wiederkehrende Entscheidungs- bzw. Bewertungssituation unterstellt.

Datenquellen

Bei der praktischen Anwendung des CAPM im Rahmen der Eigenkapitalkostenermittlung erscheinen zwei grundsätzliche Verfahren denkbar. Einerseits können alle Komponenten der Gleichung unter Rückgriff auf entsprechende makroökonomische Daten multivariat geschätzt werden, was jedoch zu einem erheblichen Mehraufwand in den Bereichen Datenbeschaffung und -pflege führen würde. Insbesondere die Beschaffung aussagekräftiger historischer Datensätze für die risikofreie Anlageform bereitet Probleme. Andererseits können – wie Übersicht 124 (geringfügig modifiziert entnommen aus Lorson, P. 1999, S. 1330 m. w. N.) zeigt – alle Parameter aus externen Quellen gewonnen und in der CAPM-Gleichung zu risikoadäquaten Eigenkapitalkosten zusammengeführt werden. In welchem Umfang die zum 01.01.2001 in Kraft getretene Steuerreform langfristig Einfluss auf die Renditeerwartungen der Investoren haben wird, ist durch zukünftige empirische Untersuchungen zur Entwicklung der Risikoprämie zu klären (vgl. Roos, R./Rebien, A. 2001; vgl. auch Drukarczyk, J./Schüler, A. 2003, S. 342 ff.).

Übersicht 124: Eigenkapitalkostenermittlung auf Grundlage des CAPM

Berechnungsformel	r_{EK} =	r_f +	$\beta \cdot$ (	R_m	$- r_f$)	
Erläuterung	risikoangepasste Renditeforderung der Eigenkapitalgeber	risikofreie Rendite	(systematisches) Marktrisiko des betrachteten Unternehmens	Rendite des die Investitionsalternativen repräsentierenden Marktportfeuilles	(durchschnittliche) Marktrisikoprämie	Risikoprämie des betrachteten Unternehmens
Operationalisierung		Rendite festverzinslicher längerfristiger Wertpapiere von Emittenten unzweifelhafter Bonität	Kovarianz der Aktienrendite des fokussierten Unternehmens mit der Rendite des Marktindex (Renditeschwankungskoeffizient)	(durchschnittliche) Normalrendite eines Marktindex (geometrisches Mittel)	(durchschnittliche) Renditedifferenz zur Entschädigung für das allgemeine unternehmerische Risiko	
Datenquellen in Deutschland		Rendite von Bundesanleihen (Laufzeit ≥ 10 Jahre)	Handelsblatt Informationsdienste Frankfurter Allgemeine Zeitung	Aktienindex des Statistischen Bundesamtes DAX30/80	empirische Studien • BIMBERG, L. H. 1993 • CONEN, R./VÄTH, H. 1993 • MORAWIETZ, M. 1994	
Beispiel	11,6% =	5,0% +	1,1 ·		6%	6,6%

Schätzung des Betawertes im Marktmodell

Aufgrund seiner zentralen Bedeutung sollte der Beta-Faktor aus möglichst vollständigen historischen Daten geschätzt werden. Nur so ist der Rendite-Risiko-Zusammenhang zwischen den Schwankungen des gewählten Marktindex und den Eigenkapitalkosten der betrachteten Unternehmung möglichst genau zu erfassen. Als praktikables Schätzmodell bietet sich das Marktmodell als ex post-Regressionsgleichung an, die einen linearen Zusammenhang zwischen Eigenkapitalkosten und Marktportefeuille (gewählter Marktindex) unterstellt (vgl. etwa BAETGE, J./KRAUSE, C. 1994, S. 439f.; BRUNER, R. F. u.a. 1998, S. 19ff.):

(F. 11.19)

$$R_i = a_i + b_i \cdot R_m + u_i$$
$$\text{wobei: } E(u_i) = 0;\ \hat{\beta}_i = b_i$$

wobei a_i Regressionskonstante im Marktmodell für das Wertpapier i
b_i geschätzter Beta-Faktor des Marktmodells für das Wertpapier i

Nach kleineren Umformungen kann das Marktmodell im Gleichgewichtzustand in das CAPM überführt werden (vgl. BAUER, C. 1992, S. 27; ZIMMERMANN, P. 1997, S. 18ff.).

Schätzung des Betawertes mit Zero-Beta-CAPM

In der Kapitalmarkttheorie liegt mit dem von BLACK entwickelten Zero-Beta-CAPM (vgl. BLACK, F. 1972, S. 444ff.) ein weiteres Modell vor, das sich besonders zur Berechnung von Eigenkapitalkosten eignet. Im Gegensatz zum traditionellen CAPM ersetzt das Zero-Beta-CAPM den risikolosen Zinssatz durch das so genannte Zero-Kovarianz-Portefeuille (ZKV) (vgl. HUANG, C./ LITZENBERGER, R. F. 1988, S. 69ff.) und ist somit insbesondere geeignet zur Betrachtung von Märkten, auf die die Annahmen bezüglich der risikofreien Anlage nicht zutreffen bzw. auf denen eine solche Anlageform gar nicht existent ist (z.B. Schwellenmärkte mit risikobehafteten Staatsanleihen). Die Verwendung des ZKV entspricht den theoretischen Anforderungen an eine risikolose Anlageform, wie fehlendes Ausfallrisiko und Unkorreliertheit mit anderen Kapitalanlagen (vgl. COPELAND, T./KOLLER, T./MURRIN, J. 2002, S. 266). Weitere CAPM-Prämissen bleiben unverändert. Gegenüber dem vergleichsweise einfacheren Marktmodell erlaubt das Modell von BLACK heute unter Ausnutzung entsprechender ökonometrischer Softwarepakete tiefer gehende Analysemöglichkeiten und Plausibilisierungen. Für beide Modelle sind in Abhängigkeit von den einfließenden Daten vor den eigentlichen Beta-Schätzungen die in Übersicht 125 dargelegten Datenaufbereitungsmaßnahmen erforderlich (vgl. HEIDEN, M. 1998, S. 55ff.).

Übersicht 125: Möglicher Ablauf einer praktischen Ermittlung risikoadäquater Eigenkapitalkosten

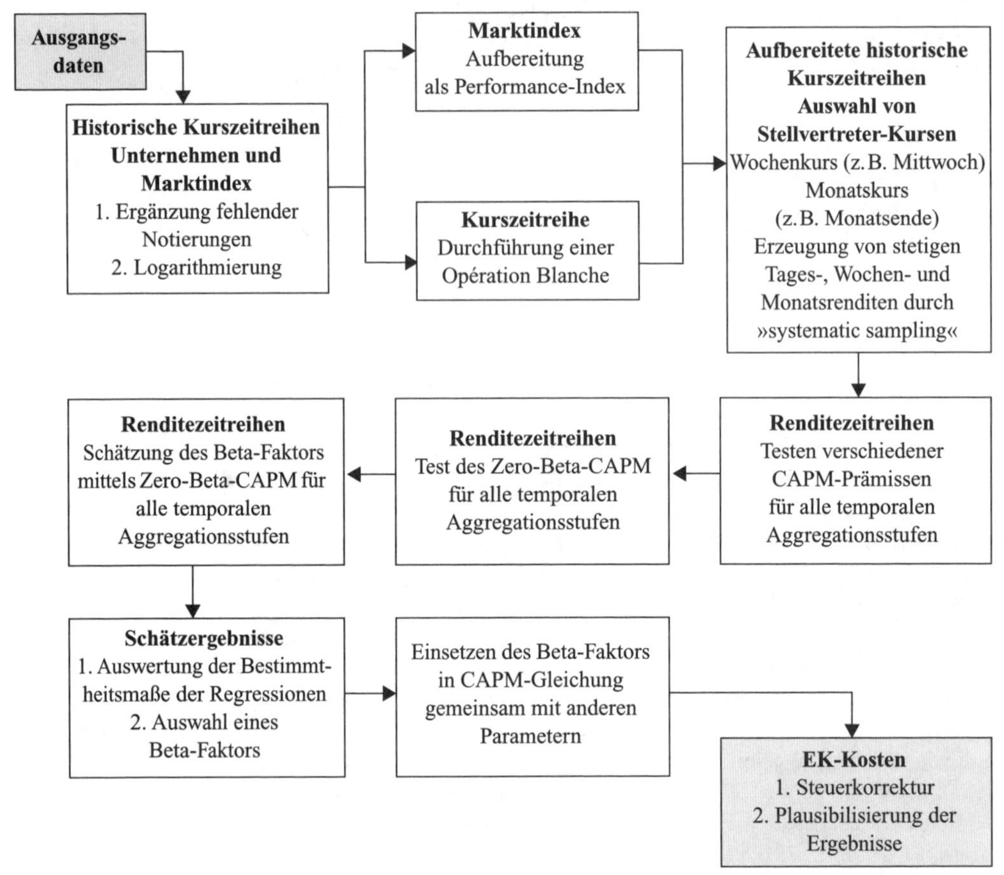

Ablaufschema einer praktischen Eigenkapitalkostenberechnung

Ausgehend von den vorliegenden Finanzmarktdaten kann sich der Ablauf einer praktischen Ermittlung von Eigenkapitalkosten wie in Übersicht 125 gezeigt darstellen. Zunächst sind die aufgrund von Feiertagen u. Ä. fehlenden Kurse durch die Vortageskurse zu ersetzen, da die Notierung am entsprechenden Tag tatsächlich unverändert blieb. Ohne diese Aufbereitungsmaßnahme ergeben sich insbesondere bei der softwaregestützten Vorgehensweise erhebliche Probleme, da fehlende Zeitreihenelemente in vielen statistisch-ökonometrischen Softwarepaketen durch eine Null ersetzt werden. Durch die Bereinigung treten keine den wahren Wertverlauf sowie die weitere Analyse verzerrenden Negativrenditen auf. Die so vervollständigten Zeitreihen sollten anschließend logarithmiert werden, was eine (stetige) Renditeberechnung erleichtert (vgl. CAMPBELL, J. Y./LO, A. W./MACKINLAY, C. C. 1997, S. 11). Der Marktindex ist durch Bereinigung von Dividendenzahlungen und Bezugsrechtsgewährungen in einen Performance-Index umzurechnen (vgl. OFFENBÄCHER, V./SCHMITT, G. 1999, S. 242). Aufgrund der Komplexität dieser Maßnahme sollten die Daten bereits als **Performance-Index** (z.B. von der Deutsche Börse AG) extern beschafft werden. Analog sind in der logarithmierten Kurszeitreihe Dividendenzahlungen mittels einer »Opération Blanche« rückgängig zu machen. Beide Korrekturen erlauben die Betrachtung der wahren Wertentwicklung bzw. Renditeforderungen der Eigenkapitalgeber. Die Opération Blanche lässt erkennen, wie sich ein einmalig gewähltes Aktieninvestment im Laufe der Zeit sowohl wert- als auch mengenmäßig entwickelt. Es wird bei beliebiger Teilbarkeit der Wertpapiere unterstellt, dass Aktionäre alle ihnen zufließenden Erträge direkt wieder anlegen (vgl. LOISTL, O. 1996, S. 549f.). Zur Betrachtung verschiedener temporaler Aggregationsniveaus sind entsprechende Stellvertreter-Kurse auszuwählen. Die gezielte Wahl des Mittwochskurses bzw. des Monatsendkurses dient der Vermeidung empirisch nachgewiesener die Markteffizienz beeinträchtigender Wochentags-, Kalender- oder Feiertagseffekte (vgl. GIBBONS, M. R./HESS, P. 1981, S. 592f.; FRANTZMANN, H. J. 1987, S. 611ff.; AGRAWAL, A./TANDON, K. 1994, S. 8f.; SANDDORF-KÖHLE, W. 1996, S. 130f.). Durch »systematic sampling« entstehen entsprechende Wochenkurs- und Monatskurszeitreihen (vgl. auch SHALIT, H./YITZHAKI, S. 2002, S. 97). Für alle Aggregationsstufen sind stetige Renditezeitreihen zu berechnen. Die Betrachtung verschiedener temporaler Aggregationsniveaus wird durch die problematischen Eigenschaften hochfrequenter Finanzmarktdaten – etwa Tagesdaten – notwendig (vgl. MANDELBROT, B. 1963, S. 394f.). Für die unterschiedlichen Renditezeitreihen sollten anschließend – hier beispielhaft – ausgewählte CAPM-Prämissen getestet werden. Diese Tests sollen verzerrte Schätzergebnisse aufgrund nicht theoriekonformer Dateneigenschaften weit gehend ausschließen. Obwohl die verschiedenen Zeitreihen die gleichen Eigenschaften aufweisen sollten, ist dies in der Praxis aufgrund verschiedener verzerrender Einflüsse oder Mängel in der Datenbasis nicht zwingend gewährleistet.

Die schwache Markteffizienzhypothese lässt sich mit Hilfe von Autokorrelationsfunktionen (graphisch) und des Ljung-Box-Tests (rechnerisch) überprüfen (vgl. DING, Z./GRANGER, W. J./ENGLE, R. F. 1993, S. 85ff.; GREENE, W. H. 2000, S. 761f.). Die zu testende Hypothese unterstellt, dass Informationen vergangener Kurse vollständig in den aktuellen Preisen enthalten sind (vgl. BREALEY, R. A./MYERS, S. C. 2003, S. 351). Die graphische Kontrolle der (partiellen) Autokorrelationsfunktion liefert erste Anhaltspunkte auf das Vorliegen von Heteroskedastizität bzw. von so genannten (G)ARCH-Effekten (vgl. grundlegend BOLLERSLEV, T. 1986, S. 301ff.), die im Widerspruch zur Normalverteilungsannahme stehen. Eine zentrale CAPM-Annahme ist eben diese Normalverteilungsannahme, die eine vollständige Charakterisierung der Renditen durch die ersten beiden Momente der Verteilung erlaubt. Sie kann mittels des Kolmogorow-Smirnow-Tests überprüft werden (vgl. BÜNING, H./TRENKLER, G. 1994, S. 61ff.; ASSENMACHER, W./KUNERT, A./POPP, S. 2001) und erweist sich insbesondere für hochfrequente Finanzmarktdaten als sinnvolle

Maßnahme, da hier aufgrund vorliegender so genannter MANDELBROTSCHER Fakten die Normalverteilungsannahme oft nicht erfüllt ist (vgl. MANDELBROT, B. 1963, S. 394ff.). Graphisch kann hierbei vorab eine Kerndichteschätzung zur Hypothesenbildung beitragen oder anschließend das Testergebnis veranschaulichen (vgl. HÄRDLE, W./MÜLLER, M. 1993, S. 16).

Nachdem somit Anhaltspunkte für die Qualität des Datenmaterials vorliegen, kann nunmehr der unternehmensspezifische Beta-Faktor auf Tages-, Wochen- und Monatsbasis geschätzt werden. Aufgrund der unterschiedlichen Eigenschaften von Finanzmarktdaten für unterschiedliche temporale Aggregationsstufen werden häufig in Abhängigkeit von den zugrunde gelegten Zeitreihen abweichende Betas errechnet.

Abschließend soll auch das (Zero-Beta-)CAPM getestet werden. Aufgrund der Nichtbeobachtbarkeit des Marktportefeuilles kann hier letztendlich nur die Risikoeffizienz des Stellvertreterindex überprüft werden, m.a.W., ob der betrachtete Marktindex im Tangentialpunkt M der Kapitalmarktlinie (vgl. Übersicht 121, S. 465) liegt (vgl. ROLL, R. 1977, S. 130).

Sofern nicht bei der Regression zur Beta-Schätzung schon ermittelt, sind dann die Bestimmtheitsmaße der Schätzungen zu errechnen (vgl. BAMBERG, G./BAUR, F. 2002, S. 45f.). Auf Basis der Bestimmtheitsmaße kann eine Aggregationsstufe und somit ein Beta-Faktor als Ausgangspunkt für die endgültige Eigenkapitalkostenbestimmung ausgewählt werden. Die verzerrenden und prämissenverletzenden Einflüssen unterliegenden Renditezeitreihen weisen tendenziell ein niedrigeres Bestimmtheitsmaß auf, welches ebenso wie der Betawert bei positivem »Intervalling Effect« mit temporaler Aggregation wächst. Dieser Effekt könnte auf Messfehler zurückzuführen sein, die durch Marktfriktionen entstehen können (vgl. FRANTZMANN, H. J. 1990, S. 67ff.; ZIMMERMANN, P. 1997, S. 99ff.). Für die endgültige Berechnung kann derjenige Beta-Faktor ausgewählt werden, der über das höchste Bestimmtheitsmaß verfügt. Es zeigt sich, dass die verzerrenden Einflüsse mit wachsender temporaler Aggregation (und steigendem Bestimmtheitsmaß) abnehmen und eine Konvergenz gegen die Normalverteilung feststellbar ist (vgl. SANDDORF-KÖHLE, W. 1996, S. 218). Monatsdaten, evtl. sogar Jahresdaten, sind den hochfrequenten Tagesdaten in der Regel vorzuziehen (vgl. BAETGE, J./KRAUSE, C. 1994, S. 442; BRUNER, R. F. u.a. 1998, S. 20).

Nunmehr werden risikoadäquate Eigenkapitalkosten durch Einsetzen des ausgewählten Beta-Faktors zusammen mit vorab festgelegten Parametern in die CAPM-Gleichung bestimmt (vgl. etwa Übersicht 124). Die errechneten Ergebnisse sind anschließend zu plausibilisieren: Da der Beta-Faktor zukunftsorientiert angewandt werden soll, bietet es sich an, seine Stabilität mit Hilfe eines Strukturbruchtests zu überprüfen (vgl. AMEMIYA, T. 1994, S. 304ff.). Die Höhe der Eigenkapitalkosten kann mit den aus alternativen Verfahren (vgl. unter

6.3.5.4) resultierenden Ergebnissen verglichen werden. Hier kommt es auf die Vermeidung gravierender Unterschiede an (vgl. GÜNTHER, T. 1997, S. 173 ff.).

Abschließend ist das Ergebnis um steuerliche Einflüsse zu bereinigen, z.B. durch eine Gewerbeertragsteuerkorrektur (vgl. HEIDEN, M. 1998, S. 14f.). »Neben der Gewerbeertragsteuer wird jetzt auch die Körperschaftsteuer auf Ebene der Kapitalgesellschaft definitiv und ist zu berücksichtigen. ... Die Eigenkapitalkosten des CAPM beziehen sich auf Gewinnausschüttungen von Körperschaften. ... Da die Ausschüttungen von Körperschaften nunmehr lediglich mit dem halben Einkommensteuersatz belastet werden, ist die Steuerberücksichtigung der Eigenkapitalkosten ebenfalls anzupassen« (ROOS, R./REBIEN, A. 2001, S. 177f.). Die von den Anteilseignern, die ihre eigene steuerliche Situation bereits bei der Anlageentscheidung berücksichtigt haben, geforderte Rendite richtet sich auf eine Nettorendite nach Unternehmensteuern. Es ist somit diejenige Vor-Steuer-Rendite zu ermitteln, die eine Unternehmung zu erwirtschaften hat, damit die Mindestrenditeforderung der Eigenkapitalgeber nach Unternehmensteuern und nach persönlichen Steuern erfüllt wird. Eine gesonderte Berücksichtigung der Körperschaftsteuer war in der Vergangenheit schon immer dann notwendig, wenn viele ausländische Anteilseigner vorhanden waren, für die das bis zur Steuerreform gültige körperschaftsteuerliche Anrechnungsverfahren keine Anwendung fand (vgl. SACH, A. 1995, S. 74f.; FREYGANG, W. 1993, S. 193; HERTER, R. N. 1994, S. 46ff.).

6.3.5.4 Alternative Ermittlungsansätze

Ergebnisplausibilisierung bzw. Beta-Faktoren für Geschäftsbereiche nicht börsennotierter Unternehmen

Zur Plausibilisierung der mit originären Kapitalmarktdaten erzielten Ergebnisse sowie zur Anwendung bei fehlender Kapitalmarktbasis werden in der Literatur eine Reihe von Verfahren vorgeschlagen, von denen einige nachstehend kurz skizziert werden. Das CAPM kann zur Plausibilisierung oder bei fehlender Börsennotierung in Form von so genannten Analogie- oder Analyseansätzen genutzt werden. Während Erstere dadurch charakterisiert werden können, dass der Beta-Faktor durch Rückgriff auf Marktdaten vergleichbarer börsennotierter Gesellschaften ermittelt wird, ist für die Analyseansätze der Versuch kennzeichnend, »das Zustandekommen der Marktdaten zu analysieren, um so bewertungsrelevante Faktoren und deren Einfluß zu erkennen« (FREYGANG, W. 1993, S. 251). Hierzu werden zumeist aus dem betrieblichen Rechnungswesen – unter Verzicht auf bilanzanalytische Aufbereitungsmaßnahmen – solche Kennziffern herausgefiltert, die einen signifikanten Erklärungsbeitrag zum systematischen Risiko leisten (vgl. ARBEITSKREIS »FINANZIERUNG« 1996, S. 555f.). Die Übersicht 126 fasst die Verfahren und ihre Ansätze zur Beta-Faktor-Ermittlung zusammen.

Übersicht 126: Ermittlungsansätze für Beta-Faktoren bei fingierter Kapitalmarktbasis

Verfahrensart	**Verfahren**	**Beta-Faktor-Ermittlung**
Analogieansätze	Pure Play Beta	Errechnet aus Beta-Faktor eines ausgewählten Referenzunternehmens
	Peer Group Beta	Durchschnittsbeta aus mehreren börsennotierten Unternehmen, die jedes für sich das Berechnungsobjekt möglichst gut approximieren
	Industry Beta	Arithmetisches Mittel der einzelnen in der Branche vertretenen Firmen-Betas
Analyseansätze	Earning Beta	Herleitung aus einer Gewinngröße des Jahresabschlusses
	Accounting Beta	Beta wird durch Regression ermittelt, bei der verschiedene Rechnungswesengrößen als Regressoren dienen
	Fundamental Beta	Beta-Schätzung mit Daten des Rechnungswesens, Branchendaten und weiteren signifikanten Erklärungsvariablen

Scoring-Verfahren

Weiterhin können so genannte qualitative Verfahren in Form von Scoring-Verfahren zur Eigenkapitalkostenermittlung herangezogen werden. Scoring-Modelle lassen sich definieren als »Punktbewertungsverfahren, mit deren Hilfe Entscheidungssituationen ... in einzelne überschaubare Teilentscheidungen zerlegt und anschließend zu einer Gesamtentscheidung aggregiert werden. Dabei sind einzelne Kriterien (Markt, Wettbewerber, Produkte/Konzepte, Kostenstruktur u. Ä.; d. Verf.) zu definieren, denen je nach Ausprägung Punkte zugeordnet werden. Die Punkte der einzelnen Kriterien werden dann über unterschiedliche Gewichtungen gewertet und ... zu einem Wert (Nutzenwert; d. Verf.) addiert« (Dahmen, A./Jacobi, P. 1998, S. 125 f.). Übersicht 127 (vgl. Lewis, T. G. 1995, S. 86) zeigt das Kriterienraster der Boston Consulting Group, das zur Ableitung von Kapitalkosten einzelner Geschäftsbereiche im Rahmen des CfROI-Konzeptes entwickelt wurde, in sich aber ein vollwertiges jederzeit anwendbares qualitatives Verfahren darstellt.

Übersicht 127: Kriterienraster zur Bestimmung des Geschäftsrisikos

Kriterien	**Ausprägung**						
	Geringes Risiko	**1**	**2**	**3**	**4**	**5**	**Hohes Risiko**
Kontrolle	Geringe externe Rendite-Einflüsse						Starke externe Rendite-Einflüsse
Markt	Stabil, ohne Zyklen						Dynamisch, zyklisch
Wettbewerber	Wenige, konstante Marktanteile						Viele, variable Marktanteile
Produkte/Konzepte	Langer Lebenszyklus, nicht substituierbar						Kurzer Lebenszyklus, substituierbar
Markteintrittsbarrieren	Hoch						Niedrig
Kostenstruktur	Geringe Fixkosten						Hohe Fixkosten
	Summe						

Das jeweilige Management hat das Kriterienraster nach einem Verfahrenskatalog auszufüllen und auszuwerten. Anschließend werden die Gesamtkapitalkosten für den betrachteten Geschäftsbereich angepasst (vgl. BUFKA, J./SCHIERECK, D./ZINN, K. 1999, S. 118f.; GANZ, P. 1999, S. 75ff.). Alternativ kann das vergleichsweise schwer gängige Verfahren auch zur alleinigen Eigenkapitalkostenermittlung herangezogen werden (vgl. HEIDEN, M. 1998, S. 64f.). Die Komplexität einer theoretisch korrekten Vorgehensweise beim Scoring-Verfahren sowie die Vielzahl möglicher praktischer Anwendungsfehler verdeutlichen den Schwierigkeitsgrad qualitativer Verfahren bei der Eigenkapitalkostenermittlung (vgl. WEBER, M./KRAHNEN, J./WEBER, A. 1995, S. 1622ff.). Dennoch liegen erste ermutigende empirische Ergebnisse zum Erklärungsgehalt von Scoring-Verfahren vor, die eine Verfeinerung dieser Verfahren erwarten lassen (vgl. BUFKA, J./SCHIERECK, D./ZINN, K. 1999, S. 125ff.).

Wie für den CfROI, so wurde auch für das EVA-Modell ein Eigenkapitalkostenkonzept für nicht börsennotierte Gesellschaften bzw. zur Plausibilisierung von Ergebnissen bereitgestellt. Verfahrenstechnisch stellt der Algorithmus, dessen einzelne Schritte nicht vollständig veröffentlicht wurden, eine Mischung aus Arbeitsschritten und Berechnungen dar, die bei der Berechnung eines Fundamental Beta und eines Peer Group Beta durchgeführt werden (vgl. STEWART, G. B. 1991, S. 449ff.).

6.3.5.5 Besonderheiten der Kapitalkostenermittlung im globalen Konzern

Grundsätzlich ist – wie dargelegt – derjenige (inländische) Vor-Steuer-Kapitalkostensatz zu ermitteln, der zu erzielen ist, damit die Renditeforderung der Anteilseigner nach Unternehmenssteuern erfüllt werden kann. Bei der Kapitalkostenermittlung im globalen Konzern ergeben sich folgende zu berücksichtigende Besonderheiten (vgl. im Folgenden auch PEEMÖLLER, V. H./KUNOWSKI, S./HILLERS, J. 1999, S. 626ff.; KÜTING, K./HEIDEN, M. 2002, Sp. 290):

Unvollkommene Doppelbesteuerungsabkommen

- Im Falle unvollkommener Doppelbesteuerungsabkommen zwischen zwei Ländern unterliegen die Zahlungen der Tochtergesellschaft sowohl der Quellensteuer im Ursprungsland als auch der inländischen Besteuerung. Dieser Sachverhalt ist neben den internationalen Substanz- und Ertragsteuern ergänzend zu berücksichtigen (vgl. ARBEITSKREIS »FINANZIERUNG« 1996, S. 566).

Länderrisikoprämie

- Durch eine Länderrisikoprämie sind politische Faktoren zu erfassen, die zu erhöhten Eigenkapitalkosten führen können. Begründet wird die Notwendigkeit zu einer derartigen Korrektur z.B. durch eventuell auftretende Enteignungen, die Nichteinhaltung staatlicher Zusagen des Gastgeberlandes, Devisenkontroll- oder Devisentransferbeschränkungen. Berechnet werden kann die Länderrisikoprämie direkt durch Beobachtung am Kapitalmarkt oder durch Rückgriff auf entsprechende Sekundärdaten. Hat bspw. das Gastgeberland Staatsanleihen am Kapitalmarkt notieren lassen, so kann eine entsprechende Prämie aus der für diese Staatsanleihen erzielbaren Risikoprämie abgeleitet werden. Als Quellen für Sekundärdaten bieten sich die Analysen von BERI (Business Environment Risk Index) (vgl. BLEUEL, H.-H./SCHMITTING, W. 2000, S. 88ff.) oder das Ranking des Institutional Investor an. Denkbar ist auch die Ableitung eines entsprechenden Zuschlages aus den Versicherungsprämien, die von Versicherern politischer Risiken (Multilateral Investment Guarantee Investment Agency, Overseas Private Investment Corporation) erhoben werden (vgl. ARBEITSKREIS »FINANZIERUNG« 1996, S. 567f.).

Transaktionsrisiko

- Das in dreifacher Ausprägung auftretende Wechselkursrisiko (Translations-, Transaktions- und ökonomisches Risiko) ist lediglich in Form des Transaktionsrisikos explizit im Eigenkapitalkostensatz zu erfassen. Während nämlich das Translationsrisiko die bewertungsrelevanten Cashflows nicht beeinträchtigt, zählt das ökonomische Risiko zu den diversifizierbaren Risiken. »Das Transaktionsrisiko (Kursrisiko, transaction exposure) hat Einfluß auf den DM-Wert ausstehender Fremdwährungszahlungen. Daher sind auch die Renditeforderungen der Aktionäre an Hedging-Kosten (Kurssicherungskosten) oder an Wechselkursentwicklungen anzupassen. Zur Prognose von Wechselkursentwicklungen ist eine Anlehnung an die Kaufkraftparitätentheorie oder an die Zinsparitätentheorie grundsätzlich zweckmäßig« (KÜTING, K./LORSON, P. 1997, S. 24).

Merksätze:

1. Die praktische Ermittlung risikoadäquater Eigenkapitalkosten mit dem CAPM gestaltet sich insbesondere aufgrund der vielfältigen Datenaufbereitungsmaßnahmen und prämissenverletzender Dateneigenschaften als schwierig.

2. Der Beta-Faktor kann durch Regression mit Hilfe des Marktmodells von SHARPE oder im Zero-Beta-CAPM von BLACK geschätzt werden. Sofern nicht extern verfügbar, können auch die weiteren Summanden des CAPM durch Regressionen geschätzt werden.

3. Die erzielten (Beta-)Schätzergebnisse sind zu plausibilisieren. Analogie- und Analyseansätze für Beta-Faktoren bei fingierter Kapitalmarktbasis oder qualitative Verfahren bieten sich als geeignete Methoden an. Die Plausibilisierungsansätze können als gleichwertige Ermittlungsverfahren bei nicht börsennotierten Unternehmen und für Geschäftsbereiche börsennotierter Unternehmen angewandt werden.

4. Bei der Kapitalkostenermittlung im globalen Konzern sind Besonderheiten durch unvollkommene Doppelbesteuerungsabkommen, spezifische Länderrisiken oder Wechselkursrisiken gesondert zu berücksichtigen.

6.4 Neuere Konzepte zur Performancemessung

6.4.1 Überblick

Propagierte Shareholder Value-Konzepte

Im Zusammenhang mit dem wertorientierten Management werden in jüngerer Zeit gleich mehrere Konzepte diskutiert. Hierbei lassen sich zunächst DCf-Konzepte und EVA- bzw. CVA-Konzepte unterscheiden. Da Ersteren bereits breiter Raum gewidmet wurde, bleiben die Ausführungen auf die Konzeption RAPPAPORTS beschränkt. Daneben verdiente allerdings auch der Ansatz von COPELAND/KOLLER/MURRIN besondere Beachtung. Anschließend werden das EVA- und das CVA-Konzept skizziert (vgl. im Folgenden nur LORSON, P. 1999 sowie LORSON, P. 2003, S. 250 ff., S. 316 ff., S. 326 ff. u. S. 349 ff.; vgl. auch HOFFMANN, H./WÜEST, G. 1998; HOSTETTLER, S. 1997, S. 47 ff.).

6.4.2 DCf-Konzept nach RAPPAPORT

Entity-Konzept

Als Shareholder Value (SV) bezeichnet RAPPAPORT (A. 1999) den Marktwert des Eigenkapitals. Er wird nach dem so genannten Entity- oder Brutto-Konzept bestimmt:

(F. 11.20)

SV	= Unternehmensgesamtwert
	– Marktwert des verzinslichen Fremdkapitals

Der Unternehmensgesamtwert (UGW) wird additiv aus drei Komponenten ermittelt:

(F. 11.21)

UGW	= Kapitalwert der nominal für fünf bis zehn Jahre geplanten Cashflows aus eigentlicher betrieblicher Tätigkeit
	+ Barwert des Residualwertes [BW (FCf_{ewig})]
	+ Barwert betriebszweckfremder Aktivität (des nichtbetriebsnotwendigen Vermögens)

Wertgeneratorenformel

Zur Ermittlung der freien Cashflows im Planungszeitraum wird eine Wertgeneratorenformel vorgeschlagen:

(F. 11.22)

$$FCf_t = S_{t-1} \cdot (1 + g_t) \cdot CfoS_t \cdot (1 - s_{Cf,t}) - U_{t-1} \cdot g_t \cdot (m_t^{AV} + m_t^{WC})$$

wobei	S	Umsatz
	t	Periodenindex, t = 1, 2, 3 ..., T
	g	Wachstumsrate des Umsatzes
	CfoS	Cashflow on Sales (betriebliche Gewinnmarge bzw. Umsatzüberschussrate)
	s_{Cf}	Cashflow-bezogener Steuersatz des Unternehmens
	m^{AV}	Erweiterungsinvestitionen in das Anlagevermögen bezogen auf den Mehrumsatz
	m^{WC}	Erweiterungsinvestitionen in das Working Capital bezogen auf den Mehrumsatz

Die Anwendung der Wertgeneratorenformel kann mit durchschnittlichen Werten über den Planungszeitraum oder mit periodenspezifischen Werten erfolgen.

Ein anderes Anwendungsfeld für die Wertgeneratorenformel ist die Überprüfung des Rechenergebnisses auf kritische Margen und Prämissen anhand von Sensitivitätsanalysen. Weitere in der Wertgeneratorenformel nicht enthaltene Werttreiber sind die Höhe der Kapitalkosten und die Dauer der Wertsteigerung bzw. die Lebensdauer der Strategie und damit die Länge des Planungszeitraums (T).

Residualwert-ermittlung

Der Residualwert – also der Gegenwartswert der betrieblichen Cashflows nach dem Planungszeitraum – ist je nach den getroffenen Annahmen als Liquidations- oder als Fortführungswert zu ermitteln. Der kapitalisierte Residualwert wird als diskontierte ewige nachschüssige Rente des ab dem Zeitpunkt T+1 anfallenden ewigen Freien Cashflows bestimmt.

(F. 11.23)

$$BW\,(FCf_{ewig}) = \frac{FCf_{ewig}}{WACC} \cdot \frac{1}{WACC^{T}}$$

$$= \frac{U_T \cdot CfoS_{ewig} \cdot (1 - s_{Cf,\,ewig})}{WACC} \cdot \frac{1}{WACC^{T}}$$

Praktische Hinweise

Die Ermittlungsformel des Residualwertes unterstellt, dass das Niveau des freien Cashflows des letzten Planungsjahres T gehalten werden kann und dass nach dem Planungszeitraum aufgrund erodierter Wettbewerbsvorteile keine Überrenditen, sondern nur noch die Kapitalkosten erwirtschaftet werden. Diese Prämisse gilt insbesondere auch für in diesen Zeitraum fallende Neuinvestitionen, die somit unternehmenswertneutral sind.

Der gewogene nominale Kapitalkostensatz ist im Konzept von RAPPAPORT auf der Grundlage des CAPM (oder auch der APT) zu ermitteln.

Die Inputdaten zur Abschätzung von Unternehmenswert und Unternehmenswertänderungen können Unternehmensexterne (vergangenheitsorientiert) primär durch die Auswertung von Kapitalflussrechnung und Gewinn- und Verlustrechnung gewinnen. Sie sind sodann prospektiv zu modifizieren.

Shareholder Value Added und Value Return on Investment

Im Zentrum der Analyse steht die Ermittlung von Unternehmenswertänderungen. Diese werden als Shareholder Value Added (SVA) bezeichnet. Gemeint ist die Differenz aus zwei Unternehmenswerten zu verschiedenen Zeitpunkten. Diese kann zu dem Wertsteigerungsmaß des Value Return on Investment (VROI) verdichtet werden. Diese Kapitalwertrate wird in zwei Varianten ermittelt:

- als Gesamtrendite über den Planungszeitraum (vgl. RAPPAPORT, A. 1983, S. 35)

(F. 11.24)

$$\text{VROI} = \frac{\text{SVA (T)}}{\text{BW Erweiterungsinvestitionen}}$$

wobei SVA (T) Unternehmenswertsteigerung im Zeitraum t = 0 bis T

- oder als auf den Barwert bezogene durchschnittliche Rendite im Planungszeitraum, d.h. als geometrisches Mittel des (Gesamt-)VROI:

(F. 11.25)

$$\overline{\text{VROI}} = \sqrt[T]{1 + \frac{\text{SVA (T)}}{\text{BW Erweiterungsinvestitionsausgaben}}} - 1$$

wobei $\overline{\text{VROI}}$ durchschnittliche jährliche Unternehmenswertsteigerung im Zeitraum t = 0 bis T

In letzterer – von RAPPAPORT nicht präsentierter – Form kann er als Maß der durchschnittlich erwarteten Überrendite über den WACC fungieren (vgl. auch GÜNTHER, T. 1997, S. 242; vgl. CRASSELT, N. 2001).

6.4.3 EVA-/MVA-Konzept nach STEWART

EVA als (wiederentdecktes) Periodenerfolgsmaß

Im Mittelpunkt des Verfahrens nach STEWART (vgl. STEWART, G. B. 1991 und auch HOSTETTLER, S. 1997) steht mit dem Economic Value Added (EVA) die Ermittlung eines periodenbezogenen Unternehmenswertindikators. Im Gegensatz zu dem Unternehmensbewertungsmodell der Ermittlung des Barwerts der (modifizierten) Erträge nach Verzinsung der Investitionen interessiert hier nicht primär der Barwert, sondern ein der dort zu diskontierenden Größe vergleichbares Maß.

Solche »Residualeinkommenskonzepte« (Residual Income Concept) (vgl. nur KARL, O. 1974) werden nach VELLMANN (K. 1989, S. 336, Rn. 652) etwa bei GENERAL ELECTRIC seit den Fünfzigerjahren genutzt. Als Residualeinkommen wird der Saldo aus Gewinn und Zinsen auf das zu Beginn einer Periode eingesetzte Kapital bezeichnet.

Ermittlungsvarianten

EVA wird aus modifizierten Jahresabschlussdaten i.V.m. einem im Grunde nach dem CAPM zu bestimmenden nominalen Gesamtkapitalkostensatz abgeleitet. Zur EVA-Berechnung stehen zwei gleichwertige Verfahrensweisen zur Wahl:

– die Normalform:

(F. 11.26)

$$EVA_t = \text{(bereinigter) Jahresüberschuss nach Steuern} - \text{kalkulatorische Zinsen}$$

$$= NOPaT_t - (EBV_{t-1} \cdot WACC)$$

wobei NOPaT Net Operating Profit after Taxes
EBV Economic Book Value

– die so genannte Spread-Form:

(F. 11.27)

$$EVA_t = \left(\frac{NOPaT_t}{EBV_{t-1}} - WACC\right) \cdot EBV_{t-1}$$

$$\text{bzw.} \quad = (\text{Stewart's } R_t - WACC) \cdot EBV_{t-1}$$

Aufbereitung der Daten des Jahresabschlusses (Conversions)

Im Zuge der Aufbereitung der Jahresabschlussdaten sind insbesondere vier Arten von Korrekturen (so genannten Conversions) an der handelsbilanziellen Datenbasis zur Ermittlung von NOPaT und EBV vorzunehmen (vgl. HOSTETTLER, S. 1997, S. 97 ff.):

- Eliminierung von Einflüssen aus dem nicht betrieblichen Bereich;
- Korrekturen zum Zwecke der Erfassung aller offenen und versteckten Finanzierungsmittel (z.B. Leasing);
- Korrekturen zum Zwecke der Konsistenz des Steueraufwands;
- Korrekturen zum Zwecke der vollständigen Erfassung des Eigenkapitals, d.h. Aufwertung um so genannte Equity Equivalents, wie stille Reserven in Grundstücken usw.

Hieraus kann sich im Einzelfall ein Ermittlungsschema für EBV und NOPaT ergeben, wie es in Übersicht 128 (Quellen: STEWART, G. B. 1991, S. 742, 744; GÜNTHER, T. 1997, S. 234 f.) gezeigt wird.

Berechnungs-komponenten

Übersicht 128: Beispielhafte Ermittlungsschemata für EBV und NOPaT

Economic Book Value (EBV)	**Net Operating Profit after Taxes (NOPaT)**
= Buchwert des Anlagevermögens + Buchwert des Umlaufvermögens – Nicht verzinsliche kurzfristige Verbindlichkeiten – Marktgängige Wertpapiere – Anlagen im Bau + Passivische Wertberichtigung auf Forderungen + Differenz aus Vorratsbewertung nach Lifo- und Fifo-Verfahren + Kumulierte Abschreibungen von derivativen Geschäfts- oder Firmenwerten + Kapitalisierte Miet- und Leasingaufwendungen + Kapitalisierte FuE-Aufwendungen + Kapitalisierte Vorlaufkosten	= Net Operating Profit (≈ Betriebsergebnis) + Erhöhung der Wertberichtigung auf Forderungen + Abschreibungen von derivativen Geschäfts- oder Firmenwerten + Erhöhung der Differenz zwischen Vorratsbewertung nach Lifo gegenüber dem Fifo-Verfahren + Erhöhung des Barwertes der Forschungs- und Entwicklungsaufwendungen + Sonstige betriebliche Erträge + Erhöhung der sonstigen Rückstellungen – Zahlungswirksame Steuern (Fiktion: 100%-ige Eigenfinanzierung) + Marktwertbildende Vorlaufkosten

EVA als (externes) Nachrechnungs-instrument

Es ist offenkundig, dass aus externer Perspektive nicht alle der angeführten Korrekturen durchführbar sind (vgl. ausführlich LORSON, P. 2003, S. 366ff.). Allerdings gilt es nach STERN/STEWART als zweckmäßig, selbst bei interner Anwendung maximal zehn gewichtige Bereinigungsschritte vorzunehmen. Die Praxis geht zuweilen noch grober vor und negiert zum Teil das Prämissenset, mit dem eine Kapitalwertäquivalenz begründet werden könnte (vgl. nur GRETH, M. 1998).

Nachstehend werden zur Illustration der Vielfalt an – auch aus externer Perspektive approximierbaren – Definitionen von EBV und NOPaT zwei Beispiele aus der Praxis angeführt (vgl. GRETH, M. 1998, S. 82 u. S. 85; K+S-GRUPPE 1999, S. 72).

Übersicht 129: EVA-Ermittlung in der Unternehmenspraxis

ITT Industries Inc. (IIN)	K+S-Gruppe
Operatives Ergebnis lt. GuV + Zinsanteile in Leasingaufwendungen + Zinsanteile in Aufwendungen für Pensionen und ähnlichen Verpflichtungen + Erträge aus assoziierten Unternehmen* + Konzernumlage IIN* ./. Ertragsteuern	DVFA/SG-Ergebnis + Erträge aus der Auflösung passiver Unterschiedsbeträge + Zinsaufwand
= **Operatives Ergebnis nach Korrektur um Ertragsteuern (NOPaT)** ./. [»capital**« (EBV) × Kapitalkosten (in %)]	= **NOPaT** ./. [Geschäftsvermögen*** (EBV) × Kapitalkosten (in %)]
= **EVA**	= **EVA**
* Umgliederung, die nur auf den Ebenen Geschäftsbereich und darunter vorgenommen wird ** Bilanzielles Vermögen + flüssige Mittel + Barwert künftiger Leasingverpflichtungen ./. zinsfreie Verbindlichkeiten	*** Bilanzsumme ./. passivischer Unterschiedsbetrag ./. Verbindlichkeiten und Rückstellungen

Eine EVA-Größe wird zunehmend zur Beurteilung der aktuellen Marktkapitalisierung herangezogen. Hierzu ist eine weitere bereits erwähnte Größe zu definieren bzw. zu ermitteln. Hierzu wird der Market Value Added (MVA) als Barwert der geplanten und mit einem gesamtkapitalbezogenen Kapitalkostensatz diskontierten EVA-Werte (im Folgenden MVA^{intern}) mit einer aus der Marktkapitalisierung ermittelten MVA-Größe (im Folgenden $MVA^{Börse}$) verglichen (vgl. HOSTETTLER, S. 1997, S. 187). Diese wird nun als Marktwert des Unternehmens abzüglich des Geschäftsvermögens ermittelt (vgl. auch JACQUET, D. 1997, S. 58ff.). Aus dem Ergebnis des Vergleichs werden folgende Schlüsse gezogen:

Fall 1: $MVA^{intern} = MVA^{Börse}$: Das Unternehmen ist fair bewertet.
Fall 2: $MVA^{intern} > MVA^{Börse}$: Das Unternehmen ist unterbewertet.
Fall 3: $MVA^{intern} < MVA^{Börse}$: Das Unternehmen ist überbewertet.

Future Growth Value

In der jüngeren Literatur zum EVA/MVA-Konzept wird noch eine neue unternehmenswertorientierte Kennzahl präsentiert: der Future Growth Value (FGV). Hierbei handelt es sich – analog zum SVA – um eine spezifisch gemessene Veränderung des MVA-Wertes innerhalb eines bestimmten Jahres.

6.4.4 Exkurs: Zum Intellectual Capital Statement

Intellectual Capital

Die angedeutete Analyse zur Angemessenheit einer Kapitalmarktbewertung im Rahmen eines EVA-Konzepts wird analog seit Mitte der Neunzigerjahre von der Firma SKANDIA mit einem anderen Fokus durchgeführt. Hier wird unter der Bezeichnung Intellectual Capital der MVA sukzessive in seine Komponenten aufgespalten. So wird als Intellectual Capital (IC) im Grunde der Saldo aus Economic Book Value und Market Value bezeichnet (vgl. auch COENENBERG, A. G. 2003a, S. 168 ff.). Das Intellectual Capital kann insoweit als eine grobe Approximation an den originären Geschäftswert gelten. Es lässt sich in einem ersten Schritt einteilen in die Komponenten Human Capital und Structural Capital. Anschließend wird das strukturelle Kapital aufgefächert in kundenbezogenes und organisationsbezogenes Kapital. Das organisationsbezogene Kapital wiederum setzt sich aus den Bestandteilen innovationsbezogenes und prozessbezogenes Kapital zusammen. Übersicht 130 zeigt sowohl die Aufspaltung von MVA bzw. IC als auch die Gesamtschau der so herausgearbeiteten Bestimmungsgrößen des IC in Form des so genannten SKANDIA NAVIGATOR auf (vgl. EDVINSSON, L./MALONE, M. S. 1998, S. 26 und 28; vgl. auch LORSON, P./HEIDEN, M. 2002, S. 373 ff.).

Die isolierten IC-Bestandteile (Human Capital, kundenbezogenes, innovationsbezogenes und prozessbezogenes Kapital) sind interpretierbar als eine Aggregationsvorschrift für jene Bereiche immaterieller Vermögenswerte, denen im Hinblick auf die IC- und damit die MVA-Schaffung besondere Bedeutung zukommt. Der SKANDIA NAVIGATOR betont das Zusammenwirken dieser Unternehmenswertdeterminanten und das Fehlen allein dominanter Faktoren. Ein Vergleich von SKANDIA NAVIGATOR und Balanced Scorecard deutet auf eine enge Verwandtschaft hin.

Hinsichtlich des Nutzens des SKANDIA NAVIGATORS bzw. der Intellectual Capital-Darstellung aus der Perspektive eines externen Unternehmensanalysten ergibt sich zunächst die gleiche Einschätzung, wie sie in Bezug auf die Balanced Scorecard geäußert wurde. Sie ist als Denkraster hilfreich. Aber der Unternehmensexterne bleibt auf die Veröffentlichung entsprechender Informationen angewiesen.

Entsprechende (Selbst-)Darstellungen sind zwar noch vergleichsweise selten, nehmen aber tendenziell zu. Externe Triebfedern dieser Entwicklung sind (vgl. auch COENENBERG, A. G. 2003a, S. 169 ff. m. w. N.; DAWO, S./HEIDEN, M. 2001, S. 1717 ff.):

Übersicht 130: Intellectual Capital bei SKANDIA

SKANDIA Navigator	Zusammensetzung des Intellectual Capital

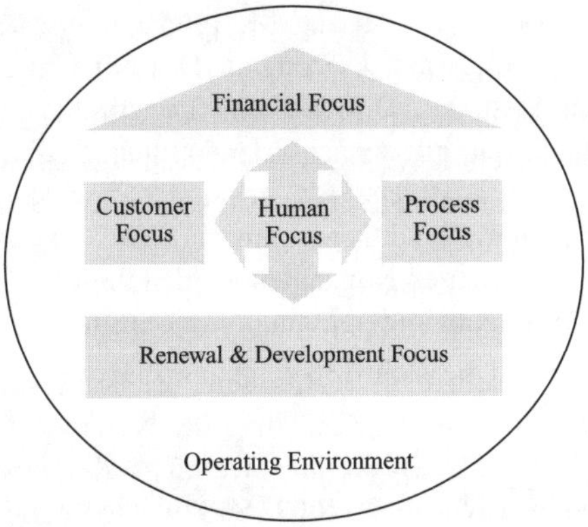

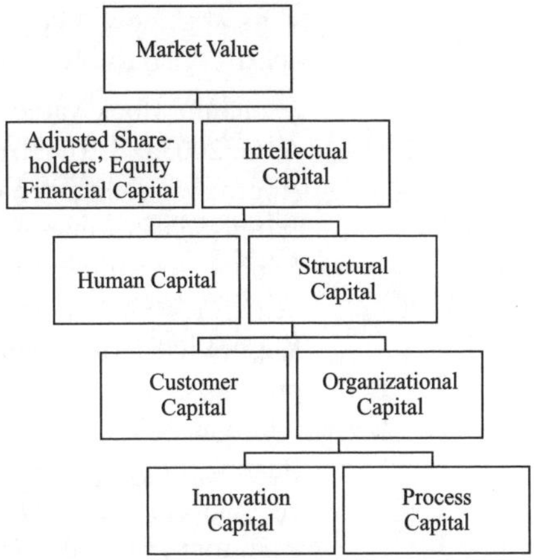

- Autoren, die entsprechende Modifikationen im HGB fordern;
- Autoren, die für die Veröffentlichung eines so genannten Intellectual Capital Statement auf freiwilliger Basis plädieren (vgl. BUSSE VON COLBE, W. 2000, S. 668 f.; vgl. auch DRS 12, Textziffer 32 f.; ARBEITSKREIS »Immaterielle Werte im Rechnungswesen« 2001; MAUL, K.-H./MENNINGER, J. 2000, S. 530 ff.; LORSON, P./HEIDEN, M. 2002, S. 377);
- die Abkopplungsthese. So sieht MOXTER (A. 1979) die Unternehmen bereits heute (de lege lata) zur Berichterstattung über immaterielle Vermögenswerte verpflichtet, die in der Bilanz fehlen, »denn im Einzelfall kann die Vernachlässigung des originären Geschäftswertes zu einem völlig irreführenden Bild der wirtschaftlichen Verhältnisse führen ... Jedenfalls muß man sich bewusst sein, daß Rechnungslegung ihrer Schutzfunktion bei einer Geschäftswertvernachlässigung nur eingeschränkt gerecht werden kann« (MOXTER, A. 2000, S. 2143 f.).

6.4.5 CfROI-/CVA-Konzept nach Lewis

CfROI als »dynamisches« Periodenerfolgsmaß

Im Rahmen des CfROI-Konzepts nach Lewis (T. G. 1995) bzw. der Boston Consulting Group (BCG) wird aus Jahresabschlussdaten ein fiktives Investitionsprofil für ein Geschäftsfeld bestimmt und hieraus dessen realer interner Zins abgeleitet, der als Cashflow Return on Investment (CfROI) bezeichnet wird (vgl. grundsätzlich auch Kloock, J./Coenen, M. 1995; Lewis, T. G./Lehmann, S. 1992; Lehmann, S. 1995; Roos, A./Stelter, D. 1999. Vgl. auch zu den jüngsten Modifikationen Stelter, D. 1999 und Lorson, P. 2003, S. 328 ff. u. S. 338 ff.). Ein Geschäftsfeld gilt zunächst dann rentabel i. S. v. unternehmenswertschaffend, wenn die Differenz (so genannter Spread) aus CfROI und den realen risikoadäquaten Gesamtkapitalkosten ($WACC_r$) positiv ist. Im Gegensatz zu den bislang dargelegten Konzepten werden die gewichteten Kapitalkosten zum einen real und zum anderen qualitativ bestimmt.

Berechnungskomponenten

Die Berechnung erfolgt in folgenden Schritten: Bestimmung des Brutto-Cashflows, Ermittlung der Brutto-Investitionsbasis, Schätzung der Nutzungsdauer der abnutzbaren Sachanlagen (SAV) und Bewertung der nicht abnutzbaren Aktiva (vgl. Übersicht 131; Quelle: Lorson, P. 2003, S. 329 mit Bezug auf Lewis, T. G. 1995, S. 41 ff.).

Übersicht 131: Berechnungskomponenten und Investitionsprofil im CfROI-Konzept

Fiktives Investitionsprofil	**Brutto-Investitionsbasis (BIB)**
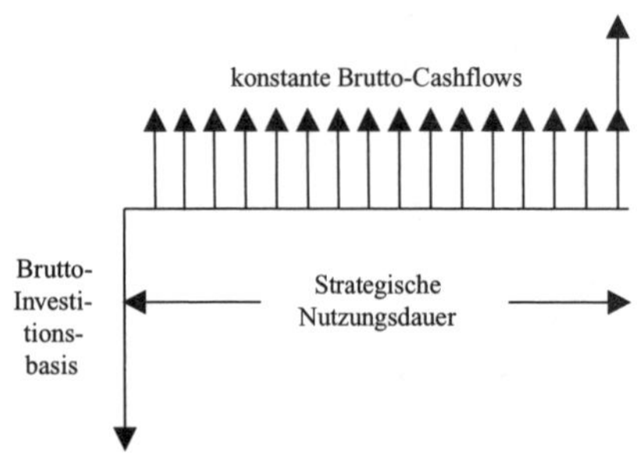 	= Bilanzsumme (»buchmäßige Aktiva«) + Kumulierte Abschreibungen auf das abnutzbare SAV + Inflationsanpassung des abnutzbaren SAV + Kapitalisierte Miet- und Leasingkosten – Erworbene Geschäfts- oder Firmenwerte – Unverzinsliches Fremdkapital (inkl. aller Rückstellungen)
Brutto-Cashflow (BCf)	**Residualwert**
= »Gewinn nach Steuern« (bzw. Ergebnis nach DVFA/SG) + Abschreibungen auf das abnutzbare SAV + Fremdkapitalzinsen (auch Miet- und Leasingaufwendungen) + Lifo- und Fifo-Anpassung ± Inflationsgewinn/Inflationsverlust aus der Netto-Liquiditätsposition	= Nicht abschreibbares Anlagevermögen + Umlaufvermögen – Unverzinsliches Fremdkapital **Strategische Nutzungsdauer** $= \frac{\text{AHK des abnutzbaren SAV}}{\text{Lineare Abschreibungen auf das abnutzbare SAV}}$

Brutto-Investitionsbasis

Die Brutto-Investitionsbasis (BIB) repräsentiert ein Maß für das geschäftsfeldbezogen gebundene Gesamtkapital in heutigen Geldeinheiten. Die Wiederbeschaffungswertermittlung basiert auf dem (unvollständig umgesetzten) Proprietary Approach, wonach auf die Kaufkraft der Eigenkapitalgeber und nicht die Wiederbeschaffbarkeit der Vermögensgegenstände abgestellt wird (auch Entity Approach; vgl. nur HESSE, T. 1996, S. 134f.). Daher findet der Deflator des Brutto-Inlandsprodukts hier Anwendung. Eine weitere Besonderheit der Brutto-Investitionsbasis besteht darin, dass alle Rückstellungen – explizit auch die Pensionsrückstellungen – mit in das Abzugskapital einbezogen und mithin als unverzinslich angesehen werden. Insoweit sind Rückstellungsbildungen bei der Ermittlung der Brutto-Cashflows analog zu zahlungswirksamen Aufwendungen zu behandeln (vgl. LEWIS, T. G. 1995, S. 61).

Brutto-Cashflow

Der analog zur Brutto-Investitionsbasis zu bestimmende (Nach-Steuer-) Brutto-Cashflow soll zu einer Bestimmung des Internen Zinssatzes beitragen, die (weit gehend) frei von Bewertungseinflüssen sowie von der Altersstruktur des Geschäftsfeldes ist. Er wird über die durchschnittliche Lebensdauer der abschreibbaren Aktiva (so genannte strategische Nutzungsdauer) konstant gehalten und in der letzten Periode um den am Ende der Nutzungsdauer verbleibenden Residualwert erhöht.

Ermittlungsvarianten des Cash Value Added

Liegt der CfROI vor, kann die Veränderung des Unternehmenswerts (so genannter Cash Value Added [CVA]) – wie beim EVA-Konzept – auf zwei Wegen ermittelt werden:

– nach der Normalform:

(F. 11.28)

$$CVA_t = \text{(bereinigter) Jahresüberschuss} - \text{kalkulatorische Zinsen}$$
$$= BCf_t - BIB_t \cdot WACC_t$$

– nach der Spread-Form:

(F. 11.29)

$$CVA_t = (CfROI_t - WACC_r) \cdot BIB_t$$

»Unternehmenswert«-Steigerungs-Logik

Letztere Formel stellt auf die Differenz des erwirtschafteten und des unter Risikogesichtspunkten mindestens erforderlichen Brutto-Cashflows ab. Hierfür wird auch die deutsche Bezeichnung »Unterschieds-Brutto-Cashflow (UBCF)« (MENN, B.-J. 1999, S. 646) gebraucht. Ein positiver UBCF ist eine notwendige – wenn auch nicht hinreichende – Bedingung für die Zielkompatibilität von »Kapitalwertmaximierung« und »CVA-Maximierung«. Allerdings gilt auch hier das bereits zu EVA bzw. zu FGV Ausgeführte. Unternehmenswertsteigernd wirken letztlich nur eine Steigerung des Spread und/oder ein

Übersicht 132: Generelle »Unternehmenswert«-Steigerungsstrategien

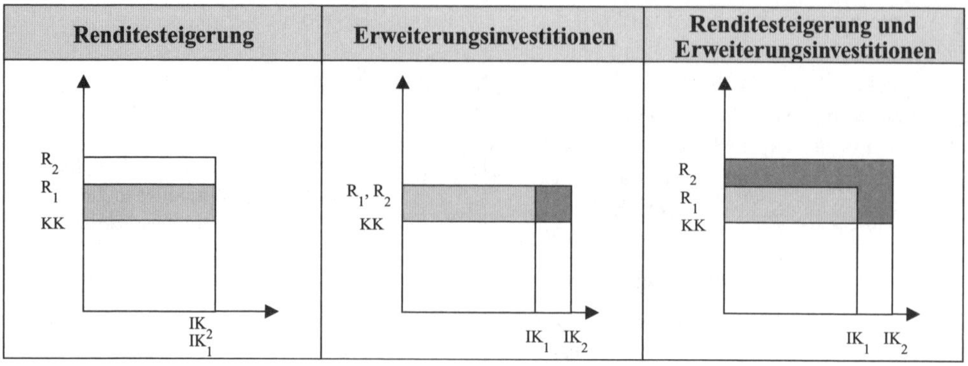

Legende:
R Rendite, wie DCf-Rendite, Stewart's R, CfROI, Eigenkapitalrentabilität, ROI
IK investiertes Kapital, wie Eigen- oder Gesamtkapital (nominal, real, aktiviert, kalkulatorisch, marktwertig, Zugangswerte, Fortführungswerte)
KK Kapitalkosten, wie risikoadäquate Eigen- oder Gesamtkapitalkosten (real oder nominal)
1, 2 Indizes für Ausgangs- und Folgesituation

Wachstum in solchen Geschäftsfeldern, die einen positiven Spread aufweisen. Beides bewirkt im CfROI-Modell eine Zunahme des so genannten »Delta-Unterschieds-Brutto-Cashflow (DUB)« (MENN, B. J. 1999, S. 646). Diesen Zusammenhang illustriert auch die Übersicht 132 (Quelle: ROOS, A./STELTER, D. 1999, S. 303). Die Darstellungsweise wurde bewusst allgemein gehalten, da diese Modellvorstellung für jegliches Rendite- oder Rentabilitätskonzept nutzbar ist bzw. reklamiert wird. Damit soll allerdings nicht suggeriert werden, dass alle Konzepte zu entsprechenden Unternehmenswertsteigerungen führen oder gar gleichwertig sind.

CfROI-Varianten

In der Literatur werden sehr unterschiedliche CfROI-Konzepte präsentiert (vgl. nur LEWIS, T. G. 1995; MENN, B.-J. 1995; ROOS, A./STELTER, D. 1999; STELTER, D. 1999). So wird unter anderem gegebenenfalls auf eine Inflationsbereinigung verzichtet, langfristige Rückstellungen nicht als zinsloses Fremdkapital bzw. als zinslose geschäftsfeldspezifische Verbindlichkeiten eingeordnet, auf eine kalkulatorische Aktivierung bilanziell mit einem Aktivierungsverbot belegter immaterieller Investitionen verzichtet, – unklar definierte – ökonomische Abschreibungen (schlicht linear oder nach HOTELLING, vgl. hierzu EIDEL, U. 2000, S. 337 ff.) in Abzug gebracht oder statt der dynamischen Rechnung Wert auf die Definition einer statischen Kennzahl gelegt.

CfROI als (externes) Nachrechnungsinstrument

Das Konzept des CfROI/CVA ist jahresabschlussverhaftet. Es ist primär als Nachrechnungsinstrument konzipiert und grundsätzlich aus externer Perspektive approximativ nachvollziehbar. Es kann allerdings – ebenso wie das EVA-Konzept – auch zukunftsorientiert als Planungs- und Steuerungsinstrument genutzt werden.

Die Übersicht 133 enthält zwei Beispiele für CfROI-Konzepte in der Praxis (vgl. CLAAS KGaA 2000; VEBA 1999, S. 28):

Übersicht 133: CfROI-Ermittlung in der Unternehmenspraxis

CLAAS KGaA		**VEBA**	
	Ergebnis nach Steuern		Betriebsergebnis
+	Zinsaufwand	+	Betriebsergebniswirksamer Zinsaufwand
+	Miet- und Leasingaufwand	+	Kalkulatorischer Zinsaufwand für Pensions- und Entsorgungsrückstellungen
+/–	Abschreibungen	+	Abschreibungen auf immaterielle Vermögensgegenstände, Sachanlagen und Firmenwerte aus der Equity-Bewertung
+/–	Veränderung langfristiger Rückstellungen		
+/–	Sonstige betriebliche Erträge und Aufwendungen		
=	**Brutto-Cashflow**	=	**EBITDA**
./.	[Brutto-Investitionsbasis* × Kapitalkosten (in %)]	./.	[Brutto-Investitionsbasis im Jahresdurchschnitt** × Kapitalkosten (in %)]
=	**CVA**	=	**CVA**
*	Bilanzsumme	**	Bilanzsumme
	+ Kapitalisierte Miet- und Leasingaufwendungen		+ Kumulierte Abschreibungen auf immaterielle Vermögensgegenstände, Sachanlagen und Firmenwerte aus der Equity-Bewertung
	./. Steuerrückstellungen		+ Bereinigung kumulierter Abschreibungen akquirierter Unternehmen
	./. Sonstige Rückstellungen		= Bruttowert der Aktiva
	./. Verbindlichkeiten aus Lieferungen und Leistungen		./. Unverzinsliche Rückstellungen (nicht solche für Pensionen und Entsorgung)
	./. Sonstige Verbindlichkeiten		./. Unverzinsliche Verbindlichkeiten (inkl. passiver RAP)
	+ Gesellschafterdarlehen		
	+ Kumulierte Abschreibungen		

Das Beispiel der CLAAS KGaA ist hier aus zwei Gründen von besonderem Interesse. Erstens handelt es sich um ein mittelständisches Familienunternehmen, das sich einen Nutzen vom Shareholder Value-Konzept verspricht. Zweitens ist die Umsetzung sehr eng an die Konzepte der Theorie angelehnt.

Schließlich zeigt der Vergleich der Praxisbeispiele zur EVA- und CVA-Berechnung die enge Verwandtschaft der beiden (propagierten) Shareholder Value-Konzepte auf. Mithin kann die CVA-Größe auch in den Dienst einer Untersuchung gestellt werden, ob ein Unternehmen derzeit fair, über- oder unterbewertet ist.

6.4.6 EVA- versus CfROI-Konzept

Cashflow- versus Buchhaltungsorientierung des EVA-Konzepts

»Beide Kennzahlenkonzepte lassen sich durch mannigfaltige Anpassungen aneinander annähern« (Roos, A./Stelter, D. 1999, S. 304). Weil die Unterschiede in der Praxis nicht groß sein müssen und eine Vielzahl an Konzeptvarianten existiert, wird hier auf eine Reihung der Konzepte verzichtet (vgl. aber Lorson, P. 2003, S. 349ff.).

Fragwürdige Kalibrationslogik von CfROI (und EVA)

Vorbehalte gegenüber dem CfROI-Konzept nehmen zunächst Bezug auf die Problematik des Internen-Zinsfuß-Verfahrens. Aber auch die innere Kalibrationslogik des CfROI-Konzepts ist fragwürdig: Die Beurteilung des CfROI durch Vergleich mit marktabgeleiteten Gesamtkapitalkosten impliziert die Forderung, dass ein »Unternehmen mit seinem investierten Kapital einen Anteil an der Marktkapitalisierung der Börse hat, der seinem Brutto-Cash-flow entspricht«. Dies »ist allerdings abenteuerlich, da der Wert ja durch die gesamten Zukunftsaussichten und nicht nur den Brutto-Cash-flow der Periode bestimmt wird« (beide Zitate: Hesse, T. 1996, S. 160f.). Letztere Kritik trifft allerdings auch das EVA-Konzept, welches als (Über-)Rentabilitätskennzahl r folgendes Aussehen hat (vgl. Dirrigl, H. 1998, S. 573):

(F. 11.30)

$$r = \frac{\text{Cashflow} - \text{Abschreibungen}}{\text{Restbuchwert}_{t-1}} - \text{WACC}$$

Gemeinsamer Nutzen

Letztlich liegen die Stärken beider Konzepte womöglich vor allem darin, dass sie eine intensive Beschäftigung mit dem Thema der Unternehmenswertorientierung fördern. Daneben sind sie deshalb zur Integration in ein auch variables Vergütungskonzept prädestiniert, weil sie an bekannte Größen des Jahresabschlusses anknüpfen und somit einer Objektivierung durch den Abschlussprüfer und einer externen Nachvollziehung grundsätzlich zugänglich sind.

6.4.7 DCf-Konzept versus EVA-/CfROI-Konzept

DCf-Konzept als strategisches Instrument

DCf-Konzepte sind zukunftsorientiert und stimmen mit den Vorstellungen der fundamentalen Unternehmensbewertung an den Kapitalmärkten überein. Ihre Kalibrationslogik ist stimmig. Nachteilig ist, dass sie als kompliziert und komplex gelten sowie einer Objektivierung (scheinbar) weniger leicht zugänglich sind. Daher wird ihnen vielfach sowohl als Grundlage einer variablen Managementvergütung als auch für eine externe Unternehmenswertbestimmung Skepsis entgegengebracht. Diese Nachteile haben allerdings auch für den Unternehmensexternen durchaus etwas Gutes für sich. Sie machen eine intensive Auseinandersetzung mit dem Bewertungsobjekt und seinem Wettbewerbsumfeld erforderlich. Schon allein dadurch können sie auch großen Nutzen bei der Beurteilung vorgelegter oder bei der Erstellung eigener Unternehmenswertberechnungen stiften.

Wie gesehen, kann in Bezug auf EVA-/CVA-Konzepte (nahezu) spiegelbildlich argumentiert werden. Allerdings muss dabei anerkannt werden, dass sie vielfach explizit als operativere Konzepte einem langfristigen DCf-Konzept untergeordnet werden und dass sie faktisch für die Börsenbewertung nicht unwichtig sind (vgl. GRÄFER, H./OSTMEIER, V. 2000, S. 937). Es wäre sicherlich zu einfach, diese Tatsache allein auf die Kommunizierbarkeit gegenüber Unternehmensexternen oder darauf zurückzuführen, dass die maßgeblichen Kapitalmarktakteure die falschen Bewertungsmodelle verwenden.

Die Vorzüge der DCf-Konzepte liegen bei der Beurteilung längerfristiger Fragestellungen sowie bei der Strategieunterstützung. Die Vorzüge von EVA sowie CfROI liegen bei kürzerfristigen Fragestellungen und operativ(er)en Problemen. Schließlich sind letztere Konzepte auch leichter implementierbar. Daher ist es nahe liegend, ein kombiniertes System mit einer Aufgabentrennung nach strategischem (ex ante) und operativem (ex post) Bereich zu fordern.

Merksätze:

1. Der als Shareholder Value bezeichnete Marktwert des Eigenkapitals wird im DCf-Konzept von RAPPAPORT durch Anwendung der Entity-Methode ermittelt. Zur Cashflow-Ermittlung steht eine spezifische Wertgeneratorenformel zur Verfügung. Aus externer Sicht sind insbesondere Veränderungen von Wertgeneratorwerten im Hinblick auf Shareholder Value-Änderungen interessant.
2. Residualeinkommenskonzepte, wie EVA und CVA, betrachten den Saldo aus einer aus Jahresabschlussdaten gewonnenen Erfolgsgröße und den Zinsen auf das eingesetzte Kapital.
3. Aus externer Sicht kann das Nachrechnungsinstrument EVA auch zukunftsorientiert durch Prognose von EVA-Steigerungsraten oder durch Analyse der Größen MVA und FGV angewendet werden. Analoge Überlegungen treffen auf das CfROI-/CVA-Konzept zu.
4. Unter der Bezeichnung Intellectual Capital lässt sich der MVA – wie an der Beispielkonzeption der Firma SKANDIA dargestellt – in seine Komponenten aufspalten. Durch die Darstellung sämtlicher nicht aus der Bilanz ersichtlicher immaterieller Vermögenswerte werden dem externen Bilanzanalysten tiefer gehende Analysen ermöglicht.
5. Im Vergleich miteinander muss weder das EVA- noch das CVA-Konzept (eindeutig) überlegen sein. Beide Konzepte fördern die Auseinandersetzung mit der Unternehmenswertorientierung und eignen sich aufgrund ihrer externen Nachvollziehbarkeit als Grundlage (objektivierter) variabler Vergütungssysteme. Die »Belohnungsgrundlage« ist allerdings nicht zweifelsfrei unternehmenswertorientiert.

6. Extern schwerer nachvollziehbar und deshalb als extern objektivierte Entlohnungsbasis weniger geeignet, liegen die Vorzüge der DCf-Verfahren im Vergleich zum EVA- bzw. CVA-Konzept in ihrer theoretischen Stimmigkeit und Langfristorientierung.

6.5 Schlussbemerkungen

Grundsätzliche Plausibilität aller »propagierten« Shareholder Value-Konzepte

Die Ausführungen haben gezeigt, dass die »modernen« Vorschläge zur unternehmenswertorientierten Performancemessung sehr verschieden sind. Sie können jeweils eine gewisse Plausibilität für sich in Anspruch nehmen, soweit die mehr oder minder restriktiven Prämissen (approximativ) eingehalten werden.

Der externe Finanzanalyst kann diese Ansätze als Rechenschemata – retrospektiv bzw. prospektiv – nutzen oder qualitativ auswerten (vgl. hierzu ausführlich LORSON, P. 2003, S. 366ff.). Zwischenzeitlich können Finanz- bzw. Bilanzanalysten komplette Studien zur (voraussichtlichen) Unternehmenswertentwicklung oder auch nur die notwendigen Inputfaktoren von Dienstleistern fremdbeziehen. Dies fördert die Rechenbarkeit der Verfahren auch bei begrenztem Kenntnisstand und schmaler Datenbasis. Andererseits fördert dies die Gefahr, dass die Einhaltung der Anwendungsprämissen und die dezidierte Analyse wertbestimmender Faktoren in den Hintergrund gedrängt werden. So gilt es, die erzielten Ergebnisse in regelmäßigen Abständen zu plausibilisieren und gegebenenfalls nach erfolgter Anpassung an neue Erkenntnisse zu aktualisieren. Für den Bereich der Kapitalkosten geht von der sich insbesondere in Deutschland in den letzten Jahren rasch entwickelnden Aktien- und Kapitalmarktkultur und der damit einhergehenden Weiterentwicklung der theoretischen und empirischen Forschung ein positiver Einfluss auf die Datenbasis aus, die die Anwendbarkeit der vorgestellten Verfahren erleichtert.

Ebenfalls positiv zu werten sind aus Sicht der externen Bilanzanalyse die beginnende (freiwillige) Veröffentlichung von Balanced Scorecards und Angaben zu den immateriellen Vermögenswerten – hier dargestellt am Beispiel des Intellectual Capital Statement –, da so einerseits die Analysetätigkeit unterstützt wird sowie die Möglichkeiten und Qualität einer externen unternehmensorientierten Performancemessung andererseits zunehmen dürften.

Eine eindeutige Präferenz für eines der Verfahren zu entwickeln, fällt insbesondere angesichts der Tatsache schwer, dass die Konzepte in aller Regel auch in ein neues Gehaltsgefüge beim Management münden. Dann kommt ein innerer Konflikt auf, der schlagwortartig als »Objektivierung versus theoretische Einsicht« gekennzeichnet werden kann. Daneben bieten alle Konzepte individuelle Werttreibersets, die sämtlich – mehr oder minder (heuristisch) – überwiegend in die richtige Richtung weisen.

4. Abschnitt
Besonderheiten der Bilanzanalyse bei jungen, dynamisch wachsenden Unternehmen

1. Einführung

Seit Jahren beschäftigt sich die traditionelle Bilanzanalyse mit der Frage, wie der Jahresabschluss eines Unternehmens angemessen und qualifiziert zu beurteilen ist. Fokussiert waren diese Überlegungen in der Vergangenheit zumeist auf Unternehmen der so genannten Old Economy, also bspw. auf Unternehmen aus den Bereichen der industriellen Fertigung und des Handels. Für diese Zielgruppe wurde die Bilanzanalyse – wie in diesem Buch dargestellt – im Zeitablauf fortentwickelt und verfeinert.

Daneben hat sich jedoch international auch ein Markt für die Kapitalbeschaffung junger Unternehmen herausgebildet. Wie nicht zuletzt das Platzen der New Economy-Blase gezeigt hat, ist das finanzielle Engagement in diesen Unternehmen mit besonderen Risiken verbunden. Eine sachgerechte Analyse der auftretenden Chancen und Risiken ist vor diesem Hintergrund von besonderer Bedeutung.

1.1 Zielsetzung des Kapitels

Dieses Kapitel dient der Darstellung der Besonderheiten, die junge, dynamisch wachsende Unternehmen auszeichnen, und der damit untrennbar verbundenen Notwendigkeit, die traditionelle Bilanzanalyse an die neuen Erfordernisse anzupassen. Dabei wird der Schwerpunkt auf die Darstellung einer die traditionelle Bilanzanalyse ergänzenden Unternehmensanalyse gelegt.

1.2 Grundlagen

1.2.1 Charakteristika von jungen, dynamisch wachsenden Unternehmen

Junge, dynamisch wachsende Unternehmen, die insbesondere in den neuen technologieorientierten Wirtschaftszweigen der so genannten New Economy anzusiedeln sind, lassen sich in mehrfacher Hinsicht von den Unternehmen der Old Economy abgrenzen (vgl. Küting, K. 2002).

Dauer der wirtschaftlichen Existenz

Als herausragendes Merkmal dieser neuen Unternehmen ist die verhältnismäßig kurzfristige Existenz, sowohl in rechtlicher als auch insbesondere in wirtschaftlicher Hinsicht, anzuführen (vgl. Hayn, M. 2003, S. 15ff.). Damit untrennbar verbunden ist die Tatsache, dass sich Organisation, Rechnungswesen und Investor Relations-Abteilung noch im Aufbau befinden und dem ständigen Zwang zur Anpassung an die Bedürfnisse des Unternehmens unterliegen. In vielen Fällen muss daher davon ausgegangen werden, dass das Hauptaugenmerk der Unternehmen auf die laufende Geschäftstätigkeit gerichtet ist und nicht auf deren sachgerechte Abbildung in der Bilanz. Auch stehen vergangenheitsbezogene Daten in aller Regel nicht zur Verfügung bzw. sind als Ausgangspunkt einer zukunftsorientierten Beurteilung des Unternehmens nicht geeignet. Denn in einem Unternehmen, welches erst seit kurzem existiert und wirtschaftlich tätig ist, ist eine hervorgehobene Bedeutung von Sondereinflüssen und einmaligen Ereignissen zu beobachten. Sei es nun der Börsengang, der Aufbau neuer Produktionszweige oder die Expansion ins Ausland, alle genannten Faktoren beeinflussen einmalig die Lage des Unternehmens. Bei der Analyse der Geschäftszahlen ist folglich aufgrund dieser Sonderfaktoren eine prospektive Betrachtung nur stark eingeschränkt möglich.

Betätigungsfeld

Ein weiteres Merkmal dieser jungen Unternehmen stellt die Auswahl des Marktsegmentes dar, in dem sie tätig sind. Obwohl es auch in der Old Economy kontinuierlich zu Neugründungen von Unternehmen kommt, ist ein echter Boom von Neugründungen vor allem in zukunftweisenden Branchen mit neuen, innovativen Produkten zu verzeichnen. Beispielhaft seien die folgenden Branchen angeführt:

- Biotechnologie,
- Informationstechnologie,
- Neue Medien und
- Telekommunikation.

Der besondere Vorteil dieser Bereiche für Neugründungen ist in den noch niedrigen Markteintrittsbarrieren zu sehen, die sich vor allem damit begründen lassen, dass sich hier die Technologie in einem frühen Entwicklungsstadium befindet und so kaum ein Unternehmen eine technologische Vormachtstellung herausarbeiten konnte. Auch zeigt das konjunkturabhängige, aber fortwährende Auftreten junger Unternehmen mit neuen Geschäftsmodellen, dass noch immer unbearbeitete Nischen auszumachen sind, in denen junge Unternehmen Fuß fassen können. Gleichzeitig befindet sich das Geschäftsumfeld in einem permanenten dynamischen Wandlungsprozess.

Wachstumsaussichten und Risikosituation

Verbunden mit der jungen wirtschaftlichen Existenz und der Ansiedelung in wachstumsstarken Marktsegmenten kommt man unmittelbar zu einem weiteren essentiellen Merkmal der neuen Unternehmen. Sie weisen einen sehr dynamischen Geschäftsverlauf und ein überproportionales Wachstum auf. Ein Unternehmen kann »dann als dynamisch angesehen werden, wenn es nicht nur einem einmaligen, sondern nahezu kontinuierlichen Veränderungsprozessen unterliegt« (HAYN, M. 2003, S. 18). Diese Veränderungsprozesse werden häufig nicht in einem stetigen Verlauf anzutreffen sein, sondern vielfach in einzelnen Sprüngen, wodurch auch Perioden mit negativem Wachstum eingeschlossen sind. Für die Beurteilung der Zukunftschancen eines Unternehmens ist, gerade bei Berücksichtigung der relativ kurzen Existenz, auf das zukünftige Wachstum und nicht auf das tatsächliche Wachstum in der Vergangenheit abzustellen. Allerdings sind derartige Wachstumschancen auch mit korrespondierenden Risiken behaftet. Hier ist insbesondere auf die kurzen Produktlebenszyklen und das hohe Maß an Spezialisierung zu verweisen, durch die sich die Unternehmen der New Economy (zum Begriff der New Economy vgl. BEHR, G. 2000, S. 1115) auszeichnen.

Ökonomische Merkmale

Aus diesen Überlegungen lassen sich unter ökonomischen Gesichtspunkten weitere besondere Wesensmerkmale von neuen Unternehmen ableiten (vgl. VOLK, G. 2000, S. 871; BEHR, G./GUSINDE, P. 1999, S. 153ff.).

- Aufgrund der schnellen Entwicklung ihres Umfeldes sind die Unternehmen gezwungen, neue Technologien zu entwickeln und umgehend zur Marktreife zu führen. Es wird versucht, über hohe Forschungs- und Entwicklungsaufwendungen die eigene Position am Markt zu verbessern. Deutliche Anlaufverluste sind daher nicht zu vermeiden.
- Die notwendige Spezialisierung beschränkt die Unternehmen auf wenige innovative Produkte. Der Erfolg des Unternehmens ist somit vom Erfolg einzelner Produkte abhängig.
- Von den neuen Unternehmen werden in vielen Fällen nicht in erster Linie materielle, sondern immaterielle Güter produziert.
- Häufig sind die Unternehmen stark durch ihre Gründer geprägt und von diesen abhängig, da die Geschäftsidee nur unter Inanspruchnahme des Know-how der Gründer verwirklicht werden kann. Für den externen Analysten ist die tatsächliche Bedeutung der Gründer für den Fortbestand des Unternehmens allerdings kaum zu beurteilen.
- Die Ausbildung und Innovationskraft der Mitarbeiter ist für den Erfolg des Unternehmens ausschlaggebend. Eine Rekrutierung geeigneter Mitarbeiter in ausreichendem Maße ist daher von essentieller Bedeutung. Auch hier stehen den Analysten kaum aussagekräftige Informationen zur Verfügung, die eine Beurteilung dieses Faktors erlauben würden.

Diese Charakteristika neuer Unternehmen zeigen, dass in Aufbau und Struktur der Geschäftstätigkeit erhebliche Abweichungen zu den etablierten Unternehmen der Old Economy festzustellen sind.

1.2.2 Besonderheiten in Bezug auf die bilanzielle Abbildung der Geschäftstätigkeit

1.2.2.1 Rechnungslegungsvorschriften

Grundsätzlich sind deutsche Unternehmen verpflichtet, ihren Jahresabschluss (Bilanz, GuV und Anhang) und ihren Lagebericht nach den handelsrechtlichen Vorschriften aufzustellen.

Schon für die am Neuen Markt notierten Unternehmen war des Weiteren die Aufstellung ihres Jahres- bzw. Konzernjahresabschlusses nach IAS oder US-GAAP aufgrund der Vorschriften der Deutsche Börse AG verpflichtend. Auch nach der Ablösung des Neuen Marktes im Rahmen der Reform der Börsensegmente ist eine Folgepflicht der Notierung für die in den Prime Standard gewechselten Unternehmen – unter Berücksichtigung der Übergangsvorschriften bis 2005 – die Aufstellung von internationalen Abschlüssen. Dabei ist die Möglichkeit, nach internationalen Normen zu bilanzieren, auch im Interesse der Unternehmen. Denn die Unternehmen sehen in der Möglichkeit, nach internationalen Normen zu bilanzieren, eine Voraussetzung für ihre internationale Wettbewerbsfähigkeit (vgl. PEEMÖLLER, V. H./FINSTERER, H./NEUBERT, M. 1999, S. 1103, 1105; D'ARCY, A./LEUZ, C. 2000, S. 385ff.).

Für die Analyse und Vergleichbarkeit der Bilanzen dieser Unternehmen bringt die Zugehörigkeit zu drei verschiedenen Rechtskreisen jedoch besondere Schwierigkeiten mit sich, da für den externen Bilanzadressaten eine Anpassung oder Angleichung in vielen Fällen kaum durchführbar ist.

1.2.2.2 Immaterielle Vermögensgegenstände

Während bei Industrieunternehmen traditionell die Sachanlagen einen Großteil des Vermögens binden, ist das Sachanlagevermögen junger Unternehmen häufig auf die IT-Ausstattung beschränkt. Unter Berücksichtigung der Bedeutung, die immateriellen Vermögenswerten für ein Unternehmen der New Economy zukommt (vgl. KÜTING, K. 2000a, S. 674; PELLENS, B./FÜLBIER, U. 2000, S. 35ff.), muss der bilanziellen Behandlung dieser Werte eine besondere Aufmerksamkeit gezollt werden. Abhängig von dem Betätigungsfeld der Unternehmen werden immaterielle Werte geschaffen, die – soweit sie überhaupt Eingang in die Bilanz finden – auch einen Großteil der Bilanzsumme ausmachen können, bspw.

- Software,
- Rechte und Lizenzen und
- Entwicklungsaufwand.

Obwohl sich die einzelnen Rechnungslegungskreise in ihren spezifischen Regelungen zu Ansatz und Bewertung immaterieller Vermögensgegenstände teilweise deutlich unterscheiden, lassen sich doch die folgenden Grundfragen in allen Rechtskreisen erkennen, die auch in der Bilanzanalyse berücksichtigt werden sollten (vgl. HAYN, S./WALDERSEE, G. 2003, S. 96ff.; PELLENS, B./FÜLBIER, U. 2000, S. 40ff.; FÜLBIER, U./HONOLD, D./KLAR, A. 2000, S. 835):

Ansatz und Bewertung des immateriellen Vermögens

(1) Liegt ein – wie auch immer gearteter – bilanzierungsfähiger Vermögenswert vor?
Für den Ansatz immaterieller Werte stellt sich die Frage der Abgrenzbarkeit von anderen materiellen und immateriellen Werten sowie der Greifbarkeit. Es ist zu untersuchen, wann ein bilanzierungsfähiger, abgrenzbarer Vermögensgegenstand geschaffen wurde und wann sich nur eine Erhöhung des nicht greifbaren Unternehmenswertes ergeben hat.

(2) Zu welchem Zeitpunkt ist ein Vermögensgegenstand zu bilanzieren?
Eine Aktivierung kann erst zu einem Zeitpunkt in Frage kommen, zu dem sich ein Vermögenswert hinreichend konkretisiert hat. Insbesondere bei Grundlagenforschung ist ein potenzieller Nutzen mit großen Unsicherheiten behaftet und der Eintritt eines möglichen Nutzens liegt noch in ferner Zukunft.

(3) Wie ist dieser Vermögensgegenstand zu bewerten?
Bei selbst erstellten immateriellen Werten ist es meist nicht möglich, Vergleichsgrößen zur Bewertung heranzuziehen. Auch ist häufig eine eigenständige Veräußerbarkeit nicht gegeben, ein Marktpreis somit kaum zu bestimmen.

(4) Sind Aktivierungsverbote zu beachten?
In § 248 Abs. 2 HGB ist ein Aktivierungsverbot für selbst erstellte immaterielle Vermögensgegenstände des Anlagevermögens verankert. Auch nach US-GAAP besteht ein generelles Aktivierungsverbot für Forschungs- und Entwicklungskosten (vgl. KÜTING, K./HARTH, H.-J. 1999).

Unter Berücksichtigung dieser besonderen Problematik ist es offensichtlich, dass immaterielle Werte im Vergleich zu materiellen Vermögensgegenständen einem erheblich höheren Unsicherheitsgrad hinsichtlich Ansatz und Bewertung in der Bilanz unterliegen (vgl. GLADE, H. J. 1991, S. 264). Darüber hinaus sind sie in aller Regel nicht beleihungsfähig. Diesen besonderen Tatbeständen muss auch im Rahmen der Bilanzanalyse Rechnung getragen werden.

Zu beachten ist allerdings, dass die Frage einer Aktivierung von immateriellen Werten lediglich ein Periodisierungsproblem darstellt. Wurden Aufwendungen für die Herstellung immaterieller Werte unmittelbar als Aufwand der Periode verbucht, so finden diese Aufwendungen ebenso Niederschlag in der Gewinn- und Verlustrechnung wie Abschreibungen für aktivierte Vermögensgegenstände, die den Gewinn späterer Perioden mindern. Trotzdem handelt es sich bei den immateriellen Vermögensgegenständen um einen strategischen Erfolgsfaktor, der zunehmend an Bedeutung gewinnt und dementsprechend bei jeder Unternehmensbeurteilung zu berücksichtigen ist.

1.2.2.3 Geschäfts- oder Firmenwert

Bedeutung des Geschäfts- oder Firmenwertes

Aber nicht nur aktivierte Software, Lizenzen und andere Rechte sind zu den immateriellen Vermögensgegenständen zu rechnen, sondern auch der Geschäfts- oder Firmenwert.

Viele junge Unternehmen können durch den Börsengang ihre Eigenkapitalbasis stark verbessern. Durch den Zufluss an liquiden Mitteln ist es den Unternehmen möglich, Beteiligungen zu erwerben, wobei in aller Regel auch ein Geschäfts- oder Firmenwert erworben wird. Der Geschäfts- oder Firmenwert ist die Differenz zwischen dem Kaufpreis der Anteile eines Unternehmens und dem zu Zeitwerten angesetzten (anteiligen) bilanziellen Reinvermögen. Dieser

Residualwert stellt bei den jungen Unternehmen, die nicht ausschließlich organisch wachsen, sondern ihr Wachstum durch Unternehmensübernahmen vorantreiben (externes Unternehmenswachstum), häufig eine nicht zu vernachlässigende Größe dar (vgl. KÜTING, K. 2000a, S. 675).

Die »ökonomische Substanz« (SELLHORN, T. 2000, S. 888) eines Geschäfts- oder Firmenwertes bedarf einer genauen Überprüfung. Zum einen kann sich der Geschäfts- oder Firmenwert aus sehr heterogenen Komponenten zusammensetzen, die sowohl positive als auch negative Auswirkungen auf den Wert haben können. Zum anderen spiegeln sich im Geschäfts- oder Firmenwert Zukunftserwartungen wider, die nicht unerheblichen Unsicherheiten unterliegen.

Unsicherheit immaterieller Werte

In den Bilanzen junger, dynamisch wachsender Unternehmen kommt immateriellen Vermögenswerten eine herausragende Bedeutung zu. Die Bestimmung des Vermögens unterliegt dadurch einem erheblich höheren Unsicherheitsfaktor als es bei vielen traditionellen Unternehmen der Fall ist. Für die Bilanzanalyse ist eine sachgerechte Einschätzung des immateriellen Vermögens zur Beurteilung der gegenwärtigen und Prognose der zukünftigen Unternehmenslage daher unabdingbar.

1.2.2.4 Rechnungslegungskonventionen

Die Mehrzahl der jungen Unternehmen ist in Branchen tätig, die sich erst in den letzten Jahren entwickelt haben. Dementsprechend konnten sich für diese Branchen noch keine verfestigten Rechnungslegungskonventionen herausbilden. Denn solange Literatur und Rechtsprechung noch nicht zu einer gesicherten Meinung hinsichtlich einzelner Bilanzierungsfragen gefunden haben, wird die Praxis den zur Verfügung stehenden Ermessensspielraum ausnutzen. Es besteht daher die Gefahr, dass durch eine interessengeleitete Auslegung der Normen unter Inanspruchnahme aller gegebenen Ermessensspielräume ein unternehmensübergreifender Vergleich unmöglich gemacht wird.

Branchenspezifische Regelungen

Darüber hinaus sind auch gravierende Unterschiede in den branchenspezifischen Regelungen festzustellen. So existieren bspw. in den IAS keine branchenspezifischen Vorschriften für die Filmwirtschaft, sondern lediglich grobe Vorgaben, basierend auf den allgemeinen Rechnungslegungsvorschriften. In den US-GAAP hingegen bestehen sowohl für erworbene als auch für selbst erstellte immaterielle Film- und Lizenzrechte vergleichsweise dezidierte Vorschriften zur Abbildung des Anschaffungs- bzw. Herstellungsvorgangs und der daran anschließenden Folgebewertung in der Bilanz (vgl. KÜTING, K./ZWIRNER, C. 2001, S. 67ff.). In der Folge ist der Ermessensspielraum zur Bilanzierung dieser immateriellen Werte in den IAS deutlich weniger eingeschränkt.

Die Rechnungslegung junger, dynamisch wachsender Unternehmen unterliegt einer erhöhten Unsicherheit, die sich sowohl aus der besonderen und neuen Struktur der Geschäftstätigkeit als auch aus den noch nicht verfestigten Konventionen zur Rechnungslegung ergibt. Eine auf der Rechnungslegung aufbauende Bilanzanalyse muss sich der daraus resultierenden Unsicherheit bewusst sein.

2. Unternehmensanalyse bei jungen, dynamisch wachsenden Unternehmen

2.1 Abgrenzung zur klassischen Bilanzanalyse

Unter Bilanzanalyse wird die Aufbereitung, Verdichtung sowie Auswertung erkenntniszielorientierter Unternehmensinformationen mittels Kennzahlen, Kennzahlensystemen und sonstiger Methoden verstanden. Dieser Auswertungsprozess hat das Ziel, ein Urteil über die wirtschaftliche Lage und Entwicklung eines Unternehmens zu erhalten. Laut BALLWIESER (W. 1993, Sp. 211) beschränkt sich die Bilanzanalyse auf die »Durchsicht und Auswertung von Jahresabschluß und Lagebericht zum Zwecke der Informationsgewinnung«.

Insbesondere aufgrund der häufig fehlenden Gewinne und ausbleibenden Cashinflows rücken die klassischen Methoden der Bilanzanalyse bei den Unternehmen der New Economy in den Hintergrund. Um ein Unternehmen in seiner Komplexität beurteilen zu können, ist ein ausschließlicher Fokus auf die finanziellen Daten nicht ausreichend, da zunehmend Informationen nicht finanzieller Natur an Bedeutung gewinnen. Hierzu zählen insbesondere Mitarbeiter, als Ausdruck des Humankapitals des Unternehmens, Kunden- und Lieferantenbeziehungen, strategische Allianzen oder auch interne Organisationsstrukturen. Diese aus Unternehmenssicht wertbestimmenden Faktoren werden in der Berichterstattung der Unternehmen nur sehr eingeschränkt oder überhaupt nicht abgedeckt. Aufgrund der Notwendigkeit zur Offenlegung entscheidungsrelevanter Informationen wird diese Entwicklung auch auf das primär auf die Vermittlung periodischer und historischer Daten ausgerichtete Rechnungswesen ausstrahlen. Dies ist aber nicht nur eine Besonderheit der New Economy, sondern tritt auch bei der Old Economy auf (vgl. KÜTING, K. 2000e).

Vor diesem Hintergrund ist es notwendig, dass neben der klassischen Bilanzanalyse mit ihren Komponenten der erfolgswirtschaftlichen und der finanzwirtschaftlichen Analyse ein weiteres Instrumentarium zur Anwendung kommt, welches zusätzliche Informationen bereitstellt. Dieses Instrumentarium darf sich nicht allein auf die Auswertung des handelsrechtlichen Jahresabschlusses beschränken, sondern muss neben allen anderen verfügbaren Unternehmensinformationen eine strategische Unternehmensanalyse beinhalten (vgl. KÜTING, K. 2002, S. 12 ff.).

Eine strategische Unternehmensanalyse (vgl. COENENBERG, A. G. 2003, S. 917 f.) beinhaltet eine Branchen-, Marktstellungs- und Geschäftsmodellanalyse. Sie deckt sowohl Fragen nach den unternehmensspezifischen Stärken und Schwächen im Wettbewerb als auch hinsichtlich der Chancen und Risiken, denen ein Unternehmen in seinem Umfeld ausgesetzt ist, ab. Dabei wird versucht, in den Fällen die Informationsdefizite auszugleichen, in denen aus dem Jahresabschluss oder aus dem Geschäftsbericht keine unmittelbaren Erkenntnisse hervorgehen.

Strategische Analyse

Überblickartig lassen sich die Komponenten einer strategischen Unternehmensanalyse wie folgt abbilden:

Übersicht 134: Komponenten einer strategischen Unternehmensanalyse

Strategische Analyse			**Bilanzanalyse**	
Branchenanalyse	Marktstellungsanalyse	Geschäftsmodellanalyse	Erfolgswirtschaftliche Bilanzanalyse	Finanzwirtschaftliche Bilanzanalyse
Unternehmensanalyse				

2.2 Branchenanalyse

Die Branchenanalyse beinhaltet die Identifizierung der strukturellen Merkmale einer Branche, aus denen sich die Stärke der Wettbewerbskräfte und letztendlich die Rentabilität einer Branche ergeben. Ein Unternehmen ist in seinem Umfeld einer Vielfalt von sozialen, ökonomischen und regulatorischen Kräften ausgesetzt, die Auswirkungen auf das unternehmerische Handeln haben. Um einen etwaigen Strukturwandel innerhalb des Unternehmensumfeldes rechtzeitig zu erkennen, müssen die exogenen Einflussfaktoren und Rahmenbedingungen, die die Strategie innerhalb einer Branche bestimmen, identifiziert werden (vgl. Keuper, F. 2001, S. 256). Ausschlaggebend für den Erfolg oder Misserfolg eines Unternehmens sind demnach die Strategie und Fähigkeit, mit diesen externen Kräften umzugehen. Die Intensität des Wettbewerbs innerhalb einer Branche wurzelt in der ökonomischen Struktur einer Branche, die sich durch verschiedene Triebkräfte des Branchenwettbewerbs bestimmt.

Triebkräfte des Branchenwettbewerbs

Die Wettbewerbskräfte einer Branche setzen sich aus der Rivalität unter den bestehenden Unternehmen, der Gefahr der Substitution durch Ersatzprodukte, der Verhandlungsstärke von Kunden und Lieferanten sowie der Bedrohung durch neue Konkurrenten zusammen (vgl. Porter, M. E. 1999, S. 34ff.). Die kombinierte Stärke dieser Wettbewerbskräfte bestimmt die Wettbewerbsintensität und Rentabilität einer Branche und determiniert die Strategie eines Unternehmens. Hierbei ist zu unterscheiden zwischen der durch die Stärke der Wettbewerbskräfte vorgegebenen Struktur einer Branche und kurzfristigen Faktoren, die den Wettbewerb und die Rentabilität innerhalb einer Branche beeinflussen. Zu letztgenannten Einflüssen zählen insbesondere konjunkturelle Schwankungen, Streiks, Materialknappheit oder auch Nachfragespitzen.

Um sich einen besseren Überblick über eine Branche verschaffen zu können, bietet sich eine Zerlegung und Strukturierung einer Branche in einzelne Teilbranchen an (vgl. KÜTING, K. 2000, S. 604). Am Beispiel der Internetbranche kann dementsprechend zwischen Unternehmen unterschieden werden, die Internet-Infrastruktur bereitstellen, Unternehmen, die internetbasierte Softwarelösungen anbieten, solchen Unternehmen, die Internet-Serviceleistungen vertreiben, und Unternehmen, deren Geschäftsmodell der Handel über das Internet darstellt. Für jede einzelne Teilbranche wird anhand branchenspezifischer Faktoren das zukünftige Potenzial des Marktes, welches sich insbesondere im Kundenpotenzial niederschlägt, bestimmt. Aus der Abschätzung des Kundenpotenzials, welches bspw. aus dem Kundenerreichungsgrad und der Kundenreichweite abzulesen ist, können Rückschlüsse auf das zukünftige Branchenwachstum gezogen werden.

2.3 Marktstellungsanalyse

Im Rahmen der Marktstellungsanalyse werden Informationen über die Stellung des Unternehmens im Markt gewonnen. Die Marktstellungs- oder auch Lageanalyse stellt somit die Ausgangsbasis zur Bestimmung der voraussichtlichen Leistungspotenziale eines Unternehmens dar (vgl. HAYN, M. 2003, S. 243). Diese beinhaltet die Identifizierung der wirtschaftlichen Lage eines Unternehmens, welche sich insbesondere in der Nachfrage nach den vom Unternehmen hergestellten Produkten und in der Konkurrenzsituation in einer spezifischen Branche niederschlägt.

Abstrahierend vom Produkt geht es aber auch um eine Beschreibung des relevanten Marktes, mit dem Ziel, dessen Attraktivität und Zukunftspotenzial abschätzen zu können. Hierbei spielen Faktoren wie die Kundenstruktur oder die Kaufkraft der Kunden, aber auch die etablierten und potenziellen Wettbewerber in einer Branche sowie deren jeweilige Wettbewerbsvor- und -nachteile eine große Rolle (vgl. BEHR, G./KIND, A. 1999, S. 69).

Stärken und Schwächen der Konkurrenz

Das Ziel dieser Analyse besteht in der Identifizierung der Inhalte und Erfolgspotenziale der strategischen Schritte eines jeden Wettbewerbers und damit der Schaffung der unternehmensseitigen Möglichkeit, sich in diesem Umfeld optimal zu positionieren.

Das erfolgreiche Wirtschaften eines Unternehmens setzt voraus, dass es den Wettbewerbsvorteil, den es gegenüber der Konkurrenz hat, ausbaut respektive maximiert. Ein erfolgreiches Umsetzen der Wettbewerbsvorteile eines Unternehmens beinhaltet das Wissen über die eigene Position im Markt und – abgeleitet daraus – über die Marktstellung der Mitbewerber. Dabei generiert ein Unternehmen einen Wettbewerbsvorteil gegenüber seinen Konkurrenten, wenn der Wert, den es für seine Kunden schafft, die Kosten der Wertschöpfung für das Unternehmen übersteigt.

Wertkette nach PORTER

Zur Identifizierung der unternehmensspezifischen Wettbewerbsvorteile schuf PORTER das Instrumentarium der Wertkette (vgl. PORTER, M. E. 1999a). Grundlage dieser Wertkette stellt nicht die Unternehmung in ihrer Gesamtheit dar, sondern die isoliert zu betrachtenden strategischen Aktivitäten eines Unternehmens. Jede einzelne strategische Aktivität eines Unternehmens stellt dabei einen Teilbeitrag dar, der für die Unternehmung als Ganzes zu untersuchen ist, ob im Vergleich zur Konkurrenz kostengünstiger und damit effizienter gewirtschaftet wird und somit ein Wettbewerbsvorteil besteht. Die Wertaktivitäten eines Unternehmens werden somit als Bausteine von Wettbewerbsvorteilen verstanden, die isoliert auf ihr Kundenzufriedenheitspotenzial untersucht werden müssen, da sich in diesem der Wettbewerbsvorteil eines Unternehmens niederschlägt.

Die Stärken und Schwächen eines Unternehmens im Vergleich zu seiner Konkurrenz determinieren die Wettbewerbsvorteile und damit den wirtschaftlichen Erfolg. Dabei ist zu beachten, dass bei einem Vergleich nur solche Wettbewerber in die Betrachtung mit einfließen, die hinsichtlich ihrer Struktur und Geschäftstätigkeit vergleichbar sind. In einem breiteren Zusammenhang können die Stärken und Schwächen eines Unternehmens durch eine Analyse der Triebkräfte des Branchenwachstums untersucht werden, wie sie bei der Branchenanalyse dargestellt wurden. Diese allgemeine Betrachtung reicht aber in der Regel nicht aus, um einen umfassenden und tiefen Einblick von einem Konkurrenzunternehmen zu erhalten.

Bei der näheren Betrachtung der Stärken und Schwächen eines Konkurrenzunternehmens sollte auf folgende Faktoren besonderer Wert gelegt werden (vgl. PORTER, M. E. 1999; siehe auch 3. Abschn., 6.3.):

- Produkte
  Wie sieht die Breite und Tiefe des Produktprogrammes des Konkurrenten im Vergleich zum eigenen aus und welchen Ruf genießen die Produkte der Konkurrenz in den einzelnen Marktsegmenten?

- Händler/Vertrieb
  Wie ist es um die Abdeckung und die Qualität der Vertriebskanäle der Konkurrenz bestellt? Wie verhält es sich mit deren Fähigkeit, diese Kanäle zu pflegen und auszubauen?

- Marketing/Verkauf
  Welchen Ausbildungsstand und welche Fähigkeiten hat das Verkaufspersonal? Wie sehen die Fähigkeiten der Konkurrenz in puncto Marktforschung und Entwicklung aus?

- Verfahren
  In diesem Bereich wird das technologische Niveau von Anlagen und Ausrüstungen hinterfragt. Wie verhält es sich mit der Flexibilität von Anlagen und Ausrüstungen und wie ist es um deren Neuheitsgrad bestellt? Was ist zum Standort der Konkurrenzunternehmen zu sagen, einschließlich der dort herrschenden Arbeits- und Transportkosten? Wie sind der Zugang und die Kostenseite der benötigten Rohstoffe zu beurteilen?

  Des Weiteren spielen hier Fragen nach dem Alleinbesitz von Know-how und dem Vorhandensein exklusiver Patentrechte oder Lizenzverträge eine Rolle. Dieser Themenkomplex ist von besonderer Bedeutung in der New Economy. Hier ist an die Softwarebranche und die immense Bedeutung der Lizenzierung von Softwarelösungen zu denken.

- Forschung und Technik
  In diesem Bereich wird analysiert, ob die Konkurrenz die Fähigkeit zur Selbstdurchführung des Forschungs- und Entwicklungsprozesses hat. Dieser Bereich umfasst neben der Produktforschung und der Verhaltensforschung auch die Grundlagenforschung sowie die verschiedenen Stadien der Entwicklung und der Nachahmung.

- Gesamtkosten
  Hier wird die relative Gesamtkostensituation eines Konkurrenzunternehmens analysiert, insbesondere sollten Kostenvorteile, die ein Konkurrent aufgrund von Größenvorteilen oder anderen Faktoren hat, näher untersucht werden.

- Finanzielle Stärke
  Wie ist die finanzielle Situation des Konkurrenzunternehmens einzuschätzen? Wie hoch ist der Cashflow und wie verhält es sich mit der Fremdkapitalquote? Wie sind die Möglichkeiten des Unternehmens einzuschätzen, zukünftig zusätzliche Mittel am Kapitalmarkt aufnehmen zu können? In diesen Bereich fällt auch die Einstufung der Fähigkeiten des Finanzmanagements. Inwieweit gelingt es dem Management, neue Mittel zu akquirieren?

- Organisation
  Wie ist das betrachtete Konkurrenzunternehmen im Vergleich zum eigenen Unternehmen organisiert? Lässt sich aus dem Organisationsaufbau eine Stimmigkeit mit der verfolgten Strategie ableiten?

- Allgemeine Managementfähigkeit
  Wie sind die Führungsqualitäten des Managements des Konkurrenzunternehmens einzuschätzen? Wie sind die Altersstruktur und der Ausbildungsstand der Unternehmenslenker und wie sind deren Flexibilität und Anpassungsfähigkeit an neuartige Entwicklungen einzuschätzen?

– Konzernportfolio
  Wie ist die Struktur des Konzerns aufgebaut und wie sind die Fähigkeiten des Konzerns einzuschätzen, Geschäftseinheiten kurzfristig zu ergänzen oder abzustoßen?

Die genannten Faktoren sind eine erste Hilfestellung für die Einstufung eines Konkurrenten hinsichtlich seines Stärken- und Schwächenprofils. Es muss dabei klar herausgearbeitet werden, welche Fähigkeiten ein Konkurrent in jedem seiner Funktionsbereiche hat: In welchen Bereichen liegt sein Hauptwettbewerbsvorteil, in welchen Bereichen schneidet der Konkurrent am schlechtesten ab und worin liegen die Gründe für das jeweilige Abschneiden? Von entscheidender Bedeutung sind die Erfahrungen und Ergebnisse, die sich aus der Positionierung eines Konkurrenten für das eigene Unternehmen gewinnen lassen.

SWOT-Analyse

Eine weiter gehende Analyse muss sich aber mit den Fähigkeiten eines Unternehmens auseinander setzen, seine Kernkompetenzen zu verfolgen und seine Wachstumsfähigkeiten optimal auszubauen. Vorstellbar ist hier die Vornahme einer SWOT-Analyse (Strengths, Weaknesses, Opportunities, Threats-Analyse), die neben der Erarbeitung eines externen Chancen- und Risikoprofils auch eine endogene Stärken- und Schwächen-Analyse beinhaltet (vgl. MEFFERT, H. 2000, S. 67f. und 1135). Eine endogene Stärken- und Schwächen-Analyse ist dabei im Bereich der Geschäftsmodellanalyse einzuordnen.

Neben der Orientierung an den Kernkompetenzen der Konkurrenten ist des Weiteren auch die Wachstumsfähigkeit der Unternehmen hinsichtlich der Betriebskapazitäten, der Fertigungsmöglichkeiten und insbesondere der Personalakquisition zu untersuchen. Aus der Untersuchung dieser Faktoren lassen sich Rückschlüsse auf die zukünftige Entwicklung der Konkurrenten ziehen und eventuelle Mängel zum eigenen Vorteil nutzen.

Ein weiteres Merkmal für die Zukunftsfähigkeit von Konkurrenzunternehmen ist deren Anpassungsfähigkeit an exogene Ereignisse. Wie verhält sich ein Konkurrent hinsichtlich technologischer Veränderungen, die bestehende Produktionsstätten veralten lassen, einer Rezession oder sonstiger überraschend auftretender Schwankungen im Absatzbereich? Dies betrifft auch die Frage, inwieweit ein Unternehmen in der Lage ist, sich auf einen intensiveren Kostenwettbewerb, die Einführung neuer Produkte seitens der Konkurrenz oder eine erhebliche Ausweitung der Marketingaufwendungen innerhalb der Branche einzustellen.

Die Möglichkeit, flexibel auf exogene Schocks zu reagieren, ist insbesondere vom Verhältnis der fixen zu den variablen Kosten abhängig. Ein großer Fixkostenblock erhöht die Reaktionszeit auf Veränderungen und vermindert die Anpassungsfähigkeit des Konkurrenzunternehmens, aber auch des eigenen Unternehmens. Diese Flexibilität wird auch von den überschüssigen Produktionskapazitäten eines Unternehmens bestimmt und davon, wie diese für veränderte Rahmenbedingungen eingesetzt werden können (vgl. PORTER, M. E. 1999, S. 108f.).

Ein weiterer Analysepunkt im Rahmen der Marktstellungsanalyse oder Konkurrentenanalyse ist die Frage, wie dauerhaft ein Unternehmen in der Lage ist, schlechte Marktphasen zu überstehen, während derer die Ertragssituation oder auch die Cashflow-Situation unter Druck geraten könnte. Diese Durchhaltefähigkeit ist von solchen Faktoren wie den Liquiditätsreserven, dem Verhalten der Manager untereinander, aber auch von dem Druck abhängig, der seitens der Financial Community auf das Unternehmen ausgeübt wird.

2.4 Geschäftsmodellanalyse

Das Wirtschaftsgeschehen der New Economy zeichnet sich durch eine immense Dynamik aus, welche durch neuartige Geschäftsmodelle und Organisationskonzepte der Unternehmen getragen wird. Für die neu geschaffenen Geschäftsmodelle existieren noch keine Erfahrungswerte der Vergangenheit, sodass diese neben großen Chancen auch erhebliche Risiken bergen. Es gibt bei den Unternehmen der New Economy aufgrund ihrer bisher kurzen Lebensdauer und der inhärenten Dynamik ihres Wettbewerbs-, Technologie- und Kundenumfeldes keine etablierten und bewährten Analyseverfahren, die deren Geschäftsprozesse umfassend abdecken. Aus diesem Grund ist es erforderlich, neben der Branchen- und Marktstellungsanalyse auch eine Geschäftsmodellanalyse durchzuführen, die die Logik und Zukunftsfähigkeit des Geschäftsmodells einer eingehenden Überprüfung unterzieht.

Market Due Diligence

Zu denken ist hierbei an die Durchführung einer Market Due Diligence. Im Rahmen einer solchen Studie wird eine Unternehmensbewertung aus Markt- und Kundensicht durchgeführt. Finanzdaten der Unternehmen sind bei dieser Betrachtung unbeachtlich. Faktoren wie der Unternehmensstandort, aber auch bestehende Beteiligungen sowie ein Screening des Unternehmensumfeldes inklusive des inhärenten Marktrisikos spielen bei dieser Analyse die entscheidende Rolle.

2.4.1 Prognoseschwierigkeiten in der New Economy

Bei der Analyse von Unternehmen der New Economy wird ein externer Prüfer vor erhebliche Prognoseschwierigkeiten gestellt. Diese manifestieren sich zum einen in der mangelnden Anwendbarkeit von Trendextrapolationsverfahren, da die Unternehmen oftmals erst seit kurzer Zeit existieren und somit lange Zeitreihen nicht zur Verfügung stehen, die Aufschluss über die Gewinnsituation der Vergangenheit geben. Außerdem wurden in der Regel noch keine nachhaltigen Erfolge erzielt, denen aber aufgrund einer als überaus aussichtsreich eingeschätzten Zukunftstechnologie optimistische Gewinnerwartungen gegenüberstehen könnten. Trendextrapolationsverfahren, welche auf geschätzten Gewinnen basieren, sind somit immanent mit einem erheblichen Unsicherheitsfaktor behaftet und geben in Zeiten sich schnell verändernder Rahmenbedingungen wenig Indikatoren für die Unternehmensentwicklung (vgl. Sebastian, K.-H./ Olbrich, M. 2000, S. 72).

Problematik der Erfolgsprognosen

Im Internet-Segment der New Economy werden Erfolgsprognosen zusätzlich durch die schwierige Vorhersage der Entwicklung sowohl der Quantität der Internetnutzer als auch ihres zukünftigen Nutzungsverhaltens bestimmt. Ursächlich für die hohe Unsicherheit in der Nutzerprognose ist die sich rapide verändernde Zusammensetzung der Nutzerschaft des Internets. Dies bedeutet, dass die in den Anfängen klar strukturierte Gruppe der Internetnutzer zusehends durch neu hinzukommende Gesellschaftsgruppen ergänzt und somit heterogener wird. Diese Heterogenität hat zur Folge, dass die Interessenlagen der Nutzer im Zeitablauf stark variieren und mit ihnen ihre Gewohnheiten, Präferenzen und damit einhergehend deren Zahlungsbereitschaften (vgl. Sebastian, K.-H./ Olbrich, M. 2000, S. 73).

Ein weiterer Grund für die Prognoseproblematik besteht in der schwierig abzuschätzenden Reaktion des Wettbewerbs auf Schritte des Unternehmens. Die New Economy besteht insbesondere im Internet-Segment nicht aus einem tradierten Kreis von Wettbewerbern. So haben viele finanziell gut ausgestattete Unternehmen der Old Economy ihren Einstieg ins World Wide Web vollzogen oder zumindest angekündigt, sodass sich der Vorteil der Pionierstellung einiger reiner Internetunternehmen in Zukunft ausgleichen wird. Neben der Schwierigkeit, den Kreis der Wettbewerber einzugrenzen, ist es im Internet auch nicht möglich, eine regionale Abgrenzung vorzunehmen, da örtliche Unterschiede kaum mehr eine Rolle spielen.

Auch die Abschätzung der Rahmenbedingungen des Internets birgt erhebliche Unsicherheiten. Dies betrifft auch steuerliche und juristische Fragestellungen. Beispielhaft sei hier der Einfluss einer Änderung der gesetzlichen Öffnungszeiten für die Wettbewerbssituation der E-Commerce-Unternehmen, also der Unternehmen, die den elektronischen Handel von Waren betreiben, genannt.

2.4.2 Vorgehensweise bei einer Geschäftsmodellanalyse

In einem ersten Schritt müssen die Erfolgsfaktoren herausgearbeitet werden, die über den Erfolg oder Misserfolg einer Geschäftstätigkeit entscheiden (vgl. Weiss, H.-J. 2000, S. 216ff.). So sind bspw. bei Unternehmen aus dem Internet-Segment der New Economy die finanzielle Stärke eines Unternehmens, der Marktanteil, der Bekanntheitsgrad, die Breite des angebotenen Sortiments, aber auch der Portalcharakter seiner Webseiten sowie die Einfachheit der Nutzung durch Kunden ausschlaggebend. Des Weiteren spielen Faktoren wie die Schlüssigkeit der unternehmerischen Strategie sowie die Höhe der Eintrittsschranken in ein spezifisches Marktsegment eine große Rolle.

Der Abgleich der Erfolgsdeterminanten in einem Marktsegment mit den Erfolgspotenzialen eines spezifischen Geschäftsmodells erlaubt es, etwaige

Schwächen im Geschäftsaufbau und drohende Risiken im Geschäftsumfeld eines Unternehmens zu identifizieren und die zukünftige Stellung des Unternehmens im Wettbewerb zu prognostizieren (vgl. SEBASTIAN, K.-H./OLBRICH, M. 2000, S. 74).

Durchführung einer Geschäftsmodellanalyse

Eine Geschäftsmodellanalyse sollte aber neben der reinen Betrachtung des Geschäftsmodells auch weitere Faktoren in die Beurteilung einbeziehen. Hier ist bspw. an die Bedeutung des Managements für die weitere Entwicklung des Unternehmens zu denken. Die Erfahrung, der Ausbildungsstand und die Motivationskünste des Managements sind häufig richtungsweisend für den Erfolg eines Unternehmens. Ein Indikator für die Verwurzelung des Managements mit dem Unternehmen ist in der Kapitalbeteiligung des Leitungsorgans zu sehen, da diese auch nach außen die finanzielle Übernahme von Risiko durch das Management verdeutlicht (vgl. BEHR, G./KIND, A. 1999, S. 68). Der Wert eines Unternehmens der New Economy wird in der Regel weitestgehend durch immaterielle Größen bestimmt. Deren Erfassung, insbesondere des Know-hows und der Erfolgspotenziale im Forschungs- und Entwicklungsbereich, nimmt dabei einen entscheidenden Stellenwert ein (vgl. FÜLBIER, R. U./HONOLD, D./ KLAR, A. 2000, S. 842f.).

Bei der Überprüfung des Geschäftsmodells ist der Schwerpunkt darauf zu legen, ob das angebotene Produkt Kundenbedürfnisse befriedigt sowie den Qualitätsansprüchen der Kunden genügt. Zu denken ist hierbei an die Entwicklung eines Fragebogens, der über die Kundenansprüche sowie die Kundenzufriedenheit nach Geschäftsabschluss Auskunft gibt. Ein weiterer wichtiger Punkt für die zukünftige Entwicklung eines Unternehmens ist der Anspruch, dass das gesamte Leistungssystem sowie das Produkt nicht durch Wettbewerber ohne weiteres imitierbar sein dürfen. Zu diesem Screening gehört auch die Beurteilung des Marketingkonzeptes sowie der Vertriebswege (vgl. BEHR, G./KIND, A. 1999, S. 68f.).

2.5 Ausblick

Die Ausführungen haben gezeigt, dass aufgrund der besonderen Charakteristika junger Unternehmen ein alleiniges Abstellen auf die klassische Bilanzanalyse nur zu unvollständigen Ergebnissen führen würde, da eine Vielzahl von Faktoren nicht in die Betrachtung einfließen würde. Es ist daher notwendig, im Rahmen einer ganzheitlichen Unternehmensanalyse auf eine Kombination verschiedener Analysemodelle zurückzugreifen. Neben die erfolgs- und finanzwirtschaftliche Bilanzanalyse tritt zu diesem Zweck eine so genannte strategische Analyse.

Die strategische Analyse, die die Branchen-, Marktstellungs- und Geschäftsmodellanalyse beinhaltet, steht noch am Anfang ihrer wissenschaftlichen Entwicklung. Nichtsdestotrotz darf im Rahmen einer umfassenden Unternehmensanalyse und vor dem Hintergrund der Besonderheiten junger Unternehmen nicht auf sie verzichtet werden.

Merksätze:

1. Junge, dynamisch wachsende Unternehmen unterscheiden sich in wesentlichen Punkten von etablierten Unternehmen. Diese Unterschiede sind insbesondere durch die folgenden Charakteristika geprägt:
   - die Dauer der wirtschaftlichen Existenz,
   - das Betätigungsfeld,
   - die Wachstumsaussichten,
   - die besondere Risikosituation und
   - die Ausrichtung auf Hochtechnologie-Märkte und die damit verbundene Spezialisierung.
2. Die Besonderheiten in Aufbau und Struktur der Geschäftstätigkeit beeinflussen auch die Rechnungslegung junger Unternehmen.
3. Aufgrund der Charakteristika der jungen Unternehmen ist die Aussagekraft der traditionellen finanziellen Bilanzanalyse nur sehr eingeschränkt. Aus diesem Grund muss es im Zuge einer Unternehmensanalyse auch zur Anwendung einer strategischen Analyse kommen.
4. Die strategische Analyse beinhaltet neben einer Branchenanalyse und einer Marktstellungsanalyse auch eine Geschäftsmodellanalyse.
5. Die Branchenanalyse identifiziert die Wettbewerbskräfte innerhalb einer Branche, die Marktstellungsanalyse untersucht die Stärken und Schwächen der Wettbewerber in einem spezifischen Marktsegment, um so die Positionierung des Unternehmens im Markt zu bestimmen, und die Geschäftsmodellanalyse setzt sich umfassend mit den Erfolgspotenzialen des Geschäftsmodells eines Unternehmens auseinander, um so Aussagen über die Zukunftsfähigkeit eines Unternehmens liefern zu können.

5. Abschnitt
Besonderheiten der Konzernbilanzanalyse

1. Grundlagen

Bedeutung der Konzernrechnungslegung

Die Konzernrechnungslegung hat in der Vergangenheit in Deutschland, nicht zuletzt durch die Transformation der 7. EG-Richtlinie, ständig an Bedeutung gewonnen. Das neue Konzernbilanzrecht führte nicht nur zu neuen Offenlegungspflichten für eine große Anzahl von Konzernen, sondern auch zu vielfältigen Änderungen in der Konsolidierungspraxis. Die Konzernrechnungslegung erhält durch diese Entwicklung – aber auch durch die jüngsten Änderungen betreffend die Internationale Rechnungslegung – eine neue Stellung. Die erweiterten Möglichkeiten der Konzernbilanzpolitik sowie die Beurteilung des Konzernabschlusses als »eigentlichen Abschluß« (BUSSE VON COLBE, W. 1987, S. 204) demonstrieren dies deutlich.

Notwendigkeit der Konzernbilanzanalyse

Es entspricht daher internationaler Übung, dass »die Unternehmen in erster Linie nach ihrem Konzern- bzw. Weltabschluß analysiert und beurteilt werden« (PILTZ, K. 1990, S. 7); denn »wer Bilanzanalyse betreibt, handelt fahrlässig, wenn er den Konzernabschluß aus der Betrachtung herausläßt« (REUTER, E. 1988, S. 285; vgl. auch RIEBELL, C. 1999, S. 13). Diese Ansicht wird z.B. auch von der Deutschen Vereinigung für Finanzanalyse und Asset Management (DVFA) und der Schmalenbach-Gesellschaft – Deutsche Gesellschaft für Betriebswirtschaft (SG) geteilt, die das Ergebnis nach DVFA/SG (vgl. BUSSE VON COLBE, W. u.a. 2000) auf der Grundlage des Konzernabschlusses ermitteln. »Die Relevanz des Konzernabschlusses wird demgemäß für die externe Bilanzanalyse zunehmen« (COENENBERG, A. G. 1989, S. 7).

1.1 Zur Bedeutung der Konzernbilanzanalyse

Im Vergleich zur einzelgesellschaftlichen Rechnungslegung hat die Konzernrechnungslegung erheblich an Bedeutung zugenommen. Damit dürfte auch eine wesentliche Aufwertung der Konzernbilanzanalyse verbunden sein.

Gestiegene Anzahl von Konzernabschlüssen

Für die Aussage spricht zunächst der Tatbestand, dass die Anzahl der abschlusspflichtigen Konzerne sprunghaft angestiegen ist. Während nach altem Konzernbilanzrecht grundsätzlich immer eine Unternehmung in der Rechtsform der AG oder KGaA im Konzernverbund sein musste, um die Abschlusspflicht zu begründen, tritt diese Rechtsfolge nach neuem Recht auch dann ein, wenn das Mutterunternehmen in der Rechtsform der GmbH oder einer Personenhandelsgesellschaft i.S.d. § 264a HGB geführt wird. Somit steigt die Anzahl der Konzernabschlüsse sprunghaft an.

Grundlegende Mängel beseitigt

Aufgrund der zahlreichen Gestaltungsmöglichkeiten sollte »das Anspruchsniveau an die Analyse von publizierten Konzernjahresabschlüssen ... keinesfalls zu hoch gesteckt werden. Exakte Ergebnisse sind, ohne Anreicherung mit internen Daten, nicht zu erwarten« (REUTER, E. 1988, S. 300).

Stellung des Konzernabschlusses

Besonders soll auf drei – nur scheinbar formelle – Nebensächlichkeiten hingewiesen werden, die gleichwohl die Stellung des Konzernabschlusses verdeutlichen und in mehreren Konzernen heftige Grundsatzdiskussionen auslösten:

(1) Immer mehr Unternehmen gehen dazu über, den Konzernabschluss dem Einzelabschluss des Mutterunternehmens voranzustellen, und dokumentieren damit ganz offensichtlich den hohen Stellenwert der Konzernrechnungslegung.

(2) Auch im Rahmen der Abschlusserläuterungen wird weitaus häufiger der Konzernanhang dargestellt, um dann auf spezifische Sachverhalte der einzelgesellschaftlichen Rechnungslegung gesondert einzugehen.

(3) Einige Konzerne veröffentlichen nur noch den Konzernabschluss und versenden den Abschluss des Mutterunternehmens nur noch auf Anforderung.

Konzernabschluss als ›eigentlicher‹ Abschluss

Zwar dürfte die These von SIELAFF (M., in: KÜTING/WEBER 1990, II. Kap., Rn. 64), wonach im Mittelpunkt der Betrachtung von Konzernunternehmen nur die Konzernabschlüsse stehen, während die Einzelabschlüsse nur noch als Unterlagen für die Gewinnverteilung und als Brücke zur Steuerbilanz dienen, den Sachverhalt zu einseitig beurteilen, gleichwohl erfährt der Konzernabschluss auch für die Unternehmensbeurteilung eine erhebliche Aufwertung. BUSSE VON COLBE (W. 1987, S. 204) vertritt in diesem Zusammenhang die These, dass der Konzernabschluss insbesondere für solche Unternehmen, die international tätig sind und ausländische Kapitalmärkte beanspruchen, »zum ›eigentlichen‹ Abschluß (wird, d. Verf.), wie das in den USA längst der Fall« ist.

Auch im Rahmen der Haupt- oder Gesellschafterversammlungen und in Pressekonferenzen anlässlich der Vorstellung des Jahresabschlusses hat die Bedeutung der Konzernrechnungslegung zugenommen und ist zu einem wichtigen Erörterungsgegenstand geworden. Zutreffend bemerkt daher auch PILTZ, dass »der Stellenwert des Konzernabschlusses stark gestiegen« (PILTZ, K. 1988, S. 235) sei.

1.2 Zum Schwierigkeitsgrad der Konzernbilanzanalyse

Die Konzernbilanzanalyse ist mit vielerlei Schwierigkeiten verbunden. Daher sind einer zweckentsprechenden Konzernbilanzanalyse systembedingte Grenzen gesetzt. Auf zwei Sachverhalte soll in diesem Zusammenhang besonders hingewiesen werden:

Neues Konzernkonzept

(1) Der Konzernabschluss ist »ein Abschluß über die Einflußsphäre des Konzerns« (EISELE, W./RENTSCHLER, R. 1989, S. 311) hinaus, indem im Konzernabschluss gleichzeitig Konzernunternehmen, Gemeinschaftsunternehmen und assoziierte Unternehmen erfasst werden. Die Gemeinschaftsunternehmen und assoziierten Unternehmen sind nicht Teile der Einheit Konzern, sondern vielmehr Unternehmensverbindungen eigener

Art, mit deren Erfassung im Konzernabschluss der Gesetzgeber versucht, der »Grauzone zwischen Markt und Unternehmung erfolgsrechnerische Konturen zu geben« (ORDELHEIDE, D. 1989, S. 393).

Unterschiedliche Konsolidierungstechniken

Die drei Unternehmensgruppen werden auf der Grundlage unterschiedlicher Konsolidierungstechniken mit verschiedenen Unterformen erfasst. Der Analyst aber weiß nicht, in welchem Umfang die einzelnen Aktivitäten berücksichtigt wurden, vielmehr geht das gesamte Konsolidierungsergebnis in eine einzige Endspalte der Bilanz ein.

Bilanzpolitik

(2) Zwischen der Bilanzpolitik und der Bilanzanalyse besteht eine enge Wechselbeziehung in der Weise, dass mit einer Zunahme der bilanzpolitischen Gestaltungsmöglichkeiten die Aussagefähigkeit der Bilanzanalyse gleichzeitig abnimmt und umgekehrt (vgl. auch 3. Abschn., 4. Kap. 4.4.1.2).

Umfangreiche Gestaltungsmöglichkeiten

Wenn die These überwiegend anerkannt wird, dass die bilanzpolitischen Gestaltungsmöglichkeiten im Einzelabschluss zugenommen haben, gilt dies erst recht für den Konzernabschluss. Möglichkeiten zur zielorientierten Gestaltung von Konzernabschlüssen ergeben sich bereits bei der Aufstellung des Einzelabschlusses, bei der Aufstellung der so genannten Handelsbilanz II und im Zuge des Konsolidierungsprozesses selbst. Auf nachfolgende Punkte sei besonders aufmerksam gemacht:

Instrumente der Einzelbilanzpolitik

(1) Das bilanzpolitische Instrumentarium des Einzelabschlusses kann vollständig auch für Konzernabschlusszwecke eingesetzt werden, und zwar auch anders als im Einzelabschluss, sodass derselbe Sachverhalt im Einzel- und Konzernabschluss unterschiedlich dargestellt werden kann.

Ungeklärte Konsolidierungsfragen

(2) Zahlreiche wichtige Konsolidierungsfragen sind im Gesetz nicht geklärt. Gleichwohl werden bei der Diskussion dieser nicht geklärten Konsolidierungsfragen die unterschiedlichsten Konsolidierungstechniken diskutiert und damit alternative Lösungswege eröffnet.

Unbestimmte Rechtsbegriffe

(3) In vielen Vorschriften verwendet der Gesetzgeber so genannte unbestimmte Rechtsbegriffe. So sind z. B. die Begriffe der geringen oder besonderen Bedeutung bzw. einer wesentlichen oder nachhaltigen Beeinträchtigung recht häufig zu finden und eröffnen damit einen nicht geringen Interpretationsspielraum.

Nicht zuletzt diese drei Gründe haben dazu geführt, dass die Konsolidierung mehr darstellt als eine bloße Anwendung von Konsolidierungstechniken und im Rahmen der Konsolidierung wesentliche bilanzpolitische Möglichkeiten bestehen. Dies bedeutet aber auch gleichzeitig, dass die externe Unternehmensbeurteilung »im zwischenbetrieblichen Vergleich problematischer« (MÜLLER, H. 1988a, S. 40) wird. Darüber hinaus wird ganz generell der Schwierigkeitsgrad der Bilanzanalyse erhöht. Auch STAKS (H. 1988, S. 325) weist auf diese Problematik hin, wenn er bemerkt, dass die Vielzahl von Gestaltungsmöglichkeiten zu einer Abnahme der Aussagefähigkeit und zu einer mangelnden Vergleichbarkeit der Konzernabschlüsse führen kann. Hierzu tragen im Übrigen nicht zuletzt auch die (erweiterten) Möglichkeiten zur Erstellung eines internationalen Konzernabschlusses bei (vgl. nur ZWIRNER, C. 1999).

Hohe Anforderungen an die Analyse von Weltabschlüssen

Es werden daher hohe Anforderungen an den Analysten von Konzernbilanzen gestellt. Die Schwierigkeiten wiegen umso schwerer, als die Analyse international tätiger Konzerne in der betriebswirtschaftlichen Literatur bislang nur unzureichend diskutiert worden ist. Das bilanzanalytische Instrumentarium zur Analyse von Weltabschlüssen scheint zwar dem zur Analyse von Einzelabschlüssen durchaus gleichwertig zu sein, doch muss bedacht werden, dass sowohl das Analyseobjekt als auch der Anwendungsbereich um einiges komplexer sind (vgl. REUTER, E. 1988, S. 285). Trotz dieser Komplexität und der in der Literatur geäußerten Kritik am bilanzanalytischen Instrumentarium »scheinen Kennzahlenvergleiche für die analytische Praxis unentbehrlich« (REUTER, E. 1988, S. 297). Abschließend sei betont, dass die jüngeren Entwicklungen im HGB – grundsätzlich – geeignet sind, die Datenbasis der externen Analysten zu verbessern. Hierzu ist bspw. auf die Offenlegungspflichten betreffend Kapitalflussrechnung, Segmentberichterstattung und Eigenkapitalspiegel hinzuweisen (vgl. § 297 Abs. 1 Satz 2 HGB).

Merksätze:

1. Mit der erheblichen Zunahme der Bedeutung der Konzernrechnungslegung, nicht zuletzt seit der Transformierung der 7. EG-Richtlinie, ist auch eine wesentliche Aufwertung der Konzernbilanzanalyse verbunden.
2. Der Gesetzgeber hat einen erheblichen konzernbilanzpolitischen Handlungsspielraum gewährt. In diesem Zusammenhang führt auch die Loslösung von Einzel- und Konzernabschluss, also die Möglichkeit zu einer eigenständigen Konzernbilanzpolitik, zu weiteren Schwierigkeiten für eine aussagefähige Bilanzanalyse.

2. Erstellung der Konzernstrukturbilanz

2.1 Auswirkungen einzelner Konsolidierungsmaßnahmen

2.1.1 Grundsatz des Bewertungsrahmens des Mutterunternehmens

2.1.1.1 Grundlagen

Auf der Grundlage der §§ 300 Abs. 2, 308 HGB sind die für den Einzelabschluss des Mutterunternehmens geltenden Ansatz- und Bewertungsvorschriften auch für die Erstellung des Konzernabschlusses maßgeblich und für Zwecke der Bewertung einheitlich anzuwenden. Hierbei gilt, dass nach dem Recht des Mutterunternehmens zulässige Bilanzierungs- und Bewertungswahlrechte im Konzernabschluss »unabhängig von ihrer Ausübung in den Jahresabschlüssen der in den Konzernabschluss einbezogenen Unternehmen ausgeübt werden« (§§ 300 Abs. 2 Satz 2, 308 Abs. 1 Satz 2 HGB) dürfen. Entscheidend ist dabei der mögliche Bewertungsrahmen des Mutterunternehmens. Auf der Grundlage dieser Basisvorschrift können sich zwangsweise oder freiwillige Neubewertungen ergeben.

Zwangsweise Neubewertung

(1) Sind die in den Konzernabschluss zu übernehmenden Aktiv- und/oder Passivposten in den Einzelabschlüssen der einbezogenen Mutter- und/oder Tochterunternehmen nach Methoden bewertet worden, die sich von den auf den Konzernabschluss anwendbaren Methoden unterscheiden, so verlangt § 308 Abs. 2 Satz 1 HGB auf der Grundlage einer so genannten Handelsbilanz II eine entsprechende Neubewertung nach konzerneinheitlichen Bewertungsmethoden.

Freiwillige Neubewertung

(2) Da eine Umbewertung im Zuge der Konsolidierung gem. § 300 Abs. 2 HGB sowie gem. § 308 HGB auch auf freiwilliger Basis vorgenommen werden kann, eröffnet sich damit dem Mutterunternehmen im Vergleich zum alten Recht ein erheblicher eigenständiger konzernbilanzpolitischer Bewertungsspielraum. Danach kann ein bestimmter Bewertungssachverhalt im Rahmen des Einzelabschlusses völlig anders als im Rahmen der Konzernrechnungslegung behandelt werden. Entscheidend ist, dass sich der Bilanzierende im Rahmen des Bewertungsspielraums bewegt, der dem Mutterunternehmen im Zuge der einzelgesellschaftlichen Rechnungslegung eingeräumt wurde. So können z. B. die handelsbilanziellen Herstellungskosten im Einzelabschluss zu Einzelkosten angesetzt werden, während im Konzernabschluss der Ansatz zu Vollkosten (Einzel- und Gemeinkosten) erfolgt.

2.1.1.2 Konsequenzen für die Bilanzanalyse

Vergleich mit den Originärbilanzen

Durch den Grundsatz des Bewertungsrahmens des Mutterunternehmens können im Vergleich zu den Originärbilanzen der einbezogenen Unternehmen erhebliche Umbewertungen vorgenommen werden. Diese Bewertungsmaßnahmen können Wertansätze erhöhen oder vermindern und damit das bilanzmäßige Reinvermögen aufstocken oder absenken. Darüber hinaus können die Bewertungsmaßnahmen Einfluss auf den Jahreserfolg nehmen.

Die Korrekturen werden in aller Regel in der Handelsbilanz II vorgenommen, die dann in den Summenabschluss eingeht und somit dem eigentlichen Konsolidierungsprozess vorgelagert ist. Sie erfolgen somit zeitlich nach der Erstellung der Originärbilanz, aber noch vor der eigentlichen Konsolidierung.

Erkennbarkeit der Umbewertungen

Im Konzernabschluss sind die Umbewertungen nicht ohne weiteres erkennbar; es sei denn, die Konzerne berichten (freiwillig) hierüber. Obwohl auf der Grundlage einer Neubewertung unter Umständen ein erheblicher Einfluss auf die Darstellung der Unternehmenslage genommen werden kann, hat der Analytiker häufig nicht die Informationen, die Auswirkungen dieser Bewertungskorrekturen hinreichend erkennen und quantifizieren zu können. Damit sind der externen Konzernbilanzanalyse – systembedingt – wichtige Grenzen gesetzt.

Keine Aufbereitungsmaßnahmen

Aufbereitungsmaßnahmen werden bei der Erstellung einer Konzernstrukturbilanz nicht erforderlich. Abgesehen davon, dass konkrete Zahlen nicht genannt werden müssen, bewegen sich die Konzerne auch im Zuge der Umbewertung noch im bilanzpolitisch zulässigen Bewertungsrahmen. Auch im Rahmen der einzelgesellschaftlichen Bilanzanalyse hätte eine geänderte Bilanzpolitik keinen Einfluss auf die Strukturbilanz genommen.

2.1.2 Kapitalkonsolidierung und kapitalkonsolidierungsähnliche Verfahren

2.1.2.1 Grundlagen

Anhand des unten stehenden Beispiels sollen die allgemeine Problematik und der Zweck der Kapitalkonsolidierung auch im Hinblick auf die Fragestellungen der Konzernbilanzanalyse erläutert werden.

Beispiel

Das Unternehmen A weist zum 31.12.01 nachfolgende Bilanz aus (vgl. im Folgenden Küting, K./Weber, C.-P./Zündorf, H. 1990, S. 63 ff.):

Bilanz von A zum 31.12.01			
Aktiva	600	gezeichnetes Kapital	400
		Rücklagen	200

Am 01.01.02 soll A seine sämtlichen Vermögensgegenstände auf das neu gegründete Unternehmen B übertragen. Dabei erwirbt das Unternehmen A sämtliche Anteile von B mit einem Agio in Höhe von insgesamt 200, sodass das gesamte Vermögen von A durch die Beteiligung an B repräsentiert wird. Die Bilanzen von A und B haben nach diesem konzerninternen Vorgang folgendes Aussehen:

Bilanz von A zum 31.12.02

Anteile an verbundenen Unternehmen	600	gezeichnetes Kapital	400
		Rücklagen	200

Bilanz von B zum 31.12.02

Aktiva	600	gezeichnetes Kapital	400
		Rücklagen	200

Ein Vergleich der Summation der Größen von A und B mit der Bilanz von A zum 31.12.01 zeigt, dass die Summation der Einzelabschlüsse zu einer Verdopplung sowohl der Aktiva als auch der Passiva führt, obwohl weder das Vermögen noch das Kapital eine Änderung erfahren haben.

Summenbilanz von A und B zum 31.12.02

Anteile an verbundenen		gezeichnetes Kapital	
Unternehmen	600	– von A	400
		– von B	400
		Rücklagen	
Aktiva	600	– von A	200
		– von B	200

Der geschilderte konzerninterne Vorgang führt somit bei einer alleinigen Summation der Einzelabschlusswerte zu einer Aufblähung beider Bilanzseiten. Im Zuge der (Kapital-)Konsolidierung ist daher dieser konzerninterne Vorgang in der Weise rückgängig zu machen, dass die Anteile gegen das gezeichnete Kapital und gegen die Rücklagen des Tochterunternehmens aufgerechnet werden.

Notwendigkeit der Aufrechnung

Die Notwendigkeit dieser Aufrechnung ergibt sich auch aus der Überlegung, »daß es sich bei dem Beteiligungskonto und den Konten des Eigenkapitals der Tochtergesellschaft um Spiegelbildkonten handelt. Sie repräsentieren beide ... das gleiche Recht an dem betreffenden Unternehmen und seinen Geschäftsergebnissen« (DREGER, K.-M. 1969, S. 51). Als Ausnahmefall dürfte der Sachverhalt zu bezeichnen sein, dass der Buchwert der Anteile einerseits und das damit zu verrechnende gezeichnete Kapital einschließlich der Rücklagen sowie des Ergebnisses und des Ergebnisvortrags andererseits gleich hohe

Werte aufweisen. Übersteigt der Buchwert der Anteile die entsprechenden Werte des Eigenkapitals, entsteht ein Unterschiedsbetrag auf der Aktivseite (= so genannter aktivischer Unterschiedsbetrag). Im umgekehrten Fall entsteht ein (= so genannter passivischer) Unterschiedsbetrag auf der Passivseite.

Einzubeziehende Unternehmen

Wie die Kapitalkonsolidierung im Einzelnen durchzuführen ist und wie eventuell auftretende Unterschiedsbeträge zu verrechnen sind, ist davon abhängig, ob es sich bei den einzubeziehenden Gesellschaften um Konzern-, Gemeinschafts- oder assoziierte Unternehmen handelt und welche Konsolidierungstechniken zur Anwendung gelangen.

2.1.2.2 Einbeziehung von Konzernunternehmen

Vollkonsolidierung mit Minderheitenausweis

Konzernunternehmen werden auf der Grundlage der Vollkonsolidierung und hier insbesondere auf der Basis der Purchase-Methode in den Konzernabschluss einbezogen. Auch dann, wenn der Konzern nicht alle Anteile an den Konzernunternehmen hält und somit andere Gesellschafter an den Tochterunternehmen beteiligt sind, werden aus den Bilanzen der Tochterunternehmen die Vermögensgegenstände, Verbindlichkeiten usw. in voller Höhe in die Konzernbilanz übernommen. Es ist aber gem. § 307 Abs. 1 Satz 1 HGB in der Konzernbilanz »für nicht dem Mutterunternehmen gehörende Anteile an in den Konzernabschluss einbezogenen Tochterunternehmen ein Ausgleichsposten für die Anteile der anderen Gesellschafter in Höhe ihres Anteils am Eigenkapital unter entsprechender Bezeichnung innerhalb des Eigenkapitals gesondert auszuweisen«. Somit wird – auf eine Kurzformel gebracht – das auf die anderen Gesellschafter entfallende Kapital in einen eigenen Ausgleichsposten eingestellt.

Im Rahmen der Konzernbilanzanalyse stellt sich somit die Frage, wie neben dem aktivischen und passivischen Unterschiedsbetrag der Ausgleichsposten für die Anteile der anderen Gesellschafter zu behandeln ist.

2.1.2.2.1 Aktivischer Unterschiedsbetrag

Geschäfts- oder Firmenwert

Ein nach der Aufdeckung von stillen Reserven/Lasten verbleibender aktivischer Unterschiedsbetrag aus der Kapitalkonsolidierung hat stets den Charakter eines Geschäfts- oder Firmenwerts. Hier wird die Ansicht vertreten, dass es sich beim Geschäfts- oder Firmenwert um eine Bilanzierungshilfe handelt, obwohl durchaus auch Argumente gegen diese Auffassung angeführt werden können.

Saldierung mit dem Eigenkapital

Aufgrund der Einstufung des Geschäfts- oder Firmenwerts als Bilanzierungshilfe sollte dieser Posten bei der Erstellung der Konzernstrukturbilanz gegen das Eigenkapital saldiert werden. Damit würde im Übrigen eine Gleichstellung mit jenen Konzernen erreicht, die gem. § 309 Abs. 1 Satz 3 HGB den Geschäfts- oder Firmenwert in voller Höhe offen mit den Rücklagen verrechnen.

Die Saldierung ist nur bei der Erstkonsolidierung nachvollziehbar, während sie in den Folgejahren nicht mehr erkennbar ist.

2.1.2.2.2 Passivischer Unterschiedsbetrag

Ursachen

Im Zuge der Aufrechnung des Buchwertansatzes der Anteile an einem Tochterunternehmen mit dem anteiligen Eigenkapital kann auch der Fall eines verbleibenden passivischen Unterschiedsbetrags auftreten. Die Ursachen für einen solchen verbleibenden passivischen Unterschiedsbetrag können verschieden sein, insbesondere kommen in Betracht:

(1) ein Kaufpreis für die Anteile, der unter dem Wert des anteiligen Kapitals liegt, weil dem Käufer ein Lucky Buy gelang oder negative Entwicklungen beim Tochterunternehmen erwartet werden, die im Kaufpreis bereits berücksichtigt worden sind;

(2) Abschreibungen auf die Anteile vor dem Zeitpunkt der erstmaligen Einbeziehung des Tochterunternehmens in die Konsolidierung;

(3) Gewinnthesaurierungen bei den Tochterunternehmen, die sich infolge der Inanspruchnahme der Übergangsvorschriften als passivischer Unterschiedsbetrag niederschlagen. Es handelt sich hierbei um Rücklagenbewegungen, die zwar während der Konzernzugehörigkeit, aber vor der Erstkonsolidierung stattfanden.

Charakter

Der nach der Aufdeckung vorhandener stiller Reserven/Lasten verbleibende passivische Unterschiedsbetrag kann somit je nach Entstehungsursache einen unterschiedlichen Charakter aufweisen:

(1) Eigenkapitalcharakter, wenn für den Anteil weniger bezahlt wurde, als er tatsächlich wert ist. Es handelt sich in diesem Fall um einen günstigen Kauf, auch Lucky Buy genannt, sodass »der Unterschiedsbetrag als Rücklage zu interpretieren und ... Bestandteil des Konzerneigenkapitals« (SAHNER, F. 1983, S. 44) ist. Die gleiche Aussage gilt für Rücklagenerhöhungen, die zwar während der Konzernzugehörigkeit, aber vor der Erstkonsolidierung vorgenommen wurden;

(2) Fremdkapitalcharakter, wenn für das Unternehmen, das erworben wurde, pessimistische Zukunftserwartungen bestehen. Die erwartete ungünstige Entwicklung des Unternehmens wurde bereits im Kaufpreis berücksichtigt (vgl. NIEHUS, R. J. 1984, S. 324). Treten die ungünstigen Entwicklungen in der Zukunft ein, so darf die passivische Differenz nach § 309 Abs. 2 HGB aufgelöst werden. Somit »kann die passive Differenz wie ein Zuschuß zur Verbesserung der Ertragslage« (HAVERMANN, H. 1978, S. 434) angesehen werden.

Ein aus der Anwendung der Kapitalkonsolidierung resultierender passivischer Unterschiedsbetrag ist auf der Passivseite der Konzernbilanz auszuweisen.

Über den Ausweis des Postens im Einzelnen sagt der Gesetzestext nichts aus, sodass für die Entscheidung, wo dieser Posten auszuweisen ist, im jeweiligen Einzelfall auf seinen bilanziellen Charakter abzustellen ist.

Analytische Behandlung

Aus der Sicht des Bilanzanalytikers ist der passivische Unterschiedsbetrag mit Eigenkapitalcharakter im Rahmen der Erstellung einer Konzernstrukturbilanz dem bilanzanalytischen Eigenkapital zuzuordnen. Bestehen für das erworbene Unternehmen hingegen pessimistische Zukunftserwartungen, die bereits im Kaufpreis berücksichtigt wurden, so besitzt der passivische Unterschiedsbetrag Rückstellungscharakter und ist somit dem Fremdkapital zuzurechnen.

Der externe Bilanzanalytiker wird jedoch aufgrund des ihm zur Verfügung stehenden Informationsmaterials nur selten entscheiden können, welchen bilanziellen Charakter der Posten aufweist. Bei fehlender Informationsbasis sollte der passivische Unterschiedsbetrag aufgrund des Vorsichtsprinzips dem Fremdkapital zugerechnet werden. Nur so kann sichergestellt werden, dass das Eigenkapital nicht zu hoch zum Ansatz gelangt.

2.1.2.2.3 Anteile der anderen Gesellschafter

Eigenkapitalbestandteil

Soweit die Anteile der anderen Gesellschafter am Kapital und an den Rücklagen betroffen sind, handelt es sich nach deutschem Bilanzrecht um Eigenkapitalbestandteile; denn auch die anderen Gesellschafter zählen – nach der Einheitstheorie – zu den Anteilseignern des Konzerns. Dies bringt der Gesetzgeber klar zum Ausdruck, indem § 307 Abs. 1 HGB fordert, den auf die anderen Gesellschafter entfallenden Kapitalanteil »innerhalb des Eigenkapitals gesondert auszuweisen«. Bilanzanalytisch stellen die Kapital- und Rücklagenanteile der anderen Gesellschafter somit – der Einheitstheorie entsprechend – Eigenkapital des Konzerns dar.

Verlustanteile

Die auf andere Gesellschafter entfallenden Verlustanteile haben als negative Eigenkapitalkomponenten bereits den Anteil der anderen Gesellschafter gekürzt und sind aus der Sicht der Bilanzanalyse zutreffend behandelt worden.

Gewinnanteile

Bei den Anteilen der anderen Gesellschafter am Gewinn handelt es sich um kurzfristiges Fremdkapital, da in aller Regel eine Ausschüttung an die anderen Gesellschafter vorzunehmen ist. Im Rahmen der Erstellung der Konzernstrukturbilanz sind diese Anteile entsprechend vom Eigenkapital in das Fremdkapital umzugliedern.

2.1.2.3 Einbeziehung von Gemeinschaftsunternehmen

Gemeinschaftsunternehmen sind eine Form der wirtschaftlichen Zusammenarbeit zwischen zwei oder mehreren voneinander unabhängigen Unternehmen – den so genannten Gesellschafterunternehmen oder Stammunternehmen –, die sich darin niederschlägt, dass ein rechtlich selbstständiges Unternehmen mit dem Ziel gegründet oder erworben wird, Aufgaben im gemeinsamen Interesse der Gesellschafterunternehmen auszuführen.

Quotale Einbeziehung

Gemeinschaftsunternehmen dürfen gem. § 310 HGB auf der Grundlage der Quotenkonsolidierung einbezogen werden. Hierbei werden die Abschlussposten aus der Bilanz des Gemeinschaftsunternehmens in der Konzernbilanz nur in Höhe des Konzernanteils erfasst. Entscheidend ist nicht der Stimmrechts-, sondern der Kapitalanteil. Die Quotenkonsolidierung abstrahiert somit völlig von den Kapitalanteilen der anderen Gesellschafterunternehmen. Der Ausgleichsposten für die Anteile der anderen Gesellschafter entfällt daher.

Ansonsten finden bei der Quotenkonsolidierung die gleichen Konsolidierungsregeln wie bei der Purchase-Methode Anwendung. Infolgedessen können die dort abgeleiteten bilanzanalytischen Zuordnungsregeln analog bei der bilanzanalytischen Behandlung von Gemeinschaftsunternehmen Anwendung finden.

Demnach gilt:

(1) Ein aktivischer Unterschiedsbetrag ist als Geschäfts- oder Firmenwert zu betrachten und mit dem Eigenkapital zu saldieren.

(2) Ein passivischer Unterschiedsbetrag ist in der Regel dem Fremdkapital zuzuordnen.

Unterschiedsbeträge

In der Bilanzierungspraxis werden in aller Regel die aktivischen Unterschiedsbeträge aus der Vollkonsolidierung mit denen aus der Quotenkonsolidierung zusammengefasst. Sie werden damit als ein einziger Posten ausgewiesen. Entsprechend wird eine Zusammenfassung der passivischen Unterschiedsbeträge aus der Voll- und der Quotenkonsolidierung vorgenommen.

2.1.2.4 Einbeziehung von assoziierten Unternehmen

Wird von einem in die Konsolidierung einbezogenen Unternehmen ein maßgeblicher (nicht wie beim Konzerntatbestand ein beherrschender) Einfluss auf die Geschäfts- und Finanzpolitik eines nicht in die Konsolidierung einbezogenen Unternehmens (assoziiertes Unternehmen) ausgeübt, an dem eine Beteiligung i. S. d. § 271 Abs. 1 HGB besteht, ist diese Beteiligung gem. § 311 Abs. 1 HGB in der Konzernbilanz unter einem gesonderten Posten mit entsprechender Bezeichnung auszuweisen. Der Gesetzgeber spricht die widerlegbare Vermutung aus, dass ein Unternehmen einen maßgeblichen Einfluss auf ein anderes Unternehmen ausübt, wenn es 20 % oder mehr der Stimmrechte dieses Unternehmens hält.

Equity-Methode

Assoziierte Unternehmen werden auf der Grundlage der Equity-Methode in den Konzernabschluss einbezogen. Diese Methode wiederum kennt mit der Buchwert- und der Kapitalanteilsmethode zwei als formal gleichwertig zu betrachtende Varianten.

Komponenten des Unterschiedsbetrags

Bei Anwendung der Buchwertmethode kann der zu ermittelnde Unterschiedsbetrag zwei Komponenten enthalten:

(1) stille Reserven/Lasten in den Wertansätzen der assoziierten Unternehmen,

(2) einen Geschäfts- oder Firmenwert.

Diese beiden Teilkomponenten müssen nicht betragsmäßig angegeben werden. Auch auf freiwilliger Basis werden hierüber in aller Regel keine Informationen vermittelt. Darüber hinaus ist zu beachten, dass der Unterschiedsbetrag überhaupt nur bei der erstmaligen Konsolidierung entweder in der Konzernbilanz vermerkt oder im Konzernanhang angegeben werden muss.

Buchwertmethode

Aufgrund der mangelnden Information können somit bei Anwendung der Buchwertmethode im Rahmen der Bilanzanalyse keine Aufbereitungsmaßnahmen vorgenommen werden. Dies ist unbefriedigend, da im Posten »Anteile an assoziierten Unternehmen« unter Umständen hohe Geschäfts- oder Firmenwerte enthalten sein können, die bei einer sachgerechten Bilanzanalyse gegen das Eigenkapital aufzurechnen wären.

Kapitalanteilsmethode

Bei der Kapitalanteilsmethode hat ein sich bei der Aufrechnung von Anschaffungskosten und Eigenkapital ergebender Unterschiedsbetrag immer den Charakter eines Geschäfts- oder Firmenwerts. Dieser Unterschiedsbetrag ist gem. § 312 Abs. 1 Satz 3, 2. Halbsatz HGB »in der Konzernbilanz gesondert auszuweisen oder im Konzernanhang anzugeben«. Allerdings bezieht sich diese gesonderte Ausweis- oder Angabepflicht ausdrücklich nur auf die erstmalige Konsolidierung.

Analytische Behandlung

Für den Fall, dass der Betrag in den Folgejahren in der Konzernbilanz nicht gesondert ausgewiesen wird, dürfte er in aller Regel Bestandteil des Postens »Geschäfts- oder Firmenwert« (§ 266 Abs. 2 A. I. 2. HGB) sein. Dieser Posten wird dann ohnehin im Rahmen der Strukturbilanz gegen das Eigenkapital aufgerechnet. Ein eventuell gesonderter Ausweis eines Postens »Geschäfts- oder Firmenwert aus der Equity-Bewertung« wäre ebenfalls mit dem Eigenkapital zu saldieren.

Zwei Feststellungen sind bemerkenswert:

(1) Während ein Geschäfts- oder Firmenwert bei der Buchwertmethode nicht festgestellt werden kann und gegebenenfalls im Beteiligungsbuchwert verbleibt, wird ein Geschäfts- oder Firmenwert bei der Kapitalanteilsmethode gegen das Eigenkapital aufgerechnet. Indem somit die Equity-Beteiligungen je nach Anwendung der Equity-Variante unterschiedlich behandelt werden (müssen), ist dies aus bilanzanalytischer Sicht ein unbefriedigendes Ergebnis. Dies gilt umso mehr, als in mehreren Konzernen gleichzeitig Buchwert- und Kapitalanteilsmethode angewendet werden und die Anteile an assoziierten Unternehmen in der Konsolidierungspraxis eine große Rolle spielen.

(2) Der Posten »Geschäfts- oder Firmenwert« in der Konzernbilanz kann sich aus mehreren Komponenten zusammensetzen. In diesem Posten können zum einen in den Einzelabschlüssen der einbezogenen Unternehmen aktivierte Beträge nach § 255 Abs. 4 HGB enthalten sein, die unter Beachtung von § 300 Abs. 2 HGB in den Konzernabschluss übernommen wurden. Zum anderen nimmt der Posten jene (Rest-)Unterschiedsbeträge auf, die aus den verschiedenen Varianten der Anwendung der Kapitalkonsolidierung resultieren. Dabei kann es sich handeln um Geschäfts- oder Firmenwerte aus der Anwendung der

- Purchase-Methode im Rahmen der Vollkonsolidierung nach § 301 HGB,
- Quotenkonsolidierung nach § 310 HGB,
- Kapitalanteilsmethode im Rahmen der Equity-Methode nach § 312 HGB.

2.1.3 Zwischenergebniseliminierung

2.1.3.1 Grundlagen

Ausgangspunkt der Konzernrechnungslegung bilden die Einzelabschlüsse der rechtlich zwar selbstständigen, aber wirtschaftlich unter einheitlicher Leitung stehenden Konzernunternehmen. Die Einzelabschlüsse dieser Konzernunternehmen erfassen konzerninterne Beziehungen regelmäßig wie Beziehungen zu Konzernfremden, da die Rechnungslegung der einzelnen Konzernunternehmen aus der Sicht ihrer rechtlichen Selbstständigkeit grundsätzlich keinen Unterschied zwischen Konzernfremden und Konzernunternehmen macht. So werden auch jene Erfolge, die gegenüber Konzernunternehmen erzielt werden, als realisierte Erfolge in den Einzelabschlüssen der Konzernunternehmen ausgewiesen.

Einheitstheorie

Auf der Grundlage der Einheitstheorie jedoch, wonach die einzelnen Konzernunternehmen den Status von rechtlich und wirtschaftlich unselbstständigen Betriebsstätten annehmen, gelten Erfolge erst dann als realisiert, wenn der Abnehmer nicht wieder ein einbezogenes Konzernunternehmen ist, d. h., wenn die Lieferung den Konzernbereich verlässt. Denn ein einzelnes Unternehmen mit mehreren Teilbetrieben darf nach den Grundsätzen ordnungsmäßiger Buchführung lieferungsbedingte Erfolge ebenfalls erst berücksichtigen, wenn die Vermögensgegenstände an Kunden des Unternehmens verkauft wurden, und nicht schon dann, wenn ein Teilbetrieb an einen anderen Teilbetrieb liefert.

Eliminierung und Realisierung konzerninterner Erfolge

Im Zuge der Konsolidierung sind daher konzerninterne Erfolge (= Zwischenergebnisse) zu eliminieren, sodass die Aufgabe der Zwischenergebniseliminierung darin besteht, Zwischenergebnisse im Rahmen der Konsolidierung zu neutralisieren und erst im Zeitpunkt ihrer endgültigen Realisierung durch einen Verkauf an Konzernfremde zu verrechnen.

Neben Zwischengewinnen können auch so genannte Zwischenverluste auftreten. Sie sind dann gegeben, wenn innerkonzernliche Verrechnungspreise so niedrig angesetzt werden, dass willkürlich stille Reserven gelegt und damit Verluste ausgewiesen werden, die aus Konzernsicht überhaupt nicht entstanden sind. Es können daher Aufwertungen erforderlich werden, die dann den Gegenstand der Zwischenergebniseliminierung darstellen.

2.1.3.2 Konsequenzen für die Bilanzanalyse

Konsolidierungsregeln

Zwischengewinne kürzen in voller Höhe den entsprechenden Wertansatz, während die Zwischenverluste den Wertansatz aufstocken. Demgegenüber darf nicht die gesamte Höhe der Zwischengewinne bzw. -verluste Einfluss auf den Konzernjahreserfolg nehmen. Vielmehr gilt die Konsolidierungsregel, dass der Konzernjahreserfolg nur um die Veränderung der Zwischengewinne bzw. Zwischenverluste gegenüber dem Vorjahr zu korrigieren ist. Somit gilt:

(1) für Zwischenverluste:

Jahresüberschuss der Summen-Gewinn- und Verlustrechnung
\+ neu entstandene Zwischenverluste aus der Betrachtungsperiode
./. aus Vorperioden stammende und in der Betrachtungsperiode abgebaute Zwischenverluste

---

= Konzernjahreserfolg

Das aber muss zum gleichen Ergebnis wie nachfolgende Rechnung führen:

Jahresüberschuss der Summen-Gewinn- und Verlustrechnung
\+ Zunahme der Zwischenverluste gegenüber dem Vorjahr
./. Abnahme der Zwischenverluste gegenüber dem Vorjahr

= Konzernjahreserfolg

(2) für Zwischengewinne:

Jahresüberschuss der Summen-Gewinn- und Verlustrechnung
./. neu entstandene Zwischengewinne aus der Betrachtungsperiode
\+ aus Vorperioden stammende und in der Betrachtungsperiode abgebaute Zwischengewinne

---

= Konzernjahreserfolg

Das aber muss zum gleichen Ergebnis wie nachfolgende Rechnung führen:

	Jahresüberschuss der Summen-Gewinn- und Verlustrechnung
./.	Zunahme der Zwischengewinne gegenüber dem Vorjahr
+	Abnahme der Zwischengewinne gegenüber dem Vorjahr
=	Konzernjahreserfolg

Zwischenergebnis nach dem Stand am Ende des Vorjahrs

Wie die Zwischenergebnisse nach dem Stand am Ende des Vorjahrs zu verrechnen sind, wird im Gesetz nicht geregelt und in der Konsolidierungspraxis unterschiedlich praktiziert. Häufig werden diese Beträge in den Ergebnisvortrag eingestellt oder aber mit den Gewinnrücklagen verrechnet. Ohne weitere Informationen auf freiwilliger Basis besteht für den externen Analysten bei dieser Vorgehensweise keine Möglichkeit, die Auswirkungen aufgrund einer vorgenommenen Zwischenergebniseliminierung nachzuvollziehen.

Werden allerdings die Zwischenergebnisse nach dem Stand am Ende des Vorjahrs in einen spezifischen Ausgleichsposten aus der Zwischenergebniseliminierung bzw. aus der Erfolgskonsolidierung eingestellt, so wäre für Zwecke der Analyse ein aktivischer Ausgleichsposten gegen das Eigenkapital aufzurechnen, während ein etwaiger passivischer Ausgleichsposten als Eigenkapitalkomponente zu betrachten wäre.

2.1.4 Schuldenkonsolidierung

Ausgehend von der Fiktion der rechtlichen Einheit kann der Konzern keine Forderungen und Verbindlichkeiten gegenüber sich selbst haben. Werden in den Einzelbilanzen der Konzernunternehmen dennoch Forderungen oder Verbindlichkeiten gegenüber Konzernunternehmen ausgewiesen, ist dieser Ausweis auf die rechtliche Selbstständigkeit der Konzernunternehmen zurückzuführen. Eine bloße Summation der Einzelabschlusswerte würde der Fiktion der rechtlichen Einheit insofern nicht gerecht, als dann im Konzernabschluss Vorgänge dargestellt würden, die vom Standpunkt des Konzerns nicht denkbar sind. Forderungen und Verbindlichkeiten gegenüber konsolidierten Unternehmen sind daher im Zuge der Konsolidierung zu eliminieren; dieser Eliminierungsvorgang ist Gegenstand der Schuldenkonsolidierung gem. § 303 HGB.

Aufrechnungsdifferenzen

Im Rahmen der Schuldenkonsolidierung können sich Aufrechnungsdifferenzen ergeben, wenn z. B.

(1) Fremdwährungsforderungen und Fremdwährungsverbindlichkeiten mit unterschiedlichen Kursen umgerechnet werden,

(2) Darlehen unverzinslich oder niedrig verzinslich gewährt werden,

(3) Rückstellungen keine entsprechenden Aktivposten gegenüberstehen.

Konsolidierung

Auf den Konzernjahreserfolg darf nicht die gesamte Aufrechnungsdifferenz, sondern nur die Veränderung der Aufrechnungsdifferenz im Vergleich zum Vorjahr Einfluss nehmen. Die Aufrechnungsdifferenz nach dem Stand am Ende des Vorjahrs ist in den Ergebnisvortrag oder einen eigenen Ausgleichsposten aus der Schuldenkonsolidierung bzw. Erfolgskonsolidierung einzustellen. Eine weitere Verrechnungstechnik besteht darin, die Differenz nach dem Stand am Ende des Vorjahrs mit den Gewinnrücklagen zu verrechnen.

Analytische Behandlung

Wird ein eigener Ausgleichsposten ausgewiesen, dürfte dies in aller Regel eine passivische Differenz sein (Verbindlichkeiten > Forderungen). Eine derartige Differenz ist dem Eigenkapital hinzuzurechnen, während eine aktivische Differenz mit dem Eigenkapital zu saldieren ist.

Wurde die Aufrechnungsdifferenz in den Ergebnisvortrag eingestellt oder mit den Gewinnrücklagen verrechnet, sind keine weiteren Aufbereitungsmaßnahmen im Rahmen der Strukturbilanz erforderlich.

2.1.5 Aufwands- und Ertragskonsolidierung

Ergebnisübernahmen

Im Rahmen der Aufwands- und Ertragskonsolidierung müssen die Ergebnisübernahmen von konsolidierten Konzernunternehmen besonders berücksichtigt werden.

Im Falle des Bestehens von Ergebnisübernahmeverträgen erfolgt eine Übertragung des Periodenergebnisses jeweils in derselben Periode, in der es entsteht. Da Aufwendungen und Erträge, die aus Ergebnisübernahmeverträgen resultieren, grundsätzlich in gleicher Höhe entstehen, können sie direkt gegeneinander aufgerechnet werden (vgl. WYSOCKI, K. v./WOHLGEMUTH, M. 1996, S. 288).

Zeitverschobene Vereinnahmung

Werden Erträge aus Beteiligungen im Jahr der Erwirtschaftung durch das Tochterunternehmen bei dem Mutterunternehmen vereinnahmt, ohne dass ein Ergebnisübernahmevertrag besteht, »so ist der Beteiligungsertrag der empfangenden Gesellschaft aus dem summierten Abschluß zu eliminieren und der Jahresüberschuß noch in diesem Jahr entsprechend zu senken« (BUSSE VON COLBE, W./ORDELHEIDE, D. 1984, S. 291), um eine Doppelerfassung in der Konzern-Gewinn- und Verlustrechnung zu vermeiden.

Werden die Beteiligungserträge dagegen zeitverschoben vereinnahmt, so wird der gleiche Ertrag im Jahr der Entstehung und im Jahr der Vereinnahmung in der Summen-Gewinn- und Verlustrechnung ausgewiesen, obwohl aus Konzernsicht nur der erste Fall zulässig ist. Dieses Problem verschärft sich mit zunehmender Anzahl der Konzernstufen; denn hier könnte der Konzernerfolg – je nach Konzernstruktur – gleich mehrfach verfälscht werden.

Um den Konzernerfolg zutreffend auszuweisen, muss der Abschlussposten »Beteiligungsertrag« im Jahr der Vereinnahmung des Gewinns vermindert werden. Während diese Konsolidierungsregel unstrittig ist, wird die Frage unterschiedlich beantwortet, wo die entsprechende Gegenbuchung vorzunehmen ist.

Analytische Behandlung

Einzelne Konzerne stellen Beteiligungserträge in den Ergebnisvortrag ein oder wählen die Konzernrücklagen als Gegenposten. Denkbar wäre es aber auch, einen eigenen Abschlussposten für vereinnahmte Vorjahresergebnisse oder einen Ausgleichsposten aus der Erfolgskonsolidierung einzufügen. Insbesondere in tief gestaffelten Konzernen könnte dieser Posten Werte aufnehmen, die den Jahreserfolg des Konzerns (mehrfach) übersteigen. Insofern kommt der Zuordnung dieses Postens in der Strukturbilanz eine große Bedeutung zu. Nach dem Charakter des Ausgleichspostens ist die Größe unstrittig dem Eigenkapital des Konzerns zuzurechnen; denn es handelt sich um Gewinngrößen, die den Konzernbereich nicht verlassen haben und als ›Quasi-Thesaurierung‹ zu betrachten sind.

2.1.6 Währungsumrechnung

In den Konzernabschluss müssen auch ausländische Tochterunternehmen einbezogen werden. Doch das Gesetz regelt nicht, wie die in einer fremden Währung aufgestellten Jahresabschlüsse umzurechnen sind. In § 313 Abs. 1 Satz 2 Nr. 2 HGB wird lediglich gefordert: »Im Konzernanhang müssen ... die Grundlagen für die Umrechnung in Euro angegeben werden, sofern der Konzernabschluss Posten enthält, denen Beträge zugrunde liegen, die auf fremde Währung lauten oder ursprünglich auf fremde Währung lauteten«.

Umrechnungsdifferenzen

Die Veränderung der Wechselkurse im Zeitablauf einerseits, also z.B. zwischen zwei Bilanzstichtagen, sowie die Verwendung unterschiedlicher Kurse (historischer bzw. Stichtagskurs) bei der Umrechnung der einzelnen Abschlussposten andererseits führen zwangsläufig zu Differenzen, die im umgerechneten Jahresabschluss in irgendeiner Form berücksichtigt werden müssen, da andernfalls der Bilanzausgleich nicht möglich wäre.

Analytische Behandlung

Bei der Verrechnung dieser Unterschiedsbeträge finden die unterschiedlichsten Konsolidierungstechniken Anwendung. So werden unter anderem die Varianten praktiziert, dass die Differenzen in den Ergebnisvortrag, in spezifische Posten der Erfolgsrechnung oder aber in die Rücklagen eingestellt werden. Denkbar wäre aber auch, einen eigenen Ausgleichsposten aus der Währungsumrechnung in die Bilanz einzustellen. Wird dieser Weg präferiert, sollte ein aktivischer Abschlussposten mit dem Eigenkapital saldiert werden, während ein passivischer Unterschiedsbetrag als Eigenkapitalkomponente betrachtet werden sollte.

2.1.7 Latente Steuern

2.1.7.1 Grundlagen

Im Rahmen der Konzernrechnungslegung müssen sowohl passivische als auch aktivische latente Steuern erfasst werden. Allerdings schränkt der Gesetzgeber die Berücksichtigung latenter Steuern auf solche Konsolidierungsmaßnahmen ein, die im Vierten Titel des Zweiten Unterabschnitts – also in den §§ 300 bis

307 HGB unter der Bezeichnung »Vollkonsolidierung« – geregelt sind. Somit unterliegen nicht alle zeitlichen Differenzen der Erfassungspflicht.

Konsolidierungsregeln

Auf der Grundlage des § 306 HGB, der die Steuerabgrenzung beinhaltet, gelten folgende Konsolidierungsregeln:

(1) Differenzen aus der Zwischenergebniseliminierung und der Schuldenkonsolidierung führen grundsätzlich zur Verrechnung latenter Steuern.

(2) Differenzen fallen auch im Rahmen der Kapitalkonsolidierung an (Abschreibungen des Goodwill bzw. Aufwandsverrechnungen aufgedeckter stiller Reserven). Bei diesen Differenzen handelt es sich um permanente (oder quasi-permanente) Beträge, die nur einseitig auftreten und damit nicht die Voraussetzung von zeitlichen Differenzen erfüllen. Folglich dürfen nach herrschender Meinung auch keine latenten Steuern für diese Sachverhalte erfasst werden.

(3) Soweit im Rahmen der Equity-Methode zeitliche Differenzen anfallen, besteht keine Erfassungspflicht latenter Steuern, da die Equity-Methode außerhalb des Vierten Titels (Vollkonsolidierung; vgl. §§ 300 bis 307 HGB) geregelt ist. Gegen eine freiwillige Erfassung bestehen jedoch keine Bedenken.

(4) Erfolgswirksame Differenzen aus der Währungsumrechnung führen nicht zur Abgrenzung latenter Steuern, da es sich nicht um zeitliche, sondern um quasi-permanente Erfolgsdifferenzen handelt (vgl. KESSLER, H./STRICKMANN, M. 2000, Rn. 2784).

2.1.7.2 Konsequenzen für die Bilanzanalyse

Latente Steuern können im Rahmen der Konzernrechnungslegung erhebliche Werte annehmen (vgl. bspw. KÜTING, K./ZWIRNER, C. 2003). Insofern ist die Frage von Bedeutung, wie latente Steuern im Rahmen der Strukturbilanz zu behandeln sind.

Abgrenzungscharakter

Auch bei diesen sekundären latenten Steuern gilt die Grundvoraussetzung, dass die Steuerabgrenzung der periodengerechten Erfolgsermittlung dient und der in der Bilanz ausgewiesene Abschlussposten »in erster Linie Abgrenzungscharakter hat« (ADLER/DÜRING/SCHMALTZ 1995, § 274 HGB, Rn. 11). Weder hat ein aktivischer Abschlussposten Vermögenscharakter, noch weist ein passivischer Abschlussposten Schuldcharakter auf. Ein passivischer Abschlussposten wird im Fremdkapital unter den Rückstellungen ausgewiesen und hat den Konzernerfolg vermindert. Ein aktivischer Abschlussposten wird im Umlaufvermögen unter den Rechnungsabgrenzungsposten oder als spezifischer Posten ausgewiesen und hat den Konzernerfolg erhöht.

Korrekturen in der Strukturbilanz

Da aus der Zielsetzung der Strukturbilanz heraus die tatsächliche Erfassung im Konzernabschluss nicht mit der Forderung im Einklang steht, in der Strukturbilanz nur echte Vermögens- und Kapitalgrößen auszuweisen, werden nachfolgende Korrekturen erforderlich:

(1) Aktivische latente Steuern sind gegen das Eigenkapital aufzurechnen.

(2) Passivische latente Steuern sind im Fremdkapital zu eliminieren. Das Eigenkapital ist um den Betrag der passivischen latenten Steuern zu erhöhen.

2.1.8 Konzerngewinn/Konzernverlust

2.1.8.1 Grundlagen

Keine Gewinnverwendungsfunktion des Konzernabschlusses

Der Konzern stellt nur ein wirtschaftliches Gebilde dar, das keine eigene Rechtspersönlichkeit besitzt. Der Konzern hat auch keine Anteilseigner und nimmt keine Gewinnverwendung vor. Insofern kann dem Konzernabschluss, der die Vermögens-, Finanz- und Ertragslage einer rechtlich nicht existierenden Einheit Konzern darstellen soll, keine originäre oder unmittelbare Gewinnverwendungsfunktion zufallen.

Eine in einem Konzernabschluss dennoch vorgenommene Ableitung vom Konzernjahresüberschuss/Konzernjahresfehlbetrag bis hin zum Konzerngewinn/Konzernverlust hat daher hypothetischen Charakter. Es müssen in diesem Fall Annahmen darüber getroffen werden, wie die fiktiven Gesellschaftsorgane des Konzerns eine fiktive Gewinnverwendung vorgenommen hätten.

Darüber hinaus ist zu beachten, dass der Konzerngewinn(-verlust) nicht mit dem Bilanzgewinn(-verlust) der einzelgesellschaftlichen Rechnungslegung vergleichbar ist. Der Bilanzgewinn stellt im handelsrechtlichen Jahresabschluss den verteilungsfähigen Gewinn dar. Er kann ausgeschüttet oder aufgrund eines Beschlusses der entsprechenden Gremien den Rücklagen zugeführt werden. Ferner können Beträge in den Ergebnisvortrag eingestellt werden.

Reine Rechengröße ohne Erfolgsindikatorfunktion

Der Konzerngewinn hingegen ist eine reine Rechengröße, die unter anderem durch Konsolidierungsmaßnahmen beeinflusst wurde. Darüber hinaus enthält sie nur die Bestandteile, die auf den – durch die Mehrheitsgesellschafter repräsentierten – Konzern entfallen, sodass der Konzerngewinn – vom System her – nicht jene Größen erfasst, die auf die gesamte Einheit Konzern bezogen sind. Vielmehr sind die auf die anderen Gesellschafter entfallenden Ergebnisanteile schon vor dem Konzerngewinn verrechnet worden. Aus den genannten Gründen stellt der Konzerngewinn nicht jene Größe dar, die als Ausschüttungsbetrag den Konzern verlässt und damit als kurzfristiges Fremdkapital zu betrachten wäre. Er ist auch nicht als Erfolgsindikator geeignet.

2.1.8.2 Konsequenzen für die Bilanzanalyse

Konsequenzen

Für Fragen der Erstellung einer Konzernstrukturbilanz sind daraus folgende Konsequenzen zu ziehen:

(1) Die Ausschüttung des Mutterunternehmens ist als kurzfristiges Fremdkapital zu betrachten, da dieser Betrag den Konzernbereich verlässt. Dieser Ausschüttungsbetrag muss nicht identisch mit dem ausgewiesenen Bilanzgewinn des Mutterunternehmens sein.

(2) Bei den auf andere Gesellschafter bezogenen Gewinnanteilen handelt es sich um jene Ergebnisgrößen, die auf niedrigeren Konzernstufen auf die dort vorhandenen anderen Gesellschafter entfallen. Hier sollte davon ausgegangen werden, dass diese Beträge ebenfalls in aller Regel den Konzern als Ausschüttungsbeträge verlassen. Auch diese Beträge sollten – vereinfachend – in voller Höhe dem kurzfristigen Fremdkapital zugerechnet werden.

Ganz generell ist zu bemerken, dass die hypothetisch abgeleitete Rechengröße keine eigenständige Funktion hat, sodass damit auch gleichzeitig die Frage nach der Existenzberechtigung dieser Größe aufgeworfen wird – dies umso mehr, als der nicht oder weniger geschulte Bilanzanalytiker mit dieser Größe einen Indikator für die Ertragslage des Konzerns verbinden könnte. Diese Indikatorfunktion kann der Konzerngewinn/Konzernverlust nicht übernehmen; hierzu ist diese Größe völlig ungeeignet. Wenn Aussagen über die Ertragslage zu treffen sind, ist vielmehr – mit Einschränkungen – zunächst der Konzernjahresüberschuss/Konzernjahresfehlbetrag heranzuziehen. Ferner müssen weiter gehende Rechnungen und Analysen vorgenommen werden.

Aussagefähigkeit

Vollends fragwürdig wird die Aussagefähigkeit des Konzerngewinns/Konzernverlusts dann, wenn – wie in der Konsolidierungspraxis insbesondere von Großkonzernen präferiert – eine Identität des Konzerngewinns/Konzernverlusts mit dem Bilanzgewinn/Bilanzverlust des Mutterunternehmens an der Konzernspitze festzustellen ist. Hierzu ist zu bemerken, dass diese Identität durch spezifische Konsolidierungsmaßnahmen bewusst herbeigeführt werden kann. Gegen diese Maßnahmen können gewichtige Argumente vorgetragen werden, sodass ganz grundsätzlich die Frage diskutiert werden sollte, ob diese Konsolidierungstechnik überhaupt noch als zweckentsprechend zu bezeichnen ist.

2.2 Ergebnis: Die Strukturbilanz für den Konzernabschluss

Aus den vorangegangenen Überlegungen ergibt sich aufbauend auf den grundsätzlichen Erkenntnissen aus der Ableitung einer einzelgesellschaftlichen Strukturbilanz (vgl. 2. Abschn., 2. Kap. 2.) die in der nachfolgenden Übersicht gezeigte Strukturbilanz für den Konzernabschluss.

Übersicht 135: Strukturbilanz für den Konzernabschluss (Aktiva)

Strukturbilanz - Aktiva

~~**A. Ausstehende Einlagen auf das gezeichnete Kapital – davon eingefordert –**~~

~~**B. Aufwendungen für die Ingangsetzung und Erweiterung des Geschäftsbetriebs**~~

C. Bilanzanalytisches Anlagevermögen

I. immaterielle Vermögensgegenstände (./. aktivierter Geschäfts- oder Firmenwert aus den Einzelabschlüssen, aus der Purchase-Methode, der Quotenkonsolidierung und der Equity-Methode)

II. Sachanlagen

III. Finanzanlagen

~~**D. Ausgleichsposten aus der Währungsumrechnung und/oder aus der Erfolgskonsolidierung**~~

E. Bilanzanalytisches Umlaufvermögen

I. Vorräte (bei offener Absetzung einschl. »erhaltene Anzahlungen auf Bestellungen«)

II. Forderungen und sonstige Vermögensgegenstände

III. Wertpapiere (evtl. ./. eigene Anteile)

IV. Schecks, Kassenbestand, Bundesbankguthaben, Guthaben bei Kreditinstituten

V. Rechnungsabgrenzungsposten (./. Disagio)

~~**F. Latente Steuern**~~

Übersicht 136: Strukturbilanz für den Konzernabschluss (Passiva)

Strukturbilanz - Passiva

A.	**Bilanzanalytisches Eigenkapital**
	gezeichnetes Kapital (ggf. gemindert um den Nennwert/rechnerischen Betrag eigener Anteile)
	(./. nicht eingeforderte Einlagen)
+	Kapitalrücklage
+	Gewinnrücklagen
	(evtl. ./. Rücklage für eigene Anteile)
+	Ausgleichsposten für Anteile anderer Gesellschafter
	(./. der den anderen Gesellschaftern zustehende Gewinn)
+	passivischer Ausgleichsposten aus der Währungsumrechnung und/oder aus der Erfolgskonsolidierung
./.	aktivischer Ausgleichsposten aus der Währungsumrechnung und/oder aus der Erfolgskonsolidierung
+	vereinnahmte Vorjahresergebnisse
./.	Aufwendungen für die Ingangsetzung und Erweiterung des Geschäftsbetriebs
./.	aktivierter Geschäfts- oder Firmenwert aus den Einzelabschlüssen, aus der Purchase-Methode, der Quotenkonsolidierung und der Equity-Methode
./.	Disagio
./.	aktivische latente Steuern aus den Einzelabschlüssen sowie aus der Konzernrechnungslegung
+	passivische latente Steuern aus den Einzelabschlüssen sowie aus der Konzernrechnungslegung
./.	in den Einzelbilanzen nicht ausgewiesene Rückstellungen für Pensionen und ähnliche Verpflichtungen
+	Aufwandsrückstellungen
+	$66\,^{2}/_{3}\,\%$ der Baukostenzuschüsse
+	60 % des Sonderpostens für Investitionszuschüsse im Anlagevermögen
+	Sonderposten für Investitionszulagen im Anlagevermögen
	Berücksichtigung der Gewinnverwendung:
	a) vor erfolgter Gewinnverwendung
	± Konzernjahresüberschuss/Konzernjahresfehlbetrag
	± Gewinnvortrag/Verlustvortrag
	./. auszuschüttender Betrag des Mutterunternehmens
	b) nach teilweiser oder vollständiger Gewinnverwendung
	± Konzernbilanzgewinn/Konzernbilanzverlust
	./. auszuschüttender Betrag des Mutterunternehmens

Übersicht 136: (Fortsetzung)

Strukturbilanz - Passiva

B. Bilanzanalytisches Fremdkapital

$33^1/_3$ % der Baukostenzuschüsse
\+ 40 % des Sonderpostens für Investitionszuschüsse im Anlagevermögen
\+ der den anderen Gesellschaftern zustehende Gewinn
\+ auszuschüttender Betrag des Mutterunternehmens
\+ Rückstellungen aus der Bilanz
(./. Aufwandsrückstellungen; ./. passivische latente Steuern aus den Einzelabschlüssen sowie der Konzernrechnungslegung)
\+ in den Einzelbilanzen nicht ausgewiesene Rückstellungen für Pensionen und ähnliche Verpflichtungen
\+ passivische Unterschiedsbeträge aus der Purchase-Methode, der Quotenkonsolidierung und der Equity-Methode
\+ Verbindlichkeiten
(einschl. »erhaltene Anzahlungen auf Bestellungen«)
\+ Rechnungsabgrenzungsposten

kurzfristig = vor Ablauf eines Jahres fällig	mittelfristig = Fälligkeit zwischen einem und fünf Jahren	langfristig = nach Ablauf von fünf Jahren fällig

Merksätze:

1. Neben den Aufbereitungsmaßnahmen, die auch schon im Rahmen der Analyse des Einzelabschlusses erforderlich sind, müssen zur Erstellung einer Strukturbilanz für den Konzernabschluss weitere spezifische Korrekturen durchgeführt werden.

2. Bei der Einbeziehung von Konzernunternehmen sollte ein entstehender Geschäfts- oder Firmenwert aus der Kapitalkonsolidierung mit dem Eigenkapital saldiert werden, während ein passivischer Unterschiedsbetrag im Zweifel dem Fremdkapital zuzuordnen wäre.

   Die Anteile anderer Gesellschafter stellen Eigenkapital des Konzerns dar; entsprechende Gewinnanteile sollten ins Fremdkapital umgegliedert werden.

3. Sich ergebende Unterschiedsbeträge aus der Einbeziehung von Gemeinschaftsunternehmen oder assoziierten Unternehmen sind, soweit überhaupt erkennbar, innerhalb der Konzernstrukturbilanz entsprechend (vgl. 2.) zu behandeln.

4. Werden im Konzernabschluss Ausgleichsposten aus der Währungsumrechnung und/oder aus der Erfolgskonsolidierung ausgewiesen, so sollte ein solcher aktivischer Posten mit dem Eigenkapital saldiert und ein passivischer Posten dem Eigenkapital hinzugerechnet werden.
5. Der Posten »Konzerngewinn/Konzernverlust« stellt eine durch spezifische Konsolidierungsmaßnahmen beeinflusste, zum Teil bewusst herbeigeführte Rechengröße dar, der keine eigenständige Analysefunktion zugesprochen werden sollte.

6. Abschnitt
Besonderheiten einer vergleichenden internationalen Jahresabschlussanalyse

1. Kapitel: Problemstellung

Weltweiter Handel als Triebfeder und Wegbereiter der Rechnungslegung

In der Weltwirtschaft sind Unternehmen und Kapitalmärkte seit jeher international ausgerichtet. Aber erst in den letzten Jahrzehnten stieß, angetrieben durch neue Produktionstechniken, Dienstleistungsformen und Transportmittel, der Austausch von Gütern und Waren über nationale Grenzen hinweg in bis dahin unbekannte Dimensionen vor. Von politischer Seite wurde der Weg zum einen durch internationale Vereinigungen und Abkommen wie die Vereinten Nationen (UN), die Organisation für wirtschaftliche Zusammenarbeit und Entwicklung (OECD) oder das Allgemeine Zoll- und Handelsabkommen (GATT), welches in der neu geschaffenen Welthandelsorganisation (WTO) aufgegangen ist, geebnet. Zum anderen trugen regionale Zusammenschlüsse wie die der Europäischen Union (EU) oder der Nordamerikanischen Freihandelszone (NAFTA) maßgeblich zur Internationalisierung der wirtschaftlichen Aktivitäten bei. Um die Wettbewerbsfähigkeit in dem sich wandelnden Umfeld aufrechtzuerhalten, waren die Unternehmen gezwungen, ihre Strategien auf internationale Effizienz und Flexibilität auszurichten. Dies bedurfte durchgreifender Umwälzungen in Führung und Organisation der Unternehmen.

Begleitet, wenn nicht sogar gefördert, wurde die Entwicklung der Weltwirtschaft durch die Kapitalmärkte. Sie eröffnen die Möglichkeit, größere Investitionen zu finanzieren und das Investitionsrisiko zu verteilen. Das Aufkommen und die Verbreitung der neuen Informations- und Kommunikationstechnologien führte in den letzten beiden Jahrzehnten zu einer Integration der Kapitalmärkte und änderte das Bild der Unternehmensfinanzierung nachhaltig. Eigen- und Fremdkapitaltitel wurden vermehrt unter dem internationalen Anlegerpublikum platziert.

Für Investitionsentscheidungen werden nicht nur Informationen über voraussichtliche Renditen und Risiken benötigt, als Gegenleistung für die Bereitstellung von Finanzmitteln fordern die Investoren auch eine Rechenschaftspflicht über die Verwendung der zur Verfügung gestellten Mittel. Die Forderung nach Rechenschaft ist nicht neu, sie ist so alt wie die Verwaltung von Geld durch andere. Nicht von ungefähr geht deshalb mit Ausweitung von Handel und Geldverkehr auch die Einführung von Aufzeichnungspflichten und die Entwicklung von Regeln zur Rechnungslegung einher (vgl. CARRUTHERS, B. G./ ESPELAND, W. N. 1991, S. 40 m. w. N.). Rechnungslegung war und ist vor allem Rechenschaftslegung (vgl. z. B. LUTTERMANN, C. 1996, S. 610 ff.).

Investorenschutz durch Publizität von Informationen

Mit Zunahme der Bedeutung der Kapitalmärkte für die Finanzierung und der damit verbundenen Anonymisierung der Finanzbeziehungen gewinnt der Schutz der Investoren bzw. Kapitalmarktteilnehmer immer stärker an Relevanz. Für die Sicherung der Funktionsfähigkeit der Märkte ist er unerlässlich und seine Gewährleistung liegt daher im ordnungspolitischen Interesse des

Staates (vgl. bspw. PELLENS, B. 2001, S. 355). Der Börsenzusammenbruch von 1929 und die sich anschließende Phase der Depression waren nicht zuletzt eine Konsequenz von Missständen auf dem Kapitalmarkt. Im Wesentlichen geht es beim Investorenschutz um Vorschriften zur Vermittlung von Informationen durch Publizität. Denn jeder soll sich für seine Investitionsentscheidungen verlässlich über ein Unternehmen informieren können. Da die Rechnungslegung eine elementare Quelle verfügbarer Informationen für das investierende Publikum ist (vgl. ORDELHEIDE, D. 1998, S. 506 mit Überblick über die Bedeutung des Jahresabschlusses für Finanzanalysten), liegt ihre Kontrolle und Regelung im öffentlichen Interesse.

Global wie national Informationsproblem durch unterschiedliche Rechnungslegungsnormen

Durch das Zusammenwachsen der verschiedenen nationalen Kapitalmärkte zu einem globalen Markt sehen sich die Investoren mit einem Informationsproblem konfrontiert. Während sich der Kapitalmarkt internationalisiert hat, sind die Vorschriften bezüglich der Rechnungslegung weiterhin überwiegend national geprägt. Wie die Umstellung der Rechnungslegung bei Unternehmen wie DAIMLER BENZ eindrucksvoll veranschaulichte, werden identische wirtschaftliche Vorgänge unter der Herrschaft der verschiedenen Rechnungslegungsvorschriften unterschiedlich abgebildet (weitere Beispiele bei MARET, J./WEPPLER, L. 1999, S. 41; CARSBERG, B. 1996, S. 44 f.). Wie bei zwei Künstlern, die ein und dasselbe Motiv malen, entstehen zwei verschiedene Bilder. Die nach unterschiedlichen Vorschriften dargebotenen Informationen sind mithin nicht vergleichbar. Somit kann auch eine unmittelbare Auswertung dieser Informationen mit dem Instrumentarium der Bilanzanalyse keine komparablen Ergebnisse liefern.

Die Vielfalt der Bilanzierungsnormensysteme behindert aber nicht nur auf internationaler Ebene die zwischenbetriebliche Vergleichbarkeit von Abschlüssen, sondern auch auf nationaler. Um deutschen Unternehmen die Präsentation auf dem internationalen Kapitalmarkt zu erleichtern, hat der Gesetzgeber mit der Einfügung des § 292a HGB den deutschen Unternehmen die Möglichkeit eingeräumt, einen befreienden Konzernabschluss nach international anerkannten Normen aufzustellen, mit der Folge, dass prinzipiell vergleichbare Unternehmen nach unterschiedlichen Grundsätzen Rechnung legen.

Lösungsansätze

Dies mag die überspitzte Frage aufwerfen, »ob Rechnungslegung überhaupt ernst genommen« (MARET, J./WEPPLER, L. 1999, S. 41) werden kann, wenn unter Zugrundelegung von unterschiedlichen Rechnungslegungsnormen gänzlich voneinander abweichende Unternehmensbilder gezeigt werden. Dieser Defätismus liefert aber keine Ansätze für eine Lösung des Problems, dem sich der Investor gegenübersieht. Unter gegebenen Umweltbedingungen sind prinzipiell zwei Lösungsansätze denkbar. Zum einen kann versucht werden, in einem der eigentlichen Jahresabschlussanalyse vorgelagerten Schritt unter Verwendung der offen gelegten Informationen die unterschiedlichen Datenbasen vergleichbar zu machen. Zum anderen kann aber auch versucht werden, die Abschlüsse ohne vorherige spezielle Aufbereitungsmaßnahmen im Hinblick auf ihre Vergleichbarkeit nebeneinander zu legen, zu betrachten, zu beurteilen und anschließend die Beurteilungen gegeneinander abzuwiegen. Unabhängig davon, welcher Weg sich als gangbar erweist, wird der Einfluss der gewonnenen Informationen auf die Investitionsentscheidung letztlich »ähnlich unspezifisch sein wie zwischen Medieninformationen und der Entscheidung für eine politische Partei bei Parlamentswahlen« (ORDELHEIDE, D. 1998, S. 508).

2. Kapitel: Anpassung der unterschiedlichen Rechnungslegungsnormen

2.1 Vorbemerkung

Erkenntnisfortschritt durch Transformation der Originaldaten

Rechnungslegungsnormen sind Abbildungsregeln. Der Jahresabschluss ist ein Modell zur Darstellung wirtschaftlicher Sachverhalte, die auf Transaktionen eines Unternehmens mit seiner Umwelt beruhen. Unterscheiden sich die Abbildungsregeln verschiedener Normensysteme, so differieren auch die Projektionen der Unternehmenswelten in den Jahresabschlüssen. Dies steht einer vergleichenden Analyse der veröffentlichten Jahresabschlüsse entgegen. Unter Rückgriff auf das bei der Erstellung einer Strukturbilanz zur Verfügung stehende Instrumentarium (vgl. Übersicht 11) wird deshalb in einem der eigentlichen Analyse vorgelagerten Schritt versucht, eine Angleichung der in den nach verschiedenen Rechnungslegungsnormen erstellten Jahresabschlüssen vorhandenen Daten zu erreichen. Man verspricht sich durch diese Transformation der Originaldaten eine bessere Vergleichbarkeit und somit Erkenntnisfortschritte (vgl. auch umfassend LACHNIT, L. 2003). Diesbezüglich wird im Folgenden anhand ausgewählter Rechnungslegungsunterschiede ein Einblick in mögliche Angleichungen von nach HGB, US-GAAP und IAS erstellten Jahresabschlüssen gegeben.

2.2 Angleichungen von Rechnungslegungsunterschieden

2.2.1 Abgrenzung von Anlage- und Umlaufvermögen

Abgrenzungskriterium HGB: wirtschaftliche Zweckbestimmung

Für die Zuordnung eines Vermögensgegenstandes zum Anlage- oder Umlaufvermögen ist nach HGB seine wirtschaftliche Zweckbestimmung entscheidend (vgl. REINHARD, H., in: KÜTING/WEBER 1995, § 247, Rn. 21). Entsprechend der Negativabgrenzung in § 247 Abs. 2 HGB sind Vermögensgegenstände im Umlaufvermögen zu bilanzieren, wenn sie nicht dazu bestimmt sind, dauernd dem Geschäftsbetrieb zu dienen. Es handelt sich folglich um solche Vermögensgegenstände, die zur Verarbeitung im Produktionsprozess und zum Verkauf bestimmt sind. Forderungen aus Lieferungen und Leistungen zählen grundsätzlich zum Umlaufvermögen.

Abgrenzungskriterium US-GAAP/IAS: Umschlag innerhalb des Geschäftszyklus

Demgegenüber sind nach US-GAAP nur solche Vermögenswerte als Umlaufvermögen (»Current Assets«) zu klassifizieren, die innerhalb des normalen Geschäftszyklus in Geld umgewandelt, verkauft oder verbraucht werden (vgl. ARB No. 43, Ch. 3A). Dauert der gewöhnliche Geschäftszyklus weniger als ein Jahr, wird regelmäßig auf die Einjahresfrist abgestellt. Ist er länger als ein Jahr, dient sein zeitlicher Umfang als maßgebliches Kriterium (vgl. DELANEY, P. R. u. a. 2003, S. 41). Bei Forderungen wird explizit eine Frist von einem Jahr genannt (vgl. ARB No. 43, Ch. 3A). Die Abgrenzung nach IAS entspricht der nach US-GAAP. Auch in IAS No. 1, Par. 57 wird auf den gewöhnlichen Geschäftszyklus abgestellt und eine Bindungsdauer von einem Jahr erwähnt. Allerdings ist der getrennte Ausweis von Anlage- und Umlaufvermögen nach IAS als Unternehmenswahlrecht ausgestaltet (vgl. IAS No. 1, Par. 53).

Angleichungswege

Um eine Angleichung von nach US-GAAP oder IAS erstellten Jahresabschlüssen mit nach deutschem Handelsrecht erstellten Jahresabschlüssen hinsichtlich der Abgrenzung von Anlage- und Umlaufvermögen zu erreichen, muss entweder das in einem Abschluss nach US-GAAP oder IAS ausgewiesene Umlaufvermögen an das in einem nach HGB ausgewiesene angepasst werden, indem es in Orientierung an der Einjahresfrist um solche Vermögensgegenstände erhöht wird, die nicht dauerhaft genutzt werden sollen, aber erst nach mehr als einem Jahr in Geld umgewandelt werden. Oder aber das in einem Abschluss nach HGB ausgewiesene Umlaufvermögen ist aufzuspalten und die Vermögensgegenstände, deren Bindungsdauer mehr als ein Jahr beträgt, sind in das Anlagevermögen umzugliedern (vgl. KÜTING, K./EIDEL, U. 1996, S. 845).

Angleichungsmöglichkeiten

Die Möglichkeiten einer Angleichung sind in Ermangelung der benötigten Informationen für einen externen Bilanzleser gering. Finden die Vorschriften der SEC Anwendung, so besteht nach der Regulation S-X, Rule 5.02 die Pflicht, längerfristige Forderungen, die Bestandteil der »other assets« sind, getrennt auszuweisen, soweit sie mehr als 5% der Bilanzsumme ausmachen (vgl. FRANKENBERG, P. 1993, S. 220). Da nach deutschem Handelsrecht Forderungen aus Lieferungen und Leistungen grundsätzlich im Umlaufvermögen zu zeigen sind, kann in diesem Falle durch eine Umgliederung der längerfristigen Forderungen in das Umlaufvermögen des Abschlusses nach US-GAAP eine Angleichung erzielt werden.

2.2.2 Geschäfts- oder Firmenwert

Behandlung

Das HGB behandelt einen derivativen Geschäfts- oder Firmenwert anders als die US-GAAP und IAS. Während nach § 255 Abs. 4 HGB im Einzelabschluss ein Aktivierungswahlrecht mit einer sich anschließenden planmäßigen oder pauschalierten Abschreibung besteht und im Konzernabschluss darüber hinaus auch eine offene, erfolgsneutrale Verrechnung mit den Rücklagen zulässig ist (vgl. § 309 Abs. 1 S. 3 HGB), verlangen die entsprechenden Regelungen nach IAS derzeit noch eine Aktivierung und planmäßige Abschreibung über die voraussichtliche Nutzungsdauer, die zwanzig Jahre nicht überschreiten soll. Grundsätzlich findet die lineare Abschreibung Anwendung, es sei denn, eine andere systematische Methode führt zu aussagekräftigeren Ergebnissen (vgl. IAS No. 22, Par. 41ff.). Die frühere Regelung der US-GAAP, wonach ebenfalls eine planmäßige Abschreibung über eine Nutzungsdauer von maximal bis zu 40 Jahren vorgesehen war, wurde durch In-Kraft-Treten von SFAS No. 142 aufgehoben. Nach der neuen Bewertungskonzeption dieses Standards sind keine planmäßigen Abschreibungen des Geschäfts- oder Firmenwerts mehr vorgesehen, stattdessen werden Wertminderungen nur noch diskontinuierlich auf der Basis eines jährlich durchzuführenden Werthaltigkeitstests erfasst (vgl. grundlegend KÜTING, K./WEBER, C.-P./WIRTH, J. 2001).

Die Änderung der Vorschriften zur Behandlung des Geschäfts- oder Firmenwerts nach IAS ist jedoch ebenfalls geplant. Entsprechende Vorschläge sind in ED 3 enthalten, die Umsetzung in einen Standard ist für das Jahr 2004 vorgesehen. Durch den Verzicht auf planmäßige Abschreibungen des Geschäfts- oder Firmenwerts und Anwendung eines jährlichen Werthaltigkeitstests erfolgt eine Annäherung an die US-GAAP-Regelungen.

Angleichungsmöglichkeiten

Eine Möglichkeit der Angleichung besteht in der Saldierung des Geschäfts- oder Firmenwerts mit dem Eigenkapital (vgl. 2. Abschn., 2. Kap. 2.1.3 sowie 5. Abschn. 2.1.2.2.1). Sie wirkt in Richtung einer Vereinheitlichung der Bilanzstruktur von Abschlüssen, die nach HGB, US-GAAP und IAS erstellt wurden. Korrespondierend hat eine Erhöhung des Erfolgs um die in der Periode verrechneten Goodwillabschreibungen zu erfolgen. Die erforderlichen Informationen sind nach IAS No. 22, Par. 88 anzugeben. Der Vorteil dieser Vorgehensweise besteht in einer besseren Vergleichbarkeit von intern mit extern gewachsenen Unternehmen. Eine Ablehnung kann damit begründet werden, dass zum einen der Unternehmenserfolg extern gewachsener Unternehmen im Falle einer Goodwillentwertung besser als gerechtfertigt ausgewiesen wird, und zum anderen Unternehmen, die in einem höheren Umfang in Goodwill investiert haben, bevorzugt werden, da die strukturbilanzielle Abbildung suggeriert, dass sie nur einen geringeren Teil ihrer Investitionsausgaben über den Umsatz verdienen müssten (vgl. ORDELHEIDE, D. 1998, S. 515).

2.2.3 Selbst erstellte immaterielle Vermögenswerte des Anlagevermögens

Ansatz

Für selbst erstellte immaterielle Vermögensgegenstände des Anlagevermögens besteht nach § 248 Abs. 2 HGB ein Aktivierungsverbot. Nach IAS No. 38, Par. 19 ist unter bestimmten Voraussetzungen (Kontrolle des Vermögenswertes, wahrscheinlicher Nutzenzufluss, Identifizierbarkeit, zuverlässige Kostenschätzung) eine Aktivierungspflicht gegeben. Bei Erfüllung der Aktivierungsvoraussetzungen sieht auch SFAS No. 142.10 die Aktivierung selbst erstellter immaterieller Vermögenswerte vor.

Angleichungsmöglichkeit

Da in einem HGB-Abschluss für gewöhnlich keine quantitativen Informationen über selbst erstellte immaterielle Vermögensgegenstände, die dem Anlagevermögen zuzurechnen wären, enthalten sind, kann eine bilanzielle Angleichung nur über die Verrechnung der nach US-GAAP bzw. IAS aktivierten Beträge mit dem Eigenkapital erfolgen, die von einer entsprechenden Korrektur des Jahreserfolgs begleitet wird. Der Wertansatz und der Abschreibungsbetrag der selbst erstellten immateriellen Vermögenswerte ist nach IAS No. 38, Par. 107 gesondert anzugeben. Eine entsprechende Regelung ist in einem nach US-GAAP erstellten Jahresabschluss nur dann zu berücksichtigen, wenn die SEC-Vorschriften Anwendung finden und die aktivierten selbst erstellten immateriellen Vermögenswerte mehr als 5% der Bilanzsumme ausmachen (vgl. Regulation S-X, Rule 5.02). Fehlen diese Angaben, ist eine Vergleichbarkeit nicht herzustellen. Eine Verrechnung sämtlicher immaterieller Vermögenswerte des Anlagevermögens mit dem Eigenkapital (vgl. BURGER, A./SCHELLBERG, B. 1995, S. 2436) ist hingegen nicht sachgerecht (vgl. BALLWIESER, W./HACHMEISTER, D. 2000, S. 587). Entsprechend der Vorgehensweise bei der bilanziellen Angleichung ist im Rahmen der Erfolgsanalyse im Jahr der erstmaligen Aktivierung eines Vermögenswertes des immateriellen Anlagevermögens der Periodenerfolg eines US-GAAP- bzw. IAS-Abschlusses um den aktivierten Betrag zu kürzen und in den Folgeperioden um die verrechneten Abschreibungsbeträge zu erhöhen.

2.2.4 Forschungs- und Entwicklungsaufwendungen

Ansatz

Im HGB finden sich keine expliziten Vorschriften zur Behandlung von Forschungs- oder Entwicklungsaufwendungen. Aufgrund des Aktivierungsverbots in § 248 Abs. 2 HGB für selbst erstellte immaterielle Vermögensgegenstände des Anlagevermögens sind sowohl Forschungs- als auch Entwicklungsaufwendungen als laufender Aufwand der Periode zu erfassen; eine Aktivierung kommt nicht in Betracht. Auch die IAS sehen für Forschungsaufwendungen ein Aktivierungsverbot vor (vgl. IAS No. 38, Par. 42). Für Entwicklungsaufwendungen besteht hingegen eine Aktivierungspflicht, wenn die Voraussetzungen des IAS No. 38, Par. 45 kumulativ erfüllt sind. Danach muss das Unternehmen die Möglichkeit und die Absicht zur Fertigstellung sowie die Fähigkeit zur Nutzung oder zum Verkauf des immateriellen Vermögenswerts nachweisen. Darüber hinaus wird gefordert, dass der immaterielle Vermögenswert mit einem zukünftigen Nutzenzufluss verbunden ist und die ihm während seiner Entwicklung zurechenbaren Ausgaben zuverlässig bewertbar sind. Obwohl es sich der Formulierung nach um ein Aktivierungsgebot handelt, besteht aufgrund der unbestimmten Rechtsbegriffe innerhalb der Aktivierungsvoraussetzungen faktisch ein Aktivierungswahlrecht für Entwicklungsaufwendungen. Nach US-GAAP ist die Bilanzierung von Forschungs- und Entwicklungsaufwendungen in SFAS No. 2 geregelt. Danach sind die so genannten In-Process Research and Development Costs nicht bilanzierungsfähig (vgl. SFAS No. 2, Par. 12). Von diesem allgemeinen Aktivierungsverbot existieren jedoch branchenspezifische Ausnahmen, bspw. bei der Software-Entwicklung.

Angleichungsmöglichkeit

In Bezug auf Forschungsaufwendungen ergibt sich kein Anpassungsbedarf, da diese in allen drei betrachteten Rechnungslegungsnormensystemen einem Aktivierungsverbot unterliegen. Gemäß der Vorgehensweise bei den selbst erstellten Vermögenswerten des Anlagevermögens kommt zur bilanziellen Angleichung bei den Entwicklungsaufwendungen eine Verrechnung der aktivierten Beträge mit dem Eigenkapital in Verbindung mit einer entsprechenden Korrektur des Jahreserfolgs in Betracht. Nach IAS No. 38, Par. 107 f. sind im Regelfall die im Geschäftsjahr aktivierten Entwicklungsaufwendungen anzugeben.

2.2.5 Bilanzierung von Pensionsverpflichtungen

Unterschiedliche Finanzierungsmodelle

In Deutschland werden die zur Tilgung einer betrieblichen Pensionszusage benötigten Mittel üblicherweise im Wege einer Selbstfinanzierung durch die Bildung einer Pensionsrückstellung angesammelt. Demgegenüber haben die Regelungen nach IAS und US-GAAP ihre Wurzeln in einer Finanzierung der Versorgungsleistung über ausgelagerte Pensionsfonds. Die Rückstellung und der Aufwand werden netto, d.h. nach Verrechnung mit dem Vermögen bzw. den Erträgen/Aufwendungen des Fonds, ausgewiesen. In Deutschland werden hingegen sowohl die Verpflichtung mittels einer Rückstellung als auch das durch sie finanzierte Vermögen in der Bilanz in Form einer Bruttobilanzierung gezeigt. Die unterschiedlichen Konzeptionen haben erhebliche Auswirkungen auf die Kapitalstruktur eines Unternehmens.

Angleichung durch Umstellung der Bruttobilanzierung auf Nettobilanzierung

Eine bilanzielle Angleichung eines handelsrechtlichen Abschlusses an einen nach US-GAAP bzw. IAS erstellten kann dadurch erreicht werden, dass im Zuge einer Bilanzverkürzung die Pensionsrückstellungen mit korrespondierenden Vermögensgegenständen saldiert werden. Vorgeschlagen werden eine proportionale Verringerung der einzelnen Vermögenspositionen entsprechend ihrem Anteil an der Bilanzsumme (vgl. ORDELHEIDE, D. 1998, S. 519), die Verrechnung der Pensionsrückstellungen mit den liquiden Mitteln und Wertpapieren des Umlaufvermögens (vgl. KÜTING, K./NARDMANN, B. 1993, S. 1838) oder mit den Wertpapieren des Anlagevermögens (vgl. BURGER, A./SCHELLBERG, B. 1995, S. 2437). Die proportionale Verringerung der einzelnen Vermögensgegenstände verhindert, dass durch willkürliches Kürzen bestimmter Vermögenspositionen Bilanzstrukturkennzahlen verzerrt werden. Zudem berücksichtigt diese Vorgehensweise, dass »die im Rahmen der betrieblichen Innenfinanzierung zurückgehaltenen Mittel in das auf der Aktivseite der Bilanz abgebildete Portfolio aus Real- und Nominalvermögen investiert wurden« (ORDELHEIDE, D. 1998, S. 519). Demgegenüber gehen die beiden anderen Varianten von einer bestimmten Verwendung der zur Erbringung der zugesagten Versorgungsleistungen im Unternehmen angesammelten Mittel aus. Eine Verrechnung mit den liquiden Mitteln und Wertpapieren des Umlaufvermögens, die als Anlageform für überschüssige Zahlungsmittel dienen, ahmt den Abfluss von Liquidität an einen unternehmensexternen Pensionsfonds nach. Werden die Wertpapiere des Anlagevermögens gekürzt, so liegt dem die Vorstellung zugrunde, dass die in früheren Jahren im Unternehmen behaltenen Mittel in Wertpapiere des Anlagevermögens investiert wurden.

Angleichung durch Umstellung der Nettobilanzierung auf Bruttobilanzierung

Alternativ zur Anpassung eines handelsrechtlichen Abschlusses an einen nach US-GAAP bzw. IAS erstellten kann auch der umgekehrte Weg gegangen werden, indem die Nettobilanzierung des US-GAAP- bzw. IAS-Abschlusses auf die Bruttobilanzierung des HGB-Abschlusses umgestellt wird. Hierzu ist der Barwert der am Bewertungsstichtag bestehenden Pensionsansprüche auf der Passivseite als Pensionsrückstellung einzustellen und die Aktivseite entsprechend zu erhöhen (vgl. BURGER, A./SCHELLBERG, B. 1995, S. 2437). Die benötigten Daten sind nach SFAS No. 132, Par. 5 bzw. IAS No. 19, Par. 120 von den Unternehmen anzugeben. Die auf einer bestimmten Verwendungsfiktion der nunmehr passivierten Mittel beruhende Erhöhung eines bestimmten Aktivpostens birgt die Gefahr der Verzerrung von Bilanzstrukturkennzahlen in sich. Um dies zu vermeiden, bietet es sich an, die Bilanzpositionen der Aktivseite proportional entsprechend ihrem Anteil an der Bilanzsumme zu erhöhen.

Bewertungsunterschiede

Kann der externe Bilanzleser hinsichtlich der bilanziellen Abbildung noch eine Angleichung vornehmen, so muss er mit dem Versuch scheitern, die auf unterschiedlichen Methoden (HGB: Gleichverteilungsverfahren, US-GAAP/IAS: Ansammlungsverfahren) beruhenden Bewertungsunterschiede und damit die Erfolgswirkungen aus der Bilanzierung der Versorgungsleistungen zu vereinheitlichen. Hierzu bedürfte er Informationen über teilweise gegenläufige Bewertungseffekte, die durch Wertdeterminanten wie die Anzahl und Altersstruktur der Mitarbeiter, den Diskontierungssatz und die Progressionssätze für zukünftige Wertänderungen bestimmt werden (vgl. ORDELHEIDE, D. 1998, S. 518).

2.2.6 Anteile anderer Gesellschafter

Ausweis in der Konzernbilanz

In Höhe des ideellen Anteils konzernfremder Gesellschafter an den Vermögensgegenständen und Schulden eines in den Konzernabschluss einbezogenen Tochterunternehmens ist nach § 307 HGB innerhalb des Eigenkapitals unter entsprechender Bezeichnung ein gesonderter Posten auszuweisen. Demgegenüber verlangt IAS No. 1, Par. 66 den gesonderten bilanziellen Ausweis in einem separaten Posten zwischen Eigen- und Fremdkapital (vgl. KÜTING, K./HAYN, S. in: KÜTING/WEBER 1998, Rn. 129). Die Konzernrechnungslegung nach US-GAAP folgt bislang überwiegend der »parent company theory«. »Under the parent company theory, the equity of the group is the equity of the parent company and the profit of the group is the profit of the company« (BAKER, R. E./RAPACCIOLI, D./SOLOMON, M. B. 1995, S. 3112). Der ideelle Anteil der Minderheitsgesellschafter an einem Tochterunternehmen stellt mithin kein Eigenkapital des Konzerns dar. Er wird in der Praxis regelmäßig als gesonderter Posten zwischen dem Eigenkapital und den Schulden eines Unternehmens ausgewiesen (vgl. WILLIAMS, J. R. 2003, 45.09). Im Falle einer untergeordneten Bedeutung des Minderheitenpostens ist gelegentlich auch eine Zuordnung zu den »long-term liabilities« vorzufinden. Dies steht jedoch im Widerspruch zu SFAC No. 6, Par. 254, wonach »minority interests in net assets of consolidated subsidiaries do not represent obligations of the enterprise to pay cash or distribute other assets to minority stockholders«.

Ausweis in der Konzern-Gewinn- und Verlustrechnung

Der auf die konzernfremden Minderheitsgesellschafter entfallende Anteil am Erfolg eines Tochterunternehmens wird nach § 307 Abs. 2 HGB nach dem Konzernjahresüberschuss/-fehlbetrag unter entsprechender Bezeichnung gesondert ausgewiesen. Der Ausweis erfolgt somit im Anschluss an die Gewinnermittlung. Demgegenüber ist der Erfolgsanteil der Minderheiten nach IAS bzw. US-GAAP als Aufwand/Ertrag innerhalb der Gewinnermittlung zu berücksichtigen, sodass der ausgewiesene Konzernerfolg allein dem Mehrheitsgesellschafter zusteht (vgl. IAS No. 1, Par. 75 bzw. Regulation S-X, Rule 5.03).

Anpassungsmöglichkeit

Die verschiedenen Ausweiskonzeptionen können aneinander angeglichen werden, indem entweder der Minderheitenposten in einem nach US-GAAP oder IAS erstellten Abschluss in das Eigenkapital des Konzerns umgruppiert oder der in einem handelsrechtlichen Jahresabschluss innerhalb des Konzerneigenkapitals ausgewiesene Minderheitenposten von diesem in Abzug gebracht wird. Auch beim Vergleich des handelsrechtlichen Konzernerfolgs mit dem »net income or loss« (US-GAAP) bzw. dem »net profit or loss for the period« (IAS) können beide Anpassungswege eingeschlagen werden: Der um den Minderheitenanteil verringerte handelsrechtliche Konzernjahreserfolg ist dem Periodenerfolg nach US-GAAP bzw. IAS gegenüberzustellen, oder aber die Erfolgsgrößen nach US-GAAP bzw. IAS sind um den zuvor in Abzug gebrachten Minderheitenanteil zu erhöhen und mit dem ausgewiesenen handelsrechtlichen Konzernerfolg zu vergleichen.

2.2.7 Ausgewählte Beispiele zum Einfluss unterschiedlicher Rechnungslegungsnormen auf die Kennzahlenbildung

Beeinflussung von Kennzahlen

Die im vorstehenden Abschnitt erläuterten Differenzen zwischen den unterschiedlichen Normen der einzelnen Rechnungslegungsnormensysteme wirken sich nicht nur auf die absolute Höhe der im Jahres- oder Konzernjahresabschluss ausgewiesenen Vermögens- oder Schuldpositionen aus, sie haben auch erheblichen Einfluss auf die aus unterschiedlichen Datengrundlagen ermittelten Kennzahlen. Dies soll im Folgenden anhand einiger ausgewählter Beispiele veranschaulicht werden.

Ausgangsdaten

Unternehmen A, eine börsennotierte AG mit Sitz in Deutschland, präsentiert zum 31.12.01 folgende (stark vereinfachte) Bilanz.

Übersicht 137: Bilanzdaten der A-AG nach IAS

Bilanz der A-AG zum 31.12.01 in Mio. Euro

A.	Anlagevermögen		A.	Eigenkapital	
I.	Immaterielle Vermögenswerte	40	I.	Gezeichnetes Kapital	3
II.	Sachanlagen	25	II.	Kapitalrücklage	2
III.	Finanzanlagen	3	III.	Gewinnrücklagen	45
		68	IV.	Gewinnvortrag	2
B.	Umlaufvermögen		V.	Jahresüberschuss	13
I.	Vorräte	10			65
II.	Forderungen und sonstige Vermögensgegenstände	14	B.	Rückstellungen	20
III.	Wertpapiere	3	C.	Verbindlichkeiten	15
IV.	Kassenbestand und Bankguthaben	5			
		32			
Summe Aktiva		100	Summe Passiva		100

Es gelten folgende Prämissen:

- Die Gesellschaft bilanziert nach den IAS.
- Für das Geschäftsjahr 01 wird ein Jahresüberschuss in Höhe von 13 Mio. Euro ausgewiesen.
- Im immateriellen Vermögen ist ein Geschäfts- oder Firmenwert enthalten, der zum 01.01.01 entstanden ist und dessen voraussichtliche Nutzungsdauer 10 Jahre beträgt. Der zum 01.01.01 aktivierte Betrag von 30 Mio. Euro wurde bereits im Geschäftsjahr 01 um eine planmäßige Abschreibung von 3 Mio. Euro vermindert.
- Ebenfalls Bestandteil des immateriellen Vermögens sind im Jahr 01 aktivierte Entwicklungsaufwendungen in Höhe von 5 Mio. Euro.
- Die Pensionszusagen der Gesellschaft gegenüber den Mitarbeitern haben zum 31.12.01 einen Wert von 20 Mio. Euro. In dieser Höhe wurden Zahlungen an einen (externen) Pensionsfonds geleistet.

Kennzahlen ohne Modifikation der Bilanz

Auf der Grundlage der Bilanz – ohne Berücksichtigung der Zusatzinformationen der Prämissen – ergeben sich für die A-AG folgende Kennzahlenwerte:

Übersicht 138: Ausgewählte Kennzahlen ohne Modifikation der Bilanz

Eigenkapitalquote	$= \frac{\text{Eigenkapital}}{\text{Gesamtkapital}}$	$= \frac{65}{100}$	= 65%
$\frac{\text{Immaterielles Vermögen}}{\text{Eigenkapital}}$		$= \frac{40}{65}$	= 62%
Eigenkapitalrentabilität	$= \frac{\text{Jahresüberschuss}}{\text{Eigenkapital}}$	$= \frac{13}{65}$	= 20%

Die ermittelten Kennzahlen basieren auf einem IAS-Abschluss und sind daher nicht unmittelbar vergleichbar mit Kennzahlenwerten, die auf der Grundlage eines HGB-Abschlusses ermittelt wurden. Unterstellt man bspw., dass die A-AG mit einem HGB-Bilanzierer derselben Branche verglichen werden soll, so ergeben sich – wie bereits dargestellt – aus den angegebenen Daten die folgenden Angleichungsmöglichkeiten.

Geschäfts- oder Firmenwert

In einem ersten Schritt sollen der aktivierte und bereits abgeschriebene Geschäfts- oder Firmenwert erfolgsneutral mit den Rücklagen verrechnet und die erfolgswirksame Abschreibung rückgängig gemacht werden. Diese Anpassungsmaßnahme wäre gegebenenfalls auch im HGB-Abschluss durchzuführen, wenn dort ebenfalls ein Geschäfts- oder Firmenwert aktiviert wurde. Aus der geänderten bilanzanalytischen Behandlung des Geschäfts- oder Firmenwerts resultieren folgende Auswirkungen auf die exemplarisch betrachteten Kennzahlen der A-AG:

Übersicht 139: Ausgewählte Kennzahlen bei Modifikation der Behandlung des Geschäfts- oder Firmenwerts

Eigenkapitalquote	$= \frac{65 ./. 27}{100 ./. 27}$	$= \frac{38}{73}$	= 52%
$\frac{\text{Immaterielles Vermögen}}{\text{Eigenkapital}}$	$= \frac{40 ./. 27}{65 ./. 27}$	$= \frac{13}{38}$	= 34%
Eigenkapitalrentabilität	$= \frac{13 + 3}{65 ./. 27}$	$= \frac{16}{38}$	= 42%

Die erfolgsneutrale Verrechnung des Geschäfts- oder Firmenwerts mit den Rücklagen führt zu einem Absinken der Eigenkapitalquote und des Verhältnisses von Immateriellem Vermögen zu Eigenkapital. Aufgrund des geringeren Eigenkapitals und der Erhöhung des Jahresüberschusses um die Abschreibung des Geschäfts- oder Firmenwerts steigt jedoch die Eigenkapitalrentabilität gegenüber den Ausgangswerten.

Forschungs- und Entwicklungs-aufwendungen

In einem nach dem HGB erstellten Abschluss ist keine Aktivierung von Forschungs- oder Entwicklungskosten möglich. Um den IAS-Abschluss der A-AG im Hinblick darauf mit dem eines HGB-Bilanzierers vergleichbar zu machen, wird die im abgelaufenen Geschäftsjahr vorgenommene Aktivierung der Entwicklungsaufwendungen rückgängig gemacht und der Jahresüberschuss um den entsprechenden Betrag vermindert. Betrachtet man nur die Auswirkungen dieser Anpassungsmaßnahme auf die Kennzahlen, ohne die Korrektur des Geschäfts- und Firmenwerts zu berücksichtigen, so ergibt sich folgendes Bild:

Übersicht 140: Ausgewählte Kennzahlen bei Modifikation der Behandlung der Forschungs- und Entwicklungsaufwendungen

$$\text{Eigenkapitalquote} = \frac{65 \;./.\; 5}{100 \;./.\; 5} = \frac{60}{95} = 63\%$$

$$\frac{\text{Immaterielles Vermögen}}{\text{Eigenkapital}} = \frac{40 \;./.\; 5}{65 \;./.\; 5} = \frac{35}{60} = 58\%$$

$$\text{Eigenkapitalrentabilität} = \frac{13 \;./.\; 5}{65 \;./.\; 5} = \frac{8}{60} = 13\%$$

Die Korrektur der Aktivierung bewirkt ein leichtes Absinken der Eigenkapitalquote und des Verhältnisses zwischen Immateriellem Vermögen und Eigenkapital. Größer sind jedoch die Auswirkungen auf die Eigenkapitalrentabilität, die sich aufgrund der Kürzung des Jahresüberschusses um die Entwicklungsaufwendungen um rund ein Drittel vermindert.

Pensions-rückstellungen

In einem dritten Schritt sollen nun die Auswirkungen einer Anpassung der bilanziellen Behandlung der Pensionszusagen dargestellt werden. Während die nach IAS bilanzierende A-AG die Beiträge zur betrieblichen Altersversorgung an einen externen Pensionsfonds abführt, bildet ein HGB-Bilanzierer in der Regel Pensionsrückstellungen in der Bilanz der Gesellschaft. Um die unterschiedlichen Rechenwerke vergleichbar zu machen, wird ausgehend von dem IAS-Abschluss für Zwecke der Bilanzanalyse eine Rückstellung für die Pensionsansprüche in der Bilanz berücksichtigt. Korrespondierend hierzu soll in diesem Beispiel eine proportionale Erhöhung aller Aktivpositionen erfolgen.

Übersicht 141: Ausgewählte Kennzahlen bei Modifikation der Behandlung der Pensionszusagen

$$\text{Eigenkapitalquote} = \frac{65}{100 + 20} = \frac{65}{120} = 54\%$$

$$\frac{\text{Immaterielles Vermögen}}{\text{Eigenkapital}} = \frac{40 + 8}{65} = \frac{48}{65} = 74\%$$

$$\text{Eigenkapitalrentabilität} = \frac{13}{65} = 20\%$$

Durch die Erhöhung der Rückstellungen um den Barwert der Pensionszusagen reduziert sich die Eigenkapitalquote. Die proportionale Erhöhung der Aktiva bei gleich bleibendem Eigenkapital führt zu einem Anstieg des Verhältnisses von Immateriellem Vermögen zu Eigenkapital. Im Zuge dieser Angleichungsmaßnahme ergeben sich keine Konsequenzen für die Eigenkapitalrentabilität, da weder der Jahresüberschuss noch das Eigenkapital durch die bilanzanalytische Ergänzung der Pensionsrückstellungen verändert werden.

Kumulative Betrachtung

Berücksichtigt man abschließend nicht jeweils nur eine einzelne Angleichungsmaßnahme, sondern stellt eine kumulative Betrachtung der verschiedenen Effekte an, so ergeben sich für die A-AG auf der Basis eines den HGB-Vorschriften angenäherten Abschlusses folgende Kennzahlen:

Übersicht 142: Ausgewählte Kennzahlen bei Modifikation aller drei Sachverhalte

$$\text{Eigenkapitalquote} = \frac{65 \text{ ./. } 27 \text{ ./. } 5}{100 \text{ ./. } 27 \text{ ./. } 5 + 20} = \frac{33}{88} = 38\%$$

$$\frac{\text{Immaterielles Vermögen}}{\text{Eigenkapital}} = \frac{40 \text{ ./. } 27 \text{ ./. } 5 + 8}{65 \text{ ./. } 27 \text{ ./. } 5} = \frac{16}{33} = 48\%$$

$$\text{Eigenkapitalrentabilität} = \frac{13 + 3 \text{ ./. } 5}{65 \text{ ./. } 27 \text{ ./. } 5} = \frac{11}{33} = 33\%$$

Werden die drei betrachteten Angleichungsmöglichkeiten gleichzeitig berücksichtigt, ergibt sich gegenüber den Ausgangsdaten eine starke Verminderung der Eigenkapitalquote (von 65% auf 38%) und des Verhältnisses von Immateriellem Vermögen zu Eigenkapital (von 62% auf 48%). Lediglich die Eigenkapitalrentabilität nimmt im Beispielsachverhalt um mehr als die Hälfte von 20% auf 33% zu. Diese Entwicklungen resultieren im Wesentlichen aus dem geringeren absoluten Betrag des Eigenkapitals nach Durchführung der Anpassungen.

Ergebnis

Obwohl es sich im vorgestellten Sachverhalt um ein stark vereinfachtes Beispiel handelt, wird deutlich, wie stark Kennzahlen durch unterschiedliche Abbildungsregeln der verschiedenen Rechnungslegungsnormensysteme beeinflussbar sind. Ziel der Betrachtung ist es dabei nicht zu entscheiden, welche der berechneten Größen nun den »richtigen« Wert für die jeweilige Kenzahl darstellt. Sie veranschaulicht lediglich erneut, dass Kennzahlen nicht losgelöst von dem ihrer Berechnung zugrunde liegenden Zahlenmaterial interpretiert werden dürfen. Neben den bereits aufgezeigten Problemfeldern und Grenzen der Kennzahlenrechnung (vgl. hierzu 2. Abschn., 1. Kap. 4.) erschwert die Anwendung unterschiedlicher Rechnungslegungsnormensysteme zusätzlich die Vergleichbarkeit zwischen einzelnen Unternehmen. Dabei stellen auch die aufgezeigten Angleichungsmaßnahmen nur eine Annäherung bzw. Orientierungshilfe dar und keinesfalls eine Lösung des Problems. Insofern sind bei einer vergleichenden internationalen Jahresabschlussanalyse stets die Rahmenbedingungen der Bilanzierung und die Grenzen der Aussagefähigkeit zu beachten.

2.3 Unterschiede in den zentralen Rechnungslegungsgrundsätzen

2.3.1 Vorbemerkung

Die vorstehenden Beispiele zeigen, dass es für einzelne Sachverhalte gelingen kann, eine formale Standardisierung von nach HGB, IAS und US-GAAP erstellten Abschlüssen zu erreichen. Diese beschränkt sich jedoch weit gehend auf Fragen des Ausweises und der Bilanzierung dem Grunde nach. Hinsichtlich der Bewertung ist regelmäßig keine Anpassung möglich.

Die Abbildungsregeln eines Normensystems haben ihr Fundament in den zentralen Rechnungslegungsgrundsätzen. Deren Balance wird unmittelbar durch die Zielsetzung des Rechnungslegungsnormensystems bestimmt. Während die Rechnungslegung nach US-GAAP und IAS primär an den Informationsbedürfnissen der (potenziellen) Anleger ausgerichtet ist und deren Anlageentscheidung unterstützen soll (»decision usefulness«), dominiert im deutschen Handelsrecht der Gläubigerschutzgedanke. Die Gewinnermittlung steht unter der Prämisse der (nominellen) Kapitalerhaltung. Es soll ein unbedenklich verteilungsfähiger Gewinn ermittelt werden. Die divergierenden Zielsetzungen finden ihre Entsprechung in einer unterschiedlichen Betonung der einzelnen Grundsätze. Ist das Fundament einer Rechnungslegung anders gelegt, unterscheiden sich zwangsläufig auch die Abbildungsregeln.

Hierarchische Strukturierung der Rechnungslegungsgrundsätze

Ähnlich wie die Grundsätze ordnungsmäßiger Buchführung gliedern sich auch die zentralen Rechnungslegungsgrundsätze nach US-GAAP und IAS in übergeordnete und untergeordnete Grundsätze (bezüglich der Grundsätze ordnungsmäßiger Buchführung vgl. Beisse, H. 1984, S. 1ff.; Euler, R. 1996, S. 109ff.). Da zwischen US-GAAP und IAS Unterschiede in der Systematisierung, aber nicht hinsichtlich des inhaltlichen Umfangs der Rechnungslegungsgrundsätze bestehen, orientieren sich die Ausführungen im Folgenden an der im IAS-Framework (vgl. IAS-Framework, Par. 22f.) vorgenommenen Einteilung (hinsichtlich der Systematisierung in den US-GAAP vgl. Mautz, R. K. 1983, S. 2ff., 18ff.). Danach gliedern sich die übergeordneten Rechnungslegungsgrundsätze in

- den Grundsatz der Fortführung der Unternehmenstätigkeit (»Going-Concern«) und
- den Grundsatz der Periodisierung (»Accrual Basis«).

2.3.2 Übergeordnete Rechnungslegungsgrundsätze

2.3.2.1 Grundsatz der Unternehmensfortführung

Zentraler Grundsatz aller Rechnungslegungsnormensysteme

Sofern einer Unternehmensfortführung nicht rechtliche oder tatsächliche Gegebenheiten entgegenstehen, ist der Grundsatz der Unternehmensfortführung in allen Rechnungslegungsnormensystemen wesentliche Voraussetzung für eine sinnvolle Interpretation anderer Rechnungslegungsgrundsätze. In der Ausgestaltung dieses Grundsatzes bestehen zwischen den drei Normensystemen keine nennenswerten Unterschiede (vgl. PELLENS, B. 2001, S. 166; REINHART, A. 1998, S. 53). Insoweit ergeben sich hieraus keine störenden Auswirkungen auf die Bilanzanalyse.

2.3.2.2 Grundsatz der Periodisierung

Zentraler Zweck der gesamten Bilanzierung ist die Gewinnermittlung. Wie nach den Vorschriften des HGB werden auch nach IAS und US-GAAP die wirtschaftlichen Ergebnisse von Geschäftvorfällen der Periode zugerechnet, in denen sie entstanden sind. Die Gewinnermittlung hat deshalb nicht auf Basis von Zahlungsströmen (»cash basis accounting«) zu erfolgen, sondern anhand von periodisierten Aufwendungen und Erträgen (»accrual basis accounting«). Auf den ersten Blick scheinen sich auch hier keine Unterschiede zu ergeben. Dies mag für die IAS und US-GAAP im Verhältnis untereinander zutreffen, nicht aber im Vergleich zum HGB.

»realisation principle«

Um eine Zuordnung auf die jeweiligen Perioden vornehmen zu können, bedarf es Regeln. Diese sind für die US-GAAP und IAS im »realisation principle« und »matching principle« zu sehen (vgl. hierzu DELANEY, P. R. u.a. 2003, S. 64ff.; ACHLEITNER, A.-K./WOLLMERT, P./VAN HULLE, K. 1997, in: BAETGE, J. u.a. 1997, Rn. 55 ff.). Dabei regelt das »realisation principle« die Erfassung der Erträge und ist mit dem deutschen Realisationsprinzip weit gehend vergleichbar. Da das handelsrechtliche Realisationsprinzip jedoch strenger ausgelegt wird, bestehen im Detail Unterschiede. Als Paradebeispiel mag die Gewinnrealisierung bei einer kundenspezifischen Langfristfertigung (»construction contracts«) dienen (vgl. DUSEMOND, M./KESSLER, H. 2001, S. 13). Während nach dem handelsrechtlichen Realisationsprinzip Gewinne grundsätzlich erst mit der Abnahme des Werks vereinnahmt werden dürfen, sehen die IAS (vgl. IAS No. 11, Par. 22ff.) und US-GAAP (vgl. ARB No. 45, SOP No. 81) im Regelfall die Anwendung der »Percentage-of-completion method« vor. Danach ist mit zunehmendem Grad der Fertigstellung der aus dem Projekt erwartete Erfolg anteilig zu vereinnahmen, sofern dieser mit hinreichender Wahrscheinlichkeit feststellbar ist. Ist dies nicht der Fall, ist nach den US-GAAP eine Gewinnvereinnahmung erst mit der Abnahme des hergestellten Objekts zulässig (vgl. SOP No. 81, Par. 28ff.), während die IAS eine Erfassung von Umsatzerlösen in Höhe der angefallenen und mit Sicherheit abrechenbaren Kosten verlangen (vgl. IAS No. 11, Par. 32).

»matching principle«

Die Zuordnung der Aufwendungen richtet sich nach dem »matching principle«. Danach sind die Aufwendungen »der Periode zuzuordnen, in der die aufwandsverursachenden Leistungen realisiert und die korrespondierenden Erträge … erfaßt werden« (PELLENS, B. 2001, S. 165). Soweit ein sachlicher Zusammenhang zwischen Aufwendungen und Erträgen nicht hergestellt werden kann, sind die Aufwendungen in der Periode zu erfassen, in der sie angefallen sind. Damit entspricht das »matching principle« in der Tendenz dem Grundsatz der sachlichen und zeitlichen Abgrenzung von Aufwendungen im Handelsrecht (vgl. PELLENS, B. 2001, S. 162ff.).

Imparitätsprinzip

Differenzen in der Gewinnermittlung ergeben sich auch durch die unterschiedliche Gewichtung der im deutschen Handelsrecht durch das Imparitätsprinzip gesicherten Berücksichtigung von entstandenen Vermögensminderungen. Nach § 252 Abs. 1 Nr. 4 HGB sind Verluste bereits in der Periode ihrer Entstehung zu berücksichtigen. Der Realisationszeitpunkt ist unerheblich. Diesem Grundsatz folgen weit gehend auch die US-GAAP und IAS. So wird bspw. für das Vorratsvermögen eine Niederstbewertung nach dem »principle of lower of cost or market« (vgl. ARB No. 43, Ch. 4) bzw. »principle of lower of cost or net realizable value« (vgl. IAS No. 2, Par. 6) gefordert und auch die Bildung von Drohverlustrückstellungen ist nach US-GAAP und IAS vorgesehen (vgl. SFAS No. 5, Par. 8ff. bzw. IAS No. 37, Par. 66ff.). In Einzelfällen kann es jedoch zu nicht unerheblichen Abweichungen kommen, bspw. durch die nach US-GAAP zulässige Möglichkeit, das Niederstwertprinzip auf Vorratsgruppen oder das gesamte Vorratsvermögen anzuwenden (vgl. ARB No. 43, Ch. 4 Par. 11 ff.). Eine entsprechende Regelung kennen die IAS nicht.

Vorsichtsprinzip

Insbesondere die am Beispiel einer kundenspezifischen Langfristfertigung formulierten Unterschiede bei der Gewinnrealisierung zeigen, dass das Vorsichtsprinzip nach US-GAAP und IAS einen deutlich geringeren Einfluss auf die Bilanzierung hat (vgl. HALLER, A. 2000, S. 14; REINHART, A. 1998, S. 56; NIEHUS, R. J. 1997, S. 1421 ff.). Dies kann auch anhand der Rückstellungsbildung und -bewertung oder der »fair-value-Bewertung« von Wertpapieren des Umlaufvermögens illustriert werden. So kennen die IAS und US-GAAP grundsätzlich keine Aufwandsrückstellungen. Bei der Bewertung von Verbindlichkeitsrückstellungen fordern die IAS grundsätzlich eine Abzinsung (vgl. IAS No. 37, Par. 45 u. 47), nach deutschem Handelsrecht ist dies nur zulässig, soweit der Erfüllungsbetrag einen Zinsanteil enthält (vgl. KÜTING, K./KESSLER, H. 1998, S. 1943). In den US-GAAP fehlt diesbezüglich eine explizite Regelung. Für Wertpapiere des Umlaufvermögens sind nach HGB die allgemeinen Bewertungsgrundsätze (insbesondere Anschaffungswertprinzip) anzuwenden. Demgegenüber erlauben die US-GAAP und IAS für bestimmte Kategorien von Wertpapieren eine Erfassung von Wertsteigerungen über die Anschaffungskosten hinaus (vgl. IAS No. 39; SFAS No. 115).

2.3.3 Untergeordnete Rechnungslegungsgrundsätze

Neben den obigen Rahmengrundsätzen existieren weitere Grundsätze, die die qualitativen Anforderungen an einen Jahresabschluss definieren. Sie sind zu erfüllen, um dem externen Leser mit dem Jahresabschluss nützliche Entscheidungshilfen zur Verfügung stellen zu können. Das IAS-Framework nennt in Par. 24 folgende Grundsätze:

- »understandability«,
- »relevance«,
- »reliability« und
- »comparability«.

Soweit die Erstellung des Jahresabschlusses unter Beachtung dieser Grundsätze erfolgt, sehen sowohl die IAS als auch die US-GAAP das angestrebte Ziel einer »fair presentation« als gewährleistet an (vgl. HALLER, A. 1990, S. 768; REINHART, A. 1998, S. 59). Obwohl nicht alle der obigen Grundsätze unmittelbar im HGB erwähnt sind, zählen sie zu den Wesensmerkmalen einer den Grundsätzen ordnungsmäßiger Bilanzierung entsprechenden Rechnungslegung.

»understandability«

Der Grundsatz der Verständlichkeit (»understandability«) hat seine Entsprechung in der handelsrechtlichen Forderung nach Klarheit und Übersichtlichkeit. Hinsichtlich seiner Operationalisierung ergeben sich jedoch Unterschiede. So enthält das HGB detaillierte Gliederungsvorgaben für die Bilanz sowie für die Gewinn- und Verlustrechnung, während die IAS in IAS No. 1, Par. 66 u. 75 lediglich ein Mindestgliederungsschema vorgeben. Die US-GAAP enthalten keine Ausweisschemata für die Bilanz und die Gewinn- und Verlustrechnung. Detaillierte Vorschriften finden sich aber in den SEC-Regelungen (vgl. Regulation S-X, Rule 5.02 und 5.03). Daneben verlangen die IAS und US-GAAP weiter gehende Angaben im Anhang, die dem Bilanzleser Informationen zur Verfügung stellen, die über die in einem handelsrechtlichen Abschluss enthaltenen hinausgehen. Fraglich ist allerdings, ob eine durch komplexe Regelungsinhalte auf die Vermittlung einer grundsätzlich begrüßenswerten Informationsfülle ausgerichtete Rechnungslegung dem Ziel gerecht werden kann, ein Werkzeug auch für »nonprofessionals« zur Verfügung zu stellen, »who are willing to learn to use it properly« (SFAC No. 1, Par. 36) bzw. Informationen zu vermitteln, »that is readily understandable by users« (IAS-Framework, Par. 25).

»relevance«

Sowohl die US-GAAP als auch die IAS messen der Relevanz von Informationen einen zentralen Stellenwert zu. Als relevant werden Informationen eingestuft, die geeignet sind, Einfluss auf die Entscheidung eines Adressaten der externen Rechnungslegung zu nehmen (vgl. IAS-Framework, Par. 26). Mit der Forderung nach Entscheidungsrelevanz geht auch die Forderung nach Aktualität der Informationen einher. Die große Bedeutung, die diesem Grundsatz zukommt, findet ihren Widerhall in der fortwährenden Betonung der zu beachtenden Wesentlichkeit (»materiality«) von Informationen für das Gesamtbild des Jahresabschlusses (zur Bedeutung der materiality vgl. LÜCK, W. 1975, S. 23 ff.; OSSADNIK, W. 1993, S. 617). Wirtschaftlichkeitsüberlegungen sind auch Bestandteil des deutschen Handelsrechts. Explizite Berücksichtigung hat dieser Gedanke bspw. bei der Zulässigkeit von Verfahren der Sammel-, Gruppen- und Festbewertung sowie der Verbrauchsfolgeverfahren gefunden (vgl. §§ 240, 256 HGB). Insbesondere in den Abschlüssen nach US-GAAP und IAS bildet die Forderung nach »relevance«, als Beispiel für eine tatsachenspezifische Ermessensentscheidung, ein zentrales Einfallstor für bilanzpolitische Erwägungen. Zudem ist die Einschätzung eines Sachverhalts als entscheidungsrelevant in hohem Maße eine subjektive, die abgesehen von bilanziellen Zielvorstellungen auch durch den sozio-ökonomischen und kulturellen Hintergrund des Bilanzierenden determiniert ist.

»reliability«

Eine weitere tragende Säule der Rechnungslegung nach US-GAAP und IAS bildet der Grundsatz der Verlässlichkeit. Eine glaubwürdige und aussagefähige Informationsgewährung ist ohne ihn nicht denkbar. Das Erfordernis der »reliability« wird durch mehrere Kriterien konkretisiert. Danach ist für eine verlässliche Darstellung die Beachtung der folgenden Grundsätze unverzichtbar (vgl. IAS-Framework, Par. 33ff.):

- »faithful representation«,
- »substance over form«,
- »neutrality«,
- »prudence« und
- »completeness«.

Mit Ausnahme der Wertfreiheit und Neutralität (»neutrality«) sind sämtliche der angeführten Prinzipien auch Bestandteile der Grundsätze ordnungsmäßiger Buchführung. Deren Gewichtung ist allerdings teilweise eine andere. Während – wie schon erwähnt – die Stellung des Vorsichtsprinzips (»prudence«) in den US-GAAP und IAS gegenüber dem HGB deutlich geringer ist, hat der Grundsatz der wirtschaftlichen Betrachtungsweise (»substance over form«) eine wesentlich umfassendere Bedeutung. Die wirtschaftliche Betrachtungsweise – zutreffend verstanden als eine »teleologische Methode der Rechtsfindung« (DÖLLERER, G. 1979/80, S. 202), die die »wirtschaftliche Bedeutung der bilanzrechtlichen Normen« (BEISSE, H. 1981, S. 12) berücksichtigt – ist der handelsrechtlichen Rechnungslegung prinzipiell nicht fremd. So ist die Frage der Zuordnung von Vermögensgegenständen nicht nach rechtlichen, sondern nach wirtschaftlichen Gesichtspunkten zu entscheiden. Von dieser Maßgabe wird aber bspw. bei der Bilanzierung von Leasinggeschäften teilweise abgewichen, indem sie sich an der Finanzrechtsprechung und den Erlassen der Finanzverwaltung orientiert (vgl. hierzu KÜTING, K./HELLEN, H.-H./BRAKENSIEK,

S. 1998, S. 1465ff.). Auch bei der Abgrenzung von Eigen- und Fremdkapital im Rahmen der Bilanzierung von Finanzinstrumenten kann es zu unterschiedlichen Ergebnissen kommen (hinsichtlich der Abgrenzungsproblematik im amerikanischen Recht vgl. LUTTERMANN, C. 1999, S. 73ff.).

»comparability«

Der Grundsatz der Vergleichbarkeit (»comparability«) beinhaltet im Wesentlichen zwei Erfordernisse: Zum einen soll der externe Bilanzleser in die Lage versetzt werden, die Entwicklung eines Unternehmens im Zeitvergleich zu beurteilen, zum anderen soll er die Vergleichbarkeit von Unternehmen untereinander gewährleisten (vgl. IAS-Framework, Par. 39). Demnach fordert das Kriterium der Vergleichbarkeit in Bezug auf die Rechnungslegung, dass gleichartige Sachverhalte bei unterschiedlichen Unternehmen gleich abzubilden sind und zusätzlich der Grundsatz der Stetigkeit eingehalten wird (vgl. PELLENS, B. 2001, S. 141). Der Grundsatz der Vergleichbarkeit bezieht den Stetigkeitsgrundsatz insoweit mit ein. Während die horizontale bzw. zwischenbetriebliche Vergleichbarkeit der Daten insbesondere vom Umfang der Bilanzierungs- und Bewertungswahlrechte abhängig ist, beeinflusst der Stetigkeitsgrundsatz die vertikale bzw. chronologische Vergleichbarkeit. Der Umstand, dass das HGB im Vergleich zu den US-GAAP und IAS deutlich mehr explizite Wahlrechte enthält, beeinträchtigt somit zwangsläufig einen Unternehmensvergleich.

Auch die Vergleichbarkeit eines Unternehmens im Zeitablauf ist nach HGB durch eine weniger strenge Betonung des Stetigkeitsgrundsatzes im Vergleich zu US-GAAP und IAS beeinträchtigt. Stetigkeit ist gegeben, wenn Unternehmen im Zeitablauf für gleichartige Sachverhalte die gleichen Bilanzierungs- und Bewertungsmethoden anwenden. Zwar zählt der Grundsatz der Stetigkeit in allen drei Normensystemen zu den zu beachtenden Rechnungslegungsgrundsätzen. Im Rahmen der US-GAAP und IAS genießt er allerdings einen wesentlich höheren Stellenwert als im deutschen Handelsrecht. Zum einen wird er in diesen Normensystemen konsequent umgesetzt, d.h., er gilt in sämtlichen Bereichen, in denen Handlungsalternativen in der Informationsgewährung bestehen (vgl. nur WILLIAMS, J. R./STANGA, K. G./HOLDER, W.W. 1995, S. 50 f.; EPSTEIN, B. J./MIRZA, A. A. 2003, S. 723f.), während sich im Handelsrecht der Stetigkeitsgrundsatz nur auf Bewertungs-, Ausweis- und Konsolidierungsfragen bezieht und nicht die Bilanzierung dem Grunde nach einschließt. Zum anderen wird im Gegensatz zum HGB eine Durchbrechung der Stetigkeit in den US-GAAP und IAS nur in wenigen explizit geregelten Ausnahmefällen für zulässig erachtet (vgl. HALLER, A. 2000, S. 13; IDW 1995, S. 45).

2.4 Fazit

Der externe Bilanzleser kann bei einzelnen Sachverhalten eine Anpassung von nach HGB, US-GAAP und IAS erstellten Abschlüssen vornehmen. Diese formale Standardisierung, die im Wesentlichen Ausweisfragen und die Bilanzierung dem Grunde nach betrifft, stellt einen ersten Schritt in Richtung einer Erfassung der materiellen Unterschiede der Rechnungslegungsnormensysteme dar. Sie ist damit eine notwendige Orientierungshilfe für eine vergleichende internationale Jahresabschlussanalyse. Auswirkungen, die sich aus den unterschiedlichen Grundkonzeptionen der Rechnungslegungsnormensysteme ergeben, sind hingegen kaum zu bemessen. Damit bilden diese nicht nur einen wesentlichen Störfaktor, sondern auch die Grenze einer auf quantitativen Anpassungsversuchen aufbauenden vergleichenden Analyse internationaler Abschlüsse. Denn ebenso wie der Charakter eines Menschen von unzähligen Eigenschaften bestimmt wird, die für sich genommen vielleicht unbedeutend sind, in ihrer Summe aber die Individualität des Einzelnen kennzeichnen, verhält es sich auch in der Rechnungslegung: Es sind nicht nur die Äußerlichkeiten, wie die Aktivierung oder Nichtaktivierung eines Vermögenswertes, die den Unterschied bestimmen, sondern eine Vielzahl von manchmal kaum zu separierenden Unterschieden, die im Ergebnis aber zu einem anderen Abbildungsmodell der Unternehmenswirklichkeit führt.

Eine vergleichende internationale Jahresabschlussanalyse muss deshalb einen anderen Weg beschreiten: Es darf nicht der Versuch im Mittelpunkt stehen, die nach verschiedenen Normen erstellten Abschlüsse von Unternehmen quantitativ gleichnamig zu machen. Vielmehr gilt es, durch detaillierte Kenntnis der Abbildungsregeln die Bilder der jeweiligen Unternehmenswirklichkeiten zu erfassen und schließlich zu bewerten. Sollen dennoch quantitative Vergleiche vorgenommen werden, so empfiehlt es sich, auf den objektiven Unterbau der Rechnungslegung zurückzugreifen in Form von Cashflow-Größen. Die von börsennotierten Unternehmen zu erstellenden Kapitalflussrechnungen bilden hier einen Ansatzpunkt.

Die Unterschiede der verschiedenen Rechnungslegungsnormensysteme sind jedoch nicht nur in anders formulierten Abbildungsregeln begründet. Sie beruhen auch auf verschiedenartigen sozio-ökonomischen und kulturellen Gegebenheiten, die einerseits auf die Wahrnehmung der Unternehmenswirklichkeit, andererseits auf die Entwicklung und Anwendung der Abbildungsnormen einen erheblichen Einfluss haben. Auch sie gilt es zu kennen und bei der Analyse zu beachten.

3. Kapitel: Grundsätzliche Problemfelder einer internationalen Jahresabschlussanalyse

3.1 Vorbemerkung

Mathematische Vergleichbarkeit von Abschlüssen: eine Fiktion

Solange kein wirklicher Harmonisierungsprozess im Bereich der internationalen (Konzern-)Rechnungslegung stattgefunden hat, wird ein sinnvoller Vergleich der Finanzdaten zwischen Unternehmen, die nach unterschiedlichen Normensystemen Rechnung legen, nicht möglich sein. Aber selbst bei einer Vereinheitlichung der Rechnungslegungsnormen verbleiben den Unternehmen nicht unbeträchtliche Ermessensspielräume, die die zwischenbetriebliche Vergleichbarkeit der Finanzdaten teilweise erheblich einschränken (vgl. exemplarisch in Bezug auf HGB-Abschlüsse KÜTING, K. 1997a, auf US-GAAP-Abschlüsse COCHRANE, J. L. 1994; LEVITT, A. 1998).

Rückschluss auf die Realität durch Kenntnis der Abbildungsregeln

Da das entstehende Unternehmensbild durch die angewandten Rechnungslegungsvorschriften vorbestimmt ist, ermöglicht die Kenntnis dieser Normen einen verständigen Rückschluss auf die Wirklichkeit bzw. vermeidet Fehlwahrnehmungen bei dem Betrachter, hier in Gestalt eines Analysten oder Investors. Eine wie hier verstandene internationale Bilanzanalyse hat sich von dem Vergleich von Zahlenkolonnen abzuwenden – einen solchen kann sie schlicht nicht leisten – und auf das Betrachten und Beurteilen nebeneinander stehender Unternehmensbilder zu verlegen.

Es ist allerdings nicht Zielsetzung dieses Abschnitts, die unterschiedlichen Normen zu erläutern und gegenüberzustellen oder bestehende Informationsdefizite über andere Rechnungslegungsnormensysteme zu beseitigen. Dies ist an anderer Stelle zu tun und wird auch getan. Die unzähligen Beiträge und Veröffentlichungen, die dieser Thematik gewidmet sind, sind hierfür Beleg. An dieser Stelle soll das Augenmerk vielmehr auf grundsätzliche Problemfelder im Zusammenhang mit einer rechnungslegungsnormenübergreifenden Unternehmensanalyse gerichtet werden. Die Probleme spannen sich von der Sprache über das Verständnis der Rechnungslegung bis hin zu länderspezifischen Besonderheiten in der Geschäftstätigkeit.

3.2 Sprache als Informationsträger

Sprache bringt Zahlen zum Sprechen

Wie Rechnungslegung nicht auf das mathematische Zahlenwerk zu verkürzen ist, darf sich auch die Bilanzanalyse nicht auf die Finanzdaten beschränken. Reine Konzentration auf finanzielle Maßgrößen gaukelt eine irreführende Vergleichbarkeit vor. Sie ist Folge unserer sinnwidrigen Zahlengläubigkeit (vgl. GROSSFELD, B. 1995, S. 115 ff.; DERS. 1997). Erst »der in erläuternde Worte gefaßte Teil, also etwa die Angaben in Anhang und Fußnoten … füllt das gesamte rechnerische Zahlenwerk der ausgewiesenen Abschlußposten … mit

Leben, kann die abstrakten Zahlen ›zum sprechen‹ bringen« (LUTTERMANN, C. 1999, S. 127; bereits schon WALB, H.-H. 1938, S. 13). Die textliche Auflösung der in nüchternen Zahlenkolonnen stark verkürzt wiedergegebenen wirtschaftlichen Wirklichkeit verleiht dem abstrakten Gebilde Konturen und lässt das Unternehmen in seiner Umwelt vorstellbar werden wie bei einem Leser eines Romans der Ort des Geschehens. Der mit der qualitativen Bilanzanalyse eingeschlagene Weg folgt dieser Erkenntnis (vgl. 3. Abschnitt 4.).

Sprache als Informationsträger

Indem die wortmäßigen Erklärungen der zahlenmäßigen Darstellung den rechten Sinn geben, wird die Sprache zum zentralen Informationsträger. Sie dient der Informationsvermittlung zwischen Verfasser und Adressat. Die SEC hat die herausragende Funktion der Sprache erkannt und mit dem Projekt »A Plain English Handbook – How to create clear SEC disclosure documents« einen ersten Versuch unternommen, für die Abfassung von verständlicheren und informativeren Erläuterungen Anleitung zu geben (vgl. SEC 1998; Studien im angelsächsischen Raum zeigen, dass die in Geschäftsberichten gegebenen Informationen nur schwer verständlich sind bzw. deren Verständlichkeit erhöht werden kann; vgl. bspw. HAWKINS, D. F./HAWKINS, B. A. 1986; ADELBERG, A. H./LEWIS, R. A. 1980, jeweils m. w. N.).

Sprache als Gestaltungsmittel

Sprache ist aber nie präzise, sie ist immer mehrdeutig. Die durch Worte ausgedrückte Wirklichkeit kann nur ein Abbild dieser sein, ohne sie genau treffen zu können, »weil es kein allgemeines Verständnis der Sprache gibt« (GROSSFELD, B. 1995, S. 114). Indem Sprache Wahrnehmung und Vorstellungskraft des durch die Rechnungslegung gezeigten Abbilds der Realität beeinflusst, ist sie nicht nur Kommunikations-, sondern zugleich auch Gestaltungsmittel (vgl. bspw. ADELBERG, A. H. 1979). So vernebeln elegant formulierte Bilanzerläuterungen nicht selten die Sicht auf die Realität oder lassen diese in einer anderen Farbe erscheinen.

Die Gefahr, einem Trugbild gegenüberzustehen, ist insoweit immanent, als ein jeder sein Unternehmen am Kapitalmarkt in strahlendem Licht präsentieren möchte. Notfalls ist die trübe Fassade mit bilanzpolitischer und sprachlicher Politur zum Glänzen zu bringen. Denn ein wenig attraktives Erscheinungsbild reizt am Kapitalmarkt kaum zur Investition. Mit STRABAG oder BREMER VULKAN (vgl. KÜTING, K. 1996; DERS. 1996a) existieren für den deutschsprachigen Raum namhafte Beispiele, bei denen mit bilanzpolitischen Kniffen versucht wurde, die Krise zu übertünchen.

Öffnung von Gestaltungsspielräumen durch Auslegung

Obgleich bilanzpolitische Schönfärberei kein vordergründig sprachliches Problem darstellt, sondern eines der geltenden Rechnungslegungsvorschriften als Teil der herrschenden Rechtsordnung, ist sie trotzdem unausweichlich mit Sprache verbunden: Zum einen durch das Kommunizieren der Bilanzpolitik nach außen und zum anderen durch die Anwendung der geltenden Rechtsnormen. Recht – und damit auch Rechnungslegung als verbindlicher Akt der Publizität – »lebt in und wirkt durch Sprache« (LUTTERMANN, C. 1999, S. 127).

Rechtsauslegung setzt immer am Wortlaut an. Auch Rechnungslegungsvorschriften bedürfen regelmäßig der Auslegung. Je unschärfer oder allgemeiner die Regelungen formuliert sind, desto weiter ist der Gestaltungsspielraum der Anwender. Damit ist auch das Verständnis der Rechnungslegungsnormen – als Grundvoraussetzung für eine Analyse – und das Erkennen der mit ihnen einhergehenden bilanzpolitischen Möglichkeiten an die Sprache gebunden (vgl. hierzu auch die semiotische Bilanzanalyse unter 3. Abschnitt 4.5).

Verstärkte Bedeutung narrativer Angaben für internationalen Vergleich

Da – wie vorstehend ausgeführt – standardisierte Bereinigungs- und Analyseverfahren für internationale Unternehmensvergleiche keine zufrieden stellenden Ergebnisse liefern können, fungiert im internationalen Umfeld mehr noch als »schon im vertrauten nationalen ... der narrative Teil als Herzstück jeder Rechnungslegung, das kühler Mathematik farbige Kontraste gibt« (LUTTERMANN, C. 1999, S. 110; so auch RAFFOURNIER, B./WALTON, P. 2000, S. 950). Mit der Grenzüberschreitung ist allerdings ein weiterer Sprachkonflikt verbunden. HOLMES, seines Zeichens Richter am Obersten Gerichtshof der USA, hat diesen in der Vergangenheit treffend charakterisiert: »Imagination of men limited – can only think in terms of the language they have been taught« (HOLMES, O. W. 1963, S. 5).

Übersetzungsproblem

Der Eintritt in eine fremde Bilanzierungs- und Sprachwelt lässt neben dem Problem des Verständnisses der andersartigen Abbildungsnormen und dem der Sprache selbst das Problem der Übersetzung in den Mittelpunkt rücken. Die Informationsübertragung wirkt in doppelter Hinsicht indirekt, zum einen durch die Sprache und zum anderen durch die Notwendigkeit ihrer Übersetzung (vgl. LUTTERMANN, C. 1999a, S. 780). Eine reine mechanische Übertragung der Worte ist irreführend und nicht selten auch sinnlos (vgl. GROSSFELD, B. 1995, S. 119).

Variation von Begriffsinhalten

Begriffsinhalte können sich nicht nur durch die »Sprechwirklichkeit« (LUTTERMANN, C. 1999a, S. 782) verändern, sondern sie können auch mit ihrem Umfeld variieren. Hinter gleich lautenden Begriffen können sich unterschiedliche Inhalte verbergen (vgl. GOERDELER, R. 1989, Sp. 1813). So bedeuten bspw. gleiche Worte in britischen und amerikanischen Texten nicht unbedingt das Gleiche (vgl. ATIYAH, P. 1983; zu Unterschieden zwischen Britisch und Amerikanisch vgl. auch BADDOCK, B./VROBEL, S. 2001, S. K2). Jede Übersetzung läuft daher Gefahr, den Sinn und damit das Abbild der Wirklichkeit zu verändern.

Die Bedeutung der Sprache bzw. deren Übersetzung für die Informationsvermittlung unterstreicht der im Zusammenhang mit der Entwicklung einheitlicher Ausbildungsstandards im Rechnungswesen von der UNCTAD gemachte Vorschlag, ein mehrsprachiges Wörterbuch für diesen Bereich zu entwickeln (vgl. UNCTAD 1995, 16 V 3). Der Übersetzungsaspekt tritt auch im Kleinen wie in der Befreiungsvorschrift des § 292a HGB zutage. Befreiende Wirkung hat ein nach internationalen Vorschriften erstellter Abschluss allerdings nur, wenn er in deutscher Sprache offen gelegt wird. D.h., ein nach den Vorschriften der US-GAAP aufgestellter und in englischer Sprache offen gelegter Konzernabschluss entbindet nicht von der Erstellung eines Konzernabschlusses nach handelsrechtlichen Normen.

Sprach- und Kulturverständnis als Voraussetzung

Am internationalen Kapitalmarkt herrscht zwar kein babylonisches Sprachengewirr, die unterschiedlichen Sprach(kultur)en und die komplexe Frage der Übersetzbarkeit stellen aber ein Kernproblem der Verständigung dar. Dieses strahlt zwangsläufig auch auf die Durchführung internationaler Jahresabschlussanalysen aus und beeinträchtigt diese. Solange keine ›gemeinsame‹ aus einem Dialog der Kulturen hervorgegangene Sprache existiert (vgl. hierzu LUTTERMANN, C. 1999a), hat sich der Leser fremdsprachlicher Texte stets die Tatsache bewusst zu machen, dass Übersetzungsgleichheit von Texten nicht genügt, jedes Wort schwimmt vielmehr in einem »kulturellen Ozean des Schweigens« (GROSSFELD, B. 1995, S. 112), der den Worten erst Inhalt und Bedeutung verleiht (vgl. auch HALLER, A./WALTON, P. 2000, S. 5 f.).

3.3 Rechnungslegung als Teil der Kultur

Wissen um die Entstehung als Voraussetzung für Verständnis

Wie bereits erwähnt, bedarf es als Grundvoraussetzung für die Durchführung einer Jahresabschlussanalyse der Kenntnis der jeweiligen Rechnungslegungsvorschriften. Für die Deutung eines mittels Rechnungslegungsvorschriften gezeichneten Unternehmensbilds ist die Kenntnis dieser Regeln allerdings nicht ausreichend, vielmehr bedarf es des Verstehens dieser Regeln. Verstehen bedingt das Wissen um die Wurzeln, aus denen die herrschenden Verhältnisse gewachsen sind. Wie schrieb HOLMES (O.W. 1963, S. 5) bezüglich des Verständnisses von Recht: »In order to know what it is, we must know what it has been, and what it tends to become. We must alternately consult history and existing theories of legislation«.

Rechnungslegung als soziales und kulturelles Konstrukt

Ebenso wie sich weltweit unterschiedliche Sprachen entwickelt haben, haben sich unterschiedliche Rechnungslegungsnormensysteme herausgebildet (vgl. bspw. HALLER, A./WALTON, P. 2000, S. 6, 8 f.). Sie mögen zwar alle auf der doppelten Buchführung fundieren. Das Verständnis eines speziellen Systems oder gar der doppelten Buchführung allein bringt noch kein Verständnis für ein anderes System, wie aus dem Verstehen und Sprechen von Latein oder einer aus ihr hervorgegangenen Sprache nicht das Verstehen und Sprechen einer anderen romanischen Sprache folgt. Es erleichtert lediglich den Zugang.

Rechnungslegung ist ein soziales und kulturelles Konstrukt. Obwohl über das gemeinsame Fundament der doppelten Buchführung hinaus zwischen den verschiedenen Rechnungslegungsnormensystemen Beeinflussungen bzw. Wechselwirkungen bestehen, weisen die verschiedenen Rechnungslegungsnormensysteme doch teils gravierende Unterschiede auf. Mit fortschreitendem Wandel des wirtschaftlichen Umfelds hat sich auch die Rechnungslegung geändert bzw. den geänderten Bedürfnissen angepasst (vgl. bspw. eingehend für den

Wandel durch die Industrialisierung CHATFIELD, M. 1977, S. 92; EDEY, H. C./PANITPAKI, P. 1956; LITTLETON, A. C. 1933). Da sich die wirtschaftliche Entwicklung im Allgemeinen nicht in allen Gesellschaften inhaltlich und zeitlich gleich vollzog, und falls doch aufgrund unterschiedlicher sozialer Rahmenbedingungen andere Reaktionen bezüglich der Gestaltung von Rechnungslegung hervorrief, ist die Entwicklung unterschiedlicher Rechnungslegungsnormen nicht überraschend. Sie sind »länderspezifische Antworten auf allgemeine und/oder länderspezifische Bedürfnisse« (HALLER, A./WALTON, P. 2000, S. 11), geprägt durch die geschichtlichen, wirtschaftlichen und sozialen Gegebenheiten der jeweiligen Gesellschaft.

Rechnungslegung ist mathematisch unbestimmt

Nach außen suggeriert die sich in Zahlen manifestierende Rechnungslegung aufgrund unseres Glaubens an Mathematik und Zahlen zwar Klarheit, Glaubwürdigkeit und Verständlichkeit. Was klar darstellbar ist, muss ebenso eindeutig verständlich sein. In Wirklichkeit ist die uns so sicher scheinende Rechnungslegung durchzogen »mit Werturteilen, mit Gefühlen über heutige Absichten und künftige Entwicklungen« (GROSSFELD, B. 1995, S. 117). Bereits die Leitmotive der Rechnungslegung, wie die Ermittlung eines ausschüttungsfähigen Gewinns oder die »fair presentation« bzw. der »true and fair view«, deuten in eine Welt der Ungewissheit. Sie sind mathematisch nicht fassbar. Es existieren lediglich Vorstellungen und Konventionen, was unter dem jeweiligen Ziel zu verstehen ist.

So haben sich sowohl die englische als auch die amerikanische Rechnungslegung dem »true and fair view« (vgl. DAVIES, M. u.a. 1997, S. 3 ff., 10) bzw. der »fair presentation« (vgl. HALLER, A. 1994, S. 57 f., 256) verschrieben, gleichwohl unterscheiden sich die jeweiligen Vorstellungen über den Begriffsinhalt. Wäre dem nicht so und wäre das Zielverständnis kongruent, müssten die Rechnungslegungsgrundsätze und -normen, in denen sich die jeweiligen Zielvorstellungen konkretisieren, deckungsgleich sein oder zumindest ihre Ergebnisse. Dem ist aus den dargelegten Gründen aber nicht so (vgl. POPE, P. F./REES, W. P. 1994, S. 75; WEETMAN, P./GRAY, S. 1991). Die Ausfüllung der nicht exakt zu beschreibenden Bilanzziele ist somit höchst umfeldabhängig (vgl. allgemein über kulturelle Einflüsse auf das Bilanzrecht unter anderem GRAY, S. J. 1988; GROSSFELD, B. 1994). Die Ergebnisse der einen oder anderen Rechnungslegung sind damit nicht schlüssiger oder verständlicher, »es wirkt kulturell bedingt zunächst schlicht eine manchmal andere Sicht der Dinge, ein anderes Temperament gegenüber künftigen Risiken in einer Welt voll Ungewißheit« (LUTTERMANN, C. 1999, S. 119). Diese Feststellung ist übertragbar auf Rechnungslegungsnormensysteme, die einem anderen Leitmotiv folgen.

Auch Einzelfragen der Rechnungslegung, bspw. ob Wertpapiere zu ihrem Marktwert oder höchstens mit ihren Anschaffungskosten zu bewerten sind, lassen sich nicht mit richtig oder falsch beantworten. In einem eher vom Vorsichtsprinzip geprägten Rechnungslegungsnormensystem wird dem Anschaffungskostenprinzip ein höherer Stellenwert eingeräumt als einer Marktpreisbewertung mit dem Ausweis nicht realisierter Gewinne. Dies macht die eine oder andere Regelung weder besser noch schlechter. Die Entscheidung ist lediglich Ausdruck eines spezifischen Bilanzverständnisses.

Einfluss der Kulturmuster auf die Auslegung von Rechnungslegungsnormen

Aber selbst identische Rechnungslegungsnormen garantieren keine identischen Ergebnisse, da sie keine feststehende mathematische Beziehung darstellen. Ihre augenscheinliche Genauigkeit, die sie vermitteln, ist nur eine scheinbare. Sie bedürfen der Auslegung und Konkretisierung, verlangen vom Rechnungslegenden Einschätzungen über das Heute und Morgen. Da Denk- und Beurteilungsmuster der Rechnungslegenden sich regelmäßig aus dem kulturellen Umfeld ableiten, in das sie hineingeboren wurden, kann eine einheitliche Auslegung von Rechnungslegungsnormen nicht angenommen werden (vgl. ähnlich BUSSE VON COLBE, W. 1983, S. 125).

Kulturverständnis Voraussetzung für Rechnungslegungsverständnis

Die Einflüsse des kulturellen Umfelds auf die Rechnungslegung sind damit mannigfaltig. Es bestimmt nicht nur ihre technische Ausgestaltung, sondern auch ihre Anwendung auf die Realität. Will man die Rechnungslegung und das von ihr gelieferte Bild verstehen, muss man um die kulturelle Basis wissen, der sie entstammt und auf die sie bezogen ist. Mehr noch als für Leser oder Analysten gilt dies für Ersteller von Jahresabschlüssen nach Rechnungslegungsnormen, die einem anderen Rechtskreis entwachsen sind. Andernfalls besteht die Gefahr, dass Jahresabschlüsse zwar nach identischen Rechnungslegungsnormen aufgestellt werden, ihre augenscheinliche Vergleichbarkeit sich aber »im fadenscheinigen Spiel schöner Zahlen und Worte« (LUTTERMANN, C. 1999, S. 109) zu erschöpfen droht.

3.4 Verflechtung von Rechnungslegung und Analyse

Rechnungslegung als Rhetorik

Rechnungslegung und die Erstellung von Abschlüssen ist kein Selbstzweck, sondern richtet sich immer an einen Empfänger, sei es der Kaufmann selbst, die allgemeine Öffentlichkeit zu Informationszwecken oder die Gesellschafter zu Rechenschaftszwecken. Rechnungslegung ist entgegen ihrem Anschein nicht neutral. Inhalt und Botschaft werden auf den Empfänger zugeschnitten. Ihn möchte sie überzeugen und wird dadurch zur Rhetorik (vgl. ausführlich zum rhetorischen Aspekt der Rechnungslegung CARRUTHERS, B. G./ESPELAND, W. N. 1991, S. 35 ff., 62).

Empfängerorientierung der Rechnungslegung

Da es den Empfänger nicht gibt, zielt Rechnungslegung immer auf einen Empfänger, wie ihn sich der Rechnungslegende vorstellt. Die Erwartungen dieses Empfängers an Rechnungslegung sowie seine Reaktion auf die mit ihr vermittelten Informationen sind Leitbild des Rechnungslegenden. Die Bindung an den Empfänger kann unter Umständen das Handeln beim Rechnungslegenden beeinflussen. So werden bspw. in der Schweiz von den Pharma- und Chemieunternehmen grundsätzlich keine Entwicklungskosten aktiviert, obwohl dies zulässig wäre, da eine Aktivierung von den Lesern der Abschlüsse als Zeichen der Schwäche interpretiert würde. In Japan dagegen entspricht die Aktivierung solcher Kosten der gängigen Praxis (vgl. RAFFOURNIER, B./WALTON, P. 2000, S. 943). Ein Verzicht auf den Ansatz von Entwicklungskosten würde für dortige Analysten auf wenig erfolgversprechende Entwicklungsaktivitäten hindeuten. Das zukünftige Erfolgspotenzial des Unternehmens würde dementsprechend skeptisch eingeschätzt.

Verbundenheit der Rechnungslegung mit der kulturellen Identität des Lesers

Rechnungslegung liefert spezifische Antworten auf spezifische Bedürfnisse bzw. Fragen, die im Laufe ihrer Entwicklung seitens der Empfänger an sie herangetragen wurden. Rechnungslegung und die Erwartungen der Empfänger an sie sind untrennbar mit ihrem historischen, wirtschaftlichen und sozialen Umfeld verwoben. Aber nicht nur die Entwicklung der Rechnungslegung reflektiert die Erwartungshaltung der Empfänger gegenüber Rechnungslegung, sondern – wie am obigen Beispiel dargelegt – auch ihre Anwendung. Entsprechend ihren (Informations-)Bedürfnissen haben die Leser der Abschlüsse Verfahren und Methoden des Umgangs mit Rechnungslegungsdaten zum Zweck der Unternehmensanalyse entwickelt. Da Rechnungslegung bekanntermaßen überzeugen soll, versuchen die Rechnungslegenden, soweit dies in Anbetracht des vorgegebenen Korsetts von Rechnungslegungsnormen möglich ist, die Ergebnisse der Rechnungslegung an den Analyseverfahren bzw. deren Erkenntnisziel auszurichten. Bilanzpolitik und Bilanzanalyse können nicht losgelöst voneinander betrachtet werden.

Existenz unterschiedlicher Konzeptionen der Abschlussanalyse

Da die verschiedenen Rechnungslegungsnormensysteme bereits unterschiedliche Vorstellungen über Rechnungslegung signalisieren, erscheint es nicht besonders erstaunlich, dass sich dementsprechend international auch verschiedene Verfahren zur Analyse der Rechnungslegungsdaten herausgebildet haben. Zeit- und zwischenbetriebliche Vergleiche sind weltweit gängige Auswertungsmethoden im Rahmen der Unternehmensbeurteilung, dennoch lässt sich kaum von einer einheitlichen Vorgehensweise sprechen, zu unterschiedlich sind die dabei angewandten Analyseinstrumente. Ohne detailliert länderspezifische Besonderheiten der Jahresabschlussanalyse aufzuzeigen, zumal Differenzen in den Analyseverfahren in Anbetracht global agierender Banken zunehmend verwischen, bestehen – grob gesprochen – spiegelbildlich zum angelsächsischen und kontinentaleuropäischen Bilanzierungsverständnis eine angelsächsische und eine kontinentaleuropäische Analysekonzeption (vgl. RAFFOURNIER, B./WALTON, P. 2000, S. 910f.).

Angelsächsische Analysekonzeption

Die angelsächsische Vorgehensweise verfolgt die Jahresabschlussanalyse primär aus der Perspektive des Investors, der im Wesentlichen an dem Risiko und der Rendite einer Investition interessiert ist. Da der Barwert der zukünftigen Cashflows den Wert einer Investition repräsentiert, steht im Mittelpunkt der Analyse die Abschätzung der wahrscheinlichen Höhe der zukünftigen vom Unternehmen erwirtschafteten Cashflows. Durch die vermutete Korrelation zwischen Cashflow und EPS kommt der EPS-Kennzahl verstärkte Bedeutung zu. Charakteristisch für die angelsächsische Analysepraxis ist teilweise auch deren Kurzfristorientierung. Da viele Investment- und Pensionsfonds anhand ihrer kurzfristigen Performance ›gerankt‹ werden, spiegelt sich dieser Beurteilungsmaßstab bei ihren Investitionsentscheidungen und damit auch bei der zeitlichen Ausrichtung der Analyse wider (vgl. Raffournier, B./Walton, P. 2000, S. 910 f.).

Kontinentaleuropäische Analysekonzeption

Der kontinentaleuropäischen Analysekonzeption liegt ein anderer Ansatz zugrunde. Die Analyse verfolgt weniger den Blickwinkel eines an einer kurzfristigen Performancemaximierung interessierten Portfoliomanagers als vielmehr die Perspektive eines an einer langfristigen Unternehmensverbindung interessierten Anlegers. Die Analyse geht über Risiko- und Renditeschätzungen hinaus. Es wird eine ganzheitliche Unternehmensanalyse angestrebt. Die Fokussierung liegt dabei neben der Existenzsicherung auf der langfristigen finanzwirtschaftlichen Stabilität. Insgesamt reflektiert der Analyseansatz die eher am Stakeholder ausgerichtete Rechnungslegung. So sind bspw. Arbeitnehmer eher an einer Existenzsicherung interessiert als an kurzfristigen Ertragsaussichten (vgl. Raffournier, B./Walton, P. 2000, S. 911 f.).

Beachtung der Kompatibilität der Analysemethoden zur Rechnungslegung

Bei der Durchführung vergleichender internationaler Jahresabschlussanalysen gilt es deshalb, nicht nur den Differenzen zwischen den Rechnungslegungsnormen Beachtung zu schenken, sondern auch den verschiedenen Analyse- und Auswertungsmethoden der Empfänger. An ihrer Erwartungshaltung orientiert sich der Rechnungslegende. Die ›Lesebrille‹, mit der der Empfänger auf das Abbild der Unternehmensrealität blickt, muss kompatibel zu den Vorstellungen des Rechnungslegenden über den Empfänger sein, andernfalls kann es leicht zu einer verzerrten Wahrnehmung der gezeichneten Unternehmenswirklichkeit kommen. Selbst übereinstimmende Analysemethoden schützen vor Fehlinterpretationen nur vordergründig. So existiert für die Beurteilung spezifischer Kennzahlen wie z.B. der Eigenkapitalquote, die auch international zu den wichtigsten Kenngrößen zählt, weder ein objektiver Maßstab noch eine einheitliche Meinung über deren ›adäquate‹ Ausprägung. Je nach kulturellem Umfeld können die errechneten Kenngrößen als ›gut‹ oder ›schlecht‹ eingestuft werden. In diesem Zusammenhang gilt es, auch kulturelle Unterschiede in der Geschäftstätigkeit zu beachten.

3.5 Länderspezifische Besonderheiten in der Geschäftstätigkeit

Länderspezifische Besonderheiten in der Geschäftstätigkeit

Die oben aufgezeigten Problemfelder zielen auf das Verständnis des mit der Rechnungslegung erzeugten Abbilds der Unternehmenswirklichkeit. Weitere Probleme für eine internationale Jahresabschlussanalyse können sich aus länderspezifischen Besonderheiten bei der Geschäftstätigkeit ergeben. Diese wiederum sind ebenfalls Ausfluss der jeweiligen Kultur. So unterscheidet sich bspw. die Praxis der Unternehmensfinanzierung auf internationaler Ebene teilweise erheblich, mit entsprechenden Folgen für die im Jahresabschluss vermittelten Informationen. Während im kontinentaleuropäischen Raum traditionell einer Finanzierung über Bankkredite eine tragende Rolle zukommt, ist in angelsächsischen Ländern die Finanzierung über die Ausgabe von Aktien und anderen Wertpapieren von stärkerer Bedeutung. Die verschiedenen Finanzierungsgewohnheiten wirken sich nicht nur auf die Finanzstruktur der Unternehmen aus, sondern auch auf die Ertragslage. Zinsaufwand und Ergebnis werden sich bei einem überwiegend fremdfinanzierten Unternehmen von einem weit gehend eigenkapitalfinanzierten Unternehmen unterscheiden. Die Differenzen setzen sich fort bei der Finanzierung der laufenden Geschäftstätigkeit (vgl. Raffournier, B./Walton, P. 2000, S. 916f.). An dieser Stelle sei auch auf die international abweichenden Formen der Behandlung der Pensionszusagen verwiesen (vgl. 6. Abschn., 2. Kap. 2.2.5).

4. Kapitel: Schlussbemerkung

Keine mathematische Vergleichbarkeit internationaler Abschlüsse

Vereinzelt wird zwar die Ansicht vertreten, hinsichtlich der »Vergleichbarkeit der nach verschiedenen Systemen angefertigten Jahresabschlüsse« bestehe »kein Problem von größerer praktischer Relevanz, da den Wertpapieranalysten das notwendige Instrumentarium zur Verfügung stehe, um die unterschiedlichen Bilanzen vergleichbar zu machen« (SCHUBEL, C. 2000, S. 744). Eine solche Ansicht verkennt die Realität. Sie spiegelt die Zahlengläubigkeit und Mathematisierung unseres abendländischen Denkens wider (vgl. hierzu allgemein LUTTERMANN, C. 1998, S. 465 ff.).

Rechnungslegung an kulturelles Umfeld gebunden

Die Rechnungslegung ist keine mathematische Formelsammlung und damit weder universell verständlich noch mathematisch vergleichbar. Sie ist vielmehr »eine Rhetorik, die davon überzeugen soll, daß das Unternehmen vernünftig geleitet wird« (GROSSFELD, B. 1995, S. 116; vgl. CARRUTHERS, B. G./ ESPELAND, W. N. 1991, S. 31). Wie jede Rhetorik ist sie an ihr kulturelles Umfeld gebunden. Rechnungslegung variiert daher »mit den kulturellen, sozialen und wirtschaftlichen Umständen, mit den Techniken, mit den Erwartungen der lokalen Empfänger« (GROSSFELD, B. 1995, S. 119). In diesem Kontext ist ein jeder Abschluss zu lesen, will man ihn verstehen.

Einstellung auf das kulturelle Umfeld

Diese ›widrigen‹ Umstände begraben aber nicht unweigerlich »die Chance ausländische Abschlüsse zu entziffern, zu enträtseln« (GROSSFELD, B. 1995, S. 119) und von den gemalten Unternehmensbildern zu der Realität zu gelangen. »Aber die Grenzüberschreitung fordert viel Energie, Einfühlung und Phantasie« (GROSSFELD, B. 1994, S. 799), da wir unsere Begriffe, die unsere Erfahrung widerspiegeln, und uns selbst erst auf das fremde Umfeld einstellen müssen (vgl. GROSSFELD, B. 1995, S. 119).

Merksätze:

1. Eine quantitative Angleichung von Jahresabschlüssen, die nach unterschiedlichen Rechnungslegungsnormen erstellt wurden, ist nur in einem begrenzten Umfang möglich. Sie stellt eine Orientierungshilfe im Rahmen der vergleichenden internationalen Jahresabschlussanalyse dar. Die materiellen Auswirkungen der unterschiedlichen Fundamentierung der Rechnungslegungsnormensysteme sind von einem externen Bilanzleser nicht zu bemessen.

2. Im Mittelpunkt einer internationalen Jahresabschlussanalyse darf deshalb nicht der Versuch stehen, die nach unterschiedlichen Normen erstellten Abschlüsse von Unternehmen quantitativ gleichnamig zu machen. Ziel muss es sein, sich eine Vorstellung der jeweiligen Unternehmenswirklichkeiten zu erschließen und diese zu beurteilen.

3. Hierzu bedarf es zum einen der detaillierten Kenntnis der Abbildungsregeln der unterschiedlichen Normensysteme. Daneben muss sich der externe Bilanzleser jedoch auch der unterschiedlichen sozio-ökonomischen und kulturellen Gegebenheiten bewusst sein, die unmittelbaren Einfluss auf die Entwicklung, Anwendung und Rezeption der Abbildungsregeln haben. Die Unterschiedlichkeit der Menschen bildet damit auch die Grenze einer Harmonisierung der Rechnungslegung.

7. Abschnitt
Die neue Basler Eigenkapitalvereinbarung (Basel II) – The New Basel Capital Accord

1. Einführung

Die neue Basler Eigenkapitalvereinbarung

Der unter der Bezeichnung Basel II bekannt gewordene »New Basel Capital Accord« wurde als Konsultationspapier erstmals im Juni 1999 vorgelegt. Er hat zum Ziel, die noch aus dem Jahr 1988 stammende Basler Eigenkapitalvereinbarung durch eine moderne, dem heutigen Erkenntnisstand angepasste Vereinbarung zu ersetzen, um so die Stabilität sowohl einzelner Banken als auch des gesamten Finanzsektors in Krisenzeiten zu verbessern.

Adressaten der neuen Eigenkapitalvorschriften

Adressaten der neuen Eigenkapitalvorschriften sind primär die international tätigen Banken, wobei zu erwarten ist, dass durch die Umsetzung der internationalen Vorschriften in nationales Recht nahezu alle Banken, möglicherweise mit bestimmten Erleichterungen für kleinere Institute, diesen neuen Eigenkapitalvorschriften unterworfen werden (vgl. Basler Ausschuss für Bankenaufsicht 2003, S. 1). Noch befindet sich die Diskussion der neuen Eigenkapitalvorschriften in einzelnen Bereichen im Fluss; fest steht jedoch, dass die Verpflichtung der Eigenkapitalunterlegung der Kreditinstitute künftig stärker an der Bonität ihrer Schuldner ausgerichtet werden soll.

Die drei Säulen des Basler Papiers

Der neue Basler Eigenkapitalakkord baut auf drei Säulen auf: Die erste Säule beinhaltet die Regelungen, anhand derer das einzelne Kreditinstitut unter Berücksichtigung des Kreditrisikos, des Marktrisikos und der operationellen Risiken die Mindesteigenkapitalunterlegung zu bestimmen hat (vgl. Basler Ausschuss für Bankenaufsicht 2003, S. 7). Daneben umfassen die zweite Säule den Überprüfungsprozess der angewandten Kontroll- und Ratinginstru-

Übersicht 143: Die drei Säulen der neuen Basler Eigenkapitalvereinbarung

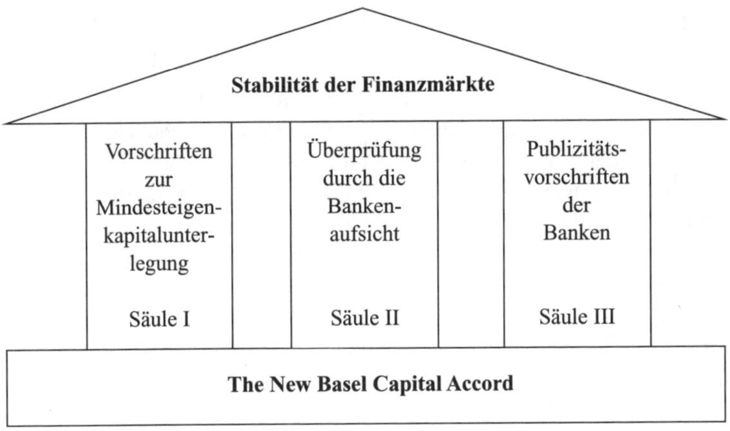

mente durch die Bankenaufsicht und die dritte Säule die Publizitätsvorschriften der Banken.

Ermittlung des individuellen Kreditrisikos

Zur Ermittlung des individuellen Kreditrisikos des Debitors sieht Basel II für die Banken zwei Alternativen vor: den Standardansatz und die Durchführung eines internen Ratings.

Nach einer kurzen Einführung in den aktuellen Stand der Diskussion soll diesen beiden Ratingansätzen besondere Beachtung geschenkt werden. Denn durch die geplanten Neuregelungen in Basel II sind die Anwendung bilanzanalytischer Methoden und die daraus resultierende Bonitätsbeurteilung sowohl für den Kreditnehmer als auch für die Bank mit unmittelbaren und mitunter erheblichen Auswirkungen auf die Finanzierungskosten verbunden.

Im Folgenden wird insbesondere auf die bilanzanalytischen Ansätze in Basel II im Rahmen der Vorschriften zur Mindesteigenkapitalunterlegung (Säule I) einzugehen sein. Die Regelungen zur Überprüfung durch die Bankenaufsicht (Säule II) und die Publizitätsvorschriften der Banken (Säule III) werden ausgeklammert, da sie aus bilanzanalytischer Sicht nicht primär von Bedeutung sind.

2. Stand der Diskussion

Zeitliche Abfolge der Basler Eigenkapitalvereinbarungen

Im Juni 1999 hat der Basler Ausschuss für Bankenaufsicht ein erstes Konsultationspapier veröffentlicht, welches den noch gültigen Basler Eigenkapitalakkord aus dem Jahr 1988 ersetzen soll. Hierin war noch vorgesehen, die Bemessung der notwendigen Eigenkapitalunterlegung ausschließlich auf der Basis externer Ratings zu gestatten. Mit dem im Januar 2001 verbreiteten zweiten Konsultationspapier wurden die Vorschläge zur Ausgestaltung der Eigenkapitalunterlegungsvorschriften für Banken erweitert und verfeinert. So wurde nun auch die Möglichkeit zugelassen, bei der Bonitätsbeurteilung auf interne Ratingverfahren abzustellen.

Mittlerweile liegt das dritte Konsultationspapier aus dem April 2003 vor, in dem insbesondere die schon am 10.07.2002 bekannt gegebenen Erleichterungen für mittelständische Unternehmen und die Auswirkungen der »quality impact study 3« Berücksichtigung fanden (vgl. BASLER AUSSCHUSS FÜR BANKENAUFSICHT 2003; SCHULTE-MATTLER, H. 2002, S. 768). Banken und Verbände haben nun die Möglichkeit, zu dem vorliegenden Entwurf Stellung zu nehmen und so Änderungs- und Verbesserungsvorschläge in den Prozess einzubringen. Im vierten Quartal 2003 soll die endgültige Fassung des New Basel Capital Accord veröffentlicht werden, welche dann voraussichtlich Anfang des Jahres 2007 in Kraft tritt.

3. Säule I – Ermittlung der Mindesteigenkapitalanforderungen

3.1 Vorbemerkung

Auch das nun vorliegende dritte Konsultationspapier unterscheidet – im Gegensatz zu dem ersten Entwurf aus dem Jahre 1999 – zwischen einem auf externen Ratingergebnissen basierenden Standardansatz und der Durchführung bankinterner Ratingverfahren.

3.2 Standardansatz

Standardansatz

Der Standardansatz ist im Grunde eine Fortentwicklung des schon bisher verwandten Ansatzes zur Risikogewichtung, allerdings mit wesentlichen Neuerungen.

Risikogewichtung der Kreditnehmer

So ist – unter Rückgriff auf die Bonitätsurteile externer Ratings – eine unterschiedliche Risikogewichtung der einzelnen Kreditnehmer von 0%, 20%, 50%, 100% und 150% vorgesehen (vgl. BASLER AUSSCHUSS FÜR BANKENAUFSICHT 2003, S. 8 ff.), wobei lediglich die Forderungen gegen Staaten oder ihre Zentralbanken mit einem Risikosatz von nur 0% unterlegt werden können. Für Forderungen gegen Banken und Unternehmen ist somit eine Risikogewichtung zwischen 20% und 150% angedacht, was im Ergebnis zu einer Eigenkapitalunterlegung zwischen 1,6% und 12% führt (vgl. WINKELJOHANN, J./SOLFRIAN, G. 2003, S. 88).

Die Durchführung der Ratings, auf denen die Risikogewichte basieren, erfolgt durch geeignete Ratingagenturen, bspw. STANDARD & POOR'S oder MOODY'S, um nur die bekanntesten zu nennen. Sollte eine Bank den Standardansatz anwenden und liegt für ein Unternehmen noch kein externes Rating vor, so ist – wie schon bei Basel I – generell eine Risikogewichtung von 100% zu verwenden. Nach der am Beispiel der STANDARD & POOR'S-Bonitätseinstufung vorgestellten Risikogewichtung ergibt sich nach bisherigem Stand die folgende Zuordnung der Risikogewichte (entnommen aus BASLER AUSSCHUSS FÜR BANKENAUFSICHT 2003, S. 12):

Übersicht 144: Zuordnung der Bonitätseinstufungen zu Risikogewichten bei Unternehmen

Rating	AAA bis AA-	A+ bis A-	BBB+ bis BB-	Unter BB-	Nicht beurteilt
Risikogewicht	20%	50%	100%	150%	100%

Für Kredite, die dem Retailportfolio zuzuordnen sind (vgl. Basler Ausschuss für Bankenaufsicht 2003, S. 13), gilt davon abweichend ein Risikogewicht von 75 %, es sei denn, die Kredite befinden sich schon mehr als 90 Tage im Verzug. Daneben enthält der Standardansatz eine weitere Sonderregelung für durch Wohnimmobilien besicherte Forderungen, die regelmäßig einer Risikogewichtung von 35 % zu unterwerfen sind.

Anerkennungsvoraussetzungen der Ratingagenturen

Die Aufsichtsinstanzen müssen die Ratings der anerkannten Ratingagenturen den Risikogewichten im Standardansatz zuordnen. Die Ratingagenturen müssen zur Anerkennung die folgenden sechs Anforderungen erfüllen (vgl. Basler Ausschuss für Bankenaufsicht 2003, S. 16 f.):

- Objektivität:
  systematische Methodik, die bei der Bonitätsbeurteilung streng befolgt wird unter Einbeziehung eines Validierungsverfahrens, das auf historischen Erfahrungswerten beruht; Überprüfung der Eignung anhand eines Backtestings;
- Unabhängigkeit:
  keine Abhängigkeit und Beeinflussung durch wirtschaftliche oder politische Interessen;
- Internationaler Zugang/Transparenz:
  sowohl die einzelnen Ratingergebnisse als auch die generelle Methodik des Bonitätsratings müssen zugänglich sein;
- Veröffentlichung:
  folgende zentrale Informationen sind zu veröffentlichen: die Beurteilungsmethoden mit Definition eines Ausfalls, der Zeithorizont und die Bedeutung eines Ratings, die tatsächlichen Ausfallraten und die Veränderungen zwischen den Ratingklassen;
- Ressourcen:
  die Ratingagenturen müssen über ausreichende Ressourcen zur Bewältigung der Aufgabe verfügen;
- Glaubwürdigkeit:
  außer den vorstehenden Kriterien können auch interne Kontrollmaßnahmen die Glaubwürdigkeit des Ratings verbessern.

Die Vorgehensweise zur Bonitätsbeurteilung kann sich somit sowohl hinsichtlich der Methodik als auch hinsichtlich der Gewichtung einzelner Komponenten von Ratingagentur zu Ratingagentur unterscheiden. Daher muss für die Analyse und Beurteilung der speziellen Vorgehensweise auf die Veröffentlichungen der einzelnen Ratingagenturen verwiesen werden.

3.3 Interner Ansatz

3.3.1 Grundlagen

IRB-Ansatz

Im zweiten Konsultationspapier des Basler Ausschusses für Bankenaufsicht vom Januar 2001 wurde den Kreditinstituten die Möglichkeit eingeräumt, neben dem Standardansatz zur Bestimmung des Kreditrisikos eines Schuldners auch ein internes Ratingverfahren anzuwenden. Dieser so genannte IRB-Ansatz (internal ratings-based approach) existiert somit als gleichberechtigte Alternative zum dargestellten Standardansatz. Durch Anwendung eines IRB-Ansatzes erfolgt die Ermittlung der Bonität des Schuldners und der damit verbundenen Eigenkapitalbindung des Kreditinstituts auf Basis bankinterner Analyseverfahren im Gegensatz zu dem auf externen Ratings basierenden Standardansatz. Ebenso wie beim Standardansatz beträgt die Höhe des für das Kreditrisiko vorzuhaltenden Eigenkapitals 8% der risikogewichteten Aktiva, die sich als Produkt aus der erwarteten Höhe der ausstehenden Forderungen und dem jeweiligen Risikogewicht ergeben.

Durch die Anwendung eines internen Ratingansatzes wird es den Kreditinstituten ermöglicht, die ratingorientierte Bonitätsüberprüfung und -überwachung als eine ihrer wesentlichen Kernkompetenzen in den Kreditvergabe- und -überwachungsprozess einzubringen. Viele Banken sind im Besitz von leistungsfähigen internen Ratingsystemen, die sich aber hinsichtlich ihrer Komplexität und Risikodifferenziertheit unterscheiden. Der Basler Ausschuss sieht demzufolge den IRB-Ansatz als Weiterentwicklung bestehender bankinterner Ratingsysteme, sodass er kein Ratingsystem verbindlich vorgegeben hat, sondern stattdessen Mindestanforderungen an bankinterne Ratingsysteme formuliert, damit diese auch aufsichtsrechtlich anerkannt werden können (vgl. WILKENS, M./BAULE, R./ENTROP, O. 2001, S. 671).

3.3.2 Der IRB-Ansatz

3.3.2.1 Vorbemerkung

Auswirkungen der IRB-Ansätze auf die Eigenkapital-anforderungen

Der Basler Ausschuss für Bankenaufsicht erwartet durch die Anwendung interner Ratingverfahren tendenziell eine niedrigere Eigenkapitalanforderung für die Kreditinstitute als bei Verwendung des auf externen Ratings basierenden Standardansatzes. Ursächlich dafür ist, dass die internen Ratings das ökonomische Risiko eines Kreditengagements im Regelfall besser widerspiegeln, da die Kreditinstitute kreditnehmerspezifische Besonderheiten besser berücksichtigen können.

Determinanten des Kreditrisikos eines Kreditnehmers

Das Basler Papier definiert mehrere Inputfaktoren, die das Kreditrisiko eines Kreditnehmers determinieren. Zu diesen so genannten Risikokomponenten zählen

- die Ausfallwahrscheinlichkeit jeder Ratingkategorie, denen die einzelnen Kreditnehmer zugeordnet sind,

- die erwarteten Forderungsbeträge seitens des Kreditinstituts beim Kreditausfall (»exposure at default = EAD«),
- der Verlust im Falle eines Ausfalls für das Kreditinstitut (»loss given default = LGD«) und
- die effektive Restlaufzeit.

Risikogewichtungsfunktion

Neben diesen Risikokomponenten muss für jede Forderungsklasse auch eine Risikogewichtsfunktion, d.h. Regeln, wie die Risikokomponenten in gewichtete Risikoaktiva und dann anschließend in eine Eigenkapitalanforderung umgerechnet werden, bestimmt werden. Diese wird unabhängig von der Anwendung des Standardansatzes oder interner Ratingansätze vom Basler Ausschuss für Bankenaufsicht extern vorgegeben.

Des Weiteren gelten für jede Forderungsklasse spezifische Mindestanforderungen, also Minimumstandards, die zur Anwendung des IRB-Ansatzes je Forderungsklasse von einer Bank erfüllt werden müssen.

Einteilung in Forderungsklassen

Das zweite Konsultationspapier hat für die Forderungen des Anlagebuches vorgesehen, diese in sechs verschiedene Klassen einzuordnen, nämlich in Staaten, Banken, Nichtbanken, Privatkundengeschäft, Projektfinanzierung und Beteiligungsbesitz. In einer einzelfall- oder klassenorientierten Vorgehensweise werden diesen Gruppen bestimmte Risikoparameter und damit ratingabhängige Bonitätsgewichtungsfaktoren zugeordnet. Im dritten Konsultationspapier aus dem April 2003 sind die Vorschläge der so genannten »quality impact study 3« zur Verbesserung der bestehenden Regelungen eingeflossen. So werden die bestehenden sechs Klassen deutlich auf elf Klassen ausgeweitet, um eine differenziertere Einteilung der verschiedenen Kontrahentengruppen mit dem Ziel einer individuelleren Zuteilung von Bonitätsgewichtungsfaktoren vornehmen zu können (vgl. SCHULTE-MATTLER, H. 2002, S. 769).

IRB-Basisansatz und fortgeschrittener IRB-Ansatz

Der IRB-Ansatz differenziert für viele Forderungsklassen zwischen einem Basisansatz und einem fortgeschrittenen Ansatz. Nicht bei jeder Forderungsklasse ist aber die Anwendung des IRB-Basisansatzes und des fortgeschrittenen Ansatzes möglich.

IRB-Basisansatz

Während das Kreditinstitut bei Verwendung des Basisansatzes nur die Ausfallwahrscheinlichkeit eines Kreditnehmers für das nächste Jahr eigenständig schätzt (so genannte Einjahresausfallwahrscheinlichkeit), werden ihm die anderen drei Parameter von der Bankenaufsicht vorgegeben. Die Schätzung der Ausfallwahrscheinlichkeiten in den einzelnen Forderungsklassen muss dabei regelmäßig gegen die tatsächlichen Kreditausfälle getestet werden. Des Weiteren muss sie dem Nachweis genügen, dass die mit einer Forderungsklasse verbundene Ausfallwahrscheinlichkeit im Zeitablauf stabil, d.h. nur geringen Schwankungen unterworfen ist. Nicht in jeder Forderungsklasse ist die Anwendung des IRB-Basisansatzes möglich. So ist im Bereich der Retail-Forderungsklasse der IRB-Basisansatz ausgeschlossen. In dieser Forderungsklasse muss es demnach im Zuge eines internen Ratings zur Anwendung des fortgeschrittenen IRB-Ansatzes kommen.

Fortgeschrittener IRB-Ansatz

Bei Anwendung des fortgeschrittenen IRB-Ansatzes schätzt das Kreditinstitut neben der Ausfallwahrscheinlichkeit auch die anderen drei Parameter. Die Schätzungen hierbei müssen konservativ und langfristig orientiert sein. Eine Schwierigkeit ergibt sich für die Kreditinstitute regelmäßig bei der Bestimmung des tatsächlichen Verlusts aus einem Kreditengagement im Falle des Ausfalls (»loss given default«). Primärer Bestimmungsfaktor für diese Berechnung ist die Besicherung des Kredits. Grundsätzlich kann jede Besicherung zu einer Eigenkapitalersparnis führen, sofern das Kreditinstitut deren Wirksamkeit anhand langer Datenreihen nachweisen kann. Als Datenhistorie werden vom Basler Ausschuss mindestens sieben Jahre verlangt. Dies ist in der Regel bei dinglichen Sicherheiten sowie bei Bürgschaften und Garantien gegeben. Beim fortgeschrittenen IRB-Ansatz entfallen die im Basisansatz gültigen Einschränkungen hinsichtlich der anerkannten Sicherheiten, während der Basler Ausschuss für Bankenaufsicht im Rahmen des Basisansatzes insbesondere finanzielle Besicherungen anerkennt. Neu hinzukommen sollen auch Sachsicherheiten sowie Forderungen aus Lieferungen und Leistungen, die – wenn auch nur in geringem Umfang – anerkannt werden sollen. Um die Eigenkapitalersparnis aufgrund von Sicherheiten zu beschränken, kommt es beim fortgeschrittenen IRB-Ansatz zu einer Deckelung der Eigenkapitalersparnis. In diesem Zusammenhang wird von einem so genannten »floor« gesprochen. Im ersten Jahr darf die Eigenkapitalbeschränkung nur maximal 10% betragen, im zweiten Jahr dann 20%. Die Beschränkung der IRB-Ansätze im Bereich eines Retailportfolios auf den fortgeschrittenen Ansatz führt dazu, dass die Banken insbesondere auch die Verlustraten bei Ausfall des Kredites (»LGD«) selbst schätzen müssen.

3.3.2.2 Mindestanforderungen der IRB-Ansätze

Die Ermittlung der Ausfallwahrscheinlichkeiten sowie der anderen Risikokomponenten setzt das Vorhandensein eines ausgefeilten internen Ratingsystems voraus, welches diese Zielsetzung auch gewährleistet. Dementsprechend legt der Basler Ausschuss für Bankenaufsicht hohe Mindestanforderungen an die internen Ratingsysteme, da zukünftig interne Verfahren die Risikovorsorge derjenigen Banken bestimmen, die einen der beiden IRB-Ansätze zur Bestimmung der Höhe der aufsichtsrechtlichen Eigenkapitalunterlegung wählen.

Mindestanforderungen an interne Ratingsysteme nach Basel II

Die wesentlichen Grundprinzipien der Mindestanforderungen sind die folgenden (vgl. Becker, G.M. 2001, S. 7):

- statistisch regelmäßig zu überprüfendes Ratingverfahren,
- mindestens acht Ratingstufen,
- angemessene Verteilung der Kreditnehmer auf die einzelnen Ratingstufen,

- Überprüfung jedes Ratings durch eine unabhängige Aufsichtsbehörde,
- hinreichende methodische Fundierung und Dokumentation des Ratingprozesses,
- Anwendung von qualitativ-subjektiven Verfahren oder statistischen Diskriminanz- bzw. neuronalen Netzmodellen,
- Vorhaltung historischer Datenreihen für die statistische Parametrisierung des Ratingverfahrens mindestens für die letzten fünf Jahre,
- regelmäßige Validierung des Ratingverfahrens durch so genannte Stress Tests zur Überprüfung der Auswirkung von Branchenveränderungen oder der Marktpositionierung des Kreditnehmers, aber auch solcher »weicher« Faktoren wie der Managementqualität oder der Qualität der strategischen Ausrichtung,
- umfangreiche Erläuterungspflichten im Geschäftsbericht.

Festzuhalten bleibt, dass eine Forderungsklasse sich durch eine bestimmte Anzahl und Ausprägung von Kriterien definieren muss, auf deren Basis dann das kreditnehmerbezogene Risiko bestimmt wird. Die von einem Kreditinstitut diesbezüglich verwendeten Kriterien sollten dabei spezifisch genug sein, um einem Dritten die Abschätzung der mit einem Kreditengagement verbundenen Risiken zu ermöglichen. Um dies sicherzustellen, sollten nachfolgende Faktoren bei der Kriterienbildung berücksichtigt werden. Hierbei handelt es sich neben so genannten harten Faktoren auch um weiche Faktoren, die das Risiko eines Kredits beeinflussen (vgl. Füser, K./Heidusch, M. 2002, S. 34).

Harte und weiche Faktoren im internen Rating-verfahren

Übersicht 145: Ausgewählte Komponenten harter und weicher Faktoren in den IRB-Ansätzen

Vermögens-, Finanz- und Ertragslage	**Unternehmenssituation**	**Güte des Managements**
Vergangene und prognostizierte Fähigkeit, Erträge zu erwirtschaften, um Kredite zurückzuzahlen und anderen Finanzbedarf zu decken. Die Kapitalstruktur und die Wahrscheinlichkeit, dass unvorgesehene Umstände die Kapitaldecke aufzehren könnten mit anschließender Zahlungsunfähigkeit. Finanzielle Flexibilität in Abhängigkeit vom Zugang zu Fremd- und Eigenkapitalmärkten, um zusätzliche Mittel zu generieren.	Die Qualität der Einkünfte, d.h. der Grad, zu dem die Einkünfte und der Cashflow des Kreditnehmers aus dem Kerngeschäft und nicht aus Sondererträgen resultieren. Grad der Fremdfinanzierung und die Auswirkungen von Nachfrageschwankungen auf die Rentabilität und auf den Cashflow. Die Wettbewerbssituation des Kreditnehmers innerhalb seiner Branche (Marktstellungsanalyse) und seine zukünftigen Aussichten. Die Risikocharakteristik des Landes, in dem ein Unternehmen seine Geschäfte betreibt und deren Auswirkungen auf die Schuldendienstfähigkeit des Kreditnehmers.	Die Qualität und rechtzeitige Verfügbarkeit von Informationen über den Kreditnehmer einschließlich der Qualität der Anwendung der vorgeschriebenen Rechnungslegungsstandards. Die Stärke und Fähigkeit des Managements, auf veränderte Bedingungen des Wettbewerbsumfelds schnell und effektiv zu reagieren.

Ein bankinternes Ratingverfahren muss demnach hohen Anforderungen genügen, um von der Aufsichtsbehörde anerkannt zu werden. Dies gilt insbesondere vor dem Hintergrund, dass auch zukunftsbezogene Informationen über den Kreditnehmer in die Beurteilung einfließen müssen. In die Zukunft projizierende Informationen sind dabei stets sehr konservativ zu behandeln (vgl. FÜSER, K./HEIDUSCH, M. 2002, S. 34).

Die seitens des Basler Ausschusses für Banken formulierten Anforderungen sind einer ständigen Anpassung unterworfen. Beispielhaft sei an dieser Stelle die dargelegte Ausweitung der Anzahl der verschiedenen Kontrahentengruppen erwähnt.

3.3.2.3 Beurteilung der IRB-Ansätze im Vergleich zum externen Rating

Differenziertere Eigenkapitalunterlegung

Im Vergleich zu dem auf externen Ratings basierenden Standardansatz unterscheiden sich der IRB-Basisansatz sowie der fortgeschrittene IRB-Ansatz sowohl hinsichtlich der Anforderungen an das Kreditmanagement als auch hinsichtlich der Höhe der zu erwartenden Eigenkapitalunterlegung. Die Banken können durch Anwendung interner Ratingverfahren stärker zwischen verschiedenen Risiken differenzieren als bei externen Ratings, die nicht auf die konkreten Erfordernisse einer Bank zugeschnitten sind. Voraussetzung für die Anwendung interner Ratingverfahren ist aber – wie dargelegt – die Erfüllung entsprechender Mindestanforderungen seitens des Kreditinstituts.

Außendarstellung einer Bank

Welcher Ratingansatz seitens eines Kreditinstituts verwendet wird, hat aber auch Auswirkungen auf das Bild, welches eine Bank nach außen vermittelt. Den IRB-Ansatz werden diejenigen Kreditinstitute wählen, die die diesbezüglichen Mindestanforderungen erfüllen und für die sich Vorteile durch eine Eigenmittelentlastung im Vergleich zum Standardansatz ergeben. Banken, die den Standardansatz wählen, sind oftmals gezwungen, diesen anzuwenden, da ihnen ein geeignetes internes Ratingsystem und/oder ein bonitätsmäßig solides Kreditportfolio fehlen. Durch die Verwendung des Standardansatzes transportieren diese Kreditinstitute möglicherweise ihre internen Ineffizienzen nach außen (vgl. SCHWAIGER, W. S. A./LAWRENZ, J. 2002, S. 151).

Ratingkosten

Neben der Reduzierung der Eigenkapitalanforderungen für Kreditinstitute, die interne Ratings verwenden, gibt es weitere Vorteile, die für die Verwendung eines internen Ratings gegenüber einem externen Rating sprechen. Bei der Erstellung eines internen Ratings entstehen für den Kreditantragsteller keine direkten Ratingkosten, die die Kreditkosten weiter erhöhen.

Auswertung von Kontoführungsunterlagen

Als ein weiterer großer Vorteil wird die bankseitige Möglichkeit gesehen, ergänzende Informationen aus den Kontoführungsunterlagen des Kreditantragstellers in den Beurteilungsprozess einzubeziehen. Dadurch können die Kreditinstitute die Risiken eines Kreditengagements viel differenzierter beurteilen. Diese Informationen stehen externen Ratingagenturen nicht zur Verfügung. Aufgrund der Tatsache, dass die Banken das Rating selbst erstellen, sind die Bonitätsbeurteilungen im Regelfall zeitnäher als bei externen Ratings.

Im Hinblick auf externe Ratings erfolgt oftmals eine Problemverschiebung, da Banken ihr Kreditrisikomanagement und damit in einem nächsten Schritt ihre Eigenkapitalunterlegung vollkommen in die Hände von Externen legen und somit teilweise deren Beurteilungen »blind« vertrauen (vgl. FÜSER, K./HEIDUSCH, M. 2002, S. 36).

Nachfolgende Folie verdeutlicht nochmals grafisch die Unterschiede:

Unterschiede in den verschiedenen Ansätzen

Übersicht 146: Vergleich des externen und der internen Ratingansätze nach Basel II

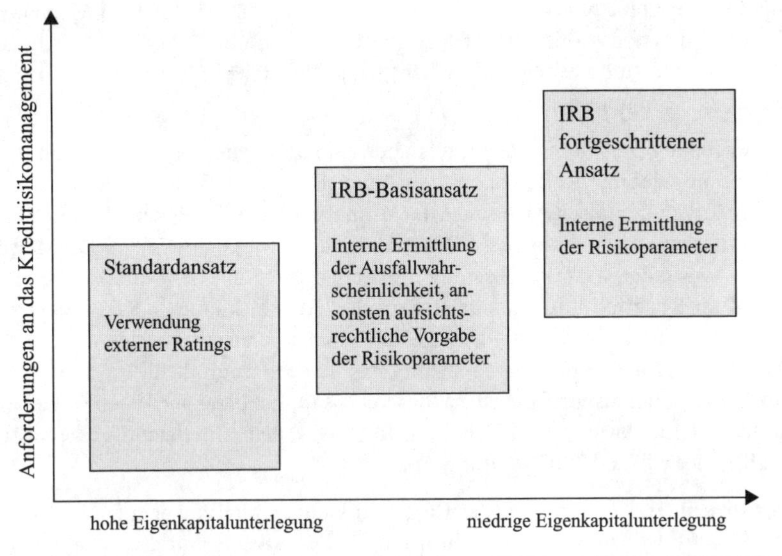

3.3.2.4 Besonderheiten für den Mittelstand

Bedeutung des Mittelstands

Insbesondere für mittelständische Unternehmen sind die durch das Basler Papier für Bankenaufsicht erarbeiteten Regelungen zur neuen Basler Eigenkapitalvereinbarung (»Basel II«) von großer Wichtigkeit. Dies rührt zum einen von der immensen Bedeutung der Unternehmen des Mittelstands für die gesamte Volkswirtschaft – rein zahlenmäßig repräsentieren Unternehmen des Mittelstands mehr als 95 % der Unternehmen in Deutschland – und zum anderen von der traditionellen Eigenkapitalschwäche der mittelständischen Unternehmen, sodass sich deren Liquiditätssituation bei einer Verknappung der Kreditmittel noch verschärfen würde. Mit Blick auf die Finanzierungsstruktur mittelständischer Unternehmen zeigt sich deren Problematik. Im Gegensatz zu emissionsfähigen Großunternehmen, die sich finanzielle Mittel auch über die Börse beschaffen können, sind die mittelständischen Unternehmen fast ausschließlich auf die Generierung von Beteiligungskapital und/oder langfristigen Krediten angewiesen. Dabei liegt seitens der mittelständischen Unternehmen das Hauptproblem im Regelfall nicht in der Höhe der dafür aufzubringenden Zinskosten, sondern in den fehlenden Besicherungsmöglichkeiten, da oftmals beleihungsfähige Sicherheiten, wie bspw. Grundvermögen, nicht zur Verfügung stehen. Diese Sicherheiten sind aber Grundvoraussetzung für die Gewährung eines langfristigen Bankdarlehens (vgl. PAUL, S./STEIN, S. 2003, S. 418). Des Weiteren fehlt oftmals das für eine Kreditgewährung notwendige Eigenkapital. Eine Auswertung der Deutschen Bundesbank berechnete die durchschnittliche Eigenkapitalquote deutscher Unternehmen auf 17,6%, im Mittelstand dagegen lag die Eigenkapitalquote bei mehr als jedem dritten Unternehmen bei weniger als 10%. Ein zentrales Ergebnis der Auswertung war, dass der Anteil des vorhandenen Eigenkapitals an der Kapitalstruktur in ganz erheblichem Maße mit der Unternehmensgröße variiert (vgl. PAUL, S./STEIN, S. 2003, S. 418). Kleine Unternehmen sind im Regelfall wesentlich schlechter mit Eigenkapital ausgestattet als Großunternehmen.

Granularität des Kreditportfolios im Mittelstand

Aufgrund der Bedeutung des Mittelstandes nimmt er auch im Rahmen von Basel II eine wichtige Rolle ein. Wegen seiner Besonderheiten wie der traditionellen Eigenkapitalschwäche und der oftmals fehlenden Sicherheiten erfährt der Mittelstand eine günstigere Behandlung als Großunternehmen. Dies wird damit begründet, dass die Zusammensetzung eines typischen Mittelstandportfolios im Regelfall aus einer relativ großen Anzahl kleinerer Kreditengagements besteht, die an sich ein geringeres Risiko aufweisen als eine nur geringe Anzahl an großen Kreditengagements, wie es der Regelfall für ein typisches Großunternehmensportfolio ist. In diesem Zusammenhang wird auch von einer höheren Granularität eines Kreditportfolios für den Mittelstand gesprochen (vgl. HOFMANN, G. 2003, S. 9).

Maßnahmen zur Entlastung eines mittelständischen Kreditportfolios

Vor diesem Hintergrund hat der Basler Ausschuss für Bankenaufsicht insbesondere zwei Entscheidungen getroffen, die den Mittelstand entlasten sollen. Zum einen können Kredite an Unternehmen von weniger als 1 Mio. Euro dem Retailportfolio zugerechnet werden, soweit deren Risikoeigenschaften es erlauben, diese Kredite wie Retailkredite zu behandeln. Da Retailkredite aufgrund der breiteren Risikostreuung ein geringeres Risiko aufweisen als Kredite in anderen Forderungsklassen, gelten für sie reduzierte Eigenkapitalanforderungen. So wurde für diese Geschäfte die Risikogewichtung von 100% auf 75% heruntergesetzt (vgl. WINKELJOHANN, N./SOLFRIAN, G. 2003, S. 90).

Zum anderen gilt für Unternehmenskredite, die nicht mehr dem Retailportfolio zurechenbar sind, eine von der Unternehmensgröße abhängige Absenkung der Risikogewichte. Im Ergebnis variieren dabei die Risikogewichte zwischen einer 20%-igen Entlastung bei Unternehmen mit einem Umsatzvolumen von 5 Mio. Euro und keiner Entlastung für mittelständische Unternehmen mit einem Umsatzvolumen von 50 Mio. Euro. Die Mittelständler mit einem solchen Umsatzvolumen werden demnach den Großunternehmen gleichgestellt. Die Entlastungsregelung für Mittelständler führt zu Risikogewichten, die im Durchschnitt um 10% niedriger sind als bei Großunternehmen (vgl. HOFMANN, G. 2003, S. 9f.).

Laufzeitzuschläge

Ein weiteres – nicht nur mittelstandsbezogenes – Thema stellen die Laufzeitzuschläge im fortgeschrittenen IRB-Ansatz dar. Gemeint ist hiermit die Frage, ob und gegebenenfalls in welcher Höhe bei längerfristigen Krediten Zuschläge im Rahmen der Ermittlung der Kapitalanforderungen angewandt werden sollen. Dies ist insbesondere für deutsche Unternehmen von großer Bedeutung, da die Unternehmensfinanzierung in Deutschland eher langfristig geprägt ist. Sie steht damit im Gegensatz zur Vorgehensweise in den angelsächsischen Ländern, bei denen eine kurzfristige Finanzierung vorherrscht. Als Kompromisslösung, um deutsche Unternehmen nicht zu sehr zu belasten, formulierte der Basler Ausschuss ein nationales Wahlrecht, dass bei Krediten an inländische Unternehmen mit einer konsolidierten Bilanzsumme von weniger als 500 Mio. Euro auf explizite Laufzeitzuschläge verzichtet werden kann. Dieses Wahlrecht wird in Deutschland wohl ausgeübt werden (vgl. HOFMANN, G. 2003, S. 8).

4. Möglichkeiten zur Optimierung des Ratingergebnisses

Unternehmensoptimale Gestaltung eines Kreditratings

Für die Unternehmen, deren Kreditkonditionen durch Basel II verstärkt von der Einschätzung ihrer Bonität abhängig gemacht werden, muss es von besonderem Interesse sein, eine möglichst gute Bonitätsbeurteilung zu erreichen, um auf diesem Wege zu günstigen Konditionen Kredite aufnehmen zu können. Daher stellt sich zum einen die Frage, welche Faktoren in einem Rating Berücksichtigung finden, und zum anderen, welche Möglichkeiten seitens des Unternehmens bestehen, diese Faktoren i.S.e. einer Optimierung des Ratingergebnisses zu beeinflussen.

Bei den Faktoren ist – wie schon bspw. im 3. Abschn., 4. Kap. dargestellt – zwischen quantitativen und qualitativen Faktoren zu unterscheiden, die regelmäßig in die modernen Ansätze der Unternehmensanalyse und darauf aufbauend in die Bonitätsbewertung einfließen.

Insbesondere die bilanziellen Daten, die im Rahmen der quantitativen Bilanzanalyse schon dargestellt wurden, können durch zielgerichtete Bilanzpolitik beeinflusst werden. Durch die gleichzeitige Berücksichtigung qualitativer Analyseansätze wird jedoch die möglicherweise positive Auswirkung auf das Ratingergebnis wieder partiell oder vollständig umgekehrt. Daneben basieren bilanzielle Daten – sowohl nach HGB als auch nach internationalen Normen – maßgeblich auf retrospektivem Datenmaterial. Für die Beurteilung der zukünftigen Bonität ist es daher notwendig, mittels der strategischen Unternehmensanalyse verstärkt prognosebasierte Daten in die Beurteilung einzubeziehen.

Vor Durchführung eines externen Ratings sollte das Unternehmen daher – unter Umständen mit Hilfe externer Berater – seine Möglichkeiten zur Optimierung des Ratingergebnisses langfristig, d.h. unter Berücksichtigung mehrjähriger Effekte, planen.

Nutzen einer Umstellung von HGB auf IAS im Hinblick auf das Kreditrating

Hierbei ist auch die kontrovers diskutierte Frage des Nutzens einer Umstellung der Rechnungslegung von HGB auf IAS beim einzelnen Unternehmen hinsichtlich ihrer Vor- und Nachteile zu beleuchten. Insbesondere sind die denkbaren Vorteile, die bei der Bonitätsbeurteilung aus den mit der Anwendung internationaler Rechnungslegungsnormen verbundenen erweiterten Informationspflichten resultieren könnten, gegen die damit verbundenen höheren Kosten abzuwägen. Zu beachten ist hierbei auch, dass diese aus dem gestiegenen Beratungsbedarf und der Notwendigkeit der Aufstellung paralleler Jahresabschlüsse resultierenden höheren Kosten nicht nur in der aktuellen, sondern auch in künftigen Perioden anfallen werden.

Keine Präferierung eines Rechnungslegungsnormensystems durch Basel II

Durch den Basler Ausschuss wird derzeit keine Empfehlung für die Anwendung eines bestimmten Rechnungslegungsnormensystems ausgesprochen, d.h., dem vorliegenden Konsultationspapier kann keine Präferierung der IAS entnommen werden. Gleichwohl lehrt die Erfahrung, dass die Umstellung auf die IAS-Bilanzierung regelmäßig zu einer dauerhaften Erhöhung des Eigenkapitals und der Eigenkapitalquote führt. Des Weiteren zeigt die Vergangenheit, dass mit der Umstellung allenfalls eine kurzfristige Erhöhung der Jahresüberschüsse verbunden ist, in Einzelfällen konnte sogar eine Verminderung des Jahresüberschusses festgestellt werden. Festzuhalten bleibt aber, dass die Gewinngrößen in den verschiedenen Rechnungslegungsnormensystemen sich auf Dauer ausgleichen müssen.

Keine Verbesserung des Kreditratings durch Übergang auf IAS

Trotz dieses Hintergrunds wird in der Öffentlichkeit oftmals der Eindruck erweckt, dass mit einem erhöhten Eigenkapital und einer damit verbundenen verbesserten Eigenkapitalquote auch unmittelbare positive Auswirkungen auf das Ratingergebnis einhergehen. Dieser Aussage kann nach hier vertretener Meinung nicht gefolgt werden.

Dies lässt sich anhand folgender Argumente untermauern. Zum einen ist es Aufgabe sämtlicher Rechnungslegungsnormensysteme, sei es HGB, IAS oder US-GAAP, die Realität des Unternehmens in ein Zahlenwerk und weiter gehende Informationen zu überführen, wobei sich diese lediglich hinsichtlich der Abbildungsvorschriften unterscheiden. Durch eine Umstellung auf ein anderes Rechnungslegungsnormensystem wird die identische Realität anhand abweichender Vorschriften in den Jahresabschluss transformiert. Mit der höheren Eigenkapitalquote, die regelmäßig aus einem Übergang auf die IAS-Vorschriften resultiert, korrespondiert gerade keine Veränderung in der Realität. Das Unternehmen zeichnet sich nach wie vor durch das gleiche Geschäftsmodell, unveränderte Ertragserwartungen und eine identische Schuldendeckungsfähigkeit aus. Bei einem funktionierenden Ratingverfahren muss dieser Umstand, bspw. durch einen Korrekturfaktor, Berücksichtigung finden.

Backtesting

Zum anderen darf nicht außer Acht gelassen werden, dass sich die Ratingverfahren einer regelmäßigen Überprüfung der Trennschärfe ihrer Ratingaussage (Backtesting) unterziehen müssen. Die Anwendung dieses Backtestings muss dazu führen, dass eine allein aus der Umstellung resultierende höhere Eigenkapitalquote nicht zu einem verbesserten Ratingergebnis führt. Denn betrachtet man zwei identische Unternehmen, die sich bei ansonsten gleichen Rahmenbedingungen (gleiche Controlling- und Steuerungsansätze, gleiche Ertragsentwicklung etc.) aufgrund der Anwendung unterschiedlicher Rechnungslegungsnormensysteme ausschließlich durch die ausgewiesene Eigenkapitalquote unterscheiden, so muss ein Backtesting etwaige Fehler im Ratingprozess aufdecken und beide Unternehmen in dieselbe Risikoklasse einordnen.

Analyse des Ist-Zustands

Vor Durchführung des Ratings an sich muss das Unternehmen den derzeitigen Ist-Zustand erheben, was sowohl die quantitativen als auch die qualitativen Elemente umfasst, die voraussichtlich im Rahmen des Ratings berücksichtigt werden.

Maßnahmen zur Verbesserung des Kreditratings

Aufbauend auf der Erfassung des tatsächlichen Zustands des Unternehmens und der Analyse des hieraus zu prognostizierenden Ratingergebnisses können wiederum diejenigen Faktoren identifiziert werden, die sich negativ auf das geplante Ratingergebnis auswirken könnten. Erst mit Kenntnis dieser Schwachstellen kann dann eine Strategie entworfen werden, die bspw. mit Hilfe einer offenen Informationspolitik (Ergänzung der Pflichtangaben um entscheidungsrelevante freiwillige Angaben, differenzierte Erläuterung wesentlicher Bilanzposten etc.) oder einer geänderten Eigenkapitalpolitik (Erhöhung der Eigenkapitalquote, Aufnahme von Mezzanine-Kapital etc.) zu einer besseren Beurteilung des Unternehmens beitragen kann.

Strategische Unternehmensanalyse

Insbesondere den Ansätzen der strategischen Unternehmensanalyse sollte besondere Aufmerksamkeit gezollt werden, da es mit ihrer Hilfe möglich ist, eine objektivierte Prognose der zukünftigen Entwicklung darzustellen, und gerade die Prognose der künftigen Leistungsfähigkeit des Unternehmens das Ziel jeder Bonitätsbeurteilung sein muss.

Weitere Faktoren zur Evaluierung eines Kreditnehmers

Für das interne Rating durch Banken lassen sich systematisch auch die im Folgenden zusammenfassend dargestellten Faktoren identifizieren (vgl. FÜSER, K./RÖDEL, K. 2002, S. 281 f.), die aufgrund der Stellung der Bank und der damit verbundenen herausgehobenen Informationslage in die Risikobeurteilung des Kreditnehmers einfließen können:

Übersicht 147: Faktoren zur Evaluierung eines Kreditnehmers

Ansatzpunkt der Analyse	**Wirkung**	
	positiv	**negativ**
quantitative Bilanzanalyse	**Vgl. hierzu ausführlich 2. Abschn., 3. Kap.**	
qualitative Bilanzanalyse	**Vgl. hierzu ausführlich 3. Abschn., 4. Kap.**	
strategische Unternehmens-analyse	**Vgl. hierzu ausführlich 4. Abschn., 2.**	
Alter des Unternehmens	höheres Alter	kurze Existenz
Besicherung des eigenen Engagements	hohe prozentuale Besicherung	geringe oder nicht vorhandene Besicherung
Dauer der Kundenbeziehung	lange Kundenbeziehung	Neukunde
Einschätzung des Kunden durch den Kundenberater/Sachbearbeiter	positive Beurteilung durch den Berater	negative Beurteilung durch den Berater
bekannt gewordene Einschätzungen durch Mitbewerber in der Branche	keine begründbaren negativen Eindrücke	begründbare negative Eindrücke, die auf wirtschaftliche Probleme hindeuten
Rückschlüsse aus Geschäftsbeziehungen zu Lieferanten/ Abnehmern	Keine negativen Hinweise, Ausbau der Beziehungen, Verstärkung der Kontobewegungen mit Lieferanten/ Abnehmern	Hinweise auf Zahlungsprobleme, Lieferengpässe, Vertragsauflösungen etc.
Beurteilung der Kontoführung	nicht zu beanstandende Kontoführung mit offensichtlich geordneter Liquiditätsplanung	häufige Überziehung der eingeräumten Kreditlinien, kritische Liquiditätslage
Vorliegen negativer Bankauskünfte	keine negativen Bankauskünfte	negative Bankauskünfte
Zahlungsmoral anhand der Kontoführung	keine Wechselverpflichtungen, Zahlungen innerhalb des Zahlungsziels	häufige Scheckretouren, hohe Wechselverpflichtungen im Inland
externe Ratings/sonstige Beurteilungen der Risikosituation des Kunden	positive externe Beurteilungen	negative externe Beurteilungen

Unternehmensseitige Maßnahmen zur Optimierung der Bonitätseinstufung

Zur Optimierung des Ratingergebnisses muss folglich nach der Aufnahme des Ist-Zustands und der Schwachstellenanalyse auf der Basis der oben genannten Faktoren geprüft werden, welche weiter gehenden Möglichkeiten für das Unternehmen bestehen, das Ratingergebnis zu verbessern. Hierbei sollte allerdings nicht auf die Ansätze der klassischen Bilanzpolitik zurückgegriffen werden, da etwaige positive Effekte durch die Anwendung qualitativer Analyseelemente konterkariert werden können oder sich negative Auswirkungen auf das Ratingergebnis der Folgeperioden ergeben.

Es besteht jedoch auch die Möglichkeit, tatsächliche Veränderungen im Unternehmen einzuleiten, die gleichzeitig zu einer Verbesserung des Bonitätsratings führen können. Im Folgenden sollen nur einige ausgewählte Möglichkeiten angesprochen werden:

Controlling- und Risikomanagementsystem

- **Implementierung eines Controlling- und Risikomanagementsystems:** Sollte das Unternehmen noch nicht über ein solches verfügen, kann durch die Einführung moderner Steuerungssysteme sowohl eine Verbesserung der Prognosemöglichkeiten des Kaufmanns als auch eine Verbesserung der Qualität des für Informationszwecke benötigten Datenmaterials erreicht werden.

Verbesserung der Berichterstattung

- **Erweiterung des Informationsangebots und verstärkte Einbeziehung quantifizierter Prognosen:** Es muss das Ziel des Bilanzierenden sein, nach Absprache mit der Bank die für das Rating benötigten Informationen umfassend aufbereitet zur Verfügung zu stellen, und zwar unabhängig vom zugrunde liegenden Regelwerk. Gerade dies kann die zentrale Aufgabe eines Ratingberaters sein. Denn nicht nur die Existenz, sondern auch die Aufbereitung der Daten bestimmt das Ratingergebnis. Daneben sollte nach Möglichkeit versucht werden, Entwicklungen zu quantifizieren, statt sich auf rein qualitative Beurteilungen zu beschränken. Denn erst durch eine möglichst weit gehende Offenlegung der entscheidungsrelevanten Daten gegenüber der Bank kann sichergestellt werden, dass die Bank nicht mangels besserer Informationen »worst case«-Szenarien unterstellen muss.

Einbeziehung von Mezzanine-Kapital

- **Mezzanine-Kapital:** Aber auch die tatsächliche Kapitalstruktur sollte frühzeitig einer Analyse unterzogen werden. So wird für die Ermittlung zentraler Bilanzkennziffern, bspw. der Eigenkapital- und Fremdkapitalquote, notwendigerweise eine Unterscheidung zwischen Eigen- und Fremdkapital vorgenommen. Daneben existieren aber auch Mischformen (so genanntes Mezzanine-Kapital), welche sowohl Merkmale von Eigenkapital (z.B. Nachrangigkeit im Insolvenzfall, erweiterte Informationsrechte etc.) als auch von Fremdkapital (z.B. Anspruch auf Rückzahlung und Zinsleistungen) vereinen und daher zwischen dem Eigen- und dem Fremdkapital anzusiedeln sind (vgl. NELLES, M./KLUSEMANN, M. 2003, S. 6ff.; FINSTERER, H./GULDER, M. 2001, S. 12f.). Zu den Finanzierungsformen mit Mischcharakter zählen bspw. patriarchische Darlehen, Wandelschuldverschreibungen, stille Beteiligungen und Nachrangdarlehen.

Durch den systematischen Einsatz dieser Finanzierungsformen (bspw. durch die Hausbank) kann im Verlauf der Kreditaufnahme bei anderen Banken ein besseres Ratingergebnis erreicht werden, da diese das Mezzanine-Kapital dem wirtschaftlichen Eigenkapital zurechnen.

Abfolge zur Verbesserung des Kreditratings

Zur systematischen Optimierung des Ratingergebnisses sind somit die folgenden Schritte durchzuführen:

1. frühzeitige und langfristige Planung des ersten Ratings;
2. Erhebung des Ist-Zustands;
3. Analyse der Schwachstellen, die sich negativ auf das Ratingergebnis auswirken könnten;
4. systematische Optimierung des Ratingergebnisses durch Verbesserungen innerhalb des Unternehmens, in der Kapitalstruktur etc.;
5. Nachbereitung und Fehleranalyse nach Durchführung des Ratings.

Merksätze:

1. Im Zuge der Einführung der neuen Basler Eigenkapitalvereinbarung steht den Banken neben der Einholung eines externen Ratings auch die Möglichkeit zur Vornahme bankinterner Ratings zu.
2. Diese bankinternen Ratings ermöglichen den Banken eine differenziertere Vorgehensweise hinsichtlich der Ermittlung des Kreditrisikos einer bestimmten Forderungsklasse, da sie auch auf bankinterne Unterlagen zurückgreifen können. Die bankinternen Ratingverfahren unterliegen aber hohen Mindestanforderungen.
3. Bei den bankinternen Ratingverfahren wird zwischen einem Basisansatz und einem fortgeschrittenen Ansatz differenziert; diese unterscheiden sich hinsichtlich der Anzahl der vom Kreditinstitut eigenständig zu schätzenden Risikoparameter eines Kredits.
4. Der neue Basler Eigenkapitalakkord enthält keine Präferierung eines Rechnungslegungsnormensystems. Die mit einem Übergang von der handelsrechtlichen zur IAS-Rechnungslegung regelmäßig verbundene Erhöhung des Eigenkapitals und der Eigenkapitalquote darf bei einem funktionierenden Ratingprozess nicht zu einer Verbesserung des Ratings führen, da hiermit keine Verbesserung der das Unternehmensgeschehen determinierenden Rahmenbedingungen (Marktumfeld, Geschäftsmodell, Ertragserwartungen etc.) einhergeht.
5. Ein Unternehmen kann durch eine frühzeitige Optimierung der das Rating beeinflussenden Faktoren positiv auf sein Ratingergebnis einwirken.

Literaturverzeichnis

ACHLEITNER, A.-K./WOLLMERT, P./VAN HULLE, K. (1997), Grundlagen der Bilanzierung, der Bewertung und des Ausweises, in: Baetge, J. u. a. (Hrsg.), Rechnungslegung nach International Accounting Standards, Stuttgart 1997.

ADELBERG, A. H. (1979), Narrative Disclosures Contained in Financial Reports: Means of Communication or Manipulation, in: ABR 1979, S. 179–189.

ADELBERG, A. H./LEWIS, R. A. (1980), Financial Reports can be made more Interesting, in: JoA 6/1980, S. 44–50.

ADLER, H./DÜRING, W./SCHMALTZ, K. (1995), Rechnungslegung und Prüfung der Unternehmen. Kommentar zum HGB, AktG, GmbHG, PublG nach den Vorschriften des Bilanzrichtlinien-Gesetzes, Bearbeiter: Forster, K.-H./Goerdeler, R./Lanfermann, J./ Müller, H.-P./Siepe, G./Stolberg, K., 6. Aufl., Stuttgart 1995 ff.

AGRAWAL, A./TANDON, K. (1994), Anomalies or illusions? Evidence from stock markets in eighteen countries, in: JoIMF 1994, S. 83–106.

AHNERT, S./OLSCHOK, M. (2001), Ratings und Risiko-Pricing, Folgen von Basel II für Banken und Mittelstandsfinanzierung, in: Kreditpraxis 3/2001, S. 6–12.

ALBACH, H. (1978), Die Verteilung des Unternehmereinkommens, in: ZfB 1978, S. 626–631.

ALTMAN, E. I. (1967), The Prediction of Corporate Bankruptcy: A Discriminant Analysis, University of California, Los Angeles 1967.

AMEMIYA, T. (1994), Introduction to Statistics and Econometrics, Cambridge 1994.

AMERICAN INSTITUTE OF CERTIFIED PUBLIC ACCOUNTANTS (1992), Accounting Trends and Techniques, New York 1992.

ARBEITSKREIS »FINANZIERUNG« DER SCHMALENBACHGESELLSCHAFT – DEUTSCHE GESELLSCHAFT FÜR BETRIEBSWIRTSCHAFT e.V. (1990), in: Buchmann, R./Chmielewicz, K. (Hrsg.), Finanzierungsrechnung, ZfbF-Sonderheft 26/1990, Düsseldorf 1990.

ARBEITSKREIS »FINANZIERUNG« DER SCHMALENBACHGESELLSCHAFT – DEUTSCHE GESELLSCHAFT FÜR BETRIEBSWIRTSCHAFT e.V. (1996), Wertorientierte Unternehmenssteuerung mit differenzierten Kapitalkosten, in: ZfbF 1996, S. 543–578.

ARBEITSKREIS »IMMATERIELLE WERTE IM RECHNUNGSWESEN« DER SCHMALENBACH-GESELLSCHAFT FÜR BETRIEBSWIRTSCHAFTSLEHRE e.V. (2001), Kategorisierung und bilanzielle Erfassung immaterieller Werte, in: DB 2001, S. 989–995.

ASB (1991), Accounting Standards Board (Hrsg.), Financial Reporting Standard No. 1, Cash Flow Statements, in: Accountancy November 1991, S. 129–140.

ASC (1990), Accounting Standards Committee (Hrsg.), Exposure Draft No. 54, Cash Flow Statements, in: Accountancy September 1990, S. 151–160.

ASSENMACHER, W./KUNERT, A./POPP, S. (2001), Der Kolmogoroff-Smirnoff-Anpassungstest, in: WISU 2001, S. 1682–1688.

ATIYAH, P. (1983), Lawyers and Rules: Some Anglo-American Comparisons, in: SMU Law Review 1983, S. 545 ff.

AUER, K. V. (2000), Besonderheiten der Cash Flow-Rechnung im Konzern, in: ST 2000, S. 881–890.

BAATZ, E. (1983), Die Gewinn- und Renditeentwicklung in der deutschen Wirtschaft, in: ZfB 1983, S. 774–792.

BACKHAUS, K. u. a. (2003), Multivariate Analysemethoden. Eine anwendungsorientierte Einführung, 10. Aufl., Berlin u. a. 2003.

BADDOCK, B./VROBEL, S. (2001), What do you call Stammaktien, in: Handelsblatt vom 9./10. März 2001, S. K2.

BADEN, K. (1992), Vergleichende Unternehmensbeurteilungen und Aktienkurse, Kiel 1992.

BADEN, K. (1994), Alternative Ansätze zur Performance-Messung von Unternehmen, in: Höfner, K./Pohl, A. (Hrsg.), Wertsteigerungs-Management, Frankfurt/Main 1994.

BAETGE, J. (1980), Früherkennung negativer Entwicklungen der zu prüfenden Unternehmung mit Hilfe von Kennzahlen, in: WPg 1980, S. 651–665.

BAETGE, J. (1989), Möglichkeiten der Früherkennung negativer Unternehmensentwicklungen mit Hilfe statistischer Jahresabschlußanalysen, in: ZfbF 1989, S. 792–811.

BAETGE, J. (1998), Bilanzanalyse, Düsseldorf 1998.

BAETGE, J. (2002), Die Früherkennung von Unternehmenskrisen anhand von Abschlusskennzahlen – Rückblick und Standortbestimmung –, in: DB 2002, S. 2281–2287.

BAETGE, J./BAETGE, K./KRUSE, A. (1999), Grundlagen moderner Verfahren der Jahresabschlußanalyse, in: DStR 1999, S. 1371–1376.

BAETGE, J./BAETGE, K./KRUSE, A. (1999a), Moderne Verfahren der Jahresabschlußanalyse: Das Bilanz-Rating, in: DStR 1999, S. 1628–1632.

BAETGE, J./BALLWIESER, W. (1978), Probleme einer rationalen Bilanzpolitik, in: BFuP 1978, S. 511–530.

BAETGE, J./BEUTER, H. B./FEIDICKER, M. (1992), Kreditwürdigkeitsprüfung mit Diskriminanzanalyse, in: WPg 1992, S. 749–761.

BAETGE, J./COMMANDEUR, D. (2003), Kommentierung des § 264 HGB, in: Küting, K./ Weber, C.-P. (Hrsg.), Handbuch der Rechnungslegung. Kommentar zur Bilanzierung und Prüfung, 5. Aufl., Stuttgart 2003.

BAETGE, J./FEY, D./FEY, G. (2002), Kommentierung des § 243 HGB, in: Küting, K./ Weber, C.-P. (Hrsg.), Handbuch der Rechnungslegung. Kommentar zur Bilanzierung und Prüfung, 5. Aufl., Stuttgart 2002.

BAETGE, J./FISCHER, T. (1988), Externe Erfolgsanalyse auf der Grundlage des Umsatzkostenverfahrens, in: BFuP 1988, S. 1–21.

BAETGE, J./FISCHER, T./PASKERT, D. (1989), Lagebericht. – Aufstellung, Prüfung und Offenlegung –, Stuttgart 1989.

BAETGE, J./HEITMANN, C. (2000), Creating a Fuzzy Rule-Based Indicator for the Review of Credit Standing, in: SBR 2000, S. 318–343.

BAETGE, J./HÜLS, D./UTHOFF, C. (1994), Bilanzbonitätsanalyse mit Hilfe der Diskriminanzanalyse nach neuem Bilanzrecht, in: Controlling 1994, S. 320–327.

BAETGE, J./HUSS, M./NIEHAUS, H.-J. (1986), Die statistische Auswertung von Jahresabschlüssen zur Informationsgewinnung bei der Abschlußprüfung, in: WPg 1986, S. 605–613.

BAETGE, J./HUSS, M./NIEHAUS, H.-J. (1987), Betriebswirtschaftliche Möglichkeit zur Erkennung einer drohenden Insolvenz, in: IDW (Hrsg.), Beiträge zur Reform des Insolvenzrechts, Düsseldorf 1987.

BAETGE, J./JERSCHENSKY, A. (1999), Frühwarnsysteme als Instrumente eines effizienten Risikomanagement und -Controlling, in: Controlling 1999, S. 171–176.

BAETGE, J./KIRSCH, H.-J./THIELE, S. (2002), Bilanzen, 6. Aufl., Düsseldorf 2002.

BAETGE, J./KRAUSE, C. (1994), Die Berücksichtigung des Risikos bei der Unternehmensbewertung, in: BFuP 1994, S. 433–456.

BAETGE, J./LINSSEN, T. (1999), Beurteilung der wirtschaftlichen Lage durch den Abschlußprüfer und Darstellung des Urteils im Prüfungsbericht und Bestätigungsvermerk, in: BFuP 1999, S. 369–389.

BAETGE, J./MANOLOPOULOS, P. R. (1999), Bilanz-Ratings zur Beurteilung der Unternehmensbonität – Entwicklung und Einsatz des BBR Baetge-Bilanz-Rating® im Rahmen des Benchmarking, in: Die Unternehmung 1999, S. 351–371.

BAETGE, J./NIEHAUS, H.-J. (1989), Moderne Verfahren der Jahresabschlußanalyse, in: Baetge, J. (Hrsg.), Bilanzanalyse und Bilanzpolitik, Düsseldorf 1989, S. 139–174.

BAETGE, J./NIEHAUS, H.-J. (1990), Prognosefähigkeit von Vermögens-, Finanz- und Ertragskennzahlen im empirischen Test, in: Coenenberg, A. G. (Hrsg.), Bilanzanalyse nach neuem Recht, 2. Aufl., Landsberg a. L. 1990, S. 69–89.

BAETGE, J. u. a. (1994), Bonitätsbeurteilung von Jahresabschlüssen nach neuem Recht (HGB 1985) mit Künstlichen Neuronalen Netzen auf der Basis von Clusteranalysen, in: DB 1994, S. 337–343.

BAKER, R. C./RAPACCIOLI, D./SOLOMON, M. B. (1995), United States Of America Group Accounts, in: Ordelheide, D./KPMG (Hrsg.), Transnational Accounting, London/Basingstoke 1995.

BALLWIESER, W. (1987), Die Analyse von Jahresabschlüssen nach neuem Recht, in: WPg 1987, S. 57–68.

BALLWIESER, W. (1989), Die Einflüsse des neuen Bilanzrechts auf die Jahresabschlußanalyse, in: Baetge, J. (Hrsg.), Bilanzanalyse und Bilanzpolitik, Düsseldorf 1989, S. 15–49.

BALLWIESER, W. (1990), Unternehmensbewertung und Komplexitätsreduktion, 3. Aufl., Wiesbaden 1990.

BALLWIESER, W. (1993), Bilanzanalyse, in: Chmielewicz, K./Schweitzer, M. (Hrsg.), Handwörterbuch des Rechnungswesens, 3. Aufl., Stuttgart 1993, Sp. 211–221.

BALLWIESER, W. (1995), Aktuelle Aspekte der Unternehmensbewertung, in: WPg 1995, S. 119–129.

BALLWIESER, W./HACHMEISTER, D. (2000), Möglichkeiten und Grenzen einer international ausgerichteten Abschlußanalyse, in: Lachnit, L./Freidank, C. (Hrsg.), Investororientierte Unternehmenspublizität, Wiesbaden 2000, S. 573–606.

BAMBERG, G./BAUR, F. (2002), Statistik, 12. Aufl., München 2002.

BARTELS, H. (1960), Das Kontensystem für die Volkswirtschaftlichen Gesamtrechnungen der Bundesrepublik Deutschland. Erster Teil: Das angestrebte Kontensystem, in: WiStat 1960, S. 317–344.

BARTRAM, W. (1989), Einblick in die Finanzlage eines Unternehmens aufgrund seiner Jahresabschlüsse, in: DB 1989, S. 2389–2395.

BASLER AUSSCHUSS FÜR BANKENAUFSICHT (2003), Die Neue Basler Eigenkapitalvereinbarung, o.O. 2003.

BAUER, C. (1992), Das Risiko von Aktienanlagen, in: Steiner, M. (Hrsg.), Finanzierung, Steuern, Wirtschaftsprüfung, Bd. 15, Köln 1992.

BAUER, J. (1981), Zur Rechtfertigung von Wahlrechten in der Bilanz, in: BB 1981, S. 766–772.

BAUER, J. (1981a), Grundlagen einer handels- und steuerrechtlichen Rechnungslegungspolitik der Unternehmung, Wiesbaden 1981.

BAUER, W./FÜSER, K./SCHMIDTMEIER, S. (1997), Von der neuronalen Kreditwürdigkeitsprüfung zur neuronalen Einzelwertberichtigung, in: WPg 1997, S. 281–287.

BAV (1975), Rundschreiben R 2/75 vom 11.3.1975, in: Veröffentlichungen des Bundesaufsichtsamtes für das Versicherungswesen (BAV), S. 102–111.

BAV (1995), Rundschreiben R 4/95 vom 2.10.1995, in: Veröffentlichungen des Bundesaufsichtsamtes für das Versicherungswesen (BAV), S. 358–366.

BEA, F. X. (1993), Rentabilität, in: Chmielewicz, K./Schweitzer, M. (Hrsg.), Handwörterbuch des Rechnungswesens, 3. Aufl., Stuttgart 1993, Sp. 1717–1728.

BEAVER, W. (1965), Financial Ratios as Predictors of Failure, University of Chicago 1965.

BEAVER, W. (1966), Financial Ratios as Predictors of Failure, in: Empirical Research in Accounting: Selected Studies, in: JoAR 1966, S. 71–111.

BECKER, G. M. (2001), Reform überfällig – Die Änderungen durch Basel II, in: Kreditpraxis 2/2001, S. 6–11.

BEHAVIORAL FINANCE GROUP (2000), Behavioral Finance – Idee und Überblick, in FB 2000, S. 311–318.

BEHR, G. (2000), Rechnungslegung und Bewertung in der New Economy, in: ST 2000, S. 1115–1124.

BEHR, G./GUSINDE, P. (1999), Besondere Anforderungen an die Rechnungslegung von Wachstumsunternehmen – Investororientierung als Erfolgsfaktor im Wachstumsprozess, in: ST 1999, S. 153–160.

BEHR, G./KIND, A. (1999), Wie können junge Wachstumsunternehmen beurteilt werden?, in: ST 1999, S. 63–70.

BEHRINGER, S. (2003), Cash-Flow und Unternehmensbeteiligung. Berechnungen und Anwendungsfelder für die Finanzanalyse, 8. Aufl., Berlin 2003.

BEIER, J./SCHLOSSAREK, G. (1980), Wertschöpfungs- und Finanzierungsrechnung (Teil 1 und 2), in: DB 1980, S. 1129–1135, S. 1177–1185.

BEISSE, H. (1981), Die wirtschaftliche Betrachtungsweise bei der Auslegung der Steuergesetze in der neueren deutschen Rechtsprechung, in: StuW 1981, S. 1–14.

BEISSE, H. (1984), Zum Verhältnis von Bilanzrecht und Betriebswirtschaftslehre, in: StuW 1984, S. 1–14.

BENDER, J. (1996), Grundsatzfragen der Ergebnisbereinigung nach DVFA/SG – Möglichkeiten und Grenzen der Ermittlung einer aktienanalytischen Erfolgsgröße –, Stuttgart 1996.

BENDER, J./LORSON, P. (1996), Verfahren der Unternehmensbewertung (Teil 2), Das Ertragswertverfahren nach der HFA-Stellungnahme 2/1983, in: BuW 1996, S. 1–6.

BENDER, J./LORSON, P. (1996a), Verfahren der Unternehmensbewertung (Teil 3), Kritische Würdigung des Ertragswertverfahrens nach HFA-Stellungnahme 2/1983, in: BuW 1996, S. 650–654.

BENDER, J./LORSON, P. (1997), Verfahren der Unternehmensbewertung (Teil 4), Discounted-Cash-flow Verfahren und Anmerkungen zu Shareholder-Value-Konzepten, in: BuW 1997, S. 1–9.

BERGER, A. u.a. (2003) (Hrsg.), Beck'scher Bilanz-Kommentar. Handels- und Steuerrecht – §§ 238 bis 339 HGB –, 5. Aufl., München 2003.

BERING, R. (1975), Prüfung der Deckungsstockfähigkeit von Industriekrediten durch das Bundesaufsichtsamt für das Versicherungswesen, in: ZfB 1975, S. 25–54.

BETRIEBSWIRTSCHAFTLICHER AUSSCHUSS DES ZENTRALVERBANDES DER ELEKTROTECHNISCHEN INDUSTRIE e.V. (1989) (Hrsg.), ZVEI-Kennzahlensystem, 4. Aufl., Frankfurt 1989.

BIEG, H. (1983), Finanzierungsregeln, in: WiSt 1983, S. 491–496.

BIEG, H. (1997), Investition und Unternehmensbewertung, Betriebswirtschaftslehre, Bd. 1, 2. Aufl., Freiburg i.Br. 1997.

BIEG, H. (1999), Das Capital Asset Pricing Model (CAPM), in: StB 1999, S. 298–305.

BIEG, H./KUSSMAUL, H. (2000), Investitions- und Finanzierungsmanagement, Band III: Finanzwirtschaftliche Entscheidungen, München 2000.

BIMBERG, L. H. (1993), Langfristige Renditenberechnung zur Ermittlung von Risikoprämien: empirische Untersuchung der Renditen von Aktien, festverzinslichen Wertpapieren und Tagesgeld in der Bundesrepublik Deutschland für den Zeitraum von 1954 bis 1988, 2. Aufl., Frankfurt 1993.

BITZ, M./SCHNEELOCH, D./WITTSTOCK, W. (2000), Der Jahresabschluß, 3. Aufl., München 2000.

BLACK, A./WRIGHT, P./BACHMANN, J. E. (1998), Shareholder Value für Manager: Konzepte und Methoden zur Steigerung des Unternehmenswertes, Frankfurt a.M./New York 1998.

BLACK, F. (1972), Capital Market Equilibrium with Restricted Borrowing, in: JoB 1972, S. 444–455.

BLACK, F. (1993), Beta and Return – Announcements of the death of beta seem premature, in: JoPM Fall 1993, S. 8–18.

Blasch, D. M./Kelliher, J./Read, W. J. (1996), The FASB and the IASC Redeliberate EPS, in: JoA 1996, S. 43–47.

Bleuel, H.-H./Schmitting, W. (2000), Konzeptionen eines Risikomanagements im Rahmen der internationalen Geschäftstätigkeit, in: Berens,W./Born, A./Hoffjan, A. (Hrsg.), Controlling international tätiger Unternehmen, Stuttgart 2000, S. 65–122.

Bleymüller, J./Gehlert, G./Gülicher, H. (2002), Statistik für Wirtschaftswissenschaftler, 13. Aufl., München 2002.

Blochwitz, S./Eigermann, J. (1999), Effiziente Kreditrisikobeurteilung durch Diskriminanzanalyse mit qualitativen Merkmalen, in: Eller, R./Gruber, W./Reif, M. (Hrsg.), Handbuch Kreditrisikomodelle und -derivate. Quantifizierung und Management von Kreditrisiken, Strategien mit Kreditderivaten, bankaufsichtliche Anforderungen, Stuttgart 1999, S. 3–22.

Blochwitz, S./Eigermann, J. (2000), Unternehmensbeurteilung durch Diskriminanzanalyse mit qualitativen Merkmalen, in: ZfbF 2000, S. 58–73.

Blochwitz, S./Eigermann, J. (2000a), Krisendiagnose durch quantitatives Credit-Rating mit Fuzzy-Regeln, in: Hauschildt, J./Leker, J. (Hrsg.), Krisendiagnose durch Bilanzanalyse, 2. Aufl., Köln 2000, S. 240–267.

Böcking, H.-J./Benecke, B. (1998), Neue Vorschriften zur Segmentberichterstattung nach IAS und US-GAAP unter dem Aspekt des Business Reporting, in: WPg 1998, S. 92–107.

Boemle, M. (1981), Theorie und Praxis der Kapitalflußrechnung, in: Die Unternehmung 1981, S. 18–41.

Bollerslev, T. (1986), Generalized autoregressive conditional heteroskedasticity, in: JoE 1986, S. 301–327.

Böning, D.-J. (1973), Zum Aussagewert von Cash-flow-Kennziffern. Eine kritische Stellungnahme, in: DB 1973, S. 437–440.

Boose, J. H./Gaines, B. R. (1989), Knowledge Acquisition for Knowledge-Based-Systems: Notes on the State-of-the-Art, in: Machine Learning 1989, S. 377–394.

Borchert, D. (1995), Kommentierung des § 275 HGB, in: Küting, K./Weber, C.-P. (Hrsg.), Handbuch der Rechnungslegung. Kommentar zur Bilanzierung und Prüfung, 4. Aufl., Stuttgart 1995.

Born, K. (2001), Bilanzanalyse international, 2. Aufl., Stuttgart 2001.

Braun, S. (1994), Neuronale Netze in der Aktienkursprognose, in: Rehkugler, H./Zimmermann, H. G. (Hrsg.), Neuronale Netze in der Ökonomie, München 1994, S. 131–207.

Brealey, R. A./Myers, S. C. (2003), Principles of Corporate Finance, 7. Aufl., New York 2003.

Breeden, D. T./Gibbons, M. R./Litzenberger, R. H. (1989), Empirical Tests of the Consumption-Oriented CAPM, in: JoF 1989, S. 231–262.

Brokat Infosystems (1999), Geschäftsbericht 1999.

Bruner, R. F. u. a. (1998), Best Practices in Estimating the Cost of Capital: Survey and Synthesis, in: Financial Practice and Education Spring/Summer 1998, S. 13–28.

BRUNNER, J./ROTH, P. (1999), Performance-Management und Balanced Scorecard in der Praxis, in: io management 1999, S. 50–55.

BT-Drucksache (10/317), Gesetzentwurf der Bundesregierung. Entwurf eines Gesetzes zur Durchführung der Vierten Richtlinie des Rates der Europäischen Gemeinschaften zur Koordinierung des Gesellschaftsrechts (Bilanzrichtlinie-Gesetz) mit Begründung vom 26.8.1983.

BT-Drucksache (10/4268), Beschlußempfehlung und Bericht des Rechtsausschusses (6. Ausschuß) zu dem von der Bundesregierung eingebrachten Entwurf eines Gesetzes zur Durchführung der Vierten Richtlinie des Rates der Europäischen Gemeinschaften zur Koordinierung des Gesellschaftsrechts (Bilanzrichtlinie-Gesetz) – Drucksache 10/317 –; Entwurf eines Gesetzes zur Durchführung der Siebenten und Achten Richtlinie des Rates der Europäischen Gemeinschaften zur Koordinierung des Gesellschaftsrechts – Drucksache 10/3440 – vom 18.11.1985.

BUCHNER, R. (1981), Bilanzanalyse und Bilanzkritik, in: Kosiol, E./Chmielewicz, K./ Schweitzer, M. (Hrsg.), Handwörterbuch des Rechnungswesens, 2. Aufl., Stuttgart 1981, Sp. 194–205.

BUCHNER, R. (1981a), Grundzüge der Finanzanalyse, München 1981.

BUCHNER, R. (1985), Finanzwirtschaftliche Statistik und Kennzahlenrechnung, München 1985.

BUFKA, J./SCHIERECK, D./ZINN, K. (1999), Kapitalkostenbestimmung für diversifizierte Unternehmen, in: ZfB 1999, S. 115–131.

BÜHNER, R. (1990), Das Management-Wert-Konzept, Stuttgart 1990.

BÜNING, H./TRENKLER, G. (1994), Nichtparametrische statistische Methoden, 2. Aufl., Berlin 1994.

BURGARD, H. (1983), Empirische Bilanzforschung in der Praxis, in: ZfbF 1983, S. 303–320.

BURGER, A. (1995), Jahresabschlußanalyse, München/Wien 1995.

BURGER, A./SCHELLBERG, B. (1994), Rating von Unternehmen mit neuronalen Netzen, in: BB 1994, S. 869–872.

BURGER, A./SCHELLBERG, B. (1995), Vergleichende internationale Jahresabschlußanalyse, in: DB 1995, S. 2433–2437.

BUSSE VON COLBE, W. (1976), Cash-Flow, in: Büschgen, H. (Hrsg.), Handwörterbuch der Finanzwirtschaft, Stuttgart 1976, Sp. 241–252.

BUSSE VON COLBE, W. (1976a), Finanzanalyse, in: Büschgen, H. (Hrsg.), Handwörterbuch der Finanzwirtschaft, Stuttgart 1976, Sp. 384–401.

BUSSE VON COLBE, W. (1983), A discussion of international issues in accounting standard setting, in: Bromwich, M./Hopwood, A. (Hrsg.): Accounting Standard Setting: An International Perspective, Londen 1983, S. 121–126.

BUSSE VON COLBE, W. (1987), Die neuen Rechnungslegungsvorschriften aus betriebswirtschaftlicher Sicht, in: ZfbF 1987, S. 191–205.

BUSSE VON COLBE, W. (1989), Meinungsspiegel, in: BFuP 1989, S. 387–409.

BUSSE VON COLBE, W. (1990), Ergebnis je Aktie – Zu den Empfehlungen eines Arbeitskreises der Schmalenbach-Gesellschaft – DGfB, in: Coenenberg, A.G. (Hrsg.), Bilanzanalyse nach neuem Recht, 2. Aufl., Landsberg a.L. 1990, S. 209–221.

BUSSE VON COLBE, W. (1993), Kapitalflußrechnung, in: Chmielewicz, K./Schweitzer, M. (Hrsg.), Handwörterbuch des Rechnungswesens, 3. Aufl., Stuttgart 1993, Sp. 1074–1085.

BUSSE VON COLBE, W. (2000), Ausbau der Konzernrechnungslegung im Lichte internationaler Entwicklungen, in: ZGR 2000, S. 651–673.

BUSSE VON COLBE, W./ORDELHEIDE, D. (1984), Konzernabschlüsse. Rechnungslegung für Konzerne nach betriebswirtschaftlichen Grundsätzen und gesetzlichen Vorschriften, mit Text und Erläuterung der 7. EG-Richtlinie, 5. Aufl., Wiesbaden 1984.

BUSSE VON COLBE, W./ORDELHEIDE, D. (1993), Konzernabschlüsse. Rechnungslegung für Konzerne nach betriebswirtschaftlichen Grundsätzen und gesetzlichen Vorschriften, 6. Aufl., Wiesbaden 1993.

BUSSE VON COLBE, W. u.a. (1996), Ergebnis nach DVFA/SG. Gemeinsame Empfehlung, 2. Aufl., Stuttgart 1996.

BUSSE VON COLBE, W. u.a. (2000), Ergebnis je Aktie nach DVFA/SG. Gemeinsame Empfehlung, 3. Aufl., Stuttgart 2000.

BÜTTNER, U. u.a. (1988), Expertensysteme zur Jahresabschlußanalyse für mittlere und kleine Unternehmen, in: ZfB 1988, S. 229–251.

CAMPBELL, J. Y./LO, A. W./MACKINLAY, C. C. (1997), The Econometrics of Financial Markets, Princeton 1997.

CARRUTHERS B. G./ESPELAND W. N. (1991), Accounting for Rationality, Double Entry Bookkeeping and the Rhetoric of Economic Rationality, in: The American Journal of Sociology 1991, S. 31–69.

CARSBERG, B. (1996), The role and future plans of the international Accounting Standards Committee, in: Schruff, L. (Hrsg.), Bilanzrecht unter dem Einfluß internationaler Reformzwänge, Düsseldorf 1996, S. 41–60.

CHASTEEN, L. G./FLAHERTY, R. E./O'CONNOR, M. C. (1998), Intermediate Accounting, 6. Aufl., New York u.a. 1998.

CHATFIELD, M. (1977), A history of accounting thought, Huntington/NY 1977.

CHMIELEWICZ, K. (1982), Unternehmensanalyse mit Hilfe von Kennziffern: Rentabilität (I) und (II), in: WISU 1982, S. 271–275, S. 323–331.

CHMIELEWICZ, K./CASPARI, B. (1985), Zur Problematik von Finanzierungsrechnungen, in: DBW 1985, S. 156–169.

CLAAS KGAA (2000), one step further. Value Based Management. Wertmanagement, CD-ROM, Harswinkel 2000.

CLEMM, H. (1989), Bilanzpolitik und Ehrlichkeits-(»true and fair view«-) Gebot, in: WPg 1989, S. 357–366.

COCHRANE, J. L. (1994), Are U.S. regulatory requirements for foreign firms appropriate?, in: Fordham International Law Journal, S. 58–69.

COENENBERG, A. G. (1973), Return on Investment und interner Zinsfuß. Zur Aussagefähigkeit des Return on Investment für betriebliche Planungs- und Kontrollrechnungen, in: Grochla, E./Szyperski, N. (Hrsg.), Modell- und computer-gestützte Unternehmensplanung, Wiesbaden 1973, S. 163–189.

COENENBERG, A. G. (1989), Die Konzernbilanz nach neuem Handelsrecht, Düsseldorf 1989.

COENENBERG, A. G. (1990), Vorwort zu Coenenberg, A. G. (Hrsg.), Bilanzanalyse nach neuem Recht, 2. Aufl., Landsberg a. L. 1990, S. 13–14.

COENENBERG, A. G. (1990a), Konzept der Bilanzanalyse und Probleme aufgrund des neuen Bilanzrechts, in: Coenenberg, A. G. (Hrsg.), Bilanzanalyse nach neuem Recht, 2. Aufl., Landsberg a. L. 1990, S. 15–31.

COENENBERG, A. G. (1995), Einheitlichkeit oder Differenzierung von internem und externem Rechnungswesen: Die Anforderungen der internen Steuerung, in: DB 1995, S. 2077–2083.

COENENBERG, A. G. (1997), Jahresabschluß und Jahresabschlußanalyse. Betriebswirtschaftliche, handels- und steuerrechtliche Grundlagen, 16. Aufl., Landsberg a. L. 1997.

COENENBERG, A. G. (1999), Kostenrechnung und Kostenanalyse, 4. Aufl., Landsberg a. L. 1999.

COENENBERG, A. G. (2001), Segmentberichterstattung als Instrument der Bilanzanalyse, in: ST 2001, S. 593–606.

COENENBERG, A. G. (2002), Kapitalflussrechnung und Segmentberichterstattung als Instrumente der Bilanzanalyse, in: Küting, K./Weber, C.-P. (Hrsg.), Vom Financial Accounting zum Business Reporting, Stuttgart 2002, S. 173–218.

COENENBERG, A. G. (2003), Jahresabschluss und Jahresabschlussanalyse. Betriebswirtschaftliche, handelsrechtliche, steuerrechtliche und internationale Grundsätze – HGB, IAS/IFRS, US-GAAP, DRS, 19. Aufl., Stuttgart 2003.

COENENBERG, A. G. (2003a), Strategische Jahresabschlussanalyse – Zwecke und Methoden, in: KoR 2003, S. 165–177.

COENENBERG, A. G./MATTNER, G. R. (2000), Segment- und Wertberichterstattung in der Jahresabschlußanalyse – das Beispiel Siemens, in: BB 2000, S. 1827–1834.

COENENBERG, A. G./SCHMIDT, F. (1978), Die Kapitalflußrechnung als Ergänzungsrechnung des veröffentlichten Jahresabschlusses, in: ZfB 1978, S. 507–516.

CONEN, R./VÄTH, H. (1993), Risikoprämien am deutschen Kapitalmarkt, in: Die Bank 1993, S. 642–647.

COPELAND, T. E./KOLLER, T./MURRIN, J. (1998), Unternehmenswert, 2. Aufl., Frankfurt/New York 1998.

COPELAND, T. E./KOLLER, T./MURRIN, J. (2002), Unternehmenswert, 3. Aufl., Frankfurt/New York 2002.

COPELAND, T. E./WESTON, F. J. (1999), Financial Theory and Corporate Policy, 3. Aufl., Reading 1999.

CORSTEN, H./MAY, C. (1996), Neuronale Netze in der Betriebswirtschaft, Wiesbaden 1996.

CRASSELT, N. (2001), Rappaports Shareholder Value Added: Eine Alternative zu Economic Value Added?, in: FB 2001, S. 165–171.

CURRLE, M./LUTZ, B. (2000), Konzepte, Rechtsgrundlagen und Anforderungen an die Praxis, in: BiBu 2000, S. 259–267.

CUTHBERTSON, K. (1996), Quantitative Financial Economics, Stocks, Bonds and Foreign Exchange, Chichester 1996.

CYBIO (2000), Geschäftsbericht 2000.

DAHMEN, A./JACOBI, P. (1998), Firmenkundengeschäft der Kreditinstitute, in: Bankakademie e.V. Frankfurt a.M. (Hrsg.), Kompendium bankbetrieblicher Anwendungsfelder, 2. Aufl., Frankfurt a.M. 1998.

DAIMLERCHRYSLER (1999), Steuerungsgrößen im DAIMLERCHRYSLER-Konzern, Stuttgart 1999.

DANERT, G. (1980), Bilanzstrukturen und Fremdfinanzierung – Ein Beitrag zu praktischen Fragen der Bilanzanalyse und Unternehmensplanung, in: ZfbF 1980, S. 989–995.

D'ARCY, A./LEUZ, C. (2000), Rechnungslegung am Neuen Markt – Eine Bestandsaufnahme, in: DB 2000, S. 385–391.

DAVIES, M. u.a. (1997), UK-GAAP, Generally Accepted Accounting Practice in the United Kingdom, 5. Aufl., London 1997.

DAWO, S./HEIDEN, M. (2001), Entwicklungen zur Erfassung immaterieller Werte in der externen Berichterstattung – Neuorientierung durch die Verwendung kennzahlenbasierter Konzepte, in: DStR 2001, S. 1716–1724.

DELANEY, P. R. u.a. (2003), Wiley GAAP 2003. Interpretation and Application of Generally Accepted Accounting Principles 2003, New York u.a. 2003.

DELLMANN, K. (1988), Renaissance des Cash Flow, in: BB 1988, S. 1630–1634.

DELLMANN, K./AMEN, M. (2000), Kapitalflußrechnung und Finanzierungsrechnung, in: Wysocki, K. v./Schulze-Osterloh, J. (Hrsg.), Handbuch des Jahresabschlusses in Einzeldarstellungen, Abt. IV/6, 2. Aufl., 3. Neubearb., Köln 2000.

DELLMANN, K./KALINSKI, R. (1986), Die Rechnungslegung zur Finanzlage der Unternehmung, in: DBW 1986, S. 174–187.

DEMMER, C. u.a. (1988), 500 Börsenunternehmen im Test: Was deutsche Aktien wirklich wert sind, in: Manager Magazin 11/1988, S. 126–203.

DEUTSCHE BANK (2000), Geschäftsbericht 2000.

DEUTSCHE BUNDESBANK (1999), Zur Bonitätsbeurteilung von Wirtschaftsunternehmen durch die Deutsche Bundesbank, in: Monatsbericht Januar 1999, S. 51–63.

DING, Z./GRANGER, W. J./ENGLE, R. F. (1993), A long memory of stock market returns and a new model, in: JoEF 1993, S. 83–106.

DIRRIGL, H. (1998): Wertorientierung und Konvergenz in der Unternehmensrechnung, in: BFuP 1998, S. 540–579.

DOBLER, T. (1998), Kennzahlen für die erfolgreiche Unternehmenssteuerung. Instrumente zur Analyse, Krisenvorbeugung und Unternehmenssicherung, Stuttgart 1998.

DÖLLERER, G. (1979/80), Gedanken zur »Bilanz im Rechtssinne«, in: JbFSt 1979/80, S. 195–205.

DÖRING, U. (1993), Bilanzgewinn, in: Lück, W. (Hrsg.), Lexikon der Betriebswirtschaft, 5. Aufl., Landsberg a. L. 1993, S. 198–199.

DÖRING, U. (2000), Bilanzanalyse, in: Corsten, H. (Hrsg.), Lexikon der Betriebswirtschaftslehre, 4. Aufl., München/Wien 2000, S. 134–137.

DÖRING, U./BUCHHOLZ, R. (2003), Kommentierung des § 253, in: Küting, K./Weber, C.-P. (Hrsg.), Handbuch der Rechnungslegung. Kommentar zur Bilanzierung und Prüfung, 5. Aufl., Stuttgart 2003.

DÖRNER, D./WIRTH, M. (2002), Kommentierung der §§ 284–288 HGB, in: Küting, K./ Weber, C.-P. (Hrsg.), Handbuch der Rechnungslegung. Kommentar zur Bilanzierung und Prüfung, 5. Aufl., Stuttgart 2002.

DREGER, K.-M. (1969), Der Konzernabschluß, Wiesbaden 1969.

DRS 2, Deutscher Rechnungslegungsstandard Nr. 2 Kapitalflußrechnung vom 31. Mai 2000.

DRS 2–10, Deutscher Rechnungslegungsstandard Nr. 2–10 Kapitalflußrechnung von Kreditinstituten vom 31. Mai 2000.

DRS 2–20, Deutscher Rechnungslegungsstandard Nr. 2–20 Kapitalflußrechnung von Versicherungsunternehmen vom 31. Mai 2000.

DRS 3, Deutscher Rechnungslegungsstandard Nr. 3 Segmentberichterstattung vom 31. Mai 2000.

DRS 3–10, Deutscher Rechnungslegungsstandard Nr. 3–10 Segmentberichterstattung von Kreditinstituten vom 31. Mai 2000.

DRS 3–20, Deutscher Rechnungslegungsstandard Nr. 3–20 Segmentberichterstattung von Versicherungsunternehmen vom 31. Mai 2000.

DRS 5, Deutscher Rechnungslegungsstandard Nr. 5 Risikoberichterstattung vom 29. Mai 2001.

DRS 12, Deutscher Rechnungslegungsstandard Nr. 12 Immaterielle Vermögenswerte des Anlagevermögens vom 22. Oktober 2002.

DRUKARCZYK, J. (1981), Rücklagen, in: Kosiol, E./Chmielewicz, K./Schweitzer, M. (Hrsg.), Handwörterbuch des Rechnungswesens, 2. Aufl., Stuttgart 1981, Sp. 1464–1473.

DRUKARCZYK, J./SCHÜLER, A. (2003), Kapitalkosten deutscher Aktiengesellschaften – eine empirische Untersuchung, in: FB 2003, S. 337–347.

DÜRRHAMMER, W. W. (1980), Ernst Walbs Beitrag zur Bilanzlehre, in: ZfbF 1980, S. 966–974.

DUSEMOND, M./KESSLER, H. (2001), Rechnungslegung kompakt, Einzel- und Konzernabschluß nach HGB mit Erläuterung abweichender Rechnungslegungspraktiken nach IAS und US-GAAP, München/Wien/Oldenbourg 2001.

DVFA/SG (1993), Cash Flow nach DVFA/SG – Gemeinsame Empfehlung der Kommission für Methodik der Finanzanalyse der Deutschen Vereinigung für Finanzanalyse und Anlageberatung (DVFA) und dem Arbeitskreis »Externe Unternehmensrechnung« der Schmalenbach-Gesellschaft – Deutsche Gesellschaft für Betriebswirtschaft (SG), in: WPg 1993, S. 599–602.

DZIEMBOWSKI, H. v./MERTENS, P. (1962), Return on Investment. Eine Übersicht über seine Formen und die Verfahren seiner Berechnung, in: krp 1962, S. 193–199.

EBERLE, R. (2001), Finanzkennzahlen aus Sicht des Wirtschaftsprüfers, in: ST 2001, S. 167–172.

EDEY , H. C./PANITPAKI, P. (1956), British Company Accounting and the Law 1844–1900, in: Littleton A.C./Yamey B.S. (Hrsg.): Studies in the history of accounting, London 1956, S. 356–379.

EDVINSSON, L./MALONE, M.S. (1998), Intellectual Capital, London 1998.

EGGER, A. (1998), Rentabilität, in: Busse von Colbe, W. (Hrsg.), Lexikon des Rechnungswesens, 4. Aufl., München/Wien 1998, S. 603–606.

EHRT, R. (1995), Die Einheitlichkeit der Bewertung im Konzern – Theorie und Konsolidierungswirklichkeit, in: Küting, K./Weber, C.-P. (Hrsg.), Das Rechnungswesen im Konzern. Intern – Extern, Stuttgart 1995, S. 153–174.

E.I. DU PONT NEMOURS AND COMPANY (1959), Executive Committee, Control Charts, A Description of the Du Pont Chart System for Appraising Operating Performance, 3. Aufl., Wilmington, Delaware 1959.

EICHBERGER, J./HARPER, I. R. (1997), Financial Economics, Oxford 1997.

EIDEL, U. (2000), Moderne Verfahren der Unternehmensbewertung und Performance-Messung. Kombinierte Analysemethoden auf der Basis von US-GAAP-, IAS- und HGB-Abschlüssen, 2. Aufl., Herne/Berlin 2000.

EISELE, W./RENTSCHLER, R. (1989), Gemeinschaftsunternehmen im Konzernabschluß, in: BFuP 1989, S. 309–324.

ELLROTT, H. (2003), Kommentierung des § 284 HGB, in: Berger, A. u.a. (Hrsg.), Beck'scher Bilanz-Kommentar. Handels- und Steuerrecht – §§ 238 bis 339 HGB, 5. Aufl., München 2003.

ELLROTT, H. (2003a), Kommentierung des § 285 HGB, in: Berger, A. u.a. (Hrsg.), Beck'scher Bilanz-Kommentar. Handels- und Steuerrecht – §§ 238 bis 339 HGB, 5. Aufl., München 2003.

ELLROTT, H./SCHMIDT-WENDT, D. (2003), Kommentierung des § 255 HGB, Rn. 113ff., in: Berger, A. u.a. (Hrsg.), Beck'scher Bilanz-Kommentar. Handels- und Steuerrecht – §§ 238 bis 339 HGB –, 5. Aufl., München 2003.

ENDRES, K. (2001), Jahresabschlussanalyse mit Künstlichen Neuronalen Netzen und mit dem Working Capital – Beurteilung der wirtschaftlichen Lage von Unternehmen, insbesondere bei insolventen Unternehmen –, in: FB 2001, S. 371–379.

EPSTEIN, B. J./MIRZA, A. A. (2003), Wiley IAS 2003, Interpretation and Application of International Accounting Standards, New York u.a. 2003.

ERXLEBEN, K. u. a. (1992), Klassifikation von Unternehmen – ein Vergleich von Neuronalen Netzen und Diskriminanzanalyse, in: ZfB 1992, S. 1237–1262.

EULER, R. (1996), Das System der Grundsätze ordnungsmäßiger Bilanzierung, Stuttgart 1996.

FAMA, E. F./FRENCH, K. R. (1992), The Cross-Section of Expected Stock Returns, in: JoF 1992, S. 427–465.

FASB (2001), Exposure Draft (Revised), Proposed Statement of Financial Accounting Standards, Business Combination and Intangible Assets – Accounting for Goodwill, in: Financial Accounting Series, Norwalk/CN 14. Februar 2001.

FEIDICKER, M. (1992), Kreditwürdigkeitsprüfung – Entwicklung eines Bonitätsindikators, Düsseldorf 1992.

FEY, G./MUJKANOVIC, R. (1999), Segmentberichterstattung im internationalen Umfeld, in: DBW 1999, S. 261–275.

FINSTERER, H./GULDER, M. (2001), Basel II verlangt Alternativen. Private Equity und Mezzanine-Mittel für den Mittelstand, in: Kreditpraxis 4/2001, S. 10–13.

FISHER, I. (1930), The Theory of Interest, New York 1930.

FLASKÄMPER, P. (1928), Theorie der Indexzahlen, Berlin/Leipzig 1928.

FÖRSCHLE, G. (2003), Kommentierung des § 275 HGB, in: Berger, A. u.a. (Bearb.), Beck'scher Bilanz-Kommentar. Handels- und Steuerrecht – §§ 238 bis 339 HGB –, 5. Aufl., München 2003.

FÖRSCHLE, G. (2003a), Kommentierung des § 277 HGB, in: Berger, A. u.a. (Bearb.), Beck'scher Bilanz-Kommentar. Handels- und Steuerrecht – §§ 238 bis 339 HGB –, 5. Aufl., München 2003.

FORSTER, K.-H. (1982), Anhang, Lagebericht, Prüfung und Publizität im Regierungsentwurf eines Bilanzrichtlinien-Gesetzes (Teil I und II), in: DB 1982, S. 1577–1582, S. 1631–1635.

FORSTER, K.-H. (1983), Bilanzpolitik und Bilanzrichtlinie-Gesetz – welche Freiräume bleiben noch?, in: BB 1983, S. 32–37.

FOSTER, G. (1986), Financial Statement Analysis, 2. Aufl., Englewood Cliffs 1986.

FRANKE, G./HAX, H. (1999), Finanzwirtschaft des Unternehmens und Kapitalmarkt, 4. Aufl., Berlin u. a. 1999.

FRANKENBERG, P. (1993), Jahresabschlüsse im internationalen Vergleich: Analyse US-amerikanischer und deutscher Unternehmen, Wiesbaden 1993.

FRÄNKISCHE ÜBERLANDWERKE AG (1994), Geschäftsbericht 1994.

FRANTZMANN, H. J. (1987), Der Montagseffekt am deutschen Aktienmarkt, in: ZfB 1987, S. 611–635.

FRANTZMANN, H. J. (1990), Zur Messung des Marktrisikos deutscher Aktien, in: ZfbF 1990, S. 67–83.

FREYGANG, W. (1993), Kapitalallokation in diversifizierten Unternehmen: Ermittlung divisionaler Eigenkapitalkosten, Wiesbaden 1993.

FRUHAN, W. E. (1979), Financial Strategy – Studies in The Creation, Transfer, and Destruction of Shareholder Value, Homewood, Ill. 1979.

FÜLBIER, R. U./HONOLD, D./KLAR, A. (2000), Bilanzierung immaterieller Vermögenswerte – Möglichkeiten und Grenzen der Bilanzierung nach US-GAAP und IAS bei Biotechnologieunternehmen, in: RIW 2000, S. 833–844.

FÜSER, K./HEIDUSCH, M. (2002), Kriterien für ein Rating von Unternehmen des Maschinen- und Anlagenbaus, Ernst & Young Studie 2002, Stuttgart 2002.

FÜSER, K./RÖDEL, K. (2002), Basel II – Internes Rating mittels (quantitativer und) qualitativer Kriterien, in: DStR 2002, S. 275–282.

GANZ, P. (1999), Shareholder Value als Analyse- und Portfolioinstrument dargestellt anhand des PREMIUM-Konzeptes der Preussag AG, in: Bühner, R./Sulzbuch, K. (Hrsg.), Wertorientierte Steuerungs- und Führungssysteme. Shareholder Value in der Praxis, Stuttgart 1999, S. 67–93.

GEBHARDT, G. (1980), Insolvenzprognosen aus aktienrechtlichen Jahresabschlüssen. Eine Beurteilung der Reform der Rechnungslegung durch das Aktiengesetz 1965 aus der Sicht unternehmensexterner Adressaten, in: Besters, H. u. a. (Hrsg.), Bochumer Beiträge zur Unternehmensführung und Unternehmensforschung, Bd. 22, Wiesbaden 1980.

GEBHARDT, G. (1984), Kapitalflußrechnungen als Mittel zur Darstellung der »Finanzlage«, in: WPg 1984, S. 481–491.

GEIGER, T. (2000), Segmentberichterstattung nach dem Deutschen Rechnungslegungsstandard Nr. 3 des DRSC (DRS 3), in: StuB 2000, S. 772–779.

GEMÜNDEN, H. G. (2000), Defizite der empirischen Insolvenzforschung, in: Hauschildt, J./Leker, J. (Hrsg.), Krisendiagnose durch Bilanzanalyse, Köln 2000, S. 144–164.

GIBBONS, M. R./HESS, P. (1981), Day of the Week Effects and Asset Returns, in: JoB 1981, S. 579–596.

GLADE, H. J. (1991), Immaterielle Anlagewerte in Handelsbilanz, Steuerbilanz und Vermögensaufstellung, Köln 1991.

GOERDELER, R. (1989), Vergleich der Rechnungslegung, in: Macharzina, K./Welge, K. (Hrsg.), Handwörterbuch Export und Internationale Unternehmung, Stuttgart 1989, Sp. 1808–1817.

GOLDENBERG, D./ROBIN, A. J. (1991), The Arbitrage Pricing Theory and Cost-Of-Capital Estimation: The Case Of Electric Utilities, in: JoFR 1991, S. 181–196.

GÖLLERT, K. (1984), Auswirkungen des Bilanzrichtlinien-Gesetzes auf die Bilanzanalyse, in: BB 1984, S. 1845–1853.

GÖLLERT, K./RINGLING, W. (1986), Bilanzanalyse nach dem Bilanzrichtlinien-Gesetz: Fallbezogener Kennzahlenvergleich, in: Die Bank 1986, S. 124–133.

GORDON, M. J. (1959), Dividends, Earnings and Stock Prices, in: RoES May 1959, S. 99–105.

GRÄFER, H. (1990), Möglichkeiten der Bilanzanalyse, in: Küting, K./Weber, C.-P. (Hrsg.), Handbuch der Rechnungslegung. Kommentar zur Bilanzierung und Prüfung, 3. Aufl., Stuttgart 1990, I. Kap., Rn. 192–265.

GRÄFER, H. (1994), Bilanzanalyse. Eine Einführung mit Aufgaben und Lösungen, 6. Aufl., Herne/Berlin 1994.

GRÄFER, H. (1997), Bilanzanalyse. Mit Aufgaben, Lösungen und einer Fallstudie, 7. Aufl., Herne/Berlin 1997.

GRÄFER, H. (2001), Bilanzanalyse. Mit Aufgaben, Lösungen und einer ausführlichen Fallstudie, 8. Aufl., Herne/Berlin 2001.

GRÄFER, H./OSTMEIER, V. (2000), Discounted Cash-flow, Cash-flow Return on Investment und Economic Value Added als Instrumente der wertorientierten Unternehmenssteuerung, in: BBK 2000 F. 26, S. 923–938.

GRAY, S. J. (1988), Towards a theory of cultural influence on the development of accounting systems internationally, in: Abacus 3/1988, S. 1–15.

GREENE, W. H. (2000), Econometric Analysis, 4. Aufl., Englewood Cliffs 2000.

GRENZ, T. (1987), Dimensionen und Typen von Unternehmenskrisen. Analysemöglichkeiten auf der Grundlage von Jahresabschlußinformationen, Frankfurt a. M./Bern/New York 1987.

GRETH, M. (1998), Managemententlohnung aufgrund des Economic Value Added (EVA), in: Pellens, B. (Hrsg.), Unternehmenswertorientierte Entlohnungssysteme, Stuttgart 1998, S. 69–100.

GROSSFELD, B. (1994), Bilanzziele und kulturelles Umfeld, in: WPg 1994, S. 795–803.

GROSSFELD, B. (1995), Vergleichendes Bilanzrecht, in: AG 1995, S. 112–119.

GROSSFELD, B. (1997), Language, writing and the law, in: European Review 1997, S. 383–399.

GRUNDY, K./MALKIEL, B. G. (1996), Reports of Beta's Death Have Been Greatly Exaggerated, in: JoPM Spring 1996, S. 36–45.

GRUNERT, J. u. a. (2002), Mittelstand und Basel II: Der Einfluss der neuen Eigenkapitalvereinbarung für Banken auf die Kalkulation von Kreditzinsen, in: ZfB 2002, S. 1045–1064.

GUHR, H.-M. (1972), Gewinn und Cash Flow als Bewertungskriterien, in: Siebert, G. (Hrsg.), Aktienanalyse, Frankfurt 1972, S. 26–53.

GÜNTHER, T. (1997), Unternehmenswertorientiertes Controlling, München 1997.

HABERSTOCK, L. (1982), Grundzüge der Kosten- und Erfolgsrechnung, 3. Aufl., Hamburg 1982.

HACHMEISTER, D. (2000), Der Discounted Cash Flow als Maß der Unternehmenswertsteigerung, 4. Aufl., Frankfurt a. M. 2000.

HAHN, D. (1969), Ergebnisorientierte Planungsrechnung mehrgliedriger Unternehmungen auf der Basis des »Return on Investment« ROI, in: ZfO 1969, S. 177–192.

HAHN, D. (1976), Return on Investment, in: Grochla, E./Wittmann, W. (Hrsg.), Handwörterbuch der Betriebswirtschaft, 4. Aufl., Bd. 3, Stuttgart 1976, Sp. 3420–3428.

HAHN, O. (1971), Die Wahlkriterien finanzwirtschaftlicher Entscheidungen, in: Hahn, O. (Hrsg.), Handbuch der Unternehmensfinanzierung, München 1971, S. 121–172.

HAHN, O. (1997), Allgemeine Betriebswirtschaftslehre, 3. Aufl., München 1997.

HAIL, L. (2002), Kennzahlenanalyse, in: ST 2002, S. 53–66.

HALLER, A. (1990), Die »Generally Accepted Accounting Principles«, Die Normen der externen Rechnungslegung in den USA, in: ZfbF 1990, S. 751–777.

HALLER, A. (1994), Die Grundlagen der externen Rechnungslegung in den USA unter besonderer Berücksichtigung der rechtlichen, institutionellen und theoretischen Rahmenbedingungen, 4. Aufl., Stuttgart 1994.

HALLER, A. (1997), Wertschöpfungsrechnung. Instrument zur Steigerung von Unternehmensabschlüssen im internationalen Vergleich, Stuttgart 1997.

HALLER, A. (2000), Wesentliche Ziele und Merkmale US-amerikanischer Rechnungslegung, in: Ballwieser, W. (Hrsg.), US-amerikanische Rechnungslegung: Grundlagen und Vergleiche mit dem deutschen Recht, S. 1–27.

HALLER, A./WALTON, P. (2000), Jahresabschlußanalyse im internationalen Kontext, in: Haller, A. u. a. (Hrsg.), Unternehmenspublizität im internationalen Wettbewerb, Stuttgart 2000, S. 3–72.

HÄRDLE, W./MÜLLER, M. (1993), Nichtparametrische Glättungsmethoden in der alltäglichen statistischen Praxis, in: ASA 1993, S. 9–31.

HÄRLE, D. (1961), Finanzierungsregeln und ihre Problematik, Wiesbaden 1961.

HÄRLE, D. (1970), Finanzierungsregeln und Liquiditätsbeurteilung, in: Janberg, H. (Hrsg.), Finanzierungshandbuch, 2. Aufl., Wiesbaden 1970, S. 89–110.

HARMS, J. E./KÜTING, K. (1983), Das Dilemma der Eigenkapitalbeurteilung im Rahmen der externen Bilanzanalyse, in: BB 1983, S. 1067–1072.

HARRMANN, A. (1986), Cash-flow-Ermittlung, Bedeutung und Aussagefähigkeit, in: DB 1986, S. 2612–2616.

HARRMANN, A. (1988), Bilanzanalyse für die Praxis unter Berücksichtigung moderner Kennzahlen und Einbeziehung der neuen Rechnungslegung (BiRiLiG), 3. Aufl., Herne/Berlin 1988.

HARTMANN, B. (1985), Angewandte Betriebsanalyse, 3. Aufl., Freiburg i. Br. 1985.

HARTMANN-WENDELS, T. (1986), Cash-Flow, in: WISU 1986, S. 472.

HAUSCHILDT, J. (1971), Entwicklungslinien der Bilanzanalyse, in: ZfbF 1971, S. 335–351.

HAUSCHILDT, J. (1990), Erfolgsspaltung: Ermittlungsmöglichkeiten und empirischer Test, in: Coenenberg, A. G. (Hrsg.), Bilanzanalyse nach neuem Recht, 2. Aufl., Landsberg a. L. 1990, S. 189–208.

HAUSCHILDT, J. (1992), Bilanzanalyse, computergestützte, in: Coenenberg, A. G./Wysocki, K. v. (Hrsg.), Handwörterbuch der Revision, 2. Aufl., Stuttgart 1992, Sp. 278–283.

HAUSCHILDT, J. (1996), Erfolgs- und Finanz-Analyse. Fragengeleitete, computergestützte Analyse der »Vermögens-, Finanz- und Ertragslage des Unternehmens« nach dem Bilanzrichtlinien-Gesetz, 3. Aufl., Köln 1996.

HAUSCHILDT, J. (2000), Vorgehensweise und Ergebnisse der statistischen Insolvenzdiagnose, in: Hauschildt, J./Leker, J. (Hrsg.), Krisendiagnose durch Bilanzanalyse, 2. Aufl., Köln 2000, S. 119–141.

HAUSCHILDT, J./GRENZ, T./GEMÜNDEN, H. G. (1985), Entschlüsselung von Unternehmenskrisen durch Erfolgsspaltung, in: DB 1985, S. 877–885.

HAUSCHILDT, J./LEKER, J. (1995), Bilanzanalyse unter dem Einfluß moderner Analyse- und Prognoseverfahren, in: BFuP 1995, S. 249–268.

HAUSCHILDT, J./LEKER, J. (2000), Unternehmenskrisen – Herausforderungen an die Bilanzanalyse, in: Hauschildt, J./Leker, J. (Hrsg.), Krisendiagnose durch Bilanzanalyse, 2. Aufl., Köln 2000, S. 1- 17.

HAUSCHILDT, J./RÖSLER, J./GEMÜNDEN, H. G. (1984), Der Cash Flow – Ein Krisensignalwert?, in: DBW 1984, S. 353–370.

HAVERMANN, H. (1978), Methoden der Bilanzierung von Beteiligungen (einschließlich der »equity« -Methode), in: IDW (Hrsg.), Rechnungslegung und Prüfung in internationaler Sicht, Bericht über den 11. Internationalen Accountants-Kongreß München 1977, 10. bis 14. Oktober, Düsseldorf 1978, S. 405–442.

HAWKINS, D. F./HAWKINS, B. A. (1986), The Effectiveness of the Annual Report as a Communication Vehicle, Morristown/NJ 1986.

HAYN, M. (2003), Bewertung junger Unternehmen, 3. Aufl., Herne/Berlin 2003.

HAYN, S./WALDERSEE, G. (2003), IAS/US-GAAP/HGB im Vergleich, Synoptische Darstellung für den Einzel- und Konzernabschluß, 4. Aufl., Stuttgart 2003.

HECKER, R. (1975), Ein Kennzahlensystem zur externen Analyse der Ertrags- und Finanzkraft von Industriegesellschaften, Frankfurt a. M./Zürich 1975.

HEIDEN, M. (1998), Ansatzpunkte zur praktischen Ermittlung risikoadäquater Eigenkapitalkosten. Unveröffentlichte Diplomarbeit am Institut für Wirtschaftsprüfung, Saarbrücken 1998.

HEIDEN, M./GARNIER, S. v./WEISS, H.-J. (2000), Wertsteigerung durch Frühwarnsysteme, Lebensmittel-Zeitung vom 25.02.2000, S. 50–52.

HEIGL, A. (1989), Controlling – Interne Revision, 2. Aufl., Stuttgart 1989.

HEINEN, E. (1976), Grundfragen der entscheidungsorientierten Betriebswirtschaftslehre, München 1976.

HEINEN, E. (1986), Handelsbilanzen, 12. Aufl., Wiesbaden 1986.

HEINHOLD, M. (1998), Stille Rücklagen, in: Busse von Colbe, W./Pellens, B. (Hrsg.), Lexikon des Rechnungswesens. Handbuch der Bilanzierung und Prüfung, der Erlös-, Finanz-, Investitions- und Kostenrechnung, 4. Aufl., München/Wien 1998, S. 674–677.

HELBLING, C. (2000), Cash Flow und Finanzplanung, in: ST 2000, S. 869–880.

HENI, B. (1991), Cash Flow Analyse, in: Hofbauer, M. A./Kupsch, P. (Hrsg.), Bonner Handbuch der Rechnungslegung, Bd. 4, Fach 5, Querschnittsthemen, Bonn 1991.

HENSELER, E. (1979), Unternehmensanalyse, Stuttgart u. a. 1979.

Hering, T. (2000), Konzeptionen der Unternehmensbewertung und ihre Eignung für mittelständische Unternehmen, in: BFuP 2000, S. 433–453.

Herter, R. N. (1994), Unternehmenswertorientiertes Management (UwM). Strategische Erfolgsbeurteilung von dezentralen Organisationseinheiten auf der Basis einer Wertsteigerungsanalyse, München 1994.

Hesse, T. (1996), Periodischer Unternehmenserfolg zwischen Realisations- und Antizipationsprinzip. Vergleich von Aktienrendite, Cash-Flow und Economic Value-Added, Bern/Stuttgart/Wien 1996.

HFA 2/1983, Grundsätze zur Durchführung von Unternehmensbewertungen, in: WPg 1983, S. 468–478.

HFA 2/1988, Pensionsverpflichtungen im Jahresabschluß, in: WPg 1988, S. 403–405.

HFA 1/1995, Die Kapitalflußrechnung als Ergänzung des Jahres- und Konzernabschlusses, in: WPg 1995, S. 210–213.

HFA 1/1998, Aufstellung des Lageberichts in: WPg 1998, S. 653–670.

Höfer, R. (1995), Kommentierung des § 249 HGB, in: Küting, K./Weber, C.-P. (Hrsg.), Handbuch der Rechnungslegung. Kommentar zur Bilanzierung und Prüfung, 4. Aufl., Stuttgart 1995.

Hoffmann, W.-D. (2000), Die ökonomischen Grenzen der Aussagekraft einer Bilanz, in: StuB 2000, S. 822–828.

Hoffmann, W.-D. (2000a), Lehren aus der bayerischen Großbanken-Fusion für die Bilanzierungs- und Prüfungspraxis in Deutschland – Mit einem Seitenblick auf Holzmann, in: DB 2000, S. 485–490.

Hoffmann, H./Wüest, G. (1998), Die Shareholder Value Analyse als Controlling-Instrument – Verfahrensvergleich und Anwendungsfelder, in: krp 1998, S. 187–195.

Hofmann, G. (2003), Zum Stand der Verhandlungen im Basler Bankenausschuss, in: Paul, Stephan (Hrsg.), Basel II, Mittelstand und Kreditpreise, forschungsfolge, Frankfurt a.M. 2003, S. 1–16.

Hofmann, R. (1977), Bilanzkennzahlen, Industrielle Bilanzanalyse und Bilanzkritik, 4. Aufl., Wiesbaden 1977.

Holmes, O. W. (1963), The common law, bearbeitet von De Wolfe Howe, Mark, Boston 1963.

Holzer, H. P./Häusler, H. (1989), Die moderne Kapitalflußrechnung und die internationale Konzernrechnungslegung, in: WPg 1989, S. 221–231.

Holzer, H. P./Jung, U. (1990), Der Beitrag von zahlungsstromorientierten Kapitalflußrechnungen (Statement of Cash Flows) zur Beurteilung der Qualität des Jahresergebnisses, in: WPg 1990, S. 281–288.

Hornung, K./Reichmann, T./Diederichs, M. (1999), Risikomanagement. Teil I: Konzeptionelle Ansätze zur pragmatischen Realisierung gesetzlicher Anforderungen, in: Controlling 1999, S. 317–325.

Horváth, P./Arnaout, A./Gleich, R./Seidenschwarz, W./Stoi, R. (1999), Neue Instrumente in der deutschen Unternehmenspraxis, in: Egger, A./Grün, O./Moser, R.

(Hrsg.), Managementinstrumente und –konzepte, Entstehung, Verbreitung und Bedeutung für die Betriebswirtschaftslehre, Stuttgart 1999, S. 289–328.

Hostettler, S. (1997), Economic Value Added. Darstellung und Anwendung auf Schweizer Aktiengesellschaften, 2. Aufl., Bern/Stuttgart/Wien 1997.

Huang, C./Litzenberger, R. F. (1988), Foundations for Financial Economics, Amsterdam 1988.

Hübner, O. (1854), Die Banken, Leipzig 1854.

Hüls, D. (1995), Früherkennung insolvenzgefährdeter Unternehmen, Düsseldorf 1995.

Hütten, C. (2000), Der Geschäftsbericht als Informationsinstrument. Rechtsgrundlagen – Funktionen – Optimierungsmöglichkeiten, Düsseldorf 2000.

Hütten, C./Lorson, P. (2001), Internationale Rechnungslegung in Deutschland (Teil 5): Der Aufbau des Jahresabschlusses nach US-GAAP, IAS, EU-Richtlinien und HGB, in: BuW 2001, S. 133–142.

IASC (2000), International Accounting Standards 2000, London 2000.

IDW (1995), Rechnungslegung nach International Accounting Standards, Düsseldorf 1995.

IDW S 1 (2000), Grundsätze zur Durchführung von Unternehmensbewertungen, in: WPg 2000, S. 825–883.

IFAC (1992), IFAC Handbook 1992 – Technical Pronouncements, International Federation of Accountants, New York 1992.

Jacobs, O. H. (1989), EDV-gestützte Jahresabschlußanalyse als Planungs- und Entscheidungsrechnung. Lehrbuch und Anwendungsprogramm zur Beurteilung von Jahresabschlüssen mit Hilfe von Kennzahlen, unter Mitarbeit von Oestreicher, A., München 1989.

Jacobs, O. H. (1990), Konzeption und Implementierung von Expertensystemen. Dargestellt anhand der Erfahrungen bei der Konstruktion eines Expertensystems zur Bilanzpolitik –, in: ZfB 1990, S. 227–246.

Jacobs, O. H./Greif, M./Weber, D. (1972), Möglichkeiten und Grenzen der Informationsgewinnung mit Hilfe der Bilanzanalyse, in: WiSt 1972, S. 425–431.

Jacquet, D. (1997), Rentabilité et valeur: EVA et MVA, in: Analyse Financière Septembre 1997, S. 52–61.

Jerschensky, Andreas (1998), Messung des Bonitätsrisikos von Unternehmen, Düsseldorf 1998.

Jonas, H. H. (1984), Die Finanzbewegungsrechnung: Ein Hilfsmittel für die Unternehmensführung und Finanzanalyse, Freiburg i. Br. 1984.

Jones, C. P. (1991), Investments. Analysis and Management, 3. Aufl., New York u. a. 1991.

Juesten, W./Villiez, C. Frhr. v. (1992), Cash-Flow und Unternehmensbeurteilung. Ermöglicht die Cash-Flow-Rechnung eine Schnell-Analyse?, 6. Aufl., Berlin 1992.

Käfer, K. (1976), Kapitalflußrechnung, in: Büschgen, H. E. (Hrsg.), Handwörterbuch der Finanzwirtschaft, Stuttgart 1976, Sp. 1040–1050.

KÄFER, K. (1984), Kapitalflußrechnungen, 2. Aufl., Stuttgart 1984.

KAISER, T. (2000), Berichtigung und Änderung des handelsrechtlichen Jahresabschlusses, Herne/Berlin 2000.

KALINSKI, R. (1986), Die Rechnungslegung zur Finanzlage der Unternehmung, Kiel 1986.

KAPLAN, R. S./NORTON, D. P. (1992), The Balanced Scorecard – Measures That Drive Performance, in: HBR January-February 1992, S. 71–79.

KAPLAN, R. S./NORTON, D. P. (1993), Putting the Balanced Scorecard to Work, in: HBR September-October 1993, S. 134–147.

KAPLAN, R. S./NORTON, D. P. (1996), Linking the Balanced Scorecard to Strategy, in: CMR Fall 1996, S. 53–79.

KAPLAN, R. S./NORTON, D. P. (1997), Balanced Scorecard, Strategien erfolgreich umsetzen, Stuttgart 1997.

KAPPLER, E. (1972), Das Informationsverhalten der Bilanzinteressenten, München 1972.

KAPPLER, E. (1974), Bilanzanalyse und Bilanzkritik, in: Grochla, E./Wittmann, W. (Hrsg.), Handwörterbuch der Betriebswirtschaft, 4. Aufl., Bd. 1, Stuttgart 1974, Sp. 899–909.

KARL, O. (1974), Kritische Analyse der langfristigen Unternehmensplanung. Mit Hilfe des Return on Investment- und des Residual Income-Konzepts, Diss., Saarbrücken 1974.

KELLER, M. (1977), Der Zusammenhang zwischen aktienrechtlicher Ergebnisrechnung und volkswirtschaftlicher Inlandsproduktberechnung (Wertschöpfung), in: DB 1977, S. 1713–1716.

KERN, W. (1960), Rentabilitätsanalyse, in: ZfhF 1960, S. 17–40.

KERN, W. (1978), Break-Even-Analyse, in: Grochla, E. (Hrsg.), Betriebswirtschaftslehre, Teil 2: Betriebsführung, Stuttgart 1978, S. 373–376.

KERTH, A./WOLF, J. (1986), Bilanzanalyse und Bilanzpolitik, München/Wien 1986.

KERTH, A./WOLF, J. (1993), Bilanzanalyse und Bilanzpolitik, 2. Aufl., München/Wien 1993.

KESSLER, H. (1992), Rückstellungen und Dauerschuldverhältnisse. Neue Ansätze zur Lösung aktueller Passivierungsfragen der Handels- und Steuerbilanz, Stuttgart 1992.

KESSLER, H./STRICKMANN, M. (2000), Konzernrechnungslegung und Konzernbilanzpolitik, in: Küting, K. (Hrsg.), Saarbrücker Handbuch der Betriebswirtschaftlichen Beratung, 2. Aufl., Herne/Berlin 2000, S. 666–854.

KEUPER, F. (2001), Strategisches Management, München 2001.

KIESO, D. E./WEYGAND, J. J./WARFIELD, T. D. (2004), Intermediate Accounting, 11. Aufl., New York 2004.

KILGER, W. (1962), Kurzfristige Erfolgsrechnung, Wiesbaden 1962.

Kilger, W. (2002), Flexible Plankostenrechnung und Deckungsbeitragsrechnung, 11. Aufl., Wiesbaden 2002.

Kim, D. (1997), A Reexamination of Firm Size, Book-to-Market, and Earnings Price in the Cross-Section of Expected Stock Returns, in: JFQA 1997, S. 463–489.

Kind, J. (1991), Bilanzanalyse in der Rechnungswesens-Software von SAP, in: Küting, K./Weber, C.-P. (Hrsg.), Das Konzernrechnungswesen des Jahres 2000, Stuttgart 1991, S. 177–198.

Kinnebrock, W. (1994), Neuronale Netze, 2. Aufl., München/Wien 1994.

Klecka, W. R. (1994), Discriminant Analysis, 15. Aufl., Newbury Park u. a. 1994.

Klingebiel, N. (2000), Balanced Scorecard als Verbindungsglied externes – internes Rechnungswesen, in: DStR 2000, S. 651–655.

Klinger, K. (1966), Zur Kennzahl ›Return on Investment‹, in: DB 1966, S. 233–237.

Kloock, J. (1979), Kapitalflußrechnungen als den aktienrechtlichen Jahresabschluß ergänzende Dokumentationsrechnungen, in: BFuP 1979, S. 469–484.

Kloock, J./Coenen, M. (1995), Cash-Flow-Return on Investment als Rentabilitätskennzahl aus externer Sicht, in: WISU 1995, S. 1101–1107.

Knop, W. (1995), Kommentierung des § 268 Abs. 1 HGB, in: Küting, K./Weber, C.-P. (Hrsg.), Handbuch der Rechnungslegung. Kommentar zur Bilanzierung und Prüfung, 4. Aufl., Stuttgart 1995.

Knop, W./Küting, K. (2003), Kommentierung des § 255 HGB, in: Küting, K./Weber, C.-P. (Hrsg.), Handbuch der Rechnungslegung. Kommentar zur Bilanzierung und Prüfung, 5. Aufl., Stuttgart 2003.

Kocherlakota, N. (1996), The Equity Premium: It's Still a Puzzle, in: JoEL 1996, S. 42–71.

Köhler, R. (1970), Ermittlungsziele und Aussagefähigkeit von Cash-Flow-Analysen, in: WPg 1970, S. 385–392.

Kosiol, E. (1960), Rentabilität, in: Seischab, H./Schwantag, K. (Hrsg.), Handwörterbuch der Betriebswirtschaft, 3. Aufl., Bd. 3, Stuttgart 1960, Sp. 4642–4649.

Kosiol, E. (1976), Pagatorische Bilanz. Die Bewegungsbilanz als Grundlage einer integrativ verbundenen Erfolgs-, Bestands- und Finanzrechnung, Berlin 1976.

Kothari, S. P./Shanken, J./Sloan, R. G. (1995), Another Look at the Cross-section of Expected Stock Returns, in: JoF 1995, S. 185–224.

Krause, C. (1993), Kreditwürdigkeitsprüfung mit Neuronalen Netzen, Düsseldorf 1993.

Krehl, H. (1985), Der Informationsbedarf der Bilanzanalyse, Kiel 1985.

Kriete, T./Padberg, T./Werner, T. (2002), EBIT – eine »neue« Kennzahl in Jahresabschluss und -abschlussanalyse, in: StuB 2002, S. 1090–1094.

Kropff, B. (1965), Aktiengesetz. Textausgabe des Aktiengesetzes vom 6. September 1965 und des Einführungsgesetzes zum Aktiengesetz vom 6. September 1965 mit der Begründung des Regierungsentwurfs und dem Bericht des Rechtsausschusses des Deutschen Bundestags, Düsseldorf 1965.

KROPFF, B. (1973), Kommentierung der §§ 148–178 AktG, in: Gessler, E. u. a. (Hrsg.), Aktiengesetz. Kommentar, Bd. III, München 1973.

KROPFF, B. (1983), Sinn und Grenzen von Bilanzpolitik – im Hinblick auf den Entwurf des Bilanzrichtlinien-Gesetzes –, in: Baetge, J. (Hrsg.), Der Jahresabschluß im Widerstreit der Interessen, Düsseldorf 1983, S. 179–211.

KRUMNOW, J. (1985), Bilanzanalyse auf der Basis der neuen Rechnungslegungsvorschriften, in: ZfbF 1985, S. 783–809.

KUBIN, K. W. (1998), Der Aktionär als Aktienkunde – Anmerkungen zum Shareholder Value, zur Wiedervereinigung der internen und externen Rechnungslegung und zur globalen Verbesserung der Berichterstattung, in: Möller, H. P./Schmidt, F. (Hrsg.), Rechnungswesen als Instrument für Führungsentscheidungen, Stuttgart 1998, S. 525–558.

KUHN, K. D./STEIN, H. G. (1984), Finanzplanung, in: Busse von Colbe, W./Müller, E. (Hrsg.), Planungs- und Kontrollrechnung im internationalen Konzern, ZfbF-Sonderheft Nr. 17, Düsseldorf 1984, S. 117–128.

KUHNER, C./PÄSSLER, N. (2002), Kommentierung des § 321 HGB, in: Küting, K./ Weber, C.-P. (Hrsg.), Handbuch der Rechnungslegung. Kommentar zur Bilanzierung und Prüfung, 5. Aufl., Stuttgart 2002.

KÜPPER, H.-U. (2001), Controlling, 3. Aufl., Stuttgart 2001.

KUPSCH, P. (1998), Der Anhang, in: Wysocki, K. v./Schulze-Osterloh, J. (Hrsg.), Handbuch des Jahresabschlusses in Einzeldarstellungen, Abt. IV/4, 2. Aufl., 2. Neubearb., Köln 1998.

KUSSMAUL, H. (1984), Kennzahlen und Kennzahlensysteme – ihre Möglichkeiten und Grenzen für die externe Analyse des Jahresabschlusses (Teil I und II), in: StB 1984, S. 145–159, S. 192–201.

KUSSMAUL, H. (1985), Die Kapitalflußrechnung, in: WiSt 1985, S. 439–445.

KUSSMAUL, H. (1999), Darstellung der Discounted Cash-Flow-Verfahren – auch im Vergleich zur Ertragswertmethode nach dem IDW Standard ES 1 –, in: StB 1999, S. 332–346.

KUSSMAUL, H. (2003), Ausgewählte Bilanzierungsprobleme, in: Küting, K./Weber, C.-P. (Hrsg.), Handbuch der Rechnungslegung. Kommentar zur Bilanzierung und Prüfung, 5. Aufl., Stuttgart 2003, Kap. 6, Rn. 1–42.

KÜTING, K. (1981), Die Erfolgsspaltung – ein Instrument der Bilanzanalyse, in: BB 1981, S. 529–535.

KÜTING, K. (1985), Die spartenorientierte Rentabilitäts- (Kapitalergebnis-) Rechnung als Instrument der Unternehmensführung, in: BB 1985, Beilage 8.

KÜTING, K. (1989), Aktuelle Probleme bei der Ermittlung der handelsrechtlichen Herstellungskosten, in: BB 1989, S. 587–596.

KÜTING, K. (1996), Bremer Vulkan und seine Bilanzpolitik auf dem Prüfstand, in: FAZ – Blick durch die Wirtschaft vom 28.02.1996, S. 1.

KÜTING, K. (1996a), Bilanzpolitische Krisenstrategie des Strabag-Konzerns, in: FAZ – Blick durch die Wirtschaft vom 29.05.1996, S. 9.

KÜTING, K. (1997), Die handelsbilanzielle Erfolgsspaltungs-Konzeption auf dem Prüfstand – Zugleich: Vorschläge zur Neuorientierung der Erfolgsquellenanalyse –, in: WPg 1997, S. 693–702.

KÜTING, K. (1997a), Der Wahrheitsgehalt deutscher Bilanzen, in: DStR 1997, S. 84–91.

KÜTING, K. (1998), Möglichkeiten und Grenzen der betragsmäßigen Erfolgsanalyse, in: WPg 1998, S. 1–10.

KÜTING, K. (1999), Stille Reserven – Kontrovers – Aktuell – Relevant (Teil 1 und 2), in: BBK 1999, Fach 12, S. 6311–6330, S. 6331–6344.

KÜTING, K. (2000), Möglichkeiten und Grenzen der Bilanzanalyse am Neuen Markt – Auf der Suche nach neuen Wegen der Unternehmensbeurteilung, 1. Teil, in: FB 2000, S. 597–605.

KÜTING, K. (2000a); Bilanzanalyse am neuen Markt (Teil II), in : FB 2000, S. 674–683.

KÜTING, K. (2000b), Bilanzpolitik, in: KÜTING, K. (Hrsg.), Saarbrücker Handbuch der betriebswirtschaftlichen Beratung, 2. Aufl., Berlin 2000, S. 581–660.

KÜTING, K. (2000c); Stille Reserven (I), in: BuW 2000, S. 389–399.

KÜTING, K. (2000d) Stille Reserven (II), in: BuW 2000, S. 433–442.

KÜTING, K. (2000e), Perspektiven der externen Rechnungslegung. Auf dem Wege zu einem umfassenden Business-Reporting, in: ST 2000, S. 153–168.

KÜTING, K. (2002), Von der Bilanzanalyse zur Unternehmensanalyse – dargestellt am Beispiel der Beurteilung von Unternehmen der neuen Ökonomie, in: DStR 2002, Beihefter zu Heft 32, S. 1–20.

KÜTING, K./BENDER, J. (1992), Das Ergebnis je Aktie nach DVFA/SG. Analyse und kritische Würdigung einer wichtigen Kennzahl zur Unternehmens- und Aktienkursbeurteilung, in: BB 1992, Beilage 16 zu Heft 30.

KÜTING, K./BENDER, J./EIDEL, U. (1998), Earnings per Share und DVFA/SG-Ergebnis im Konzern, in: KÜTING, K./WEBER, C.-P. (Hrsg.), Handbuch der Konzernrechnungslegung. Kommentar zur Bilanzierung und Prüfung, 2. Aufl., Stuttgart 1998.

KÜTING, K./BOECKER, C. (2003), Die Synthese von Information und Ertragsstärke in der externen Unternehmensanalyse, in: StuB 2003, S. 97–101.

KÜTING, K./DAWO, S. (1999), Bilanzielle Gestaltungsmöglichkeiten im Rahmen der handelsrechtlichen Bewertung der Roh-, Hilfs- und Betriebsstoffe sowie der fertigen und unfertigen Erzeugnisse (Teil I), in: BC 1999, S. 145–151.

KÜTING, K./DAWO, S. (1999a), Bilanzielle Gestaltungsmöglichkeiten im Rahmen der handelsrechtlichen Bewertung der Roh-, Hilfs- und Betriebsstoffe sowie der fertigen und unfertigen Erzeugnisse (Teil II), in: BC 1999, S. 241–244.

KÜTING, K./DAWO, S./HEIDEN, M. (2001), Internet und externe Rechnungslegung. Konsequenzen für Publizität, Jahresabschlußprüfung und Rechnungswesenorganisation, Heidelberg 2001.

KÜTING, K./DAWO, S./HEIDEN, M. (2001a), Rechnungslegung und Wirtschaftsprüfung im Internet-Zeitalter, in: BB 2001, S. 615–620.

KÜTING, K./EIDEL, U. (1996), Problematik der internationalen Bilanzanalyse, in: RIW 1996, S. 836–854.

KÜTING, K./GARNIER, S. v. (2001), Teil K: Das Handelsbilanzrecht im Umbruch, in: BBK Fach 18, S. 469–482.

KÜTING, K./HAEGER, B./ZÜNDORF, H. (1985), Die Erstellung des Anlagegitters nach künftigem Bilanzrecht. Unter besonderer Berücksichtigung der neu geregelten Erfassung der Zuschreibungen, in: BB 1985, S. 1948–1957.

KÜTING, K./HARTH, H.-J. (1999), Die Behandlung von Forschungs- und Entwicklungskosten nach HGB, US-GAAP und IAS, in: BC 1999, S. 169–174.

KÜTING, K./HAYN S. (1998), EG-Abschluß versus IASC-Abschluß, in: Küting, K./Weber, C.-P. (Hrsg.), Handbuch der Konzernrechnungslegung. Kommentar zur Bilanzierung und Prüfung, Stuttgart 1998.

KÜTING, K./HEIDEN, M. (2002), Controlling in internationalen Unternehmen, in: Küpper, H.-U./Wagenhofer, A. (Hrsg.), Handwörterbuch Unternehmensrechnung und Controlling, Stuttgart 2002, Sp. 288–298.

KÜTING, K./HEIDEN, M. (2003), Zur Systematisierung von Pro-Forma-Kennzahlen – Gleichzeitig: Fortsetzung einer empirischen Bestandsaufnahme –, in: DStR 2003, S. 1544–1552.

KÜTING, K./HEIDEN, M./LORSON, P. (2000), Neuere Ansätze der Bilanzanalyse, – Externe unternehmenswertorientierte Performancemessung –, in: BBK, Beilage 1/2000.

KÜTING, K./HELLEN, H.-H./BRAKENSIEK, S. (1998), Leasing in der nationalen und internationalen Bilanzierung, Eine vergleichende Darstellung unter Berücksichtigung neuer Ansätze, in: BB 1998, S. 1465–1473.

KÜTING, K./HÜTTEN, C. (1997), Die Lageberichterstattung über Risiken der künftigen Entwicklung, in: AG 1997, S. 250–256.

KÜTING, K./HÜTTEN, C./LORSON, P. (1995), Shareholder-Value: Grundüberlegungen zu Benchmarks der Kommunikationsstrategie in der externen Berichterstattung (Teil I und II), in: DStR 1995, S. 1805–1809, S. 1846–1851.

KÜTING, K./KESSLER, H. (1998), Zur geplanten Reform des bilanzrechtlichen Rückstellungsrechts nach dem Entwurf eines Steuerentlastungsgesetzes 1999/2000/2002, in: DStR 1998, S. 1937–1946.

KÜTING, K./KOCH, C. (2002), Zur Problematik der Erfolgsquellenanalyse im internationalen Vergleich, in: StuB 2002, S. 1033–1037.

KÜTING, K./LORSON, P. (1997), Erfolgs(potential)orientiertes Konzernmanagement, in: BB 1997, Beilage 8 zu Heft 20, S. 1–30.

KÜTING, K./LORSON, P. (1998), Konvergenz von internem und externem Rechnungswesen: Anmerkungen zu Strategien und Konfliktfeldern, in: WPg 1998, S. 483-493.

KÜTING, K./LORSON, P. (1998a), Grundsätze eines Konzernsteuerungskonzepts auf »externer« Basis. – Ein Beitrag zur Konvergenz von internem und externem Rechnungswesen – (Teil 1 und 2), in: BB 1998, S. 2251-2258, S. 2303-2309.

KÜTING, K./LORSON, P. (1999), Harmonisierung des Rechnungswesens aus Sicht der externen Rechnungslegung, in: Männel, W. (Hrsg.), Integration der Unternehmensrechnung, in: krp-Sonderheft 3/1999, S. 47–57.

KÜTING, K./NARDMANN, B. (1993), Pensionsverpflichtungen im Lichte der Bilanzpolitik und Bilanzanalyse, in: DStR 1993, S. 1834–1840.

KÜTING, K./PILHOFER, J. (1999), Die neuen Vorschriften zur Segmentberichterstattung nach US-GAAP – Schließung der Regelungslücke in § 297 Abs. 1 HGB durch Adaption internationaler Standards? (Teil 1 und 2), in: DStR 1999, S. 559–564, S. 603–608.

KÜTING, K./WEBER, C.-P. (1989) (Hrsg.), Handbuch der Konzernrechnungslegung. Kommentar zur Bilanzierung und Prüfung, Stuttgart 1989.

KÜTING, K./WEBER, C.-P. (1990) (Hrsg.), Handbuch der Rechnungslegung. Kommentar zur Bilanzierung und Prüfung, 3. Aufl., Stuttgart 1990.

KÜTING, K./WEBER, C.-P. (1995) (Hrsg.), Handbuch der Rechnungslegung. Kommentar zur Bilanzierung und Prüfung, 4. Aufl., Stuttgart 1995.

KÜTING, K./WEBER, C.-P. (1998) (Hrsg.), Handbuch der Konzernrechnungslegung. Kommentar zur Bilanzierung und Prüfung, 2. Aufl., Stuttgart 1998.

KÜTING, K./WEBER, C.-P. (1999), Die Bilanzanalyse. Lehrbuch zur Beurteilung von Einzel- und Konzernabschlüssen, 4. Aufl., Stuttgart 1999.

KÜTING, K./WEBER, C.-P. (2000), Die Bilanzanalyse. Lehrbuch zur Beurteilung von Einzel- und Konzernabschlüssen, 5. Aufl., Stuttgart 2000.

KÜTING, K./WEBER, C.-P. (2002) (Hrsg.), Handbuch der Rechnungslegung – Einzelabschluss. Kommentar zur Bilanzierung und Prüfung, 5. Aufl., Loseblatt, Stuttgart 2002 f.

KÜTING, K./WEBER, C.-P. (2003), Der Konzernabschluss. Lehrbuch und Fallstudie zur Praxis der Konzernrechnungslegung, 8. Aufl., Stuttgart 2003.

KÜTING, K./WEBER, C.-P./Wirth, J. (2001), Die neue Goodwillbilanzierung nach SFAS 142 – Ist der Weg frei für eine neue Akquisitionswelle? –, in: KoR 2001, S. 185–198.

KÜTING, K./WEBER, C.-P./ZÜNDORF, H. (1990), Praxis der Konzernbilanzanalyse. Grundsatzfragen zur Erstellung einer Konzernstrukturbilanz, Stuttgart 1990.

KÜTING, K./ZWIRNER, C. (2001), Bilanzierung und Bewertung bei Film- und Medienunternehmen des Neuen Marktes, Saarbrücken 2001.

KÜTING, K./ZWIRNER, C. (2003), Latente Steuern in der Unternehmenspraxis: Bedeutung für Bilanzpolitik und Unternehmensanalyse – Grundlagen sowie empirischer Befund in 300 Konzernabschlüssen von in Deutschland börsennotierten Unternehmen –, in: WPg 2003, S. 301–316.

K+S GRUPPE (1999), Geschäftsbericht 1999.

LACHENBRUCH, P. A. (1975), Discriminant Analysis, New York 1975.

LACHNIT, L. (1973), Wesen, Ermittlung und Aussage des Cash Flow, in: ZfbF 1973, S. 59–77.

LACHNIT, L. (1976), Technik und Aussage der Bilanzanalyse (Teil I und II), in: WISU 1976, S. 49–52, S. 97–101.

LACHNIT, L. (1976a), Zur Weiterentwicklung betriebswirtschaftlicher Kennzahlensysteme, in: ZfbF 1976, S. 216–230.

LACHNIT, L. (1979), Systemorientierte Jahresabschlußanalyse, Wiesbaden 1979.

LACHNIT, L. (1987), Externe Erfolgsanalyse auf der Grundlage der GuV nach dem Gesamtkostenverfahren, in: BFuP 1987, S. 33–53.

LACHNIT, L. (1991), Erfolgsspaltung auf der Grundlage der GuV nach Gesamt- und Umsatzkostenverfahren, in: WPg 1991, S. 773–783.

LACHNIT, L. (2003), Einflüsse der internationalen Rechungslegung auf die Bilanzanalyse, in: Freidank, C.-C./Schreiber, O. R. (Hrsg.), Corporate Governance, Internationale Rechnungslegung und Unternehmensanalyse im Zentrum aktueller Entwicklungen, Hamburg 2003, S. 159–204.

LACHNIT, L./AMMANN, H. (1995), Sachgemäße Ermittlung des Finanzergebnisses in der externen Jahresabschlußanalyse, in: DStR 1995, S. 1281–1288.

LACHNIT, L. u.a. (1999), Geschäfts- oder Firmenwert als Problem der Konzernabschlußanalyse, in: WPg 1999, S. 677–688.

LANGE, C. (1989), Jahresabschlußinformationen und Unternehmensbeurteilung, Stuttgart 1989.

LEFFSON, U. (1984), Bilanzanalyse, 3. Aufl., Stuttgart 1984.

LEFFSON, U. (1986), Wesentlich, in: Leffson, U./Rückle, D./Großfeld, B. (Hrsg.), Handwörterbuch unbestimmter Rechtsbegriffe im Bilanzrecht des HGB, Köln 1986, S. 434–447.

LEFFSON, U./BÖNKHOFF, F. J. (1982), Zu Materiality-Entscheidungen bei Jahresabschlußprüfungen, in: WPg 1982, S. 389–397.

LEHMANN, M. R. (1954), Leistungsmessung durch Wertschöpfungsrechnung, Essen 1954.

LEHMANN, S. (1995), Neue Wege in der Bewertung börsennotierter Aktiengesellschaften: Ein cash-flow-orientiertes Ertragswertmodell, Wiesbaden 1995.

LEONARDI, H. (1990), Externe Erfolgsanalysen auf der Grundlage handelsrechtlicher Jahresabschlüsse, Bergisch Gladbach/Köln 1990.

LERBINGER, P. (1984), Beta-Faktoren und Beta-Fonds in der Aktienanalyse, in: AG 1984, S. 287–294.

LEV, B. (1974), Financial Statement Analysis, Englewood Cliffs 1974.

LEVITT, A. (1998), Spielen mit Zahlen – »The Numbers Game«, in: DB 1998, S. 2544–2547.

LEWIS, T. G. (1995), Steigerung des Unternehmenswertes: Total-value-Management, 2. Aufl., Landsberg/Lech 1995.

LEWIS, T. G./LEHMANN, S. (1992), Überlegene Investitionsentscheidungen durch CFROI, in: BFuP 1992, S. 1–13.

LINTNER, J. (1969), The Aggregation of Investors' Diverse Judgement and Preferences in Purely Competitive Securities, in: JFQA 1969, S. 347–400.

LITTKEMANN, J./KREHL, H. (2000), Kennzahlen der klassischen Bilanzanalyse – nicht auf Krisendiagnosen zugeschnitten, in: Hauschildt, J./Leker, J. (Hrsg.), Krisendiagnose durch Bilanzanalyse, 2. Aufl., Köln 2000, S. 19–32.

LITTLETON A. C. (1933), Accounting Evolution to 1900, New York 1933.

LOCKERT, G. (1997), Risikofaktoren und Preisbildung am deutschen Aktienmarkt, in: Bohr, K./Bühler, W. u.a. (Hrsg.), Physica Schriften zur Betriebswirtschaft, Bd. 58, Heidelberg 1997.

LOCKERT, G. (1998), Kapitalmarkttheoretische Ansätze zur Bewertung von Aktien: Entwicklung und Stand der Arbitrage Pricing Theory, in: ZfB-Ergänzungsheft 2/1998, S. 75–99.

LÖFFELHOLZ, J. (1976), Wirtschaftlichkeit und Rentabilität, in: Grochla, E./Wittmann, W. (Hrsg.), Handwörterbuch der Betriebswirtschaft, 4. Aufl., Bd. 3, Stuttgart 1976, Sp. 4461–4467.

LOHRBACH, T. (1994), Einsatz von Künstlichen Neuronalen Netzen für ausgewählte betriebswirtschaftliche Aufgabenstellungen und Vergleich mit konventionellen Lösungsverfahren, Göttingen 1994.

LOISTL, O. (1986), Grundzüge der betrieblichen Kapitalwirtschaft, Berlin u.a. 1986.

LOISTL, O. (1996), Computergestütztes Wertpapiermanagement, 5. Aufl., München 1996.

LORSON, P. (1992), Möglichkeiten und Grenzen der Break-Even-Analyse als Instrument der Betriebsanalyse, in: DStR 1992, S. 300–307.

LORSON, P. (1999), Shareholder Value-Ansätze: Zweck, Konzepte und Entwicklungstendenzen, in: DB 1999, S. 1329–1339.

LORSON, P. (2001), Leistungstransparenz in der externen Berichterstattung, in: Klingebiel, N./Hoffmann, O. (Hrsg.): Performance Measurement & Balanced Scorecard, München 2001, S. 131–152.

LORSON, P. (2003), Auswirkungen von Shareholder-Value-Konzepten auf die Bewertung und Steuerung ganzer Unternehmen, von der Rechts- und Wirtschaftswissenschaftlichen Fakultät der Universität des Saarlandes angenommene Habilitationsschrift, Saarbrücken 2003 (Veröffentlichung in Vorbereitung Herne/Berlin 2004).

LORSON P./HEIDEN, M. (2002), Intellectual Capital Statement und Goodwill-Impairment: ›Internationale‹ Impulse zur Unternehmenswertorientierung?, in: Seicht, G. (Hrsg.), Jahrbuch für Controlling und Rechnungswesen 2002, Wien 2002, S. 369–403.

LORSON, P./SCHWEITZER, M. (2000), Kostenrechnung, in: Küting, K. (Hrsg.), Saarbrücker Handbuch der Betriebswirtschaftlichen Beratung, 2. Aufl. Herne/Berlin 2000, S. 233–373.

LOUGHRAN, T. (1997), Book-to-Market across Firm Size, Exchange, and Seasonality: Is There an Effect?, in: JFQA 1997, S. 249–268.

LÜCK, W. (1975), Materiality in der internationalen Rechnungslegung. Das pflichtgemäße Ermessen des Abschlußprüfers und der Grundsatz der Wesentlichkeit, Wiesbaden 1975.

LÜCK, W. (1998), Elemente eines Risiko-Managementsystems, in: DB 1998, S. 8–14.

LÜCK, W. (2003), Kommentierung des § 289 HGB, in: Küting, K./Weber, C.-P. (Hrsg.), Handbuch der Rechnungslegung. Kommentar zur Bilanzierung und Prüfung, 5. Aufl., Stuttgart 2003.

LÜCKE, W. (1955), Investitionsrechnung auf der Grundlage von Ausgaben oder Kosten, in: ZfbF 1955, S. 310–324.

LÜCKE, W. (1984), Liquidität, Liquidierbarkeit und Tilgbarkeit (Teil I und II), in: DB 1984, S. 2320–2323, S. 2361–2365.

LUDEWIG, R./OLBRICH, T. (1999), Die gesteigerte Verantwortung des Abschlußprüfers nach dem KonTraG – Hilfsmittel zu deren Bewältigung (zur Anwendung eines Bilanz-Rating Systems bei der Abschlußprüfung), in: WPg 1999, S. 381–388.

LUTTERMANN, C. (1996), Über Buchführung und Bilanzrecht – 502 Jahre nach Erscheinen der »Summa de arithmetica, geometria, proportioni et proportionalita« von Lucas Paciuolo –, in: Baetge, J. u. a. (Hrsg.), Rechnungslegung, Prüfung und Beratung – Herausforderungen für den Wirtschaftsprüfer –, Festschrift zum 70. Geburtstag von Rainer Ludewig, Düsseldorf 1996, S. 595–626.

LUTTERMANN, C. (1998), Unternehmen, Kapital und Genußrechte. Eine Studie über Grundlagen der Unternehmensfinanzierung und zum internationalen Kapitalmarkt, Tübingen 1998.

LUTTERMANN, C. (1999), Bilanzrecht in den USA und internationale Konzernrechnungslegung, Tübingen 1999.

LUTTERMANN, C. (1999a), Dialog der Kulturen, Vergleichendes Handels- und Kapitalmarktrecht im Sprachspiegel, in: Hübner, U./Ebke, W. F. (Hrsg.), Festschrift für Bernhard Großfeld zum 65. Geburtstag, Heidelberg 1999, S. 771–789.

MALKIEL, B. G. (1963), Equity Yields, Growth and the Structure of Share Prices, in: AER 1963, S. 467–497.

MANDELBROT, B. (1963), The Variation Of Certain Speculative Prices, in: JoB 1963, S. 394–419.

MANKIW, G. N./SHAPIRO, M. D. (1986), Risk and Return: Consumption Beta versus Market Beta, in: RoES 1986, S. 452–459.

MANSCH, H. u. a. (1995), Die Kapitalflußrechnung als Ergänzung des Jahres- und Konzernabschlusses – Anmerkungen zur gemeinsamen Stellungnahme HFA 1/1995 des Hauptfachausschusses und der Schmalenbach-Gesellschaft –, in: WPg 1995, S. 185–203.

MARET, J./WEPPLER, L. (1999), Internationalisierung der Rechnungslegung – Die Kapitalmarkt- und Analystenperspektive, in: Küting, K./Langenbucher, G. (Hrsg.), Internationale Rechnungslegung, Festschrift für Claus-Peter Weber zum 60. Geburtstag, Stuttgart 1999, S. 37–44.

MÄRZ, T. (1983), Interdependenzen in einem Kennzahlensystem, München 1983.

MATHEIS, M./SCHALCH, O. (1999), Balanced Scorecard und Economic Value Added, in: io management 1999, S. 37–43.

MAUL, K.-H./MENNINGER, J. (2000), Das »Intellectual Property Statement« – eine notwendige Ergänzung des Jahresabschlusses?, in: DB 2000, S. 529–533.

MAUTZ, R. K. (1983), Accounting Concepts and Principles and Auditing Standards and Opinions, in: Davidson, S. u. a. (Hrsg.), Handbook of Modern Accounting, 3. Aufl., New York u. a. 1983.

MAYER, A. (1989), Auswirkungen des Bilanzrichtlinien-Gesetzes auf die externe Analyse der Einzelabschlüsse von Kapitalgesellschaften, Frankfurt u. a. 1989.

MAYER-WEGELIN, E. (1995), Kommentierung des § 249 HGB, in: Küting, K./Weber, C.-P. (Hrsg.), Handbuch der Rechnungslegung. Kommentar zur Bilanzierung und Prüfung, 4. Aufl., Stuttgart 1995.

MEFFERT, H. (2000), Marketing – Grundlagen marktorientierter Unternehmensführung, 9. Aufl., Wiesbaden 2000.

MEHRA, R./PRESCOTT, E. C. (1985), The Equity Premium, A Puzzle, in: JoME 1985, S. 145–160.

MENN, B.-J. (1995), Die spartenorientierte Kapitalergebnisrechnung im BAYER-Konzern, in: Küting, K./Weber, C.-P. (Hrsg.), Das Rechnungswesen im Konzern. Intern-Extern, Stuttgart 1995, S. 217–234.

MENN, B.-J. (1999), Auswirkungen der internationalen Bilanzierungspraxis auf Unternehmensrechnung und Controlling, in: Küting, K./Langenbucher, G. (Hrsg.), Internationale Rechnungslegung, Festschrift für Claus-Peter Weber zum 60. Geburtstag, Stuttgart 1999, S. 631–647.

MENSCH, G. (1999), Break-Even-Analyse als Controlling-Instrument im Mehrproduktunternehmen, in: BuW 1999, S. 242–248.

MERKLE, E. (1982), Betriebswirtschaftliche Formeln und deren betriebswirtschaftliche Relevanz, in: WiSt 1982, S. 325–330.

MILLER, M. H./MODIGLIANI, F. (1961), Dividend Policy, Growth and the Valuation of Shares, in: JoB 1961, S. 411–433.

MILLS, R. W. (2001), Developments in Estimating the Cost of Capital, in: Manager Update Spring 2001, Vol. 12 No. 3, S. 35–46.

MÖLLER, H. P. (1988), Die Bewertung risikobehafteter Anlagen an deutschen Wertpapierbörsen, in: ZfbF 1988, S. 779–797.

MORAWIETZ, M. (1994), Rentabilität und Risiko deutscher Aktien- und Rentenanlagen seit 1870: eine Berücksichtigung von Geldentwertung und steuerlichen Einflüssen, Wiesbaden 1994.

MÖSER, H. D. (1982), Die Liquidität dritten Grades: kein Gradmesser der Liquidität?, in: DB 1982, S. 185–189.

MOXTER, A. (1975), Aussagegrenzen von ›Bilanzen‹, in: WISU 1975, S. 325–329.

MOXTER, A. (1979), Art. 2 EG-Bilanzrichtlinie, Zur Auslegung von Art. 2 EG-Bilanzrichtlinie, in: AG 1979, S. 141–146.

MOXTER, A. (2000), Rechnungslegungsmythen, in: BB 2000, S. 2143–2149.

MUJKANOVIC, R. (2000), Die Vorschläge des Deutschen Standardisierungsrats (DSR) zur Segmentberichterstattung, in: AG 2000, S. 122–127.

MÜLLER, H. (1988), Konzernabschluß nach neuem Bilanzrecht aus der Sicht des Analysten, in: Mellwig, W./Moxter, A./Ordelheide, D. (Hrsg.), Einzel- und Konzernabschluß. Beiträge zum neuen Bilanzrecht, Bd. 1, Wiesbaden 1988, S. 141–152.

MÜLLER, H. (1988a), Konzernabschluß nach neuem Bilanzrecht aus Sicht des Analysten, in: Die Bank 1988, S. 35–40.

MÜLLER-WIEGAND, M. (1988), Möglichkeiten und Grenzen der Bildung stiller Reserven der Kapitalgesellschaft nach neuem Bilanzrecht, in: BB 1988, S. 1921–1927.

NAHLIK, W. (1984), Bilanzrichtliniengesetz: Auswirkungen auf die Jahresabschlußkritik, in: Die Bank 1984, S. 217–224.

NAHLIK, W. (1993), Praxis der Jahresabschlußanalyse, Recht-Risiko-Rentabilität, 2. Aufl., Wiesbaden 1993.

NELLES, M./KLUSEMANN, M. (2003), Die Bedeutung der Finanzierungsalternative Mezzanine-Capital im Kontext von Basel II für den Mittelstand, in: FB 2003, S. 1–10.

NEUBAUER, W. (1968), Makroökonomische Kostenstrukturen im System der Statistik des Sozialprodukts und der Input-Output-Verflechtung, Heft 19 der Frankfurter Wirtschafts- und Sozialwissenschaftlichen Studien, Berlin 1968.

NEUBERT, H. (1987), Über den Aussagewert von Jahresabschlüssen, in: WPg 1987, S. 349–351.

NIEHAUS, H.-J. (1987), Früherkennung von Unternehmenskrisen, Düsseldorf 1987.

NIEHUS, R. J. (1982), Rechnungslegung und Prüfung der GmbH nach neuem Recht. Kommentar zu den die GmbH betreffenden Vorschriften des Regierungsentwurfs eines Bilanzrichtlinien-Gesetzes vom 12.2.1982, Berlin/New York 1982.

NIEHUS, R. J. (1984), Vor-Bemerkungen zu einer Konzernbilanzrichtlinie (Teil II). Die 7. EG- Richtlinie und einige Probleme der Konsolidierungstechnik nach zukünftigem Recht, in: WPg 1984, S. 320–326.

NIEHUS, R. J. (1997), »Vorsichtsprinzip« und »Accrual Basis«: Disparitäten bei den Determinanten der »Fair Presentation«, in: DB 1997, S. 1421–1427.

OEBEL, C. (1988), Zuordnungsfragen in der Gewinn- und Verlustrechnung nach dem Gesamtkostenverfahren, in: WPg 1988, S. 125–128.

OFFENBÄCHER, V./SCHMITT, G. (1999), Spezialprobleme und Lösungsansätze im Zusammenhang mit der Ermittlung der Eigenkapitalkosten, in: Bühner, R./Sulzbuch, K. (Hrsg.), Wertorientierte Steuerungs- und Führungssysteme. Shareholder Value in der Praxis, Stuttgart 1999, S. 237–251.

ORDELHEIDE, D. (1987), Konzernerfolgskonzeption und Risikokoordination, in: ZfbF 1987, S. 975–986.

ORDELHEIDE, D. (1989), Meinungsspiegel, in: BFuP 1989, S. 387–409.

ORDELHEIDE, D. (1991), Vergleichbarkeit und Unternehmensindividualität, in: Busse von Colbe, W. u. a. (Hrsg.), Ergebnis nach DVFA/SG – Gemeinsame Empfehlung, Stuttgart 1991, S. 79–80.

ORDELHEIDE, D. (1998), Rechnungslegung und internationale Aktienanalyse, in: Möller, H. P./Schmidt, F. (Hrsg.), Rechnungswesen als Instrument für Führungsentscheidungen, Festschrift für Adolf G. Coenenberg zum 60. Geburtstag, Stuttgart 1998, S. 505–524.

OSSADNIK, W. (1993), Grundsatz und Interpretation der »Materiality« – Eine Untersuchung zur Auslegung ausgewählter Materiality-Bestimmungen durch die Rechnungslegungspraxis, in: WPg 1993, S. 617–629.

PAUL, S./STEIN, S. (2003), Auf der Bremsspur: Für den Mittelstand und seine Banken zeigt die Qualitätsampel gelb-rot, in: FB 2003, S. 417–431.

PEEMÖLLER, V. H./FINSTERER, H./NEUBERT, M. (1999), Bilanzierung von Unternehmen des Neuen Markts nach IAS und US-GAAP, Analyse der Ergebnisse einer Umfrage, in: BB 1999, S. 1103–1108.

PEEMÖLLER, V. H./HÜTTCHE, T. (1992), Auswirkungen des D-Markbilanzgesetzes auf die Bilanzanalyse, Düsseldorf 1992.

PEEMÖLLER, V. H./KUNOWSKI, S./HILLERS, J. (1999), Ermittlung des Kapitalisierungszinssatzes für internationale Mergers & Acquisitions bei Anwendung des Discounted Cash Flow-Verfahrens (Entity-Ansatz) – eine empirische Erhebung – in: WPg 1999, S. 621–630.

PELLENS, B. (1989), Der Informationswert von Konzernabschlüssen, Wiesbaden 1989.

PELLENS, B. (2001), Internationale Rechnungslegung, 4. Aufl., Stuttgart 2001.

PELLENS, B./FÜLBIER, R. U. (2000), Ansätze zur Erfassung der immateriellen Werte in der kapitalmarktorientierten Rechnungslegung, in: Baetge, J. (Hrsg.), Zur Rechnungslegung nach International Accounting Standards, Düsseldorf 2000, S. 35–77.

PELLENS, B./FÜLBIER, R. U. (2000a), Immaterielle Vermögensgegenstände in der internen und externen Unternehmensrechnung, in: Küting, K./Weber, C.-P. (Hrsg.), Wertorientierte Konzernführung, Stuttgart 2000, S. 119–155.

PERRIDON, L. (1969), Vorwort zu Staehle, W., Kennzahlen und Kennzahlensysteme als Mittel der Organisation und Führung von Unternehmen, Wiesbaden 1969, S. 5–7.

PERRIDON, L./STEINER, M. (2002), Finanzwirtschaft der Unternehmung, 11. Aufl., München 2002.

PETERS, H. W. (1987), Kapitalmarkttheorie und Aktienmarktanalyse, Frankfurt a. M. 1987.

PFLEGER, G. (1985), Bilanzpolitische Sachverhaltsgestaltungen im Dezember, in: DB 1985, S. 2465–2468.

PFLEGER, G. (1991), Die neue Praxis der Bilanzpolitik. Strategien und Gestaltungsmöglichkeiten im handels- und steuerrechtlichen Jahresabschluß, 4. Aufl., Freiburg i. Br. 1991.

PFUHL, J. (1991), Die Kapitalflußrechnung als Instrument der Bilanzanalyse (Teil 1), in: DStR 1991, S. 1638–1643.

PFUHL, J. (1991a), Die Kapitalflußrechnung als Instrument der Bilanzanalyse (Teil 2); in: DStR 1991, S. 1670–1676.

PFUHL, J. (1994), Entwicklung eines zahlungsstromorientierten Steuerungs- und Publizitätsinstruments unter Berücksichtigung der aktuellen internationalen Entwicklungen, Stuttgart 1994.

PILTZ, K. (1986), Wertpapieranalyse aus der Sicht der Unternehmen, in: DVFA (Hrsg.), Beiträge zur Wertpapieranalyse 1986, S. 11–13.

PILTZ, K. (1988), zitiert aus: Cronos, W. (1988), Weltmarktstrategien und Erfahrungen mit dem neuen Bilanzrecht, Bericht über den 42. Deutschen Betriebswirtschaftertag in Berlin, in: DB 1988, S. 233–239.

PILTZ, K. (1990), Bilanzpolitik heute, in: Busse von Colbe, W./Reinhard, H. (Hrsg.), Erste Erfahrungen mit den neuen Rechnungslegungsvorschriften. Stellungnahmen auf dem Deutschen Betriebswirtschaftertag 1988, Stuttgart 1990, S. 3–19.

PODDIG, T. (1994), Mittelfristige Zinsprognosen mittels KNN und ökonometrischer Verfahren, in: Rehkugler, H./Zimmermann, H. G. (Hrsg.), Neuronale Netze in der Ökonomie, München 1994, S. 209–289.

POGUE, G. A./SOLNIK, B. H. (1974), The Market Model Applied To European Common Stocks: Some Empirical Results, in: JFQA 1974, S. 917–944.

POHMER, D./KROENLEIN, G. (1970), Wertschöpfungsrechnung, betriebliche, in: Kosiol, E. (Hrsg.), Handwörterbuch des Rechnungswesens, Stuttgart 1970, Sp. 1913–1921.

POPE, P. F./REES, W. P. (1994), International differences in GAAP and the pricing of earnings, in: Choi, F. D. S./Levich, R. M. (Hrsg.), International capital markets in a world of accounting differences, New York 1994, S. 75–107.

PORTER, M. E. (1999), Wettbewerbsstrategie (Competitive Strategy): Methoden zur Analyse von Branchen und Konkurrenten, 10. Aufl., Frankfurt am Main/New York 1999.

PORTER, M. E. (1999a), Wettbewerbsvorteile. Spitzenleistungen erreichen und behaupten, 6. Aufl., Frankfurt am Main/New York 1999.

PRESSMAR, D. B./WALL, F. (1998), Expertensysteme in der Rechnungslegungspolitik, in: FREIDANK, C.-C. (Hrsg.), Rechnungslegungspolitik. Eine Bestandsaufnahme aus handels- und steuerrechtlicher Sicht, Berlin 1998, S. 1091–1120.

PYTLIK, M. (1995), Diskriminanzanalyse und Künstliche Neuronale Netze zur Klassifizierung von Jahresabschlüssen, Frankfurt am Main 1995.

RAFFOURNIER, B./WALTON, P. (2000), Jahresabschlußanalyse im internationalen Kontext, in: HALLER, A. u. a. (Hrsg.), Unternehmenspublizität im internationalen Wettbewerb, Stuttgart 2000, S. 905–952.

RAPPAPORT, A. (1983), Corporate Performance Standards and Shareholder Value, in: JoBS 1983, Heft 3, S. 28–38.

RAPPAPORT, A. (1999), Shareholder Value. Ein Handbuch für Manager und Investoren, 2. Aufl., Stuttgart 1999.

RECK, R. (2000), Analyse der Zahlungsfähigkeit am Beispiel der DATEV-Auswertungen, in: BBK, F. 29, S. 975–980.

REHKUGLER, H. (1995), Neuronale Netze als Instrument der Jahresabschlußanalyse, in: Scheer, A.-W. (Hrsg.), Rechnungswesen und EDV, 16. Saarbrücker Arbeitstagung, Heidelberg 1995, S. 247–263.

REHKUGLER, H. (1996), Neuronale Netze in der Ökonomie, in: WiSt 1996, S. 572–576.

REHKUGLER, H./KERLING, M. (1995), Einsatz Neuronaler Netze für Analyse- und Prognose-Zwecke, in: BFuP 1995, S. 306–324.

REHKUGLER, H./PODDIG, T. (1990), Entwicklung leistungsfähiger Prognosesysteme auf Basis Künstlicher Neuronaler Netzwerke am Beispiel des Dollars – Eine Fallstudie –, Bamberger Betriebswirtschaftliche Beiträge 76/1990, Universität Bamberg, Bamberg 1990.

REHKUGLER, H./PODDIG, T. (1997), Bilanzanalyse, 4. Aufl., München/Wien 1997.

REHKUGLER, H./SCHMIDT-VON RHEIN, A. (1993), Kreditwürdigkeitsanalyse und -prognose für Privatkundenkredite mittels statistischer Methoden und Künstlicher Neuronaler Netze – Eine empirisch-vergleichende Studie –, Bamberger Betriebswirtschaftliche Beiträge 93/1993, Universität Bamberg, Bamberg 1993.

REICHMANN, T. (2001), Controlling mit Kennzahlen und Managementberichten. Grundlagen einer systemgestützten Controlling-Konzeption, 6. Aufl., München 2001.

REICHMANN, T./LACHNIT, L. (1976), Planung, Steuerung und Kontrolle mit Hilfe von Kennzahlen, in: ZfbF 1976, S. 705–723.

REICHMANN, T./LANGE, C. (1980), Kapitalflußrechnung und Wertschöpfungsrechnung als Ergänzungsrechnung des Jahresabschlusses im Rahmen einer gesellschaftsbezogenen Rechnungslegung, in: ZfB 1980, S. 518–542.

REINHARD, H. (1995), Kommentierung des § 247, in: Küting, K./Weber, C.-P. (Hrsg.), Handbuch der Rechnungslegung. Kommentar zur Bilanzierung und Prüfung, 4. Aufl., Stuttgart 1995.

REINHART, A. (1998), Die Auswirkungen der Rechnungslegung nach International Accounting Standards auf die erfolgswirtschaftliche Abschlußanalyse von deutschen Jahresabschlüssen, Frankfurt a. M. 1998.

REINHART, A. (1999), Wertschöpfungs- sowie Break-Even-Analyse für Zwecke der externen erfolgswirtschaftlichen Abschlußanalyse nach IAS, in: DStR 1999, S. 211–216.

REUTER, E. (1988), Analyse von Weltabschlüssen nach Bilanzrichtlinien-Gesetz, in: ZfB 1988, S. 285–303.

RHEINBOLDT, R. (1998), Analyse von Konzernabschlüssen mit Hilfe von Kennzahlen. Die Entwicklung der Ursachenrechnung zur Unterstützung der Urteilsbildung, Lohmar/Köln 1998.

RICHTER, F. (1999), Konzeption eines marktwertorientierten Steuerungs- und Monitoringsystems, 2. Aufl., Frankfurt a. M. u. a. 1999.

RIEBELL, C. (1999), Die Konzernbilanzanalyse. Die Auswertung in- und ausländischer Konzernabschlüsse im Spiegel von Bilanzrecht und Bilanzpolitik, 2. Aufl., Stuttgart 1999.

RIEBELL, C. (2001), Die Praxis der Bilanzauswertung, 7. Aufl., Stuttgart 2001.

RIEBELL, C./GRÜN, D. J. (1999), Cash-Flow und Bewegungsbilanz. Instrumente zur Analyse des Jahresabschlusses, Stuttgart 1999.

RIEMER, R. (1979), Bilanzanalysen, 2. Aufl., Bonn 1979.

ROCKE, R./NELLES, M. (2000), Neuer Markt: Optionaler Anteil bei Unternehmenswerten, in: FB 2000, S. 605–608.

ROLL, R. (1977), A Critique of the Asset Pricing Theory's Tests, Part 1: On Past and Potential Testability of the Theory, in: JoFE 1977, S. 129–176.

ROLL, R./ROSS, S. A. (1984), The Arbitrage Pricing Theory to Strategic Portfolio Planning, in: FAJ May-June 1984, S. 14–26.

ROOS, A./STELTER, D. (1999), Die Komponenten eines integrierten Wertmanagements, in: Controlling 1999, S. 301–308.

ROOS, R./REBIEN, A. (2001), Unternehmensbewertung: Sachgerechte Bestimmung der Eigenkapitalkosten nach der Steuerreform, in: FB 2001, S. 176–180.

ROSENBERG, B./RUDD, A. (1992), The Corporate Uses of Beta, in: Stern, J. M./Chew, D. M. (Hrsg.), The Revolution in Corporate Finance, 2. Aufl., Oxford 1992, S. 78–88.

RÖSLER, J. (1986), Bilanzanalyse durch den Vergleich von projizierten und realisierten Jahresabschlüssen: Eine empirische Untersuchung über Projektionstechniken in der Bilanzauswertung und ihre Einsatzmöglichkeiten, Kiel 1986.

RÖSLER, J. (1988), Die Entwicklung der statistischen Insolvenzdiagnose, in: Hauschildt, J. (Hrsg.), Krisendiagnose durch Bilanzanalyse, Köln 1988, S. 102–114.

ROSS, S. A. (1976), The Arbitrage Theory of Capital Asset Pricing, in: JoET 1976, S. 341–360.

RÜCKLE, D. (1984), Externe Prognosen und Prognoseprüfung, in: DB 1984, S. 57–69.

RÜCKLE, D. (1986), Finanzlage, in: Leffson, U./Rückle, D./Großfeld, B. (Hrsg.), Handwörterbuch unbestimmter Rechtsbegriffe im Bilanzrecht des HGB, Köln 1986, S. 168–184.

RUSS, W. (1986), Der Anhang als dritter Teil des Jahresabschlusses. Eine Analyse der bisherigen und der zukünftigen Erläuterungsvorschriften für die Aktiengesellschaft, 2. Aufl., Bergisch-Gladbach 1986.

SACH, A. (1995), Kapitalkosten der Unternehmung und ihre Einflußfaktoren, Aachen 1995.

SAHNER, F. (1983), Kapitalkonsolidierung nach der 7. EG-Richtlinie, in: Kempe, H. H. (Hrsg.), Der konsolidierte Abschluß. Unter Berücksichtigung der 4. und 7. EG-Richtlinie, Würzburg/Wien 1983, S. 38–70.

SAIR GROUP (1999), Geschäftsbericht 1999.

SALOMO, S./KÖGEL, K. (2000), Krisendiagnose mit wissensbasierten Systemen, in: Hauschild, J./Leker, J. (Hrsg.), Krisendiagose durch Bilanzanalyse, 2. Aufl., Köln 2000, S. 221–239.

SANDDORF-KÖHLE, W. (1996), Prozesse mit autoregressiv-bedingter Heteroskedastie. Empirische Ergebnisse für Wechselkurszeitreihen, in: Frohn, J. (Hrsg.), Empirische Wirtschaftsforschung und Ökonometrie, Bd. 3, Münster 1996.

SANDIG, C. (1976), Fremdkapital, Finanzierung mit, in: Büschgen, H. E. (Hrsg.), Handwörterbuch der Finanzwirtschaft, Stuttgart 1976, Sp. 646–658.

SAS GROUP (2000), Geschäftsbericht 2000.

SCHÄR, J. (1923), Allgemeine Betriebswirtschaftslehre, 5. Aufl., Leipzig 1923.

SCHEDLBAUER, H. (1978), Bilanzanalyse in der Praxis, in: DB 1978, S. 2425–2430.

SCHEDLBAUER, H. (1990), Erfolgsbereinigung um stille Reserven, in: Coenenberg, A. G. (Hrsg.), Bilanzanalyse nach neuem Recht, 2. Aufl., Landsberg a. L. 1990, S. 135–152.

SCHELLBERG, B. (2001), Die cash-burn rate, in: FB 2001, S. 184–191.

SCHENK, H. (1939), Die Betriebskennzahlen. Begriff, Ordnung und Bedeutung für die Betriebsbeurteilung, Leipzig 1939.

SCHILDBACH, T. (2000), Ein fast problemloses DCf-Verfahren zur Unternehmensbewertung, in: ZfbF 2000, S. 707–723.

SCHLEMBACH, H. (1967), Der Unternehmensgewinn in der Aktienanalyse, in: DVFA (Hrsg.), Beiträge zur Aktienanalyse, Heft 5, Darmstadt 1967, S. 9–15.

SCHMIDT, F. (1979), Bilanzpolitik deutscher Aktiengesellschaften, Wiesbaden 1979.

SCHMIDT, R. (1981), Diagnose von Unternehmensentwicklungen auf Basis computerunterstützter Inhaltsanalyse, in: Bratschitsch, R./Schnellinger, W. (Hrsg.), Unternehmenskrisen – Ursachen, Frühwarnung, Bewältigung, Stuttgart 1981, S. 355–379.

SCHMIDT, R. (1990), Rating börsennotierter Unternehmen, in: Gehrke, W. (Hrsg.), Anleger an die Börse, Berlin u. a. 1990, S. 55–88.

SCHMIDT, R. (1991), Handbuch »Manager Magazin 500 – Unternehmenstest Deutschland 1991«, Hamburg 1991.

SCHMIDT, R./WILHELM, W. (1987), Rendite – Sicherheit – Wachstum, 300 Börsengesellschaften unter der Lupe, in: Manager Magazin 11/1987, S. 233–265.

SCHMITZ, P./LENZ, A. (1986), Abgrenzung von Expertensystemen und konventioneller ADV, in: BFuP 1986, S. 499–516.

SCHMITZ, T. (1981), Stille Reserven und externe Jahresabschluß-Analyse. Unter besonderer Berücksichtigung der Auswirkungen von stillen Reserven auf Kennzahlen, Thun/Frankfurt a. M. 1981.

SCHNEIDER, D. (1985), Eine Warnung vor Frühwarnsystemen, in: DB 1985, S. 1489-1494.

SCHNEIDER, D. (1989), Erste Schritte zu einer Theorie der Bilanzanalyse, in: WPg 1989, S. 633–642.

SCHNEIDER, D. (1992), Investition, Finanzierung und Besteuerung, 7. Aufl., Wiesbaden 1992.

SCHNEIDERMAN, A. M. (1999), Why Balanced Scorecards Fail, in: JoSPM 1999, S. 6–11.

SCHNETTLER, A. (1960), Betriebsanalyse, 2. Aufl., Stuttgart 1960.

SCHNETTLER, A. (1961), Betriebsvergleich, 3. Aufl., Stuttgart 1961.

SCHÖNEBURG, E./HANSEN, N./GAWELCZYK, A. (1992), Neuronale Netzwerke, 3. Aufl., Haar bei München 1992.

SCHUBEL, C. (2000), Bericht über die Diskussion über den Beitrag Gesellschafter-, Gläubiger- und Anlegerschutz im Europäischen Bilanzrecht von Prof. Dr. Wolfgang Schön, in: ZGR 2000, S. 743-747.

SCHULT, E. (2003), Bilanzanalyse. Möglichkeiten und Grenzen externer Unternehmensbeurteilung, 11. Aufl., Berlin 2003.

SCHULTE, K.-W. (1986), Inhalt und Gliederung des Anhangs, in: BB 1986, S. 1468–1480.

SCHULTE-MATTLER, H. (2002), Basel II: Start der Quantitative Impact Study 3, in: Die Bank 2002, S. 768–773.

SCHULZ-MERIN, O. (1956), Betriebswirtschaftliche Kennzahlen, in: Steinbring, W./Schnaufer, E./Rode, G. (Hrsg.), Taschenbuch für den Betriebswirt, Berlin/Stuttgart 1956, S. 95–112.

SCHWAIGER, W. S. A./LAWRENZ, J. (2002), Standard- versus IRB-Ansatz: Auswirkungen auf die Bank Deutschland, in: ZfgK 2002, S. 147–152.

SCHWEITZER, M. (2002), Warteschlangenbasierte Break-Even-Analysen bei kundenauftragsorientierter Produktion, in: ZfbF 2002, S. 633–655.

SCHWEITZER, M./TROSSMANN, E. (1998), Break-even-Analysen, Methodik und Einsatz, 2. Aufl., Berlin 1998.

SCHWETZLER, B. (2000), Kapitalkosten, in: Fischer, T. M. (Hrsg.), Kosten-Controlling: Neue Methoden und Inhalte, Stuttgart 2000, S. 81–107.

SCHWETZLER, B./DARIJTSCHUK, N. (1999), Unternehmensbewertung mit Hilfe der DCF-Methode – eine Anmerkung zum »Zirkularitätsproblem«, in: ZfB 1999, S. 295–318.

SEBASTIAN, K.-H./OLBRICH, M. (2000), Goldgrube oder Faß ohne Boden?, Die Market Due Diligence bei Internet-Unternehmen, in: ConVent (Hrsg.), Venture Capital 2001, Jahrbuch für Beteiligungsfinanzierung, Frankfurt a.M. 2000, S. 72–75.

SEC (Hrsg.) (1998), A Plain English Handbook – How to create clear SEC disclosure documents, Washington 1998, http://www.sec.gov/pdf/handbook.pdf.

SEICHT, G. (1986), Stille Rücklagen I – allgemein –, in: Leffson, U./Rückle, D./Großfeld, B. (Hrsg.), Handwörterbuch unbestimmter Rechtsbegriffe im Bilanzrecht des HGB, Köln 1986, S. 281–286.

SELCHERT, F. W. (1987), Der Anhang als Instrument der Informationspolitik, Stuttgart 1987.

SELCHERT, F. W./KARSTEN, J. (1989), Konzernabschlußpolitik und Konzerneinheitlichkeit. – Gestaltungsmöglichkeiten der Rechnungslegung im Konzernabschluß, in: DB 1989, S. 837–843.

SELLHORN, T. (2000), Ansätze zur bilanziellen Behandlung des Goodwill im Rahmen einer kapitalmarktorientierten Rechnungslegung, in: DB 2000, S. 885–892.

SERFLING, K. (1984), Die Kapitalflußrechnung, Herne/Berlin 1984.

SERFLING, K./GROSSKOPFF, A. (1996), Finanzanalyse mit Hilfe von Kapitalflußrechnungen (Teil B); in, BBK 1996, Fach 30, S. 1227–1236.

SERFLING, K./MARX, M. (1990), Capital Asset Pricing-Modell, Kapitalkosten und Investitionsentscheidungen (Teil I), in: WISU 1990, S. 364–369.

SERFLING, K./MARX, M. (1991), Die Bedeutung der Richtlinie SFAS No. 95 für die Praxis der Kapitalflußrechnung, in: WPg 1991, S. 345–350.

SHALIT, H./YITZHAKI, S. (2002), Estimating Beta, in: Review of Quantitative Finance and Accounting 2002, S. 95–118.

SHARPE, W. F./ALEXANDER, G. J./BAILEY J. V. (1999), Investments, 6. Aufl., Englewood Cliffs 1999.

SHLEIFER, A. (2000), Inefficient Markets, Oxford 2000.

SIEGEL, T. (1986), Wahlrecht, in: Leffson, U./Rückle, D./Großfeld, B. (Hrsg.), Handwörterbuch unbestimmter Rechtsbegriffe im Bilanzrecht des HGB, Köln 1986, S. 417– 427.

SIELAFF, M. (1990), Verhältnis Handels-/Steuerbilanz (Maßgeblichkeitsprinzip), in: Küting, K./Weber, C.-P. (Hrsg.), Handbuch der Rechnungslegung. Kommentar zur Bilanzierung und Prüfung, 3. Aufl., Stuttgart 1990, II. Kap., Rn. 15–67.

SIENER, F. (1991), Der Cash-Flow als Instrument der Bilanzanalyse. Praktische Bedeutung für die Beurteilung von Einzel- und Konzernabschluß, Stuttgart 1991.

SIENER, F. (1998), Kapitalflußrechnungen von Industrieunternehmen, in: Wysocki, K.v. (Hrsg.), Kapitalflußrechnung, Stuttgart 1998, S. 37–157.

SOLOMON, E. (1966), Return on Investment: the Relation of Book-Yield to True Yield, in: Jaedicke, R. K./Ijiri, Y./Nielson, O. (Hrsg.), Research in Accounting Measurement, Chicago 1966, S. 232–244.

SORG, P. (1988), Die voraussichtliche Entwicklung der Kapitalgesellschaft – Anmerkungen zu Form und Inhalt der Angaben im Lagebericht –, in: WPg 1988, S. 381–389.

SPENGLER, M. (2001), XML-Spezifikationen für die Finanzmärkte, in: FB 2001, S. 687–691.

STAEHLE, W. (1969), Kennzahlen und Kennzahlensysteme als Mittel der Organisation und Führung von Unternehmen, Wiesbaden 1969.

STAEHLE, W. (1975), Das Du Pont-System und verwandte Konzepte der Unternehmenskontrolle, in: Böcker, F./Dichtl, E. (Hrsg.), Erfolgskontrolle im Marketing, Berlin 1975, S. 317–336.

STAHN, F. (2000), Der Deutsche Rechnungslegungsstandard Nr. 2 (DRS 2) zur Kapitalflußrechnung aus praktischer und analytischer Sicht, in: DB 2000, S. 233–238.

STAKS, H. (1988), Konzernbilanzpolitik im Übergang zum neuen Bilanzrecht, in: BFuP 1988, S. 325–337.

STATISTISCHES BUNDESAMT (1995) (Hrsg.), Volkswirtschaftliche Gesamtrechnungen, Hauptbericht 1994, Fachserie 18, Reihe 1.3, Konten und Standardtabellen, Wiesbaden 1995.

Steiner, M. (1982), Formeln und Kennzahlen der betrieblichen Finanzwirtschaft, in: WiSt 1982, S. 471–476.

Steiner, M./Bruns, C. (2002), Wertpapiermanagement, 8. Aufl., Stuttgart 2002.

Steiner, M./Kleeberg, J. (1991), Zum Problem der Indexauswahl im Rahmen der wissenschaftlich-empirischen Anwendung des Capital Asset Pricing Model, in: DBW 1991, S. 171–182.

Steiner, M./Nowak, T. (1994), Zur Bestimmung von Risikofaktoren am deutschen Aktienmarkt auf Basis der Arbitrage Pricing Theory, in: DBW 1994, S. 347–362.

Stelter, D. (1999), Wertorientierte Anreizsysteme, in: Bühler, W./Siegert, T. (Hrsg.), Unternehmenssteuerung und Anreizsysteme, Stuttgart 1999, S. 207–241.

Stewart, G. B. (1991), The Quest for Value: A Guide for Senior Managers, New York 1991.

Strobel, A. (1953), Die Liquidität, 2. Aufl., Stuttgart 1953.

Sure, M./Haselgruber, B. (1999), Balanced Scorecard – ein strategisches Instrument zur Unternehmenssteuerung, in: FB/IE 1999, S. 4–7.

Thiel, H. (1974), Einführung in die Linguistik, Frankfurt a. M./Berlin/München 1974.

Thiessen, F./Gischer, H. (2002), Das Kreditgeschäft, Basel II und die Refinanzierungskosten der Banken, in: Kreditwesen 2002, S. 583–594.

Thomas, K. (1983), Erkenntnisse aus dem Jahresabschluß für die Bonität von Wirtschaftsunternehmen, in: Baetge, J. (Hrsg.), Der Jahresabschluß im Widerstreit der Interessen, Düsseldorf 1983, S. 69–84.

Thyssen AG (1989/90), Geschäftsbericht 1989/90.

Tietz, B. (1993), Marketing, 3. Aufl., Düsseldorf 1993.

Tietze, H. (2003), Kommentierung des § 281 HGB, in: Küting, K./Weber, C.-P. (Hrsg.), Handbuch der Rechnungslegung. Kommentar zur Bilanzierung und Prüfung, 5. Aufl., Stuttgart 2003.

Treuarbeit (1990) (Hrsg.), Jahres- und Konzernabschlüsse ’88, Ergebnisse einer Untersuchung von 100 großen Kapitalgesellschaften und Konzernen, Düsseldorf 1990.

Treuarbeit (1990a) (Hrsg.), Konzernabschlüsse ’89, – Ausweis, Gestaltung, Berichterstattung. Ergebnisse einer Untersuchung von 100 großen Konzernen, Düsseldorf 1990.

Ulrich, W. (1989), Untersuchung über den Stand des Berichtswesens in Österreich; Seminararbeit am Institut für Industrie, Gewerbe und Fertigungswirtschaft, Abteilung Industrie, WU Wien 1987.

UNCTAD (1995) (Hrsg.), International Accounting and Reporting Issues 1994 Review (UNCTAD/CTCI/12), New York/Genf 1995.

VEBA (1998), Geschäftsbericht 1998.

VEBA (1999), Geschäftsbericht 1999.

VELLMANN, K. (1989), RoI-Kennzahlensysteme im Konzern, in: Küting, K./Weber, C.-P. (Hrsg.), Handbuch der Konzernrechnungslegung. Kommentar zur Bilanzierung und Prüfung, 1. Aufl., Stuttgart 1989, S. 327–427.

VERBAND DER CHEMISCHEN INDUSTRIE (1981) (Hrsg.), Aufgabenstellung für das Rechnungswesen aus der Spartenorganisation, Frankfurt 1981.

VERBAND DER CHEMISCHEN INDUSTRIE (1991) (Hrsg.), Cash Flow und Finanzierungsrechnungen unter besonderer Berücksichtigung des Konzernabschlusses, Heft 198 der Schriftenreihe des Betriebswirtschaftlichen Ausschusses und Finanzausschusses, Frankfurt 1991.

VOGLER, G./MATTES, H. (1976), Theorie und Praxis der Bilanzanalyse, 2. Aufl., Berlin 1976.

VOLK, G. (1988), Möglichkeiten zur erfolgsneutralen Beeinflussung des Betriebsgrößenmerkmals »Bilanzsumme«, in: DStR 1988, S. 380–385.

VOLK, G. (2000), Zur Bewertung von Unternehmen der New Economy, in: StuB 2000, S. 870–875.

VOLPERT, V. (1989), Kapitalwert und Ertragsteuern. Die Bedeutung der Finanzierungsprämisse für die Investitionsrechnung, Wiesbaden 1989.

WAGNER, J. (1985), Die Aussagefähigkeit von Cash-flow-Ziffern für die Beurteilung der finanziellen Lage einer Unternehmung (Teil I und II), in: DB 1985, S. 1601–1607, S. 1649–1653.

WALB, H.-H. (1938), Der Geschäftsbericht der Aktiengesellschaft, Halle/Saale 1938.

WEBER, C.-P. (1990), Möglichkeiten der Bilanzpolitik, in: Küting, K./Weber, C.-P. (Hrsg.), Handbuch der Rechnungslegung. Kommentar zur Bilanzierung und Prüfung, 3. Aufl., Stuttgart 1990, I. Kap., Rn. 159–191.

WEBER, C.-P. (1993), Informationsgehalt der originären und derivaten Rechnungslegungsgrößen: Jahresüberschuß vs DVFA/SG, in: Loistl, Otto (Hrsg.), Effiziente Kommunikation zwischen Unternehmen und der Investment Community. Beiträge zur Wertpapieranalyse, Heft 29, Dreieich 1993, S. 112–120.

WEBER, C.-P. (2001), Risikoberichterstattung nach dem E-DRS 5, in: BB 2001, S. 140–144.

WEBER, H. K. (1980), Bilanzanalyse mit dem Ziel der Rentabilitätsermittlung, in: DB 1980, S. 1453–1460.

WEBER, H. K. (1980a), Wertschöpfungsrechnung, Stuttgart 1980.

WEBER, H. K. (1993), Betriebswirtschaftliches Rechnungswesen, Bd. 1: Bilanz und Erfolgsrechnung, 4. Aufl., München 1993.

WEBER, H. K. (1999), Die Wertschöpfungsrechnung auf der Grundlage des Jahresabschlusses, in: Wysocki, K. v./Schulze-Osterloh, J. (Hrsg.), Handbuch des Jahresabschlusses in Einzeldarstellungen, Abt. IV/7, 2. Aufl., 3. Neubearb., Köln 1999.

WEBER, J./SCHÄFFER, U. (1998), Balanced Scorecard – Gedanken zur Einordnung des Konzepts in das bisherige Controlling-Instrumentarium, in: ZfP 1998, S. 341–365.

WEBER, M./KRAHNEN, J./WEBER, A. (1995), Scoring-Verfahren – häufige Anwendungsfehler und ihre Vermeidung, in: DB 1995, S. 1621–1626.

WEDELL, H. (1976), Die Wertschöpfung als Maßgröße für die Leistungskraft eines Unternehmens, in: DB 1976, S. 205–213.

WEETMAN, P./GRAY, S. (1991), International financial analysis and Comparative corporate performance: The impact of U.K. versus U.S. accounting Principles on earnings, in: Journal of International Financial Management and Accounting 2–3/1991, S. 111–130.

WEILENMANN, P. (1985), Praxis der Kapitalflußrechnung, Zürich 1985.

WEISS, H.-J. (2000), Integrierte Konzernsteuerung – Das Managementinstrumentarium zur Optimierung mittel- und langfristiger Stakeholderinteressen, in: Küting, K./Weber, C.-P. (Hrsg.), Wertorientierte Konzernführung, Stuttgart 2000, S. 203–234.

WEISS, H.-J./HEIDEN, M. (2000), Shareholder und Bondholder – Zwei Welten oder Partner?, in: BB 2000, S. 35–39.

WEISS, H.-J./HEIDEN, M. (2001), Investor Relations online – Wie Unternehmen mit der »Financial Community« kommunizieren. Mit Beispielen aus der Praxis, in: Hinterhuber, H./Stahl, H.-K. (Hrsg.), Fallen die Unternehmensgrenzen – Beiträge zu einer außenorientierten Unternehmensführung, Renningen-Wien, Innsbrucker Kolleg für Unternehmensführung Band 3, 2001, S. 144–163.

WENZEL, B. (1978), Die Aussagekraft der Wertschöpfungsrechnung in der Sozialbilanz, in: Personal 1978, S. 130–133.

WERNER, U. (1990), Die Berücksichtigung nichtnumerischer Daten im Rahmen der Bilanzanalyse, in: WPg 1990, S. 369–376.

WERNER, U. (1990a), Die Analyse des Lageberichts als Instrument empirischer Zielforschung, in: ZfbF 1990, S. 1014–1035.

WILKENS, M./BAULE, R./ENTROP, O. (2001), Basel II – Berücksichtigung von Diversifikationseffekten im Kreditportfolio durch das Granularity Adjustment, in: Kreditwesen 2001, S. 670–676.

WILLIAMS, J. B. (1939), The Theory of Investment Value, Harvard Business Press, Cambridge, Mass. 1939.

WILLIAMS, J. R. (2003), Miller GAAP-Guide 2003. A comprehensive restatement of current promulgated Generally Accepted Accounting Principles, San Diego/New York/London 2003.

WILLIAMS, J. R./STANGA, K. G./HOLDER, W. W. (1995), Intermediate Accounting, 5th ed., Forth Worth u. a. 1995.

WINKELJOHANN, N./SOLFRIAN, G. (2003), Basel II – Neue Herausforderungen für den Mittelstand und seine Berater, in: DStR 2003, S. 88–92.

WITTROCK, C. (2000), Messung und Analyse der Performance von Wertpapierportfolios: eine theoretische und empirische Untersuchung, in: Steiner, M. (Hrsg.), Portfoliomanagement, Bd. 2, 3. Aufl., Bad Soden/Taunus 2000.

WÖHE, G. (1980), Zur Bilanzierung und Bewertung des Firmenwerts, in: StuW 1980, S. 89–108.

WÖHE, G. (1985), Möglichkeiten und Grenzen der Bilanzpolitik im geltenden und im neuen Bilanzrecht – I und II – , in: DStR 1985, S. 715–721, S. 754–761.

Wöhe, G. (1988), Bilanzpolitische Spielräume nach neuem Handelsrecht, in: BFuP 1988, S. 51–64.

Wöhe, G. (1997), Bilanzierung und Bilanzpolitik, 9. Aufl., München 1997.

Wöhe, G. (2002), Einführung in die Allgemeine Betriebswirtschaftslehre, 21. Aufl., München 2002.

Wöhe, G./Bilstein, J. (2002), Grundzüge der Unternehmensfinanzierung, 9. Aufl., München 2002.

WP-Handbuch (2000), IDW (Hrsg.), Handbuch für Rechnungslegung, Prüfung und Beratung, Bd. I, 12. Aufl., Düsseldorf 2000.

Wysocki, K. v. (1981), Sozialbilanzen, Stuttgart/New York 1981.

Wysocki, K. v. (1999), DRS 2: Neue Regeln des Deutschen Rechnungslegungs Standards Committee zur Aufstellung von Kapitalflussrechnungen, in: DB 1999. S. 2373–2378.

Wysocki, K. v./Wohlgemuth, M. (1996), Konzernrechnungslegung, 4. Aufl., Düsseldorf 1996.

Zentes, J./Swoboda, B. (2001), Grundbegriffe des Marketing, 5. Aufl, Stuttgart 2001.

Zimmermann, P. (1997), Schätzung und Prognose von Betawerten: eine Untersuchung am deutschen Aktienmarkt, in: Steiner, M. (Hrsg.), Reihe: Portfoliomanagement, Bd. 7, Bad Soden/Taunus 1997.

Ziolkowski, U. (1990), Erfolgsspaltung: Aussagefähigkeit und Grenzen, in: Coenenberg, A. G. (Hrsg.), Bilanzanalyse nach neuem Recht, 2. Aufl., Landsberg a. L. 1990, S. 153–188.

Zwirner, C. (1999), Ausweitung der Möglichkeiten zur internationalen Bilanzierung? – Geplante Änderung des § 292a HGB-E durch das KapCoRiLiG –, in: StuB 1999, S. 879–884.

Zwirner, C./Ranker, D./Wohlgemuth, F. (2001), Rechnungslegung am Neuen Markt – Grundlagen, Anforderungen und Auswertung, in: StuB 2001, S. 473–483.

Stichwortverzeichnis

A

B

E

F

G

H

I

L

S

U

X

Z